CONVERSIONS BETWEEN U.S. CUSTOMARY UNITS AND SI UNITS

U.S. Customary unit		Times conversion factor		Equals SI unit	
		Accurate	Practical		
Acceleration (linear)					
foot per second squared	ft/s^2	0.3048*	0.305	meter per second squared	m/s^2
inch per second squared	in./s^2	0.0254*	0.0254	meter per second squared	m/s^2
Area					
circular mil	cmil	0.0005067	0.0005	square millimeter	mm^2
square foot	ft^2	0.09290304*	0.0929	square meter	m^2
square inch	in.^{2}	645.16*	645	square millimeter	mm^2
Density (mass)					
slug per cubic foot	slug/ft^3	515.379	515	kilogram per cubic meter	kg/m^3
Density (weight)					
pound per cubic foot	lb/ft^3	157.087	157	newton per cubic meter	N/m^3
pound per cubic inch	lb/in.^{3}	271.447	271	kilonewton per cubic meter	kN/m^3
Energy; work					
foot-pound	ft-lb	1.35582	1.36	joule (N·m)	J
inch-pound	in.-lb	0.112985	0.113	joule	J
kilowatt-hour	kWh	3.6*	3.6	megajoule	MJ
British thermal unit	Btu	1055.06	1055	joule	J
Force					
pound	lb	4.44822	4.45	newton (kg·m/s^2)	N
kip (1000 pounds)	k	4.44822	4.45	kilonewton	kN
Force per unit length					
pound per foot	lb/ft	14.5939	14.6	newton per meter	N/m
pound per inch	lb/in.	175.127	175	newton per meter	N/m
kip per foot	k/ft	14.5939	14.6	kilonewton per meter	kN/m
kip per inch	k/in.	175.127	175	kilonewton per meter	kN/m
Length					
foot	ft	0.3048*	0.305	meter	m
inch	in.	25.4*	25.4	millimeter	mm
mile	mi	1.609344*	1.61	kilometer	km
Mass					
slug	lb-s^2/ft	14.5939	14.6	kilogram	kg
Moment of a force; torque					
pound-foot	lb-ft	1.35582	1.36	newton meter	N·m
pound-inch	lb-in.	0.112985	0.113	newton meter	N·m
kip-foot	k-ft	1.35582	1.36	kilonewton meter	kN·m
kip-inch	k-in.	0.112985	0.113	kilonewton meter	kN·m

CONVERSIONS BETWEEN U.S. CUSTOMARY UNITS AND SI UNITS (Continued)

U.S. Customary unit		Times conversion factor		Equals SI unit	
		Accurate	Practical		
Moment of inertia (area)					
inch to fourth power	in.^{4}	416,231	416,000	millimeter to fourth power	mm^4
inch to fourth power	in.^{4}	0.416231×10^{-6}	0.416×10^{-6}	meter to fourth power	m^4
Moment of inertia (mass)					
slug foot squared	slug-ft^2	1.35582	1.36	kilogram meter squared	kg·m^2
Power					
foot-pound per second	ft-lb/s	1.35582	1.36	watt (J/s or N·m/s)	W
foot-pound per minute	ft-lb/min	0.0225970	0.0226	watt	W
horsepower (550 ft-lb/s)	hp	745.701	746	watt	W
Pressure; stress					
pound per square foot	psf	47.8803	47.9	pascal (N/m^2)	Pa
pound per square inch	psi	6894.76	6890	pascal	Pa
kip per square foot	ksf	47.8803	47.9	kilopascal	kPa
kip per square inch	ksi	6.89476	6.89	megapascal	MPa
Section modulus					
inch to third power	in.^{3}	16,387.1	16,400	millimeter to third power	mm^3
inch to third power	in.^{3}	16.3871×10^{-6}	16.4×10^{-6}	meter to third power	m^3
Velocity (linear)					
foot per second	ft/s	0.3048*	0.305	meter per second	m/s
inch per second	in./s	0.0254*	0.0254	meter per second	m/s
mile per hour	mph	0.44704*	0.447	meter per second	m/s
mile per hour	mph	1.609344*	1.61	kilometer per hour	km/h
Volume					
cubic foot	ft^3	0.0283168	0.0283	cubic meter	m^3
cubic inch	in.^{3}	16.3871×10^{-6}	16.4×10^{-6}	cubic meter	m^3
cubic inch	in.^{3}	16.3871	16.4	cubic centimeter (cc)	cm^3
gallon (231 in.^{3})	gal.	3.78541	3.79	liter	L
gallon (231 in.^{3})	gal.	0.00378541	0.00379	cubic meter	m^3

*An asterisk denotes an *exact* conversion factor

Note: **To convert from SI units to USCS units, *divide* by the conversion factor**

Temperature Conversion Formulas

$$T(°C) = \frac{5}{9}[T(°F) - 32] = T(K) - 273.15$$

$$T(K) = \frac{5}{9}[T(°F) - 32] + 273.15 = T(°C) + 273.15$$

$$T(°F) = \frac{9}{5}T(°C) + 32 = \frac{9}{5}T(K) - 459.67$$

Introduction to ENVIRONMENTAL ENGINEERING

THIRD EDITION, SI

환경공학개론

P. AARNE VESILIND

SUSAN M. MORGAN

LAUREN G. HEINE

한국물환경학회 특별출판위원회

박기영 · 박용은 · 박재우 · 송지현
이관용 · 이종근 · 정석희 · 조은혜 공역

도서출판 동화기술

Cengage

Australia • Brazil • Canada • Mexico • Singapore • United Kingdom • United States

Cengage

***Introduction to Environmental Engineering (SI),* Third Edition**

P. Aarne Vesilind
Susan M. Morgan
Lauren G. Heine

Introduction to Environmental Engineering (SI), Third Edition
by P. Aarne Vesilind, Susan M. Morgan, and Lauren G. Heine
ISBN: 9780495295853

This edition is translated by license from Cengage Engineering, a part of Cengage Learning, for sale in Korea only.

ISBN-13: 9788942594429

Cengage Learning Korea Ltd.
14F YTN Newsquare 76 Sangamsan-ro
Mapo-gu Seoul 03926 Korea
Tel: (82) 1533 7053
Fax: (82) 2 330 7001

Every effort has been made to trace all sources and copyright holders of news articles, figures and information in this book before publication, but if any have been inadvertently overlooked, the publisher will ensure that full credit is given at the earliest opportunity.

Printed in Korea
Print Number: 02 Print Year: 2024

저자서문

환경공학개론 제3판은 물질수지와 환경윤리의 두 가지 통합 주제를 계속 다루고 있다. 또한 엔지니어링 실무에서 점점 더 중요해지고 두 가지 통합 주제와 복잡하게 얽혀 있는 지속가능성에 대한 더 많은 정보를 추가한다.

▌ 구성

제1부에서는 환경공학의 역사와 미래에 대해 간단히 살펴본 다음 환경 문제를 파악하고 해결하는 복잡한 문제의 예를 제시한다. 기술, 이익/비용, 위험 및 윤리 등 의사 결정에 엔지니어가 사용하는 다양한 도구를 소개한다. 윤리에 대하여 간략히 논하고 엔지니어가 직면하는 가치 있는 문제를 소개하며 본문 전반에 걸쳐 논의의 배경을 제공함으로써, 윤리적인 의사결정이 기술 의사결정만큼 엔지니어링에서 중요하다는 것을 암시한다.

제2부에서는 차원 및 단위, 밀도, 농도, 유속, 체류시간 및 근사치와 같은 기본 개념을 검토하고 소개한다. 이 개념은 책 전반에 걸쳐 사용되는 물질수지의 도입으로 직접 이어진다. 반응에 대한 논의는 기초 물리화학 또는 생화학공학 과정에서 다루는 것과 유사하며, 이어지는 이상적 반응조 이론은 화학공학 단위공정 교과과정과 유사하지만 공대 신입생이 쉽게 이해할 수 있는 수준으로 하였다. 물질수지 접근법은 에너지 흐름에도 적용된다. 또한 제2부에서는 가장 매력적인 반응이 생태계에서 일어난다는 것을 인식하고, 생태계를 물질수지 접근법과 앞서 소개한 반응 동역학을 사용하여 설명한다.

제3부는 제2부에서 다루는 기본 개념을 환경공학의 주요 분야에 적용한다. 그것은 깨끗한 물에 대한 탐구로부터 시작된다. 수량과 수질의 측정법에 대해서 다룬다. 그 다음에 상수도와 및 정수 처리, 그리고 하폐수 처리에 대한 소개가 이어진다. 기상이 대기 오염물질의 움직임을 결정하기 때문에, 이 주제는 대기오염을 다룰 때 소개한다. 관심의 대상이 되는 대기 오염 물질의 유형과 발생원을 논의하고, 대기질 기준의 변천, 배출물질 처리 및 오염 물질의 확산을 살펴본다. 도시 고형 폐기물 및 유해 폐기물의 관리는 발생 방지의 필요성에 중점을 두고 논의한다. 그 다음 소음 공해에 대해 소개한다. 이 책은 녹색공학을 추구하려는 동기에 대한 평가로 마무리한다.

▌ 요구사항 및 프레젠테이션

윤리에 관한 자료는 기초적인 수준이기 때문에 공학 교수나 학생이라면 누구나 쉽게 이해할 수 있다. 윤리학의 공식적인 준비는 필요하지 않다. 기술 자료는 신입 기술자 또는 환경과학 학부생이 쉽게 소화시킬 수 있는 수준이다. 미적분을 본문에서 사용하며, 학생이 미적분학 교과목을 적어도 한 가지 이상 이수했다고 가정한다. 대학 화학과정은 유용하지만 필수는 아니다. 유체역학은 본문에서 이용되지 않으므로 이 책은 환경과학 전공의 환경공학 교재 또는 환경공학 전공 1학년 과정에도 쉽게 적용할 수 있다.

베실린드 박사의 제2부(물질수지, 반응, 반응기)의 핵심 소재를 순차적으로 교육한 경험에 따르면 4주에서 6주가 소요될 수 있다. 그러나 그는 이 시기 동안 환경윤리에 대한 이야기를 병행하고 학생들의 흥미를 유지하기 위해 개인적인 "경험담"으로 강의를 윤색할 것을 권고한다. 과정 전반에 걸쳐 보충 자료를 소개하는 것은 현대 학습 이론에 기초한 효과적인 학습 기법이다. 제3부의 자료는 최선으로 간주되는 어떤 순서로든 사용될 수 있다.

제3판에서는 "초점(Focus on)"이라는 특집을 도입하였는데, 기술적, 윤리적 및 지속가능성 지향의 문제를 해결하기 위한 접근법을 보여주는 글과 사례 연구를 모았다. 이는 교수와 학생들이 디자인의 미학과 잠재적 사회적 영향과 같은 학부 교육에서 잘 다루지 않는 재료를 탐구할 수 있는 기회를 제공한다. 본문 전반을 통해 소개된 윤리 자료는 학생과 강사 모두가 잠시 멈추고 다른 시각에서 기술적 문제를 논의하도록 요구하며, 따라서 학습된 내용을 강화한다. 윤리와 취향은 그러한 개인적인 문제이기 때문에, 이러한 관점에서 기술적인 문제에 대한 논의는 주제를 내부화하고 사실상 현장 학습이나 실제 경험에 대한 서술로 달성되는 것과 유사한 학습 경험을 만드는 경향이 있다.

감사의 말

제2판에 대한 의견을 보내 주신 분께 감사드린다. 우리는 그것들을 이 판에서 적절하게 포함시켰다. 또한, 수정 과정에서 끈기 있게 나를 참아준 우리 가족과 그들의 전문지식을 기꺼이 공유했던 동료들에게 감사의 말씀을 전한다.

수잔 모건(Susan M. Morgan), 기술사

이 개정판에 참여하고 지속가능성 분야에서 몇 가지 예와 관점을 추가할 수 있도록 초대한 수잔과 아른에게 감사드린다. 그것이 학생들에게 가치와 영감이 되기를 바란다. 당신들과 함께 일하는 동안 즐거웠다. 나의 멘토와 친구들 Michael Braungart, P. Aarne Vesilind, 그리고 깊은 영감, 유머, 그리고 영감을 준 Paul Anastas에게 매우 감사한다. 나는 또한 ToxServices LLC의 Margaret Whittaker, UrbanMarmot의 Erin Kanoa, Dan Bihn, Namara Brede, 그리고 James Hill의 기고에도 감사한다. 마지막으로, 나의 사랑하는 남편 칼의 인내와 지지에 감사한다.

로렌 하이네(Lauren G. Heine), 이학박사

저자소개

▌아른 베실린드(P. Aarne Vesilind), 기술사

베실린드는 에스토니아에서 태어나 1949년에 미국으로 이주했다. 그는 피츠버그의 강하류 마을인 펜실베니아주 비버에서 자랐다. 그는 리하이대학교(Lehigh University)에서 토목공학 학사를 받은 후 노스캐롤라이나대학교에서 환경공학 박사학위를 받았다. 그는 박사 후 1년을 오슬로에 있는 노르웨이 물연구소에서 보냈고, 버드머신에서 연구 엔지니어로 일 년을 보냈다. 그는 1970년에 듀크대학교의 교수진에 합류했다. 1999년 그는 버크넬대학교(Bucknell University)의 공학의 역사적 및 사회적 컨텍스트의 R. L. Rooke 의장으로 임명되었다. 그는 2006년 은퇴할 때까지 이 자격으로 일했다.

그의 연구는 175개 이상의 전문 논문의 저자로 이어졌다. 그는 또 환경공학과 직업윤리에 관한 20권 이상의 책을 저술했는데, 이 책 중 가장 최근의 것은 공학적인 결정에서 정의의 역할을 고려하는 '사회 책임 공학'(John Wiley & Sons)이다. 그의 인기 있는 책인 '에스토니아 유머'(Estonian Jokes)는 2009년 에스토니아 탈린의 펑크트앤코마에서 출판되었다. 2006년 6월부터 그는 뉴햄프셔주 뉴런던에서 살았고 최근 다트머스대학 윤리연구소의 방문학자로 임명되었다. 은퇴 후, 그는 음악에 대한 평생의 관심을 지속했고 The Exit 13 Tuba Quartet을 포함한 몇몇 지역 밴드에서 유포이움을 연주하고 있다. 2007년에 그는 Kearsarge Community Band의 지휘자를 맡으라는 요청을 받았다.

▌수잔 모건(Susan M. Morgan), 기술사

서던일리노이대학교 에드워즈빌(Southern Illinois University Edwardsville)
토목공학과 교수 및 학과장

모건은 남부 일리노이 대학 카본데일에서 토목공학 학사를 받았다. 국립과학재단 펠로십을 받은 그녀는 클렘슨대학교에서 환경공학 박사학위를 받았다. 그녀는 1996년 서던일리노이대학교 에드워즈빌의 토목공학과 교수에 합류했다. 1999년부터 2007년까지 그녀는 그 부서의 대학원 프로그램 책임자로 일했다. 현재 그녀는 종신 재직 교수와 학과장이다. 그녀는 일리노이주에서 공인된 전문엔지니어이다.

모건박사는 미국 토목학회의 세인트루이스 섹션의 환경기술위원회와 일리노이공학회의 세인트클레어 지회에서 활발하게 활동했다. 그녀는 2001년 '전국 전문엔지니어 협회'의 '올해의 엔지니어상'을 포함한 여러 개의 상을 받았다. 그녀는 Chi Epsilon과 Tau

Beta Pi를 포함한 몇몇 명예 협회의 회원이다. 그녀는 다양한 분야에서 연구를 수행해 왔다. 현재, 그녀는 특히 녹색 지붕의 사용을 통한 우수 관리에 초점을 맞추고 있다.

로렌 하이네(Lauren G. Heine), 이학박사

청정생산활동 선임과학자문
로렌하이네 그룹 총수

하이네는 듀크대학교에서 토목환경공학 박사학위를 받았다. 그녀는 지속가능한 사업 관행을 위한 녹색화학, 녹색공학, 그리고 디자인을 적용하는데 있어 미국의 선도적인 전문가들 중 한 명이다. 청정생산활동의 선임과학 고문이자 로렌하이네 그룹(Lauren Heine Group)의 총수로 녹색 화학과 엔지니어링을 제품 및 공정 설계 및 개발 활동에 통합하고자 하는 단체들을 지도한다. 즉, 독성물질과 폐기물개념을 제거하고 경제적, 환경적, 지역사회 지속가능성으로 나아간다. 특정한 전문 분야에는 더 친환경적인 화학 물질, 재료 및 제품을 식별 그리고 여러 이해관계자 이니셔티브의 촉진을 위한, 특히 기술적으로 기반을 둔 기술 도구와 전략의 개발을 포함한다.

2003년부터 2007년까지 하이네 박사는 지속가능한 제품 디자인에 초점을 맞추기 위해 건축가 William McDonough와 독일 화학자인 Michael Braungart가 설립한 비영리 단체인 Green Blue Institute의 응용과학 책임자를 역임했다. 그녀는 제품 세척을 돕기 위해 화학 원재료의 주요 인체 및 환경 건강, 안전성 및 지속가능성 특성에 대한 정보를 제공하는 미국 환경보호청의 환경 프로그램 설계(Design for the Environment Program)와 협력하여 개발한 고유한 웹 기반 정보 플랫폼인 CleanGredients^{TM}의 개발을 시작 및 지휘했다. 또한 그녀는 Association for Contract Textiles 및 NSF International과 협력하여 미국 국립 표준 연구소 표준인 Contract Furnishing Fabrics을 위한 지속가능성 평가 표준의 개발을 이끌었다.

하이네 박사는 캘리포니아 녹색 화학 이니셔티브 과학 자문위원회에서 근무했으며 화학 집약적인 제품을 위한 월마트의 지속가능성 네트워크 도구 개발 소위원회 공동의장직을 맡고 있다. 그녀는 녹색 화학 지표, 대안 평가 및 복수 이해당사자 과정에 대해 논문과 글을 발표한다. 오리건에 본사를 둔 제로 폐기물 연합(Zero Waste Alliance)을 공동창설하였고, 이어 워싱턴 미국 환경보호청 산업화학 지부의 녹색 화학 프로그램(Green Chemistry Program)에서 미국과학진흥협회(American Association for the Advancement of Science)의 회원이었으며, 그에 앞서 메인주 브룬스윅보우딘대학에서 유기화학을 가르쳤다. 마이크로스케일 유기화학 실험실 프로그램 하이네 박사는 현재 워싱턴디시 벨링엄에 살고 있다.

역자서문

이 책은 미국 듀크대학교 및 버크넬대학교 교수를 역임했던 아른 베실린드 교수의 환경공학개론 제3판(introduction to Environmental Engineering, 3rd Ed)을 번역한 것이다. 공동 저자인 수전 모건은 서던일리노이대학교 에드워즈빌(Southern Illinois University Edwardsville)의 토목공학과 교수 및 학과장이고 로렌 하니네 박사는 청정생산활동의 선임과학 고문이자 로렌하이네 그룹(Lauren Heine Group)의 총수이다. 저자들은 오랜 기간 동안 환경공학의 교육, 문제해결 및 비전 제시에 노력해온 사람들이다.

역자들은 오랫동안 대학에서 건설환경공학, 환경공학 및 물환경학 분야에서 강의를 해오면서 충분한 예제 및 연습문제를 갖춘 이 책을 환경공학개론의 교재로 사용하고 있으나 우리말로 되어있지 않아 부족한 면이 있었다. 이러한 차에 한국물환경학회에서는 우리 실정을 반영한 물환경학 분야의 출판을 기획하게 되었다. 그 첫 번째 작업으로 이 책을 선택하여 토목공학 및 환경공학을 전공하고자 하는 대학교 저학년 또는 환경공학 입문용으로 번역하고 용어와 법규를 우리나라에 맞도록 보완하여 출간하게 되었다.

이 책은 환경공학의 의사결정법, 자료관리, 기초양론 및 물질수지의 기본적인 원리를 환경공학의 사례에 맞게 예를 들어 이해하기 쉽게 서술하고 있다. 또한 환경공학의 주요 이슈 및 미래의 전략에 대해서 "초점(Focus on)"을 통하여 파악할 수 있게 한다. 따라서 이 책이 대학 교재뿐만 아니라 환경공학 수험 준비 및 현장에서 문제를 해결하는데 큰 도움이 될 수 있다고 생각된다. 마지막으로 출판에 도움을 주신 한국물환경학회 및 도서출판 동화기술 여러분께 감사드린다.

▌ 대표역자

한국물환경학회 특별출판위원회 위원장 박기영

추천사

지속가능발전은 환경정책이 추구하는 궁극적인 목표이지만 실제 이를 구현하는 과정에서 환경공학자가 느끼는 감정이 혼란스러울 때가 있다. 나름대로 공학자로서 사명을 가지고 직면한 환경문제에 대한 기술적 해결책을 제시하지만 때로는 이러한 노력이 경제적 또는 윤리적 측면에서 비판을 받는 경우가 적지 않기 때문이다. 이는 오늘날의 환경공학자가 물, 대기, 폐기물 등 당면한 환경문제를 해결하는 전통적인 기술자의 한계를 벗어나, 공학적 해결책이 유발할 수 있는 사회경제적 영향에 대한 인식과 그 결과에 대한 윤리적 책임감 등의 전인격적인 소양을 요구받기 때문이다. 이런 점에서 환경공학자로서 첫발을 떼는 사람들에게 제공하는 입문서로서 이 책은 다음과 같은 장점을 가지고 있다.

우선 저자가 강조한 바와 같이 환경공학의 기본인 물질수지와 윤리의 통합적 접근을 통해 환경공학 입문자에게 지속가능발전에 기여할 수 있는 실질적인 지식과 정보를 제공할 수 있을 것으로 보인다. 둘째는 입문서로서 특별한 사전지식을 요구하지 않는 수준에서 환경공학도에게 필요한 내용이 제시되었고, 특히 환경공학의 기초지식과 더불어 사고력을 확대할 수 있도록 적절한 사례를 제공한 것에 주목할 필요가 있다. 또한 내용적으로 문제의 정의 방법, 의사결정 방법, 양론과 물질수지, 자료해석, 반응과 반응조, 생태적 기초이론을 통하여 환경공학적 대상으로 적용 간의 자연스런 연결을 통해 이론과 적용 간의 간극을 좁히려는 저자들의 노력이 돋보인다.

물론 제시된 많은 사례들이 우리나라의 사례가 아니라는 점은 역서가 가지는 한계라 할 것이다. 그럼에도 불구하고 환경공학에 입문하는 사람들에게 환경공학에 대한 관심을 유발하고, 기초적이지만 중요한 이론적 토대를 제공하며, 최근의 트렌드를 반영한 환경공학적 관점을 교육하기 위해 이 방대한 내용의 개론서를 번역한 특별출판위원회의 역자들의 노고에 대한 진심어린 박수를 보낸다.

▌한국물환경학회 회장

명지대학교 환경에너지공학과 교수 이창희

차례

PART 1 환경공학

PART 2 기본 개념

PART 3 적용

CHAPTER 9 수질

CHAPTER 10 상수도와 정수처리

CHAPTER 11 하폐수처리

CHAPTER 12 대기질

CHAPTER 13 대기질 관리

CHAPTER 14 고형폐기물

CHAPTER 15 유해 폐기물

CHAPTER 16 소음오염

PART 1

환경공학

환경공학자는 위험에 대한 경고를 줄 뿐만 아니라 인간의 건강과 환경을 보호하기 위해 지속가능한 생활수준으로 나아가기 위한 등대가 된다.

© Keith and Susan Morgan

호주의 케이프 뒤 쿠에딕 등대

01 Chapter 환경 문제 파악 및 해결

흰머리독수리

북극곰

환경공학자는 과거 환경 문제가 어떻게 발생했는지 그리고 과학자, 공학자, 정책 입안자 및 다른 관계자들이 문제 해결을 위해 어떻게 함께 노력했는지 알아야 할 필요가 있다. 그리고 현재의 문제를 해결하고 미래의 유사한 실수를 방지하기 위해 과거의 교훈을 적용해야 한다.

1.1 환경공학이란 무엇인가?

환경공학은 오랜 역사를 가지고 있지만, "환경공학"이라는 표현은 비교적 새롭다. 구체적인 예시, 핵심 개념과 계산에 집중하기 전에 환경공학의 오랜 역사를 간단히 살펴보고 미래가 어떨지에 대해 알아볼 필요가 있다.

1.1.1 환경공학의 기원

환경공학의 뿌리는 문명의 시작으로 거슬러 올라간다. 어디든 사람들이 모여 정착하는 곳마다 깨끗한 물 공급과 폐기물 관리가 필요하게 되었다. 고대 도시의 경우 신뢰할 수 있는 수원의 가용성은 종종 생존과 파멸의 차이를 의미하였고, 물 공급은 방어의 필수요건이 되었다. 우물과 수로를 건설하던 사람들은 도시의 성벽과 해자, 그리고 투석기와 다른 병기를 만드는 사람들이었다. 이 사람들은 고대의 기술자였다. 1700년대 중반이 되어서야 민간인을 위한 시설을 만드는 기술자들이 자신들을 주로 전쟁과 관련된 기술자들과 구분하기 시작했고, "토목공학"[1])이라는 용어가 탄생했다. 미국의 형성기에 들어서면서 기술자들은 대부분 독학을 하거나 새로이 형성된 미국 육군 사관학교에서 교육을 받았다. 토목공학자, 즉 도로, 교량, 건물 및 철도 건설자들은 도시 상수도 시설을 설계하고 건설하며, 수인성 폐기물과 빗물을 관리하는 적절한 시스템을 마련하도록 요청받았다.

산업화의 도래와 함께 부족한 물과 폐기물 관리로 인해 도시에는 믿을 수 없을 정도로 비위생적인 환경이 조성되었다. 물이 질병을 전달할 수 있다는 것이 명백해질 때까지 대중의 항의는 없었다. 하지만 이후 토목공학자들은 적절한 물 공급을 제공하는 것 외에 물이 질병 전염의 매개체가 되지 않도록 해야 했다. 공중 보건은 인구 밀집 지역에 상수도를 공급하는 토목공학 기술자의 필수 관심사였고, 19세기 후기 수인성 질병의 제거는 주요 목적이 되었다. 도시의 배수 시설을 담당하고 깨끗한 물 공급을 담당하는 토목공학 기술자는 영국에서는 공중보건공학자로 미국에서는 위생공학자로 불리게 되었다.

1) 우리나라나 일본에서는 최근 토목공학을 사회기반공학, 사회인프라공학, 도시시스템공학, 건설시스템공학 등으로, 토목환경공학은 건설환경공학이나 사회환경공학으로 명칭을 변경한 학교 교육 프로그램이 다수이다(역자).

1.1.2 오늘날의 환경공학

위생공학자는 오염된 공기나 물에 의한 급성 질환의 전염을 획기적으로 줄였다. 미국에서는 사실상 오염으로 인한 급성 영향은 제거되었다. 하지만 이들은 기후 변화, 고갈되고 있는 대수층, 실내 공기 오염, 잔류성, 생물농축성 및 독성 화학물질의 세계적 이동, 하·폐수 방류수, 강, 하천 내 생활용품 및 의약품과 같이 인간이 만든 화학물질의 복합 혼합물이 가지는 상승적 영향, 내분비 교란 물질, 나노 입자와 같이 빠르게 출현하는 신소재가 인체 및 환경 건강 및 안전에 미치는 영향에 대한 부족한 정보 등과 같이 보다 복잡하고 만성적이 문제로 대체되었다. 그리고 공기, 물과 같은 개별 환경 매체의 문제는 더 이상 각 매체 별로 고려되고 관리될 수 없다. 한 환경 매체에서 다른 환경 매체로 오염 문제가 옮겨가지 않도록 생태계 차원에서 관리해야 한다. 이러한 만성적 문제가 더 심각해지기 전에 해결하기 위해, 과학자와 공학자는 환경, 도시 및 산업을 상호 작용하는 시스템(즉, 상호 연결된 생태계, 사회 시스템 및 산업 시스템)으로 이해하고, 적극적이고 선제적으로 사고하여 의도하지 않은 결과에 대한 대응적 관리가 아닌 그러한 결과를 피할 수 있도록 하기 위해 노력하고 있다.

오늘날 대부분의 선진국에서는 환경오염이 가지는 직접적이고 즉각적인 건강상 영향이 더 이상 여론의 유일한 관심사가 아니다. 이미 하천 자체를 위한 하천의 청결함을 원동력으로, 깨끗한 환경에 대한 우리의 요구에 부응하는 법안이 통과되었다. 또한 야생 동물 서식지의 보호, 종의 보전 및 생태계의 건강이 자원 소비에 대한 목표가 되었다. 환경윤리라고 불리는 이러한 사명감은 현대 환경공학의 주요 원동력이며 공공의 가치로 대중에 의해 요구된다. 20세기에는 인간의 이익을 위해 천연 자원을 악용하고자 하는 사람들의 욕구가 환경 윤리와 대립하였다. 일반적으로 사람들은 둘 사이에 균형이 있어야 한다고 생각하였고, 우리는 경제 또는 환경 중에서 선택해야 했다.

1.1.3 다가오는 환경공학

21세기에는 지구상의 생태계와 천연 자원이 무궁무진하지 않다는 것이 명백하다. 사람들의 건강, 경제 및 사회 복지를 보존하고 유지하는 것은 생태계와 생태계가 제공하는 생태계 서비스의 완전성을 보존하고 유지하는 것에 달려 있다. 따라서 해결책은 경제와 환경 사이의 절충안을 찾는 것이 아니라 경제와 환경 모두의 웰빙이다. 이에 공동의 목표인 지속가능한 발전이 전 세계에 걸쳐 나타났다. 1987년 유엔위원회는 브룬트란트 보고서에서 지속가능한 발전(sustainable development)은 "미래 세대가 그들의 필요를 충족할 수 있는 능력을 저해하지 않으면서 현재 세대의 필요를 충족하는 발전"이라고 정의하였다.

지속가능한 발전(때로는 "지속가능성"이라고 함)은 활동의 본질 및 운영되는 문화적, 지리적, 경제적 및 환경적 맥락에 따라 사람과 지역 사회마다 다른 것을 의미한다.

과거 환경공학은 세계 인구 증가와 생활수준 향상으로 인해 발생하는 문제에 대응하기 위한 대응적 직업이었다. 하지만 미래 환경공학자가 해결해야 하는 문제는 추정할 수 있다. 예를 들어, 불과 수십 년 전에는 국지적인 환경오염 문제가 현재 세계적인 규모가 되고 있다. 또한, 신규 화학물질과 기존 화학물질의 지속적인 사용과 환경으로의 배출은 예측 불가능한 영향을 가지고, 때로는 상승효과가 나타나기도 한다. 또한 에너지 효율 및 기타 효율성 개선만으로는 인구가 증가하고 개발도상국의 삶의 질이 향상됨에 따라 생겨나는 자원 제약에 대한 문제를 적절하게 다루지 못할 것이라는 것을 알고 있다. 따라서 현재와 미래의 환경 기술자는 지속가능한 발전을 실현하는 데 중요한 역할을 담당할 것이다.

물론 응용수리학, 공중보건 및 화학공학 공정을 기반으로 하는 고전적인 위생공학 교육은 이러한 복잡한 문제를 해결하기에 부적절하다. 인간 건강과 환경 보호를 위임받은 새로운 부류의 환경공학자는 자연 과학을 받아 들여 나노기술, 생명공학, 정보기술, 화학적 거동 및 독성, 전주기 영향을 포함하는 생물학 및 화학 분야를 최첨단 수준으로 다룰 것이다. 환경공학자는 또한 제품 설계 및 개발을 포함한 산업 프로세스에 대한 높은 이해도를 가질 것이다. 마지막으로 환경 문제는 모두 공공 영역에 있기 때문에 환경공학자들은 공공 정책, 의사소통 및 경제와 같은 사회 과학을 적용하는 법을 배우고, 문제를 해결하기 위해 다양한 이해 관계자와 협력하는 방법을 배울 것이다. 이러한 모든 주제가 현재의 토목공학 또는 환경공학 커리큘럼에서 완전히 다루어지기 어렵기 때문에 학생들은 경영관리, 환경 과학 및 관리, 공공 정책 등 관련 학습 프로그램에 노출될 필요가 있다.

환경공학자는 적극적이고 선제적으로 해결책을 개발하기 위해 설계 교육을 적용할 것이다. 사후처리에 주력하던 것을 공학적 제어 수단을 통한 사전오염예방으로 나아가면서, 환경공학자는 애초에 문제를 방지하기 위해 설계를 사용하는 방향으로 나아갈 것이다. 이 책의 여러 부분에서 다루어지는 녹색화학(green chemistry), 녹색공학(green engineering), 환경을 고려한 설계(디자인)와 같은 신흥 분야는 환경 및 다른 공학자가 지속가능한 제품을 개발하고 지속가능한 자재 관리를 촉진하는 데 도움이 될 것이다.

환경공학자가 직면한 문제가 계속해서 복잡해짐에 따라 해결책 개발을 위한 원칙과 체계에 대한 필요성이 커지고 있다. 2003년 약 65명의 공학자와 과학자들이 녹색공학을 위한 일련의 원칙을 개발하기 위해 플로리다주 샌데스틴에 소집되었다. 미국 환경보호청(EPA, Environmental Protection Agency)은 녹색공학을 "공정 및 제품의 설계, 상업화 및 사용이 실현 가능하고 경제적이면서 ① 근원지에서의 오염 발생과 ② 인체와 환경에 대한 위험을 최소화하는 것"으로 정의하고 있다. 하지만 샌데스틴 모임에서는 사회적 요소를 다루기 위해 일반적인 녹색공학의 범위로 보았던 것 이상의 원칙을 고안했다. 그리고 그 원칙은 지속가능공학(sustainable engineering)을 위한 샌데스틴 원칙(또는 샌데스틴 원칙)으로 알려지게 되었다.[1,2] 그리고 인간의 건강과 환경을 위한 이익을 가진 제품과 공정의 설계와 개발을 지원하기 위해 다른 원칙들도 개발되었다. 여기에는 녹색화학의 12원칙과 녹색공학의 12원칙이 포함된다.[3] 미국 환경보호청은 9개의 샌데스틴 원칙들을 녹색공학의 원칙으로 채택했다. 이러한 원칙들은 21세기의 문제를 해결하기 위해 노력하는 모든 공학자들에게 지침과 광범위한 체계를 제공한다. 또한 확장되고 있는 환경공학자의 역할을 잘 보여준다(표 1.1).

지속가능공학은 기존 공학 분야와 관행을 지속가능성이 향상되는 방향으로 바꾼다. 지속가능공학은 인간의 건강을 보호하고 공학적 해결책의 기준으로 생물권의 보호를 강화하면서, 인간 복지를 증진하는 기술적, 경제적으로 가능한 제품, 공정 및 시스템의 개발 및 구현을 포함한다.

이러한 원칙들은 정부, 컨설팅, 학계 또는 민간 업계를 불문한 모든 유형으로 고용된 환경공학자들에게 안내서 역할을 할 수 있다. 대중은 환경공학자의 업무를 인정하고 존경하며, 지속가능성을 달성하기 위해 사회적 자원을 사용할 준비가 되어 있다. 환경공학 전문가 커뮤니티는 환경공학자가 일반적으로 환경공학자에게 기대되는 깊이 있는 기술 전문 지식을 지속적으로 습득하고, 시스템 수준에서 문제를 이해하고 다른 분야와 부문의 전문가 및 비전문가와 생산적으로 협업할 수 있는 능력을 가지기 위해 지금 준비해야 한다.

표 1.1 지속가능공학을 위한 샌데스틴 원칙

1. 프로세스 및 제품을 전체적으로 엔지니어링하고, 시스템 분석을 사용하며, 환경 영향 평가 도구를 통합한다.
2. 인간의 건강과 행복을 보호하면서 자연 생태계를 보존하고 개선한다.
3. 모든 엔지니어링 활동에서 전과정 사고를 사용한다.
4. 모든 물질 및 에너지 입력 및 출력이 본질적으로 안전하고 가능한 무해하도록 한다.
5. 천연 자원의 고갈을 최소화한다.
6. 폐기물 발생을 막으려고 노력한다.
7. 지역의 지리, 열망, 문화를 인지하면서 공학적 해결책을 개발하고 적용한다.
8. 현재 또는 지배적인 기술 이상의 공학적 해결책을 만든다. 지속가능성을 달성하기 위해 기술을 개선, 혁신 및 발명한다.
9. 공학적 해결책 개발에 커뮤니티와 이해관계자의 참여를 적극적으로 유도한다.

1.2 사례 연구

다음은 환경 문제로 확인되고 해결된 사례들이다. 이들은 환경공학 분야 특유의 원리와 논란의 일부를 보여준다.

1.2.1 홀리크로스대학 간염 발생

1969년도의 홀리크로스대학(Holy Cross College) 미식축구 팀원들은 다트머스 경기 이후 모두 탈이 났다.[4] 전염성 간염의 특징인 고열, 메스꺼움, 복통, 그리고 황달 증상을 보였다. 경기 이후 며칠 동안 선수, 코치, 트레이너 및 기타 관련자를 포함한 87명의 팀원들이 앓았다. 대학은 미식축구 시즌의 나머지 경기를 취소하였고, 질병의 역학에 초점을 맞추었다. 어떻게 팀 전체가 전염성 간염에 걸릴 수 있었을까?

이 질병은 주로 사람에게서 사람으로 전염되는 것으로 생각되지만, 유행성 전염병은 종종 오염된 해산물이나 물을 통해 발생할 수도 있다. 사람에게 광범위하게 영향을 주는 간염 바이러스에는 여러 종류가 있다. 가장 덜 치명적인 것은 A형 간염 바이러스로, 수주일간 저조한 상태를 가지게 하지만 지속적인 영향은 거의 가지지 않는다. 그러나 B형 간염과 C형 간염은 심각한 문제, 특히 간 손상을 초래할 수 있으며 수년간 지속적인 영향을 가질 수 있다. 홀리크로스대학 전염병 발생 당시 간염 바이러스를 분리하지 않아 간염의 원인이나 결과가 거의 알려지지 않았다.

대학에서 전염병의 심각성을 알게 되었을 때 주 및 연방 기관에 도움을 요청하였고, 주 및 연방 기관에서는 우스터(Worcester)시로 역학 전문가를 보냈다. 역학 전문가들의 첫 번째 임무는 팀원들이 함께 있던 사람들, 팀원들이 갔던 곳, 팀원들이 먹고 마신 것 등에 관한 가능한 한 많은 정보를 모아서 전염병이 어떻게 발생했는지 추론하는 것이었다. 그들이 알고 있었거나 알아낸 정보 중 일부는 다음과 같다.

- 간염의 잠복기가 약 25일이므로, 8월 29일 또는 그쯤에 감염이 발생해야 했다.
- 8월 29일 전에 팀을 떠난 선수는 감염되지 않았다.
- 8월 29일 이후에 늦게 도착한 대표팀 선수들도 마찬가지로 감염되지 않았다.
- 신입 선수들은 9월 3일에 도착했고, 아무도 질병에 걸리지 않았다.
- 신입 선수들과 대표 선수들 모두 동일한 식당을 사용했으며 신입 선수들 중 누구도 감염되지 않았기 때문에 식당의 책임일 가능성은 거의 없다.
- 간염을 앓은 트레이너 한 명은 같은 식당에서 식사를 하지 않았다.
- 오염된 조개류가 바이러스의 원인이었을 수도 있는 식당에서 선수들이 식사를 했다

는 공통점은 없었다.

• 주방에서는 팀을 위해 설탕, 꿀, 얼음, 물을 섞은 혼합음료(홀리크로스대학팀의 게토레이에 해당)를 준비했고 주방 직원이 음료를 연습장에 보내기 전후에 확인하였으나 감염되지 않았기 때문에 음료의 문제는 아니다.

전염병의 원인에 대한 대안이 없었던 역학자들은 물에 초점을 맞추었다. 우스터시에서 대학에 물을 공급하였고, 막 다른 길인 더턴 스트리트(Dutton Street)로부터 매설관을 통해 미식축구 연습장의 식수대로 물을 공급하였다. 식수대에서 채취한 물 샘플은 오염되지 않았었지만 샘플이 오염되지 않았더라도 관로를 통한 질병 전염 가능성을 배제할 수 없었다. 관로는 계량기 피트와 일련의 스프링클러 박스를 지나 연습장으로 물을 공급하였다(그림 1.1).

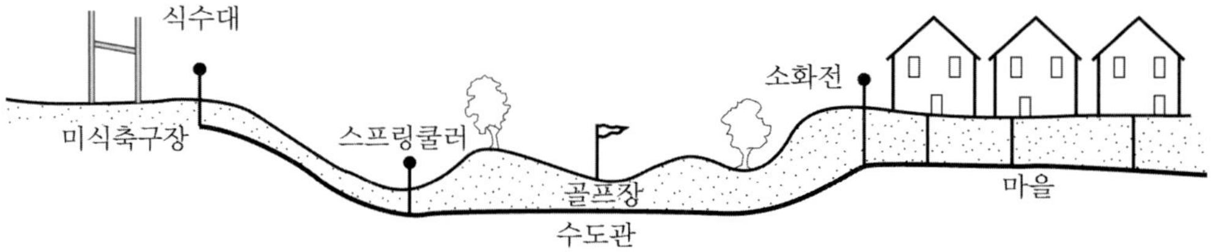

그림 1.1 관로는 더턴 스트리트(Dutton Street)에서 홀리 클로스 대학 연습경기장으로 물을 공급하고, 여러 개의 스프링클러 박스를 지나간다.

그 밖에 두 가지 다른 중요한 정보가 밝혀졌다. 더턴 스트리트의 한 집에 간염을 앓고 있는 아이들이 있는 것으로 나타났다. 이 아이들은 여름 저녁에 스프링클러 박스 근처에서 놀았고, 종종 그 박스들을 열고 패인 곳에 만들어진 작은 물웅덩이에서 물을 튀기며 놀았다. 하지만 만약 아이들이 물을 오염시켰다고 해도 아이들이 놀던 물웅덩이에 있던 물이 어떻게 항상 양압 상태를 유지하고 있는 관로로 들어갔을까?

이러한 궁금증은 역학자들이 8월 28일 저녁에 우스터에서 큰 화재가 발생해서 다음 날 새벽까지 불길이 잡히지 않았다는 사실을 찾아내면서 풀렸다. 이 화재 진압을 위해 상당 양의 물이 필요했고, 더턴 스트리트의 주택들에는 수압이 전혀 없었다. 다시 말해, 화재 진압을 위해 빠른 속도로 물을 펌핑하였고, 이는 관로 내 압력을 음압이 되게 한 것이다. 만약 간염을 앓던 아이들이 스프링클러 박스의 밸브를 열어놓았고 박스 주변의 물을 오염시켰다면, 간염 바이러스가 관로로 들어갔을 것이다. 화재 다음 날 아침 관로의 압력이 다시 회복되면서 오염된 물이 관로 끝까지 흘러가서 연습장의 식수대로 흘러갔고, 식수대에서 물을 마신 선수들, 코치, 그리고 다른 모든 사람들이 간염에 걸리게 된 것이다.

이 사례는 고전적인 교차연결(cross connection) 또는 처리된 먹는물과 오염된 물의 물리적 접촉과 그로 인해 잠재적으로 발생할 수 있는 심각한 결과를 보여준다. 환경공학의 목표 중 하나는 공중 보건을 보호하는 시스템을 설계하는 것이다. 홀리크로스대학 사건이 보여주듯이 모든 가능성을 예측하고 대비할 수는 없지만 공학자는 배관을 설계할 때 교차연결의 가능성마저 피할 수 있는 방법으로 시스템을 설계해야 한다.

토의 질문

1. 식수대에서 물을 마시거나 병물을 살 때, 물의 안전에 대한 여러분의 기대는 무엇인가? 이러한 기대를 이행할 책임이 있는 사람은 누구인가? (마지막 질문에 조심하라) 다행히도 여러분의 민주주의 국가에 살고 있음을 기억하라.
2. 현재 우리가 간염에 대해 알고 있는 것을 감안할 때 작년에 감염 사건이 발생했다면 역학자들의 조사가 어떻게 달라졌을까? 답을 하기 위해 여러분은 약간의 조사를 해야 할 것이다. 대부분의 대학교에서는 조사에 활용할 수 있는 간염 및 기타 전염병에 대한 훌륭한 온라인 정보를 제공하고 있다. 당신이 미식축구 선수 중 한 명의 가족에 의해 고용된 신체 상해 변호사라고 생각하라. 어떻게 잘못을 규명하겠는가? 누가 피소되어야 하는가?

1.2.2 하폐수 슬러지 처분

유명한 미국의 언어학자이자 작가인 멘켄(H. L. Mencken)은 그의 논문인 The American Language : An Inquiry into the Development of English in the United States (Alfred A. Knopf Inc. 1977)에서 우리 언어의 많은 새로운 단어들이 그 자체로 모습이나 의미를 전달하는 소리의 조합으로 형성되었음을 말하였다. 예를 들어, “crud”는 1900년대 초반 필리핀에 주둔한 미군 병사를 위한 의료 진단이었던 만성 재발성 상세불명 피부염(chronic recurring unspecified dermatitis)인 C.R.U.D에서 시작되었다. 이 단어는 의미 없는 이미지를 가지고 있다. 가장 달콤하고 친절하게 미소 지으면서 “crud”라고 말하려고 한다면 바로 그렇게 할 수 없고, 아마도 항상 cruddy라고 들림을 알 수 있다.

멘켄이 특히 추하다고 말하는 자음의 조합은 “sl”소리이다. “sl”로 시작하는 단어를 사전에서 찾아보면 slimy (끈적끈적한), slither (스르르 나아가다), slovenly (지저분한), slug (민달팽기), slut (잡년), slum (빈민가), 그리고 sludge (슬러지) 등이 있다. 이 단어들의 소리는 어감이 나빠 뭔가 좋지 않은 뜻이 있을 것으로 생각할 수 있다.

그리고 실지로 그렇다. 슬러지는 하폐수처리장에서 하폐수 처리 잔류물로 발생한다. 사람들이 음식으로 섭취한 화학에너지를 비효율적으로 사용하기 때문에 하폐수처리장에서는 에너지를 낭비한다. 인체와 마찬가지로 하폐수처리장의 대사과정도 비효율적이다. 하폐수처리장은 깨끗한 물을 생산하여 가장 가까운 하천으로 방류하지만, 상당한 화학에너지를 가지고 있는 부산물도 생산한다. 이 잔류물은 수생 생태계를 쉽게 훼손하거나 성가신 문제를 야기하거나 인간의 건강에 해를 끼칠 수 있기 때문에 그냥 간단히 폐기할 수 없다. 하폐수 슬러지의 처리 및 폐기는 환경공학의 가장 시급한 문제 중 하나이다[슬러지 폐기에 대한 부정적 여론을 줄이기 위해 한 미국물환경협회는 하폐수처리장에서 배출되는 물질을 "슬러지"대신 "바이오솔리드(biosolids)"라고 부를 것을 제안했다. 우리나라에서는 하수도법에서 하수슬러지를 하수찌꺼기로 변경하였다(역자). 물론 "중요한 것은 이름이 아니지만… "].

슬러지 폐기는 매우 어렵고 부적절한 처리로 인해 인체 건강 문제가 야기될 수 있으므로 정부 규정이 필요하다. 정부 기관의 환경 규제 설정에서 인간의 건강이나 안녕은 종종 경제적 고려사항과 비교 검토된다. 즉, 건강한 환경을 위해 우리는 얼마를 기꺼이 지불할 것인가이다. 여기서 전제 혹은 적어도 희망은 규제 기관이 특정 규제가 인체 건강에 미칠 영향을 결정하는 데 필요한 정보를 가지고 있다는 것이다. 불행히도 이것은 드문 경우이며, 규제 기관은 부족하거나 사용할 수 없는 과학적 정보를 기반으로 의사 결정을 하도록 강요받고 있다. 규제 기관은 경쟁적 이해관계와 다양한 구성원의 균형을 유지해야 한다[예를 들어, 아이슬란드에서는 요정(elf)의 존재가 심각하게 받아들여지고 있고, 이러한 요정이 산다고 추정되는 집에 피해를 입히지 않기 위해 도로의 경로가 변경된 바 있다!]. 민주주의 국가에서는 규제 기관은 대중의 이해관계를 대표한다. 만약 규제가 받아들여지지 않는 것으로 판단되면 대중은 규정을 변경할 수 있다(또는 규제 기관을 변경할 수 있다!).

미국에서 인기가 없던 규제의 예로 일반적으로 무시되고 결국 폐지된 주간 고속도로의 속도 제한인 90 km/h가 있다. 미국 교통부는 대중의 의지가 고속도로에서 속도를 늦추려는 것이라고 잘못 판단한 것이다. 가솔린 사용 감소와 사고로 인한 사망 감소라는 두 개의 이익은 훌륭한 목표였지만, 대중에게 지나친 감속을 요구했기 때문에 이 규정은 거부되었다. 제한 속도의 경우 교통공학자들은 제한 속도를 105 km/h에서 90 km/h로 낮추면 매년 약 2만 명의 생명을 구할 것이라고 분명히 말할 수 있었지만, 이는 여론을 바꾸지는 못했다. 대중은 낮은 고속도로 속도에 대한 대가를 지불하는 것을 원하지 않았다.

환경 규제는 존경스럽고 도덕적으로 타당한 목표, 대개 공중 보건의 강화(또는 부정적인 것에 대한 대응, 질병 또는 조기 사망 예방)를 추구한다. 환경 규제는 규제 기관이 규정에 의해 발생하는 이익을 규제 비용에 비교 검토하도록 요구한다. 종종 인간 건강 보호의 가치는 오염시키는 행동을 줄임으로써 발생하는 경제적 비용과 자유에 대한 제한을 수반할 수 있는 규제 조치의 시행과 균형을 이룬다. 즉, 규제 기관은 대중의 건강을 향상시키는 환경 규제를 설정하여 오염 물질을 환경으로 배출하는 사람들의 자유를 빼앗아간다. 규제 기관은 공중 보건의 이익과 자유 또는 재산의 손실 간의 균형을 맞춘다. 사실상 자유는 줄이고 부를 얻는다. 도시 하수처리장에서의 방류수에 엄격한 제한을 설정하려면 추가 처리 비용을 지불하기 위해 공공 세금을 인상해야 한다. 중금속이 함유된 산업 슬러지의 배출을 금지하려면 공장에서는 고비용 오염 방지 시스템을 설치해서 최소 비용으로 이러한 폐기물의 배출을 방지해야 한다. 엄격한 먹는물 기준을 설정하는 것도 더 나은 정수처리 시설을 건설하기 위해 더 많은 지출을 초래한다. 환경 규제를 수립할 때마다 규제 기관은 공중 보건의 도덕적 가치와 부의 취득의 도덕적 가치 사이의 균형을 유지한다. 다치게 하지 말라와 도적질하지 말라 간의 대결이다. 이는 도덕적인 딜레마이며, 이는 정확히 규제 기관이 환경 규제를 정할 때 직면하는 것이다.

펠프스(Earle B. Phelps)는 대부분의 환경 규제 결정들이 편의주의 원칙(principle of expediency)을 사용하여 이루어진다는 것을 최초로 인식했다.[5] 하천 위생과 스트리터－펠프스(Streeter－Phelps) 용존산소 부족 곡선식(8장) 개발자로 알려진 위생공학자인 펠프스는 편의주의를 "잠재적 위험의 수치적 척도 또는 기존 위험 요소의 논리적 척도를 재정적 자원과 공학 기술의 한계 내에서 실행 가능하고 실현 가능한 최저 수준으로 줄이려는 시도"라고 설명했다. 또한 "최적 또는 이상적인 상태는 실제로는 거의 이루어질 수 없으며 현재의 공학적 관행과 정당한 비용으로 쉽게 얻을 수 있는 상태보다 최적 또는 이상적인 상태에 가까운 상태를 요구하는 것은 낭비적이고 부당하다."고 했다. 펠프스는 종종 자신들의 결정을 방어하는데 어려움을 겪는 현재의 기준 설정자들을 위해 "편의주의 원칙은 관리기준의 논리적 기저이고 방어를 위해 솔직하게 진술되어야 한다."고 조언했다. 펠프스는 인간의 건강에 영향을 미치는 오염에 대한 속도 제한의 일종으로 환경 기준을 사용하는 데 있어 잘못된 점을 발견하지 못했다. 그는 또한 수확 체감의 법칙과 기술적 실현가능성을 위한 지연 시간을 이해했다. 그러나 그는 항상 환경 위험 요소를 최저 편의 수준으로 줄이기 위해 노력했다. (사전 예방 원칙이라는 경쟁 철학이 있음을 유의해야 한다. 이 철학은 적절한 정보를 가지고 있지 않았을 때 있다고 가정하고 우리가 반복적으로 만든 문제를 피하기 위해 불확실성을 고려해 지나치게 조심스럽게 제재한다. 예를 들어, 개방되고 경계 없는 라군에 유해 폐기물을 처분하는 것과 같은 일들을 불허한다.)

규제 기관의 책임은 규제 의사 결정에 사용 가능한 최선의 과학을 통합하는 것이다. 그러나 제한된 과학적 정보만 사용할 수 있는 경우 문제가 발생한다. 인간 건강에 대한 슬러지의 환경적 영향의 복잡성은 과학적 불확실성을 초래하고 슬러지 처리를 어렵게 만든다. 슬러지 처리 규정을 만들 때 문제점은 하폐수 슬러지가 알려지지 않은 역동적인 성질을 가지며 환경 매체에 따라 다른 반응을 보인다는 것이다. 규제 기관은 슬러지의 존재가 문제가 되는지, 그리고 슬러지에 대해 무엇을 할 수 있는지와 무엇을 해야 하는지를 결정해야 한다.

이러한 복잡성에도 불구하고 1980년대 중반 미국 환경보호청은 건강 기반 슬러지 처리 규정을 만들기 위한 프로그램을 시작했다. 미국 환경보호청은 1972년 수질보호법(Clean Water Act)에 따라 그러한 규정을 제정하도록 명령받았지만 최대한 오래 지체시켰다. 규정을 만드는 일은 쉽지 않았고, 미국 환경보호청도 그것을 알고 있었다. 그들은 논리적인 방법으로 슬러지의 성분이 인간에게 해를 끼칠 수 있는 모든 수단을 명시한 다음 최악의 시나리오들을 정의했다. 예를 들어, 슬러지 소각의 경우, 미국 환경보호청은 사람이 슬러지 소각로 아래 지역에서 70년 동안 살면서 하루 24시간 배기가스를 흡입한다고 가정했다. 이와 같은 가정에서는 사람은 결코 움직이지 않으며, 바람은 결코 변하지 않고, 소각로는 70년 동안 오염 물질을 계속 배출한다. 대부분의 관심사는 수은과 같은 휘발성 금속일 것이다. 미국 환경보호청은 일본의 미나마타(Minamata, 水俣) 비극과 같은 역학 증거와 외삽법을 사용하여 슬러지 소각장에서 허용되는 총수은 배출량을 추정했다.

미국 환경보호청은 이러한 최악이지만 완전히 비현실적인 시나리오를 구축함으로써 일련의 슬러지 처리 규정 초안을 만들었고, 대중의 의견을 수렴하기 위해 이를 공개했다. 대중은 이에 대해 즉각적이고 압도적인 반응을 보였다. 미국 환경보호청은 600건 이상의 공식 의견을 받았고, 거의 모든 의견이 처리 과정, 가정 및 결론을 비판하는 것들이었다. 많은 의견들이 당시 적절한 슬러지 처리가 어떤 식으로든 대중에게 유해하다는 것을 보여줄 수 있는 역학 자료는 없다고 지적했다. 그러한 정보 없이 엄격한 기준을 설정하는 것이 부당하게 보였다.

이러한 부정적 반응에 휩싸인 미국 환경보호청은 건강 기반 접근법을 포기하고 펠프스 형식의 편의 기준을 채택했다. 이는 혐기성 소화와 같은 방법으로 처리된 슬러지(Class B)와 소독 처리를 한 슬러지(Class A)의 두 가지 슬러지를 정의한다. Class A 슬러지는 모든 농지에 뿌려 처리할 수 있지만 Class B 슬러지는 슬러지를 뿌린 목초지에 소를 다시 들여보내기까지 30일을 기다려야 하는 것과 같은 제한이 있다. 처리하지 않은 슬러지(지정되지는 않았지만 아마도 Class C)는 환경으로 처분해서는 안 된다. 이 규정은 미국의 모든 하폐수처리장이 혐기성 소화와 같은 슬러지 안정화 시설을 갖추고 있고 대부분의 처리장이 이미 준수하고 있는 규제가 대중적인 규제이기 때문에 적용이 적절하다.

슬러지 구성 성분이 인간 건강에 미치는 영향에 대한 유용한 역학 정보가 없어 미국 환경보호청은 최악의 시나리오를 구축할 때 규정이 비현실적이고 대중이 받아들이지 않을 정도로 지나치게 보수적인 입장을 취하도록 했다. 건강 기반 규정의 몰락 원인은 규제 기관이 제안된 기준을 충족시키지 못한 슬러지 처리로 얼마나 많은 사람들이 피해를 입을 것인지를 말할 수 없었다는 점이다. 이러한 정보 없이 대중은 단순히 불필요한 규제로 인식되는 것으로 인해 번거롭고 싶지 않다고 결정했다. 미국 환경보호청은 대중으로부터 너무 많은 것(돈)을 가져가고 정의되지 않고 명백하게 사소한 이익(건강)을 돌려주었을 것이다. 미국 환경보호청은 이러한 규정이 전혀 없는 것보다 낫다는 것을 알고 편의를 위해 하폐수처리장이 할 수 있는 일(일부 경우에는 혐기성 소화 또는 열을 이용한 소독과 같은 일)을 하도록 결정했다. 처리 기술이 향상되고 하폐수 처리에 더 많은 돈을 투자하기로 결정함에 따라 기준은 강화될 수 있고, 이는 윤리적으로 적절할 수 있기 때문이다.

슬러지 폐기 규정 설정과 같은 규제 의사 결정은 영향을 받는 시민들에게 비용과 편익을 분배하는 것 때문에 윤리적인 파문을 가진다. 편의주의 원칙은 기술적 타당성의 제약 속에서 비용을 최소화하면서 규제 기관이 건강 보호의 이익을 최적화하도록 요구하는 윤리적 모델이다. 50년 전 제안된 펠프스의 편의주의 원칙은 여전히 역동적이면서도 시행 가능한 환경 규제를 설정하기 위해 과학 지식을 이용한 윤리학의 유용한 응용이다. 슬러지 처분의 경우, 미국 환경보호청은 비용이 많이 드는 하폐수 슬러지 처리 및 처분을 요구함으로써 재물을 취하는 도덕적 해악에 대한 인체 건강 보호의 도덕적인 선을 평가하여 편의주의 원칙에 입각한 윤리적 결정을 내렸다.

토의 질문

1. 펠프스의 편리주의 원칙의 견지에서 여러분의 운전 습관에 대해 토론하라.
2. 뉴햄프셔주의 한 주지사 후보는 뉴햄프셔 토지에 하폐수 슬러지를 처분하는 것을 중단하라는 한 가지 문제에 계속적으로 이야기했다. 공개 토론회에서 세 가지 질문을 할 기회가 있다고 가정해보라. 세 가지 질문이 무엇이고 그에 대한 그의 대답은 무엇이었을 것이라고 생각하는가?
3. 공중 보건과 청결 정신이 강한 일본에 사는 사람들은 다른 나라에 사는 사람들보다 더 심하게 그리고 더 빈번하게 감기에 걸린다고 밝혀졌다. 왜 이것이 사실일까?

1.2.3 도노라 사건

1948년 전형적인 서부 펜실베이니아의 흐리고 고요한 가을 어느 날이었다.[6] 머논가힐라강(Monongahela River) 강변에 있는 작은 제강 마을인 도노라(Donora)의 주민들은 유난히 스모그가 많은 것처럼 보이는 대기에 별로 관심을 기울이지 않았다. 보이는 현상은 더 심각했다. 어떤 사람들은 심지어 검은색 고드름이 공중에 매달려 있는 것과 같은 탄소띠가 실제로 눈에 보일 정도로 공기가 아주 탁했던 날들을 기억했다. 어린이들의 할로윈 퍼레이드가 예정대로 진행되었으며, 상대팀 코치가 경기에 항의하겠다고 했음에도 불구하고 토요일 오후 고등학생 미식축구 경기도 예정대로 진행되었다. 그는 도노라 팀 코치가 앞으로 패스를 던지면 공이 완전히 사라져서 공을 받는 선수들이 공이 어디서 다시 나타날지 모르도록 경기장에 스모그 장막을 고안했다고 주장했다.

평소 스모그가 많은 날과는 달랐다. 그날 밤 11명의 사람들이 죽었고, 그 후 몇 시간 안에 10명이 죽게 될 것이었다. 스모그가 너무 심해서 환자를 치료하는 의사들이 집에서 집으로 가는 길을 잃을 정도였다. 월요일까지 14,000명이 살고 있는 작은 마을에서 거의 절반이 병원에 입원 중이거나 심한 두통, 구토, 경련 등으로 집에 있었다. 모든 카나리아와 대부분의 개와 고양이가 죽거나 죽어가는 등 애완동물들이 가장 고통을 겪었다. 실내 화분조차도 스모그의 영향에 면역력이 없었다.

이 규모의 대참사를 도울 수 있는 응급 차량이나 병원이 충분하지 않았으며, 많은 사람들이 즉각적인 보살핌을 받지 못하고 사망했다. 소방관들은 가장 중한 환자들을 돕기 위해 산소 탱크를 지참하고 파견되었다. 모든 사람에게 공급할 만큼 충분한 산소가 없었기 때문에 사람들에게 몇 차례 호흡을 하게 한 후 다른 사람들을 계속 도왔다.

6일 간의 강렬한 독성 스모그가 피해를 끼친 후 10월 31일 마침내 대기가 맑게 되자 이 사건(이러한 대기질 참사가 알려짐에 따라)의 범위가 분명해졌다. 도노라에 대한 언론의 관심은 지역 사회의 대기질을 통제하기 위한 새로운 인식과 헌신을 가져왔다. 보건 당국자들은 스모그가 하룻밤 더 계속되었다면 거의 만 명이 죽었을 수도 있다고 추측했다.

이 사건이 일어난 도노라의 특별한 점은 무엇일까? 첫째, 도노라는 전형적인 제철공단 마을이었다. 철강 플랜트, 와이어 공장 및 아연 도금을 위한 아연 플랜트의 세 개 대형 산업 플랜트들이 강가에 있었고, 도금 와이어를 생산했다. 머논가힐라강은 세계 시장으로의 수송로를 제공했으며, 원자재 및 신뢰할 수 있는 노동력(종종 동유럽에서 유입됨)의 가용성으로 가장 수익성 높은 벤처사업이 되었다. 도시의 대기질 상황이 심각해지는 주말에도 플랜트들은 생산을 늦추지 않았다. 플랜트 매니저들은 도노라 시민의 상태에 어떤 책임이 있음을 느끼지 못했다. 일요일 밤, 비극의 모든 정도가 알려졌을 때, 그들은 용광로의 가동을 중단했다.

두 번째로 도노라는 머논가힐라강이 굽이쳐진 곳에 있어 도노라를 중심으로 우묵한 지형이 형성되는 곳에 위치하고 있고, 굽이친 곳의 바깥쪽으로는 높은 절벽이 있다(그림 1.2). 1948년 10월 25일 저녁, 대기 역전 상태가 계곡에 발생했다. 공해와 아무 상관이 없는 이 기상 조건은 공기의 상향 이동을 제한하여 계곡에 일종의 뚜껑을 만들었다. 따라서 철강 공장에서 배출된 오염 물질들이 빠져나가지 못하고 이 뚜껑 아래에 갇히게 되었고, 오염 물질 농도가 꾸준히 상승하게 되었다.

철강 회사들은 그들의 잘못이 아니라고 주장했고, 실제로 사건에 대한 특별 조사에서도 어떠한 잘못도 시사되지 않았다. 회사는 법률에 따라 운영되고 있었고, 노동자들에게 자신들의 플랜트에서 일하거나 도노라에 살라고 강요하지 않았다. 규제가 부재한 상황에서 회사들은 대기 오염을 줄이기 위해 장비를 사거나 공정을 변경할 의무가 없다고 느꼈다. 그들은 회사가 대기 오염 제어 장비를 구입하고 설치해야 하는 경우 경쟁의 불익에 처해 결국 사업을 중단하게 될 것이라고 믿었다.

이 비극은 펜실베이니아주뿐 아니라 미국 정부의 조치를 강요했고, 1955년 대기 오염 방지법의 통과에 대한 가장 큰 자극이었지만, 1972년이 되어서야 실질적인 연방법이 통과되었다. 그러나 도노라와 인근 피츠버그 지역에서는 거부감이 있었다. 연기와 좋지 않은 공기질은 일자리와 번영을 의미하는 일종의 마초적 분위기를 형성했다. 피츠버그 언론은 도노라는 비극에 대한 소식과 감옥 탈출을 동등한 비중으로 다뤘다.

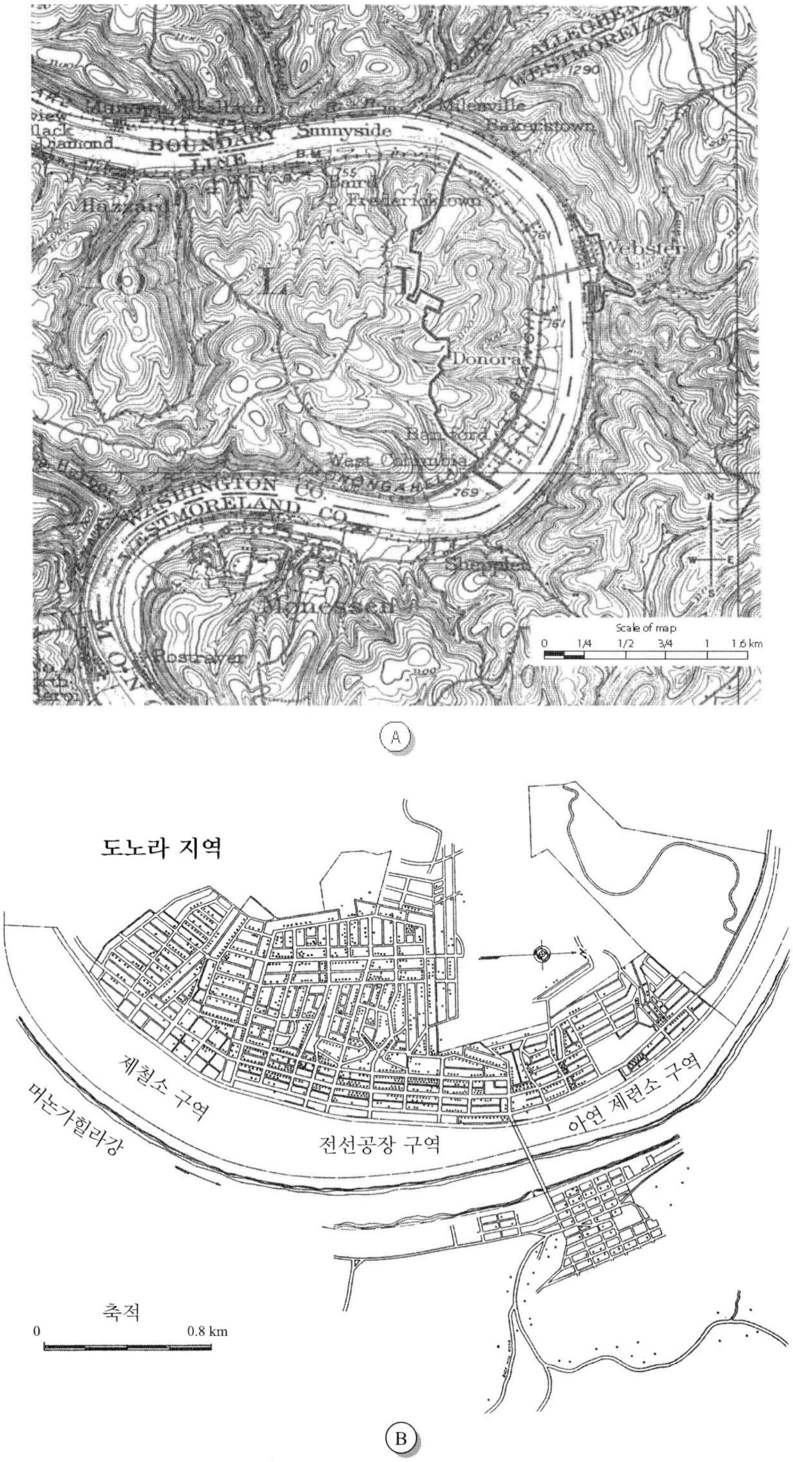

그림 1.2 도노라는 (A) 높은 절벽이 우묵한 곳을 만들고 (B) 오염물질을 만들어내는 세 개의 제강 공장이 있는 피츠버그 남쪽의 머논가힐라강에 있는 전형적인 제철공단 마을이었다.

1950년대 초반에도 사람들이 오염에 항의하면 공장이 폐쇄되고 일자리가 사라질 것이라는 두려움이 있었다. 실제로 아연 플랜트(독성 스모그 형성의 주요 원인으로 여겨졌다)는 1957년에 중단되었으며, 다른 두 플랜트는 10년 후에 폐쇄되었다. 그러나 도노라는 깨끗한 공기에 대한 현재 우리의 약속을 있게 한 가장 중요한 사건이다.

토의 질문

1. 도노라 사건이 있은 지 몇 년 후, 지역 신문은 "우리가 바라는 최선은 도노라 사건에 대해 사람들이 곧 잊어버리는 것"이라고 애도했다. 왜 편집자들은 그렇게 느꼈을까? 왜 그들은 사람들이 그 사건을 기억하기를 원하지 않았을까?
2. 사망한 사람들의 나이는 52세에서 85세까지였다. 노인들, 그들 대부분은 이미 호흡 곤란을 겪고 있는 심혈관 환자들이었다. 왜 그들에 대해 걱정해야 하는가? 어쨌든 그들은 결국 죽었을 것이다.
3. 애완동물이 크게 고통 받았다는 사실은 도노라 사건의 설명에서 거의 무시되었다. 왜? 왜 우리는 스모그로 인해 죽어간 수백 마리의 애완동물이 아니라, 21명의 사망자들에게 집중하는가? 애완동물들도 중요하지 않은가? 왜 사람들이 애완동물보다 우리에게 더 중요한가?

1.2.4 저지시티의 크롬

뉴저지 허드슨 카운티의 저지시티(Jersey City)는 한때 미국의 크롬 가공 수도였으며 수년 동안 1,800만 톤의 크로마이트 광석 처리 잔여물을 팔거나 채움재로 사용했다.[7] 야구장과 가정과 사업장의 지하실을 비롯한 많은 오염된 장소가 있었다. 습한 지하실 벽에 밝은 색의 크롬 화합물 결정이 생기거나 토양 수분이 증발하는 토양 표면에 6가 크롬[Cr(VI)]으로 이루어진 오렌지색 서리 같은 것이 형성되는 것은 드문 일이 아니었다. 겨울철 깨진 수도관에 형성되는 녹색 얼음은 3가 크롬[Cr(III)]에 의한 것이었다.

크롬 폐기물 문제를 만든 회사는 더 이상 존재하지 않지만 세 개의 대기업이 일련의 인수 과정을 통해 책임을 물려받았다. 1991년 현지 주민인 플로렌스 트럼은 크롬 폐기물 폐기장 부지 위에 지어진 창고에서 짐을 실어 나르던 남편의 죽음에 대해 대기업 중 하나의 자회사인 Maxus Energy를 고소했다. 그는 입천장에 구멍이 생기고 흉부에 암이 생겼다. 부검에 의해 그의 사망 원인이 크롬 중독에 의한 것이라고 밝혀졌다. 해당 자회사는 크롬 오염을 일으키지 않았지만, 판사는 자회사가 크롬의 위험성에 대해 알고 있었다고 판결했다.

뉴저지주는 오염된 토양의 일부를 찾아서 굴착하고 제거하기 위해 처음에는 3천만 달러를 사용했다. 하지만 문제의 범위가 압도적이었기 때문에 이러한 노력을 중단했다. 뉴저지주의 유해 폐기물 처리 담당자는 크롬 오염 지역 근처에 살거나 일하는 것의 위해성이 알려졌다 할지라도 주정부는 크롬을 제거할 돈이 없다고 인정했다. 오염 부지 복원 비용에 대한 초기 추정치는 10억 달러를 훨씬 넘었다.

허드슨 카운티의 시민들은 분노하고 두려워했다. 암에 걸린 사람들은 암을 예방할 수 있었는지 궁금해 했다. 트럼 여사는 가해자들이 다른 사람들의 삶을 기회로 이용하길 원하는 잘 차려 입은 사업가들이라고 인식했다. 그녀는 "대기업은 평범한 사람에게 이런 피해를 가할 수 있다"고 말했다.[7]

저지시티의 오염은 금속 도금, 가죽 태닝 및 섬유 제조를 비롯한 공정에서 크롬을 사용하는 산업체에서 발생했다. 폐기장에 쌓인 크롬은 크롬으로 오염된 물, 토양 및 슬러지를 초래했다. 크롬은 과학적 불확실성으로 이어지는 화학적 거동 및 독성의 복잡성 때문에 규제하기가 특히 어렵다. 불확실성은 규제 기관이 보수적이고 방어적인 가정을 하는 경향, 규제 받는 이들이 규제의 과학적 근거에 의문을 제기하는 경향, 잠재적으로 노출된 시민들이 잠재적인 위해성을 두려워하는 경향을 강화시킨다.

크롬은 자연에서 기본적으로 Cr(III)과 Cr(VI)의 두 산화 상태 중 하나로 존재한다. 환원된 형태의 Cr(III)은 중성 pH 영역에서 물에 비교적 불용성인 수산화물을 형성하는 경향이 있다. Cr(III)은 동물 및 생물검정에서 발암성을 나타내지 않는다. 유기크롬(III)화합물은 미국에서 가장 인기 있는 영양보충제 중 하나가 되었으며, 적절한 포도당 대사, 체중 감소 및 근육 탄력을 돕기 위해 피콜린산 크롬(chrome picolinate) 또는 Chromalene과 같은 상호명을 가진 제품을 상업적으로 구입할 수 있다.

그러나 Cr(VI)으로 산화되면 크롬은 강한 독성을 갖는다. 이는 산업 근로자의 폐암 및 피부 병변의 발생과 관련이 있다. Cr(III)과는 대조적으로, 거의 모든 Cr(VI) 화합물은 강력한 돌연변이원으로 나타났다. 미국 환경보호청은 Cr(VI)이 폐암을 일으킨다는 증거를 바탕으로 크롬을 인간 발암물질로 분류했다. 그러나 크롬은 섭취에 의한 발암성은 나타내지 않았다.

크롬 화학을 복잡하게 만드는 것은 특정 환경 조건에서 Cr(III)과 Cr(VI)이 상호 전환할 수 있다는 것이다. 망간을 함유한 토양에서 Cr(III)은 Cr(VI)으로 산화될 수 있다. 유기물질은 Cr(VI)을 환원시키는데 도움이 될 수 있지만, Cr(III)과 화합물을 형성해 Cr(III)의 용해도를 높여 지하수로의 이동을 촉진하고 토양 내 존재하는 산화된 망간과 반응할 수 있는 가능성을 증가시킬 수 있다. 토양의 이질성을 감안할 때 이러한 산화 환원 반응은 동시에 일어날 수 있다.

크롬의 정화기준은 원래 접촉성 피부염에 근거한 것으로 논란의 여지가 있었다. 어떤 사람들은 Cr(VI)의 피해로서 접촉성 피부염을 정당하게 인식했지만, 다른 사람들은 농담으로 접촉성 피부염을 유발시키는 덩굴옻나무에 대한 규제를 제안했다. 피부염 기반 토양 기준이 결정된 방법은 피부 패치 테스트의 유효성과 패치 테스트 결과를 토양 내 Cr(VI) 수준으로 해석하는 추론에 대해 의문을 가진 사람들로부터 공격을 받았다.

논쟁을 통해 분쟁 해결에 도움이 되는 몇 가지 유용한 기술이 발전했다. 예를 들어, 토양에서 Cr(III)과 Cr(VI)을 측정하고 구별하는 분석법이 개발되었다. 뉴저지의 크롬 문제 이전에 이러한 분석법은 신뢰할 만하지 않았으며 총크롬 농도를 토대로 하는 토양 정화를 필요로 했을 것이다. 다른 기술적/과학적 진보에는 유해 폐기물로 지정된 토양을 굴착하여 제거하지 않고 위험을 줄이기 위해 화학적으로 Cr(VI)을 Cr(III)으로 저감하도록 고안된 복원 전략이 포함되었다.

느린 정화로 이한 좌절과 과학자들의 이중발언에 대한 시민들의 인식은 마침내 유해 폐기물 정화를 위한 기금을 제공하는 주 헌법을 개정하는 단계에서 최고조에 달했다. 주 환경 운동가들은 개헌을, 규제를 완화하고 정화를 감소시킨 크리스틴 토드 휘트먼 주지사의 환경 경력에 대한 주민 투표로 표출했다. 휘트먼은 이후 조지 W. 부시 대통령의 환경보호청 책임자를 역임했다.

크롬은 또한 줄리아 로버트와 알버트 피니가 출연한 성공적인 영화 에린 브로코비치(Erin Brockovich)에서 문제의 주범이다. 영화 에린 브로코비치(줄리아 로버트 분)는 산업 부지 주변의 크롬으로 오염된 지하수 문제에 대한 중요한 합의를 이루는데 도움을 준 법적으로 미숙한 순박한 헌신적이고 열정적인 대중의 대변인이었다.

그림 1.3 지하수 오염에 따른 생태계의 피해(출처 : © josephfrank/123RF)

토의 질문

1. 지금 크롬에 대해 알고 있는 것을 감안할 때 비타민과 함께 크롬 보충제를 섭취하는 데 어떤 거리낌이 있는가?
2. 당신이 저지시티에 살고 있다고 가정해 보라. 어떤 세 가지 연구 질문에 대한 답을 원하는가? 화학적, 생물학적 또는 역학 연구를 통해 답변을 찾을 수 있는 합리적인 질문인지 확인하라.
3. 저용량에서는 인체 건강에 도움이 되지만 고용량에서는 유해할 수 있는가? 복용량에 따라 좋고 나쁠 수 있는 화학 물질을 적어도 세 가지 예를 들어라. 고용량에서는 좋고 저용량에서는 유해한 것이 있을 수 있는가?

1.2.5 생물학적 하폐수 처리의 발견

1890년 이전에 토양 경작을 통한 화학적 침전은 영국의 하폐수 처리 표준 방법이었다.[8] 가장 인기 있는 옵션은 먼저 오늘날 우리가 정화조라고 하는 곳에서 폐기물을 혐기성으로 만드는 것이었다. 이러한 부패를 통해 폐기물의 물리적 성질이 분명히 변하기 때문에 순수하게 화학 공정으로 생각되었다. 정화조 배출수는 화학적으로 침전처리하였고, 발생하는 슬러지는 농지에 뿌리거나 특수 슬러지 배를 이용해 바다로 이송되었다. 부분적으로 처리된 배출수는 하천으로 방류되었고, 이는 심각한 악취 문제를 만들었다. 우리나라도 비슷한 시기부터 하수배제에 관심이 있었다(그림 1.4 참조).

당시 런던의 해당업무는 런던시 사업국(London Metropolitan Board of Works)에서 수행하였으며, 여러 가지 일 중 하나는 템즈강의 청소를 담당하는 것이었다. 이 조직의 수석 공학자는 조셉 바잘제트(Joseph Bazalgette)였다. 그는 당시 합리적인 공학적 관점에서 템즈강 수질 문제에 접근했다. 문제가 런던의 악취라면 템스강 양쪽 제방을 따라 긴 차집용 하수도를 건설하고 하폐수를 먼 하류에서 배출하여 해결할 수도 있다고 생각했다. 비쌌지만 이 방법이 채택되었고 런던시는 엄청난 돈을 사용해 북쪽 제방에 있는 바킹크리크와 남쪽 제방에 있는 크로스네스포인트로 하폐수를 보냈다. 발상은 이러한 중앙 위치에서 하폐수를 수집한 다음 비료와 같은 유용한 제품을 생산하기 위해 처리하는 것이었다. 어떤 재활용 계획도 결실을 맺지 못했고 하폐수는 처리되지 않은 채로 템즈강 하류로 배출되었다. 배출구는 템스강의 조석의 어귀에 있었기 때문에 초기 계획은 하폐수를 썰물 때만 방류하는 것이었다. 불행하게도 하폐수는 지속적으로 배출되어야 했고, 밀물은 악취를 풍기는 하폐수를 도시로 되돌려 보내 정치인들에게 무언가를 하도록 하는 압력이 되었다.

그림 1.4 1910년 전후 서울시청 부근 지하 하수도

몇 가지 해결책이 고려되었다. 하나는 단순히 차단용 하수도를 북해까지 연장하는 것이었지만, 이것은 엄청나게 비쌌다. 또 하나의 해결책은 토양에 하폐수를 분사하는 것이었지만, 구매해야 하는 토지의 양은 위원회의 예산을 훨씬 능가했다. 문제는 떠오르는 과학 분야인 미생물학으로부터의 새로운 접근법을 필요로 했다.

그 당시 위원회에서 일한 수석 화학자는 윌리엄 조셉 디빔(William Joseph Dibdin)이었다(그림 1.5). 초상화 화가의 독학한 아들인 디빔은 1877년에 이사회에서 일을 시작하여 1882년에 수석 화학자로 진급하였지만 수석 공학자의 책임을 맡았다. 바킹크리크와 크로스네스포인트에서 하폐수 처리 문제에 대한 해결책을 모색하기 위해 그는 황산알루미늄(명반, alum), 석회 및 염화제이철과 같은 다양한 응집 화학 물질을 사용하여 하천으로 방류하기 전에 고형물을 침전시키는 일련의 실험을 시작했다. 물론 이것은 새로운 것은 아니었다. 그러나 디빔은 적은 양의 황산알루미늄과 석회만을 사용하는 것이 많은 양을 사용하는 것만큼 효과적이라는 결론을 얻었고, 이 결론은 비용에 민감한 런던시 사업국 마음에 들었다.

디빔은 침전 과정이 산소요구량을 제거하지 못하는 것을 인지했고, 악취 방지를 위해 용전 산소 농도를 양의 값으로 유지할 필요가 있다고 한 그의 직원 중 한 명인 어거스트 듀프레(August Dupré)라는 화학자의 의견을 명백하게 수긍했다. 디빔은 과망간산소다(과망간산나트륨)를 물에 첨가하여 산소 수준을 보충하기로 결정했다. 디빔의 권고안은 다른 대안보다 훨씬 저렴했기 때문에 위원회는 그의 계획을 따라갔다.

디빔의 계획이 채택되었고, 1885년에 바킹의 토구에서 하폐수 처리를 위한 공사가 시작되었다. 당시의 지식의 수준을 감안할 때 디빔의 계획이 효과가 있을지 의심하는 많은 사람들이 있었기 때문에 디빔은 계속해서 그 프로젝트를 옹호해야 했다. 그는 과망간산

그림 1.5 윌리엄 디빔(1850~1925)

소다의 투입이 악취를 억제하기 위해 필요하다고 주장했고, 이를 설명하기 위해 호기성 미생물을 건강하게 유지하는 것이 필요하다고 제안했다. 노트르데임 대학의 역사학자인 크리스토퍼 햄린(Christopher Hamlin)은 빅토리아 시대의 위생에 대해 광범위하게 글을 썼고, 이런 디빔의 제안은 합리화를 위함이고 디빔이 생물학적 처리에 대한 통찰력이 없었다고 믿었다. 그러나 디빔은 비판을 받을수록 더 물에서 호기성 미생물의 유익한 활동에 대해 옹호했다. 왜냐하면 이것은 논박할 수 없는 그의 독특한 기여였기 때문이다.

디빔이 토구에서 실험을 시작했을 때, 듀프레는 호기성 미생물 실험을 수행하고 있었다. 독일 이주자이고 공중 보건 화학자인 듀프레는 미세한 호기성 미생물이 강을 정화했으니, 이러한 동일한 미생물이 하폐수 처리에 사용될 수 있다고 주장했다. 듀프레는 디빔이 미생물 작용을 이해하도록 바꾸려고 노력했다. 듀프레는 디빔에게 보내는 편지에 "하수도에서 하천으로 배출되는 유기물질의 분해는 실제 미세한 생물로 인하여 이루어집니다. 그러나 이러한 생물은 산소가 있는 상태에서만 활동을 할 수 있고, 더 많은 산소를 제공할수록 더 빨리 분해할 수 있습니다."라고 썼다.[8] 이후 1888년 왕립기예학회(the Royal Society of Arts) 연설에서 듀프레는 "우리가 하는 처리는 이러한 생물의 사멸 또는 활동에 방해가 되는 것을 피하고, 오히려 이들이 하는 유익한 일에 유리한 모든 노력을 해야 합니다."라고 제안했다.

그러나 디빔과 듀프레는 위원회에 그들의 생각이 옳았다는 것을 설득시키는데 성공하지 못했다. 미생물계의 유해함을 여전히 믿는 많은 과학자들은 미생물을 죽여야 악취 조절이 가능할 것이라고 주장했다. 이 과학자들은 1887년 디빔의 공사 통제권을 빼앗았고, 한 대학 교수가 제안한 황산과 석회의 염화물(차아염소산칼슘)을 이용한 방부 처리가 포함된 여름철 탈취 제어를 시작했다. 이 처리 공정은 실패했고, 디빔은 불명예를 씻었다. 그리고 생물학적 하폐수 처리는 모든 대형 도시 하수처리시설의 표준이 되었다.

토의 질문

1. 허버트 조지 웰스(H. G. Wells)의 책 우주 전쟁(The Wars of World, 1898년에 쓰임)에서 인간 문명은 어떻게 구원받았는가? 왜 그 일이 그렇게 선풍적인 일이었는가?
2. 19세기의 템스강은 런던의 모든 하폐수가 흘러들어간 곳이었다. 하폐수 처리장은 없었다. 인간 배설물은 오수구덩이에서 모아져 카트에 의해 농장으로 이송되었다. 종종 이러한 오수구덩이는 새거나 몰래 강으로 바로 배출되는 우수관에 연결되었었다. 템스강의 악취가 너무 심하여 강 옆에 있는 의회 건물에서 만나는 하원 의원들은 악취를 막기 위해 문의 갈라진 틈을 석회의 염화물[차아염소산 칼슘, $Ca(ClO)_2 \cdot 4H_2O$]로 적신 걸레로 막아야 했다. 신사들은 냄새를 가라앉히기 위해 정향을 채운 석류를 가지고 다녔다. 상인들은 쓰레기를 단순히 거리에 버렸고, 버려진 쓰레기는 비가 내렸을 때 하수도로 씻겨 내려갔다. 정육점 주인이 장사를 하고, 남은 찌꺼기는 썩게 버려두는 거리를 Shambles (난장판)이라 했다. 결국 이 거리 이름은 큰 난장판에 대한 일반적인 단어가 되었다. 어느 일요일에 템스강에 바지선을 띠우고 비공개 파티가 열렸고, 이 때 바지선이 뒤집어져 모든 사람이 물에 빠졌다. 익사한 사람은 없었지만 오염된 물에서 수영한 결과로 거의 모든 사람들이 콜레라에 걸렸다. 템스강으로 흘러들어오는 대부분의 작

은 물줄기에는 강쪽으로 돌출되어 있는 야외 변소가 줄지어 있었다. 짧게 말해 상황은 끔찍했다. 그렇다면 이 시기에 쓰인 소설이나 이야기에서 이러한 상황들에 대해 거의 읽어보지 않은 이유는 무엇인가? 예를 들어, 제인 오스틴(Jane Austen)의 소설에서는 아무도 화장실에 가지 않고, 찰스 디킨스(Charles Dickens)의 이야기에서는 아무도 보도 위 똥을 밟지 않는다. 어째서 그런 것인가?

3. 에드윈 채드윅(Edwin Chadwick)은 1840년대에 위생 대각성을 시작하여 오물은 해롭고 건강한 대중이 병든 대중보다 영국에 더 큰 가치가 있다고 주장했다. 그는 도시를 정화하기 위한 많은 계획을 가지고 있었고, 그 중 하나는 작은 직경의 위생 하수관을 만들어 하폐수를 운반하는 것이었다. 그의 이 제안은 공학자의 지지를 받지 않았다. 채드윅, 변호사, 그리고 공학자 사이에 치명적인 대결이 일어났다. 공학자들은 자신들의 수리 계산이 정확하고 채드윅의 하수관은 막히거나 붕괴되거나 부적절할 것이라고 주장했다. 공학자들은 인간의 접근을 허용하는 큰 직경의 계란 모양의 벽돌 하수관을 건설하기 원했다. 그러나 이는 채드윅의 도관(vitrified clay conduits)보다 3배나 비쌌다. 결국 누가 이겼고, 왜 그런가?

1.2.6 쓰레기 바지선

도시 고형 폐기물 문제에 대한 인식은 쓰레기 바지선 이야기에 의해 크게 높아졌다.[9] 그 해는 1987년이었고, 모브로(Mobro)라는 바지선은 뉴욕에서 도시 고형 폐기물을 적재했으나 배출할 곳을 찾지 못했다. 해양 배출은 불법이기 때문에 반갑지 않은 화물을 내려달라는 선장의 탄원이 거부된 채 바지선은 6개 주와 3개 나라의 항구에서 항구로 견인되었다(그림 1.6).

그림 1.6 갈 곳 없는 모브로 바지선

매스미디어는 이 불행한 사건을 포착하고 소위 쓰레기 위기를 모든 사람에게 알렸다. 기자들은 매립지가 모두 채워져 바지선의 쓰레기를 내리지 못하고, 미국의 해안가는 곧 고형 폐기물로 덮일 것이라고 최고의 과장으로 주장했다. 우리가 곧 뭔가를 하지 않으면, 우리 모두가 쓰레기에 목이 졸릴 수 있다고 주장했다.

불운한 모브로 이야기는 사실상 어떤 기업이 망한 이야기이다. 앨라배마의 사업가인 로웰 해럴슨(Lowell Harrelson)은 도시 쓰레기를 메탄가스로 전환하기 위한 시설을 건설하기 원했고, 압축된 형태의 쓰레기가 이 목적에 가장 알맞은 쓰레기 형태라고 생각했다. 그는 뉴욕시로부터 고형 폐기물 더미를 구입하여 동부 해안 또는 카리브해 어딘가에 매립지를 찾아 쓰레기를 묻고 메탄을 만들고자 했다. 불행히도, 그는 여러 지자체를 접촉했으나 쓰레기를 반입하기 위한 적절한 허가를 얻지 못했고, 바지선은 화물의 하역이 불허되었다. 바지선의 여정이 계속되면서 언론 보도가 증가했고, 이에 어떤 지역 정치인들도 쓰레기가 그들의 항구에 들어오는 것을 허용하지 않았다. 불쌍한 해럴슨은 마침내 그가 투자한 것들을 브루클린 소각장에서 태워야 했다.

물론 쓰레기 위기는 결코 생기지 않았다. 대규모 폐기물 처리 회사들은 외딴 지역에 거대한 매립지를 건설하고 동부 해안의 도시 고형 폐기물을 놓고 경쟁하기 시작했다. 그러나 기업가들은 쓰레기에서 가치를 추출하는 방법을 계속 찾는다.

토의 질문

1. 여러분의 지역 사회 또는 고향의 도시 고형 폐기물(속칭 쓰레기)은 어떻게 처분되는가?
2. 도시 고형 폐기물(쓰레기)은 유해한 물질인가? 쓰레기의 어떤 구성 성분이 쓰레기를 유해한 물질로 만드는가? 어떤 종류의 폐기물이 일반 쓰레기와 섞이는 것을 방지해야 하고, 이를 위해 어떻게 해야 하는가?
3. 쓰레기 바지선의 소유주인 해럴슨은 좋은 의도를 가졌었다. 그는 쓰레기를 사용하여 유용한 제품인 메탄을 만들고 싶었다. 그의 의도가 존경스러웠으니 미국과 여러 나라의 정부가 더 도움을 주었어야 하는가? 해럴슨과 같은 민간 시민의 고통에 대한 정부의 적절한 대응책은 무엇인가?

1.3 지속가능성과 "요람에서 요람으로" 디자인

서구 세계의 번영은 주로 산업 혁명의 산물로 간주될 수 있다. 지난 두 세기 동안의 산업화는 엄청난 이익을 가져다주었지만, 엄청난 양의 폐기물, 천연 자원의 고갈, 지구 전체에 분산되어 있는 독성 물질에 의한 사람과 생태계의 오염과 같은 의도치 않은 부정적인 결과를 유산으로 남겼다.

산업혁명은 부분적으로 “가지고, 만들고, 버리다(take, make, and waste)” 패턴을 가진 “요람에서 무덤까지”의 모델을 기반으로 한다. 어떤 제품이든 원료에서 제품이 되고, 그리고 폐기물이 되는 매우 짧은 순서를 가진다. 제품 자체는 빠른 소비를 목표로 하는 반면, 수백 년 동안 머물러있는 폐기물을 발생시킬 수 있다. 예를 들어, 어떤 음식들은 며칠 동안만 신선함을 유지하면 되지만, 그 음식들은 환경에서 자연적으로 분해되기까지 수백 년이 걸릴 수 있는 재료로 포장된다. 지난 수십 년 동안 과학자, 공학자 및 정책 입안자는 이 지속 불가능한 모델의 결함을 해결하고 바람직한 것을 정의하고 실험하기 시작했다.

많은 사람들이 자연에서 영감을 얻고 사회에서 화학 물질, 재료 및 제품을 만들고 관리할 수 있는 보다 지속가능한 방법을 모색했다. 지속가능한 자원 관리(SMM, Sustainable materials management)는 "지속가능한 자원 사용을 촉진하고 부정적 환경 영향을 줄이기 위한 행동을 통합하고 경제적 효율성과 사회적 형평성을 고려하여 자원의 수명주기 동안 천연 자본(natural capital)을 보존하는 접근 방식"으로 나타났다.[10]

1.3.1 지속가능성을 위한 체계

1989년 자연 단계(The Natural Step)라는 지속가능성을 위한 체계가 스웨덴의 종양 전문가인 칼 헨릭 로브르트(Karl-Henrik Robèrt) 박사의 노력을 통해 스웨덴에서 시작되었다.[11] 이 체계는 열역학 및 자연 순환 법칙을 기반으로 지속가능한 사회를 정의하는 4가지 시스템 조건을 제공한다. 자연 단계 시스템 조건은 지구를 물질에 대해 닫힌계로 간주하고, 자원이 소멸되거나 그렇지 않으면 엔트로피가 증가하는 경향에 대항하기 위해 태양 에너지를 사용하는 물질 순환의 복잡한 양방향 네트워크를 통해 생명을 유지시키는 에너지를 열린계로 고려한다. 그러므로 사회가 지속가능하기 위해서는 자연이 다음과 같은 체계적으로 증가하는 과정을 겪어서는 안 된다.[11]

1. **지구의 지각으로부터 물질 농집을 추출함.** 이 조건은 미네랄 및 화석 연료의 추출을 의미한다. 자연에서 부족한 물질은 더 풍부한 물질로 대체되어야 한다. 채굴한 자원은 효율적으로 사용되고 재활용되어야 하며, 화석 연료에 대한 의존도는 체계적으로 감소되어야 한다.
2. **자연 내 인간이 만든 화합물의 농도를 증가시킴.** 이 조건은 잔류성이 있고 비자연적인 화합물의 생산을 의미한다. 잔류성이 있고 비자연적인 화합물은 일반적으로 풍부하고 자연에서 완전하고 쉽게 분해되는 화합물로 대체되어야 한다. 사회에서 생산되는 모든 물질은 효율적으로 사용되어야 한다.
3. **재생 가능한 자원이 재생되는 속도보다 더 빠르게 활용하고 자연의 생산 능력을 감소시킴.** 이 조건은 천연 자원의 사용을 의미한다. 자원은 잘 관리된 생태계에서만 추출되어야 하며, 자원과 토지 모두에서 가장 생산적이고 지속가능한 용도로의 사용을 체계적으로 추구하고 모든 종류의 자연을 수정하는 일에는 주의를 기울여야 한다.

그리고 그 사회에서,

4. **사람들은 전 세계적으로 그들의 요구를 채울 수 있다.** 이 조건은 우리의 모든 자원을 효율적이고, 효과적이고, 공정하며, 책임 있게 사용하여, 아직 태어나지 않은 사람들의 미래 요구를 포함하여 모든 사람들의 요구가 충족될 수 있는 최상의 기회를 제공한다는 것을 의미한다.

자연 단계 시스템 조건의 생태적 측면은 그림 1.7에 설명되어 있다. 자원은 두 개의 루프로 구성된 닫힌계에서 흐른다. 바깥 루프는 지구 생태계 내의 자원의 순환을 나타낸다. 내부 루프는 산업/경제 시스템 내에서 순환을 나타낸다. 화살표 1은 산업/경제 시스템에서 사용하기 위한 천연 자원의 추출을 나타낸다. 지속가능한 사회에서 천연 자원 추출속도는 재생속도와 동일하다. 화살표 2와 3은 지구의 지각에서 물질(주로 화석 연료와 채굴된 물질)을 추출하고 다시 넣는 것을 나타낸다. 지속가능한 사회에서 지구의 지각으로부터의 물질 추출은 재활용되고 재활용 가능한 물질의 사용으로 대체될 것이다. 화살표 4와 화살표 5는 산업/경제 시스템에서 더 큰 생태계로 흐르는 물질을 나타낸다. 유해함 없이 신속하게 동화되는 물질은 화살표 4가 나타낸다. 화살표 5는 독성, 잔류성, 생물 농축성 또는 인체 또는 환경에 해를 끼치는 물질을 나타낸다. 지속가능한 사회에서 화살표 5는 사라질 것이다.

그림 1.7 자연 단계 시스템 조건의 생태적 측면(그림 : Larry Chalfan과 Lauren Heine)

1.3.2 "요람에서 요람으로" 디자인

지속가능한 자원 관리를 달성하기 위한 최고의 실용적인 전략 중 하나는 "요람에서 요람으로" 디자인(설계)이라고 하는 긍정적인 산업 활동을 통한 것이다. "요람에서 요람으로"라는 용어는 1970년대에 월터 스타헬(Walter Stahel)과 미하엘 브라운가르트(Michael Braungart)에 의해 만들어졌다. "요람에서 요람으로" 디자인의 핵심 원리는 브라운가르트 외에 의해 1992년 처음으로 지능형 제품 시스템(IPS, Intelligent Product System)이라고 하는 체계적인 윤곽이 그려졌다. 그리고 2002년 "요람에서 요람으로(Cradle to Cradle : Remaking the Way We Make Things)"라는 책에서 미하엘 브라운가르트와 윌리엄 맥도너에 의해 더 발전되고 분명해졌다.[12] 한 생물체의 쓰레기가 다른 생물체의 먹이가 되는 자연 시스템과 마찬가지로 "요람에서 요람으로" 디자인은 동일한 개념을 인간 산업 설계에 적용한다. "요람에서 요람으로" 디자인은 물질이 신진대사를 통해 호의적으로 그리고 생산적으로 순환하는 영양소로 인식되는 두 가지 대사를 정의한다. 생물학적 영양분은 생물학적 대사 내에서 순환하고 기술적 영양분은 기술적 대사 내에서 순환한다.

생물학적 신진대사는 생명을 유지하는 자연적 과정의 시스템이다. 생물학적 과정은 순환적이고 궁극적으로 태양의 에너지에 의해 연료가 공급되며 유기성 물질의 생물학적 분해(및 다른 형태의 분해)와 그들의 생명체로의 합성을 포함한다. 생물학적 신진대사의 생산성에 기여하는 물질은 생물학적 영양소이다. 이는 재생 가능하고, 분해 가능하며, 생태학적으로 무해하다. 생물학적 영양소로 만든 산업 제품은 수처리 공정 및 퇴비 생산 또는 혐기성 소화와 같은 유기 처리 시스템을 포함하는 자연적 또는 인위적 생물학적 대사에 통합될 수 있다. 생물학적 신진대사의 결과물은 유익한 토양 개량과 같은 새로운 생물학적 영양소를 생성하는 자원이 될 수 있다. 환경으로 배출되도록 의도된 제품은 의도된 기능적 용도에 대해 무해한 생물학적 영양소로 설계되어야 한다.

산업체는 기술적 영양소를 순환시키는 기술적 물질대사(metabolisms)를 만들어 자연적 과정을 모방할 수 있다. 기술적 영양소는 일반적으로 재생 불가능하며 성능 특성에 있어 가치가 있다. 예로는 구리 또는 알루미늄과 같은 금속을 들 수 있다. "요람에서 요람으로" 시스템으로 설계할 때 기술적 영양소는 질을 떨어뜨리지 않고 취급자에게 해를 끼치지 않으면서 반복적으로 회수하여 유사하거나 다른 제품으로 재활용할 수 있다. 일부 회사는 자사 제품 내 자원을 가치 있는 것으로 간주하여 제조업체가 고객이 원하지 않을 때까지 고객에게 제품을 임대하는 임대 프로그램에 참여하기도 한다. 그런 다음 제조업체는 가치 있는 자원과 구성 요소를 신제품으로 재 제조하는데 다시 사용할 것이다. 기술적 영양소는 자원에 따라 회사 내 또는 비슷하거나 다른 산업의 회사 간에 재사용하도록 설계될 수 있다. 기술적 영양소로 만든 제품은 최소한의 에너지와 비용을 들여 최고의 가치로 물질을 회수할 수 있도록 설계되어야 한다.

맥도너와 부라운가르트에 의해 설명된 "요람에서 요람으로" 디자인은 자연계에서 파생된 세 가지 설계 원칙에 기반한 인간 산업 모델을 사용한다.

1. **현재 태양의 이득을 활용하라.** 극소수의 예외를 제외하고는 지구상의 삶은 태양의 에너지로 동력을 얻는다. 우리는 인간의 목적을 위해 직간접적으로 태양 에너지를 활용할 수 있는 역량을 확장하기 시작했다.
2. **다양성을 찬양하라.** 자연계는 풍부하고 다양하다. 마찬가지로 산업계는 다양한 선호

도, 문화, 지리적 위치 및 생태계에 적합한 다양한 제품 개발을 촉진해야 한다.

3. **폐기물은 먹이(먹을거리)와 동일하다.** 자연에는 낭비가 없다. 한 생물체의 산물은 다른 생물체의 먹이 또는 구조체이다. 또한 인간 시스템은 물질을 생산적으로 순환시켜 낭비 개념을 제거하도록 설계될 수 있다.

어떤 사람들은 사용되는 자원의 양을 줄이고 산업 활동에서 폐기물을 적게 발생하기 위해 생태 효율성(eco-efficiency) 전략을 요구한다. 그러나 지속가능성은 생태 효율성 전략만으로는 충분하지 않다. 생태 효율성의 향상은 종종 수요 증가를 따라가지 못한다. 예를 들어, 자동차 연비 효율 향상은 도로의 차량 수와 주행 거리의 증가로 상쇄되었다. 상처에서 과다출혈이 아닌 출혈이 천천히 나도록 돕는 것과 같이 생태 효율성을 자원 낭비를 늦추는 방법으로 생각하자. "요람에서 요람으로" 디자인은 상처를 치유하고 전신의 건강을 유지하는 것과 유사한 생태 효과성(ecoeffectiveness)을 요구한다. 생태 효과성은 순환 물질 흐름의 증가와 관련이 있으므로(따라서 "효과성"), 폐기물은 먹이와 동일하다.

자연의 모델을 기반으로 산업을 재설계함으로써 경제 활동은 사회적 번영과 환경 번영을 타협하기보다 강화할 수 있다. 이것은 그림의 떡같이 들릴 수도 있지만 "요람에서 요람으로"를 디자인 전략으로 사용하면 의도치 않은 이점도 있다. 우선, 혁신을 주도한다. 기업은 항상 비즈니스를 구별하고 제품에 더 많은 가치를 부여하며 더 많은 수익을 창출할 수 있는 새로운 아이디어와 방법을 모색하고 있다. "요람에서 요람으로" 디자인은 신선한 사고와 창의력을 자극한다. Corporate Express A Staples Company의 제품 과학 및 기술 담당 수석 과학자 겸 부회장인 로저 맥파든(Roger McFadden)에 따르면 "화학제품 제조업체는 지속가능성 운동이 만드는 혁신을 위한 기회를 인식해야 한다. 이 운동은 제품 혁신과 장기간의 점진적 변화 이후 제형을 위한 새로운 원료 개발을 추진하기 때문에 흥미로운 부분이 있다."[13]

"요람에서 요람으로" 시스템으로 설계된 제품의 이점은 무엇인가? 우선 대중이 점점 더 친환경적이 되고 있다! 유사한 성능과 가격의 두 가지 제품을 구입할 기회가 주어지면 폐기물을 없애는 친환경적인 화학 물질과 혁신적인 포장재를 사용한 제품을 구매하는 것을 선호하지 않는 사람이 있을까? "요람에서 요람으로" 디자인은 또한 새로운 비즈니스 모델을 중심으로 창의력을 발휘한다. 예를 들어, 기술적 영양소로 설계된 제품은 서비스 제품이라고 할 수 있다. 사람들이 정말로 컴퓨터나 텔레비전을 소유해야 하는가? 에 대해 생각해보자. (당신은 우리가 꿈을 꾸고 있다고 확신할 것이다. 그렇지 않은가?) 사람들이 정말로 원하는 것은 가정(또는 사무실)에서 사적으로 무제한의 즐거움을 누릴 수 있는 최고 품질의 장비를 구입하고 선택할 수 있게 되는 것이다. 제품을 제조업체에 편리하게 반환할 수 있고 제품의 구성 요소가 재사용되거나 다시 제작될 수 있다는 것을 알았다면 모델을 변경하고자 할 때 문제가 될까? 만약 제품 반환이 환불이나 구매하고자 하는 다음 서비스에 대한 할인과 같은 혜택을 준다면 아마도 문제되지 않을 것이다.

"요람에서 요람으로"의 사고는 인간의 건강과 환경을 보호하는 책임을 가지고 물 및 하폐수와 같은 자원에 대한 자원 흐름 시스템을 설계하는 환경공학자에게 제2의 본질이 될 수 있다. 환경공학자는 마지막 단계에서 폐기물을 처리하는 대신 장기간에 걸쳐 품질을 저하시키지 않으면서 귀중한 자원을 재사용 할 수 있는 지속가능한 시스템을 설계하기 위한 도구를 사용할 수 있다. 우리는 현재 존재하는 지속 불가능한 사회 기반 시설을 부정할 수는 없지만 이런 시설들이 노후하면 교체 또는 새로운 시스템이 필요하기 때문에 디자인을 개선하고 "요람에서 요람으로"의 사고를 적용하는 것을 단념해서는 안 된다. 과거의 디자인(및 디자인 실패)을 더 나은 디자인을 위한 모델로 생각할 가치가 있다. 이 장의 상자 안에 설명된 제품들과 같이 제품의 디자인은 수명이 다한 제품 내 자원의 운명을 결정한다. 공학자는 제품의 디자인을 이해하고 디자인에 영향을 주며 각각의 자원들을 함께 고려함으로써 사회 기반 시설의 효율성에 영향을 미칠 수 있다.

토의 질문

1. 하수와 같은 인간의 생물학적 폐기물이 가지는 가치는 무엇인가? 만약 폐기물이 인간의 생물학적 폐기물에 대한 음식과 같다면 우리가 그 가치를 최적화하지 못하게 하는 요인은 무엇인가?
2. 현재 설계된 정수 및 하폐수 처리 시스템의 문제점은 무엇인가? 어떻게 지속가능하게 설계될 수 있는가?

FOCUS ON

기술주기를 위한 제품 설계 : 허만 밀러의 미라 사무실 의자[14,15]

허먼 밀러(Herman Miller)의 미라(Mirra) 사무실 의자는 "요람에서 요람으로" 디자인 원리에 따라 기술 주기를 따르도록 설계된 최초의 사무실 의자였다. 이 의자는 허만 밀러, 맥도너 브라운 가르트 디자인 화학(McDonough Braungart Design Chemistry, MBDC), 스튜디오 7.5 (Studio 7.5) 및 Environment Protection Encouragement Agency (EPEA) Internationale Umweltforschung GmbH의 공동 작업 결과였다. 목표는 제품 개발을 "요람에서 요람으로" 디자인과 동기화하는 것이었다. 이 팀은 재료화학, 분해 및 재활용성의 세 가지 주요 영역에서 신제품 설계의 환경 성능을 평가하기 위한 환경친화적 제품 설계(Design for the Environment, DfE) 평가 도구를 개발했다. 재료화학 평가에는 세 가지 핵심 단계가 있다.

1. 의자에 사용된 스틸 샤프트와 같이 제품 제조에 사용되는 재료 내 모든 화학 물질을 100 ppm까지 식별
2. 재료 내의 화학 물질의 위험 요소 평가
3. 녹색을 위험이 거의 없거나 전혀 없음, 노란색을 낮은 위험에서 중간 정도 위험, 주황색을 불완전한 데이터, 빨간색을 높은 위험을 의미하는 색으로 사용하여 재료에 점수 부여

분해란 사무실용 의자와 같은 최종 제품을 재활용 또는 재사용을 위해 구성 부품으로 분해하는 작업의 용이한 정도를 의미한다. 재활용성을 평가할 때 부품에 재활용 재료가 포함되어 있는지 여부

와 더 중요하게는 제품의 수명 기간이 다 했을 때 부품을 재활용할 수 있는지 여부가 고려된다. 미라 의자는 서비스 제품으로써 기술 순환을 위해 설계되었다. 자연 세계의 영양소와 마찬가지로 기술주기의 재료는 산업계의 영양소이며 여러 번 사용할 수 있다. 미라 의자에 사용된 재료는 독일 함부르크의 EPEA에서 분석했다. 독성이 있거나 기술 순환을 따를 수 없는 재료들은 설계에서 제외되었다. 선택된 화학 물질 및 재료 중 69%가 친환경적이라고 간주된다. 재활용과 관련해서, 의자는 소비 전후 재활용된 물질의 함량이 42% (중량)이고, 의자의 96% (중량)가 재활용될 수 있다. 분해와 관련해서, 제품의 93% (중량)가 재활용을 용이하게 하기 위해 쉽게 분해될 수 있다. 그림 1.8을 참고하라.

그림 1.8 허만 밀러의 미라 사무실 의자(© Courtesy Hermann Miller Canada, Inc.)
왼쪽 : 재활용 부품, 중량기준 96%. 오른쪽 : 재활용 불가능 부품(중량기준 4%) - 혼합 플라스틱 팔걸이(흰색 부분), 앉는 부분, 그리고 판 용수철(검정 부분)

FOCUS ON

생물학적 순환을 위한 제품 설계 – Baypure® : 생태 효과적 화학[16]

Baypure®는 기존 화학 물질의 성능을 충족시키거나 능가하는 동시에 높은 환경 성능을 발휘하도록 개발된 상업용 화학제품 라인이다. 이는 향상된 생물학적 분해성, 양호한 생태 독성학적 특성 및 폐루프 물질 흐름을 이용한 생산 공정을 가지도록 고안된 산업 공정에서 사용되는 화학 물질로 구성된다. Baypure® 라인은 주로 두 가지 화학 물질로 구성되어 있다. Baypure® DS100은 분산제이며 Baypure CX100은 착화제이다. 분산제는 고체를 액체에 용해시키는데 도움을 주며, 예를 들어 화학 염료 제조 과정에서 고체 안료를 액체에 분산시키는 데 사용된다. 착화제는 액체 용액에서 금속을 묶어 제품 성능에 부정적으로 간섭하지 않도록 한다. 이들은 예를 들어 세제 및 제지 생산에 사용된다.

EPEA International Umweltforschung GmbH는 원료 조달부터 생산 공정, 사용 후 자연 환경에서의 운명에 이르기까지 화학 물질의 전체 수명주기 동안 Baypure® DS100 및 CX100의 환경 성능을 기존 제품과 비교했다. 주요 과제는 화학 물질이 원하는 기능을 수행할 뿐만 아니라 제품 수명주기 전반에 걸쳐 자연 환경을 유지할 수 있도록 하는 것이었다. EPEA는 일반적인 기존 제품과 비교하여 Baypure® 라인의 화학물질이 환경에서의 거동할 때, 특히 사용 후와 물로 배출되었을 때, 탁월함을 발견했다. 예를 들어, Baypure® CX100의 기존 제품은 EDTA이다. EDTA는 자연 환경에서 매우 천천히 분해되고 금속의 이동성을 증가시키며 수생 환경에서 문제가 되는 일반적으로 사용되는 착화제이다. 반대로 CX100은 독성이 낮고 생분해가 가능하여 자연 환경과 양립할 수 있다.

출처 : EPEA Baypure® 사례 연구를 이 출판물에 사용할 수 있도록 허락해 주신 미하엘 브라운가르트(Michael Braungart)와 EPEA Internationale Umweltforschung GmbH에 감사드립니다.

참고문헌

1. USEPA. 2008. What Is Green Engineering? Accessed at http://www.epa.gov/oppt/greenengineering/pubs/whats_ge.html on 8 December, 2008.
2. Abraham, Martin A. 2006. Sustainability Science and Engineering: D
3. Anastas, P. T., and J. B. Zimmerman. 2003. Design through the Twelve Principles of Green Engineering. Env. Sci. and Tech., 37, No. 5.
4. Morse, J. L. 1972. The Holy Cross College football team hepatitis outbreak. Journal of the American Medical Association 219: 706–7.
5. Phelps, E. B. 1948. Public Health Engineering. New York: John Wiley & Sons.
6. Shrenk, H. H., H. Heimann, G. D. Clayton, W. M. Gafafer, and H. Wexler. 1949. Air pollution in Donora, PA. Public Health Bulletin No. 306. Washington, DC: U. S. Public Health Service.
7. Bartlett, L., and P. A. Vesilind. 1998. Expediency and human health: The regulation of environmental chromium. Science and Engineering Ethics 4: 191–201.
8. Vesilind, P. A. 2001. Assisting nature: William Dibdin and biological wastewater treatment. Water Resources Impact 2, No. 3.
9. Perlman, S. 1998. Barging into a trashy saga. Newsday, June 21.
10. ENV/EPOC/WGWPR/RD(2005)5/FINAL Organisation for Economic Co-operation and Development 27-Sep-2007 Working Group on Waste Prevention and Recycling Outcome of the First OECD Workshop on Sustainable Materials Management, Seoul, Korea, 28–30 November 2005.
11. http://www.naturalstep.org/com/nyStart/
12. McDonough, William, and M. Braungart, 2002. Cradle to Cradle: Remaking the Way We Make Things. New York: North Point Press
13. Personal communication. 2004. Roger McFadden, vice president technical services, Coastwide Laboratories.
14. http://www.epea.com/documents/EPEAProductCase_MirraChair.pdf
15. Clean Production Action. 2006. Healthy Business Strategies for Transforming the Toxic Chemical Exonomy. Accessed at http:// www.cleanproduction.org/library/CPA-HealthyBusiness-1.pdf on 8 December, 2008.
16. http://www.epea.com/documents/EPEAProductCase_Baypure.pdf

PART 2

기본 개념

환경공학자는 생물학, 화학, 지질학, 지형학, 물리학 등 다양한 분야의 기본 개념을 사용하여 견고하고 오래 지속되는 지속가능한 해결책을 설계한다.

© Keith and Susan Morgan

1820년 포인셋 브리지(미국 사우스캐롤라이나주)

Chapter 02 공학적 의사결정

© Monika Mlynek / 123RF

댐 붕괴로 인한 범람

© Lori Howard / Shutterstock

어제(fish ladder, 어도)

환경공학자는 인간과 환경을 모두 보호해야 하는 엄청난 책임이 있다. 우리의 의사결정은 직접적으로 그리고 간접적으로 생명과 생태계에 영향을 미치므로 의사 결정을 할 때 다양한 요인들을 고려해야 한다.

크거나 작은 모든 공학 프로젝트의 구현에는 공학자가 내리는 일련의 의사결정들을 수반한다. 때로는 이러한 결정이 제대로 이루어지지 않는 경우가 있다. 그러나 수십만 명의 공학자들에 의해 하루에 수백 번씩 만들어지는 훨씬 더 많은 의사 결정은 옳고, 많은 인간 문명을 향상시키고 지구 환경을 보호하고 직업의 완전성을 향상시킨다. 제대로 이루어지지 않은 공학적 결정은 극소수이기 때문에 공학적 의사 결정은 거의 알려지지 않았으며 거의 논의되지 않은 프로세스이다. 그러나 결정이 잘못되었을 때 그 결과는 종종 파국적이다. 그레이(Gray)가 지적했듯이 의사는 한 번에 한 명의 사람에게만 해를 입히지만, 공학자의 잘못 설계된 시스템을 통해 한 번에 수천 명에게 피해를 줄 가능성이 있다(1장 참조).[1]

이 장에서는 환경공학자가 의사 결정을 하는 방법을 검토하는데, 기술 결정에 대한 간략한 설명부터 시작하여, 환경공학 의사 결정에서 두 번째로 가장 일반적으로 사용되는 도구이자 두 번째로 가장 정량화 가능한 도구인 비용 효율성에 대한 논의가 뒤따른다. 다음으로 비용편익분석의 사용이 기술되고, 그 다음에 위해도 분석에 근거한 결정에 대한 논의가 이어진다. 조금 더 주관적인 의사 결정의 형태로 나아가 공학적 도구로서의 환경영향 분석을 검토한다. 이 장에서는 환경공학에 적용되는 윤리 및 윤리적 의사 결정에 대한 소개로 결론을 맺는다.

2.1 기술적 분석을 기반으로 한 의사결정

공학에서 어떤 것을 설계하는데 있어 가장 좋은 한 가지 방법은 거의 없다. 혹시라도 최선의 한 가지 방법이 있었다면 공학은 정체되고 혁신이 멈추고 기술적인 마비가 생겨날 것이다. 그림에 하나의 완벽한 예술 작품이 없다는 것을 인식하는 것처럼 완벽한 수처리시설도 없다. 만약 완벽한 수처리시설이나 그림이 있다면 미래의 모든 수처리시설은 비슷할 것이고 모든 그림은 비슷할 것이다.

공대 학부생들은 공학 교육 초반에 종종 숙제와 시험 문제마다 단 하나의 정답이 있고 다른 모든 대답은 틀렸다고 가르친다. 그러나 공학 실무에서는 여러 가지 똑같이 올바른 기술적 해답을 가질 수 있는 문제의 경우 많은 기술적 결정이 옳을 수 있다. 예를 들어, 하수도는 콘크리트, 주철, 강철, 알루미늄, 유리 점토, 유리 또는 기타 여러 가지 재료로 만들 수 있다. 올바른 공학 설계 절차를 통해 하수도는 계획 하수량을 운반할 것이므로 기술적으로 정확할 것이다.

기술적 결정의 한 특징은 다른 공학자가 점검할 수 있다는 것이다. 설계 도면이 설계

사무소를 떠나기 전에 검사를 받고 재검사를 받아 기술적인 결정이 올바른지 확인한다. 즉, 구조/기계/공정이 사양에 따라 구축된 경우 원하는 대로 작동할 것이다. 따라서 기술적인 결정은 명확하게 계량 가능하며 다른 유능한 전문공학자가 평가하고 점검할 수 있다.

예제 2.1

1,950명의 주민들이 거주하는 도시에서 시에 의해 소유 및 운영되는 고형 폐기물(쓰레기) 수거 프로그램을 만들고 싶어 한다. 그들은 다음과 같은 특징을 가진 세 가지 트럭 중 하나를 구입할 수 있다.

트럭 A 18 m^3 용량	트럭 B 15 m^3 용량	트럭 C 12 m^3 용량

트럭이 주 5일 근무일 동안 매일 도시의 5분의 1에 해당하는 쓰레기를 수거하는 경우 한 주 안에 모든 주거지의 쓰레기가 수집될 것이고, 트럭은 하루에 단 한 번만 매립지로 가면 될 것이다. 어떤 트럭 또는 트럭들이 충분한 용량을 가질 것인가?

해답

이 마을의 고형 폐기물 발생률이 주어지지 않았으므로 발생률을 가정해야 한다. 발생률이 1.5 kg/인/일라고 가정한다. 수집되어야 하는 고형 폐기물의 총톤수는 다음과 같다.

(1,950명)(1.5 kg/인/일)(7일/주) = 20,475 kg/주

그 중 1/5, 즉 4,095 kg을 매일 수거해야 한다. 효율성을 높이기 위해 쓰레기 수거차는 쓰레기를 압축한다. 트럭이 쓰레기를 300 kg/m^3로 압축할 수 있다고 가정하자. 필요한 트럭 용량은 다음과 같다.

(4,095 kg/일) / (300 kg/m^3) = 13.65 m^3/일

15 m^3 트럭과 18 m^3 트럭은 모두 충분한 용량을 가지고 있으나, 12 m^3 트럭은 그렇지 않다. 버림이 아닌 반올림한 경우 13 m^3 트럭도 부족할 것이다.

기술 분석을 수행할 때 우리는 종종 의사 결정에 필요한 모든 정보를 가지고 있지 않다. 그러므로 우리는 가정을 해야 한다. 물론 이러한 가정은 최선의 이용 가능한 데이터를 사용하여(때로는 진보적인) 현명한 판단을 통해 만들어져야 한다. 예를 들어, 위의 문제에서 지역 주민의 고형 폐기물 발생률을 산정할 때 각각의 지역 사회가 가지는 특이성이 있기 때문에 국가 평균값보다는 지역 사회의 발생량에 대한 데이터(예 : 폐기물 운송차의 기록 분석을 통해)를 수집하는 것이 가장 좋을 것이다. 또한 공학자는 일반적으로 1～2년만을 위한 시스템을 설계하지 않기 때문에 지역 사회의 향후 인구 및 폐기물 발생 패턴을 예측해야 한다.

물론 현대 실무의 압박은 공학적 결정이 효과적일뿐 아니라(주어진 일을 할 것이다) 경제적이어야 한다(최소 비용으로 일을 할 것이다)는 것이다. 예를 들어, 예제 2.1에서 트럭 A와 트럭 B 모두 쓰레기 운반 용량이 충분하지만, 운영 및 유지 보수비용은 매우 다를 수 있다. 기술 계산이 기술적 인 질문에 대답할 수 있는 반면, 비용에 대한 질문은 공학적 의사 결정의 다른 형태인 비용－효과분석을 필요로 한다.

2.2 비용 – 효과분석을 기반으로 한 의사결정

공학자는 일반적으로 공학 문제를 해결하기 위한 다양한 대안을 비용 기준으로 분석하길 요구하는 고용주나 고객을 위해 일한다. 예를 들어, 지역의 공학자가 쓰레기 수거 차량 구입을 고려하고 있고, 그는 쓰레기를 많이 압축할 수 있는 비싼 트럭을 구입하여 매립지로 효율적인 이동을 할 수도 있고 또는 매립지로 여러 번 이동을 해야 하는 저렴한 트럭을 구입할 수도 있다. 어떤 경우가 지역 사회에 더 저렴한지 어떻게 알 수 있는가? 분명히 가장 낮은 총비용을 가진 대안(모든 비용 데이터가 주어졌을 경우)이 가장 합리적인 결정일 것이다.

필요한 모든 비용을 예측하는데 따른 어려움 외에도 비용 – 효과분석은 시간에 따라 변하는 돈의 가치로 인해 복잡하다. 오늘 1달러를 5%의 이자를 주는 계좌에 입금한다면 1년 후 이 달러는 1.05달러가 될 것이다. 따라서 1년 후 1달러는 현재 1달러와 같지 않고, 이 두 개의 1달러를 단순히 더할 수는 없다. 다시 말해, 2.00달러 대신 2.05달러가 될 것이라는 것이다. 마찬가지로, 시설의 연간 운영비용과 장비의 수명 기간 동안 부품의 가격을 단순히 더하는 것은 말이 되지 않는다. 단순히 달러를 더하는 것은 시간에 따른 달러의 가치가 변하기 때문에 사과와 오렌지를 더하는 것과 같다. 예를 들어, 어떤 지역 사회가 1년 동안 쓰레기 수거 트럭을 운영하고 유지하는데 4,000달러를 지출하고 그 다음 해에 5,000달러를 지출하는 경우 필요한 투자 금액은 9,000달러보다 적다(대학이나 퇴직과 같은 미래의 비용을 저축하는 경우에도 동일한 개념이 적용된다).

이 문제는 공공시설을 건설하거나 공공서비스를 운영하는데 드는 비용을 이해하려고 하는 지역 사회에 문제가 될 수 있다. 이 어려움을 극복하기 위해 사용되는 기법은 프로젝트의 연간비용(annual cost) 또는 현재 가치(present worth)를 기반으로 여러 대안의 비용을 비교하는 것이다. 연간 비용 계산에서 모든 비용은 지역 사회가 시설을 운영하고 부채를 갚는데 필요로 하는 연간 비용을 나타낸다. 운영비용은 해마다 추정되며, 자본 비용은 프로젝트의 예상 수명 내에 부채를 상환하는 데 필요한 연간 자금으로 계산된다.

현재 가치 계산의 경우 자본 비용은 시설을 짓는 데 필요한 자금이며, 운영비는 마치 지불할 돈이 오늘 사용 가능하고 은행에 입금되어 시설의 예상 수명 기간 동안 운영비에 사용되는 것처럼 계산된다. 운영비가 더 높은 프로젝트는 운영비를 지불하기 위한 충분한 초기 투자금을 확보할 필요가 있다.

연간 비용이나 현재 가치 중 하나는 대개의 경우 다른 대안을 비교하는 방법으로 받아들여질 수 있다. 자본 비용을 연간 비용으로 전환하고 운영비의 현재 가치를 계산하는 것은 표(또는 사전 프로그래밍 된 계산기)를 사용하여 쉽게 할 수 있다. 표 2.1은 그러한 계산에 사용되는 이자산출표의 보기이다.

연간 비용은 사용되는 연간 비용이 현재 가치로 얼마일까를 계산하여 현재 가치로 전환된다. 이자율이 10%일 경우 1년 후에 $1.00를 소비하려면 오늘 $0.9094만 투자하면 된다(표 2.1의 "현가계수" 열에서 볼 수 있다). 만약 두 번째 해가 시작될 때 추가비용이 필요하다면 오늘의 총투자비용은 $2.00가 아닌 $1.7355가 될 것이다. 일반적으로, 일정한 금액 A가 복리이자 i의 비율로 n기간 동안 필요하다면, 이 돈의 현재 가치 또는 투자해야하는 금액은 C_P가 현가계수라고 할 때 $C_P \times A$이다.

자본 비용은 자금이 현행 이자율로 투자되었다면 주어진 이자율에 따라 이자를 얻는다는 것을 인식함으로써 연간 비용으로 전환된다. 이자율 10%로 지금 $1.00를 투자하면 1년 후에 $0.10의 이자가 생겨 $1.10의 가치가 될 것이다. 만약 자본 비용 $1.00를 2년 동안 갚는 경우, 표 2.1의 "자본회수계수"열에 표시된 바와 같이 매년 지불 금액은 $0.57619이다. 복리금리 i로 n기간 동안 C달러의 대출을 갚는데 필요한 금액은 C_R이 자본회수계수라고 할 때 $C_R \times C$이다.

두 변환 유형은 예제 2.2에 설명되어 있다.

그러나 여러 대체 방안들이 고객이나 고용주에게 다른 혜택도 준다고 가정해보자. 예제 2.2에서 지역 사회가 선택할 수 있는 한 가지 대안은 일주일에 2회 수거대신 일주일에 1회 수거를 선택하는 것이다. 그렇다면 서비스 수준도 가변적이어서 이를 고려하지 않은 분석은 더 이상 적용할 수 없다. 따라서 부족한 자원을 가장 효과적으로 사용하려면 비용-효과분석에 편익을 통합해야 할 필요가 있다.

FOCUS ON

우아한 디자인

현대 예술가 마이클 싱어(Michael Singer)는 공공 예술, 건축, 조경 및 기획 프로젝트를 도시 및 생태 재생을 위한 성공적인 모델로 전환한다. 그와 리네아 글랫(Linnea Glatt)은 애리조나주 피닉스에 27번가 고형 폐기물 적환 및 재활용 센터를 설계했고, 이는 쓰레기 적환 및 재활용을 위한 25에이커(약 1,000,000 ft^2 또는 약 100,000 m^2), 1,800만 달러 시설이었다(그림 2.1). 그 시설 4백만 달러 예산으로 건설되었다. 싱어-글랫 디자인은 일반적으로 대중에게 공개되지 않는 사회 기반 시설에서 재활용 및 폐기물 문제에 대한 대중의 개입과 이해를 불러일으킨다. 고형 폐기물 시설의 전통적인 디자인은 시설을 은폐하려고 한다. 대조적으로 싱어-글랫 디자인은 재활용 과정뿐 아니라 폐기물 폐기와 관련된 다른 문제들을 드러내 보여준다. 재생 및 변형의 개념은 건물, 도로, 경관, 물 및 야생 동물 서식지와 같이 디자인의 모든 요소에 필수적이다. 이 프로젝트는 여러 상을 수상했으며 미국 내 사회 기반 시설에 대한 미적 디자인 우수성을 홍보한 것으로 인정받고 있다. 1993년 뉴욕타임즈(The New York Times)는 싱어의 대규모 시설 설계를 그 해의 상위 8개 디자인 중 하나로 선정했다.

2004년 미국 환경 단체인 환경보호기금(Environmental Defense Fund)의 뉴욕시 사무실은 싱어에게 도시의 해안가에 있는 고형 폐기물 적환 시설이 교통 혼잡과 대기 오염을 유발하기보다는 주변 지역 사회에 생활 편의 시설이 될 수 있는 방안을 모색할 것을 요구했다. 마이클 블룸버그(Michael

그림 2.1 애리조나주 피닉스에 설계된 27번가 고형 폐기물 적환 및 재활용 센터
(© Michael Singer and Linnea Glatt, Photography by David Stansbury)

Bloomberg) 시장은 고형 폐기물을 위한 해상 적환장 네트워크를 구축할 것을 제안했다. 싱어는 도시 산업 폐기물 적환장 부지를 기능 및 형태적으로 주변 지역 사회에 필수적인 장소로 전환하기 위한 다양한 전략을 포함하는 개념도를 디자인했다(그림 2.2). 제안된 해상 적환장의 모든 부분들(벽, 지붕 및 내부 공간)은 각각의 기능을 가졌다. 도로 및 지붕 표면에서 수집된 물은 쓰레기 수거 트럭 및 시설을 청소하기 위해 벽 틈에 저장된다. 벽과 지붕을 따라 심은 식물은 폐수를 처리하고, 대기에서 토양으로의 여과를 통해 악취가 제거되며, 이동하는 철새들을 위한 이동 경로 서식지를 제공한다. 태양광 발전 패널은 전력을 생성하고 에너지 부하를 줄인다.

그림 2.2 뉴욕시 해상 적환장의 개념도(Michael Singer Studio 제공)
(© Michael Singer and Environmental Defense Fund, Rendering by Trevor Lee)

지역 사회의 주요 관심사인 거리의 냄새 나고 시끄러운 트럭의 지속적인 운행을 해결하기 위해 60개 이상의 트럭을 수용할 수 있는 자동화 램프 시스템이 제안되었다. 제안서에 따르면 적환장 부지에 들어가면 운전자는 유독 가스 배출을 줄이기 위해 엔진을 꺼야했다. 또한 해양 적환장에 인접한 땅은 공공의 즐거움을 위해 넓은 해안가 공원과 정원으로 바꿀 수 있었다. 재활용 및 적환장의 운영을 위한 넓은 실내 공간 중 일부 공간은 지역 사회 활동, 교육 프로그램 및 지역 단체 사무소를 위해 사용될 수 있었다.

개념도가 개발되는 동안 이러한 환상적인 디자인은 사람들이 현상을 넘어서서 생각하고 비용과 고려되는 이익들의 범위를 확장하도록 도전한다. 구조물을 설계할 때 환경공학자는 시설이 주변 환경에 어떻게 통합되어야 아름답고 지역 사회와 환경 건강을 유지할 수 있는지 생각할 수 있다. 우아한 디자인으로 가장 적합한 디자인은 대개 동시에 여러 가지 문제를 해결하거나 여러 가지 이점을 제공하는 디자인이다.

출처 : Clean and Green Infrastructure in New York City: Solid Waste Case Study by Ramon J. Cruz, June 20, 2006, PRATT Center for Community Development, Environmental Defense; Infrastructure and Community: How Can We Live With What Sustains Us? by Michael Singer, Ramon J. Cruz, and Jason Bregman. 2007. Environmental Defense Fund and Michael Singer Studio.

FOCUS ON

피츠버그 사건

희석의 힘은 오랫동안 하폐수 처리 문제에 대한 해답으로 생각되었다. 예전 사람들은 "오염에 대한 해결책은 희석이다."라고 말했다. 저명한 위생공학자인 조지 풀러(George Fuller)는 1900년대의 첫 10년 동안 "희석은 불순물이 물에 확산되어 박테리아와 더 큰 형태의 동식물을 통해 소비되거나 처리되어 공해가 없어지는 적절한 하수 처분 방법이다."라는 것을 관찰했다.

그러나 수로를 처리 시스템으로 사용한다는 것은 하류 지역 주민들에게 용납되지 않았으며, 많은 사람들이 땅을 흐르는 물은 양이 줄거나 질이 떨어지면 안 된다는 수자원법을 기초로 상류 지역 배출자들을 고소했다. 이 소송은 오염의 주요 원인이었던 대도시를 뒤엎었고, 시티홀(City Hall)이라는 잡지는 사설을 통해 다음과 같이 비난했다.

평범한 도시나 개인은 하수처리장을 새로운 것 또는 불필요한 비용으로 간주하며, 피해 소송의 위협이 있을 때 원고의 분노를 진정시키거나 또는 일부 주에서는 주 보건위원회의 쓸데없는 요구 사항을 충족시키기 위해 건설한다. 그런 다음 비용이 너무 많이 들지 않는 한 공학자나 업자가 준비하거나 제안한 계획이나 장치가 문제를 해결할 것이다.

그러나 주 보건 당국은 생각을 달리하여 도시에 효과적인 하폐수 처리 시설을 건설하도록 촉구했다. 강을 오염시킨 도시와 물 공급을 위해 강을 사용했던 지역 사이의 갈등은 피츠버그 사건만큼 분명하게 드러난 사건은 없었다.

1905년에 펜실베이니아주는 처리되지 않은 하수를 하천이나 강으로 배출하는 것을 금지하는 법률을 통과시켰다. 펜실베이니아 보건국장인 사무엘 G. 딕슨(Samuel G. Dixon) 박사는 1910년에 피츠버그에 도시의 통합 하수도 시스템을 별도의 하수도 시스템과 처리 시설로 바꾸기 위한 포괄적인 계획을 제출할 것을 요구했다(그림 2.3). 이에 시에서는 계획을 추천받기 위해 잘 알려진 위생공학자인 앨런 하젠(Allen Hazen)과 조지 위플(George Whipple)을 고용했다. 1년간의 조사 후, 하젠과 위플은 공학 저널인 Engineering Record에 "미국에서 가장 중요한 하수도 및 하수 처리 보고서"라는 것을 제출했다.

그림 2.3 펜실베니아주 피츠버그(출처 : © Chris Boswell/123RF)

하젠과 위플은 피츠버그의 통합 하수도를 별도의 시스템으로 교체하고 처리장을 건설하려면 피츠버그 납세자에게 최소 4,600만 달러(1912년도 달러 기준)의 비용이 소요될 것으로 예상했다. 하지만 오하이오강을 따라 피츠버그 하류에 있는 26개 마을에서는 더 싼 값에 여과된 물을 주민들에게 제공할 수 있을 것이다. 가장 효율적인 대안은 26개 마을에서 물을 처리하여 사용하고 오하이오강을 사람의 폐기물을 처리하기 위한 열린 수로가 되도록 허용하는 것이었다. 그들은 "도시가 다른 도시의 공급을 보호하기 위한 목적으로 통합 시스템을 별도의 시스템으로 대체"하는 선례가 존재하지 않는다고 주장했다. 하젠과 위플은 "피츠버그시에서 시행되고 있는 현재와 같은 하수도 또는 하수 처리 방법의 급진적인 변화는 지금 필요하거나 바람직하지 않다."라고 결론지었다. 공학적 의견은 하젠과 위플의 보고서를 압도적으로 지지했으며 이 보고서에 대한 논쟁을 "공학자는 고객에게 최선이 무엇인지와 의료 분야 동료들에게 얼마나 양보해야 하는지에 대해 그들 자신의 판단을 행사할 자유가 있는가"에 대한 문제로 봤다. 피츠버그가 별도의 시스템을 건설하고 자체 하수를 처리하도록 강요하는 것이 불확실한 상황에서 딕슨은 그의 계획을 철회하고 임시 배출 허가를 발급했다. 주 보건담당 진행위원은 1939년까지 계속해서 배출 허가를 발급했다.

출처 : Based on Melrose, Martin. 2000. The Sanitary City. Baltimore: Johns Hopkins Press; and Tarr, J. A., and F. C. McMichael. 1977. Historic turning points in municipal water supply and wastewater disposal, 1850–1932. Civil Engineering, 47, No. 10. Reprinted from Controlling Environmental Pollution, Vesilind, P. A. and DiStefano, T. D., 2006. Lancaster, PA: DEStech Publications, Inc. Reproduced with permission of DEStech Publications, Inc.

표 2.1 복리계수

	$i=6\%$ 이자	
연수(n)	자본회수계수(C_R)	현가계수(C_P)
1	1.0300	0.9434
2	0.54544	1.8333
3	0.37411	2.6729
4	0.28860	3.4650
5	0.23740	4.2123
6	0.20337	4.9172
7	0.17914	5.5823
8	0.16104	6.2097
9	0.14702	6.8016
10	0.13587	7.3600
11	0.12679	7.8867
12	0.11928	8.3837
13	0.11296	8.8525
14	0.10759	9.2948
15	0.10296	9.711
16	0.09895	10.105
17	0.09545	10.477
18	0.09236	10.827
19	0.08962	11.158
20	0.08719	11.469
	$i=8\%$ 이자	
연수(n)	자본회수계수(C_R)	현가계수(C_P)
1	1.0800	0.9259
2	0.56077	1.7832
3	0.38803	2.5770
4	0.30192	3.3121
5	0.25046	3.9926
6	0.21632	4.6228
7	0.19207	5.2063
8	0.17402	5.7466
9	0.16008	6.2468
10	0.14903	6.7100
11	0.14008	7.1389
12	0.13270	7.5360
13	0.12642	7.9037
14	0.12130	8.2442
15	0.11683	8.5594
16	0.11298	8.8513
17	0.10963	9.1216

18	0.10670	9.3718
19	0.10413	9.6035
20	0.10185	9.8181
	$i=$ 10% 이자	
연수(n)	자본회수계수(C_R)	현가계수(C_P)
1	1.1000	0.9094
2	0.57619	1.7355
3	0.40212	2.4868
4	0.31547	3.1698
5	0.26380	3.7907
6	0.22961	4.3552
7	0.20541	4.8683
8	0.18745	5.3349
9	0.17364	5.7589
10	0.16275	6.1445
11	0.015396	6.4950
12	0.14676	6.8136
13	0.14078	7.1033
14	0.13575	7.3666
15	0.13147	7.6060
16	0.12782	7.8236
17	0.12466	8.0215
18	0.12193	8.2013
19	0.11955	8.3649
20	0.11746	8.5135

예제 2.2 어느 도시에서 당국이 쓰레기 수거 차량을 구매하려고 한다. A와 B의 두 가지 유형이 고려되고 있으며, 자본 및 운영비용은 다음과 같다. 각 트럭의 유효 수명은 10년이다.

	트럭 A	트럭 B
초기(자본) 비용	$80,000	$120,000
유지 비용, 연간	6,000	2,000
연료 및 석유 비용, 연간	8,000	4,000

비용만 기준으로 했을 때 지방 자치제 당국이 구매해야 하는 트럭은 무엇인가? 이자율이 8%라 가정하고 연간 및 현재 가치 기반으로 비용을 계산하라.

해답

- 트럭 A의 연간 비용 계산

  8% 이자에 대한 이자산출표(표 2.1)에서 n = 10년 동안의 C_R은 0.14903이다. 따라서 자본 비용은 $80,000 × 0.14903 = $11,922이다. 트럭 A의 총연간 비용은 다음과 같다.

자본 회수	\$11,922
유지 비용	6,000
연료 비용	8,000
합계	\$25,922

- 트럭 B의 연간 비용 계산

  i와 n이 같기 때문에 C_R은 동일하다. 자본에 대한 연간 비용은 \$120,000 × 0.14903 = \$17,884이며, 트럭 B의 총연간 비용은 다음과 같다.

자본 회수	\$17,884
유지 비용	2,000
연료 비용	4,000
합계	\$23,884

연간 비용 기준으로 볼 때, 자본 비용이 더 높은 트럭 B가 합리적인 선택이다. 이는 지역사회가 지불해야하는 연간 총비용이 트럭 A의 연간 총비용보다 낮기 때문이다.

- 트럭 A의 현재 가치 계산

  n = 10 및 i = 8%에 대한 C_P는 6.7100이다(표 2.1).

  연간 유지비와 연료비의 현재 가치는 (\$6,000 + \$8,000) × 6.7100 = \$93,940이며 총현재 가치는 다음과 같다.

자본 비용	\$ 80,000
유지 및 연료 비용의 현재 가치	93,940
합계	\$173,940

- 트럭 B의 현재 가치 계산

  i와 n이 동일하기 때문에 C_P도 동일하다(6.7100). 연간 비용의 현재 가치는 (\$2,000 + \$4,000) × 6.7100 = \$40,260이며 총현재 가치는 다음과 같다.

자본 비용	\$120,000
유지 및 연료 비용의 현재 가치	40,260
합계	\$160,260

현재 가치를 기반으로 해도 트럭 B가 여전히 합리적인 선택이다. 지역 사회가 트럭을 10년 동안 운영하기 위해 돈을 빌린다면 트럭 A를 구매하려는 경우보다 적은 돈을 빌려야 하기 때문이다.

2.3 편익/비용 분석을 기반으로 한 의사결정

1940년대 연방국토개발국(Bureau of Reclamation)과 미육군 공병단(U.S. Army Corps of Engineers)은 미국의 자유롭게 흐르는 하천에 댐을 건설하기 위한 공공 자금 조달을 위해 노력했다. 의회에 주요 물 저장 프로젝트의 필요성을 알리기 위해 편익/비용(B/C, benefit/cost) 분석이라는 기술이 개발되었다. 액면 그대로 이 기술은 유용하고 복잡하지 않다. 프로젝트가 계획된 경우, 산출된 이익의 추정치가 비율 형태로 발생 비용과 비교된다. 이 비율(ratio)이 1.0 이상이면 프로젝트가 분명히 가치 있으며, 투자에 대한 최고의 수익을 얻을 수 있는 가장 큰 편익/비용 비율을 가진 프로젝트가 먼저 건설되어야 한다. 이러한 분석을 통해, 연방국토개발국과 미육군 공병병과는 공공 기금 지출에 대한 증가를 변론할 수 있었으며 우선순위에 따라 제안된 프로젝트의 순위를 매길 수 있었다.

비용－효과 분석과 마찬가지로 편익/비용 분석의 계산은 달러로 이루어지며 각각의 편익과 비용이 화폐 단위로 표시된다. 예를 들어, 운하의 편익은 운송비용의 금전적 절감으로 계산될 수 있다. 그러나 일부 편익과 비용(예 : 깨끗한 공기, 꽃, 급류 래프팅, 악취, 오염된 지하수 및 쓰레기가 널브러진 거리)은 금전적으로 쉽게 표현할 수 없다. 그러나 이러한 편익과 비용은 매우 현실적이며 편익/비용 분석에 어떻게든 포함되어야 한다.

한 가지 해결책은 단순히 이러한 편익에 금전적 가치 부여를 강요하는 것이다. 예를 들어, 인공 호수에 대한 편익을 산정할 때, 레크리에이션 혜택은 사람들이 그러한 시설을 사용하기 위해 기꺼이 지불할 것으로 예상되는 금액을 예측하여 계산된다. 물론 이러한 방법을 사용함에는 많은 어려움이 따른다. 돈의 가치는 사람마다 다르며, 이러한 공공 프로젝트에서 어떤 사람들은 다른 사람들보다 더 많은 이익을 얻지만 비용은 모든 사람들이 똑같이 지불해야할 수 있다. 이러한 편익 추정과 관련된 문제로 인해 편익/비용 비율을 높이기 위해 편익이 부풀려질 수 있다. 따라서 편익이 필요에 따라 조정될 수 있으므로 거의 모든 프로젝트를 정당화할 수 있다.

예제 2.3에서는 이러한 분석이 수행되는 방법을 설명하기 위해 주관적 편익과 비용에 금전적 가치를 부여하였다. 독자는 편익/비용 분석이 단순한 산술 계산이며, 최종값을 여러 소수 자릿수까지 계산할 수 있지만, 이는 계산에 사용된 가장 약한 추정치만큼의 가치가 있음을 알아야 한다.

예제 2.3 소규모 공동체가 수년 동안 일주일에 한 번씩 쓰레기를 수집하는 트럭 한 대로 쓰레기 수거 서비스를 소유하고 운영하고 있다. 이 트럭이 낡아서 교체해야 한다. 또한 한 대의 트럭만으로는 운영이 적합하지 않아 두 번째 트럭을 구입해야 할 수도 있다. 두 번째 트럭을 구입하지 않으면 시민들은 수집되는 쓰레기양을 줄이기 위해 뒤뜰에서 종이 쓰레기를 태워야 할 것이다. 이 상황에 두 가지 옵션이 있다.

1. 낡은 트럭을 팔고 새 모델의 트럭 두 대를 구입한다. 이렇게 하면 일주일에 한 번이 아니라 두 번씩 쓰레기를 수거할 수 있을 것이다.
2. 낡은 트럭을 팔고 새로운 트럭을 한 대만 구입하고, 시민들에게 가연성 쓰레기를 태우도록 권장하여 수거되는 쓰레기양을 줄인다.

편익/비용 분석을 통해 선택해야 하는 대안을 결정하라.

해답

예제 2.2의 연간 비용을 이용해 두 가지 대안의 편익과 비용 목록을 작성한다. 금전적으로 쉽게 표현할 수 없는 비용에 대해서는 합리적인 추정치를 제시한다. 다음으로 금전적 가치인 달러를 합산한다.

- 대안 1

편익	
모든 쓰레기 수거*	$250,000
총편익	$250,000
비용	
두 대의 새 트럭(운영비용 포함)	$47,768
소음 및 쓰레기 증가	10,000
노동 비용	200,000
총연간 비용	$257,768

편익/비용 = $250,000/$257,768 = 0.97

- 대안 2

편익	
60%의 쓰레기 수거	$150,000
총편익	$150,000
비용	
새 트럭(운영비용 포함)	$23,884
더러운 공기	0
노동 비용	120,000
총연간 비용	$143,884

편익/비용 = $150,000/$143,884 = 1.05

첫 번째 대안의 편익/비용 비율은 0.97이지만 두 번째 대안의 편익/비용 비율은 1.05이다. 따라서 두 번째 대안을 선택해야 하는 것처럼 보인다.

* 매주 매립지를 갈 필요가 없는 각 가정에서 절약한 돈에 총매립지로의 이동 횟수를 곱한 금액을 편익으로 간주할 수 있다.

예제 2.3에서는 차량의 비용과 같이 일부 항목만 정량화될 수 있다. 대부분의 다른 항목은 매우 주관적인 추정이다. 또한 더러운 공기와 관련된 비용은 없다. 그러한 비용이 포함되면 계산 결과가 다른 결론을 초래했을 수 있다. 그러나 이러한 유형의 계산에는 편익은 포함하지만 깨끗한 공기와 같은 항목의 공유 비용은 포함되지 않는 것이 일반적이다.

비용과 편익의 불평등한 분배 개념은 아마도 중세 마을에서 사용된 공유지의 사례를 통해 가장 잘 설명될 수 있다.[2] 공유지는 공통 지역이었지만, 소는 개별 시민들의 것이었다. 마을 주민 한 명이 소를 소유하는 것의 편익은 개인의 것이지만 소를 공유지에서 키우는데 필요한 비용은 모두가 공유해야 한다는 것을 깨닫기까지는 오랜 시간이 걸리지 않았다. 정말 이기적으로 농부에게는 여러 마리의 소를 방목하여 자신의 부를 늘리는 것이 합리적이었다. 그러나 이러한 행동은 그의 이웃에게도 비슷한 반응을 촉발했을 것이다. 친구가 부자가 되는 것을 보면서 누가 한 마리의 소만 가지고 있겠는가? 그래서 그들은 모두 더 많은 소를 살 것이고, 모든 소들을 공유지에서 방목할 것이다. 그러나 궁극적으로 소의 숫자가 공유지의 수용력을 넘어서서 모든 소들을 죽여야 할 것이다.

더러운 공기의 비용 공유는 공유지의 비극과 유사하다. 깨끗한 공기를 사용하는 우리 각자는 개인의 편익을 위해 공기를 사용하지만 공기를 오염시킨 비용은 모두가 공유한다. 인간이 자신의 삶의 방식을 다시 생각하고 오염 활동을 자발적으로 제한할 수 있을까? 이러한 일은 거의 일어나지 않을 것이며, 결과적으로 정부가 개입해서 개인이 한 마리의 소만 갖도록 제한해야 한다.

편익/비용 분석의 또 다른 중요한 문제는 분석이 "매몰 비용(sunk cost)"으로 알려진 기법으로 인해 종종 와해될 수 있다는 것이다. 정부 기관이 공공시설을 건설하기로 결정하고 건설비용이 1억 달러가 될 것이라고 추산한다고 가정하자. 편익(계산할 수 있음)이 1억 2천만 달러이기 때문에 편익/비용 비율이 1.0 ($120 / $100) 이상이기 때문에 이 프로젝트는 가치가 있다고 반박할 수 있다. 그런 다음 의회에서 프로젝트 완성을 위한 예산을 지원받는다.

프로젝트에 이미 1억 달러를 쓴 프로젝트 진행 중에 정부 기관은 건설비용을 너무 적게 추산한 것을 알았다. 프로젝트에 실제로 1억 8000만 달러의 비용이 소요되는 것으로 나타났다. 물론 이제 편익/비용 비율이 0.67 ($120 / $180)로 이는 1.0 미만이므로 프로젝트는 경제적으로 정당화할 수 없다. 그러나 정부 기관은 이미 공사에 1억 달러를 지출했다. 이 비용은 매몰 비용 또는 프로젝트가 완료되지 않은 경우 영원히 손실될 비용으로 간주된다. 따라서 정부 기관은 프로젝트의 실제 비용은 예상 비용과 이미 지출된 비용 사이의 증가량, 즉 8천만 달러($180 − $100)라고 할 수 있다. 그래서 편익/비용 비율은 $120 / $80 = 1.5로 계산되고, 이는 1.0보다 크기 때문에 프로젝트가 완료되어야 함을 나타낸다. 이런 사기성 방식이 곧잘 사용된다는 것은 정말 놀라운 일이며, 이전의 모든 비용들이 아주 저평가 되었다면 새로운 추정치를 왜 믿어야 하는지 아무도 정부 기관에 묻지 않는다.

2.4 위해성 분석을 기반으로 한 의사결정

제안된 프로젝트의 편익은 레크리에이션 가치와 같은 단순한 항목이 아니라 인체 건강과 같이 보다 심각한 관심사인 경우가 종종 있다. 생명과 건강이 편익/비용 계산에 포함될 때는 사람들이 위험에 처해있는지 나타내기 위해 일반적으로 위해성/편익/비용 분석이라고 한다. 간단하게는 위해성 분석이라고 더 널리 알려져 있다.

위해성 분석(risk analysis)은 위해성 평가(risk assessment)와 위해성 관리(risk management)로 구분된다. 전자는 특정 유해(hazard) 요소가 인체 건강에 미칠 잠재적 영향에 대한 연구와 분석을 포함한다. 통계 정보를 사용하여 위해성 평가는 정보에 입각한 의사결정을 내리기 위한 도구이다. 반면에 위해성 관리는 받아들일 수 없는 것으로 간주되는 위해(risk)를 줄이는 과정이다.

우리는 개인생활에서 지속적으로 두 가지를 모두 하고 있다. 흡연은 우리 건강에 위해이며, 흡연의 잠재적 영향을 계산하는 것이 가능하다. 금연은 특정 질병으로 사망할 위해를 줄이기 때문에 위해성 관리의 한 방법이다.

사실상 어떤 이유로 인해 죽을 위험은 100%이다. 의료계 종사자는 아직 어떤 사람을 죽음에서 구할 수는 없다. 따라서 문제는 죽음이 언제 일어날 것이고 죽음의 원인이 무엇일지가 된다. 어떤 원인으로 사망할 위해도(risk)를 계산하는 방법에는 세 가지가 있다. 첫째, 위해도는 오염물질에 노출된 인구 중 사망자 수를 오염물질에 노출되지 않은 인구 중 사망자 수로 나눈 비율로 정의할 수 있다. 즉,

$$\text{위해도} = \frac{D_1}{D_0}$$

여기서, D_1 : 단위 시간당 특정 오염물질에 노출된 인구 중 사망자 수

D_0 : 단위 시간당 오염물질에 노출되지 않은 비슷한 크기의 인구 중 사망자 수

예제 2.4 10,000명 규모의 지역 사회인 켄트빌(Kentville)은 크립톤 광산 옆에 위치하고 있으며, 크립톤 제련소에서 배출되는 가스가 유해한 영향을 가질 우려가 있다. 특히 크립톤증(kryptonosis)은 작년에 켄트빌 주민 10명을 사망에 이르게 한 것으로 보인다. 20,000명의 주민이 살고 있는 인근 지역 사회인 레인스버그(Lanesburg)는 배출 가스의 영향을 받지 않을 정도로 제련소에서 충분히 멀리 떨어져 있다.
레인스버그에서는 작년에 두 명만 크립톤증으로 사망했다. 켄트빌에서 크립톤증으로 사망할 위해도는?

해답 위해도가 그렇게 정의된다면,

$$\text{크립톤증으로 사망할 위해도} = \frac{\frac{10}{10,000}}{\frac{2}{20,000}} = 10$$

즉, 켄트빌에 사는 사람은 오염되지 않은 지역에 사는 사람보다 크립톤증으로 사망할 가능성이 10배 더 높다.

그러나 비록 통계적으로 켄트빌에서 크립톤증으로 죽을 확률이 레인스버그에서보다 훨씬 더 높고, 단지 켄트빌에 크립톤 제련소가 있다고 해도 우리는 제련소에 책임이 있음을 증명하지 않았다. 우리는 켄트빌 사망자 수와 크립톤 제련소 사이의 관계에 대한 통계적 증거만 가지고 있을 뿐이다.

위해도를 계산하는 두 번째 방법은 인구 중 다양한 원인에 의한 사망자 수를 알아내어 이들의 비율을 비교하는 것이다. 즉,

$$\text{원인 A로 사망할 상대적 위해도} = \frac{D_A}{P}$$

여기서, D_A : 단위 시간당 원인 A로 인해 발생한 사망자 수
P : 인구

예제 2.5 지난 해 켄트빌 사망자 수와 사망 원인은 심장마비 5, 사고 4, 크립톤증 10, 기타 6이다. 다른 원인에 비해 크립토증으로 사망할 위해도는?

해답 켄트빌에서 심장마비로 사망할 위해도는 5/10,000이며, 크립톤증으로 사망할 위해도는 10/10,000이다. 즉, 크립톤증으로 사망할 확률은 심장마비로 사망할 확률의 두 배, 사고로 사망할 확률의 2.5배, 기타 원인으로 사망할 확률의 1.7배이다. 위해도는 물론 레인스버그에서 다를 수 있으며 비교할 수 있다.

마지막으로 위해도는 특정 원인으로 인한 사망자 수를 총사망자 수로 나눈 값으로 계산할 수 있다. 즉,

$$\text{원인 A로 사망할 위해도} = \frac{D_A}{D_{total}}$$

여기서, D_{total} : 단위 시간당 인구 중 총사망자 수

예제 2.6 예제 2.5의 데이터를 사용하여 다른 원인으로 인한 사망과 비교하여 켄트빌에서 크립톤 감염으로 사망할 위해도는?

해답 예제 2.5의 총사망자 수는 25명이다. 따라서
크립토증으로 사망할 위해도 = 10/25 = 0.4
다시 말해, 켄트빌 주민들이 크립톤증으로 사망할 확률은 40%이다.

어떤 위해성은 우리가 수용하기로 선택하지만 어떤 위해성은 외부로부터 우리한테 부과된다. 예를 들어, 우리는 술을 마시거나 운전을 하거나 비행기를 타기로 결정한다. 이러한 활동은 알코올 남용, 교통사고, 비행기 추락으로 매년 사망하는 사람들이 있기 때문에 계산된 위해도를 가진다. 우리 대부분은 무의식중에 이러한 위해도를 감수하고 이러한 활동을 한다. 일반적으로 사망 확률이 0.01 정도이거나 사망 원인의 1%가 이러한 원인에 기인하는 경우 사람들은 이러한 위해성을 수용할 수 있는 것처럼 보인다.

그러나 일부 위해는 우리가 할 수 있는 것이 거의 없이 우리한테 부과된다. 예를 들어, 더러운 도시 공기 속에 사는 사람들의 수명은 깨끗한 공기를 호흡하고 사는 사람들보다 짧은 것으로 나타났다. 우리는 이 위해성(이사를 가는 것 외에)에 대해 할 수 있는 것이 거의 없으며, 이런 종류의 위해성은 사람들이 가장 많이 분개하는 유형이다. 사실 연구에 따르면 비자발적인 위해의 수용성은 자발적인 위해성의 수용성보다 1,000배 정도 낮다. 이러한 인간의 행동은 왜 담배를 피우는 사람들이 공기질에 대해 실망하는지 또는 비행기 추락을 두려워하기 때문에 공항 부지에 항의하는 공개 청문회에 왜 술에 취한 상태에서 운전해서 가는지를 설명할 수 있다.

일부 연방 및 주정부 기관은 수정된 위해성 분석을 사용하며, 이 때 혜택은 생명을 구하는 것이다. 예를 들어, 특정 새로운 유형의 고속도로 가드레일이 설치될 경우 예상되는 고속도로 사망자 수가 감소할 가능성이 있다. 만약 각 인생에 가치가 주어지면, 총혜택은 구한 생명 수와 생명의 가치를 곱한 값으로 계산할 수 있다. 그러한 숫자를 설정하는 것은 여론에 이상적으로 응답할 수 있는 공학적 결정일 뿐 아니라 공공 정책 결정이기도 하다.

예제 2.7 제련소에서 배출되는 크립토나이트 배출 가스를 95% 줄이면 1,000만 달러가 들 것이다. 독성학자들은 이러한 오염 규제 계획이 크립톤 중독으로 인한 사망을 10 /yr에서 4 /yr로 감소시킬 것으로 추정한다. 그렇다면 여기에 돈을 써야 하나?

해답 평생 소득을 기반으로 각 인생의 가치를 120만 달러라고 가정하자. 6명의 생명을 구하는 것은 720만 달러의 가치가 있을 것이다. 이 혜택은 규제 비용보다 적다. 따라서 위해성 분석에 기반하면 오염방지설비를 설치하는 것은 비용 효율적이지 않다.

그러나 인간의 생명의 가치가 120만 달러라는 가정은 어떠한가? 정말 사실인가? 예제 2.7에서 인간의 생명이 500만 달러의 가치가 있다고 가정하면 오염 제어가 보장된다. 그

러나 이것은 오염 규제에 쓰인 1,000만 달러가 공장 확장이나 다른 가치 있는 프로젝트(예 : 교육, 건강 또는 교통 개선)에 돈을 제공할 수 있는 과세 기준을 늘릴 수 있는 일자리를 창출하는데 지출될 수 없다는 것을 의미한다. 나중에 더 자세한 내용을 알아보자.

위해성 계산에는 이러한 유형의 큰 불확실성이 많다. 예를 들어, 미국국립과학아카데미의 사카린에 대한 보고서에 따르면 미국에서 70년 동안 120 mg의 사카린에 매일 노출되어 사람 방광암이 발생하는 예상 건수는 0.22～1,144만 건으로 추정된다. 이는 심지어 독물학자들에게조차도 꽤 인상적인 범위이다. 물론 문제는 외삽법을 데이터에 적용해야 한다는 것이고, 이 때 사용하는 데이터는 종종 사람의 데이터가 아니라 다른 종의 데이터이기 때문에 종 간 환산이 필요했다. 그러나 정부 기관은 그러한 엉터리 데이터를 기반으로 의사 결정을 해야 하는 입장에 점점 더 많이 처해지고 있다.

2.4.1 환경 위해성 분석 절차

환경 위해성 분석은 단계별로 이루어진다.

① 우려되는 오염물질의 오염원과 유형을 정의한다. 어디서부터 오는 것인가? 무엇인가?
② 노출 경로와 노출률을 파악한다. 어떻게 인간에게 도달해서 건강 문제를 일으키는가?
③ 우려되는 수용체를 파악한다. 위험에 처한 사람들은 누구인가?
④ 수용체에 대한 오염 물질의 잠재적 건강 영향을 결정한다. 즉, 노출－반응(dose-response) 관계 또는 특정 투여량에서 관찰된 부작용을 정의한다.
⑤ 어떤 영향이 용인될 수 있는지 결정한다. 대중에게 받아들여질 수 있을 정도로 낮은 영향은 무엇인가?
⑥ 허용되는 영향에 근거하여 수용체에서 수용 가능한 수준을 계산한 다음 최대 허용 배출량을 계산한다.
⑦ 배출 또는 방류된 오염물질이 최대 허용치보다 현재 (또는 앞으로) 높은 경우, 최대 허용 배출량 또는 방류량을 달성하기 위해 필요한 기술을 결정한다.

① 우려되는 오염물질의 오염원과 유형을 정의하는 것이 때로는 보이는 것보다 어려울 수 있다. 인구 밀집 지역 근처에 유해 폐기물 처리 시설을 건설한다고 가정해보자. 어떤 유형의 오염물질을 고려해야 하는가? 시설이 폐기물의 독성을 줄이는 과정에서 다양한 유해 폐기물을 섞고 혼합하는 경우, 그러한 공정의 어떤 제품을 평가해야 하는가? 다른 경우에는 우려되는 오염물질과 오염원을 모두 식별하는 것은 먹는물에 염소처리를 하는 동안 클로로포름이 발생하는 것이나 지하저장탱크에서 새는 휘발유를 식별하는 것과 같은 간단한 문제이다.

② 경로를 파악하는 것은 물 염소 처리의 경우처럼 상당히 간단할 수 있다. 다른 경우에는 음식, 피부와 물을 포함한 여러 가지 경로로 인체에 유입될 수 있는 대기 중 납의 영향과 같이 경로 파악이 어려운 경우도 있다.

③ 수용체를 파악하는 것은 모든 인간이 표준 크기와 건강 상태를 가지고 있지 않기 때문에 어려움을 야기할 수 있다. 미국 환경보호청은 모든 성인 인간의 몸무게가 70 kg이고, 수명이 70년이고, 매일 2 L의 물을 마시며 매일 20 m^3의 공기를 마신다고 제안함으로써 이러한 분석을 단순화하려고 시도했다. 이러한 값들은 위해도를 비교하는데 사용된다.

④ 영향을 결정하는 것은 다양한 오염물질에 대한 인체의 특정 반응을 추정하기 때문에 위해성 분석에서 가장 어려운 단계 중 하나이다. 발암성과 비발암성의 두 가지 유형의 영향을 고려하는 것이 일반적이다.

독성이 있는 비발암성 물질에 대한 노출－반응곡선은 역치(thresold)를 가진 선형으로 가정된다. 그림 2.4의 곡선 A에서 볼 수 있듯이 독소의 저노출은 측정 가능한 해를 초래하지 않지만, 역치보다 높은 모든 증가는 해로운 영향을 미친다. 예를 들어, 일정량의 수은을 섭취하는 것은 인간의 건강에 해로운 영향을 미친다는 것을 보여주는 것이 불가능하기 때문에 수용가능한 것으로 간주된다. 그러나 고노출은 부정적인 영향을 가진다고 보고되었다.

아연 같은 일부 독소는 실제로 우리의 대사 체계에서 필수 영양소이며 건강을 위해 필수적이다. 우리 식단에서 이러한 화학 물질이 없으면 유해할 수 있지만, 과다 노출은 유독할 수 있다. 이러한 물질은 그림 2.4에서 곡선 B로 나타낼 수 있다.

일부 기관들은 발암 물질에 대한 노출－반응곡선이 농도가 0일 때 영향이 0인 선형이고, 그림 2.4의 곡선 C와 같이 유해 영향이 선형적으로 증가한다고 제안한다. 모든 일정하게 노출된 발암 물질은 암의 발생을 일정하게 증가시킬 수 있다. 다른 견해는 신체가

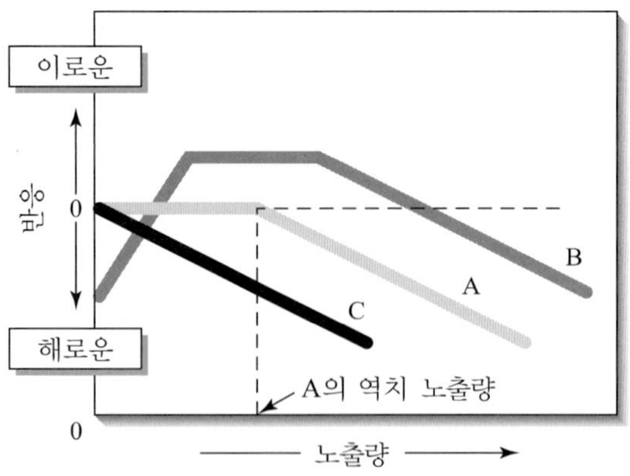

그림 2.4 세 개의 노출량 - 반응곡선

소량의 발암 물질에 내성을 지니며, 역치 이하에서는 무영향이라는 것이다(곡선 A와 유사함).

미국 환경보호청은 보다 보수적인 경로를 선택하고 발암 물질의 잠재인자(유효인자, potency factor)라는 것을 개발했다. 잠재인자는 평생 매일 평균 1 mg의 오염물질/kg 체중/일에 따라 암에 걸릴(꼭 암으로 인한 사망 위해는 아님) 위해도로 정의된다. 그러므로 노출－반응 관계는

평생 위해도 = 평균 노출량 × 잠재인자

평균 노출량의 단위는 mg 오염물질/kg 체중/일이다. 따라서 잠재인자의 단위는 (mg 오염물질/kg 체중/일)$^{-1}$이다. 평생 위해도는 단위가 없다. 노출량은 70년의 수명기간 동안 만성 노출량으로 가정한다. 환경보호청은 많은 일반 화학 물질의 잠재인자를 계산하여 통합위해도 정보시스템(IRIS, Integrated Risk Information System) 데이터베이스(www.epa.gov/iris)에 게시했다. 잠재인자는 섭취와 흡입 모두에 대해 제시되어 있다.

⑤ 허용 가능한 위해도를 결정하는 것은 아마도 이러한 계산에서 가장 논쟁의 여지가 많은 매개 변수일 것이다. 100만분의 1의 위해도는 받아들여질 수 있는가? 누가 이 수준을 받아들일 수 있는지 결정하는가? 물론 만약 우리가 받아들일 수 있는 위해도에 의해 해를 입은 한 사람에게 물어본다면 그 사람은 확실히 받아들일 수 없다고 할 것이다.

허용 가능한 위해도의 전체 개념은 환경공학자와 환경과학자가 전문분야에서 사용하는 가치 체계를 전제로 한다. 불행히도, 이 가치 체계는 종종 대중이 가지고 있는 가치 체계와 일치하지 않는 경우가 많다. 공학자는 모든 것에서 최대한의 이익을 달성할 수 있도록 의사 결정을 내리는 경향이 있다. 예를 들어, 임의의 인적 자원에 가치를 두어 최종적인 이익을 얻으며, 이는 미국 환경보호청이 오염 물질과 관련된 위해도를 계산하고 백만 분의 1의 확률을 허용 가능한 위해도로 정하도록 했다. 얻은 이익에 비해 비용이 매우 적으므로, 결정을 수락하는 것은 대중의 관심사이다.

그러나 대부분의 사람들이 자신의 복지나 다른 사람들의 복지를 같은 관점에서 보지 않는다는 강력한 주장이 있다. 대부분의 사람들은 다른 사람들에 대해 도덕적으로 행동하는 것이 자신의 이익이기 때문에 자신에게 가장 큰 관심을 가지고 있다. 많은 사람들이 비용이 불평등하게 할당된 분석을 불공평하다고 생각한다(백만 명 중 해를 입은 한 사람과 같이). 또한 많은 사람들은 인간 생명에 가치를 두는 것이 비윤리적이라 믿고, 주어진 환경오염물질에 대해 100만분의 1의 죽음을 논의하는 것을 거부한다. 사람들은 일반적으로 많은 사람의 이익을 위해 한 개인을 이용하기 싫어한다.

공개청문회에서 공학자는 제안된 슬러지 소각장에서 배출되는 순수 해로운 영향은 암에 의한 사망을 백만 분의 일만큼만 증가시키는 것이고, 이 정도 위해도는 절약할 수 있

는 공공 자금의 혜택을 감안할 때 상당히 용인할 수 있다고 발표할 수 있다. 그러나 이러한 설명에도 불구하고 대중은 이 하나의 죽음을 비윤리적인 것으로 보게 된다. 공학자들은 이러한 의견 불일치가 종종 공학자들과 의견이 일치하지 않는 사람들의 기술적인 문맹률에 기인한 것이라고 설명했다. 그러나 이러한 설명은 실수인 것처럼 보인다. 문제는 기술적인 문맹이 아니라 다른 윤리적 관점 또는 가치 체계이다.

일반 대중이 매립지 부지 선정, 숲을 개발하는 것, 소비자 제품에 유해물질을 사용하는 것, 또는 슬러지 폐기 방법 선정과 같은 사회적 결정을 내리는 방법은 분명하지 않다. 만약 압력이 가해진다면, 일반 대중은 사용가능한 모든 대안이 떨어진 후에야 공학자들이 하는 것과 유사한 형태의 분석에 의지할 수 있다. 요점은 일반 대중은 그러한 의사 결정을 내릴 수 있는 위치에 있지 않아 종종 대중의 시각을 이해하지 못하고 비합리적으로 보이는 행동을 하는 공학자들을 자유롭게 비난할 수 있다.

⑥ 허용 가능한 오염 수준을 계산하는 것은 위해성 분석 과정의 다음 단계이다. 이 단계는 가치에 대해 이미 결정되었기 때문에 간단한 산술 계산이다.

⑦ 마지막으로, 이 허용 가능한 오염 수준을 충족시키기 위한 처리 전략을 설계하는 것이 필요하다.

예제 2.8은 이 과정이 어떻게 수행되는지 보여준다.

예제 2.8 미국 환경보호청은 6가 크롬을 흡입 경로 잠재인자 값이 41 $(mg/kg \cdot d)^{-1}$인 발암물질로 분류하고 있다. 대기 오염 방지 설비가 없는 슬러지 소각장은 소각장 바람 부는 방향 경계 바로 아래 지역의 공기 중 6가 크롬의 농도가 0.001 $\mu g/m^3$이 되는 속도로 6가 크롬을 방출할 것으로 예상된다. 6가 크롬의 위해도가 10^6명당 1건의 추가 암을 발생할 수준에 머무르게 하려면 배기가스를 처리해야 하는가?

해답 6가 크롬의 오염원이 정해져 있고, 경로는 흡입이다. 수용자는 미국 환경보호청의 "표준 사람"으로 체중이 70 kg이고 하루에 20 m^3의 공기를 흡입하며 소각장 바로 아래 지역에서 70년 동안 살며 신선한 공기를 마시지 위해 그 지역을 떠나지 않는다(비공식적으로, 이 가정의 비합리성을 고려해야 하지만, 이렇게 가정하지 않으면 어떻게 할 수 있겠는가?). 노출-반응 관계는 선형으로 가정하고, 허용 가능한 만성 1일 섭취량은 위해도를 잠재인자와 관련시켜 계산한다.

$$\text{위해도} = \text{만성 1일 섭취량(CDI)} \times \text{잠재인자}$$
$$1 \times 10^{-6} = \text{CDI} \times 41\ (mg/kg \cdot d)^{-1}$$
$$\text{CDI} = 0.024 \times 10^{-6}\ mg/kg \cdot d$$

다음으로 허용 가능한 배출 농도가 계산된다.

$$\text{CDI} = \text{1일 흡입 공기 부피} \times \text{6가 크롬 농도/kg 체중}$$
$$0.024 \times 10^{-6}\ mg/kg \cdot d = (20\ m^3/d)(C\ \mu g/m^3)(10^{-3}\ mg/\mu g)/70\ kg$$
$$C = 0.085 \times 10^{-6}\ mg/m^3 \text{ 또는 } 0.085 \times 10^{-3}\ \mu g/m^3$$

이 시스템은 0.001 $\mu g/m^3$을 방출할 것이며 이는 0.000085 $\mu g/m^3$ 이상이다. 따라서 시스템은 요구사항을 충족시키지 못하므로 배출 제어가 필요하다.

2.4.2 환경 위해성 관리

만약 외국의 침략이나 형사상의 폭력으로부터 국민의 생명을 보호하는 것이 정부의 책임이라면 교량 붕괴와 독성 대기 오염물질과 같은 다른 잠재적인 위험으로부터 국민의 건강과 생명을 보호해야 할 책임도 똑같다. 그러나 정부 예산은 제한되어 있기 때문에 우리는 이 예산이 건강과 안전에 가장 큰 이익을 가져다주는 방향으로 분배될 것을 기대한다. 만약 두 가지 화학 물질이 사람을 위험에 처하게 하는 경우 가장 큰 위해도를 가지는 화학 물질을 제거하기 위해 자금과 노력을 소비하는 것이 합리적이다.

그러나 이것이 우리가 정말로 원하는 것인가? 예를 들어, 사고가 발생할 경우 영웅적인 구조 임무를 수행하는 것보다 탄광을 안전하게 만드는데 더 많은 돈과 자원을 소비하는 것이 비용 효율적이라고 가정하자. 우리가 가진 돈을 금고에 넣고 모든 구조대를 없애고 필연적으로 발생할 수 있는 몇몇 사고를 단순히 받아들이는 것이 더 위해 효율적이라고 할 수 있을 것이다. 그러나 더 이상 구조대가 없기 때문에 갱 안에 갇힌 광부들은 그대로 남겨질 것이다. 그러나 종합적인 순수 효과는 더 적은 석탄 광부들이 생명을 잃을 것일 것이다.

이 결론이 위해－효율적일지라도, 우리는 이것을 받아들일 수 없을 것이다. 인간의 생명은 신성한 것으로 간주된다. 이 가치는 생명을 구하기 위해 무한한 자원이 필요하다는 것을 의미하는 것이 아니라 우리 사회의 신성한 의식 중 하나가 교통사고 피해자, 갇힌 석탄 광부 등과 같이 급박하고 긴요한 필요를 가진 사람들을 구하기 위한 시도라는 것을 의미한다. 따라서 위의 석탄 광부 사례와 같은 순전히 합리적인 계산은 우리가 받아들일 만한 결론을 이끌어내지 못할 것이다.[3]

이러한 모든 위해성 분석에서 혜택은 일반적으로 사람에게만 해당되며 단기적 혜택이다. 마찬가지로, 비용－효과 분석에서 결정된 비용은 실제 예산 비용으로, 기관의 재정에서 직접 나오는 돈이다. 환경의 질적 저화와 관련된 비용과 계량하기가 어려운 장기 비용은 이 계산에 포함되지 않는다. 이러한 분석에서 장기 및 환경 비용을 쉽게 고려할 수 없다는 사실은 정부 기관의 편익/비용 분석의 남용과 더불어 대안 평가와 환경영향분석과 같은 다른 의사 결정 도구를 사용할 필요가 있게 한다.

2.5 대안 평가를 기반으로 한 의사결정

미국 국립연구회의의 소위 빨간책(Red Book)이라고 불리는 "연방 정부의 위해성 평가 : 과정 이해"라고 알려진 책이 1983년에 출판된 이후 화학물질의 위해성 평가는 위해도의 확률을 정량적으로 평가하는 과학 중심의 과정으로 표준을 설정하는 규제 적용으로 제도화되었다.[4] 그러나 시간이 흐르면서 사람들은 위해성 평가가 인간과 환경의 건강과 안전을 보호하고자 의도한 바를 달성하는데 있어서의 효과에 대해 의문을 제기했다. 지속가능성을 지원하기 위해 사용될 때 위해성 평가에 한계가 있음이 점점 분명해지고 있다.

16세기에 파라켈수스(Paracelsus)에게서 기인한 독성학 분야의 일반적인 격언은 "노출량이 독약을 만든다."는 것이다. 실제로 그는 "모든 것이 독이 있고 독이 없는 것은 아무것도 없다. 독에 노출만이 어떤 것이 유독하지 않음을 허용한다."라고 말했다. 즉, 모든 화학 물질은 어느 정도 노출량에서 유독하다. 물도 마시거나 충분한 양을 흡입하면 유해할 수 있다. 그러나 물론 일부 화학 물질은 다른 물질보다 훨씬 적은 양으로 독성 영향을 나타낸다. 이 격언은 어느 정도 진실이지만 새로운 연구들이 독성 영향은 이것보다 복잡하다는 것을 보여주고 있다. 노출량뿐만 아니라 노출 시기와 다른 것들도 중요하다.

앞 절에서 설명한 것처럼 위해성 평가는 일반적으로 한 번에 하나의 화학 물질과 관련된 위해도를 평가한다. A와 B가 상호 작용 효과가 있는 관련 화학 물질로 알려져 있지 않다면 화학 물질 A와 관련된 위험은 화학 물질 B와 별개로 평가한다. 예를 들어, 다이옥신류가 혼합되어있을 경우 상대독성계수(toxic equivalency factors)를 계산한다. 그런 다음 구한 값들을 더하여 위해도를 평가한다(동질체는 밀접하게 관련된 화학 물질을 의미한다). 그러나 이는 화학 물질 A와 B의 혼합물에 노출된 영향을 고려하지 않는다. 아주 유사한 분자가 아니라면 화학 물질 C, D, E 및 F는 결코 신경 쓰지 않아도 된다. 그러나 과학적 연구는 독성 영향이 노출량에만 의존하는 것이 아니라 환경에 아주 미량으로 존재하는 유사하거나 다른 화학 물질을 포함하여 생물체에 영향을 주는 다른 스트레스 요인들과 노출량에 의존할 수 있음을 보여주고 있다. 또한, 발달기의 노출은 정상적인 발달에 지장을 초래할 수 있고, 발달기 외의 노출은 그렇지 않을 수 있기 때문에 노출 시기는 매우 중요할 수 있다.

과학자들은 또한 영향이 예측할 수 없는 방식으로 나타날 수 있다는 것도 발견했다. 어린 나이에 일부 화학 물질에 노출되어도 그 영향을 훨씬 나중에 발생할 수 있다. 때때로 영향은 노출된 생물에 나타나는 영향이 전혀 분명하지 않을 수 있다. 오히려 영향이 한 세대 또는 심지어 두 세대 자손에게 나타날 수 있다. 표준화된 방법으로서의 위해성 평가는 지속적으로 진화하는 과학적 정보를 잘 다루지 못한다. 특히 식별된 위해성이 내포하는 의미를 잘 이해하지 못하고 표준화된 시험 방법을 사용할 수 없는 경우에는 더욱 그렇다. 이는 아주 낮은 양의 노출에도 정상적인 내분비 시스템의 기능을 방해하여 다양한 영향을 줄 수 있는 내분비교란물질과 같이 새로운 연구 분야에서 더욱 그렇다.

위해성 평가가 의사 결정 지원에 사용되지만, 위해성 평가가 포괄적이고 확실하다는 자신감을 표명하기에는 너무 많은 변수가 있다고 말하는 것이 합리적이다. 그러나 위해성 평가의 결론은 인체 건강과 환경에 영향을 미치는 중요한 정책 및 규제 결정을 내리는 데 사용된다. 종종 위해성 평가는 합법적인 무게를 가지고, 많은 가정과 중요한 과학적 불확실성에 기반을 두고 있음에도 불구하고 과학적인 결정으로 취급된다. 또한 위해성 평가는 비용과 시간이 많이 소요되며, 위해성 평가에서 해결해야 할 문제가 복잡할수록 비용이 많이 들게 된다.

위해성 평가의 한계에 대한 대응으로, 대안 평가는 인간과 환경의 건강, 안전 및 지속가능성을 향상시키기 위한 의사 결정을 유도하는 접근법으로 부상하고 있다. 화학 물질에 대한 대안 평가는 위험이 낮은 옵션을 식별함으로써 위해성 평가를 보완한다. 위해성 평가는 "이 위해도는 받아들일 수 있는가?"라는 질문에 답하기 위한 대답을 시도한다. 이러한 질문은 예 또는 아니오로 이어져 지속적인 개선을 유도하지 않는다. 대안 평가는 "어느 옵션이 더 안전한가?"라는 질문에 답하는데 도움이 된다. 이 질문은 지속적인 개선 전략을 지원한다.

메리 오브라이언(Mary O'Brien)의 책 "더 나은 환경 결정을 내리는 것 : 위해성 평가의 대안"에 나오는 다음 이야기는 위해성 평가와 대안 평가의 차이점을 설명하고 있다.[5]

얼어붙은 산 속 강가에 서 있는 여성이 강을 건너려한다고 상상해보자. 4명의 위해성 평가자로 구성된 팀이 뒤에서 그녀의 상황을 검토하면서 서 있다. 독성학자는 강은 독성이 없고 춥기만 하기 때문에 강을 가로 질러 걸어 가야한다고 말한다. 심장병 전문의는 그녀가 젊어 보이고 아직 몸이 차지 않기 때문에 강을 가로 질러 걸어 가야한다고 말한다. 그녀에게 심장마비로 인한 위험은 낮다. 수문학자는 이 강과 같은 다른 강들을 봤기 때문에 이 강의 깊이는 1.2미터를 넘지 않을 것이고, 이 위치에는 소용돌이가 없을 것이기 때문에 강을 가로 질러 걸어 가야한다고 말한다. 마지막으로, 미국 환경보호청 정책 전문가는 지구 온난화, 오존층 파괴 및 종 다양성의 감소와 비교하여 그녀가 강을 건너는 것에 대한 위해도가 사소하기 때문에 강을 가로 질러 걸어 가야한다고 말한다.

그 여성은 강을 갈로 질러가기를 거부한다. 위해성 평가자들이 "왜?"냐고 묻는다. 그들은 그녀가 강을 가로 질러 건너면서 죽을 위해도는 4천만분의 1이라고 비꼬면서 설명하면서 그녀에게 그들의 계산을 보여준다.

그래도 그녀는 강을 가로 질러 건너기를 거부했다. 위해성 평가자들은 위해성의 본질을 분명히 이해하지 못하는 여성에게 좌절하며 다시 "왜?"라고 묻는다.

여성은 상류를 가리키며 "다리가 있기 때문에"라고 말한다.

이 이야기의 위해성 평가자들은 얼어있는 강을 건너는 단 하나의 옵션에 대한 위해성 평가 결과를 기반으로 여성을 권고하고 있다. 이 여성은 여러 대안 중 다리를 이용해 강을 건너는 하나의 대안을 평가하고 있다.

대안 평가의 목표는 기존 화학 물질, 제품 또는 공정에 대한 가능한 대안을 찾아내고 건강 및 환경을 더 보호할 수 있는 옵션을 선택할 의도로 이들 중 하나를 선택하는 것이다. 따라서 대안 평가는 보다 안전하거나 독성이 적은 제품 및 관행을 생성하기 위한 비교 과정이다. 상대적으로 더 큰 안전을 달성하는 것은 상대적 노출, 상대적 인간 건강 및 환경적 위험뿐만 아니라 생애주기, 사회적 및 경제적 고려 사항을 포함할 수 있는 다양한 요소에 대한 판단에 달려 있다.

녹색 화학 및 녹색 공학에 초점을 맞추기 위해 대안 평가에는 일반적으로 전통적인 위해성 평가의 구성 요소 중 하나 이상이 포함되지만 초점은 (1) 사용 가능하거나 (2) 개발될 수 있는 대안/옵션을 비교하는 데 있다. 즉, 윈-윈 또는 윈-윈-윈 기회를 제공하는 상황을 발견하거나 식별하기 위한 대안의 상대적 효용/기능(이익), 비용, 위험, 노출 및/또는 위해도가 평가된다. 예시는 (1) 다른 방염 화학 물질을 고려한 방염 섬유뿐만 아니라 내화성 또는 천천히 연소하는 새로운 직조 방법을 사용하는 비코팅 섬유 및 (2) 석면 대체 물질인 비섬유가 있다.

공공 정책 문제를 재구성하는 것이 중요하다. "기존의 유해한 제품, 프로세스 또는 접근 방식의 정확한 위해도, 편익 및 비용은 무엇인가?"라는 질문이 아니라 "위해도, 편익 및 비용의 보다 나은 사회적 균형을 반영하여 보다 낮은 위해도와 비용으로 동등하거나 더 우수한 기능을 달성하기 위해 존재하거나 또는 개발할 수 있는 대체 방법은 무엇인가?"라는 질문을 해야 한다. 이 재구성은 녹색 화학과 녹색 공학의 진보에 따라 정보가 제공되며 성과와 함께 최고 수준의 인체 건강 및 환경적 이익을 달성하기 위해 지속적으로 목표를 높이기 위한 의도를 가진 기술적 옵션 대안의 상대 위해도, 상대 이익 및 상대 비용의 평가를 보다 용이하게 만든다. 대안 평가에 대한 다양한 접근법은 목적, 범위 및 기타 특징에 따라 다르다.[6] 선도적인 접근 방법 중 하나는 미국 환경보호청의 환경친화적 제품설계 프로그램(Design for the Environment Program)이다.

환경친화적 제품설계(DfE, Design for the Environment)는 인체 및 환경 위해성을 비교하고 현존 및 대안 제품, 공정 및 관행의 성과 및 비용을 고려하여 산업 부문에서의 오염 예방 및 기타 위해성 감소 활동을 촉진한다. DfE는 혁신적인 방식으로 이를 수행한다. 업계 및 기타 이해 관계자와의 파트너십을 구축하여 환경 및 인체 건강에 미치는 영향, 성능 및 청정 기술 및 접근 방식의 비용에 대한 정보를 구축한다. 그런 다음 DfE는 그러한 정보를 보급하여 기업이 근로자와 일반 대중을 위해 보다 안전하고 깨끗한 비용 효율적인 제품과 공정을 설계하고 재설계하는데 도움을 준다.

이러한 파트너십을 통해 DfE는 조직이 비용 때문에 또는 독점적인 정보이기 때문에 독립적으로 수집할 수 없는 정보를 수집하고 평가하는 것을 지원한다. 화학 물질 제조업체는 유해 정보를 처리하고 제시하는 방법 때문에 이러한 자발적인 파트너십을 통해 DfE와 독점적인 성분을 공유한다. DfE는 제조사로부터 전체 성분 정보를 공개 받고 정보를 비밀로 유지한다. 그러나 DfE는 위해도 평가 결과를 구성 성분의 정확한 함량을 밝히거나 독점 화학 물질을 식별하지 않고 공개적으로 접근할 수 있도록 한다. 이 과정은 중요한 기밀 비즈니스 정보를 보호하여 회사의 경쟁력을 유지하지만 소비자 및 기타 이해 관계자에게 정보에 입각한 의사 결정에 필요한 관련 인체 및 환경과 안전에 대한 정보를 제공한다.

성공적인 DfE 파트너십의 한 예로 가구 인화방지제 파트너십(Furniture Flame Retardancy Partnership)이 있다.[7] 펜타브로모디페닐 에테르(pentabromodiphenyl ether, pentaBDE)는 저밀도의 유연한 폴리우레탄 가구용 발포체에 사용되는 주요 내연제였다. 이 제품의 사용에 대한 우려와 환경 및 인체 조직 및 모유에 이 화학 물질이 널리 퍼져 있다는 사실로 인해 2004년 1월 pentaBDE는 자발적으로 미국 제조업체의 생산에서 단계적으로 제거되었다. 가구 산업에서는 가구 인화방지제의 요구 사항을 충족시키기 위한 대안이 필요했지만 대안을 비교하는데 필요한 인체 및 환경 건강, 그리고 안전정보에 대한 정보가 없었다. DfE는 가능한 대안을 평가하기 위해 정부 및 환경 단체, 그리고 가구 제조업체, 발포체 제조업체 및 내연제 공급 업체와 가능한 대안들을 평가하기 위해 협력했다.

화학 대체 물질 14개의 성분이 기밀 유지 하에 미국 환경보호청에 제출되었으며, 다양한 인체 건강 및 생태독성 종말점을 비롯하여 생물 축적 가능성과 환경 잔류성을 기반으로 평가되었다. 그들은 또한 근로자, 사용자 및 수생 환경에 대한 잠재적인 노출 여부에 대해 스크리닝하였고, 발포체와 반응하는 난연제와 발포체에 첨가되어 쉽게 침출될 수 있는 난연제를 구별했다. 데이터가 없는 경우 미국 환경보호청 전문가는 특정 종말점에 대한 위험을 평가하기 위해 모델과 화학 유사체를 사용했다. 문헌 및 시험 데이터 검토는 DfE 웹사이트에서 제공되는 최종보고서인 "가구 화재 안전을 위한 환경적으로 바람직한 옵션 : 저밀도 가구 발포체"로 출간되었다. 또한 연방 독성물질규제법(TSCA, Toxic Substance Control Act)에 따라 제출된 새로운 화학 물질의 우려 수준을 평가하기 위해 미국 환경보호청의 새로운 화학 물질 프로그램(New Chemicals Program)에서 사용되는 기준에 따라 각 위험 요소 종말점의 우려 수준(높음, 보통 또는 낮음)을 평가했다. DfE는 실험 데이터 기반 값(굵은 글꼴 사용)과 모델 또는 화학 유사체를 기반으로 추정한 값(이탤릭체 사용)을 기록했다. 스크리닝 결과를 요약한 표의 부분이 그림 2.5에 제시되어 있다.

업체	화학 물질	성분 %	인체 건강 영향							생태 독성		환경		잠재적 노출 경로							반응 또는 첨가
			암위험	피부자극	생식	발달	신경	시스템	유전독성	급성	만성	잔류성	생물농축	근로자			일반 시민			물	
														흡입	피부	섭취	흡입	피부	섭취		
Supresta	AB053																				
	Tris(1,3-dichloro-2-propyl)Phosphate CAS# 13674-87-8		M	L	M	M	L	M	M	M	M	M	*L*	M	Y	Y	N	Y	Y	Y	첨가
Supresta	AC003																				
	Proprietary I Organic phosphate ester	92～99%	*L*	L	L	L	*L*	*M*	L	H	H	H	L	P	Y	Y	N	Y	Y	Y	첨가
	Triphenyl Phosphate CAS# 115-86-6	1～8%	*L*	L	L	L	L	M	L	H	*H*	L	L	Y	Y	Y	Y	Y	Y	Y	첨가
Supresta	AC073																				
	Triphenyl Phosphate CAS# 115-86-6	38～48%	*L*	L	L	L	L	M	L	H	*H*	L	L	Y	Y	Y	Y	Y	Y	Y	첨가
	Proprietary J Aryl phosphate	40～46%	*L*	*L*	L	*L*	L	M	M*	*L*	*H*	L	*L*	Y	Y	Y	Y	Y	Y	Y	첨가
	Proprietary K Aryl phosphate	12～18%	*L*	*L*	*L*	*L*	*L*	*M*	*L*	*L*	*L*	*L*	*L*	P	Y	Y	N	Y	N	N	첨가
	Proprietary L Aryl phosphate	1～3%	*L*	*L*	*L*	*L*	*L*	*M*	*L*	*L*	*L*	*L*	*L*	P	Y	Y	N	Y	N	N	첨가
Supresta	Fyrol FR-2																				
	Tris(1,3-dichloro-2-propyl)Phosphate CAS# 13674-87-8	99%	M	L	M	M	L	M	M	M	M	M	*L*	N	Y	Y	N	Y	Y	Y	첨가

L : 낮은 위험 우려　　M[1] : 보통 위험 우려　　H : 높은 위험 우려

N : 아니오　　Y : 예　　P : 순수 화학물질의 경우 예

L, M^1 또는 H : 추정값과 전문적 판단을 통해 지정된 종말점(구조 활성의 관계)

* 진행 중인 연구는 이 종말점에 변화를 가져올 수 있다

▲ 분해산물의 잔류가 예상된다.

그림 2.5 미국 환경보호청 가구 내연제 위험 평가 매트릭스(미국 환경보호청)

FOCUS ON

더 안전한 화학 물질을 위한 그린 스크린

비정부 환경 및 인체 건강 옹호 기구인 청정생산활동(Clean Production Action)에 의해 개발된 더 안전한 화학 물질을 위한 그린 스크린(Green Screen)은 DfE의 인화방지제 파트너십의 작업을 기반으로 한다.[8] DfE 대체 평가 방법은 내연제의 순위를 매기는 것이 아니기 때문에 어떤 대안이 정말로 더 나은지 식별하는 최선의 방법에 대한 질문이 제기되었다. 모든 종말점에서 낮은 위험성을 가진 것으로 여겨지는 옵션은 없었다. 각각의 대안은 하나 이상의 위험 요소가 있었다. 그러나 모든 위험 요소가 동등한 것으로 간주되는 것은 아니다. 예를 들어, 암이나 피부 자극을 유발하는 난연제를 선택하는 것이 더 나은가? 위험 요소를 비교하고 우선순위를 정하는 방법, 즉 위험 요소 사이의 균형을 어떻게 고려하여 더 안전한 대안을 식별하는지에 대한 질문이 제기되었다. 그린 스크린은 화학 물질의 위해성을 우려하는 기업, 정부 및 개인이 이러한 유형의 의사 결정을 하는 것을 지원하고, 녹색화학의 개발을 발전시키고, 지속가능한 제품 설계 및 물질 흐름에 대한 기본 요소가 되기 위해 만들어졌다.

그린 스크린은 더 안전한 화학 물질에 대한 4가지 기준을 정의하여 위험 요소와 위험 요소의 조합에 기반하여 화학 대체 물질에 대한 관점을 제시하고 우선순위를 정하는데 도움을 준다(그림 2.6).

- 기준 1은 화학제품을 "회피 – 높은 우려를 가진 화학 물질"이라고 규정한다.
- 기준 2는 화학제품을 "사용하지만 안전한 대체 물질을 검색하라"라고 규정한다.
- 기준 3은 화학 물질을 "사용하지만 여전히 개선의 기회가 있다"라고 규정한다.
- 기준 4는 화학 물질을 "선호 – 안전한 화학 물질"이라고 규정한다.

각 기준은 알려진 그리고 예측되는 분해 제품(환경 분해 제품 및 대사산물)과 함께 화학 물질이 다음 기준으로 진행하기 위해 통과해야 하는 위험 요소 및 임계값의 조합을 포함하는 일련의 위험 기준으로 구성된다. 각 기준에 대한 기준은 환경 및 인체 건강과 안전에 대한 요구가 점차 커지고 있으며 기준 4는 위험이 가장 적은 화학 물질을 나타낸다.

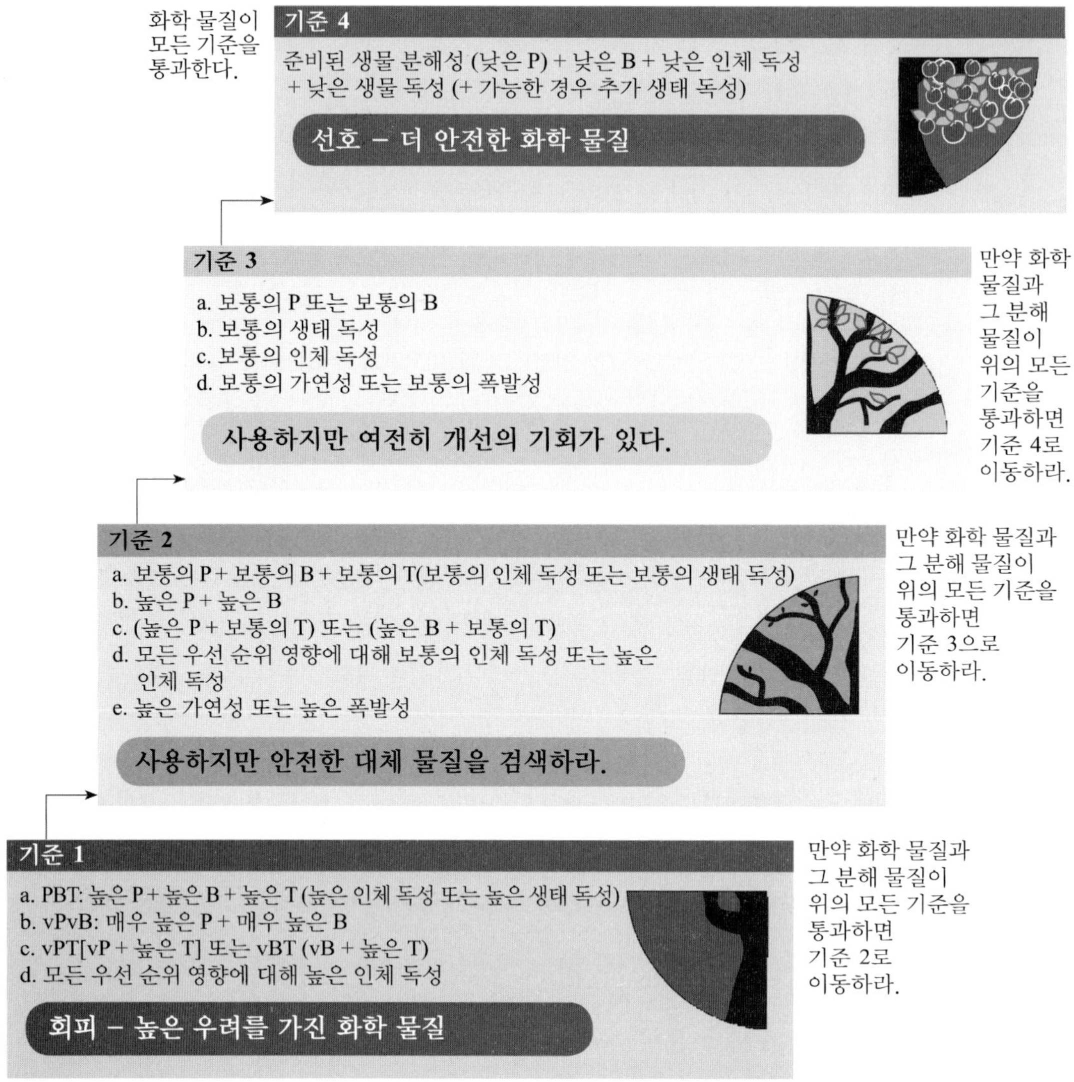

각주
1. 독성 – T = 인체 독성 및 생태독성
2. 인체 독성 = 우선 순위 영향 (아래 참조) 또는 급성 독성, 면역계 또는 장기 영향, 과민성, 피부 부식성, 또는 눈 손상
3. 우선 순위 영향 = 발암성, 돌연변이 유발성, 생식 독성 또는 발육 독성, 내분비교란 또는 신경 독성

약어
B = 생물축적성, P = 잔류성,
T = 인체 독성 및 생태 독성,
vB = 높은 생물축적성, vP = 높은 잔류 성

그림 2.6 더 안전한 화학 물질을 위한 그린 스크린 기준(청정생산활동)

2.6 환경 영향 분석을 기반으로 한 의사결정

1970년 1월 1일 리처드 닉슨(Richard M. Nixon) 대통령은 “인간과 환경 사이의 생산적이고 즐거운 조화를 격려하기 위한” 국가환경정책법(NEPA, National Environmental Policy Act)에 서명했다. 다른 상상력이 풍부하고 획기적인 법안과 마찬가지로 이 법은 실제로 구현하기 어려운 많은 조항들을 포함했다. 그럼에도 불구하고, 이 법은 서구 세계 대부분이 채택한 환경 법안의 모델을 제공했다.

NEPA에 따라 환경에 영향을 미치는 연방 활동을 감시하는 미국 환경위원회(CEQ, Council on Environmental Quality)가 설립되었다. CEQ는 대통령에게 직접 보고했다. CEQ가 환경에 영향을 미치는 중요한 연방 활동을 모니터링 하는 수단은 환경 영향 평가 보고서(EIS, Environmental Impact Statement)라는 문서였다. NEPA에서 가볍게 여겨지는 이 조항은 제102조에 제시되어 있고, EIS가 계획된 프로젝트가 환경질에 미치는 영향에 대한 목록, 분석 및 평가하여야 한다고 규정하고 있다. EIS는 각 주요 프로젝트에 대해 해당 연방 기관에 의해 초안 형식으로 먼저 작성되어야 하며, 이 초안은 공공의 의견을 받기 위해 제출되어야 한다. 마지막으로 보고서는 대중의 감정과 다른 정부 기관의 의견을 고려하여 재작성된다. 완료되면 EIS는 미국 환경보호청에 제출된다.

연방 기관들은 인력 또는 교육에 대해 준비되지 않았고 그들의 활동에 대한 이 새로운 (그들이 보기에는) 규제를 심리적으로 수용할 수 없었기 때문에 NEPA 제102조가 연방 기관들에게 미치는 영향은 대단히 충격적이었다. 따라서 EIS 시행 후 처음 몇 년은 많은 환경 영향 평가 보고서가 법원에서 적합성에 대해 판결을 받으면서 떠들썩했다.

비용 효율적인 대안 또는 가장 높은 편익/비용(B/C, benefit/cost) 비율을 가진 대안이 환경에 가장 좋지 않은 영향을 줄 때 갈등이 발생한다. 결정은 내려져야 하며, 종종 B/C가 EI보다 우세하다. 1970년 이전에는 이러한 환경에 대한 우려가 결코 인정되지 않았고 의사 결정 과정에는 훨씬 적게 포함되었지만, 1970년 이래 사업 프로젝트가 환경에 미치는 영향은 반드시 고려되어야만 할 정도로 중요하다.

정부 기관들은 내부 EI 평가를 수행해 B/C 비율이 높고 좋지 않은 환경 영향이 적은 프로젝트를 제안한다. 따라서 대부분의 EI 평가 보고서는 정부 기관에 의해 선정된 대안에 대한 타당성을 마련하기 위해 작성된다.

CEQ가 EIS에 대한 가이드라인을 개발했지만, EIS의 형태는 여전히 가변적이고, 상당한 판단력과 정성적 정보(일부는 편견이라고 한다)가 모든 EIS에 적용된다. 각 기관은 CEQ 지침의 제약 내에서 자체적인 방법론을 개발하였으며, 어떤 형식이 다른 형식보다 우수하다고 주장하는 것은 어렵다. 표준 EIS가 없으므로 다음의 논의는 일반적인 틀 내에서 몇 가지 대안에 대한 설명이다. EIS는 목록 작성, 영향평가 및 종합평가의 세 부분으로 구성되어야 한다고 제안되었다.

2.6.1 평가항목

EIS 작성의 첫 번째 임무는 수문학적, 기상학적 또는 생물학적 정보와 같은 데이터의 수집이다. 예를 들어, 관심 지역의 식물 및 동물의 종 목록은 평가항목(inventory)에 포함된다. 모든 것이 적절히 평가항목 작성에 포함되기 때문에 이 단계에서는 아무런 결정이 내려지지 않는다.

2.6.2 영향평가

두 번째 단계는 일반적으로 영향평가(assessment)라고 하는 분석 부분이다. 목록 작성에서 수집된 데이터가 평가 메커니즘에 공급되고 그에 따라 수치가 계산된다는 점에서 이 단계는 EIS의 기계적인 부분이다. 수많은 평가 방법론이 제안되었고, 그 중 몇 가지만 아래에 설명되어 있다.

정량화된 체크리스트는 대안을 비교하는 가장 간단한 정량적인 방법일 수 있다. 우선 제안된 프로젝트의 영향을 받을 수 있는 환경 분야의 평가항목을 작성한 후 다음을 추정한다.

① 영향의 중요도
② 영향의 크기
③ 영향의 성질(부정적인지 또는 긍정적인지)

일반적으로 중요도는 0에서 5와 같이 숫자가 주어지며 0은 중요도가 없음을 의미하고 5는 극도의 중요함을 의미한다. 유사한 척도가 크기에 사용되지만, 성질은 부정적인(불리한) 영향은 -1로 긍정적인(유익한) 영향은 $+1$로 표현된다. 환경 영향(EI)은 다음과 같이 계산된다.

$$EI = \sum_{i=1}^{n} (I_i \times M_j \times N_j)$$

여기서, I_i : i 번째 영향의 중요성
M_i : i 번째 영향의 크기
N_i : i 번째 영향의 성질(만약 유익하면 $N = +1$, 불리하면 $N = -1$)
n : 우려 지역의 총숫자

예제 2.9는 정량화된 체크리스트의 사용법을 보여준다.

예제 2.9 예제 2.3에서 지역 사회는 두 가지 대안을 가지고 있다. 쓰레기 수거 빈도를 일주일에 1회에서 2회로 늘리거나 또는 각 가정에서 쓰레기를 태울 수 있게 하는 것이다. 정량화된 체크리스트를 사용하여 이 두 가지 대안을 분석하라.

해답 첫째, 환경 영향의 영역을 나열한다. 간략하게 하기 위해, 다음에는 여섯 가지 영역만 나타내었다. 그러나 철저한 평가에는 다른 많은 우려 영역이 포함될 수 있음을 잊지 말자. 이 다음에 중요도 및 크기 값을 지정하고(0에서 5), 영향의 성격(+/−)을 표시한다. 세 개의 열을 곱한다.

대안 1 : 수거 빈도 증가

환경 영향	중요도(I)	크기(M)	성질(N)	영향(I × M × N)
대기오염(트럭)	4	2	−1	−8
소음	3	3	−1	−9
거리쓰레기	2	2	−1	−4
악취	2	3	−1	−6
교통 혼잡	3	3	−1	−9
지하수 오염	4	0	−1	0
(참고 : 새로운 쓰레기가 매립되지 않는다)				
				EI = −36

대안 2 : 가정에서 소각

환경 영향	중요도(I)	크기(M)	성질(N)	영향(I × M × N)
대기오염(트럭)	4	4	−1	−16
소음	0	0	−1	0
거리쓰레기	2	1	+1	+2
(참고 : 현재 수거 시스템은 거리쓰레기를 발생시킨다)				
악취	2	4	−1	−8
교통 혼잡	0	0	−1	+0
지하수 오염	4	1	+1	+4
(참고 : 적은 쓰레기가 매립될 것이다)				
				EI = −18

이 분석에 따르면, 쓰레기를 태우는 것이 환경에 적은 영향을 줄 것이다.

상호작용 매트릭스

간단한 프로젝트의 경우 정량화된 체크리스트는 적절한 평가 기법이지만, 댐 건설과 같이 최종 제품을 생산하기 위해 여러 개의 소규모 조치들이 모두 포함되는 대규모 프로젝트의 경우 점진적으로 다루기 힘들어진다. 이러한 각각의 소규모 조치들의 영향은 개별적으로 판단되어야 한다. 이러한 개별적인 조치와 환경 영향 간의 상호 작용은 상호작용 매트릭스를 야기하며, 상호 작용의 중요도와 크기(이전에 사용된 0에서 5 척도와 같은)가 다시 판단된다. 최종 수치를 산출하기 위해 어떤 계산을 해야 하는지에 대해서는 합의가 없는 것으로 보인다. 경우에 따라 앞에서와 같이 중요도와 크기를 곱한 값들을 더하기도 하고 다른 경우에는 단순히 표에 제시된 모든 수를 더하기도 한다. 예제 2.10에서는 곱한 값들을 모두 더해서 매트릭스의 오른쪽 하단 모서리에 표시한다.

예제 2.10 예제 2.3에서 제시된 대안 중에 선택하기 위해 상호작용 매트릭스 평가 기술을 사용하라.

해답 이 예제는 설명의 목적으로만 사용되는 불완전한 목록이라는 것을 다시 한 번 잊지 말자. 결과는 종이를 태우는 것이 더 합리적임을 다시 한 번 보여준다.

대안 1 : 수거 빈도 증가

환경 영향 \ 조치	트럭 수거	매립지로 수송	매립지로 처리	
대기 오염	−4 / 2	−2 / 2	−1 / 1	−13
소음	−3 / 3	−2 / 1	−2 / 1	−13
악취	−2 / 3	0 / 0	−2 / 1	−8
지하수 오염	0 / 0	0 / 0	−4 / 0	0
	−23	−6	−5	−34

대안 2 : 쓰레기 소각

환경 영향 \ 조치	쓰레기 소각	더 적은 양의 쓰레기 수거	매립지로 가는 더 적은 양의 쓰레기	
대기 오염	−4 / 4	0 / 0	0 / 0	−16
소음	0 / 0	+1 / 1	+1 / 1	+2
악취	−2 / 4	+1 / 1	+1 / 1	−6
지하수 오염	0 / 0	0 / 0	+4 / 1	+4
	−24	+2	+6	−16

다음 기술로 나아가기 전에, 예제 2.10에 설명된 방법은 많은 변형과 수정을 가질 수 있고, 그 중 어떤 것도 옳고 그른 것은 아니지만, 수행된 분석 유형, 누구를 위해 보고서가 작성되었는지, 무엇이 분석되었는지에 따라 방법이 다를 수 있다. 개인의 주도권은 종종 유용한 EIS를 개발하는데 있어 가장 중요한 구성 요소이다.

FOCUS ON

탬파베이 워터(Tampa Bay Water)

플로리다주 탬파베이(Tampa Bay, Florida) 지역은 육지 쪽의 탬파시와 해안 쪽의 유서 깊은 세인트피터즈버그를 포함하며 긴 둑길로 연결되어 있다(그림 2.7). 지난 수십 년 동안 이 지역의 인구가 폭발적으로 증가하면서 지방 정부는 시민들을 위한 물을 찾아야했다. 해수담수화는 너무 비싸고, 물 공급을 위한 큰 강이 없었기 때문에 지역 물 담당 기관인 탬파베이 워터(TBW, Tampa Bay Water)는 지하수만이 유일한 대안이며 탬파 전역에 걸쳐 우물 지대(well fields)를 건설하기로 결정했다. 세인트피터즈버그 쪽에서도 염수침입에 의해 남아있는 지하수자원이 파괴될 수 있기 때문에 더 이상의 담수를 얻을 수 없었다(바닷물은 담수보다 무거워 담수렌즈(freshwater lens) 밑으로 스며들어 결국 모든 우물에서 바닷물을 퍼 올리기 시작할 것이다).

그래서 TBW는 내륙 쪽에서 양수하는 담수의 양을 증가시키기 시작했다. 양수의 영향은 스티브와 캐시 몬세 가족에게 일어난 일로 잘 설명할 수 있다. 1988년에 이 가족은 파스코 카운티로 이사를 했고 집 뒤편에는 5에이커(20,235 m^2)의 연못이 있고 앞에는 100에이커(404,700 m^2)의 프레리 레이크(대초원 호수, Prairie Lake)가 있는 집을 샀다. 그들은 프레리 레이크가 말라가는 것을 공포스럽게 지켜보았다. 1990년대 초반에 호수는 완전히 사라졌다. 그들은 TBW에 이것에 관해 문의했고, TBW는 이를 장기간의 가뭄 때문이라고 설명했다. 상황을 자세히 살펴보니, 지난 몇 년 동안은 평상시보다 더 많은 비가 왔기 때문에 말라서 드러난 호수 바닥은 가뭄으로 인한 것이 아님을 알게 되었다. TBW는 계속해서 원인이 관개 및 개발에 있다고 다양하게 변론하면서 얼버무렸다. 결국 몬세 가족은 TBW가 호수에서 약 1.6 km 떨어진 곳에 우물 지대를 만들었다는 것을 알아냈다. 이 지대는 45 mgd (170,000 m^3/d)로 물을 양수했고, 이는 빗물 침투로 지하수를 유지할 수 없는 속도였다. 지하수면은 호수 수위보다 떨어졌고, 호숫물은 모두 땅 속으로 흘러들어가 결국 탬파와 세인트피터즈버그 시민들에게 공급되었다. 지하수 자원에 대한 피해는 엄청났으며, 이 지역의 호수의 절반 이상이 말라 버렸다. 이 지역의 시내와 개울의 피해는 다양한 야생 동물의 감소를 촉발시켰다. 대수층에서 물을 흡수하던 거대한 나무가 죽어서 넘어졌고, 지하의 구멍들이 붕괴되면서 거대한 싱크홀들이 형성되었다.

많은 소송 끝에 TBW는 사과를 했지만 지하수 자원과 자연 환경에 대한 피해는 막지 못했다. 결국 그들은 지하수위를 무한히 낮출 수 없다는 것을 깨닫고 1억 2천만 달러 규모의 해수담수화 플랜트를 건설했지만, 증가하는 수요를 충족시키기에는 충분하지 않았다. 물의 가용성은 어느 시점에서 인구 증가의 한계를 결정하는가?

참고 : Robert Glennon, Water Follies, Island Press, 2002.

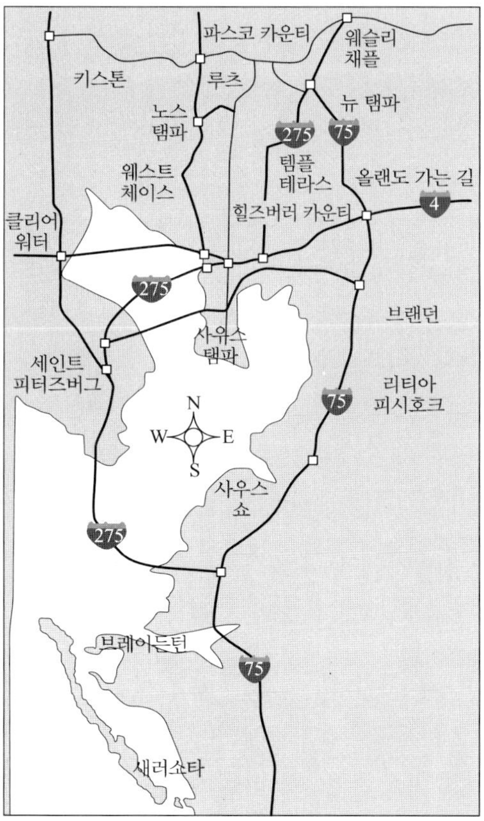

그림 2.7 플로리다주 탬파베이

공통 매개 변수 가중 체크리스트(common parameter weighed checklist)는 환경 영향 평가를 위한 또 다른 기법이다. 이것은 중요도와 크기에 대해 임의의 숫자를 사용하는 대신 중요도는 영향(E)이라고 하며 실제 환경 데이터(또는 예측된 정량적인 값)로부터 계산되고 크기는 가중치(W)로 표현된다는 점에서 정량화된 체크리스트 기법과 다르다.

이 기법의 기본 목적은 모든 데이터를 공통 매개 변수로 줄여서 값을 더할 수 있게 하는 것이다. 데이터(실제 또는 예측된)는 측정 가능한 값의 변이와 그 변이의 영향 사이의 관계를 설명하는 함수를 사용하여 영향을 나타내는 항목으로 변환된다. 이 함수는 대개 사례별로 각 상호 작용에 대해 도출된다. 그림 2.8은 세 가지 일반적인 함수를 보여준다. 이 모든 곡선들은 측정된 양이 증가함에 따라 환경에 미치는 좋지 않은 영향(E)도 증가하지만, 이 관계는 여러 가지 형태를 취할 수 있음을 보여준다. E의 값은 0에서 $+1.0$ 또는 -1.0까지의 범위를 가지며, + 표시는 긍정적인 영향을 − 표시는 유해한 영향을 의미한다.

예를 들어, 특정 수생 생물의 건강과 생존에 영향을 주는 독성 폐기물이 존재한다고 생각해보자. 하천의 독소 농도는 측정된 양이며 수생 생물의 건강은 영향이다. 농도가 높아 질수록 (유해한) 영향이 증가한다. 매우 낮은 농도는 유해한 영향이 없지만 매우 높은 농도는 참담할 수 있다. 그러나 어떤 유형의 함수(곡선)가 이러한 상호 작용에 가장 적합한가? 직선 함수[그림 2.8(A)]는 독소의 농도가 0에서 증가함에 따라 해로운 영향이 즉시 느껴진다는 것을 의미한다. 이런 상황은 드물다. 매우 낮은 농도에서 대부분의 독소의 농도는 영향과 선형 관계를 나타내지 않으므로 이 함수는 유용하지 않은 것처럼 보인다. 그림 2.8(B)의 곡선도 이를 설명하지 못한다. 그러나 그림 2.8(C)는 낮은 농도에서 독소의 영향이 매우 낮고 농도가 임계값에 도달하면 독성이 급속히 매우 높아지는 것을 의미하기 때문에 훨씬 더 합리적인 것처럼 보인다. 농도가 독성 임계값을 초과하면 생물체가 모두 죽어서 더 이상의 피해가 있을 수 없으므로 영향은 1.0을 유지한다.

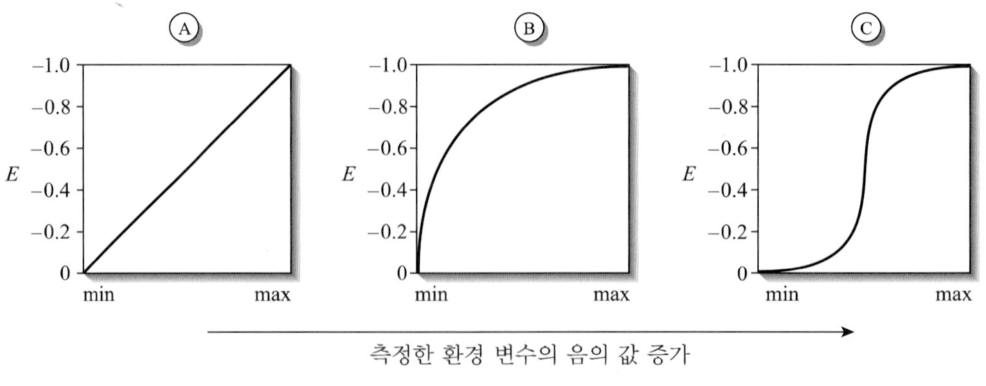

그림 2.8 환경 특성과 영향과의 관계를 나타내는 세 가지 유형의 함수

각 특성에 대해 영향(E) 값을 산정한 후, 이를 영향의 중요도에 따라 다양한 영향 사이에 분산된 가중치(W)와 곱한다. 일반적으로 가중치 값들은 합해서 100이 되지만, 이는 분석하고자 하는 각 대안에 같은 개수의 가중치 값이 적용된다면 중요하지 않다. 다음으로 최종 영향은 영향(E)과 가중치(W)의 곱을 더하여 계산한다. 따라서 고려하는 각 대안에 대해 다음과 같다.

$$\text{환경영향} = \sum_{i=1}^{n}(E_i \times W_j)$$

여기서, n : 고려되는 환경 영향 종류의 총수
E : 부정적(해로운)이거나 긍정적(유익한)일 수 있음.

예제 2.11 예제 2.3에서 쓰레기, 악취 및 입자상 대기 오염물질 세 가지만을 사용하여 공통 매개 변수 가중 체크리스트 기법으로 쓰레기 소각의 환경적 영향을 계산하라(다시 말하지만, 이 예제는 이 기법을 사용할 때 필요한 전체 영향 평가 중 아주 작은 일부만을 보여준다).

해답 그림 2.9에 나타난 세 개의 곡선이 각각 쓰레기, 악취, 대기 중 입자상 물질의 환경 특성과 관련된 적절한 함수라고 가정하자. 또한 쓰레기를 태우면 0에서 4까지 등급에서 쓰레기는 2, 악취는 3, 대기 중 입자상 물질은 180 $\mu g/m^3$으로 증가한다고 추정했다고 가정하자. 그림 2.9 A, B, C에 각각 2, 3, 180을 넣어보면 영향(E)은 −0.5, −0.8, −0.9로 읽힌다. 이제 가중치를 주어야 하고, 총 10 중 각 영향에 2, 3, 5를 주어 가장 중요한 영향은 대기질이고 가장 중요하지 않은 영향은 쓰레기임을 나타내었다. 따라서 환경 영향은 다음과 같다.

$$EI = (-0.5 \times 2) + (-0.8 \times 3) + (-0.9 \times 5) = -7.9$$

다른 대안들에 대해서도 유사한 계산을 수행해 EI 값들을 비교해 볼 수 있다.

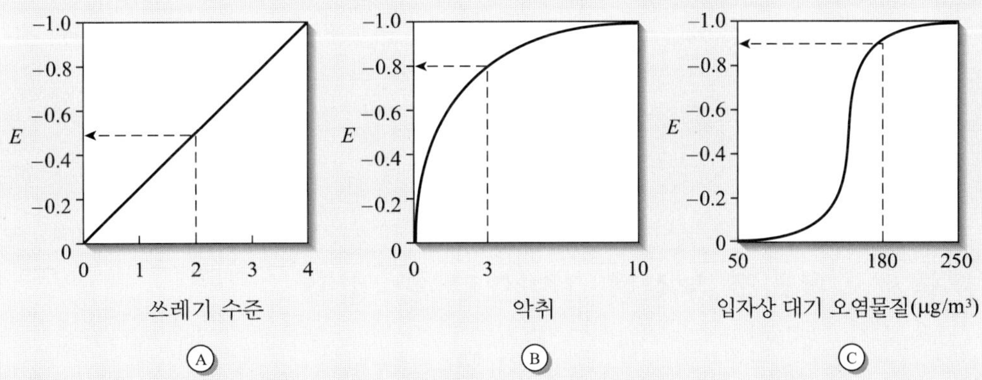

그림 2.9 환경 영향의 세 가지 함수(예제 2.11 참조)

이 기법은 개개의 수정 및 해석에 광범위하게 열려있으며, 위의 예제가 표준 방법으로 간주되어서는 안 된다. 이 기법은 환경 영향에 대한 질문에 대한 수치적 답변을 제시해주기 때문에, 몇 가지 대안에 대해 이를 수행하여 나온 숫자를 비교할 수 있다. 이러한 비교와 종합평가의 과정은 EIS의 세 번째 부분을 나타낸다.

2.6.3 종합평가

평가 절차의 결과 비교와 최종 결론 도출은 모두 종합평가(evaluation) 단계에서 다뤄진다. 앞의 두 단계인 평가항목 작성과 영향평가는 판단 및 상식을 요하는 최종 단계에 비해 단순하고 간단한 절차임을 인식하는 것은 중요하다. EIS 작성 중 종합평가 단계에서는 결론이 도출되고 제시된다. 종종 EIS의 독자는 결론만을 보고 평가 계산에 들어간 모든 가정을 검토하지 않기 때문에 종합평가에 이러한 계산을 포함시키고 평가 단계에서의 불확실성 수준을 강조하는 것이 중요하다.

그러나 EIS가 가능한 한 완벽하게 수행되고 데이터가 가능한 한 조심스럽게 수집되고 평가된 경우에도 분석 기법 사용에 관한 결론은 심각한 차이가 날 수 있다. 예를 들어, 알래스카 송유관에 대해 작성된 EIS를 모두 한 장씩 쌓으면 4.3 m에 달하는 작업량을 나타낸다. 그리고 그 모든 노력 끝에 상반된 두 의견을 가진 양측은 송유관의 영향에 대해 정반대의 결론을 이끌어 냈다. 문제는 그들이 잘못된 것을 두고 논쟁하는 것이었다.[9] 그들은 얼마나 많은 순록이 송유관에 의해 영향을 받을 것인가에 대해 논쟁해 왔을 수 있지만, 그들의 의견 차이는 실제로 순록이 송유관에 의해 영향을 받는 것에 대해 그들이 얼마나 깊게 고민했는지에 대한 것이었다. 순록에 대해 하나도 신경 쓰지 않는 사람의 경우 순록이 받는 영향은 없다고 보나, 순록 무리와 민감한 툰드라 생태계에 미치는 원대한 영향에 대해 우려하는 사람들은 매우 신경을 쓴다. 그러면 이에 대한 해결책은 무엇인가? 어떻게 상충되는 가치에 직면한 공학적 결정을 내릴 수 있는가? 이러한 결정들은 공학적 의사 결정의 또 다른 유형인 윤리적 분석이 필요하다.

2.7 윤리적 분석을 기반으로 한 결정

윤리적 분석에 대한 토론을 시작하기 전에 윤리가 의미하는 바를 명확하게 정의할 필요가 있다.[10] 대중의 견해는 윤리적인 사람은, 예를 들어 높은 기준을 가진 "선한" 사람이라는 것이다. 마찬가지로, 도덕적인 사람은 성에 관해 특정한 전통적인 견해를 가지고 있다고 생각된다. 이들은 모두 일반적인 오해이다.

도덕은 사람들이 서로 대하는 방법을 안내하기 위해 사람들이 선택하는 가치관이다. 이러한 도덕적 가치 중 하나는 진실을 말하는 것이고, 어떤 사람들은 정직하기를 선택한다. 그러한 사람들은 그들의 도덕적 신념에 따라 행동할 것이기 때문에 진실에 관한 도덕적인 사람들로 생각된다. 만약 사람이 진실성을 중시하지 않는다면, 진실을 말하는 것은 부적절하며, 그러한 사람은 진실성과 관련한 도덕적 가치를 가지지 않는다. 사실, 항상 거짓말을 해야 한다는 도덕적 견해를 가질 수 있으며, 이 경우에도 도덕적인 확신을 가지고 행동할 것이기 때문에 거짓말을 하면 도덕적인 사람으로 간주된다.

가장 합리적인 사람들은 사람들이 거짓말이나 속임수를 쓰거나 훔치지 않는 사회에서 사는 것이 훨씬 낫다는 것에 동의할 것이다. 사람들이 거짓말하고 속이고 훔치는 사회는 분명히 있지만, 선택이 주어진다면 대부분의 사람들은 그런 방식으로 행동하고 싶지 않아하고, 모든 사람이 상호 혜택을 제공하는 도덕적 가치를 공유하는 사회에서 살기를 선택할 것이다.

거짓말하거나 속이거나 도둑질하는 것은 용인할 수 없다는 점에 동의하는 것은 매우 쉽고 대부분의 사람들은 그렇게 하지 않을 것이지만, 가치 사이에서 갈등이 발생할 때 무엇을 해야 할지를 결정하는 것은 훨씬 더 어려운 문제이다. 예를 들어, 약속을 지키기 위해 거짓말을 해야 한다고 가정하자. 우리는 가치관이 서로 상충될 때 무엇을 해야 할지를 어떻게 결정할 것인가? 경제적 문제에서도 비슷한 상황이 발생한다. 예를 들어, 제한된 자원으로 어떤 프로젝트를 수행할지 어떻게 결정할 수 있는가? 이미 논의한 바와 같이, 우리는 편익/비용 분석을 사용한다. 도덕적 가치가 충돌할 때 우리는 어떻게 결정을 내릴 수 있는가? 우리는 윤리적 분석을 사용한다.

윤리는 가치가 충돌하는 곳에서 의사 결정을 위한 체계화된 틀을 제공한다. 의사 결정 도구의 본질과 기능의 선택은 개인의 도덕적 가치에 달려있다. 비용-효과 분석과 편익/비용 분석은 모두(대부분) 돈을 기반으로 의사 결정을 내리는 방법들이다. 위해성 분석은 건강에 대한 잠재적 손상을 계산하고, 환경 영향 분석은 자원에 대한 장기적 영향에 근거한 의사 결정을 위한 수단을 제공한다. 윤리는 마찬가지로 의사 결정을 위한 기본 틀이지만 관심 있는 매개 변수는 돈이나 환경 데이터가 아니라 가치관이다. 윤리는 의사 결정을 위한 시스템이기 때문에 윤리적인 사람은 어떤 윤리적 체계를 기반으로 의사 결정을 내리는 사람이다. 어떤 시스템이든! 예를 들어, 개인의 즐거움을 극대화하는 윤리 체계(쾌락주의)를 준수하기로 선택한다면, 개인의 즐거움이 극대화되도록 모든 결정을 내리는 것이 옳은(윤리적인) 것일 것이다. 이 경우, 어떤 사람은 노부인을 벤치에서 밀고 앉으려고 할 것이고, 어떤 사람은 공부하는 시간을 줄이고 파티 시간을 최대화하기 위해 시험에서 컨닝(cheating)을 할 것이다. 쾌락주의를 허용되는 행동 양식(윤리)으로 받아들이면, 이런 경우들이 윤리적으로 행동하는 것이다.

물론 대부분의 문명화된 사람들이 사회적 행동의 수용 가능한 규범으로 고려하는 행동을 초래하는 많은 다른 윤리 체계가 있다. 어떤 윤리 강령이나 시스템이 채택하는 가장 중요한 측면은 모든 사람이 사용해야 하는 시스템으로 그것을 지키려고 준비되어야 한다는 것이다. 그러한 방어가 약하거나 결함이 있다면, 윤리적인 시스템은 합리적인 사람이 그 시스템을 포기하고 모든 사람이 받아들여야만 하는 시스템으로 옹호될 수 있는 시스템을 추구할 것이라는 의미에서 부적절한 것으로 간주된다.

2.7.1 공리주의와 의무론적 윤리학

지난 2,500년 동안 가장 윤리적인 사고는 인간과 인간의 관계에서 우리의 행동을 안내하는 적절한 윤리적 이론을 찾는 것이었다. 서방의 윤리적 사고에서 가장 영향력 있고 가장 방어가 가능한 이론들은 결과나 행동에 근거한다. 전자의 경우, 도덕적 딜레마는 결과가 무엇인지에 근거하여 해결된다. 선을 극대화하고 싶다면, 가장 큰 선을 만드는 대안이 (도덕적으로) 옳다. 후자의 경우, 도덕적 딜레마는 대안(행동)이 좋은지 나쁜지에 근거하여 해결되고, 결과는 고려되지 않는다.

가장 영향력 있는 결과주의적 윤리 이론은 제러미 벤담(Jeremy Bentham, 1784~1832)과 존 스튜어트 밀(John Stuart Mill, 1806~1873)의 공리주의이다. 공리주의에서는 모든 행동의 고통과 즐거움이 계산되고, 모든 행동의 가치는 달성된 총행복을 기준으로 판단되며, 행복은 가장 높은 즐거움/고통 비율로 정의된다(익숙한 얘기인가?). 소위 실용주의적 계산법은 고려중인 모든 대안들의 행복을 계산할 수 있게 한다. 따라서 윤리적으로 행동하기 위해서는 가장 높은 수준의 즐거움과 최저 수준의 고통을 만들어내는 대안을 선택해야 한다. 관련된 모든 인간의 행복이 더해지기 때문에 이러한 계산은 종종 많은 사람들의 보통 행복이 소수의 극단적인 불행을 초래하는 결정을 내린다. 편익/비용 분석은 돈이 행복과 동일시되는 것으로 추정되기 때문에 기원면에서 공리주의라고 간주될 수 있다.

결과주의적 이론 지지자들은 이 이론이 인간 복지를 증진하기 때문에 인간 행동에 대한 적절한 원칙이고 행동의 결과를 언급하지 않고 몇 가지 규칙을 토대로 행동하는 것은 비합리적이라고 주장한다. 아리스토텔레스에 동의하면서, 공리주의자들은 행복은 언제나 행복을 위해 선택되며, 따라서 우리 모두가 추구하는 기본적인 선이 되어야 한다고 주장한다. 결과적으로, 공리주의적 계산법이 행복에 대한 추산치를 제공하기 때문에 가치가 관련된 의사 결정을 위한 적절한 도구이다.

윤리적 이론의 두 번째 그룹은 인간 행위가 행위의 도덕에 의해 지배되어야 하고 특정 규칙(예 : "거짓말하지 말 것")은 항상 지켜져야 한다는 개념에 기반한다. 이러한 이론들은 종종 '의무론적 윤리학'이라고 불리며, 그 결과가 아니라 행동의 선을 강조한다. 이 이론을 지지하는 사람들은 이러한 행위의 결과에 관계없이 그 행위가 선한지 악한지, 옳은지 그른지 판단되어야 한다고 주장한다. 의무론적 규칙의 초기 체계는 결과에 상관없이 이 규칙을 따르도록 되어있는 십계명(Ten Commandments)이다.

아마도 가장 잘 알려진 의무론적 시스템은 임마누엘 칸트(Immanuel Kant, 1724~1804)가 제안한 정언명령(定言命令)인데, 이는 모든 사람이 규칙에 복종하기를 바라는 가치 있는 결정을 내리는 일련의 규칙을 개발한다는 개념이다. 일단 이러한 규칙이 확립되면, 항상 그 규칙을 준수해야 하며, 그래야만 그것이 중요한 행위이기 때문에 윤리적으로 행동할 수 있다. 칸트 윤리학의 초석은 도덕적 원리의 합리성을 간단히 시험해 볼 수 있는 보편화가능성의 원칙이다. 간단히 말해서, 이 원칙은 행위가 한 사람에게 받아들여질 수 있다면 다른 사람에게도 똑같이 받아들여져야 한다는 것을 의미한다. 예를 들어, 만약 어떤 사람이 자신이 거짓말을 하는 것을 받아들여질 수 있다고 생각하면 모든 사람은 거짓말을 해야 하며, 실제로 모든 사람은 거짓말을 할 것으로 예상된다. 마찬가지로 한 사람이 시험에서 부정행위가 용인될 수 있다고 결정하면 보편화가능성 원칙에 따라 다른 모든 사람의 부정행위도 받아들일 수 있다는 데 동의한다. 모두가 거짓말을 하거나 속일 것으로 예상되는 세상에 사는 것은 미안한 상황이 될 것이고, 결과적으로 우리의 삶은 큰 어려움을 겪을 것이다. 따라서 이러한 행동이 보편화 될 수 없기 때문에 거짓말이나 부정행위가 용인될 수 있음을 주장하는 것은 의미가 없다.

규칙 기반 이론 지지자들은 결과주의적 이론이 많은 사람들의 이익을 위해 소수의 고통을 허용하고 종종 격려하며 이것은 분명히 불의라고 주장한다. 예를 들어, 그들은 결과주의적 이론이 어떤 사람의 죽음이 다른 이들의 죽음을 막을 것이라면 무고한 사람의 희생을 환영할 것이라고 주장한다. 그들은 만약 살인이 잘못이라면 한 명의 무고한 사람을 죽게 하는 단순한 행위가 잘못되고 부도덕한 것이라고 주장한다. 공리주의자들은 종종 좋은 행동이 순 손해를 초래한다고 주장함으로써 이를 반대한다. 사소한 예는 여러분의 룸메이트/배우자/친구로부터의 질문이다. "내 새 머리모양/셔츠/넥타이/등을 어떻게 생각하니?" 솔직히 형편없다고 생각하더라도, 사람은 결코 거짓말을 하지 말아야 하기 때문에 좋은 행동은 진실을 말하는 것이다. 하얀 거짓말이 더 큰 이익을 가져다주지 않는가라고 공리주의자들에게 물어볼 것인가? 진실을 말하면 진정한 필요가 있을 때 신속하게 믿을 수 있는 신뢰를 창출할 수 있기 때문에, 의무론자들은 단기간의 감정을 상하게 할 수는 있겠지만 거짓말하는 것은 틀린 것이라고 답할 것이다.

물론 논의될 수 있고 환경공학 직업과 관련이 있는 더 많은 윤리 체계가 있지만, 전통적인 윤리적 사고가 개인적이고 전문적인 생활양식을 찾는데 중요한 통찰력의 원천임을 분명히 해야 한다.

2.7.2 환경 윤리와 도구적 가치

모든 고전 윤리 체계는 인간이 서로를 어떻게 대해야 하는지에 대한 지침을 제공하기 위한 것이다. 요컨대, 도덕적 공동체, 또는 우리가 윤리적으로 상호 작용할 필요가 있는 개인은 오직 인간만을 포함하며, 도덕적 공동체 내의 유일한 도덕적 행위자는 인간이다. 도덕적 기관은 상호간에 받아들일 수 있는 방식으로 서로를 대하는 것에 동의한다는 상호주의를 요구한다. 그러나 우리는 분명히 지구상의 유일한 점유자가 아니고, 우리가 비인간 동물을 어떻게 대하는지도 중요하지 않은가? 아니면 식물? 또는 장소? 도덕적 공동체가 다른 동물들을 포함하도록 확장되어야 하는가? 식물? 바위, 산 및 심지어 장소와 같은 무생물들? 그렇다면, 도덕적 공동체를 우리가 물려줄 환경에서 살아야 하는 우리의 자손으로까지 확대해야 하는가?

이러한 질문은 논의되고 있으며 우리가 환경 내에서 우리 자신뿐만 아니라 세계의 나머지 부분들도 고려하는 결정을 내리는 것을 허용하기 위한 틀, 즉 환경 윤리라고 알려진 것에 대한 지속적인 탐구에서 논쟁 중이다. 환경을 통합하는 윤리 형성을 위한 한 가지 접근법은 환경 가치를 도구적 가치, 즉 돈으로 측정할 수 있는 가치 및/또는 자연이 우리의 생존을 위해 제공하는 가치(예 : 녹색 식물에 의한 산소 생산)를 고려하는 것이다. 자연의 도구적 가치 관점은 환경이 자유, 건강, 기회와 같은 다른 가치 있는 것들과 마찬가지로 사람들에게 유용하고 가치 있다는 것을 지지한다.

환경 윤리에 대한 이러한 인간중심적 관점, 즉 자연이 사람들의 이익을 위해서만 존재한다는 생각은 물론 오래된 것이다. 아리스토텔레스는 다음과 같이 말했다: "식물은 동물에게 먹이를 주고 동물은 인간에게 먹을거리를 제공한다. … 자연은 아무것도 목적 없이 또는 헛되이 만들지 않기 때문에 모든 동물은 자연에 의해서 인간을 위해 만들어졌을 것이다." 마찬가지로 칸트는 동물에 대한 우리의 의무가 실제로는 인류를 위한 의무인 간접적인 의무라고 제안함으로써 자연을 그의 윤리적 이론에 포함시켰다. 그의 견해는 분명하다. "우리는 동물에 관한 한 직접적인 의무는 없다. 동물은 자의식이 없고 단순히 목적을 달성하기 위한 수단이고, 그 목적은 사람이다."[11] 따라서 이러한 이유로 인간이 아닌 동물의 가치는 사람에 대한 가치로 계산될 수 있다. 예를 들어, 아름답고 흥미로운 생물이고 보는 즐거움이 있기 때문에 초원의 버팔로를 모두 죽이고 싶지는 않다. 버팔로를 몰살시키는 것은 우리가 다른 인간에게 해를 끼치고 있음을 의미한다. 그러나 윌리엄 박스터(William F. Baxter)는 우리가 우려하는 "펭귄이나 사탕소나무, 또는 지질학적 경이로움에 대한 피해는 … 그냥 상관없다. … 펭귄은 사람들이 펭귄이 바위 위에서 걷는 것을 보는 것을 즐기기 때문에 중요하다."라고 말했다.[12]

우리는 삶의 즐거움을 누릴 수 있는 건강한 환경에서 살아가는 것이 필요하다는데 동의할 수 있으며, 따라서 환경의 다른 측면은 도구적 가치가 있다. 물을 오염시키거나 공기를 오염시키거나 자연의 아름다움을 파괴하는 것은 한 사람에게만 속하지 않는다는 것을 주장할 수 있다. 이러한 오염은 의심할 여지없이 다른 사람들의 것을 훔치는 것이다. 많은 사람들이 숲에서 하이킹을 하거나 강을 따라 카누를 타는 것을 즐기기 때문에 자연환경을 파괴하는 것은 비윤리적일 것이며, 우리는 우리의 이익을 위해 자연을 보존해야 한다. 또한 우리는 미래에 어떻게든 유용할 가능성이 있기 때문에 생물종을 근절하지 말아야 한다. 잘 알려지지 않은 식물 또는 미생물은 미래 의학 연구를 위해 필수적일 수 있으며, 우리는 다른 사람들에게서 그 혜택을 박탈해서는 안 된다.

환경 윤리에 대한 자연의 도구적 가치 접근 방식은 가치가 있지만, 여러 가지 문제가 있다. 첫째, 이 주장이 다른 사람들에게 해를 끼치지 않는 한 우리가 개별 동물을 죽이거나 고문하는 것을 막을 수는 없다. 이러한 권한의 위임은 동물에 대한 우리의 감정과 양립할 수 없다. 우리는 고통을 느낄 수 있는 동물에게 불필요한 해를 입히는 사람을 비난할 것이며, 많은 사람들이 이러한 종류의 행위를 막기 위해 할 수 있는 것을 한다.

둘째, 이 개념은 인간과 자연 간에 대부분의 사람들이 매우 불안해하는 깊은 틈을 만든다. 인간중심적 접근 방식은 사람들이 세계의 주인이며 다른 종이나 동물의 권리에 대한 아무런 고려 없이 인간 이익을 위해서만 자원을 사용할 수 있다고 제안한다. 이러한 생각은 미국에서 19세기 "자연의 강간(rape of nature)"으로 이어졌으며, 그 영향은 여전히 우리와 함께 있다. 헨리 데이비드 소로(Henry David Thoreau, 1817～1862), 존 뮤어(John Muir, 1838～1914) 등 많은 사람들이 이러한 파괴에 대해 많은 사람들이 느꼈던 것을 말하려고 했다. 그들은 이 개념은 우리가 자연과 소원해지는 것이고, 자연은 도구적 가치만 가지고 있으며 결국 자연 파괴로 이어질 것이라는 것을 인식했다. 자연에 대한 우리의 태도를 설명하기 위해 도구적 기반만으로 자연을 평가하는 것은 부적절한 접근법이라는 것은 분명하다.

2.7.3 환경 윤리와 본질적 가치

자연의 도구적 가치를 환경에 대한 우리 태도의 기초로 하는 개념에 대한 이러한 문제들을 고려해 볼 때, 인간이 아닌 동물, 식물, 심지어 윤리적인 우려의 영역에 속하는 것들까지도 포함시킬 수 있는 다른 근거를 모색해 왔다. 이 발전의 기본적인 추진력은 자연에 본질적인 가치를 부여하고 도덕적 공동체 내에 비인간적인 본성을 포함하려는 시도이다. 이 이론은 다른 생물을 포함하도록 도덕적 공동체를 확장하려고 시도하기 때문에 확장주의적 윤리적 사고로 알려져 있다. 이러한 개념은 아마도 1세기 전의 노예도 인간이며 도덕적 공동체에 포함되어야한다는 인식과 마찬가지로 혁명적인 것이다. 예를 들어, 아리스토텔레스의 생각에는 노예들은 지적으로 같지 않았기 때문에 노예에게 윤리를 적용하지 않았다. 우리는 이제 이것이 헛된 주장이라는 것을 알고 있고, 오늘날 노예제도는 도덕적으로 혐오스럽다고 생각된다. 너무 멀지 않은 미래에 도덕적 공동체에는 자연의 나머지 부분도 포함될 수 있으며, 우리는 윤리적 의사 결정 기구에 자연을 포함시킬 가능성이 있다.

확장주의적 환경 윤리는 처음에는 철학가가 아닌 수목 관리원에 의해 공표되었다. 알도 레오폴도(Aldo Leopold, 1887～1948)는 환경 윤리(그는 대지 윤리라고 부름)를 "토양, 물, 식물과 동물 또는 종합해서 대지(land)를 포함하도록 공동체의 경계를 단순히 확대하는" 윤리로 정의했다.[13] 그는 우리의 종교적 뿐만 아니라 세속적인 훈련이 모두 인간과 자연의 대립을 만들었다는 것을 알고 있었다. 자연은 진압되고 정복되어야 했고, 이는 우리가 지속적으로 싸워야 할 강력하고 위험한 일이었다. 그는 자연에 대한 합리적인 견해가 우리를 "호모 사피엔스의 역할을 토지 공동체의 정복자에서 평범한 구성원과 시민으로 변화시키는" 환경 윤리로 인도할 것이라고 믿었다.

레오폴드는 사실 인간이 특별하다는 오래된 믿음에 의문을 제기했다. 어쨌든 우리는 자연의 일부가 아니며 생존을 위해 끊임없이 자연에 맞서 싸웠고, 창세기에 명시된 대로 자연을 지배하는 하나님이 주신 역할을 가지고 있다. 나중에 철학자들(그리고 일반적으로 사람들)은 노예 제도를 지지할 수 없는 제도로 보고, 노예가 우리의 도덕 공동체에 속해 있음을 인정하였고, 후세대들은 자연의 나머지 부분이 권리를 소유한다는 의미에서 똑같이 중요하다는 것을 인식하게 될 것이다.

도덕적 공동체에 인간이 아닌 것들을 받아들이느냐의 문제는 논쟁의 여지가 있으며, 인간이 아닌 것이 권리를 가지는지 아닌지에 초점을 맞추고 있다. 만약 권리를 가진다고 주장한다면 도덕적 공동체에 포함시킬 이유가 있다. 인간이 아닌 것의 권리문제는 많은 철학자들로부터 강한 반대를 불러 일으켰으며, 이러한 논증은 종종 상호주의(reciprocity)에 근거한다. 예를 들어, 리차드 왓슨(Richard Watson)은 "실체가 권리를 갖는다고 말하는 것은 해당 실체가 상호 간의 의무를 수행할 수 있는 경우, 즉 도덕적 행위자로 작용할 수 있어야 타당하다"고 지적한다.[14] 그는 도덕주체는 자의식, 행동 능력, 자유 의지, 도덕적 원칙의 이해와 같은 특정 특성을 필요로 하고, 대부분의 동물들은 이러한 특성을 충족시키지 않기 때문에 도덕적 행위자가 될 수 없고, 따라서 도덕적 공동체의 구성원이 될 수 없다고 논쟁을 이어나간다. 맥클로스키(H. J. McClosky)는 "잠재적으로 또는 실제로 도덕적으로 자율적인 행동의 가능성이 없는 곳 … 그리고 존재가 일반적으로 그러한 행동을 할 수 있는 종류의 일원이 아닌 경우, 우리는 권리에 관한 이야기를 보류한다."고 주장한다.[15] 따라서 호혜주의의 필요조건 때문에 우리의 도덕적 공동체에 인간 이외의 다른 것들을 포함하도록 확장하는 것은 합당하지 않다.

그러나 호혜가 도덕적 공동체에 받아들여지기 위한 적절한 기준인가? 유아, 망령든 사람, 혼수상태인 사람, 조상, 심지어 미래의 사람들까지 상호작용을 할 수 없는 인간을 우리의 도덕적 공동체에 이미 포함시키지 않았는가? 어쩌면 우리는 배제적 행위에 의해 아리스토텔레스의 실수를 다시하고 있을지도 모른다. 아마도 인간이라는 것은 도덕적 공동체에 포함되기 위한 필수 조건이 아니며, 다른 존재들은 인간이 가지고 있는 권리와 비슷한 권리가 있다. 이러한 권리는 우리가 반드시 그들에게 주는 것이 아니라 그것이 존재하기에 가지는 권리일 수 있다.

모든 인간에게 내재된 권리인 생존권의 개념은 17세기에 존 로크[16] (John Locke, 1632～1704)와 토마스 홉스[17] (Thomas Hobbes, 1588～1679)에 의해 제안되었으며, 생명, 자유, 재산의 권리는 사회적 신분에 관계없이 모든 사람의 권리여야 한다고 말했다.2) 이러한 권리는 인간이 다른 인간에게 줄 수 없는 자연권이고, 그렇지 않다면 우리는 스스로에게 권리를 부여할 것이고, 이는 말도 안 된다. 따라서 모든 인간은 어떤 인간에게서도 나오지 않는 "양도할 수 없는 권리를 부여받았다."

이것이 사실이라면 인간이 그러한 것처럼 인간이 아닌 동물이 단순히 자신의 존재로 인해 "양도할 수 없는 권리"를 갖는 것을 막을 수 있는 방법은 없다. 그들은 자신의 환경에서 존재하고 살아가고 번영할 수 있는 권리가 있으며, 인간이 불필요하게 또는 고의적으로 이러한 권리를 부정하지 못하게 할 권리가 있다. 우리가 인간이 삶, 자유 및 고통의 부재에 대한 권리를 갖는다는 것에 동의한다면, 유사한 감각을 느낄 수 있는 동물이 유사한 권리를 가져야만 합리적인 것처럼 보인다. 이러한 권리는 상호작용의 요구와 무관하게 도덕주체에게 주어진다. 호혜주의의 전체 구성은 당연히 인간의 사적 모임으로부터 다른 것들을 멀리하게 하는 인간중심적 개념이다. 우리가 이 요구 사항을 포기하면 인간보다 더 많은 것을 도덕적 공동체에 받아들일 수 있다.

하지만 우리가 문을 열면, 우리는 무엇을 들어오게 할 것인가? 어떤 것들이 합법적으로 우리의 도덕적 공동체에 포함될 수 있는가, 또는 조금 더 심하게 말해 어디에서 선을 그어야 하는가? 만약 도덕적 공동체가 확대된다면, 많은 사람들은 그것이 지각력이나 고통을 느낄 수 있는 능력에 근거해야 한다고 동의한다. 이 주장은 모든 지각적인 동물은 우리의 관심을 요구할 권리가 있음을 시사한다.

일부 고전적인 윤리적에서는 동물에게 고통을 주는 것은 악이라고 인식했다. 예를 들어, 제레미 벤담(Jeremy Bentham)은 동물 복지가 실용주의적 편익/비용 계산에 어떻게든 포함되어야 한다고 주장했고, 이는 "질문이 그들은 사고할 수 있는가? 또는 그들은 말할 수 있는가?가 아닌 그들은 고통 받을 수 있는가?"이기 때문이다.[18] 피터 싱어(Peter Singer)는 동물이 자신의 삶을 소중히 여기기 때문에 단순히 가치가 있다고 믿으며, 중요

2) 새로운 미국에서 혁명은 삶, 자유, 그리고 행복 추구를 선포했다. 그것은 인간과 재산으로서의 노예의 까다로운 문제를 해결하기 위한 변혁이었다.

한 것은 지각이지 사고할 수 있는 능력이 아니다. 평등은 싱어 철학의 핵심이며, 모든 지각력 있는 피조물은 삶에 대해 평등한 권리가 있다고 믿는다. 고통과 즐거움과 같은 의식적인 경험을 할 수 있는 능력인 지각력은 "다른 존재들의 이익을 위해 유일하게 방어할 수 있는 경계"이다.[19]

그러나 우리의 관심사에 동물의 고통을 포함시키는 것은 문제들에 대해 판도라의 상자를 여는 것이다. 우리가 고통은 악이며 고통을 겪고 있는 어떤 살아있는 존재에게도 악한 영향을 주고 싶지 않다고 논쟁할 수 있지만, 우리는 어떤 동물(또는 식물)이 고통을 느끼는지 확실히 알지 못하고 따라서 누가 포함되어야 하는지 확신할 수 없다. 고통에 대한 그들의 반응이 우리와 비슷하기 때문에 고등 동물이 고통을 느낄 수 있다는 것을 꽤 확실하게 추정할 수 있다. 개는 울부짖고 고양이는 날카로운 소리를 내며 고통의 근원을 멈추려고 한다. 지렁이를 낚시 바늘에 끼워본 사람은 누구나 이 지렁이가 아마도 고통을 느끼고 있다는 사실을 입증할 수 있다. 그렇다면 고통을 느끼고 있음을 모호하지 않은 방법으로 우리에게 보여줄 수 없는 생물은 어떠한가? 나비의 몸을 관통하여 핀을 꽂을 때 나비가 고통을 느끼는가? 훨씬 더 어려운 문제는 식물계이다. 어떤 사람들은 식물이 상처를 입었을 때 고통스러워하지만 우리가 그것을 인식하기에는 너무 민감하지 않다고 주장한다.

실용주의적 접근 방식을 사용하면 동물과 인간이 겪는 고통의 양을 계산해야 한다. 예를 들어, 인간이 따뜻하게 지내기 위해 동물의 모피를 필요로 한다면 인간의 고통을 막기 위해 동물에게 고통을 주는 것은 받아들일 수 있는가? 실용주의적 계산법에 이러한 변수를 포함시키는 것은 분명히 불가능하다.

우리가 동물이 겪는 고통과 즐거움에만 집중하지 않는다면, 고통을 피하기 위한 동물의 권리가 인간의 권리와 동등하다는 것을 인식하거나 어떤 상황에서 어떤 권리를 갖는지 구체적으로 명시하기 위해 동물을 어떤 식으로든 나열하고 등급을 매기는 것이 필요하다. 첫 번째 경우에는 동물을 붙잡고 포로를 고문하는 것이 동등한 도덕적 중요성을 가질 것이다. 두 번째 경우에는 매의 삶이 닭의 삶보다 덜 중요하다는 것 등과 같이 무한한 수의 다른 비교들을 하여 결정할 필요가 있을 것이다.

마지막으로, 이것이 우리의 환경 윤리의 범위라면, 장소와 자연 환경이 지각 있는 생물의 복지에 어떻게 영향을 미칠지를 제외하고는 장소와 자연 환경의 보존에 대해 논쟁할 수 없다. 지각 있는 동물에 대한 기준을 우리의 유일한 환경 윤리로 채택한다면 그랜드 캐넌(Grand Canyon)에 댐을 만드는 것은 꽤 받아들일만한 것이다.

따라서 감상적으로 한계를 정할 수 없으며, 다음 논리적 단계는 단순히 모든 삶을 도덕적 공동체의 범위 속에 포함하는 것이다. 이 단계는 그의 윤리를 "삶에 대한 경외심"이라고 불렀던 알버트 슈바이처(Albert Schweitzer)에 의해 발전한 것으로, 터무니없어 보이지는 않는다. 윤리를 인간 상호 작용에만 한정하는 것은 실수이며, 사람은 "생명이 그에게 성스러운 것처럼 식물과 동물의 생명도 동반자의 생명과 동일시 할 때만" 윤리적이라고 결론지었다.[20] 슈바이처는 윤리적인인 사람은 자라는 모든 것에 악의적으로 해를 끼치지 않을 것이고 자연과 조화를 이루어 존재할 것이라고 믿었다. 그는 물론 먹기 위해서는 인간이 다른 생물체를 죽여야만 한다는 것을 인식했지만, 이것은 모든 생명에 대한 연민과 신성함으로 이루어져야 한다고 주장했다. 슈바이처에게 인간은 단순히 자연계의 한 부분이다.

찰스 다윈(Charles Darwin)은 사람이 나머지 자연과 다르지 않다는 개념을 받아들이는데 아마도 가장 큰 책임이 있다. 실제로 인간이 덜 복잡한 생명체에서 진화했다면, 우리는 종류가 다를 정도로 다르지 않고 아주 조금만 다른 진화의 긴 사슬의 일부일 것이다. 재나 톰슨(Janna Thompson)이 지적했듯이 "제대로 이해된 진화론은 우리를 지구상의 삶의 발전의 정점에 두지 않는다. 우리 종은 많은 진화의 산물 중 하나의 산물이다."[21]

마찬가지로 폴 테일러(Paul Taylor)는 모든 살아있는 것들은 본질적인 선을 가지고 있으며 따라서 도덕적 공동체에 포함될 후보자라고 주장한다.[22] 그는 모든 생명체가 내재적 가치가 있고, 우리 인간이 우월하지 않다는 사실을 인정하자마자 모든 생명이 도덕적으로 보호받을 권리가 있다는 것을 인식하게 될 것이라고 제안한다. 그의 생명중심적 관점은 지구 공동체 내 모든 생명체의 공통 구성원, 각 생명체가 삶의 중심인지, 그리고 모든 생명체가 상호 연관되었는지를 인식하는 것에 달려있다. 테일러에게 있어 인간은 다른 생물보다 더 또는 덜 중요하지 않다.

환경 윤리에 대한 이러한 접근 방식은 많은 호소력과 상당수의 지지자들이 있다. 불행히도, 여러 부분에 대해 설득하지 못한다. 첫째로, 살아있는 것과 그렇지 않은 것 사이의 선을 실제로 어디에 그어야 할지를 결정할 방법이 없다. 바이러스는 여기에서 가장 큰 문제이며, 테일러의 아이디어가 받아들여지려면 소아마비 바이러스가 도덕적 공동체에 포함되어야 할 수도 있다. 재나 톰슨은 이 위치에 대한 대부분의 주장을 토대로 우리가 간이나 신장과 같은 장기를 도덕적 공동체에서 제외시키는 것을 막을 수는 없다고 지적한다.[23]

둘째로, 인간의 삶과 비교해서 인간이 아닌 동물의 가치를 어떻게 평가할 것인가의 문제는 해결되지 않았다. 모든 생명체의 삶이 평등해야하고, 따라서 인간의 삶이 다른 생명체의 삶과 동등한가? 만약 그렇다면 바퀴벌레를 죽이는 것은 인간을 살해하는 것과 동등한 도덕적 중요성을 갖게 될 것이다. 만약 타당해보이지 않는다면, 가치에 대한 척도가 있어야하며 각 생물은 인간이 정한 가치의 위계(hierarchy)에 맞는 자리를 가져야 한다.

그러한 위계가 구축되어야 한다면, 다양한 생명체의 삶의 가치는 어떻게 결정될 것인가? 미생물은 북극곰의 가치와 동등한가? 양상추는 가젤(gazelle)과 같은 중요성을 지니고 있는가? 이러한 순위는 또한 도덕적 인 보호를 받을만한 것과 그렇지 않은 것을 결정함에 있어서 어려움을 가져올 것이다. "아메바, 당신은 포함됩니다. 미안하지만 짚신벌레 당신은 안 됩니다." 이는 그냥 계산되지 않는다. 그러므로 모든 생명체에 대해 도덕적 공동체에 포함하여 한계를 정하는 것은 옹호할 여지가 없어 보인다.

한계를 정하는 것에 대한 이의를 제거하는 한 가지 방법은 개인이 존재하는 시스템에서 중요한 도덕적 관심사 안의 모든 것을 포함하도록 선을 확장하는 것이다. 알도 레오폴드(Aldo Leopold)는 종종 그러한 환경중심적 환경 윤리에 대한 초기 아이디어로 인정받고 있다. 그는 생태계가 없으면 아무것도 생존할 수 없기 때문에 생태계를 보존해야 한다고 제안했다. 그는 "생물 공동체의 무결성, 안정성 및 아름다움을 보존하는 경향이 있는 일은 옳다. 그렇지 않으면 잘못된 것이다."라고 했다.

발(Val)과 리처드 루틀리(Richard Routley)[25] 그리고 홈즈 롤스톤 3세(Holmes Rolston III)[25]는 생태중심적 환경 윤리에서 일부 생물(예 : 가족)이 다른 생물(예 : 낯선 사람)보다 우선시되고 인간이 인간이 아닌 동물보다 우선시된다는 것을 인식한다. 그들은 윤리를 가장 중요한 도덕적 실체가 중심에 있고 원이 외부로 연장되면서 도덕적 보호 수준이 점점 감소하는 다른 것들을 도덕적 공동체 안에 포함시키는 동심원 체계로 본다. 지구상의 다양한 생물과 장소가 그들의 도덕적 가치의 관점에서 어떻게 등급이 매겨질 것인가에 대한 문제는 해결되지 않고 실제로 가치 평가를 하는 사람들에게 달려 있다. 물론 이 과정은 다시 한 번 인간중심적이며, 환경중심적 환경 윤리는 불명확한 경계를 지닌 인간중심적 환경 윤리의 한 형태이다.

톰 레건(Tom Regan)은 "비파괴, 불간섭, 그리고 일반적으로 비참견"의 원칙인 보전 원칙과 비슷한 개념을 제시한다.[26] 이 생각을 포용하는 학파는 심층 생태운동(deep ecology movement)이다. 가장 주목할 만한 지지자는 자연에서 인간은 다른 생물이나 세계의 나머지보다 더 중요하지 않다는 것을 제안한 아르네 네스(Arne Naess)이다.[27] 심층생태주의는 인간이 우주의 일부이며 다른 것들과 동일한 재료로 만들어졌기 때문에 인간은 자연의 모든 것을 존중하도록 살아야 하고 호모 사피엔스가 지구에 입힌 피해를 인식해야 한다는 생각을 중심으로 한다. 심층 생태주의자들은 점진적인 인구 감소와 자원을 적게 사용하는 생활방식으로의 변화를 요구한다. "표층 생태학자"와 철학을 구분하기 위해 명명된 심층생태주의는 모든 사람과 모든 것을 포함하기 때문에 우리의 도덕적 공동체 안팎에 있는 것들 사이의 선을 어디에 그어야하는지에 대한 문제를 없애준다. 하지만 모든 자연의 가치를 동일하게 평가할 필요성을 시사하기 때문에 우리는 다시 인간 기준에 따라 모든 것을 판단하는 원래의 문제로 되돌아간다.[3)]

3) 우리는 생명체를 우수하거나 열등하다는 의미를 가진 "더 높은" 또는 "더 낮은" 것으로 언급하는 것은 아주 불행한 것처럼 보인다. 아주 분명히, 지렁이는 치타가 그런 것처럼 해야 할 일을

2.7.4 환경윤리 및 영성

환경 윤리에 대한 세 번째 접근 방식은 우리가 적어도 현재로서는 환경에 대한 우리의 태도를 합리적으로 설명할 수 없으며 이러한 태도가 영적인 느낌과 다르지 않게 깊이 느껴진다는 것을 인식하는 것이다. 왜 우리는 이러한 태도가 영성(spirituality)에 바탕을 두고 있음을 단순히 인정하지 않는가? 이 제안은 처음에 느끼는 것만큼(그러나 공학 교과서에서는 분명히 터무니없다!) 터무니없는 것이 아닐 수 있다. 우리가 서양 문화에 깊은 영향을 받고 있지만, 자연에 대한 교훈적인 접근을 가진 다른 문화가 존재한다.

미국 원주민의 종교를 비롯한 많은 오래된 종교는 자연 속에 존재하는 영혼들의 존재를 인정하는 물활론적(animistic)이다. 이러한 영혼들은 그리스, 로마, 유대교에서처럼 인간 형태를 취하지 않는다. 그들은 단순히 나무 또는 시내 또는 하늘에 있다. 이 영혼들과 이야기하고 가까이 느끼면서 같이 교제하는 것이 가능하다.

웬델 베리(Wendell Berry)의 말처럼 우리는 "세속적 순례"를 경험할 것이기 때문에 미래의 사람들이 세상과 조화를 이루며 살기 바라는 것은 너무 억지스러운 것인가?[28] 존 스튜어트 콜리스(John Stewart Collis)는 우리의 미래에 대한 낙관적 견해를 가지고 있었다. 그는 다음과 같이 썼다.

다신론과 단일신교는 모두 그들의 일을 해왔다. 이미지가 깨지고, 우상은 모두 무너졌다. 지금은 신앙심이 매우 없는 시대로 간주된다. 그러나 아마 이것은 단지 마음이 한 상태에서 다른 상태로 옮겨 가고 있다는 것을 의미한다. 다음 단계는 많은 신을 믿는 것이 아니다. 하나의 신을 믿는 것이 아니다. 이것은 전혀 믿음이 아니다. 지성의 개념이 아니다. 이것은 우리가 하나님을 느낄 수 있도록 하는 의식의 확장이다.

기독교 성서의 한 버전인 녹색 성경(Green Bible)이 출판되었다. 지구를 돌보는 중요성에 대한 메시지를 가진 구절을 녹색으로 표시하고 있다.

모든 면에서 영적 대안은 합리적인 정밀조사를 견딜 가능성이 가장 적다. 그러나 이것은 우리가 자연에 대해 어떻게 느끼는지를 가장 잘 설명하지 않는가? 영적인 감정을 근거로 설명할 수 없다면 어떤 사람들이 "숲과 인간이 아닌 숲의 주민들을 존중하여 숲에서 불필요한 소음을 피하고자 하는 이유"를 어떻게 설명할 수 있는가?[30]

이러한 태도가 화답 받을 수 있는 경우에만 우리가 생명체 또는 사물에 대한 보호적이고 돌보는 태도를 가져야 하는 이유는 분명하지 않다. 아마도 우리는 도덕적 공동체로의 수용이라는 생각에 잡착했을 것이고, 이는 모든 것을 대상 공동체에 포함하는 것으로 사

아주 잘한다. 인간이 지렁이처럼 꿈틀거리며 움직이거나 치타처럼 발로 영양을 잡는 것은 아주 어려운 일일 것이다. 그렇다. 우리는 이러한 일을 할 수 있는 기계를 만들 수 있으나, 이것은 우리가 가진 사고력에 기인한 것이다. 우리는 다른 많은 기술들이 부족하므로 다른 생물보다 더 높다고 주장할 수 없다. 비슷하게 치타가 더 높고 지렁이가 더 낮다고 말하는 것은 말도 안 된다.

고의 정체를 깨뜨릴 수 있다. 이 공동체에서 호혜주의는 필요하지 않다. 중요한 것은 단순히 대상 공동체에 존재하기 때문에 사랑하고 돌보는 것이다. 사랑과 보살핌의 양은 그것을 주고 보답으로 아무 것도 요구하지 않을 수 있는 능력에 비례한다.

2.7.5 맺음말

환경공학 직업의 한 가지 측면은 (주로 말없이 우리가 창피해하는 것처럼) 환경공학자가 진정으로 가치 있는 사명을 수행하고 있다는 것이다. 환경공학자는 문제가 아닌 솔루션을 제공하고, 우리는 이를 좋게 생각해야 한다. 가장 넓은 의미에서 우리의 고객은 환경 그 자체이며, 우리의 목표는 어머니인 대지뿐만 아니라 자손을 위해서 우리의 지구촌을 보존하고 보호하는 것이다.

2.8 공학적 의사결정의 연속성

공학자가 사용할 수 있는 의사 결정 방법은 가장 객관적인(기술적인) 것에서부터 가장 주관적인 것(윤리적인)으로 확장된다. 의사 결정의 본질적인 방법은 모든 경우에 동일하다. 우선 문제를 분해해서 여러 측면에서 검토하면서 분석한다. 모든 숫자를 입력하고 변수를 평가하면 정보가 해결책으로 합성된다. 그런 다음 이 해결책을 전체적으로 살펴보면서 이해가 되는지 또는 무엇보다 중요하게 맞게 느껴지는지 확인한다. 이 과정은 비교를 위한 숫자가 거의 없는 윤리적 결정에서 특히 그렇다.

공학적 의사 결정 방법이 기술적인 것에서 윤리적인 것으로 확장됨에 따라 정량적인 결정은 점차적으로 줄어들고 점점 의사 결정자의 개인적인 취향, 편견 및 우려에 지배를 받게 된다. 어느 시점에서 이러한 결정이 진정한 공학적 결정이 아니라고 제안하는 것이 합리적인가? 상당수의 저명한 공학자들은 진정한 공학적 결정은 기술적인 결정뿐이고, 다른 결정들은 공학자에게 일을 의뢰하고 공학자가 아마도 잘 할 수 없고 확실히 책임지지 않아도 되는 그런 결정을 내리기 위해 훈련을 받고 기본지식을 갖춘 정의되지 않은 어떤 의사결정자가 하도록 해야 한다고 강력히 주장했다. 물론 그러한 견해는 공학자인 당신을 공학자가 내리는 (기술적인 것 이외의) 모든 판단에서 해방시키고 고객이나 고용주의 요청에 따라 일을 하는 가상의 스마트 로봇으로 만들 것이다. 이로써 당신이 고객이나 고용주의 일을 잘 해주기만 하면 당신 행동의 사회적 결과(사회 전반에 미치는 영향)

는 관심을 거의 받지 않는다.

다행히도 대부분의 공학자는 그런 책임 회피를 받아들이지 않는다. 우리는 공학이 아마도 다른 직업보다 더 많은 차이를 만들 수 있음을 인식한다. 환경 변화 또는 조작과 관련된 프로젝트는 항상 전문공학자의 서비스를 필요로 한다. 따라서 우리는 아마도 진행과정에서 없어서는 안 될 톱니바퀴의 톱니처럼 기술적 뿐만 아니라 경제적으로나 윤리적으로도 최선의 해결책을 모색해야 할 도덕적 의무가 있다.

연습문제

2.1 노스캐롤라이나주의 채플힐(Chapel Hill)은 가뭄 시기에 노스캐롤라이나주의 힐스버러(Hillsborough)에서 물을 구입할 수 있도록 25 km의 원수관을 건설하기로 결정했다. 공학자는 지름 40 cm의 관을 설치할 것을 권장했다. 이 결정의 근거는 다음과 같다.

지름(cm)	관로비용($/m)	펌프장 건설비($)	예상 연간 전력비용($)
20	1.5	150,000	10,000
25	2.5	145,000	8,000
30	3.5	140,000	7,000
40	4.0	120,000	6,000

이자율은 8%이고, 원수관의 예상 수명은 20년이다.

a. 연간 비용을 기준으로 네 가지 대안을 비교하라.

b. 만약 공학자가 전체 작업 자본 비용의 6%를 기준으로 돈을 받을 경우, 그가 쾌락주의적 윤리를 기반으로 모든 결정을 했다면 어떤 대안을 권장하겠는가?

c. 이 경우 공학자는 누구를 "고객"이라고 생각하겠는가? 각 선택을 몇 문장으로 변호하라.

2.2 현지 원자력 발전소는 고준위 핵폐기물(용량은 적지만 방사성이 높은)을 보관하기 가장 좋은 장소가 당신의 대학 캠퍼스 옆 공터라고 결정했다. 그들은 현장 경계에서의 방사능 수준이 배경 방사선과 같아지도록 적절히 차폐된 저장 창고를 만들고, 20년 동안 이 창고를 사용할 것을 제안했다. 발전소는 2백만 인구에 전기를 공급하고, 현재 워싱턴 주에서 사용 후 핵연료를 처분하기 위해 전력 회사는 연간 120만 달러의 비용을 부담한다. 새로운 시설은 건설에 80만 달러, 운영에 15만 달러가 소요된다. 전력 회사는 빌린 돈에 대해 8%의 이자를 지불한다. 전력 회사는 대학에 연간 20만 달러의 임대료를 기꺼이 지불하고자 한다.

a. 전력 회사가 비용을 절감할 수 있는가?

b. 당신이 대학 총장인 경우 다음을 사용하여 이 계획을 받아들일 수 있는지 결정하라.

a. 비용-효과 분석

b. 편익/비용 분석

c. 위해성 분석

d. 환경 영향 분석

e. 윤리적 분석

추가 정보가 필요하면 합리적인 값과 조건을 가정하라.

2.3 새장 제안서에 비용 정보가 다음과 같이 계산되었다.

	비용	
	건설	운영
목재	$4.00	
못	0.50	
새모이 추가비용		1.50/주
	편익	
조류 관찰의 즐거움		5.00/주

새장의 예상 수명은 2년이다. 이자율은 6%로 가정하라. 편익/비용 비율을 계산하라. 새장을 만들어야하는가?

2.4 오염의 한 정의는 다른 유익한 사용에 대한 부당한 간섭이다. 이 정의를 토대로 폐수 처분를 위한 하천의 사용을 변호하라. 이 장에서 제시된 의사 결정 도구 중 아무거나 사용하라. 그런 다음 이 정의에 대해 논쟁하라.

2.5 당신은 대형 간선 하수관을 설계할 책임이 있다. 하수관은 레크리에이션 시설로 널리 사용되는 개울을 따라 만들어져야 한다. 이 개울은 피크닉을 위한 인기 있는 장소이며, 자원봉사자들이 개울둑을 따라 자연 산책로를 만들었고, 지역 주민들은 이곳을 주립 공원 시스템의 일부로 만들고 싶어 한다. 간선 하수관은 이 개울을 심하게 훼손하고, 생태계를 파괴하여 레크리에이션을 위한 매력을 없앨 것이다. 이 일에 대해 어떤 생각을 갖고 있는가? 개인 일지(일기)를 쓴다고 생각하고 일지 항목을 작성하라.

2.6 도로를 건너려고 하는 상자거북이를 의도적으로 자동차로 치겠는가? 왜 그런가 또는 왜 그렇지 않은가? 당신의 견해가 옳다는 것을 다른 사람들에게 납득시키는 논증을 제시하라.

2.7 당신은 주머니곰(Tasmanian devils)을 키우기 위한 목장을 시작하기로 결정했다(이 이상한 생물에 대해 찾아보고 싶을 수 있다). 목장은 주택가에 위치할 것이며, 법령에서 주머니곰을 키우는 것에 관해 아무 것도 제시하고 있지 않다는 것을 알았으므로 목장이 합법적일 것이라고 믿는다.
주머니곰을 지역 매립지 사업자에게 판매할 계획이고, 그는 주머니곰을 청소동물(scavengers)로 사용할 것이다. 다음의 입장에서 당신의 결정에 대해 논의하라.

a. 당신에 대한 편익/비용
b. 당신과 타인에 대한 위해성
c. 환경 영향

2.8 소규모 지자체의 상수도사업소는 새로운 댐과 호수가 필요하다고 주장하며 초기 건설비용으로 150만 달러를 추정했다. 편익(레크리에이션, 관광, 물 공급)으로 2백만 달러를 계산했다. 지자체는 프로젝트에 동의하고 건설비용을 지불하기 위해 채권을 발행했다. 그러나 공사가 진행되면서 100만 달러가 지출되었고, 따라서 실제로 댐 건설에 3백만 달러의 비용이 부과될 것이 명백해졌다. 추가 비용은 하청업자의 책임이 아닌 주문 변경과 예기치 못한 문제로 인한 것이었다. 절반만 완성된 댐은 지자체에 아무 소용이 없으며, 프로젝트를 끝내기 위해 150만 달러의 추가 기금이 필요하다. 편익/비용 분석을 사용하여 지역 사회가 이 프로젝트를 계속해야 한다고 주장하라.

2.9 완성을 주장하기 위해 문제 2.8에 서술된 기법을 사용하지 않은 미국 국방부 프로젝트의 이름을 하나 쓰시오.

2.10 공학적 결정은 종종 차세대 사람들과 심지어 여러 세대에까지 영향을 미친다. 주요 교량은 100주년을 기념했으며, 아마 또 한 세기를 견디어 낼 수 있을 것이다. 이 다리는 당연히 일부 로마 공학적 업적과 비교할 때 인색한 업적에 불과하다. 원자력 폐기물 처분과 같은 공학적 결정 역시 미래 세대에 부정적 영향을 미친다. 우리는 우리의 아이들, 그들의 아이들, 그리고 그 이후 다른 세대에 이 문제를 남기고 있다. 그러나 이것이 우리의 걱정이 되어야 하는가? 어쨌든 미래 세대가 우리를

위해 무엇을 해 주었는가? 철학자들은 별로 성공적이지 못하지만 미래 세대의 걱정거리에 대한 문제와 씨름하고 있다. 다음은 왜 우리가 미래의 사람들에 대해 걱정할 필요가 없는지에 대해 문헌에서 종종 발견되는 몇 가지 주장이다. 다음의 주장에 대해 생각해보고, 만약 동의하지 않는다면 반대하는 의견을 제시하라. 이것을 수업 시간에 토론할 준비를 하라.

우리는 미래 세대에 대해 걱정할 필요가 없다:

a. 이 사람들은 존재조차하지 않기 때문에 도덕적 배려와 같은 어떤 권리도 없다. 우리는 존재하지 않는 그리고 존재하지 않을 수도 있는 사람들에 의한 도덕적 요구를 허용할 수 없다.

b. 우리는 미래 세대가 어떨지, 그리고 그들의 문제가 무엇일지 모르기 때문에 그들을 위해 계획하는 것은 의미가 없다. 그들이 필요할 경우를 대비해서 보충할 수 없는 자원을 보전(사용하지 않음)하는 것은 아무 의미가 없다.

c. 미래의 사람들이 있다고 해도 우리는 얼마나 많은 사람이 있는지 모른다. 그런데 우리가 어떻게 그들을 위해 계획할 수 있는가?

d. 미래 세대는 기술 발전으로 인해 이전 세대보다 훨씬 나아질 것이므로 우리는 그들에게 도덕적 의무가 없다.

e. 만약 우리가 미래를 무시한다면, 자원 매장량이 미래 세대에게 유용하지 않는다는 것을 알게 된다. 예를 들어, 지금부터 50년 후 석유 배럴당 비용이 100달러라고 하면, 오늘날 배럴당 비용은 얼마인가? 이자율은 5%로 가정하자. 분명히, 당신의 계산에서 배럴당 몇 달러 정도의 가치를 가지는 오늘날 석유를 보전하는 것은 말이 되지 않는다.

2.11 환경 운동을 멍청이들로 특히 과장되게 묘사한 책은 재해 로비(Disaster Lobby)라는 책이다.[31] 제6장은 다음과 같은 문장으로 시작된다. "1802년 이래 미국 육군 공병단은 한때 미국이었던 몹시 적대적인 황무지를 건조하고 안전하고 거주할 수 있는 환경으로 개척하는 것을 도왔다." 이 한 문장에 사용된 언어를 고려하여 저자가 보유한 가치에 대해 분석하여 한 페이지 분량으로 작성하라.

2.12 염화물은 인간의 활동으로 오대호(Great Lakes)에 유입되지만, 가장 중요한 오염원은 겨울철에 도로 안전을 위해 사용하는 염분이다. 높은 염화물 농도(짠물)는 수생 생태계에 해를 끼치고 있다. 오대호가 20 mg/L를 초과하는 염화물 수치를 갖는다면 왜 이것이 문제가 되는가? 이렇게 높은 염화물 농도로 인해 위협받는 호수의 용도는 무엇인가? 이렇게 높은 염화물 농도로 인해 호수가 어떻게 변할 것이라고 생각하는가? 당신이 캐나다-미국 합동 오대호 수질위원회의 담당 수석 환경공학자라고 가정해 보자. 설정 한도가 20 mg/L보다 훨씬 낮아야 하고, 염화물 농도를 이 기준보다 낮게 유하기 위해 사람들의 생활 방식이 변경되어야 한다는 것을 인식하고 염화물의 수질 제한을 설정해야 한다. 당신은 어떤 결정을 내리겠는가? (한 개 이상이 있을 수 있으며, 이 질문에 대한 "맞는" 대답은 없다)

2.13 화석 연료 발전소의 대안 중 하나는 강에 댐을 건설하고 수력을 이용하여 전기를 생산하는 것이다. 당신이 전력 회사에서 일하고 있고, 경치 좋은 강에 큰 댐, 석탄 화력 발전소 또는 원자력 발전소의 세 가지 새로운 시설 중 하나를 건설하기로 결정해야 한다고 가정하자. 세 개의 발전소가 모두 거의 같은 양의 전기를 생산하지만, 원자력 발전소가 가장 비싸고, 그 다음으로 댐, 마지막으로 석탄 발전소이다. 어떤 요인들을 당신의 의사 결정에서 고려할 것이며, 전력 회사의 경영진이 어느 시설을 건설할지 결정하기 위해 어떤 유형의 결정을 내릴 것인가? 왜 그런가?

2.14 한 도시의 하수 처리 시설은 처리된 하수를 하천으로 방류하지만, 그 처리는 부적합하다. 당신은 도시의 공공사업을 담당하고 있고, 문제를 평가하고 해결책을 제시하기 위해 컨설팅 공학자를 고용했다. 그녀는 요구되는 방류수 수질을 달성하기 위해 처리 시설의 용량을 확장하는 것은 비싼 제안이 될 것이라고 추정했다. 그녀는 대규모 유출수(방류수) 저류지를 만들어 건기(느린 하천 흐름)에는 처리수를 저류하고 우기(빠른 하천 흐름)에만 방류하면 하류 수질 기준을 충족시킬 수 있다는 것을 알아냈다. 배출되는 유기 오염물질의 양은 물론 동일하겠지만, 이제는 하천 기준이 충족될 것이며, 하천의 수질은 수생 생물에게 받아들여질 수 있고 도시에도 문제가 없을 것이다. 당신의 컨설팅 공학자는 물론 제안을 하기 전에 계산을 했다. 처리 시설 용량을 늘리는데 드는 비용은 15억 원이며, 저류지 비용은 18억 원이다. 확장된 처리 시설의 연간 운영비용은 4억 원이며, 저류지의 연간 운영비용은 1억 원이다. 이 도시는 6%의 이자로 돈을 빌릴 수 있고, 확장된 처리 시설의 예상 수명은 10년이고, 저류지의 예상 수명은 20년이다. 경제적인 면에서만 보면 공학자가 맞는가? 이 해결책을 시의회에 제안하겠는가? 최종 추천을 결정하기 위해 어떤 유형의 결정을 내릴 것인가?

2.15 관개용수 공급을 위해 우물을 가지고 있는 농부가 당신을 컨설턴트로 고용하고, 현재 쓰고 있는 양보다 더 많은 물을 사용할 수 있는지 물었다. 당신은 솔직하게 그럴 수 있지만, 지하수 저장량이 고갈되어 이웃들의 우물이 마를 수 있다고 대답했다. 그는 그가 최대 속도보다 더 많은 물을 뽑아 쓰는 것을 누군가가 아는 것이 가능한지 물어봤고, 당신은 다시 그에게 누구도 알 수 없을 것이라고 솔직하게 대답했다. 그는 물을 뽑아 쓰는 속도를 두 배로 늘리고, 물이 나올 때까지 농사를 짓고, 물이 떨어지면 농장을 버리고 플로리다로 이사할 계획이라고 말했다. 당신은 농부의 계획을 아는 유일한 사람으로 보인다. 집으로 가는 길에 당신은 어떻게 할지에 대해 결정을 내렸다. 당신은 어떤 종류의 결정을 내렸고 어떻게 결정을 내렸는가?

2.16 클로로포름은 수돗물의 정수과정에서 원수 중의 자연유기물인 유기탄소와 소독제로 쓰여지는 염소가 반응하여 생성되는 것이다. 글로로포름르에 대해서는 발암성이 증명되어 있다. 미국 환경보호청에서 추정한 유효인자는 $6.1 \times 10^{-3}\ (\text{mg/kg/d})^{-1}$이다 클로로포름이 먹는물 수질기준치인 0.08 mg/L이 포함된 3 L의 수돗물을 70년 동안 매일 마시는 체중 60 kg인 성인에 대하여 평생 위해도를 구하라.

2.17 공학자 다이앤은 애리조나 주에서 천연 가스 파이프라인 건설을 지원하기 위해 연방 기관이 보유한 대규모 국제 컨설팅 회사에서 근무한다. 그녀의 임무는 워싱턴에서 개발된 계획에 따라 파이프라인의 중심선을 배치하는 것이다. 몇 주간 일을 한 후, 나바호(원주민 부족 이름) 마을의 지도자들이 그녀는 만나러 와서 가스 라인이 고대의 신성한 나바호 매장지를 가로지르는 것으로 보인다고 말했다. 그녀는 지도를 보고 나바호 마을 지도자들에게 초기 토지 조사에서 그러한 매장지를 찾지 못했다고 설명했다.

"그렇습니다. 매장지가 최근에 사용되지는 않았고, 증명할 수는 없지만 우리 마을 사람들은 고대에는 여기가 매장지였다고 믿습니다. 중요한 것은 고고학적 발굴로 여기가 실제로 매장지라는 것을 증명할 수 있다는 것이 아니라 사람들이 믿는다는 것입니다. 따라서 우리는 파이프라인이 산을 피해가도록 변경하고 싶습니다."

"나는 혼자 할 수 없습니다. 나는 워싱턴으로부터 승인을 받아야 합니다. 그리고 무엇이 되던 엄청난 비용이 들게 됩니다. 나는 여러분이 이것을 더 추구하지 말 것을 제안합니다."라고 다이앤이 대답했다.

"우리는 이미 워싱턴의 주민들과 이야기했습니다. 그리고 당신이 말했듯이 고고학적 증거가 없다면 매장지의 존재를 받아들일 수 없다고 주장했습니다. 그러나 우리 마을 사람들에게 땅은 신성합니다. 파이프라인의 경로를 바꾸기 위해 한 번 더 노력해 주기를 바랍니다."

"그러나 파이프라인은 묻힐 것입니다. 일단 건설이 완료되면 초목이 복원되고 파이프라인이 있다는 것을 결코 알 수 없을 것입니다."라고 다이앤이 말했다.

"오, 아닙니다. 우리는 파이프라인이 있다는 것을 알 것입니다. 그리고 우리의 조상들은 파이프라인이 있다는 것을 알 것입니다."

다음 날 다이앤은 워싱턴에 있는 그녀의 상사인 톰과 전화를 하면서, 나바호 마을 사람들의 방문에 관해 이야기했다.

"무시하십시오."라고 톰은 조언했다.

"나는 그들을 무시할 수 없습니다. 그들은 진정으로 그들의 신성한 땅에 파이프라인이 묻히는 것에 대해 침해받았다고 느낍니다."라고 다이앤이 대답했다.

"당신이 모든 압력 단체의 모든 기분과 소원에 그렇게 민감할 것이라면 아마도 이 일을 해서는 안 됩니다."라고 톰은 말했다.

공학자는 대중의 태도에 대해 어떤 책임이 있는가? 그들은 대중의 감정을 고려해야 하는가 아니면 그들은 단호한 데이터와 정량적 정보에만 의존해야 하는가? 다이앤은 단순히 나바호 지도자들에게 워싱턴에 전화했지만 파이프라인을 변경할 수 없어 미안하다고 말해야 하는가? 만약 그녀가 나바호 사람들이 억울하다고 느끼면, 그녀는 어떤 일련의 조치를 취할 수 있는가? 그녀는 얼마만큼의 위험을 무릅써야 하는가?
이 사건의 윤리를 분석하여 두 페이지로 작성하여 답변하라.

2.18 과학자들이 연구하기로 선택한 연구 주제의 선정은 1898년에 처음 출판된 레오 톨스토이(Leo Tolstoy)의 "과학의 미신"이라는 걸작 에세이의 주제이다.[32] 그는 이야기한다.

… 단순하고 분별 있는 노동자는 고풍스럽고 합리적인 방식을 가진다. 만약 그가 일생 동안 공부하는 사람들에게 제공하는 음식과 지원에 대한 대가로 그들이 그를 위해 생각한다면 그들은 아마도 사람들이 어떤 것을 필요로 할지에 대한 생각에 열중할 것이다. 그리고 그는 과학에서 그의 복지와 그에게 의존하는 모든 사람의 복지에 대한 문제의 해결책을 기대한다. 그는 과학이 그에게 어떻게 살아야 하는지, 그의 가족 구성원, 이웃 사람, 외국인에게 어떻게 행동할지, 그의 열정과 어떻게 싸우는지, 그가 무엇을 믿어야 하고 믿지 말아야 하는지, 그리고 훨씬 더 많은 것들을 가르쳐 줄 것이라고 기대한다. 그리고 우리의 과학은 이 모든 질문에 관해 그에게 무엇을 말하는가?

과학은 태양이 지구로부터 얼마나 떨어져 있는지, 일 초에 몇 백만 번의 미묘한 진동이 빛을 구성하는지, 대기 중 몇 번의 진동이 소리를 만드는지를 위엄 있게 알려준다. 과학은 은하수의 화학적 구성, 새로운 원소 헬륨, 미생물 및 그들의 폐조직, 전기가 집중되는 손의 포인트, X-레이 등에 대해 알려준다. 그러나 노동자인 나는 오늘, 이 세대에서 사는 방법에 대한 해답이 필요하다고 이의를 제기한다.

어리석고 무지한 동료인 과학은 대답한다. 그는 과학이 유용성을 위한 것이 아니라 과학을 위한 것이라는 것을 이해하지 못한다. 과학은 연구를 위해 제시되는 것을 연구하는 것으로 연구 대상을 선택할 수 없다. 과학은 모든 것을 연구한다. 이것이 과학의 성격이다.

그리고 과학자들은 실제로 사소한 일로 자신을 차지하고 더 현실적이고 중요한 것을 무시하는 것이 자신의 특성이 아니라 과학의 특성이라고 확신한다.

그러나 단순하고 분별 있는 사람은 이 특성이 과학이 아니라 사소한 일로 자신을 차지하려고 하는 사람들에게 속한다고 의심하기 시작하고, 이 사소한 일들에 높은 중요성을 부여하기 시작한다.

과학자가 아닌 공학자로서 경력을 쌓고 계획하는 과정인 사람으로서 톨스토이에게 어떻게 대답하겠는가?

2.19 청지기(steward)는 부자들이 재산과 사람을 관리하기 고용된 사람을 말하는데 성경에 표현된 청지기는 하나님으로 일임 받은 관리인을 말한다. 청지기는 주인의 뜻을 따라 재산과 사람을 보호하며 관리할 청지기의 책무(stewardship)가 있다. 청지기의 책무가 환경윤리에 어떻게 반영되었는지 조사하라.

2.20 예제 2.1에 필요한 데이터를 어떻게 추정할 수 있는가?

2.21 2.2장에서 "분명히 (모든 비용 데이터를 고려할 때) 가장 낮은 총비용을 가진 대안이 가장 합리적인 결정이 될 것이다."라고 제시되어 있다. "모든 비용 데이터"는 무엇을 의미하는가?

2.22 도시공학자인 당신은 새로 온 공공 사업부 직원인 크리스의 업무를 확인하고 있다. 크리스는 시의회 발표에 사용하기 위해 예제 2.2의 계산을 수행했다. 당신은 크리스의 계산에 동의하는가, 동의하지 않는가?

2.23 피해를 입을 수 있는 백만 명 중 한 명이 당신이거나 또는 당신이 사랑하는 사람이라면 당신의 위해성 분석이 달라질 수 있는가?

2.24 예제 2.9에 포함될 수 있는 다른 영향을 열거하여라.

참고문헌

1. Gray, R. G. 2000. Letter to the editor: Education system isn't working. ASCE News 25, No. 9:8.
2. The story is credited to Garrett Hardin, Tragedy of the commons. Science, 162 (December 1968).
3. MacLean, D., ed. 1986. Values at Risk. Totowa, NJ: Rowman and Littlefield.
4. National Research Council (NRC). 1983. Risk Assessment in the Federal Government: Understanding the Process. Washington DC: National Academy Press.
5. O'Brien, Mary. 2000. Making Better Environmental Decisions: An Alternative to Risk Assessment. Cambridge, MA: MIT Press.
6. California Green Chemistry Initiative Final Report. December 2008. California Environmental Protection Agency. Accessed at http://www.dtsc.ca.gov / PollutionPrevention / GreenChemistryInitiative / index.cfm on January 8, 2009.
7. Accessed at http://www.epa.gov/dfe/pubs/flameret/ffr-alt.htm in September 2008.
8. Accessed at http://www.cleanproduction.org/library/Green%20Screen%20Report.pdf in September 2008.
9. Petulla, J. M. 1980. American Environmentalism. College Station, TX: Texas A&M University Press.
10. Much of this discussion is based on Gunn, A. S., and P. A. Vesilind. 1986. Environmental Ethics for Engineers. Chelsea, MI: Lewis Publishers.
11. Immanuel Kant. Duties toward animals and spirits. Lecture on ethics, p. 240. Quoted by Mary Midgley, in "Duties concerning islands," in Elliot R., and A. Gare (eds) 1983. EnvironmentalPhilosophy. State College, PA: Pennsylvania State University Press.
12. Baxter, William F. 1974. People or Penguins: The Case for Optimal Pollution. New York: Columbia University Press, p. 5.
13. Leopold, A. 1966. A Sand County Almanac. New York: Oxford University Press.
14. Watson, Richard A. 1979. Self-consciousness and the rights of nonhuman animals and nature. Environmental Ethics, 1, No. 2: 99–129.
15. McClosky, H. J. 1983. Ecological Ethics and Politics. Totowa, NJ: Rowman and Littlefield, p. 29.
16. Locke, John. 1967. Two Treatises on Government, 2nd ed. Edited by Peter Laslett. Cambridge, UK: Cambridge University Press.
17. Hobbes, Thomas. 1885. Leviathan. Edited by Henry Morley. London: Routledge
18. Bentham, Jeremy. 1948. An Introduction to the Principles of Morals and Legislation. Edited by Laurence J. LaFleur. New York: Hafner Press.
19. Singer, Peter. 1979. Practical Ethics. Cambridge, UK: Cambridge University Press, p. 50.
20. Schweitzer, Albert. 1933. Out of My Life and Thought: An Autobiography. New York.
21. Thompson, Janna. 1983. Preservation of wilderness and the good life. In Environmental Philosophy. Edited by R. Elliot and A. Gare. State College, PA: Pennsylvania State University Press, p. 97.
22. Taylor, Paul W. 1986. Respect for Nature: A Theory of Environmental Ethics. Princeton, NJ: Princeton University Press.
23. Thompson, Janna. 1990. "A refutation of environmental ethics." Environmental Ethics, 12, No. 4: 147–60.
24. Routley, Val and Richard. 1987. Against the inevitability of human chauvinism. In Ethics and the Problems of the 21st Century. Edited by Kenneth Goodpaster and Kenneth Sayre. Notre Dame, IN: University of Notre Dame Press.

25. Rolston, Holmes III. 1988. Environmental Ethics. Philadelphia: Temple University Press.

26. Regan, Tom. 1981. The nature and possibility of an environmental ethic. Environmental Ethics, 3, No. 1: 31–2.

27. Naess, Arne. 1985. Basic principles of deep ecology. In Deep Ecology. Edited by Bill Devall and George Sessions. Salt Lake City: Gibbs Smith

28. Berry, Wendell. 1973. A secular pilgrimage. In Western Man and Environmental Ethics. Edited by Ian Barbour. Reading, MA: Addison-Wesley.

29. Collis, John Stewart. 1954. The Triumph of the Tree. New York: William Sloane Associates.

30. Routley, Richard and Val. 1980. Human chauvinism and environmental ethics. In Environmental Philosophy. Edited by D. Mannison, M. McRobbie, and R. Routley. Canberra: Research School of Social Sciences, Australian National University, p. 130.

31. Grayson, M. J., and T. R. Shepard Jr. 1973. Disaster Lobby. Chicago: Follett Publishing Co.

32. Tolstoy, Leo. 1898. The superstitions of science. In The Arena, 20. Reprinted in The New Technology and Human Values. Edited by J. G. Burke. 1966. Belmont, CA: Wadsworth Publishing Co.

03 Chapter 공학 계산

© Susan Morgan

게이트웨이 아치(미국 미주리주)

© Keith Morgan

뱀(미국 사우스캐롤라이나주)

환경공학자는 분석 및 설계 과정에서 많은 계산을 수행한다. 환경공학자들은 핵심 단계의 경우 두세 번 검산한다. 그러나 단순한 오류들을 피하기 위하여, 단위와 같은 사소한 세부 사항에 주의를 기울이는 것도 역시 매우 중요하다.

공학 계산을 사용하여 문제를 해결할 수 있는 능력은 공학의 가장 본질을 나타낸다. 모든 공학 문제가 수치 계산을 사용하여 해결될 수 있는 것은 아니지만, 이러한 계산은 기술적 해법 개발에 절대적으로 필요하다. 공학 계산은 의사소통이 이루어지는 모든 사람들이 이해할 수 있는 단위와 차원으로 물리적 세계를 기술할 수 있게 해준다. 3.1에서는 공학에서 사용되는 단위 및 차원에 대하여 검토한다. 3.2는 정보가 불완전하거나 얻을 수 없는 상황에서 봉투 겉면에 끼적거리는 대략적인 계산을 수행하는 몇 가지 기본 원칙을 설명하고, 3.3에서는 정보를 관리하는 방법에 대해 설명한다.

3.1 공학의 차원과 단위

기본 차원은 힘(F), 질량(M), 길이(L) 및 시간(T)과 같은 기본 특성을 설명하는 고유한 양이다. 파생 차원은 하나 혹은 그 이상의 기본 차원의 산술 조작을 통해 계산된다. 예를 들어, 속도는 시간당 길이(L/T)의 크기를 가지고, 부피는 L^3이다. 차원은 서술적이지 수치화가 아니다. 차원은 얼마를 기술하는 것이 아니라 무엇인지를 묘사한다. 단위와 단위의 수치는 어떤 것을 정량적으로 기술하는데 필요하다. 예를 들어, 차원 길이(L)는 미터(meter), 야드(yard) 또는 패텀(fathom, 바다나 광산의 길이 단위, 6피트)과 같은 단위로 기술할 수 있다. 수치를 더하면 3 m, 12.6 yd 또는 600 fth처럼 완전한 기술이 가능하다. SI 시스템, 미국 공학 시스템 그리고 CGS 시스템이 일반적으로 사용되는 단위 시스템이다. 국제 협약에서 1960년에 개발된 SI 시스템(국제표준 단위, 프랑스어 System International d'Unites)은 길이에 미터(meter), 시간에 초(second), 질량에 킬로그램(kilogram), 온도에 켈빈(Kelvin)을 기초로 하고 있다. 힘은 뉴턴(Newtons)으로 표현된다. 더 오래된 영미 시스템에 비해 SI 시스템의 엄청난 이점은 십진법으로 작동한다는 것인데, 앞자리가 10의 거듭 제곱으로 감소하거나 증가한다. SI 단위계가 현재 전 세계적으로 사용되고 있지만, 대부분의 현재의 미국인 공학자들은 여전히 피트(feet), 파운드(pounds, 질량), 초(second), 힘으로 사용되는 파운드(pounds)를 기초로 하는 구식 시스템을 사용한다. 이 책은 주로 SI 시스템을 사용한다.

3.1.1 밀도

물질의 밀도는 단위 부피로 나눈 질량으로 정의된다.

$$\rho = \frac{M}{V}$$

여기서, ρ : 밀도
M : 질량
V : 부피

SI 시스템에서 밀도의 기본 단위는 kg/m^3이다.

SI 시스템에서 물의 밀도는 1×10^3 kg/m^3이며, 이는 1 g/cm^3과 동일하다.

FOCUS ON

단위

계산 과정에서 단위를 추적하는 것의 중요성은 미국 항공우주국(NASA)의 327.6백만 달러 규모의 화성 기후 궤도선(Mars Climate Orbiter) 임무의 실패로 요약된다(그림 3.1).[1,2] 한 팀의 공학자들은 SI 시스템(N-s)을 사용한 반면, 다른 팀의 공학자들은 미국 시스템(lb-s)을 사용했다. 사용하는 단위의 차이는 궤도선의 궤적을 100 km (60 mi)이나 잘못 계산했기 때문에, 궤도선은 화성 대기와의 마찰로 파괴되었다. 이 경우 계산의 실수로 값비싼 장비를 잃어버렸지만, 이러한 실수는 생명을 잃는 것을 포함한 더 많은 비용을 초래할 수 있다. 이러한 쉽게 피할 수 있는 실수를 피하기 위해, 모든 계산에서 모든 단위를 명시하고 추적하는 습관이 필요하다. 사실, 많은 환경공학적인 계산들이 본질적으로 단위 변환이며, 단위들을 추적한다면 간단하다는 것을 알게 될 것이다.

그림 3.1 회전 테스트를 위해 비치된 화성 기후 궤도선(Mars Climate Orbiter)
(© NASA Kennedy Space Center(NASA-KSC). KSC-98pc-1723)

3.1.2 농도

파생 차원인 농도는 일반적으로 물질 A와 일부 다른 물질 B로 구성된 단위 부피에서 물질 A의 질량을 중량으로 나타낸다. A와 B의 혼합물에서 A의 농도는 다음과 같다.

$$C_A = \frac{M_A}{V_A + V_B}$$

여기서, C_A : 물질 A의 농도
M_A : 물질 A의 질량
V_A : 물질 A의 부피
V_B : 물질 B의 부피

SI 시스템에서 농도의 기본 단위는 kg/m^3이다. 그러나 환경공학에서 가장 널리 사용되는 농도 단위는 mg/L이며, 이 책에서 사용하는 단위이기도 하다.

예제 3.1 $0.04\ m^3$의 부피와 0.48 kg의 무게를 가지는 플라스틱 구슬을 용기에 넣고, 100 L의 물을 용기에 붓는다. 플라스틱 구슬의 농도는 몇 mg/L인가?

해답 방정식 3.1에서, A가 구슬을 B가 물을 나타내면 다음과 같다.

$$C_A = \frac{M_A}{V_A + V_B} = \frac{0.48\,\text{kg}}{0.04\,\text{m}^3 + (100\,\text{L} \times 10^{-3}\,\text{m}^3/\text{L})}$$

$$C_A = 3.43\,\text{kg/m}^3 = 3.43\,\frac{10^6\,\text{mg/kg}}{10^3\,\text{L/m}^3} = 3{,}430\,\text{mg/L}$$

앞의 예에서 물의 부피는 구슬의 부피에 더해지는 것에 유의한다. 부피가 $0.04\ m^3$인 플라스틱 구슬을 100 L 용기에 넣고 용기를 물로 끝까지 채우면, 총부피는 $V_A + V_B =$ 100 L이고, 구슬의 농도 C_A는 4,800 mg/L이다. 총부피가 더 작기 때문에 구슬의 농도는 더 커진다.

농도의 또 다른 측정 기준은 백만분율(parts per million, ppm)이다. 1 mL의 물은 1 g이기 때문에(즉, 밀도가 $1.0\ g/cm^3$), 문제의 유체가 물이라면 ppm은 mg/L과 동일하다. 이 사실은 다음 변환에 따라 증명된다.

$$\frac{1\text{mg}}{\text{L}} = \frac{0.001\text{g}}{1000\text{mL}} = \frac{0.001\text{g}}{1000\text{cm}^3} = \frac{0.001\text{g}}{1000\text{g}} = \frac{1\text{g}}{1{,}000{,}000\,\text{g}}$$

또는 백만 그램 중의 1그램 또는 1 ppm

어떤 물질 농도는 퍼센트로 표시하는 것이 가장 편리한데, 물질의 질량을 기준으로 다음과 같이 나타낸다.

$$\Phi_A = \frac{M_A}{M_A + M_B} \times 100 \tag{3.2}$$

여기서, Φ_A : 물질 A의 백분율

M_A : 물질 A의 질량

M_B : 물질 B의 질량

Φ_A는 물론 부피비로도 나타낼 수 있다.

예제 3.2 하폐수 슬러지의 고형물 농도가 10,000 ppm이다. 고형물의 밀도를 1 g/cm^{3}라고 가정할 때, 이것을 고형물의 질량기준 %로 나타내시오.

해답

$$10{,}000\,\text{ppm} = \frac{1\times 10^4\,\text{parts}}{1\times 10^6\,\text{parts}} = \frac{1}{100} = 0.01 \text{ 또는 } 1\%$$

이 예제는 다음과 같이 유용한 관계를 보여준다.

10,000 mg/L = 10,000 ppm (밀도=1이라면) = 1% (중량 기준)

많은 하폐수는 희석된 것으로 가정되므로, 밀도는 대략 1로 가정할 수 있다.

대기 오염 제어에서, 농도는 일반적으로 표준 상태의 온도 및 압력에서 공기의 부피당 오염 물질의 질량으로서 중량을 측정하여 표시한다. 예를 들어, 납에 대한 국가 대기 질 표준은 0.15 μg/m^3 (1 μg = 10^{-6} g)이다. 경우에 따라, 대기 질은 ppm으로 표시되며, 이 경우 계산은 부피/부피, 또는 1 ppm (1 × 10^{-6}부피의 공기 당 1부피의 오염 물질)로 계산된다. 질량/부피(μg/m^3)에서 부피/부피(ppm)로의 전환에는 가스의 분자량에 대한 지식이 필요하다. 0℃와 1기압의 표준 조건에서, 이상 기체 법칙에 따르면 가스 1몰은 22.4 L의 부피를 차지한다. 1몰은 그 분자량과 수치적으로 동일한 그램 단위의 가스량이다. 그 변환은 다음과 같다.

$$\mu g/m^3 = \frac{1m^3 \text{ 오염물질}}{10^6 m^3 \text{ 공기}} \times \frac{\text{분자량}(g/mol)}{22.4\times 10^{-3} m^3/mol} \times 10^6 \mu g/g$$

이를 단순화하면 다음과 같다.

$$\mu g/m^3 = (ppm \times \text{분자량} \times 10^3)/22.4 \quad (0℃ \text{ 및 } 1\text{기압에서})$$

가스가 대기질 표준의 일반적인 조건인 25℃와 1기압의 상태에 있으면 변환식은 다음과 같다.

$$\mu g/m^3 = (\text{ppm} \times \text{분자량} \times 10^3)/24.45 \ \ (25℃ \text{ 및 } 1\text{기압에서})$$

3.1.3 유량

공학 공정에서 유량은 질량(중량) 유량 또는 부피(용적) 유량으로 나타낼 수 있다. 전자의 경우 kg/s, 후자의 경우는 m^3/s로 표시한다. 단위 시간 동안 유선(flow line)의 한 지점을 통과하는 어떤 물질의 질량(M)이 그 물질의 부피(V)와 다음과 같이 관련되기 때문에, 질량 유량과 부피 유량은 독립적인 양은 아니다.

질량(Mass) = 밀도(Density) × 부피(Volume)

따라서, 부피 유량(Q_V)은 물질의 밀도를 곱하여 질량 유량(Q_M)으로 변환할 수 있다.

$$Q_M = Q_V \rho \tag{3.4}$$

여기서, Q_M : 질량 유량

Q_V : 부피 유량

ρ : 밀도

기호 Q는 거의 보편적으로 유량을 나타내기 위해 사용된다.

어떤 성분 A의 질량 유량, 농도 그리고 전체 부피 유량(A + B) 간에는 관계는 다음과 같다.

$$Q_{MA} = C_A \times Q_{V(A+B)} \tag{3.5}$$

식 (3.5)는 식 (3.4)와 같지 않다. 식 (3.4)는 한 유체 흐름에서 하나의 물질 또는 하나의 요소에만 적용할 수 있다. 식 (3.5)는 한 유체 흐름에서 두 가지 다른 물질 혹은 요소와 관련된다. 예를 들어, 유체 흐름을 따라 이동하면서 떠있는 플라스틱 볼의 질량 유량은 어떤 지점에서 초당 이러한 볼의 kg으로 표시되는데, 이것은 농도(kg 볼/m^3)와 유량(m^3/s)의 곱과 같다. 여기서 부피는 볼과 유체를 합한 부피이다.

예제 3.3 하폐수 처리 시설은 고형물 농도 20 mg/L (고형물과 물을 합한 유량 1 L당 고형물 20 mg)에서 유량 1.5 m^3/s (고형물과 물의 합)을 배출한다. 하루에 배출되고 있는 고형물의 양은 얼마인가?

해답

식 3.5를 사용하면,

질량 유량 = 농도 × 부피 유량

$Q_{MA} = C_A \times Q_{V(A+B)}$

$= (20\ \text{mg/L} \times 1 \times 10^{-6}\ \text{kg/mg}) \times (1.5\ \text{m}^3/\text{s} \times 10^3\ \text{L/m}^3 \times 86{,}400\ \text{s/d})$

$= 2{,}592\ \text{kg/d} \approx 2{,}600\ \text{kg/d}$

예제 3.4

하폐수 처리 시설은 고형물 농도 0.002% (중량 기준)의 고형물을 1,498 L/s의 유량으로 배출한다. 하루에 몇 kg의 고형물이 배출되는가?

해답

식 3.5를 사용하면,

질량 유량 = 농도 × 부피 유량

$Q_{MA} = C_A \times Q_{V(A+B)}$ 가 된다.

$\rho = 1\ \text{g/cm}^3$라 가정하면, 0.002% = 20 mg/L이다.

언급한 부피 유량이 고형물과 물을 포함했다고 가정하면 다음과 같다.

$Q_{MA} = (20\ \text{mg/L})\ (1{,}498\ \text{L/s}) = 29{,}960\ \text{mg/s}$

$= (29{,}960\ \text{mg/s})\ (86{,}400\ \text{s/d})\ (1\ \text{kg}/10^6\ \text{mg})$

$= 2{,}589\ \text{kg/d}$

예제 3.5

정수장에서 불소(플루오린)를 1 mg/L의 농도로 첨가한다. 일평균 급수량이 68,000 m^3이라면 불소를 얼마나 많이 구매해야 하는가?

해답

식 3.6을 사용하면 다음과 같다.

$68{,}000\ \text{m}^3/\text{d} \times 1{,}000\ \text{L/m}^3 \times 1\ \text{mg/L} \times 1\ \text{kg}/10^6\ \text{mg} = 68\ \text{kg/d}$

3.1.4 체류 시간

처리 공정에서 가장 중요한 개념 중 하나는 체류 시간(retention time, detention time, residence time)이다. 체류 시간은 유체가 흐르는 용기에서 유체의 평균적인 입자가 머무르는 시간이다(이 시간은 처리나 반응에 노출되는 시간이다). 또 다른 정의는 용기를 채우는데 걸리는 시간이다.

용기의 부피가 $V\ (\text{L}^3)$이고 수조로의 유량이 $Q\ (\text{L}^3/\text{t})$이면 체류 시간은 수학적으로 다음과 같다.

$$\bar{t} = \frac{V}{Q} \tag{3.6}$$

평균 체류 시간은 유속 Q를 감소시키거나 부피 V를 증가시킴으로써 증가되고, 그 반대로 Q를 증가시키거나 V를 감소시킴으로써 감소된다.

예제 3.6 한 작은 연못(lagoon)의 용적은 1,500 m^3이고, 유입 유량은 3 m^3/h이다. 이 연못의 체류 시간은 얼마인가?

해답 식 3.7을 사용하면,

$$\bar{t} = \frac{1,500\,\mathrm{m}^3}{3\,\mathrm{m}^3/\mathrm{h}} = 500\,\mathrm{h}$$

3.2 공학 계산의 근사치

공학자는 정확한 형태가 아닌 근사치로 정보를 제공하는 요구를 종종 받게 된다. 예를 들면, 도시 행정 담당자와 같은 고객이 그 지역에 새로운 하수처리장을 건설하는데 드는 비용을 공학자에게 물어볼 수 있다. 그 담당자는 정확한 수치가 아니라 대략의 추정치(ball park estimate)를 요구하고 있다. 분명히 공학자는 몇 분 안에 완벽한 비용 추정을 수행할 수는 없다. 공학자는 토지 비용, 건설비용, 필요한 하수처리 효율 등과 같이 매우 가변적인 특성들을 인식하게 된다. 그러나 시정 담당자는 수치화된 예비 추정치를 신속하게 알기를 원할 것이다!

그러한 문제에 직면하여 공학자는 입수할 수 있는 모든 정보를 파악해야 한다. 예를 들어, 그는 도시의 인구가 대략 10만 명이라는 것을 알 수 있다. 그 다음으로 그의 경험에 따르면 생활 하수 유량은 1인당 하루 약 400 L이므로 약 40,000 m^3/d 용량의 설비가 필요하다는 것을 추정할 수 있다. 확장, 산업 폐수, 우수 유입 및 하수관(sewer)로의 지하수 침투(약 15%)를 감안하여 약 46,000 m^3/d의 용량은 있어야 한다고 추정할 수 있다.

다음으로 공학자는 잠재적으로 필요한 처리 공법을 평가한다. 방류수를 배출하기 위해 사용 가능한 할 수 있는 수로가 가뭄 중에 말라 버릴 수 있는 작은 하천이라면 높은 수준의 처리가 필요하다. 공학자는 영양염류(nutrient) 제거가 필요하다고 생각한다. 그는 이러한 처리 시설은 일처리 용량 1톤당 200만 원의 건설비용이 든다는 것을 알고 있다. 하수처리장은 약 920억 원의 금액이 들 것으로 계산한다. 안전치를 고려해서, "약 1천억 원"이라고 대답할 수 있다.

이것이 바로 그 담당자가 구하는 정보 유형이다. 담당자는 약 1천억 원 또는 2천억 원의 채권 발행을 요구할지 여부를 결정할 수도 있기 때문에 더 정확한 정보는 사용하지 않는다. 그는 나중에 더 정확한 계산을 하기에 충분한 시간이 있다.

3.2.1 근사치를 위한 계산 절차

정확한 해결책이 필요하지 않은 문제는 다음과 같이 해결할 수 있다.

① 문제의 신중한 정의
② 가정의 단순화 도입
③ 답의 계산
④ 답의 검산, 체계적으로 현실적으로

문제의 정의

이전 사례에서 공학자는 정확한 수치가 아닌 근사치를 요구받는다. 이 숫자의 사용이 예비 계획 목적을 위한 것이라는 것을 인지하고 있으므로, 유효한 근사치가 적절하다고 생각된다. 또한 그 담당자가 금액이 적힌 답을 원하는 것을 알고 있으므로, 답의 단위를 금액 단위로 정한다.

단순화

직감과 판단이 중요한 역할을 하기 때문에 이 단계는 아마 전체 과정에서 가장 흥미롭고 도전적일 것이다. 예를 들어, 공학자는 먼저 관련된 인구를 추정한 다음 평균 유량을 고려해야 한다. 무시할 수 있는 것은 없을까? 명백히, 하루의 일시적인 흐름, 생활수준의 변동성 및 계절적 변화와 같은 많은 것들이 있다. 잠재적 하수 유량에 대한 완벽한 추정에는 전문적인 연구가 필요하다. 문제를 단순화하여 오직 인구와 일인당 평균 배출량의 추정치만을 고려해야 한다.

계산

이 문제의 경우 계산은 간단하다.

검산

더 중요한 것은 검산 과정이다. 검산에는 두 종류가 있는데 체계적(systematic) 검산과 현실적(realistic) 검산이다. 체계적인 검산에서 단위가 먼저 합당한다는 것을 확인한다. 예를 들어, 다음 수식은 받아들일 수 있다.

$$\text{인} \times \frac{L}{\text{인}} = L$$

반면에, 다음 수식은 말이 안 된다.

$$\frac{\text{인}}{L/\text{인}} = \frac{\text{인}^2}{L}$$

단위를 확인하면서 실수를 확인하기 위해 숫자를 다시 계산할 수 있다. 항상 계산을 할 때 단위를 쓰는 것이 현명한 방법이다. 이것을 통해 계산을 진행하면서 점검을 할 수 있다.

마지막으로 현실적인 검산이 필요하다. 실행하는 공학자는 실제 검산을 매일 수행한다는 사실을 분명히 인식하지는 못하지만, 이러한 검산은 훌륭한 공학의 핵심이다. 예를 들어, 공학자가 실수를 해서 그 도시에서 필요로 하는 유형의 하수처리장 건설비용이 1톤당 2천원이라고 생각했다. 계산을 점검했지만, 답은 약 1천억 원이 아니라 약 1억 원이었다. 그러한 대답은 즉각적으로 터무니없다고 여겨져야 하고, 오류에 대한 탐색을 시작해야 한다. 현실적인 검산은 일상적으로 수행된다면 상당한 고통과 당혹감을 덜어줄 수 있다.

3.2.2 유효 숫자의 사용

마지막으로, 답에서 유효 숫자는 데이터와 가정의 정확성과 반영한다는 점에 유의한다. 처리 시설 건설비용이 약 5,028,467.19달러라고 말하는 것이 매우 어리석은 일일 것이다. 많은 문제들은 오직 하나의 유효 숫자나 혹은 심지어 그것의 10배 범위의 답을 요구한다. 유효하지 않은 숫자는 장화의 진흙처럼 계산 과정에서 누적되는 경향이 있으므로 마지막에는 제거해야 한다.[3]

목초지에 필요한 울타리 말뚝의 직선거리를 미터로 추정하라는 요청을 받았다. 평균 높이가 117.6 cm인 87개의 말뚝이 있을 것이라고 한다. 곱하면 102.313 m이 된다. 가장 정확한 숫자는 3개의 유효 숫자이지만 답에는 6개의 유효 숫자가 있기 때문에, 진흙을 긁어내어, 102 m라고 보고하면 된다.

유효 숫자는 해당 숫자 값을 기반으로 정보를 전송하는 수치이다. 단지 장소를 차지하는 0은 정보의 손실 없이 제거될 수 있기 때문에 유효하지 않다. 예를 들어, 숫자 0.0036에서 두 개의 0이 자리를 차지하고 있으므로 3.6×10^{-3}으로 작성하면 제거될 수 있다.

그러나 숫자 끝에 0이 있으면 문제가 된다. 신문에서 46,200명의 팬이 축구 경기에 참석했다고 보도했다고 한다. 모든 사람이 계산되면 마지막 두 자리 숫자 제로가 중요할 수 있으며 실제로 경기장에 정확히 46,200명의 팬이 있었다. 그러나 46,200명의 팬으로 사람들의 수를 추정한다면, 마지막 두 개의 0은 단순히 자릿수를 차지하지만 유효하지는 않다. 숫자를 보고 할 때 혼란을 피하기 위해, 그것이 무엇을 단지 의미하는 것이라면 "약" 또는 "대략"이라고 말하는 것은 유용하다. 알 수 없는 유효 숫자의 숫자를 사용해야 한다면, 조심하는 것(적은 유효 숫자)이 대개는 최선이다.

예제 3.7 약 10만 명의 사람들이 사는 마을에 약 20,000 m^2의 폐기물 매립장이 있다. 이 매립장은 폐기물을 350 kg/m^3에서 500 kg/m^3 사이로 압축하여 약 10 m 깊이까지 채울 수 있다. 매립지의 남은 수명은 얼마인가?

해답 방금 설명한 절차를 사용하여, 첫 번째 단계는 문제를 정의하는 것이다. 확실히 데이터가 정확하지 않기 때문에 높은 정밀도를 요구하지 않는다. 또한 문세의 정의에 따르면 시간 단위로 응답해야 한다.

두 번째 단계는 문제를 단순화하는 것이다. 상업 또는 산업 폐기물을 고려할 필요가 없다. 개별 가구가 발생한 폐기물로만 추정한다.

세 번째 단계는 답을 계산하는 것이다. 1인당 폐기물 발생을 제외하고 필요한 모든 자료가 제공된다. 한 가족이 주당 3개의 폐기물통을 채운다고 가정한다. 각각의 용량이 약 0.25 m^3이고 압축되지 않은 폐기물이 압축 밀도의 약 4분의 1, 즉 120 kg/m^3으로 가정한다면, 1인당 발생량을 다음과 같이 계산하는 것이 합리적이다.

$$\frac{0.25\,\mathrm{m}^3}{\text{통}} \times \frac{3\text{통}}{4\text{인}} \times 120\,\mathrm{kg/m}^3 \times \frac{1\text{주}}{7\text{일}} = 3.2\frac{\mathrm{kg}}{\text{인/일}}$$

약 10 만 명의 인구가 있다면, 마을의 폐기물 발생량은

$$3.2\frac{\mathrm{kg}}{\text{인/일}} \times 100{,}000\text{인} \times \frac{1\,\mathrm{m}^3}{400\,\mathrm{kg}} = 800\frac{\mathrm{m}^3}{\text{일}}$$

사용 가능한 총용적은

$$20{,}000\,\mathrm{m}^2 \times 10\,\mathrm{m} = 200{,}000\,\mathrm{m}^3$$

따라서, 매립장의 기대 수명은

$$\frac{200{,}000\,\mathrm{m}^3}{800\,\mathrm{m}^3/\text{일}} = 250\text{일}$$

가 된다.

네 번째 단계로 이것이 합리적인가? 매우 그렇다. 평균 국민 1인당 폐기물 발생량이 2.5 kg/인/일에 가까우므로 발생량은 과대평가했을 수 있기 때문에, 실제로 매립지는 1년 동안 지속될 수도 있다. 그러나 추가 매립지를 세우는 극도로 어렵다는 점을 고려할 때, 이 도시는 이미 위기 상황에 처해 있다.

직업인으로서 공학자는 수와 근사치로 가득 찬 여행 가방을 머릿속에 넣고 다니는 것이 필요하다. 예를 들어, 대부분의 사람들은 미터가 야드보다 몇 인치 길다는 것을 안다. 얼마나 더 긴지 정확히 알지 못할 수도 있지만 꽤 타당한 추측을 할 수 있다. 마찬가지로, 우리는 골라인에서 골라인까지 거리인 90 m 상에서 보이는 것이 무엇인지 안다. 비슷한 방식으로, 실제 환경공학자는 40,000 m^3/d의 유량이 어떤지 본능적으로 알고 있다. 왜냐하면 그는 그 정도의 유량을 가진 하수처리장에서 일 해본 경험이 있기 때문이다. 이러한 지식은 제2의 천성이 되어 종종 공학자가 어리석고 당혹스러운 실수를 피할 수 있는 이유가 된다. 단위에 대한 감(feel)은 공학의 일부이며, 미국 공학자가 mgd를 m^3/d로 바꾸는 것이 어려운 이유이다. 100,000 m^3/d의 흐름이 어떤 것인지 알 수 있는 미국인 공학자는 드물 것이다.

3.3 정보 분석

공학자는 어떤 것이라도 정확하게 아는 것이 거의 없을 뿐만 아니라, 확실히 아는 것도 거의 없다. 8월에 홍수가 일어난 적이 한 번도 없었지만, 건조한 날씨에 좌우되는 100억 원짜리 건설 프로젝트가 시작되자마자, 40일 밤낮으로 비가 내릴 수도 있다. "무엇이든 잘못될 수 있다면, 최악의 시점에 그렇게 될 것이다." 머피의 법칙은 뉴턴의 운동의 법칙이 그러하듯 공학의 핵심이다. 공학자는 일을 할 때 관심 있는 사건의 확률을 감안하여 신중한 행동을 결정한다. 8월에 홍수가 일어날 수도 있음을 알지만, 지난 100년 동안 홍수가 발생하지 않았다면 내년에는 그렇지 않을 가능성이 아주 높다. 그러나 공학자가 5년 정도의 데이터만 가지고 있다면? 얼마나 위험을 감수해야 하는가? 내년에 홍수가 일어나지 않을 것이라고 확신할 수 있는가?

예제 3.7에 설명된 개념을 확률이라고 하고, 확률 계산은 많은 공학자의 결정에 있어 핵심적이다. 불완전한 데이터를 통계를 사용하여 분석하는 것은 확률과 관련되어 있다. 일일간의 하천 유량과 같은 데이터 조각은 그 자체로 가치가 있지만, 수백 개의 일일 하천유량 데이터를 결합하여, 데이터가 적절하게 처리된다면, 그 정보는 매우 더욱 유용해질 수 있다. 예를 들어, 물 공급을 위해 하천에서 물을 가두기로 결정되었다면, 개별 일간 유량을 가지고 그것의 통계적인 평균값을 도출하고, 이것은 이용 가능한 물의 양을 결정할 때 유용한 숫자가 될 것이다.

이 절에서는 확률 및 통계의 핵심 개념을 먼저 소개하고 공학자가 정보 분석에서 사용할 수 있는 유용한 도구를 설명한다. 이 책에서는 확률이나 통계는 기본 원칙에서부터 시작하지 않기 때문에, 적절한 통계와 확률 수업을 듣기를 적극 권장한다. 이 책에서는 빈도 분포가 포함된 간단한 환경공학 문제를 해결할 수 있는 충분한 자료를 제시하였다.

대부분의 공학 통계 분석의 그림 3.2에 나타난 종형 곡선을 기반으로 한다. 연간 강우량과 같은 데이터 세트는 종형 곡선으로 설명할 수 있으며, 종형 곡선의 범위는 평균(mean or average)과 데이터가 얼마나 넓게 분포되었는지 보여주는 척도, 즉 산포도에 따라 정의될 수 있다고 가정한다. 종형 곡선을 설명하는 이상적인 형태의 함수를 가우스 분포(Gaussian distribution) 또는 정규 분포(normal distribution)라고 하며, 다음과 같이 표현된다.

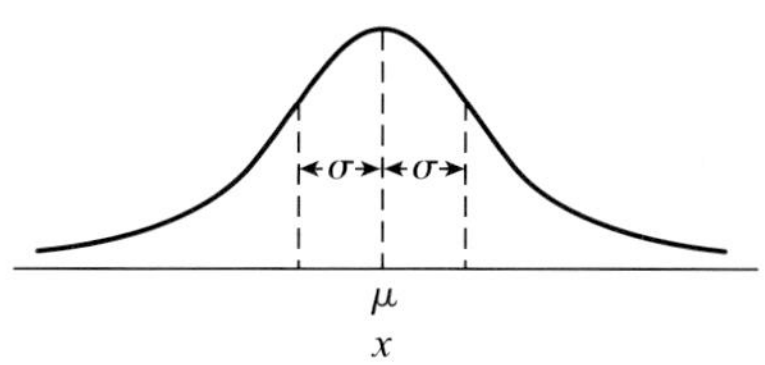

그림 3.2 정규 분포(normal distribution)을 보여주는 종형 곡선(Bell-shaped curve)

$$P_{o(x)} = \frac{1}{\sigma\sqrt{2\pi}} \exp\left[-\frac{1}{2}\left(\frac{x-\mu}{\sigma}\right)^2\right]$$

여기서, μ : 평균(mean), $\overline{x}$ 로서 추정됨

$\overline{x}$: 관측된 표본 평균(observed sample mean) $= \frac{\Sigma x}{n}$

σ : 표준 편차(standard deviation), s 로 추청됨

s : 관측된 표준 편차(observed standard deviation) $= \left[\frac{\Sigma x_i^2}{n-1} - \frac{(\Sigma x_i)^2}{n(n-1)}\right]^{1/2}$

n : 표본 크기(sample size)

표준 편차는 평균값(μ)을 중심으로 한 x 의 모든 값의 68.3%를 아우르는 x 값으로 정의된 분포 곡선이 어떻게 퍼져있는지를 나타내는 척도(measure)이다. 작은 표준 편차는 모든 데이터가 근접하게 모여 있다는 것을 나타내므로, 정보의 다양성은 거의 없다. 반면에 큰 표준 편차는 데이터가 널리 퍼져 있음을 나타낸다. 공학 실무에서 좀 더 유용한 통계치는 변동 계수(coefficient of variation)라고 불리며, 다음과 같이 정의된다.

$$C_v = \frac{\sigma}{\mu}$$

실제로는 다음과 같이 추정된다.

$$C_v = \frac{s}{\overline{x}}$$

여기서, s : 관측된 표준 편차(observed standard deviation)

$\overline{x}$: 평균의 추정치(estimate of the mean)

공학자는 종형 곡선으로 기술된 데이터를 누적 함수로 그리는 경우가 종종 있는데, 와이축(y축, 수직축)은 관측치의 누적 분율(fraction)이 된다. 이러한 곡선은 일반적으로 수문학, 토양 공학 및 자원 회수에 사용된다. 누적 곡선을 그리는 법은 예제 3.8에 나와 있다.

예제 3.8

도시 폐기물에서 100 kg의 유리를 회수하여 자원 회수 공장에서 처리한다. 유리를 분쇄하고 다음 표에 나와 있는 것처럼 일련의 체거름을 시행한다. 입자 크기의 누적 분포를 그려라.

체 크기(mm)	체에 남은 유리(kg)
4	10
3	25
2	35
1	20
< 0.1 (체눈 없음)	10

해답 이 데이터는 그림 3.3과 같이 그려질 수 있으며, 정규 분포의 대략적인 근사값이 기록된다. 그런 다음 데이터를 누적 함수로 표로 만들 수 있다.

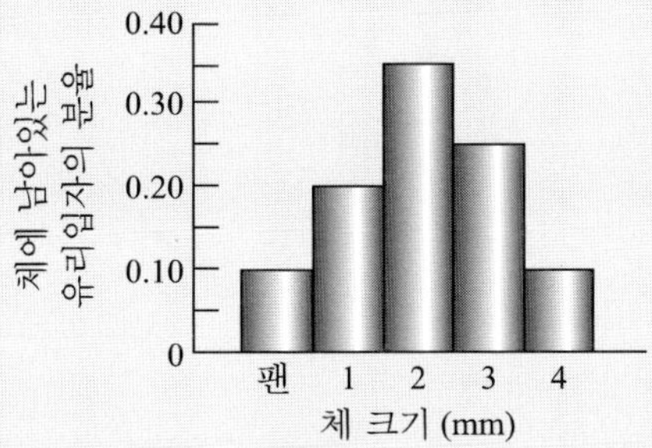

그림 3.3 유리 입자의 크기를 보여주는 히스토그램

체 크기(mm)	체에 남아 있는 유리의 분율	체 크기보다 작은 유리의 분율
4	$\frac{10}{100} = 0.10$	1.0 − 0.10 = 0.90
3	$\frac{25}{100} = 0.25$	0.90 − 0.25 = 0.65
2	$\frac{35}{100} = 0.35$	0.65 − 0.35 = 0.30
1	$\frac{20}{100} = 0.20$	0.30 − 0.20 = 0.10
< 1.0	$\frac{10}{100} = 0.10$	0.10 − 0.10 = 0

이 데이터는 그림 3.4에 그려져 있다. 체 크기가 1.0 mm보다 작고 총분율의 합이 1.00이 되어야 하기 때문에 마지막 점을 그릴 수 없다. 결과는 고전적인 S-곡선이 된다.

그림 3.4는 독립 변수를 x축으로, 종속 변수를 y축으로 표시한다. 체의 크기와 같은 값을 선택하면 변수는 독립적이 된다. 종속 변수의 값은 실험에 의해 얻어진다. 극소수의 예외를 제외하고, 공학 그래프는 독립 변수를 x축으로 종속 변수를 y축으로 그려진다.

그림 3.4의 전통적인 S-곡선을 직선으로 그릴 수 있다면, 데이터로 작업하는 것이 더 간단하다. 이것은 유명한 위생공학자 알랜 하이젠(Alan Hazen)이 발명한 산술 확률지를 통해 수행할 수 있다. 확률지에 그려진 동일한 데이터가 그림 3.5에 나와 있다. 정규분포 곡선이 0 또는 1.0이 없는 것처럼 확률지의 세로 좌표는 0% 또는 100%가 없다(그림5에서는 0.0001 ~ 0.9999로 나타내었다).

확률지에서 직선으로 표시되는 데이터는 정규 분포(normal distribution)한다는 것을 의미하고 평균이나 표준 편차와 같은 통계치를 그래프에서 읽을 수 있음을 의미한다. 평균은

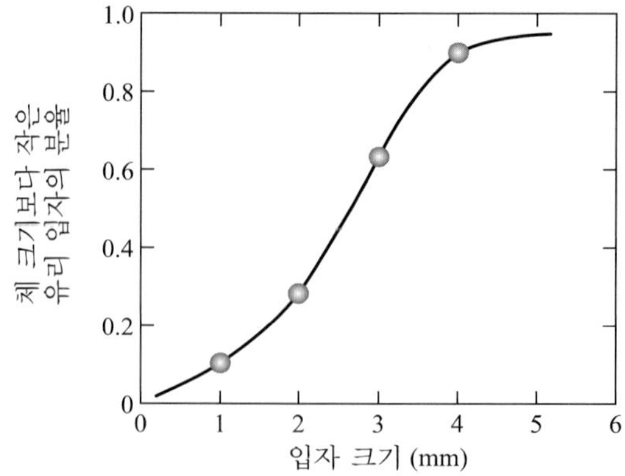

그림 3.4 누적 유리 입자 크기 분포(예제 3.8)

0.5 또는 50%에 있으며, 표준 편차는 평균의 양쪽 0.335에 있다.

표준 편차는 다음과 같이 추정할 수 있다.

$$s \approx \frac{2}{5}(x_{90} - x_{10}) \tag{3.7}$$

여기서, x_{90} 및 x_{10}은 각각 P_{90} (90%가 체 크기보다 작은 입자의 분율) 및 P_{10} (10%가 체 크기보다 작은 입자의 분율)에서의 x좌표 값이다.

이러한 그래프는 또한 다른 구간의 값을 추정하는데 편리하다. 예를 들어, 값의 95%가 이 경계에 속하도록 x값을 추정해야 할 때(95% 신뢰 구간), 2.5%와 97.5%의 값을 읽을 수 있다. 데이터의 95%는 이 범위 내에 있어야 한다.

예제 3.9 문제 다음 페이지의 그림 3.5의 그래프에서 (a) 평균, (b) 표준 편차, (c) 95% 구간은 무엇인가?

해답

(a) y축은 표시된 크기보다 작은 유리 입자의 누적 분율이다. 평균은 0.5에서 읽히고, 그것에 해당하는 x축의 값은 2.5 mm이다.

(b) 표준 편차는 관측치의 67%가 평균을 중심으로 한 범위(또는 평균의 한쪽에서 33.5%)에 있는 분포이다. 그림 3.5에서 추정된 표준 편차는 평균과 0.50 + 0.335 = 0.835 점 사이의 차이로 계산된다. 그것은 3.70 mm에 해당한다. 따라서, s = 3.7 − 2.5 = 1.2 mm이다.
또 다른 방법으로 식 3.8을 사용하면

$$s \approx \frac{2}{5}(4.05 - 1.05) = 1.2$$

여기서, 4.05는 유리 입자의 90%를 통과시키는 체 크기이고, 1.05는 유리 입자의 10%를 통과하는 체 크기이다. 평균을 보고할 때는 표준 편차를 포함하는 것이 좋다. 예를 들면, 2.5 ± 1.2 mm와 같이 표현한다.

(c) 95% 구간은 데이터의 95%가 이 범위에 있을 것으로 예상되는 지점이다. 그래프에서 0.025와 0.975에 해당하는 점은 각각 0.2 mm와 4.9 mm이다. 따라서, 95% 간격은 0.2 mm에서 4.9 mm이다.

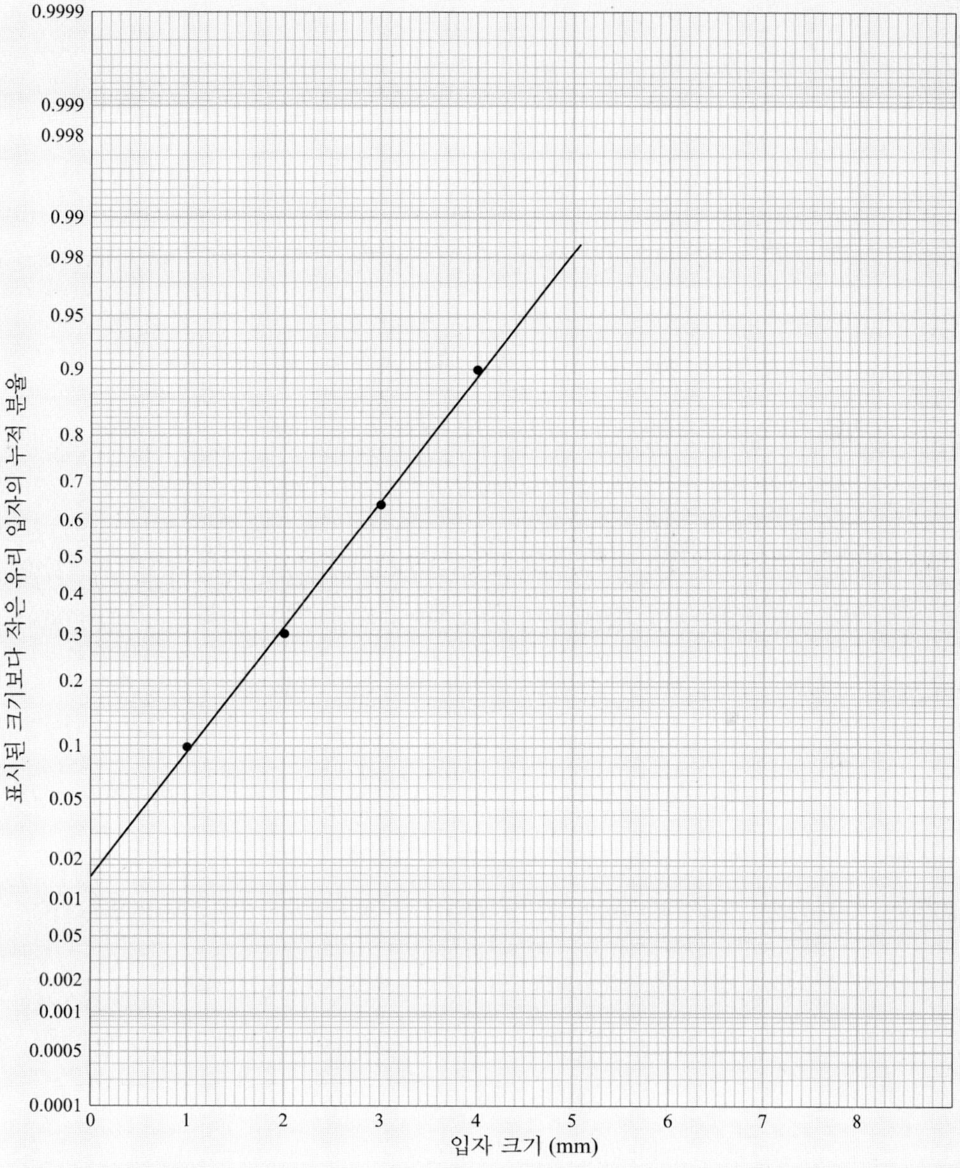

그림 3.5 산술 확률지로 나타낸 유리 입자 크기 분포(예제 3.9)

예제 3.9의 데이터는 각각의 종속 데이터 포인트를 상수(체로 걸러진 유리의 총중량)로 나눔으로써 정규화(normalized)시킬 수 있다. 따라서 각 데이터 포인트는 차원(kg)이 있는 숫자에서 무차원의 분율(kg/kg)로 변환된다. 이 같은 변환은 빈도가 필요할 때 독립 변수에 대해 수행된다.

특정사건이 반복될 확률을 계산해야 하는 경우가 종종 있다. 수문학자는 이를 재현 주기(확률년수, return period)로 표현하는데 얼마나 자주 일어나는지를 뜻한다. 사건이 발생하는 연간 확률이 5%이면, 사건은 20년 내에 한 번 반복되거나, 20년의 재현 주기를 가질 것으로 예상된다. 방정식 형식으로 표시하면,

$$\text{재현주기} = \frac{1}{\text{분율의 확률}}$$

가 된다.

빈도 분포로 시계열 데이터를 분석할 때, 최소값에서 최대값 또는 최대값에서 최소값 순으로 데이터에 순위를 매겨야 한다. 그런 다음 확률을 계산하고 데이터를 플롯한다. 이 플롯을 이용하여 원하는 통계 자료를 결정하는데 사용한다.

예제 3.10 도시 하수처리장 방류수 수질은 생화학적 산소요구량(BOD)으로 매일 측정한다. 처리장 변화나 유입수의 변동으로 인해, 방류수의 수질이 달라질 수 있다. 이 변동은 정규 분포에 부합하는가? 그렇다면 평균 및 표준 편차를 계산하는데 사용할 수 있는가? 예상되는 한 달 중 가장 나쁜 날의 방류수 수질은? 수질 자료는 다음과 같다.

채수일	방류수 BOD	채수일	방류수 BOD	채수일	방류수 BOD
1	56	7	25	13	31
2	63	8	49	14	21
3	57	9	21	15	21
4	33	10	35	16	28
5	21	11	65	17	41
6	17	12	35	18	36

해답 첫 번째 단계는 데이터의 순위를 매기는 것이다. 데이터 포인트 수는 $n = 18$이다. 순위(m)는 최저 BOD (17 mg/L)에서 최고(65 mg/L)까지이다.

순위 (m)	방류수 BOD (mg/L)	m/n	순위 (m)	방류수 BOD (mg/L)	m/n
1	17	0.056	10	35	0.556
2	21	0.111	11	35	0.611
3	21	0.167	12	36	0.667
4	21	0.222	13	41	0.722
5	21	0.278	14	49	0.778
6	25	0.333	15	56	0.833
7	28	0.389	16	57	0.889
8	31	0.444	17	63	0.944
9	33	0.500	18	65	1.00

마지막 열은 BOD가 이 값보다 작을 것으로 예상되는 때의 분율로 생각할 수 있다. 예를 들면, BOD가 17 mg/L 이하가 되어야 하는 때는 0.056 또는 5.6%이다.

두 번째와 세 번째 열의 그래프는 그림 3.6과 같이 확률도에서 합리적으로 직선을 나타낸다. 추정된 평균값은 $(m/n) = 0.5$에서 읽을 수 있고, 이는 35 mg/L BOD이다 표준 편차는 17 mg/L이다. 매월 예상되는 최악의 방류수 수질은 29/30 = 0.967 (즉, 30일 중 29일 동안 BOD가 더 적음)의 분율에서 찾는 횟수의 분율 = 0.967로 그래프에 대입하면 BOD = 66 mg/L를 읽을 수 있다.[4]

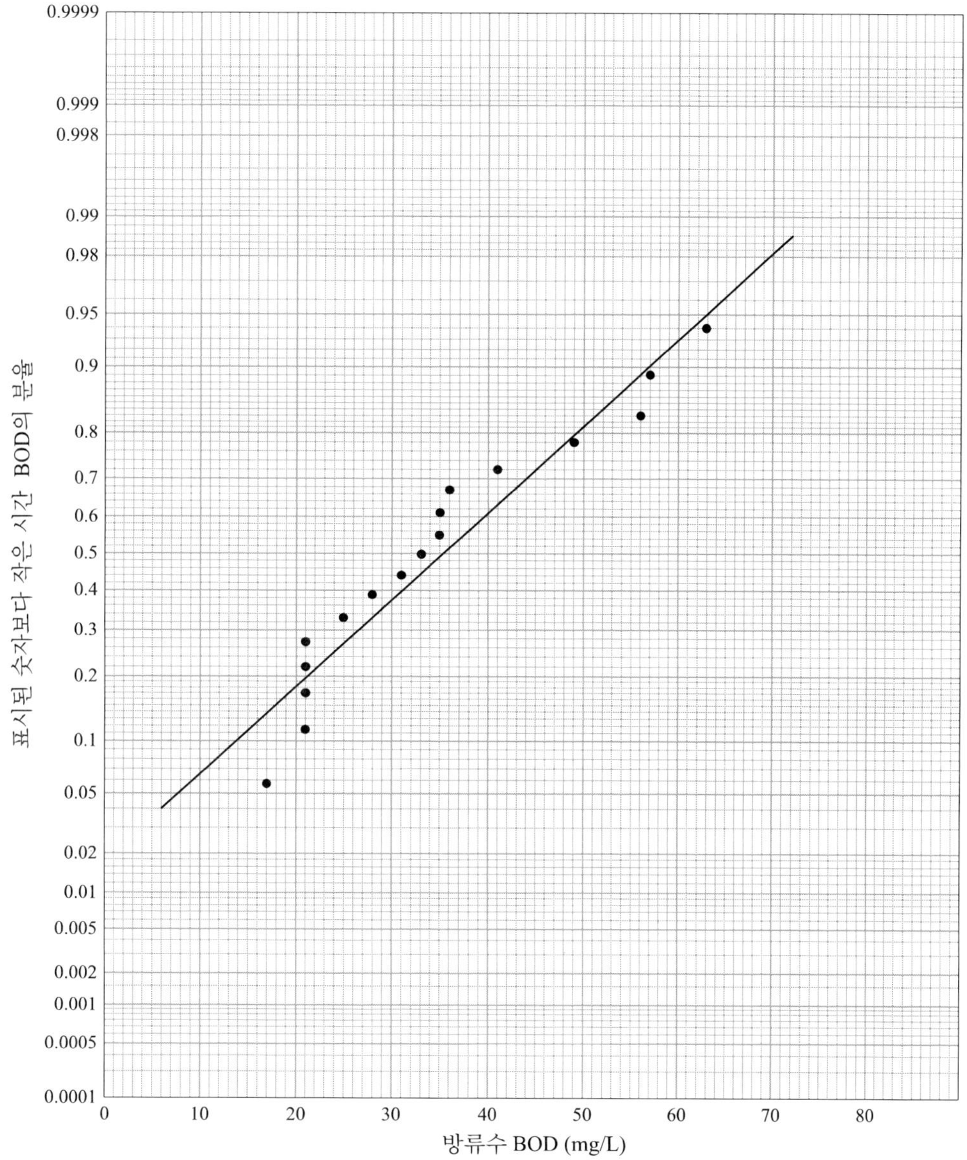

그림 3.6 하수처리장 방류수의 BOD (예제 3.10)

모든 수치가 순위번호 18의 값보다 작기 때문에, 마지막 데이터 포인트는 그릴 수 없다. 이 문제는 모든 순위(m)를 n 대신 $n + 1$로 나눔으로써 피할 수 있다. 데이터 포인트 수가 증가하면(n이 커짐) 문제는 점점 줄어든다.

데이터를 처리하는 또 다른 방법은, 특히 많은 수의 데이터를 포함하는 경우, 데이터를 그룹화하는 것이다. 이 경우 그룹의 평균이 변수가 되고 확률은 다음과 같이 계산된다.

$$P = \frac{\sum r}{n}$$

여기서, r : 표시된 값보다 크거나 같은 데이터 포인트 수의 합계
n : 총데이터 포인트

사건이 발생할 확률을 다시 그래프에서 읽을 수 있다.

예제 3.11 예제 3.10의 데이터를 사용하여, 30일에 한 번 예상되는 최대 BOD를 추정하라. 그룹화된 데이터 분석을 사용한다.

해답 첫 번째 단계는 BOD 값 그룹을 정의하는 것이다. 이 경우 10 mg/L 단계가 편리하기 때문에 간단히 선택된다. 각 그룹에 속하는 데이터 포인트의 수가 다음과 같이 표시되어 있다(r).

방류수 BOD (mg/L)	그룹의 평균	BOD가 속하는 그룹의 일수(r)	$\sum r$	$P=\sum r/n$
0~9	5	0	0	0
10~19	15	1	1	0.06
20~29	25	6	7	0.39
30~39	35	5	12	0.67
40~49	45	2	14	0.78
50~59	55	2	16	0.89
60~69	65	2	18	1.00

데이터 포인트의 수는 점진적으로 합해지고($\sum r$), 이 값은 총데이터 포인트 $n = 18$로 나눠진다. 이제 그림 3.7에서와 같이 그룹의 BOD 평균 대 P로서 그래프에 찍힌다. 확률은 이전처럼 곡선에서 읽을 수 있다. 예제 3.10에서와 같이, 30일 동안 최악의 방류수의 수질을 알고 싶다면, $P_{29/30}$ = 0.967 (29/30 = 0.967)을 사용하고 66 mg/L BOD를 읽을 수 있다.

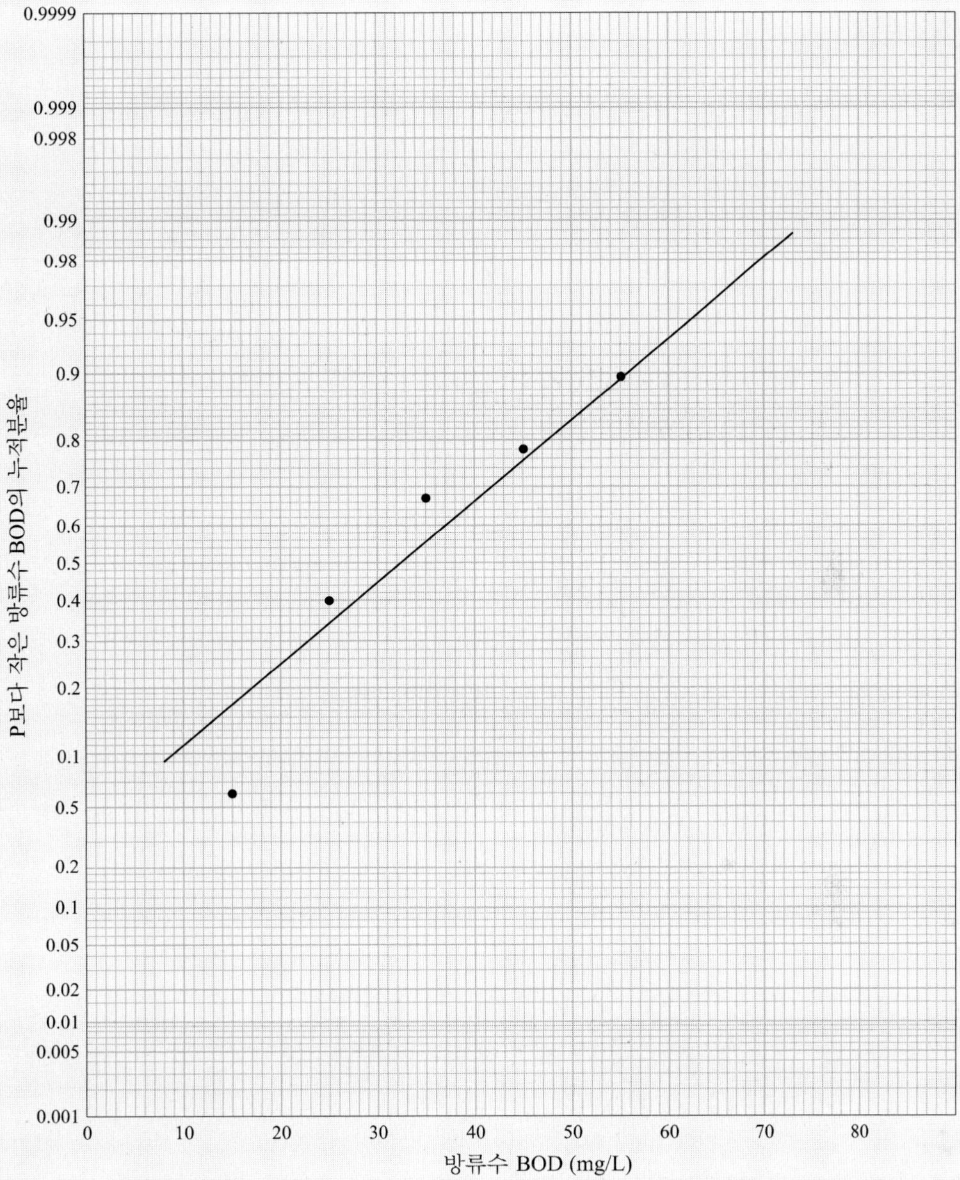

그림 3.7 그룹화된 자료의 분석(예제 3.11 참조)

연습문제

3.1 다음 표는 하수처리장에서 유입되는 생화학적 산소요구량(BOD)의 빈도 분포를 보여준다.

BOD (ml/L)	시료의 숫자
110~129	18
130~149	31
150~169	23
170~189	20
190~209	7
210~229	1
230~249	2

다음을 계산하라.

a. P_{10} (BOD의 10%가 이 값보다 작을 확률)

b. P_{50}

c. P_{95}

3.2 다음은 매년 여러 도시의 강수량의 특성이다.

	기록된 연수	연간 강수량	
		$\bar{x}$ (cm/yr)	s (cm/yr)
와이오밍주 샤이엔	70	37.11	9.17
콜로라도주 프에블로	52	29.24	13.44
미주리주 캔자스시티	63	91.69	16.87

a. 어느 도시의 강우량이 가장 변동이 큰가?

b. 강수량 데이터가 정규적으로 분포되었다고(normally distributed) 가정하면, 다음 50년 동안 각 도시에서 강우량이 50 cm를 초과하는 것은 몇 번이라고 예상하는가?

c. 정규 분포를 가정하면, 다음 50년 동안 각 도시에서 강우량이 30 cm 미만이 되는 것은 몇 번이라고 예상하는가?

d. 캔자스시티(Kansas City)에서 연간 강수량이 92 cm를 초과할 확률은 얼마인가?

3.3 지난 10년 동안 당신의 대학 농구 팀의 승리/패배 기록을 찾아 각 연도의 승률을 계산하라. 그 팀의 승리와 패배가 같을 것으로 예상되는 빈도는? (최소 500게임)

3.4 정규 분포는 표준 편차가 30이고 평균이 20이다. 다음의 경우에 대한 확률을 찾아라.

a. $x \geq 80$

b. $x \leq 80$

c. $x \leq -70$

d. $50 \leq x \leq 80$

그래프로 그리는 방법을 권장한다.

3.5 호수에 다음과 같은 값의 용존 산소가 측정되었다.

[측정 값]

달	DO (mg/L)	달	DO (mg/L)
1	12	7	9
2	11	8	6
3	10	9	10
4	9	10	11
5	10	11	10
6	8	12	11

a. 평균 DO는 얼마인가?
b. 표준 편차는 얼마인가?
c. DO가 10 mg/L 초과일 것으로 예상되는 횟수의 분율은 얼마인가?
d. DO가 8 mg/L 미만일 때의 횟수의 분율을 얼마인가?

3.6 모건 크릭(Morgan Creek)의 재현 주기(return period)와 홍수 수준(flood level)은 다음과 같다. 500년의 재현 주기 동안 홍수 수준을 예측하라.

재현주기(년)	홍수 수준(m^3/s)
11	108
5	142
10	157
20	176
40	196
60	208
100	224

3.7 지난 5년간 수업을 수강한 학생 수는 다음과 같다.
향후 20 년 동안 수업에 10 명 이하의 학생이 있을 경우는 몇 년인가?

연	학생 수
1	13
2	18
3	17
4	15
5	20

3.8 매일 미국에서 얼마나 많은 맥주가 소비되는가?

3.9 석탄은 약 2%의 황을 함유하고 있다. 1년 동안 미국의 석탄 화력 발전소에서 몇 kg의 황이 배출되는가? (미국의 전기 생산량은 약 0.28×10^{12} W이며, 석탄의 에너지 함량은 약 30×10^{6} J/kg이다. 1 J/s = 1 W)

3.10 매년 미국에서 얼마나 많은 자동차 타이어가 판매되는가? 합리적인 가정을 하라.

3.11 EPA는 자동차의 가스 오염 물질 배출량을 g/km로 표현한다. 이 측정 단위를 어떻게 생각하는가?

3.12 1 g의 식용 소금을 0.25 L 유리잔에 넣고 수돗물로 유리잔을 채운다. 소금 농도(mg/L)는 얼마인가? 왜 당신은 답에 대해 그렇게 확신하지 못하는가?

3.13 하수슬러지의 금속 농도는 총건식 고형물 kg 당 금속 g으로 표현되는 경우가 많다. 습윤슬러지는 고형물 농도가 200,000 mg/L이며, 이 고형물은 아연이 8,000 mg/L이다.

a. g-Zn/g-건조고형물로서 아연 농도는 얼마인가?

b. 이 슬러지를 농지에 비료로 이용하고자 젖소가 사용하는 목초지에 뿌릴 경우, 아연의 존재로 인한 잠재적인 환경 및 보건 영향과 관련하여 프로젝트를 모니터링 하는 방법을 설명하라.

3.14 고춧가루 1 g을 100 mL 비커에 넣고, 100 mL까지 물을 채운다. 고춧가루의 농도는 몇 mg/L인가? 이 문제에서 가정해야 할 것은 무엇인가? 고춧가루의 밀도는 얼마인가? 고춧가루 1 g의 양의 부피는 얼마인가?

3.15 하수처리시설이 40,000 m^3/d의 유입수를 처리한다. 이 하수의 고형물 농도는 192 mg/L이다. 매일 공장에 유입되는 고형물 양(kg)은 얼마인가?

3.16 밀도가 1.2 g/cm^3인 플라스틱 구슬 10 g을 밀도 0.8 g/cm^3의 유기 용매 500 mL에 넣었다. 플라스틱 구슬의 농도(mg/L)는 얼마인가?

3.17 240 L/min으로 흐르는 강물이 2,000 mg/L의 침전물을 운반한다. 침전물 부하(kg/d)는 얼마인가?

3.18 정수처리시설은 비소 농도가 0.05 mg/L인 물을 생산한다.

a. 물의 평균 소비량이 매일 8 L라면, 한 사람은 얼마나 많은 양의 비소를 마시는가?

b. 당신이 소규모 군의 정수장 운영자이고 군의회(town council) 의장이 군의 식수에 비소가 있는지 여부를 공개 청문회에서 묻는다면, 어떻게 대응하겠는가?

c. 도덕적 관점에서 문항 b에 대한 답을 분석하라. 당신이 했던 것처럼 대답함으로써 옳은 일을 했는가? 그렇게 생각하는 이유는 무엇인가?

3.19 발전소는 굴뚝(stack) 당 최대 55 kg의 비산재(flyash)를 배출한다. 굴뚝에서 고온 가스의 유속은 1 m^3/s이다. 비산재의 농도는 mg/m^3으로 얼마인가?

3.20 전기 요금이 90원/kW · h 인 경우, 강의실 전등 사용으로 대학에서 매년 전력 요금을 얼마나 내야 하는? (당신의 대학에 맞는 구체적인 몇 가지 가정을 해야 한다)

3.21 수업료를 강의 티켓 형태로 지불하는 경우, 당신의 대학에서 한 강의에 대한 한 장의 티켓의 비용은 얼마인가?

3.22 대학에는 약 12,600명의 학부생이 있으며, 매년 2,250명의 학생을 졸업한다. 모두 대학 졸업했다고 가정한다면 대학에서 대략적인 체류 시간은 얼마나 되는가?

3.23 정수처리 시설은 병렬로 운전하는 6개의 침전조를 가지고 있으며(유입수는 6개의 동일한 흐름으로 나뉜다), 각 조의 부피는 600 m^3이다. 유입수 유량이 40,000 m^3/d라면, 각 침전조의 체류 시간은 얼마인가? 만약, 이들 침전조를 직렬로 운전한다면, 각 조의 체류 시간은 어떻게 되는가?

3.24 당신은 컨설팅 엔지니어링 회사의 채용 담당자로 일하고 있으며 지원자가 다음 질문을 한다.

'내가 당신의 회사와 일하면 윤리적 근거에서 회사가 고용한 프로젝트에 반대한다면, 회사로부터 나의 추후 경력에 불이익을 받지 않고 그 프로젝트에 일하지 않을 것을 요청할 수 있는가?'

그러한 질문에 대해 세 가지 대답을 한 다음, 당신이 생각하는 학생 인터뷰 대상자의 생각에 따라 이 진술에 응답하라. 그가 당신의 발언을 믿겠는가? 왜 그래야 하는가? 혹은 왜 그러지 말아야 하는가?

3.25 크리스(Chris)는 건설비용의 추정치를 어떻게 보고해야 하는가? 그래야 하는 이유는 무엇인가?

a. $ 56,078.34
b. $ 56,078
c. $ 56,080
d. $ 56,000

3.26 최종 답변의 유효 숫자가 중요한 이유는 무엇인가? 다른 말로 하면, 최종 답변의 유효 숫자가 나타내는 것은 무엇인가?

3.27 문제 3.7은 정밀도(precision)를 말하고 있다. 정밀도(precision)과 정확도(accuracy)의 차이점은 무엇인가?

3.28 계산 전반에 걸쳐 혹은 최종 혹은 두 경우 모두 중 어디에서 반올림을 해야 하는가? 그래야 하는 이유는 무엇인가?

참고문헌

1. "Mars Climate Orbiter," Microsoft_ Encarta_ Online Encyclopedia 2008. Accessed at http://encarta.msn.com on 8 December, 2008.
2. Articles on Mars Climate Orbiter. U.S. National Aeronautics and Space Administration. Accessed at http://mars.jpl.nasa.gov/msp98/ orbiter/ on 8 December, 2008.
3. As observed by John Hart in a wonderful book on environmental calculations: Consider a Spherical Cow. 1985. Los Altos, CA: William Kaufmann, Inc.
4. This example is adapted from Middlebrooks, E. Joe. 1976. Statistical Calculations. Ann Arbor, MI: Ann Arbor Science Pub.

04 Chapter 물질수지와 분리

호주의 도그펜스(딩고펜스, 들개울타리)

호주의 레드 뱅크스 보전공원

환경공학자는 상자(박스, box)를 얼마나 크게 그려야 할지 알아야 한다. 예를 들면, 어디에 선을 그려야 하며 무엇을 더하고 빼야 할지를 말이다. 만약 그 상자가 너무 작으면, 의도하지 않은 결과가 발생할 수 있다. 만약 그 상자가 너무 크면, 시간과 자원이 낭비될 수 있다.

이익을 위한 최초의 과학자들인 연금술사들은 덜 비싼 금속들로 금을 만드는 공정을 개발하려고 노력했다. 현대 화학의 관점에서 볼 때, 그들이 실패한 이유는 분명하다. 이 책에서 우리가 다루지 않는 핵반응과 관련된 공정을 제외하면, 어떤 공정의 시작에서 납과 같은 물질의 1킬로그램은 어쩌면 매우 다른 형태일 수도 있지만, 결국 그 물질의 1킬로그램으로 산출될 것이다. 질량 보존이라는 단순한 개념은 강력한 공학 수단인 물질수지(material balance)를 이끌어낸다. 이 장에서는 블랙박스(black box, 검은 상자) 단위 공정과 관련된 물질수지를 우선 소개한다. 그리고 나서 이 블랙박스가 유용한 기능을 수행하는 실질적인 단위 조작인지 확인한다. 처음에는 이 블랙박스 안으로 물질의 흐름에 영향을 주는 어떤 것도 들어가지 않는다. 그런 다음 물질의 양이 상자 내에서 생성되거나 소비된다고 가정한다. 모든 경우에 있어, 물질의 흐름은 시간에 따라 변하지 않는 정상 상태(steady state)로 가정한다. 이 조건은 다음 장에서 설명한다.

4.1 단일 물질의 물질수지

블랙박스의 개념을 사용하면 물질 흐름을 가장 쉽게 이해하고 분석할 수 있다. 이 블랙박스는 실제 공정이나 흐름 교차점의 도식적인 표현이며, 유량 분석에 대한 일반적인 원리를 개발할 수 있게 하기 위한 것이며, 이 공정이 무엇인지 명시할 필요는 없다.

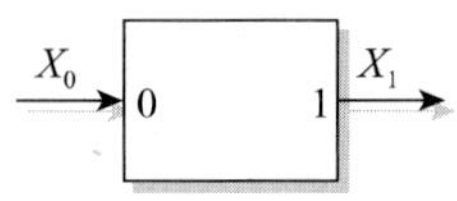

그림 4.1 하나의 유입과 하나의 유출이 있는 블랙박스

그림 4.1은 어떤 물질이 흘러 들어가는 블랙박스를 보여준다. 상자 안으로 들어가는 모든 흐름은 유입(inflow, influents)이라고 부르며 글자 X로 표시된다. 흐름이 단위 시간당 질량으로 설명되는 경우, X_0는 박스로 유입되는 물질 X의 단위 시간 당 질량이다. 마찬가지로 X_1은 유출(outflow, effluent)이다. 물질을 더 만들거나 일부를 분해하여 소비하는 공정이 상자 내부에서 진행되지 않고, 유량이 시간에 따라 변하지 않는다고 가정하면(즉, 정상 상태일 때), 박스 주위의 물질수지는 다음과 같이 쓸 수 있다.

[X의 단위 시간 당 질량 유입] = [X의 단위 시간 당 질량 유출]

즉,

$$[X_0] = [X_1]$$

공정에서 밀도가 변하지 않는다면, 블랙박스는 부피 수지와 물질수지를 설정하는데 사용될 수 있다. 밀도의 정의는 단위 부피당 질량이기 때문에, 각 항을 상수(constant)인 밀도로 나누어 질량 수지에서 부피 수지로 변환할 수 있다. 일반적으로 액체는 부피 수지, 고형물은 질량 수지를 사용하는 것이 편리하다.

4.1.1 단일 물질 흐름의 분할

그림 4.2에 있는 블랙박스는 하나의 유입 유량을 받고 2개 이상의 유량으로 나눈다. 박스 안으로 들어오는 유량은 X_0로 표시되고, 상자 밖으로 나가는 두 유량은 X_1과 X_2이다. 정상 상태이고 물질이 소비되거나 생성되지 않는다고 가정하면 물질수지는 다음과 같다.

$$[X\text{의 단위 시간 당 질량 유입}] = [X\text{의 단위 시간 당 질량 유출}]$$

즉,

$$[X_0] = [X_1] + [X_2]$$

물질 X는 2개 이상으로 분리될 수 있으므로, 물질수지는 다음과 같다.

$$[X_0] = \sum_{i=1}^{n} [X_i]$$

여기서, n개의 유량 또는 유출이 존재한다.

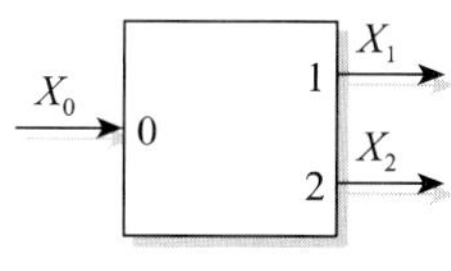

그림 4.2 하나의 유입과 2개의 유출이 있는 분리기

예제 4.1 한 도시에서 102 톤/일의 폐기물이 발생하며, 이 모두는 폐기물 적환장(transfer station)으로 보내진다. 폐기물 적환장에서, 폐기물은 네 개의 흐름으로 분할되어 세 개의 소각장과 한 개의 매립지로 향하게 된다. 소각장의 용량이 20, 50, 22 톤/일일 경우, 얼마나 많은 폐기물이 매립지로 보내져야 하는가?

해답 그림 4.3과 같은 상황을 도식적으로 생각하자. 네 가지 유출 흐름의 3개의 소각장과 1개의 매립지의 알려진 용량이다. 유입 흐름은 폐기물 적환장까지 운반된 쓰레기이다. 다이아그램을 이용하여

톤/일을 이용한 질량 수지를 세운다.

[단위 쓰레기 당 질량 유입] = [단위 쓰레기 당 질량 유출]

102 = 20 + 50 + 22 + M

여기서, M : 매립지로 가는 폐기물의 질량

미지수에 대하여 식을 풀면 M = 10톤/일이다.

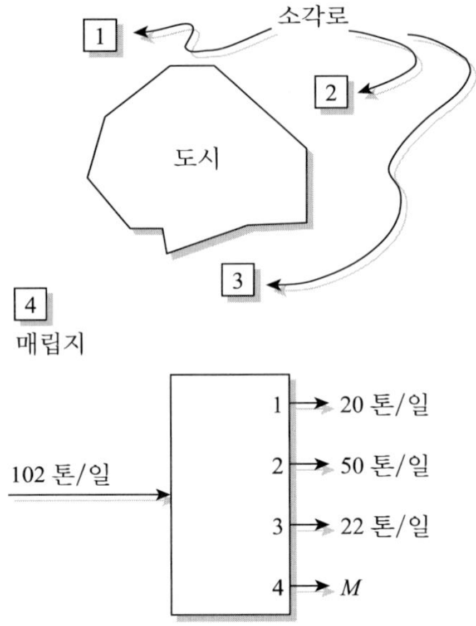

그림 4.3 쓰레기 처분(refuse disposal)을 위한 물질수지

4.1.2 단일 물질 흐름의 결합

그림 4.4에서와 같이 블랙박스는 수많은 유입을 받아 하나의 유출로 배출할 수도 있다. 만약 유입이 X_1, X, ⋯ , X_m 인 물질수지는 다음과 같다.

$$\sum_{i=1}^{m}[X_i] = [X_e]$$

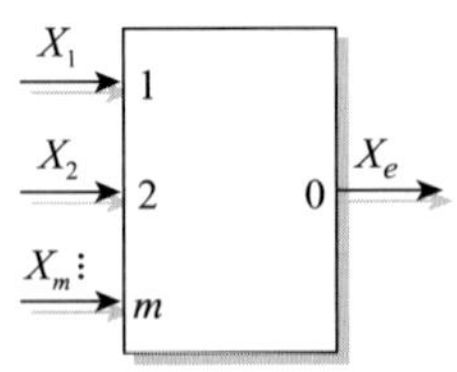

그림 4.4 다수의 유입과 하나의 유출 흐름이 있는 혼합기(blender)

예제 4.2 그림 4.5에 표시된 간선 하수관(trunk sewer)의 용량은 4.0 m^3/s이다. 하수관의 용량이 초과되면, 관을 통해 모든 하수를 수송할 수 없게 되고 넘치게 된다. 현재 세 곳에서 하수관을 사용하고 있으며, 첨두(피크) 유량은 1.0, 0.5 및 2.7 m^3/s이다. 건설업자는 간선 하수관에 최대 0.7 m^3/s의 유량을 추가되는 공사를 하기를 원한다. 이 공사로 인해 하수관이 그 용량을 초과하게 되는가?

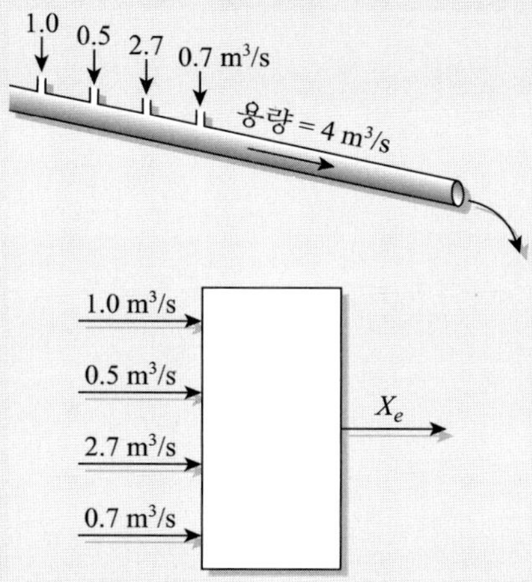

그림 4.5 간선 하수관(trunk sewer)[4]의 용량

해답 m^3/s 단위로 물질수지를 세우면 다음과 같다.

[하수의 단위시간 당 부피 유입] = [하수의 단위시간 당 부피 유출]

$[1.0 + 0.5 + (2.7) + 0.7] = X_e$

여기서, X_e는 간선 하수관의 유량이다. X_e = 4.9 m^3/s이므로, 간선 하수관의 용량보다 크므로, 새로운 개발이 추가될 경우 하수관이 과부하가 걸린다. 실은 지금도 하수도는 과부하 상태이므로(4.2 m^3/s), 재난이 발생하지 않은 유일한 이유는 모든 주민들이 같은 시간에 첨두 유량을 배출하지 않기 때문이다.

4.1.3 단일 물질의 복잡한 공정

위의 간단한 예는 물질수지의 기본 원리를 설명한다. 위의 분석에 접근하는 데 사용된 두 가지 가정은 유량이 정상 상태(시간에 따라 변하지 않음)이고 물질이 파괴(소비) 또는 생성(생산)되지 않는다는 것이다. 만약 이러한 가능성이 전체 물질수지에 포함되면 방정식은 다음과 같다.

$$\begin{bmatrix}\text{단위시간 당}\\\text{물질 축적}\end{bmatrix} = \begin{bmatrix}\text{단위시간 당}\\\text{물질 유입}\end{bmatrix} - \begin{bmatrix}\text{단위시간 당}\\\text{물질 유출}\end{bmatrix} + \begin{bmatrix}\text{단위시간 당}\\\text{물질 생성}\end{bmatrix} - \begin{bmatrix}\text{단위시간 당}\\\text{물질 소비}\end{bmatrix}$$

4) 간선 하수도는 여러 개의 지선 하수관이 연결된 주요 하수관을 뜻한다. 간선은 영어로 trunk 혹은 mainline이라고 한다.

문제에서의 물질이 A라고 하면, 물질수지 방정식은 다음과 같다.

$$\begin{bmatrix} \text{단위시간 당} \\ \text{A의} \\ \text{질량 축적} \end{bmatrix} = \begin{bmatrix} \text{단위시간 당} \\ \text{A의} \\ \text{질량 유입} \end{bmatrix} - \begin{bmatrix} \text{단위시간 당} \\ \text{A의} \\ \text{질량 유출} \end{bmatrix} + \begin{bmatrix} \text{단위시간 당} \\ \text{A의} \\ \text{질량 생성} \end{bmatrix} - \begin{bmatrix} \text{단위시간 당} \\ \text{A의} \\ \text{질량 소비} \end{bmatrix}$$

또는 밀도가 변화하지 않는다면, 부피에 대한 방정식은 다음과 같다.

$$\begin{bmatrix} \text{단위시간 당} \\ \text{A의} \\ \text{부피 축적} \end{bmatrix} = \begin{bmatrix} \text{단위시간 당} \\ \text{A의} \\ \text{부피 유입} \end{bmatrix} - \begin{bmatrix} \text{단위시간 당} \\ \text{A의} \\ \text{부피 유출} \end{bmatrix} + \begin{bmatrix} \text{단위시간 당} \\ \text{A의} \\ \text{부피 생성} \end{bmatrix} - \begin{bmatrix} \text{단위시간 당} \\ \text{A의} \\ \text{부피 소비} \end{bmatrix}$$

단위시간 당 질량 또는 부피를 속도(rate)로 단순화할 수 있다. 여기서 속도는 단순히 질량 또는 부피의 흐름을 의미한다. 따라서 질량 또는 체적에 대한 물질수지 방정식은 다음과 같다.

$$\begin{bmatrix} \text{A의 축적} \\ \text{속도} \end{bmatrix} = \begin{bmatrix} \text{A의} \\ \text{유입 속도} \end{bmatrix} - \begin{bmatrix} \text{A의} \\ \text{유출 속도} \end{bmatrix} + \begin{bmatrix} \text{A의} \\ \text{생성 속도} \end{bmatrix} - \begin{bmatrix} \text{A의} \\ \text{소비 속도} \end{bmatrix}$$

언급한 바와 같이, 많은 시스템은 시간에 따라 변하지 않으며, 한 순간의 유량은 나중에 유량과 정확히 일치한다. 이것은 블랙박스에 양(물질이 쌓임)으로도 또는 음(물질이 흘러나옴)으로도 아무것도 축적되지 않는다는 것을 의미한다. 물질수지 방정식은 정상상태라고 가정할 때 다음과 같다.

$$0 = \left[\text{A의 유입 속도}\right] - \left[\text{A의 유출 속도}\right] + \left[\text{A의 생성 속도}\right] - \left[\text{A의 소비 속도}\right]$$

많은 단순한 시스템에서, 문제에서의 물질은 소비되거나 생산되지 않는다. 물질이 보존된다는 가정이 물질수지 방정식에 적용된다면, 방정식은 앞의 예제에서 사용한 것과 같은 방정식으로 단순화시킬 수 있다.

$$0 = \left[\text{질량 또는 부피의 유입 속도}\right] - \left[\text{질량 또는 부피의 유입 속도}\right] + 0 - 0$$

즉,

$$\left[\text{질량 또는 부피의 유입 속도}\right] = \left[\text{질량 또는 부피의 유입 속도}\right]$$

예제 4.3 맨홀 1 (그림 4.6)로 우수를 운반하는 하수관은 2,000 L/min (Q_A)의 일정한 유량을 유지한다. 맨홀 1에서는 100 L/min (Q_B)의 일정한 측면 유량을 받는다. 맨홀 2 (Q_C)로 가는 유량은 얼마인가?

해답 맨홀 1을 그림 4.6과 같이 블랙박스라고 생각한다. 물에 대한 물질수지 방정식을 작성하면(식 4.1)과 같다.

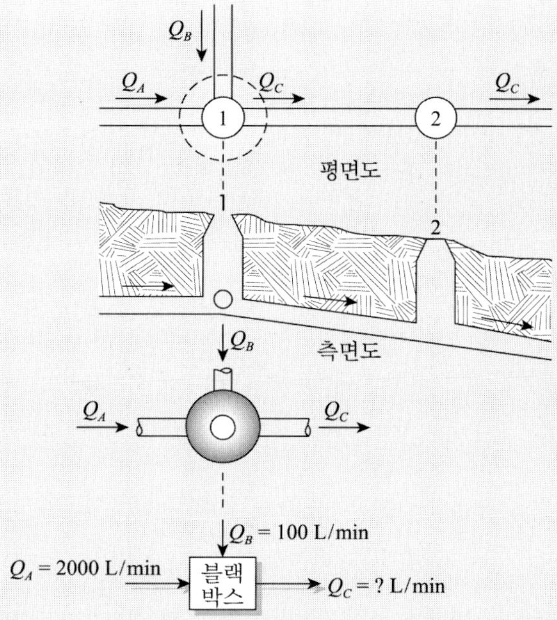

그림 4.6 두 흐름이 맨홀 1로 들어와서 합류하고 맨홀 2로 이동하는 하수관

$$\begin{bmatrix} \text{물의} \\ \text{축적 속도} \end{bmatrix} = \begin{bmatrix} \text{물의} \\ \text{유입 속도} \end{bmatrix} - \begin{bmatrix} \text{물의} \\ \text{유출 속도} \end{bmatrix} + \begin{bmatrix} \text{물의} \\ \text{생성 속도} \end{bmatrix} - \begin{bmatrix} \text{물의} \\ \text{소비 속도} \end{bmatrix}$$

블랙박스 내에 물이 축적되지 않기 때문에, 시스템은 정상 상태에 있는 것으로 정의된다. 이 물질수지 방정식의 첫 번째 항은 0이 된다. 마찬가지로, 물이 생성되거나 소비되지 않으므로, 마지막 두 항은 0이다. 방정식은 다음과 같다.

$$0 = (Q_A + Q_B) - Q_C + 0 - 0$$

이제 주어진 유량을 분당 리터(L/min)로 대체한다.

$$0 = (2{,}000 + 100) - Q_C$$

식을 풀면

$$Q_C = 2{,}100\,\text{L/min}$$

가 된다.

관 또는 수로에 유량이 포함되는 경우, 3개 이상의 흐름이 교차하는 지점에 블랙박스를 배치하는 것이 편리하다. 예를 들어, 예제 4.3의 맨홀은 두 개의 흐름이 들어오고 하나를 배출하는 총 3개의 흐름이 교차하는 지점이다.

때로는 흐름이 관로이나 강과 달리 흐를 수도 있다. 이 경우 시스템을 먼저 관망(pipe flow network)으로 시각화하는 것이 유용하다. 예를 들어, 지구로 떨어지는 빗물은 땅속으로 스며들거나 물길을 따라 흘러갈 수 있다. 이 시스템은 그림 4.7과 같이 그릴 수 있고 물질수지는 가상의 블랙박스에서 수행할 수 있다.

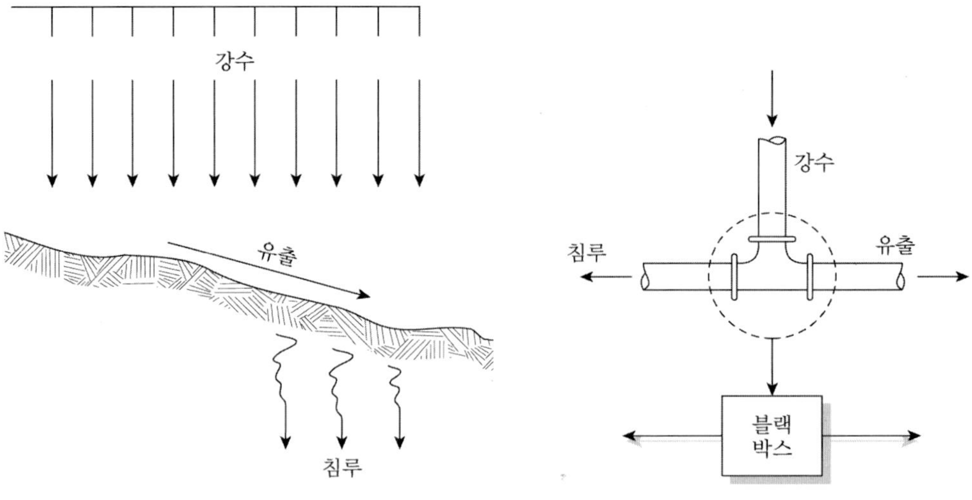

그림 4.7 강수(precipitation), 빗물 유출(runoff) 및 침루(percolation)는 블랙박스로 시각화할 수 있다.

시스템은 프로세스 또는 유량 접점을 몇 개라도 포함할 수 있으며, 이 모든 것들이 블랙박스로 취급될 수 있다. 예를 들어, 그림 4.8(A)는 물순환의 개략도를 보여주고 있다. 강수(precipitation)의 일부 빗물은 유출되고(runoff), 일부는 땅으로 침루하여(percolation) 지하수로 합해진다. 관개(灌漑, irrigation)를 하기 위하여 물을 사용한다면, 우물을 통하여 지하수를 퍼서 쓸 수 있다.

관개용수(irrigation water)는 땅으로 침투하거나, 증발이나 증산(transpiration, 식물에서 대기로 방출되는 물)을 포함하는 증발산(evapotranspiration)이라는 과정을 통해 대기로 돌아간다.

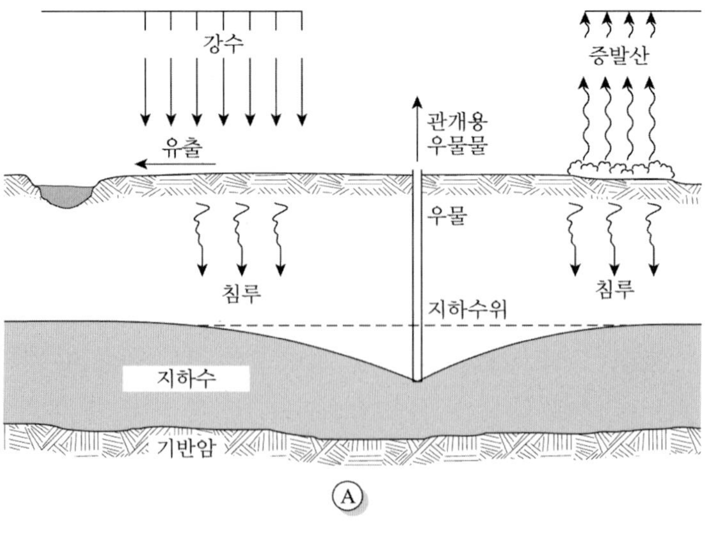

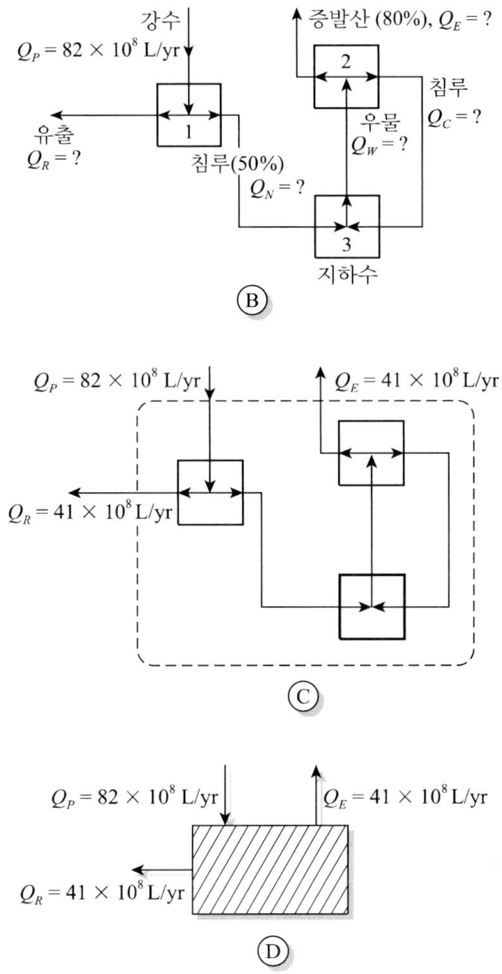

그림 4.8 단순화된 물순환(hydrologic cycle)

예제 4.4 강수량이 102 cm/yr이고 그 중 50%는 지하로 침루한다. 농부는 우물을 사용하여 작물에 물을 댄다. 취수한 물 중 80%는 증발산(evapotranspiration)으로 인하여 손실되며, 나머지 침루수는 지하로 되돌아간다. 8 km^2 농장에서 지하수 저장량을 고갈시키지 않으면서 농부가 지하에서 얼마나 많은 양의 지하수를 취수할 수 있는가?

해답 이 문제를 물질수지 문제로 인식하고 우선 강수량을 속도(rate)로 변환한다. 8 km^2 면적에 102 cm/yr의 강수량이므로,

$$102\frac{\text{cm}}{\text{yr}} \times 8\text{km}^2\left(\frac{1\text{m}}{100\text{cm}}\right)\left(\frac{1000\text{m}}{1\text{km}}\right)\left(\frac{1000\text{m}}{1\text{km}}\right)\left(\frac{1000\text{L}}{1\text{m}^3}\right) = 82 \times 10^8\,\text{L/yr}$$

문제에서의 시스템은 그림 4.8(B)와 같이 그려지며, 주어진 정보가 개요에 추가된다. 알 수 없는 수량은 변수로 표시된다. 첫 번째 블랙박스 (1)에서 수지를 세우고 계산하는 것이 편리하다. (1)은 강수가 유입되고 빗물이 지표로 흘러 나가고 땅으로 스며들어 나간 것을 단순하게 그린 교차점이다. 이때 부피 속도(유량) 수지는 다음과 같다.

$$\begin{bmatrix} \text{물 부피의} \\ \text{축적 속도} \end{bmatrix} = \begin{bmatrix} \text{물 부피의} \\ \text{유입 속도} \end{bmatrix} - \begin{bmatrix} \text{물 부피의} \\ \text{유출 속도} \end{bmatrix} + \begin{bmatrix} \text{물 부피의} \\ \text{생성 속도} \end{bmatrix} - \begin{bmatrix} \text{물 부피의} \\ \text{소비 속도} \end{bmatrix}$$

시스템은 정상 상태에 있다고 가정하기 때문에, 첫 번째 항은 0이다. 마찬가지로, 마지막 두 번째 항은 물이 생성되거나 소비되지 않으므로 0이다.

$$0 = [82 \times 10^8 \text{L/yr}] - [Q_R + Q_N] + 0 - 0$$

이미 문제에서 언급했듯이, 물의 반은 땅속으로 스며든다. 따라서, 물의 반은 지표를 통해 유출된다.

$$Q_R = 0.5 Q_P = Q_N$$

이 정보를 물질수지에 연결하면 다음과 같다.

$$0 = 82 \times 10^8 - 2Q_R$$

Q_R과 Q_N에 대해서 풀면,

$$Q_R = 41 \times 10^8 \text{L/yr} = Q_N$$

두 번째 블랙박스 (2)의 수지는 다음과 같다.

$$0 = [Q_W] - [Q_E + Q_C] + 0 - 0$$

문제에서 언급한 바와 같이, 관개용수의 80%는 증발산에 의해 손실되므로 따라서, 관개용수의 20%가 땅으로 침루한다.

$$0 = Q_W - 0.8 Q_W - Q_C$$

$$Q_C = 0.2(Q_W)$$

마지막으로, 지하수 저수지 (3)의 물질수지는 지하수가 변화하지 않는다고 가정하면 다음과 같이 쓸 수 있다.

$$0 = [Q_N + Q_C] - [Q_W] + 0 - 0$$

첫 번째 물질수지에서, $Q_N = 41 \times 10^8$ L/yr이고 두 번째 물질수지에서는 $Q_C = 0.2\,Q_W$이다. 이 정보를 세 번째 물질수지에 연결하고 풀면 다음과 같다.

$$0 = 1.45 \times 10^8 + 0.2 Q_W - Q_W$$

$$Q_W = 51 \times 10^8 \text{L/yr}$$

이것은 농부가 할 수 있는 우물의 최대 안전 산출량이 된다.

검산을 위해서, 전체 시스템을 블랙박스로 생각할 수 있다. 이것은 그림 4.8(C)에 그려져 있다. 박스에 물이 들어오는 오직 한 가지 방법(강수량)과 나가는 두 가지 방법(빗물 유출과 증발 증산)이 있다. 이 블랙박스를 그림 4.8(D)와 같이 나타내면, 물질수지를 물의 연간 리터(L/yr)로 쓸 수 있다.

$$0 = (82 \times 10^8) - (41 \times 10^8) - (41 \times 10^8)$$

전체 시스템의 수지로 계산이 맞는지 다시 검산할 수 있다.

마지막 검산은 물질수지 계산에 유용하고 강력한 방법을 보여준다. 블랙박스 시스템의 흐름이 균형을 이루면, 블랙박스의 하나 또는 몇 개의 조합 주변에 점선과 같은 경계선을 그릴 수 있으며, 이 조합 자체가 블랙박스이다. 위의 예제로 돌아가서, 점선이 전체 시스템[그림 4.8(C)] 주위에 그려진다면, 이를 하나의 블랙박스로 묘사하는 것이 유용하다[그림 4.8(D)]. 계산이 올바르면, 블랙박스의 흐름도 수지가 맞아야 한다.

그런데, 농부가 그 양보다 많은 지하수를 취수하기로 결정했다면 어떻게 될까? 비정상 상태(unsteady state)가 될 것이며, 조만간 지하수 저수지는 고갈될 것이다. 이것은 최근 대초원(Great Plains)에서 일어난 일이다. 1930년 이후 농부들에게 물을 공급해 온 광대한 저수지 오갈랄라(Ogallala)의 대수층은 말라가고 있다. 연간 초과 취수량(overdraft)은 콜로라도 강의 유량과 거의 같다. 주요 공학 연구에 따르면, 이 추세가 계속된다면 2020년이 되면 물이 공급되는 농장 200억 m^2가 말라버릴 것이라고 경고했다.

비료의 과도한 사용은 또 다른 심각한 환경 문제를 나타낸다. 우리는 엄청난 양의 인과 다른 영양분을 땅에서 계속 추출해야만 세계 인구를 먹여 살릴 수 있다. 궁극적으로 이러한 매장량이 고갈되어 농장의 수확량이 크게 감소할 것이라는 것을 알고 있다. 만약 이러한 사건들이 발생하면, 대부분의 국가에서 기아가 흔하게 발생될 것이다. 먹을 것이 충분하지 않고 너무 많은 사람들이 음식을 간절히 원하는 상황에서, 음식은 어떻게 분배되어야 할까? 우리가 굶주린 사람들을 무시하고 기아로 인해 전 세계 인구가 줄어들어 우리가 생산하는 식량이 생존자들과 균형을 이루게 된다면 어떨까? 가용할 수 있는 식량의 전체 양으로 모든 사람을 먹일 수 없으며, 식량을 빼앗아 가면 빼앗긴 곳에서도 기아를 야기해, 결국 모든 사람들이 굶어 죽게 될 수도 있다고 주장할 수도 있다. 단순하게는 자연적으로 이 문제가 해결되는 게 가장 좋다. 가난한 나라들에게 우리가 주는 음식은 단지 그들의 인구 증가를 조장할 것이며, 결국 이것은 비극으로 이어질 것이다. 이 개념은 "구명선 윤리(lifeboat ethics)"로 알려져 있으며, 이는 구명보트는 많은 사람들을 수용할 수 없다는 생각에서 비롯된 이름이다. 수용 능력 이상으로 보트에 들어가려고 하면, 보트가 물에 잠겨 모든 사람이 익사할 것이다.

그러므로 우리는 우리 이웃에 대해 걱정하지 않고 우리 자신을 구할 의무가 있는가? 이것은 우리가 식량이 부족한 사람이 되고 우리 이웃이 우리가 굶어 죽게 놔둘 가능성을 고려할 때까지는 합리적으로 보인다. 만약 그렇다면 어떻게 해야 할까?

이것은 과학 소설 시나리오처럼 보이지만, 안타깝게도 그것은 모두 사실일 수 있다. 글로벌 시스템이 계속 비정상 상태에 머문다면, 자원 부족이 예견된다. 아마 당신은 운이 좋은 마지막 세대일 것이다. 당신의 아이들은 그렇게 운이 좋지 않을 수도 있다.

다시 블랙박스로 되돌아 가 보자. 지금까지, 블랙박스는 오직 하나의 공급 물질만을 처리해야 했다 예를 들어, 물은 앞의 두 가지 예에서 물질수지를 맞춘 유일한 물질이다. 몇 가지 물질이 시스템을 통과할 때, 물질수지는 훨씬 더 복잡하고 유용해진다.

그러나 여러 물질로 구성된 시스템의 예를 소개하기 전에, 모든 물질수지 문제에 유용한 몇 가지 일반적인 규칙을 수립하는 것이 적절하다. 그 규칙은 다음과 같다.

① 모든 유입과 유출 흐름을 화살표로 그리는 것을 포함하여 도식화하여 시스템을 그린다.

② 유속 및 농도와 같은 사용 가능한 정보를 추가한다. 알 수 없는 변수에 기호를 할당한다.

③ 균형을 유지할 구성 요소 주위에 연속된 점선을 그린다. 이것은 단위 공정(unit operation), 교차점(junction) 또는 이들의 조합(combination)일 수 있다. 이 점선 안의 모든 것들이 블랙박스가 된다.

④ 어떤 물질로 수지를 이룰지 결정한다. 물질수지는 부피 속도 혹은 질량 속도일 수 있다.

⑤ 기본 방정식으로 시작하여 물질수지 방정식을 작성한다.

$$\begin{bmatrix} \text{질량 또는} \\ \text{부피의} \\ \text{축적 속도} \end{bmatrix} = \begin{bmatrix} \text{질량 또는} \\ \text{부피의} \\ \text{유입 속도} \end{bmatrix} - \begin{bmatrix} \text{질량 또는} \\ \text{부피의} \\ \text{유출 속도} \end{bmatrix} + \begin{bmatrix} \text{질량 또는} \\ \text{부피의} \\ \text{생성 속도} \end{bmatrix} - \begin{bmatrix} \text{질량 또는} \\ \text{부피의} \\ \text{소비 속도} \end{bmatrix}$$

⑥ 하나의 변수만을 알 수 없는 경우, 해당 변수를 계산한다.

⑦ 둘 이상의 변수를 알 수 없는 경우, 다른 블랙박스나 같은 블랙박스의 다른 물질을 사용하여 절차를 반복한다.

따라서, 이 지침(guideline)을 이용하여, 우리는 둘 이상의 물질이 관련되어 있는 문제로 돌아가 보자.

4.2 여러 물질의 물질수지

질량 및 부피 수지가 단일 시스템에 흐르는 여러 물질에 대해서도 세워질 수 있다. 어떤 경우는 여러 유입 유량을 결합하여 단일 유출 유량을 생성하는 공정도 있고, 또 다른 어떤 경우는 단일 유입 유량은 물질 특성에 따라 여러 유출 유량으로 분할되는 공정도 있다.

4.2.1 다수 물질 흐름의 혼합

질량 수지와 부피 수지 방정식은 실제로 동일한 방정식이기 때문에, 흐름에 다수의 물질이 포함되지 않는다면, 블랙박스에서 하나 이상의 물질수지 방정식을 세우는 것은 불가능하다. 단위 시간 당 고체 질량으로 표현된 강(river)의 유사(silt, 流沙) 흐름을 분석하는 예제 4.5를 살펴보자.

예제 4.5 앨러게니강(Allegheny River)과 머논가힐라강(Monongahela River)은 피츠버그에서 만나 거대한 오하이오강(Ohio River)을 형성한다. 숲과 작은 마을을 통해 남쪽으로 흐르는 앨러게니강은 평균 10 m^3/s의 유량으로 흐르며, 250 mg/L의 낮은 농도의 유사(silt)를 운반한다. 반면, 머논가힐라강은 13 m^3/s의 유량으로 기존 철강 도시와 가난한 농가를 통과하여 1,500 mg/L의 유사를 운반한다.[2]

a. 오하이오강의 평균 유량은 얼마인가?

b. 오하이오강의 유사 농도는 얼마인가?

해답 일반적인 규칙을 따른다.

1단계. 시스템을 그린다.

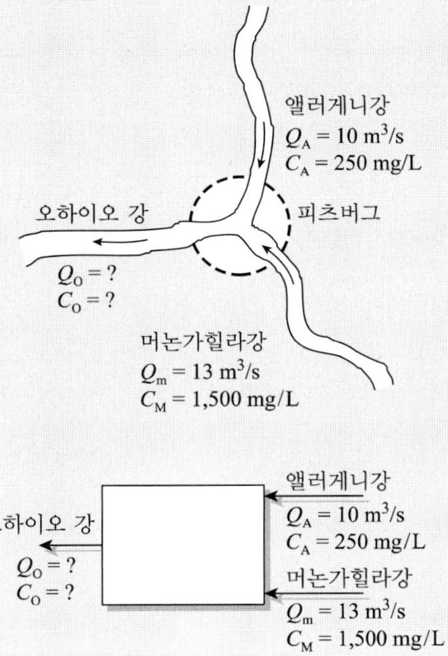

그림 4.9 오하이오강을 형성하는 앨러게니강과 머논가힐라강의 합류점(Confluence)

2단계. 알려진 변수와 알려지지 않은 변수를 포함하여 사용 가능한 모든 정보를 그림에 추가한다.

3단계. 강의 합류점은 점선으로 표시된 블랙박스이다.

4단계. 먼저 물의 유량에 대한 물질수지를 세운다.

5단계. 물질수지 방정식을 기술한다.

$$\begin{bmatrix}\text{물의}\\ \text{축적 속도}\end{bmatrix} = \begin{bmatrix}\text{물의}\\ \text{유입 속도}\end{bmatrix} - \begin{bmatrix}\text{물의}\\ \text{유출 속도}\end{bmatrix} + \begin{bmatrix}\text{물의}\\ \text{생성 속도}\end{bmatrix} - \begin{bmatrix}\text{물의}\\ \text{소비 속도}\end{bmatrix}$$

이 시스템은 정상 상태라고 가정하기 때문에 첫 번째 항은 0이다. 또한 물이 생성되거나 소비되지 않기 때문에 마지막 두 항은 0이다. 따라서 물질수지는 다음과 같다.

0 = [물 유입] − [물 유출] + 0 − 0

두 개의 강에서 들어오고, 한 개의 강에서 나가므로,

$$0 = [10 + 13] - [Q_O] + 0 - 0$$

이 된다.

여기서, Q_O : 오하이오강에서의 유량

6단계. 미지의 변수를 푼다.

$Q_O = 23\ \mathrm{m^3/s}$

이제 유사에 대해서 풀이 과정을 반복한다. 질량 흐름은 농도와 부피의 곱으로 계산된다는 점을 상기하면 다음 식과 같다.

$$Q_{Mass} = C \times Q_{Volume} = \frac{\mathrm{mg}}{\mathrm{L}} \times \frac{\mathrm{L}}{\mathrm{s}} = \frac{\mathrm{mg}}{\mathrm{s}}$$

5단계를 다시 시작하면, 물질수지 방정식은 다음과 같다.

$$\left[\ \text{유사 축적}\ \right] = \left[\ \text{유사 유입}\ \right] - \left[\ \text{유사 유출}\ \right] + \left[\ \text{유사 생성}\ \right] - \left[\ \text{유사 소비}\ \right]$$

다시 첫 번째와 마지막 두 항은 0으로 가정되므로 방정식은 다음과 같이 된다.

$0 = [\text{유사 유입}] - [\text{유사 유출}] + 0 - 0$

$0 = [(C_A Q_A) + (C_M Q_M)] - [C_O Q_O] + 0 - 0$

여기서, C : 유사의 농도

$\hat{A}$, $\hat{M}$, $\hat{O}$: 세 개의 강을 나타내는 첨자

알려진 정보를 넣으면 다음과 같다.

$0 = [(250\,\mathrm{mg/L} \times 10\,\mathrm{m^3/s}) + (1{,}500\,\mathrm{mg/L} \times 13\,\mathrm{m^3/s})] - [C_O \times 23\,\mathrm{m^3/s}]$

오하이오강의 유량은 부피 수지에서 계산한 23 $\mathrm{m^3/s}$로 앞서 물의 수지로부터 먼저 계산되었다. 방정식을 풀면 다음과 같다.

$C_O = 969\,\mathrm{mg/L} \approx 970\,\mathrm{mg/L}$

예제 4.5에서는 하나를 제외한 모든 미지수가 정의되어, 남아있는 미지수에 대한 간단한 계산이 이루어진다. 그러나 대부분의 경우, 다음 예제 4.6에서 설명하는 것처럼 답을 위해 계산이 좀 더 필요하다.

예제 4.6 그림 4.10에 제시된 하수관에서 $Q_B = 0$이고 Q_A와 Q_C는 모른다고 가정한다. 첫 번째 맨홀에서 채수하여, 맨홀 1로 유입되는 흐름의 용존고형물 농도가 50 mg/L임을 알 수 있었다. 맨홀 1에 $Q_B =$ 100 L/min의 추가 유량이 유입되고, 이 추가 흐름은 20% 용존고형물이 포함되어 있다(1%는 10,000 mg/L이다). 맨홀 2를 통과하는 흐름에서 채수하여, 1,000 mg/L의 용존고형물을 함유하고 있음을 알았다. 하수관에서 하수의 유량(Q_A)은 얼마인가?

해답 일반적인 규칙을 따른다.

1단계. 그림 4.10에 주어진 다이어그램을 그린다.

2단계. 농도를 포함한 모든 정보를 추가한다.

3단계. 맨홀 1은 블랙박스이다.

4단계. 어떤 물질의 수지를 세워야 할까? 유량의 수지를 세워야 하면, 두 가지 미지수가 있다. 그 외 다른 물질의 수지를 세울 수 있는가? 고형물의 관점에서 물질수지를 세운다고 가정한다.

5단계. 고형물의 물질수지를 세운다.

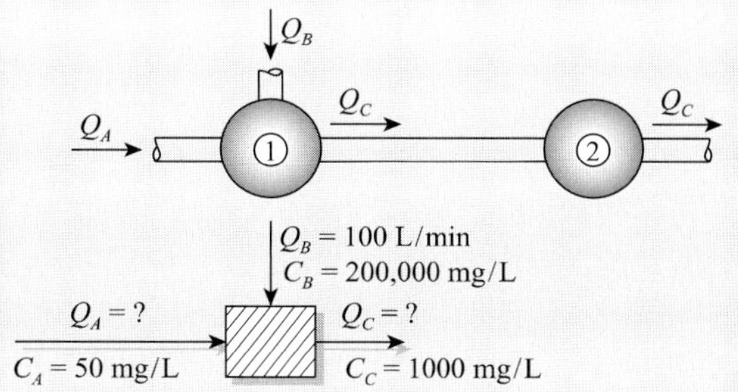

그림 4.10 고체와 액체 흐름이 있는 블랙박스로서의 맨홀

$$\left[\text{고형물 축적}\right] = \left[\text{고형물 유입}\right] - \left[\text{고형물 유출}\right] + \left[\text{고형물 생성}\right] - \left[\text{고형물 소비}\right]$$

정상 상태 가정은 첫 번째 항이 0이 될 수 있고, 시스템에서 고형물이 생성되거나 소비되지 않으므로 마지막 두 항은 0이므로, 방정식은 다음과 같다.

$$0 = [\text{고형물 흐름 유입}] - [\text{고형물 흐름 유출}] + 0 - 0$$

$$0 = [(Q_A C_A) + (Q_B C_B)] - [Q_C C_C] + 0 - 0$$

$$0 = [Q_A(50\,\text{mg/L}) + (100\,\text{L/min})(200{,}000\,\text{mg/L})] - [Q_C(1{,}000\,\text{mg/L})]$$

(L/min) × (mg/L) = (mg-고형물/min)이 된다. 2개의 미지수가 있는 방정식이 생성되므로, 6단계를 건너뛰고 7단계로 진행해야 한다.

7단계. 계산에서 다수의 미지의 변수가 나오면, 다른 물질수지를 세운다. 부피 유량 관점에서의 물질수지식은 다음과 같다.

$$\left[\text{부피 축적}\right] = \left[\text{부피 유입}\right] - \left[\text{부피 유출}\right] + \left[\text{부피 생성}\right] - \left[\text{부피 소비}\right]$$

첫 번째 항과 마지막 두개의 항은 0으로 가정한다. 따라서,

$0 = [Q_A + Q_B] - [Q_C]$ 그리고 $0 = Q_A + 100 - Q_C$

이제 두 개의 미지수가 있는 두 개의 방정식이 있다. $Q_A = (Q_C - 100)$을 첫 번째 방정식으로 치환한다.

$$50(Q_C - 100) + 200{,}000(100) = 1{,}000\,Q_C$$

그리고 풀면

$Q_C = 21{,}047\,\text{L/min} \approx 21{,}000\,\text{L/min}$ 그리고 $Q_A = 20{,}947\,\text{L/min} \approx 20{,}900\,\text{L/min}$

이 된다.

때로는 물질수지 계산에서 블랙박스는 말 그대로 상자이다. 예를 들어, 대기 오염물질의 배출과 도시 위의 공기질 사이의 관계를 허술하지만 유용한 수단은 박스 모델(box model)이다. 이 분석에서는 상자가 도시 위에 있다고 가정하고, 이 상자는 오염 물질의 혼합 깊이만큼 높고 도시의 경계만큼 넓고 길다. 이 상자를 통해 바람이 불고 방출되는 오염 물질과 혼합되어, 농도가 결정된다. 상자 모델은 방금 설명한 것과 동일한 원리를 사용하여 분석할 수 있다.

예제 4.7 다음의 조건에서 세인트루이스(St. Louis)시 공기에서 이산화황(SO_2) 농도를 추정하라. 도시 위의 혼합고가 1,210 m이고, 바람에 수직인 상자의 너비가 10^5 m이고, 연평균 풍속이 15,400 m/h이고, 이산화황 배출량은 $6{,}242 \times 10^8$ g/yr이다.

해답 먼저 그림 4.11에서와 같이 세인트루이스시 위에 상자를 만든다. 상자 안으로 들어가는 공기의 양은 흐름이 통과하는 면적에 속도를 곱한 시간, $Q = Av$로 계산한다. 여기서, v는 풍속이고 A는 상자 측면의 면적, 즉 혼합고와 너비의 곱이다.

$$Q_{air} = (1{,}210\,\text{m} \times 10^5\,\text{m})(15{,}400\,\text{m/h}) = 1.86 \times 10^{12}\,\text{m}^3/\text{h}$$

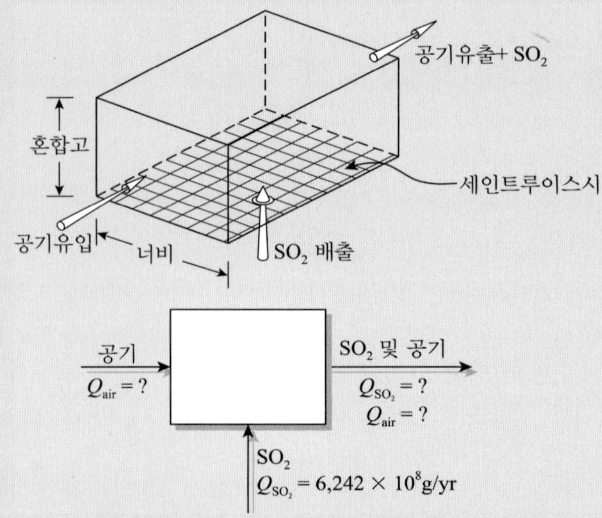

그림 4.11 대기질 상자 모델(예제 4.7)

간단한 상자 또한 그림에 표시된다. 부피 수지 방정식의 간단한 적용은 [공기 유입] = [공기 유출]을 나타내므로, Q_{air} 유출은 1.86×10^{12} m³/h이다. 질량 흐름이 [농도] × [체적 유량]으로 표현되는 것을 기억하면, SO_2에 관한 질량 수지는 다음과 같이 쓸 수 있다:

$$\begin{bmatrix} SO_2 \\ \text{축적 속도} \end{bmatrix} = \begin{bmatrix} SO_2 \\ \text{유입 속도} \end{bmatrix} - \begin{bmatrix} SO_2 \\ \text{유출 속도} \end{bmatrix} + \begin{bmatrix} SO_2 \\ \text{생성 속도} \end{bmatrix} - \begin{bmatrix} SO_2 \\ \text{소비 속도} \end{bmatrix}$$

정상 상태이고 반응이 없다고 가정하면, 물질수지는 다음과 같다.

$$0 = [7.126 \times 10^{13}\,\mu\text{g/h}] - [(C)(1.86 \times 10^{12}\,\text{m}^3/\text{h}]$$

여기서

$$6{,}242 \times 10^8\text{g/yr} \times 10^6\mu\text{g/g} \times \frac{1}{8{,}760}\text{yr/h} = 7.126 \times 10^{13}\mu\text{g/h} \;\; (\text{단, } 8{,}760 = 355\,\text{d/yr} \times 24\,\text{h/d})$$

이것을 풀면, $C = 38\,\mu\text{g/m}^3$이 된다.

이산화황은 공기 오염 물질로서 오랜 역사를 지니고 있다. 참고로 제1장에서 논의된 1948년 펜실베니아주 도노라(Donora, Pennsylvania) 사건이 있다. 국가 대기 오염 법률의 통과 이후에, 많은 미국 회사들은 해안에서 공해 규제가 덜한 섬으로 해외로 이주했다. 오염을 단지 지역적인 문제로 간주한다면, 물론 일자리를 잃은 것을 제외하면, 해안의 공장 이전은 사리에 맞다. 하지만, 우리가 오염이 지구적인 관심사라는 것을 인식할 때, 공장을 수천 마일 옮기는 단순한 이동은 지구 대기에 미치는 효과에 어떠한 차이도 없을 것이라는 것을 깨닫게 된다. 지구는 우리의 블랙박스가 되었다.

4.2.2 다수 물질 흐름의 분리

지금까지 우리는 물질 흐름의 특성이 박스 내에서 변경되지 않는 블랙박스에 대해 논의했다. 이 장에서는 블랙박스는 2개 이상의 물질의 혼합물로 구성된 흐름을 받으며, 블랙박스의 목적은 이러한 유입 물질의 농도를 변경하는 것이다.

물질 선별기(material separator)의 목적은 물질 특성의 차이를 이용하여 혼합 물질을 개별 구성 요소로 분리하는 것이다. 예를 들어, 분쇄된 유리를 두 종류의 유리로 분리하는 고형 폐기물 처리장용 장치를 설계해야 한다고 가정한다. 장치는 투명 또는 투명한 유리(flint) 그리고 불투명(호박색 또는 갈색) 유리로 두 종류로 분리한다. 먼저, 어떤 물질적 특성을 이용할 것인지 결정한다. 이것은 유입 흐름(feed stream)에서 개별 입자를 어떻게 분리할지 기계에 알려주는 코드(code) 또는 신호(signal)가 된다. 유리의 경우 코드는 명백히 투명성이 될 수 있으며, 이 특성은 그림 4.12의 장치와 같이 분리 시스템의 설계에 사용된다. 이 장치에서 유리 조각은 벨트 컨베이어(belt conveyor)에서 떨어지고 광선을 통과시킨다. 상자를 통해 전송되는 빛의 양은 광전지에 의해 읽혀진다. 광선을 불투명한 유리 조각이 방해하면, 광전지는 더 적은 빛을 받고 전자석이 활성화되어 게이트(gate)가 왼쪽으로 당겨진다. 투명한 유리 조각은 광선을 방해하지 않으며 게이트는 움직

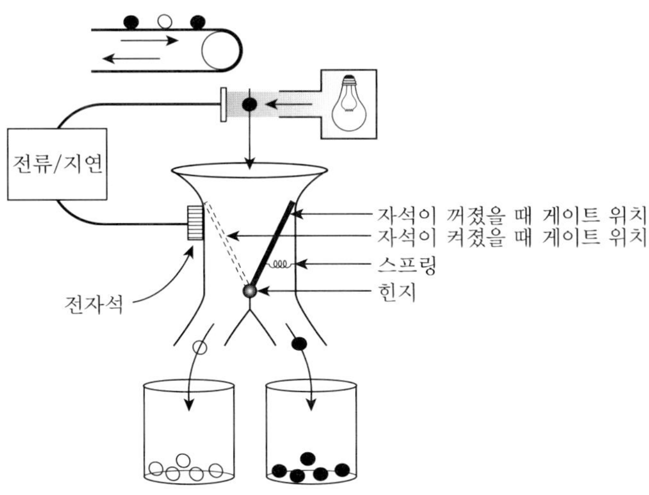

그림 4.12 투명한 유리와 컬러 유리를 분리하는 장치 이성분 선별기(a binary separator)

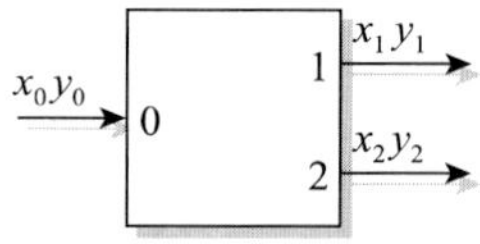

그림 4.13 이성분 선별기(a binary separator)

이지 않는다. 광전지의 신호에 따라 활성화된 게이트는 코드에 따라 물질을 분리하는 스위치가 되는 것이다.

이 간단한 장치는 코드(식별기, code) 및 스위치(전환기, switch)의 특성을 보여준다. 속성 차이를 읽은 다음 해당 신호를 사용하여 분리를 수행한다. 코드와 스위치의 원리를 이용한 물질 분리는 환경공학의 핵심적인 부분이다.

물질 분리 장치는 무결하지 않으며 때로는 실수를 저지른다. 빛이 항상 투명한 유리를 정확하게 식별한다고 생각할 수는 없다. 가장 정교하고 신중하게 설계된 장치의 경우에도 실수가 발생하고 불투명한 유리 조각은 투명한 조각들로 가득한 박스 안에 들어가게 되거나 혹은 그 반대의 상황이 일어날 수도 있다. 분리 작업이 얼마나 잘 수행되는지 측정하는 두 가지 척도(parameter)에는 회수율(recovery)과 순도(purity)가 있다.

그림 4.13에 있는 블랙박스 선별기를 생각해보자. 2개의 성분 x와 y가 분리되고, x가 생성물 흐름 1(또는 배출경로 1)로 가고 y가 생성물 흐름 2로 간다. 불행히도, y의 일부는 실수로 생성물 흐름 1로 가게 되고 x의 일부는 생성물 흐름 2로 가게 된다. 생성물 흐름 1에서 구성 요소 x의 회수율은 다음과 같이 정의된다.

$$R_{x_1} = \frac{x_1}{x_0} \times 100 \tag{4.2}$$

여기서, x_1 : 유출 흐름 1의 물질 흐름
x_0 : 유입 흐름(투입)의 물질 흐름

유사하게, 생성물 흐름 2에서 물질 y의 회수는 다음과 같이 표현될 수 있다.

$$R_{y_2} = \frac{y_2}{y_0} \times 100$$

여기서, y_2 : 유출 흐름 2의 물질 흐름
y_0 : 유입 흐름의 물질 흐름

x와 y의 회수율이 100%이면, 선별기는 완벽한 장치이다.

생성물 흐름 1에서 x의 회수를 최대화할 필요가 있다고 가정한다. x_2를 최대한 줄이는 것이 합당할 것이다. 이것은 생성물 흐름 2를 차단하고, 전체 흐름을 생성물 흐름 1로 전환하고, R_x = 100%에 도달함으로써 효과적으로 달성될 수 있다. 우리는 100% 회수율에 도달하고 있지만, 그렇다고 해서 유용한 것을 달성한 것은 아니다. 회수율이 분리기의 성능을 판단하는 유일한 기준이 될 수는 없다. 따라서, 분리에 대한 두 번째 척도인 순도가 필요하다. 유출 흐름 1에서 x의 순도는 다음과 같이 정의된다.

$$P_{x_1} = \frac{x_1}{x_1 + y_1} \times 100$$

회수율과 순도의 조합은 우리에게 필요한 성능 기준을 제시할 수 있을 것이다.

예제 4.8 지역 재활용 처리장에서 알루미늄 캔 선별기가 400 cans/min을 처리한다고 가정한다. 두 생성물 흐름은 다음과 같이 구성된다.

	총유입	생성물 흐름 1	생성물 흐름 2
알루미늄 cans/min	300	270	30
철 cans/min	100	0	100

알루미늄 캔의 회수율과 생성물의 순도를 계산하라.

해답 먼저 분당 알루미늄 캔의 물질수지는

$0 = [유입] - [유출] = 300 - (270 + 30)$

$0 = 0$ 검토

$$R_{Al\,cans_1} = \frac{270}{300} \times 100 = 90\%$$

$$P_{Al\,cans_1} = \frac{270}{270 + 0} \times 100 = 100\%$$

이 선별기는 높은 회수율 및 매우 높은 순도를 갖는다. 사실, 이들 데이터에 따르면, 최종 알루미늄 캔 흐름인 생성물 흐름 1에는 오염물인 철(steel) 캔이 없다.

같은 원리가 중력 농축과 같은 보다 복잡한 환경공정에도 적용될 수 있다.

예제 4.9 그림 4.14(A)는 수많은 물과 하폐수 처리 시설에서 사용되는 중력 농축기를 보여준다. 이 장치는 고형물이 물보다 밀도가 높다는 사실을 이용하여 부유고형물을 액체(일반적으로 물)와 분리한다. 이 분리기의 코드는 밀도이고 농축기는 스위치이며, 밀도가 높은 고체는 탱크의 바닥에 침전되어 제거 된다. 농축기로 유입되는 것을 유입수 또는 피드(feed)라고 부른다. 낮은 고형물 유출 흐름은 월류수(overflow), 무겁고 농축된 고형물 유출 흐름은 하부배출수(underflow)라고 하자. 금속 도금 공장의 농축조가 부유고형물 농도 5,000 mg/L인 침전된 금속 도금 폐기물 유량 40 m^3/h를 받는다고 생각해보자. 농축기가 정상 상태 모드에서 작동하여 30 m^3/h의 유량이 월류로 배출되고, 이 월류의 고형물 농도가 25 mg/L인 경우, 하부배출수의 고형물 농도는 얼마이고 하부배출수의 고형물 회수율은 얼마인가?

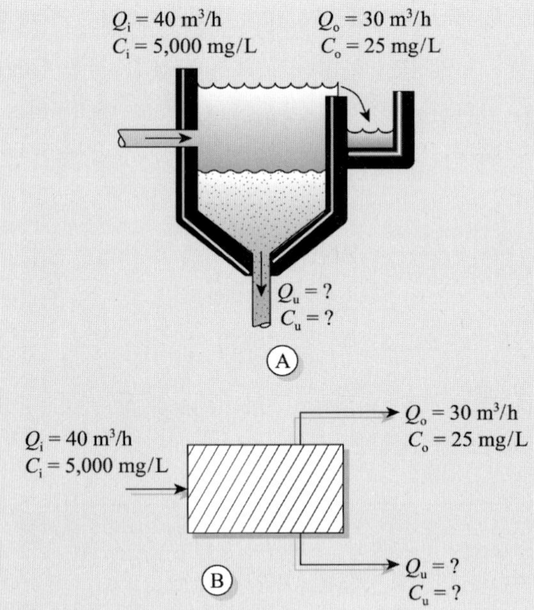

그림 4.14 슬러지 농축을 위한 중력 농축기(예제 4.9)

해답

농축조를 다시 블랙박스[그림 4.14(B)]로 간주하고 단계적으로 진행하여 먼저 부피 유량과 고형물 유량의 수지를 맞춘다. 정상 상태라고 가정할 때, 시간당 입방미터의 부피 수지는 다음과 같다.

[부피 축적] = [부피 유입] − [부피 유출] + [부피 생성] − [부피 소비]

$$0 = 40 - (30 + Q_u) + 0 - 0$$

$$Q_u = 10\,\text{m}^3/\text{h}$$

고형물의 물질수지는 다음과 같다.

$$0 = (C_iQ_i) - [(C_uQ_u) + (C_oQ_o)] + 0 - 0$$

$$0 = (5{,}000\,\text{mg/L})(40\,\text{m}^3/\text{h}) - [C_u(10\,\text{m}^3/\text{h}) + (25\,\text{mg/L})(30\,\text{m}^3/\text{h})]$$

$$C_u = 19{,}900\,\text{mg/L}$$

고형물의 회수율은 다음과 같다.

$$R_u = \frac{C_uQ_u}{C_iQ_i} \times 100$$

$$R_u = \frac{(19{,}900\,\text{mg/L}(10\,\text{m}^3/\text{h}) \times 100}{(5{,}000\,\text{mg/L})(40\,\text{m}^3/\text{h})} = 99.5\%$$

많은 공학 연구에서 단위 작업의 성능을 설명하는 회수율 및 순도와 같은 두 가지 척도를 갖는 것은 불편하다. 예를 들어, 폐기물 연료(또는 고형연료, RDF, refuse-derived fuel)[5]를 생산하기 위해 사용되는 경쟁관계에 있는 두 개의 풍력선별기의 성능은 다음과 같이 광고될 수 있다.

5) 14.4절의 고형연료제품 참조

	R (%)	P (%)
풍력선별기 1	90	92
풍력선별기 2	93	87

어떤 장치가 더 나은지를 판단하기는 어렵다. 따라서, 여러 가지 단일 값 척도가 제안되었다. 이성분 선별기의 경우, 다음 두 가지가 제안되었다.

$$E_{WS} = \left[\frac{x_1}{x_0} \times \frac{y_2}{y_0}\right]^{1/2} \times 100$$

E_{WS} = 워렐–스테설(Worrell-Stessel) 효율

$$E_R = \left|\frac{x_1}{x_0} - \frac{y_1}{y_0}\right| \times 100$$

E_R = 라이어티마(Rietema) 효율

이 두 가지 모두 단일 값을 사용하여 비교할 수 있으며, 둘 다 0에서 100%의 값을 얻을 수 있다. 효율에 있어 이러한 정의의 사용은 두 풍력선별기에 대한 위의 데이터를 사용하여 설명할 수 있다.

예제 4.10 Worrell–Stessel과 Rietema 공식을 사용하여 다음 선별기의 효율을 계산한다.

	유입 (ton/d) 유기물/무기물	생성물 흐름 1 (ton/d) 유기물/무기물	생성물 흐름 2 (ton/d) 유기물/무기물
풍력선별기 1	80/20	72/6	8/14
풍력선별기 2	80/20	76/8	4/12

해답 첫 번째 공기선별기의 경우

$$E_{WS} = \left[\frac{72}{80} \times \frac{14}{20}\right]^{1/2} \times 100 = 79\%$$

$$E_R = \left|\frac{72}{80} - \frac{6}{20}\right| \times 100 = 60\%$$

두 번째 공기선별기의 경우 E_{WS}는 75%, E_R은 55%이다. 분명히 첫 번째 분류기가 우수하다.

이러한 공정은 단일 물질을 두 개의 생성물 흐름으로 분리하는 것을 보여준다. 이러한 소위 이성분 선별기(binary separator)를 사용하여 재료 특성 또는 코드에 따라 유입물(feed)을 두 부분으로 나눈다.

혼합 물질을 세 개 이상의 구성 요소로 나누는 다성분 선별기(polynary separator)를 구상하는 것도 가능하다. 다성분 선별기의 성능은 회수율, 순도 및 효율로도 기술할 수 있다. 그림 4.15와 관련하여, 유출 흐름 1에서 성분 x_1의 회수율은 다음과 같다.

$$R_{x_{11}} = \frac{x_{11}}{x_{10}} \times 100$$

여기서, x_{11} : 유출 흐름 1의 성분 x_1

x_{10} : 유입 흐름의 성분 x_1

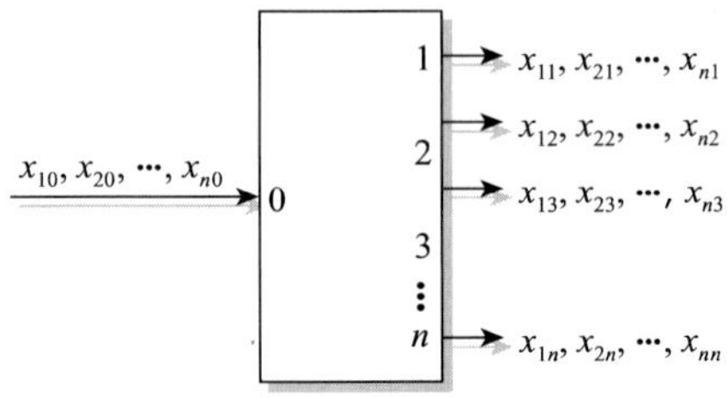

그림 4.15 다성분 선별기

성분 x_1에 대한 생성물 흐름 1의 순도는 다음과 같다.

$$R_{x_{11}} = \frac{x_{11}}{x_{11} + x_{21} + \cdots + x_{n-1}} \times 100$$

Worrell-Stessel 및 Rietema의 효율은 각각 다음과 같다:

$$E_{WS} = \left[\frac{x_{11}}{x_{10}} \cdot \frac{x_{22}}{x_{20}} \cdot \frac{x_{33}}{x_{30}} \cdots \frac{x_{nn}}{x_{n0}} \right]^{1/2} \times 100$$

$$E_{R_1} = \left| \frac{x_{11}}{x_{10}} - \frac{x_{12}}{x_{20}} - \frac{x_{13}}{x_{30}} \cdots \frac{x_{1n}}{x_{n0}} \right| \times 100$$

이 다성분 선별기에서 공급물은 n개의 성분을 갖고, 분리 공정은 n개의 생성물 흐름을 갖는다고 가정한다. 좀 더 일반적인 조건은 그림 4.16과 같이 n개의 구성 요소가 있는 유입물에 대해 m개의 생성물 흐름이 있는 경우이다. 회수율, 순도 및 효율에 대한 방정식은 이전과 같은 정의로 구성할 수 있다.

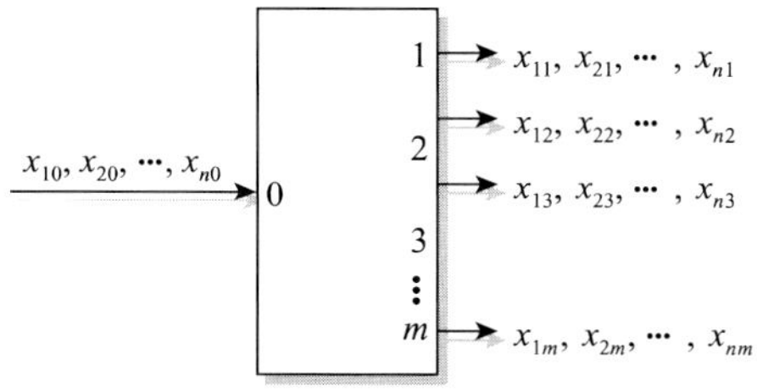

그림 4.16 n 개의 유입물 성분과 m 개의 생성물 흐름에 대한 다성분 선별기

FOCUS ON

물질수지의 대규모 스케일에서의 응용

질량수지(mass balance)라고도 불리는 물질수지는 그 개념이 매우 유용하여 모든 규모에 적용될 수 있다. 영국에서는 환경 보조금으로 조성된 매립세(landfill taxes)를 사용하기 위해 창설된 단체 비파워드(Biffaward)는 물질수지 운동(Mass Balance Movement)라 불리는 새로운 계획(initiative)을 지원했다.[2] 이 계획을 통해 물질수지 분석의 가치를 밝혀주는 여러 연구 프로젝트 및 간행물을 제작하였다. 물질수지 프로젝트는 여러 가지 방법으로 영국의 자원 흐름을 조사했다. 자원은 추출 또는 수입에서부터 상품으로 제조되고, 사용되고 버려지고 재활용되는 과정이 모두 고려되었다. 일부 연구는 특정 물질의 생산에 초점을 두었다. 다른 일부의 연구는 특정 경제 부문에 중점을 두고, 또 다른 일부는 특정 지리적 영역에 초점을 두었다.

물질수지 개념은 물질을 생성하거나 파괴할 수 없다는 근본 원리에 기초한다. 따라서 공정, 산업 또는 지역의 투입(input) 질량은 생산물, 배출물 및 폐기물로 이루어지는 산출(output) 질량과 물질수지가 맞아야 하며, 누적된 질량의 어떠한 변화들도 모두 고려되어야 한다(그림 4.17).

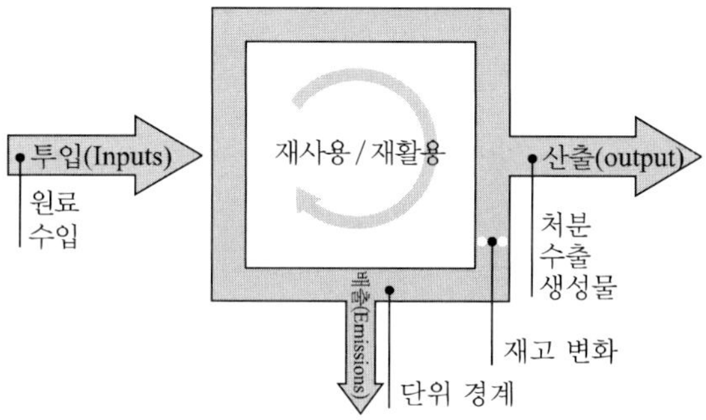

그림 4.17 일반적인 물질수지[6] (By permission of Biffaward Mass Balance Project, RSWT.)

물질수지 개념을 체계적으로 적용한다면, 이 간단하고 직접적인 개념은 산업, 정부 및 그 외 여러 사람들이 정보에 입각한 의사 결정을 내리고 문제와 기회에 대한 우선순위를 부여하는데 도움이 될 것이다.

① 정책 입안자

- 물질수지 분석은 정책 입안자가 매립 금지가 가능한지 또는 물질 관리의 대체 수단이 필요한지 그리고 어디에서 필요한지를 결정하는 데 도움이 된다.
- 학교가 에너지 효율성 측정을 통해 매년 17.85파운드를 절약할 수 있음을 보여주는 데이터는 정

부 프로그램 우선사항을 지원하는데 도움이 될 수 있다.
- 영국의 유리 34%만 재활용(스위스 92%)된다는 데이터는 재사용율을 대폭 증가하는 방법을 알아보기 위한 영국과 스위스의 정책 수단 비교 연구를 추진하는 수단으로 사용될 수 있다.
- 종이 및 보드 산업이 매년 650만 톤의 펄프를 사용하고 있으며, 그 중 450만 톤이 폐지에서 유래된 것으로 나타났으며, 재활용률은 69%로 1996년의 59%에서 증가되었고, 또한 20년 동안 물 사용량을 70%까지 줄였다는 데이터는 긍정적인 대중 인식과 미래의 목표 설정을 위한 기회를 만들어 낼 수 있다.

② 기업체
- 물질수지 분석은 자원이 제품으로 수출되고 있거나 폐기물로 손실되었는지 등의 재활용 가능한 자원이 경제 시스템에서 누출되는 곳을 기업이 파악할 수 있도록 도와준다. 기업의 경쟁력은 기업이글로벌 주식과 흐름에 대한 추정을 고려하고 미래를 위한 충분한 자원을 확보할 수 있도록 모든 것을 재획득하도록 할 수 있다.
- 매년 약 5억 7천 3백만 권의 잡지가 판매되지 않았음을 보여주는 데이터는 판매되지 않은 잡지를 관리하지 않아도 되도록 주문형으로 출판하는 혁신적인 방법을 유도할 수 있다.

③ 엔지니어
- 동물의 소화 과정과 분뇨가 영국의 메탄의 약 40%를 배출한다는 사실을 알게 되면 메탄으로 부터 에너지를 회수하여 CO_2 배출 목표를 달성하는 데 도움이 되는 분뇨 소화조를 만들 수 있다.
- 전체 영국 폐기물의 22%로 농업 자원 흐름을 확인하는 두 가지 연구 결과는, 가치 회수 옵션(value recovery options)을 위한 폐기물에 대한 추가적인 평가를 촉진할 수 있다.
- 2001년 영국에서 5천만 개가 넘는 타이어가 폐기된 사실은, 부수적인 오염을 일으키지 않으면서 가치 회수를 최적화하기 위한 가치 회복 옵션 및 제품 설계 변경을 고려하도록 할 수도 있다.

미국의 국립 연구 위원회(National Research Council)는 물질수지 운동(Mass Flow Movement)과 유사한 물질 흐름 분석을 제안했다. 둘 다 지역, 국가 및 지구 규모에서 물질 흐름을 분석하기 위한 더 나은 방법과 데이터가 절실하게 필요하다고 주장했다.[3] 유럽 연합은 물질 흐름 측정을 위한 표준화 된 방법 개발을 선도하고 있다.[4,5]

4.2.3 다수 물질을 가진 복합 공정

블랙박스를 사용하여 혼합하고 분리하는 이전의 원리는 여러 블랙박스의 조합으로 시스템을 분석함으로써 다수의 물질을 가진 복합 시스템에 적용될 수 있다. 단계별 절차는 이 시스템에도 적용될 수 있다. 예제 4.11에서는 분리 단계인 탈수 장치 작업 외에도, 두 개의 블랙박스가 추가되어 사용되었다.

예제 4.11 다음 그림 4.18의 시스템을 생각해보자. 조형물 농도 C_O = 4%의 슬러지를 원심 분리기를 사용하여 고형물 농도 C_E = 10%로 농축하고자 한다. 그러나 원심 분리기는 유입되는 고형물 농도 4% 슬러지로부터 20%의 슬러지를 생산한다. 바꾸어 말하면, 너무 성능이 좋다고 할 수 있다. 유입되는 슬러지 흐름의 일부를 우회시켜 원심분리기를 거친 탈수슬러지(20%)와 혼합하여 정확히 10% 고형물 농도의 슬러지를 생산하기로 하였다. 문제는 우회시켜야 할 슬러지의 양이다. 유입 슬러지의 고형물 농도(C_O) 4%, 유입 유량(Q_O)은 4 L/min이다. 여기서, 그리고 다음 문제에서도, 슬러지의 비중은 1.0 g/cm^3 인 것으로 가정한다. 즉, 고체는 물의 밀도와 동일한 밀도를 가지며, 이는 일반적으로 적절한 가정이다. 원심 분리기는 0.1%의 고형물 농도(C_C)의 원심분리액(centrate, 낮은 고체 농도의 유출물 흐름)과 20%의 고형물 농도(C_K)를 갖는 케이크(cake, 높은 고형물 농도의 유출물 흐름)를 생성한다. 필요한 우회 유량을 얼마인가?

해답

1. 먼저 원심분리기를 블랙박스 분리기로 생각한다[그림 4.18(B)]. 부피 수지는 다음과 같다.

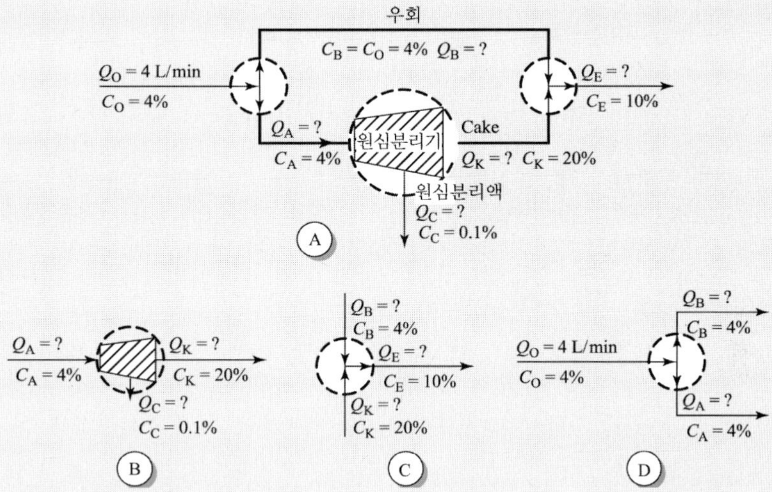

그림 4.18 슬러지의 원심 탈수(예제 4.11)

$$\begin{bmatrix}\text{슬러지 부피}\\\text{축적}\end{bmatrix}=\begin{bmatrix}\text{슬러지 부피}\\\text{유입}\end{bmatrix}-\begin{bmatrix}\text{슬러지 부피}\\\text{유출}\end{bmatrix}+\begin{bmatrix}\text{슬러지 부피}\\\text{생성}\end{bmatrix}-\begin{bmatrix}\text{슬러지 부피}\\\text{소비}\end{bmatrix}$$

정상 상태라고 가정하면 위의 식은 다음과 같다.

$$0 = Q_A - [Q_C + Q_K] + 0 - 0$$

부피는 슬러지 고형물의 부피 및 주변 액체의 부피를 포함하는 것을 유의하라. 정상 상태라고 가정하면, 원심 분리기의 고체 수지는 다음과 같다.

$$0 = [Q_A C_A] - [Q_K C_K + Q_C C_C] + 0 - 0$$

$$0 = Q_A(4\%) - Q_K(20\%) - Q_C(0.1\%)$$

분명히 두 개의 방정식과 세 개의 미지수가 있다. 향후 사용을 위해 $Q_C = 0.804 Q_A$ 및 $Q_K = 0.196 Q_A$와 같이 Q_A의 함수로 나타낸다.

2. 다음으로, 두 개의 흐름이 혼합된 두 번째 교차점을 고려한다[그림 4.18(C)]. 정상 상태를 가 한 체적 수지는 다음과 같다.

$$0 = [Q_B + Q_K] - [Q_E] + 0 - 0$$

고형 물질수지는 다음과 같다.

$$0 = [Q_B C_B + Q_K C_K] - [Q_E C_E] + 0 - 0$$

$$0 = Q_B(4\%) - Q_K(20\%) - Q_E(10\%)$$

Q_K에 적용하고 풀면 다음 식이 도출된다.

$Q_K = 0.6Q_B$

위에서 $Q_K = 0.196Q_A$라고 밝혀졌다.

따라서, $0.6Q_B = 0.196Q_A$ 또는 $Q_B = 0.327Q_A$

3. 이제 첫 번째 분리기 박스를 생각해보자[그림 4.18(D)]. 정상 상태를 가정한 부피 수지는 다음과 같다.

$0 = [Q_O] - [Q_B + Q_A] + 0 - 0$

위 식에서 $Q_B = 0.327Q_A$ 적용하면 다음과 같다.

$0 = 4\text{L/min} - 0.327Q_A - Q_A$ 또는 $Q_A = 3\text{L/min}$

그리고 $Q_B = 0.327(3\text{L/min}) = 1\text{L/min}$

이것이 문제의 해답이다. 더 나아가 원심분리기 수지로부터 다음을 얻을 수 있다.

$Q_C = 0.804(3\text{L/min}) = 2.4\text{L/min}$

$Q_K = 0.196(3\text{L/min}) = 0.6\text{L/min}$

우회슬러지와 원심분리기 배출케익의 혼합기(blender) 상자에서의 물질수지는 다음과 같다.

$0 = Q_K + Q_B - Q_E$ 또는 $Q_E = Q_B + Q_K = 1.6\text{L/min}$

전체 시스템을 사용하고 정상 상태라고 가정하면, 부피 수지는 다음과 같이 검산할 수 있다.

$0 = Q_O + Q_C - Q_E$

$0 = 4.0 - 2.4 - 1.6 = 0$

대부분의 환경공학 공정은 일련의 단위 공정이 포함되며 각 작업은 특정 물질을 분리하도록 고안되었다. 종종 이러한 단위 공정이 채택되는 순서는 공정의 비용이나 효율 혹은 둘 모두에 영향을 미칠 수 있다. 이러한 사례는 예제 4.12에서 볼 수 있다.

예제 4.12 7톤의 파쇄된 폐플라스틱을 플라스틱의 개별 유형으로 분류한다고 생각해보자. 혼합된 네 종류의 플라스틱은 다음과 같은 양과 밀도를 가진다. 최상의 분리 방법을 결정하라.

플라스틱	약칭	양(ton)	밀도(g/cm^3)
폴리염화비닐	PVC	4	1.313
폴리스티렌	PS	1	1.055
폴리에틸렌	PE	1	0.916
폴리프로필렌	PP	1	0.901

해답 차이는 작지만 코드로 밀도를 사용하는 것이 가능하며, 부침(부상/침강, float/sink) 장치를 스위치로 사용할 수 있다. 적절한 밀도의 유체를 선택하면, 플라스틱 조각을 가라앉히거나 떠오르게 할 수 있다.

이 경우 가장 쉽게 분리할 수 있는 것은 두 개의 경량 플라스틱(PE 및 PP)에서 무거운 플라스틱(PVC 및 PS)을 제거하는 것이다. 이것은 1.0 g/mL의 밀도를 가진 대체로 일반적인 물과 같은 유체를 사용하여 수행할 수 있다. 가장 까다로운 분리인 PE와 PP의 분리는 큰 주의를 기울여 이루어져야 하며, 먼저 PVC와 PS를 제거함으로써 다소 용이해진다. 전체 공정 트레인은 그림 4.19에 나와 있다.

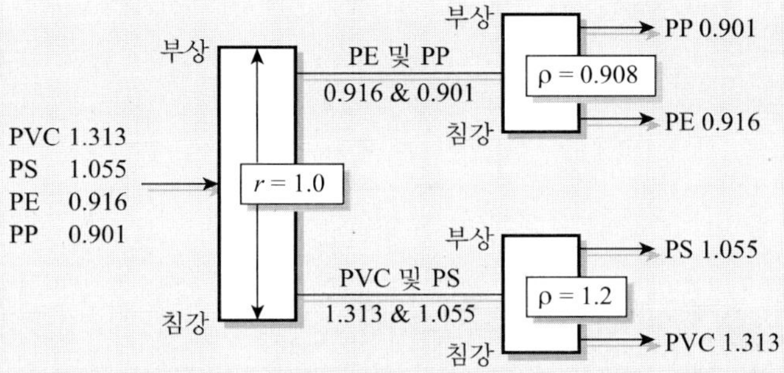

그림 4.19 부침법에 따른 플라스틱의 네 가지 유형 분리를 위한 공정 트레인(예제 4.12 참조)

그러나 이것이 분리의 가장 좋은 순서인가? 그림 4.19의 공정 트레인 대신 PVC가 먼저 제거되어 그림 4.20과 같은 공정을 거친다고 가정한다. 첫 번째 공정의 경우, 첫 번째 분리기는 모든 흐름 7톤을 수용한다. 다음 두 공정은 각각 5톤과 2톤을 받으며 총 14톤이 처리된 대체 공정 시스템에서, 첫 번째 분리 장치는 7톤을 처리해야 하며, 4톤이 제거되므로 다음 톤은 3톤이고, 마지막 톤은 2톤으로 총 12톤이다. 따라서, 두 번째 공정 트레인이 처리 물질의 최소 총량이라는 측면에서 바람직하다.[6]

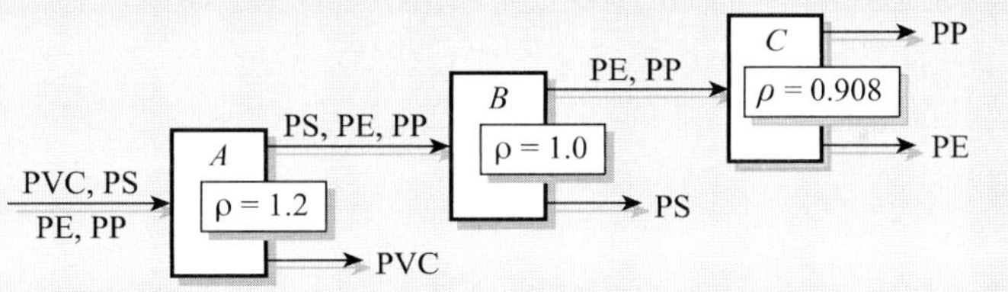

그림 4.20 부침법에 따른 플라스틱 분리를 위한 대체 공정 트레인(alternative process train)

예제 4.12에서, 고형물의 분리를 가능하게 하려면 다양한 유체를 사용해야 한다. 원하는 밀도의 유체가 사용된다면, 플라스틱 입자가 서로 분리된 후에 경제성이 플라스틱 입자에서 유체를 분리할 것을 결정할 것이다. 이것은 스크린과 같은 추가 단계를 필요로 하고, 반드시 유체의 일부를 잃어버리게 되는데, 이는 만들어져야 하고, 따라서 분리 비용이 증가한다.

다음은 공정 트레인에서 단위 공정 배치에 대해 제안된 일반적인 규칙들이다.

① 어떤 물질 특성이 이용될 것인지를 결정한다(예 : 자성 대 비자성 또는 큰 것 대 작은 것). 이것은 코드가 된다.

② 코드가 어떻게 스위치를 활성화시킬지 결정한다.

③ 둘 이상의 재료가 분리되어야 한다면 먼저 쉬운 물질을 분리한다.

④ 둘 이상의 물질을 분리해야 하는 경우 가장 먼저 양이 많은 것부터 분리한다(이 규칙은 규칙 3과 모순될 수 있으며 공학적 판단이 실행되어야 한다).

⑤ 가능하다면 분리를 용이하게 하기 위해서 어떤 물질도 추가하지 않는다. 왜냐하면 그 물질을 회수하기 위해서는 통상적으로 또 다른 분리 단계를 포함하기 때문이다.

4.3 반응조에서의 물질수지

지금까지 우리는 시스템이 정상 상태에 있다고 가정했고, 물질의 생산 또는 분해가 없다고 가정했다. 따라서 우리는 물질이 분해되거나 생산되지만 정상 상태 가정이 유지되는 시스템도 고려해 보아야 한다. 즉, 시스템은 시간에 따라 변경되지 않으므로 어떤 시간에 표본(sample)이 채취되더라도 결과는 항상 동일할 것이다.

예제 4.13 하폐수 처리에서 미생물은 대개 용존 유기 화합물을 섭취하여 더 많은 미생물로 전환시키며, 미생물은 침전과 같은 공정으로 흐름에서 제거된다(예제 4.11 참조). 이러한 공정 중 하나는 그림 4.21(A)와 같은 활성슬러지 시스템으로 알려져 있다.

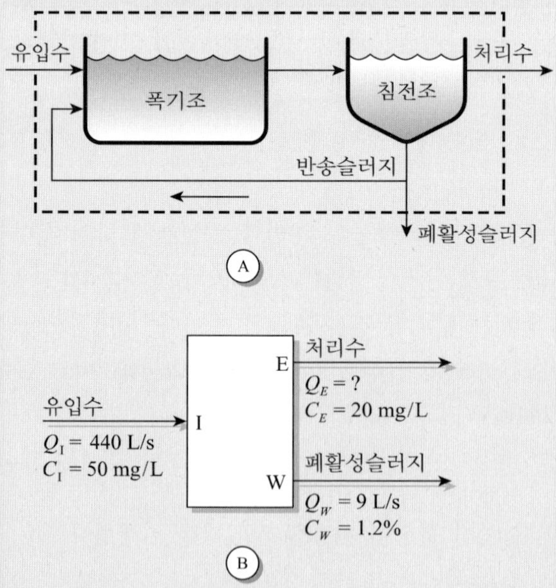

그림 4.21 활성슬러지 시스템(예제 4.13 참조)

활성슬러지 시스템은 용존 유기물을 부유 물질로 전환시키기 때문에 고형물 농도를 증가시킨다. 이때 고형물은 바로 미생물이다. 불행하게도 이 공정은 매우 효율적이어서 이러한 미생물(고형물) 중 일부는 폐기되어야 한다. 활성슬러지 시스템에서 제거된 이들 고형물 슬러리를 폐활성 슬러지(waste activated sludge)라고 한다.

어떤 활성슬러지 시스템이 50 mg/L의 부유고형물 농도를 가진 440 L/s 유량의 유입수를 받는다고 가정해 보자. 폐활성슬러지 유량은 고형물 농도 1.2%에서 9 L/s이다. 유출수의 고형물 농도는 20 mg/L이다. 폐활성슬러지의 발생량은 kg/d 단위로 얼마인가? 다른 말로 하면, 시스템의 고형물 생산 속도는 얼마인가? 정상 상태라고 가정한다.

해답 그림 4.21(B)를 참조하면, 전체 시스템을 블랙박스로 놓고, 변수가 추가된다.

첫 번째 물질수지는 부피에 관해서 L/s 단위로 표시되므로,

$$0 = 440 - [9 + Q_E] + 0 - 0$$

$$Q_E = 431\,\text{L/s}$$

가 된다.

두 번째 수지는 부유고형물에 관한 식이므로,

$$\begin{bmatrix}\text{고형물 축적}\end{bmatrix} = \begin{bmatrix}\text{고형물 유입}\end{bmatrix} - \begin{bmatrix}\text{고형물 유출}\end{bmatrix} + \begin{bmatrix}\text{고형물 생성}\end{bmatrix} - \begin{bmatrix}\text{고형물 소비}\end{bmatrix}$$

$$0 = [Q_1 C_1] - [Q_E C_E + Q_W C_W] + [X]$$

$$0 = [440 \times 50] - [(431 \times 20) + (9 \times 12{,}000)] + [X]$$

$$[X] = 94{,}620\,\text{mg/s}$$

$$[X] = 8{,}175\,\text{kg/d}$$

가 된다.

활성슬러지 시스템은 부유고형물을 생성하지만, 혐기성 소화와 같은 하폐수 처리의 다른 공정은 부유고형물을 분해하도록 설계된다. 혐기성 소화 시스템은 물질수지를 사용하여 분석될 수 있다.

예제 4.14 하폐수 처리시 슬러지의 소화를 통하여 유용한 가스(이산화탄소 및 메탄)를 생성하며, 소화 과정에서 슬러지의 냄새를 감소시킨다. 처리 전 슬러지에는 병원성 미생물이 포함될 수 있으며, 소화를 통해 슬러지가 소독되고 탈수를 더 쉽게 할 수 있다. 일반적으로, 혐기성 소화는 그림 4.22(A)에 표시된 2단 소화 시스템에서 수행된다. 1단 소화조라고 불리는 첫 번째 소화조는 혐기성 미생물이 에너지 함량이 높은 유기성 고형물(organic solids)을 메탄가스, 이산화탄소 및 에너지 함량이 낮은 고형물로 전환시키는 주요 반응조이다. 2단 소화조는 가스 저장조와 고형물 분리조로 이용되며, 상대적으로 더 무거운 고형물이 바닥에 침전되고 상징액(소화액, supernatant)은 슬러지에서 배출되어 수처리 공정에 다시 들어간다.

정상 상태 조건을 가정할 때, 유입 고형물은 4%로 유지해야 하며, 그 중 휘발성 고형물(volatile solids)은 70%, 유입 유량은 0.1 m^3/s로 한다. 가스(메탄 및 이산화탄소)에는 고형물이 포함되어 있지 않는다. 상징액의 고형물 농도는 2%이고 그 중 50%는 휘발성이며, 소화 슬러지의 고형분 농도는 6%이고 그 중 휘발성은 50%이다. 상징액과 소화된 슬러지의 유량을 구하라.

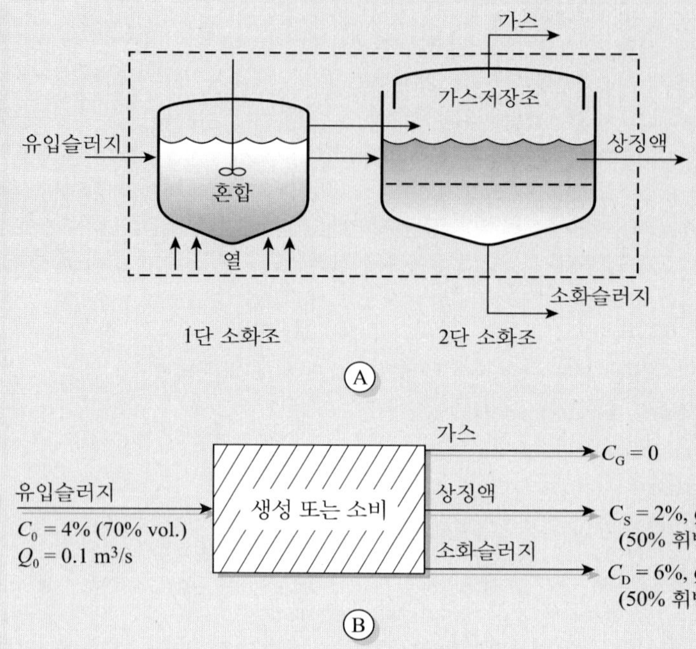

그림 4.22 블랙박스로 간략화된 슬러지 소화 시스템(예제 4.14)

해답

먼저 그림 4.22(B)와 같이 시스템을 다시 그린다. 몇 가지 가능한 수지가 있다. 편의상 다음 세 가지에 대해 물질 수지를 세운다.

- 휘발성 고형물(volatile solids)
- 총고형물(total solids)
- 슬러지 부피 = 고체 + 액체(sludge volume = solids + liquid)

1. 휘발성 고형물에 대한 물질수지는 다음과 같다.

$$\begin{bmatrix}\text{휘발성 고형물}\\ \text{축적}\end{bmatrix} = \begin{bmatrix}\text{휘발성 고형물}\\ \text{유입}\end{bmatrix} - \begin{bmatrix}\text{휘발성}\\ \text{고형물 유출}\end{bmatrix} + \begin{bmatrix}\text{휘발성 고형물}\\ \text{생성}\end{bmatrix} - \begin{bmatrix}\text{휘발성}\\ \text{고형물 소비}\end{bmatrix}$$

휘발성 고형물은 유입 슬러지로 들어가, 가스, 상징액 및 소화슬러지 속의 휘발성 고형물로 반응조로부터 나온다. 또한, 일부 휘발성 고형물은 공정에서 소비된다.

물질수지에서 고형물의 질량은 유량과 농도의 곱으로 표현될 수 있다. 휘발성 고형물은 생성되지 않고 정상 상태를 가정하기 때문에

$$0 = [Q_0 C_0] - [Q_G C_G + Q_S C_S + Q_D C_D] + 0 - [X]$$

여기서, X : 휘발성 고형물 소비량, g/s

$\hat{0}$, $\hat{G}$, $\hat{S}$, $\hat{D}$: 각각 유입 슬러지, 가스, 상징액 및 소화슬러지

를 나타내는 첨자이다.

물론, 가스에는 휘발성 고형물이 없기 때문에 $Q_G C_G = 0$이다. 식은 다음과 같이 된다.

$$0 = [(0.1\,\mathrm{m^3/s})(40{,}000\,\mathrm{mg/L})(0.7)] - [0 + Q_S(20{,}000\,\mathrm{mg/L})(0.5) + Q_D(60{,}000\,\mathrm{mg/L})(0.5)] + 0 - [X]$$

(g/s로 전환하는데 필요한 변환 요소는 상쇄되므로, 포함되지 않는다)
간단히 하면
$0 = 2{,}800 - 10{,}000\,Q_S - 30{,}000\,Q_D - X$

2. 총고형물에 대한 물질수지는 다음과 같다.
$0 = [(0.1\,\mathrm{m^3/s})(40{,}000\,\mathrm{mg/L})] - [0 + Q_S(20{,}000\,\mathrm{mg/L}) + Q_D(60{,}000\,\mathrm{mg/L})] + 0 - [X]$

3. 액체 부피 수지는 대략 다음과 같이 나타낼 수 있다.
$0 = Q_0 - Q_s - Q_d$
이는 다른 유출 흐름에 비해 가스의 액체의 양이 매우 적기 때문이다. 액체의 생산이나 소비는 없다. 따라서 마지막 항은 0이다. 따라서
$0 = (0.1\,\mathrm{m^3/s}) - Q_S - Q_D$
가 된다.

우리는 이제 3개의 방정식과 3개의 미지수를 가지고 있다.
1. $0 = 2{,}800 - 10{,}000\,Q_S - 30{,}000\,Q_D - X$
2. $0 = 4{,}000 - 20{,}000\,Q_S - 60{,}000\,Q_D - X$
3. $0 = 0.1 - Q_S - Q_D$

위 식을 풀면, $Q_D = 0.01\,\mathrm{m^3/s}$, $Q_S = 0.09\,\mathrm{m^3/s}$ 및 1,600 g/s의 휘발성 고형물(X)이 제거된다.

고려해야 할 다음 가정은 정상 상태 문제이다. 이 단계는 5장에서 논의되는 반응, 반응조 및 기타 공정의 동역학과 같은 개념의 준비가 필요하다.

연습문제

4.1 피클 포장 공장은 염분 농도가 13,000 mg/L-NaCl인 염분 폐수를 400 L/min의 유속으로 생산하여 배출하고 있다. 이 염분 폐수를 5백만 L/d 이상인 유량과 20 mg/L의 염분 농도를 가진 하천에 방류하고 있다. 배출 지점 아래에는 고급 스포츠 낚시터가 있으며, 물고기는 200 mg/L 이상의 염분 농도를 견딜 수 없다.

a. 하천의 염분 농도를 200 mg/L 이하로 줄이려면 유출수의 염분 농도를 몇 mg/L로 조절해야 하는가?

b. 피클 포장 공장이 염분 농도를 이 수준으로 낮추기 위해 800만 달러를 지출해야 한다면 사업을 유지할 수 없다. 그렇게 되면 200명이 넘는 사람들이 일자리를 잃을 것이다. 이 모든 것이 강에서 낚시하는 것을 좋아하는 몇몇 사람들 때문일까? 피클 공장이 배출수를 정화하도록 요구할 때, 국가의 조치와 관련하여 당신의 견해 및 찬성 또는 반대 의견을 표명한 편지를 언론 편집인에게 써보라. 상상력을 발휘하라.

c. 피클 공장이 염도가 높은 강하구로부터 3 km 상류에 있고, 폐수를 파이프로 염분이 매우 높은 하구로 보내는 허가를 받으려고 한다(폐수는 하구보다 염농도가 낮다).
공장 관리자로서, 정부 환경 관리 담당자에게 피클 공장의 염분 배출수 기준의 완화를 요청하는 편지를 보낸다고 할 때 당신이 어떤 주장을 펼칠지에 대해 생각해보라.

4.2 고형물 농도가 4%인 1차 슬러지는 고형물 농도가 0.5%인 폐활성 슬러지와 혼합된다. 유량은 각각 80 L/min 및 96 L/min이다. 혼합 후 고형물 농도는 얼마인가? 그 다음 이 혼합물은 고형물 농도가 8%가 되도록 농축된다. 생산되는 농축 슬러지와 농축기 월류 양(L/min)은 얼마인가? 농축기에서 완벽한 고형물 포집을 가정한다.

4.3 유량 3.78×10^7 L/d의 폐수 처리장의 여러 중금속의 유입 및 유출 농도는 다음과 같다.

중금속	유입수 농도(mg/L)	유출수 농도(mg/L)
Cd	0.012	0.003
Cr	0.32	0.27
Hg	0.070	0.065
Pb	2.42	1.26

이 처리장은 고형물 농도 22%(중량 기준)의 탈수된 슬러지 케이크를 생산한다. 공장의 기록에 따르면 하루에 45,000 kg의 슬러지(습윤)가 목초지로 처분된다. 정부는 토지에 슬러지를 처분할 때, 중금속 농도가 다음 기준치보다 낮은 슬러지로 제한했다.

중금속	최대허용농도(mg중금속/kg건조슬러지)
Cd	15
Cr	1000
Hg	10
Pb	1000

이 슬러지가 정부의 기준을 충족하는가?

a. 유입수의 유량에 비해 탈수 슬러지의 유량(L/d)이 무시할 만하다고 가정한다. 즉, $Q_{유입} = Q_{유출}$로 가정한다. 여기서, Q는 유량(L/d)이다. 유효한 가정인지 검토하라.

b. 앞선 가정을 하지 말고, 슬러지 고형물의 밀도가 물의 밀도와 같다고 가정하면, 1 kg의 슬러지는 1 L의 부피를 나타낸다.

4.4 2개의 플라스크는 부피 기준으로 각각 40% 및 70%의 포름알데히드(formaldehyde)를 함유하고 있다. 첫 번째 플라스크의 200 g과 두 번째 플라스크의 150 g이 혼합된 경우 최종 혼합물에서 부피비로서 포름알데히드의 농도는 얼마인가?

4.5 섬유 공장은 20% 염료를 함유한 폐수를 배출한다. 색도가 너무 높아, 정부는 공장 관리자에게 배출수의 색도를 줄이라고 권고했다. 공장 화학자는 폐수에 염료가 8% 이상 함유되어 있지 않다면 색은 문제가 되지 않는다고 관리자에게 전한다. 공장 관리자는 가장 비용이 적게 드는 방법은 수돗물로 20% 폐수를 희석하여 8% 염색 폐수를 발생시키는 것이라고 결정한다. 20% 염료 폐수의 유량은 3,600 L/min이다.

a. 얼마나 많은 수돗물이 희석에 필요한가?

b. 이러한 오염 관리 방법에 대해 어떻게 생각하는가?

c. 공장 관리자가 자사의 폐수를 묽게 만들고 있지만, 정부 담당자는 공장이 배출 전에 실제로 염료를 제거하다고 생각하고 있다고 가정한다. 공장 관리자는 수익성 높은 운영을 하고 있기 때문에 기업 본사로 승진된다. 어느 날 그는 폐수 처리에 많은 돈을 절약할 수 있었던 방법에 대해서 회사 이사회에서 프레젠테이션을 요청받았다. 이 미팅에서 이전 공장 관리자로서 프레젠테이션을 발표하는 짧은 역할극을 만들어 보아라. 그는 당연히 이사회에 그가 옳은 일을 했다는 것을 납득시키려고 노력할 것이다. 이사회의 반응은 어떨 것 같은가? 대본에 회사 사장, 재무, 법률 고문 및 당신이 만들고자 하는 다른 여러 인물을 포함시킨다.

4.6 모세관 슬러지 건조 시스템이 고형물 함량이 45% (물 55%)인 슬러지를 받아 200 kg/h의 공급 속도로 운전하고 있다. 건조된 슬러지는 95%가 고형물(5% 물)이고, 유출수는 8% 고형물을 함유한다. 건조된 슬러지의 양은 얼마이며, 유출수에서 액체와 고형물의 유량은 각각 얼마인가?

4.7 고형폐기물 처리장에는 유기물(A)과 무기물(B)의 혼합물로부터 유기물을 분리하여 폐기물 고형연료(RDF)를 생산하는 2개의 선별기가 있다. 처리장 개략도의 일부와 유량이 그림 4.23에 나와 있다.

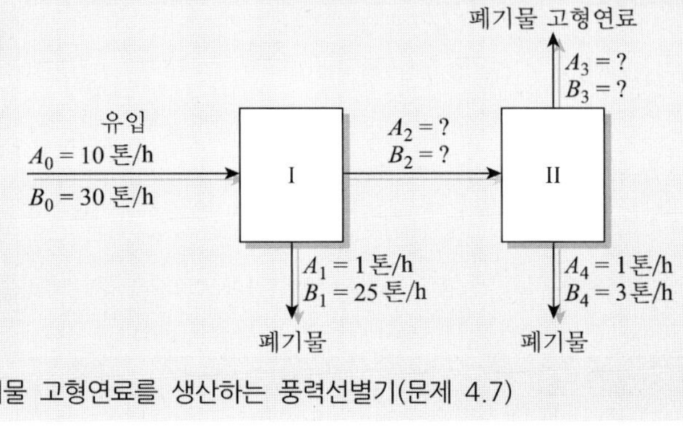

그림 4.23 폐기물 고형연료를 생산하는 풍력선별기(문제 4.7)

a. 선별기 I에서 선별기 II로의 A와 B의 유량(Q_{A2}와 Q_{B2})은 얼마인가?

b. 선별기 II의 출구(Q_{A3} 및 Q_{B3})의 구성성분은 무엇인가?

c. RDF의 순도 및 구성 요소 A의 회수량은 얼마인가?

4.8 분리기는 질량비로 기름 70%와 물 30%로 이뤄진 폐유를 받고 있다. 상층 생성물 흐름은 순수한 오일이며, 하부 저류는 10% 오일을 함유한다. 80 L/min의 유량이 탱크에 공급된다면, 얼마만큼의 오일이 회수되는가?

4.9 마더 구스 잼 공장(Mother Goose Jam Factory)은 검은 건포도와 설탕을 45 : 55의 중량비로 혼합하여 잼을 만든다. 최종 혼합물에 3분의 1의 물이 포함될 때까지 이 혼합물을 가열하여 물을 증발시킨다. 검은 건포도에 원래 80%의 물이 포함된 경우, 1 kg의 잼을 만들기 위해 몇 kg의 건포도 열매가 필요한가?

4.10 다음 페이지의 그림 4.24의 흐름도는 열 회수 소각장의 물질 흐름을 보여주고 있다.

a. 소각 시 폐기물 1톤당 얼마나 많은 비산재(fly ash)가 굴뚝에서 배출되는가?

b. 굴뚝(stack)에서 입자성 물질(비산재)의 농도는 μg/m^3 (연도에서 방출되는 배출 가스 1 m^3 당 비산재의 μg)로 얼마인가? 밀도는 1 ton/500 m^{3}이라고 가정하라.

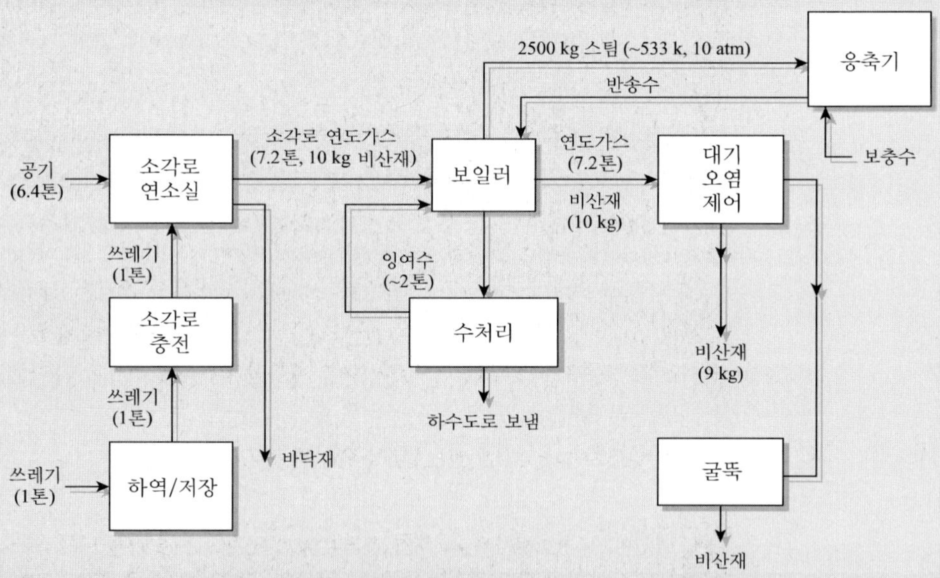

그림 4.24 고형 폐기물 소각장의 물질 흐름(문제 4.10)

4.11 석탄 화력 발전소에서 전기 집진기는 총입자상 물질 회수율이 95%이다(배출되는 연도 가스 미립자의 95%가 제거된다). 이 회사 엔지니어는 이 기술이 너무 좋다고 판단하고, 이렇게 효율적일 필요는 없으며, 연도(flue) 가스의 일부가 정전기를 우회하도록 제안했다. 이렇게 되면 연도 가스로부터 비산회(입자상 물질)의 회수율이 85%에 불과할 것이다.

a. 연도 가스 흐름을 우회시켜야 하는 분율은?

b. 엔지니어가가 "너무 좋습니다."라고 말한 것은 무엇이라고 생각하는가? 그의 생각을 설명하라. 다른 어떤 오염 관리 장치도 너무 좋았던 적이 있는가? "오염 관리가 너무도 효과적일 수 있는가?"라는 한 페이지 에세이를 작성하라. 당신의 주장을 위한 예를 제시하라.

4.12 두 개의 풍력선별기 제조업체는 자신의 장치에 대해 성능을 다음과 같이 보고하고 있다:

제조사 A : 유기물 회수율 = 80%, 무기물 회수율 = 80%

제조사 B : 유기물 회수율 = 60%, 추출물 순도 = 95%

유입물의 80%는 유기물로 구성된다고 가정하라. 어떤 제품이 더 나은가?

참고 : 풍력선별기는 무기물로부터 유기물을 분리해야 한다는 것을 명심하라.

4.13 패키지 수처리 설비는 여과지(filter)와 침전조(settling tank)로 구성되며, 둘 다 고형물을 제거하도록 설계되었지만 크기가 다른 고형물을 제거한다. 두 공정의 고형물 제거는 다음과 같다고 가정한다.

	작은 고형물	큰 고형물
여과지(filter)	90%	98%
침전조(settling tank)	15%	75%

두 가지 유형의 고체가 각각 중량비로 50%라면, 공정 순서에서 침전조 앞에 여과지를 두는 것이 더 나은가? 왜 그렇다고 생각하나?

4.14 석탄 화력 발전소의 굴뚝에서 비산재를 제거하기 위해 사용되는 싸이클론 집진기는 다양한 크기의 입자를 다음과 같이 회수한다. 비산재 입자의 전체적인 회수율은 얼마인가?

크기(μm)	무게 분율	회수
0~5	0.60	5
5~10	0.18	45
10~50	0.12	82
50~100	0.10	97

4.15 산성비 제어에서, 발전소의 황 배출은 석회 슬러리, $Ca(OH)_2$로 스크러빙 및 분무를 하여 제어할 수 있다. 칼슘은 이산화황과 반응하여 물에서 백색 가루로 분산되는 황산칼슘 $CaSO_4$를 형성한다. 이 슬러리의 부피는 상당히 크기 때문에 더욱 농축되어야 한다. 발전소가 하루에 27톤의 $CaSO_4$를 생산하고, 이는 108톤의 물에서 현탁된다고 가정하라. 고형물 40%의 농도로 농축하는 것이 목적이다.

a. $CaSO_4$ 슬러리가 세정기에서 생성될 때, 이 슬러리의 고형물 농도는 얼마인가?

b. 농축 공정에서 얼마나 많은 물(톤/d)이 유출수로 생성될 것인가?

c. 산성비 문제는 대기 중으로 배출되는 SO_2를 낮추면 감소될 수 있다. 이는 석회 슬러리 스크러빙과 같은 오염 제어 또는 생산 및 사용되는 전기량을 줄임으로써 발생할 수 있다. 전기를 낭비하지 않게 하기 위해 개인이 가진 책임이 있다면 무엇인가? 문제의 두 가지 관점에 대해서 두 페이지 분량으로 논술하라.

4.16 150 L/s의 유량과 20 mg/L의 부유고형물 농도를 가진 하천은 세 지점에서 하수가 유입된다(그림 4.25). 채수 지점에서 하류의 유량 및 부유고형물 농도는 얼마인가?

오염원	유량(L/s)	고형물 농도(mg/L)
A	100	200
B	300	50
C	50	200

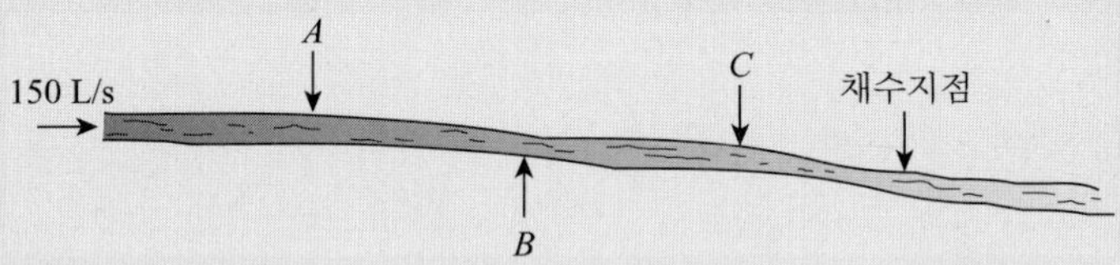

그림 4.25 세 지점에서 방류수가 유입되는 하천(문제 4.16)

4.17 12 L/min 유량의 산업 폐수가 고형물 농도 80 mg/L이다. 고형물 제거 공정은 폐수의 유량에 영향을 주지 않으면서 고형물 960 mg/min을 분리한다. 회수율(%)은 얼마인가?

4.18 어느 육포 제조업체가 120,000 mg/L 소금을 함유한 2,000 m^3/d의 폐수를 발생시키고 있다. 폐수는 34,000 m^3/d의 유량과 50 mg/L의 소금 농도를 가진 강으로 배출된다. 규제 당국은 배출되는 강 하류의 소금 농도를 250 mg/L 미만으로 유지할 것을 회사에 요구했다.

a 폐수가 방류되기 전에 공장에서 소금이 얼마나 회수되어야 하는가?

b. 회수된 소금으로 무엇을 할 수 있는가? 대안을 제시하라.

4.19 어느 작은 도시의 상공에서 500 m의 깊이의 혼합층을 만드는 '기온 역전 현상'이라 불리는 지속적인 대기 오염 문제를 가지고 있다(12장 참조). 이 도시는 약 9 km × 12 km의 면적을 가지고 있다. 대기 중으로 유입되는 지속적인 입자상 물질의 배출량은 70 kg/m^2/d이다.

a. 하루 동안 바람이 없고 오염 물질이 어떤 방법으로도 제거되지 않았다면, 하루 뒤 최종적으로 그 도시 위의 대기 중 될 수 있는 가장 낮은 입자상 물질의 농도는 얼마인가?

b. 입자의 주요 발생원 중 하나가 나무를 태우는 스토브와 벽난로라면, 정부는 스토브와 벽난로의 사용을 금지할 권한이 있는가? 그렇게 생각하는 이유는?

c. 정부는 오염 관리를 이유로 우리의 생활 방식을 얼마나 제한해야 하는가? 왜 정부는 몇 년 전보다 더 많은 제한을 하고 있는 것 같은가?
정부 정책의 방향은 어디로 향하고 있다고 생각하는가? 그렇게 생각하는 그 이유는? 그 정책에 대해 우리가 할 수 있는 일이 있는가? 이 질문에 한 페이지 분량으로 답하라.

4.20 그림 4.26은 테네시주의 산림 생태계에서 유기물의 흐름을 그림으로 나타낸 것이다. 모든 박스 안의 숫자는 숲 바닥의 유기물 농도(g/m^2)이고, 모든 유기물의 이동의 단위는 m^2/yr이다. 이 시스템은 평형 상태가 아니다. 잎(leaves), 가지(branches), 줄기(bole), 큰 뿌리(large roots) 및 잔 뿌리(fine roots)의 변화(g/m^2/yr)를 계산하라. R은 부패에 따른 손실이다.

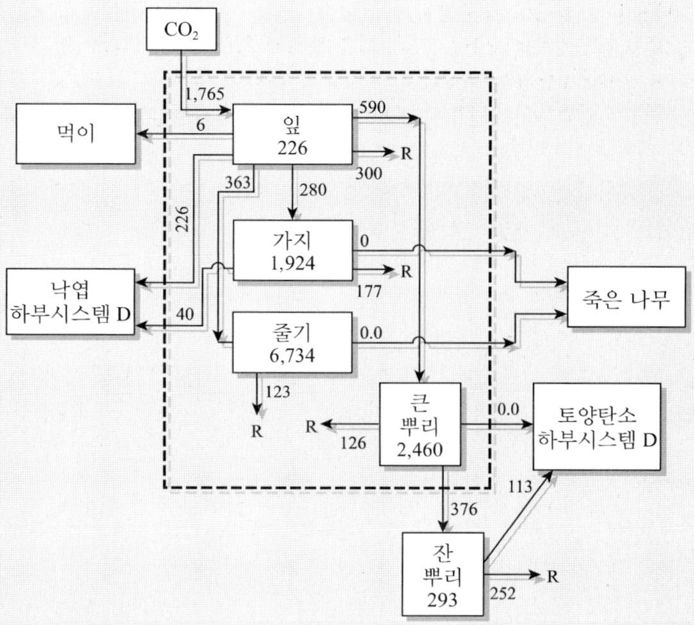

그림 4.26 산림 생태계(문제 4.20)

4.21 노스캐롤라이나주의 라이트빌 비치(Wrightsville Beach)의 정수장은 염분이 없는 증류수를 생산한다. 물 처리와 공급 비용을 줄이기 위해 도시에서는 담수화된 물을 염분이 500 mg/L인 미처리 지하수와 혼합한다. 원하는 음용수는 염도가 200 mg/를 초과하지 않아야 한다면, 4,400 L/s의 최종 유량을 생성하기 위해 증류수와 처리되지 않은 지하수는 얼마나 필요한가?

4.22 어느 가구 제조업체에서 배출되는 물질을 제어하는데 사용되는 사이클론은 80% 회수율이 될 것으로 예상된다. 사이클론 아래의 호퍼에는 1톤의 목재 먼지가 들어간다. 사이클론으로 유입되는 공기가 하루 1.2톤의 목재 먼지를 보유하고 있다면, 호퍼를 얼마나 자주 비워야 하는가?

4.23 어느 산업체는 "글룹(gloop)"이라고 불리는 물질로 하천을 오염시키고 있기 때문에 EPA로부터 무거운 벌금을 부과 받았다. 현재 글룹을 100 mg/L의 농도와 200 L/min의 유량으로 배출하고 있다. 공장 옆을 지나가는 하천으로 배출수가 유입되는데, 이 하천의 상류에서의 유량은 3,800 L/min이고 글룹은 함유되어 있지 않다. EPA는 배출수의 농도를 20 mg/L 이하로 줄여야 하다고 공장에 알렸다. 공장의 엔지니어는 EPA 요구 사항을 충족시키는 가장 저렴한 방법은 하천 흐름의 일부를 발전소로 우회시켜 폐수를 희석하여, 글룹 농도를 요구된 수준으로 낮추는 것이라고 결정하였다.

a. 공장 방류 하류의 현재 유역 글룹 농도는 얼마인가?
b. 공장 엔지니어가 공장 배출수에서 요구되는 글룹 농도를 달성하기 위해 필요한 하천 수량은 얼마인가?
c. 공장의 엔지니어의 계획이 실행되면, 공장에서의 하류 유역 농도는 어떻게 되는가?

4.24 1,000 ton/d의 원광석을 처리하는 공장은 20% 광물을 함유한 원광석을 처리한다. 공장은 100 ton/d의 광물을 생산한다. 이것은 매우 효과적인 작업이 아니어서, 일부 광물은 폐기 광석(광미)에 남아 있다. 이 광미(tailings)는 광물의 50%를 회수할 수 있는 2차 가공 공장으로 보내진다. 2차 회수 공정에서 회수된 광물은 주공정으로 보내지며, 다른 광물과 결합하여 모든 것이 사용자에게 운송된다.

a. 얼마나 많은 광물이 사용자에게 운송되는가?
b. 얼마나 많은 폐광석을 폐기해야 하는가?
c. 얼마나 많은 광석이 광미로 버려지는가?

4.25 알루미늄 주조 공장은 먼지(particulates)를 배출하는데, 이 먼지는 싸이클론을 통과한 다음 백필터를 통과하는 방식으로 관리되고 있다. 이 두 가지 모두 먼지 제거 장치이며, 13장에서 자세히 설명된다. 지금은 그것을 먼지를 제거하는 블랙박스로 간주할 수 있다. 이러한 먼지는 μm 단위의 직경으로 측정하여 크기에 따라 분류될 수 있다. 싸이클론과 백필터의 효율성은 다음과 같다.

입자크기(μm)	무게비(%)	사이클론의 회수율(%)	백필터의 회수율(%)
0~10	15	20	90
10~20	30	50	92
20~40	40	85	95
> 40	15	95	100

a. 싸이클론의 전반적인 회수율은 얼마인가? (힌트 : 싸이클론을 이용하여 100 톤/d가 처리된다고 가정하라)
b. 만약 백필터가 유일한 제거 장치라면, 백필터의 총회수율은 얼마나 되어야 하는가?
c. 이 시스템의 전반적인 회수율은 얼마인가? 싸이클론이 백필터 앞에 있다는 것을 상기하라.
d. 이 시스템은 백필터 앞쪽에 싸이클론이 있다. 왜 싸이 클론 앞에 백필터를 놓지 않았는가?
e. 모든 입자가 완벽한 구형이라고 가정할 때, 5μm로 이뤄진 1 m^3은 완벽한 구형의 40μm 입자로 이루어진 1 m^3 중 어느 것이 무거운가?

참고문헌

1. Based on Kohn, R. E. 1978. A Linear Programming Model for Air Pollution Control. Cambridge, MA: MIT Press.

2. Accessed at http://www.massbalance.org/index. php on 1 December, 2008.

3. National Research Council. 2004. Materials Count: The Case for Material Flows Analyses. Washington, DC: National Academies Press. Accessed at http://www.nap.edu/catalogphp? record_id=10705 on 1 December, 2008.

4. Luxembourg Office for Official Publications of the European Communities, 2001. Economywide Material Fl ow Accounts and Derived Indicators: A Methodological Guide. Accessed at http://epp.eurostat.ec.europa.eu/c ache/ITY_OFF PUB/KS-34-00-536/EN/KS-34-00-536-EN.pdf on 30 December, 2008.

5. Organisation for Economic Co-operation and Development reports on Measuring Material Flows and Resour ce Productivity. Accessed at http://www.oecd.org/document/47/0,3343,en_ 1571361_40266644_40464047_1_ 1_1_1,00. html on 30 December, 2009.

6. This example is adapted from Berthourex, B. M., and D. F. Rudd. 1977. Strategy for Pollution Control. New York: John Wiley & Sons.

7. This problem appears in Allen, David T., N. Bakshani, and Kirsten Sinclair Rosselot. 1992. Pollution Prevention: Homework and Design Problems for Engineering Curricula. NewYork: American Institute of Chemical Engineers and other societies. Used with permission.

8. This problem first appeared in Human Behavior in the Concentration Camp by Elie A. Cohen, translated by M. H. Braaksma. Copyright 1953 by W. W. Norton & Company, Inc., renewed (c) 1981 by M. H. Braaksma. Used by permission of W. W. Norton & Company, Inc.

05 Chapter 반응

© Keith and Susan Morgan

호주의 부라 몬스터 광산

© bennymarty / 123RF

미국 하와이 Kilauea 화산의 용암

환경공학자들은 뉴턴의 제3의 운동법칙을 염두에 두고 어떠한 반응이 가능하며(possible), 어떠한 반응이 일어날 수 있으며(probable), 그리고 그 반응이 과연 통제될 수 있을지(controlled) 결정해야 한다.

자연적이든 인간이 만든 환경에서든, 많은 반응들은 예측이 가능하다. 공학자와 과학자는 먼저 이러한 반응을 이해하려고 노력한 다음, 이 현상의 작용(behavior)을 설명하는 수학적 모델을 만든다. 모델들을 사용하면 어떤 조건에서 어떠한 반응이 일어날지 예측해 볼 수 있다.

그러한 모델들은 단순하거나 매우 복잡할 수 있다. 압력을 받는 관로가 특정 유량을 토출하고 압력이 두 배로 증가하면, 새로운 유량을 상당히 정확하게 예측할 수 있다. 이러한 간단한 수리학적 모델은 토목공학의 기본적인 도구(the bread and butter)이다.

오존 고갈(ozone depletion) 또는 광화학 스모그 형성(photochemical smog formation)과 같은 크고 복잡한 모델은 오류가 발생할 가능성이 더욱 높다. 불확실성의 정도가 커지기 때문에 모델의 결론을 믿지 못한다는 것은 반드시 평가받아야 한다. 오존 감소 모델은 결론적으로 입증될 수는 없지만, 수학적으로나 화학적으로 합리적이고 논리적이므로 아마 가장 옳은 것일 수 있다. 모델에 따라 예측된 지구적 재난의 가능성을 무시하는 것은 아주 무모하다. [이 개념은 원칙적으로 사전 예방 원칙의 기초이다. 이 원칙은 문제를 정리하는 것보다 문제를 예방하는 것이 안전하다고 것이다.]

지구에서 일어나는 현상은 복잡하기 때문에, 지구 모델은 복잡하고 상호 연관성이 높다. 다행히도 이 강력한 수학적 모델은 기본적인 것에서 출발하고 있다. 어떠한 양(질량 또는 부피)은 시간에 따라 변하고, 간단한 유량 방정식과 물질수지를 사용하여 구성 요소의 양을 예측할 수 있다고 가정한다.

앞 장에서는 물질 흐름을 정상 상태에서 분석하였다. 정상 상태에서는 시간은 변수가 아니다. 이 장에서는 물질 농도가 시간에 따라 변하는 예를 고려할 것이다. 완전히 혼합된 회분식 시스템의 경우, 일부 물질 A의 질량 또는 부피가 시간 t에 따라 변화하는 속도를 설명하는 일반적인 수학적 표현은 다음과 같다.

$$\frac{dA}{dt} = r$$

여기서, r은 반응 속도이다.

0차 반응은 r이 성분 A의 변화가 A^0에 비례하는 것으로, 즉 상수(k)인 것으로 정의되므로 다음과 같다.

$$\frac{dA}{dt} = k \tag{5.1}$$

0차 반응에서 반응 속도 상수 k의 단위는 질량/시간이다(예 : kg/s).

1차 반응은 성분 A의 변화가 성분 A의 양 자체에 비례하는 것으로 정의되며,

$$r = kA \quad \text{그리고} \quad \frac{dA}{dt} = kA \tag{5.2}$$

가 된다.

1차 반응에서의 반응 속도 상수 k의 단위는 시간$^{-1}$이다(예 : d^{-1}, min^{-1}, s^{-1}).

2차 반응은 성분 A의 변화가 성분 A의 양의 제곱에 비례하는 것이다.

$$r = kA^2 \quad \text{그리고} \quad \frac{dA}{dt} = kA^2 \tag{5.3}$$

2차 반응에서 반응 속도 상수 k는 (시간 × 질량)$^{-1}$의 단위를 갖는다는 것을 유의하라.

환경공학의 응용 분야에서, 보통 식 (5.1), (5.2) 및 (5.3)은 농도 단위로 작성되므로, 0차 반응은 다음과 같다.

$$\frac{dC}{dt} = k \tag{5.4}$$

1차 반응의 경우,

$$\frac{dC}{dt} = kC \tag{5.5}$$

2차 반응의 경우,

$$\frac{dC}{dt} = kC^2 \tag{5.6}$$

이 된다.

5.1 0차 반응

자연의 많은 변화들은 일정한 속도로 발생한다. 양동이의 물을 정원 호스로 채우는 간단한 예를 생각해보라. 양동이에 채워지는 물의 부피는 시간에 따라 변하고 있으며, 이 변화는 일정하다(아무도 수도꼭지를 열거나 닫지 않는다고 가정할 때). 처음 통에 2 L의 물이 있었다면, 2초에 3 L가 있고, 4초에 4 L가 있고 그렇게 시간에 따라 물의 부피가 증가한다면, 양동이의 물의 부피 변화는 일정하고, 증가 속도는

$$1\ \text{L/2s} = 0.5\ \text{L/s}$$

가 되고, 이것은 0차 반응으로 수학적으로 다음과 같이 표현될 수 있다.

$$\frac{dA}{dt} = r = k$$

여기서, A : 양동이의 물의 양
k : 속도 상수

시간 $t=0$일 때 $A=A_0$로 정의하고, 적분하면 다음과 같다.

$$\int_{A_0}^{A} dA = k\int_{0}^{t} dt$$

$$A - A_0 = -kt \tag{5.7}$$

물론 이 방정식은 양동이 안의 물의 양 문제가 어떻게 해결되는지 설명한다. $t=0$일 때 $A_0 = 2\ \text{L}$을 대입하고 $t=2s$일 때 $A = 3\ \text{L}$을 대입하면 다음과 같다.

$$3 = 2 + k(2)$$
$$k = 0.5\ \text{L/s}$$

관심 대상 성분 A가 질량의 관점에서 있을 때, 속도 상수 k의 단위는 질량/시간(예 : kg/s)이다. 관심 대상 성분이 농도 C(mg/L)인 경우, 0차 반응에서의 속도 상수는 질량/부피/시간 단위 또는 mg/L/s 단위를 가진다.

농도가 증가할 때, 0차 반응의 적분된 형태는 다음과 같다.

$$C = C_0 + kt \tag{5.8}$$

농도가 감소하면 방정식은 다음과 같다.

$$C = C_0 - kt \tag{5.9}$$

이 방정식은 물질이 파괴되거나 소비되어 농도가 감소하는 경우 그림 5.1과 같이 표시될 수 있다. 반면에, C가 생산되고 증가한다면, 기울기는 양의 값을 갖는다.

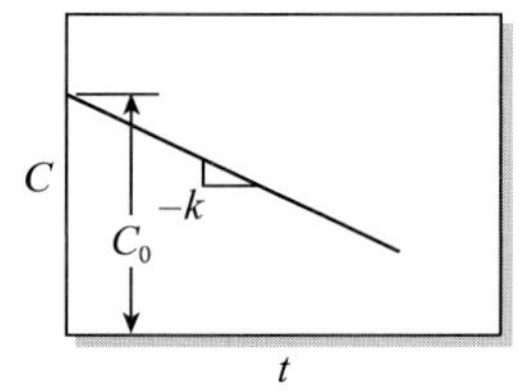

그림 5.1 농도가 감소하는 0차 반응 그래프

예제 5.1 개미핥기는 개미집을 발견하고 먹기 시작한다. 개미가 너무 많아서 개미핥기가 해야 할 일은 혀를 빠르게 내밀어 200/min의 속도로 개미들을 먹어치우는 것이다. 개미핥기가 1,000마리의 개미를 먹는 데까지 얼마나 걸리는가?

해답

C : 시간 t일 때 개미의 농도, 개미/개미핥기

C_0 : 시간 t가 0일 때 개미의 초기 농도, 개미/개미핥기

k : 반응 속도, 분당 소모되는 개미 수

= 200개미/개미핥기/min (주의 : 농도가 증가하기 때문에 k는 양의 값이다)

식 5.8에 따르면 $C = C_0 + kt$

$1000 = 0 + 200(t)$

$t = 5$ min

5.2 1차 반응

소모되거나 파괴된 물질의 1차 반응은 다음과 같이 표현될 수 있다.

$$\frac{dA}{dt} = r = -kA$$

이 방정식은 A_0와 A 사이 그리고 $t=0$과 t 사이에서 적분할 수 있다.

$$\int_{A_0}^{A} \frac{dA}{A} = -k\int_{0}^{t} dt$$

$$\ln\frac{A}{A_0} = -kt \quad \text{또는} \quad \frac{A}{A_0} = e^{-kt} \quad \text{또는} \quad \ln A - \ln A_0 = -kt \qquad (5.10)$$

이 로그(logarithm)는 소위 자연로그(natural logarithm) 또는 e를 밑(base)로 하는 로그라고 한다. 상용로그(common logarithm) 또는 10을 밑으로 하는 로그를 사용하는 것도 때로는 유용하다. 자연 로그에서 상용로그로의 변환은 다음과 같이 수행할 수 있다.

$$\ln \frac{A}{A_0} = \frac{\log A/A_0}{\log \mathrm{e}} = \frac{\log A/A_0}{0.434} = 2.302 \log \frac{A}{A_0} = -kt$$

이고

$$\log \frac{A}{A_0} = 0.434 \ln \frac{A}{A_0} = -k't$$

이다. 따라서,

$$\frac{k't}{kt} = 0.434 = \frac{k'}{k}$$

이고

$$k' = (0.434)k$$
$$k_{base\ 10} = (0.434)k_{base\ e}$$

가 된다.

상용로그의 장점은 일반적인 반로그지(ordinary semilog paper)에 편리하게 그릴 수 있다는 것이다. 그림 5.2는 log C vs t를 그래프로 그리면 기울기가 0.434k인 직선이 나옴을 보여준다. 절편은 $\log C_0$이다. (A와 C를 혼동하지 않는다. 일부 물질의 질량은 A이며, 주어진 부피 V에서 C는 질량 A를 부피 V로 나눈 것이다. 부피가 일정하다면, 부피 항은 사라진다. 따라서, 앞의 설명은 A 뿐만 아니라 C에 대해서도 해당된다)

물론 반로그지에서의 기울기는 다음의 공식으로 구할 수 있다.

$$\text{기울기} = \frac{\Delta y}{\Delta x}$$

여기서, Δy : x축에서 Δx만큼 증가할 때 y축의 증가량

로그 스케일에서 Δy를 (log10 − log1)과 같이 한 주기(cycle)로 정하면, 분자는 1이 되고 기울기는 다음과 같이 된다.

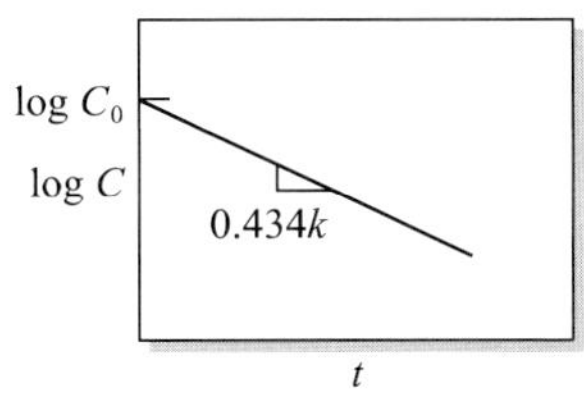

그림 5.2 농도가 감소하는 1차 반응의 그래프

$$기울기 = \frac{1}{한\ 주기의\ \Delta x}$$

부피가 일정하다면 질량 A와 농도 C는 방정식에서 호환될 수 있다는 점을 유의하라.

예제 5.2 올빼미는 개구리를 별미로 먹으며, 올빼미의 개구리 섭취량은 개구리 수에 직접적으로 좌우된다. 연못에는 200마리의 개구리가 있으며, 속도 상수는 0.1 d^{-1}이다. 10일 후 남은 개구리는 얼마인가?

해답 속도는 농도의 함수이고 속도 상수의 단위가 시간$^{-1}$이기 때문에, 이 반응은 1차 반응이다.

C : t일 때 연못의 개구리의 수

C_0 : 초기 개구리 수, 연못 당 200개구리

k : 속도 상수, 0.1 d^{-1}

식 5.10을 사용하면 $\ln\frac{C}{C_0} = -kt$

$\ln C - \ln(200) = -0.1(10)$

$\ln C = 4.3$

$C = 73$마리/연못

FOCUS ON

엑손발데즈(The Exxon Valdez)호 원유 유출 사고

1989년 3월 23일 5300만 갤런의 원유가 엑손발데즈호에 실렸다. 유조선은 알래스카주의 발데즈 석유 터미널(Alyeska Pipeline Terminal)을 9시 12분에 출발하여 도선사 윌리엄 머피(William Murphy) 지시를 받아 프린스 윌리엄 해협(Prince William Sound)으로 향했다. 모든 것이 정상적인 것처럼 보였다. 회사 정책에 따라 좁은 통로를 통과하는 동안 두 명의 직원(간부 선원)이 함교(bridge)에 있어야 했지만, 조셉 헤이젤우드(Joseph Hazelwood) 선장은 함교를 떠났다. 배가 좁은 구간을 통과한 후에, 도선사 머피는 헤이젤우드 선장을 함교에 유일한 직원으로 남겨두고 배에서 내렸다. 외관상으로 뱃머리에 필수적으로 부착하는 감시 장치는 없었다.

편의상, 헤이젤우드 선장은 하행 경로(outbound lane)가 아닌 상행 경로(inbound lane)를 운행할 수 있는 허가를 요청했고, 상행 경로에는 교통 체증이 없어 허가를 받았다. 엑손발데즈호는 멀리 왼쪽으로 방향을 바꾸기 시작했다. 발데즈 교통 센터에 보고되어야만 하는 속도와 방향은 보고되지 않았다.

배의 자동 조정 장치를 작동하고, 헤이젤우드 선장은 엔진 속도를 정상적인 바다 항해 속도로 높이고 함교를 나와서, 삼등 항해사 그레고리 커즌(Gregory Cousins)에게 책임을 맡겼다. 커즌은 한밤중에 쉴 계획이었지만, 낮에는 화물 적재로 바빴던 친구가 잠을 잘 수 있게 하였다. 그리고 그는 회사 정책을 다시 위반하며 함교에 머물렀다. 나중에 증언에 따르면 커즌은 사고 이전에 18시간 이상 깨어 있었고, 그의 피로가 사고에 직접적으로 원인이 되었다는 증거이다.

한밤 중 무렵, 그레고리 커즌은 엑손발데즈호를 상행 방향으로 돌리는 경로를 계획했다. 거의 같은 시간에 밝은 빛이 좌현(port) 뱃머리(bow)에서 보였어야 할 때, 전망대에서는 우현(starboard) 뱃머리에서 블라이 암초(Bligh Reef) 위에서 빛을 관찰한 것을 보고하였다. 빛의 위치는 엑손발데즈호가 상행 경로를 건너 암초에 직접 향하고 있음을 의미했다. 커즌은 오른쪽 방향타 명령을 지시했고

그림 5.3 원유 유출(출처 : © Liountmila Korelidou / 123RF)

배를 자동 조종 장치에서 떼어내어, 그 바뀐 상황을 알리기 위해 헤이즐우드 선장을 불렀다. 배가 충분히 빠르게 돌지 않자, 커즌은 우현으로 더 돌 것을 명령했다. 오전 12시 14분, 배는 바위에 충돌하고 선체가 파열되었고, 결국 1,100만 갤런(4,160만 L)의 기름을 쏟았다.

헤이즐우드 선장은 바위에서 배를 움직이려고 했으나 소용이 없었다. 응력과 안정성 분석에 따르면 배가 바위에서 벗어날 경우 배가 불안정해질 만큼 기름과 복원력을 많이 충분히 잃어버린 것으로 나타났다. 다행히도 그들의 노력은 성공적이지 못했다. 승무원들은 더디 오는 도움을 기다리고 있었다. 엑손은 결국 사고 현장을 청소하기 위해 대량의 기계와 자재를 보냈지만, 중요한 첫 날에는 사고 수습이 거의 수행되지 않았다.

기름은 1,000마일(1,600 km)의 해변을 오염시켰고, 8년 후에 프린스 윌리엄 해협(Prince William Sound)의 많은 해안선이 오염되었다. 기름은 생분해성이지만, 그곳의 취약한 생태계가 가진 저온과 적은 수생 생물량은 기름의 생분해를 더디게 했다. 유출된 지 14년이 지난 후, 오일의 약 50%가 생분해되거나 광분해된 것으로 추정된다.

복구 작업으로 약 14%를 처리했으며 약 13%가 해저에 가라앉았다. 기름진 점액 또는 기름 공 모양으로 보이는 기름의 2% 이상이 여전히 해변에 있었고, 여전히 생태계에 악영향을 미치고 있다.

출처 : Reprinted from Controlling Environmental Pollution, Vesilind, P. A. and DiStefano, T. D., 2006. Lancaster, PA: DEStech Publications, Inc. Reproduced with permission of DEStech Publications, Inc

8장에 설명하겠지만, 개구리를 먹는 올빼미는 생태계의 일부이다. 그러한 생태계의 생명은 균형을 이루며 모든 종의 생존을 허용한다. 사람들만이 그러한 생태적 균형을 의식적으로 의도적으로 파괴할 수 있는 것처럼 보인다. 이러한 사고들은 현대 노르웨이의 철학자인 아르네 네스(Arne Naess 또는 내스)가 심층 생태학(Deep Ecology)이라고 불리는 새로운 환경 철학을 제안하게 하는 계기가 되었다. 그는 환경 윤리가 두 가지 기본 가치,

즉 자아실현(self-realization)과 생물중심적 평등(biocentric equality)에 기반을 두어야 하다고 제안했다. 이 가치들은 직관적이며, 합리적으로 정당화될 수 없다.

자아실현은 더 큰 우주의 구성원으로서 자신을 인식하는 것이다. 하나의 개인으로 또는 제한된 공동체의 구성원으로 자신을 인식하는 것이 아니다. 네스(Naess)에 따르면, 반성과 묵상에 의해 자아실현이 이루어질 수 있다. 마르크스주의나 다른 신념과 가치관과 같이 심층 생태학의 기본 신조(tenet)들은 어떤 특정한 종교적 믿음과 본질적으로 연결되어 있지는 않다. 하지만 심층 생태학을 믿는 자들에게는 종교와 같은 기능을 할 수도 있을 것이다.

심층 생태학에 있는 대부분의 사람들은 대개 자신의 자아보다 더 큰 무엇인가와 연결되어 있다는 느낌을 가지고 있다. … 이러한 깊은 감정이 종교적인 면에서, 심층 생태학은 종교적인 요소가 있다. … 컴퓨터처럼 기능하지 않고 가치 있는 삶을 살기 위해서, 누구나 개발해야만 하는 기본적인 직관이다.[1]

심층 생태학의 두 번째 신조는 생물중심적 평등이다. 네스에 따르면, 우리가 세계의 다른 생물이나 장소와 하나가 된다는 것을 이해하면, 우리는 자신을 우월하다고 간주할 수 없다는 면에서, 생물중심적 평등은 자아실현을 따른다. 모든 것은 번성할 동등한 권리가 있으며 인간은 특별하지 않다. 물론 생존을 위해서는 자연스럽게 다른 생물을 먹고 사용해야 한다. 그러나 우리는 필수적인 필요의 한계를 초과해서는 안 된다. 그러므로 물질을 과하게 모으는 것, 즉 필수적인 것 이상의 모으는 것은 심층 생태학자들에게는 비윤리적이다.

이 두 가지 근본적인 명제를 받아들이면, 다음 세 가지 결론에 동의해야 한다.[2]

① 인간과 인간이 아닌 모든 생명은 목적과 무관하게 그 자체로 가치가 있으며, 인간은 생명의 필요를 제외하고 풍부함과 다양성을 줄일 권리가 없다.
② 현재 인간은 너무 많고 지구상의 다른 형태의 생물에 대해 침범하고 있으며, 그래서 모든 생명에게 비참한 결과를 가져오며, 인간과 비인간 모두의 번성할 수 있도록 인구의 상당한 감소를 달성해야 한다.
③ 이러한 필수적 균형을 이루기 위해서는 거대함, 성장, 그리고 더 높은 수준의 삶을 강조하지 말고, 삶의 질에 중점을 두는 지속가능한 사회를 강조하면서 인간의 경제, 기술, 이념적 구조에 중요한 변화가 이루어져야 한다.

심층 생태학자들은 그들이 보기에 불필요하고 부정적인 부의 창조를 추구하는 자본주의와 산업 시스템에 반대한다. 그들은 자본주의/산업 시스템의 청지기 책무(stewardship)[6]라

6) 청지기는 인간이 세상을 돌볼 책임이 있다는 신학적 신념에서 유래하였다.

는 개념을 경멸한다. 왜냐하면 그것은 자연 환경의 일에 인간의 결정과 개입을 의미하기 때문이다. 그들은 유럽의 침략 이전에 아메리카 인디언들과 같은 사람들에 의해 유지된 사람과 자연 사이의 그들이 관점에서 동정적이고 지원적 관계(sympathetic and supportive relationship)로의 회복을 구하고 있다. 심층 생태학자들은 자연(wilderness)은 특별한 가치가 있으며, 인간의 심리적 유익뿐 만 아니라 다른 생물들이 인간의 활동에 방해받지 않는 생존할 수 있는 공간이 되도록 보존되어야 한다고 생각한다. 심층 생태학들은 그들이 고향이라고 부를 수 있는 지구의 한 부분인, 그들의 삶의 터전에서 감각을 구한다.

물론, 개인적인 선택으로 심층 생태학을 채택하고, 그것을 이상적인 것으로 채택하고 싶어 하는 누군가가 그렇게 해서는 안 되는 이유는 없다. 실제로, 윤리의 목적이 도덕적인 성격을 개발하는 것이라고 생각하는 심층 생태학자가 있을 수 있다. 사실, 몇몇 철학자들은 심층 생태학을 정확히 비판해 왔다. 왜냐하면 그들이 생각하기에 개인의 정신적 발달에 과도하게 초점을 맞추고 있기 때문이다. 그러나 대부분의 심층 생태학 신조는 전체 인구와 관련된 대규모 변화가 필요하다.

이러한 생각들은 분명히 자본주의자와 정치적 주류를 많이 흔들게 될 것이다. 심층 생태학의 신조는 사업을 하는 주류의 방법에 문제를 제기한다. 결과적으로, 때로는 심층 생태학은 비인본주의적으로 분류되기도 한다. 왜냐하면 그것은 인간이 특별한 이익을 누릴 가치가 있다고 생각하지 않으며, 실제로 인간을 자연의 착취자라고 비난하기 때문이다. 특히 세계의 인구를 급감시키라는 심층 생태학자들의 요구는 비판가들을 더 화나게 만든다. 그러한 요구는 파시스트[3]나 인간성 말살로 불리기 때문이다. 우리가 자연에 덜 나쁜 영향을 미치기 위해서, 우선 상당한 양의 인구 감소가 필요하다는 점은 의심의 여지가 없다. 자연 감소를 통해서 상당한 인구 감소를 하기 위해서 시간은 많이 걸릴 것이다. 일부 심층 생태학자들은 90%의 인구 감소가 필요하다고 제안했다. 이 견해에 대한 대중의 지지가 거의 없는 것은 확실하다. 비판자들은 심층 생태계를 세계 철학으로 받아들이는 것이 문명을 수렵과 채집의 사회로 되돌릴 수 있다고 주장한다.

심층 생태계를 비판하는 사람들은 또한 그것이 받아들일 수 없을 정도로 엘리트적(elitist)이라고 주장해 왔다 즉, 대규모로 자연(wilderness)으로 복귀하는 세계와 훨씬 적은 수의 사람들을 포함하는 이 비전은 비교적 부유하고 높은 수준의 교육을 받은 소수의 사람의 흥미를 끌 수는 있을 것이다. 그리고 심층 생태계는 더 적은 물질적 삶의 질에 대한 자발적인 수용을 요구하기 때문에, 기본 신조인 자아실현(self-realization)과 생물중심적 평등(biocentric equality)이 자발적으로 받아들여지기는 쉽지 않을 것이다.

다시 반응으로 돌아가자.

5.3 2차 및 n차 반응

2차 반응은 다음과 같이 정의된다.

$$\frac{dA}{dt} = r = -kA^2$$

적분하면,

$$\int_{A_0}^{A} \frac{dA}{A^2} = -k\int_0^t dt$$

$$\left.\frac{1}{A}\right]_{A_0}^{A} = kt$$

$$\frac{1}{A} - \frac{1}{A_0} = kt$$

가 되고, 이것은 그림 5.4와 같이 직선으로 그려진다.

비정수차 반응(noninteger-order reaction)은 다음과 같이 정의된다.

$$\frac{dA}{dt} = r = -kA^n$$

여기서, n은 임의의 숫자이다. 이를 적분하면 다음과 같다.

$$\left(\frac{A}{A_0}\right)^{1-n} - 1 = \frac{(n-1)kt}{A_0^{(1-n)}}$$

이러한 반응은 환경공학에서 일반적이지 않다.

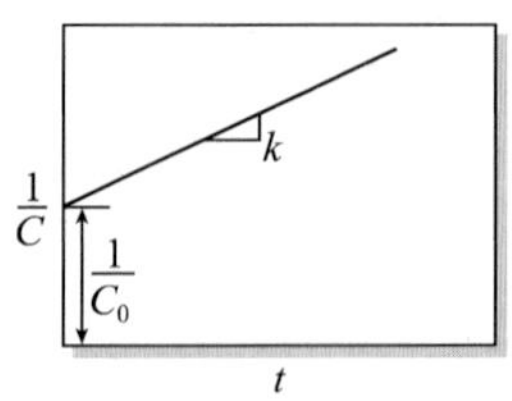

그림 5.4 농도가 감소하는 2차 반응의 그래프

5.4 반감기 및 배가 시간

반감기(Half-life)는 구성 요소의 절반을 변환하는데 필요한 시간으로 정의된다. $t = t_{1/2}$일 때, A는 A_0의 50%이다. 이전 반응 속도식들에 $[A]/[A]_0 = 0.5$를 대입하면, 다양한 차원의 반응에 대한 반감기가 결정된다.

$$1\text{차} : t_{1/2} = \frac{\ln^2}{k} = \frac{0.693}{k} \tag{5.11}$$

$$2\text{차} : t_{1/2} = \frac{1}{kA_0}$$

$$\text{비정수 } n\text{차} : t_{1/2} = \frac{[(1/2)^{1-n} - 1] \cdot A_0^{1-n}}{(n-1)k}$$

반감기의 가장 일반적인 용도는 15장에서 더 많이 논의되는 방사성 동위 원소(radioisotopes)이다.

물론 배가 시간(doubling time)은 구성 요소의 양을 두 배로 늘리는 데 필요한 시간이다. $t = t_2$일 때 A는 A_0의 두 배이다. 이전 방정식들에 $[A]/[A]_0 = 2$를 대입하면, 다양한 반응 차수에 대한 배가 시간을 계산할 수 있다.

예제 5.3 스트론튬 90(Sr^{90})은 물과 많은 식품에서 발견되는 방사성 핵종(radioactive nuclide)이다. 그것은 반감기가 28년이며 모든 다른 방사성 핵종과 마찬가지로 1차 반응으로 붕괴된다. 물 시료에서 Sr^{90}의 농도가 99.9% 감소했다고 할 때, 걸린 시간은 얼마인가?

풀이 $A_0 = 1$이라고 하면, 99.9% 감소한 후 $A = 0.001$이다.

식 (5.11)을 사용하면 $t_{1/2} = 0.693/k$이고 $t_{1/2} = 28\,\text{yr}$, $k = 0.02475\,\text{yr}^{-1}$이다.

식 (5.10)을 사용하면

$$\ln\left(\frac{0.001}{1}\right) = -0.02475t$$

$$t = \frac{-6.907}{-0.02475} = 279\,\text{yr}$$

5.5 연쇄적인 반응

마지막으로, 일부 반응은 연쇄적인 반응(consecutive reactions)으로서 다음과 같이 진행된다.

$$A \rightarrow B \rightarrow C \rightarrow \cdots$$

첫 번째 반응이 1차 반응이라면

$$\frac{dA}{dt} = -k_1 A$$

가 된다.

마찬가지로, 두 번째 반응이 B에 대해 1차 반응인 경우, 전체 반응은 다음과 같다.

$$\frac{dB}{dt} = k_1 A - k_2 B$$

여기서, k_2는 반응 B → C의 속도 상수이다. 일부의 B는 $k_1 A$의 속도로 만들어지며 다른 일부의 B는 $k_2 B$의 속도로 만들어진다.

적분하면,

$$B = \frac{k_1 A_0}{k_2 - k_1}(e^{-k_1 t} - e^{-k_2 t}) + B_0 e^{-k_2 t}$$

가 된다.

이 등식은 하천의 산소 농도를 분석할 때 8장에서 다시 소개된다. 산소 결핍은 B이고, 이것은 미생물들에 의한 O_2 소비의 결과로 증가하며 대기에서부터 확산되는 O_2에 의해 감소된다. 그러나 이 반응이 많은 의미를 가지려면, 하천 생태계와 가스 이동에 대한 논의가 다루어져야 한다.

연습문제

5.1 하수 방류 지점에서 대장균(coliform organisms)의 사멸은 일차 반응으로 나타낼 수 있다. 대장균의 30%가 8시간 만에 죽고 55%는 16시간 만에 죽는 것으로 밝혀졌다. 90%가 죽는데 얼마나 걸리는가? 반로그지를 사용하여 이 문제를 해결하라.

5.2 어떤 방사성 핵종(radioactive nuclide)은 12분 안에 90% 감소한다. 이 핵종의 반감기는 얼마인가?

5.3 1차 반응에 의해, 파란색 염료가 반응하여 보라색 염료를 만든다. 1시간 후 파란색의 양은 480 g이고 3시간 후 파란색의 양은 120 g이다. 초기에 존재하던 파란색의 양을 그래프로 추정하라.

5.4 사회적 중요성이 큰 반응은 효모로 설탕을 발효시키는 것이다. 여기서 효모는 촉매이고(그것 자체가 반응에 들어가지는 않는다), 설탕에서의 0차 반응이다. 0.5 L 병에 4 g의 설탕이 들어 있고, 설탕의 50%를 전환하는데 30분이 걸리는 경우, 속도 상수는?

5.5 A가 k_1 속도로 만들어지고 k_2 속도로 동시에 파괴되는 미분방정식을 적분하라.

$$\frac{dA}{dt} = k_1 A - k_2 A$$

5.6 회분식 반응기는 흡착을 이용하여 난분해성 물질(gobbledygook)을 제거하도록 설계된다. 회분 실험 결과가 다음과 같다. 제거는 몇 차 반응으로 보이는가? 속도 상수를 그래픽으로 추정하라.

시간(min)	난분해성 물질의 농도(mg/L)
0	170
5	160
10	98
20	62
30	40
40	27

5.7 일상적으로 발생하는 많은 과정들은 반응조의 관점에서 기술될 수 있다.

a. 본문에서 설명되어 있지 않은 1차 반응의 예를 하나 제시하라.
b. 무슨 일이 일어나고 있는지 말로 설명하라.
c. 이 반응을 묘사하는 그래프를 그려라.

5.8 19년 전에 버려진 유류 저장 지역은 기름이 토양에 유출되었고, 토양 1 kg 당 아마도 400 mg의 농도로 토양을 포화시켰다. 패스트푸드 체인점은 그 곳에 식당을 지으려고 토양을 채취하니 토양에 여전히 20 mg/kg 농도의 기름 잔여물이 남아 있다는 것을 발견하였다. 현지 엔지니어는 매년 20 mg/kg의 속도로 토양 미생물에 의해 기름이 파괴되었음에 틀림없기 때문에 1년 안에 모든 오염이 없어질 것이라고 결론짓는다.

a. 이것은 좋은 가정인가? 그 이유는 무엇인가? [힌트 : 동역학(kinetics)을 고려하라]

b. 토양이 허용 가능한 농도 1 mg/kg에 도달하는데 얼마나 오랜 시간이 걸릴 것이라고 생각하는가?

5.9 임상 실험실의 방사성 폐기물은 0.2μCi (microcuries)의 칼슘-45(^{45}Ca)/L을 함유하고 있다. ^{45}Ca의 반감기는 152일이다.

a. 방사능 수준이 최대 요구치 0.01μCi/L 이하로 떨어지려면 이 폐기물을 얼마나 오래 저장해야 하는가?

b. 방사성 폐기물은 깊은 우물 주입 및 지상 저장을 포함하여 여러 가지 방법으로 저장할 수 있다. 깊은 우물 주입은 지구의 표면 아래에 수천 피트 아래로 폐기물을 보내는 것을 포함한다. 지상에서의 저장은 격리 구역에 있는 건물에 보관하는 것이며, 사람들이 폐기물을 가까이 오지 못하도록 보호해야 한다. 이러한 각 저장 방법과 관련된 위험 요소는 무엇인가? 무엇이 잘못될 수 있는가? 어떤 폐기물 저장 시스템이 당신이 생각하기에 이러한 방사성 폐기물 저장에 더 우수하다고 생각하는가?

c. 심층 생태학자(deep ecologist)는 특히 방사성 폐기물의 저장 및 처리 문제 관점에서 건강 분야에서 방사성 물질의 사용을 어떻게 바라보는가? 답변에 있어 심층 생태학자처럼 생각하라. 당신이 내린 결론에 당신은 동의하는가?

참고문헌

1. Sale, Kirkpatrick. May 1988. Deep ecology and its critics. The Nation 14: 670-5.
2. See note 1.
3. The term "environmental fascism" was coined by Tom Regan. desJardins, Joseph, 1995. Environmental Ethics. Belmont, CA: Wadsworth Publishing Co., p. 142.

06 Chapter 반응조

© Keith and Susan Morgan

미국 앨라배마주, 슬로스 용광로 유적지

© Keith and Susan Morgan

오스트레일리아 베이 오브 아일랜즈, 그렛 오션 로드(Great Ocean Road)

환경공학자들은 자연물을 유익하거나 적어도 무해한 배출물로 변환시키는 자연을 모방하는 반응의 힘을 활용하는 공정을 설계한다.

일반적인 반응공정은 다음의 물질수지를 통해 분석할 수 있다(4장 참고).

[물질 축적] = [물질 유입] − [물질 유출] + [물질 생산] − [물질 소비]

제4장에서 [물질의 축적]을 0으로 가정하고, 안정된 상황을 구하였다. 그리고 5장에서는 반응공정이 시간에 종속적이라고 하였다. 만일 이러한 반응들이 하나의 블랙박스 안에서 일어난다면, 그 블랙박스는 반응조가 되고 물질수지 식의 첫 번째 항은 더 이상 0으로 가정되지 않는다.

공학적 시스템뿐 아니라 다양한 자연 내 공정들도 이상적인 반응조의 개념을 통해 쉽게 분석될 수 있다. 만일 블랙박스가 부피를 가지고 혼합과 흐름이 존재한다면 이 상자를 반응조로 고려할 수 있다.

반응조 내 혼합과 흐름 특성에 따라 세 가지 유형으로 이상적인 반응조를 정의할 수 있다. '혼합 회분식 반응조'는 반응조 내 물질이 완전히 혼합되고, 반응조 내부 또는 외부로의 흐름이 없다. '플러그−흐름 반응조'는 세로 방향으로 흐름은 있지만 혼합되지 않는다. '완전 혼합−흐름 반응조(연속식 또는 완전 교반 탱크 반응조 등으로도 알려져 있다, CSTR)'라는 이름에서 알 수 있듯이 반응조 내에서 유체의 완전한 혼합이 이루어진다.

반응조 내부에서 반응이 없다면(물질의 소비 또는 생산이 일어나지 않는다면), 반응조의 혼합 모형 적용이 적합하다. 반대로 반응조 내부의 반응이 일어난다면, 물질은 생산되거나 소비될 수 있으며 반응조 모형으로 설명할 수 있다. 이 장에서는 물질의 반응이 없는 반응조와 반응조의 혼합모형에 대해 다루고자 한다.

6.1 혼합모형

혼합모형에 대해 이야기하기 위해서는 보존성을 갖는 순간적으로 주입되는 신호물질의 개념이 사용된다. 여기서 신호물질은 반응조로 유입되는 흐름에 포함된 추적자(tracer) 물질이다. 시간에 따른 신호물질(일반적으로 추적자 물질의 농도)의 측정으로부터 반응조의 특징을 알 수 있다. '보존'에 대한 항은 신호물질이 그 자체로는 반응이 일어나지 않음을 의미한다. 예를 들면, 물속의 색소 염료는 화학적으로 반응하지 않을 뿐 아니라 색을 잃거나 얻지 않는다. '순간적'의 개념은 신호물질(다시 색조염료를 예로 들어)이 시간의 흐름이 아닌 순간적으로 반응조에 유입되는 것이다. 실생활의 예로서 양동이의 물에

한 컵의 색소 염료를 붓는 경우로 묘사될 수 있다. 신호물질의 보존성과 순간적인 주입 개념은 세 가지 기본 형태의 반응조에 적용될 수 있다(혼합 회분식 반응조, 플러그-흐름 반응조, 그리고 완전 혼합-흐름 반응조).

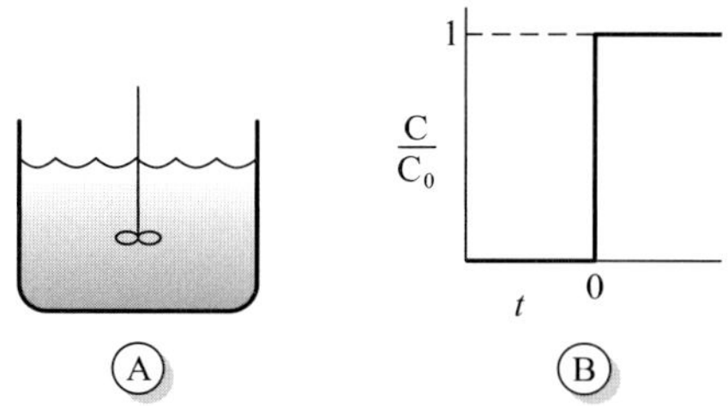

그림 6.1 (A) 회분식 혼합 반응조 (B) 반응조의 C-분포곡선
교반기 표시는 농도구배 없이 완전한 혼합을 의미한다.

6.1.1 혼합 회분식 반응조

그림 6.1(A)에 모사되어 있는 혼합 회분식 반응조(Mixed batch reactor)에 대해 먼저 이야기 해보자. 이 반응조에서는 유체의 유입과 유출이 없음을 기억하자. 만일 보존되는 신호물질이 유입된다면, 신호물질은 순간적(혼합에 필요한 시간 0)으로 혼합된다고 가정된다. 이 혼합에 대한 가정은 그림 6.1(B)에 나타나 있는 곡선을 통해 설명할 수 있다. 그림의 세로축은 어떠한 시간 t에 대한 농도를 초기농도로 나눈 값을 나타낸다. $t=0$ 이전일 때, 반응조에 신호물질(염료)은 존재하지 않는다. 신호물질이 유입되면, 완전혼합을 가정할 때 신호물질은 반응조 내로 즉각 퍼져 나간다. 결국, 물질의 농도는 즉각적으로 C_0로 나타나고, 신호물질이 주입된 $t=0$에서의 농도는 그림과 같다. 이후 반응조 내에서 유체의 유입과 유출이 없고 주입된 염료는 분해되지 않기(보존되기) 때문에 시간에 따른 염료 농도의 변화는 없다.

그림 6.1(B)와 같은 그림을 일반적으로 C-분포라 부르고 반응조 내 변화를 도식적으로 나타내는데 유용하게 사용된다. C-분포곡선은 간단히 C와 t에 대해서도 그려질 수 있지만 대부분의 경우 C/C_0 대 t의 형태로 그려진다. 신호물질이 반응조로 주입되면, $t=0$일 때 혼합 회분식 반응조에서 $C=C_0$이고 $C/C_0=1$이다.

혼합 회분식 반응조가 다양한 산업과 오염물질 처리 장치에서 유용하게 사용되고 있지만, 연속적인 유입과 유출의 흐름을 갖는 반응조 형태가 보다 널리 사용된다. 연속적인 흐름을 갖는 이상적인 반응조에는 다음의 두 가지 종류가 있다(플러그-흐름 반응조, 완전 혼합-흐름 반응조).

6.1.2 플러그-흐름 반응조

그림 6.2(A)는 플러그-흐름 반응조(Plug-flow reactor, PFR, 관형 흐름 반응조, 관류형 반응조, 압출류 반응조)의 특징을 나타내고 있다. 그림의 긴 관형태의 튜브(정원의 호스와 같은) 내부는 연속적인 흐름을 갖는다. 유체가 튜브의 내부를 흐르는 동안 세로 방향의 혼합은 없다고 가정한다. 만일 보존되는 신호물질이 반응조 내에 순간적으로 유입된다면, 신호물질에 포함되어 있는 서로 다른 두 요소는 반응조 유입부를 통해 동시에 유입되고 유출부를 통해 항상 동시에 유출된다. 모든 신호물질 내 요소들은 동일한 체류시간을 가지며, 반응조의 유입과 유출 사이의 시간은 다음과 같이 정의하고 계산될 수 있다.

$$\bar{t} = \frac{V}{Q}$$

여기서, $\bar{t}$: 수리학적 체류시간, s
V : 반응조 부피, m^3
Q : 반응조 유량, m^3/s

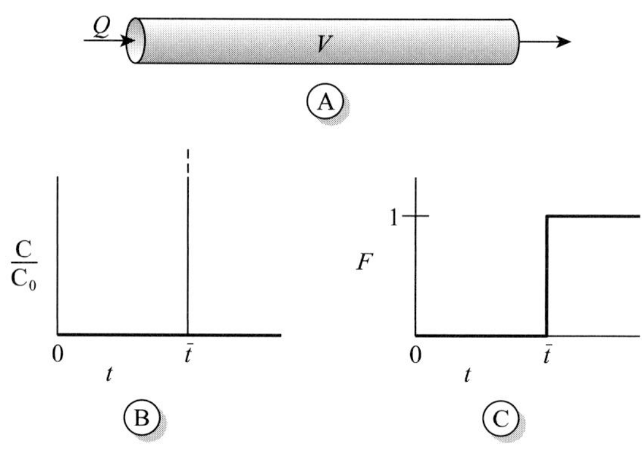

그림 6.2 (A) 플러그-흐름 반응조 (B) 반응조의 C-분포곡선 (C) 반응조의 F-분포곡선
C에 나타낸 것과 같이 $t = \bar{t}$ 일 때 모든 신호물질은 유출되고 $F = 1$이다.

이상적인 플러그-흐름 반응조 내 체류시간은 반응조 내부를 흐르는 유체에 포함된 어떠한 물질이 반응조에서 보내는 시간을 의미한다. 다른 의미로는 반응조를 가득 채우는데 필요한 시간으로도 체류시간을 설명할 수 있다. 정원에서 빈 호스의 꼭지를 틀어 물이 나오기 시작하는 시간을 기다리는 것과 마찬가지이다. 체류시간에 대한 정의는 다른 형태의 반응조에도 적용될 수 있다.

만일 순간적으로 주입되는 보존성을 갖는 신호물질이 반응조에 주입되면, 신호물질은 플러그 형태를 따라 반응조 내부를 이동하고 시간 $\bar{t}$에 반응조로부터 유출된다. 시간 $\bar{t}$에 도달하기 전에는 반응조 외부로 신호물질은 유출되지 않고, 유체의 신호물질 농도는 제로이다($C=0$). $\bar{t}$ 시점 이후 즉시 모든 신호물질은 반응조로부터 유출되고 다시 $C=0$이 된다. 결국, 그림 6.2(B)와 같이 C-분포곡선은 하나의 순간적인 정점을 보인다.

플러그-흐름 반응조를 표현하는 편리한 방법은 F-분포를 이용하는 것이다[그림 6.2(C)]. F는 어떠한 시간 t에 반응조 내 남아 있는 신호물질의 비율로 정의된다.

$$F = \frac{A_0 - A_R}{A_0}$$

여기서, A_0 : 반응조에 주입된 추적자 물질의 양

A_R : 반응조에 남아있는 추적자 물질의 양

반응조 내에서 세로 방향의 혼합이 없을 때 완전한 플러그 흐름이 일어날 수 있는데, 이것은 실제로 상당히 비현실적(이상적)이다. 다음에 살펴볼 세 번째 형태의 반응조 역시 비현실적(이상적)이다.

6.1.3 완전 혼합-흐름 반응조

완전 혼합-흐름(Completely mixed-flow, CMF, 완전 혼합 연속-흐름) 반응조는 완전한 혼합을 가정한다. 모든 반응시간에 걸쳐 농도구배가 없고, 신호물질은 반응조 내에서 순간적으로 완벽하게 혼합된다. 그림 6.3(A)에 반응조를 나타냈다.

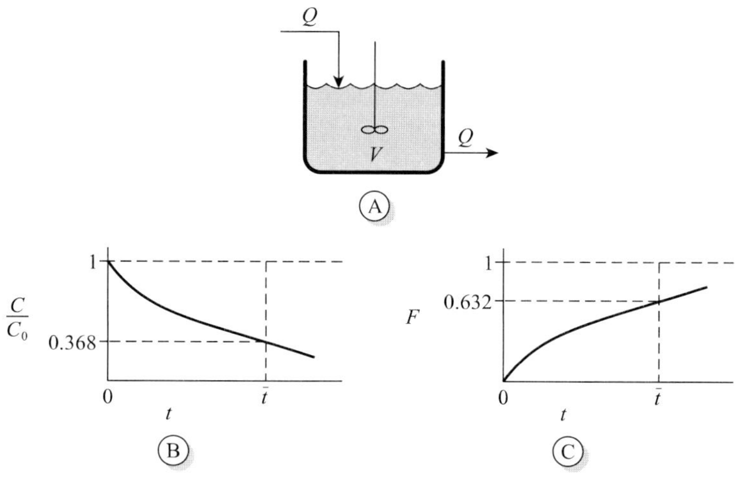

그림 6.3 (A) 완전 혼합-흐름 반응조 (B) 반응조의 C-분포곡선 (C) 반응조의 F-분포곡선

순간적으로 주입되는 보존성을 갖는 신호물질이 CMF 반응조에 주입되면 다음과 같은 물질수지식으로 표현된다.

[물질 축적 속도] = [물질 유입 속도] − [물질 유출 속도]
+ [물질 생산 속도] − [물질 소비 속도]

신호물질의 주입은 순간적인 것으로 가정되기 때문에 신호물질의 유입 속도는 0이다. 마찬가지로 신호물질은 보존되기 때문에 생산과 소비에 대한 속도도 0이다. 따라서,

[물질 축적 속도] = 0 − [물질 유출 속도] + 0 − 0

가 된다.

만일 어떠한 시간 t에서 반응조 내 신호물질의 양이 A이고, $t=0$일 때 신호물질의 양을 A_0라고 한다면, $t=0$일 때 반응조 내 신호물질의 농도는 다음과 같다.

$$C_0 = \frac{A_0}{V}$$

여기서, C_0 : 시간이 0일 때 반응조 내 신호물질의 농도
A_0 : 시간이 0일 때 반응조 내 신호물질의 양
V : 반응조 부피

반응조 내부에서 완전한 혼합이 이뤄지기 때문에 반응조에서 유출되는 신호물질의 농도 역시 C이다.

반응조로부터의 물질 유출 속도는 농도와 유량의 곱과 같다(3장 참고). 이를 물질수지식에 대입하면

$$[\text{물질 축적 속도}] = -CQ = -\left(\frac{A}{V}\right)Q$$

가 된다.

여기서, Q는 반응조 유입과 유출 유량이고, 반응조 부피 V는 상수로 가정된다. 신호물질 A의 축적에 대한 속도는 dA/dt, 그리고

$$\frac{dA}{dt} = -\left(\frac{A}{V}\right)Q$$

가 된다.

식은 다음과 같이 적분될 수 있다.

$$\int_{A_0}^{A} \frac{dA}{A} = -\int_{0}^{t} \left(\frac{A}{V}\right) Q\, dt$$

즉,

$$\ln A - \ln A_0 = -\frac{Q}{V} t$$

$$\frac{A}{A_0} = e^{-(Qt/V)}$$

로 된다.

CMF 반응조 내의 체류시간은 다음과 같다.

$$\bar{t} = \frac{V}{Q}$$

※ 주의 : 체류시간은 유체 내 입자가 반응조에서 보내는 평균시간으로 정의하였다. 이는 플러그-흐름 반응조와 마찬가지로 유량 Q로 반응조 부피 V를 채우는데 필요한 시간과 동일하다.

다시 표현하면 다음과 같다.

$$\frac{A}{A_0} = e^{-(t/\bar{t})}$$

A와 A_0 모두를 V로 나눠 C와 C_0를 구한다.

$$\frac{C}{C_0} = e^{-(t/\bar{t})}$$

이 식은 그림 6.3(B)의 C-분포와 같이 나타낼 수 있다.

체류시간 $t = \bar{t}$일 때,

$$\frac{C}{C_0} = e^{-1} = 0.368$$

이 된다.

체류시간의 흐름에 따라 36.8%의 신호물질이 반응조 내에 남아있고, 63.2%의 신호물질이 유출되었음을 의미한다. 이는 그림 6.3(C)의 F-분포를 통해 잘 나타난다.

6.1.4 연속된 완전 혼합-흐름 반응조

일반적으로 반응조 혼합모형의 효율은 그림 6.4에 나타낸 것과 같이 CMF 반응조에 하나 이상의 반응조가 직렬로 연결된 형태로 구성 시 크게 증가될 수 있다. 각각의 반응조 n은 부피 V_0를 갖고, 전체 부피 V는 $n \times V_0$로 나타낼 수 있다.

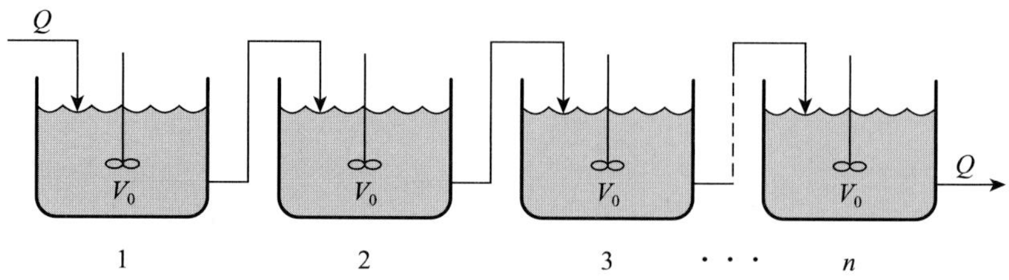

그림 6.4 연속된 CMF 반응조

첫 번째 반응조의 물질수지는 보존되는 순간적 주입 신호물질을 이용하여 다음과 같이 작성된다.

$$\frac{dA_1}{dt} = -\left(\frac{Q}{V_0}\right)A_1$$

여기서, A_1 : 어떤 시간 t에서 첫 번째 반응조 내 신호물질의 양, kg

V_0 : 첫 번째 반응조의 부피, m^3

Q : 유량, m^3/s

앞서 설명한 방법에 따라 다시 정리하면 다음과 같다.

$$A_0 = A_0 e^{Qt/V_0} \tag{6.1}$$

여기서, A_0는 t가 0일 때 반응조 내 신호물질의 양이다.

각각의 반응조에서 체류시간은 $\bar{t}_0 = V_0/Q$, 따라서,

$$\frac{A}{A_0} = e^{(t/\bar{t}_0)}$$

가 된다.

두 번째 반응조의 물질수지는 전과 같이 나타낼 수 있고, 마지막 두 항은 다시 0이 된다. 그러나 이 반응조에서는 시간의 흐름에 따라 신호물질을 받기도 하고 내보내기도 한다. 게다가 신호물질의 축적에 있어 유입과 유출이 존재한다. 미분 형태로 나타내면

$$\frac{dA_2}{dt} = \left(\frac{Q}{V_0}\right)A_1 - \left(\frac{Q}{V_0}\right)A_2$$

A_1에 식 (6.1)을 대입하면

$$\frac{dA_2}{dt} = \left(\frac{Q}{V_0}\right)A_0 e^{-(Qt/V_0)} - \left(\frac{Q}{V_0}\right)A_2$$

그리고 적분하면

$$A_2 = \left(\frac{Qt}{V_0}\right)A_0 e^{-(Qt/V_0)}$$

세 개의 반응조를 나타내면

$$\frac{A_3}{A_0} = \left(\frac{t}{\bar{t}_0}\right)^2 \left(\frac{e^{-(t/\bar{t}_0)}}{2!}\right)$$

일반적으로, i개의 반응조에 대해:

$$\frac{A_i}{A_0} = \left(\frac{t}{\bar{t}_0}\right)^{i-1} \left(\frac{e^{-(t/\bar{t}_0)}}{(i-1)!}\right)$$

n개의 연속된 반응조 내 농도(A_i와 A_0를 반응조 부피 V로 나누어 얻을 수 있다)는

$$\frac{C_n}{C_0} = \left(\frac{t}{\bar{t}_0}\right)^{n-1} e^{-(t/\bar{t}_0)} \left(\frac{1}{(n-1)!}\right) \tag{6.2}$$

가 된다.

식 (6.2)는 시간 t일 때 n개의 연속된 반응조 중 어느 하나의 보존되는 순간적인 주입의 신호물질 양을 나타내고, C-분포를 그리는데 사용될 수 있다. 또한 $nV_0 = V$를 기억해보자. 전체 반응조의 총부피는 절대 변하지 않는다. 큰 반응조의 부피는 간단히 n개의 동일한 작은 부피로 나눌 수 있고

$$n\bar{t}_0 = \bar{t} = \frac{V}{Q}$$

로 된다.

또한 질량 M이 부피 V_0인 단일 반응조에 유입되면, 초기 농도는

$$C_{0(1)} = \frac{M}{V_0}$$

가 된다.

만일 동일한 질량이 두 개의 연속적인 CMF 반응조(반응조 각각의 부피 = $V_0/2$) 중 첫 번째 반응조로 유입된다면,

$$C_{0(2)} = \frac{M}{V_0/2} = \frac{2M}{V_0} = 2C_{0(1)}$$

가 된다.

n개의 반응조에 대해서 다음과 같다.

$$C_{0(n)} = \frac{nM}{V_0} = nC_{0(1)}$$

F-분포는 작게 분리된 개별적인 CMF 반응조에서 추적자 물질의 거동을 잘 설명할 수 있다.

$$F = \frac{M_0 - M_R}{M_0}$$

각각의 반응조에 남는 추적자물질의 양은 다음과 같다.

$$M_r = M_1 + M_2 + M_3 + \cdots + M_n = V_0(C_1 + C_2 + C_3 + \cdots + C_n)$$

$$M_0 = V_0 C_0$$

$$F = \frac{(C_1 + C_2 + C_3 + \cdots + C_n)}{C_0} = 1 - \left(\frac{C_1}{C_0} + \frac{C_2}{C_0} + \cdots + \frac{C_n}{C_0}\right)$$

첫 번째 반응조에서의 신호물질 농도를 고려해보자. n개의 반응조로 구성된 반응조 시리즈 중 첫 번째 반응조의 부피는 $V_0 = V/n$이기 때문에, 어떠한 시간에서든 첫 번째 반응조 내 농도는 반드시 단독으로 구성된 큰 반응조 내 농도의 n배이어야 한다(동일한 양의 신호물질이 볼륨의 n배로 희석). 연속된 반응조에서 신호물질 농도를 구하기 위한 식은 다음과 같다.

$$\frac{C_n}{C_0} = \left(\frac{t}{\overline{t_0}}\right)^{(n-1)}\left(\frac{e^{-(t/\overline{t_0})}}{(n-1)!}\right) = \left(\frac{nt}{\overline{t}}\right)^{(n-1)}\left(\frac{e^{-(t/\overline{t_0})}}{(n-1)!}\right) \tag{6.3}$$

여기서, C_0는 첫 번째 반응조에서 신호물질의 농도이다.

반응조의 총부피를 n으로 나눈 부피는 반드시 시스템의 총체류시간에 기초한다.

$$\bar{t} = \frac{V}{Q} \quad (= n\bar{t}_0)$$

따라서,

$$\begin{aligned} F &= 1 - \left[e^{-nt/\bar{t}} + \left(\frac{nt}{\bar{t}}\right) e^{-nt/\bar{t}} + \left(\frac{nt}{\bar{t}}\right)^2 \left(\frac{1}{2!}\right) e^{-nt/\bar{t}} + \cdots + \left(\frac{nt}{\bar{t}}\right)^{n-1} \left(\frac{1}{(n-1)!}\right) e^{-nt/\bar{t}} \right] \\ &= 1 - e^{-nt/\bar{t}} \left[1 + \left(\frac{nt}{\bar{t}}\right) + \left(\frac{nt}{\bar{t}}\right)^2 + \left(\frac{1}{2!}\right) + \cdots + \left(\frac{nt}{\bar{t}}\right)^{n-1} \left(\frac{1}{(n-1)!}\right) \right] \\ &= 1 - e^{-nt/\bar{t}} \left[1 + \sum_{i=1}^{n} \left(\frac{nt}{\bar{t}}\right)^{i-1} \frac{1}{(i-1)!} \right] \end{aligned}$$

가 된다.

연속으로 구성된 반응조의 F-분포를 그림 6.5에 나타냈다.

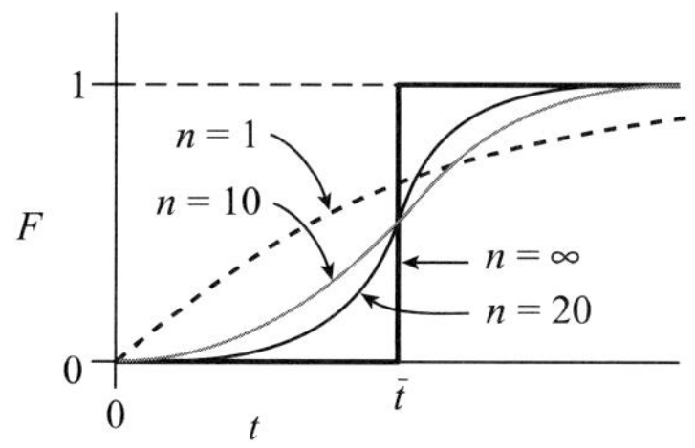

그림 6.5 연속 CMF 반응조의 F-분포곡선

반응조의 숫자가 증가함에 따라, F-분포곡선은 S자 형태의 곡선에 가까워진다. 반응조 숫자 n이 무한대로 될 경우 F-분포곡선은 플러그-흐름 반응조의 F-분포곡선[그림 6.2(C) 참고]과 일치하게 된다. 이는 무수히 많은 반응조를 통해 시각화하여 표현할 수 있는데, 플러그 형태와 같이 하나의 반응조에서 다른 반응조로 아주 빠르게 유체가 이동하기 때문에 각각의 작은 반응조는 물질이 반응조에 들어오자마자 매우 짧은 체류시간을 갖고 다음 단계로 넘어간다. 이것은 유체가 플러그-흐름 반응조를 통과하는 방식이다.

예제 6.1 커다란 완전혼합 산화지(하수처리용)를 2, 5, 10, 그리고 20개로 나눴을 때 효과를 평가하고자 한다. 커다란 단일 산화지와 각각의 나누어진 산화지에서 보존되고 순간적으로 주입되는 신호물질에 대해 C-분포 및 F-분포를 그리시오.

해답 단일($n=1$) 산화지의 농도는 다음과 같다.

$$\frac{C}{C_0}=e^{-t/\bar{t}}$$

여기서, C : 시간 t에서 유출수 내 신호물질의 농도

C_0 : 시간 t_0에서의 농도

$\bar{t}$: 체류시간

다양한 t 값을 대입하면 다음과 같다.

$t=0.25\bar{t}$	$C/C_0=e^{-(0.25)}$	= 0.779
$t=0.5\bar{t}$	$C/C_0=e^{-(0.50)}$	= 0.607
$t=0.75\bar{t}$	$C/C_0=e^{-(0.75)}$	= 0.472
$t=\bar{t}$	$C/C_0=e^{-1}$	= 0.368
$t=2\bar{t}$	$C/C_0=e^{-2}$	= 0.138

결과를 그림 6.6에 그래프로 나타내었다($n=1$일 때).

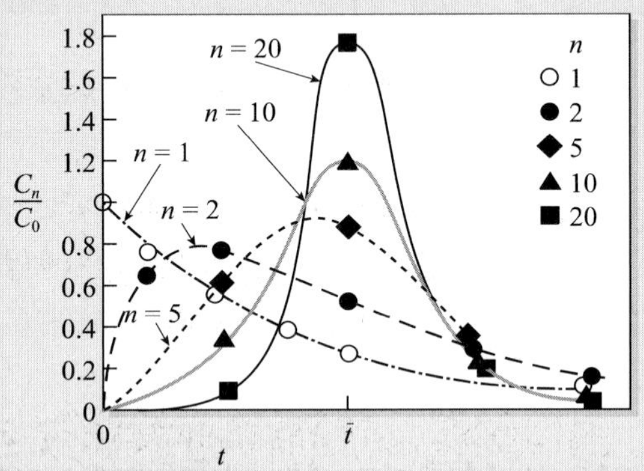

그림 6.6 예제 6.1에 대한 C-분포곡선들

연속된 반응조들에 대해 유사한 계산을 수행할 수 있다. 예를 들어, $n=10$일 때 $10\bar{t}_0=\bar{t}$ 임을 기억하고 식 (6.3)을 이용하면 다음과 같다.

$t=\bar{t}$ $$\frac{C_{10}}{C_0}=(10)(10)^9e^{-10}\frac{1}{9!}=1.25$$

$t=0.5\bar{t}$ $$\frac{C_{10}}{C_0}=(10)(5)^9e^{-5}\frac{1}{9!}=0.36$$

이들 데이터를 그림 6.6에 함께 나타내었다.

단일 반응조의 F-분포에 대해 계산하면 다음과 같다.

$t=0.25\bar{t}$	$F=1-e^{-(0.25)}$	= 0.221
$t=0.5\bar{t}$	$F=1-e^{-(0.50)}$	= 0.393
$t=\bar{t}$	$F=1-e^{-1}$	= 0.632
$t=2\bar{t}$	$F=1-e^{-2}$	= 0.865

연속된 10개의 반응조에 대해서 다음과 같이 계산한다.

$$F=1-e^{(-nt/\bar{t})}\left[1+\left(\frac{nt}{\bar{t}}\right)+\left(\frac{nt}{\bar{t}}\right)^2\left(\frac{1}{2!}\right)+\ \cdots\ +\left(\frac{nt}{\bar{t}}\right)^{n-1}\left(\frac{1}{(n-1)!}\right)\right]$$

$t=0.5\bar{t}$ 에서

$$\begin{aligned}F&=1-e^{-5}[1+5+5(5)^2(1/2!)+(5)^3(1/3!)+\ \cdots\ +(5)^9(1/9!)]\\&=1-0.00674[1+5+12.5+12.5+20.83+26.04+26.04+21.70+15.50+9.68+5.48]\\&=1-0.969=0.03\end{aligned}$$

유사하게 $t/\bar{t}=1$에서

$$F=1-e^{-10}\left[1+10+(10)^2\left(\frac{1}{2!}\right)+\ \cdots\ +(10)^9\left(\frac{1}{9!}\right)\right]$$

가 되고, 그 결과를 그림 6.7에 나타내었다.

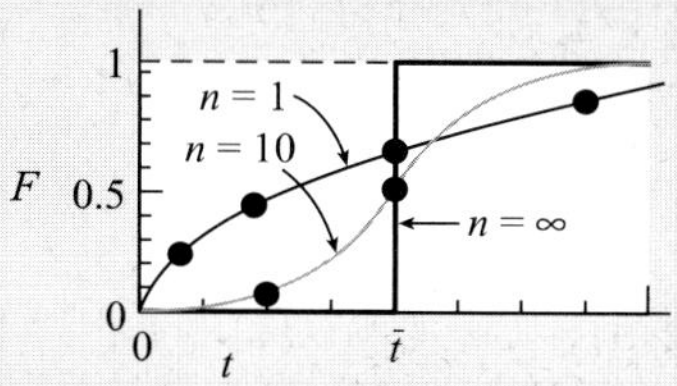

그림 6.7 예제 6.1에 대한 F-분포곡선들

다시 강조하면, C와 F 곡선을 통해 명확히 보이는 것과 같이 반응조(n)의 수가 증가함에 따라 연속된 CMF 반응조는 이상적인 플러그－흐름 반응조와 유사해짐을 알 수 있다.

6.1.5 연속 신호물질 주입에 따른 혼합모형

지금까지 보존성을 갖는 순간적으로 주입되는 신호물질에 대해 이야기 하였다. 앞서 언급하였던 신호물질의 특성 중 순간적인 주입 특성을 고려하지 않게 된다면, 신호물질의 주입이 연속성을 갖는 것으로 이해할 수 있다. 보존성을 갖는 신호물질이 연속적으로 이상적인 PFR에 유입되면 앞서 언급하였던(불연속 순간 주입의 경우) C-분포곡선이 시간 t에 대해 $C=0$이었던 데서 $C=C_0$로 나타나게 된다. CMF 반응조의 경우 신호물질 유입이 중단되면 순간적으로 신호물질이 주입되었던 경우와 정확히 일치하는 C-분포곡선 형태를 갖게 된다. 신호물질의 유입이 중단됨에 따라 반응조 내부는 깨끗한(신호물질을 포함하지 않은) 물로 씻어내고, 신호물질의 농도는 기하급수적으로 전처럼 감소하게 된다.

연속적인 신호물질이 $t=0$인 시점부터 지속적으로 반응조에 유입된다면, C곡선은 어떻게 나타나겠는가? 이전과 같이 물질수지 식의 작성에서부터 시작할 수 있다. 염료의 유입 유량은 고정되어 있고 반응조 내에서 물질의 생산과 소비 속도는 제로(0)이다. 보존성을 갖는 신호물질이 연속적으로 유입되는($t=0$에서부터) CMF 반응조를 표현하는 미분식을 다음과 같이 나타낼 수 있다.

$$\frac{dC}{dt} = QC_0 - QC$$

이를 적분하면

$$C = C_0(1 - e^{-Qt})$$

가 된다.

6.1.6 임의 - 흐름 반응조

반응조를 포함하여 이 세상에 이상적인 것은 없다. 실제로 플러그 - 흐름 반응조 내에서도 약간의 세로방향의 혼합이 일어나고, 그림 6.2(B)보다는 그림 6.8(A)에 가까운 C-분포의 형태를 보인다. 마찬가지로, 완전 혼합 - 흐름 반응조에서도 완전히 이상적인 혼합이 일어나지 않으며 그림 6.3(B)보다 그림 6.8(A)에 가까운 C-분포곡선의 경향을 보인다. 이러한 비이상적인(nonideal) 반응조들을 일반적으로 임의 - 흐름(arbitrary-flow) 반응조라고 부른다.

그림 6.8(B)의 비이상적인 CMF (임의 - 흐름) 반응조의 실제 C-분포곡선은 두 개의 CMF가 연속적으로 연결되어 있는 C곡선(그림 6.6)과 아주 유사한 것을 알 수 있다. 실제로 그림 6.6에서 보이는 것처럼 연속적으로 연결되어 있는 CMF의 수가 증가함에 따라 C-분포곡선이 완벽하게 이상적인 플러그 - 흐름 반응조의 C 곡선에 근접하는 것을 확인할 수 있었다. 결국, 모든 실제(임의 - 흐름) 반응조들이 연속으로 연결되어 있는 CMF 반응조들의 혼합모형에 유사하게 운전된다고 보는 것이 합리적일 수 있다. 이러한 관찰 결과는 n개의 CMF가 연속적으로 연결되어 있는 경우 반응조 내 흐름 특성에 대한 정량적인 묘사와 관련이 있고, 여기서 n은 CMF의 수와 반응조 형태를 나타낸다.

보다 심화된 혼합모형에 대한 논의는 본 교재에서 다루지 않는다. 반응조 이론과 관련된 다른 교과서의 참고를 바란다.

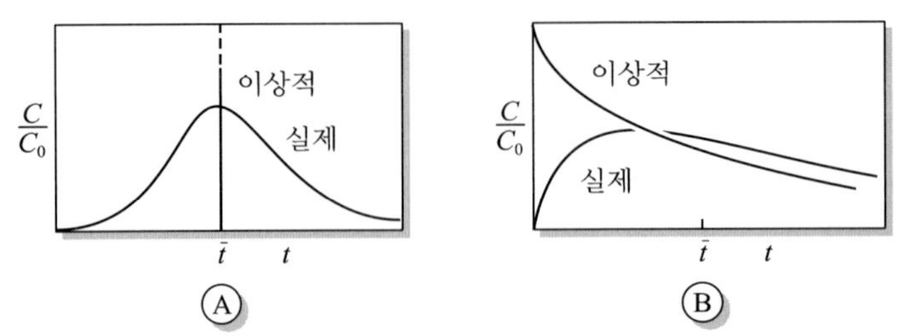

그림 6.8 실제와 이상적인 반응조의 C-분포곡선
(A) 플러그 - 흐름 반응조 (B) 완전 혼합 - 흐름 반응조

6.2 반응조 모형

앞서 언급된 바와 같이, 일반적으로 반응조는 두 가지로 정리된다.

① 어떠한 반응도 수반하지 않고 혼합되는 경우
② 반응이 존재하는 실제 반응조 경우

앞 절에서 혼합의 개념에 대해 소개하였고, 여기서는 반응조 내에서 일어나는 반응에 대해 소개하도록 한다. 이 장에서는 반응조에 사용되는 신호물질의 보존성에 대한 제한은 없다.

다시 세 가지 형태의 반응조를 떠올려 보자(혼합 회분식 반응조, 플러그-흐름 반응조, 완전 혼합-흐름 반응조).

6.2.1 혼합 회분식 반응조

이전과 동일한 가정을 통해 반응조 내부에 완벽한 혼합이 일어난다고 가정한다(반응조 내 물질의 농도 구배는 없다). 물질의 반응이 있는 물질수지는

[축적 속도] = [유입 속도] − [유출 속도] + [생성 속도] − [소비 속도]

가 된다.

회분식 반응조이기 때문에 유입과 유출은 없다. 따라서,

[축적 속도] = [생성 속도] − [소비 속도]

이다.

만일 물이 생산되고 소비가 없다면, 식은 다음과 같이 정리된다.

$$\frac{dC}{dt}V = rV$$

여기서, C : 어떠한 시간 t에서의 물질의 농도, mg/L
V : 반응조 부피, L
r : 체류시간, mg/L/s
t : 시간, s

물질수지이기 때문에 부피에 대한 항 V를 나타낸다. 다음을 보자.

[물질 흐름] = [농도] × [유량 부피]

좌항(축적)에 대한 단위는

$$\frac{(\mathrm{mg/L})}{\mathrm{s}}\mathrm{L} = \frac{\mathrm{mg}}{\mathrm{s}}$$

이고, 우항의 단위는

$$(\mathrm{mg/L}) \times (\mathrm{L}) = \mathrm{mg/s}$$

이다.

부피에 대한 항을 소거하면,

$$\frac{dC}{dt} = r$$

가 되고, 이를 적분하면,

$$\int_{C_0}^{C} dC = r\int_0^t dt$$

로 된다.

0차 반응에서 $r = k$, 여기서 k는 반응속도상수이다. 따라서

$$C - C_0 = kt \tag{6.4}$$

가 된다.

식 (6.4)는 해당 물질이 생산될 때 적용된다. 물질의 분해가 일어나는 경우에는 반응속도가 음의 값을 갖는다. 따라서,

$$C - C_0 = -kt \tag{6.5}$$

가 된다.

두 경우에 있어, C : 어떠한 시간 t에서 물질의 농도

C_0 : 시간 t가 0일 때 물질의 농도

k : 반응속도상수

1차 반응인 경우

$$r = kC$$

따라서

$$\frac{dC}{dt} = kC$$

가 된다.

속도상수 k는 시간$^{-1}$의 단위를 갖는다. 적분하면 다음과 같다.

$$\int_{C_0}^{C} \frac{dC}{C} = k\int_{0}^{t} dt \quad (6.6)$$

$$\ln\frac{C}{C_0} = kt$$

$$C = C_0 e^{kt}$$

만일 물질이 소비된다면, 반응속도는 음수이다.

$$\ln\frac{C}{C_0} = -kt \quad (6.7a)$$

$$\ln\frac{C_0}{C} = kt \quad (6.7b)$$

$$C = C_0 e^{-kt}$$

예제 6.2 어떤 산업폐수 처리시설에서 활성탄을 사용하여 수중의 색도를 제거하고 있다. 회분식 흡착시스템에서 색도는 1차 반응에 따라 제거된다. 반응의 속도상수(k)가 0.35 d^{-1}이라면, 색도의 90%를 제거하는데 소요되는 시간은?

해답 C_0 = 색도물질의 초기 농도, 및 $C = t$에서의 색도물질 농도로 두고, 식 6.7b를 이용하여 $0.1\,C_0$에 도달하는 시간을 구한다.

$$\ln\left(\frac{C_0}{C}\right) = kt$$

$$\ln\left(\frac{C_0}{0.1\,C_0}\right) = \ln\left(\frac{1}{0.1}\right) = 0.35t$$

$$t = \frac{2.30}{0.35} = 6.6\,\mathrm{d}$$

FOCUS ON

뫼즈 계곡(Meuse Valley) 사건[1,2]

벨기에 북쪽 가장자리를 흐르는 뫼즈(또는 뮤즈 ; Meuse) 강은 1930년대 중공업의 중심지였다. 석탄 광산 및 철강 공장 그리고 뫼즈 강의 교통수단을 통해 리에주(Liege)와 같은 도시들이 부유해졌고 경제적 중요성을 갖게 되었다. 대기오염에 대한 관리가 없었고 이 지역 주민들은 더러운 대기환경에 익숙해져 갔다. 이 지역에서 연기는 직업과 번영을 의미했다.

위이(Huy)에서 리에주까지 20 km에 이르는 강 유역은 가파른 계곡 절벽(60 ~ 80 m)이 있는 폭이 좁은(1 ~ 2 km)이다(그림 6.9). 일반적으로 바람이 계곡에 정체된 오염물질을 제거하였지만, 1930년 12월 초에는 바람이 거의 불지 않았고 안개가 계곡을 덮었다. "가장 높은 굴뚝 바로 위"의 복사역전이 발생하였고 5일 동안 안개가 지속되었다. 첫 질병은 사건 발생 2일 후인 12월 3일 시작되었으며, 12월 4일에는 첫 번째 사망자가 발생하였다. 이 사건으로 60명이 목숨을 잃었으며, 사망자 대부분이 노약자였다. 심지어 젊은 사람들조차도 기침과 천명에 시달렸다. 일부 건강에 문제 있던 사람들은 안개가 낀 동안 실내에 머물렀다. 가축과 야생동물들에게서도 호흡기 문제가 나타났으며, 사건 기간 동안 소, 새, 쥐 등이 폐사한 것으로 보고되었다.

물리학자, 화학자, 기상학자 등을 포함하는 전문가위원회를 통해 재난의 원인이 조사되었다. 위원회는 계곡에 위치한 27개 공장으로부터 유출된 30개의 물질을 확인하고, 산업계와 석탄연소 과정으로부터 발생되는 황 화합물로 인한 높은 SO_2 농도(SO_2 산화 생성물, 특히 H_2SO_4)가 주요원인인 것으로 평가하였다. 또한 자극물질을 흡수할 수 있는 매우 미세한 그을음 입자들이 함께 원인으로 작용한 것으로 추정하였다. 다른 한편에서는 불소가 사건과 피해자 사망에 중요한 영향을 미친 것으로 평가하였다.

위원회는 사건 이후 미 조치 시 동일한 재앙이 반복될 수 있음을 경고하고 산업 대기 오염 법안을 평가하기 위해 후속위원회를 임명하고 변화를 권고했지만, 뫼즈 계곡에 살고 있던 주민들을 구제하기 위해 행해진 조치는 아무것도 없었다. "대기오염은 번영의 불가피한 결과로 간주되었다."[1]

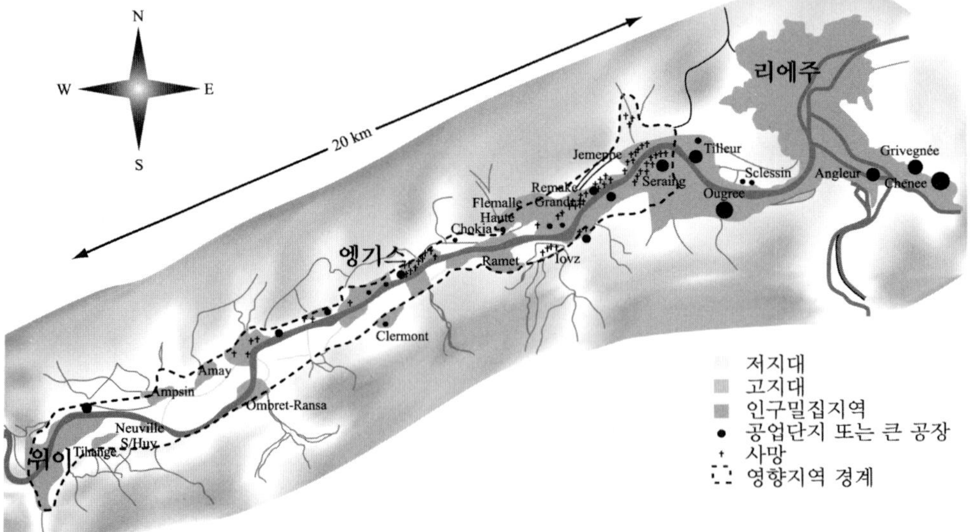

Based on Nemery, Benoit, Peter H. M. Hoet, and Abderrahim Nemmar. March 3, 2001. "The Meuse Valley Fog of 1930: An Air Pollution Disaster." Lancet. Vol. 357, Issue 9257, Figure 1, p. 705.

그림 6.9 벨기에, 뫼즈 계곡

이 사건은 인간의 사망과 관련된 최초의 대기오염 사건으로 국제적 관심을 받았고 대기오염 중 안개와 온도 역전의 효과를 입증하였다. 뫼즈 계곡 사건은 18년 후 도노라(Donora, 미국 펜실베니아주) 사건에서 대기오염의 원인과 결과를 이해하는데 도움이 되었다(1장 참고).

출처` : Nemery, Benoit, Peter H. M. Hoet, and Abderrahim Nemmar. March 3, 2001. "The Meuse Valley Fog of 1930: An Air Pollution Disaster." Lancet. Vol. 357, Issue 9257, pp. 704–708; Roholm, Kaj. 1937. "The Fog Disaster in the Meuse Valley, 1930: A Fluorine Intoxication." The Journal of Industrial Hygiene and Toxicology. Vol. 19, pp. 126–137.

6.2.2 플러그-흐름 반응조

혼합 회분식 반응조에 대한 식은 동일하게 플러그-흐름 반응조에도 적용될 수 있다. 왜냐하면 완벽한 플러그-흐름 반응조에서 반응물질이 플러그형 반응조 내부를 통과한다고 가정되고 여기서 플러그는 그 자체로 축소된 회분식 반응조와 같기 때문이다(유도과정은 다른 교재를 참고하기 바란다). 따라서, 플러그-흐름 반응조에서 발생되는 0차 반응에서 물질의 생산은 다음과 같다.

$$C = C_0 + k\bar{t} \tag{6.8}$$

여기서, C : 유출 농도
C_0 : 유입 농도
$\bar{t}$: 반응조 체류시간 $= V/Q$
V : 반응조 부피
Q : 반응조 유량

물질이 0차 반응에 따라 소비되면

$$C = C_0 - k\bar{t} \tag{6.9}$$

가 되고, 물질이 1차 반응에 따라 생성되면

$$\ln\frac{C}{C_0} = k\bar{t} \tag{6.10}$$

$$\ln\frac{C}{C_0} = k\left(\frac{V}{Q}\right)$$

$$V = \left(\frac{Q}{k}\right)\ln\frac{C}{C_0}$$

가 된다.

물질이 1차 반응에 따라 소비되면

$$\ln\frac{C}{C_0} = -k\bar{t} \tag{6.11}$$

$$V = \left(-\frac{Q}{k}\right)\ln\frac{C}{C_0}$$

$$V = \frac{Q}{k}\ln\frac{C_0}{C}$$

가 된다.

예제 6.3 산업계에서는 폐기물로부터 발생되는 악취를 제거하기 위해 긴 배수로를 주로 사용한다. 여기서 배수로가 플러그-흐름 반응조로 작용한다고 가정한다. 악취는 1차 반응과 같이 제거되고, 반응의 속도상수 k는 0.35 d^{-1}이다. 유량은 1,600 L/d이다. 배수로 내 유속이 0.5 m/s일 때 악취의 90%를 제거하는데 필요한 배수로의 길이는 얼마인가?

해답 식 (6.11)을 사용한다.

$$\ln\frac{C}{C_0} = -k\bar{t}$$

$$\ln\frac{0.1C_0}{C_0} = \ln(0.1) = -(0.35)\bar{t}$$

$$\bar{t} = 6.58\,\mathrm{d}$$

배수로의 길이 $= 0.5\mathrm{m/s} \times 6.58\mathrm{d} \times 86{,}400\mathrm{s/d} = 2.8 \times 10^5\mathrm{m}\,(!)$

6.2.3 완전 혼합-흐름 반응조

완전 혼합-흐름 반응조의 물질수지는 해당물질에 대해 다음과 같이 작성된다.

[축적 속도] = [유입 속도] − [유출 속도] + [생성 속도] − [소비 속도]

$$\frac{dC}{dt}V = QC_0 - QC + r_1V - r_2V$$

여기서, C_0 : 유입 물질 농도, mg/L
C : 어떠한 시간이나 반응조 내부 지점에서의 유출 물질 농도, mg/L
r : 반응속도
V : 반응조 부피, L

정상상태의 운전을 가정한다. 반응은 반응조 내부에서 일어나지만, 유출 농도(반응조 내부 농도)는 시간에 따라 변하지 않는다. 즉,

$$\frac{dC}{dt}V = 0$$

이 된다.

반응이 0차를 따르고 물질이 생산된다면 $r = k$, 소비에 대한 항은 0이고,

$$0 = QC_0 - QC + kV \tag{6.12}$$

$$C = C_0 + k\frac{V}{Q}$$

$$C = C_0 + k\bar{t}$$

가 된다.

또는 물질이 0차 반응을 따라 소비된다면 다음과 같다.

$$C = C_0 - k\bar{t} \tag{6.13}$$

만일 반응이 1차 반응을 따르는 물질의 생성에 대한 반응이라면 $r = kC$ 이고

$$0 = QC_0 - QC + kCV \tag{6.14}$$

$$\frac{C_0}{C} = 1 - k\frac{V}{Q} = 1 - k\bar{t}$$

$$C = \frac{QC_0}{Q - kV}$$

가 된다.

물질이 분해되는 1차 반응의 경우는

$$\frac{C_0}{C} = 1 + k\left(\frac{V}{Q}\right) \tag{6.15a}$$

$$\frac{C_0}{C} = 1 + k\bar{t} \tag{6.15b}$$

$$C = \frac{QC_0}{Q + kV}$$

$$V = \frac{Q}{k}\left[\frac{C_0}{C} - 1\right]$$

이 된다.

식 (6.15a)는 상식적으로 통용된다. 물질을 분해하는 반응조의 성능을 최대한 사용한다고 가정하자. (C_0/C)를 증가시키거나 C를 작게 해야 한다. 이는 다음을 통해 완성될 수 있다.

① 반응조 부피의 증가, V
② 반응조 유량의 감소, Q
③ 반응의 속도상수 증가, k

속도상수 k는 온도와 혼합강도 등 수많은 변수에 따라 달라질 수 있다. 온도에 따른 k의 변화는 일반적으로 지수형태로 표현된다.

$$k_T = k_0 e^{\Phi(T - T_0)}$$

여기서, Φ : 상수
k_0 : 온도 T_0에서의 속도상수
k_T : 온도 T에서의 속도상수

예제 6.4 완전 혼합-흐름 반응조를 사용하는 새로운 살균처리를 통해 수중의 대장균을 사멸하려 한다. 반응조 내 반응은 1.0 d^{-1}의 속도상수를 갖는 1차 반응이다. 유입 내 대장균 농도는 100 coli/mL이다. 반응조의 부피는 400 L이고, 유량은 1,600 L/d이다. 유출되는 대장균 농도는?

해답 [축적 속도] = [유입 속도] − [유출 속도] + [생산 속도] − [소비 속도]

$0 = QC_0 - QC + 0 - rV$

여기서, $r = kC$

$0 = 1{,}600(100) - 1{,}600(C) - 1.0(400)C$

$C = 80$ coli/mL

6.2.4 연속된 완전 혼합-흐름 반응조

두 개의 직렬 연결된 CMF 반응조에 대해 첫 번째 반응조에서 유출되는 농도를 C_1이라 하고 반응조 내에서 물질은 1차 반응을 따라 분해된다고 가정하자.

$$\frac{C_0}{C_1} = 1 + k\left(\frac{V_0}{Q}\right)$$

$$\frac{C_1}{C_2} = 1 + k\left(\frac{V_0}{Q}\right)$$

여기서, V_0는 각각 반응조의 부피이다.

두 번째 반응조에 유입되는 농도는 C_1이 되고 유출되는 농도를 C_2로 한다면, 두 반응조에 대해 다음과 같이 정리할 수 있다.

$$\frac{C_0}{C_1} \cdot \frac{C_1}{C_2} = \frac{C_0}{C_2} = \left[1 + k\left(\frac{V_0}{Q}\right)\right]^2$$

표 6.1 완전 혼합-흐름 반응조 반응 특성

0차 반응, 물질 생산	$C = C_0 + k\bar{t}$
0차 반응, 물질 분해	$C = C_0 - k\bar{t}$
1차 반응, 물질 생산	$\frac{C_0}{C} = 1 - k\bar{t}$
1차 반응, 물질 분해	$\frac{C_0}{C} = 1 + k\bar{t}$
2차 반응, 물질 분해	$C = \frac{-1 + [1 + 4k\bar{t}\,C_0]^{1/2}}{2k\bar{t}}$
n개의 CMF 반응조, 0차 반응, 물질 분해	$\frac{C_0}{C_n} = \left(1 + \frac{k\bar{t}}{C_0}\right)^n$
n개의 CMF 반응조, 1차 반응, 물질 분해	$\frac{C_0}{C_n} = (1 + k\bar{t}_0)^n$

참고 : C = 유출농도, C_0 = 유입농도, $\bar{t}$ = 체류시간 = V/Q
k = 속도상수, C_n = n번째 반응조 내 농도, $\bar{t}_0$ = 각 n반응조의 체류시간

표 6.2 이상적인 반응조의 반응 요약

반응차수	CMF		PFR
	단일 반응조	n개 반응조	
0차	$V = \frac{Q}{k}(C_0 - C)$	$V = \frac{Q}{k}(C_0 - C_n)$	$V = \frac{Q}{k}(C_0 - C)$
1차	$V = \frac{Q}{k}\left(\frac{C_0}{C} - 1\right)$	$V = \frac{Q_n}{k}\left[\left(\frac{C_0}{C}\right)^{1/n} - 1\right]$	$V = \frac{Q}{k}\ln\frac{C_0}{C}$
차	$V = \frac{Q}{k}\left(\frac{C_0}{C} - 1\right)\frac{1}{C}$	복합	$V = \frac{Q}{k}\left(\frac{1}{C} - \frac{1}{C_0}\right)$

참고 : 물질분해 ; V= 반응조 부피, Q= 유량, k= 속도상수, t= 체류시간,
C_0 = 유입농도, C= 유출농도, n = CMF 반응조 개수

n개의 직렬 연결된 반응조에 대해 다음과 같다.

$$\frac{C_0}{C_n} = \left[1 + k\left(\frac{V_0}{Q}\right)\right]^n$$

$$\left(\frac{C_0}{C_n}\right)^{1/n} = 1 + k\left(\frac{V_0}{nQ}\right)$$

여기서, V : 전체 반응조의 부피, nV_0와 동일
n : 반응조 개수
V_0 : 각 반응조 부피

완전 혼합-흐름 반응조에 관련된 반응식들을 표 6.1에 정리해 두었다.

6.2.5 반응조 효율 비교

이상적인 반응조의 효율은 표 6.2와 예제 6.5에서 볼 수 있듯이 반응조 부피에 대한 식을 통해 비교할 수 있다. 예제 6.5의 풀이와 결론은 환경공학시스템 분야에 있어 매우 중요한 개념으로 활용된다. 일반적으로 반응차수가 1차 반응 이상인 경우, 이상적인 플러그-흐름 반응조는 완전 혼합 반응조에 비해 항상 높은 효율을 보인다. 이러한 사실은 반응조의 설계와 운전에 있어 효과적인 수단으로서 역할을 한다.

예제 6.5 1차 반응이고 농도의 50%를 처리하고자 한다. 플러그-흐름과 완전 혼합-흐름 반응조 중 반응에 필요한 반응조 부피가 작은 쪽은 어느 것인가?

해답 표 6.2 참고

$$\frac{V_{\text{CMF}}}{V_{\text{PF}}} = \frac{\frac{Q}{k}\left(\frac{C_0}{C} - 1\right)}{\frac{Q}{k}\left(\ln\frac{C_0}{C}\right)}$$

50% 처리를 한다면,

$$\frac{C_0}{C} = 2$$

$$\frac{V_{\text{CMF}}}{V_{\text{PF}}} = \frac{(2-1)}{\ln 2} = 1.44$$

가 된다.

결국, 완전 혼합-흐름 반응조(CMF)는 플러그-흐름 반응조(PFR)에 비해 44% 큰 반응조 부피를 필요로 한다.

연습문제

6.1 어느 염색공장에서 32,000 m^3/d의 유량을 갖는 고색도 폐수가 발생되고 있다. 폐수 내 색도물질을 제거하기 위해 생물학적 처리방법을 적용하는 파일럿 플랜트가 운전되고 있다. 회분식 혼합 반응조를 적용하여 다음과 같은 결과를 얻었다.

완전 혼합 폭기조(회분식 반응조)를 사용할 때 유출농도를 50 mg/L로 하기 위한 조의 크기는 얼마가 되어야 하겠는가?

시간(h)	염료농도(mg/L)
0	900
10	750
20	570
40	360
80	230

6.2 침전조로 2,400 m^3/d의 유입이 있다. 조의 깊이는 3.6 m이고 표면적은 700 m^2이다. 침전조 내 수리학적 체류시간은 얼마인가?

6.3 플러그-흐름 반응조 형태로 설계된 활성슬러지 폭기조($9 \times 9 \times 60$ m)에 대해 유입 BOD 농도와 유량은 각각 200 mg/L, 4,000 m^3/d이다.

a. 만일 1차 반응을 따라 BOD가 제거되고 반응의 속도상수가 2.5 d^{-1}이라면 유출되는 BOD 농도는 얼마가 되겠는가?

b. 동일한 시스템에 대해 반응조가 완전 혼합-흐름 반응조의 형태를 갖는다면 동일한 BOD 제거율을 보이기 위해 반응조 부피는 얼마가 되어야 하는가? 플러그-흐름 반응조에 비해 얼마나 큰 부피를 갖게 되는가? (백분율로 나타내시오)

c. 플러그-흐름 반응조가 유출 농도 27.6 mg/L를 갖는 경우에 대해, 직렬로 연결된 형태의 완전 혼합-흐름 반응조들을 배치하여 특성을 표현할 수 있다. 몇 개의 반응조를 배치하여야 하는가? ($n=?$)

6.4 폐수처리장 관리자는 탱크 내 32,000 L의 폐수에 포함되어 있는 염(salt)을 30,000 mg/L에서 1,000 mg/L 수준으로 처리하고자 한다. 관리자가 사용할 수 있는 두 가지 방법을 고려해보자.

관리자는 현재 폐수를 포함하고 있는 탱크에 염을 포함하고 있는 않는 깨끗한 물(zero salt)을 240 L/min의 유량으로 채우며 잘 혼합한다(동일하게 240 L/min의 유출 유량을 갖는다).

관리자는 염을 포함하는 폐수 일부를 탱크로부터 비우고 충분한 양의 깨끗한 물을 채워 탱크 내 염의 농도를 1,000 mg/L로 조절한다. 이때 탱크는 각각 최대 240 L/min의 속도로 비워지고 400 L/min의 속도로 채워진다.

a. 만일 관리자가 가능한 빠른 시간 내에 목표 농도로 탱크 내 염을 조절하고자 한다면 어떠한 방법이 더 적합하겠는가?

b. 제러미 리프킨(Jeremy Rifkin, 미국의 경제학자)은 현대사회에서 '능률'이 우선시 된다고 하였다. 최소한의 에너지와 노력, 특히 적은 시간을 소비하여 일을 마무리할 수 있어야 한다. 그에 따르면, 우리는 아날로그 방식(손목 위의 아날로그시계) 대신 디지털 방식(시계의 디지털 숫자)으로 시간을 생각하며 시간에 대한 관점을 잃어가고 있다. 숫자와 함께 우리는 어디에 있었는지 알 수 없고, 우리가 어디로 가고 있는지를 볼 수 없으며, 우리는 모든 시간의 관점을 잃어버린다. 왜 폐수처리장 관리자는 빠른 시간 안에 탱크를 비우려고 하는 것일까? 왜 관리자는 시간이 없을까? 그것은 낭비하지 않은 시간이 우리가 살아가는데 스며드는 가치가 되어가고 있으며 때로는 그것이 우리의 다른 가치관을 압도할 수도 있다. 어떻게 하면 여러분의 인생에 있어 시간을 가치 있게 하고, 이것이 또 다른 인생의 가치에 어떻게 영향을 줄 수 있는지 종이에 적어 보시오.

6.5 특정 미생물의 멸균에 있어 1차 반응이 사용된다. 소독제로 사용되는 오존의 반응은 다음과 같다.

$$\frac{dC}{dt} = -kC$$

여기서, C : 미생물 농도, microbes/mL
k : 속도상수, 0.1 min^{-1}
t : 시간, min

현재 시스템은 완전 혼합-흐름 반응조를 사용하며, 도류벽(baffle)을 통해 직렬 연결된 CMF 반응조 형태를 갖도록 한다.

a. 미생물 멸균효율을 80%에서 95%로 향상시키기 위해서 연결해야 할 CMF 반응조는 몇 개인가?

b. 우리는 일상적으로 미생물을 죽이고 이에 대해 별다른 생각을 갖지 않는다. 하지만 미생물은 보다 큰 생물체(사람 또는 고래 등)와 마찬가지로 그들이 존재할 권리를 갖는다. 우리는 도덕적으로 미생물을 보호해야 할까? 미생물이 멸종위기종이 될 수 있을까? 인간 사회에서 동등한 보호와 배려를 받지 못하고 지친 미생물을 대신하여 교내신문 편집자에게 편지를 작성해보아라. 미생물의 권리를 주장하기 위해 어떠한 철학적 주장을 제기할 수 있을까? 편지가 우스워지지 않도록 미생물의 권리에 대한 문제를 진지하게 고려해보자. 왜냐하면 이는 환경에 대한 모든 윤리적인 문제와 관련될 수 있기 때문이다.

6.6 0차 반응($dA/dt = k$)을 갖는 완전 혼합-흐름 반응조가 있다(부피 V, 유량 Q, 생성물질 A, 속도상수 k). 필요한 반응조 부피를 직접 계산하기 위한 식을 유도해보시오.

6.7 페니실린 배양을 위해 연속식 완전 혼합-흐름 생물반응조를 운전하고 있다(0차 반응). 반응조로 주입되는 포도당은 다양한 유기 효모균으로 전환된다. 시스템에서의 유량은 20 L/min이고, 전환되는 속도상수는 4 mg/(min · L)이다. 유입되는 포도당 농도가 800 mg/L이고 유출되는 농도는 100 mg/L 이하여야 한다. 여기에 필요한 반응조 크기 계산식을 유도하라.

6.8 여러분이 하수처리장 방류수에 포함되어 있는 미생물의 소독을 위한 염소처리조를 설계한다고 가정해보자. 100 m^3/h의 유량을 갖는 하수 내에 포함되어 있는 미생물 99.99%의 소독이 필요하다. 소독 반응은 1차이고 속도상수는 0.2 min^{-1}이라고 가정한다.

a. 접촉조의 형태가 CMF 반응조일 때 필요한 반응조의 부피를 구하시오.

b. 접촉조의 형태가 플러그-흐름 반응조일 때 필요한 반응조 부피를 구하시오.

c. 두 형태의 반응조에서 필요한 체류시간은 얼마인가?

6.9 정상상태로 운전되는 완전 혼합-흐름 반응조 내부로 어떠한 물질이 4 L/min으로 유입되고 있다 (유입 시 물질 농도 = 400 mg/L). 반응조의 부피는 60 L이고, 반응은 0차 반응을 따른다. 반응에 따른 반응조 내부의 물질 농도를 측정해보니 100 mg/L이었다.

a. 반응의 속도상수는 얼마인가?
b. 수리학적 체류시간은 얼마인가?
c. 유출되는 물질의 농도는 얼마인가?

07 Chapter

에너지 흐름과 수지

옥수수 곡물

© Kostic Dusan / 123RF

미국 앨라배마주, 슬로스 용광로 유적지

© Susan Morgan

환경공학자는 설계에 사용되는 에너지뿐만 아니라 에너지 변화, 심지어는 예측치 못하게 생산되는 에너지를 설계에 고려하여 한다.

에너지가 넘치는 사람은 끊임없이 움직이며, 풍부한 에너지와 활동성을 가지고 있다. 하지만, 어떤 활력적인 사람은 활동과 에너지를 사용하려고 노력하지만 결과물로 만들지 못하는 경우가 있다. 이는 에너지의 유용한 사용과 관련이 있는 것으로 가용 에너지를 생산적으로 사용하는데 효율적으로 집중되어야 한다.

본 장에서는 에너지의 양, 흐름, 그리고 효율적인 사용에 등을 살펴볼 것이다.

7.1 측정 단위

국제적으로 사용되는 에너지의 단위는 줄(Joule)이다. 다른 에너지 단위는 자연과학과 공학에서 일반적으로 칼로리(calorie)와 킬로와트시(kwh)가 사용된다.

7.2 에너지 균형과 전환

에너지의 형태는 화학, 열, 잠재에너지 등 다양하다. 에너지 사용에 있어서 가끔 에너지형태 그대로 사용하지 못하는 경우가 있으며, 형태를 전환하여야 한다. 예를 들어, 산속 호수의 물은 위치에너지를 포함하고 있으며, 산 아래로 흐르는 힘으로 터빈을 돌려 전기에너지로 전환할 수 있다. 이 전기에너지는 유용한 열이나 빛에너지로 전환되기도 한다. 식물에 의해 형성된 탄소-탄소(Carbon-Carbon) 또는 탄소-수소(Carbon-Hydrogen) 결합의 유기물질 화학에너지는 연소공정을 통하여 열에너지로 전환되며, 열에너지를 직접 활용하거나 간접적으로 스팀을 생산하여 전기에너지로 전환할 수 있다. 바람은 운동에너지를 가지고 있으며, 풍차는 운동에너지를 기계적 에너지로 전환하여 전기에너지 또는 난방을 할 수 있는 열에너지로 전환할 수 있다.

따라서, 에너지의 전환은 오래된 공학 공정이며 중요하지만 불행하게도 에너지 전환율은 항상 100% 미만이다.

그림 7.1은 에너지 수지 블랙박스로 에너지 유입, 에너지 유출, 에너지 생산과 에너지 소모의 관계를 나타낸 것으로 에너지 축적은 모든 에너지를 합한 것과 일치한다는 것을 보여준다.

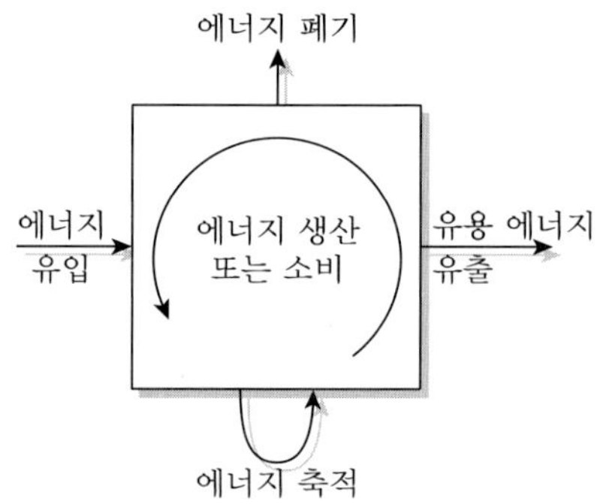

그림 7.1 에너지 흐름의 블랙박스

[에너지 축적 속도] = [에너지 유입 속도] − [에너지 유출 속도]
+ [에너지 생성 속도] − [에너지 소비 속도]

물론, 에너지는 생산되거나 소멸되지 않고 단순히 변환되는 것이다. 더불어, 물질을 포함하는 공정이 시간에 따른 변화가 없는 상태인 정상상태에서 연구가 되는 것처럼, 에너지 시스템에서도 시간에 따른 변화가 없는 정상상태라고 생각할 수 있다. 시간이 지남에 변화가 없다면 분명히 에너지가 지속적으로 축적될 수는 없기 때문에 다음 방정식으로 나타낼 수 있다.

[에너지 유입 속도] = [에너지 유출 속도]

에너지 유출 속도에는 에너지 전환시 폐기되는 에너지와 유용한 에너지 두 가지가 있다.

[에너지 유입 속도] = [유용에너지 유출 속도] + [폐기에너지 유출 속도]

만약, 블랙박스로부터 유입되는 에너지와 유용한 에너지를 알 수 있다면, 프로세스의 효율을 다음과 같이 표현할 수 있다.

$$\text{효율}(\%) = \frac{\text{유용에너지 유출}}{\text{유입에너지}} \times 100$$

예제 7.1 석탄화력 발전소에서는 하루 1,000 Mg의 석탄을 사용한다[참고 : 1 Mg은 1,000 kg, 일반적으로 불리는 톤(ton)이다]. 석탄의 발열량은 28,000 KJ/kg이고, 발전소는 2.8×10^6 kWh의 전기를 하루에 생산한다면, 이 발전소의 효율은 얼마인가?

해답
에너지 유입 = (28,000 KJ/kg) (1,000 Mg/d)(1,000 kg/Mg) = 28×10^9 kJ/d
유용에너지 유출 = (28×10^9 kWh/d) (3.6×10^6 J/kWh) (10^{-6} kJ/J) = 10.1×10^9 kJ/d
효율(%) = [10.1×10^9 kJ/d] / [28×10^9 kJ/d] × 100 = 36%

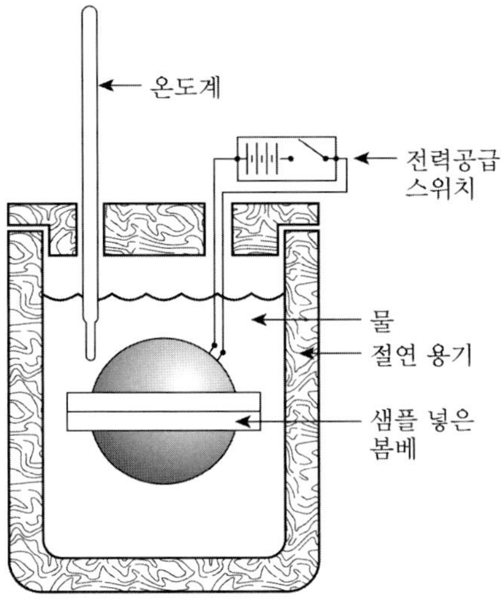

그림 7.2 봄베 열량계의 개략도

에너지의 형태가 다른 형태의 에너지로 변환될 수 있는 예로 열량계를 통한 발열량(물질이 연소될 때 에너지 값을 측정하는 표준 방법) 측정을 들 수 있으며, 그림 7.2는 봄베 열량계(bomb calorimeter, 통열량계)의 개략도를 보여준다. 봄베(독일어 bombe)는 스테인리스 스틸 재질의 구형부분이다. 이 구형의 빈 공간에 연소될 물질이 놓여진다. 석탄과 같이 연소될 물질을 놓고 양쪽을 조여서 닫은 후 고압의 산소를 봄베 안으로 주입시키고 단열된 봄베 안쪽으로 전선을 통해 불꽃을 발생시켜 석탄과 같은 물질이 연소될 수 있게 한다. 연소와 함께 온도가 상승하게 되면 물이 가열되고 물의 온도 상승은 온도계에 의해 측정하고 시간에 따른 온도 상승 함수로 기록되게 한다. 그림 7.3은 전형적인 발열량 측정 곡선을 보여준다.

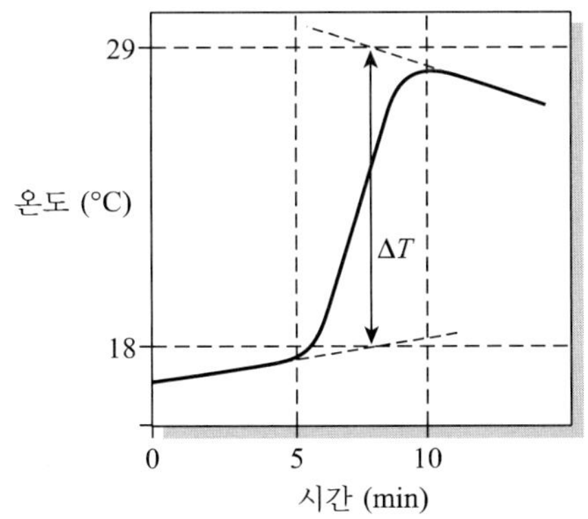

그림 7.3 봄베 열량계 측정 결과

FOCUS ON

유연 에너지(Flex Energy) 건물 설계법

21세기의 에너지 경제학은 불확실하지만 분명한 것은 변화가 오고 있다는 것이다. 만약 잘 지어진 건물이 에너지 변화에 적응할 수 없다면, 무너지지 않을 수 있지만 해체될 수 있거나 최소한 건물 소유자는 높은 에너지 비용이나 필요 이상의 건물 보수비용을 요구받게 될 것이다.
비록 미래를 예견할 수 없지만 설계할 수는 있다. 유연 에너지 건물의 설계 법은 설계를 하는 사람들이 생각하고 답을 내놓는 것보다 더 많은 비용을 절약할 수 있다. 첫 번째로 깨닫게 되는 것은 모은 에너지 관련 디자인의 결정이 동일하지 않다는 것이다.

- 움직이지 않는 곳에 투자하라.
  만약 나중에 개량하는 것이 비싸거나 불가능할 경우 지금 할 수 있는 방법을 찾아라. 건물의 방향, 채광, 지붕의 각도, 단열재 두께 및 창문의 성능 등 – 다음에 추가해서 노력할 만한 여력이 없기 때문이다.
- 힘들지 않은 일은 미루어라.
  만약 추후에 더 쉽게 추가할 수 있다면 (특히 더 저렴해지거나 더 좋아지고 있다면) 투자를 연기하고 어려운 곳에 돈을 써라. 최첨단 조명 및 에너지 관리 시스템과 같은 것들은 나쁜 아이디어는 아니지만 더 좋고 저렴해지고 있다. 무선 통신 기술 때문에 추후에 쉽게 추가할 수 있다.
- 가능성에 준비를 하라.
  변화될 것이다. 건물이 준비가 되었는가? 미래의 에너지 해결은 추가하기 매우 쉽다. 하지만 만약지붕이 잘못된 방향으로 기울어진 경우 태양 에너지를 추가하기가 어려울 것이다. 기계 전기실이 2층 건물 한가운데 있다면 천연가스에서 전기 또는 열로 에너지 전환이 어려울 것이다.

어디서부터 시작할까? 유연 에너지 7 (Flex Energy 7)은 설계팀에서 고려되어야 할 미래 에너지 시나리오이다.

1. 현장에서 사용되는 화석연료(예 : 천연가스, 프로판, 가스)가 경제적이지 않거나 사용할 수 없다면 어떻게 할 것인가? *화석연료 대체를 준비하라.*
2. 만약 최고 전기 수요 시간과 최저 전기 수요 시간 사이에 실시간 전기 요금이 극단적으로 다르다면, 그리고 최고 전기 수요의 패턴이 매일 매일이 다르다면 어떻게 할 것인가? *수요 대응을 준비하라.*
3. 현장의 태양광(PV ; photovoltaic) 발전이 저비용이라면 무엇을 할 것인가? *PV를 준비하라.*
4. 태양열이 천연가스나 전기보다 저렴하다면 어떻게 할 것인가? *태양열을 준비하라.*
5. 만약 전기 자동차(모든 전기 및 플러그인 하이브리드)가 널리 사용된다면 무엇을 할 것인가? *전기 자동차를 준비하라.*
6. 만약 목질 바이오매스 및 농업 바이오매스와 같은 고형연료가 경제적으로 매력적이라면 무엇을 할 것인가? *바이오매스를 준비하라.*
7. 지열에너지 시스템이 건물 주변에 있고 뜨거운 물과 차가운 물이 원활하게 공급된다면, 무엇을 할 것인가? *지열에너지를 준비하라.*

당신과 당신의 팀이 원하는 답을 얻으려면 현재 설계를 약간 수정해야 할 수도 있다. 그리고 이것이 유연 에너지 설계법의 가치이다. 당신의 건물은 더 잘 적응할 것이다. 당신과 당신의 고객은 21세기 말에 세계의 일부가 될 가능성이 큰 좋은 건물을 갖게 될 것이다.

자료 : Dan Bihn의 저탄소 에너지 컨설팅 제공

방안의 열로 인해 물은 시간이 흐르지 않은 " 0 "의 시간부터 가열된다. 5분 후 스위치가 닫히고 연소가 된다. 온도는 10분까지 계속적으로 상승하고, 물은 냉각되기 시작한다. 연소로 인하여 발생한 온도 상승은 초기 가열 및 냉각라인을 통하여 온도 차이를 계산하게 된다.

열량계를 블랙박스로 하고, 용기가 잘 단열되어 있다고 한다면 열에너지는 시스템에서 빠져나가지 못한다. [에너지 유입]은 완전히 연소되는 것으로부터 기인하고 이것은 [에너지 유출]과 같아야 한다. 또는 열로 표현되고 온도계의 온도로 측정된 에너지와 같아야 한다. 열에너지만이 고려된다는 것을 기억한다면, 열에너지가 대기 중으로 전달되지 않는다고 가정할 경우 낭비되는 에너지가 없다.

열에너지는 물의 질량과 온도 상승의 곱으로 계산된다. 1칼로리는 1 g의 물을 1℃ 높이는데 필요한 에너지량으로 정의된다. 발열량계에서 물의 질량을 알면 축적된 에너지를 계산할 수 있다. 시료의 연소에 의해서 같은 양의 에너지가 방출되어야 하고 시료의 질량을 알면 에너지의 값을 계산할 수 있다.

예제 7.2 열량계에는 4 L의 물이 담겨 있다. 에너지 값이 알려지지 않은 폐기물을 10 g을 넣고 점화하였더니 12.5℃의 온도 상승이 발생하였다. 이 연료의 발열량은 얼마인가? (단, 점화제의 질량은 무시하시오)

해답

[에너지 유입] = [에너지 유출]

$$
\begin{aligned}
\text{에너지 유출} &= (4.184\ \text{J/g/K})\ m\Delta T \\
&= (4.184\ \text{J/g/K})\ \rho V\Delta T \\
&= (4.184\ \text{J/g/K})\ (1\ \text{g/mL})\ (4\text{L})\ (10^3\ \text{mL/L})\ (12.5℃) \\
&= 209\times\ 10^3\ \text{J}
\end{aligned}
$$

에너지 유입 = 에너지 유출 = 209×10^3 J

연료의 에너지값 = $[209 \times 10^3\ \text{J}] / [10\ \text{g}]$ = 20,900 J/g

열에너지는 단순히 물질의 질량과 온도 차이의 곱으로 나타내기 때문에 에너지 수지를 분석하기가 쉽다(발열량이 온도와 관련이 없다면, 만약 물이 스팀으로 변화되는 상태 변화가 없다고 한다면, 이러한 상황은 열역학 과정에서 다루어지게 되고 모든 환경공학자에게 추천되는 과정이다).

[열에너지] = [물질의 질량] × [물질의 절대온도]

이것은 흐름이 에너지이라는 것을 제외하고는 앞서 언급된 질량의 흐름과 유사하다. 두 가지의 열에너지 흐름이 결합되면, 예를 들어 정상상태에서 결과적으로 나오는 흐름은 블랙박스 기법을 이용하여 계산된다.

$$0 = [\text{열에너지 유입}] - [\text{열에너지 유출}] + 0 - 0$$

최종 온도 계산

$$T_3 = \frac{T_1 Q_1 + T_2 Q_2}{Q_3}$$

여기서, T : 절대온도

Q : 흐름, 질량/단위 시간(또는 밀도가 일정할 경우 부피/단위 시간)

1과 2 : 유입 흐름

3 : 유출 흐름

질량/부피 수지

$$Q_3 = Q_1 + Q_2$$

엄밀하게 열역학에서 온도는 절대온도(K)로 표현하지만 섭씨(C)에서 절대온도(K)로 전환은 간단하여 생략하고, T(온도)는 섭씨(C) 온도로 편하게 표현할 수 있다.

예제 7.3 석탄 화력발전소에서는 80℃의 냉각수를 3 m^3/s의 유속으로 온도가 20℃이고 유속이 15 m^3/s인 강물로 배출된다. 냉각수 배출로 인한 강물의 온도 영향은 어떻게 될 것인가?

해답

$$T_3 = \frac{T_1 Q_1 + T_2 Q_2}{Q_3}$$

$$T_3 = \frac{[(80+273)\mathrm{K}(3\mathrm{m}^3/\mathrm{s})] + [(20+273)\mathrm{K}(15\mathrm{m}^3/\mathrm{s})]}{(3+15)\mathrm{m}^3/\mathrm{s}} = 303\,\mathrm{K}$$

7.3 에너지원과 가용성

화력발전소는 최소한의 재(ash) 생산 및 처리와 저렴한 전기 생산을 해야 하기 때문에 가장 효율적인 연료를 사용하는 것이 당연한 일이다. 그러나 최고의 연료, 천연가스와 석유는 유한한 자원이다. 화석연료의 사용 가능 추정은 다양하지만 만약 사용량이 지금과 같이 팽창한다면, 50년 이내에 고갈될 것이다. 몇몇 사람들은 화석연료의 공급과 가격이 상승하면서 다른 연료의 가격이 상대적으로 저렴해질 것이므로 화석연료의 사용 시장은 제한될 것이라 주장하기도 한다.

비관론자들이 주장하듯 50년 동안 화석연료 및 천연가스를 다 써버린다면, 다음 세대들이 현명하지 못한 자원사용에 대하여 우리를 비난할 것인가? 아니면 다음 세대에 대하여 우리가 걱정할 것인가?

다가오는 세대를 위해 할 수 있는 가장 중요한 일은 그들을 위한 계획이 아니라는 강력한 주장이 있다. 세계는 달라질 것이고, 기술의 상태는 변해 있을 것이고, 미래 세대에 필요한 것을 예측하기가 불가능하다. 미래 세대의 화석 및 천연가스 자원의 혜택을 위해 오늘날 우리에게 필요한 자원을 빼앗는다는 주장은 터무니없는 것이다.

다른 한편으로는 우리가 다음 세대의 측면에서 확신할 수 있는 것이 없는가? 우리는 그들이 우리가 하는 것과 똑같이 깨끗하고 풍부한 공기와 안전을 물을 마시는 것을 가치있게 생각하고 가치를 매길 것이라 추측할 수 있다. 유해폐기물 시한폭탄이 없다면 감사할 것이고, 우리가 천연 자원으로 생각하고 있는 것들을 관리하고 사용할 수 있게 해준데 대해 감사할 것이다.

하지만, 가장 중요한 질문은 왜 우리가 미래세대에 관심을 가져야 하는지 그들이 우리를 위해 무엇을 한 적이 있는지가 중요하다. 만약 우리가 상호주의를 무시하고 에너지 자원을 보존하기로 결정한다면, 사용가능한 재생에너지는 무엇인가?

현재 사용되는 에너지원은 다음과 같다.

- 강에서의 수력발전
- 조석간만 차가 큰 하구의 조력발전
- 태양광 발전
- 폐기물
- 풍력
- 목질계 바이오매스와 사탕수수나 볏짚과 같은 기타 바이오매스

재생 불가능한 에너지원은 다음과 같다

- 원자력
- 석탄연료
- 천연가스
- 석유

재생 가능하지 않은 에너지원은 우리의 에너지 자본이며, 우리가 소비되는 에너지 재화의 양이다. 재생 가능한 에너지 자원은 우리의 에너지 소득과 유사하며, 자원은 일사량과 바람이 있는 동안 계속 사용할 수 있다.

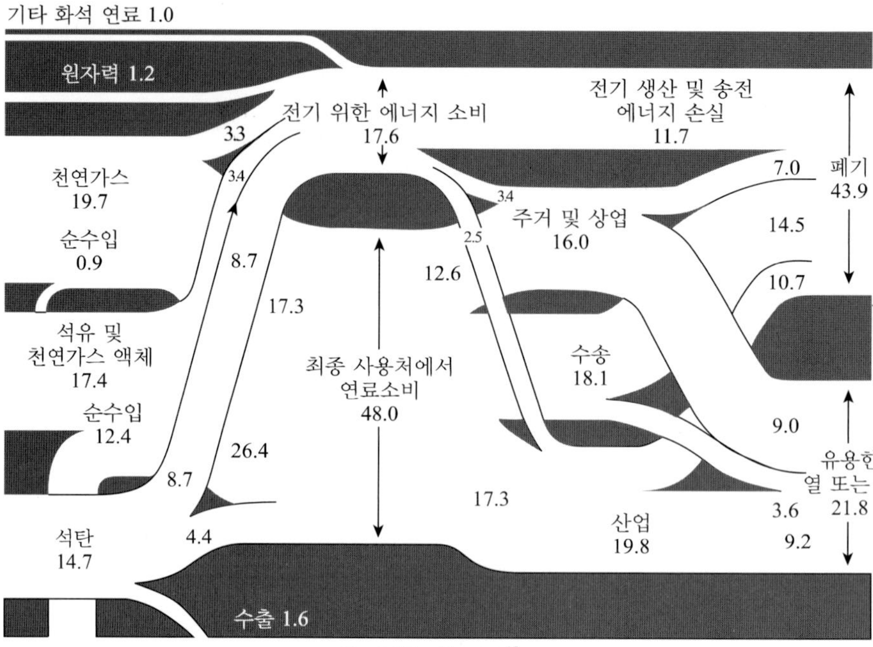

그림 7.4 미국의 에너지 흐름

그림 7.4는 미국의 에너지에 대하여 나타내었다. 재생 가능한 에너지 자원은 그 양이 작아 작성되지 않았다. 그러나 우리는 에너지 자원을 급속하게 고갈시키고 있으며, 재생 가능 에너지에는 의존하지 않고 있다.

7.3.1 에너지 등가

잠재적으로 이용 가능한 에너지와 활용 에너지 사이에는 효율적으로 사용할 수 있고 없고의 큰 차이점을 보인다. 예를 들어, 가장 큰 잠재 에너지원 중 하나는 조력 에너지이다. 하지만 이 조력 에너지를 전기 에너지와 같은 유용한 에너지 형태로 변환시키는 방법이 어려운 것이다. 이러한 조력을 이용한 전기 에너지 전환은 다른 에너지 수단보다 훨씬 비싸기 때문에 경제적이지 않다.

또한 일부 유형의 에너지 전환은 생산 가능한 최종 에너지보다 경제적인 형태의 에너지를 생산하는데 더 많은 에너지를 필요로 한다면 에너지-효율적이지 않을 수 있다. 예를 들어, 가정용 폐기물을 수집하고 처리하는데 필요한 에너지가 폐기물을 수집하고 연료로 연소하여 전기를 생산하는 에너지보다 클 수 있다.

산술적인 에너지 등가와 전환 에너지 등가 사이에는 중요한 차이가 있어야 한다. 산술적인 에너지 등가는 단순히 에너지를 기준으로 계산되는 반면 전환 에너지 등가는 에너지 전환 시 손실을 고려해야 한다. 예제 7.5가 그 점을 보여주고 있다.

예제 7.4 휘발유(20,000 KJ/kg)와 폐기물 고형연료(5,000 KJ/kg)의 산술 및 전환 에너지 등가는 얼마인가?

해답

$$\text{산술 에너지 등가} = \frac{20{,}000\,\text{KJ/kg} - \text{휘발유}}{5{,}000\,\text{KJ/kg} - \text{폐기물}} = 4\,\text{kg} - \text{폐기물/kg} - \text{휘발류}$$

하지만 고형연료를 만드는데 폐기물 처리 에너지가 필요하다. 아마도 폐기물에서 나온 에너지의 50% 정도로 추정한다면, 실제 폐기물 고형 연료의 순 에너지는 2,500 KJ/kg이라고 할 수 있다.

$$\text{전환 에너지 등가} = \frac{20{,}000\,\text{KJ/kg} - \text{휘발유}}{2{,}500\,\text{KJ/kg} - \text{폐기물}} = 8\,\text{kg} - \text{폐기물/kg} - \text{휘발류}$$

마지막으로 폐기물로부터 생산된 고형연료를 이용한 자동차 연료로 사용하는 것은 매우 실용적인 면이 있다. 이것이 진정한 등가라면 한 연료를 다른 연료로 대체하는 것은 단순한 문제일 것이다. 하지만 분명히 이러한 것은 가능하지 않으며, 변환 등가가 한 연료를 다른 연료로 대체될 수 있다는 것을 의미하는 것이 아님을 깨달을 필요가 있다.

또한, 휘발유와 같은 연료의 측정된 에너지 값은 해당 연료의 순 에너지가 아니다. 이것은 발열량계로 측정한 에너지 값이며, 실제 값은 휘발유를 생산하는데 필요한 조사, 굴착, 생산 및 운송 등을 뺀 값을 적용하여 계산하여야 한다. 이렇듯 에너지 등가를 계산하는 것은 간단하지 않기 때문에 "모든 소똥을 태우면 15무량수 배럴의 휘발유를 절약할 수 있다"라고 하는 정치인들의 거창한 발표처럼 적절한 회의론으로 다루어야 한다.

7.3.2 전력 생산

가장 괴로운 에너지 전환 문제 중 하나는 화석 연료로 전기를 생산하는 것이다. 현재 발전소의 효율은 40% 미만이다. 왜 그런 것인가?

첫째, 발전소가 어떻게 운전되는지 살펴보자. 그림 7.5는 물이 가열되어 증기가 되는 것을 보여준다. 보일러에서 생성된 증기는 발전기를 돌리는 터빈을 작동시키는데 사용된다. 터빈을 작동시키고 난 폐증기는 고압증기로써 다시 응축되어 물로 전환되어야 한다. 이 시스템은 그림 7.6과 같이 단순화될 수 있으며, 결과적으로 열 엔진이라 부를 수 있다. 이렇게 수행되는 과정이 정상상태라 가정한다면 이 열 엔진의 에너지 균형을 나타낸다.

$$\begin{bmatrix} \text{에너지} \\ \text{축적 속도} \end{bmatrix} = \begin{bmatrix} \text{에너지} \\ \text{유입 속도} \end{bmatrix} - \begin{bmatrix} \text{유용에너지} \\ \text{유출 속도} \end{bmatrix} - \begin{bmatrix} \text{폐기에너지} \\ \text{유출 속도} \end{bmatrix}$$

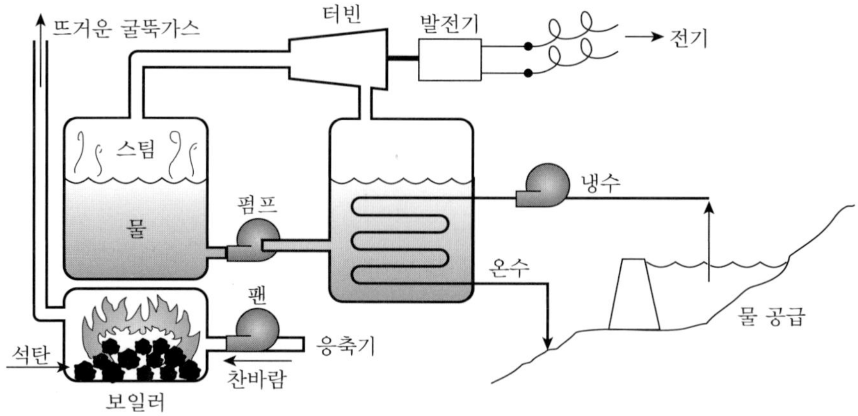

그림 7.5 석탄화력 발전소의 개략도

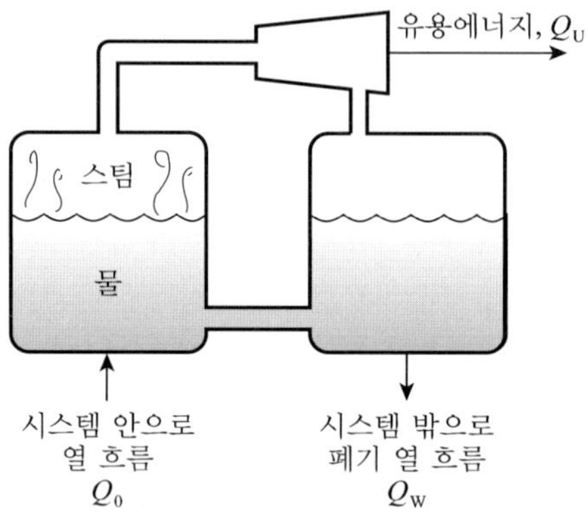

그림 7.6 열 엔진

$$0 = Q_0 - Q_u - Q_w$$

여기서, Q_0 : 블랙박스로 들어가는 에너지 흐름

Q_u : 블랙박스에서 나오는 유용에너지

Q_w : 블랙박스에서 나오는 폐기에너지

이 시스템에서 효율은 다음과 같이 정의할 수 있다.

$$\text{효율}(\%) = \frac{Q_u}{Q_0} \times 100$$

열역학에서 가장 효율적인 엔진은 카르노 기관(Carnot engine)이라고 하고 그 효율은 주변 온도에 따라 결정된다. 카르노 에너지 효율을 정의하면 다음과 같다.

$$E_C(\%) = \frac{T_1 - T_0}{T_1} \times 100$$

여기서, T_1 : 보일러의 절대 온도

T_0 : 응축기의 절대 온도(냉각수)

이러한 반응이 가장 이상적이기 때문에 실제 반응에서 이 보다 더 효율이 좋을 수 없다.

$$\frac{Q_U}{Q_0} \le \frac{T_1 - T_0}{T_1}$$

FOCUS ON

아름다움과 기능

도시 고형폐기물을 소각할 때 가장 먼저 생각되는 것이 무엇인가? 아마도 아름다움은 아닐 것이다. 하지만 엔지니어링 처리시설의 기능과 아름다움의 공존의 규칙은 존재하지 않는다. 아름다움이라는 것의 가치를 판단하는 것의 기준이 없기 때문이다. 그럼에도 불구하고 사회 공동체에 큰 가치를 제공하고 있다는 것이 중요한 일이다.
예를 들어, 오스트리아 비엔나의 유명한 화가, 조각가이자 건축가인 프리덴스라이히 레겐타크 둥켈분트 훈데르트바서(Friedensrich Regentag Dunkelbunt Humdertwasser, 1928~2000)는 스피틀라우(Spittelau)의 열적 폐기물 처리장 외관 재설계를 요청받았다. 훈데르트바서는 혁명적인 건축디자인으로 유명했으며 불규칙한 형태의 디자인을 이용하여 주위 자연적 특징과 어울리도록 하였다.
훈데르트바서는 처음에는 폐기물을 소각하는 것이 최종처분이 아니기 때문에 근본적으로 반대하였으나 시간이 지남에 따라 시설 설계에 동의를 약속했다.

그림 7.7 스피틀라우 소각시설
(© Jozef Sedmak/Shutterstock)

- 소각시설에는 가장 현대적인 배기가스 정화기술을 설치할 것이다.
- 소각시설의 온수는 6만개의 아파트에 공급하여 다른 오염원으로 배출되는 것을 방지한다.
- 비엔나와 같은 대도시에서 폐기물을 소각함에도 불구하고 결과적으로 공기는 깨끗할 것이다.

이 시설은 선택적 촉매 환원(Selective catalytic reduction ; SCR)을 사용하여 배가스의 암모니아와 물, 산소를 반응시켜 질소산화물을 질소가스(N_2)와 증기로 전환한다. 이 단계에서는 다이옥신과 퓨란을 파괴하기도 한다. 세 번째 단계에서는 열교환기를 통과하여 115℃로 냉각되고 최종적으로 126 m의 굴뚝을 통해 대기 중으로 배가스는 방출된다.
스피틀라우 소각시설은 형태와 기능면에서 놀랍다. 이 시설은 가정뿐만 아니라 지역 병원에도 열을 공급하고 있으며, 비엔나 중앙에 위치하고 있으면서 발생 폐기물의 40% 처리를 하고 있다. 페기물은 운송보다는 현지에서 처리되는 것이 중요하다. 이 도시는 자체 폐기물 관리와 오염관리 감시를 통한 높은 성능을 가지고 있다. 하지만 몇몇 사람들은 도시폐기물을 소각하는 방법은 물질의 가치를 파괴하고 대기오염물질의 배출과 관리를 해야 하기 때문에 매우 바람직하지 않다고 여기기도 한다.

출처 : Spittelau 열적 폐기물 처리장, Published by: Thermische Abfallbehandlungsanlage Spittelau, Spittelauer Lände 45, A-1090 Wien; Field trip to WTE facility Spittelau/Fernwaerme Wien GmbH Vienna, Austria, December 22, 2005 by Werner Sunk.

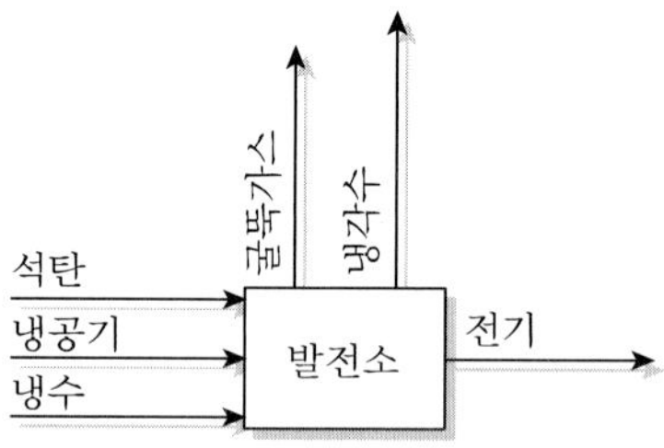

그림 7.8 발전소의 블랙박스

현대 보일러는 600℃의 높은 온도에서 작동할 수 있다. 응축기의 환경적으로 제한되는 수온은 약 20℃ 정도이기 때문에 가장 기대되는 효율은 다음과 같다.

$$E_C(\%) = \frac{(600+273)-(20+273)}{(600+273)} \times 100 = 66\%$$

실제 발전소에서는 높은 가스 굴뚝, 증발, 마찰 등의 손실이 발생한다. 지금까지 가장 좋은 발전효율은 약 40% 정도를 나타내고 있다. 원자력 발전소에서의 경우도 여러 가지 에너지 손실을 제외하면 발전효율은 화력 발전소의 효율보다 낮은 것으로 알려져 있다.

만약 석탄 중 60%가 열에너지로 사용되지 않는다면 그것은 반드시 버려지게 될 것이고 결국에는 환경으로 배출되게 된다. 배출되는 열에너지는 굴뚝의 가스와 냉각수의 형태로 주로 배출되는데 그림 7.5의 발전소의 개략도는 그림 7.8과 같이 블랙박스로 형태로 축소되어 열에너지 평형으로 나타낼 수 있다.

따라서 정상상태에서의 에너지 수지는 다음과 같다.

$$\begin{bmatrix} \text{에너지} \\ \text{축적 속도} \end{bmatrix} = \begin{bmatrix} \text{석탄 에너지} \\ \text{유입 속도} \end{bmatrix} - \begin{bmatrix} \text{굴뚝에서} \\ \text{에너지} \\ \text{유출 속도} \end{bmatrix} - \begin{bmatrix} \text{냉각수에서} \\ \text{에너지} \\ \text{유출 속도} \end{bmatrix} - \begin{bmatrix} \text{유용 전력} \\ \text{에너지} \\ \text{유출 속도} \end{bmatrix}$$

일반적으로 굴뚝 가스로 손실되는 에너지는 에너지의 15%를 차지하고 냉각수는 나머지 45% 정도를 차지한다. 냉각수 배출로 인한 가장 큰 문제는 호수 및 강의 온도를 상승시키는 열 오염원으로 알려져 있다.

미국 대부분의 주들에서는 열 방출을 제한하여 주변 온도 수준의 1℃ 이하로 상승하도록 하고 있다. 따라서 냉각수의 일부 열은 물로 배출되기 전에 대기로 방출되어야 하기 때문에 냉각탑 또는 넓고 얕은 연못 등을 포함하여 에너지를 분산시키는 다양한 수단이 사용된다. 일반적인 냉각탑의 단면도가 그림 7.9에 나와 있다. 냉각탑은 전력 생산에 상당한 추가 비용이 들어가는데 화석 연료 발전소의 전력 생산 비용을 2배로 추정하고 원자력 발전소의 경우 비용을 최대 2.5배까지 추정된다.

비용을 들여 냉각수의 온도를 낮추더라도 냉각수가 바로 배출되는 지역은 보통 때의 온도보다 따뜻하다. 그래서 겨울 동안 얼음이 없고 커다란 물고기가 자라기도 한다. 인위적으로 따뜻해진 강이나 호수에서 잡힌 물고기의 크기에 관한 것은 사람들이 좋아할 만한 낚시 장소일 뿐만 아니라 겨울 철새들의 안식처가 된다. 야생동물들도 유사하게 겨울철에 지표수가 얼었을 경우 얼지 않은 물을 사용한다. 세계적으로 일부 국가에서는 발전기의 냉각수가 공간의 난방에 사용되는데, 지하로 통하는 열 공급라인을 이용하여 집과 기업 등에 공급된다.

폐열 배출로 잠재적 이득이 있는데, 왜 배출하기 전에 많은 비용을 들여서 냉각하는데 들여야 하는가? 미국의 경우 의도적으로 도시와 떨어진 곳에 건설되었기 때문에 폐열 이용과 난방으로 사용되지 않았다. 이웃이 주변에 발전소를 두기를 꺼리면서 우리는 "공짜" 열을 얻을 수 있는 기회가 박탈되었다.

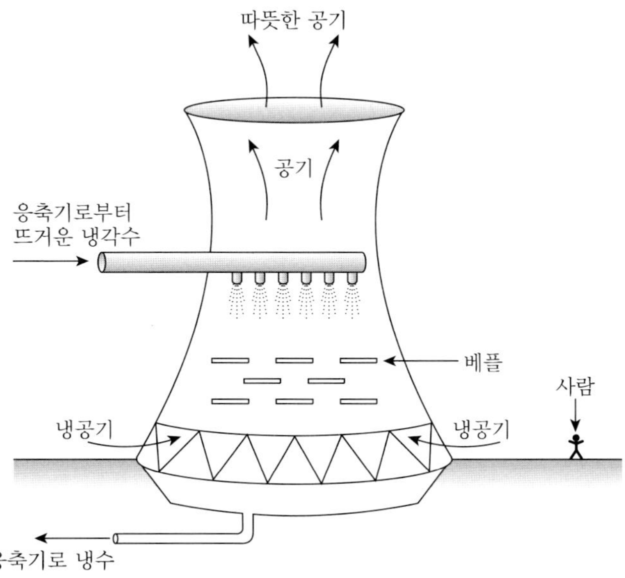

그림 7.9 발전소의 냉각시설

온수가 자연수로 배출되어서는 안 되는 이유가 분명하지 않지만 분명히 수중 생태계를 변화시키지만 일부는 이러한 변화가 더 낫다고 주장할 수 있다. 모든 사람들이 따뜻한 물이 이익일 것 같다고 느끼고 있다. 그러나 수생 생태계의 변화는 예측할 수가 없으며 잠재적으로는 재앙으로 다가올 것이다. 열은 물고기에게 다양한 유형의 질병의 가능성을 높일 수 있으며, 따뜻한 물에서 서식하는 물고기의 종류도 제한된다. 송어와 같은 냉수어류는 따뜻해진 물에서 산란할 수 없기 때문에 메기나 잉어가 생존하는 따뜻한 곳에서 죽을 것이다.

"온도가 1℃ 이상 상승되면 안 된다."와 같이 열 배출에 대한 정부의 규제에 어떠한 가치가 있는지 분명하지 않다. 송어를 보호하려는 의도인가 아니면 다른 종류의 물고기로 채워지는 것을 받아들일 수 있는가? 겨울 동안 얼음 없는 물을 사용한 것의 이점은 무엇인가? 그리고 물고기를 좋아하는 사람은 어떨까? 지역차원에서 열 배출은 지속적인 영향을 미치지는 않는 것 같은데 왜 우리는 전기 요금을 더 많이 내고 있는가?

연습문제

7.1 1시간 동안 100 W 전구 1개를 켜기 위해서 태워야 하는 석탄의 양(kg)은? (단, 발전소의 효율은 35%이고, 송전 손실은 공급된 동력의 10%, 석탄 발열량은 30,000 KJ/kg이라고 가정한다)

7.2 석탄은 재활용할 수 없고 플라스틱, 타이어 등의 제조를 위한 귀중한 자원이다. 석탄 매장량이 고갈되면 채굴할 석탄은 더 이상 없을 것인데, 예를 들어 가채 연수가 200년이라면 제한된 석탄을 쓸 수밖에 없는 상황이 현재를 살고 있는 사람의 책임이며, 걱정해야 되는 일인가? 아니면 미래 세대가 스스로 돌볼 수 있다고 생각하면서 우리의 필요에 따라 석탄을 사용해야 하는가? 석탄을 보존하지 않거나 미래 세대가 사용할 수 있도록 보존해야 한다는 의견에 대하여 서술하시오.

7.3 수명이 25년인 원자력 발전소는 750 MW의 전기를 생산한다면 발전소의 효율과 배전손실을 포함한 시스템 효율은? 에너지 비용은 다음과 같다.

- 배전 손실 150 MW
- 연료 채굴 소비 20 MW
- 연료 효율 향상을 위한 소비 50 MW
- 발전소 건설에 소모 80 MW
- 열 손실 29 MW

7.4 원자력의 가장 큰 문제점 중 하나는 방사성 폐기물의 처리이다. 만약 우리가 원자력 발전소에서 전기를 공급 받는다면 핵폐기물 발생에 대한 각 개인의 기여는 약 0.25 L로 작은 우유 상자 정도이기 때문에 걱정이 없다. 하지만 뉴욕시 전체 지역(약 1,000만 명)이 원자력 발전소에서만 전기를 공급받는다고 한다면 얼마나 많은 폐기물이 매년 발생하겠는가? 그 폐기물을 어떻게 할 것인가? 현재와 미래 세대에게 미치는 환경 및 생태계, 미래 자원의 사용을 포함한 고농도의 핵폐기물 처리 시나리오를 서술하시오.

7.5 알려지지 않은 연료의 1 g을 2 L용량의 열량계로 시험하여 다음과 같은 결과를 얻었다. 이 연료의 발열량은 kg 당 얼마인가?

시간(min)	온도(℃)	시간(min)	온도(℃)
0	18.5	8	20.0
5	19.0	9	19.9
6	19.8	10	19.8
7	19.9		

7.6 가장 깨끗한 형태의 에너지 중 하나는 수력이다. 안타깝게도 대부분의 하천은 이미 댐 건설이 되어 있고 더 많은 수력을 얻을 수 있는 가능성은 거의 없다. 하지만 캐나다에서는 제임스만(James Bay) 지역에서는 깨끗하고 저렴한 전력을 생산하여 북동쪽으로 공급하기 위한 댐을 건설하기에 적절한 장소이다. 소위 하이드로퀘벡(Hydro-Quebec) 프로젝트가 시작되었다.

하지만 댐은 아메리카 원주민들 조상의 땅에 호수를 만들게 되었고 원주민들은 이것으로 인하여 화가 났다. 이러한 환경 문제와 기타 문제들로 인하여 뉴욕 주 및 기타 수요자들이 계약을 철회하였고, 프로젝트 확장에 그림자가 드리워졌다.

당신이 그들을 생각할 때 가치 충돌이 되는 부분에 대하여 2장 정도 분량으로 토론하시오. 캐나다 정부가 토지를 수용할 합법적인 권리를 가지고 있는가? 이 프로젝트가 실현되지 않으면 다른 발전소를 건설해야 되는 것을 인식하고 캐나다 정부는 이 문제를 어떻게 해결해야 된다고 생각하는가?

7.7 지구로 조사되는 태양광선의 수지를 그림 7.10에 나타냈다. 빛의 어떤 부분이 실질적으로 유용하게 지구 표면에서 흡수되는가?

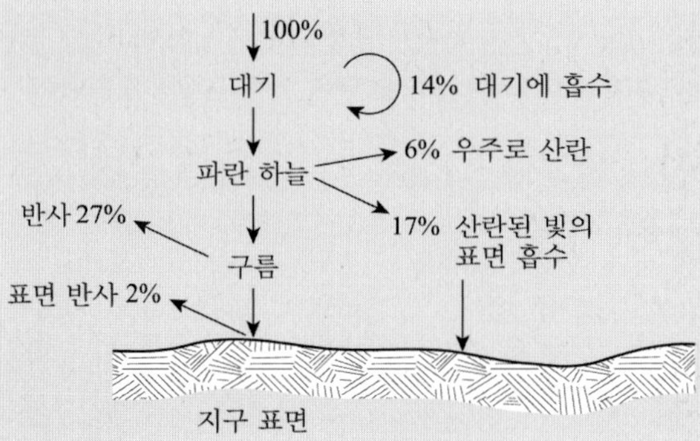

그림 7.10 지구 에너지 흐름

7.8 그림 7.4는 미국의 에너지 균형을 보여준다. 모든 에너지 값은 KJ (10^{15} KJ)이며, 다양한 에너지원이 사용되고 있는 모습과 에너지 예산이 낭비되는 것을 보여준다. 그림 7.4에서 에너지 균형의 숫자를 확인하시오.

7.9 미국 메인주(Maine)주의 세인트존강(St. John river)에 있는 딕키(Dickey)와 링컨(Lincoln) 수력 발전댐은 멸종 위기 종인 송이풀(Furbish lousewort, 학명 Pedicularis furbishiae)을 신중하게 고려하여 계획되었다. 이에 대해 한 엔지니어는 월드 오일(World oil, Jan. 1977, p.5)이라는 잡지에 "총체적 어리석음"이 될 "더럽게 많은 송이풀"이라고 하였다. 이 정보를 바탕으로 공학자의 윤리적 측면에 대하여 서술하시오.

7.10 당신은 경제학자, 변호사와 점심을 먹고 있다. 그들은 개인의 휘발유 사용을 줄이는 방법에 대하여 논의하고 있다.

- 경제학자 : 휘발유 사용을 줄이는 방법은 사람들이 절약하기 시작할 휘발유와 전기 요금에 높은 세금을 부과하는 것이다. 휘발유 1리터 당 5달러라고 가정하면 300달러로 연료를 채워 두고, 걸어 갈 때인지 차를 타고 갈 때인지 생각을 하게 될 것이다.
- 변호사 : 위에서 언급된 것이 효과적일 수 있지만 법이 더 효과적일 것이다. 최소한 4명의 승객을 운송하는 것을 제외하고 자동차를 사용하는 것을 금지하는 연방법이 있다고 생각해 보라. 또는 좌석이 하나인 소형 오토바이의 크기와 무게를 자동차에 적용하는 법을 만들 수도 있을 것이다. 그렇게 하면 우리는 원할 때마다 여행을 할 수 있지만 휘발유 마일리지는 3배가 될 수 있을 것이다.
- 경제학자 : 예비 부품에 대한 거대한 세금을 부과하는 것도 고려할 수 있을 것이다. 오래된 차가 더 빠르게 정지될 것이고, 더 깨끗하고 더 효율적이고 새로운 차가 그 자리를 차지하게 될 것이다.
- 변호사 : 나는 여전히 고속도로에서 72 km/h의 속도 제한을 원한다. 이 속도는 휘발유 소비에 가장 효율적인 속도이고 사고도 억제할 수 있다. 게다가 주정부는 속도 초과 차량에 벌금을 부과하여 많은 수익을 올릴 수 있을 것이다.

그들은 당신이 대화에서 벗어날 때까지 계속 얘기를 할 것이다. 그들은 당신이 휘발유를 줄이는 방법에 대하여 의견을 물을 것이다. 당신은 어떻게 반응할 것인가? 1페이지 정도 당신의 아이디어에 대하여 서술하시오.

7.11 대형 컨설팅 회사는 일반적으로 많은 사무실을 가지고 있으며, 종종 사무실 간의 의사소통이 효율적이지 않다. 애틀랜타(Atlanta) 지사의 엔지니어인 스탠(Stan)은 석유 화학 단지를 건설하려는 민간 석유 회사의 계획이 멸종 위기에 처한 여러 종의 서식지에 해를 끼칠 것이라는 결론을 내린 환경 영향 평가 조사를 작성하기 위해 인접해 있는 협회에 있는 것이다. 고객인 협회는 이미 보고서의 초안을 검토했고 최종 보고서가 전달되면 기자회견을 가질 계획이다. 스탠은 기자회견, 전문 영역의 프로젝트에 참석해야 한다.

뉴욕(New York) 사무소에서 일하고 있는 회사 파트너인 엔지니어 브루스(Bruce)는 전화를 받는다.

"브루스, 저는 비그너스(Bigness) 석유회사의 사장 옥테인(J. C. Octane)입니다. 우리는 모든 사업을 위해 당신 회사와 관계를 유지하고 있으며, 당신의 업무에 대하여 상당히 만족스럽게 생각하고 있습니다. 그리고 우리는 애틀랜타 지역에 정유 공장을 건설하려고 있으며, 당신을 설계 엔지니어로 함께 일하기를 희망하고 있습니다."

"우리는 당신과 다시 일하게 되어 기쁘게 생각합니다. 그리고 설계비용은 1백만 달러입니다."라고 브루스가 대답하였다.

"하지만 작은 문제가 있습니다."라고 옥테인은 계속 말했다. "당신 회사의 애틀란타 지사의 엔지니어가 인접 그룹에 대한 연구를 수행하였는데 우리 정유 공장을 반대한다는 내용입니다."

"저는 그 연구에 대한 초안을 받았으며, 상대 그룹과 당신 회사 애틀란타 지사의 엔지니어는 며칠 안에 기자회견을 하고 정유 공장의 건설로 환경에 좋지 않은 영향을 미칠 것이라고 합니다. 이러한 일이 발생하면 얼마나 실망할 지 말하지 않아도 될 것입니다."

브루스는 옥테인과 전화를 끊자마자 애틀랜타 지사의 스탠에게 전화를 합니다.

"스탠, 기자회견을 연기해야 합니다."라고 한다.

"준비가 끝났는데 왜 그러냐?"라고 스탠이 대답한다.

"비그너스 석유는 우리 회사의 가장 중요한 고객사입니다. 석유 회사의 사장은 스탠의 보고서 초안을 확보하고 있으며, 그 보고서를 협회에 전달하면 우리 회사와의 모든 사업을 중단할 것이라고 위협하고 있습니다. 환경에 심각한 피해가 없도록 보고서를 다시 작성해야 합니다."

"그렇게 할 수 없습니다." 스탠이 대답한다.

"당신을 보고서를 작성하거나 프로젝트에서 탈퇴하고 보고서 초안이 잘못되었음을 알리는 서면 동의서를 작성하고 모든 돈을 환불해 줄 것을 제안합니다. 당신은 선택의 여지가 없습니다."라고 브루스가 대답했다.

컨설팅 회사의 엔지니어는 회사의 직원이고 상사로부터 명령을 받고 업무를 수행하고 있는가? 아니면 회사에서 다른 엔지니어와 협력하고 있는 회사와 상관없이 독립적으로 전문가로서 업무를 수행하고 있는가?

스탠이 가질 수 있는 대안을 모두 서술하고 이러한 행동 강요에 파생 효과를 예상할 수 있다면 그가 취해야 할 행동 방법에 대하여 서술하고 할 수 있는 확인 및 정당화 하시오.

08 Chapter 생태계

© Keith Morgan

미국 사우스캐롤라이나주, 흑곰

© Susan Morgan

세난도아 국립공원의 곰 방지 쓰레기통

환경공학자는 설계의 영향을 받는 생태계를 고려할 필요가 있다. 이는 다른 분야 전문가들의 지식과 기술을 통합하는 것을 의미한다.

상상할 수 있는 가장 매력적인 반응 장치는 생태계이다. 본 장의 주제인 생태학은 식물, 동물, 그리고 그것들의 물리적 환경에 대해 연구하는 것이다. 즉, 에너지와 물질들이 생태계에 어떻게 작용하는지를 연구하는 것이다.

특정 생태계는 모든 식물과 동물이 서로 연관되어 있기 때문에 정확한 정의를 내리기 어려운 경우가 있다. 즉, 생태시스템으로서의 복잡성 때문에, 지구를 하나의 생태계로 연구하는 것은 불가능하다. 따라서 연못, 숲 혹은 정원과 같은 기능적으로 더 간단하고 공간적으로 더욱 작은 시스템을 선택하는 것이 필요하다. 하지만 그 시스템의 크기가 너무 작아지면 해당 시스템으로 영향을 주고 있는 많은 외부 프로세스들이 남아있게 되고, 결국 그것이 의미 있는 모델의 개발을 불가능하게 한다. 새 사육장에서 다람쥐와 큰 어치의 상호관계를 지켜보는 것은 흥미로울 수 있다. 그런데 그 새 사육장의 제한된 범위로 인해, 생태학자들에게는 과학적으로 흥미롭지 못한 시스템이 되고 만다. 새 먹이기의 기능에는 중요한 많은 생명체와 환경 요인들이 있으며, 이러한 요소들이 생태계를 의미 있게 만들기 위해 고려되어야 한다. 문제는 어디에서 멈출 것인지를 결정하는 것이다. 뒷마당은 연구하기에 충분히 큰가, 아니면 전체 이웃이 생태계에 포함되어야 하는가? 만약 이것이 여전히 너무 제한적이라면, 경계는 어디에 있는가? 물론 아무런 경계는 없고 모든 것은 다른 모든 것과 확실히 연결되어 있다.

위의 주의사항을 참고하여 본 장에서는 생태계의 연구에 대한 간단히 소개하고, 어떠한 면에서는 그 시스템들을 정의하기도 하였다.

8.1 생태계에서의 에너지 및 물질 흐름

에너지와 물질은 모두 생태계 내부로 흐르지만 근본적인 차이가 있다. 물질 흐름은 순환적이지만 에너지 흐름은 한 방향으로만 흐른다는 것이다.

지구상의 모든 에너지는 빛 에너지로서 태양에서 유래한다. 식물들은 이 에너지를 광합성이라는 과정을 통해 취한다. 광합성은 영양분과 이산화탄소를 사용하여 고에너지 분자인 전분, 설탕, 단백질, 지방, 비타민을 만들어서 빛 에너지를 화학 에너지로 전환하는 것이다. 개략적으로 광합성은 다음과 같이 묘사될 수 있다.

$$[\text{영양물질}] + CO_2 \xrightarrow{\text{햇빛}} O_2 + [\text{고에너지 분자}]$$

다른 모든 생명체는 반드시 이 에너지를 영양분과 성장을 위해 호흡이라는 과정을 통해 사용해야 한다.

[고에너지 분자] + O_2 → CO_2 + [영양물질]

이 전환 과정은 매우 비효율적이며 이용 가능한 총에너지의 약 1.6%만이 광합성을 통해 탄수화물로 전환된다. 생태계에는 세 가지 주요 생물군이 있다. 식물은 고에너지 분자를 생산하기 때문에 생산자라고 부르며, 에너지의 원천으로 이 분자를 사용하는 동물을 소비자라고 한다. 식물과 동물 모두 폐기물을 생산하고 결국 죽는다. 이 물질은 데트리터스(detritus, 쇄설물)로 알려진 죽은 유기물을 형성하며, 여전히 상당한 에너지를 포함하고 있다(이것이 우리가 하폐수 처리장을 필요로 하는 이유이다). 지금의 생태계에서 이 유기 고형물을 사용하는 생명체는 분해자로 알려져 있다.

이 단방향 흐름은 그림 8.1에 설명되어 있다. 이 에너지가 추출되는 속도(선의 기울기)는 에너지 수준이 낮아짐에 따라 상당히 느려지며, 이는 하폐수 처리에서 중요한 개념이다(11장). 에너지 흐름은 한 방향이기 때문에(태양으로부터 식물까지, 새로운 세포 물질을 만들고 유지 보수하기 위해 소비자와 분해자에 의해 사용), 다음에서 논의되겠지만, 에너지는 생태계 내에서 재활용되지 않는다.

식물이 태양으로부터 1,000 J의 에너지를 받는다고 가정해보자. 이 중 760 J은 거부(흡수되지 않음)되며 240 J만 흡수된다. 이것의 대부분은 열로 방출되며 단지 12 J만이 생산에 사용되며, 그 중 7 J은 호흡(유지)을 해야 하고 5 J는 새로운 조직을 만들기 위해 사용되어야 한다. 식물이 소비자에 의해 섭취되는 경우, 5 J의 90%는 동물의 생명유지에 쓰이고 10%(또는 0.5 J)는 새로운 조직(tissue)으로 이동한다. 이 동물이 먹으면, 다시 10%(또는 0.05 J)만이 새로운 조직에 사용될 것이며, 나머지 에너지는 생명유지를 위해 사용된다. 두 번째 동물이 인간인 경우 1,000 J가 태양으로부터 오는 경우 조직 구성에 0.05 J

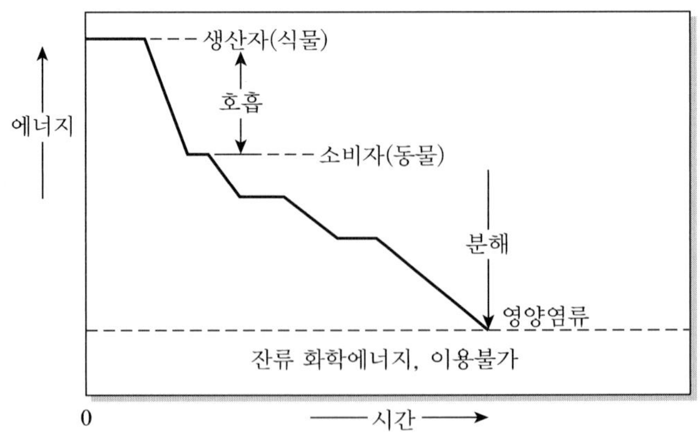

그림 8.1 먹이사슬을 통한 에너지 손실(After P. H. McGaughy, 1968. Engineering Management of Water Quality. New York: McGraw-Hill.)

또는 0.005%만 사용되므로 매우 비효율적인 시스템이다.

에너지 흐름은 한 방향으로만 이루어지지만 생태계를 통한 영양 흐름은 그림 8.2에서 보듯이 순환적이다. 죽은 유기물 또는 유기 고형물로 시작하여, 미생물에 의한 초기 분해는 질소, 탄소 및 아황산 물질에 대해 각각 암모니아(NH_3), 이산화탄소(CO_2) 및 황화수소(H_2S)와 같은 화합물을 생성한다. 최종적으로 안정화되거나 완전히 산화된 형태가 질산염(NO_3^-), 이산화탄소, 황산염(SO_4^{2-}) 및 인산염(PO_4^{3-})이 될 때까지 이들 생성물은 더 분해된다. 이산화탄소는 당연히 식물의 탄소원으로 사용되며 질산염, 인산염 및 황산염은 영양분으로 사용되거나 새로운 식물 조직 형성의 기초가 된다. 식물은 죽거나 소비자에 의해 사용되며, 결국은 죽고 분해되어 우리에게 돌아온다.

세 가지 유형의 미생물 분해 기작이 있는데 호기성, 혐기성 및 임의성 분해 기작이다. 미생물은 대사 활동에 산소 분자가 필요한지 여부, 즉 미생물이 분해 반응에서 전자 수용체로서 용존 산소(O_2)를 사용할 수 있는지의 여부에 따라 분류된다. 호기성 및 혐기성 분해의 일반적인 방정식은 다음과 같다.

- 호기성 : [쇄설물] + O_2 → CO_2 + H_2O + [영양물질]
- 혐기성 : [쇄설물] → CO_2 + CH_4 + H_2S + NH_3 + ⋯ + [영양물질]

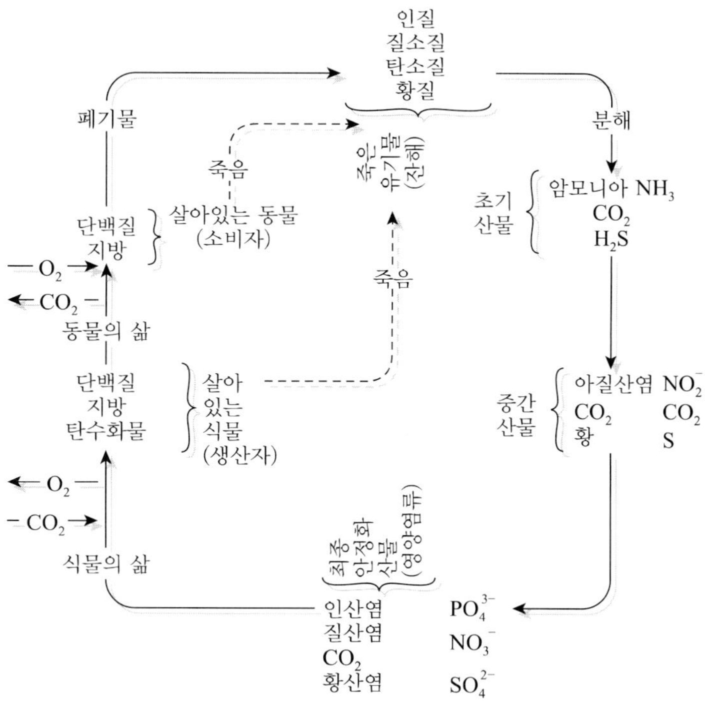

그림 8.2 인, 질소, 탄소, 및 황의 호기성 순환(After P. H. McGaughy, 1968. Engineering Management of Water Quality. New York: McGraw-Hill.)

절대 호기성 미생물은 산소를 전자 수용체로 사용하기 때문에 용존 산소가 생존에 필수인 미생물이다. 위의 호기성 식에서와 같이 유기 화합물의 수소가 환원된 산소와 결합하여 물을 형성하게 된다. 절대 혐기성 미생물에게는 용존 산소가 독성으로 작용이므로 반드시 혐기성 분해 과정을 사용해야 한다. 혐기성 공정에서, 전자수용체는 질산염 및 황산염과 같은 무기 산소 함유 화합물이다. 이전의 혐기성 식에서와 같이 질산염은 질소 또는 암모니아(NH_3)로 전환되고 황산염은 황화수소(H_2S)로 전환된다. 미생물은 질산염을 사용하는 것이 더 쉽기 때문에 이 과정이 더 흔히 일어난다. 임의성 미생물은 산소가 이용 가능할 때 산소를 사용하지만 이용 가능하지 않다면 혐기성 반응을 할 수 있다.

호기성 미생물에 의해 수행된 분해는 훨씬 더 완전 반응을 한다. 왜냐하면 혐기성 분해(예 : 암모니아성 질소)의 최종 생성물 중 일부는 최종적으로 완전 산화 상태가 아니기 때문이다. 예를 들어, 호기성 분해는 암모니아성 질소를 완전히 산화된 질산염 질소로 산화시키는데 필요하다(그림 8.2). 세 가지 유형의 미생물은 모두 11장에서 논의된 하폐수 처리에서 활용된다.

생태계의 영양물질 흐름은 순환적이기 때문에 이미 물질 흐름 분석을 위해 도입된 기술을 사용하여 이러한 흐름을 분석할 수 있다.

[물질 축적 속도] = [물질 유입 속도] − [물질 유출 속도]
+ [물질 생성 속도] − [물질 소비 속도]

예제 8.1

비료 사용의 주된 관심사는 질산염의 지하수로의 침출이다. 이러한 침출은 주어진 생태계에 질소 수지를 알지 못한다면 측정하기가 어렵다. 예를 들어, 다음 페이지에 있는 그림 8.3의 다이어그램을 참고하자. 해당 그림은 질소 이동을 나타내며 목초지에 34 g/m^2/yr의 비료를 암모니아 + 질산염 질소(17 + 17)배합으로 뿌렸다. 둘 다 질소(as nitrogen)로 표시된다[N의 원자량은 14이고 H는 1.0이므로 17 g/m^2/yr의 암모니아(암모니아성) 질소는 NH_3양으로 $17 \times 17/14 = 20.6$ g/m^2/yr이고, 질산염(질산성) 질소는 O는 16이므로 NO_3^-양으로는 $17 \times 62/14 = 75.3$ g/m^2/yr가 된다].
토양의 질소 침출량은 얼마인가?

해답

첫째, 유기 질소는 세 가지 배출원(소, 클로버 및 대기)에서 유래한다. 유기물 N의 총산출량은 유입량 22 + 7 + 1 = 30 g/m^2/yr과 동일해야 한다. 유기 N은 암모니아 N으로 전환되고, 암모니아 N의 산출량은 유기 N과 무기 N(비료)의 유입량과 동일해야 하므로 17 + 30 = 47 g/m^2/yr이다. 이 중 47 g/m^2/yr는 초지에서 10을 사용하여 37 g/m^2/yr은 질산성 질소로 산화된다. 질산성 질소에 대한 질량 수지를 g/m^2/yr단위로 수행하고 정상 상태로 가정한다.

[유입] = [유출]
37 + 17 + 1 = 8 + 20 + 침출수
침출수 = 27 g/m^2/yr

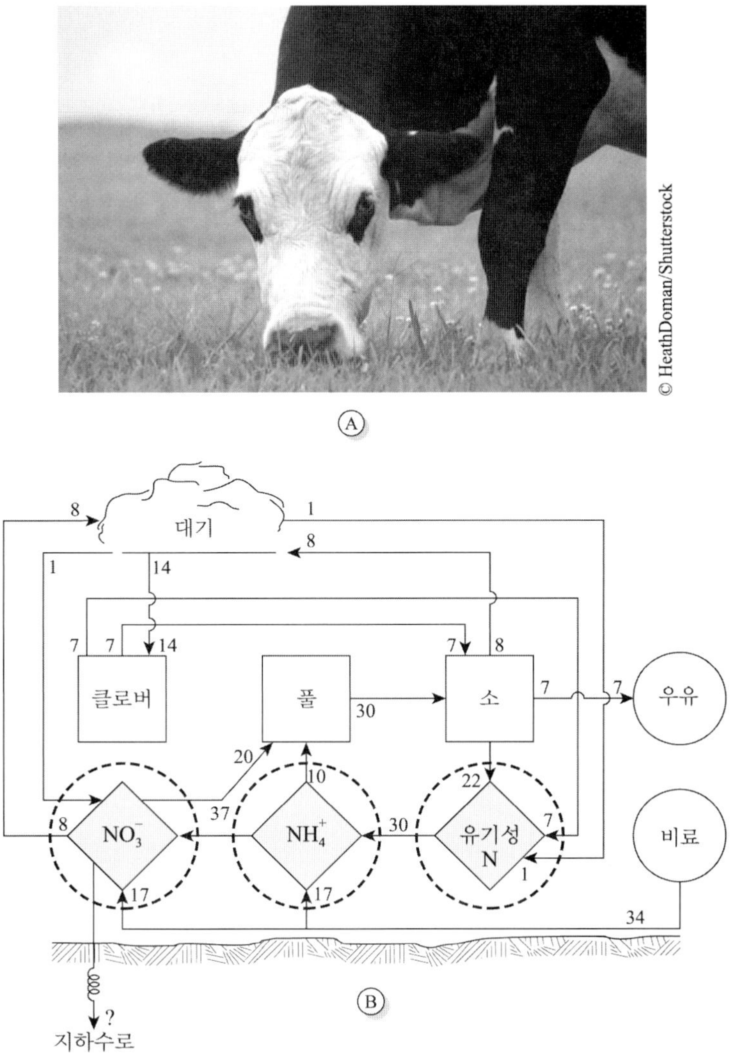

그림 8.3 생태계(A)에서 질소 수지(B)

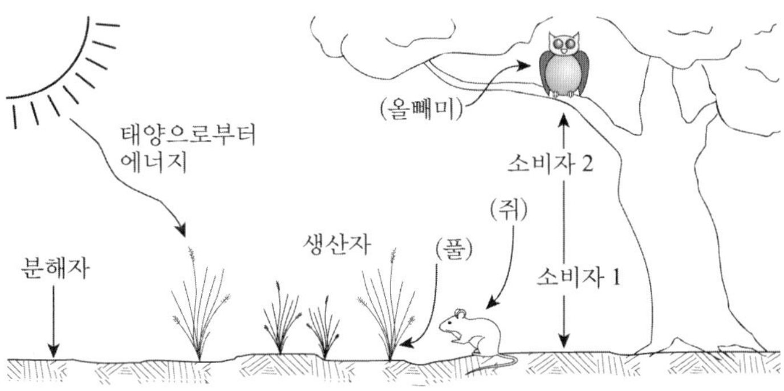

그림 8.4 간단한 생태계. 숫자는 영양 수준을 나타낸다.

생태계가 정상 상태의 상태로 유지되는 과정을 항상성(homeostasis)이라고 한다. 물론 시스템 내에서 변동이 있지만 전반적인 효과는 안정 상태이다. 이 아이디어를 설명하기 위해 그림 8.4에 그림으로 묘사된 것처럼 잔디, 들쥐 및 올빼미로 구성된 매우 간단한 생태계를 고려해볼 수 있다.

잔디는 태양으로부터 에너지를 받으며, 쥐들은 풀에서 씨앗을 먹으며 올빼미는 쥐를 먹는다. 이 진행은 먹이사슬(food chain)이라고 알려져 있으며, 다양한 생물체들 간의 상호 작용은 먹이그물(feed web)로 나타난다. 각 생물체는 생산자와의 근접성에 따라 영양단계를 차지하고 있다. 쥐가 식물을 먹기 때문에 그것은 영양단계 1에 있다. 올빼미는 영양단계 2에 있다. 메뚜기가 잔디를 먹고(영양단계 1), 사마귀가 메뚜기(영양단계 2)를 먹고, 말똥가리가 사마귀(영양단계 3)를 먹을 수도 있다. 올빼미가 말똥가리를 먹어 치우는 경우, 영양 상태는 4단계로 진행된다.

그림 8.5에서는 그러한 육상의 먹이그물을 보여준다. 화살표는 태양으로부터 에너지를 받아 시스템을 통해 흐르는 에너지를 보여준다.

어떤 종이 먹이, 공간 또는 포식자에 의해 자유롭게 성장할 수 있다면 그 성장은 1차 반응으로 기술된다. 다만, 유입과 유출이 없는 폐쇄계(닫힌계, closed system)에만 적용되며 개방계(열린계, open system)에는 적용되지 않는다(역자).

$$\frac{dN}{dt} = kN$$

여기서, N : 한 종의 생물의 수

k : 속도 상수

t : 시간

다행히도 생태계 내의 개체수는 (인간의 인구를 제외하고) 먹이 가용성, 공간 및 육식동물의 제약을 받는다. 첫 두 가지 제약 조건을 고려할 때, 존재할 수 있는 최대 모집단은 다음과 같이 수학적 용어로 설명될 수 있다.

$$\frac{dN}{dt} = kN - \frac{k}{K}N^2$$

여기서, K는 생태계에서 가능한 최대 개체수이다. 정상상태에서 $dN/dt = 0$이므로,

$$0 = kN - \frac{k}{K}N^2$$

$$k = N$$

또는 개체수는 해당 시스템에서 가능한 최대 개체수이다. 어떤 이유로 든 N이 K보

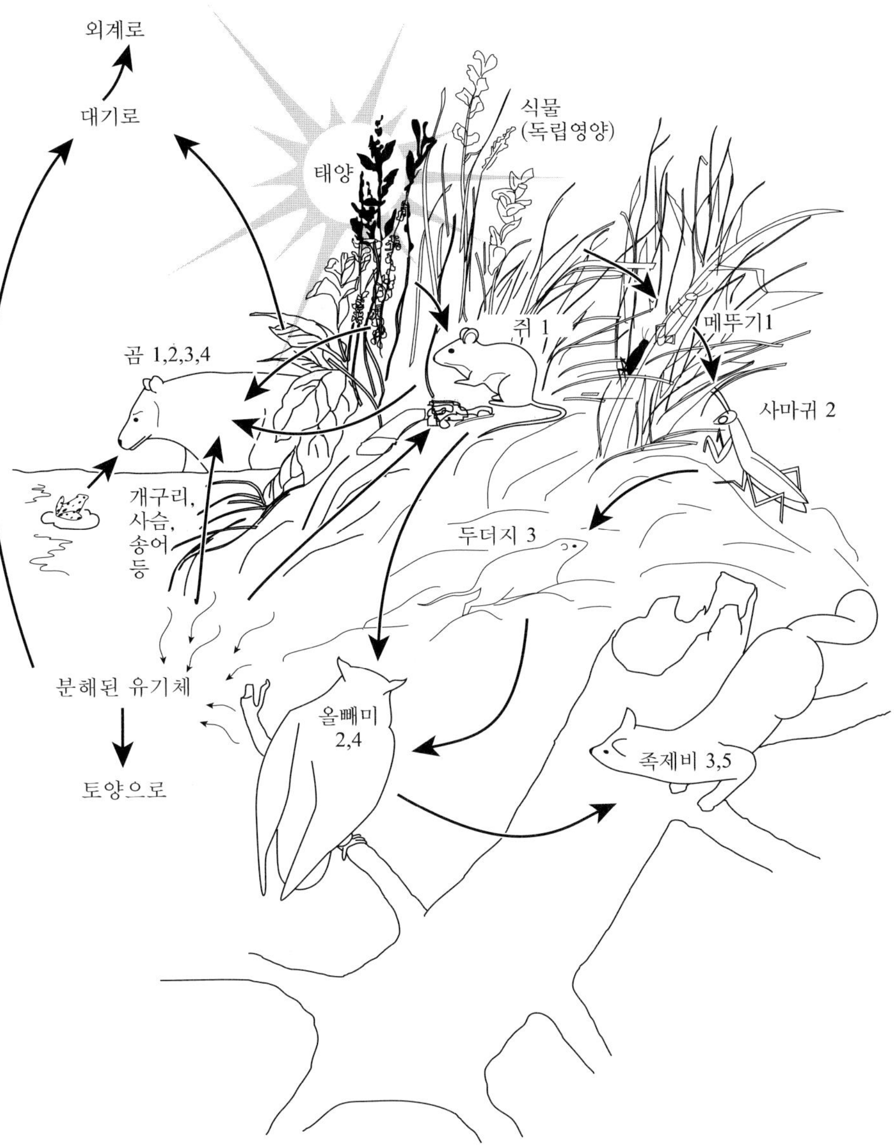

그림 8.5 육상의 먹이그물. 숫자는 영양 수준을 나타낸다. (출처 : Turk. Ecosystem, Energy, Population, 1E. © 1975 Brooks/Cole, a part of Cengage Learning, Inc. Reproduced by permission. www.cengage.com/permissions.)

다 작으면 개체수는 결국 K로 다시 올라간다.

물론 다양한 종들이 다른 종의 개체수에 영향을 줄 수 있다. N종과 경쟁하고 있는 다른 종의 M유기체가 있다고 가정해보자. 그런 다음 원래 종의 성장속도는 다음과 같이 표현된다.

$$\frac{dN}{dt} = kN - \frac{k}{K}N^2 - sMN$$

여기서, s : 경쟁 종에 대한 성장 속도 상수
M : 경쟁 종의 개체군

이 식을 말로 나타내면 다음과 같다.

[성장속도] = [무제한 성장속도] − [자기과밀 효과] − [경쟁효과]

s가 작으면 두 종 모두 존재할 수 있어야 한다. 개체수 N의 첫 번째 종이 과밀로 인해 영향을 받지 않는다면, 경쟁 종과의 경쟁은 개체수를 억제할 수 있을 것이다.

다시 정상 상태에서($dN/dt = 0$)

$$N = K\left[1 - \frac{Ms}{k}\right]$$

여기서, $M = 0$이면 $N = K$가 된다.

생태계에서의 경쟁은 특정 종류의 생물이 살기 좋은 환경, 즉 적소(niche)에서 발생한다. 적소는 먹이그물이 가장 잘 존재할 수 있는 곳이며, 동물 또는 식물에게 최상의 서식지이다. 간단한 예제인 풀/쥐/올빼미로 돌아가면, 생물들 각각이 먹이그물에서 적소를 차지한다. 두 종류 이상의 잔디가 있다면, 각각은 매우 유사한 적소를 차지할 수 있지만 항상 중요한 차이점이 있다. 예를 들어, 두 종의 클로버는 처음에는 한 종의 꽃이 일찍 꽃이 피고 다른 종은 여름에 늦게 발견될 때까지 동일한 적소를 점유하는 것처럼 보일 수 있다. 따라서 그들은 직접 경쟁하지 않는다.

먹이 그물 내에서는 다양한 적소를 차지할 수 있는 생물의 수가 많을수록 시스템이 더 안정적이다. 위의 예에서 가뭄이나 질병으로 인해 한 종의 풀이 죽을 경우 쥐에게는 먹을 것이 없어지고 올빼미도 기아로 인해 죽을 것이다. 그러나 두 종류의 풀이 있는데, 각각이 쥐가 먹이로 사용할 수 있는 경우(즉, 둘 다 쥐의 필요에 따라 거의 동일한 적소에 있다) 한 풀의 죽음으로 인해 시스템이 붕괴되지는 않는다. 따라서 시스템은 붕괴 없이 작은 변화를 견딜 수 있기 때문에 보다 안정적이다. 매우 안정적인 생태계의 예로는 열대우림과 하구가 있으며, 불안정한 생태계에는 북부 툰드라와 심해가 있다.

생태계에 대한 작은 변화의 일부는 자연스럽지만(미국 워싱턴주 세인트헬렌산)의 분출로 인한 파괴의 목격), 많은 부분은 인간 활동에 의해 야기된다. 물론 인간은 소규모(하천과 호수)와 대규모(전 세계)의 생태계에 악영향을 미친다. 그런 인간의 행동은 인간이 자연을 지배한다는 생각에서 나온다고 할 수 있다(창세기 1장에서와 같이). 이 개념은 환경 윤리에 대한 새로운 철학적 접근법인 생태여성주의(ecofeminism)를 창안했다.

생태여성주의(ecofeminism)는 "여성의 지배와 인간 이외의 자연 지배 사이에 역사적, 상징적, 이론적인 관계가 있다는 입장"이다.[1] 기본 전제는 더 나은 환경 윤리를 통합함으로써 구축하는 것이 가능해야 한다는 것이다. 비유로, 남성에 의한 여성의 지배 문제가 있다.

과학이 환경을 이해하는 지배적 수단이라면, 생태여성주의자들은 과학이 페미니즘에 의해 변형되어야 한다고 주장한다. 여성들은 보다 육아 및 돌보는 경향이 있기 때문에, 이 경험은 환경에 대한 우리의 이해를 이끌어 낼 수 있다. 그들은 자연의 지배와 자연과의 분리라는 전체적인 생각이 변해야 한다고 주장한다. 생태여성주의자들은 정의의 윤리와는 반대로 의료 윤리에 중점을 둔다. 이 방법으로 고전적인 윤리적 사고를 환경에 적용하는데 내재된 많은 문제를 피할 수 있다. 예를 들어, 동물의 고통은 모든 창조물의 보살핌이 중요하기 때문에 생태여성주의자들에게는 철학적인 문제가 아니다.

생태학자들은 종종 지구가 항상 여성(Mother Earth and Mother Nature)으로 간주되어 왔고 남성에 의한 여성의 지배가 지구 지배와 평행을 이루고 있다고 주장하면서 영적인 차원을 요구한다. 그러나 그러한 유사성은 연결을 증명하지 못한다. 또한 수년 동안 여성들은 대개 남성과 같은 활력으로 자연 파괴에 참여했다. 그러한 파괴는 반드시 인간의 특성으로 보이며 반드시 남성적인 특성은 아니다.

8.2 생태계에 미치는 인간의 영향

사람들과 지구 생태계의 다른 모든 살아있는 것과 죽은 것 사이의 가장 큰 차이점은 사람들은 예측할 수 없다는 것이다. 다른 모든 생물들은 잘 정립된 규칙을 준수한다. 예를 들어, 개미들은 항상 집단을 이루어 살아간다. 그런데 갑자기 개미가 달에 가거나 소설을 쓰고 싶어 한다는 것은 터무니없는 생각이다. 한편으로, 개미와 같이 전 지구적인 생태계의 많은 부분을 차지하는 사람들은 아직도 염소계 살충제 개발, 핵폭탄 투하, 지구 기후 변화 등과 같은 예측할 수 없는 결정을 내릴 수 있다. 순전히 생태학적 관점에서, 우리는 실제로 다르며 무서운 존재들이다.

다음은 예측할 수 없는 인간이 생태계에 줄 수 있는 몇 가지 명백한 영향들에 대해서 다룬다.

8.2.1 농약이 생태계에 미치는 영향

제2차 세계 대전 동안 새로운 발명 중에 원하지 않는 유기체를 통제하기 위해 살충제를 대규모로 사용하는 것이 시작되었고, 그것은 최초의 효과적인 유기 농약 DDT (Dichloro-Diphenyl-Trichloroethane)이었다. 그 이전에는 비소 및 기타 화학 물질이 농약으로 사용되었는데, 이러한 화학 물질의 높은 비용과 인체에 대한 독성으로 인해 사용이 제한되었다. 반면에 DDT는 가격이 저렴하고 오랫동안 효과가 지속되었으며 인간에게 해를 끼치지 않는 것 같았다. 하지만 몇 년 후 DDT가 매우 천천히 분해되고 동물의 지방 조직에 저장되며 먹이 사슬을 통해 한 생물체에서 다른 생물체로 쉽게 옮겨진다는 것이 발견되었다. 먹이 사슬을 통해 DDT가 이동할 때 영양단계가 증가함에 따라, 그것은 생물농축(biomagnification) 또는 농축현상이 나타났다. 예를 들어, 하구에 형성된 먹이 사슬의 DDT 농도는 표 8.1에 나와 있다. 물에서 DDT 수준부터 큰 조류까지의 농축 계수(concentration factor)는 약 500,000 (22.8/0.00005)이다. 매우 높은 DDT농도[그리고 다른 염소계 탄화수소 살충제(chlorinated hydrocarbon pesticide)에서도]로 인해 많은 새들이 멸종 위기에 처하게 되었다. 그 이유는 DDT가 칼슘 대사에 영향을 주었고 그 결과로 알껍데기가 매우 얇아졌기 때문이다(즉, 쉽게 부서짐).

물론 사람들은 먹이 사슬의 최상부를 차지하기 때문에 DDT가 매우 높을 것으로 예상할 수 있다. DDT를 급성 인체 질환과 직접 연관시키는 것은 불가능하기 때문에 수년 동안 인간의 DDT 수준이 증가한 것은 공중 보건 문제의 영역이 아니었다. 그 후 DDT와 같은 화학 물질이 인간 생식 시스템에 민감한 영향이 있음을 알게 되었다. 그리고 유아에게 공급된 모유가 종종 젖소의 미국 주들간 운송에 허용되는 DDT양의 4~5배를 함유하는 것으로 밝혀지면서 대중들의 우려로 마침내 DDT사용이 금지되었다.

표 8.1 하구의 먹이그물에서 DDT 잔류물

	DDT (ppm)
물	0.00005
플랑크톤	0.04
피라미	0.23
강꼬치고기(포식어류)	1.33
왜가리(작은 동물을 먹음)	3.57
재갈매기(스캐빈저)	6.00
비오리(물고기 먹는 오리)	22.8

출처 : Woodell, G.M., et al. 1967. *Science*, 156:821-824

DDT가 생태계의 작은 변화를 일으킬 수 있는 흥미로운 예가 보르네오에 있는 외딴 마을에서 발생했다. 사람들의 건강을 향상시키려는 세계보건기구(WHO, World Health Organization)의 직원이 파리를 죽이기 위해 초가집 오두막 안에 DDT를 살포했다. 죽어가는 파리는 초가집 안에 사는 작은 도마뱀에게는 쉬운 먹이였다. 그러나 DDT를 대량으로 투여하면서 도마뱀이 병들게 되었고, 차례로 마을 고양이에게 먹이가 되었다. 고양이가 죽기 시작하자 이 마을은 림프절 페스트에 걸린 것으로 의심되는 쥐들이 침입했다. 결과적으로, 호의적인 보건기구 직원들이 깨어진 균형을 회복시키기 위해 살아있는 고양이를 마을에 보급하였다.[2]

8.2.2 호수 생태계에 대한 영양물질의 영향

호수는 사람에 의해 영향을 받는 생태계의 두 번째 예이다. 호수 생태계 모델이 그림 8.6에 나와 있다. 생산자(조류)는 태양으로부터 에너지를 받고 광합성 과정을 통해 바이오매스(Biomass)와 산소를 생산한다. 생산자(조류)는 태양으로부터 에너지를 받기 때문에 분명히 호수의 표층으로 제한되어야 한다. 물고기와 다른 동물들도 대부분 표층수에 존재하는데, 왜냐하면 많은 먹이가 거기에 있기 때문이다. 그러나 일부 청소생물(scavenger)들은 바닥에 있다. 분해자들(decomposers)은 주로 호수 저층에 서식하는데, 이유는 그곳에 먹이 공급원(유기 고형물)이 있기 때문이다.

광합성을 통해 조류는 영양소와 이산화탄소를 사용하여 고에너지 분자와 산소를 생산한다. 물고기, 플랑크톤 및 많은 다른 생명체를 포함한 소비자들은 모두 산소를 사용하고, CO_2를 생성하며, 죽은 후 유기물의 형태로 분해자에게 전달된다. 벌레 및 다양한 형

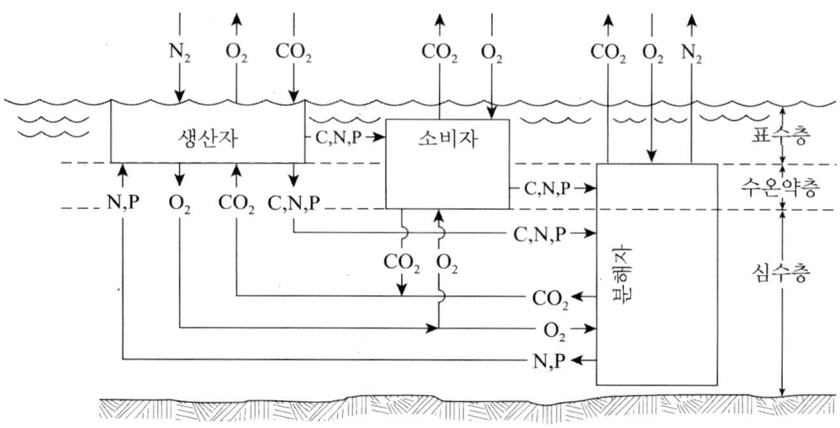

그림 8.6 호수에서 탄소, 산소, 영양물질의 이동(출처 : Don Francisco, Department of Environmental Science and Engineering, University of North Carolina, Chapel Hill.)

태의 미생물과 같은 청소부 역할을 하는 분해자들은 산소를 사용하고 이산화탄소를 생성하는 호흡 과정에서 에너지 수준을 낮춘다. 영양물질(질소 및 인을 포함한 기타 영양물질, 흔히 미량 영양물질이라고도 함)은 다시 생산자가 사용한다. 어떤 종류의 조류는 대기로부터 질소를 고정할 수 있지만 일부 분해자는 기포를 내는 암모니아 질소를 생성한다. – 이 내용은 수생 생태계에서 실제로 일어나는 것에 비해서 상당히 단순하게 설명하는 것이다. 보다 정확하게 표현하기 위해 수생 생태계에 대한 교재를 참조한다.

대기에서 수계 시스템으로 들어가지 않는 가장 중요한 요소는 인이다. 주어진 양의 인은 분해자에서 생산자에게 재활용된다. 일정 정도의 인만이 생태계에 이용 가능하다는 사실은 대사 활동의 속도를 제한한다. 한정된 양의 인이 아니라면, 다른 모든 화학 물질(그리고 에너지)이 풍부하게 공급되어 있기 때문에 생태계의 대사 활동이 가속화되어 결국 자멸할 수 있다. 시스템이 항상성(정상 상태)을 유지하기 위해서는, 일부 핵심 구성요소, 이 경우 인은 대사 활동 속도에 브레이크 역할을 해야 한다.

농장 유출수나 하수 처리 방류수와 같은 인의 외부 공급원이 있을 경우 어떻게 될지 생각해보자. 대사 활동에 브레이크가 해제되고 조류가 더 높은 비율로 번식하기 시작하여 소비자를 위한 더 많은 양의 먹이가 생산되게 되고 결국 더 높은 비율로 성장하게 된다. 이 모든 활동은 많은 양의 죽은 유기물을 생성하게 하는 것이며, 분해자들을 크게 증식하게 하는 것이다.

불행히도, 죽은 유기물은 수역 전체에 분포되어 있는(그림 8.7) 반면에 분해를 위한 산소를 생성하는 조류는 햇빛이 있는 호수의 표면 근처에서만 살고 있다. 분해자를 위한 산소의 공급의 다른 루트는 대기에서 일어나며 이 또한 물 표면에서 이루어진다. 따라서 산소가 호기성 분해자에 공급되기 위해서는 호수 표면과 저층사이를 반드시 통과해야 한다. 수체가 잘 섞여 있다면 산소 전달에 문제가 없겠지만, 불행하게도 대부분의 호수는 열적으로 성층화되어 있어 전체 깊이에 걸쳐 혼합이 잘 되지 않아 O_2를 호수 바닥까지 충분히 빠르게 수송할 수 없다.

열적 성층의 이유는 그림 8.7에 나타난다. 겨울철에는 표면의 얼음과 함께, 북부에 있는 호수의 온도는 물의 밀도가 가장 높은 약 4℃를 나타낸다. 얼음이 형성되지 않는 더 따뜻한 기후에서는 가장 깊은 물이 여전히 이 온도를 유지하고 있다. 봄에는 지표수가 따뜻해지기 시작하며, 한동안 전체 호수의 물은 거의 같은 온도를 보인다. 바람은 짧은 시간 동안 바닥까지 물을 섞을 수 있다. 그러나 여름이 되면, 지표면의 물이 계속해서 따뜻해지면서 더 깊고 고밀도의 물이 바닥에 위치하고, 급경사와 세 개의 구역 ; 표수층(epilimnion), 수온약층(metalimnion), 심수층(hypolimnion)을 생성한다. 이중 변곡점을 수온약층이라고 한다. 이 조건에서 호수는 열적으로 성층화되어 있어 3개의 수층이 섞이지 않는다.

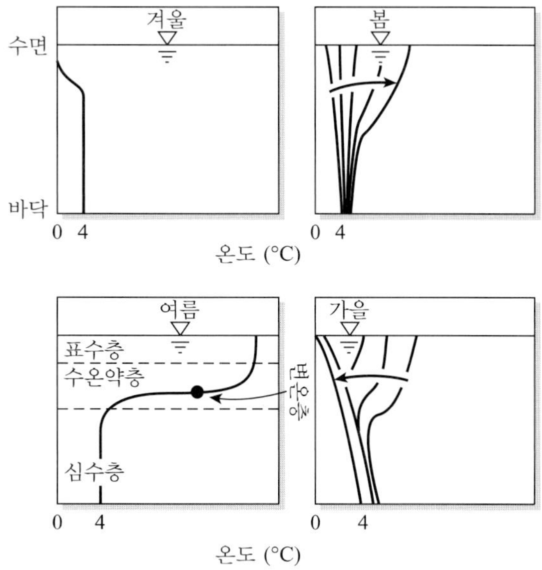

그림 8.7 온대기후 호수에서 수온의 수직분포

이 계절에는 대사 작용이 가장 크게 나타날 것으로 예상되는 시기로, 산소는 확산을 통해서만 바닥에 전달된다. 겨울이 다가오고 지표수가 차가워질 때, 상층부의 물은 하층의 물보다 밀도가 높을 만큼 충분히 냉각될 수 있으며, 이로 인해 가을 전도(fall turn-over)가 발생되어 물이 혼합된다. 겨울 동안, 상층부 물의 밀도가 다시 가볍게 될 때, 호수는 다시 성층화된다.

먹이공급이 증가된 성층 호수에서는, 분해자로 인한 산소요구량이 증가하고 결국 공급량을 초과한다. 부족한 산소로 인해 호기성 분해자는 사멸하고 많은 생물량과 불완전한 분해를 생산하는 혐기성 형태로 대체된다. 결국 인의 공급량이 계속 증가함에 따라 호수 전체가 혐기성으로 변하게 되고 대부분의 물고기는 죽고 조류는 표층에 집중되어 조류 대발생(algal blooms, 조류 과대번식, 녹조현상)이라 불리는 초록색의 끈적끈적한 조류매트(algae mats)를 형성하게 된다. 시간이 지남에 따라 호수는 죽거나 부패하는 유기물로 채워지고 토탄 습지(peat bog)를 만든다.

이 과정을 부영양화라고 한다. 모든 호수가 공기와 육지로부터 추가적인 영양분을 받기 때문에 자연적으로 발생하는 현상이다. 그러나 대개 자연적인 부영양화는 매우 느리며, 주요 변화가 수천 년 전에 걸쳐 일어난다. 물론 사람들이 야기하는 부영영화는 많은 양의 영양의 배출로 인해 이 과정이 가속화되는 것이다. 따라서 본질적으로 정상 상태(항상성)에 있었을 수도 있는 수생 생태계가 방해받고 바람직하지 않은 상태가 된다.

한편, 부영양화의 과정은 호수로의 영양 흐름을 줄이고 최대한 많은 인을 씻어 내거나 준설함으로써 되돌릴 수 있지만, 이 작업에는 많은 비용을 필요로 한다.

8.2.3 유기성 폐기물이 하천 생태계에 미치는 영향

하천과 호수 사이의 주된 차이점은 하천은 물이 연속적으로 흘러간다는 것이다. 하천은 예외적으로 움직임이 정체되지 않는다면 심각하게 부영양화되지 않는다. 이 흐름은 사실 그림 8.8에 나타나듯, 플러그－흐름 반응조와 같이 수리적으로 특성화될 수 있다. 관류형 흐름은 하천의 속도로 하류로 이동하고 이 흐름에서 발생하는 반응을 분석할 수 있다.

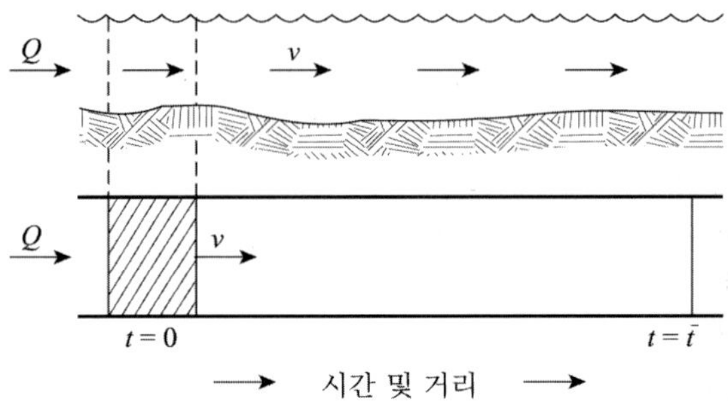

그림 8.8 플러그 - 흐름 반응조로서 하천의 작용

호수와 유사하게, 하천 오염에 가장 큰 관심사는 산소의 고갈이다. 흐름을 블랙박스 및 혼합 회분 반응조로 생각하면 산소와 관련하여 물질수지를 다음과 같이 세울 수 있다.

[산소 축적 속도] = [산소 유입 속도] − [산소 유출 속도]
+ [산소 생성 속도] − [산소 소비 속도]

이것은 정상 상태가 아니기 때문에 첫 번째 항은 0이 아니다. 블랙박스로의 산소 유입(IN)은 재산소화(재폭기, reaeration or reoxygenation)라고 하며 이 경우 대기로부터의 확산에 의한 재산소화이다. 물은 산소로 포화된 상태가 아니기 때문에 산소가 유출(OUT)되지 않는다. 하천이 유속이 빠르고 조류가 성장할 시간이 없다면 산소가 생성되지 않는다. 호흡에서 미생물에 의해 사용되는 산소는 탈산소화(deoxygenation)라고 하며 산소는 소비되는 항이다. 이전과 마찬가지로 축적은 미분방정식으로 표현된다.

$$\frac{dC}{dt} = [\text{산소 유입 속도(재산소화)}] - 0 + 0 - [\text{산소 소비 속도(탈산소)}]$$

여기서, C : 산소 농도, mg/L

재산소화(reoxygenation)과 탈산소화(deoxygenation)는 일차 반응으로 나타낼 수 있다.

FOCUS ON

영양물질 부하

시애틀시는 1900년에 워싱턴호(Lake Washington)에 하수 원수를 배출하기 시작했다. 1926년이 되어서야 시애틀시에서는 하수를 처리하기 시작했고 방류수를 퓨젓사운드만(Puget Sound)으로 방출되는 듀와미쉬(Duwamish) 강으로 돌리기 시작했다. 그 때까지 워싱턴호 주변에서 개발이 진행되었고, 하수 방류를 처리하기 위해 호수 주변에 10개의 처리 시설이 건설되었다. 그러나 이 시설들 중 어느 것도 영양물질을 제거하지 못했고 호수의 인의 농도는 지속적으로 올라갔다. 1955년 워싱턴 대학(University of Washington) 연구진은 통상적으로 부영양화 촉진과 수질 악화를 수반하는 남조류의 일종인 새로운 종류의 조류를 호수에서 발견했다. 연구진은 스위스 호수의 가속화된 부영양화로부터 얻은 지식을 이용하여 이 문제의 원인으로 과도한 인을 지적했다.
연구가 계속되었지만, 호수의 수질은 계속 악화되었다. 시애틀 타임즈(The Seattle Times)는 1963년 한 기사에서는 악취가 나는 호수라고 불렀다. 그러나 경감 활동은 계속 진행 중이었다. 호수로 들어가는 모든 하폐수를 차단하기 위해 호수 주위에 차집 하수관로가 건설되어 호수로 들어가는 인의 수준을 현저하게 줄였다. 1971년 호수의 수질이 뚜렷한 개선을 보이기 시작했으며 투명도(Secchi disc) 값이 1955년보다 더 좋았다. 이 사건은 민관이 이루어낸 좋은 환경문제 해결의 모델이 되었다.
한편 동부의 롱아일랜드(Long Island)의 남쪽 해안에서 오리 관련 산업은 1940년대에 호황을 누리고 있었다.[3] 매년 새로운 농장이 설립되었고, 이 기간 동안 주민들은 롱아일랜드 해협의 수질에 상당한 변화가 있음을 알게 되었다. 굴과 단단한 게는 사라졌고 거대한 초록색의 조류 대발생(녹조현상, algal bloom)이 해안가에 발생했다. 조개는 살아남았지만 대장균의 농도가 너무 높아서 상업적으로 사용할 수 없었다. 연구에 따르면 조류는 물속에서 자란 것이 아니라, 만과 지류에서 씻겨 온 것이며 주요 오염원은 오리 농장이었다. 후속 실험에 따르면 만과 지류에서 제한 영양물질(limiting nutrient)은 인이 아니라 질소였다! 오리는 질소를 포함하는 다량의 요산을 생산하며 이것은 과도한 조류를 생장시켰다.

산소 사용 또는 탈산소의 속도는 다음과 같다.

$$\text{탈산소 속도} = -k_1 C$$

여기서, k_1 : 탈산소 상수이고, 폐기물의 종류, 온도 등의 함수, d^{-1}

C : 분해에 필요한 단위 부피당 산소의 양, mg/L

탈산소화 상수인 k_1의 값은 다음 장에서 논의될 분석 기술을 사용하여 실험실에서 측정된다. 9장에서 C는 시간 t에서의 생화학적 산소요구량(BOD)과 최종 생화학적 산소요구량(BOD)의 차이로 정의된다. 분해를 완료하기 위해 시간 t에서 미생물에 필요한 산소로 C를 고려한다. C가 높으면 산소 이용속도가 높다.

물의 재폭기(再曝氣, 재산소화)는 다음과 같이 표현될 수 있다.

$$\text{재폭기 속도} = k_2 D$$

표 8.2 1기압의 담수에서 산소용해도*

온도 (℃)	산소용해도 (mg/L)	온도 (℃)	산소용해도 (mg/L)	온도 (℃)	산소용해도 (mg/L)
0	14.60	16	9.85	32	7.28
1	14.19	17	9.65	33	7.16
2	13.81	18	9.45	34	7.05
3	13.44	19	9.26	35	6.93
4	13.09	20	9.07	36	6.82
5	12.75	21	8.90	37	6.71
6	12.43	22	8.72	38	6.61
7	12.12	23	8.56	39	6.51
8	11.83	24	8.40	40	6.41
9	11.55	25	8.24	41	6.31
10	11.27	26	8.09	42	6.22
11	11.01	27	7.95	43	6.13
12	10.76	28	7.81	44	6.04
13	10.52	29	7.67	45	5.95
14	10.29	30	7.54		
15	10.07	31	7.41		

* 참고 : 1기압 미만의 경우, 산소를 물속으로 밀어 넣는 압력이 작기 때문에 용존 산소 농도가 줄어든다. 보정계수를 이용할 수 있다.

표 8.3 대표적인 재폭기 상수

수체	수심(m)	유속(m/s)	재폭기 상수(d^{-1})
완만류	3.05 ~ 6.10	0.03 ~ 0.15	0.05 ~ 0.10
저속류	0.92 ~ 3.05	0.03 ~ 0.15	0.10 ~ 1.0
중속류	0.61 ~ 1.52	0.15 ~ 0.61	1.0 ~ 5.0
급 류	0.61 ~ 3.05	0.61 ~ 1.83	1.0 ~ 10.0

여기서, D : 용존 산소(DO)의 부족 또는 포화도(물에 용해될 수 있는 최대 용존 산소)와 실제 DO의 차이, mg/L

k_2 : 재폭기 상수, d^{-1}

물은 제한된 양의 가스(기체)만 보유할 수 있는데, 물에 용해될 수 있는 산소의 양은 수온, 대기압 및 용존고형물의 농도에 의존한다. 1기압 대기조건과 다양한 온도에서 탈염수의 산소 포화 수준은 표 8.2에 나타나 있다. k_2의 값은 추적자(tracer)를 사용하여 실험이나, 하천 조건을 포함하는 경험적 방정식 혹은 다양한 유형의 하천에 따라 이미 구해놓은 값을 표로부터 얻을 수 있다(표 8.3).

상수는 온도에 맞춰 조정될 수 있다.[4]

$$k_1{}' = k_1(1.135)^{T-20}$$
$$k_2{}' = k_2(1.024)^{T-20}$$

여기서, T : 물의 온도, ℃

유기물이 포함된 하천에서, 탈산소화와 재폭기의 동시 작용은 1925년에 스트리터(Streeter)와 펠프스(Phelps)[5]가 최초로 기술한 용존 산소(또는 DO) 부족(또는 수하) 곡선[dissolved oxygen (or DO) sag curve]을 그린다.7)

그림 8.9와 같이 산소 부족 곡선의 모양은 산소 이용속도(탈산소)와 공급속도(재폭기)를 더한 결과이다. 유기물이 하천으로 유입된 직후처럼 산소 이용속도가 높으면 공급 속도가 산소 사용량을 따라갈 수 없기 때문에 용존 산소량이 떨어지며 부족이 발생한다. 부족(D)은 하천의 산소 농도(C)와 물의 총보유량 또는 포화 상태(S)의 차이로 정의된다.

$$D = S - C \tag{8.1}$$

여기서, D : 산소 부족, mg/L
S : 물의 산소 포화도(최대로 용해될 수 있는 농도), mg/L
C : 물 속의 용존 산소 농도, mg/L

미생물에 의해 쉽게 분해되는 물질이 사용될 때 초기 분해 속도가 빠르면 분해가 어려운 물질만 남아 있기 때문에 산소 이용속도가 감소한다. 많은 양의 산소가 사용되었기 때

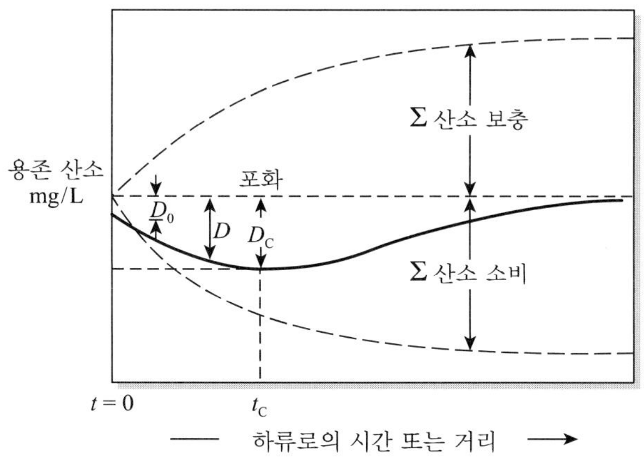

그림 8.9 하천에서 용존 산소 부족 곡선은 이용되는 산소와 공급되는 산소의 차이이다.

7) 1.2.2절 참조

문에 산소 부족(산소 포화도와 실제 용존 산소의 차이)은 크지만 대기로부터의 산소 공급량이 높기 때문에 결국에는 사용량을 따라잡기 시작하므로 부족이 줄어든다. 결국, 용존 산소는 포화 수준에 다시 도달한다.

이 과정은 연속적인 반응(5장), 산소 이용속도 및 산소 공급속도로 설명될 수 있으며 다음과 같이 표현될 수 있다.

$$\frac{dD}{dt} = k_1 z - k_2 D$$

여기서, z는 유기물을 분해하는 미생물에 의해 여전히 요구되는 산소의 양이다. 부족(D)의 변화속도는 분해 가능한 유기 물질의 농도 또는 산소(z)에 대한 미생물 필요량과 어떤 시간에 부족량에 달려있다. 다음 장에서 보다 자세하게 설명되지만, 어떤 시간에 산소에 대한 요구량(통상 BOD로 나타냄)은 다음과 같이 표현될 수 있다.

$$z = Le^{-k_1 t}$$

여기서, L : 최종 산소요구량(ultimate oxygen demand 또는 BOD_u) 또는 요구되는 최대 산소량, mg/L

5장과 유사하게 위의 식에 이를 대입하여 통합하면 스트리터-펠프스 부족 방정식(Streeter–Phelps deficit equation)을 얻을 수 있다.

$$D = \frac{k_1 L_0}{k_2 - k_1}\left(e^{-k_1 t} - e^{-k_2 t}\right) + D_0 e^{-k_2 t} \tag{8.2}$$

여기서, D : 어떤 시간 t에서의 산소 부족량, mg/L

D_0 : 오염 물질 배출 직후의 산소 부족량, mg/L

L_0 : 오염 물질 배출 직후의 최종 산소요구량, mg/L

수질의 가장 심각한 우려점은 부족이 가장 큰 하천의 지점, 즉 용존 산소 농도가 가장 적은 지점이다. $dD/dt = 0$ (용존 산소 부족 곡선이 평탄해지고 상승하기 시작하는 구간)으로 설정함으로써, 임계 시간을 다음과 같이 풀 수 있다.

$$t_c = \frac{1}{k_2 - k_1} \ln\left[\frac{k_2}{k_1}\left(1 - \frac{D_0(k_2 - k_1)}{k_1 L_0}\right)\right] \tag{8.3}$$

여기서, t_c : 용존 산소가 최저 농도일 때의 유하 시간(time downstream)

예제 8.2. 큰 하천은 0.4 d^{-1}의 재폭기 상수와 0.85 m/s의 유속을 가진다. 유기오염 물질이 배출되는 지점에서 산소가 10 mg/L(D_0 = 0)로 포화 상태이다. 배출구 아래에서 최종 산소요구량은 20 mg/L이며 탈산소화 상수는 0.2 d^{-1}이다. 48.3 km 하류의 용존 산소는 얼마인가?

해답 유속 = 0.85 m/s이므로, 따라서 48.3 km를 이동하는데 걸리는 시간은 다음과 같다.

$$\frac{48.3\times10^3\,\mathrm{m}}{0.85\,\mathrm{m/s}}=56.8\times10^3\,\mathrm{s}=0.66\,\mathrm{d}$$

스트리터－펠프스 부족 방정식을 활용하면(식 8.2),

$$D=\frac{(0.5\,\mathrm{d}^{-1})(20\,\mathrm{mg/L})}{(0.4\,\mathrm{d}^{-1})(0.2\,\mathrm{d}^{-1})}\left(e^{-0.2\mathrm{d}^{-1}(0.66\mathrm{d})}-e^{-0.4\mathrm{d}^{-1}(0.66\mathrm{d})}\right)+0$$

$$D=2.2\,\mathrm{mg/L}$$

48.3 km에서 하천의 용존 산소 포화농도가 여전히 10 mg/L이고 추가 유입 유량이 없다면, 48.3 km에서 용존 산소 농도는 다음과 같다(식 8.1).

10 − 2.2 = 7.8 mg/L

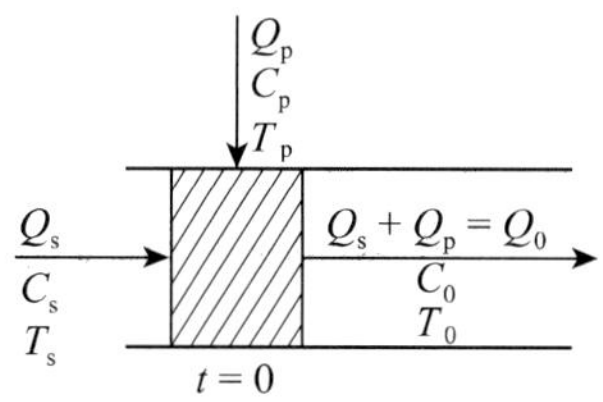

그림 8.10 오염원 하류에 있는 산소의 농도는 배출원(C_s) 상류에 있는 산소의 농도와 오염원(C_p)의 산소 농도를 조합한 것이다.

예제 8.2에서 내재된 가정은 항상 사실인 것은 아니다. 즉, 오염된 물의 양은 하천의 흐름에 비해 매우 작기 때문에, 배출구 위쪽의 초기의 부족은 배출구 아래의 부족과 같다. 이 관류흐름 내에서 2개의 들어오는 하천이 잘 섞여 있다는 가정 하에 $t=0$에서 관류의 물질수지를 수행하여 부족을 계산하는 것이 더 정확하다. 그림 8.10은 하천의 흐름과 그 용존 산소 농도가 각각 Q_s와 C_s이고, 오염 하천이 Q_p와 C_p의 유량과 용존 산소를 가지고 있음을 보여준다.

따라서, 부피 유량 물질수지는 다음과 같다.

[유입] = [유출]

$$Q_s + Q_p = Q_0$$

여기서, Q_s : 상류 유량

Q_p : 오염원 유량

Q_0 : 하류 흐름

3장에서 보면, 질량 = 부피 × 농도에 따라 산소 질량의 관점에서 수지식은 다음과 같이 쓸 수 있다.

$$Q_s C_s + Q_p C_p = Q_0 C_0$$

여기서, C_0 : 오염의 합류점 바로 아래의 하천에서 용존 산소 농도

다시 식을 정리하면 다음과 같다.

$$C_0 = \frac{Q_s C_s + Q_p C_p}{Q_s + Q_p} \tag{8.4}$$

이것은 오염원에서의 완벽한 혼합을 가정하며, 특히 강이 넓고 정체된 경우에는 비현실적인 가정이다. 본 식에서는 그러한 문제를 무시한다.

C_0가 결정되면 수온은 식 7.1 (열에너지의 물질수지)을 사용하여 계산된다.

$$T_0 = \frac{Q_s T_s + Q_p T_p}{Q_s + Q_p} \tag{8.5}$$

T_0에서의 포화값 S_0는 표 8.2에 있다. 초기 부족은 다음과 같이 계산된다.

$$D_0 = S_0 - C_0 \tag{8.6}$$

초기 부족 D_0에 대한 오염 물질 흐름의 영향을 통합한 용존 산소 부족 곡선을 그림 8.11에 나타내었다.

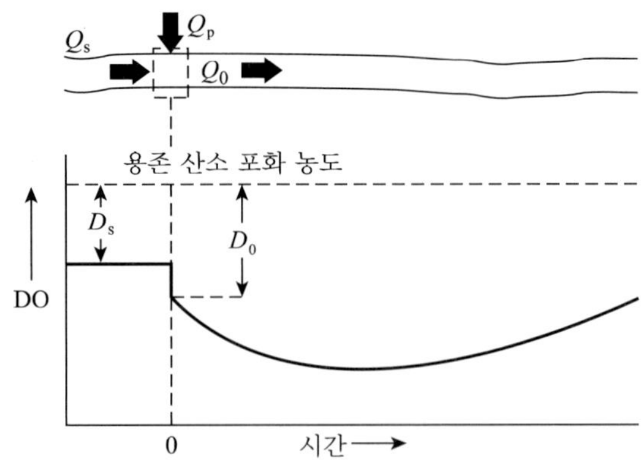

그림 8.11 초기 부족 D_0은 유입되는 오염 하천에서의 부족량에 영향을 받는다.

또한 하천에 도달하는 지점에서 하천에 산소 요구가 있을 수 있다. 다시 한 번 완전 혼합을 가정하면, 배출구 아래의 산소요구량은 다음과 같이 계산되어야 한다.

$$L_0 = \frac{L_s Q_s + L_p Q_p}{Q_s + Q_p} \tag{8.7}$$

여기서, L_0 : 배출구 바로 아래의 최종 산소요구량, mg/L

L_s : 배출구 바로 위의 스트림의 최종 산소요구량, mg/L

L_p : 배출 오염 물질의 최종 산소요구량, mg/L

예제 8.3 예제 8.2의 폐기물 흐름은 용존 산소 농도가 1.5 mg/L, 유량이 0.5 m^3/s, 온도가 26℃이고 최종 생화학적 산소요구량(BOD)이 48 mg/L이라고 가정하자. 하천은 포화 용존 산소 농도, 온도 12℃, 최종 BOD 13.6 mg/L에서 2.2 m^3/s로 흘러간다. 48.3 km 하류에서의 용존 산소 농도를 계산하라.

해답 표 8.2에서 12℃에 S = 10.8 mg/L; 하천이 포화되어 있기 때문에 $S = C_s$

따라서 식 8.4와 식 8.5를 사용하면,

$$C_0 = \frac{Q_s C_s + Q_p C_p}{Q_s + Q_p} = \frac{2.2\,\mathrm{m^3/s}\,(10.8\,\mathrm{mg/L}) + 0.5\,\mathrm{m^3/s}\,(1.5\,\mathrm{m/L})}{(2.2+0.5)\,\mathrm{m^3/s}}$$

$$= 9.1\,\mathrm{mg/L}$$

$$T_0 = \frac{Q_s T_s + Q_p T_p}{Q_s + Q_p} = \frac{2.2\,\mathrm{m^3/s}\,(12℃) + 0.5\,\mathrm{m^3/s}\,(26℃)}{(2.2+0.5)\,\mathrm{m^3/s}}$$

$$= 14.6℃$$

T_0 = 14.6℃에서 표 8.2로부터 S_0 = 10.2 mg/L이므로 식 8.6을 사용하면,

$$D_0 = S_0 - C_0 = 10.2 - 9.1 = 1.1\,\mathrm{mg/L}$$

식 8.7을 사용하면 방류구 바로 아래에 있는 하천의 최종 BOD는 다음과 같다.

$$L_0 = \frac{L_s Q_s + L_p Q_p}{Q_s + Q_p} = \frac{13.6\,\mathrm{mg/L/s}\,(2.2\,\mathrm{m^3/s}) + 48\,\mathrm{mg/L}\,(0.5\,\mathrm{m^3/s})}{(2.2+0.5)\,\mathrm{m^3/s}}$$

$$= 20\,\mathrm{mg/L}$$

스터리터-펠프스 방정식(식 8.2)을 사용하면, 48.3 km 하류의 부족 D는

$$D = \frac{k_1 L_0}{k_2 - k_1}\,(e^{-k_1 t} - e^{-k_2 t}) + D_0 (e^{-k_2 t})$$

다음과 같이 계산된다.

$$D = \frac{0.2\,\mathrm{d^{-1}}(20\,\mathrm{mg/L})}{(0.4-0.2)\,\mathrm{d^{-1}}}\,(\mathrm{e}^{-0.2\mathrm{d}^{-1}(0.66\mathrm{d})} - \mathrm{e}^{-0.4\mathrm{d}^{-1}(0.66\mathrm{d})}) + 1.1\,\mathrm{mg/L}\,(e^{-0.4\mathrm{d}^{-1}(0.66\mathrm{d})})$$

$$= 3.0\,\mathrm{mg/L}$$

48.3 km 하류의 온도가 여전히 T_0(14.6℃)이고 추가적인 흐름(식 8.1)이 없다면

$C = S - D = 10.2 - 3.0 = 7.2\,\mathrm{mg/L}$이다.

물론 용존 산소(DO)를 계산하는 이유는 생명체가 물에서 생존할 수 있는지 여부를 결정하기 위해서이다. 물고기는 7.2 mg/L DO에서 생존할 수 있는가? 대답은 '예'이다. 최적 DO 수준은 어종(특히 그것이 냉수 또는 온난 한 물에 있는지 여부)과 다양한 다른 요인(예 : 어류의 나이, 활동 수준 및 크기)에 따라 다르다. 그러나 DO가 2 또는 3 mg/L로 떨어지면 물고기는 대개 죽는다. 3～4 mg/L 사이에서는 심하게 스트레스를 받는다. 용존 산소 수준이 이 범위에 쭉 머문다면 물고기는 죽을 것이다. 일반적으로 5 mg/L 이상이 적절하다고 간주된다. 그러나 매우 높은 DO 수치에서 사는 수생 물고기는 혈류를 차단하는 산소의 거품으로 사망할 수 있다.

분명히 하천에 미치는 유기물의 영향은 용존 산소에 대한 영향에만 국한되지 않는다. 환경이 변함에 따라 식량과 생존 경쟁이 하천에서의 미생물 종의 변화를 이끌고, 화학적 구성의 변화를 초래한다. 그림 8.12는 유기 오염 물질 부하가 하천에 미치는 영향을 보여준다. 특히 유기 질소를 암모니아로 전환시켜 아질산염에서 질산염으로 전환시키는 질소 화합물의 변화에 주목할 필요가 있다. 이것을 영양물질 순환에서의 질소에 대한 이전의 논의와 비교해 보자(그림 8.2). 분해자가 산소 요구 물질을 감소시켜 최종적으로 깨끗한 하천을 얻는 것과 같이 하천 수질의 변화를 자정작용(self-purification)라고 한다. 이 과정은 하수처리장에서 발생하는 것과 다르지 않다. 왜냐하면 두 경우 모두 에너지가 의도적으로 낭비되기 때문이다. 유기물은 너무 많은 에너지를 함유하고 있으며 더 많은 비활성 물질로 산화되어야 한다.

다음 장에서는 물의 특성과 오염에 대해 논의하고, 나중에 하수 처리장에서 에너지 소모에 대한 내용을 더 자세하게 다룬다.

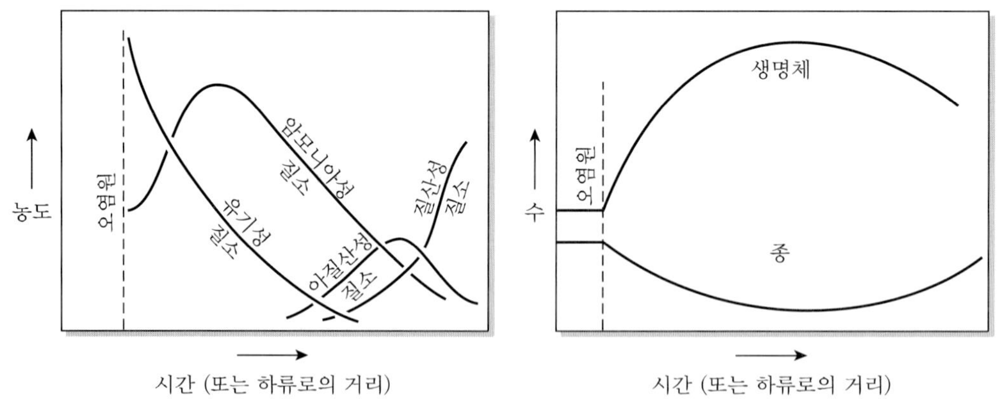

그림 8.12 유기성 하천 오염원 하류의 질소와 수생 생물

8.2.4 생태계에 대한 설계의 영향

유기물과 영양물질이 수계로 배출됨에 따라 엔지니어의 설계는 종종 생태계에 큰 영향을 미친다. 그러나 많은 심사숙고와 기술을 사용하여 엔지니어는 부정적인 영향을 최소화할 수 있다. 예를 들어, 차량통행은 생태계를 단편화하는 것 외에도 매년 여러 동물을 죽인다. 플로리다에서는 교통공학 엔지니어가 도로에서 죽는 동물의 수를 줄이기 위해 지하통로를 갖춘 야생 동물 장벽을 설계했다.[6] 동물 전시장에 사용되는 벽을 참고해서, 동물이 도로에 들어오는 것을 막기 위해 상단에 15 cm 테두리가 있는 1 m 높이의 벽이 점점 좁아지는 콘크리트 벽을 주행 차선 가장자리에서 10 m 떨어지게 만들었다. 대략 1 km마다, 빛의 중앙값에 드롭 박스가 있는 지하통로로 동물을 한쪽에서 다른 쪽으로 통과시킬 수 있게 했다.

다른 지역에서는 상부 생태통로(또는 육교)가 동물이 고속도로를 안전하게 통과할 수 있는 경로를 제공하는데 사용되고 있다. 캐나다의 운송 엔지니어들은 45 m 각도로 매립된 1.5 m 체인이 연결된 울타리 막(chainlink fencing apron)에 부착된 2.4 m 높이의 야생 동물 차단 울타리와 함께(끈질긴 동물이 펜스를 들어 올리거나 파지 않도록) 지하통로(터널)와 육교를 사용했다. 고가도로의 평균 건설비용은 사용된 가장 저렴한 옵션(개방 지하통로 내의 개천 길)보다 60배 이상 높았지만, 후속 연구에 따르면 통과한 동물들의 거의 절반이 육교를 이용했다. 동물이 통과하는 구조물과 결합된 울타리의 설계는 대부분의 종에서 야생 생물과 차량 충돌을 97% 감소시켰다.[7] 분명히 생태계에 대한 부정적인 영향을 줄이는 것 외에도 이러한 설계는 안전을 향상시키고 야생 생물－차량 충돌 같은 사고로 인한 비용을 줄인다.

새로운 구조물의 설계와 기존 구조물의 개조는 엔지니어에게 에너지 효율이 높이고 물 사용 효율을 높으며 환경 친화적인 재료와 장치를 설계하는데 많은 기회를 제공한다. 이는 친환경적 또는 지속가능한 설계라고 말할 수 있다. 잠재적으로 더 많은 비용이 들기는 하지만 이러한 옵션은 종종 장기간의 운영비용 절감과 더 건강한 생활 및 작업 공간을 가져온다. 자연 환기와 채광(daylighting)은 건물 거주자가 공간을 개인적으로 제어하고 에너지 비용을 줄일 수 있는 방법을 제공한다. 식물을 키우거나 초록색 지붕을 사용하여 에너지 비용과 우수 유출량을 줄일 수 있다(그림 8.13).

빗물은 그 자리에서 보관할 수 있으며 그곳에 스며들게 두거나 친수조경 현장에서 사용할 수 있다. 태양광 발전 시스템, 풍력 발전 또는 연료 전지로 현장에서 전기를 생성하면 전기 생산 비용과 환경오염을 줄일 수 있다. 독성이 적은 물질과 지속가능 물질을 선택하면 폐기물 발생이 줄어들고 실내 공기의 질이 향상된다. 이러한 유형의 선택이 올바른 방향으로 하나의 (큰) 단계이기는 하지만 엔지니어는 구조물의 수명 말기에 어떤 일이 일어날 것인지 고려해야 한다. 예를 들어, 쉽게 해체할 수 있도록 설계해야 하는 것이

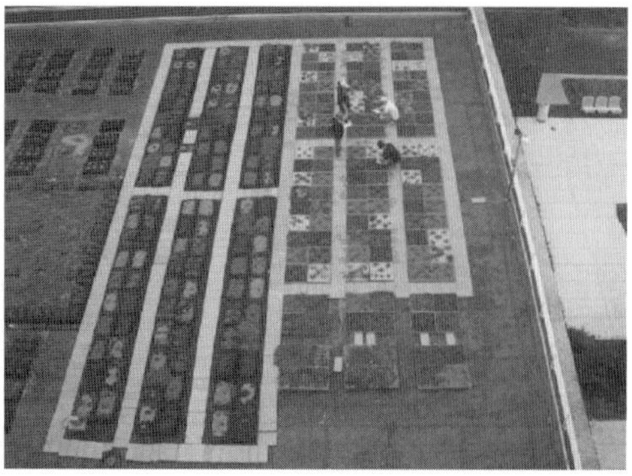

Ⓐ

Ⓑ

그림 8.13 초록색 지붕의 예
(A) G.R.E.E.N. Southern Illinois University Edwardsville Engineering Building 연구 사이트 (© Photo courtesy of William A. Retzlaff)
(B) 애리조나주 주택지 (© Photo courtesy of William A. Retzlaff)

중요하다.

물론 이러한 유형의 설계는 엔지니어가 팀으로 일해야 한다는 것을 의미한다. 종종 생물공학자 같은 엔지니어가, 엔지니어가 아닌 조경 전문가와 함께 작업해야 한다. 그리고 엔지니어가 아닌 사람은 엔지니어와 같은 언어를 사용하는 경우가 거의 없으며 일반적으로 우선순위가 다르다. 그러나 엔지니어가 종종 놓칠 수 있는 통찰력과 솔루션을 제공할 수 있다. 따라서 팀워크, 의사소통 기술 및 인내가 중요하다. 그러나 그 협업의 결과는 크게 개선된 설계를 가져다줄 수 있다.

FOCUS ON

비버 기만시설

수백 년 전, 인간이 모피 무역을 위해 유럽의 토착생물인 비버를 거의 없애기 전에는 현재처럼 유럽의 거의 모든 하천을 따라 둑이 있었다. 모피를 위해 잡은 비버는 미국에 수출되었고, 비슷한 비참한 결과를 낳았다. 오늘날, 유럽과 북미 모두에서 비버가 돌아오고 있다. 그들의 복귀는 그들이 제공하는 환경 활동에 대한 이해와 고마움으로 인한 것이다. 비버 활동은 습지를 조성하고 유지하며, 침전물과 유독 물질이 수계 생태계에 해를 끼치기 전에 유역에서 걸러 낼 수 있도록 하고, 생물 다양성을 창출하며 동식물을 위한 서식지를 제공한다. 일부 생물학자들은 주요 배수 구역인 미시시피 및 미주리 강 유역까지의 비버 댐이 큰 홍수를 예방하는 데 도움이 될 것이라고 주장한다. 비버에 대해 가장 먼저 이해해야 할 것은 댐을 짓는 것에 대한 충동이 그들에게 깊숙이 뿌리 박혀 있다는 것이다. 댐을 짓는 동작은 본능적이며 흐르는 물의 소리와 느낌에 자극을 받는다. 비버댐(Beavers dam)은 안정된 수역에서 그들을 감싸고 있어서, 포식자로부터 보호하고 주변의 식량 공급원에 물을 공급할 수 있다. 비버는 댐을 짓는 곳과 일반적으로 흐르는 물이 가장 취약한 곳(자연 또는 인공 구조물)을 선택할 수 있는 전문가이다. 여기에는 도로 아래에서 하천을 흐르게 하는 배수구가 포함된다.

2007년 초, 한 쌍의 성체(다 자란) 비버가 캘리포니아의 마르티네즈(Martinez) 시내의 알함브라 크릭(Alhambra Creek)에 도착했다. 시 당국자들은 비버를 안락사 시키기로 결정했을 때 시 자체가 국제적인 주목의 표적이 되었다. 대중은 강력하게 반대했다. 캘리포니아주의 낚시여가부(Department of Fish and Game)는 비버의 이전을 제안했지만 비버의 이전은 일반적으로 실패했으며 대중은 마르티네스의 비버를 지키는 것을 강력하게 지지했다. 도시가 혼란에 빠져 있었다. 그들은 야생생물 생물학자이자 발명가인 스킵 라일(Skip Lisle)에게 "비버 기만시설beaver deceiver)"이라는 장치를 설치하라고 요청했다. 그것은 라일이 비버가 댐을 짓는 것을 막기 위해 고안했던 것이다. 라일은 비버 생물학에 대한 지식과 건설 경험을 바탕으로 북미와 유럽에서 증가하고 있는 기만시설의 개념을 창안했다(그림 8.14).

라일은 길가의 수로에 울타리를 쌓아서 비버가 댐에 가려고 시도할 때 취약한 장소에서 멀리 돌아서 가는 사실을 생각했다. 일반적으로 우드 포스트와 튼튼한 강철 울타리 시트로 만든 펜스는 하천에 있는 사다리꼴 공간을 차단하고, 지하 배수로 바깥만 열어 둔다. 기만시설은 비버에 대한 접근을 차단하지만 지하 배수로를 열어 두고 물고기와 다른 수생 동물을 통과시킨다. 울타리는 비버를 취약한 입구에서 충분히 멀리 가도록 밀어내서, 그들이 그 지점에서 하천을 막는 노력을 포기하도록 만들었다. 때로는 울타리가 전혀 필요하지 않은데, 특히 댐이 가두고 있는 물의 양을 줄이는 것이 목적일 때 특히 그랬다. 이 경우 간단한 파이프 시스템을 구성할 수 있다. 파이프의 입구 끝은 동물이 배수구를 막지 못하도록 울타리로 둘러싸인 비버가 만든 연못에 있다. 파이프의 방출 끝은 댐의 다른 쪽에 놓여 있다. 트릭은 원하는 수위에서 댐에 접근하는 것이다.

인도적 대우에 대한 논쟁을 넘어서서도, 비버와의 화합 논리는 압도적이다. 도전은 비버가 해를 끼치지 않도록 방지하는 것이다. 비버는 엔지니어로서 뛰어나기 때문에, 비버의 생존 여부는 인간 엔지니어가 어떻게 하느냐에 달려 있다.

Ⓐ Ⓑ

그림 8.14 (A) 비버 기만시설 (© The HSUS)
(B) 비버 (© Pix2go/Shutterstock)

출처 : Adapted from "U.S. Beaver Management Tool Crosses the Pond," by John Hadidian, November 11, 2003, HSUS. Used by permission.

연습문제

8.1 부영양화를 촉진시키는 P의 제한 농도는 0.1에서 0.01 mg/L 사이라고 제안되었다. 일반적인 강물은 0.2 mg/L의 P를 포함할 수 있으며, 그 중 50%는 농지 및 도시 유출에서 발생하고, 50%는 하수 및 산업폐수로부터 발생한다. 합성 세제는 하수 및 산업폐수에서 P의 50%를 발생시킨다.

a. 모든 P을 이용한 세제가 금지되면 일반적인 강에서 P 수준은 어느 정도가 될 것인가?

b. 이 강물이 호수로 흘러 들어가면 인산염 세제 금지법이 하폐수의 부영양화 가능성에 많은 영향을 미칠 것으로 생각하는가? 그 이유는 무엇인가?

8.2 하천의 용존 산소 농도는 9 mg/L이고, 최종 산소요구량은 12 mg/L이며, 평균 유량은 0.2 m^3/s이다. 최종 산소요구량이 20,000 mg/L이고 0.006 m^3/s의 유속을 갖는 용존 산소 농도가 0인 산업폐수가 하천으로 배출된다. 배출구 바로 아래에 있는 하천의 최종 산소요구량과 용존 산소 농도는 얼마인가?

8.3 하수처리장에서의 방류구 아래에서 8.6 km의 하천은 0.4 d^{-1}의 재산소화 상수, 0.15 m/s의 유속, 6 mg/L의 용존 산소 농도 및 최종 산소요구량(L) 25 mg/L이다. 하천은 15℃이다. 탈산소화 상수는 0.25 d^{-1}로 추정된다.

a. 이 시내에 물고기가 살 수 있는가?

b. 우리가 하천에 물고기가 있는지 왜 신경 써야 할까? 물고기가 도의적인 배려와 보호를 받을 자격이 있는가? 이 견해를 지지하기 위해 어떤 주장을 할 수 있는가?

8.4 도시 하수처리 시설은 일 년 중 몇 번 다른 유입이 없는 하천으로 방류된다. 방류수의 특성은 다음과 같다.

유량 = 0.1 m^3/s　　용존 산소 = 6 mg/L

온도 = 18℃　　k_1 = 0.23 d^{-1}

최종(ultimate) BOD(L) = 280 mg/L

하천의 유속는 0.5 m/s이고, 재폭기 상수 k_2는 0.45 d^{-1}로 가정한다.

a. 하천이 최소한 4 mg/L의 DO를 유지하는가?

b. 방류수 위쪽 하천의 흐름의 온도가 18℃인 경우, 산소에 대한 수요가 있고, DO로 포화된 경우, 하류에서 4 mg/L의 최소 용존 산소를 확보하는 것이 얼마나 효과적일까? (참고 : 손으로 계산하지 말고 컴퓨터를 사용하시오)

8.5 노스캐롤라이나 주의 엘러비강(Ellerbe Creek)은 정상 속도로 흐르는 큰 하천인데, 더럼(Durham) 시의 북부 하수처리장의 방류수가 0.44 m^3/s 유입되고 있다. 여름 평균 유량은 0.28 m^3/s, 온도는 24℃, 유속은 0.25 m/s이다. 용존산소가 포화되어 있고 최종 BOD가 0 mg/L라고 가정한다. 방류수 특성은 다음과 같다.

온도 = 28℃　　최종 BOD(L) = 40 mg/L

k_1 = 0.23 d^{-1}　　용존 산소 = 2 mg/L

방류구부터 강 유역까지의 전체 유역 길이는 23 km이며, 이 시점에서 뉴스강(Neuse river)으로 흘러간다(참고 : k_2는 표 8.3을 사용하시오).

a. 노스캐롤라이나 주가 엘러비강에 대한 이 방류의 영향에 대해 우려해야 하는가?

b. 법적 고려 사항 이외에, 주정부는 엘러비강의 산소 농도에 대해 왜 고려해야 하는가? 실제로 작은 시내는 별로 없으며, 누구에게도 별로 사용되지 않고 뉴스강으로 흘러간다. 그럼에도 불구하고 주정부는 10년, 7일간의 저 유량에서 대해 용존 산소량을 4 mg/L로 설정했다. 엘러비강의 용존 산소량을 4 mg/L 이상으로 유지할 수 있도록 북부 하수 처리장의 개선을 위한 세수 지출을 비난한 가상의 지역 신문 편집장에게 편지를 써보시오.

c. 당신이 엘러비강의 물고기라고 가정해보라. 당신은 위의 파트 b에서 편집자에게 보낸 편지를 읽었고, 당신은 매우 화가 났다. 그리고 당신은 왕따에 시달리고 있다. 지느러미로 펜을 들고 응답한다. 편집자에게 물고기의 입장에서 편지를 써라. 당신의 편지의 질은 당신의 주장의 힘에 근거하여 판단될 것이다.

8.6 산소로 포화된 0.85 m/s의 유속을 갖는 큰 하천은 최종 BOD = 13.6 mg/L 및 유속으로 재폭기 상수 k_2 = 0.4 d^{-1}과 T = 12℃의 온도를 갖고 유량은 Q = 2.2 m^3/s이다. 이 하천으로 유량 0.5 m^3/s, T = 26℃, L = 220 mg/L의 폐수가 하천으로 들어간다. 하류의 탈산소화 상수는 k_1 = 0.2 d^{-1}이고 산소 농도는 1.5 mg/L이다. 48.3 km 하류의 용존 산소는 얼마인가?

8.7 조류(algae)가 1 : 16 : 100의 비율로 P : N : C를 함유하고 있다면, 세 원소 중 어느 것이 조류 성장을 제한할까? 물속의 농도는 다음과 같다.

0.20 mg/L P, 0.32 mg/L N, 1.00 mg/L C

계산해 보시오.

8.8 공격형 풋볼 팀은 라인먼트(L), 리시버(R), 러닝백(B), 쿼터백(Q)이고, 5 : 3 : 2 : 1의 비율을 차지한다. 선수단에는 다음과 같은 선수 분포가 있다. L = 20, R = 16, B = 6, Q = 12. 모든 포지션이 채워진 공격 팀 수는 몇 명이고, "제한 포지션"은 무엇인가? 계산해 보시오.[8]

8.9 당신과 비환경공학 전공의 친구가 숲속을 걷고 있다고 가정해보자. 그리고 당신의 친구는 "이 하천이 오염되었는지 궁금하다."라고 했다. 어떻게 대답하겠는가? 그리고 대답을 하기 전에 물어볼 질문은 무엇이 있는가?

8.10 환경공학자는 왜 프로젝트 동안 야생 생물학자와 대화하기를 원하는가?

8.11 캐나다 환경 자문위원회(Environmental Advisory Council of Canada)는 간결한 환경 윤리로서 다음을 제안하는 "환경 윤리 - 그 공식화 및 시사점"이라는 제목의 소책자[9]를 발간했다. "모든 사람은 자신의 영향이 미치는 아름답다고 생각되는 곳을 아름답게 보호하고 강화하고, 일반적으로 환경의 기능적 다양성을 유지하거나 증진시키기 위해 노력해야 한다." 한 페이지 에세이에서 환경 윤리에 대한 이 공식을 비판해보자.

8.12 잠재적인 하수처리장에서의 방류는 하천의 용존 산소 수준에 영향을 줄 수 있다. 방류되는 물의 특성은 다음과 같을 것으로 예상된다.

유량 = 0.56 m^3/s, 최종 BOD = 6.5 mg/L, DO = 2.0 mg/L, 온도 = 25℃

방류수 상류에서의 하천수는 다음과 같은 특성이 있다.

유량 = 1.9 m^3/s, 최종 BOD = 2.0 mg/L, DO = 9.1 mg/L, 온도 = 15℃

주정부의 DO기준(state standard)은 4 mg/L이다. 다음의 상수를 사용한다.

탈산소 상수 = 0.2 d^{-1}, 재폭기 상수 = 0.40 d^{-1}

a. 이 시설의 건설로 DO가 주정부 기준보다 낮아지는가?

b. 더운 여름날에는 하천의 흐름이 0.2 m^3/s로 떨어지고 하천의 온도가 30℃로 증가하면 주정부 기준이 충족되는가?

c. 겨울에는 하천이 얼음에 덮여 있어 반응(k_2 = 0)이 불가능하다. 하천 물의 온도가 4℃이고 다른 모든 특성이 동일하면(위의 a와 동일), 주정부 기준을 충족하는가?

d. 계산에 부분 c에 표시되어 있듯이 얼음 아래에서 겨울 동안 용존 산소가 0으로 떨어진다고 가정하자. 이것은 잘못된 것인가? 결국, 누가 해당 사항을 고려하는가?

8.13 리비(Libby)는 성품이 좋은 사람이다. 그녀는 마을을 위한 보조 엔지니어로 일하는 것을 좋아했다. 어느 날 날씨는 야외 활동을 하기에 완벽했다. 그녀는 새로운 중력 차집 하수관로에 대한 현장 검사원의 직무를 맡았으며, 이것은 그녀의 중요한 책임을 제공했을 뿐만 아니라 그녀가 사무실에서 나올 수 있게 해주었다. 학교를 졸업한지 불과 몇 개월 밖에 안 된 젊은 엔지니어에게는 나쁘지 않은 것이었다.

이 마을은 일을 제대로 마친 경험이 있는 감독인 버드(Bud) 때문에 부분적으로 사내에서 일을 하고 있었다. 버드는 함께 일하기 좋은 사람이며 이야기와 실용적인 건설 노하우로 가득했다. 리비는 버드에게서 많은 것을 배울 것으로 예상했다.

어느 특별한 아침에 해야 할 일은 통행로에서 나무조각을 자르고 청소하는 것이 필요했다. 리비가 도착했을 때, 팀원들은 이미 아침 일을 준비 중이었다. 그녀는 통행로의 지형이 어떤 것인지 보기 위해 앞으로 나아가보기로 했다.

통행로의 위로 약 91 m, 그녀는 거대한 떡갈나무에 다가갔다. 중심선에서 약간 벗어나지만, 여전히 오른쪽 통행로에 있었고, 따라서 자를 예정이었다. 그것은 웅장한 떡갈나무였다. 아마도 300년 전이었을 것이고, 1800년대 중반에 이 땅에서 일어났던 벌목에서 어떻게 든 살아남았을 것이다. 담배농가의 더 많은 토지에 대한 갈망으로 베어져 여기에 150년이 넘는 나무는 거의 없었다. 그러나 이 장엄한 나무가 있었다. 굉장해!

리비는 정말 버드를 나무까지 끌고 와서 소리쳤다. "우리는 이 나무를 자를 수 없어요. 우리는 그 주변으로 중심선을 돌릴 수 있고 여전히 이익을 낼 수 있습니다."

"아니요. 그것은 베어야 합니다." 버드가 답했다. "첫째, 우리는 중력 하수관로를 운영하고 있습니다. 당신은 하수관 배치를 변경할 수 없습니다. 추가 맨홀을 만들고 전체 라인을 재설계해야 합니다. 그리고 가장 중요한 것은 하수관로 경로에 큰 나무를 놓을 수는 없다는 것입니다. 뿌리는 결국 관로 안으로 들어가 균열을 일으킬 것입니다. 최악의 경우, 뿌리가 전체 관로를 채우게 되며 문제가 충분히 나빠진다면, 청소 및 교체가 필요합니다. 우리는 단순히 이 나무가 여기 남아 있도록 허용할 수 없습니다."

"그러나 이 나무를 보물이라고 생각해보세요. 어쩌면 300년이 넘었을 겁니다. 카운티에는 이와 같은 다른 나무가 없을 것입니다."라고 리비는 말했다.

"나무는 나무입니다. 우리는 하수도를 건설하는 사업에 종사하고 있으며 나무가 길 위에 있습니다." 버드가 고집스럽게 말했다.

"글쎄, 나는 이 나무가 특별하다고 보고, 그것을 구해야 한다고 생각합니다. 내가 책임자이기 때문에." 그녀는 속으로 삼켰고, 그녀의 용기는 놀라웠다. "나는 우리가 이 나무를 자르지 않는다고 말했습니다."

그녀는 주변을 둘러보았고 팀원 중 일부가 걸어 올라와서 얼굴을 찡그린 미소를 지으며 손에 체인톱을 들고 서있는 것을 보았다. 버드는 매우 불편해 보였다.

"좋아." 그는 말했다. "당신은 보스입니다. 그 나무는 그대로 둡시다."

그날 오후 그녀의 사무실에서 리비는 대립에 대해 이야기하고 오래된 나무에 대한 그녀의 강한 감정을 이해하려고 노력했다. 무엇이 그녀를 단호히 일어서게 했을까? 나무를 구하기 위해서? 그 나무가 특별하다면 어떨까? 하수관로를 연결하기 위해 잘린 다른 많은 나무들이 있었다. 이 나무의 특별한 점은 무엇인가? 나이였는가? 아니면 더 많은 것이 있었을까?

이튿날 아침 리비는 건설 현장으로 돌아가서 오래된 나무가 없어졌음을 발견하고 충격을 받았다. 그녀는 버드의 건설 트레일러에 쳐들어가서 거의 비명을 질렀다.

"버드! 오래된 나무는 어떻게 된 거예요?"

"화내지 마십시오. 나는 공공사업의 책임자를 불러서 우리가 이야기한 것을 그에게 설명했고, 그가 나무를 자르라고 말했습니다. 그것은 옳은 일이었습니다. 동의하지 않는다면 건설에 대해 좀 더 공부하십시오."

리비는 왜 옛날 나무에 그렇게 애착을 느꼈을까? 왜 그녀는 그것을 구하고 싶어 했을까? 자기 자신을 위해서였을까, 아니면 다른 사람들을 위해서였을까, 아니면 나무 그 자체를 위해서였을까? 리비는 지금 무엇을 해야 하는가? 그녀는 어떤 의지가 있는가? 그녀의 앞으로의 행동에 관계없이 나무는 이미 죽었다.

리비가 그녀의 보스에게 쓰는 한 페이지 분량의 메모를 통하여 나무에 관한 사건을 이야기하고 그녀의 (당신의) 감정을 표현하시오.

8.14 생태계에서 중요한 역할을 하는 것 외에도, 미생물은 공학에서 중요한 역할을 한다. 이러한 역할 중 일부는 무엇인가?

8.15 왜 교통공학자는 동물 횡단 구조물(생태통로)을 설치하는 것에 관심을 갖고 있는가? (8.2.4절 참조)

참고문헌

1. Warren, Karen J. 1990. The power and promise of ecological feminism. Environmental Ethics 12: No. 5: 125.
2. Smith, G. J. C. et al. 1974. Our Ecological Crisis. New York: Macmillan.
3. Law, E. A. 2000. Aquatic Pollution. Hoboken, NJ: Wiley.
4. Metcalf & Eddy, Inc. 1991. Wastewater Engineering: Treatment, Disposal, and Reuse. New York: McGraw-Hill.
5. Phelps, E. B. 1944. Stream Sanitation. New York: John Wiley & Sons.
6. Anonymous. 2000. Structures keep animals off roadways in Florida. Civil Engineering 70 No. 7: 29.
7. Morrall, J. F., and T. M. McGuire. 2000. Sustainable highway development in a national park. Transportation Research Record 1702: No. 3.
8. James Coolbaugh. 1976. Environment 18: No. 6.
9. Morse, Norma H. 1975. An Environmental Ethic—Its Formulation and Implications. Ottawa: The Environmental Advisory Council of Canada. Report No. 2, January.

PART 3

적용

환경공학자는 지식과 판단을 적용하여 사람들의 삶을 향상시키는 공정과 시스템을 설계한다.

© Susan Morgan

Chapter 09 수질

Courtesy of Corey Green

세인트루이스의 미시시피강

© Brian Ellis / 123RF

미국 노스캐롤라이나주, 화이트폭포(Whitewater Falls)

환경공학자들은 수질을 보호한다. 비록 우리는 원하는 만큼 수질을 개선하고 취수할 수 있지만, 그만한 비용을 들일 가치가 없을지도 모른다.

물은 언제 더러워질까? 물론 그 질문에 대한 대답은 우리가 그 더러움이라는 것을 어떻게 정의하느냐에 따라 달려 있다. 이러한 질문이 수질과 관련된 문제를 판단해야하는 어느 지방법원의 판사에게는 바보스럽게 여겨질 수도 있다. 그들은 이렇게 말한다. "어떤 바보들도 마실 수 있는 물인지 아닌지 안다"고 말이다. 그러나 어떤 사람들에게 오염이 될지도 모르는 것들은 실제로 다른 것들에게는 절대적으로 필요한 요소가 될 수도 있다. 예를 들어, 미량 영양물질들은 조류의 성장(그리고 모든 수생 생물)에 필수적이고, 어류는 그들의 생존을 위한 먹이로서 유기물을 필요로 한다. 하지만, 이러한 동일한 성분들이 산업체내 냉각수로 사용된다면 관련 기기들에 굉장히 해로울 수 있다. 본 장에서는 먼저 수질을 측정하는데 사용되는 여러 가지 항목에 대해 논의하게 된다. 그리고 어떠한 물이 깨끗하고 더러운 지에 대해 고찰한다.

9.1 수질측정

비록 많은 수질 항목이 있지만, 논의는 다음으로 제한한다.

- 용존 산소는 하천, 호수 및 기타 수계에서 수질을 결정하는 주요 인자이다.
- 산소요구량, 특히 생화학적 산소요구량(8.2.3절에서 소개됨)은 수계로 배출되는 다양한 오염의 가능성을 나타내는 주요 지표이다.
- 고형물은 자연 수역에서 보기 흉한 부유고형물 및 용존고형물을 함유하는 총고형물을 포함하며, 일부는 수생 생물이나 물을 마시는 사람들에게 해를 끼칠 수 있다.
- 질소는 하천과 호수의 수질을 측정하는 데 유용한 항목이다.
- 감염성 박테리아 및 바이러스의 잠재적 존재는 인체 건강에 분명한 영향이 있다.

9.1.1 용존 산소

용존 산소(dissolved oxygen, DO)는 산소 프로브(감지기)와 계측기로 측정된다(그림 9.1). 가장 단순한(그리고 역사적으로 가장 오래된) 계측기 중 하나는 갈바니 전지(galvanic cell)로서 작동하는데, 여기서 납 및 은 전극은 마이크로 전류계가 있는 전해질 용액에 놓여진다. 납 전극에서의 반응은 다음과 같다.

$$Pb + 2OH^- \rightarrow PbO + H_2O + 2e^-$$

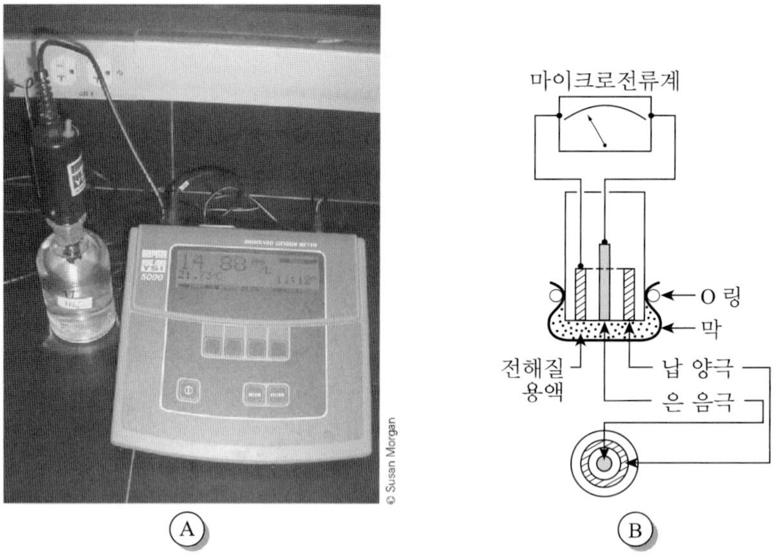

그림 9.1 용존산소계

납 전극에서 방출된 전자는 마이크로전류계를 통해 은 전극으로 이동하며, 여기서는 다음과 같은 반응이 일어난다.

$$2e^{-} + (1/2)O_2 + H_2O \rightarrow 2OH^{-}$$

반응은 유리된 용존산소가 없으면 일어나지 않고, 이 경우 마이크로 전류계는 어떠한 전류도 통하지 않는다.

기록된 전기가 전해질 용액의 산소 농도에 비례하는 방식으로 계측을 만들고 보정하는 것이다. 상업용 모델에서 전극은 비전도성 플라스틱으로 서로 절연되어 있고, 전해질을 막과 전극 사이에 몇 방울 떨어뜨린 투과막으로 덮여 있다. 막을 통과하는 산소의 양은 DO 농도에 비례한다. 물속의 높은 DO는 막을 통과하기 위한 강력한 추진력을 생성하는 반면, 낮은 DO는 제한된 O_2만으로 전류를 생성하는 반응을 일으키게 된다. 따라서, 전류는 용액 내의 용존 산소 수치에 비례한다.

8장에서 언급했듯이, 물의 산소 포화도는 온도와 압력의 함수이다. 또한, 물에서의 O_2의 포화 수치는 산소의 용해도를 감소시키는 높은 고형물 농도와 함께 용존고형물의 농도에 의존한다. 표 8.2는 다양한 온도에서 깨끗한 물의 산소 포화 수준을 나열하고 있다.

DO 계측기는 DO의 포화를 보장하기 위해 충분히 폭기된 물 시료에 프로브를 삽입하여 최대(포화)값으로 보정된다. 영점과 포화값을 모두 설정한 후 계측기를 사용하여 미지 시료의 DO 농도를 영점과 포화값 내에서 읽을 수 있다. 대부분의 계측기가 온도 변화를 자동으로 보정하는 반면에 용존고형물의 변화에는 재보정이 필요하다.

9.1.2 산소요구량

아마도 용존 산소의 측정보다 더 중요한 것은 이 산소가 유기 물질을 분해하는 미생물에 의해 사용되는 속도를 측정하는 것이다. 산소요구량을 결정하는 세 가지 유형 또는 방법이 있는데, 이론적 산소요구량, 생화학적 산소요구량, 화학적 산소요구량이 있다.

이론적 산소요구량

순수한 물질의 분해에 대한 산소요구량은 화학양론(stoichiometry)로부터 추정될 수 있는데, 이때 모든 유기 물질이 완전히 분해된다고 가정한다. 그러면 "완전 분해"란 무슨 의미인가? 화합물이 탄소 및 수소만을 함유하는 탄화수소 또는 산소를 갖는 알코올인 경우, 분해 생성물은 CO_2와 H_2O이다. 화합물이 탄소, 수소 및 질소를 함유하는 아민인 경우, 분해 생성물은 CO_2, H_2O 및 NH_3이다.

일단 화학 반응이 알려지고 반응식의 수지를 맞추면, 이론적 산소요구량(theoretical oxygen demand, ThOD)은 다음과 같이 계산될 수 있다.

$$\text{ThOD} = \text{C-ThOD} + \text{N-ThOD}$$

여기서 C-ThOD는 탄소질(유기) 물질의 분해로 인한 것이고, N-ThOD는 질소 함유 물질(NH_3에서 NO_3^-, 8장)의 안정화로 인한 요구량이다.

예제 9.1 1.67×10^{-3} 몰의 포도당 용액($C_6H_{12}O_6$)이 완전히 분해되는 필요한 이론적 산소요구량(mg/L)은 얼마인가?

해답 먼저 분해 반응(대수학 문제)을 위한 균형 반응식을 세운다.

$C_6H_{12}O_6 + aO_2 \rightarrow bCO_2 + cH_2O$

$C_6H_{12}O_6 + 6O_2 \rightarrow 6CO_2 + 6H_2O$

즉, 분해된 포도당 1몰당 6몰의 산소가 필요하다. 이것은 포도당 1리터당 몰수를 O_2 리터당 밀리그램(mg/L)으로 바꾸는 항수(상수)를 제공하는데, 이것은 상대적으로 간단한 단위 전환이다.

$$\left[\frac{1.67\times10^{-3}\text{mol 포도당}}{\text{L}}\right]\times\left[\frac{6\,\text{mol of } O_2}{\text{mol 포도당}}\right]\times\left[\frac{32\,\text{g } O_2}{\text{mol } O_2}\right]\times\left[\frac{1000\,\text{mg}}{\text{g}}\right]=321\frac{\text{mg } O_2}{\text{L}}$$

예제 9.2 아세톤 용액(CH_3COCH_3) 50 mg/L가 완전히 분해되는데 필요한 이론적 산소요구량은 공기부피(L)로 얼마인가?

해답 첫 번째로 분해와 관련된 균형반응식을 세운다.

$C_3H_6O + aO_2 \rightarrow bCO_2 + cH_2O$

$C_3H_6O + 4O_2 \rightarrow 3CO_2 + 3H_2O$

즉, 분해된 아세톤 1몰당 4몰의 산소가 필요하다. 이상 기체 법칙과 공기 중 산소의 비율을 사용하여 필요한 공기의 부피를 리터로 계산한다.

$$\left[\frac{50\text{mg acetone}}{\text{L}}\right]\times\left[\frac{\text{g}}{1000\text{ mg}}\right]\times\left[\frac{\text{mol acetone}}{58.08\text{g acetone}}\right]\times\left[\frac{4\text{mol of }O_2}{\text{mol acetone}}\right]$$
$$\times\left[\frac{22.4\text{L }O_2}{\text{mol }O_2}\right]\times\left[\frac{\text{L air}}{0.21\text{L }O_2}\right]\cong 0.4\frac{\text{L air}}{\text{L solution}}$$

두 예제 모두 ThOD = C-ThOD이다. 다르게 말하면, 유기 화학물질 안에 질소가 없었기 때문에 N-ThOD = 0인 것이다.

예제 9.3 메틸아민(CH_3NH_2) 300 mg/L 용액이 완전히 분해되는데 필요한 이론적 산소요구량은 공기부피(L)로 얼마인가?

해답 첫 번째로 분해와 관련된 균형반응식을 세운다.

$CH_5N + aO_2 \rightarrow bCO_2 + cH_2O + dNH_3$

$CH_5N + 1.5O_2 \rightarrow 1CO_2 + 1H_2O + 1NH_3$

즉, 분해된 메틸아민 1몰당 1.5몰의 산소가 C-ThOD를 위해 필요하다.

$$C-ThoD=\left[\frac{300\text{mg }CH_5N}{\text{L}}\right]\times\left[\frac{\text{g}}{1000\text{ mg}}\right]\times\left[\frac{\text{mol }CH_5N}{31.058\text{g }CH_5N}\right]$$
$$\times\left[\frac{1.5\text{mol of }O_2}{\text{mol }CH_5N}\right]\times\left[\frac{22.4\text{L }O_2}{\text{mol }O_2}\right]\times\left[\frac{\text{L air}}{0.21\text{L }O_2}\right]\cong 1.55\ \frac{\text{L air}}{\text{L solution}}$$

따라서 N-ThOD는 다음과 같다.

$$N-ThoD=\left[\frac{300\text{mg }CH_5N}{\text{L}}\right]\times\left[\frac{\text{g}}{1000\text{ mg}}\right]\times\left[\frac{\text{mol }CH_5N}{31.058\text{g }CH_5N}\right]\times\left[\frac{1\text{mol of }NH_3}{\text{mol }CH_5N}\right]$$
$$\times\left[\frac{2\text{mol }O_2}{\text{mol }NH_3}\right]\times\left[\frac{22.4\text{L }O_2}{\text{mol }O_2}\right]\times\left[\frac{\text{L air}}{0.21\text{L }O_2}\right]\cong 2.06\frac{\text{L air}}{\text{L solution}}$$

결국, 총이론적 산소요구량은 다음과 같이 계산된다.

$$ThOD=C-ThOD+N-ThOD\cong 1.55+2.06\cong 3.6\ \frac{\text{L air}}{\text{L solution}}$$

이론적인 산소요구량을 계산하려면 물질 분해와 관련된 화학식과 화학양론적 반응을 이해하는 것이 중요하다. 제한된 수의 재료를 사용하는 산업 환경에서는 이 화학식과 반응을 사용하여 관련된 정보를 얻을 수 있다. 하지만 불행하게도, 생활하수는 거의 순수한 물질이 아니며, 화학양론으로부터 산소요구량을 계산하는 것은 불가능하다. 실제로, 변환을 수행하는 미생물이 사용되고 이러한 미생물에 의한 산소의 사용이 측정되는 시험을 수행하는 것이 필요하다.

생화학적 산소요구량

이러한 미생물에 의한 산소 소모 속도는 일반적으로 생화학적 산소요구량(BOD, biochemical oxygen demand)이라고 한다. BOD는 특정 오염원을 측정하는 것이 아니라 분해 가능한 유기물을 안정화시키기 위해 호기성 박테리아 및 기타 미생물에 필요한 산소량을 측정하는 방법이다. 미생물이 먹이(예 : 사람이 배출한 쓰레기)와 접촉하게 되면 분해 과정에서 산소를 사용한다. 매우 낮은 사용률은 ① 오염이 없다는 것이고, ② 분해 가능한 미생물이 가용 유기물을 섭취하는데 무관심하다는 것, 혹은 ③ 미생물들이 죽어 있다는 것이다.

표준 BOD 시험은 20℃의 인큐베이터(항온 배양기)에서 5일 동안 어두운 곳에서 실행한다. 이것은 처음 5일 동안 사용된 산소량, 즉 5일 BOD (BOD_5)로 정의된다. 온도는 산소 소모 속도는 온도에 좌우되기 때문에 설정이 필요하다. 조류가 존재할 수 있기 때문에 반응은 어둠 속에서 일어나야 하며, 만약 빛이 있으면 병 속에 산소가 실제로 생성될 수 있다. BOD 시험은 그림 9.2와 같이 표준 BOD병(약 300 mL 용량)을 사용하여 진행된다.

병은 비반응성 유리로 제작되고, 병 안의 물이 세지 못하도록 제작된 병마개를 사용하여 산소가 병 안으로 혹은 바깥으로 이동하지 못하게 한다.

5일간의 BOD가 표준이지만, 물론 2일, 10일 또는 다른 날수의 BOD도 있을 수 있다. 8장에서 소개된 BOD의 한 가지 형태는 최종 BOD (BOD_u 또는 L)로서 매우 오랜 시간이 지난 후에 O_2 소모량이다. 해당 시간 동안 미생물은 가능한 많은 유기물을 산화시킨다. 최종 BOD는 보통 30일 동안 실행되며, 그 시점에서 추가로 산소가 고갈될 수 있다.

용존 산소를 5일 동안 매일 측정하면 그림 9.3과 같은 곡선이 얻어진다. 이 그림에서 샘플 A는 초기 DO가 8 mg/L이고 5일 후에 DO는 2 mg/L로 떨어진다. BOD는 초기 DO에서 최종 DO를 뺀 것이며 미생물에 의해 사용된 DO와 같다. 즉, 8 − 2 = 6 mg/L이다.

© Courtesy of P. Aarne Vesilind

그림 9.2 BOD병, 특수 비반응 유리로 제조되고 갈아 만든 유리 마개를 사용함.

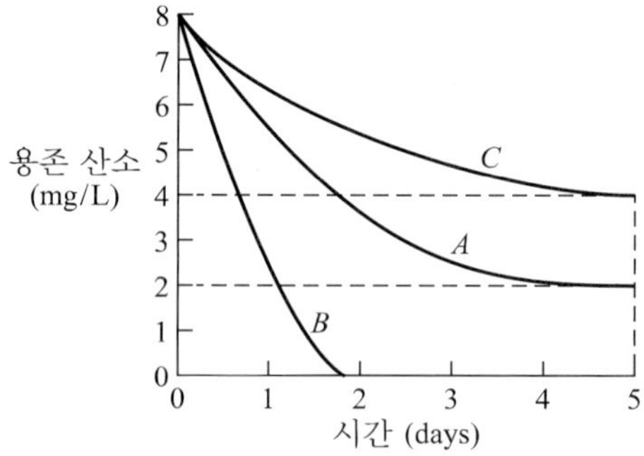

그림 9.3 세 가지 다른 BOD 병에서 용해된 산소 감소. A는 5일 BOD에 유효한 시험이다. B는 5일 전에 0 용존 산소에 도달하기 때문에 측정불가이다. C는 B와 같으나 사전에 희석된 것이다.

방정식 형식에서

$$\text{BOD} = I - F$$

여기서, I : 초기 DO, mg/L
F : 최종 DO, mg/L

그림 9.3을 다시 보면, 샘플 B는 초기 DO가 8 mg/L이었지만 산소가 너무 빨리 소모되어 2일 만에 0으로 떨어졌다. 5일 후 DO가 측정되면 우리가 알 수 있는 것은 샘플 B의 BOD가 8 − 0 = 8 mg/L 이상이라는 것이다. 왜냐하면 미생물이 사용할 수 있는 더 많은 유기물이 있었다면 더 많은 DO를 소모할 수 있었기 때문이다. 그러나 우리는 8 mg/L 이상의 값에 대해서는 알 수 없다. 일반적으로 위의 경우와 같이 산소요구량이 약 8 mg/L보다 큰 샘플에서는 BOD를 직접 측정할 수 없으므로 시료의 희석을 통한 측정이 필요하다.

그림의 샘플 C가 실제로 샘플 B에 1 : 10의 비율로 증류수로 희석된 샘플이라고 가정하자. 샘플 B의 BOD는 측정된 값보다 10배 더 크다.

$$\text{BOD} = (8 - 4)\ 10 = 40\ \text{mg/L}$$

BOD가 없는 물로 희석하면 BOD 방정식은 다음과 같다.

$$\text{BOD} = (I - F)\text{D} \tag{9.1}$$

여기서, D는 희석을 나타내는 비율값(희석배율)으로 다음과 같이 정의된다.

$$D = \frac{\text{병의 총부피}}{\text{병의 총부피} - \text{희석수의 부피}} \tag{9.2a}$$

이 식은 다음과 같이 정리된다.

$$D = \frac{\text{병의 총부피}}{\text{시료의 부피}} \tag{9.2b}$$

FOCUS ON

실험실 결과

1960년대에 델러웨어강 하구(Delaware Estuary)에서 오염부하에 대한 연구가 있었고 강물의 BOD가 하구역에서 어떻게 점진적으로 감소되었는지 연구를 진행하였다. 델라웨어강 하구 연구는 오염물질(및 오염물질 관리)이 어떻게 수질에 영향을 미치는지 보여주는 큰 프로젝트이었다. 이 연구의 일환으로 젊은 인턴 연구자들이 하구 수질 모니터링을 했는데, 지정된 위치에서 샘플을 채취하고 샘플을 실험실로 가져와서 BOD 실험을 실시하였다.

첫 번째 큰 배치(100개 이상)병이 실험실로 옮겨져 배치된 인턴이 모든 병의 초기 용존 산소를 측정하고 인큐베이터에 넣었다. 5일 후 그는 병을 인큐베이터에서 꺼내어 최종 DO를 측정했다. 놀랍게도 최종 DO 수치는 초기 DO 값보다 높았다. 그는 화학적 오류를 의심하면서 표준 방법에 따라 모든 화학 물질을 매우 신중하게 재조합했다. 그러나 결과는 바뀌지 않았다. 최종 DO 값은 여전히 높았으며 많은 병들이 실제로 과포화되어 있었다.

자존심이 상했지만, 그는 마침내 도움을 요청했다. 프로젝트의 책임자는 좋은 멘토가 되기로 결정하고 도움을 주었다. 하지만 그가 재실험한 후에도, 결과는 동일했다.

비정상적인 결과를 설명할 수 있는 다른 모든 가능성을 제거한 후 인턴은 인큐베이터를 살펴보았다. 그가 문을 열었을 때, 빛이 켜져 있었다. 그러나 그가 문을 닫을 때 빛을 끄는 스위치를 눌렀을 때 빛은 계속 켜져 있다. 문을 닫은 상태에서 5 일간의 배양기간 동안 빛이 계속 비추어졌는지 알 수는 없었고 그 빛은 병속에 있는 조류에게 에너지를 공급했고, 산소를 생성했다. 전구를 제거하고 프로젝트를 계속 수행하였다.

출처 : Reprinted from Controlling Environmental Pollution, Vesilind, P. A. and DiStefano, T. D., 2006. Lancaster, PA: DEStech Publications, Inc. Reproduced with permission of DEStech Publications, Inc.

예제 9.4 다음의 표와 같이 3가지 BOD병에 시료와 희석수를 넣었다.

병	시료(mL)	희석액(mL)
1	3	297
2	1.5	298.5
3	0.75	299.25

각각의 병에 대한 희석배율 D를 계산하라.

해답 표준 BOD 병의 부피는 300 mL이다. 병1의 경우 희석배율 D는 식 (9.2b)와 같다.

$$D = \frac{300}{300 - 297} = 100$$

같은 방법으로, 다른 두 병의 경우 D는 200과 400으로 계산된다.

희석법의 가정은 단일 시료의 각 희석 결과가 동일한 BOD 값을 산출한다는 것이다. 일련의 BOD 병이 서로 다른 희석배율로 실험될 때, 때로는 계산이 수렴되지 않는다. 다음의 예제를 참고하자.

예제 9.5 일련의 BOD측정 실험이 3가지 희석수를 가지고 진행되었다. 결과는 다음의 표와 같다.

병	희석	초기 DO (mg/L)	최종 DO (mg/L)
1	100	10.0	2.5
2	200	10.0	6.0
3	400	10.0	7.5

BOD값은 얼마인가?

해답 먼저 개별 BOD를 계산한다. 그런 다음 결과를 비교해야 한다. 식 9.1을 사용하면,

$\mathrm{BOD} = (I - F)\mathrm{D}$

따라서 실험실 테스트 결과는 다음과 같다.

병	BOD (mg/L)
1	750
2	800
3	1000

결과는 상당히 큰 값인 250 mg/L 차이가 난다. 이 문제는 "슬라이딩 스케일(순응률, sliding scale)"을 나타낸다. 이상적으로 모든 테스트는 동일한(또는 거의 동일한) BOD 값으로 계산되어야 하지만 분명히 그렇지 않다. 이 예는 상당히 완만한 슬라이딩 스케일을 나타내므로 중간 판독 값이 산소 소모를 가장 잘 대표할 수 있으므로 아마도 BOD를 800 mg/L로 볼 수 있다. 덜 실용적인 해결책은 병을 청소하고, 희석수를 완벽하게 깨끗하게 유지하고(자체 BOD가 없는지 확인), 보다 일관된 결과를 얻기 위해 다시 실험하는 것이다.

BOD 실험이 수행되기 전에 샘플의 BOD는 거의 알 수가 없기 때문에 희석배율을 추정해야 한다. 5일간 배양하는 동안 감소된 DO가 2 mg/L 미만이거나 혹은 병에 남은 DO가 2 mg/L 미만인 경우 그 실험은 부정확하다는 것을 의미한다. 일반적으로 최종 BOD는 이전의 실험 또는 유사 하폐수로부터 추정된다. 그리고 최소 두개의 희석배율이 사용되는데, 하나는 최소 2 mg/L DO가 남아 있도록, 다른 한 가지는 DO가 최소 2 mg/L 이상이 사용될 수 있도록 사용하는 것이다. 희석배율은 다음의 식으로 계산한다.

$$D = \frac{\text{예상 BOD}}{\Delta \mathrm{DO}} \tag{9.3}$$

예제 9.6 산업 폐수 처리장으로 유입되는 폐수는 5일 BOD 기준으로 약 800 mg/L일 것으로 예상된다. 5일간의 BOD 테스트에서 어떤 희석액을 사용해야 하는가?

해답 포화농도가 약 10 mg/L라고 가정하자. 최소 2 mg/L가 병에 남을 경우, 병에서 BOD의 감소는 10 − 2 = 8 mg/L이어야 하므로 희석배율은 다음과 같이 구할 수 있다(식 9.3).

$$D = \frac{800}{8} = 100$$

유사하게, 최소 2 mg/L의 DO가 사용된다면, 다른 병의 희석배율은 다음과 같다.

$$D = \frac{800}{2} = 400$$

실험을 위해 최소한 두 개의 BOD 병을 사용해야 하는데, 하나는 D = 100이고 다른 하나는 D = 400이다. 보다 신중한 실험을 위해 세 번째 병을 두 병의 사이 값으로, D = 200으로 한다.

일반적으로 하수 시료에는 분해를 촉진하기에 충분한 미생물이 포함되어 있지만, 한편으론 모든 시료가 그런 것은 아니다. 예를 들어, 설탕을 분해하는 미생물이 많은 하천에서의 영향을 예측하기 위해서 설탕의 BOD를 측정할 수 있다. 물론 순수한 설탕에는 설탕의 분해를 위한 미생물이 포함되어 있지 않다. 그래서 테스트를 실시하기 위해서는 시료에 미생물을 넣어 주는 것이 필요하다. 식종(seeding 또는 접종)은 산소 섭취를 담당하는 미생물이 설탕과 함께 BOD 병에 넣어 산소 섭취가 일어나도록 하는 과정을 의미한다.

그림 9.3의 A곡선에 의해 이전에 언급된 물이 미생물을 포함하고 있기 때문에 식종수(seeding water)로 사용된다고 가정하자(5일 BOD가 6 mg/L). 미지의 BOD가 있는 100 mL의 시료를 병에 넣고 200 mL의 식종수를 넣으면 300 mL 병이 채워진다. 희석배율 D는 3이다. 이 혼합물의 초기 DO는 8 mg/L이고 최종 DO는 3 mg/L이라고 가정하면 사용된 총산소는 5 mg/L이다. 그러나 DO의 감소 중 일부는 식종수에 있는 BOD 때문이다. 따라서 부분적인 DO 감소가 알려지지 않은 물질의 분해로 인한 것이다. 식종수에 의한 DO 섭취량은 다음 식과 같다.

$$\mathrm{BOD_{seed}} = 5\,\mathrm{mg/L}\left(\frac{200\mathrm{mL}}{300\mathrm{mL}}\right) = 3.3\,\mathrm{mg/L}$$

왜냐하면 병의 2/3만이 식종수이기 때문이다. 나머지 산소 섭취량(5 − 3.3 = 1.7 mg/L)은 1 : 3 (또는 D = 3)으로 희석된 시료로 인한 것이다. 그것의 BOD는 1.7 × 3 = 5 mg/L이어야 한다.

식종 및 희석 방법을 결합한다면 다음 일반 공식을 사용하여 BOD를 계산할 수 있다.

$$\mathrm{BOD}_t = \left[(I - F) - (I' - F')\left(\frac{X}{Y}\right)\right] D \tag{9.4}$$

여기서, BOD_t : 시간 t에서 생물화학적 산소요구량, mg/L

I : 희석된 식종수와 시료가 함께 들어있는 BOD병의 DO값, mg/L

F : 희석된 식종수와 시료가 함께 들어있는 BOD병의 DO, mg/L
I' : 희석된 식종수만 추가된 초기 시료의 DO, mg/L
F' : 희석된 식종수만 존재하는 BOD병의 최종 DO, mg/L
X : 시료 안에 희석된 식종수 부피, mL
Y : BOD 병의 부피, mL
D : 시료의 희석배율

예제 9.7 시료와 식종수의 온도가 20℃이고 초기 DO가 포화상태일 때, 5일 BOD를 계산하라. 그리고 식종수가 포함된 시료와 희석배율은 1 : 30이다. 식종수의 최종 DO는 8 mg/L이고, 식종수가 포함된 시료의 최종 DO는 2 mg/L이다. BOD 병의 부피는 300 mL이다.

해답 표 8.2를 보면 20℃에 포화 DO 농도는 9.07 mg/L임을 알 수 있다. 그리고 식종수와 희석된 시료(I와 I')에서의 초기 DO농도이다. 식 (9.2b)를 이용하면, D의 값은 다음의 식과 같이 계산된다.

$$D=\frac{30}{1}=\frac{300\,\text{mL}}{V_s}$$

따라서, V_s = 10 mL, X = 300 mL − 10 mL = 290 mL

그리고 식 9.4를 활용하면 BOD는 다음과 같이 계산된다.

$$\text{BOD}_5=\left[(9.07\,\text{mg/L}-2\,\text{mg/L})-(9.07\,\text{mg/L}-8\,\text{mg/L})\left(\frac{290\text{mL}}{300\text{mL}}\right)\right]30=181\,\text{mg/L}$$

BOD는 산소 소모 또는 잠재적 소모를 나타낸다. 높은 BOD를 갖는 유출수는 산소 소모가 궁극적으로 혐기성 조건을 유발할 만큼 충분히 큰 경우(즉, 하천에서 DO 부족 곡선이 0으로 접근할 때) 하천에 해로운 영향을 미친다. 분명히 큰 강으로 들어가는 적은 양의 폐수가 미치는 영향은 BOD완 관련된 양(mg/L)에 관계없이 무시할 만하다. 이와 유사하게, BOD가 낮지만 많은 양의 폐수가 소규모 하천으로 유입이 되는 경우에는 하천에 심각한 영향을 줄 수 있다.

대부분의 생활하수의 BOD는 약 250 mg/L이지만, 산업 폐수는 최고 30,000 mg/L로 높다. BOD가 25,000 mg/L인 미처리 가축분뇨의 잠재적 해로운 영향은 일반적인 하수보다 하천의 산소 수치 변화에 100배 더 큰 영향을 준다.

BOD병 안에서의 반응은 용존 산소의 관점에서 물질수지를 먼저 세우고 다음의 식을 통해 수학적으로 설명할 수 있다.

[DO 축적 속도] = [DO 유입 속도] − [DO 유출 속도]
+ [DO 생성 속도] − [DO 소비 속도]

왜냐하면 BOD병 내부는 밀폐된 시스템(closed system)이고 실험은 용존 산소가 생성되지 않도록 암실 환경에서 진행되기 때문이다. 수학적 물질수지식은 다음과 같이 정리된다.

[DO 축적 속도] = −[DO 소비 속도]

$$\frac{dz}{dt}V = -rV$$

여기서, z : 미생물이 유기물을 분해하는데 필요한 용존 산소, mg/L
t : 시간
V : BOD 병의 부피, mL
r : 반응 속도

위 식은 8장에서 처음 소개된 바와 같이, 논란의 여지는 있지만 1차 반응으로 생각할 수 있다.

$$\frac{dz}{dt} = -k_1 z$$

즉, 용존산소의 감소 속도(dz/dt)는 분해가 일어나기 위해 필요한 산소의 양에 직접적으로 비례한다. 적분하면 다음의 식이 얻어진다.

$$z = z_0 e^{-k_1 t}$$

어떤 시간 t에 미생물이 산소를 사용할 때, 소모되는 산소의 양은 여전히 z이며[그림 9.4(A)], 시간 t에 이미 사용된 산소의 양, 즉 이미 미생물에 의해 소모된 산소량은 y이다[그림 9.4(B)]. 미생물에 의해 사용될 총산소량(L)은 사용된 것(y)과 사용되고 있는 것(z)의 합이다(그림 9.4).

$$L = z + y$$

여기서, y : 어떤 시간 t에 이미 사용된 혹은 소모는 용존 산소량(예, BOD), mg/L
z : 최종 요구량을 만족하기까지 계속 사용할 수 있는 용존 산소량, mg/L
L : 최종 산소요구량, mg/L

$z = L - y$을 적분식에 적용하면 다음 식을 얻는다.

$$L - y = z_0 e^{-k_1 t}$$

그리고 그림 9.4(A)로부터 $z_0 = L$를 식에 적용하면 다음 식을 얻는다.

$$y = L - L(e^{-k_1 t})$$

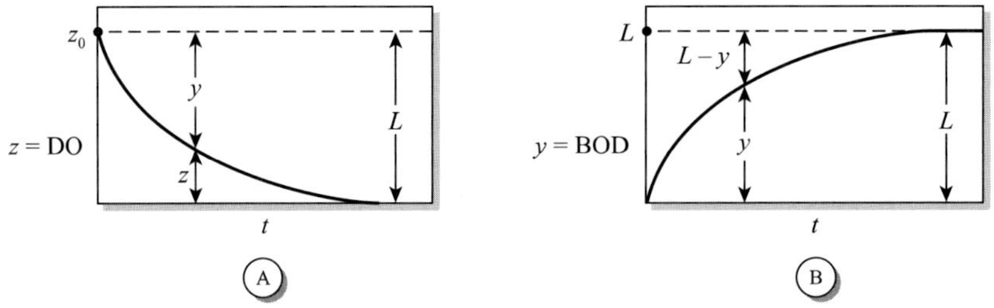

그림 9.4 BOD의 정의. 용해된 산소 부족 방정식(dissolved oxygen sag equation)에 사용되는 L은 최종 탄소성 BOD라는 점에 유의한다.

즉, 다른 형식으로 정리하면 다음의 식을 얻는다.

$$y = L(1 - e^{-k_1 t}) \tag{9.5}$$

여기서, y : 시간 t일에서의 BOD, mg/L
L : 최종 BOD, mg/L
k_1 : 탈산소 상수(base e), d^{-1}

이 식은 최종 BOD를 포함한 특정 시간의 BOD를 계산하기 위한 식이다.

예제 9.8 탈산소 상수가 0.25 d^{-1}이고 3일 BOD가 148 mg/L일 때, 예상되는 5일 BOD를 계산하라.

해답 y_3와 탈산소 상수 k_1을 알고 있을 때, 식 9.5를 이용하여 최종 BOD를 계산하면 다음과 같다.

$$148\,\text{mg/L} = L\left[1 - e^{-(0.25\text{d}^{-1})(3\text{d})}\right]$$

$$L = 280\,\text{mg/L}$$

식 9.5에서 최종 BOD와 k_1을 이용하면, 5일 후의 BOD는 다음과 같이 계산된다.

$$y_5 = (280\,\text{mg/L})\left[1 - e^{-(0.25\text{d}^{-1})(5\text{d})}\right] = 200\,\text{mg/L}$$

그림 9.4(B)로부터 다음의 관계를 알 수 있다.

$$\frac{dy}{dt} = k_1(L - y)$$

y값이 L에 근접할 때, $(L-y) \to 0$, $dy/dt \to 0$임을 알 수 있다. 다시 식들을 정리하면 식 9.5를 얻을 수 있다.

하천에서 DO 부족 곡선(DO sag curve)을 모델링할 때(제8장)와 k_1과 L을 모두 알아야 하는 경우가 종종 발생한다. 그러나 BOD 실험 결과는 시간에 따른 산소 소모를 곡선으로 나타내 준다. 그런 곡선으로부터 최종 산소요구량 L과 탈산소 계수 k_1을 어떻게 계산할까?

k_1과 L을 계산하기 위해서는 여러 가지 방법이 있는데, 가장 간단한 예로 토머스(Thomas)[1]에 의해 제안된 방법은 다음과 같다.

$$\left(\frac{t}{y}\right)^{1/3} = \left(\frac{1}{(k_1 L)^{1/3}}\right) + \left(\frac{k_1^{2/3}}{6L^{1/3}}\right) t \tag{9.6}$$

위의 식은 선형관계식이다.

$$a = b + mt$$

여기서, $a = (t/y)^{1/3}$

$b = (k_1 L)^{-1/3}$

$m = (1/6)(k_1^{2/3} L^{-1/3})$

시간 t에 따른 a의 변화를 그림을 그려보면 기울기 m, 절편 b를 얻을 수 있다.

$$k_1 = 6(m/b)$$

$$L = \frac{1}{6mb^2}$$

예제 9.9 6일 동안의 BOD 실험으로부터 시간 t에 따른 BOD를 다음과 같이 얻었다.

시간, t (d)	BOD, y (mg/L)
2	10
4	16
6	20

k_1과 L을 계산하라.

해답 식 9.6을 그림으로 그려보자. $(t/y)^{1/3}$은 0.585, 0.630, 0.669를 알 수 있다. 이 값들은 그림 9.5에 나타냈다. 다음의 그림에서 절편 b는 0.545, 기울기 m은 0.021임을 알 수 있다.

$$k_1 = 6\left(\frac{0.021}{0.545}\right) = 0.23\,\mathrm{d}^{-1}$$

$$L = \frac{1}{6(0.021)(0.545)^2} = 27\,\mathrm{mg/L}$$

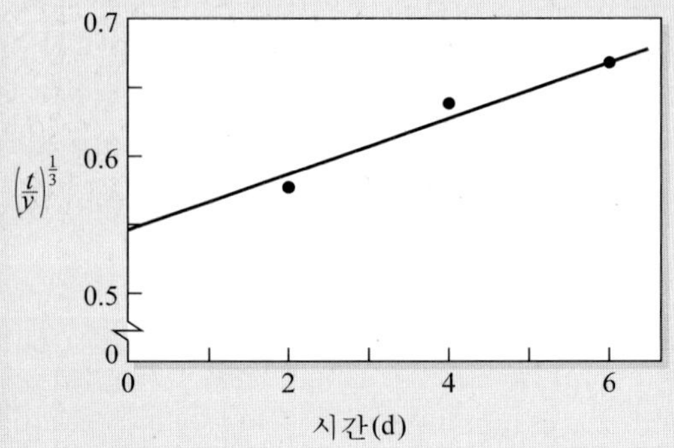

그림 9.5 k_1과 L의 계산을 위한 그래프

그러나 위와 같이 BOD 계산이 항상 단순하게 이뤄지는 것은 아니다. 하수처리장 방류수의 BOD를 알려고 할 때, 5일 후에 실험을 중단하는 대신 반응을 진행시키고 DO를 매일 측정하면 그림 9.6과 같은 곡선을 얻을 수 있다.

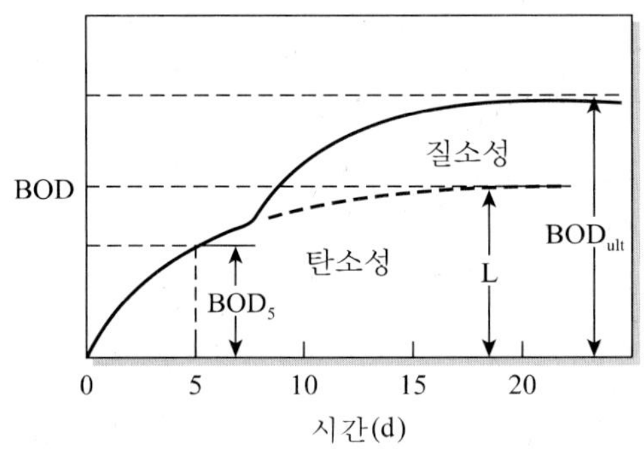

그림 9.6 이상화한(idealized) BOD 곡선

5일 후 일정 시간이 지나면 곡선에서 갑작스러운 증가가 있음을 알 수 있다. 이 갑작스러운 증가는 질소성 유기물을 분해하여 이들을 안정한 질산염 NO_3^-으로 전환시키는 미생물에 의한 산소요구량이다(8장). 따라서 산소 소모 곡선은 질소성 BOD (nitrogenous BOD, NBOD)와 탄소성 BOD (carbonaceous BOD, CBOD)의 두 가지 영역으로 나눌 수 있다.

이 곡선에서는 최종 BOD (ultimate BOD, BOD_u)를 정의함에 있어 주의가 필요하다. 시료에 질소성 유기물이 없거나 이러한 미생물의 작용이 억제되면 탄소성 BOD곡선만이 나타난다. 그러나 지속 시간이 약 5일 이상인 하천이나 강의 경우, 최종 산소요구량은 질소에 의한 산소요구량을 포함해야 한다. 최종 BOD는 다음과 같이 계산할 수 있다고 가정한다.

$$L = BOD_u = a(BOD_5) + b(KN)$$

여기서, KN : 킬달 질소(Kjeldahl nitrogen, 유기 질소와 암모니아성 질소의 합, 9.1.4 절), mg/L

a, b : 상수

예를 들어, 노스캐롤라이나주(North Carolina)는 최종 BOD 계산에 a = 1.2 및 b = 4.0을 사용한다. 이 모델은 하수 처리장이 질산화(질소의 NO_3^-로의 전환)와 탈질(N_2 가스로의 전환)을 성공적으로 하기 위한 것임을 나타낸다. 더 상세한 정보는 11장에서 다루고 있다.

화학적 산소요구량

물시료의 산소요구량을 결정하는 세 번째 방법은 화학적 산소요구량(chemical oxygen demand, COD)으로 본질적으로 ThOD를 결정하는 실험 분석방법이다. 시료에 강한 화학 산화제(중크롬산칼륨, $K_2Cr_2O_7$)와 강산(황산, 황산)을 첨가한 다음 가열한다. COD는 $K_2Cr_2O_7$의 소비량을 측정하여 결정한다. 화학 물질은 모든 유기 물질을 생분해성/비생분해성으로 산화시킨다. 시료에 포함된 주요 성분들이 쉽게 분해 가능한 생분해성 폐기물이 아닌 이상 COD는 BOD보다 클 것이다. 예를 들어, 분해가 힘든 유기물인 DDT는 높은 COD을 보이지만 BOD는 0이다. COD는 ThOD와 유사해야 한다.

이 실험은 하천이나 호수 조건의 산소요구량만을 구하기 위해 사용되는 것은 아니다. 그렇다면 어떠한 곳에서 사용이 되는가? 예를 들면, 하수 처리장 운영자들은 COD를 처리장 내 일상 작업에 사용한다. 하수 처리장 방류 기준은 BOD를 사용하기 때문에 BOD 실험을 실시하지만, 실험 후 결과를 얻는 데 너무 많은 시간이 걸리는 단점이 있다. 한편, COD는 약 3시간 이내에 결과를 얻을 수 있다. 또한 생화학적인 산소요구량 측정보다는 화학적으로 더 일관된 결과를 얻을 수 있다. 때때로 COD는 BOD_u를 산정하고 생물학 분해가 어려운 유기물의 양을 나타내기 위해 사용되기도 한다.

9.1.3 고형물

물과 고형물의 분리는 하폐수 처리의 주요 목표 중 하나이다. 엄밀히 말하면, 하수에서 물 또는 가스 이외의 것은 고체, 즉 많은 하수가 실제로 고형물이라는 것을 의미한다. 그러나 고체의 일반적인 정의는 103℃(물의 비등점보다 약간 높은 온도)에서의 증발 잔류물이다. 이 고형물은 총고형물(total solids, TS)로 알려져 있다. 이 실험은 알고 있는 부피의 시료를 큰 증발 접시(그림 9.7)에 넣고 물을 증발시킨다. 총고형물은 다음과 같이 계산된다.

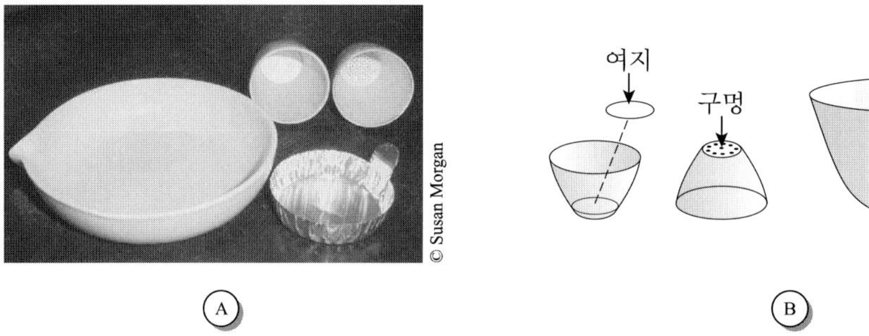

그림 9.7 부유물 및 총고형물 측정에 사용되는 구크(Gooch) 도가니, 증발 접시 및 알루미늄 용기

$$TS = \frac{W_{ds} - W_d}{V}$$

여기서, TS : 총고형물, mg/L

W_{ds} : 증발 후 접시와 건조된 고형물을 포함한 무게, mg

W_d : 깨끗한 접시의 무게, mg

V : 시료의 부피, L

만약 시료의 부피가 mL라면, 가장 일반적인 측정 단위와 무게는 g이다. 식은 다음과 같다.

$$TS = \frac{W_{ds} - W_d}{V} \times 10^6 \tag{9.7}$$

여기서, TS : 총고형물, mg/L

W_{ds} : 증발 후 접시와 건조된 고형물을 포함한 무게, g

W_d : 깨끗한 접시의 무게, g

V : 시료의 부피, mL

총고형물은 용존고형물(dissolved solids, DS)과 부유고형물(suspended solids, SS)의 두 부분으로 나눌 수 있다. 티스푼의 일반 소금을 물 한 컵에 넣으면 소금이 녹는다. 소금이 녹은 물은 겉으로 달라 보이는 것이 없지만 물이 증발하면 소금이 남는 것을 알 수 있다. 그러나 한 숟갈의 모래는 녹지 않고 눈으로 보이는 모래알이 물속에 남아 있다. 소금은 용해된 고체의 예이고 모래는 부유하는 고체의 예이다.

구크 도가니는 용존고형물에서 부유고형물을 분리하는데 사용된다. 그림 9.7에서 보듯이, 구크 도가니는 유리 섬유 여지가 놓이는 바닥에 구멍이 있다. 시료는 진공의 도움으로 구크 도가니를 통해 빠져나온다. 부유 물질은 용해된 부분이 통과하는 동안 필터 위에 남게 된다. 구크 도가니와 여지를 합한 초기 건조 중량을 알고 있을 때 구크 도가니, 필터, 필터에 남은 고형물을 포함하는 전체 무게에서 해당 건조 무게를 빼면 부유 물질(mg/L) 무게를 알 수 있다. 이것은 다음의 식으로 계산된다.

$$SS = \frac{W_{df} - W_d}{V} \times 10^6 \tag{9.8}$$

여기서, SS : 부유고형물, mg/L
W_{df} : 구크 도가니 무게와 필터 된 고형물의 건조 무게의 합, g
W_d : 깨끗한 구크 도가니와 필터의 무게의 합, g
V : 시료의 부피, mL

고형물은 고온에서 휘발하는 것과 휘발하지 않은 것으로 분류할 수 있다. 전자는 휘발성 고형물(volatile solids, VS),로, 후자는 잔류 고형물(fixed solids, FS)로 알려져 있다. 휘발성 고체는 유기물로 간주하지만, 일부의 무기물은 실험에 조건인 600℃에서 분해되고 휘발되기도 한다. 그러나 이것은 심각한 오차로 간주되지는 않는다. 잔류 고형물을 계산하는 식은 다음과 같다.

$$FS = \frac{W_{du} - W_d}{V} \times 10^6 \tag{9.9}$$

여기서, FS : 잔류 고형물, mg/L
W_{du}: 증발접시와 연소되고 남은 잔류물을 합한 무게의 합, g
W_d : 깨끗한 증발 접시의 무게, g
V : 시료의 부피, mL

휘발성 고형물은 다음과 같이 계산한다.

$$VS = TS - FS \tag{9.10}$$

여기서, VS : 휘발성 고형물, mg/L

예제 9.10 실험실에서 고형물 실험을 수행한다. 증발접시의 무게는 48.6212 g이다. 100 mL의 시료가 증발접시 위에 있고 물은 증발되었다. 건조된 고형물과 증발접시 무게의 합은 48.6432 g이다. 증발접시는 600℃ 전기로(회화로, furnace)에서 24시간 동안 두었고, 그 다음 데시케이터에서 방랭시켰다. 방랭시킨 도가니 접시와 잔유물의 무게 혹은 연소되고 남은 잔유물을 합한 무게는 48.6300 g이었다. 총고형물, 휘발성 고형물, 잔류 고형물을 계산하라.

해답 식 (9.7), (9.9), (9.10)을 활용하면 다음과 같이 계산된다.

$$TS = \frac{(48.6432\,\mathrm{g}) - (48.6212\,\mathrm{g})}{100\,\mathrm{mL}} \times 10^6 = 220\,\mathrm{mg/L}$$

$$FS = \frac{(48.6300\,\mathrm{g}) - (48.6212\,\mathrm{g})}{100\,\mathrm{mL}} \times 10^6 = 88\,\mathrm{mg/L}$$

$$VS = 220 - 88 = 132\,\mathrm{mg/L}$$

부유 물질의 휘발성 성분을 측정하는 것은 물속에 존재하는 미생물의 양을 빠르게 측정할 때 종종 필요하다. 휘발성 부유고형물(volatile suspended solid, VSS)은 구크(여지) 도가니를 고온의 오븐(600℃)에 넣고 유기물 성분을 태우고 다시 도가니의 무게를 달아서 결정한다. 중량 손실은 휘발성 부유 고형물로 해석한다.

9.1.4 질소

8장에서 질소가 생물학적 반응에서 중요한 요소임을 배웠다. 질소는 아미노산과 아민과 같은 고에너지 화합물로 묶을 수 있으며, 이 형태의 질소는 유기 질소로 알려져 있다. 생물학적 신진 대사 과정에서 형성되는 중간 화합물 중 하나는 암모니아성 질소이다. 유기 질소와 함께 암모니아는 현재 오염의 지표로 사용되고 있다. 이 두 가지 형태의 질소는 종종 킬달 질소(총킬달 질소, Total Kjeldahl Nitrogen, TKN)로 알려진 하나의 형태로 묶이게 되며, 분석 과정을 처음 제안한 과학자의 이름을 따서 명명되었다.

호기성 분해는 결국 아질산염(NO_2^-)을 생성하고, 마지막으로 질산염(NO_3^-) 질소를 생성한다. 낮은 암모니아성 질소와 높은 질산염 질소는 오염이 꽤 오래 전에 발생했음을 의미한다.

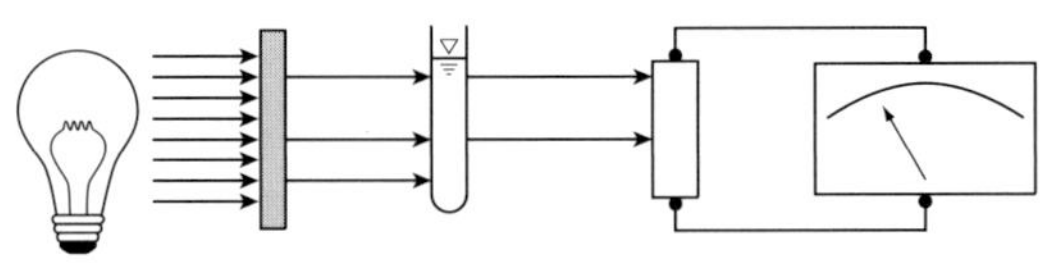

그림 9.8 색이 있는 시료의 빛 투과를 측정하는 광도계, 색의 세기는 측정하고자 하는 구성물질의 농도에 비례한다.

이러한 모든 형태의 질소는 비색 분석법으로 측정할 수 있다. 비색법의 기본 개념은 측정하려는 이온이 일부 화합물과 결합하여 색상을 형성한다는 것이다. 화합물은 과량(즉, 이온보다 훨씬 많음)이므로, 색의 강도는 측정되는 이온의 원래 농도에 비례한다. 예를 들어, 암모니아는 네슬러(Nessler) 시약이라 불리는 화합물을 미지 시료에 첨가하여 측정할 수 있다. 이 시약은 요오드화제2수은칼륨(K_2HgI_4) 용액이며 암모늄 이온과 반응하여 황갈색 콜로이드를 형성한다. 네슬러 시약이 다량이기 때문에, 형성되는 콜로이드의 양은 시료 중의 암모니아 이온의 농도에 비례한다.

색은 광학적으로 측정된다. 그림 9.8에 나와 있는 (분광)광도계의 기본 작동은 광원, 필터, 샘플 및 광전지로 구성된다. 필터는 특정 파장의 광만 통과시켜 간섭을 줄이고 광에너지를 전류로 변환하는 광전지의 감도를 높인다. 강한 색은 제한된 양의 빛만 통과시켜 거의 전류를 생성하지 않는다. 반면에, 측정하고자 하는 화학 물질을 거의 포함하지 않은 시료는 깨끗하기에 거의 모든 빛이 통과되어 상당한 전류가 생성된다. 색의 강도와 빛의 흡광도가 미지의 이온의 농도에 정비례하면 형성되는 색은 비어의 법칙(Beer's law)에 따른다고 한다.

광도계는 알려진 암모니아 농도를 포함하는 시료의 빛의 흡광도를 측정하고 미지 시료의 흡광도를 표준값과 비교하여 암모니아 농도를 측정하는 데 사용할 수 있다.

예제 9.11 여러 개의 알려진 시료와 암모니아성 질소를 함유하고 있는 알려지지 않은 시료를 네슬러 시약으로 처리하고, 결과로 얻은 색을 광도계로 측정한다. 미지 시료의 암모니아 농도를 구하라.

표준(mg/L 암모니아)	흡광도
0 (증류수)	0
1	0.06
2	0.12
3	0.18
4	0.24
미지 시료	0.15

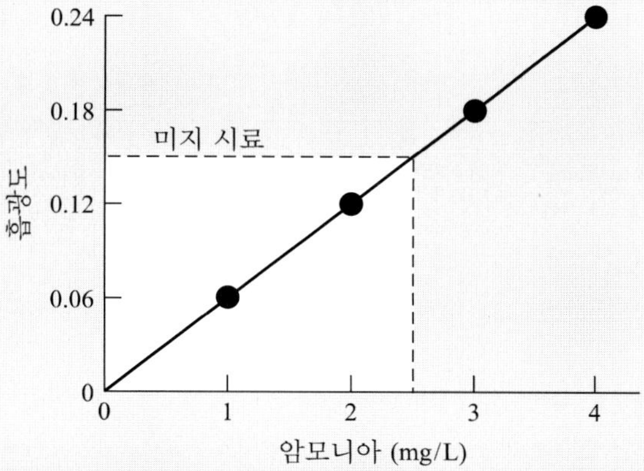

그림 9.9 암모니아 농도 측정을 위한 전형적인 검량선

해답 암모니아 표준 용액을 사용하여 검량선을 그린다(그림 9.9). 그림을 그린 결과는 직선으로 나타나므로 비어의 법칙이 적용된다. 미지 시료의 암모니아 농도는 0.15 흡광도에 해당하며 암모니아의 농도는 그림에서 2.5 mg/L임을 알 수 있다.

9.1.5 세균 측정

공중 보건의 관점에서 물의 세균학적 품질은 화학적 수질만큼이나 중요하다. 많은 질병들이 물을 통해 전파되며, 특히 그 중에는 장티푸스(typhoid)와 콜레라(cholera)가 있다. 그러나 물이 병원균(질병을 일으키는 생물체)에 의해 오염되어서는 안 된다고 하는 것과 병원균과 같은 생명체의 존재를 발견하는 것은 별개의 일이다.

병원균의 존재를 찾는 것은 몇 가지 문제점을 가지고 있다. 첫째, 너무 많은 병원균의 종류가 있다는 것이다. 각 병원균을 찾으려면 특정 검출 절차가 필요한데 이를 위해 개별적으로 선별해야 한다. 둘째, 이들 병원균의 농도가 너무 낮아 탐지가 불가능할 수 있다는 것이다. 대부분의 표층수에서 병원균을 찾는 것은 건초 더미에 있는 바늘을 찾는다는 속담과 같이 굉장히 힘든 일이다. 그러나 감염을 유발하는 한 두 생물만으로 물을 마시는 대상에게 감염을 충분히 일으킬 수 있다.

수인성 질병은 전 세계적으로 인간의 질병과 사망을 야기하는 주요 원인이며 전쟁으로 인한 사망자를 훨씬 능가한다. 상대적으로 적은 수지만 미국에서는 먹는물로 인한 사망자가 발생하는데, 부적절하게 처리된 물이나 소독되지 않은 물에 의한 사고였다.[2] 병원균으로는 살모넬라균(Salmonella), 이질균(Shigella), 간염 바이러스(hepatitis virus), 적리아메바(Entamoeba histolytica), 람블편모충(Giardia lamblia), 대장균(Escherichia coli) 및 와포자충속(Cryptosporidium)이 있다.

살모넬라증은 다양한 살모넬라균에 의해 발생하며 증상으로는 급성 위장염, 패혈증 및 발열이 있다. 위장염은 대개 심한 복부 경련, 설사 및 발열이 특징이며, 며칠 동안 큰 고통이 동반되지만 치명적이지는 않다. 장티푸스는 살모넬라균(Salmonella Typhy)에 의해 발생하며, 이 질병은 훨씬 심각하고 몇 주 동안 지속되며 치료가 제대로 이루어지지 않으면 치명적일 수 있다. 희생자의 약 3%는 살모넬라균의 보균자가 되는데, 더 이상의 증상은 보이지 않지만 주로 물 오염을 통해 다른 사람들에게 박테리아를 전파할 수 있다. 세균성 이질은 또 다른 위장병으로 살모넬라에 의해 발생된 질환과 유사한 증상을 나타낸다.

간염 바이러스에 의한 질병은 처리되지 않은 물을 공급해서 전염되는 것으로 알려져 있다. 증상으로는 두통, 허리 통증, 발열 그리고 최종적으로 피부에 황달이 생긴다. 치명적이지는 않지만 심한 쇠약을 유발할 수 있다. 간염 바이러스는 수처리 시설의 더러운 모래 필터에서 빠져나갈 수 있으며 인체 외부에서 오랫동안 생존할 수 있다.

아메바성 이질은 또한 아메바성 감염은 위장병으로 심각한 경련과 설사를 일으킨다. 그 균들의 정상적인 서식지는 대장이지만, 오염된 물을 통해 다른 사람들에게 전달되어 위장 감염을 일으키는 낭종(cyst)을 생성할 수 있다. 낭종은 소독에 잘 견디며 장 밖에서 여러 날 동안 생존할 수 있다.

원래 북쪽 지방에서 비버병(beaver disease)으로 알려진 이 질환은 대게 소장에 서식하는 편모 원생동물 람블편모충(Giardia lamblia)로 인하여 발생한다. 장 밖에서 낭종은 종종 2~3개월 동안 지속되는 심각한 위장질환을 일으킬 수 있다. 람블편모충 감염증(Giaveriasis)이 비버병으로 알려져 있는 이유는, 비버가 숙주로서 담수에서 낭종의 농도를 크게 확대하는 역할을 했기 때문이다. 람블편모충 낭종은 일반적인 염소 처리 농도에서는 파괴되지 않지만 모래 여과에서 효과적으로 제거된다. 배낭 여행자는 할로겐 정제 또는 소형 핸드 필터로 음용수를 정화해서 섭취하는 것이 필요하다. 람블편모충은 부주의한 야영자들에게 심각한 위협을 가할 수 있다.

대장균(일반적으로 *E. coli*라고 불린다)은 "일반적으로 사람과 온혈 동물의 장에서 서식하며"[3] 장내에서 발견되는 가장 흔한 호기성균이며, 성장을 위한 특별한 환경적 또는 영양 상태를 필요로 하지 않는다.[4] 대부분의 대장균은 전염성이 없지만 일부는 병원성이어서 설사, 발열 또는 메스꺼움을 유발한다. 실제로 몬테수마(Montezuma)의 복수(또는 멕시코 여행자가 걸리는 설사) 환자의 70%까지가 특정 대장균에 의한 것이고 요로 감염의 50~80%는 대장균에 의한 것이다.

대장균의 유행으로 인한 질병의 발생은 종종 뉴스에 보도된다. 온타리오주의 워커톤(Walkerton)에는 오염된 물공급으로 인해 9명이 사망, 700명 이상에게 질병이 발생했다.[5] 또한 하수로 오염된 물에서의 수영은 감염과 연관이 있었다.[6] 하지만 대부분의 감염은 잘 익히지 않은 오염된 쇠고기를 섭취함으로써 발생한다. 특히, 건강한 소의 내장에 사는 *E. coli* O157 : H7은 사람에게 문제가 될 수 있으며, 종종 심한 피가 나오는 설사와 복부 경련을 일으키며 때때로 신부전을 일으킬 수 있다[6](대장균의 특정 균주를 나타내는 글자와 숫자는 다른 균주와 구별되는 표면의 특정 마커를 나타냄). 한 연방 연구에 따르면 대형 도살장으로 들어가는 소의 28%가 이 균을 가지고 있으며 이는 처리 과정에서 육류 전체에 퍼질 수 있음을 발견했다.[7] 그러나 다른 오염원은, 저온살균을 하지 않은 우유와 주스, 오염된 물로 관개된 농작물(예 : 콩나물과 양상추)을 포함하며, 가족 및 보육 센터에서의 사람 사이의 접촉도 있다. 엔지니어는 먹는물로 인한 병원성 대장균의 전파를 막기 위해 정수처리 시스템을 설계할 수 있지만, 예방은 주로 공공 교육과 행동 수정을 통해 처리해야 한다(예 : 육류를 최소 70℃로 요리, 농작물 세척, 청결한 위생을 위한 연습).

또 다른 공중 보건 문제는 장내 원생동물인 와포자충속(Cryptosporidium)에 의해 유발된 크립토스포리디움증(cryptosporidiosis)의 발생이다. 이 질환은 종종 몸이 쇠약해지고 심한 설사와 복통을 동반하며 2주간 지속될 수 있다. 크립토스포리디움증에 확실한 치료법은 없는 상태이다. 1993년 밀워키에서 크립토스포리디움증 발병은 미국 역사상 가장 큰 수인성 질병의 의심스러운 발생사례로 꼽힌다. 그것은 약 40만 명의 사람들에게 영향을 미쳤고 적어도 50명이 사망한 사건이었다.[2] 발병의 잠재적 원인은 수처리 시설의 처

PART 03 적용

FOCUS ON

무서운 *E. Coli*

출생 시, 아기의 내장은 무균상태지만 곧 박테리아가 채워지기 시작한다. 아기는 며칠 뒤, 입과 다른 몸을 통해 장으로 들어간 수백만 개의 박테리아의 주인 역할을 하게 된다. 아기가 어른이 되었을 때, 9 m 길이의 장에는 수백 종의 생물체가 있으며 아마도 1 조개의 생물체가 있을 것이다. 인간을 포함한 모든 온혈 동물의 내장에서 가장 중요한 미생물은 *E.coli* (*Escherichia coli*, 에쉐리키아 콜라이, 대장균)이다[독일 소아과 세균 학자 테오도르 에쉐리히(Theodor Escherich)가 1885년에 발견한 이름이다. 그림 9.10]. 이 세균은 또한 코와 귀를 포함하여 신체의 다른 부위에도 서식한다. 그들은 비정상적인 성장이 발생하지 않는 한 본질적으로 무해하다. *E.coli* 의 균주 중 오직 하나만이 독성이 있는 것으로 알려져 있다. 두려운 O157 : H7은 덜 익힌 고기에서 생길 수 있으며 부적절하게 처리된 음용수에서도 발견될 수 있다.

어떻게 독성이 강한 O157 : H7 미생물이 대장균으로 분류될 수 있을까? 대답은 미생물 세계를 이해하기 위해 미생물학자가 사용하는 방법에 있다. 미생물을 분류하고 식별할 수 있는 유일한 방법은 실험실에서 미생물이 어떻게 행동하는지에 있다. 예를 들면, 그램 염색을 해서 염색이 되어서 그램 양성으로 되는 반면, 그렇지 않은 것은 그램 음성이다. 온혈 소장의 대다수의 미생물은 테스트 튜브에서 유당을 발효시켜 튜브 내부가 흐려지고 가스를 발생시킨다. 그렇게 하는 생명체는 *E.coli* 로 알려지게 되었다. 그러나 유당을 발효시키는 모든 생명체가 장에 일반적으로 서식하는 것은 아니며, 주요한 것은 O157 : H7이다. 대장균은 유당을 발효시키기 때문에 *E.coli* 이지만 일반적인 장내 박테리아와 다른 유사성은 없다. 이것이 우리가 *E.coli* 가 무해하다고 말할 수 있는 이유이며, 동시에 *E.coli* (특히 하나의 균주)가 인간에게 커다란 해를 끼치거나 죽음을 초래할 수 있다는 것을 인정하는 것이다.

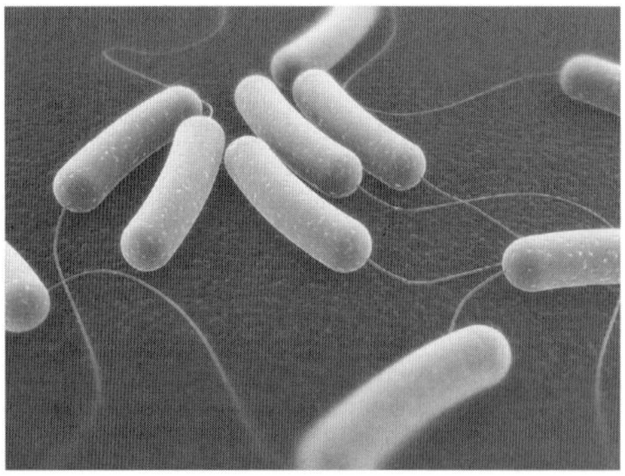

Ⓐ

Ⓑ

그림 9.10 (A) Escherichia coli O157 : H7 (© Stockphoto.com/Eraxion)
(B) 테오도르 에쉐리히(Theodor Escherich) (National Library of Medicine)

리를 위한 화학물질이 바뀌었을 때와 강우 유출수에 의한 수원지의 오염이 발생했을 때, 처리 시설의 처리 성능 저하되었다는 것이다. 병원균의 일반적인 오염원은 물 공급을 오염시키는 농업 유출수인 것으로 보였다. 낭종은 일반적인 식수 살균방법에는 내성이 있기 때문에 여과를 통한 제거가 최선의 방법이다.

실제로 우리는 최근에서야 물속에 있는 병원성 미생물의 존재에 대해 인식하고 연구해 왔다. 콜레라, 장티푸스 및 이질과 같은 수인성 질병은 19세기 중반에도 일반적이었다. 현미경으로 물속에 살아있는 생명체를 볼 수는 있었지만, 이 작은 생물들이 그처럼 두려운 질병을 일으킬 수 있다는 것은 전혀 알지 못했다. 돌이켜 생각해보면, 오염된 물과 질병의 연관성은 경험적 증거를 토대로 밝혀내야 했다. 예를 들어, 1800년대 중반 런던의 템즈강은 사람들이 버린 오수로 심하게 오염되었고, 어느 일요일 오후에는 커다란 유람선이 전복되어 모든 사람들을 강에 빠졌다. 익사한 사람은 없었지만 몇 주 후에 대부분의 승객들이 콜레라로 사망했다!

존 스노우(John Snow)라는 공중 보건 의사는 오염된 물과 전염병의 관계를 세밀하게 조사했다. 19세기 중반 런던의 시민들에게 물 공급은 많은 민간 회사들에 의해 이루어졌다. 각 회사는 템즈강에서 물을 끌어와 도시 내 펌프를 통해 판매했다. 한 회사는 하수가 배출되는 하류에서 취수하고 브로드가(Broad Street)의 펌프를 통해 물을 공급했다. 예상했던 대로 런던의 콜레라 전염병 발생은 일반적이었고, 특히 치명적인 사건을 통해 존 스노우는 콜레라 사례가 브로드 스트리트 펌프 주변에 집중되어 있다는 것을 알아냈다. 그는 신중하게 모든 사례를 기록하고 지도에 표시하여 유행하는 질병의 중심이 펌프임을 분명히 보여주었다. 그는 문제의 펌프를 제거하기 위해 도시의 행정 담당자들을 설득했고, 전염병은 가라앉았다. 이것을 통해 오염된 물과 전염병의 연관성이 입증되었다. 존 스노우의 기여는 존 스노우 펍(John Snow Pub, 술집)이란 이름을 통해 기념되고 있고, 지금은 런던의 브로드윅가(Broadwick Street)로 변경되었다. 유명한 펌프의 위치를 표시하는 표식이 상가 술집의 벽에 붙어 있다(그림 9.11).

© Courtesy of P. Aarne Vesilind

© Courtesy of P. Aarne Vesilind

그림 9.11 존 스노우 펍(John Snow Pub)과 유명한 펌프의 위치를 나타내는 표식

물론 많은 병원성 미생물이 물에 의해 운반될 수 있다. 어떻게 세균 관련 수질을 측정할 수 있을까? 대답은 지표 세균의 개념에 있다. 가장 자주 사용되는 지표는 대장균군(대장균 150균주 포함)이라고 하는 미생물 그룹이다. 이 생물들은 다음과 같이 다섯 가지 중요한 속성을 가지고 있다.

① 온혈 동물의 소화관에서 일반적으로 서식
② 풍부하고 찾기가 어렵지 않음
③ 간단한 테스트로 쉽게 감지할 수 있음
④ 특별한 경우를 제외하고는 일반적으로 무해함
⑤ 대부분의 알려진 병원균보다 강하고 오래 생존

이 5가지 속성 때문에 대장균군은 보편적인 지표 생물이 되었다. 그러나 대장균군의 존재는 병원균의 존재를 증명하지 못한다! 많은 대장균군이 존재하면 온혈 동물의 배설물로 인한 최근의 오염일 가능성이 높다고 기대할 순 있다. 따라서 물에는 병원성 미생물이 포함되어 있을 수 있지만 이러한 병원균이 존재한다는 증거는 아니다. 단순히 병원균이 존재할 수 있음을 의미한다. 그러나 높은 대장균 수는 의심해봐야 하고, 실제로 음용할 수 있는 물로써 완벽히 안전하다 할지라도, 그 물을 음용해서는 안 된다.

그 반대도 마찬가지다. 대장균군의 부재가 물속에 병원균이 없다는 것을 증명하지 못한다. 그러나 물을 마셔도 안전하다는 표시로 간주된다.

대장균군에 대한 두 가지 측정 방법이 있다. 가장 간단한 방법은 멤브레인 여과이다. 샘플을 멸균 필터로 통과시켜 모든 대장균을 포획한다. 그 다음 그 필터를 필터로 스며드는 멸균 배양액을 포함하는 페트리 접시위에 두고 다른 유기체의 성장을 억제하면서 대장균군의 성장을 촉진시킨다. 배양 24시간 또는 48시간 후, 대장균군집을 나타내는 반짝이는 진한 파란색 녹색 점을 세어준다. 얼마나 많은 물이 여과기를 통해 부어 졌는지 알 수 있다면 대장균군의 농도는 100 mL당 대장균군으로 표현할 수 있다.

대장균군에 대한 두 번째 측정 방법은 최확수(MPN, most probable number)로, 유당 배지에서 대장균군이 가스를 생산하고 액체 배지를 흐리게 한다는 사실에 근거한 실험방법이다. 작은 시험관에 공기 방울이 생기지 않도록 큰 시험관(그림 9.12) 내부에 작은 튜브를 거꾸로 놓으면 가스 생성이 감지된다. 배양 후 가스가 생성되면 그 중 일부는 더 작은 시험관에 갇히게 되고 흐린 액체 배지와 함께 시험관에 적어도 하나의 대장균이 접종되었다는 것을 나타낸다.

그런데 한 가지 문제가 존재한다. 이론적으로 하나의 대장균군은 백만의 대장균군과 마찬가지로 쉽게 양성 반응을 일으킬 수 있다. 따라서 단지 하나의 시험관에서 물시료의 대장균군의 농도를 확인하는 것은 불가능하다. 해결책은 다양한 양의 시료가 들어있는 일련의 시험관을 접종하는 것인데, 10 mL 시료는 1 mL 시료보다 10배 더 많은 대장균을 포함할 가능성이 높다.

예를 들어, 세 가지 다른 접종 양(10 mL, 1 mL 및 0.1 mL의 샘플)을 사용하여 세 개의 시험관에 각 양을 접종한다. 배양 후, 다음 표와 같은 배열이 결과로 보인다. 플러스 기호는 양성 테스트(가스 형성이 있는 흐린 액체 배지)를 나타내며 마이너스 기호는 대장균이 발견되지 않은 튜브를 나타낸다. 이 데이터를 근거로 10 mL 당 적어도 1대장균균이 존재한다고 의심되지만 확실한 숫자는 아직 없다.

시험관에 넣은 시료량(mL)	시험관 수		
	1	2	3
10	+	+	+
1	−	+	−
0.1	−	−	+

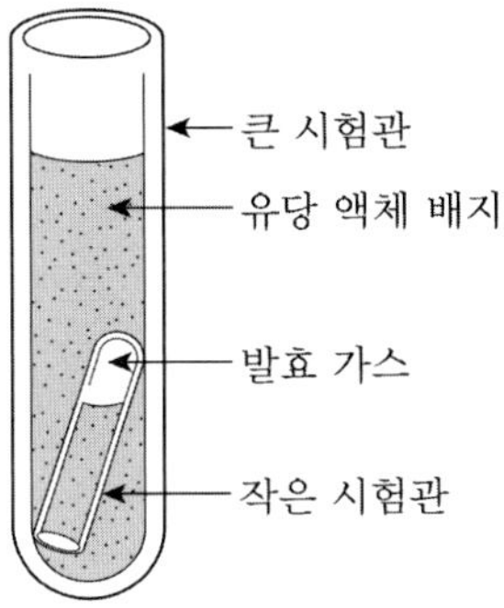

그림 9.12 유당이 대장균에 의해 발효되는 시험관 속의 가스 포획

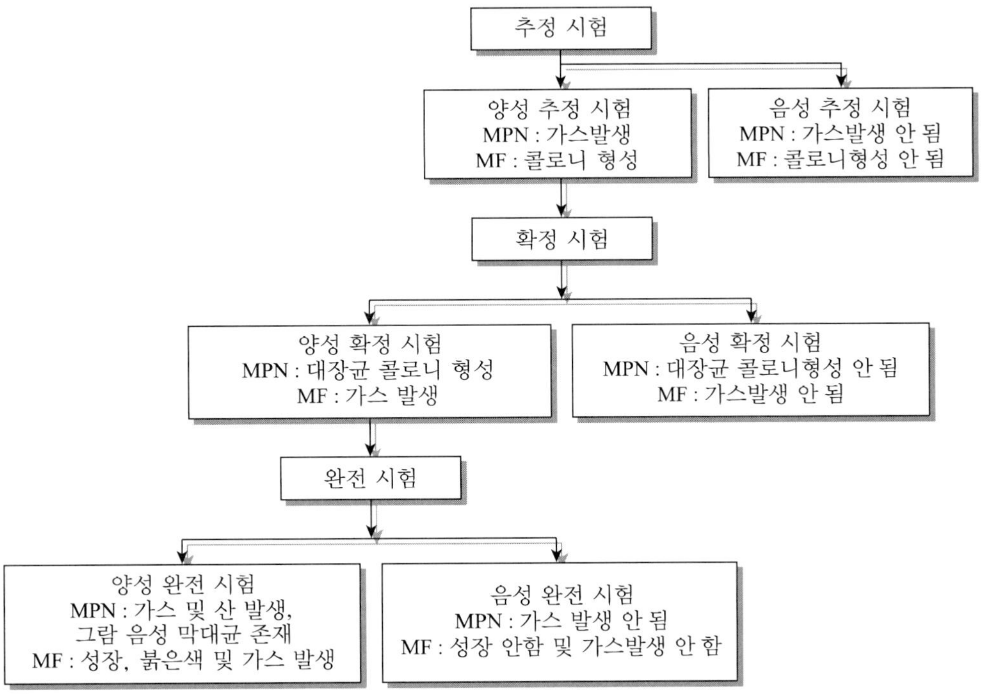

그림 9.13 MPN 및 MF (막 여과) 방법을 사용하여 대장균 추정 및 확정 시험

이 딜레마에 대한 해결책은 통계에 있다. 대장균 농도가 75 coli/100 mL인 경우 양성 및 음성 결과의 그러한 배열이 가장 많이 발생할 것임을 통계적으로 입증할 수 있다. 농도가 높을수록 더 양성인 튜브가 생기고 농도가 낮을수록 음성인 튜브가 더 많아진다. 따라서 75 coli/100 mL가 MPN이다.

두 가지 분석 방법 모두 대장균의 존재 여부를 결정하기 위한 3단계의 시험이 필요하다(그림 9.13). 첫 번째 분석 단계는 대장균 박테리아의 유무를 추측하는 추정 시험이다. 그러나 절대적인 증거가 될 수는 없다. 예를 들어, 대장균군이 가스를 생산하지만 일부 비균질 세균도 가스를 생성한다. 분석의 두 번째 단계는 전체 대장균군의 존재 유무를 확인하는 확정 실험이다. 분석의 세 번째 단계는 대장균의 유무를 확인하는 완전 실험이다.

9.2 수질 평가

미국에서 처리된 먹는물은 안전을 보장하기 위해 매년 지정된 횟수만큼 미생물과 80가지 화학 물질에 대해 검사가 진행된다(9.3절 참조, 우리나라는 55개 정도). 먹는물의 적절한 설계 및 처리를 결정하기 위해 pH, 알칼리도 및 경도와 같은 수질항목에 대한 분석을 일반적으로 수행한다(10장 참조).

마찬가지로 하폐수 처리 시설의 설계 및 운영과 관련된 정보를 제공하기 위해 다양한 하폐수 특성을 분석할 수 있다(표 9.1). 그러나 7가지 주요 성분은 SS (부유고형물), BOD, 병원균, TDS (총용존고형물), 중금속, 영양소 및 우선순위 유기 오염 물질이다. 처음 세 가지 성분들은 대부분의 하폐수 처리 시스템의 설계를 위해 사용된다.[8] 방류수의 심미적 수질에 영향을 주는 것 외에도, SS는 생성되는 슬러지의 양에 영향을 주고 구축하고자 하는 혐기성 조건의 가능성에 영향을 준다. 생분해성 유기물(BOD 및 COD로 측정)은 호기성 공정을 통해 처리될 때 용존 산소가 필요하다. 물론, 병원균은 전염병을 일으킨다. 용존 무기 물질(즉, TDS)은 물의 반복 사용을 통해 증가하므로 처리된 하폐수의 재사용에 영향을 미친다. 중금속(23보다 큰 원자량을 가진 양이온으로 생활 및 산업에서 기인함)은 생물학적 처리 과정을 뒤집어 놓을 수 있고 슬러지 관리 옵션을 감소시킬 수 있다. 영양물질(즉, 인과 질소)은 자연 수역으로 방류될 때 산소 고갈과 부영양화를 일으킬 수 있다(8장에서 논의됨). 그러나 영양물질이 토양에 사용되는 슬러지 및 관개용수를 위한 방류수에는 필요할 수 있지만, 과도한 부하는 지표수 및 지하수를 오염시킬 수 있다. 특정 유기 오염 물질은 유해하며 종종 기존의 수처리 방법으로 처리되지 않는다.

표 9.1 하수처리시설에서 실시하는 수질분석시험항목과 주요 분석기기

시험항목		주요 분석기기
온도		유리제 막대형 수은온도계
수소이온농도(pH)		유리전극 PH미터
생화학적 산소요구량(BOD)		인큐베이터(20℃), DO미터
화학적 산소요구량(COD_{Mm})		항온수조
부유물질(SS)		여과기, 진공펌프
노말헥산 추출물질	광유류	가열판(hot-plate), 항온수조, 분액깔대기
	동식물 유지류	상동
용존산소량		DO미터
페놀(phenols)		항온수조, 분광광도계, 진탕기
시안(CN)		통기장치, 항온수조, 시안증류장치, 분광광도계
총 수은(Hg)		원자흡광광도계
알킬수은		가스크로마토그래피
유기인		가스크로마토그래피
카드뮴(Cd)		원자흡광광도계 또는 ICP
납(Pb)		원자흡광광도계 또는 ICP
크롬(Cr)		원자흡광광도계 또는 ICP
6가 크롬(Cr^{+6})		분광광도계 또는 원자흡광광도계 또는 ICP
비소(As)		분광광도계 또는 원자흡광광도계 또는 ICP
구리(Cu)		상동
아연(Zn)		상동
용해성 철(Fe)		상동
용해성 망간(Mn)		상동
불소(F)		분광광도계 또는 광전분광광도계, 불소증류장치
대장균군수		인큐베이터(35℃)
PCB		가스크로마토그래피
총 질소(T-N)		열분해장치
총 인(T-P)		열분해장치
음이온 계면활성제(ABS)		분액깔대기, 분광광도계
트리클로로에칠렌(TCE), 테트라클로로에칠렌(PCE)		가스크로마토그래피 + ECD
색도		색도계 또는 분광광도계
알칼리도		뷰렛 또는 홀펫
음이온 계면활성제		광전광도계 또는 광전분광광도계
벤젠		가스크로마토그래피
셀레늄		원자흡광광도계
생태독성		물벼룩

출처 : 환경부, 하수도시설기준(2011)

언급된 주요 항목 및 기타 수질 항목을 측정하기 위한 500가지가 넘는 방법이 "물과 상수 및 하폐수의 조사를 위한 표준시험법(Standard Methods for the Examination of Water and Wastewater)"으로 정형화되어 있다. 해당 시험법 제목은 일반적으로 "스탠더드 매소드(Standard Methods)"로 줄여서 사용된다. 문제가 발생했을 때 사용할 시험법을 결정하려면 먼저 문제를 정의하는 것이 필요하다. 예를 들어, 문제가 "물의 악취!"인 경우 얼마나 많은 냄새가 나는지(수치적으로) 그리고 물속에 냄새를 일으키는 물질이 무엇인지를 결정할 인자를 결정해야 한다. 냄새의 정량적 측정은 사람의 후각에 달려 있기 때문에 어렵고 부정확하며, 무엇을 측정해야 할지 모르기 때문에 원인 물질의 농도를 측정하는 것은 어렵다. 운이 좋은 상황에서는 해당 원인을 찾을 수도 있지만, 대부분 휘발성 고체 또는 암모니아와 같은 간접적인 측정법을 사용하여 냄새를 측정해야 하는 어려움이 있다.

다른 한편으로, 만약 문제가 "나는 이 물을 마셨다. 그리고 그것은 나를 아프게 했다!"라면 얼마나 아팠는지 병의 본질이 무엇인지 묻는 것이 필요하다. 이 정보는 건강 문제를 일으킨 물에 무엇이 있었는지에 대한 단서를 제공한다. 그 불평이 소화 시스템 장애(설사, green-apple-quick-step)였다면, 의혹은 박테리아 또는 바이러스 오염 물질이 존재한다는 것이다. 그런 다음 대장균 검사를 사용하여 그러한 오염의 원인을 파악할 수 있다.

소화 장애 대신에 지역 사회의 사람들이 반상치(mottled teeth)를 앓고 있다는 문제가 있다면, 즉각적인 의문은 먹는물에 과도한 불소가 포함되어 있다는 것이다. 대부분의 지역 사회가 어린이와 청소년의 충치를 예방하기 위해 식수에 불소를 첨가하더라도, 이 경우에는 불소는 오염 물질이 될 수 있다.

수질 문제의 세 번째 예는 "모든 물고기가 죽었다!"라는 것일 수 있다. 그러면 물고기가 죽게 된 원인에 대한 해결책을 찾아야 한다. 어떤 성분은 물고기를 죽일 만큼 충분히 고농도로 존재했거나, 어떤 성분이 필요한 고등 수생 생물이 없었다는 것일 수 있다. 예를 들어, 폐기 농약이 물고기를 죽일 수 있고, 화학물질 선별 검사를 수행하면 살충제를 확인할 수 있다. 이 물고기는 산소 결핍(물고기 폐사의 가장 흔한 원인)으로 인해 사망했을 수도 있으며, 이런 경우 BOD를 측정하고 DO를 측정하는 것이 유용하다.

이러한 측정의 전체 목적은 물이 얼마나 깨끗한지 또는 더러운지에 대한 정량적인 처리를 위한 것이다. 그래야만 오염 문제를 해결하고 판사와 변호사가 우리에게 "어떠한 바보라도 물이 마시기에 적합한지 안다."라고 말하는 문제를 피할 수 있다.

9.3 수질 기준

그러나 물의 다양하고 유익한 용도에 대해 적절한 수질을 설명해주는 기준이 없다면, 수질에 대한 정량 분석이 무슨 소용이 있는가? 실제로 세 가지 유형의 주요 수질 기준이 있는데 먹는물 기준, 방류수 기준, 및 지표수 수질 기준이 있다.

9.3.1 먹는물 기준

공중 보건 및 역학 증거를 토대로 여러 가지 물리적, 화학적 및 세균학적 오염원에 대한 국가적 먹는물 기준이 안전한 음용수법(SDWA, the Safe Drinking Water Act)에 의거 EPA가 수립되었다. 표 9.2는 이러한 기준 중 일부를 나타낸다. 완전한 기준은 연방규정 40CFR141 (Title 40 Part 141 of the Code of Federal Regulations)에 제시되어 있다. 우리나라는 수도법 및 먹는물관리법에 따른 먹는물 수질기준 및 검사 등에 관한 규칙으로 정하고 있다(역자).

화학물질 기준의 목록은 상당히 길며 일반적인 무기물(납, 비소, 크롬 등)은 물론 일부 유기물(예 : DDT)을 포함한다. 식수(먹는물)에 대한 세균학적 기준은 대장균을 지표로 작성되었다. 정상적인 기준은 현재 처리된 식수 100 mL 당 1 대장균 미만이다. 물리적 표준의 한 가지 예가 탁도(turbidity) 또는 빛의 통과에 따른 간섭이다. 탁도가 높은 물은 흐려지며 콜로이드성 고체가 존재하기 때문에 발생한다. 탁도는 그 자체로 건강 문제를 일으키지는 않지만 콜로이드성 고체는 병원성 생명체에게 편리한 이동 매개체가 될 수 있다.

표 9.2에 나열된 기준은 주요 기준의 예이다. 1차 기준은 최대 오염 수준(MCLs, maximum contaminant levels) 또는 처리 기술을 규정한다. 그들은 공중 보건을 보호하고 강제할 수 있도록 설정되어 있다.

반면에 2차 기준은 물을 보다 맛있고 유용하게 만들기 위해 제정되었는데, 예를 들어 불쾌한 맛과 부식성을 줄이기 위함이다(표 9.3). 이러한 기준은 강제할 수 없다. 예를 들어, 염화물의 2차 기준은 물에 뚜렷한 짠맛이 있는 250 mg/L이다. 소금이 사람들에게 해롭게 되기 전 사람들이 마시지 못할 만큼 맛이 없기 때문에 염화물에 대한 주요 기준은 없다. 철분은 건강에 문제가 되지 않지만(실제로 혈액 건강에 중요함), 철분 농도가 높으면 물이 빨갛게 보이고 세탁물이 변색된다. 망간은 물에 푸른색을 주며 유사하게 세탁물과 욕조와 같은 세라믹 표면을 변색시킬 수 있다.

최대 오염 수준 목표(MCLGs, maximum contaminant level goals)는 강제가 불가능하지 않지만 주요 오염 물질에는 적용된다. 이러한 목표는 알 수 없거나 예상되는 건강 영

표 9.2 일차 먹는물 기준

오염물질	농도(ng/L, 별도 표시 없을 경우)		
	MCL	MCLG*	BAT**
무기물			
석면	7백만 섬유/L (10μm 이상)	2, 3, 8	
크롬	0.1		2, 5, 7, 6 (Cr^{3+}에 대해)
시안	0.2 (유리 시안)		5, 7, 10
불소	4.0		
질산성 질소	10 (as N)		5, 7, 9
아질산성 질소	1 (as N)		5, 7
탈륨	0.002	0.0005	1, 5
유기물			
알라클로르	0.002	0	4
카보퓨란	0.04		4
톨루엔	1		4, 12
트리클로로에틸렌	0.005	0	4, 12
크렌실(총)	10		4, 12
2,3,7,8-TCDD(다이옥신)	0.00000003	0	4
소독 부산물			
브롬산염	0.010	0	17
브로모포름	−	0	
아염소산염	1.0	0.8	17
할로아세틱에시드(HAA5)	0.060	−	2, 4, 6
총트리할로메탄	0.080	−	2, 4, 6
생물학적			
총대장균군 ≥ 40시료/월	≤ 5% 양성	0	2, 13, 14, 15, 16
< 40시료/월	≤ 1시료 양성 분면 대장균 또는 E. coli 양성 시료 후 음성 반복 시료		
Cryptosporidium	−	0	
바이러스	−	0	
방사능			
결합 라듐-226 및 라듐-228	5 pCi/L	0	5, 6, 7
우라늄	30 mg/L	0	2, 5, 6, 7
물리적			
탁도	1 NTU		

* MCLGs가 MCL과 다를 경우만

** 최적 가용 기술(BAT, Best Available Technology) 또는 법규 준수 기법

1 = 활성 알루미나　　　7 = 역삼투　　　13 = 산화

2 = 응집 및 여과	8 = 부식 제어	14 = 적정 배치 및 건설
3 = 직접 및 규조토 여과	9 = 전기투석	15 = 소독 잔류물
4 = 입상 활성탄	10 = 염소	16 = 배수관망 유지관리
5 = 이온 교환	11 = 자외선 광	17 = 처리 공정 제어
6 = 석회 연수화	12 = 충전탑 폭기	

표 9.3 이차 먹는물 기준

오염물질	기준(mg/L, 별도 표시 없는 경우)
양이온	
알루미늄	0.05 ~ 0.2
구리	1.0
철	0.3
망간	0.05
은	0.10
아연	5
음이온	
염소이온	250
불소이온	2.0
황산이온	250
기타	
TDS	500
발포제	0.5
Color	15도
Odor	3 (TON, Threshold Odor Number)
Corrosivity	비부식성
pH	6.5 ~ 8.5

향을 나타내지 않는 수준에서 설정된다. 따라서 목표는 기술이나 경제적인 문제로 인해 MCLs보다 낮을 수 있다. 다시 말해, 건강에 위협을 주는 수준이 정확하게 모르는 대상에 대해 낮은 농도의 기준을 설정하는 것은 매우 큰 비용이 초래될 수 있다.

과학과 기술이 발전함에 따라 EPA는 지속적으로 데이터를 검토하여 공공 상수도시스템에서 발생할 것으로 알려져 있거나 예상되는 물질을 SDWA에 따라 규제에 대한 여부를 판단하고 있다. 이 검토 프로세스로 인해 오염 후보 목록(CCL, contaminant candidate list)이 작성된다. 1998년에 출판된 CCL1은 60개의 오염물질 목록을 가지고 있다. 2005년에 발표된 CCL2에는 규제 결정 과정을 통해 CCL1에서 제거되지 않은 51개의 오염물질이 있었다. 2008년에 발표된 CCL3 초안에는 약 7,500개의 화학물질과 미생물 중 93개의 화학물질 또는 화학 그룹, 11개의 미생물 오염물질 등 104개의 오염 물질이 목록에 있다. CCL의 오염물질은 검출 방법, 먹는물에서 발생하는지 여부, 건강 영향 및 제거 방법을 결정하기 위해 연구되었다. 2008년 7월 현재 EPA는 CCL1과 CCL2의 9개 오염물질에 대해 규제 조치가 적절하거나 필요하다고 판단했다.

9.3.2 방류수 기준

미국 수질관리법(CWA, Clean Water Act)은 자연 수로로의 오염원 유입을 줄이기 위해 사용된다. 자연 수로로 배출하는 모든 오염원은 국가 오염 배출 제거 시스템(NPDES, National Pollution Discharge Elimination System) 허가를 얻는 것이 필요하다(40CFR122). (천연수로가 아닌 하수도로 배출되는 사업장은 NPDES 허가가 필요하지 않으나, 폐수를 받는 도시 하수처리장부터 허가를 받아야 한다) 비록 이것을 반대하는 일부 사람들은 이러한 오염물질들을 "오염지속을 위한 배출권"이라고 불렀지만, 그럼에도 불구하고 허용 시스템은 지표수의 수질에 큰 긍정적인 영향을 끼쳤다. 생활하수 처리장의 대표적인 방류수 기준은 5～20 mg/L BOD이다. 우리나라는 하수도법 시행 규칙에서 정하고 있다(역자). 이러한 제한 기준을 필요에 따라 낮추어 수질을 향상시키는 것이 목적이다.

9.3.3 지표수 수질기준

방류수 기준과 관련 있는 "하천 기준(우리 나라는 하천의 생활환경기준)"이라고 불리는 지표수 기준이 있다. 미국의 모든 지표수들은 각 지표수의 가장 유익한 사용에 근거한 기준 체계에 따라 분류된다. 가장 높은 분류는 보통 깨끗한 물을 위한 것으로, 이것은 종종 상수원으로 사용된다. 다음으로 가장 높은 분류는 폐수를 방류했지만 그럼에도 불구하고 높은 품질을 보이는 물을 포함한다. 그 분류는 수질이 낮은 순서에 따라 계속되며, 가장 낮은 수질인 관개수 및 유지용수까지이다.

CWA 제305조(b)는 국가 수질 목록을 수립하여 수질 기준에 부합하는 수체를 강조하였다. CWA 섹션 303(d)는 총일일 부하(TMDLs, Total Maximum Daily Loads)가 필요한 오염된 물의 우선순위 목록을 설정했다. TMDL은 수질 기준을 충족시키기 위해 수체가 모든 공급원, 지점 및 지점으로부터 받을 수 있는 최대 오염물질 양을 말한다. 유역 수준에서 사용되는 TMDL은 점과 비점오염원 간의 거래와 비점오염원 규제, 합류식 하수관거의 월류수(CSOs, Combined Sewer Overflows) 감소 또는 제거에 초점을 두는 등 비점오염원 오염의 방지 및 처리에 관심을 증대시킨다. CSOs는 강우 유출수와 오수를 모두 처리하는 하수관거 시스템을 가진 오래된 도시 지역에서 비와 눈이 녹은 이후 주로 발생한다.

목표는 모든 지표수에 대해 가능한 한 가장 높은 분류를 설정하고 NPDES 허가를 사용해 오염을 배출하는 자들에게 압력을 가하고, 수질 검사를 강화하며, 수로의 분류를 늘리는 것이다. 일단 더 높은 분류로 분류되면, 물을 낮은 품질 수준으로 저하시키는 방류가 허용되지 않을 것이다. 목표는 결국 모든 지표수에서 깨끗한 물을 얻는 것이다. 이 정도쯤 되면 지나치게 낙천적으로 들릴지 모르지만, 그것은 숭고한 목표이고, 그 목적을 달성하기 위해 전문가로서의 경력을 바친 수천 명의 엔지니어들과 과학자들은 작은 승리의 기쁨을 이해하고 오염 없는 물의 궁극적인 꿈을 공유하는 것이다.

FOCUS ON

미국 전역 수질 기준에 관한 기원

1900년대 초에 많은 미국의 도시들에서 장티푸스, 콜레라 및 기타 수인성 질병으로 인한 사망률이 높았으며, 그 중 일부는 위생 상태가 좋지 않고 오염된 우유 및 기타 식량 공급 때문이었지만 대개는 오염된 식수에서 발생했다. 예를 들어, 피츠버그시에서는 폐수 방류 바로 하류에 있는 알레게니강에서 물을 취수했다. 더 부유한 사람들은 병에 든 생수를 사용하여 이 위험을 피했지만 가난한 사람들은 오염된 물을 마시는 것 외에 선택의 여지가 없었다.
당시 미국의 헌법은 매우 제한적으로 해석되어 있었으며 연방 정부가 국가 먹는물 기준을 설정하고 집행할 가능성은 거의 없었다. 당시 미국 보건부(PHS, Public Health Service)의 공중 보건 지도자들은 미 재무성의 기관으로서 연방 정부가 주간 거래를 촉진할 수 있는 권리를 부여하는 주와 주사이의 상거래 조항을 이행함으로써 먹는물의 수질을 개선하기로 결정했는데, 그 당시 주와 주사이의 고속도로 운송은 열차로 이루어졌으며 열차가 지역 사회에서 정차하는 것이 큰 이점이었다. PHS의 과학자, 엔지니어 및 의사는 열차가 정차하고 물을 섭취하는 지역 사회에만 적용 가능한 음용수 품질 기준을 개발하기로 결정했다. 논쟁은 그런 물이 각 주간 이동하는 사람들이 사용하기에 안전해야 한다는 것이었다. PHS의 대중적 입장은 세균 지표로서 대장균군을 처음으로 사용하는 이 기준이 국가 기준으로 계획되지 않았다는 것이었다. PHS가 소유한 유일한 정책 수단은 커뮤니티 물 공급이 이러한 기준을 충족시키지 못하면 열차가 멈추지 않는다는 것이다. 그러나 이것은 매우 강력한 정책 수단이었다. 아이오와주 보건위원회(Iowa State Board of Health)의 한 화학자는 다음과 같이 언급했다 "철도역 통지 지역 내 수질에 대한 비난의 효과는 정부와 여론의 활동을 통해 지역 내 정수장에 기준을 준수를 강제하게 했다." 실제로 열차가 멈추지 않는 지역 사회조차도 먹는물 공급을 정리할 유인책이었다. 그 효과는 1940년까지 장티푸스와 콜레라의 사망률을 거의 제로로 낮추는 결과를 낳았다.

출처 : Patrick Gurian and Joel A. Tarr, The First Federal DrinkingWater Quality Standards and their Evolution, in Improving Regulation, ed. Paul S. Fischbeck and R. Scott Farrow, Resources for the Future, Washington, DC, 2001.

연습문제

9.1 다음의 BOD_5 시험 결과가 주어진다.

초기 DO	8 mg/L
최종 DO	0 mg/L
희석배율	1 : 10

다음은 무엇일까?

a. BOD_5?

b. 최종 BOD?

9.2 두 개의 병에 호수 물이 가득 차 있다면, 하나는 어둠에 보관하고 다른 하나는 햇빛에 보관한다. 며칠 후에 어느 것이 더 높은 DO를 가질 수 있는가? 이유는 무엇인가?

9.3 채취한 폐수에 대해 다음 데이터가 얻어진다.

총고형물	4,000 mg/L
부유고형물	5,000 mg/L
휘발성 부유고형물	2,000 mg/L
잔류 부유고형물	1,000 mg/L

이 숫자 중 어느 것이 의심스러운가? (잘못되었는가?) 이유는 무엇인가?

9.4 물의 BOD_5는 10 mg/L이다. BOD 병의 초기 DO는 8 mg/L이고 희석은 1 : 10이다. BOD병의 최종 DO는 무엇인가?

9.5 폐기물의 BOD_5가 100 mg/L인 경우, 점진적으로 더 많은 양의 크롬(독성 화학 물질) 첨가에 따른 영향을 나타내는 곡선을 그려보시오.

9.6 몇 년 전에 뉴저지에 있는 산업 공장이 하류 이웃들과 문제를 겪고 있었다. 이 공장은 무해한 염료를 물에 배출하고 강을 모든 종류의 색으로 바꾸는 것으로 보였다. 염료는 수생 생물에 해를 끼치지 않는 것으로 보이며 배나 부두를 오염시키지 않았다. 간단히 말해서, 그것은 심미적으로 골칫거리였다.

공장의 폐수 처리 기술자는 이 문제에 대한 해결책을 내놓으라고 요청을 받았다. 그 기술자는 활성탄 컬럼을 추가한 공장의 확장에 약 50만 달러의 비용이 소요되지만 더 간단한 해결책이 있음을 발견했다. 그들은 저류지를 만들어 낮에는 이 저류지에 공장 배출수를 저류하고 밤에는 방류하거나 배출수가 청색/초록색으로 보이도록 청색과 초록색을 충분히 나타낼 때까지 잡아 둘 수 있었다. 저류지는 건설하는데 단지 10만 달러의 비용만이 든다. 공장은 표준이나 규정을 위반하지 않으므로 운영이 합법적이다. 사실, 공장은 일반적인 불만을 줄이기 위해 폐기물을 배출하지만 실제로는 폐수를 처리하여 염료를 제거하지 않는다. 염료 폐기물의 총배출량은 변하지 않을 것이다.

귀하는 회사의 사장이며 50만 달러를 지출하고 폐기물을 처리하거나 10만 달러를 지출하고 대중으로부터 불만을 제거하기로 결정해야한다. 엔지니어에게 계속 진행하는 방법을 알려주는 메모를 작성하시오. 메모 작성 시 결정을 내리는 근거를 포함시키시오.

9.7 BOD 테스트에서 다음 데이터를 고려하시오. 희석이 없다면(즉, 희석배율이 1인 경우), 무엇인가?

a. BOD_5?

b. 최종 탄소성 BOD?

c. 최종 질소성 BOD?

d. 왜 3일째까지 산소가 사용되지 않는다고 생각하는가?

9.8 민간 기업을 위해 일하는 화학 엔지니어는 산업 슬러지를 소독하기 위한 수단을 개발하도록 요청받았다. 그는 공장에서 사용할 수 있기 때문에 많은 양의 염소를 사용하기로 결정한다. 실험실 연구에 따르면 이 방법은 매우 효율적이고 저렴하다. 공장이 건설되고 수년간의 운전 후, 공장으로부터의 배출수는 매우 높은 농도의 트리할로메탄(예 : 클로로포름)을 함유하는 것으로 밝혀졌다. 이 화학 물질은 발암성이며, 하류 사람들은 이 물을 마시고 있다.

a. 회사 기술자는 트리할로메탄의 생성과 건강 효과에 대해 알고 있었지만 어쨌든 이 시설을 건설하기로 결정했을 가능성이 있다.

b. 또한 회사 엔지니어는 염소와 폐수슬러지와 같은 유기 물질의 영향이 환경 엔지니어에게 오랫동안 알려졌음에도 불구하고 염소가 잠재적인 건강 문제를 일으킬 수 있다는 것을 알지 못했을 가능성이 있다.

이 두 경우 모두 엔지니어의 책임에 대해 토론하시오.

9.9 BOD_5 2,000 mg/L인 폐수 40,000 m^3/d를 배출하는 공장이 있다. 얼마나 많은 BOD_5 (kg)가 배출되는가?

9.10 산업체는 오염이 심한 유역(유독물, 악취, 표면의 오일 슬릭, 검은색)으로의 배출 허가를 위해 주정부에 신청을 해야 한다. 하지만 주정부는 허가를 거부했고, 해당 산업에서 일하는 엔지니어는 계획 배출량이 현재의 하천수보다 실제로 더 깨끗하고 실제로 하천의 오염 물질을 희석한다는 전제에 근거하여 허가 거부에 호소하는 편지를 보내야 한다고 들었다. 그러나 그는 글을 잘 못쓰기 때문에, 그가 당신에게 주정부에 보낼 한 페이지 분량의 편지를 작성하라고 부탁한다.

a. 엔지니어가 그의 사건을 주장하는 편지를 주에게 쓰시오.

b. 허가서를 요구하는 서신을 작성한 후, 배출을 허용하지 않기로 한 국가의 결정을 정당화하는 편지를 국가에서 산업계로 되돌려 보내시오.

c. 사건이 법원에 가고 판사가 주요 논점으로 읽을 두 편지를 가지고 있다면, 결과는 무엇인가? 사건을 결정하는 판사의 의견을 적으시오. 판사가 환경 윤리의 어떤 요소를 사용하여 결정을 내릴 수 있는가?

9.11 2 L의 우유를 매일 하천으로 버린 경우, 배출량(kg-BOD_5/d)은 어떻게 되는가? 우유의 BOD_5는 약 20,000 mg/L이다.

9.12 예제 9.11에서와 같은 표준 암모니아 시료가 주어졌을 때, 미지의 샘플이 20% (0.20) 흡광도로 측정되었을 때 암모니아 농도는 얼마인가?

9.13 멀티튜브 대장균 검사를 실시한 결과, 다음과 같은 결과가 나왔다고 가정한다.

1 mL 샘플 : 5개 모두 양성, 0.1 mL 샘플 : 2개 모두 음성

대장균군의 농도를 측정하기 위해 스탠더드 메소드(standard methods)의 표를 사용하시오.

9.14 세균 오염의 지표뿐만 아니라 바이러스 오염의 지표로 대장균을 사용한다면 대장균군이 바이러스와 관련하여 어떤 속성을 가져야 하는가?

9.15 다음 조건에서 BOD 실행에 대한 일반적인 DO 곡선을 그려라.

a. 하천수, 20℃, 어두운 곳
b. 비식종 설탕물, 20℃, 어두운 곳
c. 하천수, 20℃, 빛이 있는 곳
d. 하천수, 40℃, 어두운 곳

9.16 다음과 같이 BOD 실험 결과를 고려하시오. 희석은 없다고 가정하시오.

일	DO (mg/L)
0	9
1	8
2	7
3	6
4	5
5	4.5
6	4

a. BOD_5를 계산하시오.
b. 시간에 따른 BOD 변화를 그래프로 그리시오.
c. 샘플을 채취한 후 인큐베이터에 넣고 5일간 매일 DO를 측정하고 6일이 지났다고 가정한다. 이 곡선을 그래프에 점선으로 그리시오.

9.17 두 개의 물시료가 0일째에 다음과 같은 형태의 질소를 가지고 있다고 가정한다. 각 샘플에 대해, 배양 10일 동안 BOD 병에 존재할 수 있는 4가지 질소 형태의 곡선을 그려라.

	시료 A	시료 B
유기물	40	0
암모니아	20	0
아질산	0	0
질산	2	10

9.18 하수 시료는 $k_1 = 0.2\ d^{-1}$이고 최종 BOD (L) = 200 mg/L이다. 시료가 1 : 20으로 희석되고 초기 DO가 10.2 mg/L인 BOD 병에서 5일째 최종 용존 산소는 얼마인가?

9.19 다음 유기 화합물을 완전히 산화시키는 데 필요한 산소 농도(mg/L)를 계산하시오. 또한 처리된 용액 1리터당 공기의 양을 리터 단위로 계산하시오. 각 화합물의 농도는 500 mg/L를 사용하시오.

a. methyl tertiary butyl ether (MTBE), $C_5H_{12}O$
b. benzylmorphine, $C_{24}H_{25}NO_3$
c. bepridil, $C_{24}H_{34}N_2O$
d. toluene, $H_5C_6H_2C-H$

9.20 어떤 학생이 양쪽 모두의 초기 DO를 9.0 mg/L인 두 개의 BOD 병을 배양기에 두었다. 병 A에는 100% 샘플이 들어 있고 병 B에는 50% 샘플과 50% 희석되지 않은 희석수를 넣었다. 마지막 5일 후 DO는 병 A에서 3 mg/L이고 병 B에서는 4 mg/L이다.

a. 각 병의 시료 내 5일 BOD는?

b. 어떤 점이 값의 차이를 만들어 냈는가?

c. 산정된 BOD가 다음의 내용을 포함한다고 생각하는가?

i. 탄소성 BOD만? ii. 질소성 BOD만? iii. 탄소성 및 질소성 BOD 모두?

왜 그렇게 생각하는가?

9.21 전처리 후 산업 폐기물의 BOD_5는 220 mg/L이며 최종 BOD (BOD_u)는 320 mg/L이다.

a. 탈산소 상수(밑 10) k_1은 얼마인가?

b. 탈산소 상수(밑 e) k_1은 얼마인가?

9.22 2개의 폐수 각각의 최종 BOD는 280 mg/L이다. 첫 번째 폐수는 탈산소화 상수 k_1(밑 e) = 0.08 d^{-1}, 두 번째 폐수의 경우 $k_1 = 0.12\ d^{-1}$이다. 각 폐수의 BOD_5는 얼마인가? 각 결과를 그래프로 그리시오.

9.23 당신은 대기업의 환경 기술자이며 폐수 처리장 폐수 수질 검사 결과를 정기적으로 받는다. 언젠가는 카드뮴의 배출수 농도가 배출 허가 농도보다 약 1,000배 더 높다는 사실을 알게 된다. 당신은 실험실 기술자에게 전화를 하고, 그 기술자도 당신에게 이상하다고 말한다. 그래서 그 기술자는 그것을 확인하기 위해 여러 번 실험을 한다.

카드뮴이 어디에서 유래했는지 또는 다시 나타나는지 여부는 알 수 없다. 고농도를 주정부에 보고하면 처리된 유출수가 수원으로 사용되는 하천으로 흘러들어가기 때문에 전체 산업 활동을 중단할 수 있으며 다시는 그런 일이 일어나지 않도록 배출원이 어디인지 알려고 할 것이다. 이 같은 폐쇄로 인해 이미 파산할 위기에 처해 있는 회사가 망할 것이다. 많은 사람들이 직장을 잃고 지역 사회가 고통을 겪을 것이다.

당신은 다음과 같은 옵션들이 있다.

a. 불쾌한 데이터 입력을 지우고 모든 것을 잊어 버려라.

b. 데이터를 주정부에 보고하는 것을 지연하고 의심스러운 점이 있다고 하더라도 다양한 원인을 찾는다.

c. 이것을 상사에게 보고하고 결정하게 한다. 그러면 당신은 벗어날 것이다.

d. 주정부에 보고하고 결과를 받아들여라.

e. 그 외 다른 것들은?

9.24 지자체 물관리 시스템은 매년 소비자 신뢰 보고서(CCR, Consumer Confidence Report)를 제공해야 한다.

a. 크리스와 켈리는 최근에 직장을 옮겼고 CCR을 더 이상 받지 못한다는 사실을 깨달았다. 왜 그럴 수 있을까?

b. 가능한 경우 어떤 지자체의 CCR을 다른 지자체의 CCR과 비교하시오. 자신의 보고서를 사용할 수 없는 경우 사용 가능한 두 가지 보고서를 비교하시오(일부 보고서는 EPA 웹 사이트 http://www.epa.gov/safewater/dwinfo/index.html에서 볼 수 있음).

참고문헌

1. Thomas, H. A., Jr. 1950. Graphical determination of BOD curve constants. Water and Sewer Works 97:123.
2. Symons, J. M. 1997. Plain Talk About Drinking Water: Questions and Answers About the Water You Drink. Denver, CO: American Water Works Association.
3. Madigan, Michael T., John M. Martinko, and Jack Parker. 1997. Brock Biology of Microorganisms. Prentice Hall: Upper Saddle River, NJ.
4. Talaro, Kathleen Park, and Arthur Talaro. 1999. Foundations in Microbiology. Boston: WCB McGraw-Hill.
5. Kondro, Wayne. 2000. E. coli Outbreak deaths spark judicial inquiry in Canada. Lancet, June 10. Accessed at http://www.findarticles. com on December 8, 2008.
6. Centers for Disease Control and Prevention. 2000. Disease Information: Escherichia coli O157:H7. May 30. Accessed at http://www.cdc. gov/ncidod/dbmd/diseaseinfo/escherichiacoli_g.htm on December 8, 2008.
7. Raloff, J. Toxic bugs taint Large Numbers of Cattle. Science News. March 25, 2000. Located at http://www.findarticles.com.
8. Crites, Ron, and George Tchobanoglous. 1998. Small and Decentralized Wastewater Management Systems. WCB McGraw-Hill: Boston.

10 Chapter 상수도와 정수처리

© Susan Morgan

미국 일리노이주, 야영장 및 저수지

© Susan Morgan

미국 일리노이주, 지상 저수조

환경공학자는 상수원을 만들고 보호하며 안전한 먹는물을 공급한다.

예전 인구밀도가 낮았던 시절에는 먹는물을 비롯한 물을 구하기 비교적 용이하였으며, 하폐수의 처리로 인한 심각한 문제는 발생하지 않았다. 예를 들어, 아메리카 대륙의 식민지 시절에는 우물이나 강물을 그대로 상수로 사용하고 하폐수를 그대로 인근 수역에 배출하여도 신경 쓸 필요가 없었다. 마찬가지로 오늘날 미국 대부분의 시골에서도 복잡한 정수 또는 하수처리 시설 없이 우물과 정화조 시설이면 충분히 물을 공급하고 처리할 수 있다. 그러나 인간은 사회적이고 상업 활동을 영위하는 동물로서 도시에 모여 생활함에 따라 수돗물의 공급과 하수 처리에 대한 문제들이 야기되고는 한다.

이 장에서는 먼저 공공의 상수도에 대해 이야기하고, 이어서 정수처리 방법과 개별 사용처로의 배수에 대한 내용을 다룬다. 11장에서는 사용된 물, 즉 하폐수의 배제 및 처리에 대해 설명한다.

10.1 수문학적 순환과 수자원 가용성

상수도를 다루기 위해서는 4장에서 다루었던 '수문학적 순환(hydrologic cycle)'의 개념에 대해 살펴볼 필요가 있다. 그림 10.1에는 구름에서 눈과 비의 형태로 내려 지표를 흐르는 지표수와 지하로 침투된 지하수, 이후 증발과 증산에 의해 대기로 돌아가는 물의 순환에 대한 개념을 나타내었다.

대기로부터 지상으로 내려오는 모든 형태의 수분(예 : 비, 진눈깨비, 눈)을 일컬어 강수(precipitation)라 한다. 강수량은 mm 또는 inch 단위를 나타내는 계기로 측정된다. 어떤 지역의 강수량을 알면 가용한 용수량을 추정하는데 유용하다.

증발(evaporation)과 증산(transpiration)은 지상의 물이 대기 중으로 다시 돌아가는 두 가지 방법이다. 증발이 자유수면에서의 손실인 반면, 증산은 식물에 의한 손실이다. 증발과 증산 과정에서 동일하게 영향을 미치는 기상요인은 일사량, 기온, 습도, 풍속 등이다. 증산 과정에는 토양 내 수분함량이 함께 영향을 미친다. 증발과 증산에 대해 이들을 각각 분리하여 측정하는 것은 매우 어렵기 때문에, 일반적으로 대기 중으로 물이 손실되는 과정을 총칭하여 증발산(evapotranspiration)이라 한다.

대기 중에 노출된 지구 표면의 물을 지표수(surface water)라 한다. 지표수는 강, 호수, 바다 등을 포함한다. 지표수 중 일부는 지하로 침루(percolation)하여 지하수(ground water)가 된다. 지하수와 지표수들은 모두 도시의 수원으로 이용될 수 있다.

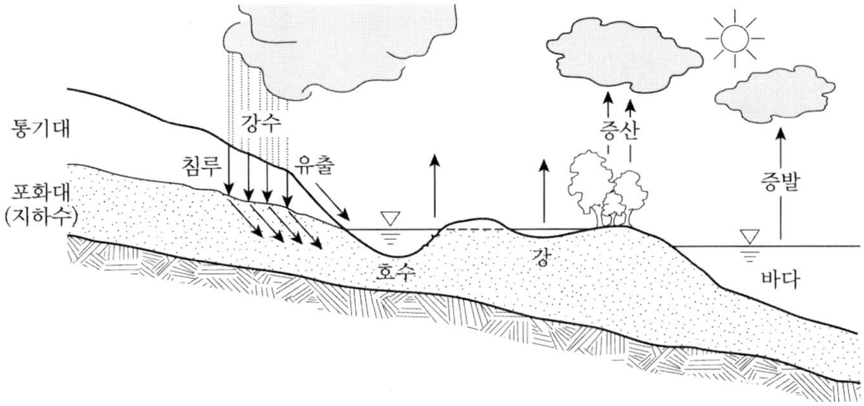

그림 10.1 물 순환도

10.1.1 지하수 공급

지하수는 직접적인 수자원 공급과 지표수 흐름을 유지하는 간접적인 요소로서 모두 중요한 의미를 갖는다. 물은 지표면 아래 가까운 곳과 먼 곳 모두에 존재한다.

지표 근처에서 토양의 공극은 공기와 물을 함께 포함하고 있으며, 통기대(zone of aeration) 또는 불포화대(vadose zone)라고 한다. 토양에서 이들 구역의 깊이는 습지에서 제로(0)일 수 있지만 건조 지역에서는 백여 미터에 이르기도 한다. 통기대의 수분은 모세관 힘으로 토양 입자에 붙어 있어 쉽게 떨어지지 않기 때문에 용수공급을 위한 수원으로 활용될 수 없다.

통기대 아래는 토양 공극이 물로 채워져 있는 포화대(zone of saturation)이고, 일반적으로 포화대를 채우고 있는 물을 지하수라고 한다. 풍부한 양의 지하수를 포함하고 있는 지층을 대수층(aquifer)이라 하고, 대수층의 수면을 지하수면(water table)이라 한다. 대수층이 하나의 불투수층 아래에 위치하면 비피압대수층(unconfined aquifer)이라 하고, 두 불투수층 사이에 위치하면 피압대수층(confined aquifer)이라 한다. 피압대수층은 대개 파이프와 같이 압력을 받고 있으므로 압력을 받고 있는 피압대수층까지 우물을 팔 경우 지하수가 수압에 의해 저절로 솟아오르는 자분정(artesian well)을 만들 수 있다. 자분정에서 피압대수층의 압력이 충분하면 양수기를 사용하지 않아도 된다.

대수층에 저장될 수 있는 물의 양은 토양 입자 사이의 공극(void space)과 같다. 전체 토양 부피 중 공극의 분율은 공극률(porosity)이라 하고, 다음과 같이 나타낼 수 있다.

$$\text{공극률} = \frac{\text{공극부피}}{\text{총부피}} = \frac{aL}{AL}$$

그러나 토양 공극 내 물의 일부는 토양 입자와 단단히 결합하고 있어 이들 공극수를 모두 추출하여 사용할 수는 없다. 공극수 중 추출 가능한 물의 비율을 비수율(비산출률, specific yield)이라 하고, 다음과 같이 나타낸다.

$$\text{비수율} = \frac{\text{토양으로부터 쉽게 추출될 수 있는 물의 부피}}{\text{토양 중 물의 총부피}}$$

토양으로부터 물이 빠져나오는 흐름을 그림 10.2에 나타냈다. 유량은 흐름단면적과 유속의 곱에 비례한다.

$$Q = Av$$

여기서, Q : 유량, m^3/s
A : 흐름이 있는 다공질 매체의 면적, m^2
v : 겉보기 유속, m/s

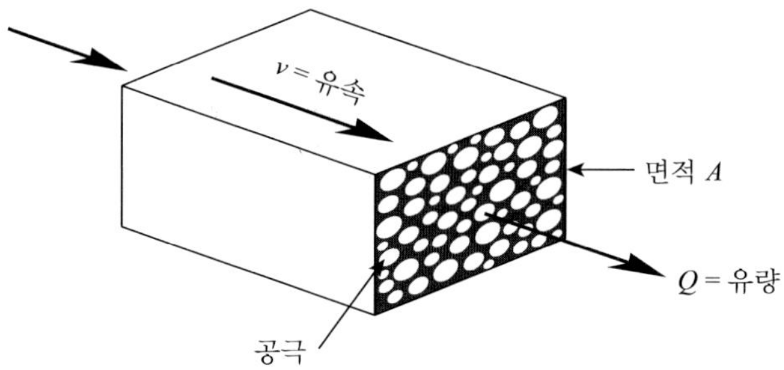

그림 10.2 토양과 같은 다공질매체에서의 흐름

토양 내 입자가 차지하는 부피는 실제 유체가 흐를 수 있는 면적을 크게 감소시키기 때문에 겉보기 유속(superficial velocity, 공탑 속도)은 실제 토양 내 물이 흐르는 속도와 다를 수 있다. 실제 유체가 흐를 수 있는 단면적을 a라고 한다면, Q는 다음과 같다.

$$Q = Av = av'$$

여기서, v' : 토양 내 물이 흐르는 실제 속도
a : 유체가 흐를 수 있는 면적

v'에 대해 식을 풀면,

$$v' = \frac{Av}{a}$$

토양 샘플의 길이를 L이라고 하면, v'는 다음과 같다.

$$v' = \frac{Av}{a} = \frac{AvL}{aL} = \frac{v}{\text{공극률}}$$

여기서, AL : 토양의 총부피
aL : 물이 차지하는 공극의 부피

물이 토양 내 공극을 흐를 때 에너지의 손실이 발생된다. 거리에 따른 에너지의 손실은 다음과 같이 나타낼 수 있다.

$$\frac{dh}{dL}$$

여기서, h : 에너지, 비피압대수층에서의 수위 또는 대수층에서의 압력으로 측정됨(m)
L : 흐름방향의 수평거리(m)

비피압대수층에서는 흐름방향으로의 거리에 따른 지하수면의 수위 강하가 지하수면의 기울기 dh/dL과 같다. 수위가 높을 때 큰 위치에너지를 갖기 때문에 수위가 높은 곳에서 낮은 곳으로 흐르면서 에너지의 손실이 발생한다. 토양과 같은 다공질 매체에서의 흐름으로 인한 에너지의 손실은 다르시(Darcy)의 식으로 다음과 같이 나타낼 수 있다.

$$Q = KA\frac{dh}{dL} \tag{10.1}$$

여기서, K : 투수계수, m/s
A : 단면적, m^2

표 10.1에는 몇 가지 대수층물질에 대한 입경과 투수계수 값들을 나타냈다.

표 10.1 대수층 물질의 입경과 투수계수

대수층 물질	입경(mm)	투수계수(m/s)
점토	< 0.01	3×10^{-8}
실트	0.01 ~ 0.05	4.5×10^{-6}
아주 가는 모래(극세사)	0.05 ~ 0.10	3.5×10^{-5}
가는 모래(세사)	0.10 ~ 0.25	1.6×10^{-4}
중간 모래(중사)	0.25 ~ 0.50	8.6×10^{-4}
굵은 모래(조사)	0.50 ~ 1.0	3.4×10^{-3}
잔자갈	1.0 ~ 5.0	2.8×10^{-2}

다르시의 식에서 유량(Q)은 흐름에 대한 단면적(A) 증가와 압력 차이 증가(dh/dL)에 비례하여 증가함을 알 수 있다. 추진력(상류와 하류의 압력차)이 증가하면, 유량이 증가한다. K는 투수계수(coefficient of permeability)라고 하며 토양 샘플의 토양 시료의 물 수송 정도에 대한 간접적인 척도로 사용된다. 투수계수는 토양의 종류에 따라 0.05 (점토)~5,000 (자갈) m/d로 크게 달라질 수 있다. 투수계수는 일반적으로 실험실 내에서 토양 시료에 물이 흐르도록 만든 투과도측정기(permeameters)를 이용하여 측정한다. 유량은 단면적을 아는 토양 샘플에서 추진력(압력차)을 변화시키면서 측정하고 투수계수를 측정한다.

예제 10.1 그림 10.3에는 투과도측정기와 토양 시료를 나타내고 있다. 시료의 길이는 0.1 m이고, 단면적은 0.05 m^2이다. 상부와 하부의 수두는 각각 2.5, 0.5 m이고, 유량은 2.0 m^3/d로 관찰되었다. 이때 토양 시료의 투수계수를 구하시오.

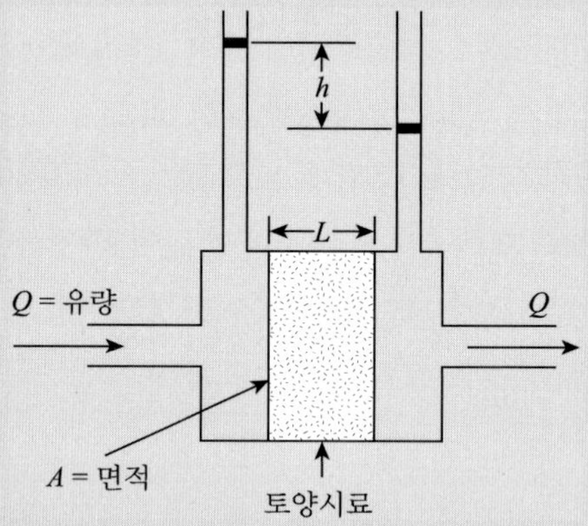

그림 10.3 투수계수 측정을 위한 투과도측정기

해답 식 10.1의 다르시의 식을 이용하여 투수계수를 구한다. 압력 강하는 샘플의 상부와 하부 수두의 차이와 같다($h = 2.5 - 0.5 = 2$ m). K에 대해 식을 풀면,

$$K = \frac{Q}{A\dfrac{dh}{dL}} = \frac{2.0\,\mathrm{m^3/d}}{0.05\,\mathrm{m^2} \times \dfrac{2\mathrm{m}}{0.1\mathrm{m}}} = 2\,\mathrm{m/d} = 2 \times 10^{-5}\,\mathrm{m/s}$$

비피압대수층에 우물을 설치하고 물을 길어내면 대수층의 물은 우물 방향으로 흐르게 된다(그림 10.4). 물이 우물에 가까워질수록 유체가 흐르는 단면적이 점점 작아지기 때문에 겉보기와 실제 유속은 커진다. 유속이 증가함에 따라 에너지 손실이 커지게 되고 에너지 구배가 증가하게 되어 수위강하 원추(cone of depression)가 형성된다. 이때 지하수의 수면 감소량을 수위강하(drawdown)라고 한다. 우물로 흐르는 지하수 유량이 우물로부터 길어내는 물의 유량과 같은 평형상태이면, 수위강하는 일정하게 유지된다. 그러나 우물을

통해 길어내는 물의 양이 증가하면, 우물을 향한 방사형태의 흐름이 이를 보충하기 위해 수위강하원추가 깊어진다.

그림 10.5에 있는 원통의 중심으로 물이 흐른다고 가정해보자. 다르시(Darcy)의 식을 사용하면 다음과 같다.

$$Q = KA\frac{dh}{dL} = K(2\pi rw)\frac{dh}{dr}$$

여기서, r : 원통의 반지름

$A = 2\pi rw$: 원통의 표면적

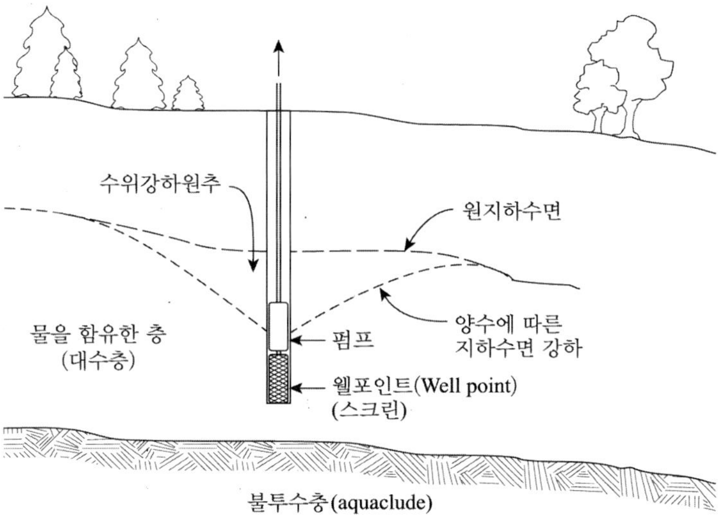

그림 10.4 지하수면의 수위강하

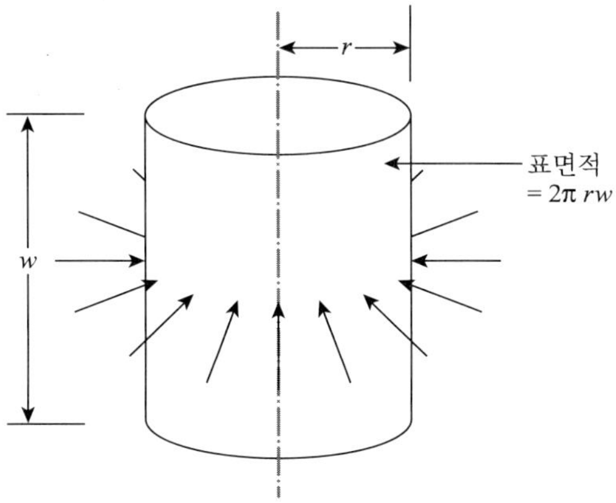

그림 10.5 표면 흐름을 갖는 원통

만일 물을 원통의 중심에서 길어낸다면 원통의 표면을 통해 동일한 유량으로 물이 이동하게 되고, 물이 흘러 들어가는 원통의 깊이 w를 불투수층 상부의 수위 h로 대체할 수 있다. 이 식은 다음과 같이 임의의 두 값 r과 h에 대해 적분될 수 있다.

$$\int_{r_2}^{r_1} Q\frac{dr}{r} = 2\pi K\int_{h_2}^{h_1} h\,dh$$

$$Q\ln\frac{r_1}{r_2} = \pi K(h_1^2 - h_2^2)\ ;\ Q = \frac{\pi K(h_1^2 - h_2^2)}{\ln\frac{r_1}{r_2}} \tag{10.2}$$

우물로부터 임의의 거리가 떨어진 지점의 수위 강하를 알면 위 식을 이용하여 양수량을 추정할 수 있다. 비피압대수층의 수위는 그림 10.6과 같이 두 관측정을 통해 측정할 수 있다. 또한, 우물의 지름을 알면 수위강하(수위강하원추의 최저점)를 추정할 수 있다. 수위강하가 대수층 바닥에 이르게 되면 결국 우물은 마르게 되고 원하는 유량의 물을 양수할 수 없다. 위의 식에서 비피압대수층에 대한 식을 유도하였지만 피압대수층에서도 마찬가지로 관측정으로부터 압력을 측정할 수 있다.

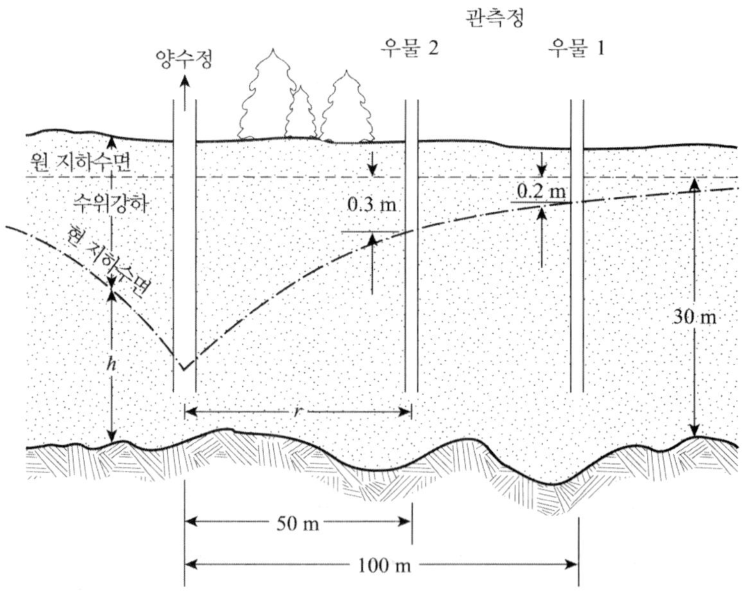

그림 10.6 군정(Multiple well, 群井)과 양수량이 지하수면에 미치는 영향

예제 10.2 우물의 지름이 0.2 m이고, 30 m 깊이 비피압대수층으로부터 1,000 m^3/d의 유량(정상상태)으로 지하수를 양수한다. 두 관측정은 각각 50 m와 100 m 지점에 위치하고 있으며 이들의 수위강하는 각각 0.3, 0.2 m이다. 이때 투수계수와 우물에서의 수위강하는? (그림 10.6 참고)

해답 식 10.2에 h_1 = 30 − 0.2 = 29.8 m, h_2 = 30 − 0.3 = 29.7 m를 대입한다.

$$K=\frac{Q\ln\frac{r_1}{r_2}}{\pi(h_1^2-h_2^2)}=\frac{(1{,}000\,\mathrm{m^3/d})\ln\left(\frac{100\,\mathrm{m}}{50\,\mathrm{m}}\right)}{\pi[(29.8\,\mathrm{m})^2-(29.7\,\mathrm{m^2})]}=37.1\,\mathrm{m/d}$$

우물의 반지름이 0.2 m/2 = 0.1 m이고, 이를 다시 같은 식에 대입하면 다음과 같다.

$$Q=\frac{\pi K(h_1^2-h_2^2)}{\ln\frac{r_1}{r_2}}=\frac{\pi(37.1\,\mathrm{m/d})[(29.8\,\mathrm{m})^2-\mathrm{h}_2^2]}{\ln\frac{50\,\mathrm{m}}{0.1\,\mathrm{m}}}=1{,}000\,\mathrm{m^3/d}$$

h_2에 대해 식을 풀면, h_2 = 28.8 m이고,
대수층의 깊이가 30 m이므로, 우물의 수위강하는 30 − 28.8 = 1.2 m가 된다.

FOCUS ON

방글라데시 지하수의 비소

환경공학자들은 프로젝트를 수행하기에 앞서 지역의 문화적, 지질학적, 그리고 물류 문제에 대해 고려할 필요가 있다. 그 좋은 예로, 방글라데시에서 수인성 질병을 예방하기 위해 인도주의적 기관이 설치한 관정의 지하수가 7천만 명 이상의 사람을 심각한 비소 중독의 위험에 노출시킨 경우가 있다. 비소 중독 환자에 대한 사회적 낙인과 농촌의 빈곤이 문제를 악화시켰다.[1]
1960년대까지 대부분의 방글라데시 사람들은 박테리아로 오염된 연못, 강 그리고 얕은 우물에서 식수와 관개수를 얻어 생활했고, 그 결과 유아들에게서 높은 사망률이 나타났으며 설사병이 유행하였다.[2] 세계은행과 유니세프는 박테리아로 인한 사망률을 줄이기 위해 450만 개의 관정을 설치하고 농촌 주민들에게 안전한 먹는물을 제공하는 프로젝트를 후원하였다(그림 10.7은 유사목적으로 한국국제협력단이 개발도상국에 설치한 우물이다).[3]

그림 10.7 한국국제협력단이 설치한 우물

다른 나라에서 비소는 인간 활동의 결과로 인한 산물이지만(석탄연소, 비소 처리된 전신주 설치, 비료 유출 등), 방글라데시의 토지에는 자연적으로 비소가 널리 존재한다. 비소와 철 화합물인 황비철석(FeAsS)은 방글라데시 지질 구성의 7.5%를 차지한다. 공기 중의 황비철석은 산소에 의해 산화되고 황화철에 흡착된 비소는 이동성을 갖게 된다. 지하수를 마시는 사람들은 비소에 중독될 위험이 있으며, 이는 만성적으로 장기와 신경의 손상을 야기하며 암을 유발할 수 있다.[4]
비록 해당 프로젝트는 1983년 25만 명에 이르렀던 유아 설사병을 1996년 11만 명으로 줄이는데 성공했지만, 비소 중독의 새로운 사례가 되었다(그림 10.8).[2] 또한 관개 시 우물물의 광범위한 사용은 야채와 농산물 내 높은 수치로 비소가 포함되었다는 것을 의미한다. 비소 중독으로 인해 검은 피부 병변을 갖게 된 사람들은 사회적으로 소외되기 시작했으며, 대부분의 방글라데시 시골 지역에서는 노출 후 몇 년이 지나서야 발병하는 중독의 증상을 오염된 우물과 연관 짓지 않았다.

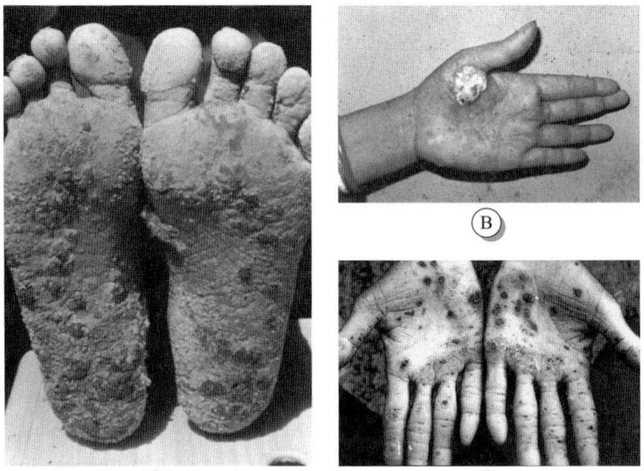

그림 10.8 (A) 비소 중독으로 인한 발의 병변 (B) 비소 중독으로 인한 손의 병변 (C) 손에 나타난 각화증 (A, B, C © The Arsenic Foundation)

비소 오염으로 인한 우물물의 문제에도 불구하고 박테리아로 오염된 지표수를 사용할 수 없었다. 방글라데시의 인구는 매년 1.9%씩 증가하고 있으며, 인간의 활동으로 인한 영향이 증가하며 지표수의 수질은 점차 나빠지고 있다.[2] 게다가 우물을 사용할 수 있는 사람들은 사회적으로 영향력을 가지고 있으며, 지표수를 여과하고 끓여 마시는 것은 가난한 사람들에게 적합하다고 본다.
세계보건기구에서 "재난"으로 정의된 이 문제를 해결하기 위해 2007년 미국의 국립 공학 아카데미(National Academy of Engineering)는 Grainger Challenge 상을 후원하기 시작했다.[3] 이 상은 "저렴하고, 견고하며, 신뢰할 수 있고, 유지보수가 용이하며, 환경 친화적" 방법으로 지하수 내 비소의 제거할 수 있는 혁신적인 해결방안을 선정하였다.[5]
백만 달러의 첫 상금은 비소제거용 소노 필터(Sono arsenic filter)를 만든 조지메이슨대학(George Mason University)의 아불 후삼(Abul Hussam) 교수에게 수상되었다. 방글라데시에 있는 후삼의 고향집 우물 역시 비소로 오염되었다. 후삼의 소노 필터는 지속가능하고 값싼 소규모 여과 방식으로서, 현지에서 조달 가능한 재료를 사용하여 2~3가구에 비소가 제거된 물을 공급할 수 있었다.[5]
개발된 장치를 보면, 먼저 오염된 물이 합성 철로 충진된 층을 거치며 표면착화 반응을 통해 비소가 제거되도록 하였다. 이후 강에서 채취된 굵은 모래와 목탄으로 채워진 층과 젖은 벽돌 조각으로 채워진 층을 차례로 통과하며 유기물과 미립자 등이 제거될 수 있도록 설계되었다. 장치를 통해 처리된 물의 As (V) 농도는 0.01 mg/L 미만이고 무기 비소가 없으며 WHO가 설정한 비소 오염 기준의 1/5이다. 소노 필터의 가격은 40달러에 불과하며, 중요한 것은 처리 후 발생되는 폐기물이 지하수에 용출되지 않는 무독성의 철-비소 화합물인 점이다.[6]

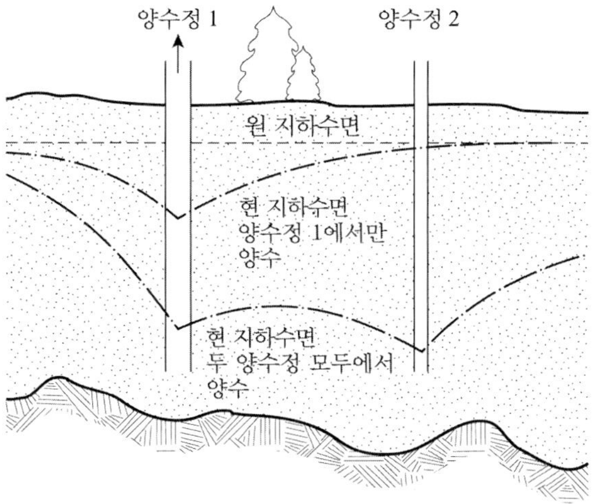

그림 10.9 두 양수정이 지하수면에 미치는 영향

여러 개의 양수정(군정)을 대수층에 설치할 경우 서로의 영향으로 인해 과도한 수위강하가 발생할 수 있다. 그림 10.9를 살펴보면, 우물 1에서 수위강하원추가 생긴다. 이후 두 번째 우물(우물 2)이 설치되면, 수위강하원추가 중첩되어 각 우물에서의 수위강하가 커지게 된다. 하나의 대수층에 여러 개의 우물이 설치되는 경우 우물 간의 복합적인 영향으로 인해 지하수 자원이 고갈되고 모든 우물이 마를 수 있다.

물론 반대의 경우도 존재한다. 여러 개로 설치된 우물 중 하나를 주입정으로 사용하는 경우 주입된 물은 다른 우물로 흘러 지하수면을 형성하고 수위강하는 감소하게 된다. 우물에서의 양수와 주입을 신중하게 활용한다면 유해폐기물로부터 유래될 수 있는 오염물질의 흐름을 관리할 수 있다(15장 참고).

지금까지 많은 가정들을 바탕으로 지하수의 흐름에 대해 이야기 하였다. 첫째, 대수층은 수평하게 모든 방향으로 무한하며 투수계수가 위치에 관계없이 일정하다고 하였다. 둘째로, 정상상태의 균일한 방사형 흐름을 갖는다고 가정하였다. 우물은 대수층 바닥까지 연결되어 있어 대수층 전체에 걸쳐 개방되어 있다. 마지막으로 유량은 일정하다고 가정한다. 이들 가정은 실제 상황과 달라 분석 결과에 오류를 야기할 수 있다. 교재에서 다루고 있는 대수층의 거동에 관한 모델은 기초에 불과하다. 지하수의 거동에 대한 특성을 모델링하기 위해서는 보다 복잡하고 정교한 지식이 수반되어야 한다.

10.1.2 지표수 공급

계절(심한 경우 매주)에 따른 수량의 변화가 심하고 다양한 오염원으로부터 수질이 쉽게 악화될 수 있기 때문에 지표수의 공급은 지하수와 같은 신뢰도를 갖지 못한다. 하천의 유량은 변동이 심하여 건기 시 수자원에 대한 수요를 충족하지 못할 수 있으므로 저수시설을 설치하고 강수가 풍부한 기간의 물을 저장하였다가 건기에 사용할 수 있어야 한다.

저수지의 적절한 용량을 결정하기 위한 한 가지 방법은 누가곡선(mass curve)을 작성하는 것이다. 이 방법에서는 하천의 총유출량을 합산하여 시간에 대해 물 수요량과 함께 나타낸다. 하천의 총유출량과 물 수요량 사이의 차이를 통해 필요한 저수용량을 결정할 수 있다. 다음 예제를 통해 이 방법을 설명할 수 있다.

예제 10.3 425 L/s의 일정한 유량을 공급하기 위한 저수지가 필요하다. 하천의 월별 유출량은 다음과 같다. 필요한 저수지 용량을 계산하시오.

월	1	2	3	4	5	6	7	8	9	10	11	12
유량 ($\times 10^8$ L)	14	17	20	11	8	6	14	22	3	14	17	22

해답 필요한 저수 용량은 누적 유출량을 도식하여 계산할 수 있다(그림 10.10). 예를 들어, 그래프 상의 1월 유출량이 14×10^8 L로 나타내어지면, 2월에는 17×10^8 L가 증가된 31×10^8 L로 나타난다. 필요한 물 수요량은 425 L/s로 일정하기 때문에 425×60 s/min $\times 60$ min/h $\times 24$ h/d $\times 30$ d/month $=$ 11×10^8 L/month. 물의 수요량에 대한 누적 유출량과 함께 그려진다. 하천 유출량은 5월이 되면 물 수요량보다 작아지고, 6월까지 지속된다. 이 때 물 수요량이 공급량보다 많아지므로 부족한 만큼의 수량을 저수할 필요가 있다. 7월에 강우가 시작되면 8월까지 저수지가 다시 채워지도록 물 공급이 증가한다. 이 가뭄 기간을 지나는데 필요한 저수 용량은 17×10^8 L이다. 두 번째 가뭄은 9월에 시작하여 11월까지 지속되며, 이때 10×10^8 L의 저수량이 필요하다. 따라서 이 도시는 17×10^8 L 용량의 저수지를 건설할 경우 연간 물 수요량을 충족할 수 있다.

실제로 하천 유출량 자료가 부족한 경우 그림 10.10과 같은 누가곡선의 사용은 한정적이다. 1년간의 데이터를 가지고 장기적인 물 수요량의 예측에 대한 정보를 얻기는 어렵기 때문이다. 예를 들어, 위의 예제에서 제시하고 있는 자료가 20년 만의 최악의 가뭄을 나타내는 것인가? 아니면 비교적 강수가 풍부했던 시기를 나타내고 있는가? 이러한 문제를 해결하기 위해서는 가뭄과 같은 사건에 대해 재현주기를 통계적으로 예측하고 위험도에 따라 시설을 설계해야 한다. 관련된 내용은 3장을 참고하기 바란다.

용수 공급 시설은 종종 20년 중 19년의 물 수요량에 대해 설계되는 경우가 있다. 다시 말하자면, 20년 만에 한 번 찾아 온 극심한 가뭄에는 기존 저수지 용량으로 물 수요량을 만족할 수 없다. 20년 만에 찾아올 수 있는 물 부족 현상을 피하기 위해 지자체에서는

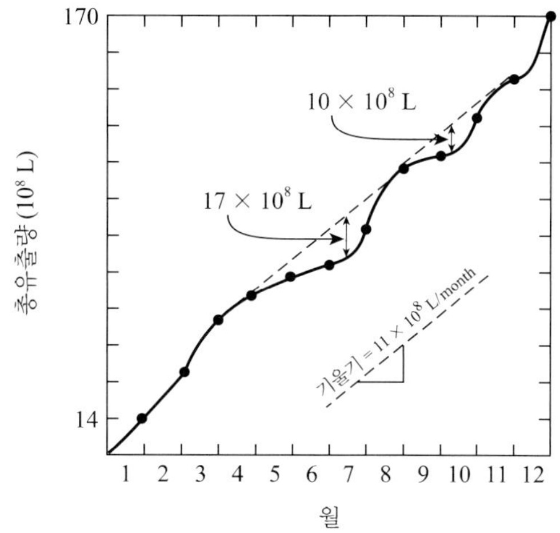

그림 10.10 필요 저수 용량 계산을 위한 누가곡선

50년 또는 그 이상의 기간에 대해 가뭄과 물 수요 예측을 시행하고 보다 큰 저수지를 건설하기도 한다. 이때 시설 건설을 위한 자본의 투자가 증가하고 이로 인한 지속적인 비용편익의 감소가 문제될 수 있다.

가뭄과 같이 반복되는 자연 현상에 대해 빈도분석(frequency analysis)을 사용하여 '100년 빈도 가뭄' 또는 '10년 빈도 가뭄'을 계산하고 예측할 수 있다(3장 참고). 여기서 '10년 빈도 가뭄'은 10년당 한 번 발생할 수 있는 가뭄 현상을 의미하지만, 실제로 매 10년마다 한 번씩 발생하는 것을 보증하지는 않는다. 예를 들어, 3년 연속으로 가뭄이 발생하고 50년 동안 가뭄이 발생하지 않을 수도 있다.

예상치 못한 극심한 가뭄이 발생하였다면 서로 협력하여 물 사용량을 줄이는 방안을 강구할 수 있다. 할당량 이상으로 물을 사용하는 비협조적인 구성원에 대해 지자체는 제재를 가할 수도 있다. 실제 캘리포니아 남부의 많은 지자체는 물을 과소비하는 구성원에게 벌금을 부과하거나 다른 제재를 가하기도 한다.

동일한 목표를 달성하기 위한 가장 좋은 방법은 구성원 모두가 스스로 협력하는 것이다. 하지만 이러한 자발적인 협동을 기대하기 어려운 경우가 많고, 자원의 균등한 배분과 환경 문제가 그 증거가 될 수 있다. 이러한 문제의 핵심은 이른바 '죄수의 딜레마(prisoner dillema)'를 통해 설명할 수 있다.

각각 심문을 받는 두 명의 죄수 A와 B가 있다고 가정하자. 두 명의 죄수에게 자백을 하지 않으면 둘 모두 2년 형을 선고 받는다고 하였다. 그러나 한 죄수가 다른 죄수의 범행을 밝히면 그는 무죄로 석방되고, 반대로 고발된 죄수는 20년 형을 선고 받는다. 그리고 서로의 범행을 고발할 경우에는 동일하게 두 죄수가 10년 형을 받게 된다. 이때 죄수

A는 B를 믿고 상대를 고발하지 않을 수 있을까? 대부분의 경우 A는 B를 고발하고 B는 자신을 고발하지 않아 본인이 석방되기를 바란다. 물론 B도 동일하게 행동한다. 이 상황을 도식화하면 다음 표와 같다.

		B가 A를 고발	
		아니오	예
A가 B를 고발	아니오	2, 2	20, 0
	예	0, 20	10, 10

수자원과 같이 고갈되는 자원의 활용에 있어서도 동일한 딜레마가 발생한다. 극심한 가뭄 기간 동안 산업계가 자발적으로 용수 사용량을 감축할 것을 요청 받았다고 하자. 업체 A가 이에 동의하고 다른 업체들도 함께 협력한다면 조금씩 생산에 차질이 생기겠지만 모든 업체가 위기를 극복할 수 있다. 그러나 업체 A가 협력을 거절하고 다른 업체들만 협력에 동의한다면 업체 A만 물을 충분히 사용함으로써 생산과 이익이 증대될 수 있다. 이러한 경우 업체 A가 다른 업체들이 사용해야 되는 물까지 모두 사용하게 되어 업체 A만 성장하고 다른 업체들은 모두 문을 닫게 될 것이다. 만일 모든 업체들이 A와 같이 행동한다면 물이 모두 바닥나게 되고 결국 전부 파산하게 될 것이다.

많은 이론가들에 따르면 인간은 협력보다 경쟁을 선택하는 본성을 갖고 있다. 그렇다면 협동하지 않고 생존을 위해 경쟁하는 생태계 내 동식물과 인간은 다를 바 없다. 이들 생태계에서 자원을 위한 경쟁은 계속될 것이며, 어미가 새끼를 먹이는 것과 같이 본능적 할당이 유일한 할당이 될 것이다. 생태계에서 협동으로 볼 수 있는 것은 기생행위 뿐이며 이 역시 자신의 목적을 달성하기 위해 다른 생물을 이용하는 행위이다. 예를 들어, 단풍나무의 줄기와 가지는 인동덩굴이 감아 올라가기 위해 존재하는 것이 아니다. 만일 단풍나무가 의식적으로 선택할 수 있다면 인동덩굴이 감아 올라오지 못하도록 함으로써 더 많은 일사량을 받으려고 할 것이다. 경쟁이 인간을 비롯한 모든 생물의 본성이라면 인간의 협동 행위를 전혀 기대할 수 없을까?

우리는 이타적이거나 협력적인 동기로부터 도움이 필요한 타인을 돕는다. 국제적 행동을 통해 전쟁을 막고 식량을 조달하여 굶주린 사람들을 돕는다. 경쟁만이 인간의 진정한 본성이라면 굶주림을 방지하고 불행한 타인을 돕는다는 것은 무의미한 일이 될 수 있다.

10.2 정수 처리

좋은 수질의 대수층의 지하수 또는 지표수는 양수하여 생활, 관개, 산업, 소방 용수 등 다양한 목적으로 사용될 수 있다. 그러나 인구밀도가 높거나 농업 집약지역에서는 예외적인 경우를 제외하고는 수질이 좋은 수원은 드물다. 따라서 수원의 수질 정도에 따라 처리 후 용수로 공급할 수 있다.

전형적인 정수 처리 공정을 그림 10.11에 나타냈다. 공정은 일련의 반응조 및 단위공정으로 구성되어 있으며, 공정으로 유입된 물은 각각의 단계를 차례로 흐르며 목적에 따른 처리수가 된다. 각각의 처리 단계는 개별적인 기능을 수행할 수 있도록 설계되어 있으며, 단계들의 배치 순서가 중요하다. 중요한 몇 가지 처리 단계를 다음에서 다루고 있다.

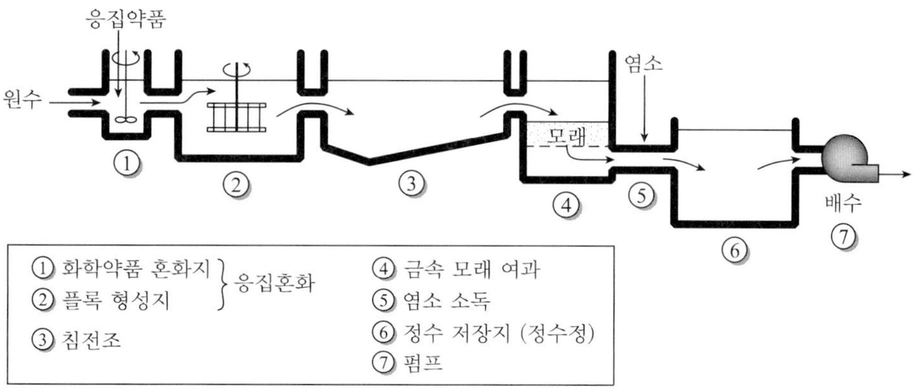

그림 10.11 전형적인 정수 처리 공정

10.2.1 연수화(Softening)

일부 물(지표수와 지하수 모두)은 먹는물로 사용되기 위해서 경도를 제거할 필요가 있다. 경도는 토양과 암석(특히 석회암)에서 용해되는 칼슘, 마그네슘, 그리고 철과 같은 다가 양이온(multivalent cation), 즉 미네랄로 인하여 발생된다. 경도는 건강에 문제를 유발하지는 않지만 비누의 효과를 감소시키고 스케일(scale)을 형성하기도 한다.

경도 이온과 비누의 반응은 욕조에 고리 형태의 자국을 유발하고 비누거품을 감소시킨다. 비누는 일반적으로 개별적인 두 끝을 갖는 긴 사슬 모양의 분자로 구성되어 있다. 분자의 친수성 말단은 물과 상호작용하는 반면, 소수성 말단은 오일 및 그리스(grease)에 대해 상호작용한다. 소수성 말단이 경도 이온과 반응하여 작용하면 비누 찌꺼기 또는 필름을 형성한다. 이 비누 찌꺼기는 욕조에 링을 남기고 피부의 pH에 문제를 일으켜 자극을 줄 수 있으며 머리카락을 뻣뻣하게 할 수 있다. 세탁 세제에서 유사한 현상이 일어날 수 있으며, 그 피해로는 옷이 칙칙해 보이거나 뻣뻣할 수 있으며 직물을 빨리 마모시키기도 한다. 물의 가열과 이후 침전되는 탄산칼슘으로 인한 스케일은 온수기, 보일러, 열교환기, 주전자 등 물을 가열하는 기기 내부에 침착되어 열 교환 효율을 떨어뜨리기 때문에 보다 심각한 문제가 될 수 있다. 또한 경도는 때때로 불쾌한 맛을 유발하기도 한다.

총경도(TH, total hardness)는 수중의 다가 양이온들의 총합으로 정의된다. 칼슘(Ca^{2+})과 마그네슘(Mg^{2+})은 경도의 가장 큰 구성요소로서 대략적인 총경도 근사 값은 두 구성요소의 합계로 구할 수 있다. 이외 철(Fe^{2+}, Fe^{3+}), 망간(Mn^{2+}, 망가니즈), 스트론튬(Sr^{2+}), 그리고 알루미늄(Al^{3+}) 등이 수중 경도물질에 포함된다.

$$\mathrm{TH} = \sum (\text{다가 양이온}) \cong Ca^{2+} + Mg^{2+} \tag{10.3}$$

경도는 시료 내 존재하는 모든 양이온을 분석하여 계산할 수 있다. 양이온은 원자흡광도 및 이온전극과 같은 정교한 분석기기를 통해 측정하며, 기기분석 외에 적정법을 통해서도 경도의 측정이 가능하다. EDTA (Ethylenediaminetetraacetic acid)가 적정제로 사용되며, 금속 이온이 존재하면 청색에서 적색으로 변하는 EBT (Eriochrome Black T)를 지시약으로 사용한다.

경도의 단위는 일반적으로 mg/L as $CaCO_3$ 및 meq/L를 사용한다. 이들 단위를 사용함으로써 서로 다른 물질(예 : 칼슘, 마그네슘)이 경도에 미치는 영향을 알 수 있다. 특정 물질의 단위(예 : 10 mg 칼슘/L)는 다른 물질의 단위(예 : 5 mg 마그네슘/L)와 단위환산 없이 바로 더할 수 없다.

mg/L를 meq/L로 전환하기 위해서는 농도를 물질의 당량(EW, Equivalent Weight)으로 나눠준다.

$$C_q = \frac{C}{\mathrm{EW}} \tag{10.4}$$

여기서, C_q : meq/L 농도
C : mg/L 농도
EW : 당량(g/eq 또는 mg/meq)

물질의 당량은 원자량(AW, Atomic Weight) 또는 분자량(MW, Molecular Weight)을 원자가 또는 이온전하(n, 항상 양수)로 나누어 계산한다.

$$\mathrm{EW} = \frac{\mathrm{AW\ or\ } MW}{n} \tag{10.5}$$

여기서, 원자량과 분자량은 g/mol 단위를 갖고, n은 eq/mol 단위를 갖는다.

표준 단위인 mg/L를 $CaCO_3$로 환산하기 위해 meq/L 농도에 50.0 mg/meq (100 g/mol/2 eq/mol)인 $CaCO_3$의 당량을 곱한다.

$$C_{CaCO_3} = C_q \times 50.0 \tag{10.6}$$

여기서, C_{CaCO_3} : mg/L as $CaCO_3$ 농도

C_q : meq/L 농도

예제 10.4 수질 시료의 칼슘 농도가 100 mg/L이다. 이를 (a) meq/L와 (b) mg/L as $CaCO_3$ 농도로 환산하면 얼마인가?

해답 칼슘의 원자가 및 이온전하는 +2이므로 n은 2 eq/mol이고, 원자량은 40.1 g/mol이다. 결국, 당량은(식 10.5)

$$\text{EW} = \frac{\text{AW}}{n} = \frac{40.1\,\text{g/mol}}{2\,\text{eq/mol}} = 20.0\,\text{g/eq} = 20.0\,\text{mg/meq}$$

물질의 원자량 및 분자량과 이온변화가 일정하기 때문에 물질의 당량은 일정하다.

a. meq/L 농도는 단위환산을 통해 간단히 하면(식 10.4 및 10.5)

$$C_q = \frac{C}{\text{EW}} = \frac{100\,\text{mg/L}}{20.0\,\text{mg/meq}} = 5.0\,\text{meq/L}$$

b. 다시, mg/L as $CaCO_3$ 농도를 단위환산을 위해 경도의 각 요소에 50 mg/meq를 곱한 다음 더하거나, 더한 다음 50 mg/meq를 곱하면(식 10.6 이용) 다음과 같다.

$$C_{CaCO_3} = C_q \times 50 = (5.0\,\text{meq/L})(50\,\text{mg/meq}) = 250\,\text{mg/L as CaCO}_3$$

정확한 단위표기를 위해 'as $CaCO_3$'를 반드시 함께 표시한다.

예제 10.5 수질 시료에 포함되어 있는 칼슘, 마그네슘, 나트륨 농도는 각각 60, 60, 25 mg/L이다. 시료의 총경도를 (a) meq/L와 (b) mg/L as $CaCO_3$로 나타내시오.

해답 먼저 총경도를 계산하기 위해서는 어떠한 물질이 경도에 영향을 미치는지 파악하여야 한다. 경도에는 다가 양이온만 영향을 미친다고 한 것을 상기하면 나트륨(소듐)은 계산에서 제외한다. 다음으로 경도에 영향을 미치는 물질들이 서로 합산될 수 있도록 meq/L 또는 mg/L as $CaCO_3$ 형태의 단위로 환산한다.

a, meq/L 단위

$$Ca^{2+} = \frac{60\,\text{mg/L}}{20.0\,\text{mg/meq}} = 3.0\,\text{meq/L},\quad Mg^{2+} = \frac{60\,\text{mg/L}}{\dfrac{24.3\,\text{mg/mmol}}{2\,\text{meq/mmol}}} = 4.9\,\text{meq/L}$$

$$\text{TH} = Ca^{2+} + Mg^{2+} = (3.0\,\text{meq/L}) + (4.9\,\text{meq/L}) = 7.9\,\text{meq/L}$$

b. mg/L as $CaCO_3$ 형태의 단위를 구하기 위해, meq/L와 50 mg/meq를 곱한다(식 10.6). 각각에 50 mg/meq를 곱하고 합산하거나, 각각을 합산 후 50 mg/meq를 곱해도 결과는 같다.

$$\text{TH} = (7.9\,\text{meq/L})(50\,\text{mg/meq}) = 395\,\text{mg/L as CaCO}_3$$

표 10.2 물의 경도 구분

구분 \ 경도	meq/L	mg/L as $CaCO_3$
매우 단물 – 단물	0～0.9	0～45
단물 – 약간 센물	0.9～1.8	46～90
약간 센물 – 센물	1.8～2.6	91～130
센물 – 매우 센물	2.6～3.4	131～170
매우 센물 – 지나치게 센물	3.4～5	171～250
가정에서 사용하기 곤란한 너무 센물	> 5	> 250

출처 : L.A. Lipe and M.D. Curry, "on Exchange Water Softening", a discussion for water treatment plant operators, 1974-75 seminar series sponsored by Illinois Envirnmental Protection Agency.

물은 경도 이온이 수중에 존재하는 양에 따라 단물(연수) 또는 센물(경수)로 구분된다. 앞선 예제에서 다루었던 물은 일반적인 지하수와 같이 강한 센물에 속할 것이다(표 10.2 참고). 지표수는 적은 미네랄을 함유하고 있어 보통 단물에 속하지만 센물에 속하는 경우도 있다. 정수 처리 시설에서는 일반적으로 80～90 mg/L as $CaCO_3$ 수준의 적절한 센물를 공급한다(물의 경도가 너무 낮으면 비누를 헹구기 어렵고, 약간의 경도는 상수도 관로의 부식을 방지할 수 있다).

총경도는 일시경도로 알려져 있는 탄산경도(CH, carbonate hardness)와 영구경도인 비탄산경도(NCH, noncarbonate hardness) 두 가지로 구분될 수 있다.

$$TH = CH + NCH \tag{10.7}$$

탄산경도는 음이온인 탄산염(CO_3^{2-})과 중탄산염(HCO_3^-)과 관련된 총경도의 구성요소이다. 이는 스케일을 형성하는 경도의 일부이다. 비탄산경도는 모든 음이온과 관련된 총경도의 구성요소이다. 경도의 형태는 경도를 제거하는데 필요한 화학물질의 양과 유형에 영향을 미친다.

탄산경도는 알칼리도(alkalinity) 또는 총경도 중 작은 값과 같으며, 비탄산경도는 총경도와 탄산경도의 차이와 같다. 알칼리도가 총경도와 같거나 크면, 모든 경도 이온이 알칼리도와 관련되어 비탄산경도는 제로(0)이다. 탄산경도와 비탄산경도의 합은 항상 총경도보다 클 수 없음을 상기하는 것이 중요하다.

알칼리도는 물의 완충능력(또는 물의 중화능력)으로 측정된다. 이는 pH와 같지 않다. 물은 높은 알칼리도를 갖기 위해 염기성일 필요는 없다. 물이 갖는 알칼리도의 자연적 원천은 대기 또는 석회석이다. 대기 중의 이산화탄소는 물에 용해되어 중탄산염(HCO_3^-)과

탄산염(CO_3^{2-})으로 해리될 수 있는 탄산(H_2CO_3)을 형성한다. 석회석($CaCO_3$) 역시 물에 녹아 중탄산염과 탄산염을 생성한다. 중탄산염과 탄산염은 모두 물에 더해지는 수소이온을 '붙잡을 수 있다'(또는 중화시킬 수 있다). 중탄산염이 하나의 수소이온을 붙잡을 수 있는 반면, 탄산염은 두 개의 수소이온을 붙잡을 수 있다. 물(H_2O)은 수소이온(H^+)과 수산화이온(OH^-)으로 해리된다. 수산화이온은 물을 개질하기 위해 하나의 수소이온을 붙잡을 수 있다. 그러나 물속의 수소이온은 추가된 수소이온을 중화시킬 수 없다.

$$\text{알칼리도(mol/L)} = \left(\frac{\text{mol } HCO_3^-}{\text{L}}\right)\left(\frac{1\,\text{mol ALK}}{\text{mol } HCO_3^-}\right) + \left(\frac{\text{mol } CO_3^{2-}}{\text{L}}\right)\left(\frac{2\,\text{mol ALK}}{\text{mol } CO_3^{2-}}\right) + \left(\frac{\text{mol } OH^-}{\text{L}}\right)\left(\frac{1\,\text{mol ALK}}{\text{mol } OH^-}\right) - \left(\frac{\text{mol } H^+}{\text{L}}\right)\left(\frac{1\,\text{mol ALK}}{\text{mol } H^+}\right)$$

간단히 나타내면,

$$\text{알칼리도(mol/L)} = [HCO_3^-] + 2[CO_3^{2-}] + [OH^-] - [H^+]$$

mol/L 단위를 사용할 때, 탄산염에는 2를 곱해준다(2몰의 수소이온을 중화시킬 수 있으므로). 하지만, meq/L 또는 mg/L as $CaCO_3$ 단위를 사용할 때는 2를 곱해주는 과정이 이미 계산에 포함되어 있다.

$$CO_3^{2-}\ (\text{eq/L}) = \left(\frac{\text{mol } CO_3^{2-}}{\text{L}}\right)\left(\frac{2\,\text{eq}}{\text{mol}}\right)$$

식은 다시

$$\text{알칼리도(meq/L)} = \left(\frac{1\,\text{meq } HCO_3^-}{\text{L}}\right)\left(\frac{1\,\text{meq ALK}}{\text{mol } HCO_3^-}\right) + \left(\frac{1\,\text{meq } CO_3^{2-}}{\text{L}}\right)\left(\frac{1\,\text{meq ALK}}{\text{meq } CO_3^{2-}}\right) + \left(\frac{1\,\text{meq } OH^-}{\text{L}}\right)\left(\frac{1\,\text{meq ALK}}{\text{meq } OH^-}\right) - \left(\frac{1\,\text{meq } H^+}{\text{L}}\right)\left(\frac{1\,\text{meq ALK}}{\text{meq } H^+}\right)$$

간단히 나타내면,

$$\text{알칼리도(meq/L)} = (HCO_3^-) + (CO_3^{2-}) + (OH^-) - (H^+)$$

pH가 8.3보다 낮을 때 탄산염 농도는 중탄산염보다 크게 낮고, 중성 부근 pH에서 $[H^+] \approx [OH^-]$이다. 결국, 대부분의 상수원에서

알칼리도 $\cong$ (HCO_3^-)

가 된다.

실험실에서 알칼리도를 측정하는데 이단 적정(two-step titration) 방법이 사용된다. 첫 번째 단계는 탄산알칼리도를 측정하며, 두 번째 단계로 중탄산알칼리도를 측정한다. 첫 번째 단계에서 황산 또는 염산을 사용하여 시료의 pH를 8.3으로 떨어뜨린다. 분홍색에서 무색으로 변하는 페놀프탈레인(phenolphthalein)을 지시약으로 사용한다. 두 번째 단계에서, 브로모크레졸 그린(bromocresol green)을 지시약으로 사용하여 pH를 4.5로 떨어뜨린다. 그림 10.12는 강산을 포함하는 기본 용액의 전형적인 적정곡선을 나타내고 있다. 적정 초기에는 용액의 완충능력이 높기 때문에 pH 변화가 점진적으로 일어난다. 그러나 완충 용량을 초과하게 되면 pH가 매우 빨리 변하므로 알칼리도 소모에 따른 pH 변화의 모니터링과 제어가 필요하다.

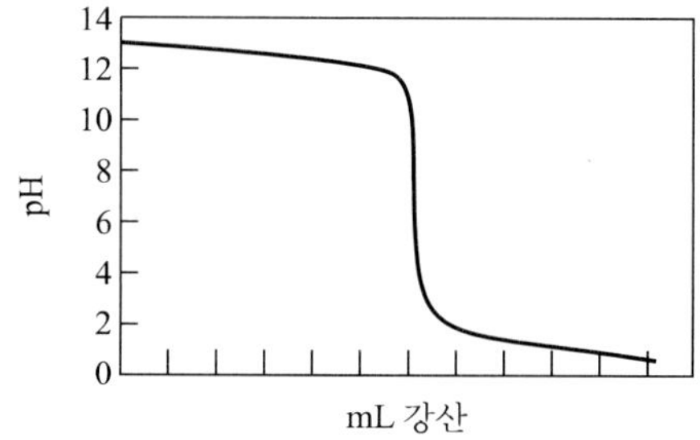

그림 10.12 적정곡선

예제 10.6 다음의 수질분석 결과에서 총경도, 탄산경도, 그리고 비탄산경도를 (a) meq/L와 (b) mg/L as $CaCO_3$ 단위로 구하시오.

항목	농도(mg/L)
CO_2	6.0
Ca^{2+}	50.0
Mg^{2+}	20.0
Na^+	5.0
알칼리도	120 as $CaCO_3$
SO_4^{2-}	94.0
pH	7.3

해답 먼저 다음의 표와 같이 관련 항목들의 단위를 meq/L 및 mg/L as $CaCO_3$로 환산한다. 이 과정은 예제 10.4와 10.5에서 수행한 내용과 동일하다. 알칼리도는 mg/L as $CaCO_3$로 주어지기 때문에 meq/L를 계산하는데 사용되는 당량은 중탄산염이 아닌 $CaCO_3$의 당량임을 주의한다(pH가 중성에 가깝기 때문에 알칼리도 대부분은 중탄산염이다).

항목	EW (mg/meq)	농도(mg/L)		
		mg/L	meq/L	mg/L as $CaCO_3$
Ca^{2+}	20.0	50	2.5	125
Mg^{2+}	12.2	20	1.6	82
알칼리도	50.0	120	2.4	120

총경도는 다가 양이온의 합인데(식 10.3), 이 경우 Ca^{2+}와 Mg^{2+}의 합이다.

TH = (2.5 meq/L) + (1.6 meq/L) = 4.1 meq/L

또는

TH = (125 mg/L as $CaCO_3$) + (82 mg/L as $CaCO_3$) = 207 mg/L as $CaCO_3$

이 물은 표 10.2의 다음에서 두 번째에 해당되는 경도를 갖는다.

탄산경도를 구하기 위해 알칼리도와 총경도를 비교한다. 이 경우 알칼리도(2.4 meq/L)는 총경도(4.1 meq/L)보다 작다. 결국, 탄산경도와 알칼리도가 같게 되어 그 값은 2.4 meq/L 또는 120 mg/L as $CaCO_3$이다(만일 알칼리도가 총경도보다 크다면 탄산경도와 총경도가 같아지며, 탄산경도는 총경도보다 커질 수 없다).

비탄산경도를 구하기 위해 총경도에서 탄산경도를 뺀다(식 10.7).

NCH = TH − CH = (4.1 meq/L) − (2.4 meq/L) = 1.7 meq/L

또는

NCH = (207 mg/L as $CaCO_3$) − (120 mg/L as $CaCO_3$) = 87 mg/L as $CaCO_3$

이때 탄산경도는 총경도보다 작고, 결국 비탄산경도가 있다. 만일 탄산경도가 총경도와 같다면, 비탄산경도는 제로(0)가 된다.

그림 10.13의 막대차트는 경도 물질을 구분하는데 유용하게 사용될 수 있다. 경도를 제거하기 위해 석회−소다 연수화를 적용할 때 경도 물질을 아는 것은 중요하다. 차트를 작성할 때, 칼슘을 먼저 넣고 마그네슘을 두 번째에 배치한다(마그네슘의 제거에 더 많은 비용이 소요된다). 이들의 뒤로 다른 경도 이온과 양이온을 배치한다. 중탄산염은 음이온 막대의 처음에 위치하도록 하고, 다른 음이온들을 이어서 배치한다(탄산경도의 제거에 보다 적은 화학물질이 사용된다). 합산 가능한 단위(meq/L 또는 mg/L as $CaCO_3$)를 사용

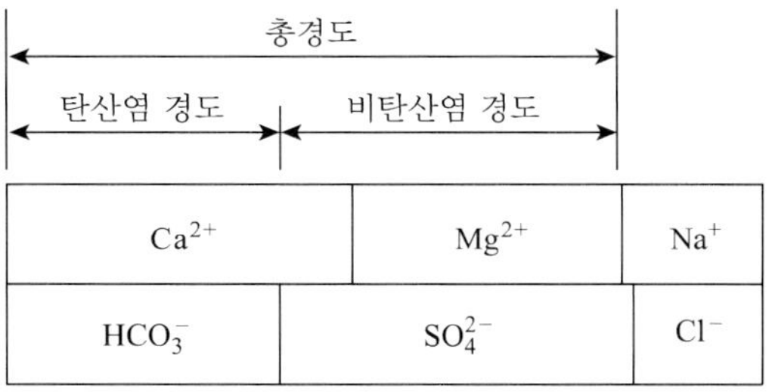

그림 10.13 경도 구분 막대차트

하여야 하며, 차트는 일정 비율로 그려져야 한다. 탄산경도와 비탄산경도의 합이 총경도가 되어야 하며, 둘의 합은 총경도보다 클 수 없음을 주의해야 한다.

예제 10.7 다음의 수질분석 자료를 바탕으로 수중 경도 물질을 분석하기 위한 막대차트를 작성하시오.

항목	농도(mg/L)
CO_2	6.0
Ca^{2+}	50.0
Mg^{2+}	20.0
Na^{+}	5.0
알칼리도	120 as $CaCO_3$
SO_4^{2-}	94.0
pH	7.3

해답 막대차트를 작성하기 위한 첫 단계는 모든 이온의 농도를 meq/L 또는 mg/L as $CaCO_3$로 변환하는 것이다. 다음의 표를 참고하라.

항목	EW (mg/meq)	농도(mg/L)		
		mg/L	meq/L	mg/L as $CaCO_3$
Ca^{2+}	20.0	50	2.5	125
Mg^{2+}	12.2	20	1.6	82
Na^{+}	23.0	5	0.2	11
알칼리도	50.0	120	2.4	120
SO_4^{2-}	48.0	94	2.0	98

다음 단계는 양이온과 음이온을 차트의 위와 아래에 각각 위치하도록 하고, 경도 물질에 따른 순서와 비율에 맞도록 차트를 작성한다(그림 10.14).

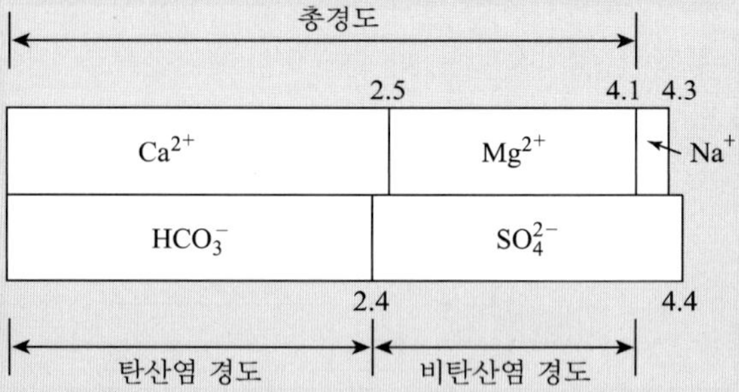

그림 10.14 경도 물질 막대차트

막대차트 작성 이후 가장 먼저 확인할 사항은 양이온들의 합이 음이온들의 합과 유사한지 여부이다. 이 예제에서 양이온들의 합은 4.3 meq/L이고, 음이온들의 합은 4.4 meq/L로 비슷한 것을 확인할 수 있다. 이는 수질분석 과정에서 주요 양이온 또는 음이온의 분석이 누락되지 않고 적절히 수행되었음을 의미한다.

다음은 경도와 관련된 물질을 확인하다. 칼슘의 대부분은 수중 중탄산염 농도와 관련이 있지만(2.5 중 2.4 meq/L), 마그네슘은 그렇지 않다.
중탄산염 농도에 관여하지 않는 칼슘(0.1 meq/L)과 전체 마그네슘(1.6 meq/L)은 황산염 농도와 관련된다. 결국, 다음과 같이 정리될 수 있다.
탄산칼슘 경도(CCH) = 2.4 meq/L
비탄산칼슘 경도(CNCH) = 0.1 meq/L
탄산마그네슘 경도(MCH) = 0 meq/L
비탄산마그네슘 경도(MNCH) = 1.6 meq/L

일반적으로 경도와 관련된 문제를 푸는 방법은 다음과 같이 요약할 수 있다.

- 1단계 : 다가 양이온들의 합으로부터 총경도(TH)를 계산한다.
- 2단계 : 알칼리도(ALK, 일반적으로 중탄산염 농도)를 계산한다.
- 3단계 : 탄산경도(CH)와 비탄산경도(NCH)를 계산한다.

  $CH = ALK$ (TH > ALK일 때)

  $CH = TH$ ($TH \leq ALK$일 때)

  $NCH = TH - CH$
- 4단계 : 경도 물질을 평가한다.

  $CCH = Ca^{2+}$ ($Ca^{2+} < CH$일 때)

  $CCH = CH$ ($Ca^{2+} > CH$일 때)

  $CNCH = Ca^{2+} - CCH$

  $MCH = CH - CCH$

  $MNCH = Mg^{2+} - MCH$
- 5단계 : 계산을 검토한다.

  $CH = CCH + MCH$

  $NCH = CNCH + MNCH$

  $TH = CCH + CNCH + MCH + MNCH$

  $Ca^{2+} = CCH + CNCH$

  $Mg^{2+} = MCH + MNCH$

검토과정은 막대차트를 이용하거나 수학적 방법을 통해 이뤄질 수 있다. 간단히는 얼마만큼의 경도와 알칼리도가 관련되어 있지 않는지를 확인하는 것임을 기억할 필요가 있다(비탄산음이온과 관련된 정보는 필요로 하지 않는다).

이온교환과 역삼투

연수화 공정은 수중의 경도를 제거하는 과정이다. 이온교환과 침전은 일반적으로 널리 연수화 방법으로 사용되며, 역삼투 방식을 사용하기도 한다. 가정에서 사용되는 역삼투 장치(그림 10.15)는 비교적 제한적인 담수 공급에 사용되며, 많은 양의 바닷물로부터 담수를 공급할 때에는 보다 큰 장치가 활용된다.

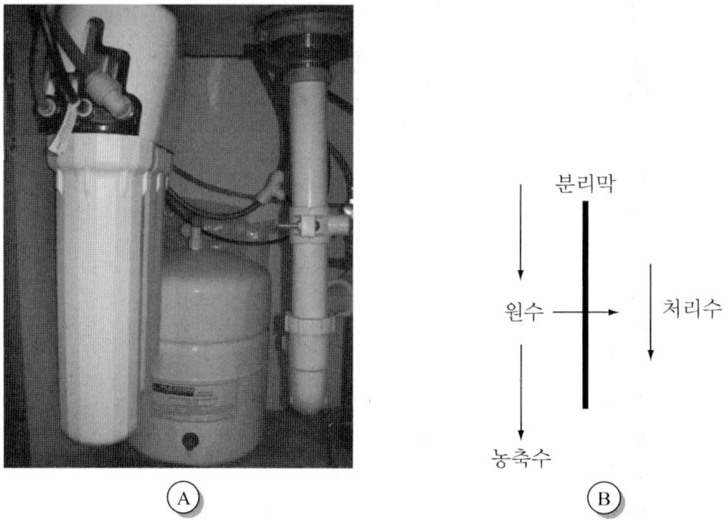

그림 10.15 (A) 일반적인 소규모 역삼투 장치(© Susan Morgan) (B) 장치 개략도

역삼투 공정은 높은 압력으로 막(membrane)에 물 분자를 통과시킴으로써 막의 양쪽에 각각 처리된 물과 농축된 염을 포함하는 물이 분리되도록 한다(삼투 공정에서는 물이 막을 통해 이동하여 농축된 물을 희석한다). 공정을 거친 처리수 내에는 용존 미네랄 물질의 농도가 낮고 일부 박테리아가 제거된다. 그러나 역삼투 공정은 처리 속도가 느리고 다량의 폐수를 발생시키는 단점을 갖는다. 일반적으로 4 L의 먹는물을 생산하는데 6시간 가량이 소요되고 8～24 L의 폐수가 발생된다. 또한 공정의 운영비용 또한 높다. 가정용 장치는 활성탄 여과(activated carbon filter)를 부착하여 염소를 제거하고 물의 맛을 좋게 한다. 경도가 높은 물의 경도 제거에는 일반적으로 이온교환 방식을 이용한 연수화 장치가 사용된다.

이온교환 또는 제올라이트(비석)를 통한 연수화 방식은 침전과 달리 화학물질을 사용하지 않기 때문에 비탄산경도가 높은 물에 널리 사용되며, 총경도 350 mg/L as $CaCO_3$ 이하로 처리할 수 있다.[8] 이온교환 연수화 장치는 우물을 사용하는 지역에서 종종 사용되기도 한다(그림 10.16 참고). 이온교환 연수화 장치의 작동은 경도가 높은 물이 수지

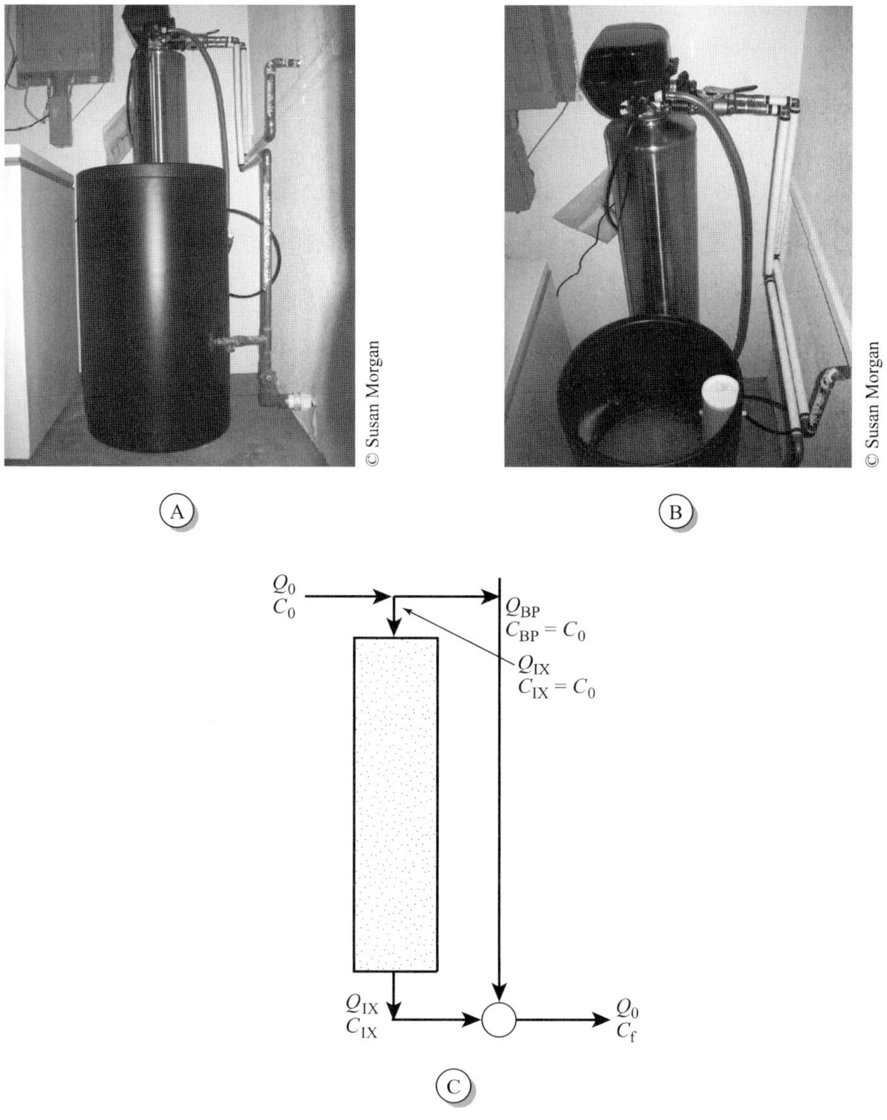

그림 10.16 (A - B) 일반적인 이온교환 연수화 장치 (C) 장치 개략도

(resin)가 채워진 관을 통과하고 이때 관에 충전되어 있는 수지가 물에 포함된 경도 이온을 나트륨(소듐)으로 교환하여 이뤄진다. 때문에 연수화된 물에서 짠 맛이 날 수 있으며, 저염 또는 무염식을 하는 사람들은 연수화된 물을 선호하지 않기도 한다. 이온교환에 사용되는 수지가 염(salt) 또는 염수(brine)로 포화되어 더 이상 경도 이온을 교환하지 못하게 되면 NaCl 용액을 사용하여 수지를 재생(경도 이온 제거) 후 사용할 수 있다. 염 대신 염산을 사용할 수 있으며 이때 교환된 이온은 나트륨이 아닌 수소이온(H^+)이 된다. 그러나 염산을 사용할 경우 염에 비해 상대적으로 높은 가격과 위험성, 그리고 pH 저하의 이

유로 이 방법이 널리 사용되지는 않는다. 일반적으로 이온교환수지의 재생주기와 유량에 대한 기준 등이 제시되고 있으며, 재생 전 짧게 역세척(backwash)을 실시하면 충전층을 75～100% 확대하고 부착되어 있는 입자성 물질을 제거하여 재생 효과를 높일 수 있다.

수지가 충분한 나트륨을 포함하고 이온교환 실시 이전의 상태로 유지된다면 기본적으로 수중 경도는 100% 제거될 수 있다. 그러나 물속의 모든 경도 물질을 제거할 필요는 없기 때문에 일부는 경도 제거 공정을 우회하도록 하여 처리수와 혼합 후 원하는 경도 수준을 얻을 수 있다. 이러한 경우 경도 물질의 농도는 물질수지를 기반으로 계산할 수 있다.

예제 10.8 연수화 장치 내에 46 kg/m^{3}의 이온교환 용량을 갖는 수지 0.07 m^{3}이 충전되어 있다. 1일 물 사용량은 1,500 L이다. 연수화 장치로 유입되는 물에 245 mg/L as $CaCO_3$의 경도 물질이 포함되어 있고, 100 mg/L as $CaCO_3$ 수준으로 물에 포함된 경도를 제거하고자 한다. 얼마만큼의 물을 연수화 장치에 우회할 수 있으며, 장치의 재생 주기에 도달하는 시간은 어떻게 되겠는가?

해답 연수화 장치를 우회하는 물의 양은 처리하고자 하는 경도 수준과 초기 물에 포함된 경도의 함수이다. 이를 계산하기 위한 과정의 개략도는 그림 10.16과 같다. 연수화 장치를 통해 처리되는 물과 우회하는 물이 혼합되는 점(그림 속의 원) 주위에 물질수지를 통해 특정 시점의 경도 물질 농도를 구할 수 있다.

$$Q_{IX}C_{IX}+Q_{BP}C_{BP}=Q_0C_f$$

초기의 충전된 수지를 기준으로 처리수 내 경도는 제로(0)가 된다.

따라서, $Q_{IX}(0)+Q_{BP}C_{BP}=Q_0C_f$

$$\frac{Q_{BP}}{Q_0}=\frac{C_f}{C_B}$$

즉, $\% \text{ 우회}=\frac{\text{원하는 경도}}{\text{초기 경도}}(100)$

이 경우 우회되는 양은,

$$\% \text{ 우회}=\frac{100\,\text{mg/L as CaCO}_3}{245\,\text{mg/L as CaCO}_3}(100)\cong 41\%$$

$\text{우회하는 양}=0.41(1{,}500\,\text{L/d})\cong 610\,\text{L/d}$

충진 수지의 재생주기 및 파과에 도달하는 시간은 이온교환 용량에 대한 함수이다. 수지를 재생하기 이전 완전히 포화된다고 가정하면,

$$\text{파과}=\frac{(\text{용량})(V_{\text{수지}})}{Q_{IX}C_0}=\frac{(\text{용량})(V_{\text{수지}})}{(1-\text{우회})Q_0C_0}$$

$$\text{파과}=\frac{(46\,\text{kg/m}^3)(0.07\,\text{m}^3)(10^6\,\text{mg/kg})}{(1-0.41)(1{,}500\,\text{L/d})(245\,\text{mg/L as CaCO}_3)}\cong 15\,\text{d}$$

결국, 2주에 한 번 수지를 재생해주어야 한다.

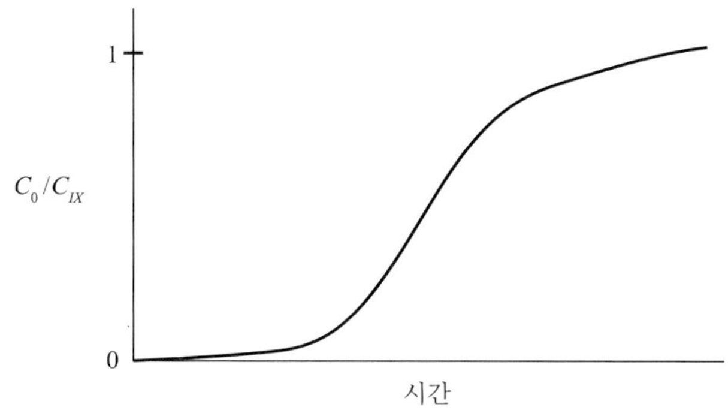

그림 10.17 이온교환 장치의 파과(breakthrough)곡선

소규모 이온교환 장치(가정용)는 대규모 이온교환 장치에 비해 비교적 덜 복잡한 구성을 가지며, 우회라인이 없다. 장치의 설계에 있어 이온교환 수지 용량이 지속적으로 변하기 때문에 장치를 우회하는 물의 양을 구하는 것은 앞서 보인 계산보다 훨씬 복잡하다. 그림 10.17은 이온교환 장치의 일반적인 파과곡선을 나타내고 있으며, 유출수의 농도와 유입수의 농도가 유사해지면 장치가 파과되었다고 한다. 그러나 대형 플랜트에서는 유입수 농도의 5~10% 수준으로 파과의 기준을 설정하는 것이 일반적이다. 가정용 소형 장치는 하나의 이온교환 라인으로 구성되지만, 대형 플랜트(도시 규모 등)는 여러 라인의 이온교환 장치를 갖추고 있으며 하나의 라인으로부터 생산된 처리수가 다음 라인으로 유입된다. 이와 같이 대형 플랜트는 다중의 처리라인을 갖춤으로써 충진 된 수지의 효율적인 사용(재생시점 연장)을 가능토록 하고 운전비용을 낮춰준다. 대형 플랜트에서 발생되는 폐재생수지의 처리는 부식성과 독성(대량의 고농도 염화염)으로 인해 문제점이 지적되고 있다.

석회 소다 연수화

대형 처리 시설 중 일부는 이온교환 방법을 통해 경도를 제거하지만 대부분은 화학적인 침전 방법을 사용하고 있다. 생석회(CaO, unslaked lime) 또는 소석회[$Ca(OH)_2$, slaked lime]를 사용하며, 석회 투입으로 인한 물의 pH 상승이 발생한다(석회는 칼슘을 포함하고 있지만 물을 연수화 하는데 효과적이며, 수산화나트륨을 사용하기도 하지만 석회에 비해 가격이 비싸다). 물의 pH가 10.3까지 증가하면, 탄산염이 알칼리도의 주요 물질이 되고 $CaCO_3$ 형태로 침전된다. 또한 물의 pH가 11로 증가하면 마그네슘이 $Mg(OH)_2$ 형태로 침전된다. 비탄산경도의 경우에는 탄산염(일반적으로 소다회, Na_2CO_3)을 추가해야 하기 때문에 처리 비용이 높다. 따라서, 칼슘 탄산경도가 첫 번째 제거대상 물질이 되고, 이후 마그네슘 탄산경도, 칼슘 비탄산경도, 마그네슘 비탄산경도의 순으로 처리한다(그림 10.18). 물속의 이산화탄소는 탄산을 형성하는데, pH가 상승하기 전 석회를 추가하여 중화시키거나 스트리핑을 통해 제거해야 한다. 왜냐하면, 용해성에 제약을 받아 침전되는 총경도 물질이 40 mg/L as $CaCO_3$ 수준으로 낮아지거나 시간의 제약으로 인해 추가적인 석회 소모가 발생할 수 있기 때문이다.

이산화탄소

$$CO_2 + Ca(OH)_2 \rightleftarrows CaCO_3\,(s) + H_2O$$

탄산칼슘 경도 (CCH)

$$Ca(HCO_3)_2 + Ca(OH)_2 \rightleftarrows 2CaCO_3\,(s) + 2H_2O$$

비탄산칼슘 경도 (CNCH)

$$CaSO_4 + Na_2CO_3 \rightleftarrows CaCO_3\,(s) + Na_2SO_4$$

탄산마그네슘 경도 (MCH)

$$Mg(HCO_3)_2 + Ca(OH)_2 \rightleftarrows CaCO_3\,(s) + MgCO_3 + 2H_2O$$

$$MgCO_3 + Ca(OH)_2 \rightleftarrows Mg(OH)_2\,(s) + CaCO_3\,(s)$$

비탄산마그네슘 경도 (MNCH)

$$MgSO_4 + Na_2CO_3 \rightleftarrows MgCO_3 + Na_2SO_4$$

$$MgCO_3 + Ca(OH)_2 \rightleftarrows Mg(OH)_2\,(s) + CaCO_3\,(s)$$

반응종	반응종에 대한 약품비 (meq/meq)	
	생석회	소다회
CO_2	1	0
CCH	1	0
CNCH	0	1
MCH	1	0
MNCH	1	1

그림 10.18 석회 - 소다 연수화 반응

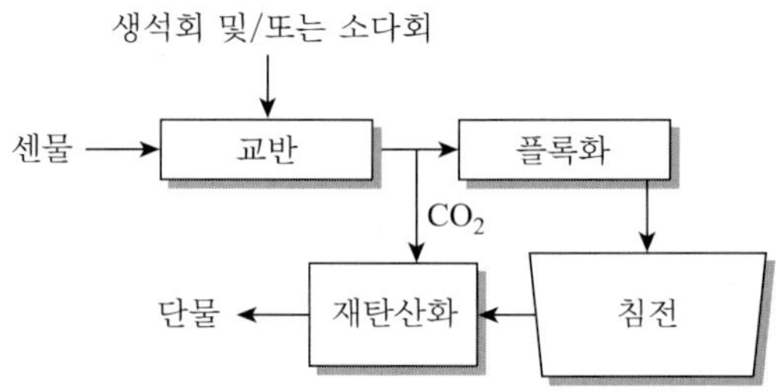

그림 10.19 화학적 침전 연수화 공정

그림 10.19는 일반적인 연수화의 연계 공정을 나타내고 있다. 침전물은 가라앉혀 제거할 수 있다. 필요한 경우, 물에 이산화탄소를 주입하는 재탄산화(recarbonation) 과정을 통해 pH를 낮춤으로써 침전 과정에서 잘 제거되지 않는 미세한 입자를 용해시키고 중성 부근으로 pH를 조절하는 효과를 기대할 수 있다. 만일 마그네슘 탄산경도를 제거하는데 석회를 과다하게 사용하였거나 2차 침전조에 앞서 pH를 10.4 수준으로 떨어뜨리는데 적절한 수준의 이산화탄소가 주입되었다면, 추가적인 침전과 고형물의 제거효과를 기대할 수 있다. 재탄산화 과정은 유입수 일부를 우회시키는 경우에는 필요로 하지 않는다. 연수화 과정 중 물을 용해도 한계 수준까지 처리 후 우회되는 물과 혼합하여 원하는 경도 수준으로 조절할 수 있기 때문이다.

예제 10.9 예제 10.7과 그림 10.20의 자료를 이용하여 일반적인 용해도 수준에서 연수화 공정에 소모되는 화학약품의 양을 구하시오. 유량은 8,000 m^3/d이고, 사용된 생석회와 소다회의 순도는 각각 93%, 98%이다.

항목	EW (mg/meq)	농도(mg/L)		
		mg/L	meq/L	mg/L as $CaCO_3$
CO_2	22.0	6.0	0.27	13
Ca^{2+}	20.0	50	2.5	125
Mg^{2+}	12.2	20	1.6	82
Na^+	23.0	5	0.2	11
알칼리도	50.0	120	2.4	120
SO_4^{2-}	48.0	94	2.0	98

해답 [참고로 이산화탄소의 당량은(44 g/mol) / (2 eq/mol) = 22 mg/meq이고, 1 m^3 = 1,000 L이다.]

필요한 화학물질의 양을 구하기 위해 경도 물질 meq/L 당 소요되는 화학물질의 양을 알아야 한다(그림 10.18). 표에 제시되어 있는 석회와 소다 meq/L 소모량을 활용한다. 이산화탄소와 탄산 칼슘 경도를 제거하는데 석회만 사용되고, 칼슘 비탄산경도의 제거에는 소다만 소모되며, 마그네슘 비탄산경도 제거에는 석회와 소다회 모두 소모되는 사실에 주의해야 한다. 일반적인 용해도 한계에서의 연수화는 1.25 meq/L를 초과하는 CaO를 소모한다. 소석회 $Ca(OH)_2$의 경우에는 0.4 meq/L가 필요하다.

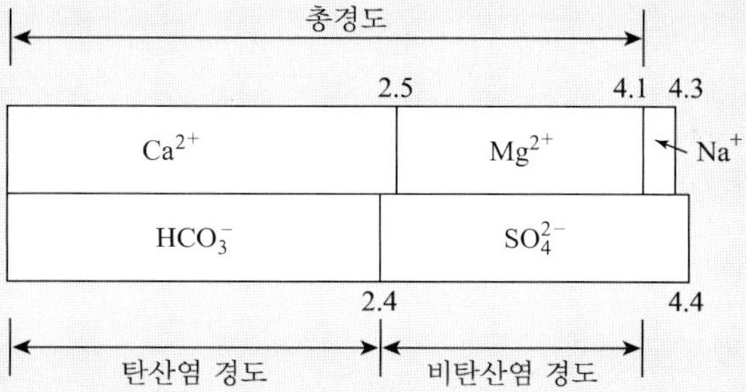

그림 10.20 경도 물질 막대차트

다음의 식으로부터 화학물질 소모량도 계산될 수 있다.

석회 = (CO_2) + 탄산경도 + 마그네슘 비탄산경도 + 초과량

소다회 = 비탄산경도(NCH)

화학물질 필요량을 구하기 위해서는 meq/L 단위를 화학물질 당량을 사용하여 mg/L 단위로 환산하는 과정이 필요하다.

3장에서 농도를 물질 흐름으로 변환하는 과정을 설명하였다.

$Q_M = M = CQ_V$

사용된 화학물질의 순도가 100% 미만이므로 주어진 순도를 활용하여 계산한다. 예제에서 사용된 CaO와 소다회의 순도는 각각 93%, 98%이므로, 이를 계산하면 다음과 같다.

$$M_{CaCO_3} = \frac{(5.52\,meq/L)(28\,mg/meq)(8{,}000{,}000\,L/d)}{0.93} = 1{,}330\,kg/d$$

$$M_{Na_2CO_3} = \frac{(1.7\,meq/L)(53\,mg/meq)(8{,}000{,}000\,L/d)}{0.98} = 736\,kg/d$$

예제 10.10 예제 10.9의 자료를 활용하여 침전조에서 슬러지가 10%까지 농축되면 퍼내어야 하는 슬러지의 유량(L/d)을 계산하시오.

해답 슬러지의 양을 계산하기 위해 칼슘과 마그네슘의 물질수지식을 세운다. 연수화 공정의 일반적인 용해도 한계에서 0.6 meq/L의 칼슘과 0.2 meq/L의 마그네슘이 수중에 남게 된다.

항목	농도(meq/L)
원수 Ca^{2+}	2.5
원수 Mg^{2+}	1.6
잔류 Ca^{2+}	0.6
잔류 Mg^{2+}	0.2
생석회	5.52

Mg^{2+} − 슬러지 = (원수 Mg^{2+}) − (잔류 Mg^{2+})
= (1.6 meq/L) − (0.2 meq/L) = 1.4 meq/L

Ca^{2+} − 슬러지 = (원수 Ca^{2+}) + (생석회) − (잔류 Ca^{2+})
= (2.5 meq/L) + (5.52 meq/L) − (0.6 meq/L) = 7.42 meq/L

3장의 물질 흐름에 대한 식을 사용하면, $M = CQ$이다. 반응에 따라 칼슘은 $CaCO_3$의 형태로 침전되고, 마그네슘은 $Mg(OH)_2$ 형태로 침전될 것이다. 슬러지는 100%의 순수한 슬러지이다.

약품	EW (mg/meq)
$CaCO_3$	50
$Mg(OH)_2$	29.2

$$\begin{aligned} M_{sludge} &= \sum (QC)_i \\ &= [(1.4\,meq/L)(29.2\,mg/meq) + (7.42\,meq/L)(50\,mg/meq)] \times (8{,}000{,}000\,L/d) \\ &= 3{,}295\,kg/d \end{aligned}$$

퍼내게 될 슬러지 유량을 계산하기 위해, 물질 흐름에 대한 식을 다시 정리하고 슬러지 농축을 계산한다. 1% = 10,000 mg/L임을 참조한다(3장).

$$Q = \frac{M}{C} = \frac{3{,}295\,kg/d}{(100{,}000\,mg/L)} = 32{,}950\,L/d$$

용해도 한계까지 모든 물의 경도를 제거할 필요가 없기 때문에 화학물질을 추가하는 양을 결정하는 것은 복잡할 수 있으며, 화학물질의 주입량은 처리수에 비해 원수에 얼마나 많은 Mg^{2+}가 들어 있는지에 따라 결정된다. 때문에 원수를 분리하여 처리하는 방법을 고려해 볼 수 있다(그림 10.21). 원수의 일부는 용해도 한계 내에서 처리하지만 나머지를 처리하지 않고 분수장치를 통해 분리한다. 이후 처리된 물과 처리되지 않은 물을 합쳐 원하는 수준으로 물의 경도를 맞춘다. 이처럼 원수를 분리하여 처리하는 방법은 경도를 조절할 수 있고, 탱크 설비를 갖추는데 필요한 초기비용과 운전비용을 감소시킬 수 있다.

우회시키는 물의 양은 처리수와 합류하는 지점 부근에서 Mg^{2+}의 물질수지에 근거하여 계산한다(그림 10.22). 운전비용의 절감을 위해 이온교환에 관련되는 총경도 대신 마그네슘에 대해 물질수지를 세운다. 정상상태를 가정하는 물질수지는 다음과 같다.

$$Q_b \mathrm{Mg_r} + (Q - Q_b)\mathrm{Mg_1} = Q\mathrm{Mg_f}$$

$$\frac{Q_b}{Q} = X = \frac{\mathrm{Mg_f} - \mathrm{Mg_1}}{\mathrm{Mg_r} - \mathrm{Mg_1}} \tag{10.8}$$

용해도 한계에 대한 연수화 공정에서 운전비용 감소를 위해 다시 결합된 물(처리된 물 + 우회되는 물)은 허용 가능한 최대의 마그네슘을 포함하고 있다.

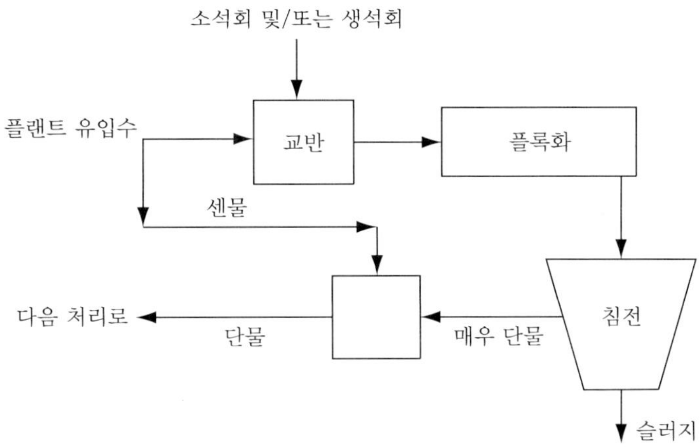

그림 10.21 분리 처리 공정 구조도

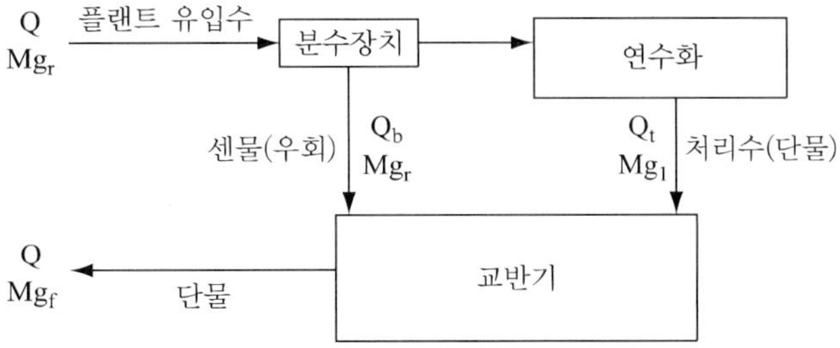

그림 10.22 분리 처리 공정의 마그네슘 물질수지

$$\frac{Q_b}{Q} = X = \frac{(40\,\text{mg/L as CaCO}_3) - (10\,\text{mg/L as CaCO}_3)}{\text{Mg}_r - (10\,\text{mg/L as CaCO}_3)} \tag{10.9}$$

$$= \frac{30\,\text{mg/L as CaCO}_3}{\text{Mg}_r - (10\,\text{mg/L as CaCO}_3)}$$

예제 10.11 어떤 물의 총경도는 255 mg/L as $CaCO_3$이고, Mg^{2+} 농도는 55 mg/L as $CaCO_3$이다. 용해도 한계 수준에서 얼마만큼의 물이 분리 처리 공정에서 처리되어야 하는가? 또한 최종적으로 처리된 물과 우회된 물을 섞어 배출되는 물의 경도는 얼마가 되겠는가?

해답 식 10.9를 사용하여 계산한다.

$$\frac{Q_b}{Q} = X = \frac{30\,\text{mg/L as CaCO}_3}{\text{Mg}_r - (10\,\text{mg/L as CaCO}_3)} = \frac{30\,\text{mg/L as CaCO}_3}{(55\,\text{mg/L as CaCO}_3) - (10\,\text{mg/L as CaCO}_3)}$$

$$= 0.67$$

계산 결과, 33%의 물을 처리하고 67%의 물을 우회할 수 있다. 물질수지를 기반으로 최종적으로 배출되는 물의 경도를 계산하면 다음과 같다.

$$Q_b(TH_r) + (Q - Q_b)(TH_1) = Q(TH_f)$$

$$TH_f = \frac{Q_b}{Q}(TH_r) + \frac{Q - Q_b}{Q}(TH_1)$$

$$= (0.67)(255\,\text{mg/L as CaCO}_3) + (0.33)(40\,\text{mg/L as CaCO}_3)$$

$$= 184\,\text{mg/L as CaCO}_3$$

만일 필요로 하는 처리된 물의 경도가 이보다 낮아야 한다면, 2차적인 연수화 공정을 연계할 수 있다. 허용 가능한 마그네슘의 농도(40 mg as $CaCO_3$) 수준으로 이미 처리를 거쳤기 때문에 2차 연수화 공정에서는 선택적으로 칼슘을 제거하면 된다.

예제 10.12 문제에 주어진 조건을 갖는 물에서 칼슘을 선택적으로 제거할 수 있는가?

수질 시료	TH (mg/L as $CaCO_3$)	Ca^{2+} (mg/L as $CaCO_3$)
A	330	210
B	330	300

해답 총경도가 Ca^{2+}와 Mg^{2+}로 구성되어 있다고 가정하면,

수질 시료	Mg^{2+} (mg/L as $CaCO_3$)
A	120 > 40 mg/L as $CaCO_3$
B	30 < 40 mg/L as $CaCO_3$

결국, B에서는 칼슘을 선택적으로 제거할 수 있지만 A에서는 선택적으로 제거할 수 없다.

예제 10.13 예제 10.12에서 샘플 B의 알칼리도는 200 mg/L as $CaCO_3$이고, CO_2는 12 mg/L as $CaCO_3$이다. 용해도 한계에 대해 (1) 마그네슘을 제거하고 (2) 마그네슘이 남는 소석회와 소다회 필요량(meq/L)을 구하시오. 이와 함께 마그네슘이 남을 경우 최종 경도를 계산하시오.

해답 먼저, 경도 물질을 구분한다. meq/L로 농도를 계산하는데 사용되는 $CaCO_3$의 당량이 50 mg/meq임을 주의하라.

항목	C (mg/L)	EW (mg/meq)	C (meq/L)
CO_2	12	50	0.24
Ca^{2+}	300	50	6.0
Mg^{2+}	30	50	0.6
ALK	200	50	4.0
CCH			4.0
CNCH			2.0
MCH			0
MNCH			0.6
Excess			0.4

(1)은 앞선 방식과 동일하게 계산된다.

소석회 = CO_2 + CCH + MNCH + 초과량
= (0.24 meq/L) + (4.0 meq/L) + (0.6 meq/L) + (0.4 meq/L) = 5.24 meq/L

소다회 = CNCH + MNCH = (2.0 meq/L) + (0.6 meq/L) = 2.6 meq/L

(2)는 모든 마그네슘이 남아 있기 때문에 모든 마그네슘은 남고 초과량을 고려하지 않는다.

소석회 = CO_2 + CCH = (0.24 meq/L) + (4.0 meq/L) = 4.24 meq/L

소다회 = CNCH = 2.0 meq/L

결국, 소석회의 양은 19% 감소하고 소다회는 약 23% 감소한다.
최종 경도 계산 결과는 다음과 같다.

$$TH_f = (\text{잔류 } Ca^{2+}) + Mg^{2+}$$
$$\approx (30\,\text{mg/L as } CaCO_3) + (30\,\text{mg/L as } CaCO_3) = 60\,\text{mg/L as } CaCO_3$$

10.2.2 응집과 플록 형성

정수장에 도입되는 미처리 지표수는 일반적으로 미세한 콜로이드성 점토와 실트 입자로 인해 탁도가 매우 높다. 이러한 입자는 자연적 정전기 전하를 띠고 있어 지속적으로 움직이고, 서로 충돌하거나 부착하지 않는다. 황산알루미늄[알럼, 황산반토, 명반, $Al_2(SO_4)_3$]과 같은 응집제와 석회와 고분자와 같은 응집 보조제를 물에 주입하면(그림 10.11의 단계 1), 입자의 전하가 중화되고, 이는 작은 입자들을 서로 달라붙게 만들어서 더 크고, 빠르게 가라앉는 입자가 형성된다(그림 10.11의 단계 2). 이처럼 부유성 콜로이드 고형물을 쉽게 가라앉는 큰 입자로 만들어서 물을 정화할 수 있다. 응집은 콜로이드성

입자의 화학적 성질을 변화시켜 서로 달라붙게 만들어 플록(floc)이라 불리는 큰 입자를 만드는 과정을 말한다.

응집 과정에서 중요한 메커니즘은 두 가지로 전하 중화와 가교이다. 전하 중화는 다음 페이지의 그림 10.23에 나타난 것처럼 콜로이드성 입자 전하의 반대 전하를 응집제(예 : 알루미늄 이온)로 사용할 때 발생한다. 자연수에 포함된 콜로이드성 입자는 일반적으로 음전하이고, 물이 현탁상태가 되면 같은 전하는 서로 밀어내게 된다. 이로 인해 현탁액이 안정화되고 입자가 가라앉는 것을 방지한다. 물에 주입된 양전하는 음으로 전하된 입자를 끌어당기고, 입자의 순 음전하를 감소시켜 불안정하게 만든다. 이러한 콜로이드 입자의 불안정성이 증가하면 입자는 서로 충돌하여 더 큰 입자를 형성하기 쉬워진다.

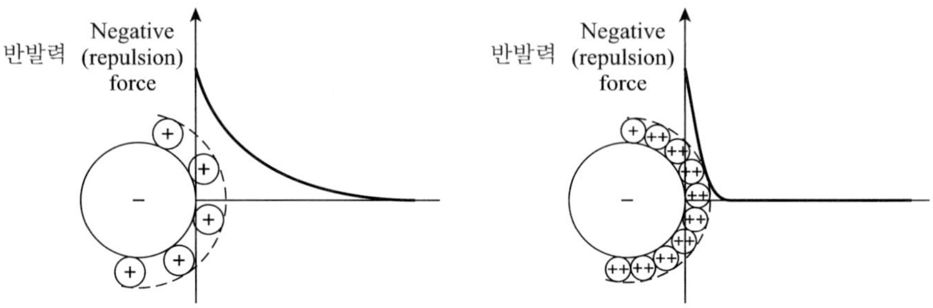

그림 10.23 다원자가의 양이온이 콜로이드성 입자의 반발력에 미치는 영향

두 번째 메커니즘인 가교작용은 다음 페이지의 그림 10.24에 나타낸 것처럼 응집제로 인하여 형성된 거대분자를 매개로 하여 콜로이드성 입자가 서로 달라붙는 것이다. 거대분자(또는 중합체)의 양전하로 하전된 부분에 콜로이드가 부착하고, 인접한 입자 사이의 간극을 가교하여 더 큰 입자를 만든다.

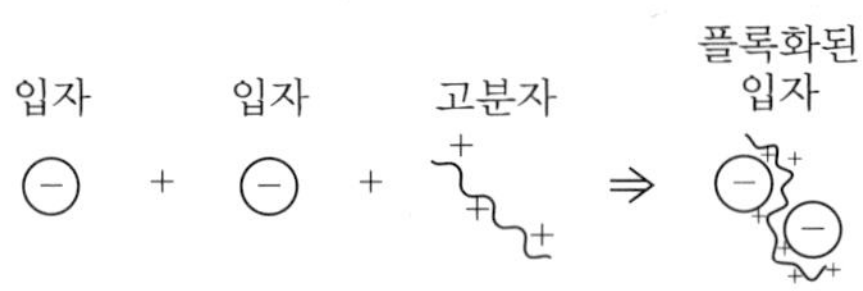

그림 10.24 가교 작용에 따른 콜로이드성 입자의 응집에 미치는 거대분자의 형향

이 두 메커니즘은 알럼의 응집에서 중요하다. 황산알루미늄[알럼, $Al_2(SO_4)_3$]을 물에 주입하면, 알럼은 초기에 녹아 알루미늄 이온(Al^{3+})과 황산이온(SO_4^{2-})을 형성한다. 그러나 알루미늄이온은 불안정하여 다양한 전하된 산화알루미늄과 수산화알루미늄을 형성한다. 이러한 물질의 특정 조합은 물의 pH, 온도, 혼합방법에 따라 달라질 수 있다. 대부분

의 수산화알루미늄 형태의 고분자는 낮은 pH에서 잘 녹기 때문에, 종종 pH를 높이기 위해 소석회[$Ca(OH)_2$]를 첨가한다. 일부 칼슘은 탄산칼슘($CaCO_3$)으로 침전하여, 침강하게 된다.

자테스트는 최적의 응집제를 선정하고 최소 주입량을 결정하기 위한 것이다. 일반적으로 실험은 처리할 물을 넣은 여섯 개의 용기로 수행된다. 각각의 용기에는 서로 다른 응집제와 주입량으로 처리되고, 혼합된 후에 고형물의 침전특성을 관찰한다. 적절한 고형물이 제거되는 응집제와 최소 주입량을 선택하게 된다. 만약 알럼과 같은 금속염이 사용되는 경우 염이 물의 완충능력을 저하시킬 수 있기 때문에 물의 알칼리도를 함께 측정한다.

예제 10.14 주어진 자테스트(jar test) 결과를 보고, 어떤 고분자 용량을 사용해야 하는지 논하시오.

용기 번호	1	2	3	4	5	6
황산알루미늄(mg/L)	6	6	6	6	6	6
고분자(mg/L)	0.25	0.5	1.0	2.0	3.0	4.0
탁도(NTU)	0.9	0.7	0.4	0.3	0.7	1.0

해답 고분자 주입량과 탁도의 그래프를 그린다(그림 10.25).
2 mg/L를 주입했을 때 가장 낮은 탁도를 얻은 반면, 이 탁도는 해당 주입량의 절반을 주입했을 때 얻은 탁도보다 충분히 낮지 않다. 게다가 곡선의 최소점은 1 mg/L와 2 mg/L 사이에 있다. 만약 시간이 충분하다면, 다른 실험을 수행하는 것이 유용하다. 하지만 선택된 주입량은 추정치이므로 1 mg/L의 주입량으로 시도한 후 필요에 따라 용량을 조절할 수 있다.

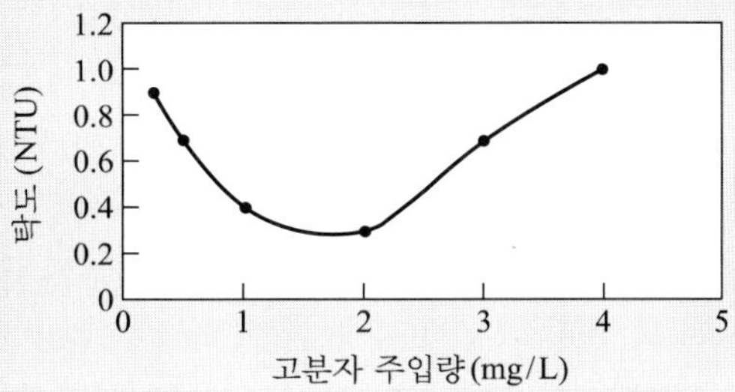

그림 10.25 고분자 주입량 대 탁도

위의 예제에서 왜 중합체 주입량이 높을 때 탁도가 높아질까? 응집의 순효과는 콜로이드성 입자를 불안정하게 하고, 그래서 보다 더 큰 입자로 성장하는 경향을 가진다. 그러나 응집제 또는 응집보조제를 너무 많이 주입하면 양전하(음전하보다는)를 띤 입자를 생성하거나 더 큰 표면적을 가지고 밀도가 낮은 입자를 생성함으로써 입자는 다시 안정해질 수 있다.

앞서 언급했듯이 응집제로 사용된 금속염은 물의 알칼리도에 영향을 줄 수 있다. 그

관계는 다음과 같다.

$$\begin{aligned}&1\ \text{meq/L의 응집제는 } 1\ \text{meq/L의 알칼리도를 소모하고,}\\&1\ \text{meq/L의 화학적 슬러지를 생성한다.}\end{aligned} \qquad (10.10)$$

생성된 총슬러지는 다음과 같이 계산될 수 있다.

$$\text{총슬러지} = \text{화학적 슬러지} + \text{제거된 부유물질} \qquad (10.11)$$

예제 10.15 자테스트를 통해 114 mg/L의 부유물질을 함유한 시료를 응집하기 위해 51 mg/L의 알럼을 사용하였다. 몇 mg/L의 $CaCO_3$가 소모될까? 만약 부유물질이 10 mg/L 감소하였다면 생성된 슬러지의 양은 얼마인가? $Al(OH)_3$가 침전되었고(EW = 26.0 mg/meq), 플랜트는 400,000 L/d를 처리한다고 가정하자.

해답 식 (10.10)을 이용하기 위해 알럼의 농도는 meq/L로 표현되어야 한다. 알럼의 EW는 100 mg/meq이므로, 다음과 같이 표현될 수 있다.

$$C = \frac{51\,\text{mg/L}}{100\,\text{mg/meq}} = 0.51\,\text{meq/L}$$

그러므로 소모되는 알칼리도의 양은 다음과 같다.

$$C = (0.51\,\text{meq/L 알럼})\left(\frac{1\,\text{meq/L 알칼리도}}{\text{meq/L 알럼}}\right)(50\,\text{mg/meq}) = 26\,\text{mg/L as } CaCO_3$$

식 10.10과 10.11을 사용하여 생성되는 슬러지의 양을 결정하면,

$$\text{화학적 슬러지} = (0.51\,\text{meq/L 알럼})\left(\frac{1\,\text{meq/L 슬러지}}{\text{meq/L 알럼}}\right)(26.0\,\text{mg/meq}) = 13\,\text{mg/L}$$

$$\text{제거되는 SS} = (114\,\text{mg/L}) - (10\,\text{mg/L}) = 104\,\text{mg/L}$$

가 되고, 따라서 생성된 총슬러지 양은 다음과 같다.

$$\text{총슬러지} = (0.4 \times 10^6\,\text{L/d})(13\,\text{mg/L} + 104\,\text{mg/L}) = 47\,\text{kg/d}$$

더 큰 입자로 성장하도록 돕는 물리적인 과정을 플록 형성(flocculation)이라 한다. 전하 중화 또는 가교를 통해 입자가 서로 만나서 달라붙기 위해서는 그들은 서로 다른 속도로 움직여야 한다. 고속도로에 있는 차들의 움직임을 생각해보자. 만약 모든 차들이 정확히 같은 속도로 움직인다면, 차들끼리의 충돌이 일어날 확률이 없다. 차들이 서로 다른 속도(속력 또는 방향)로 움직이고, 서로 추월하는 차들이 있을 때에만 충돌이 가능하다. 입자들이 서로 접촉할 수 있도록 물속에서 속도를 서로 다르게 하는 것이 플록 형성 과정의 목적이다. 일반적으로 이는 정수처리 공정에서 저속의 대형 패들을 이용하여 화학적으로 처리된 물을 천천히 교반함으로써 달성할 수 있다. 이는 그림 10.11의 단계 2와 그림 10.26에 표현되어 있다. 일단 이렇게 더 큰 입자가 형성되면, 다음 과정은 침강과정을 통해 그들을 제거하는 것이다.

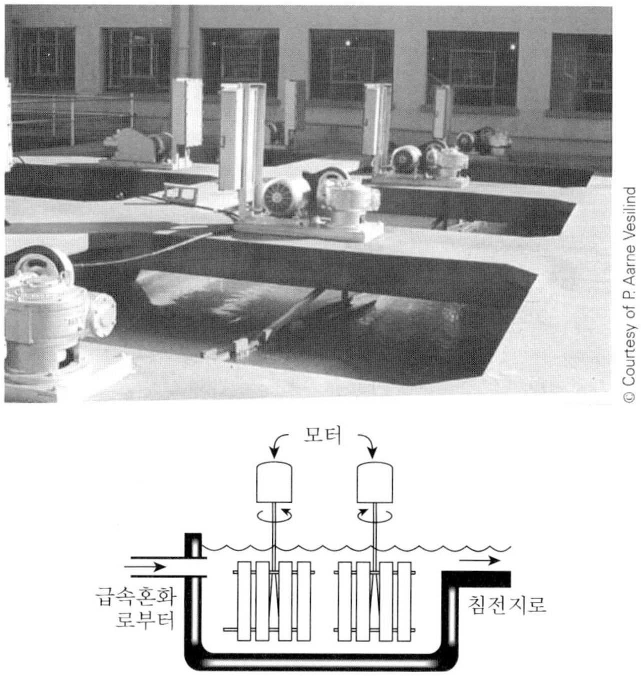

그림 10.26 정수처리에서의 사용되는 일반적인 플록 형성지

10.2.3 침전

플록이 형성되면, 그들은 물에서 제거해야 한다. 이 때 단순하게 물보다 무거운 입자를 바닥으로 가라앉도록 하는 중력 침전지를 사용한다. 침전지는 플러그 흐름 반응조와 유사하게 설계한다. 즉, 모든 난류를 최소화한다. 침전지 설계에 있어 가장 중요한 두 가지 요소는 플러그 흐름에 큰 영향을 줄 수 있는 입구와 출구의 배치이다. 다음 그림 10.27은 정수처리 침전지의 유입수와 유출수의 흐름을 분배하는데 사용되는 입구와 출구의 배치의 한 예를 보여준다.

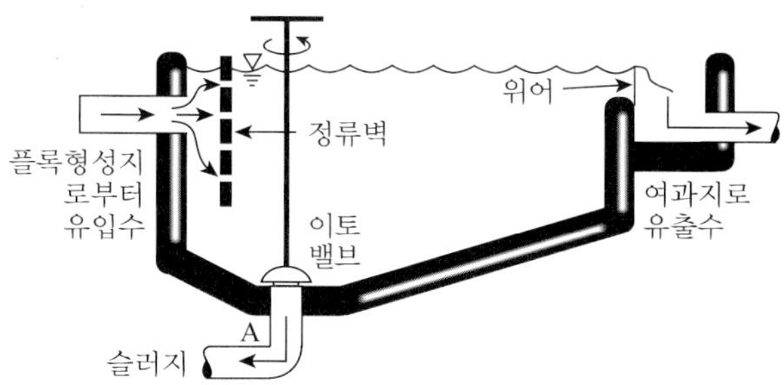

그림 10.27 정수처리 공정에서 사용하는 일반적인 침전지

정수처리 공정에서 슬러지는 알루미늄 수산화물, 탄산칼슘, 점토로 구성되어 있어 생분해성이 높지 않고, 침전지 바닥에서 잘 분해되지 않는다. 일반적으로 슬러지는 몇 주에 한 번씩 침전지 바닥의 이토밸브(mud valve, 니토변)를 통해서 제거하며, 하수도에 버리거나 슬러지 저장/건조시설로 보낸다.

침전지는 고형물의 밀도가 유체의 밀도보다 크기 때문에 작동한다. 중력 하에서 유체를 통과하는 고형 입자의 움직임은 다음과 같은 다양한 변수의 영향을 받는다.

- 입자 크기(부피)
- 입자 모양
- 입자 밀도
- 유체 밀도
- 유체 점도

후자에 언급된 유체의 점도라는 용어는 익숙하지 않을 수도 있지만 단순히 흐르는 유체의 능력만을 의미한다. 예를 들어, 팬케이크의 시럽은 매우 높은 점도를 가진 반면, 물은 상대적인 낮은 점도를 가진다.

침전지에서는 입자가 가장 빠른 속도로 가라앉는 것이 유리하다. 이를 위해 큰 입자 부피, 조밀한 모양(낮은 항력), 큰 입자의 밀도와 낮은 유체의 밀도가 요구된다. 실질적으로 마지막 두 인자를 제어하는 것은 불가능하지만 응집과 플록형성을 통해 분명히 입자의 성장을 유도하고, 그들의 밀도와 모양을 바꿀 수 있다.

침전지에서 입자를 침강시키기 위해 응집과 플록형성이 매우 중요하고, 몇 입자의 일반적인 침강속도를 표 10.3에 나타내었다. 유체에서 입자의 침강속도는 입자의 모양과 밀도에 영향을 받음에도 불구하고, 표 10.3은 정수처리 공정에서 입자 크기가 매우 조금만 달라져도 침강에 의한 제거 효율이 매우 크게 달라지는 것을 보여준다.

침전지는 이상적 반응조를 가정했던 것과 같이 이상적 침전지로 가정하여 분석할 수 있다. 이러한 이상적 침전지는 수리적으로 완벽한 플러그 흐름 반응조로 생각할 수 있다. 침전지로 도입된 물의 플러그는 침전지를 통과하면서 내부혼합이 일어나지 않는다(그림 10.28). 만약 고형 입자가 컬럼 상부에서 침전지로 들어와서 v_0의 속도로 가라앉는다면, 수평속도 v로 침전지를 통과하며 이동하는 동안에 바닥으로 가라앉는다.

표 10.3 일반적인 침강 속도

입자 지름(mm)	대표적 입자	침강속도(m/s)
1.0	모래	2×10^{-1}
0.1	가는 모래	1×10^{-2}
0.01	유사(실트)	1×10^{-4}
0.001	점토	1×10^{-6}

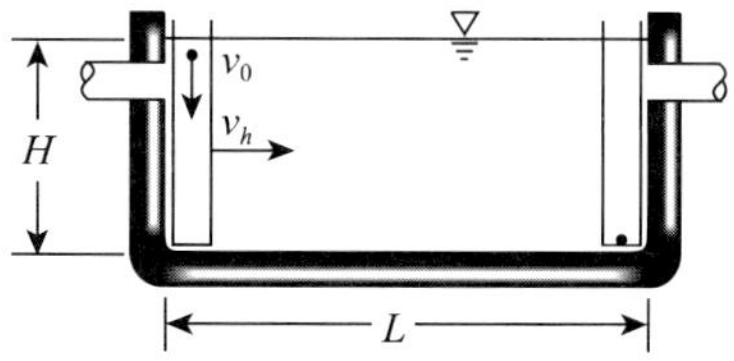

그림 10.28 이상적 침전지

이상적 침전지의 해석을 위해 몇 가지 가정이 필요하다.

- 침전지 내에서 흐름은 일정하다(이는 일정한 흐름은 모든 유체가 수평적으로 같은 속도로 움직이는 상태를 의미하는 이상적 플러그 흐름과 동일하다)
- 바닥으로 침강된 모든 입자는 제거된다. 즉, 그림 10.28에 나타난 것처럼 침전지의 바닥으로 가라앉은 입자는 흐름에서 제거된다.
- 입자는 침전지에 유입될 때 흐름에 균등하게 분포된다.
- 물이 침전지의 출구에 이를 때까지도 물속에 여전히 부유하고 있는 모든 입자는 제거되지 않고 침전지에서 빠져나온다.

FOCUS ON

염소의 생애주기 영향

먹는물 염소처리는 수인성 질병의 급격한 감소에 기여하고 미국의 기대수명을 증가시켰다. 많은 미국인들은 그들의 수돗물에 질병을 일으키는 미생물이 없다고 당연하게 생각한다. 그러나 항상 그런 것은 아니다. 수인성 질병에 의한 공중보건의 지속적인 위협은 1991년 페루에서 발생했으며, 주요 원인은 부적절한 먹는물 염소처리였다. 그 결과, 5년간 전염병인 콜레라가 20세기 미국에서 처음 발병했다. 전염병은 19개의 라틴 아메리카 국가로 전파되어 백만 명이 넘는 질병과 12,000명의 사망자가 발생했다. 발병 이후 미국과 국제 보건 당국자들은 페루 수도 관리들에게 상수도 전체과정에 염소 처리하지 않았다고 비판했다.
화학물질 및 화학 공정의 지속성을 고려할 때 생애주기에 걸쳐 미치는 영향을 고려하는 것이 중요하다. 일부는 위험성이 이익을 정당화한다고 말하면서 절충에 대해 피할 수 없는 것처럼 주장한다. 그러나 녹색화학자와 녹색공학자는 이러한 절충에 관한 논쟁에 대해 회의적인 태도로 접근한다. 부정적인 측면을 제거하기 위한 설계를 통해 위험 요소를 해결할 수 있다는 사실을 알고 있다. 같은 화학물질이라도 서로 다른 경로로 만들어지면 서로 다른 위험성, 순도(오염), 운송 요구사항을 가진다. 물의 염소 처리가 의심할 여지없이 수백만의 생명을 구했지만, 의도하지 않은 심각한 부정적 결과는 염소의 생산, 운송 및 사용과 관련되어 있다. 생애주기 영향을 파악함으로써 소독제로서의 염소의 위험한 발자국(footprint)을 개선할 수 있다. 이 장에서 다루는 일련의 초점에서 우리는 제조, 운송 및 사용 시 염소와 관련된 생애주기 문제를 제기한다. 우리는 또한 "현장 차아염소산 생산"이라고 불리는 위험성 저하를 위한 성장 기술을 설명하며, 녹색 화학적 방안을 제시한다.

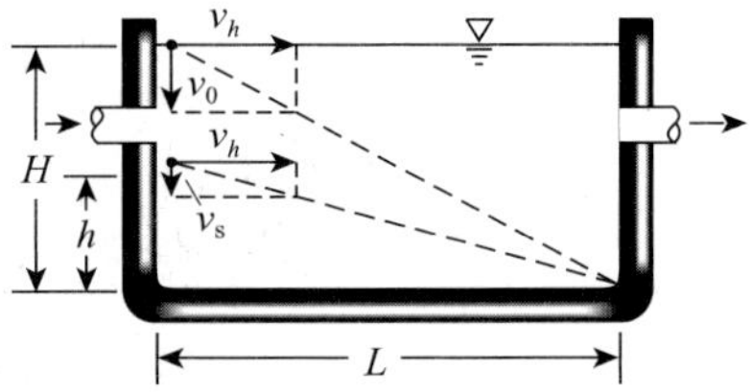

그림 10.29 이상적 침전지에서의 입자 궤적

이제 수면에서 침전지에 유입되는 입자를 생각해보자. 그림 10.29에서 보인 것과 같이 궤도를 정의할 수 있도록 합성벡터에 나타내면 이 입자는 침강 속도 v_0, 수평 이동 속도 v_h를 가진다. 다시 말해 입자는 간신히 제거되는데, 입자는 침전지 끝에서 바닥에 부딪힌다. 만약 동일한 입자가 높이 h와 같은 다른 높이에서 침전지에 들어가면 궤적은 항상 그 아래로 이동한다. 이러한 침강 속도 v_0를 가진 입자는 임계 입자라고 하며, 이보다 낮은 침강 속도를 가진 입자는 모두 제거되지 않고, 이보다 큰 침강속도를 가진 입자는 모두 제거된다. 예를 들어, 속도 v_s를 가진 입자가 수면에서 침전로 들어오면, 바닥에 닿지 않고 침전지를 빠져나간다. 그러나 만약 같은 입자가 높이 h에서 들어오면, 바닥에 가라앉아 제거된다. 이러한 입자가 높이 h 또는 h보다 낮은 높이에서 유입되면 항상 제거되고, h보다 높은 곳에서 유입되면 제거되지 않는다. 왜냐하면 침전지에 들어온 임자는 항상 균등하게 분포된다고 가정하였기 때문에 침전지의 높이를 H라고 할 때, 침강속도 v_s를 가진 제거되는 입자의 비율은 h/H와 같다.

3장의 수리학적 체류시간에서 시간은 다음과 같이 정의된다.

$$\bar{t} = \frac{V}{Q} \tag{10.12}$$

침전조의 폭을 W, 길이를 L이라 할 때, 직사각형 침전조의 부피는 $V = HLW$에 의해 계산된다. 연속 방정식을 사용하면 유량은 $Q = Av_h$이며, 여기서 A는 흐름이 발생하는 영역이고 v_h는 유속이다. 플러그 흐름 반응기로 작용하는 침전조의 경우, 흐름은 $A = HW$를 통해 발생한다.

$$\bar{t} = \frac{V}{Q} = \frac{HWL}{(HW)v_h} = \frac{L}{v_h}$$

그림 10.29에 나타낸 닮은꼴 삼각형을 이용하면,

$$v_0 = \frac{H}{\bar{t}} \tag{10.13}$$

앞서 언급한 것처럼 $V = HLW$일 때, $\bar{t}$는 V/Q이거나 만약 침전조의 표면이 $A_s = WL$로 정의되면, 부피는 $V = A_s H$가 된다. 대입하면 다음과 같다.

$$v_0 = \frac{H}{\bar{t}} = \frac{H}{A_s H/Q} = \frac{Q}{A_s} \tag{10.14}$$

이 방정식은 월류속도(월류율, 임계속도, overflow rate)를 나타내며, 이는 침전지 설계에서 중요한 설계인자이다. 단위는 다음과 같다.

$$v_0 = \frac{m}{s} = \frac{Q}{A_s} = \frac{m^3/s}{m^2}$$

월류속도는 속도와 같은 단위를 가진다. 일반적은 월류속도는 $m^3/m^2 \cdot d$ (또는 m/d)로 표현되지만 정확히는 속도 항과 같고, 실제로 임계 입자의 속도와 같다. 침전지의 설계에서 월류속도를 규정한다는 것은 실제로 임계 입자를 규정하는 것이다.

예제 10.16에서 볼 수 있듯이 월류속도, 체류시간 또는 수심 중 어느 둘을 규정하면 나머지 인자도 결정된다.

예제 10.16 수처리 공정의 침전조의 월류속도가 $24\ m^3/m^2 \cdot d$이고, 깊이가 2 m이다. 체류시간은 얼마인가?

해답 방정식 10.13을 이용하라.

$$v_0 = (24\,m^3/m^2 \cdot d) = 24\,m/d$$

$$\bar{t} = \frac{H}{v_0} = \frac{2}{24\,m/d} = 0.0833\,d \cong 2\,hr$$

월류속도를 잘 이해하면 침강에 대해 더 잘 이해할 수 있다. 예를 들어, 임의의 탱크에서 유량 Q를 증가시키면 v_0도 증가한다. 즉, 임계속도가 증가하고 이는 v_0보다 더 큰 침강속도를 가지는 입자가 적어지는 것을 의미하므로 제거되는 입자가 더 줄어든다.

물론 더 많은 입자를 제거하기 위해서는 v_0를 감소시켜야 한다. v_0는 입자의 변수가 아니기 때문에 이는 Q를 감소시키거나 A_s를 증가시키면 된다. 후자는 깊이를 얕게 하고, 길이와 폭을 증가시켜 침전지의 면적을 바꿈으로써 증가시킬 수 있을 것이다. 예를 들어, 깊이가 3 m인 침전지를 반으로 잘라서(두 개의 1.5 m 조각) 서로 옆에 붙이면 면적을 두 배로 늘릴 수 있다. 이 새로운 얕은 침전지도 유입수가 흐르는 면적($A = WH$)은 동일하지만 표면적($A_s = WL$)은 두 배가 되어 v_0는 절반으로 줄어들기 때문에 같은 수평 속도를 갖는다.

그러면 매우 얕은 침전지를 만들면 될까? 첫 번째 문제는 수리학적 문제와 흐름의 균등분배의 문제뿐만 아니라 콘크리트와 강재의 비용이 증가한다는 실용적인 문제이다. 두 번째는 입자가 침강하는 동안 그들은 응집되거나 느리게 움직이는 입자에 부딪혀서 서로 달라붙어 더 높은 침강 속도와 고형물 제거를 향상시킨다. 침전지의 깊이는 실질적으로 매우 중요한 사항이며, 침강하는 동안 자연적인 플록 형성의 이점을 살리기 위해 3～4 m로 설계하는 것이 일반적이다.

FOCUS ON

염소－알칼리 제조공정에서의 수은

수년 동안 주요 산업은 염소가소 가스(Cl_2)와 고품질 수산화나트륨(NaOH)을 염수(소금물)에서 수은 전극을 사용하는 공정을 통하여 생산하는 것이었다. 이 공정의 의도치 않은 영향은 폐수에의 일부 수은의 배출이었다. 세인트클레어 호수(휴런호와 이리호 사이)에 있는 염소－알칼리 공장에서는 수십 년 동안 100배 정도 높이기에 충분한 수은을 작은 호수에 배출했다. 세인트클레어 강변의 다우 케미칼(Dow Chemical) 염소－알칼리 공장은 단지 20년 동안 약 91톤의 수은을 배출했다. 세인트클레어 강의 어류는 상대적으로 안전한 것으로 여겨지는 0.5 ppm보다 훨씬 높은 3～7 ppm의 수은 농도로 오염되었다.

미국에서 가장 악명 높은 수은 오염 문제는 버지니아 남서부 지역에서 발생했다. 솔트빌(Saltville)의 염소－알칼리 제조 공장에서 나온 Mathieson Chemical 사의 폐기물은 테네시강 수역으로 공급되는 홀스턴강(Holston River)으로 배출되었다. 결국 수은 배출을 중단해야 한다는 요구로 인해 공장 가동이 중단되었지만 공장 부지에서 지속적으로 수은이 강으로 누출되었다. 공장부지 내의 토양이 약 100톤의 수은을 함유하고 있으며, 수은 농도가 높은 두 개의 커다란 "머크 연못(muck ponds)"에 의해 지하수로 수은이 계속 누출된 것으로 추정된다. 이 연못은 깊이가 25 m에 이를 것으로 예측된다. 연못에서 진흙을 제거하거나 지하수를 정화할 수 있는 합리적인 방법이 없는 것처럼 보였다. 버지니아주와 테네시 주는 오염된 강으로부터 잡은 물고기의 섭취를 금지했다. 공장이 폐쇄 된지 30년이 지난 현재도 물고기에서 수은 농도는 여전히 허용농도의 두 배를 나타낸다. 불행하게도 심지어 더 안전한 기술이 있음에도 여전히 수은 전극을 사용하는 4개 또는 5개의 염소공장이 미국에 남아있다. [머크(muck)는 하천, 호수의 밑바닥에서 볼 수 있는 진흙 모양의 자연물질을 말한다(역자).]

출처 : Aquatic Pollution by Edward Laws, John Wiley & Sons, New York, 2000.

예제 10.17 소규모 정수장에 유량 0.6 m^3/s로 원수를 처리한다. 실험실 실험 결과 플록 형성된 슬러지의 입자 크기는 균일하며(한 가지), 모든 입자의 침강속도는 $v_0 = 0.004$ m/s를 가진다. 제안된 직사각형 침강조가 유효 침전지역의 $L = 20$ m, $H = 3$ m, $W = 6$ m일 때, 100% 제거율을 달성할 수 있는가?

해답 월류속도가 임계입자의 침강속도임을 상기한다. 식 10.14에서 임계입자의 침강속도는 얼마인가?

$$v_0 = \frac{Q}{A_s} = \frac{0.6\,\mathrm{m^3/s}}{(20\,\mathrm{m})(6\,\mathrm{m})} = 0.005\,\mathrm{m/s}$$

임계입자의 침강속도가 침강시키고자 하는 입자의 침강속도보다 크므로 모든 유입되는 입자를 제거할 수 없다.

입자 궤적을 이용하여도 같은 결론에 도달할 수 있다. 침전지를 통과하는 속도 v_h는 다음과 같다.

$$v = \frac{Q}{HW} = \frac{0.6\,\mathrm{m^3/s}}{(3\,\mathrm{m})(6\,\mathrm{m})} = 0.033\,\mathrm{m/s}$$

닮은꼴 삼각형을 이용하면,

$$\frac{v_s}{v_h} = \frac{H}{L'}$$

L'은 입자가 바닥에 부딪힐 때까지 이동하는 수평거리이다.

$$\frac{0.004\,\mathrm{m/s}}{0.033\,\mathrm{m/s}} = \frac{3}{L'}$$

$$L' = 25\,\mathrm{m}$$

따라서 입자가 모두 제거되기 위해서는 25 m를 이동해야 하지만 제안된 침전지는 20 m이므로 입자의 100% 제거를 기대할 수 없다.

예제 10.18 예제 10.17에서, 입자의 제거율을 구하여라.

해답 침전지에 유입되는 입자는 모두 수직으로 균등하게 분배된다고 가정한다. 만약 지의 길이가 20 m라면 그림 10.30에서 보듯이 바닥에서부터 침강 궤적은 높이 4/5 (3 m)에서 침전지의 전면과 교차한다. 이 지점 아래에서 침전지로 유입되는 입자는 모두 제거되고, 그 이상에서 유입되는 입자는 제거되지 않는다. 따라서 입자의 제거율은 4/5, 80%이다.

다른 방법으로는 임계 침강속도가 0.005 m/s이고 실제 침강속도가 단지 0.004 m/s이기 때문에 예상 제거율은 0.004/0.005 = 0.8 또는 80%이다.

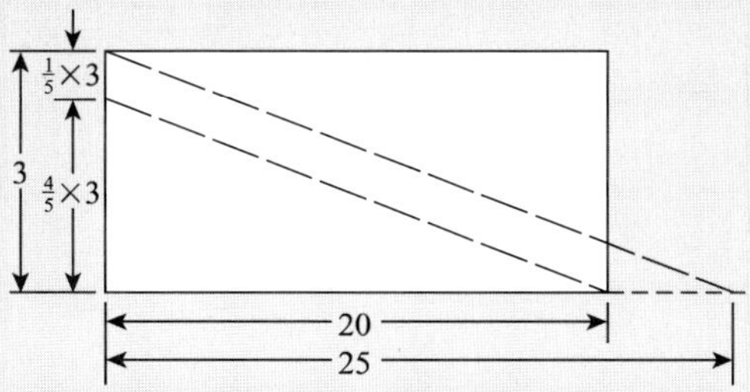

그림 10.30 이상적인 침강조

이상적인 침전지와 이상적인 세계 사이에는 어느 것이나 존재하지 않는다는 중요한 유사점이 있다. 그러나 엔지니어들은 세계를 이상화하기 위해 노력하고 있다. 물론 단순화가 3장에서 설명된 공학적 문제를 해결하기 위한 필수 과정이기 때문에 잘못된 것이 아니다. 하지만 이상화 과정에서 사용한 가정을 잊는 것은 매우 위험하다. 예를 들어 침전지는 결코 균일한 흐름을 갖지 않는다. 바람, 밀도, 온도뿐 아니라 침전지 입구에서의 부적절한 방해들은 불균일한 흐름을 유발할 수 있다. 따라서 침전지가 이상적으로 작동할 것으로 기대하지 말고 안전 계수를 충분히 고려하여 설계해야 한다.

만약(과도하게 설계된) 침전지가 잘 작동하면, 침전지를 벗어나는 물은 반드시 깨끗할 것이다. 그러나 이를 그대로 생활용수로 사용할 수 없으므로 한 번 더 처리공정을 거치며, 대개 급속 모래 여과 장치를 사용한다.

10.2.4 여과

지하수 수질과 관련하여 언급한 것과 같이 물에 존재하는 대부분의 오염물질은 토양을 통과하면서 제거된다. 환경공학자들은 이 자연적 과정을 정수처리 공정에 적용하였고, 급속 모래 여과지(rapid sand filter)를 개발하였다. 급속 모래 여과지의 운전은 여과와 역세 두 단계로 구분된다.

그림 10.31에 급속 모래 여과지의 단면을 간단히 나타내었다. 침전지의 상징수가 여과지에 들어오면 모래와 자갈층, 바닥층을 통과하여 처리수를 저장하는 정수조(clear well)로 들어간다. 여과되는 동안, 밸브 A와 C는 열린다. 때때로 무연탄(석탄의 일종) 역시 여과재로 사용되며, 이는 유기물질을 제거할 수 있다.

응집과 침강 단계에서 빠져나온 부유고형물은 모래여과재에 잡히고 결국 급속 모래 여과 장치를 막히게 만들어 여과를 통한 수두 손실이 커지므로 반드시 세척해야 한다. 이를 역세척(backwashing)이라고 한다. 먼저 밸브 A와 C를 닫아 여과장치로 유입되는 물의 흐름을 차단하고, 밸브 D와 B를 열어서 세척수를 여과층 아래로 유입되게 한다. 이 때 세척수로는 고가수조에 저장된 깨끗한 물 또는 정수조의 물을 양수하여 사용한다. 세척수 흐름에 의해 모래와 자갈층이 팽창되고(유동화), 모래입자는 갑자기 움직이면서 서로 부딪힌다. 이 때 여과장치 내에 있던 부유고형물은 세척수와 함께 배출된다. 적어도 15분 후에 세척수를 차단하고, 여과를 다시 시작한다. 정수장은 에너지와 상당한 양의 물을 사용하기 때문에 역세척의 빈도를 최소화하고자 한다. 게다가 세척수는 배출되기 전에 별도의 처리가 필요할 수도 있다.

일반적인 설계 운전인자는 여과속도(또는 여과지 부하, 여과율)이며, 이는 여과지의 표면적에 적용되는 물의 속도(유량)이다. 계산 및 단위(예 : $m^3/m^2 \cdot h$)는 월류속도와 유사하다. 이 비율은 약 $5 \sim 24\ m^3/m^2 \cdot h$까지 다양할 수 있지만 주 규정에 따라 $5 \sim 8\ m^3/m^2 \cdot h$로 제한될 수 있다. 역세척 속도는 일반적으로 $24 \sim 62\ m^3/m^2 \cdot h$이다.

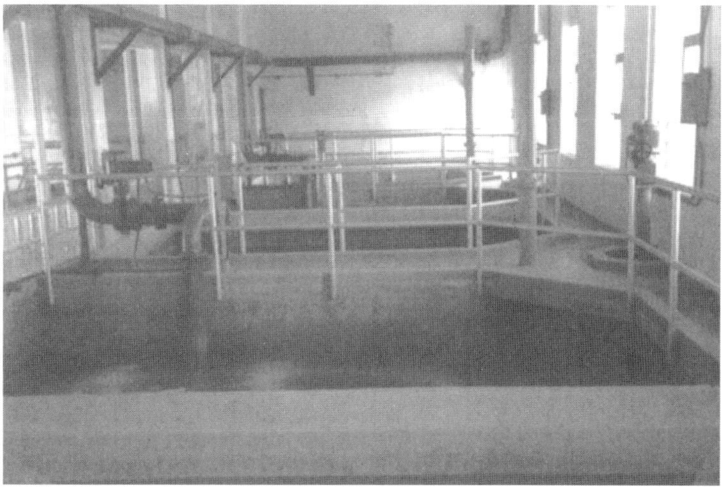

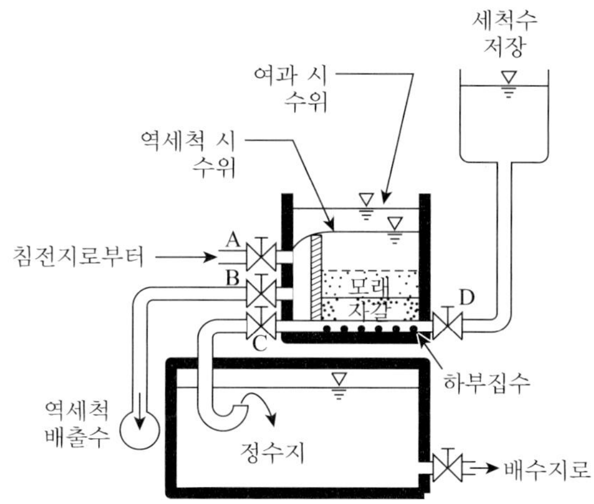

그림 10.31 정수처리에서 사용되는 급속 모래 여과지

예제 10.19 8,000 m^3/d가 여과장치로 유입된다면 8 m × 6 m 여과장치의 여과속도는 얼마인가?

해답

$$\text{여과속도} = \frac{Q}{A_s} = \frac{(8\times 10^6 \mathrm{L/d})(\mathrm{d}/1{,}440\,\mathrm{min})}{(8\,\mathrm{m})(6\,\mathrm{m})} = 116\,\mathrm{LPM/m^2} = 7\,\mathrm{m^3/m^2\cdot h}$$

* LPM : Liter per minute

예제 10.20 8m × 6m 여과지를 역세척하기 위해 필요한 세척수의 양은 얼마인가?

해답 역세척 속도가 48 $m^3/m^2 \cdot h$이고, 필터가 15분 동안 청소된다고 가정하자.
그러면 다음과 같다.

$$V = (\text{역세척 속도})(A_s)(t) = (48\,\mathrm{m^3/m^2\cdot h})(8\,\mathrm{m})(6\,\mathrm{m})(15\,\mathrm{min})\left(\frac{1\mathrm{h}}{60\mathrm{min}}\right) = 576\,\mathrm{m^3}$$

PART 03 적용

10.2.5 소독

물은 남아있을지 모를 병원성 미생물을 모두 파괴하기 위해 소독한다. 사전 염소 처리는 여과 전에 여과시설의 미생물 성장을 막고 소독제와의 충분한 접촉 시간을 제공하기 위해 수행할 수 있다. 적절한 소독은 CT값으로 알려진 분석으로 소독제(C)의 농도와 접촉 시간(T) 사이의 균형을 찾는 것이다.

일반적으로 소독은 염소를 사용하여 이루어지며 염소는 압축된 액체로 구입되어 염소 공급 시스템을 사용하여 염소 가스로 물속으로 방출된다. 용존 염소는 병원성 미생물을 포함한 유기물질을 산화한다. 물에 잔류하는 활성 염소는 더 이상 산화할 유기물이 남아있지 않으며 병원성 세균이 존재하지 않는다는 지표가 된다. 미국의 배수관망으로 공급되는 물에는 배수관망의 오염을 막기 위해 잔류 염소가 포함되어야 한다(표 10.4). 수도꼭지에서 나오는 물에 약간의 염소냄새가 나는 것은 이 때문이다.

물에 염소가 들어가면 차아염소산(하이포아염소산, hypochlorous acid, HOCl)을 생성하고, 이는 약산으로 pH 6 이상에서 차아염소산염(hypochlorite, OCl^-)으로 해리된다. 이 두 물질은 유리 염소(free available chlorine)로 정의된다. 암모니아 또는 유기성 질소 화합물이 존재하면, HOCl은 그들과 반응하여 클로로라민을 형성한다. 클로로라민은 결합 염소로 정의된다. 이들은 유리 염소보다 상대적으로 약한 소독제지만 더 안정하다.

염소와 반응하는 화학 물질(예 : 망간, 철, 아질산염, 암모니아 및 유기물)을 함유한 물에서 유리잔류염소를 얻으려면 염소를 주입 파괴점(breakpoint)을 초과하여 주입해야 한다(그림 10.32). 그림 10.32에 나타낸 점 1과 2 사이에서 염소는 망간, 철, 아질산염과 같은 환원 화합물과 반응한다. 소독은 일어나지 않고, 잔류물도 형성되지 않는다. 점 2와 3 사이에서 추가된 염소는 유기물과 암모니아(염소유기화합물과 클로라민을 형성)와 반응

표 10.4 염소 잔류 허용 한계

소독제	최소 잔류농도* (mg/L)		MRDL** (mg/L)	MRDLG*** (mg/L)
	처리장	배수관망		
클로라민(as Cl_2)	2.0		4.0	4.0
결합잔류염소		0.5		
염소(as Cl_2)	2.0		4.0	4.0
이산화염소(as ClO_2)	2.0		0.8	0.8
유리잔류염소		0.2		

* 일리노이주 및 미주리주 기준

** MRDL = maximum residual disinfectant level

*** MRDLG = maximum residual disinfectant level goal

하여 결합된 잔여물이 생성된다. 점 3과 4 사이에서는 염소유기화합물과 클로라민이 부분적으로 파괴된다. 점 4에서의 염소 첨가는 유리잔류염소를 제공한다. 파괴점 이상의 염소 주입은 추가된 염소의 양에 정비례하는 잔류물을 생성한다.

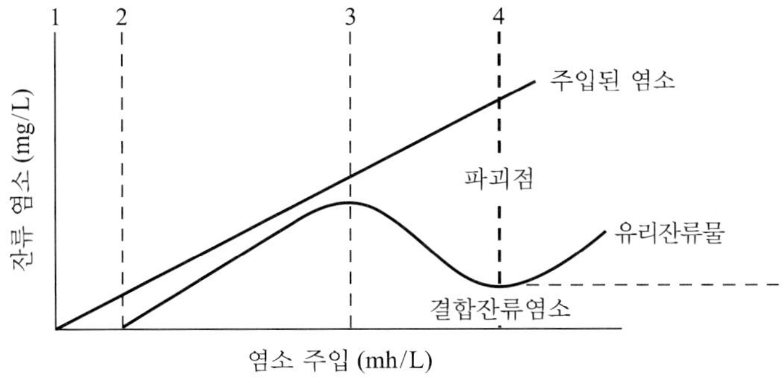

그림 10.32 염소주입 파괴점

예제 10.21 18,000 m^3/d를 처리하는 정수장은 소독을 위해 10 kg/d의 염소를 사용한다. 만약 일일 염소 요구량이 0.5 mg/L라면 일일 잔류염소량은 얼마인가?

해답 염소요구량은 원하는 잔류수준에 도달하기 위해 필요한 양이다. 그러므로 주입되는 염소와 요구되는 염소 사이의 차이가 잔류염소량이다(염소요구량 = 염소주입량 − 잔류염소량).

$M = QC$ 방정식을 사용하면,

염소주입량, $\frac{M}{Q} = \left[\frac{10\,\mathrm{kg/d}}{18{,}000\,\mathrm{m^3/d} \times 10^3\,\mathrm{L/m^3}}\right] = 0.56\,\mathrm{mg/L}$

잔류염소량 = (0.56 mg/L) − (0.5 mg/L) = 0.06 mg/L

이 잔류염소량은 최소 권장 유리잔류염소 허용치인 0.2~0.5 mg/L 이하이다.

우리나라 수도법 시행규칙에서는 "수도꼭지의 먹는물 유리잔류염소가 항상 0.1밀리그램/리터(결합잔류염소는 0.4밀리그램/리터) 이상"이 되어야 한다(역자).

FOCUS ON

염소 독성과 소독부산물

염소, 특히 차아염소산염은 강력한 산화제이다. 염소화 유출수는 수생태계에 치명적일 수 있다. 잔류염소농도가 0.1 mg/L를 초과할 경우, 유출수는 물고기와 무척추동물에 치명적이라는 실험결과를 얻었고, 이는 종다양성 감소와 종분포 변화와 같은 수생태계 변화를 초래할 수 있음을 의미한다. 이러한 영향은 강 하류 0.5 km까지 지속될 수 있으며, 0.02 mg/L 수준의 낮은 염소에 의해 발생할 수 있다.

염소가 유기물과 반응하면, 소독부산물(DBPs, Disinfection Byproducts)이 생성된다. 최근 규제 기관 및 일반 대중은 DBPs의 잠재적인 건강 위험에 더 큰 관심을 가졌다. 주된 DBPs는 트리할로메탄(THMs)(클로로포름, 브로모폼, 브로모디클로로메탄 및 디브로모클로로메탄)과 할로아세트산

(HAAs-디클로로-, 트리클로로-, 모노브로모- 및 디브로모-)이다. THMs과 HAAs는 염소가 원수에 포함된 유기물질과 반응할 때 생기며, 이러한 유기물질은 식물체, 살충제 등이 분해되어 생긴다. 음용수에서 THMs와 HAAs의 양은 매일 바뀔 수 있으며, 계절과 수온, 주입되는 염소의 양, 물속에 존재하는 식물체 양 및 다양한 인자에 의해 영향을 받는다. 이러한 화합물들이 사람에게 발암성을 가질 수 있음이 우려됨에 따라 1979년에 처음으로 THMs에 대한 규제가 결정되었다. 그 이후, DBPs의 생성, 잠재적인 건강영향 및 규제방안에 대한 많은 연구가 이루어졌다.

이제는 모든 화학 소독제가 잠재적으로 유해한 부산물을 형성하는 것으로 인식되고 있다. 염소 소독의 부산물은 매우 철저히 연구되었다. 대부분의 수도 시스템은 소독 전에 천연 유기 물질의 양을 제어하여 DBPs 기준을 충족시키고 있다.

이산화염소(ClO_2)는 분명히 염소계 화학물질이지만 차아염소산염만큼 강한 산화제는 아니다. 그것은 염소와 달리 염소화 유기 화합물을 만들지 않아, 물속의 유기 물질과 반응하여 THMs를 형성하지 않기 때문에 대개 전산화제(preoxidant)로 사용된다. 그러나 이산화염소는 원수 중 환원된 철, 망간, 황 화합물 및 특정 냄새 유발 유기 물질을 효과적으로 산화시킨다.

염소가스 및 차아염소산염 화합물 사용하여 물을 소독하는 데 있어 주요 관심사는 소독부산물(DBPs)의 형성이다. DBPs는 원하지 않는 부산물이다. 예를 들어, 염소와 유기물질이 반응하여 생성된 트리할로메탄(THMs)은 DBP이고, 발암성 물질로 의심된다. 이산화염소는 유기물과 반응하지 않아서 THMs을 형성하지 않는다. 게다가 염소가스 저장 및 운반의 필요성을 없애 안정성을 향상시킨다. 이러한 이유로 대체 소독제로 자주 거론되고 있다. 물을 소독하기 위한 다른 방법은 자외선과 오존을 이용하는 것이다. DBP의 생성은 피할 수 있지만 이들 방법은 배수관망에서 물을 보호하기 위한 잔류물을 만들지 않는다.

10.2.6 그 밖의 정수처리 공정

이미 논의된 처리 공정 외에도 배수되기 전에 취할 수도 있고 취하지 않을 수도 있는 다른 단계가 있다. 예를 들어, 물은 배수관망에 들어가기 전에 안정적이어야 한다. 안정한 물은 화학적 균형 상태에 있고 배관에서 부식이나 스케일을 일으키지 않는다. 물의 안정성을 결정하기 위해 탄산칼슘 포화도 실험방법(Marble Test)과 부식성 지수법(Langelier Index)과 같은 두 가지 테스트가 사용된다. 두 테스트 모두 물의 탄산칼슘 포화 수준을 나타낸다. 물은 탄산칼슘으로 포화되어 있을 때 안정한 것으로 간주된다. 불안정성을 일으키는 원인에 따라 재탄산화, 산 첨가, 인산 첨가, 알칼리 첨가 또는 폭기 등으로 불안정한 물을 안정화시킬 수 있다. 배수관에서의 반응으로 인해(예 : 유기물의 미생물로 인한 분해 및 황산염에서 황화물로의 반응) 물이 불안정해지는 것은 배수관망을 통해 적절한 염소잔류물을 제공함으로써 예방할 수 있다.

FOCUS ON

현장에서의 차아염소산염의 생성

상수와 하폐수를 처리하기 위해 염소를 사용하면 형태와 제조 방식에 따라 환경 및 안전 위험이 발생할 수 있다. 이상적인 대체 기술은 염소 가스 시스템의 동일한 효능을 제공하는 동시에 기술 고유의 위험을 줄임으로써 비용과 위험을 줄인다. 이름에서 알 수 있듯이 현장에서 차아염소산염을 발생시켜 염소 수송과 관련된 위험을 제거할 수 있다. 이는 오직 물, 소금, 전기와 같은 세 가지 물질만 사용한다. 시스템 설계는 제조업체에 따라 다르지만 기본 절차는 동일하다. 소금물과 물을 합쳐서 염수로 만든다. 염수는 그 후 약 3.5%로 용액을 희석시키는 염수조절기를 통과한 후 전기분해 셀에 주입된다.
전기분해 셀에서 염수(소금물)는 차아염소산나트륨(NaOCl)으로 변환된다.

양극(+, Anode)	음극(−, Cathode)
$2Cl^- \rightarrow Cl_2 + 2e^-$	$2Na^+ + 2e^- \rightarrow Na$
$Cl_2 + H_2O \rightarrow HOCl + HCl$ (빠르고, 발열성)	$2Na + 2H_2O \rightarrow H_2 + 2NaOH$

차아염소산 및 염산과 같은 산이 염기, 수산화나트륨과 반응하여 양극에서 생성되고, 음극에서는 소금과 차아염소산나트륨이 생성된다.

$HCl + NaOH \rightarrow NaCl + H_2O$
$HOCl + NaOH \rightarrow NaOCl + H_2O$

전극에서의 전체반응식은 $NaCl + H_2O \rightarrow NaOCl + H_2$이다.
생성된 0.8%의 NaOCl 용액을 일일 저장조로 주입한다. 필요할 때, 일정 기간에 걸쳐 계량 펌프에 의해 물에 주입되어 더 고농도인 염소 가스와 동일한 처리를 제공한다. 0.8% 용액은 상업용 NaOCl (12% NaOCl)보다 약하고, 심지어 가정용 표백제(5% NaOCl)보다도 약하므로 많은 양의 NaOCl 용액이 필요하다. 하지만 이것은 잔류염소를 제공하는 것을 포함하여 소독 및 성능에 있어 이점을 제공한다.
현장 차아염소산염 생성 기술을 사용하여 얻는 이점은 안전이다. 염소 가스 및 산업용 강도의 차아염소산나트륨과 같은 유해 물질을 운반, 취급 및 저장하는 것은 위험할 뿐만 아니라 이러한 활동을 규제하는 규정을 준수하는 것에 비용이 많이 든다. 이것이 점점 더 혁신적인 지방 자치 단체가 수돗물을 소독하는 대체 수단을 찾는 이유이다. 현장에서 차아염소산염 생산의 사용은 운송, 저장 및 규제에 대한 우려를 제거한다. 현장으로 가져온 유일한 화학 물질은 염이다. 또한 수소 가스가 부산물로 생성된다. 이것은 일반적으로 대기로 배출되지만, 포집되어 귀중한 연료로 사용될 수 있다.
수돗물 및 하폐수의 살균 소독에 사용되는 것 외에도, 차아염소산나트륨을 생성하는 현장 시스템은 다음과 같이 사용될 수 있다.

- 냄새 및 부식 방지
- 냉각탑, 내륙 발전소 및 산업
- 농업 / 농업
- 음식 및 음료 가공
- 관개 시스템
- 산업 및 기관 청소

이 시스템은 비용 효율적이고 신뢰성이 높으며 안전하기 때문에 점점 더 많은 지상 수영장의 소유자가 현장 차아염소산염 생성 기술로 전환하고 있다. 수영장은 염수로 가득 차 있기 때문에 일반적으로 소금물 풀장이라고 한다. 일부 사람들은 염소를 전혀 포함하지 않는다고 생각하지만, 풀장은 순환하는 염수를 이온화하여 차아염소산염을 생성한다. 현장 생성기술의 단점은 추가적인 전기가 필요하다는 것과 때로는 전극이 마모되어 교체가 필요하다는 것이다. 그러나 기술이 대중화되면서 설계는 계속 개선될 것이다. 어쩌면 새로운 소독제가 발견될 것이다.
기술 향상을 위해 엔지니어는 화학제품 및 공정의 전체 수명주기를 고려해야한다. 현장 차아염소산염 생성 기술은 화학 물질이 어떻게 만들어지고 적용되는지에 대한 개선이 화학물질의 생애주기의 관점에서 위험 요소에 엄청난 영향을 줄 수 있음을 보여준다. 공학적 결정은 성능 및 비용뿐만 아니라 전체 생애주기 동안의 안전 및 환경 영향에 대해서도 이루어져야 한다.

맛, 냄새 및 색에 대한 불만은 수도시설이 받는 가장 일반적인 불만 유형이다. 아무도 냄새나고, 맛이 없고, 착색된 물을 마시고 싶어 하지 않는다.[8] 맛과 냄새(T&O, Taste and Odor) 문제의 원인은 다양하다. 자연적인 원인에는 박테리아와 조류의 성장 및 원수의 성층화가 있다(8장). 인위적 원인으로는 부적절하게 처리된 하수 및 산업 폐수, 부적절하거나 불완전한 정수처리 공정 및 배수 시스템 유지 보수 및 가정용 배관 문제 등이 있을 수 있다. 맛과 냄새 문제를 예방하는 것의 핵심은 그들을 조절하는 것이다. 예방은 원수관리 및 정수처리 공정 및 배수 시스템의 유지 관리를 통해 이루어진다. 또한, 폭기(가스 및 휘발성 유기 화합물 제거) 및 응집/플록형성/침강을 포함하는 일부 처리 공정은 맛과 냄새를 제거하는 데 유용하다.

물의 불소화 또는 불소 제거가 필요할 수도 있다. 불화물은 충치를 예방하지만, 약 1.5 mg/L 이상의 농도에서는 치아가 갈색으로 변한다. 대부분의 사람들은 갈색 치아를 원하지 않기 때문에 자연적으로 고농도의 불소(예 : 화산 지역의 수역)가 있는 원수를 처리하여 불소의 일부를 제거하거나 다른 원수와 혼합하여 농도를 줄여야 한다. 대중적 합의가 있을 때는 불소가 적은 원수에 불화나트륨, 불화규산 등의 화학 물질을 사용하여 불소를 첨가할 수 있다.

FOCUS ON

물 소독을 위한 염소의 녹색화학 대체물질

가정용 정수처리에 염소를 사용하는 것은 전 세계적으로 수인성 질병을 줄이기 위한 주요 방법으로 의심의 여지없이 효과적이었다. 그러나 제조 및 기타 용도에서 나오는 염소 및 염소 부산물은 수생태계 및 기타 생태계로 배출된다. 일단 환경에 존재하면 염소 화합물은 다른 화합물과 반응하여 더 많은 부산물이 형성되어 식품 체인 내에서 생체 축적될 수 있다. 예를 들어, 과산화수소의 촉매 활성에 기초한 것과 같은 대체 산화 기술은 물 소독을 위한 효과적이고 보다 무해한 산화를 제공할 수 있다.
1999년 카네기멜론 대학교(Carnegie Mellon University) 화학과의 테리 콜린스(Terry Collins) 박사는 tetra-amido macrocyclic ligands (TAMLs®) 개발로 인해 대통령 녹색 화학 도전상(그림 10.33)을 수상했다. TAMLs는 오염물질 제거를 위한 많은 응용분야를 가진 촉매이다. 산화촉매는 최초의 과산화효소의 가장 효과 좋은 모방물이다. 과산화수소와 함께 사용하면 유해한 오염물질은 독성이 적은 물질로 전환할 수 있다. 일반적으로 반응성 철 코어 주위의 탄소, 수소, 질소, 산소로부터 만들어지며, Fe-TAMLs는 독성이 낮고, 극히 낮은 농도에서도 사용할 수 있다. 또한, 이들의 조성은 과산화수소와 반응하는 동안 분자를 안정하게 유지시키는 매우 강한 화학적 결합을 가져와 여러 사이클에서 사용할 수 있다.
콜린스와 그의 동료들의 연구는 Fe-TAMLs가 기존의 산업 관행에 대한 청결하고 안전한 대안을 제공하고 현재 해결책이 부족한 다른 급박한 환경 문제를 개선할 수 있는 엄청난 잠재력을 가지고 있음을 보여준다. 예를 들어, 촉매는 에스트로겐 화합물을 분해하고, 섬유 제조에서 염료를 함유한 폐수를 세정하고, 연료 오염 물질을 줄이고, 펄프 및 종이 가공 부산물을 처리하고, 탄저균의 오염을 제거하는데 효과가 있음이 입증되었다. TAML 기술은 특히 물과 폐수에서의 의약품 및 개인위생용품과 같은 오염 물질 관리가 더욱 중요해짐에 따라 음용수의 살균 및 수질 정화를 위한 플랫폼이 될 잠재력이 있다.

그림 10.33 대통령 녹색화학 도전상 수상(Photographer: Matt Mendelsohn, Source: USEPA)

10.3 배수

물은 대개 정수장에서 정수하여 정수지에 저장된다. 정수지에 저장된 물은 배수관망으로 보내게 된다. 이 때 이러한 시스템은 가압하여 오염물질을 제거하고(1장) 소화전 또는 가정의 수도에서 꼭지를 틀면 물이 나오도록 한다.

물에 대한 수요는 요일과 시간대에 따라 다르기 때문에 배수시설에서는 배수지, 배수탑, 고가탱크와 같은 저수설비가 필요하다. 대부분의 도시에서는 물 수요가 적은 기간 동안 고가탱크에 물을 채웠다가 수요가 많은 기간에 사용한다. 그림 10.34는 이러한 저수설비가 수요 급증기 또는 비상시에 배수에 대비하는 방법을 보여준다.

요구되는 배수지 저장 용량의 계산은 예 10.22에서 설명된 것처럼 물질 수지뿐만 아니라 주기분석을 필요로 한다.

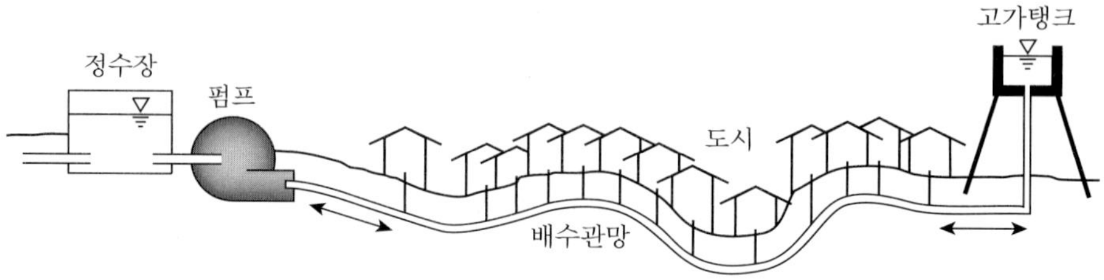

그림 10.34 물 수요가 급증하는 기간에는 정수장과 배수지(고가탱크)의 물로 수요를 충족시킨다. 수요가 낮은 기간에는 남는 물을 고가탱크로 양수한다.

예제 10.22 어느 마을의 물 수요량이 가장 많은 날의 오전 8시~오후 6시 사이 10시간 동안의 최대 유량이 40,000 m^3/d로 예상된다. 나머지 14시간 동안의 예상 물 수요량은 8,000 m^3/d이다. 정수시설에서는 24시간에 걸쳐 24,000 m^3/d의 유량으로 물을 송수관에 공급한다. 최대 수요 시점의 물 수요량을 충족할 수 있는 고가탱크의 용량을 구하시오.

해답 오전 8시에 물탱크가 가득 차 있다고 가정하고, 이후 10시간 동안 물의 흐름에 대한 물질수지를 작성한다.

[물 축적 속도] = [물 유입 속도] − [물 유출 속도] + [물 생성 속도] − [물 소비 속도]

이 마을의 물은 고가탱크(Q_1)와 정수시설(24,000 m^3/d)로부터 공급된다.

$$0 = [Q_1 + 24{,}000\,\mathrm{m^3/d}] - [40{,}000\,\mathrm{m^3/d}] + 0 - 0$$

식을 풀면,

$$Q_1 = 16{,}000\,\mathrm{m^3/d}$$

물질수지는 10시간 동안의 물 공급에 대해 작성되어야 한다. 필요한 고가탱크의 용량은

$$\frac{(16{,}000\,\mathrm{m^3/d}) \times (10\,\mathrm{hr})}{24\,\mathrm{hr/d}} = 6{,}670\,\mathrm{m^3}$$

고가탱크에 6,670 m^3의 물을 저장한다면, 마을에 필요한 물을 공급할 수 있다.

하지만, 실제로 물탱크가 오전 8시에 가득 차 있을까? 오후 6시~오전 8시 사이 마을의 물 물질수지를 세운다.

$$0 = [24{,}000\,\mathrm{m^3/d}] - [8{,}000\,\mathrm{m^3/d} + Q_2] + 0 - 0$$

마을에 유입되는 유량은 24,000 m^3/d이고, 이는 유출되는 유량은 8,000 m^3/d와 물 저장량 Q_2를 합한 값이다.

$$Q_2 = 16{,}000\,\mathrm{m^3/d}$$

이 양은 14시간 동안 저장되어 있어야 하므로,

$$\frac{(16{,}000\,\mathrm{m^3/d})(14\,\mathrm{hr})}{24\,\mathrm{hr/d}} = 9{,}330\,\mathrm{m^3}$$

따라서 저수조를 채우는데 문제없다.

연습문제

10.1 개발도상국의 소형 정수 처리장에서 수행될 일련의 실험들에 대해 자문을 요청받았다고 가정해보자. 이 처리장은 황산알루미늄 플록 형성, 급속 모래여과, 그리고 염소소독으로 구성되어 있다. 어떤 실험을 얼마의 빈도로 수행할 것을 제안할 것인가? 비용, 보건적, 환경보호의 관점에서 제안의 타당성을 설명하시오.

10.2 어느 날 농부인 브라운(Brown)은 300 m 깊이의 대수층에 60 m 깊이로 우물을 팠고, 지하수면은 지표면 9 m 아래에 있다. 같은 날 브라운의 이웃 존스(Jones)도 15 m 깊이의 우물을 팠다. 둘은 첫 날 동일한 양의 물을 길어 올렸다.

a. 첫 날 두 명이 동일한 양의 물을 길어 올릴 수 있었지만 브라운이 더 많은 돈을 들여 우물을 깊이 판 것이 가치 있음을 그림을 그려 설명하시오.

b. 브라운이 길어 올리는 지하수는 그의 '소유'인가? 이와 같이 천연자원에 대한 소유권을 주장할 수 있는가? 지하수와 같은 자원의 관리를 정부가 아닌 자본주의 시장의 경제에 맡긴다면 어떠한 일이 벌어지겠는가?

c. 지하수를 정부 소유로 가정하고 브라운에게 판매한다고 하자. 그러면 천연자원의 보존 수준이 높아질 것인가 아니면 고갈이 촉진되겠는가?

d. 지하수와 같은 천연자원의 정부 소유나 사유권에 대한 생태운동가의 관점은 어떻게 될까?

e. 당신이 존스이고 브라운이 더 깊이 우물을 판 사실을 알았다면 어떻게 행동할 것인가? 그 이유는?

10.3 미국의 남북전쟁 이후 뉴올리언스의 정수회사는 모래 여과시설을 설치하여 미시시피 강물을 처리 후 마을 사람들에게 팔았다. 여과에 사용된 필터는 현재의 급속 모래여과에 사용되는 장치와 비슷하며, 강물을 양수하여 여과장치에 직접 도입하였다. 불행히도, 여과시설은 기대했던 양의 정수된 물을 생산하는데 실패했고 그 결과 도산하게 되었다. 왜 이러한 일이 일어났겠는가? 당신이 당시 회사의 기술자였다면 어떻게 공정을 개선하였겠는가?

10.4 물에 부유하는 전형적 콜로이드 입자의 지름은 1.0μm이다. 응집과 플록 형성을 통하여 입자의 지름을 100배 증가시켰다면(입자의 모양과 밀도는 같다), 침전지 내 수심 3 m의 물에서 침강 속도는 얼마나 단축되겠는가?

10.5 발전소 냉각시스템에서 유량 60,000,000 L/month의 물을 일정하게 공급할 필요가 있다. 하천의 유량 기록이 다음과 같다. 안정적인 물의 공급을 위해 저수지를 건설하고자 한다면, 저수 용량은 얼마가 필요한가?

월	월간 총유량 (1,000,000 L)	월	월간 총유량 (1,000,000 L)	월	월간 총유량 (1,000,000 L)
1	3760	6	8	11	288
2	488	7	0	12	368
3	180	8	8	13	84
4	20	9	64	14	220
5	20	10	28	15	132

10.6 정유 공장의 저유조에 0.1 m^3/s의 일정한 유량으로 기름이 도입되고 있다. 이를 저장 후 작업일 중 8시간 동안 사용하고자 한다. 필요한 저유조 용량과 사용 시 배출 유량을 구하시오.

10.7 수심 10 m의 비피압대수층에서 지하수를 양수하고 있다. 양수정으로부터 76 m 떨어진 거리에 관측정 A를 설치하였고, 수위강하는 0.5 m이다. 이와 반대 방향으로 100 m 떨어진 지점에 또 다른 관측정 B가 있고, 이 관측정에서의 수위강하는 0.3 m이다. 투수계수는 50 m/d로 가정하자.

a. 양수정에서 퍼 올려지는 지하수의 유량은 얼마인가?
b. 관측정 B에서 양수를 한다면, 수위강하 모양이 어떻게 될 것인지 그림을 그려서 설명하시오.
c. 대수층이 경사 1/100인 암반 위에 위치한다고 가정하자. 이 경우 수위강하가 어떻게 변할지 그림을 그려서 설명하시오.

10.8 정수처리 시설의 침전지로 2 m^3/min 의 유량으로 물이 유입되고 있으며, 유입수 중 고형물 농도는 2,100 mg/L이다. 침전지의 유출수는 모래여과지로 보내진다. 침전지 하부로부터 배출되는 슬러지의 고형물 농도는 18,000 mg/L이고, 여과지로 보내지는 유량은 1.8 m^3/min이다.

a. 침전지 하부 유량은 얼마인가?
b. 침전지 처리수(여과지 유입수)의 고형물 농도는 얼마인가?
c. 모래여과지의 면적(m^3)은 얼마가 되어야 하는가?

10.9 길이 20 m, 폭 10 m, 깊이 10 m인 침전지가 있다. 침전지로 유입되는 유량은 10 m^3/min이다. 모든 입자의 침강속도는 0.1 m/min으로 가정한다.

a. 수리학적 체류시간은 얼마인가?
b. 모든 입자는 침강되어 제거될 수 있는가?

10.10 깊이 3 m, 폭 25 m, 길이 32 m 크기를 갖는 침전지 10개를 병렬로 설치하여 200,000 m^3/d의 유입수를 처리하고 있다. 각 침전지로 유입되는 유량은 동일하다.

a. 지름 0.1 mm, 침강속도 1×10^{-2} m/s인 입자의 이론적 제거율은 얼마인가?
b. 지름 0.01 mm, 침강속도 1×10^{-4} m/s인 입자의 이론적 제거율은 얼마인가?

10.11 수심 20 m인 비피압대수층의 바닥까지 지름 0.1 m의 우물을 뚫었다. 투수계수는 2×10^{-3} m/s이다. 우물에서 수위강하가 20 m에 이르러 공기가 빨려 올라올 때까지의 가능한 양수량은 얼마인가?

10.12 입자의 침강속도는 0.002 m/s이고, 침전지의 월류속도는 0.008 m/s이다.

a. 침전지에서 입자의 제거율은 얼마인가?
b. 입자가 플록을 형성하여 침강속도가 0.05 m/s가 되었을 때, 입자의 제거율은 얼마인가?
c. 입자의 크기는 변하지 않고 동일한 침전지를 추가하여 병렬로 설치한다면, 모든 입자가 제거될 수 있는가?

10.13 1.6 m^3/s의 처리 용량을 갖도록 설계된 수처리 시설이 있다.

a. 처리시설로 유입되는 원수의 처리를 위해 몇 기의 급속 모래여과장치를 설치해야 하는가? (여과장치 하나의 크기는 10 × 20 m이며, 여과장치는 모래로만 채워져 있다) 이 문제를 풀기 위해 어떠한 가정이 필요한가?

b. 어떻게 하면 여과장치의 수를 줄일 수 있는가?

10.14 갓 학교를 졸업한 엔지니어 자안(Jaan)은 지역의 컨설팅회사에서 바쁘게 일하고 있다. 그가 회사에서 맡은 첫 번째 업무는 슈퍼펀드(Superfund) 부지의 유해폐기물 정화 작업을 감독하는 일이다. 정화 작업은 일련의 관정을 시추하고 오염된 지하수를 퍼 올리는 것이다. 관정의 깊이는 시추 자료에 기초하여 암반까지 뚫기로 하였다. 어느 날 자안을 현장 감독자가 관정을 시추하고 있는 현장으로 불렀다.

"이상해. 우리가 예상하기로 70 m 깊이에 암반이 있어야 하는데, 이미 80 m까지 파 내려갔지만 아무것도 없어. 계속 파 내려갈까?"

현장 감독자는 자안에게 물었다. 어떻게 대답해야 할지 몰라 당황한 자안은 사무실로 돌아가 그의 상관인 로버트(Robert)에게 내용을 전달했다.

"무슨 소리야? 시추 자료에 따르면 70 m 깊이에서 암반이 있어야 하는데."

"글쎄요, 현장 감독자의 말에 따르면 아무것도 없다고 합니다. 어떻게 할까요?"

"우리는 지금 계약에 따라 일하고 있고, 70 m 지점에서 암반에 닿았어야 해. 드릴이 휘었거나 아니면 이미 암반의 얇은 지점을 뚫고 나갔을 거야. 어쨌든 계속해서 뚫을 수는 없어. 여기서 멈추고, 80 m 지점에서 암반을 만났다고 기록해. 아무도 모를 거야."

"그럴 수 없습니다. 만약 얇은 암반층을 뚫었다면 그 곳으로 유해 폐액이 흘러들 것입니다."

"상관없어. 누가 알게 되더라도 이미 몇 년 또는 오랜 시간이 지난 뒤 일거야. 더구나 지하수로 희석된다면 아무도 모를 거야. 내 말대로 작업 일지에 기록하고 다음 지점으로 옮겨."

이 경우는 자료의 변조에 대한 예로서, 실제로 아무도 이 사실을 알아채지 못하고 해가 없을 수도 있다. 자안은 그의 상관의 지시에 따라야 하는가, 아니면 다른 조치를 취해야 할 것인가? 현장 관리자에게 계속해서 지반을 뚫고 내려갈 것을 지시하고 로버트에게 보고하지 않는다면 어떻게 되겠는가? 만일 자안이 상관의 지시를 어기더라도 작업 일지를 작성하는 내용에 따라 로버트는 그 사실을 모를 수도 있다. 어떻게 행동하는 것이 옳을지 검토해보라.

10.15 왜 실제 정수처리 시설의 응집 공정에서 주입되는 약품의 양은 자테스트를 통해 얻어진 최소 약품 주입량과 다를 수 있는가?

10.16 다음에 주어진 자테스트 결과를 이용하여 10,000 m^3/d의 처리용량을 갖는 시설에서 응집제 주입량을 결정하시오.

알럼 주입량 (mg/L)	pH	탁도 (NTU)	알칼리도 (mg/L as $CaCO_3$)
0	7.7	6.2	200
20	7.4	5.5	200
40	7.2	4.6	177
60	7.1	4.5	180
80	6.9	4.2	189
100	6.8	4.0	146

10.17 정수처리 시설에 직경 20 m, 평균수심 3 m인 8,000 m^3/d 크기의 침전지가 있다. 체류시간과 월류속도는 얼마인가?

10.18 $16,000\ m^3/d$ 크기의 정수처리 시설이 $1.2\ m^3/m^2 \cdot h$의 월류속도를 갖도록 설계되고 있다. 2개의 원형 침전지를 건설하여 활용하고자 한다. 침전지의 규모는 얼마가 되어야 하는가?

10.19 다음에 주어진 수질분석 자료를 활용하여 알칼리도, 총경도, 탄산경도 그리고 비탄산경도를 계산하시오(mg as $CaCO_3$).

양이온	mg/L	음이온	mg/L
Ca^{2+}	94	HCO_3^-	135
Mg^{2+}	28	SO_4^{2-}	134
Na^+	14	Cl^-	92
K^+	31	pH	7.8

10.20 다음의 자료를 활용하여 알칼리도, 총경도, 탄산경도 그리고 비탄산경도를 구하시오(mg as $CaCO_3$).

양이온	mg/L	음이온	mg/L
Ca^{2+}	12	HCO_3^-	75
Mg^{2+}	15	SO_4^{2-}	41
Sr^{2+}	3	Cl^-	25
Na^+	15	NO_3^-	10
K^+	15	pH	7.8

10.21 다음의 자료로부터 알칼리도, 총경도, 탄산경도 그리고 비탄산경도를 계산하시오(mg as $CaCO_3$).

양이온	mg/L	음이온	mg/L
Ca^{2+}	15	HCO_3^-	165
Mg^{2+}	10	SO_4^{2-}	10
Sr^{2+}	2	Cl^-	6
Na^+	20	NO_3^-	3
K^+	10	pH	6.9

10.22 일반적인 용해도 한계에서 다음과 같은 수질특성을 갖는 시료 $4,000\ m^3/d$를 연수화하는데 필요한 생석회와 소다회의 양을 구하시오. 또한 고형물을 7%로 농축하기 위한 슬러지 유량을 계산하시오.

항목	농도(mg/L)
Ca^{2+}	53.0
Mg^{2+}	12.1
HCO_3^-	285.0
CO_2	7.2
pH	8.1

10.23 일반적인 용해도 한계에서 20,000 m^3/d의 물을 연수화 하는데 필요한 생석회와 소다회의 양을 구하시오. 또한 고형물을 11%로 유지하기 위한 슬러지 유량을 계산하시오.

항목	농도(mg/L)
Ca^{2+}	53.0
Mg^{2+}	12.1
HCO_3^-	134.0
CO_2	6.8
pH	7.2

10.24 일반적인 용해도 한계에서 1,200 m^3/d의 물을 연수화 하는데 필요한 소석회와 소다회의 양을 구하시오. 또한 고형물을 9%로 유지하기 위한 슬러지 유량을 계산하시오.

항목	농도(mg/L)
CO_2	12
Ca^{2+}	83
Mg^{2+}	42
HCO_3^-	240
pH	7.1

10.25 다음과 같은 물 15,000 m^3/d를 처리하고자 한다.

a. 석회-소다 연수화 공정에서 초과 생석회 양을 최소로 하고자 한다면, 하루에 필요한 석회와 소다회의 양은 몇 kg인가?

b. 칼슘을 선택적으로 제거하여 연수화 하고자 한다면, 하루에 사용하게 되는 석회와 소다회의 양(g)은 얼마인가?

c. b의 계산 결과로 샘플의 경도를 일부 제거하면, 수중의 최종 경도는 대략적으로 얼마가 되겠는가?

성분	평균농도(meq/L)
CO_2	0.23
Ca^{2+}	4.1
Mg^{2+}	1.8
HCO_3	3.8

10.26 자테스트 결과를 바탕으로, 75 mg/L의 부유 고형물을 함유하고 있는 샘플에 황산알루미늄 10 mg/L를 응집제로 주입하기로 하였다. $Al(OH)_3$는 침전된다고 가정한다. 시설의 처리용량은 900 m^3/d이다.

a. 알칼리도 소모량(mg/L as $CaCO_3$)은 얼마인가?

b. 부유성고형물 농도가 3 mg/L로 감소한다면, 슬러지가 생성되는 물질 흐름은 어떻게 되겠는가?

10.27 자테스트 결과를 바탕으로, 부유성고형물의 농도가 75 mg/L인 시료에 $FeCl_3$ 10 mg/L를 응집제로 주입한다. $Fe(OH)_3$는 침전된다고 가정하고, 시설의 처리용량은 900 m^3/d이다.

a. 알칼리도 소모량(mg/L as $CaCO_3$)은 얼마인가?
b. 부유성고형물 농도가 3 mg/L로 감소한다면, 슬러지가 생성되는 물질 흐름은 어떻게 되겠는가?

10.28 지구상의 거의 모든 물은 자연적으로 발생하는 불소를 함유하고 있다. 수중 불소의 분해를 방지하기 위한 조사가 1945년 지역 수돗물 불소화로 이어졌다. 이는 특히 청소년과 젊은 성인들의 충치 예방에 큰 효과를 가져왔다.

a. 수돗물에 첨가된 불소가 부정적인 영향을 미쳤는가? 식수에 첨가된 불소의 또 다른 영향은 무엇인가?
b. 어떠한 대안이 있을 수 있는가?

참고문헌

1. Hassan, M. Manzurul, et al. 2005. Social implications of arsenic poisoning in Bangladesh. Social Science &Medicine 61, No. 10: 2201–11.
2. Mukherjee, Arun B., and Prosun Bhattacharya. 2001. Arsenic in groundwater in the Bengal Delta Plain: Slow poisoning in Bangladesh. Environmental Review 189–220.
3. World Health Organization. 2008. An interview with Mahmuder Rahman. Bulletin of the World Health Organization January 2008. 11–12.
4. Centeno, Jose A. et al. 2007. Global impacts of geogenic arsenic: A medical geology research case. Royal Swedish Academy of Sciences. February. 78–81.
5. Atkins, Randy. 2007. National academy of engineering announces $1 million challenge to provide safe drinking water. National Academy of Engineering February 1. Accessed at http://nationalacademies.org on 8 December, 2008.
6. Hussam, Abul, and Abul K. M. Munir. 2007. A simple and effective arsenic filter based on composite iron matrix: Development and deployment studies for groundwater of Bangladesh. Journal of Envirnonmental Science and Health October.1869–78.
7. Gibson, Don, and Marty Reynolds. 2000. Softening. Water Treatment Plant Operation: A Field Study Training Program. California Department of Health Services and USEPA. Sacramento: California State University.
8. Bowen, Russ. 1999. Taste and odor control. Water Treatment Plant Operation: A Field Study Training Program. California Department of Health Services and USEPA. Sacramento: California State University.

Chapter 11 하폐수처리

© Susan Morgan

미국 일리노이주, 공원화장실

© Lilian Tveit / 123RF

대서양, 연어

환경공학자는 버려진 물을 환경으로 배출할 수 있도록 정화해야 하고 물길의 이용자와 서식자를 보호하여야 한다.

물은 먹는물, 상업용 항해로, 레크리에이션, 물고기 번식 및 폐기물 처리를 포함하여 많은 용도로 사용된다. 물의 주용 사용은 단순하게 폐기물 운송 수단이라는 것을 잊기 쉽다. 물이 부족한 고립 지역에서는 폐기물 처리가 사치스러울 수 있고 압축공기 파이프나 컨테이너 등의 다른 운송수단이 사용된다. 그러나 대부분 서구 사회에서 폐기물 운송을 위한 물의 이용은 거의 보편적이며 이는 물론 많은 양의 오염물이 발생되기도 한다.

11.1 하수와 폐수

우리나라의 경우 하수, 오수와 폐수라는 용어가 때로는 혼용되고 때로는 분리되어 사용되고 있다. 하수는 하수도법에서 사람의 생활이나 경제활동으로 인하여 액체성 또는 고체성의 물질이 섞여 오염된 물, 즉 오수와 건물·도로 그 밖의 시설물의 부지로부터 하수도로 유입되는 빗물·지하수, 즉 우수를 말한다. 폐수는 물환경보전법에서 물에 액체성 또는 고체성의 수질오염물질이 섞여 있어 그대로는 사용할 수 없는 물을 말하는데, 폐수배출시설은 시행규칙에서 82개 산업시설로 분류하고 있다. 일반적으로 산업시설에서 배출되는 오염된 물을 산업폐수라고 하기도 한다. 따라서 이 책에서는 의미에 따라 하수, 폐수, 오수, 우수, 하폐수 및 오폐수를 적절히 사용한다(역자).

11.1.1 배제

우리나라는 하수도시설기준에서 하수를 관로를 통하여 처리시설로 이송하는 것을 배제라고 하고 있다. 하수도법에서 2013년부터 하수관거를 하수관로로 개칭하였다(역자).

하수 또는 폐수는 하수도/폐수관로를 통해 가정, 상업 시설 및 산업 시설에서 배출되며, 일반적으로 압력이 없는 큰 관거를 통해 흐른다. 하수도는 중력에 의한 자연 유하 방식으로 각 가정 및 산업 시설로부터 중앙에 위치한 하수처리 시설로 배제되도록 설계되어야 한다. 가끔 자연유하식 하수도를 설치하는 것이 불가능하거나 현실적이지 않을 경우 중계펌프장에서 가압 관로를 통해 하수가 이송된다.

하수도의 설계와 운영은 우수관의 느슨한 맨홀 덮개와 파손 등으로 하수도로 유입(inflow)되는 것들로 인하여 복잡해진다. 오래된 도시의 경우 우수관과 하수관을 연결시키고 빗물과 하수를 구분 없이 함께 운송한다. 이러한 경우 비가 올 때 하수도관(합류식 하수도 월류수, CSOs, Combined Sewer Overflows)에 종종 문제가 있다. 또한 지하수위

아래 하수도를 설치해야 하기 때문에 하수구가 깨지거나 균열이 생길 경우 하수도로 물을 찾기 위한 나무뿌리 등이 들어올 수 있는 침투(infiltration)가 발생한다. 일선 시군에서는 하수도 시스템에 들어가는 모든 하수가 하수처리장에서 처리되어야 하기 때문에 위와 같은 침입과 침투(I/I, inflow and infiltration)를 방지하기 위한 하수도 시스템에 상당한 시간과 비용을 소비하게 된다.

침입(inflow)과 침투(infiltration)로 인하여 희석된 하수가 하수도 시스템이 제공하는 일부를 차지하고 있다. 과거에는 이러한 하수가 단순히 자연의 물 흐름이라고 여겨졌다. 하지만 인구의 증가와 공중보건의 문제 등이 하수 원수가 일으킨다고 인식되어 이러한 배출은 불법으로 여겨지며 처리되어야 한다.

11.1.2 구성요소

많은 물질에 의해 수질오염이 될 수 있지만 도시하수로 인하여 자연수로가 손상되거나 인간의 건강문제를 야기하는 것이 가장 일반적이며 그러한 물질은 다음과 같다.

- 유기물질, 용존산소요구량의 측정되는 물질(BOD)
- 질소(N)
- 인(P)
- 부유고형물(SS)
- 병원성 미생물(대장균군)

도시 하수 처리장은 유입되는 불쾌한 특성 물질들을 유입수로부터 제거하도록 설계되었다. 설계에 고려되어야 할 사항은 다양하지만 일반적으로 그림 11.1과 같이 구성되어 있다.

전형적인 하수처리 시설은 5개의 주요 영역으로 구성된다.

- 예비 처리 : 각 단위 공정의 설비 손상을 방지하기 위한 대형 고형물 제거
- 1차 처리 : 침전에 의한 부유고형물 제거
- 2차 처리 : 산소 요구량(유기물질)의 제거
- 3차 (또는 고도) 처리 : 여러 특정 물질을 제거하기 위한 공정에 사용되는 이름이며, 그 중 하나는 질소와 인 같은 영양염류의 제거
- 고형물 처리 및 처분 : 여러 처리 공정에서 수집된 고형물의 안정화 및 후속처리

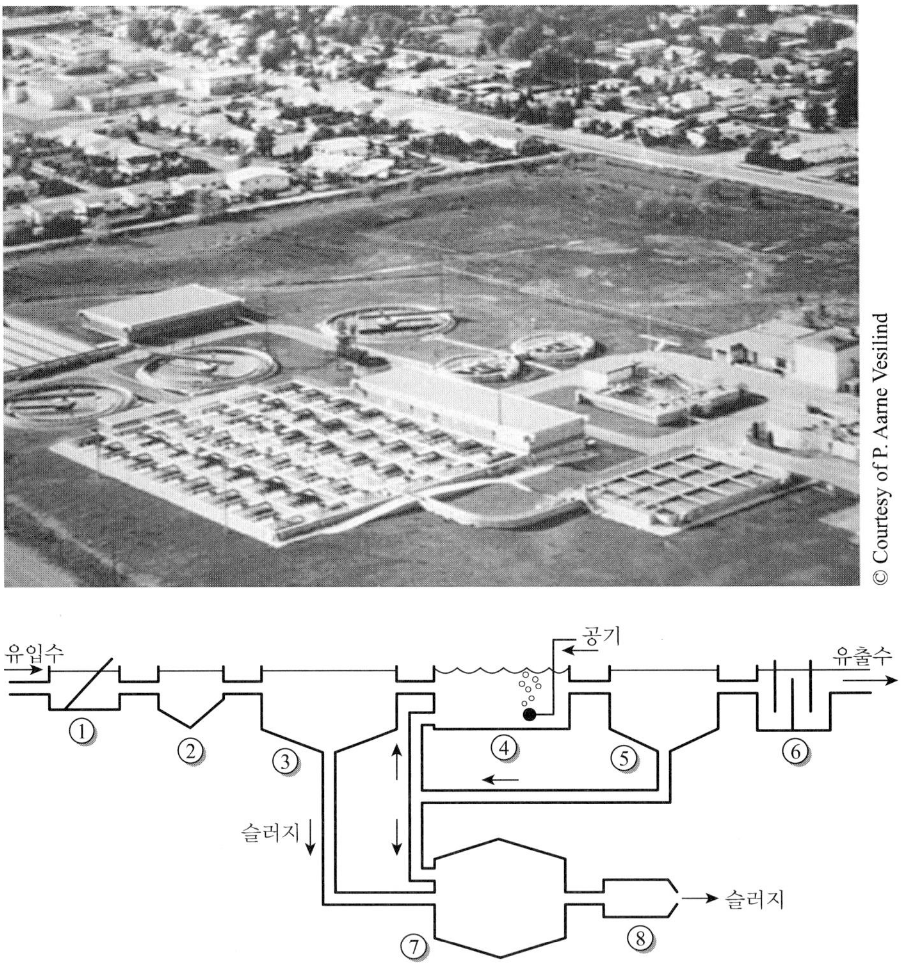

그림 11.1 일반적인 하수처리장, 예비처리, 1차 처리, 2차 처리, 3차 처리 그리고 고형물 처리, 방류수 수질에 따라 2차 처리 후 3차 처리 후 처리수가 방류될 수 있음.

1차 처리 시스템은 일반적인 물리적 처리 과정이다. 2차 처리 공정은 일반적으로 생물학적 처리이다. 3차 처리 시스템은 물리적(고형물제거를 위한 여과), 생물학적(BOD 제거를 위한 인공습지) 또는 화학적(인 제거를 위한 침전) 처리를 할 수 있다.

하폐수의 특성을 분석하여 처리 시설의 설계 및 운영 관련 정보를 제공할 수 있다(표 11.1). 총부유고형물(TSS), BOD, 병원성 미생물, 총용존고형물(TDS), 중금속, 영양물질, 그리고 유기오염물질의 7가지 주요 성분이 처리 시스템의 설계와 운영에 중요하게 고려된다.[1] TSS는 슬러지 생산량과 혐기성 소화 조건에 영향을 미치고 유출수의 미관상에도 좋지 않은 영향을 미친다. 생분해성 유기물(BOD)은 호기성 상태에서 산소를 필요로 하고 병원성 미생물은 전염병을 일으킨다. 이러한 세 가지 오염물질들이 하수처리 시스템 설계에 주요한 물질이다. 용존고형물(칼슘, 나트륨, 황산이온과 같은 물질로 이루어진 TDS)은 물을 재사용할 때 증가하고, 처리된 물의 재사용에 영향을 미친다. 중금속(원자가 23 이상의 양이온으로 생활하수 및 산업폐수로부터 나옴)은 생물학적 처리 공정을 망쳐놓을 수 있으며, 다량으로 존재할 경우 슬러지 관리에 어려움을 줄 수 있다. 영양물질(질소, 인)은 자연수계로 배출될 때 산소 고갈 문제와 부영양화를 일으킬 수 있다. 과도한 부하일 경우 지표수나 지하수에 오염을 일으킬 수 있지만 토양에 적용되는 슬러지나 관개용수로 사용할 경우 적절할 수 있다. 특정 수질유해물질은 유해하고 일반적인 처리 방법으로 처리되지 않을 수 있다. 고농도 폐수(혐기성 처리 후 정화조에 남아있는 물질)와 저농도 하수의 농도 범위는 큰 차이가 있다. 이러한 농도 차이는 미국에서는 일반적이지만 다른 나라에서는 적용되지 않을 수 있다. 예를 들어, 태국의 공학자들은 방콕의 하수가 BOD 50～70 mg/L이고 부유고형물의 농도가 90～110 mg/L가 일반적이라고 분석하였다.[2] 새로운 처리장을 설계하거나 기존 설비를 개선할 때 하수의 조성 및 유량 등의 지역정보를 획득하는 것이 중요하다.

표 11.1 하폐수처리시설에서 운영 및 방류수 관리 수질 항목

구분	관련 규정	항목 수	시험항목
공공하수처리 시설 방류수 수질기준 관련	하수도법 시행규칙	7	BOD, COD, SS, T-N, T-P, 총 대장균군수, TU
폐수배출시설 배출허용기준	수질 및 수생태계 보전에 관한 법률 시행규칙	33	Cu, Pb, As, Hg, CN, Cr, 용해성 철, Cr^{+6}, Cd, 용해성 망간, Zn, F, Phenols, n-Hexane 추출물질, 유기인, PCB, 색도, 수은, 총 대장균군수, pH, TN, TP, TCE, PCE, 계면활성제, 벤젠, 디클로로메탄, 1,2-디클로로에탄, 1,1-디클로로에틸렌, Se, TU, CCl_4, 클로로폼
슬러지 함유 유해물질 관련	폐기물관리법 시행규칙	24	Cu, Pb, As, Hg, CN, Cr, 용해성 철, Cr^{+6}, Cd, 용해성 망간, Zn, F, Phenols, n-Hexane 추출물질, 유기인, PCB, 색도, 총 대장균군수, pH, 무기성 질소, NH_3-N, 총 인, TCE, PCE
유지관리 항목		25	NH_3-N, NO_2-N, NO_3-N, Org-N, PO_4^{3-} Cl^-, DO (MLDO), TS, SS (MLSS), VS (MLVSS), H_2S, NH_3 (gas), 미생물(Nocardia 등), VA, 소화조 온도, 알칼리도, 함수율, SV, 투시도, 발열량, CH_4, CO_2, Mg^{+2}, 응집제 Jar-test, 총 경도

출처 : 환경부, 하수도시설기준(2011)

표 11.2 미국의 전형적 하수농도

항목	농도(mg/L)		
	약한 하수	중간 하수	강한 하수
TS	350	720	1200
SS	100	220	350
BOD_5	110	220	400
N (as N)	20	40	85
P (as P)	4	8	15

출처 : Metcalf and Eddy, Inc. (Revised by George Tchobanogous and Franklin L. Burton.) 1991. Waster-water Engineering: Treatment, Disposal, and Reuse. New York: McGraw-Hill.

11.2 예비처리 및 1차 처리

11.2.1 예비처리

하수를 수계로 배출하는 것 중에서 가장 좋지 않은 점은 부유물질이 있다는 것이다. 스크린은 하수처리 시스템에서 가장 먼저 사용되는 공정이었고, 현재까지도 스크린은 처리시설의 첫 단계로 사용된다. 그림 11.2는 일반적인 스크린을 나타낸 것으로 약 2.5 cm (1 inch) 간격으로 떨어져 있는 강철 막대로 구성되어 있다. 현재 하수처리시설에서 사용되는 스크린의 목적은 후속 공정의 장비 손상을 막을 수 있게 큰 물질들을 제거하는 것이다. 일부 오래된 처리장에서는 스크린 청소를 손으로 하지만 거의 모든 새로운 시설은 기계식 청소 장비가 사용된다. 스크린을 청소하는 랙(rack)은 스크린이 막히면 자동 운전되도록 되어 있다.

스크린 다음 처리 단계는 약 0.3 cm 이하로 통과하는 고형물을 분쇄하도록 고안된 분쇄기이다. 일반적인 분쇄기 형태가 그림 11.3에 나와 있으며 형태는 다양하다.

세 번째 일반적인 예비처리 단계는 모래 또는 침사(grit) 제거이다(그림 11.4). 침사 및 모래는 마모되어 펌프 및 유량계와 같은 장비에 손상을 일으킬 수 있기 때문에 제거 장치가 필요하다. 가장 일반적인 침사지는 두꺼운 모래가 침전될 수 있도록 유속이 충분히 느려지게 넓은 공간을 만드는 것이다. 모래는 유기성 고형물보다 약 2.5배 더 무겁기 때문에 가벼운 고형물보다 빠르게 침강한다. 침사지에서는 유기성 고형물을 제외한 무기성 고형물을 제거하는 것이 목적이며, 무기성 고형물이기 때문에 냄새나 다른 문제없이 침강되는 대로 처리할 수 있다. 가볍고 유기성 입자가 침전되는 것을 방지하는 방법의 하나로 침사지를 폭기시켜 모래와 무거운 무기성 입자를 가라앉히고 나머지는 모두 부유시키기도 한다. 이렇게 폭기하는 것은 하수처리시설까지 운송하는 동안 하수도 시스템에서 결핍된 산소를 공급하는 이점도 있을 수 있다.

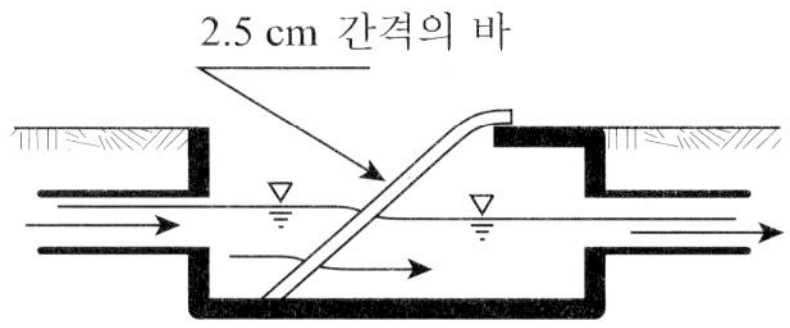

그림 11.2 일반적인 바 스크린

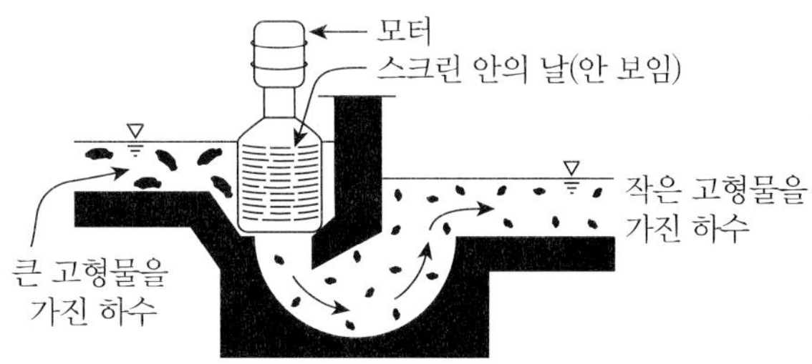

그림 11.3 일반적인 분쇄기

© Courtesy of P. Aarne Vesilind

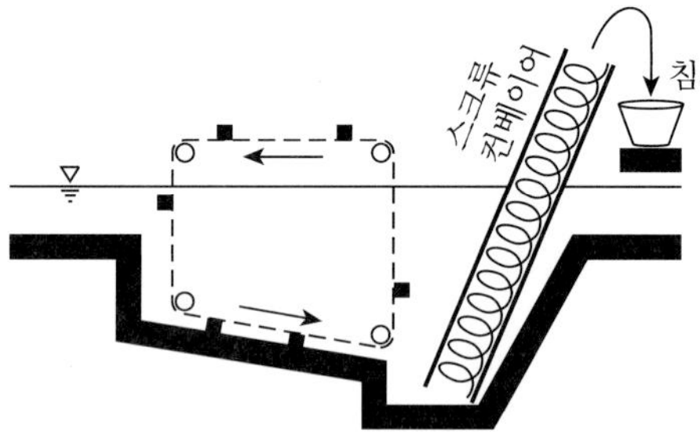

그림 11.4 하수처리장의 침사지

FOCUS ON

피전강

피전강(Pigeon River)은 노스캐롤라이나의 그레이트스모키 산에서 테네시로 흘러들어 가는데, 커다란 제지 공장을 자랑하는 캔턴(Canton)을 지나간다(그림 11.5).

그림 11.5 피전강(© Karl Musser)

캔턴의 상류지역은 깨끗하고도 깨끗하지만 제지 공장 지나면서 진한 갈색으로 바뀌고 황화물 냄새가 난다. 노스캐롤라이나 주는 몇 년 동안 제지 공장에서 배출되는 물을 정화하려고 했지만 경제적으로 낙후된 지역에서는 회사에 법적이나 정치적으로 제재를 가하는 것을 불가능하게 만들었다. 따라서 피전강은 폐수 관거처럼 테네시주로 흘러들어가게 되었다.
이러한 일은 테네시주 사람들에게 허용될 수 없었지만 그들이 할 수 있는 것이 아무것도 없었다. 테네시주로 흐르는 피전강은 그들의 관할 구역 밖에서 오염이 되었고 테네시주에서 높은 기준을 설정하는 것은 오염지역인 노스캐롤라이나주에서 설정되어야 하는 것이기 때문에 아무런 의미가 없었다. 결국 테네시 수질 오염기구는 미국 환경보호청(USEPA)에 조치를 취하도록 하여 테네시주의 하천에서 잡힌 물고기를 먹는 것을 금지하는 표지판을 강에 세우도록 하였다.
1992년 이 공장은 근로자들 컨소시엄에 매각되어 Blue Ridge Paper Products로 명칭을 변경하였고 수많은 기관들로부터 도움을 받아 3억 3천만 달러에 이르는 오염물을 처리하는 자금을 지원 받았다. 이러한 처리로 다이옥신의 농도는 독성한계 이하로 줄어들었으며 피전강은 테네시주 구역에서 물의 색이 정상으로 돌아오게 되었다.
유럽에서 라인강의 경우와 마찬가지로 수질 오염 제어의 문제를 보여준다. 만약 한 국가나 주마다 자체 수질 기준을 설정한다면 강이 국경을 넘어 흐르면서 기준에 맞지 않을 수 있다. 하류에서 설정된 기준은 상류에서 시행되어야 하며, 상류에서 오염 통제를 위한 지출 금액은 하류에서는 직접적으로 이익을 받지 못한다.

11.2.2 1차 처리

침사지(grit chamber) 다음으로 대부분의 하수처리시설에 설치되는 설비에는 고형물을 침전시키기 위한 침전지(setting tank)가 있다. 이 침전지는 이전에 소개된 침전지와 근본적으로 다르지 않다. 침전지는 플러그 흐름 반응기(plug flow reactor)로 운전하는 것이 바람직하며, 따라서 난류가 최소한으로 유지된다. 고형물은 바닥으로 침전되고 파이프를 통해 제거되며 정화된 물은 V-넛치(V-notch) 위어를 통해 침전지에서 균등하게 배출되도록 한다. 침전지의 형태는 원형(그림 11.6) 또는 직사각형(장방형, 그림 11.7)이다.

스크린 및 침사제거와 같은 예비처리(전처리) 이후의 침전지는 1차 침전지로 알려져 있다. 1차 침전지 바닥으로 수집되는 고형물(찌꺼기)은 생슬러지 또는 1차 슬러지(primary sludge, PS)라고 불리고 제거된다.

생슬러지는 일반적으로 악취를 유발하고, 병원성 미생물을 포함할 수 있으며, 함수율이 높다. 이러한 3가지의 특성으로 처리가 어렵다. 생슬러지는 공중위생에 영향을 줄이며 부패되는 것을 막고 최종 처분을 위해 탈수되어야 한다. 1차 침전지의 슬러지 이외 다른 공정에서 발생되는 슬러지도 마찬가지로 최종처분 되어야 하며, 하폐수처리에서 슬러지의 처리 및 처분은 중요한 부분이기 때문에 차후에 자세하게 다루겠다.

1차 처리에서는 고형물의 약 60%가 제거되고 산소요구량은 약 30% (BOD), 인은 약 20% 정도 제거된다. 이러한 처리효율이 적절하고 수계에서 희석되어 수용가능하다면 1차 처리공정으로도 충분하지만, 정부의 규제로 인해 모든 하폐수처리에서 1차 처리 이후 2차 처리를 하도록 되어 있다.

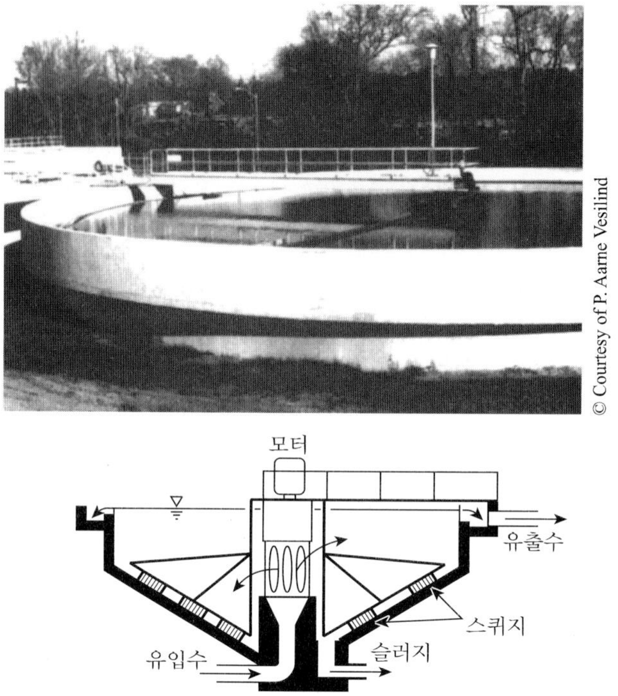

그림 11.6 하수처리장의 원형 침전지

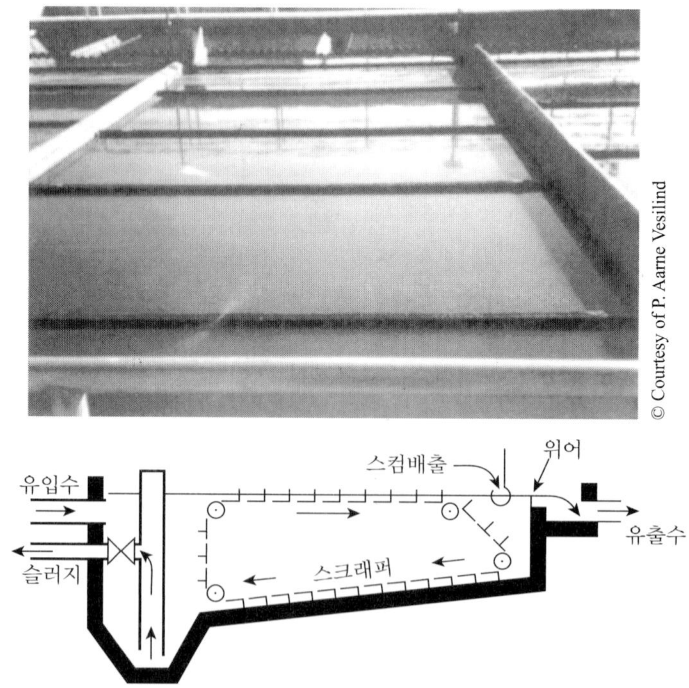

그림 11.7 하수처리장의 직사각형 침전지

1차 처리가 부적합하다고 판단되면, 황산알루미늄(알럼, 황산반토, aluminium sulfate; alum) 또는 수산화칼슘(석회, calcium hydroxide; lime)과 같은 약품을 1차 침전지에 첨가함으로써 고형물, BOD 및 인 제거를 향상시킬 수 있다. 이러한 약품 첨가로 BOD는 약 50 mg/L 정도를 감소시킬 수 있으며 이는 BOD 방류수 필요기준을 충족시킬 수 있다. 1차 침전지에 약품첨가는 특히 처리장 방류수 분산이 효과적인 해안 도시에서 사용하기에 매력적이다.

일반적으로 약품 사용은 1차 처리보다는 산소요구량을 제거하기 위하여 설치하는 2차 처리 이후에 사용된다.

11.3 2차 처리

1차 침전지를 통과한 하수는 대부분의 부유물질은 제거되었지만 용해성 유기물질은 여전히 산소요구량(BOD)을 포함하고 있다. 즉, 용해성 유기물질인 생화학적 산소요구량(BOD)은 방류수 허용기준을 만족시키기 위해서는 반드시 저감되어야 한다. 2차 처리의 목적은 BOD를 제거하는 것이고, 1차 처리의 목적은 고형물을 제거하는 것이다. 일반적이지 않은 상황을 제외하고 거의 모든 2차 처리방법은 미생물을 이용한 하수의 에너지 수준(BOD)을 줄이는 작용[1장에서 설명한 디딘(Dibdin)과 뒤프레(Dupré)가 1800년대 후반에 지지한 공정]이다. 대부분의 2차 처리의 기본적인 차이점은 하수 중 유기물과 미생물이 접촉하는 방법이다.

11.3.1 고정막(생물막) 반응기

미생물을 이용한 방법은 여러 가지가 있지만 현대 2차 처리에서 첫 번째 방법으로 살수여상(trickling filter)이 있다. 그림 11.8에 나타낸 살수 여상은 하수가 위로 살수되는 여재층(주먹 크기의 돌 또는 다양한 모양의 플라스틱)으로 구성된다. 미생물은 여재(담체)에 부착되며 하수가 여재에 흐르면서 함유된 유기물 및 영양물질을 섭취하며 성장한다. 공기는 여재를 통해 강제로 전달되기보다는 일반적으로 여재층(filter bed)의 공기와 주변 공기 온도 차이로 인하여 자동으로 순환된다. 오래된 살수여상의 경우 고정된 노즐에서 여재로 하수가 분무되지만 새롭게 설계된 살수여상의 경우 자체적으로 작동하는 회전 장치(rotating arm)를 이용하여 잔디 스프링클러처럼 여재층 전체에 고르게 하수를 분

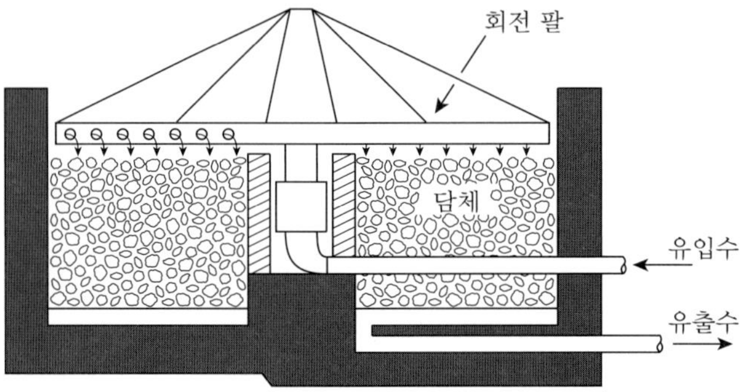

그림 11.8 살수여상 공정(© Courtesy of P. Aarne Vesilind)

무한다. 가끔 재순환을 통해 더 높은 수준의 처리 효율을 얻는다. 엄밀히 말해서 여과장치가 없는 살수여상(trickling filter)은 여과(filtration)가 일어나지 않기 때문에 명백히 잘못 붙여진 이름이다.

살수 여상의 현대적으로 수정된 반응조는 회전원판(rotating biological contactor, rotating disc, 그림 11.9)이다. 미생물의 성장은 하수에 잠겨 천천히 회전하는 디스크에서 영양물질이 제공되면서 일어난다. 디스크가 회전하면서 하수에 잠기지 않은 바깥 부분에서 미생물 호흡에 필요한 산소를 얻어 호기성 성장상태로 유지한다.

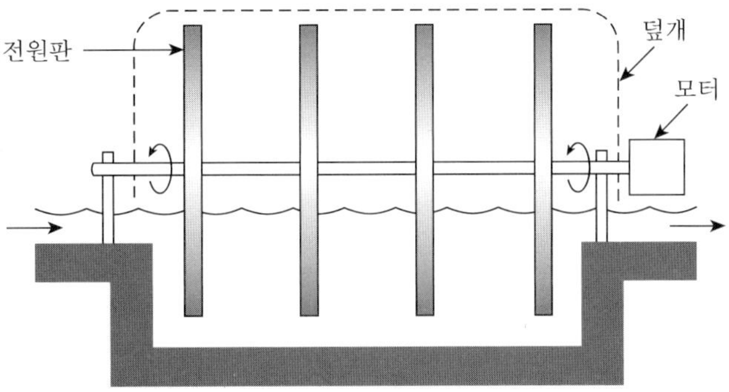

그림 11.9 회전원판 고정막 생물반응조

11.3.2 부유 성장 반응기

1900년경 살수여상법이 확립되었을 때 일부 연구자들은 살수여상 여재가 차지하는 공간을 낭비되는 공간이라고 생각하게 되었다. 미생물을 부유시킬 수 있는 방법, 공기를 넣어 주면서 산소를 공급하는 방법이 있다면 상당히 매력적이라 생각하였고 1914년까지는 없었지만 첫 파일럿 플랜트가 그 해에 만들어졌다. 이 공정이 활성슬러지 시스템(activated sludge system)이라고 불리기까지 다소 시간이 걸렸다.

활성슬러지 시스템의 핵심은 미생물의 재사용이다. 활성슬러지 시스템은 그림 11.10에 표시된 것과 같이 1차 침전지로부터 유입된 1차 처리수와 미생물(sludge)로 가득한 탱크로 구성된다. 이 탱크(폭기조, 曝氣槽)로 호기성 미생물의 생존에 필요한 산소를 공급한다. 미생물은 용해성 유기물과 접촉하여 빠르게 이 유기물을 미생물 표면에 흡착한다. 시간이 지나면 미생물은 유기물을 에너지와 탄소원으로 사용하여 CO_2, H_2O 및 안정한 화

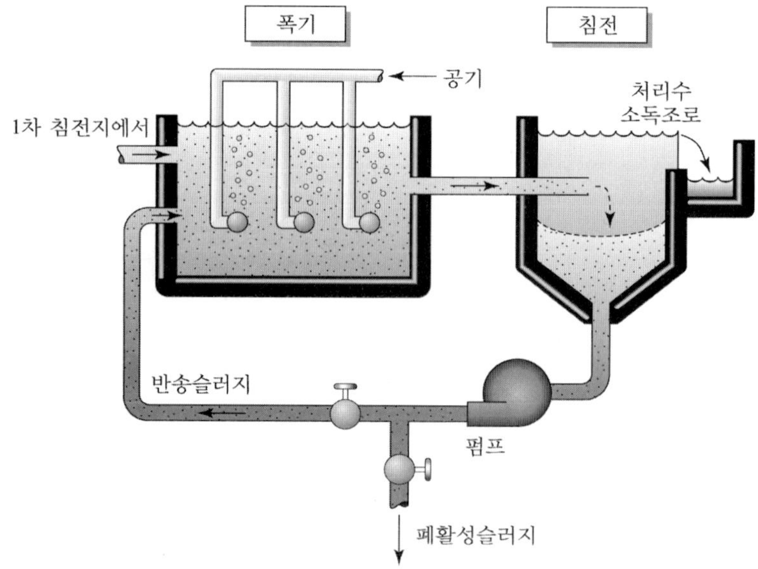

그림 11.10 활성슬러지 시스템의 개략도

합물로 분해하고 새로운 미생물을 만들어낸다. 새로운 미생물의 생장은 상대적으로 느리고 대부분의 폭기조 용적은 이 목적으로 이용된다.

일단 대부분의 먹이가 사용되면 미생물은 2차 또는 최종 침전지라고 불리는 침전조에서 액체와 분리된다. 액체가 V-노치 위어 위로 빠져나온다.

분리된 미생물은 첨가의 먹이 없이 최종 침전지의 바닥에 존재하며, 더 많은 용해된 유기 물질을 기다리면서 굶주렸다. 이러한 미생물은 활성화된 것으로 알려져 있으며, 따라서 활성슬러지라고 한다.

이렇게 가라앉아 굶주린 미생물이 폭기조의 맨 앞으로 양수되면 더 많은 먹이(1차 침전지의 유출수에 유기물이 있음)를 발견하게 되고, 공정은 처음부터 다시 시작된다. 최종 침전지의 바닥에서 폭기조로 양수되는 슬러지는 반송슬러지(return activated sludge)로 불리고 있다.

활성슬러지 공정은 연속적 슬러지 반송 및 깨끗한 물 유출을 통한 연속 운전이다. 불행하게도, 이 공정의 최종 생성물 중 하나는 잉여 미생물이다. 미생물이 제거되지 않으면 그 농도는 결국 시스템이 고형물로 막힐 때까지 증가한다. 그러므로 미생물의 일부를 폐기할 필요가 있으며, 이 폐활성 슬러지(또는 잉여슬러지, waste activated sludge, WAS)는 처리되고 처분되어야 한다. 폐활성 슬러지의 처분은 하수 처리에서 가장 어려운 측면 중 하나이다.

활성슬러지 시스템은 미생물(microorganisms)의 활용가능한 부하량 또는 유기물량(먹이, food)의 상관성을 기본으로 설계된다. 이 비율은 먹이 대 미생물(F/M)비로 알려져 있으며 주요한 설계 인자이다. 안타깝게도 먹이(F)와 미생물(M)을 측정하는 것은 어렵기 때문에 엔지니어는 폭기조에서 부유물질(M)과 BOD(F)로 각각의 근사값을 이용한다. 폭기가 진행되는 동안 미생물과 하수의 혼합액에서 부유물질은 혼합액 부유고형물(MLSS, Mixed Liquor Suspended Solids)라고 한다. 유입되는 BOD 대 MLSS의 비율인 F/M비는 활성슬러지 공정의 부하량으로도 알려져 있으며, 폭기조의 kg-BOD/kg-MLSS · d로 계산된다.

만약 F/M비가 낮고 폭기 시간이 길면 미생물이 먹이 섭취가 최대가 되므로 높은 처리효율이 된다. 이런 시스템은 장기폭기 공정(extended aeration)으로 알려져 있으며, 한정된 하수처리(모텔 또는 소규모 시설 등)에 사용된다. 장기폭기 공정의 장점은 폭기조 내의 생태계가 매우 다양하고 과도한 바이오매스(슬러지)가 생성되지 않아 폐기되는 슬러지가 거의 없어서 운영비용과 폐슬러지 처리에 대한 골칫거리가 감소한다. 다른 극단적인 상황에서는 폭기 시간이 매우 짧고(더 작은 탱크를 설치하여 건설비용을 절감할 수 있음) 처리 효율이 낮은 고율(high-rate) 시스템이다.

11.3.3 생물학적 동역학을 이용한 활성슬러지 시스템 설계

활성슬러지 시스템의 목적은 유입수 내의 유기물질을 CO_2와 H_2O로 분해하고 에너지 일부는 새로운 미생물을 생성하는데 사용되어야 하는데 있다. 이러한 유입 유기물은 미생물에 영양물질(먹이)을 제공하며, 생물학적 동역학에서 기질(substrate)이라고 불리고 있다. 위에 서술한 바와 같이 기질은 일반적으로 BOD형태로 간접적으로 측정되며, 산소의 감소는 미생물에 의한 기질 분해를 나타낸다. 유기탄소와 같은 다른 방법이 기질 농도를 나타내는 더 정확한 측정일지 모르지만 BOD측정은 이미 규정된 측정 방법이다.

대부분의 생물들과 마찬가지로 미생물의 성장은 먹이(기질)의 섭취와 환경조건(pH, 온도, 염분)에 영향을 받는다. 그림 11.11은 전형적인 닫힌 회분식 시스템에서 단일 미생물의 생장곡선을 나타낸 것이다(물론 하수 처리 시설에서는 다양한 종류의 미생물이 있지만, 이 모델을 사용하여 시작할 수 있다). 미생물이 지체기에서는 환경과 기질에 적응하는 동안 성장이 제한적이며 기질의 사용이 거의 없다. 그러나 적응이 완료되면 급격한 성장으로 기하급수적인 미생물 증가가 일어난다(대수성장기). 이러한 대수성장기가 무한정 지속될 수는 없다. 만약 대수성장기가 지속될 수 있다면 단일 미생물의 무게 10～12 g에서 2배가 되는 시간이 20분이라 가정하면 48시간 동안 4,000배의 무게가 늘어난다. 부산물과 폐슬러지의 축적 그리고 기질 또는 영양물질의 제한은 최대 미생물 생장을 반응속도 상수(K)에 따라 제한된다. 최대 미생물 성장 구간(정체기 또는 정지기) 동안 미생물의 성장은 없으며 세포 수의 증가나 감소가 없다. 결국 새로운 미생물, 부산물은 기질(영양물질)의 부족으로 미생물의 사멸율이 증가하여 미생물량은 감소한다(사멸기 또는 내생호흡기).

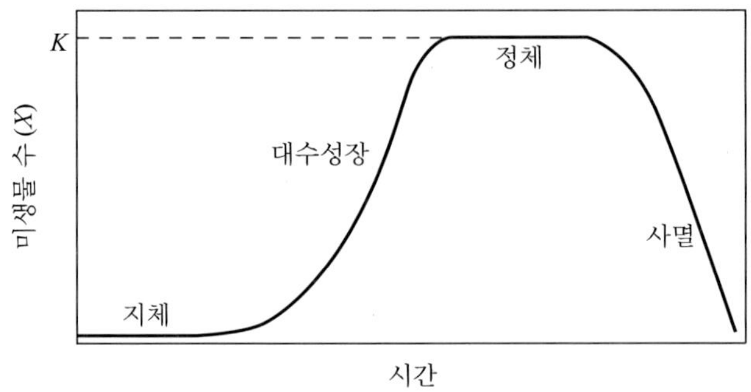

그림 11.11 닫힌 시스템에서 순수 미생물의 성장 곡선

FOCUS ON

활성슬러지 시스템의 개발

아마도 다른 단일 하수처리 공정은 활성슬러지 공정만큼 많은 성공을 거두지 못했다. 이 시스템 시작은 흥미롭다.

첫 번째 실험은 1912년 메사추세츠주의 Lawrence Experiment Station에서 1갤론의 유리병에서 시작되었다. 매일 질산화가 완료되고 실험이 끝날 때 실험 병을 비우고 새로운 하수를 채우고 폭기시켰다. 그들은 질산화에 필요한 시간이 매 실험마다 감소한다는 사실에 놀랐으며, 실험이 끝나고 실험병을 씻지 않음으로써 실험병 벽에 부착된 미생물이 막을 형성하고 이 미생물은 다음 실험을 실험에서 활성화되었고 그들은 활성슬러지 시스템을 발명했지만 그 원리에 대해서는 이해하지 못했다.

영국의 맨체스터 대학 길버트 파울러(Gilbert Fowler)박사가 실험실을 방문하여 실험에 대하여 들었다. 그는 분명히 벌어진 일에 중요한 사항에 대하여 이해하고 있었지만 미국인들에게는 밝히지 않았다. 그는 대신 영국으로 돌아가서 동료 중 두 명인 에드워드 아덴(Edward Arden)과 워켓 로켓(Wocket Lokett)과 며칠 동안 하수를 폭기하고 고형물을 침전 처리하고 물은 위로 배출하였고 다시 반응기에 새로운 하수를 채우는 방법으로 실험하였다. 이러한 공정은 질산화 시간이 5주에서 24시간으로 단축시켰다. 반응기를 채우고 배출시키는 시스템에서 슬러지가 침전지에서 정화시킨 후 폭기조로 다시 반송되는 연속시스템으로 전환하는 것은 간단하였다. 아덴과 로켓은 활성 슬러지 시스템(활성탄과 유사하게 변경되었다고 생각하였기 때문에 "활성슬러지"라고 이름을 지었다)을 발명한데 대한 명성을 얻었으며, 원래 작업은 매사추세츠에서 이루어졌다. 그리고 파울러와 같은 영리한 연구원은 무슨 일이 일어나고 있는지 알고 있었다.

출처 : MOHLMAN, F. W. Twenty-five years of activated sludge. Modern Sewage Disposal Anniversary Book of the Federation of Sewage Works Association, USA 1938.

대수성장기에서 미생물 성장의 유일한 제한은 미생물 성장 속도이다. 따라서 미생물의 수는 성장률(성장속도, r_X)에 비례하고 성장은 1차 반응과 유사하다(5장).

$$r_X = \frac{dX}{dt} = \mu X \qquad (11.1)$$

여기서, X : 미생물 수
μ : 비성장률

이 방정식을 원래 미생물량과 순간 성장률을 알면 추후 미생물량을 예측할 수 있다.

$$X = X_0 e^{\mu t}$$

미생물의 배가(doubling) 시간은 $X = 2X_0$의 방정식에 의해서 결정된다(5장).

$$t_D = \frac{\ln 2}{\mu}$$

엔지니어는 종종 회분식 반응장치가 아닌 연속 반응장치(키모스탯, chemostats, 항성분 배양조, 완전 혼합-흐름 반응조)를 이용한다. 전통적인 활성 슬러지 하폐수처리 시설은 대규모 키모스탯의 한 예이다. 키모스탯은 탄소 또는 질소 공급원과 같은 제한적인 영양소의 농도와 희석 비율을 조절함으로써 대수성장단계를 유지할 수 있다. 미생물의 밀도(미생물 양)와 성장율은 조절이 가능하다.

키모스탯의 운전은 포화 공정이며 비성장률은 다음과 같이 나타낼 수 있다.

$$\mu = \hat{\mu} \frac{S}{K_s + S}$$

여기서, $\hat{\mu}$: 최대 비성장률(영양물질이 포화되었을 때)
S : 기질 또는 영양물질 농도
K_s : 포화상수 또는 반속도 상수

포화상수는 성장률이 최대일 때의 절반에 해당하는 기질의 농도이다(그림 11.12). $\hat{\mu}$와 K_s의 추정치는 $1/S$ 대 $1/\mu$를 플로팅하여 구한다. Y절편은 $1/\mu$이고 기울기는 K_s/μ이다.

물론 순수 배양 미생물을 이용이 어렵기 때문에 실제 자연상태에서 상황은 다르다. 대수성장기는 영양물질의 이용성, 미생물간의 경쟁 및 포식자들의 관계 때문에 제한된다. 또 환경 조건이 대수성장기에는 최적이 아니기 때문에 실제 최대성장률은 일반적인 실험실 속도보다 훨씬 낮을 수 있다. 예를 들어, 실험실에서 대장균의 2배 성장시간은 20분이지만 장내에서는 12시간이다.[3]

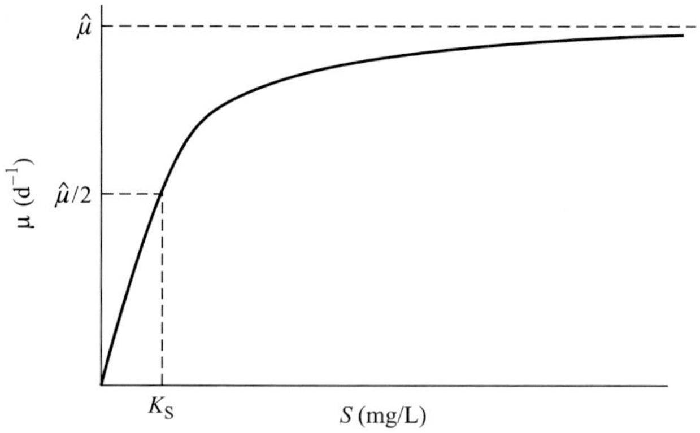

그림 11.12 미생물 비성장률

미생물 성장은 세포를 세거나 무게로 측정할 수 있다. 직접적인 현미경으로 총세포수를 결정하는데 사용할 수 있으나 살아있는 세포와 죽은 세포 모두를 센다는 문제점이 있다. 평판 또는 군락 계수법(희석된 샘플을 한천배지에서 배양함)은 살아있는 세포만을 측정한다. 세포 성장의 간접적인 측정 방법은 세포를 원심분리하고 무게를 달거나 분광광도계를 사용하여 기준 흡광도를 측정하여 세포량을 측정하는 것이다. 흡광도는 실제 미생물 계수보다 덜 민감하지만 빠르고 쉽게 측정할 수 있으며 샘플이 쉽게 변하지 않는다.

하수처리장의 운영자는 폭기조에서 미생물 농도를 조절하면서 유기물(BOD) 제거를 줄이는데 관심을 갖는다. 고형물질로 표현되는 미생물은 BOD (기질)를 속도 r_s로 생분해한다. 기질 분해로 인한 새로운 미생물의 성장 속도는 다음과 같이 표현된다.

$$r_X = \frac{dX}{dt} = Y\frac{-dS}{dt} = -Yr_s \tag{11.3}$$

여기서, Y는 수율 또는 사용된 기질의 질량 당 생산된 미생물의 질량으로, 일반적으로는 소비된 kg-BOD당 생산된 kg-SS로 표현한다. Y는 에너지 전환 과정의 비효율 때문에 항상 1보다 작다. 식 (11.1), (11.2), (11.3)을 조합하면 일반적으로 기질을 사용하는 식을 도출할 수 있다.

$$r_s = \frac{-X}{Y}(\mu) = \frac{-X}{Y}\left(\frac{\hat{\mu}S}{K_s + S}\right) \tag{11.4}$$

이것은 모노드 모델(Monod model)이라고 알려져 있다(모델의 타당성에 대한 논의는 본 교재의 범위 외 부분이므로 이 모델이 경험식이지만 합리적이라 할 수 있다. 이 모델 개발에 대하여 자세히 알고 싶으면 하폐수처리 관련 교재를 참조하길 바란다).

이 모델은 실험을 통한 경험식으로 순수 배양되는 미생물을 이용한 모델이기 때문에 $\hat{\mu}$와 K_s는 각 기질과 미생물에 대하여 평가되어야 하지만 S와 X가 다양해질 때 주어진 시스템에서 일정하게 유지되어야 한다. 이 모델은 반응기가 아닌 기질 및 미생물 양의 함수임을 유의하여야 한다.

미생물의 순환이 없기 때문에 활성 슬러지 시스템은 아니지만, 표기법과 용어의 이해를 위해 활성 슬러지공정을 그림 11.13으로 나타낼 수 있다. 이것은 유량(Q)과 반응기용적(V)를 가진 단순한 연속 생물반응조이다. 완전혼합 반응조이기 때문에 유입과 동시에 분산되어 반응기 내부의 농도 기울기가 없고 유출수의 농도는 반응기 내부의 농도와 동일하다.

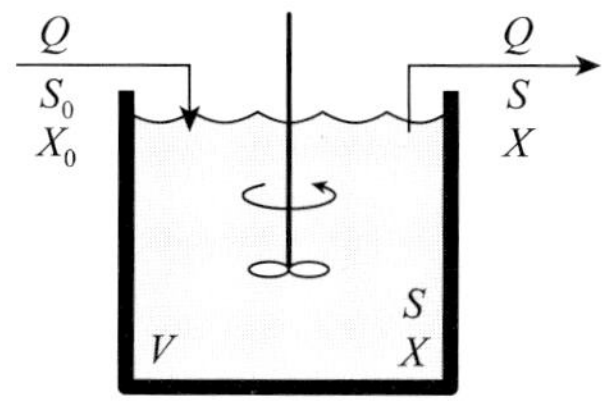

그림 11.13 반송이 없는 부유 성장 반응조

이 반응조에 미생물(microorganism)과 기질(BOD), 두 가지 유형의 물질수지가 가능하다. 그리고 두 가지 체류시간, 즉 수리학적 체류시간과 고형물 체류시간이 있다. 3장에서 소개했던 수리학적 체류시간(hydraulic retention time)은 다음과 같다.

$$\bar{t} = \frac{V}{Q} \tag{11.5}$$

하폐수가 반응기에 남아있는 평균 시간을 $\bar{t}$ 라고 정의할 수 있다. 고형물의 체류시간은 수리학적 체류시간(물이 반응조에 남아있는 평균 시간)과 유사하며 고형물이 시스템에 머물러 있는 평균시간을 나타낸다(고형물을 순환할 때 수리학적 체류시간 보다 길다). 고형물 체류시간(SRT, solid retention time)은 슬러지 일령(age) 및 평균 세포 체류 시간(MCRT, mean cell residence time)로도 알려져 있다. 3가지 체류시간의 이름은 모두 동일한 인자를 나타내며 다음과 같이 계산될 수 있다.

$$\theta_C = \frac{\text{시스템 내의 고형물(미생물 질량)}}{\text{폐기 고형물 질량/시간}} = \text{시간}$$

분자의 반응기 내 고형물의 양은 VX(부피 × 고형물 농도)로 표시되며, 분모의 폐기되는 고형물의 양은 QX(유량 × 고형물 농도)로 표시된다. 따라서 평균 세포 체류시간은 고형물이 순환되지 않기 때문에 수리학적 체류시간(식 11.5)과 동일하다.

$$\theta_C = \frac{VX}{QX} = \frac{V}{Q} \tag{11.6}$$

폐기되는 고형물량은 반드시 생성되는 고형물량과 같다. 또는 Q에 $dX/dt \times V$를 대입하고 식 (11.3)을 사용하면

$$\theta_C = \frac{VX}{r_x V} = \frac{VX}{(-Yr_s)V} = \frac{-X}{Yr_s}$$

질량을 구하기 위해서는 농도와 부피를 곱해야 한다. 이 두 식은 미생물의 순환이 없는 것으로 전제로 한 것이다(그림 11.14). 그림 11.14를 사용하여 우리는 미생물 관점에서 물질수지를 나타낼 수 있다.

[축적 속도] = [유입 속도] − [유출 속도]
+ [미생물 성장 속도] − [미생물 사멸 속도]

만약 성장과 사멸을 고려한 순성장 속도의 방정식은

$$V\frac{dX}{dt} = QX_0 - QX + r_x V \text{ 또는 } V\frac{dX}{dt} = QX_0 - QX + Yr_s V$$

정상상태인 $dX/dt = 0$에서 유입되는 미생물이 없다고 가정하고 모노드 기질 이용 모델을 사용하면

$$r_s = \frac{-X}{Y}\left(\frac{Q}{V}\right) = \frac{-X}{Y}\left(\frac{1}{\theta_C}\right) = \frac{-X}{Y}\left(\frac{\hat{\mu}S}{K_S + S}\right)$$

따라서,

$$\frac{1}{\theta_C} = \left(\frac{\hat{\mu}S}{K_S + S}\right) = \mu \tag{11.7}$$

또는

$$S = \left(\frac{K_S}{\hat{\mu}\theta_C - 1}\right) \tag{11.8}$$

기질 농도 S의 일정한 농도는 반응 상수의 함수와 세포 체류 시간의 함수이기 때문에 중요한 표현이다. 실제 유출수 BOD, 기질(S)의 값은 평균 세포 체류시간에 영향을 받는

다. 평균 세포 체류시간이 증가하면 유출수 농도가 감소한다.

예제 11.1 그림 11.13 (미생물 순환 없음)와 같이 생물학적 반응조에 유입되는 600 mg/L의 BOD가 10 mg/L로 감소되도록 운전해야 한다. 동역학 상수 K_s = 500 mg/L이고, $\hat{\mu} = 4\,\mathrm{d}^{-1}$이라고 한다면 유량이 3 m^3/d일 때 반응조가 크기는 얼마인가?

해답 반응조가 완벽하게 혼합되고, 유출 수중의 기질 농도(S)가 반응조의 (S)의 농도와 동일하다고 가정하면, 식 (11.7)과 (11.6)을 이용하여 다음과 같이 구한다.

$$\theta_C = \frac{K_S + S}{S\hat{\mu}} = \frac{500\,\mathrm{mg/L} + 10\,\mathrm{mg/L}}{(10\,\mathrm{mg/L})(4\,\mathrm{d}^{-1})} = 12.75\,\mathrm{d}$$

$$V = \theta_C Q = (12.75\,\mathrm{d})(3\,\mathrm{m}^3/\mathrm{d}) = 38.25\,\mathrm{m}^3 \cong 38\,\mathrm{m}^3$$

예제 11.2 예제 11.1의 조건에서 이용가능한 반응조 부피는 24 m^3 밖에 되지 않는다고 가정하면 기질의 감소율(기질 제거 효율)은 어떻게 되는가?

해답 식 (11.6)과 (11.8)을 이용하여 다음과 같이 구한다.

$$\theta_C = \frac{V}{Q} = \frac{24\,\mathrm{m}^3}{3\,\mathrm{m}^3/\mathrm{d}} = 8\,\mathrm{d}$$

$$S_C = \frac{K_S}{\hat{\mu}\theta_C - 1} = \frac{500\,\mathrm{mg/L}}{(4\,\mathrm{d}^{-1})(8\,\mathrm{d}) - 1} = 16\,\mathrm{mg/L}$$

$$\text{회수율} = \frac{(600 - 16)}{600} \times 100 = 97\%$$

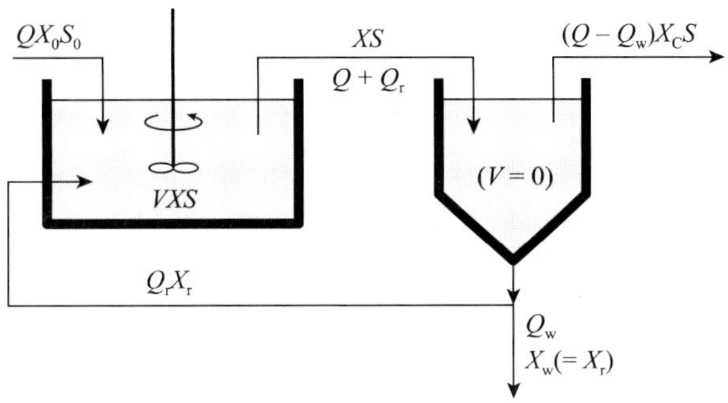

그림 11.14 반송이 있는 부유 성장 반응기(활성슬러지 시스템)

그림 11.13의 시스템은 미생물이 반응기에서 빠져나가는 것을 방지하기 위해 긴 체류시간이 필요하기 때문에 효율적이지 않다. 미생물의 성장 속도는 반응기에서 빠져나가는 시간보다 빠르지 않으면 반응기 운전이 실패한다. 하수 처리를 위한 활성슬러지 시스템의 성공은 그림 11.4에 나타낸 것과 미생물의 순환(반송)하는 것으로 변경하는 것이 중요하다.

미생물 반송 모델을 사용하기 위해서는 일부 가정이 필요하다. 첫 번째, $X_0 = 0$으로 가정하고 정상 상태 조건과 완벽한 혼합이라고 가정한다. 잉여 미생물(폐활성슬러지)은 유량 Q_w 및 침전지의 농도(폭기조로 반송되는 고형물 농도)인 고형물 농도 $X_r\,(= X_w)$로 공정에서 제거된다.

마지막으로 침전지에서는 기질이 제거되지 않고 모든 미생물은 반응조(폭기조)에 있다고 가정한다. 따라서 폭기조의 부피는 유일한 활성 부피이며, 침전(미생물 분리)은 완벽하게 일어나는 것으로 가정한다($X_C = 0$). 이런 가정은 분명히 잘못된 가정이지만 이 경우 평균 세포 체류시간은 다음과 같다.

$$\theta_C = \frac{\text{시스템 내의 미생물}}{\text{폐기 미생물/시간}} = \frac{XV}{Q_w X_r + (Q - Q_w) X_C} \tag{11.9}$$

미생물 침전조(2차 침전지)의 유출수($X_C = 0$)에 미생물이 없거나 유출수 농도가 알려지지 않은 장치라고 가정하면

$$\theta_C = \frac{XV}{Q_w X_r} \tag{11.10}$$

이 되고, 반송 라인 대신에 폭기조에서 슬러지를 폐기하는 경우

$$\theta_C = \frac{XV}{Q_w X + (Q - Q_w) X_C} \approx \frac{V}{Q_w} \tag{11.11}$$

가 된다.

MLSS는 2차 침전지의 바닥에 농축된 슬러지보다 훨씬 덜 농축되기 때문에 이러한 형태의 슬러지 폐기는 잘 사용하지 않는다.

예제 11.3 활성슬러지 하수처리시스템은 8,000 m^3의 폭기조를 사용한다. 평균 세포 체류시간은 12일이다. MLSS는 3,100 mg/L로 유지되고 반송슬러지(RAS) 농도는 11,000 mg/L일 때 (a) 폭기조와 (b) 반송라인에서 슬러지가 폐기되는 양은 얼마인가?

해답

a. 폭기조에서 폐활성슬러지(WAS)가 발생한다면 폐기되는 농도는 폭기조의 농도와 같으며, 유출수 고형물 농도(X_c)를 무시할만하다고 가정하면 폐활성슬러지 발생속도는 식 (11.11)과 같이

$$Q_w \approx \frac{VX}{\theta_C X} = \frac{V}{\theta_C} = \frac{8{,}000\,\mathrm{m}^3}{12\,\mathrm{d}} = 670\,\mathrm{m}^3/\mathrm{d}$$

b. 반송라인에서 폐슬러지가 발생한다면 폐활성슬러지농도는 다음과 같다. 반송 라인농도는 RAS 농도라 가정하고, 유출수 고형물 농도(X_c)는 무시할만하다면 폐활성슬러지 발생량은 식 (11.10)을 이용하여 다음과 같이 계산된다.

$$Q_w \approx \frac{VX}{\theta_C X_r} = \frac{(8{,}000\,\mathrm{m^3})(3{,}100\,\mathrm{mg/L})}{(12\,\mathrm{d})(11{,}000\,\mathrm{mg/L})} = 190\,\mathrm{m^3/d}$$

위와 같은 경우 반송라인에서 폐활성슬러지(WAS) 비율은 75%이므로 필요 양수량은 줄어든다.

기질의 제거는 때로는 비기질제거속도(q, 비기질소비속도)로 표현되며

$$q = \frac{\text{제거된 기질 질량/시간}}{\text{폭기되는 미생물 질량}}$$

이전에 설명한 기호로 표현하면 다음과 같다.

$$q = \frac{\left(\dfrac{(S_0 - S)}{\bar{t}}\right)V}{XV}$$

$$q = \frac{S_0 - S}{X\bar{t}} \tag{11.12}$$

비기질제거속도는 기질제거 활성 및 미생물의 질량 당 제거되는 BOD의 질량의 속도를 측정하여 나타낼 수 있다. 일부 교재에서는 공정부하 요소라고도 하며 활성 슬러지 시스템의 기본 설계 인자가 부하량이기 때문에 유용한 운전 및 설계 도구이다. 기질(F) /미생물(M)비는 유입되는 BOD와 MLSS의 비율이며 다음과 같이 계산된다.

$$F/M = \frac{QS_0}{VX} = \frac{S_0}{\bar{t}X} \tag{11.13}$$

기질제거 속도는 미생물이 반송되면서 기질과 미생물 수지로부터 도출될 수 있다(그림 11.13).

[축적 속도] = [유입 속도] − [유출 속도] + [기질 생성 속도] − [기질 소비 속도]

기질 생성 속도 항은 당연히 0이고, 기질 소비 속도는 고형물 농도와 반응기 부피를 곱한 값의 방정식은 다음과 같다.

$$\frac{dS}{dt}V = QS_0 - QS + 0 - qXV$$

정상상태[$(dS/dt)V = 0$]으로 가정하고 q에 대해서 다음과 같다.

$$q = \frac{S_0 - S}{X\bar{t}}$$

이전과 같은 방정식이 된다.

또한, 비기질제거속도는 다음과 같이 표현될 수 있다.

$$q = \frac{\mu}{Y} = \mu \times \frac{1}{Y} = \left[\frac{\text{생성된 미생물 질량/시간}}{\text{반응조 내 미생물 질량}}\right] \times \left[\frac{\text{제거된 기질 질량}}{\text{생성된 미생물 질량}}\right]$$

식 (11.2)와 (11.7)을 대입하면

$$q = \frac{\mu}{Y} = \frac{\hat{\mu} S}{Y(K_S + S)} = \frac{1}{\theta_C Y} \tag{11.14}$$

기질 제거속도에 대한 두 식을 같다고 하면 $(S_0 - S)$는 다음과 같다.

$$S_0 - S = \frac{\hat{\mu} S X \bar{t}}{Y(K_S + S)} \tag{11.15}$$

식 (11.12)에서 X에 대하여 정리하면 반응기 내 미생물 농도가 된다.

$$X = \frac{S_0 - S}{\bar{t} q} \tag{11.16}$$

예제 11.4 활성슬러지 시스템은 300 mg/L의 BOD (S_0)가 유입되며 400 m^3/d의 유량(Q)으로 운전된다. 파일럿 장치를 이용하여 이 시스템의 동역학적 상수 Y = 0.5 kg SS/kg BOD, K_s = 200 mg/L, μ = 2 d^{-1}을 얻었다. 폭기조에 4,000 mg/L의 고형물 농도가 적당하다고 가정하고 30 mg/L (90% 제거)의 유출수 BOD를 생성하는 처리시스템을 설계하도록 한다.

a. 폭기조의 부피
b. 슬러지 일령(평균 세포 체류시간 또는 고형물 체류시간)
c. 하루에 폐기되는 슬러지량
d. F/M 비

해답 혼합액의 고형물 농도는 일반적으로 폭기조에서 혼합된 상태로 유지되고 미생물에 충분한 산소를 전달을 제한한다. 이 문제에서 고형물(미생물)의 적절한 농도는 언급된 바와 같이 X =4,000 mg/L 이다.

a. 반응기 부피는 일반적으로 체류시간(HRT)으로부터 계산이 된다. 따라서 HRT를 계산하기 위해서는 또 다른 식이 필요하다. 동역학 상수를 알고 있으므로 식 (11.15)를 사용할 수 있다.

$S_0 - S = \dfrac{\hat{\mu} S X \bar{t}}{Y(K_S + S)}$ 를 다시 정리하면

$$\bar{t} = \frac{Y(S_0 - S)(K_S + S)}{\hat{\mu} S X} = \frac{(0.5\,\text{kg/kg})(300\,\text{mg/L} - 30\,\text{mg/L})(200\,\text{mg/L} + 30\,\text{mg/L})}{(2\,\text{d}^{-1})(30\,\text{mg/L})(4{,}000\,\text{mg/L})}$$

$$= 0.129\,\text{d} = 3.1\,\text{h}$$

식 (11.5)의 반응기 부피는 $V = \bar{t}\,Q = (0.129\,\text{d})(400\,\text{m}^3/\text{d}) = 51.6\,\text{m}^3 \approx 52\,\text{m}^3$

b. 평균 세포 체류시간(MCRT)은 식 (11.7)로부터 얻어진다.

$$\theta_C = \frac{1}{\mu} = \frac{K_s + S}{\hat{\mu}S} = \frac{200\,\text{mg/L} + 30\,\text{mg/L}}{(2\,\text{d}^{-1})(30\,\text{mg/L})} = 3.8\,\text{d}$$

다른 방법으로 풀면, 평균 세포 체류시간(MCRT)은 식 (11.14)로 구해진다.

$$q = \frac{\hat{\mu}S}{Y(K_S + S)} = \frac{\mu}{Y} = \frac{1}{\theta_C Y}$$

따라서, $\theta_C = \dfrac{1}{qY}$

첫 번째, 동역학 계수 q에 의해서 계산된다(식 11.14).

$$q = \frac{\hat{\mu}S}{Y(K_S + S)} = \frac{(2\,\text{d}^{-1})(30\,\text{mg/L})}{(0.5\,\text{kg/kg})(200\,\text{mg/L} + 30\,\text{mg/L})} = 0.522\,\text{d}^{-1}$$

또는 식 (11.12)를 사용하여

$$q = \frac{S_0 - S}{X\bar{t}} = \frac{300\,\text{mg/L} - 30\,\text{mg/L}}{(4{,}000\,\text{mg/L})(0.129\,\text{d})} = 0.523\,\frac{\text{kg BOD removed/d}}{\text{kg SS in the reactor}} = 0.523\,\text{d}^{-1}$$

따라서, $\theta_C = \dfrac{1}{qY} = \dfrac{1}{(0.522\,\text{d}^{-1})(0.5\,\text{kg/kg})} = 3.8\,\text{d}$

c. 평균 세포 체류시간(MCRT)을 이용하여, 우리는 슬러지 폐기속도를 계산할 수 있다(식 11.9와 11.10).

$$\theta_C = \frac{XV}{X_r Q_W + (Q - Q_w) X_C} \approx \frac{XV}{X_r Q_w}$$

$$X_r Q_w \cong \frac{XV}{\theta_C} = \frac{(4{,}000\,\text{mg/L})(51.6\,\text{m}^3)(10^3\,\text{L/m}^3)}{(3.8\,\text{d})(10^6\,\text{mg/kg})} \cong 54\,\text{kg/d}$$

d. 식 (11.13)

$$F/M = \frac{S_0}{\bar{t}X} = \frac{300\,\text{mg/L}}{(0.129\,\text{d})(4{,}000\,\text{mg/L})} = 0.58\,\frac{\text{kg BOD/d}}{\text{kg SS}}$$

예제 11.5 위 문제와 같은 자료를 사용하여 95%의 BOD를 제거(S = 15 mg/L)를 하는데 혼합액 고형물의 농도(MLSS)는 얼마나 필요한가?

해답 이 경우 기질 제거 속도의 두 가지 식을 사용한다.

식 (11.14)

$$q = \frac{\hat{\mu}S}{Y(K_S + S)} = \frac{(2\,\text{d}^{-1})(15\,\text{mg/L})}{(0.5\,\text{kg/kg})(200\,\text{mg/L} + 15\,\text{mg/L})} = 0.28\,\text{d}^{-1}$$

식 (11.16)

$$X = \frac{S_0 - S}{\bar{t}q} = \frac{300\,\text{mg/L} - 15\,\text{mg/L}}{(0.129\,\text{d})(0.28\,\text{d}^{-1})} = 7{,}890\,\text{mg/L}$$

처리수의 농도를 반으로 낮추기 위해서는 MLSS농도는 두 배가 되고, 세포 체류시간도 거의 두 배 정도 길어져야 한다(식 11.14).

$$\theta_C = \frac{1}{qY} = \frac{1}{(0.28\,\text{d}^{-1})(0.5\,\text{kg/kg})} = 7.1\,\text{d}$$

폭기조에서 좀 더 높은 제거 효율을 얻기 위해서는 더 많은 미생물이 필요하지만 미생물의 농도는 최종 침전의 침전 효율에 따라 달라진다. 만약 침전이 잘 되지 않으면 반송되는 미생물량이 낮고, 폭기조의 미생물 농도를 높일 방법이 없다.

11.3.4 기체 전달

폭기조에 충분한 산소를 공급하는 두 가지 수단은 압축공기를 다공성 산기장치(diffuser, 그림 11.15)를 사용하거나 기계적(그림 11.16)으로 공급하는 것이다. 두 가지 경우 모두 산소를 물로 전달하고 또 다른 공기인 이산화탄소는 물에서 배제시키는 것이 목적이다. 이러한 공정을 일반적으로 기체 전달(gas transfer)이라고 한다.

기체 전달이란 단순히 기체가 물속에 용해되게 하는 것과 이와 반대로 용존된 기체 방출을 촉진하는 과정을 의미한다. 활성슬러지 시스템에서 중요한 측면 중 하나는 폭기조 미생물에 산소를 공급하는 것이다.

그림 11.17은 공기가 다공성 산기장치를 통과하여 깨끗한 물을 통과하여 상승하는 매우 작은 기포를 만드는 시스템을 보여준다. 이 시스템에는 물속에 미생물이 포함되어 있지 않으며 용존산소를 사용하지 않는 것을 가정한다. 여기서는 공기 주입 시스템이 어떻게 작동하는지가 중요하지 물속에 녹은 산소가 어떻게 되는지는 중요하지 않다.

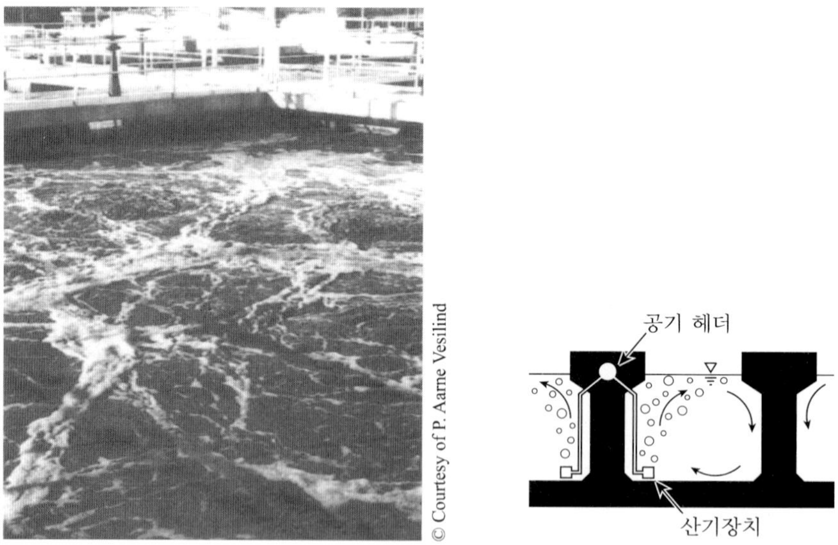

그림 11.15 활성슬러지 시스템에서 공기 주입 산기장치

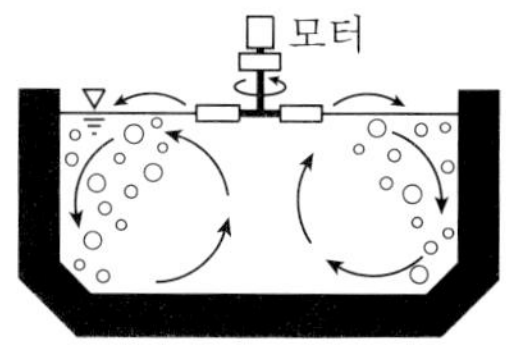

그림 11.16 활성슬러지 시스템의 기계적 산소 공급

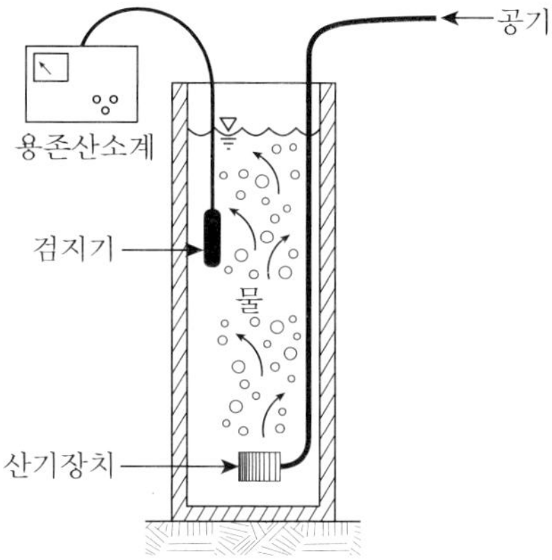

그림 11.17 기체 전달 실험. 기포는 산기장치를 통해 반응기를 통과, 용존산소는 용존산소계를 이용해 측정한다.

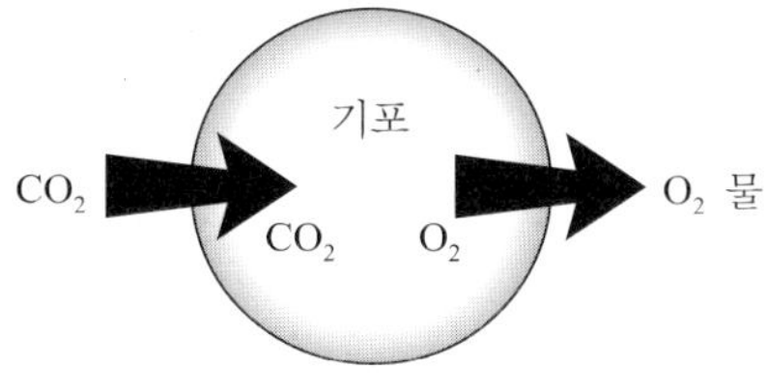

그림 11.18 물속 기포의 기체 전달

산소의 이동은 그림 11.18에 표시된 것처럼 기체/액체 계면을 통해 이루어진다. 기포 내의 기체가 공기이고 물속에 산소가 부족하다면 산소가 기포에서 물로 이동한다. 어떤 경우에는 물에 이미 용해된 다양한 기체와 CO_2같은 기체의 농도에 따라 물속에 녹아 있던 기체의 기포가 발생할 수 있다. 기체 이동을 더 논의하기 전에 기체 용해성의 개념을

간략하게 검토할 필요가 있다.

질소, 산소 그리고 질소를 포함하여 대부분의 기체는 물속에 약간 녹는다. 다른 기체 종류인 SO_2, Cl_2 그리고 CO_2는 매우 잘 녹는다. 이처럼 쉽게 물속에 용해되는 대부분의 가스는 용해되어 이온화된다. 예를 들어, CO_2가 물에 용해되면 다음과 같은 반응이 일어난다.

$$CO_2\,(\text{기체}) \leftrightarrows CO_2\,(\text{용존}) + H_2O \leftrightarrows H_2CO_3$$

$$H_2CO_3 \leftrightarrows H^+ + HCO_3^- \leftrightarrows H^+ + CO_3^{2-}$$

이 모든 반응들은 평형을 이루기 때문에 더 많은 이산화탄소가 주입되면 더 많은 이산화탄소가 용해되고 결국 더 많은 탄산이온(CO_3^{2-})이 생성된다.

반응식은 오른쪽으로 반응되는 것으로 움직이며 주어진 pH, 온도에 따라 헨리 법칙(Henry's law)에 따라 물속에 용해된 기체의 양이 정해진다.

$$S = KP \tag{11.17}$$

여기서, S : 기체의 용해도(용해될 수 있는 최대량), mg 기체/L 물
P : 기체분압, kPa, psi 또는 기압(atm)
K : 용해도 상수(solubility constant)

K의 단위는 S와 P의 단위의 함수이기 때문에 표로 작성된 K의 값은 다양하다. K는 용해도 계수(solubility coefficient)와 다르다는 것을 유의해야 하며, 용해도 상수(K)는 일정한 압력에서 다양한 종의 기체에 대한 평형 조건을 의미한다.

헨리법칙(Henry's law)에 따르면 용해도는 용해하고자 하는 기체의 분압에 대한 직접적인 함수이다. 다시 말해, 만약 분압(P)이 2배가 되면, 기체(S)의 용해도는 마찬가지로 두 배가 된다. 하지만 용해도는 불순물의 존재 및 온도와 같은 변수에 의해 영향을 받는다. 물의 산소 용해도에 대한 온도의 영향은 표 8.2에 요약되어 있다.

분압은 주입되는 기체에 가해진 압력으로 정의된다. 예를 들어, 대기압(1 atm = 101 kPa)에서 60%의 O_2와 40% N_2인 기체의 산소 분압은 0.6 × 101 = 60.6 kPa이고 질소 분압은 0.4 × 101 = 40.4 kPa이다. 총압력은 항상 개개의 기체 분압의 합이며, 이는 달튼법칙(Dalton's law)으로 알려져 있다.

예제 11.6 1기압에서 물에 용해된 고형물이 없는 순수 산소의 물에 용해도는 46 mg/L이다. 물 위의 만약 물 위의 기체가 산소라면 순수한 물에 용존된 산소량은 얼마인가[그림 11.19(A)]? 산소가 질소[그림 11.19(B)]로 대체되고 공기[그림 11.19(C)]로 대체된다면 용해도는 어떻게 되는가? (단, 위의 모든 경우 기체의 총압력은 1기압이고 온도는 20℃라고 가정한다)

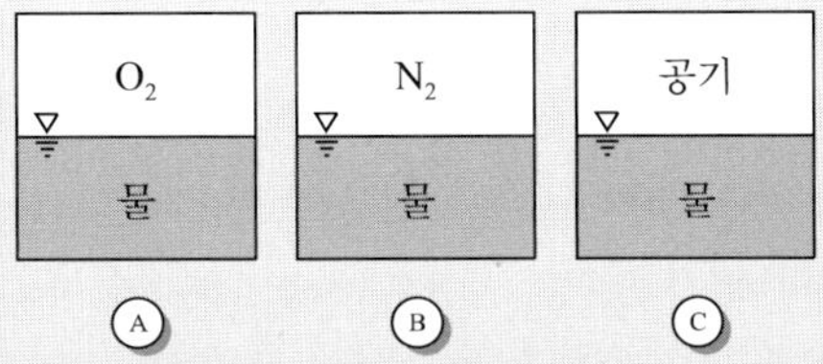

그림 11.19 물 위의 3가지 기체의 대기 압력(예제 11.6)

풀이

헨리법칙은 식 (11.17)

$S = KP$

46 mg/L = K × 1 atm 또는 K = 46 mg/L-atm

전체 압력은 1기압이고 산소에 따른 것이기 때문에 그림 11.19(A)의 물은 46 mg/L의 용존산소를 함유한다.

그림 11.19(B)와 같이 산소가 질소로 대체되면 산소 분압은 0이고, S = 0 mg/L이다. 세 번째 경우 [그림 11.19(C)]에는 공기가 20% 산소이므로

$S = KP$ = (46 mg/L-atm)(0.20) = 9.2 mg/L

표 8.2를 참조하면 20℃에서 공기에서 순수한 물로의 산소 용해도는 9.2 mg/L이다.

헨리법칙은 기체의 평형상태에서 용해도로 정의된다. 즉, 물과 접촉하는 기체는 시간이 지남에 따라 용존 기체 농도가 평형농도에 도달하기에 충분한 시간을 가지고 있다고 가정하고 시간에 따른 용존 기체 농도 변화를 고려한다.

그림 11.20과 같이 산소를 기체로, 물을 액체로 한 예를 들어 보자. 수면 위에 공기가 잘 섞여있어 공기 중에 농도구배가 없다고 가정하면 시스템에서 결국 용존산소는 포화농도(S)에 이르게 되지만 평형이 일어나기 전까지 어느 시간(t)에서 물속의 산소 농도(C)이고 포화농도(S)보다 약간 작다. 포화농도(S)와 농도(C)의 차이는 D로 $D = (S - C)$ (식 8.1)와 같이 표현할 수 있다. 시간이 지남에 따라 농도(C)값은 증가하여 포화농도(S)가 될 때까지 증가하고 포화되었을 때 D가 0으로 줄어든다.

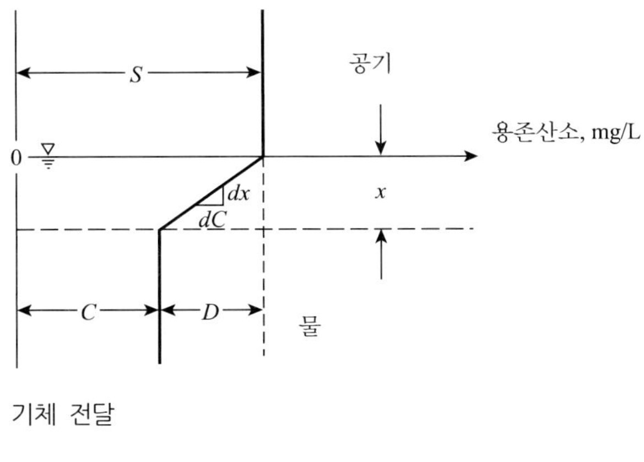

그림 11.20 수중의 기체 전달

기체와 물의 경계면에서는 산소가 통과함에 따라 확산 층이 존재하는 것을 볼 수 있으며 기체의 농도가 수중의 농도 C에 도달할 때까지 기체 농도는 감소하며 기체가 접촉한 얇은 층을 제외하고 물은 잘 혼합되었고 물속의 산소 농도는 C mg/L로 일정하다고 가정할 경우 경계면에서 농도는 다음과 같이 속도가 증가한다.

$$\frac{dC}{dx}$$

여기서, x는 확산층의 두께로 만약 이 기울기가 크면(dC가 dx에 비해 큼) 산소가 물속에 들어가는 속도가 크다.

반대로 기울기가 작으면 C는 S에 근접하고 변화 속도는 작아진다. 이 개념을 다음과 같은 식으로 표현할 수 있다.

$$\frac{dC}{dx} \propto (S-C)$$

$(S-C)$가 0에 가까워짐에 따라 dC/dx는 0이 되고, $(S-C)$가 클 때 dC/dx는 커진다. 기울기가 클 때(dC/dx가 큰 경우) 시간에 따른 농도 변화율이 커야 하고 반대로 dC/dx가 0에 가까워지면 변화율도 0에 가까워져야 한다고 주장할 수 있다.

$$\frac{dC}{dt} \propto (S-C)$$

비례상수 K_La는 기체전달 계수(gas transfer coefficient)라고 하며, 따라서 속도 방정식은 다음과 같이 쓸 수 있다.

$$\frac{dC}{dt} = K_La(S-C)$$

산소가 물로 이전(전달)되는 속도는 추진력$(S-C)$이 높을 때 높고, 반대로 C가 S에 가까울수록 속도가 감소한다. 이러한 추진력은 부족량인 농도와 포화농도사이의 차이를 사용하여 표현될 수 있으며 부족량의 관점에서는 다음과 같이 작성된다.

$$\frac{dD}{dt} = -K_LaD$$

공기가 공급되면서 점차 부족량이 감소하기 때문에 K_La는 음수이다. 이 등식을 적분하면 다음과 같이 나타낼 수 있다.

$$\ln\frac{D}{D_0} = -K_L at$$

여기서, D_0는 초기 부족량이다. K_La는 그림 11.17에 나와 있는 것과 같이 폭기 시험을 이용하여 결정한다. 물은 화학적으로 산소를 먼저 제거하므로 C는 0에 가깝다. 그런 후 공기가 공급되고 용존산소 농도는 용존산소 측정기로 측정한다. 예를 들어, 여러 종류의 산기장치가 실험되어야 하는 경우 동일한 조건을 사용하여 모든 유형에 대해 K_La가 계산된다. 더 높은 K_La는 산기장치가 산소를 물속에 용존시키는데 효과적이기 때문에 아마도 하폐수 처리 시설에서는 저렴한 비용이 든다는 것을 의미한다.

K_La는 다른 요소들 중에서도 폭기조의 종류, 온도, 기포의 크기, 물의 양, 기포의 경로 및 표면 활성제의 존재 여부에 따라 결정된다.

8장에서 산소의 하천으로의 이동식은 다음과 같다.

$$\frac{dD}{dt} = -k_2 D$$

여기서, k_2는 재폭기 상수이며 위에서 설명한 K_La로 정의된다. 재폭기 상수는 호기성 미생물에 충분한 용존산소를 제공하기 위하여 대기 중의 산소를 얼마만큼 전달될 수 있는지를 설명한다. 이 장에서는 활성 슬러지 폭기조에서 산소가 물속으로 유입되는 방법을 설명하기 위한 동일한 원리로 사용된다.

예제 11.7 두 개의 산기장치는 산소 전달능력이 시험되어야 하는데 실험 조건은 20℃, 그림 11.17과 같은 시스템에서 다음과 같은 결과를 얻었다.

시간(min)	용존산소, C (mg/L)	
	Air-Max 산기장치	Wonder 산기장치
0	2.0	3.5
1	4.0	4.8
2	4.8	6.0
3	5.7	6.7

해답 S = 9.2 mg/L (포화농도, 20℃)

시간(t)	Air-Max 산기장치($S-C$)	Wonder 산기장치($S-C$)
0	7.2	5.7
1	5.2	4.4
2	4.4	3.2
3	3.5	2.5

결과 수치들을 이용하여 일차식 $\ln(S-C)$을 계산하고 t의 관계를 그래프로 나타내면 그림 11.21과 같이 그려진다. 기울기는 비례 계수 또는 기체 전달계수(K_La)이며, Air-Max 산기장치는 K_La가 0.27 min^{-1}이고 Wonder 산기장치의 K_La는 0.25 min^{-1}이 되므로 Wonder 산기장치가가 산소 전달 능력이 더 좋다.

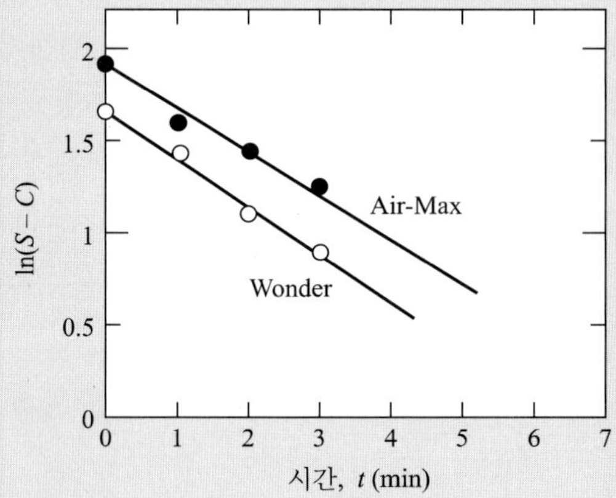

그림 11.21 기체 전달 실험 결과(연습문제 11.7)

11.3.5 고형물 분리

활성 슬러지 시스템의 성공 또는 실패는 종종 폭기조에서 성장된 미생물을 분리하는 일반적인 방법인 최종침전지의 성능에 달려 있다. 최종침전지가 요구되는 미생물을 침전시키지 못한다면 반송되는 미생물 농도는 낮을 것이고 폭기조의 MLSS는 낮아지고 당연히 처리 효율은 감소할 것이다. 폭기조의 미생물을 마치 공장 근로자라고 생각한다면 총 근로자 수가 감소하면 생산량이 감소하듯 낮은 미생물을 이용 가능하다면 적은 일이 행하여진다.

MLSS 농도는 유입수에 의해 희석된 반송 슬러지의 혼합 용액이다.

$$X = \frac{Q_r X_r + Q X_0 + r_x V}{Q_r + Q} \quad \text{또는} \quad X = \frac{\alpha X_r + X_0 + r_x \bar{t}}{\alpha + 1}$$

여기서, α : 순환비 또는 반송비(Q_r/Q)

다시 유입수에는 고형물이 없다고 가정($X_0 = X$)하면,

$$X = \frac{Q_r X_r + r_x V}{Q_r + Q} = \frac{\alpha X_r + X + r_x \bar{t}}{\alpha + 1}$$

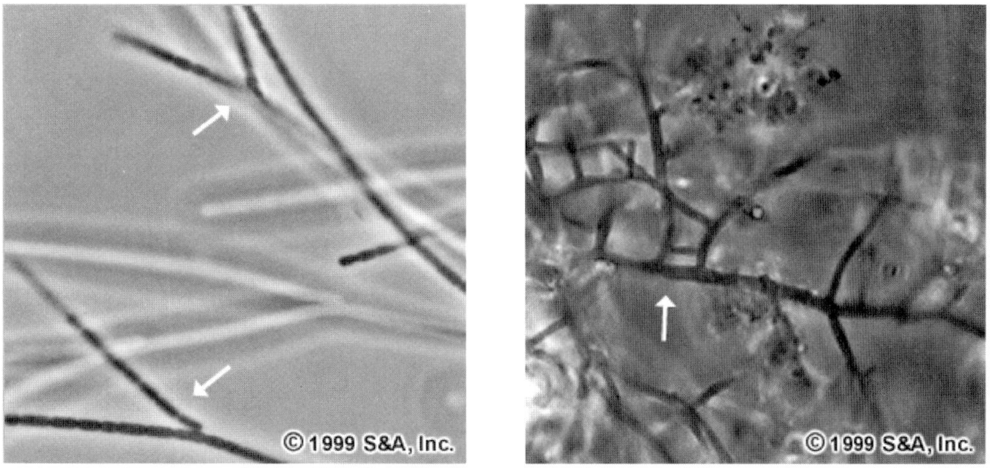

Ⓐ *Sphaerotilus natans* (false branching)　　Ⓑ *Nocadia form* (true branching)

그림 11.22 사상균(© Courtesy of Stover & Associates, Inc.)

1 L 실린더에서 침강시킨 슬러지를 결과를 이용하여 반송 농도를 추정할 수 있는데, 실린더에서 30분간 침강 고형물의 농도는 기대되는 반송슬러지의 농도(SS)와 동일하다.

$$X_r = \frac{H}{H_S}(X)$$

여기서, X_r : 기대되는 반송슬러지 농도, mg/L

X : 혼합액 고형물(MLSS, mixed liquor suspended solids), mg/L

H : 실린더 높이, m

H_s : 침전 슬러지 높이, m

앞서 서술한 바와 같이, 슬러지가 침전하면(H_S가 더 클 경우), 반송 슬러지(X_r)는 엷어지고(낮은 고형물질 농도), 폭기조(X) 내의 미생물 농도는 낮아진다. 그 결과 F/M비는 높아지고 BOD제거율은 감소한다.

시스템(2차 침전지) 내의 미생물이 침전하기 매우 어려울 때, 팽화슬러지(벌킹슬러지, bulking sludge)라고 불린다. 종종 이 조건은 격자 모양의 사상성 미생물(filamentous organism)이 형성되어 슬러지 침전을 방해하는 특징을 보인다(그림 11.22). 하수처리시설 운영자는 침전조건의 경향이 시설의 비효율을 유발할 수 있기 때문에 침전 특성에 주의하여야 한다.

활성 슬러지의 침전성은 슬러지 용량 지표(SVI, sludge volume index)에 의해 설명되며, 1 L 실린더에 30분간 침전시킨 후 슬러지가 차지하는 부피를 측정하여 결정된다. 계산식은 다음과 같다.

$$SVI = \frac{(30\text{분 침강 후 슬러지 부피, mL/L}) \times 1{,}000\,\text{mg/g}}{\text{부유고형물(mg/L)}}$$

SVI 단위는 일반적으로 mL/g으로 나타낸다.

예제 11.8 반응조 혼합액의 SS = 4,000 mg/L이고, 1 L 실린더에 30분간 침전시켰더니 400 mL의 부피를 차지했다. SVI를 계산하시오.

해답

$$SVI = \frac{(400\,\text{mL/L})(1{,}000\,\text{mg/g})}{4{,}000\,\text{mg/L}} = 100$$

SVI 값이 일반적으로 100 이하의 경우 침전이 잘 이루어지지만 200 이상일 경우 슬러지의 침전 부피가 크며 최종 침전지에서 침전하기 어렵다. SVI 값이 100과 200 사이의 경우 침전성이 양호할 수도 그렇지 않을 수도 있다.

불량한 침전성(높은 SVI)의 원인은 뚜렷하게 알려져 있지 않기 때문에 해결책을 찾기 어렵다. 변화되는 F/M비, 온도의 변화, 중금속의 유입, 유입수의 영양소 결핍 등은 모두 팽화현상을 일으킨다. 처리방법으로는 F/M비를 낮추고, 폭기조의 용존산소량을 적절히 유지하고, 과산화수소(H_2O_2)를 주입하여 사상성 미생물을 사멸시키는 방법이 있다.

11.3.6 처리수

2차 처리 유출수는 가끔 BOD 농도가 15 mg/L, SS농도가 20 mg/L 정도일 때가 있다. 이런 경우 BOD와 SS는 수계에 영향을 미칠 수 있으므로 하수 처리시설에서 처리되어야 한다. BOD가 약 2 mg/L일 때보다 15 mg/L일 때 영향이 크기 때문에 하수 처리시설에서 가끔 희석시키는 경우가 있다(우리나라는 못한다).

처리수가 하수 처리시설로부터 방류되기 전에 질병의 전염성을 줄이기 위해 소독을 해야 한다. 염소는 비교적 저렴하기 때문에 소독에 주로 사용된다. 염소소독 장치는 플러그 흐름 반응기 형태로 간단하게 설계된다(그림 11.23).

염소는 반응기 시작부분에서 주입되며 염소와 30분 동안 접촉하는 것으로 가정한다. 유출되기 전에 과량의 염소성분은 수중 생물에 영향을 미칠 수 있으므로 탈염소 반응을 거쳐야 한다. 가장 일반적인 탈염소 방법은 이산화황(SO_2)을 사용하는 방법인데, 이산화황이 염소에 의해 황산염으로 산화되고 염소는 환원되는 원리이다.

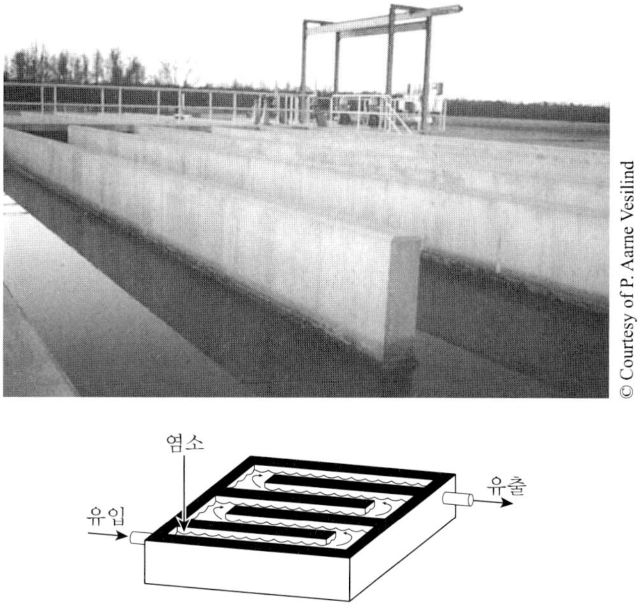

그림 11.23 염소 소독의 플러그 흐름 반응기

염소처리가 생태학적 관점에서 의미가 없는 것처럼 보인다. 왜냐하면, 방류수는 수생태계에서 동화되어야 하고 염소처리로 하수처리장에서 발생되는 클로로포름, 염소계 유기화합물과 같은 발암성 물질들이 발생하기 때문이다. 그리고 염소처리를 하지 않은 하수처리장 유출수가 공중보건의 문제를 일으킨다는 역학적인 증가도 없다. 그렇다면 왜 염소처리가 필요한가?

방류수의 염소처리가 비용이 많이 들고 환경에 유해한 잠재력을 가졌다고 하더라도 관료적인 규제에서는 인간에 대한 보호를 위해 줄이려는 것에 반대할 이유가 거의 없다. 소송이나 행정 민원이 빗발쳤을 가능성이 있기에 염소처리의 규정을 없애는 것보다 비용이 많이 들고 번거로운 규정이더라도 계속 시행하는 것이 훨씬 간단하다. 개인적인 것과 공공재의 경우 결정하는 것은 대부분 사람들이 실용주의자들이 아니기 때문에 가장 큰 이익을 결정하지는 않을 것이다. 물론 타협점은 염소처리 대신에 자외선 및 오존과 같은 소독 방법을 도입하고 염소처리를 하지 않는 것이다. 일부 민감한 지역에서는 이미 사용되고 있으며 시간이 지나면 결국 하수처리 시설의 염소처리시설이 없어질 수 있을 것이다.

11.4 3차 처리

소독을 포함한 2차 처리 유출수가 수생태계를 보호하기에는 부적절한 상황이 생길 수 있다. 그 중 한 가지는 질소와 인과 같은 영양물질이 유출수로 방류되면 여전히 문제를 일으킬 수 있다는 것이다. 방류수 배출 하류 지역에 레크리에이션 목적으로 사용되는 경우 특히 고형물과 병원성 미생물 제거에 측면에서 높은 수준의 처리가 필요하다. 2차 처리에서 방류수 수질기준을 만족하지 못할 경우 2차 처리를 개선하는 것보다 새로운 공정에서 요구되는 수질을 달성하는 것이 더 많이 사용되는데 이러한 처리 과정을 3차 처리 또는 고도처리라고 한다.

11.4.1 영양염류 제거

질소 제거는 2차 처리에서 하수를 철저히 처리하여 모든 질소를 질산성 질소(nitrate)로 산화시켜 이루어진다. 이는 일반적으로 2차 처리에서 긴 체류시간을 필요로 하며 암모니아 산화균(ammonia oxidizing bacteria, AOB, *Nitrosomonas* 등)과 아질산염 산화균(Nitrite oxidizing bacteria, NOB, *Nitrobactor* 등)과 같은 박테리아가 암모니아성 질소를 질산성 질소로 전환시키는데 이를 질산화라고 부른다.

$$2NH_4^+ + 3O_2 \xrightarrow{(AOB)\,Nitrosomonas} 2NO_2^- + 2H_2O + 4H^+$$

$$2N_2^- + O_2 \xrightarrow{(NOB)\,Nitrobactor} 2NO_3^-$$

두 반응 모두 느리게 반응되며 폭기조에서 충분한 산소와 체류시간이 필요하다. 미생물의 생장률이 낮아 순 미생물 생산량이 적어서 시스템에서 유실되는 것에 유의해야 한다. 이러한 과정을 통해 질소산화에 필요한 산소가 소모된다.

질산성 질소 형태의 질소를 제거하려면 질소가스로 전환해야 한다. 암모니아성 질소가 질산성 질소로 전환되면 *Psedomonas*와 같은 다양한 무산소 및 혐기성 미생물(박테리아)에 의해 질소가스로 전환될 수 있다. 탈질(Denitrification)이라고 불리는 이 과정은 탄소원을 필요로 하며, 메탄올(CH_3OH)이 가끔 외부탄소원으로 사용되기도 한다. 질산성 질소를 포함한 미생물은 8장에서 언급한 것과 같이 무산소 상태에서 전자 수용체로 질산성 질소를 이용하게 된다. 탄소원으로 메탄올을 사용하는 무산소 미생물은 질산성 질소를 질소가스(N_2)로 전환시키며 질소가스는 수중에서부터 대기로 방출된다.

인의 제거는 화학적 또는 생물학적으로 수행된다. 하폐수 내 인의 형태는 정인산(PO_4^{3-}), 폴리인산(P_2O_7) 및 유기인으로 존재한다. 폴리인산과 유기인은 하수처리장으로 들어오는 인 부하량의 70% 정도이고, 미생물 대사작용에 의해 폴리인산과 유기인은 산화된 형태인 정인산으로 전환된다.

화학적 인 제거는 인이 완전하게 정인산으로 산화되어야 하므로 화학적 제거는 2차 처리인 생물학적 처리 이후에 적용한다. 인 제거에 사용되는 가장 일반적인 화학물질은 석회[lime, $Ca(OH)_2$], 황산알루미늄[명반, 황산반토, 알럼, $Al_2(SO_4)_3$] 등이다. 높은 pH에서 칼슘이온은 인산염과 결합하여 침전되고 제거되는 수산화인회석(칼슘하이드록시아파타이트, Calcium hydroxy-apatite)라 불리는 백색의 침전물을 형성한다. 이는 회화로에서 연소 후 재활용할 수 있다.

황산알루미늄에서 나온 알루미늄 이온은 잘 용해되지 않는 인산알루미늄($AlPO_4$) 및 수산화알루미늄[$Al(OH)_3$]로 침전한다. 수산화물 침전물은 끈적끈적한 플록을 형성하고 인산염 침전을 돕는다. 가장 일반적인 황산알루미늄 투입지점은 최종 침전지이다.

만족할 수준의 인을 제거하기 위하여 투입되는 약품(석회, 황산알루미늄 등)의 양의 결정은 물속의 인 성분뿐만 아니라 다른 성분들의 양들도 고려되어야 한다. 생성되는 슬러지의 양은 화학양론을 이용하여 계산할 수 있다.

인 제거의 생물학적 방법은 좀 더 적은 양의 고형물을 생산하기 위해 이점이 있다. 대부분의 생물학적 인 제거 시스템은 미생물에 산소를 차단하여 스트레스를 받게 만들고 반드시 죽을 것이라고 생각하게 만든다. 혐기성 상태(anaerobic condition)에서 갑자기 산소가 다시 주입되면 미생물은 세포의 세포질에 인을 저장하기 시작하고 정상적인 저장보다 훨씬 많은 수준으로 세포에 저장된다. 이러한 인의 과잉 섭취(Luxury uptake 또는 Excess uptake)를 통하여 하수를 처리하는 과정에서 슬러지를 폐기함으로써 인의 제거가 이루어진다. 과량의 인을 저장하기 위해 미생물을 사용하는 몇몇 인 제거 공정은 화학침전 기술을 대체하여 하수처리에 적용되고 있다.

FOCUS ON

인산염 채광의 대안[4]

인(Phosphorus)은, 일반적으로 인산염(Phosphate) 형태, 양분이자 오염물질이다. 식물 성장을 촉진하는 곳에서는 영양분이 되고, 필요하지 않은 곳에서는 오염물질로 간주된다. 이러한 인은 호수나 하천에서 부영양화라는 원치 않는 식물의 성장을 일으킨다.

인산염은 채광할 때 불필요한 부산물인 불화수소 때문에 수명주기에 부정적인 영향을 미친다. 몬타나주(Monotana)의 개리슨(Garrison)에 있는 록키 마운틴 인산염 회사(Rocky Mountain Phosphate Company)가 1960년대 초 가동을 시작했을 때 오염물질 제거에 큰 어려움을 겪었고 고농도 황산화물과 불소화합물을 배출하게 되었다. 1965년 여름 개리슨 주변에는 식물들이 죽기 시작했고 대부분의 야생동물 들은 걷지 못해 죽는 불모의 땅이 되었다. 농장의 소들도 마찬가지로 일어서지 못하고 죽었다. 과량의 불소(플루오린)로 인하여 소(와 사람)에게 불소증을 일으켰으며 불소증은 관절을 부풀어 오르며 걷지 못하게 하는 질병이다. 사실 불소는 뼈를 녹이고 부서지게 만드는 질병을 일으키고 사람들이 불소를 많이 섭치하게 되면 치아에 물렁하게 하고 반상치를 만든다. 결국 1967년에 연방정부에서 불소를 99.9%까지 제거하는 배출장비를 설치하게 전까지 회사의 운영을 중단하는 조치를 내렸다.[5]

인산염 암석을 채굴할 때 카드뮴과 우라늄이 방출된다. 따라서 매우 독성이 강한 카드뮴으로 오염이 될 수 있다. 우라늄은 방사성 핵종으로 광산, 가공 폐수 및 인산염 제품의 사용으로 배출될 수 있다. 비료 사용량이 많은 지역의 농업용 토양 침식은 238U 붕괴 방사성 핵종이 상수원으로 배출될 수도 있다.

인산염을 원하는 곳으로 이동시키고 또 원하지 않는 곳에서 보관하는 것은 어려운 일이다.

지속가능한 자원 관리 원칙과 일치하는 유망한 기술 중 하나는 하폐수에서 인을 회수하는 것이다.[6]

캐나다 앨버타주(Alberta)에 있는 에드먼트시(Edmnoton City)는 시에서 발생하는 슬러지에서 인과 기타 영양물질을 회수하고 재활용하기 위하여 세계 최초의 산업 규모의 처리시설을 성공적으로 운영하는 골드 바(Gold Bar) 하수처리장이다. 현재 기술은 하수처리장의 50 m^3/d 유량의 슬러지 20%에서 인은 80%, 암모니아는 10～15%를 회수할 수 있다.

많은 하수처리장에서 하폐수를 받을 때 영양물질의 부하량을 줄이기 위하여 인을 제거하지만 영양물질은 슬러지에 포함되어 있고 탈수된 슬러지는 영양물질을 이용하기 위하여 퇴비화하여 토지에 적용할 수 있다. 하지만 탈수 후 탈리액은 영양물질이 풍부하기 때문에 스트루바이트(Struvite)[8]라고 불리는 콘크리트 같이 생긴 스케일로 인하여 관로를 막음으로서 시스템 운영비용을 증가시킨다. 스트루바이트는 인과 암모니아가 마그네슘과 결합하여 형성한다.

스트루바이트를 형성을 막거나 제거하는 것보다는 탈리액을 분리 처리하여 질소, 인 및 기타 영양물질을 회수한 후 99.9%의 스트루바이트를 상업용 비료로 판매하여 수익을 창출하는 고품질 비료로 만들 수 있다.

스트루바이트 비료에는 중금속이 포함되어 있지 않으며 질소, 인, 마그네슘이 포함되어 있어 판매용 비료성분과 같은 성분이다. 이 비료는 약 9개월 동안 천천히 용해되어 수계에 들어가 부영양화를 일으키는 일이 적고, 잔디(골프장), 모종, 농업 등 부가가치 시장에 활용할 수 있다.

골드바의 하수처리장은 약 500 kg/d를 생산하고 제품을 현장에서 즉시 판매된다.

이렇게 인산염 광산이 비료에 부정적인 영향을 미치는 것과 달리 스트루바이트(Struvite)의 회수 과정은 환경으로 배출되는 영양물질인 인을 회수하고 하수처리장의 운영비를 절감하는데 도움이 될 뿐만 아니라 비료로써 판매도 할 수 있다.

전 지구적 규모로 하수로부터 인을 회수한다고 이를 농업의 비료로 활용할 수 있도록 확대된다면 인광석 광산이 완전히 대체될 수 있다고 가정하고 독일과 스웨덴은 정책적으로 인산염 광산에서 채취하는 대신 재활용을 통해 인을 얻는 것을 국가 목표로 설정하였다.

11.4.2 그 외 고형물 및 유기물 제거

정수 처리 설비와 유사한 급속 모래여과는 잔류 부유고형물을 제거하여 하수처리를 마무리한다. 모래 여과는 일반적으로 2차 처리와 소독처리 사이에 사용된다.

산화지(oxidation pond)는 일반적으로 유기물(BOD)을 제거하는데 사용된다. 이러한 산화지는 땅에 있는 구멍으로 자연수로 배출되기 전에 물을 가두어 놓는 큰 연못을 일컫

8) 인산마그네슘암모늄(Magnesium ammonium phaspate) 또는 스트루바이트(스트루브석, Struvite)이라고도 하며, 화학식은 $NH_4MgPO_4 \cdot 6H_2O$이다.

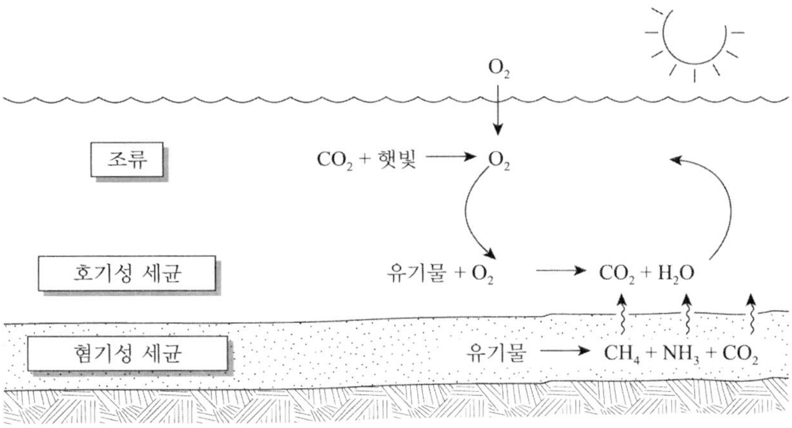

그림 11.24 산화조(안정화조)의 산화 반응

는다. 이러한 산화지는 호기성으로 설계되며, 조류 성장을 위한 빛의 투과가 중요하기 때문에 넓은 면적이 필요하다. 산화지에서 일어나는 반응은 그림 11.24에 묘사되어 있다(하수의 흐름이 작은 경우, 산화지가 유일한 처리로 사용되기도 하지만 큰 산화지가 필요한 경우도 있다).

활성탄 흡착(activated carbon adsorption)은 유기물(BOD)제거의 또 다른 방법이지만 이 공정은 유기물뿐만 아니라 무기물도 제거된다는 장점이 있다. 활성탄 흡착 메커니즘은 화학적, 물리적으로 콜로이드 입자와 작은 입자를 잡고 유지하는 틈을 가지고 있다. 활성탄 칼럼은 이온 교환 컬럼과 유사하다(10장에서 언급됨). 이것은 바닥에서 위로 양수되어 하수가 위쪽으로 통과되는 완전히 밀폐된 튜브 모양의 컬럼이다. 연속반응에서는 가끔 칼럼 위쪽으로 깨끗한 활성탄이 추가 투입된다. 활성탄의 재생은 산소가 없는 상태에서 활성탄을 가열하여 유기물을 제거하면서 이루어진다. 재생 활성탄은 효율성에 약간의 손실을 나타낼 수 있으며 효과적인 성능을 위하여 항상 일부의 새로운 활성탄을 추가해야 한다.

앞서 언급된 3차(고도) 처리는 복잡할 뿐만 아니라 비싸기 때문에 하수관리를 위해 3차 처리 대안의 전략이 필요하다. 이러한 대안 중 하나는 2차 처리수를 토양에 뿌리고 토양 미생물에 의해 나머지 유기물을 분해하도록 하는 것이다. 토지처리로 알려진 이러한 시스템은 북미보다 유럽에서 더 긴 역사를 가지고 있다. 토지처리는 토지가 넓은 소규모 공동체를 위한 방법으로 복잡하고 값비싼 시스템의 합리적인 대안으로 대표적인 방법이다.

3가지 유형의 토지처리가 있는데 저속 투입(slow rate infiltration), 고속 투입(rapid filtration), 지표유출(overland flow)로 나뉜다. 아마도 가장 좋은 토지처리방법은 관개(irrigation)일 것이다. 하지만 필요한 토지면적이 상당하며 하폐수는 병원성 미생물을 가지고 있기 때문에 질병의 전염이 가능하다. 일반적으로 농작물 및 토양에 따라 1 m^3/s의 하폐수 흐름에 따라 1,000～2,000 ha (헥타르, 10,000～20,000 m^2)의 토지가 필요하다. 2차 처리 방류수에 남아 있는 질소와 인의 영양염류는 작물에 유익하다.

11.4.3 인공 습지

또 다른 방법은 인공 습지(constructed wetland)이다(기존 습지가 하폐수처리에 사용되지만 보다 안정적으로 수행되도록 제어할 수 있기 때문에 인공된 습지의 사용이 더 일반적이며, 미국의 수질환경법(Clean Water Act)에서 요구되는 수질기준을 만족시킬 수 있으므로 더 일반적이다). 인공 습지는 자연 습지 생태계를 기반으로 설계되며 오염물질을 제거하기 위해 물리적, 화학적, 생물학적 과정이 사용된다. 모든 하폐수 처리시스템은 중력 및 생분해와 같은 자연적 과정에 의존하지만, 인공 습지는 자연 구성요소에 주요 공정을 운영하고 주요 시설의 운영은 기계 장비 및 설비를 이용한다. 이러한 설계는 에너지 집약적인 공정이 자연스러운 공정과 대조적이다. 결과적으로 인공 습지는 기존 시스템보다 운전 및 유지 보수가 덜 필요하고 에너지가 적게 사용된다. 또한 더 적은 양의 슬러지를 생산하고 야생 생물의 서식지를 제공한다. 그러나 넓은 토지가 필요하다. 인공습지는 소규모 공동체(도시)의 우수처리, 매립지 침출수, 트럭 휴게소 등과 오폐수처리에 사용된다.

인공 습지의 두 가지 유형은 수면 흐름(surface flow)과 지하 흐름(subsurface)이다. 자연 습지와 유사한 수면 흐름 습지가 오폐수처리에 더 일반적이다(그림 11.25). 수면 흐름 습지는 자유수면 습지 및 개방 습지라고 알려져 있다. 바닥에 지하수 오염을 피하기 위해 침투성이 낮은 물질(점토, 벤토나이트 또는 합성 차수막)이 사용된다. 지하 흐름 습지는 식생 잠수층, 자갈층, 갈대 침지 및 뿌리 습지로도 알려져 있다(그림 11.26). 이러한 시스템은 정화조를 대체하는데 사용된다. 하폐수는 매질(자갈 또는 모래)의 지면 아래에서 흐름이 유지되기 때문에 모기 및 악취 문제를 감소시킨다. 지하 및 수면 흐름을 모두 갖춘 하이브리드 시스템을 사용할 수도 있다.

인공 습지는 부착 생물의 반응기로 간주된다. 인공 습지 시스템의 주요 구성성분은 식물, 토양 및 미생물이다. 식물은 미생물 생장을 위한 지지체로 작용하고, 조류 성장을 감소시키는 그늘을 제공하고, 열손실을 물로부터 차단하고, 고형물과 병원균을 여과하고, 용존산소를 제공한다.[1,7] 가장 일반적으로 사용되는 식물은 부들개지(cattails), 갈대(reeds), 등심초(rushes), 골풀(bulrushes), 그리고 벗풀(arrowhead) 그리고 사초(sedges) 등이며 어떤 식물이 잘 자랄지는 물의 깊이에 따라 결정된다[1,8](고농도의 하폐수 중 영양물질 때문에 이러한 식물이 우점이고, 인공습지의 식물은 자연습지에 비해 다양하지 못하다[8]).

일반적인 설계기준은 7일의 체류시간(저온지역의 경우 더 길다)을 포함하여 200 m^3/ha·d의 수리학적 부하, 220 kg/ha·d의 유기물(BOD) 부하, 1.5 m의 깊이, 길이와 넓이의 비율은 3 : 1이다.[8] 지표 흐름 인공 습지의 수심은 100~450 mm이고, 지하 흐름 인공 습지 깊이는 0.45~1 m이다. 인공 습지 시스템은 5~10 mg/L와 5~15 mg/L의 BOD와 질소 제거 농도를 달성할 수 있다.[8]

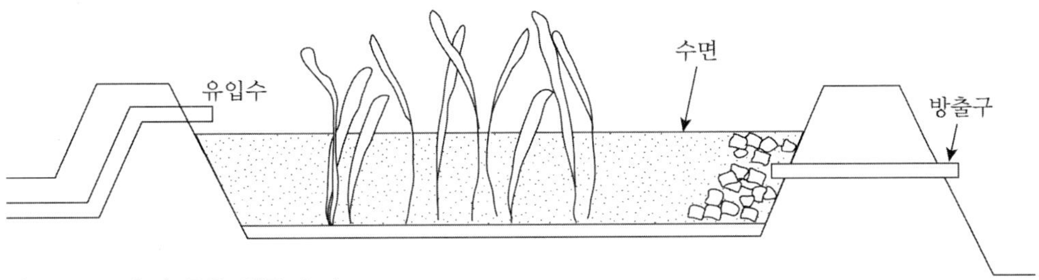

그림 11.25 수면 흐름 인공 습지

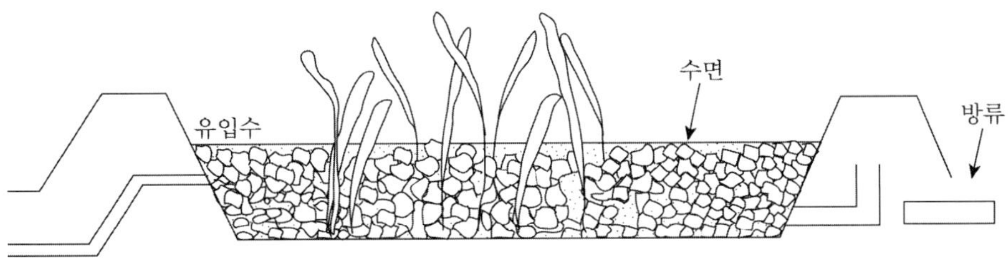

그림 11.26 지하 흐름 인공 습지

11.5 슬러지 처리 및 처분

1차 처리 및 2차 처리에서 침전지 바닥에서 발생된 슬러리는 처리되어야 한다. 일반적으로 1차 침전지의 슬러리(슬러지)는 생(1차)슬러지로, 2차 침전지의 슬러지는 생물학적 또는 2차 슬러지로 불린다. 우리나라 하수도법에서는 하수찌꺼기라고 불린다(역자). 생슬러지는 1차 침전지 바닥에서 발생되고 2차 슬러지는 생물학적처리 공정에서 성장한 미생물 또는 폐활성슬러지이다.

생산되는 슬러지량은 하수처리장의 질량 흐름 기술을 이용하여 분석이 가능하며 그림 11.27은 일반적인 도시 하수처리시설의 개략도이다.

$$Y = \frac{\Delta X}{\Delta S}$$

여기서, $\Delta S = hS_0 - ihS_0$

슬러지가 별다른 처리과정 없이 최종 처분된다면 많은 경제적 절약을 할 수 있을 것이다. 하지만 불행하게도 하폐수 처리에서 생성된 슬러지는 단순하게 최종처분하지 못하게

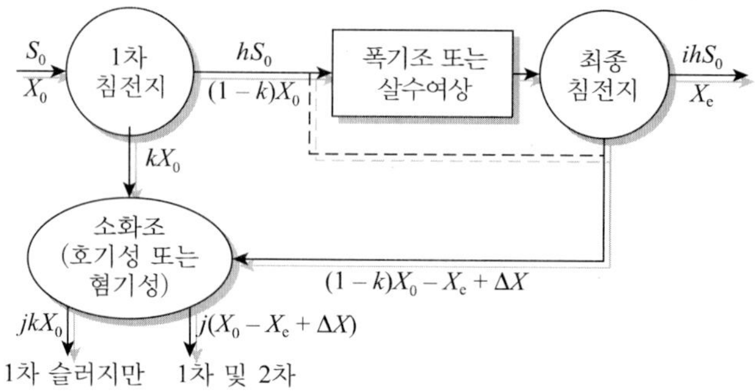

S_0 : 유입 BOD, kg/h
X_0 : 유입 부유고형물, kg/h
h : 1차 침전조에서 분해되지 않은 BOD 분율
i : 활성슬러지조에서 분해되지 않은 BOD 분율
X_e : 처리수의 미생물 농도, kg/h
k : 1차 침전조에서 분해된 부유고형물 분율
ΔX : 미생물활동에 의한 순수 생장량, kg/h
Y : 미생물 생장율 또는 분해된 BOD 당 생물반응조에서 생성된 미생물 양

그림 11.27 슬러지량을 계산하기 위한 일반적인 하수처리 시설

만드는 3가지 특성을 가지고 있다. 보이기 불쾌하고, 유해물을 함유할 가능성이 높으며, 많은 물을 함유하고 있다는 것이 그 특성이다. 이들 특성 중 안정화 과정을 거치면 보이기 불쾌한 것과 유해물을 해결할 수 있으나 함수율이 높은 것은 탈수를 거쳐야만 가능하다.

예제 11.9 24,000 m^3/d의 유량으로 유입되는 하수에는 200 mg/L의 BOD, 180 mg/L의 부유물질(SS; suspended solids)을 함유하고 있다. 1차 침전에서는 부유물질의 60%, BOD 30% 제거 효율이 있고, 활성슬러지조에서는 BOD 95%가 제거되고 처리수에서는 부유물질 농도가 20 mg/L를 함유하고 제거된 BOD kg당 0.5 kg의 미생물이 생성된다면 생성되는 1차 슬러지량과 폐활성슬러지량을 구하시오. 처리장의 개략도는 그림 11.28(A)에 나타냈다.

해답 1차 침전지에서 나온 1차 슬러지는 단순히 유입 고형물에 제거된 고형물의 비율, k = 0.6을 곱하면 된다.

X_0 = 180 mg/L × 24,000 m^3/d × 10^3 L/m^3 = 4,320 kg/d

따라서 1차 침전지 생산량은 4,320 kg/d × 0.6 = 2,592 kg/d이다.

활성슬러지 시스템[그림 11.28(B)]의 점선 부분 물질수지를 설정하면 다음과 같다.

[고형물 축적 속도] = [고형물 유입 속도] − [고형물 유출 속도]
+ [고형물 생성 속도] − [고형물 소비 속도]

정상상태에서 고형물의 소비가 없다고 가정하면 다음과 같다.

0 = [유입 속도] − [유출 속도] + [생성 속도] − 0

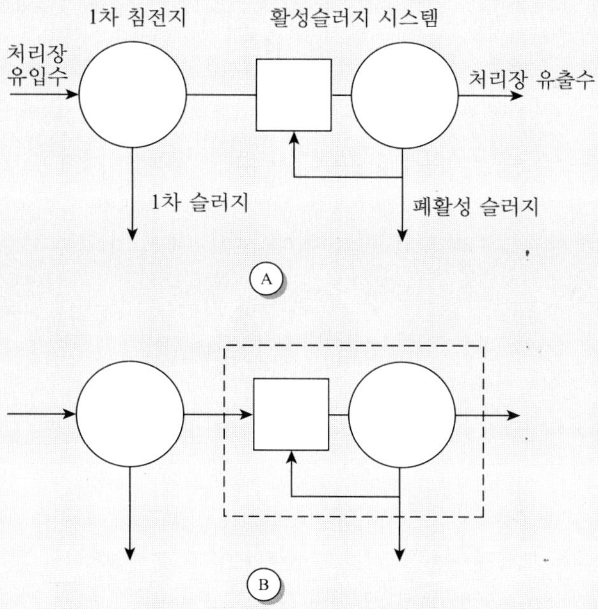

그림 11.28 1차 침전지와 2차 침전지 처리에서 생산되는 슬러지

활성슬러지시스템으로 유입되는 1차 침전지에서 제거되지 않은 고형물 또는 $(1-K)X_0 = 1{,}728$ kg/d이다. 시스템에서 나오는 고형물의 종류는 외부로 유출되는 고형물과 폐활성슬러지의 2종류인데, 외부로 유출되는 고형물은 다음과 같다.

X_e = (20 mg/L)(24,000 m^3/d × 10^3 L/m^3) = 480 kg/d

폐활성슬러지는 이미 알려진 바와 같이 BOD의 이용으로 생성된다.
활성슬러지 시스템으로 유입되는 BOD량은 다음과 같다.

hS_0 = (0.7)(200 mg/L)(24,000 m^3/d × 10^3 L/m^3) = 3,360 kg/d

활성슬러지 시스템에서는 BOD 제거율 95%를 나타내거나 $1-i = 0.95$이므로 시스템에서 분해된 BOD량은 $(1-i) \times hS_0$ = 3,192 kg/d가 된다. 수율(yield)은 분해된 BOD 1 kg당 0.5 kg의 미생물(고형물)이 생성된다고 가정하면 $Y \times [(1-i) \times hS_0]$ = 0.5 × 3,192 = 1,596 kg/d이다.

하루에 kg당 수율을 계산하기 위해 알고 있는 정보를 적용하면 다음과 같다.

$0 = [(1-k) \times X_0] - [X_e + X_w] + [Y(1-i) \times hS_0] - 0$

$0 = 1{,}728 - [480 + X_w] + 1{,}596 - 0$

또는 X_w = 2,844 kg/d

FOCUS ON

연료전지를 이용한 바이오가스를 에너지로

하수처리시설은 연중무휴로 하루 24시간 하수를 처리한다. 용량은 도시에 따라 다르지만 공급량은 일정하다. 현재의 도시하수처리로 인해 많은 양의 슬러지(고형물)가 발생하는데 이러한 슬러지의 부피를 줄이기 위하여 많은 하수처리장에서는 혐기성 소화공정을 이용하여 바이오가스를 생산하고 있다.

바이오가스(소화 가스)는 실제로 혼합가스이다. 공정에 따라 메탄(60～70%), 이산화탄소(20～30%), 소량의 황화수소, 질소, 수소, 메틸메르캅탄 및 산소 등으로 구성된다. 많은 처리장에서 혐기성 소화로 생성된 메탄은 오염물질로 분리되어 불꽃으로 연소되어 최종적으로 CO_2로 변환시켜 왔다. 하수처리장에서 마치 올림픽 성화를 보는 것처럼 불꽃을 보는 경우가 있다. 메탄은 지구 온난화 잠재력(효과)이 이산화탄소에 비해 약 21배를 차지하고 있기 때문에 불꽃으로 연소하는 것이 기후 영향에 부정적인 영향을 감소시키는 것이다. 그러나 바이오가스는 600 BTU/ft^3 (5,300 kcal/m^3)의 에너지 함량을 가지고 있기 때문에 에너지가치를 낭비하는 것이다. 보다 바이오가스 효율적인 활용은 엔진 또는 연료전지를 이용하여 에너지로 활용하는 것이다. 연료전지를 위해 바이오가스는 한 번에 순수 메탄으로 전환된다. 고온(650℃)에서 반응하는 용융탄산염(Molten carbonate) 연료전지는 메탄이 연료 전지 내에서 수소로 변환되도록 하고 일반적인 연료 전지 개질과정에 관련된 비용과 배출량을 없앤다.

모든 연료 전지와 마찬가지로 연료는 연료를 받는 양극(연료극, Anode)과 산소가 통과하는 음극(공기극, Cathode) 사이 전해질을 사용하여 연소 없이 생성된다. 연료는 양극에서 산화되고 외부회로를 통해 전자가 음극으로 이동하면서 전자를 방출한다. 이 전자들은 수소를 만나 충전된 이온을 전해질로 밀어내고 대전된 이온은 전해질막을 이동하여 전기회로를 완성한다. 이러한 공정은 이산화탄소가 순환되는 공정이기 때문에 발생하는 폐기물에서는 순수한 물과 명목상 이산화탄소가 포함된다.

H_2로의 개질 반응 : $CH_4 + 2H_2O \rightarrow CO_2 + 4H_2$
연료극 반응 : $H_2 + CO_3^{2-} \rightarrow H_2O + CO_2 + 2e^-$
공기극 반응 : $0.5O_2 + CO_2 + 2e- \rightarrow CO_3^{2-}$
총괄 전지반응 : $H_2 + 0.5O_2 \rightarrow H_2O$

생성된 열은 폐슬러지를 예열하기 위해 회수되어 혐기성 소화공정을 최적화한다. 직접 연료 전지(DFC; direct fuel cell)발전소는 하폐수처리시설에서 생성된 바이오가스를 비롯한 다양한 연료에서 전기 화학발전 공정에 필요한 수소를 추출한다. 이 공정은 연소를 하지 않기 때문에 화석연료 발전소에 비하여 무시할 정도의 질소산화물(NO_x) 및 황산화물(SO_x)과 같은 유해물, 이산화탄소를 배출한다. 도시하수처리장에 적합한 DFC플랜트 크기는 약 1,000가구에 충분한 1 MW의 전력을 공급할 수 있다.

출처 : The term Direct Fuel Cell_ (DFC_) is patented name and technology of FuelCell Energ. Contributed by Erin Kanoa, Hydrogen & Fuel Cell Specialist, Digital Artist & Designer, UrbanMarmot.

11.5.1 슬러지 안정화

슬러지 안정화의 목적은 슬러지 냄새와 부패 및 병원성 미생물을 줄이는데 있다. 3가지 기본적인 수단은 다음과 같다.

- 석회 안정화
- 호기성 소화
- 혐기성 소화

석회 안정화(lime stabilization)는 석회(물을 첨가한 소석회 $Ca(OH)_2$ 또는 생석회 CaO)를 슬러지에 첨가하여 pH를 약 11 이상으로 상승시켜 이루어진다. 이러한 방법은 냄새를 상당히 줄여주고 병원성 미생물을 없앤다. 석회 안정화의 단점은 시간이 지나면서 pH가 떨어지면서 슬러지가 다시 부패한다는 점이다.

호기성 소화(aerobic digestion)는 활성슬러지 시스템의 연장이다. 폐활성슬러지는 오랜 기간 동안 폭기조에 놓이고 농축된 미생물은 내생 호흡으로 들어가게 되고 영양물질은 다른 미생물의 파괴에서 얻어진다(그림 11.11). 이로 인하여 전체 및 휘발성 고형물의 수가 감소한다. 그러나 호기성 소화된 슬러지는 혐기성 슬러지보다 탈수가 어렵다.

혐기성 소화(anaerobic digestion)는 슬러지 안정화를 위해 세 번째로 사용되는 일반적 방법이다. 유기물의 혐기성 분해 생화학은 그림 11.29에 표현되었다. 혐기성 분해는 단계적으로 이루어지는 과정이며 세포 외 효소에 의한 유기물의 용해와 함께 충분한 혐기성 미생물에 의하여 유기산이 생성된다. 유기산은 메탄 전단계로 불리는 혐기성 세균군에 의해 차례로 분해된다(8장). 이러한 미생물들은 하폐수처리 시설에 최소한 변화만 있어도 안 되는 미생물이다. 혐기성 처리의 성공은 적절한 메탄형성 조건을 형성하는 것이다. 혐

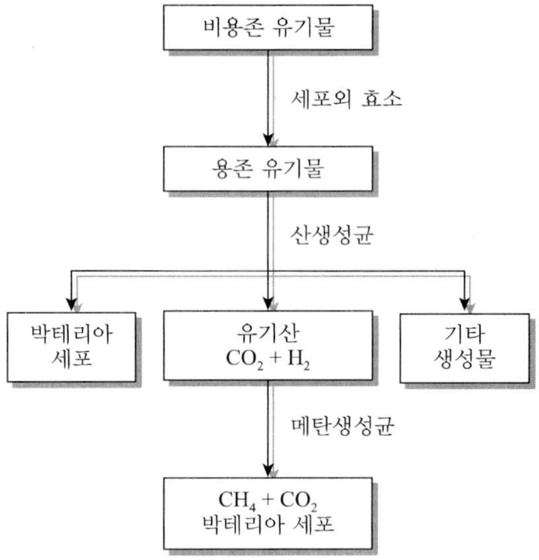

그림 11.29 혐기성 소화 공정 동역학

기성 조건이기 때문에 공기가 없고 온도, pH 및 독성물질의 존재 등의 조건에 매우 민감하다. 만약 소화조에 산이 많을 경우 메탄 형성은 억제되고 유기산 생성균에 의한 유기산 생성은 계속 이루어지게 된다. 이런 현상은 pH를 더욱 낮추고 메탄 생성 조건은 더욱 악화되는 효과가 있고 pH가 낮은 소화조는 석회 등의 pH 조절을 하지 않고 정상화시키기는 어렵다.

종종 이러한 문제의 원인은 소화조의 슬러지 혼합이 어렵기 때문이다. 미국의 하폐수처리 시설에서 일반적으로 사용되는 소화조에 대해서는 적절한 혼합기술이 개발되지 않았다. 대부분의 미국 하폐수처리장에는 2단 소화 방식을 사용하고 여기에는 1단계 및 2단계 소화조가 있다. 1단계 및 2단계 소화조가 그것이다(그림 11.30). 1단계 소화조는 반응속도를 증가시키기 위해 소화조를 밀폐시키고 가열한다. 소화조의 온도는 35℃를 유지한다. 2단계 소화조는 혼합하거나 가열하지 않으며 가스를 저장하거나 슬러지를 침전시켜 농축하는데 사용된다. 슬러지가 침전되면서 액체에 상층부는 추가 처리를 위해 주 설비로 양수된다. 2차 소화조의 덮개는 저장된 가스의 양에 따라 위아래로 움직인다. 생성된 바이오가스는 메탄을 연료로 사용하기에 충분한 함량을 가지고 있으며 실제로 1단계 소화조를 가열하는데 사용되기도 한다.

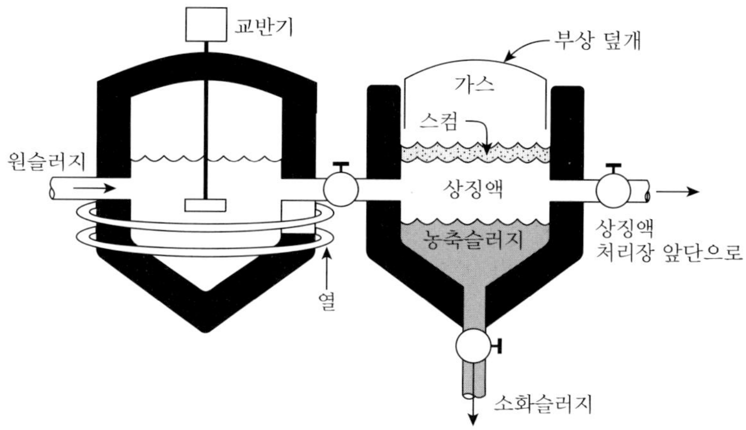

그림 11.30 2단 혐기성 소화조 : 1단계 및 2단계 혐기성 소화조

유럽에서는 난형(계란형, egg-shaped) 소화조(그림 11.31)가 혼합에 용이하기 때문에 주로 사용된다. 소화가스는 반응조 아래쪽으로 주입되어 효과적인 혼합을 이룰 수 있게 해준다.

혐기성 소화조는 높은 온도로 운전되기 때문에 병원성 미생물의 실질적인 감소를 가져와야 하지만 공정이 완벽하지 않아 많은 병원균이 생존한다. 따라서 혐기성 소화조는 병원성 미생물 살균 방법으로 활용할 수 없다.

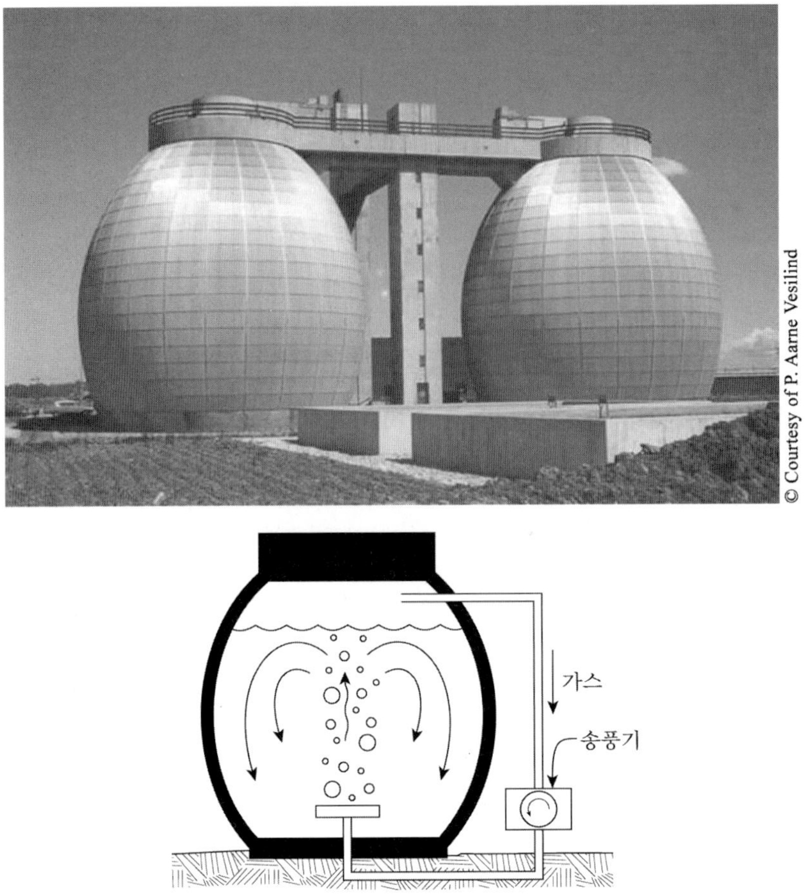

그림 11.31 난형(egg-shaped) 혐기성 소화조

11.5.2 슬러지 탈수

대부분의 하수 처리장에서 슬러지 탈수는 슬러지 최종처분 이전의 부피 감량 방법이다. 미국에서 주로 사용되는 탈수 기술은 모래상, 벨트프레스, 그리고 원심분리 방법이다.

모래상(sand beds)법은 오랫동안 사용되어 왔으며 풍부한 토지가 있고 노동 비용이 높지 않을 때 슬러지 탈수에 가장 경제적인 수단이다. 그림 11.32에서 볼 수 있듯이 모래상은 배수구가 설치된 약 0.25 m의 모래와 자갈로 구성되어 있다. 탈수돼야 할 슬러지는 약 15 cm 두께의 모래상에 부어진다. 고형물로부터 탈수를 위한 두 가지 기작은 누출과 증발에 따른 것이다. 모래 속에서 배수구로 물은 며칠 동안 배출되고 배출이 중단되면서 증발이 이루어지게 되며 이러한 과정은 실제 수분함량 슬러지가 건조 슬러지로 전환시키는 역할을 한다. 일부 북부 지방에서는 비를 막을 뿐 아니라 증발을 촉진하기 위하여 모래상을 온실 안에 설치하기도 한다.

그림 11.32 슬러지 탈수를 위한 모래건조상

혼합 소화 슬러지의 경우 보통 3개월의 건조시간을 갖도록 설계되어 있다. 일부 엔지니어들은 슬러지를 제거한 후 1개월 동안 모래상의 휴지 기간을 가지는 것을 권장한다. 이는 모래상이 다시 물에 잠겼을 때 배수 효율을 높이는데 효과적이기 때문이다. 생(1차) 슬러지는 모래상에서 물이 잘 배출되지 않으며 불쾌한 냄새가 난다. 따라서 모래상에서 잘 건조되지 않는다. 2차 슬러지의 경우 모래를 통해 스며들어가 기공을 빨리 막아 효과적인 배수가 이루어지지 않는다. 따라서 호기성 소화 슬러지의 경우 모래상에서 건조될 수는 있지만 일반적으로는 탈수가 어렵다.

모래상을 이용한 탈수가 비실용적이라면 기계적 탈수법을 사용해야 한다. 탈수 방법 중에 하나인 기계적 방법은 압력 필터와 중력 필터로 작동하는 벨트 프레스(belt filter press)이다(그림 11.33). 탈수가 돼야 할 슬러지가 움직이는 벨트에 투입됨에 따라 슬러지 입자를 둘러싸고 있는 자유수는 벨트를 통해 흘러내린다. 슬러지는 벨트 위에 유지되고 있고 두 벨트 사이에 슬러지가 압착되어 슬러지에서 수분이 강제로 배출된다. 탈수 케익(cake)이라고 불리는 탈수된 슬러지는 벨트가 분리되면서 배출된다.

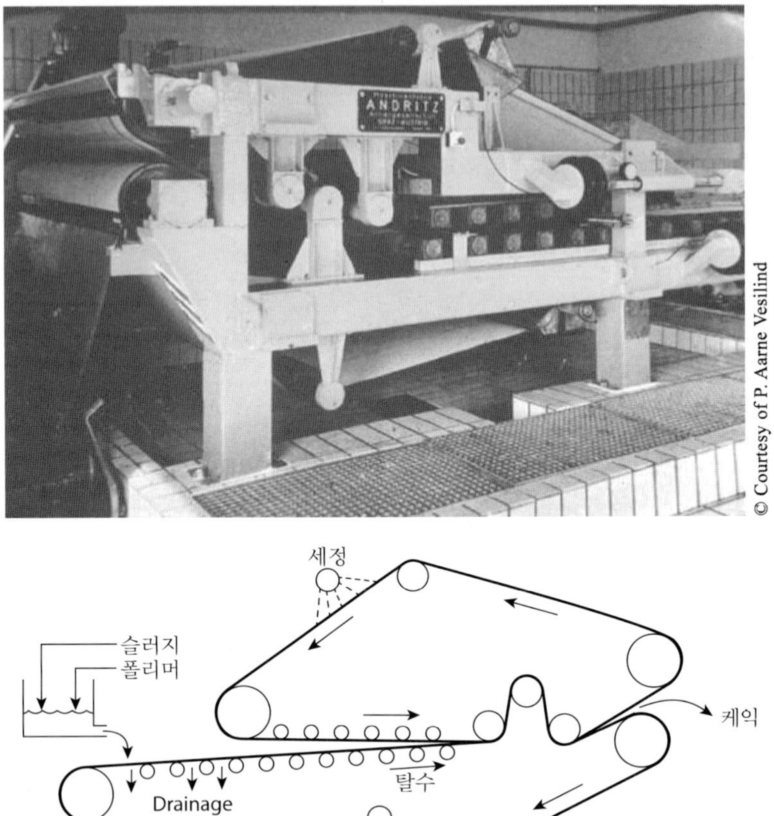

© Courtesy of P. Aarne Vesilind

그림 11.33 슬러지 탈수를 위한 벨트 프레스 탈수기

기계적 탈수 방법 중 또 다른 기술은 원심 분리(centrifuge)이다. 가장 일반적으로 적용되는 원심 분리기는 장축을 중심으로 회전하는 총알 모양의 몸체로 구성된 경사진 슬러지 탈수 장치이다. 슬러지가 용기에 놓이면 중력이 약 500~1,000배의 원심력으로 탈수되고 그 다음 스크류 컨베이어(그림 11.34)로 용기에서 탈수된 슬러지를 분리시킨다. 원심분리기에서 분리되는 슬러지(고형물)는 여과법과 같이 탈수 케익이라 알려져 있으며, 분리된 액체는 원심분리액으로 알려져 있다.

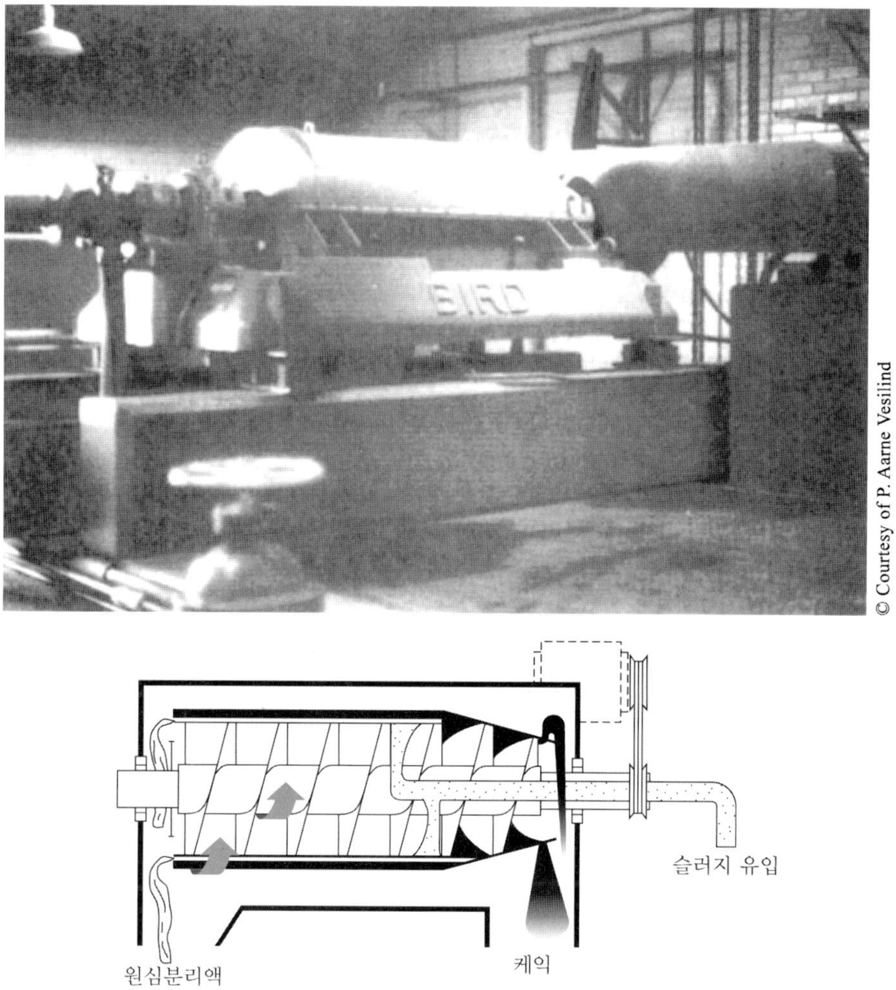

그림 11.34 슬러지 탈수를 위한 원심분리기 장치의 슬러지(고형물) 용기

탈수 공정의 목적을 요약하면 고형물 함량이 높은 탈수 케익을 만드는 것, 모든 고형물이 탈수 케익에 포함되도록 하는 것이다. 불행히도 원심 분리기는 탈수에 이상적인 장치가 아니고 일부 고형물은 여전히 원심분리액에 고형물이 남아 있거나 탈수케익에 수분이 존재한다. 원심분리의 성능 분석은 원심분리액과 탈수케익을 샘플링 하여 고형물 함량과 수분함량을 분석하여 측정한다. 원심분리액과 탈수케익의 흐름 속도 등의 직접적인 하드웨어를 측정하기는 어려워 단지 탈수케익을 샘플링해서 고형물의 농도를 통해 흐름 속도를 측정할 수 있다. 탈수케익의 농도와 고형물 순도는 물질수지를 통해 계산할 수 있다.

원심분리기는 3장에서 소개된 것처럼 2가지 물질의 블랙박스이다. 정상상태라고 가정하고 원심 분리기에서 액체와 고체가 생성되거나 소비되지 않을 경우 물질수지(mass balance) 방정식은 다음과 같다.

[물질 유입 속도] = [물질 유출 속도]

유입 및 유출 유량의 슬러지 수지는 다음과 같다.

$$Q_0 = Q_k + Q_c$$

슬러지량의 수지는 다음과 같다.

$$Q_0 C_0 = Q_k C_k + Q_c C_c$$

여기서, Q_0 : 슬러지 유입 유량, 부피/단위시간
Q_k : 슬러지 케익 유량, 부피/단위시간
Q_c : 슬러지 원심분리액의 유량, 부피/단위시간
0 : 투입
k : 케익(cake)
c : 원심분리액(centrate)

이전에 정의된 고형물 회수는 다음과 같다.

$$\text{고형물 회수율} = \frac{\text{케익 고형물 건조질량}}{\text{유입 슬러지 건조질량}} \times 100 = \frac{C_k Q_k}{C_0 Q_0} \times 100$$

Q_c에 대한 첫 번째 물질수지를 풀고 두 번째 물질수지로 대체한다.

$$Q_k = \frac{Q_0 (C_0 - C_c)}{C_k - C_c}$$

고형물 회수를 위한 방정식에 대입하면

$$\text{고형물 회수율} = \frac{C_k (C_0 - C_c)}{C_0 (C_k - C_c)} \times 100$$

이다. 농도만으로 고형물 회수 계산을 표현한 것이다.

예제 11.10 하수 슬러지 원심분리기는 40 L/min유량과 1.2%의 농도 공급되고 있다. 탈수 케익의 농도는 22%이고, 원심분리액의 고형물 농도는 500 mg/L이라면 고형물 회수율은 얼마인가?

해답 고형물 농도는 일단 단위 환산을 해야 한다. 고형물의 밀도가 거의 1이면, 1% 고형물은 10,000 mg/L이다.

	고형물 농도(mg/L)
유입 고형물	12,000
케익 고형물	220,000
원심분리액 고형물	500

$$\text{고형물 회수율} = \frac{220{,}000(12{,}000-500)}{12{,}000(220{,}000-500)} \times 100 = 96\%$$

원심 분리기는 슬러지의 상태와 유속에 따라 거의 모든 고형물을 케익으로 회수가 가능하다. 원심분리기 운전 곡선은 그림 11.35와 같이 나타난다. 유속이 증가함에 따라서 기계 내 체류시간이 짧아지기 때문에 고형물 회수율은 낮아지기 시작하지만 동시에 기계가 고형물을 제거하기 쉬운 고형물만 배출하기 때문에 케익 내 고형물 함량은 높아진다. 유속이 낮은 경우 높은 체류시간으로 침전 및 고형물 제거가 높아지는 것처럼 느껴지지만 물을 운반하는 작고 고운 입자들이 원심분리액으로 분리되기 때문에 케익의 함수율은 높아진다.

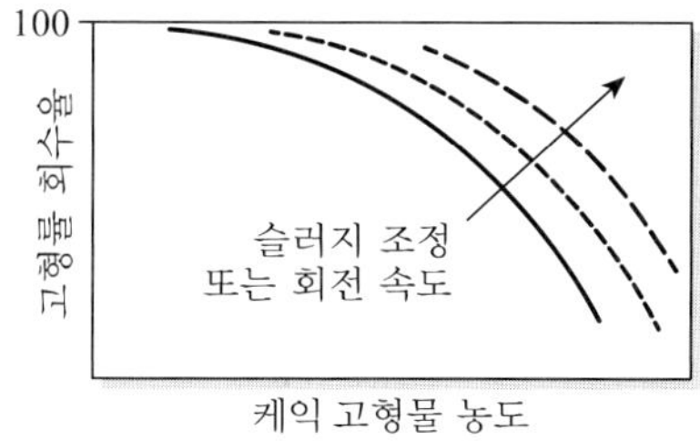

그림 11.35 원심분리 운전 곡선

이러한 문제들은 어렵게 느껴지지만 운전 곡선이 아래위로 움직임에 따라서 탈수케익의 고형물 회수율을 나타낸다. 전체 곡선을 오른쪽으로 움직이게 하는 두 가지 방법, 즉 고형물 회수율과 케익의 고형물 함량을 높이는 방법은 첫 번째 고형물에 부과된 원심력을 증가시키는 것이다.

원심력의 생성은 뉴턴 법칙으로 잘 설명된다.

$$F = ma$$

여기서, F : 힘, N

m : 질량, kg

a : 가속도, m/s^2

만약 가속도가 중력가속도라면 힘은 다음과 같다.

$$F = mg$$

여기서, g : 중력가속도, m/s^2

중량물이 회전할 때 밖으로 날아가지 못하게 회전의 중심으로 향하도록 하는 힘이 필요한데 그 힘은 다음과 같이 계산된다.

$$F_c = m(w^2 r)$$

여기서, F_c : 원심력, N
m : 질량, kg
w : 회전속도(또는 각속도), rad/s
r : 회전반경

$w^2 r$은 원심력 가속도라고 하며, m/s^2으로 나타낸다. 원심 분리기에 의해 생성된 원심력은 중력의 수, G로 표현된다.

$$G = \frac{w^2 r}{g}$$

여기서, w : 회전속도, rad/s (각 회전은 2π 라디안과 같음)
r : 원심 분리기 용기의 내부 반경

따라서 원심 분리기 내 용기의 속도를 높이면 원심력이 증가하고 운전 곡선이 오른쪽으로 이동한다.

탈수 케익 내 고형물 함량과 고형물 회수율을 동시에 개선하는 두 번째 방법은 탈수 전에 화학약품으로 슬러지를 개질하는 것이다. 이것은 일반적으로 고분자 전해질이라고 불리는 유기 고분자을 사용하게 된다. 분자량이 수백만에 이르는 거대한 분자는 슬러지 입자에 부착되어 작은 입자를 연결하여 더 큰 플록을 형성하는 기작이다. 이 큰 플록은 물을 배출하고 작은 입자들을 압축하여 보다 깨끗한 원심분리액과 소량의 탈수 케익을 생산할 수 있다. 이러한 과정은 운전 곡선을 오른쪽으로 이동시키는 것이다.

11.5.3 최종 처분

슬러지의 최종 처분은 공기, 물 그리고 토양으로 제한되어 있다. 대기 오염물질에 대한 엄격한 통제는 소각 비용을 비싸게 하지만 소각하는 것이 일선 시군에서 유일한 방법일 수 있다. 미국에서는 수중 생태계에 영향을 미치는 심해에서 슬러지 처리하는 것(해양배출)을 금지하고 있다. 우리나라는 2012년부터 하수슬러지의 해양투기를 금지하고 있다(역자). 토지 처분은 매립지에 매립하거나 토양에 슬러지를 살포하여 자연 생분해를 통해 슬러지를 다시 자연환경으로 흡수시킬 수 있다. 또는 슬러지를 비료와 토양 개량제로 판매하는 최종처분 방법이 있다.

엄밀히 말해서 소각은 처분 방법이 아니라 유기물을 물(H_2O), 이산화탄소(CO_2) 및 기타 물질의 산화물로 전환하는 단계이고 무기물은 잔류물로 남는다. 슬러지 처분을 위한 소각로는 2가지 유형이 있는데 다단-소각로(multiple-hearth)와 유동층(fluid-bed)이 그것이다. 다단-소각로는 이름에서 알 수 있듯이 수직으로 쌓인 여러 개의 소각로를 가지고 있으며, 슬러지 투입 장치에 의해 가장 뜨거운 층을 통해 점차적으로 하향으로 밀어내어 마지막에 소각재 받이로 밀어낸다(그림 11.36). 유동층 소각로는 뜨거운 모래가 유동하고 있는 소각로 안으로 슬러지가 투입되고 뜨거운 모래는 혼합과 공정의 열적 안정화 역할을 한다.

두 번째 최종 처분 방법인 토양 살포는 토지가 슬러지를 흡수하고 토양 내에서 흡수 동화 시킬 수 있는 능력에 달려 있다. 이러한 동화능력은 토양의 종류, 식생, 강우량, 경사 및 슬러지 조성(특히, 질소, 인 및 중금속 등)과 같은 변수에 달려있다. 일반적으로 무성한 초목, 낮은 강우량 및 완만한 강우를 가진 모래 토양이 가장 성공적이라고 증명되었다. 혼합 소화슬러지는 자동차 트럭에서부터 살포되고 폐활성슬러지는 트럭에 설치된 고정형 또는 가변형 노즐에 의해 토양에 살포된다. 적용 비율은 가변적이지만 0.025건조톤/m^2/년이 합리적인 추정치이다. 대부분의 실패한 토양 살포 시스템은 토양의 과부하에 의한 것으로 추정하고 있으며, 충분한 시간과 슬러지 내 독성물질이 없다면 대부분 토양은 살포된 슬러지를 동화시킬 수 있다.

액체 슬러지를 운반하는 것은 비용이 많이 들기 때문에 탈수를 통한 부피 감량이 필요하다. 고형물 슬러지는 토양에 적용되어 토양 개량제나 복토재로 활용될 수 있다. 슬러지는 질산염이나 독성물질의 용출 없이 빠른 속도로 토양에 동화되는 것으로 보인다.

슬러지의 독성은 식물에 대한 독성, 식물을 먹는 동물에 대한 독성 및 지하수 오염과 같은 여러 가지로 해석될 수 있다. 대부분의 가정에서 발생하는 슬러지에는 식물에 해를 입히는 중금속과 같은 독성이 있지 않다. 그러나 독성의 총량은 염려되는 부분이 있으며 토양에 적용될 수 있는 슬러지의 유형을 제한하는 규정(제503조 규칙)을 제정하게 되었다(1장). 독성을 제어하는 가장 효과적인 방법은 산업 폐수로부터 발생하는 슬러지를 토양 처리에서 배제하는 것과 산업 폐수가 하수도 시스템으로 유입되는 것을 방지하는 것이다. 따라서 강제적인 하수도 규정을 제정하는 것이 비용적으로도 효과적일 수 있다.

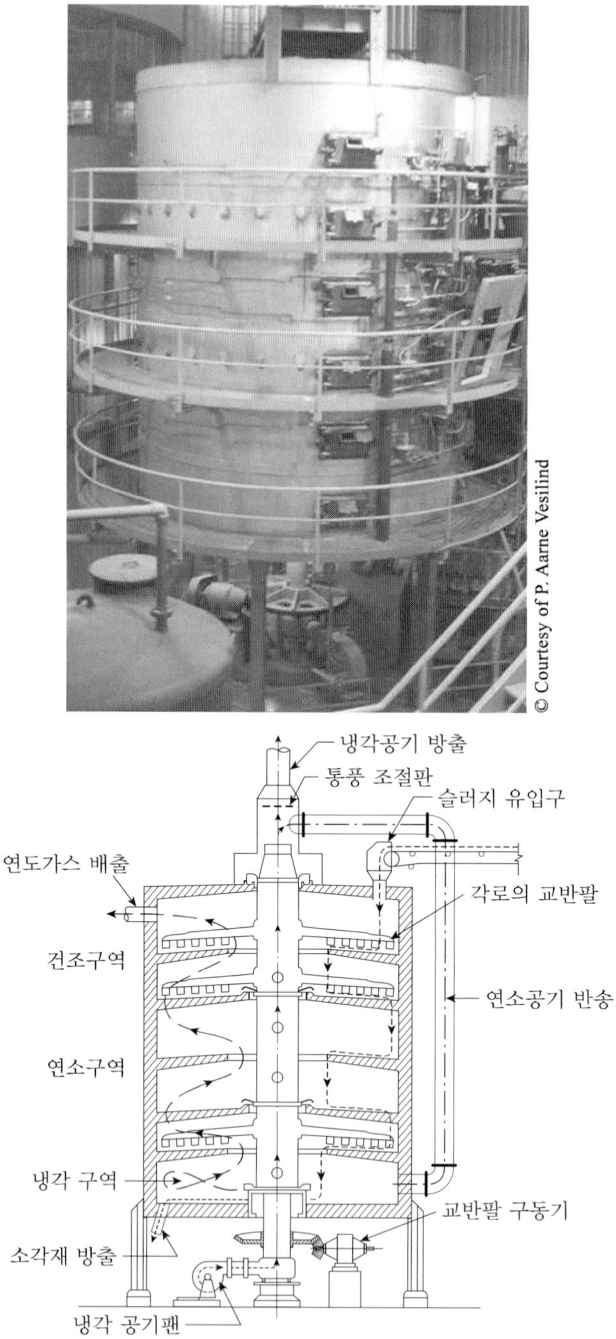

그림 11.36 다단 - 소각 소각로

11.6 처리 전략의 선택

주어진 하폐수와 수생태 환경에 대하여 처리 전략을 누가 결정할 것인가? 단순한 (그러나 틀린) 답은 의사 결정자, 돈을 쓰는 방법을 결정하는 모호하고 익명의 관료이다. 사실, 어떤 처리 전략을 선택할 것인가와 같은 결정은 처리 목표수준을 정의하는 엔지니어가 결정한 후, 그 목표를 달성하기 위한 처리 방안을 제안한다.

이러한 과정은 건축가가 일하는 방식과 다르지 않다. 건축가는 건물을 위임받고 고객이 건물로 무엇을 하려는지 이해하려고 애쓰는데 상당한 시간을 소비한다. 하지만 건축가는 자신이 소유한 취향과 아이디어에 따라 건물을 설계한다. 비슷한 방식으로 설계 엔지니어는 처리 목적이 무엇인지 확인한 다음 목표 달성을 할 수 있는 시설을 설계한다.

이 역할에서 엔지니어는 상당한 자유와 책임을 가지고 있다. 엔지니어는 가능한 최소한 비용으로 이웃 사람들에게 불쾌하지 않게 보이며, 좋아 보이도록 설계되도록 요구 받는다. 엔지니어는 대중의 신뢰를 바탕으로 한다.

이러한 공공 및 환경적 책임 때문에 엔지니어는 높은 전문적이고 표준적 방법을 준수해야 한다. 역사적으로, 특히 해외에서 엔지니어링은 존경 받는 직업이었다. 소설가 알렉산드르 솔제니친(Aleksandr I. Solzhenitsyn)은 러시아 엔지니어들을 다음과 같이 설명한다.

엔지니어? 나는 엔지니어들 사이에서 자랐고 엔지니어들을 이렇게 기억한다. 그들은 개방적이고 빛나는 지성, 자유롭고 온유한 유머를 지녔으며, 민첩성과 폭 넓은 사고를 하며, 한 기술 분야에서 다른 분야로 이동성이 용이한 사고를 가진 이들이다. 그리고 기술에서부터 사회적 우려와 예술에 이르기까지 모든 분야에서 중요한 사람이다.[9]

열심히 노력해야 한다.

엔지니어가 실제로 특별한 존재라면, 그들은 개인 시민으로써 사회적 책임을 지니는 것을 능가하는 역할을 해야 하는가? 엔지니어는 단순히 특정 일을 하는 로봇과 같은 사람일 뿐이며 5시 이후에 다른 사람보다 책임이 없는 사람이 되는가? 또는 엔지니어는 특별한 훈련, 경험 및 사회에서 지위 때문에 다른 사람들이 우러러 보고 의견을 존중받을 특별한 사람이 되는 것인가?

후자의 경우 환경공학자의 역할은 특별한 의미를 갖는다. 환경공학자는 일을 수행할 책임이 있을 뿐만 아니라 "고객"으로써의 역할을 동시에 갖는다. 환경 문제와 관련하여 발생하는 갈등을 설명하는 것은 환경공학자의 주요 역할이며, 책임은 일반 시민의 책임을 훨씬 뛰어 넘을 것이다.

때로는 엔지니어가 반 환경적인 입장에 놓여 있는 경우가 있다. 예전의 경우 해안지역만의 깊은 바다로 배출되는 대형 해안 도시의 대규모 2차 처리 시설을 건설하는 엔지니어들이 포함되었다. 1차 처리 시설에서 제공되는 처리 효율이 공중 보건 및 수질에 대한 모든 환경 문제를 해결하기에 충분했지만 정치적인 상황 때문에 2차 처리 시설 건설을 위한 공공 기금 지출이 필요하게 되었다. 수십억 달러의 돈은 수계 환경에 악영향을 미치지 않으면서 다른 곳에서 잘 사용될 수 있다. 하지만 새로운 2차 처리가 정치적으로 필수적이라고 한다. 엔지니어가 환경기초시설을 늘리지 않는데 찬성하는 의견을 제시하여야 하는가?

FOCUS ON

볼리비아를 위생적으로 만들다

선진국에서는 화장실 사용이 당연하다. 우리는 화장실을 사용할 수 없거나 고장 났을 경우에만 알려준다. 하지만 세계의 많은 지역에서 화장실 사용은 사치이며 생활 폐기물을 적절하게 관리할 수 있는 방법이 없는 경우도 있다. 부적절한 위생시설로 인해 콜레라, 장티푸스, 이질 등의 많은 질병이 전염될 수 있기 때문에 수백만 명의 사람들, 특히 어린이들이 매년 사망한다.[10]

예를 들어, 볼리비아 농촌 지역의 많은 사람들은 개선된 위생시설을 이용하기 어렵다. 첫 째로, 볼리비아에 우리가 사용하고 있는 것과 같은 배관과 위생 시스템을 설치하는 것이 해결책이라고 생각할 수 있다. 하지만 쉬운 일은 아니다. 위생 시스템을 설치하는 기본적인 기술 문제 이외에도 많은 사회, 문화적 문제 등으로 복잡하다. 예를 들어, 많은 볼리비아 사람들은 땅은 존경 받을 만한 존재라고 믿기 때문에 땅을 파고 볼일을 보는 것에 대해 거부감을 느낀다.

그리고 많은 농촌 사람들은 현재 상황에 만족하고 있기 때문에 위생 시설에 대한 필요가 낮으며 화장실은 사치라고 생각하고 있다.

이러한 문제들이 볼리비아에 위생 시스템을 설치하는 것이 불가능하다는 것을 의미하지 않는다. Water for People (비영리 단체)과 UNICEF와 같은 단체들은 2015년까지 위생시스템이 부족한 지역을 절반으로 줄이기 위해 노력하고 있으며 특히 Water for People은 볼리비아 위생 조건을 개선하기 위하여 다양하게 일하고 있다.[11] 이 단체는 구덩이 화장실, 수자원 및 퇴비화 등의 다양한 옵션을 제공하면서 지역 사회에 맞는 조건으로 선택할 수 있도록 하고 있다.

그들은 지역사회와 직접 협력하면서 특정 분야에 가장 적합한 신기술에 대하여 설명하고 있고 인간 활동으로부터 배출되는 폐기물은 생태적 위생관리를 통해 자원의 관점으로 보도록 하고 있다. 옵션으로 제공하고 있는 특정지역의 기술은 볼리비아 및 다른 사람들의 위생 시설 개선에 쉽게 활용 되어야 한다. 어떤 시스템을 만들면 그것을 이용할 것이라는 것을 의미하지는 않기 때문에 다른 세계관을 이해하는 것이 위생 시스템과 관련된 기술 문제를 해결하는 것만큼 중요하다는 것이다.

연습문제

11.1 어느 하수처리 시설의 운영 자료가 다음과 같다.

구성성분	유입수(mg/L)	유출수(mg/L)
BOD_5	200	20
SS	220	15
P	10	0.5

a. 각각 구성성분의 제거율은 얼마인가?
b. 하수처리 시설의 유출수는 어떤 처리 물질을 만드는가? 하수처리 시설의 성능을 나타낼 수 있는 다이어그램을 그려서 나타내시오.

11.2 1차 침전지의 생슬러지 펌프가 고장난지 1일이 지나면 어떤 일이 일어나는가?

11.3 살수여상 운전의 한 가지 문제 중 과도한 미생물성장으로 인하여 돌(쇄석)에 점액질이 형성되어 폐색(clogging) 현상이 발생하여 하수의 흐름을 막는 것이다. 이러한 문제를 해결하기 위한 방법을 제시하시오.

11.4 분류식 하수도 지역에서 지붕의 빗물받이를 오수관에 연결하는 것은 불법이다. 지붕의 면적이 21 m × 10 m인 주택에 4인 가족이 살고 있고, 지붕 배수구가 오수관에 연결되어 있다. 강수량이 3 cm/d라고 가정하고 다음 물음에 답하시오.

a. 건조 날씨에 집에서 나오는 오수에 비하여 오수가 몇 % 증가하는가? (200 L/인이라고 가정)
b. 지붕의 빗물받이를 오수관에 연결하는 것이 왜 잘못인가? 이러한 불법적인 사항으로 인해 벌금이 부과된 사람에게 어떻게 설명할 것인가? ("그냥 법이다"라고 하지 말고 이유를 윤리적인 추론으로 설명하시오)

11.5 다음 하수를 BOD_5 = 20 mg/L, SS = 20 mg/L, P = 1 mg/L의 수준으로 처리하는데 2차 및 필요한 경우 3차 처리 공정을 설명하시오.

하폐수	BOD_5 (mg/L)	SS (mg/L)	P (mg/L)
a. 생활하수	200	200	10
b. 화학공장폐수	40,000	0	0
c. 피클통조림폐수	0	300	1
d. 비료공장폐수	300	300	200

11.6 활성슬러지 시스템에서 성공적인 운전을 위하여 최종 침전지의 슬러지 침강이 중요하다. 슬러지 팽화(bulking) 현상이 시작하고 반송 슬러지의 슬러지 농도가 10,000 mg/L에서 4,000 mg/L로 낮아졌다고 가정하고 다음 물음에 답하시오

a. 이러한 상황은 생물반응조 미생물(MLSS, 혼합액 부유고형물)에 어떤 영향을 미치는가?
b. BOD 제거에 어떤 영향을 미치는지? 왜 영향을 미치는지에 대하여 설명하시오.

11.7 폭기조의 MLSS농도는 4,000 mg/L이다. 1차 침전지의 유량은 0.2 m^3/s이며 SS농도는 50 mg/L, 반송슬러지 유량은 0.1 m^3/s, 반송슬러지 농도는 6,000 mg/L라면, 폭기조의 MLSS농도 4,000 mg/L를 어떻게 유지할 수 있는가?

11.8 1 L 매스실린더를 이용하여 0.5% 부유고형물 슬러지의 침전성을 측정하였다. 30분 후 침전 슬러지 부피가 600 mL일 때 SVI를 계산하라.

11.9 만약 하수처리장에서 생긴 슬러지를 다음과 같은 장소에 둔다면 어떤 안정성 측정이 필요한가?

a. 백악관 잔디밭에 둔다면?
b. 송어가 사는 물에 버린다면?
c. 운동장에 뿌린다면?
d. 채소 농장에 뿌린다면?

11.10 슬러지가 2,000 mg/L에서 17,000 mg/L로 농축된다고 한다. 부피 감소량은 얼마인가? (블랙박스와 물질수지를 이용하시오.)

11.11 슬러지 일령(SRT, 고형물 체류시간, 평균 세포 체류 시간)은 폭기조에 있는 슬러지량을 하루에 폐기되는 폐슬러지량으로 나눈 값으로 정의된다. 폭기조 체류시간이 2시간이고 슬러지 농도가 2,000 mg/L, 폭기조의 유입 유량은 1.5 m^3/min, 반송슬러지 농도는 12,000 mg/L인 경우 슬러지 일령을 계산하시오(단, 폐활성슬러지의 유량은 0.02 m^3/min).

11.12 그림 11.37은 2차 하수처리 시설을 나타내었다.

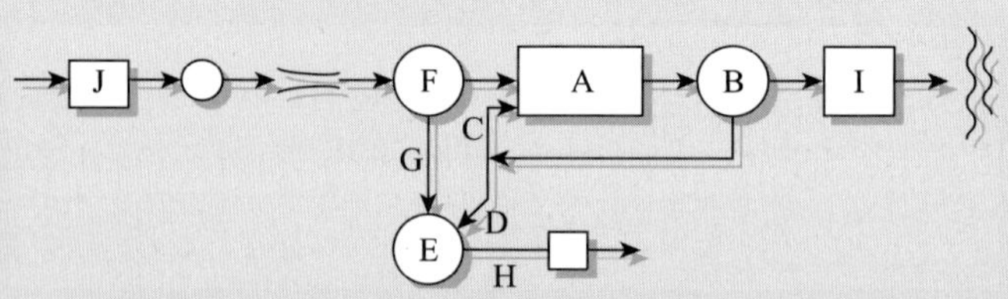

그림 11.37 2차 처리 공정의 개략도

a. 단위 조작/공정의 목적과 기능에 대하여 설명하시오.
b. 대도시의 하수처리 담당자라고 가정하시오. 표시된 처리장을 설계하기 위한 회사 4개가 존재하고 하수처리 시설을 건설하는데 이 도시의 위원회에서 이들 회사에 정치적인 기부를 요구하고 있다. 아마도 하수처리 시스템은 작동할 것이지만, 담당자인 당신은 시설을 볼 수 없을 것이며, 많은 돈을 시설을 보수하는데 사용할 것이다. 이 문제에 대하여 기술자인 당신은 어떤 책임을 가지고 있다고 생각하는가? 문제를 분석하고, 관련된 사람들을 확인, 제시할 수 있는 옵션을 설명하고 결론을 도출하시오. 당신이 해야 할 일은 무엇인가?

11.13 법에 따라 수계로 배출되는 하수는 다음과 같은 기준을 만족해야 한다.

BOD	20 mg/L 미만
부유고형물(SS)	20 mg/L 미만
총인(TP)	0.5 mg/L 미만

다음 하수에 대하여 처리시설을 설계하시오.

하수 1	BOD = 250 mg/L SS = 250 mg/L P = 10 mg/L
하수 2	BOD = 750 mg/L SS = 30 mg/L P = 0.6 mg/L
하수 3	BOD = 30 mg/L SS = 450 mg/L P = 20 mg/L

11.14 하수처리장의 유입수질이 다음과 같을 때 방류수 수질을 얻는데 필요한 처리 공정도를 그려라. 원하는 방류수를 얻는데 필요한 공정만 사용해야하며 관계없는 공정은 잘못된 것으로 본다.

	유입수(mg/L)	유출수(mg/L)
BOD	1,000	10
부유고형물(SS)	10	10
총인(TP)	50	5

11.15 슬러지를 탈수하기 위해 직경이 90 cm인 원심분리기를 이용한다. 이 원심분리기는 1,000회/min 회전한다고 할 때 생기는 원심력은 몇 G인가? (각각의 회전은 2π 라디안으로 나타낸다)

11.16 기체 이동 실험에서 다음과 같은 결과를 보였다. 수온이 15℃일 때 기체 전달 계수 K_La는 얼마인가?

시간(min)	용존산소(mg/L)
0	2.2
5	4.2
10	5.0
15	5.5

11.17 농도를 사용하여 원심분리 고형물 회수 계산식을 유도하시오. 고형물 회수 조건은 투입, 원심분리액, 그리고 탈수 케익으로만 나뉘며, 물질수지를 포함한 각 단계를 나타내시오.

11.18 환경운동에 동의하지 않는 사람들의 반격은 환경윤리 분야에서 흥미로운 현상이었다. 이 사람들은 대부분 환경문제에 대한 가치를 이해하거나 평가하지 못하며 환경운동가들을 불신하려 한다. 이것은 통에 있는 물고기를 잡는 것과 비슷하게 쉬운 일이다. 환경운동에는 일어날 수 없는 심각한 경고, 재난 예측, 종말 등으로 가득하다. 이런 글의 예로 1장에 있는 Paul Erlich의 The Population Bomb를 읽어라. 책이 쓰인 날짜를 확인하고 대중에 영향을 미친 내용에 대하여 논하라.

11.19 하수 유량이 40,000 m^3/d인 도시가 있다. 유출수의 BOD_5와 SS 농도를 30 mg/L로 만들기 위하여

필요한 수리학적 체류시간(HRT), 고형물 체류시간(SRT) 및 반응조 부피는 얼마인가?
(단, BOD_5 = 250 mg/L, K_S = 100 mg/L, $\hat{\mu}$ = 0.25/d, Y = 0.5라고 가정한다)

11.20 복숭아 포장 공장에서 활성슬러지 플랜트를 실험한 결과 동역학 상수 $\hat{\mu} = 3\ d^{-1}$, K_S = 450 mg/L 이었다. 유입수의 농도는 1,200 mg/L, 유량 19,000 m^3/d, 폭기조 미생물 농도 4,500 mg/L, 폭기조 용량은 5,100 m^3일 때 다음 물음에 답하시오.

a. 예상되는 BOD 제거 효율은?

b. 실제 유량이 더 커 35,000 m^3/d이고 S_0가 600 mg/L라고 가정할 때 제거 효율은 어떤가?

c. 위 유속과 S_0 농도에서 폭기조 미생물 농도 4,500 mg/L를 유지할 수 없어 2,000 mg/L로 하고 BOD 제거율이 90%로 해야 한다면 폭기조 부피는 얼마나 늘어나야 하는가?

11.21 활성슬러지 시스템의 유량은 4,000 m^3/d, X = 4,000 mg/L, S_0 = 300 mg/L이다. 파일롯 테스트에서 동역학 상수인 Y = 0.5, $\hat{\mu} = 3\ d^{-1}$, K_S = 200 mg/L를 얻었고, 90%의 BOD_5를 제거효율을 보이는 폭기조를 설계해야 한다. 다음의 구체적인 값을 구하라

a. 폭기조의 부피　　b. 고형물 체류시간(SRT)　　c. 폐슬러지량

11.22 원심분리기 제조업체에서 슬러지를 35%의 고형물로 탈수되는 새로운 원심 분리기를 당신 도시에 판매 하려고 한다. 그러나 현재 탈수 케익의 고형물 함량이 25% 정도라면 다음 물음에 답하시오.

a. 고형물 함유량 35%와 25%의 슬러지의 부피 차이는 얼마인가?

b. 경쟁 회사들 중 어느 곳도 더 잘 작동하는 원심분리장치를 제공하기 힘들다는 것을 알고 있고 이 장치가 맘에 들고 도시에서 구입하도록 하고 싶다. 구매하기 몇 주 전 당신은 원심분리기 회사 로고가 들어간 술잔을 세일즈맨의 감사하다는 말과 함께 받았다. 당신은 무엇을 할 것인가? 윤리적인 추론을 바탕으로 답하시오.

11.23 영국 런던 웨스트민스터 성당(Westminster Abbey)은 서구사회에 중요한 기여를 한 영국역사의 많은 불후의 인물들을 기리고 있다. 그것들 중 번호가 매겨져 있으며 토마스 크래퍼의 것이 그 중 하나이다. 토마스 크래퍼(Thomas Crapper)는 당겨서 물이 흘러내려가는 수세식 변기의 발명가이다. 그림 11.38의 맨홀 뚜껑은 그래퍼의 기념물이다. 크래퍼의 이론은 제 1차 세계대전 중 미군 병사들에게 감명 받게 하였고 그들은 아이디어와 이름(crapper) 모두를 미국으로 가져갔다. 미국에서는 화장실이라는 말을 영국에서 쓰는 "loo" 대신에 "crapper"이라는 말을 쓰고 있다. 그래서 자신의 나라에서는 가난한 토마스는 명예가 없었으나 식민지에서는 그의 명성과 영광이 계속되고 있다. 수세식 변기의 세척 메커니즘을 조사하고 그림을 통하여 작동 원리를 설명하시오.

그림 11.38 웨스트민스터 성당에 있는 Thomas Crapper의 맨홀 뚜껑

11.24 당신이 속한 도시는 하수슬러지를 폐노천광산에 처분하여 생산적인 토지 이용을 하기 위한 컨설팅 엔지니어로서의 의견을 묻는다. 도시는 하수슬러지를 처리하기 위한 혐기성 소화에서 대부분 B등급(Class B) 기준을 충족시키고 폐광산을 재생하는데 저렴한 비용으로 긍정적이기는 하지만 일관되게 운전되지는 않는 것이 문제이다. 도시엔지니어는 폐광산을 슬러지 처분 방법으로 사용할 수 없다면 새로운 EPA 규정을 충족시키기 위해 매우 비싼 소각로를 설치해야 한다고 말하고 혐기성 소화조 개선을 위한 비용도 작은 도시에서는 비싸다고 한다.

추천 방법은 무엇인가? 이 문제에 영향을 받는 당사자, 가능한 조치 및 최종 조치 방법에 대하여 분석하시오.

11.25 주정부는 NPDES의 허가사항을 한 번 더 위반하면 Domestic Imports Inc.을 처벌할 것이라고 약속했다. 수(Sue)는 그 일을 처리하고 조절하기 위해 그 자리에 있었고 개선 및 확장은 거절되었으며 그녀는 처리 작업에서 폐기물을 처리할 수 있는 충분한 용량이 있다고 들었다. 평균 유량을 계산하면 이것은 사실이지만 불행하게도 그 제조 공정은 슬러그(slug, 과도한 BOD부하)의 흐름이 예기치 않게 발생할 수 있다. 또한 생물학적 시스템을 단순하게 적용할 수 없다. 유출수BOD농도는 며칠 동안 하늘로 치솟다가, NPDES의 기준 이하로 다시 방류될 수 있다. 만약 이러한 기간 동안 주 정부가 이러한 사실을 알게 된다면 그녀는 큰 문제에 봉착한다.

어느 날 그녀는 품질 관리 실험실에서 일하는 그녀의 동료 에밋(Emmett)과 점심을 먹으면서 그녀에 문제에 대하여 불평했다. 슬러그가 유입되지 않거나 균등조를 설치하거나 하면 슬러그가 들어올 때 부하량을 줄이는 방법을 그녀가 계산해 낼 수 있기 때문에 이와 같은 문제를 공장장에게 상의하였으나 두 방법 모두 거절당했다.

"수, 슬러그 부하는 너의 문제가 아니야, 슬러그로부터 발생되는 높은 부하의 BOD가 문제인거야" 에밋이 말했다.

"맞아, 하지만 그 말은 도움이 안 돼"

"글쎄, 어쩌면 내가 도와 줄 수도 있을 거야. 문제는 BOD 부하가 높다는 것이니까 그것을 줄이기 위해서 화학 첨가제를 뿌리는 방법이 있는데 그 약품을 사고 싶니?"

"어떤 화학물질이야?"

"나는 미생물 대사를 늦추기만 하고 죽이지 않는 화학약품을 다룬 경험이 있어. 최종침전지 유출수에 이 화학물질을 추가하면 미생물 대사활동이 감소하기 때문에 유출수의 BOD가 감소하고 용존산소 소비도 적을 거야. 너는 제조 과정에서 나오는 슬러그가 감지 될 때 마다 화학물질을 첨가하게 되면 BOD는 유출수 이내로 배출될 수 있고 며칠 안에 안정화 되면 화학물질 첨가를 멈추게 될 거야. 주 정부에서 방문해서 그 약품을 확인할 방법도 없고 너는 불법적인 일을 한 게 아니라 단순히 대사활동을 느리게 한 것일 뿐이야."

"그 물질은 독성이 있어?" 수가 물었다.

"아니, 전혀. 그 약품은 생물시험에서 해로운 영향을 주지 않아. 시험해보고 싶어?

"잠시만… 이것 복잡한데… 우리가 이 마법 같은 약품을 사용한다면 BOD는 법적으로 문제가 없지만 폐수 처리를 한 것은 아니고 산소요구량은 여전히 나타날 것이잖아?"

"그렇지, 하지만 수마일이나 떨어진 하류에서 일어날 거야 그들은 우리가 유출시킨 것과 물고기 죽음을 연관시키지 못할 거야. 사실 그런 일이 일어난다면 뭐라고 말할 거야?" "시도해 볼래?"

수가 이 화학물질을 추가로 투여할 확률이 매우 낮다고 가정하자. 유출수에 왜 그녀는 화학물질 투입하는 것을 하지 말아야 하는가? 그녀는 어떤 가치를 가지고 결정하는가? 이와 같은 문제와 연관된 사람들은 누구이며 그녀의 결정과 어떤 관계가 있는가? 그녀가 선택할 수 있는 것은 무엇이며 어떤 방법이 좋은 것인가?

11.26 수면 흐름 인공습지에서 오염 물질을 제거하고 변형시키는 주요 메커니즘은 무엇인가?

11.27 지하 흐름 인공 습지에서 오염 물질을 제거하고 변형시키는 주요 메커니즘은 무엇인가?

11.28 10,000 m^3/d의 하수처리 시설에서 7 ton/d의 슬러지를 9%로 농축시킨다면 하루에 몇 m^3/d의 슬러지가 생산되는가?

11.29 어느 정수장에서 석회 연수화 공정의 일부를 병렬로 배열하여 2개의 침전조를 사용한다. 각 침전지는 직경 12 m, 깊이 5 m 및 출구 위어 길이가 80 m를 가진다. 유량은 66 L/s, 체류시간은 최소 4시간일 때, 30 $m^3/d/m^2$의 수면적부하를 만족하는가?

11.30 기존의 하수처리 시설의 유량은 90 L/s, 평균BOD는 250 mg/L, 폭기조의 부피는 3,000 m^3이다. MLSS는 2,800 mg/L이며 유출수의 SS는 25 mg/L, 반송슬러지 유량은 2 m^3/s, 반송슬러지 농도는 9,000 mg/L이다.

a. F/M 비는 얼마인가?

b. MCRT는 얼마인가?

11.31 하수처리장으로 유입되는 유량은 1100 L/s, 폭기조로 유입되는 BOD_5는 200 mg/L, 유출 BOD_5는 8 mg/L, MCRT는 8 d, 최대 수율 계수는 0.6 mg 세포/mg 기질, 내생분해 계수는 0.09 /d, 폭기조의 미생물 농도는 2,500 mg/L, 반송슬러지 농도 9,000 mg/L일 때, 활성슬러지법에서 폐활성슬러지량과 필요한 반응기의 부피를 계산하시오.

11.32 애로사항을 없애기 위해 지역 하폐수처리장에 모래 여과장치를 추가하는 설계를 하고 있다. 하지만 우선 감독기관(환경부)에 이 처리장에 추가적인 2차 침전지는 필요 없다고 설득을 해야 한다. 현장에 침전지를 설치할 여유공간이 없고, 운전되는 동안 방류수는 경미한 위반 사항만 있었다. 당신은 1970년대 초 처리장 건설 당시 예상되는 유량 및 하폐수의 성분을 포함하여 원래 설계 조건을 가지고 있다. 현재 감독기관에 설득을 위한 문서를 보내야 한다면 원래 설계 조건을 보내겠는가? 아니면 다르게 보내겠는가? 그 이유는?

11.33 하폐수의 조성 및 유량에 영향을 미칠 수 있는 지역 사회의 변화는 어떤 것이 있는가?

참고문헌

1. Crites, Ron, and George Tchobanoglous. 1998. Small and Decentralized Wastewater Management Systems. Boston: WCB McGraw-Hill.

2. Klankrong, Thongchai, and Thomas S. Worthley. 2001. Rethinking Bangkok's wastewater strategy. Civil engineering 71, No. 6: 72–7.

3. Brock, Thomas D., Michael T. Madigan, John M. Martinko, and Jack Parker. 1994. Biology of Microorganisms. Englewood Cliffs, NJ: Prentice Hall.

4. Recycling nutrients into environmentally safe commercial fertilizer. 2008. Water Environment Federation. 2 0, No. 5. Accessed at http:// www.wef.org/ScienceTechnologyResources/Publications/WET/08/08May/08May ProblemSolvers.htm in September 2008.

15. Smith, Gar, 2003. Why fluoride is an environmental issue. Earth Island Institute. Earth Island Journal.

6. Centre Europeen d'Etudes des Polyphosphates. Accessed at http://www.ceep-phosphates.org/Documents/shwL ist.asp?NID = 4&HID = 33 in September 2008.

7. Rittmann, Bruce E., and Perry L. McCarty. 2001. Environmental Biotechnology: Principles and Applications. Boston: McGraw-Hill.

8. Reed, Sherwood C., E. Joe Middlebrooks, and Ronald W. Crites. 1988. Natural Systems for Waste Management and Treatment. New York: McGraw-Hill.

9. Solzhenitzyn, Aleksandr I. 1974. The Gulag Archipelago. New York: Harper-Row.

10. Sanitation. 2008. World Health Organization. Accessed at http://www.who.int/topics/sanita tion/en/ on 13 September, 2008.

11. Aruquipa, Abraham. 2008. Targeting sanitation in Bolivia. EWRI Currents. Accessed at http://email.asce.org/ewri/SanitationBolivia.html on 13 September, 2008.

Chapter 12

대기질

대기질이 좋은 맑은 날 잠실 롯데타워

대기질이 나쁜 날 잠실 롯데타워

환경공학자는 대기질 개선을 위해 다양한 기술들을 적용하고 있으며, 기술이 국지적 또는 전지구적으로 미치는 영향도 함께 고려해야 한다.

우리가 마시는 물처럼 숨 쉬는 공기는 인간의 삶을 영유하기 위해 반드시 필요하다. 사람들은 물과 마찬가지로 무해하고 깨끗한 공기를 마시길 원한다. 하지만 깨끗한 공기란 정확히 무엇일까? 이 질문은 깨끗한 물을 정의하는 것처럼 대답하기가 매우 어렵다. 9장에서는 수질을 언급하기 위해서 많은 매개 변수가 필요하며 이러한 매개 변수를 선택적으로 적절하게 사용하는 것만이 수질의 의미를 제대로 설명할 수 있다고 하였다. 또한 수질은 상대적인 용어이며 모든 물이 순수한 H_2O가 되도록 정화하는 것은 비현실적이라는 점도 고려해야 한다.

대기질도 비슷하다. 순수한 공기는 기체 분자들의 혼합물이며, 건조한 상태에서 기체 분자들이 다음과 같은 부피(또는 몰) 비율로 존재한다. 하지만 이러한 조성의 공기는 자연계에서 쉽게 찾을 수 없으며, 순수한 H_2O와 같이 오직 참고 자료로만 알려져 있다.

- 78.1% 질소(nitrogen)
- 20.9% 산소(oxygen)
- 0.9% 아르곤(argon)
- 0.04% 이산화탄소(carbon dioxide)
- 0.002% 네온(neon)
- 0.0005% 헬륨(helium)

따라서 이런 조성의 혼합가스가 순수한 공기라면, 공기에 추가되어 환경문제를 야기할 수 있는 다른 물질(기체, 액체 또는 고체)을 오염물질이라고 정의할 수 있다. 예를 들어, 대기로 방출된 황화합물은 비의 pH를 낮추고 강과 호수의 산성화를 초래하여 광범위한 피해를 야기한다. 따라서 황화합물은 분명히 환경문제를 일으키며, 따라서 논란의 여지없이 대기 오염물질로 분류될 수 있다. 그러나 일부 황화합물은 화산과 온천 같은 천연 상태에서도 배출될 수 있기 때문에 문제는 그렇게 간단하지 않다. 따라서 배출원을 명확히 규정하지 않고 황을 단순히 오염물질로 분류하는 것은 적절하지 못하다.

대기로 방출되는 오염 물질이 사람, 동물, 식물 또는 환경에 영향을 주기 위해선 대기를 통과하여 이동해야 한다. 수질오염의 경우 오염물질이 물의 흐름에 의해 이동하는 반면, 대기오염의 경우 바람의 흐름이 오염물질의 운반 수단이다. 이 장에서는 우선 대기오염물질의 이동과 분산이 어떻게 일어나는지를 설명하기 위해 기본적인 기상학을 제시한다. 그런 다음 대기질 측정 방법을 소개하고 몇 가지 주요 대기오염원의 배출원과 영향에 대해 설명한다. 마지막으로, 대기질 개선을 위해 적용하고 있는 대기오염 방지법과 환경기준들에 대해 언급한다.

12.1 기상학과 대기의 움직임

지구의 대기는 온도 분포에 따라 지표면으로부터 몇 개의 층으로 나눌 수 있다(8장에서 논의된 호수 성층화와 유사). 그림 12.1은 4개의 주요 공기층에서의 일반적인 온도 분포를 보여준다. 지표면에서 대부분의 날씨변화가 발생하는 대류권(troposphere)은 극지방에서 약 5 km, 적도에서 약 18 km 높이까지다. 대류권에서 기온은 고도에 따라 감소하며, 지구 전체 공기의 80% 이상이 존재한다. 대류권 위에는 성층권이 있는데, 온도 분포가 반전되어 있고 혼합이 거의 일어나지 않는 공기층이다. 따라서 성층권까지 이동한 오염물질은 수년 동안 그 곳에 머무를 수 있다. 성층권은 높은 오존 농도를 가지고 있으며 오존은 태양에서 방사되는 자외선을 흡수한다. 성층권 위에는 대기권의 약 0.1%에 해당하는 중간권과 열권 두 개의 층이 더 존재한다.

지구 온난화와 성층권의 오존층 파괴 문제를 제외하고, 대부분의 대기오염 문제는 대류권에서 발생한다. 자연적으로 생성되거나[예 : 소나무에서 배출되는 테르펜(terpene)류] 또는 인간활동에서 배출되는 (발전소의 연기 등) 오염물질은 대류권에서 바람이라고 부르는 기류에 의해 이동된다. 기상학자들은 육지와 바다 사이의 온도 차이로 인해 발생하는 국지풍부터 지구의 자전과 기온 차이로 발생하는 전 지구적 공기순환까지 다양한 종류의 기류를 구분한다. 예를 들어, 화창한 날의 해풍은 육지가 점진적으로 가열되기 때문에 생성되는 바람이다. 바다와 커다란 호수와 같은 거대한 수역의 온도는 낮에 급격하게 변하지 않으며, 따라서 따뜻한 육상의 공기가 상승하고 상대적으로 더 차가운 수역에서 수평으로 공기가 유입되어 저기압이 형성된다.

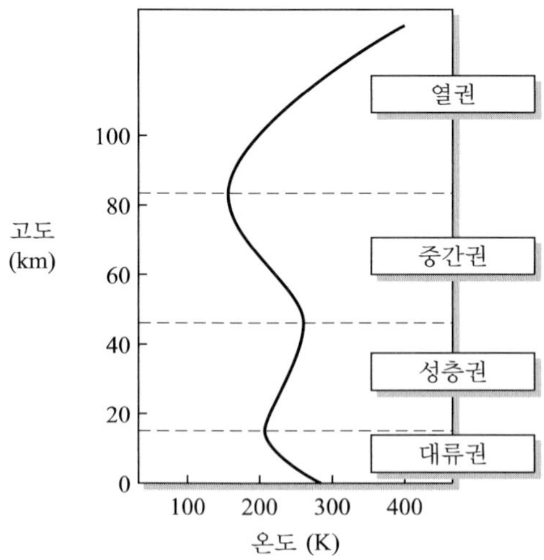

그림 12.1 지구의 대기권

바람은 오염물질을 수평 방향으로 이동시킬 뿐만 아니라 오염물질을 상하좌우로 분산시켜 배출원으로부터 거리가 멀어질수록 오염물질 농도가 감소한다. 분산의 정도는 대기의 안정도(stability) 또는 수직방향의 공기 이동량과 직접적으로 연관되어 있다. 대기안정도는 이상적인 상태의 공기 덩어리를 가정하여 설명한다.

가상의 공기 덩어리가 공기 중에서 수직 상승할 경우 주위 공기분자로부터 점점 더 낮은 압력을 받아 팽창하게 된다. 이 팽창은 공기 덩어리의 온도를 낮추며, 100 m 상승에 약 1℃ 냉각된다(역으로 하강할 경우 100 m에 1℃ 가열됨). 이 가열 또는 냉각은 "건조단열체감률"이라고 불리며(7장에서 설명한대로 "단열"이란 공기 덩어리와 주변의 공기 사이에 열전달이 이뤄지지 않음을 나타냄), 주변 공기 온도와는 무관하다.

1℃/100 m의 온도변화는 (건조한 공기의 경우) 실제 주변 온도가 어떠하든 간에 다양한 고도에서 항상 유지된다. 공기 중에 수분이 존재하면, 물의 증발 및 응축이 공기 덩어리의 온도에 영향을 미치기 때문에 이 경우의 기온체감률은 습윤단열체감률로 불린다. 습윤 조건은 대기 안정도를 설명하기에 상당히 복잡한 현상으로, 본 교재에서는 습기가 없는 건조 공기에 대해서만 설명하도록 한다.

고도에 따른 실제 온도변화는 환경체감률(prevailing lapse rates)이라고 하며, 그림 12.2와 같이 분류할 수 있다. 고도에 따른 기온 변화가 1℃/100 m 이상으로 크게 감소하면 "과단열" 또는 강한 기온체감률이라고 한다. "미단열" 또는 약한 기온체감률은 기온 변화가 1℃/100 m 미만으로 감소하는 것이 특징이다. 특별한 미단열의 경우로, 차가운 공기 위에 따뜻한 공기 층이 위치하는 "역전(inversion)" 조건도 발생할 수 있다.

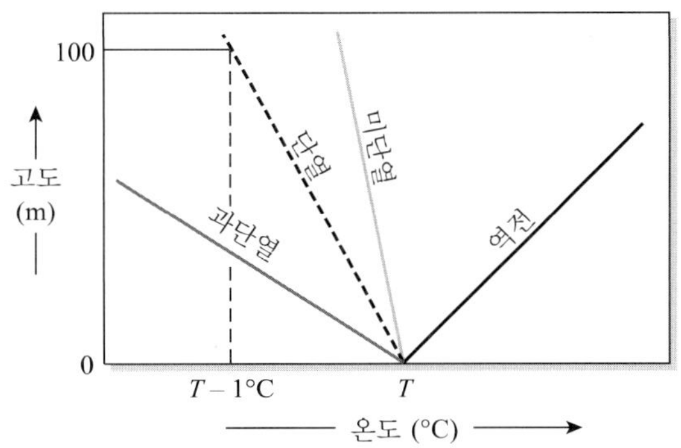

그림 12.2 대기 안정성과 건조단열체감률

과단열 조건에서 대기는 불안정하며, 미단열 특히 역전된 조건에서는 대기는 안정된 상태가 된다. 그림 12.3(A)와 같이 500 m 상공에 있는 20℃ 공기 덩어리를 상상해 보자. 과단열 조건일 동안에는 지표면의 기온 30℃, 1,000 m에서는 10℃일 수 있으며, 이는 1℃/100 m 비율 이상의 온도 변화를 나타낸다. 만약 500 m 상공에서 20℃인 공기 덩어리가 1,000 m 상공으로 올라가면 온도는 어떻게 될까? 단열 조건에서 공기는 1℃/100 m 만큼 차가워지므로, 1,000 m에서 공기 덩어리의 온도는 20℃보다 5℃ 낮은 15℃가 된다. 그러나 공기 덩어리를 에워싸는 외부 온도는 10℃여서 공기 덩어리가 차가운 공기로 둘러싸이게 된다. 그러면 어떤 물리적 현상이 나타날까? 따뜻한 공기는 상승하므로 해당 공기 덩어리는 상승하게 될 것이다. 과단열 조건에서 공기의 일부분이 위쪽으로 상승하며, 이러한 현상이 지속적으로 진행되는 것을 불안정한 상태라고 한다.

또한 과단열 조건에서 공기의 일부분이 아래쪽으로, 즉 지상까지 이동하면, 공기 덩어리의 온도는 20℃ + [500 m × (1℃/100 m)] = 25℃가 된다. 주변 공기들은 30℃이므로 비교적 차가운 공기 덩어리는 최대한 빨리 하강하게 될 것이다. 어떤 상향 또는 하향 움직임이 계속되는 경향이 있기 때문에, 과단열 조건에서는 공기 덩어리들의 움직임이 멈추지 않는다. 과단열 조건의 대기는 공기의 수직적 이동과 난기류를 특징으로 하며, 즉 불안정한 상태이다.

반대로 미단열 조건은 매우 안정된 상태이다. 그림 12.3(B)와 같이 미단열 조건에서 지상의 온도가 21℃, 1,000 m 높이에서 19℃이며, 500 m 높이에서 20℃인 공기 덩어리를 가정해 보자. 공기 덩어리가 1,000 m로 상승할 경우 5℃ 냉각되어 15℃가 되지만, 주위 온도가 19℃로 높아 원래의 위치로 돌아가게 된다. 마찬가지로 공기 덩어리가 지상으

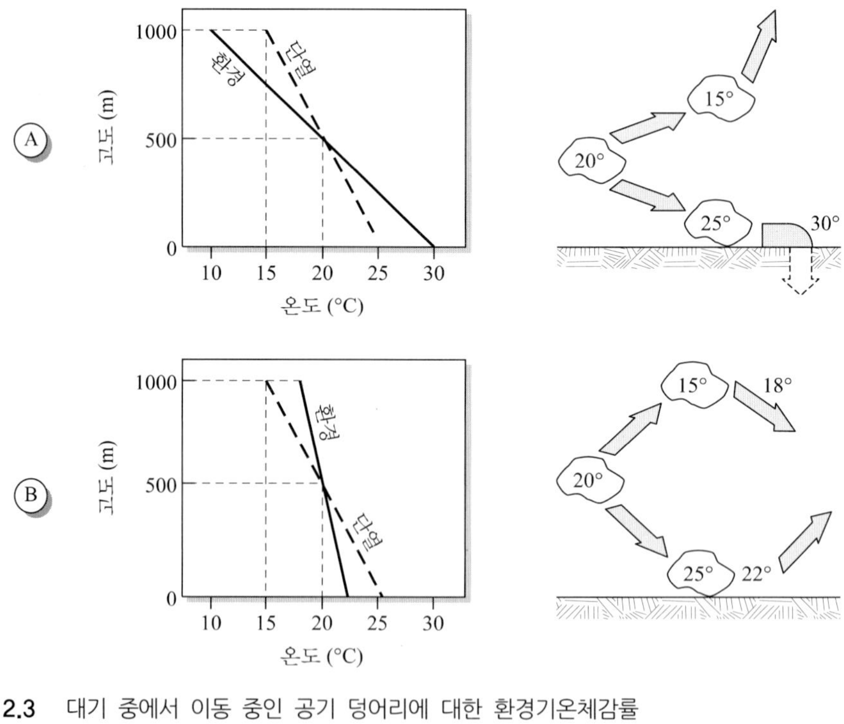

그림 12.3 대기 중에서 이동 중인 공기 덩어리에 대한 환경기온체감률
(A) 과단열 조건(불안정) (B) 미단열 조건(안정)

로 내려갈 경우 25℃가 될 것이며, 주변 온도가 21℃로 더 차가워 공기 덩어리는 다시 500 m 위치로 돌아가게 된다. 미단열 조건은 수직 방향의 움직임을 최소화 시키는 경향이 있으며, 따라서 제한된 수직 혼합을 특징으로 한다.

기온 역전현상(inversion)은 극단적인 미단열 상태이며, 역전 조건에서 수직적인 공기의 움직임은 거의 없어지게 된다. 침강 역전이라고 불리는 역전현상은 차가운 공기 덩어리 위로 따뜻한 공기가 이동한 경우에 발생한다. 이러한 역전 조건은 미국 로스앤젤레스에서 자주 나타나는 전형적인 현상이며, 며칠 동안 지속되어 심각한 대기오염을 초래한다. 더 일반적인 유형의 역전현상은 지표면에서 대기로 열이 방출되어 일어나는 복사역전이다. 밤이 되어 지표면이 냉각되면 땅에 가까운 공기가 열을 잃고 역전 현상이 발생한다(그림 12.4). 복사역전 조건에서 밤 동안 지표면 부근에서 방출된 오염물질은 역전층 내부에 붙잡히며 지표면이 충분히 따뜻해져서 역전현상이 사라질 때까지 확산되지 않고 잔류한다. 이런 복사역전 현상은 1948년 도노라(Donora)에서 발생한 예가 있으며(1장), 계곡 위의 안개 층은 햇빛에 의해 역전현상이 해소되는 것을 막았다.

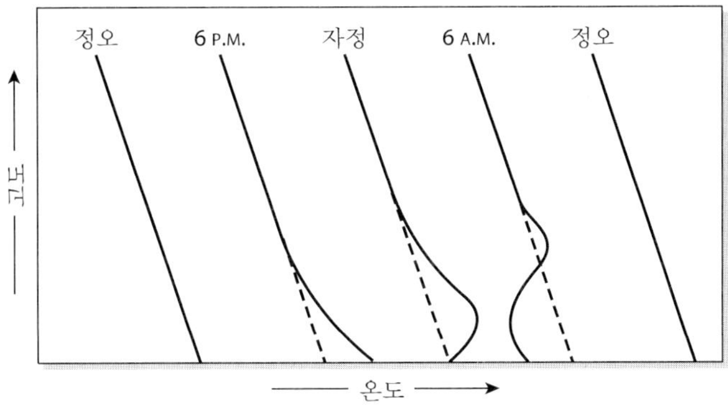

그림 12.4 열 복사에 의한 대기 역전현상

역전현상과 더불어 심각한 대기오염 문제는 대부분 안개가 동반된다. 안개의 작은 물방울들은 두 가지 측면에서 대기오염에 악영향을 미친다. 우선, 안개의 물방울 내에서 SO_3가 H_2SO_4로 전환될 수 있다. 둘째, 계곡에 안개가 발생하면 태양열로 인하여 계곡 바닥면이 가열되고 역전현상이 해소되는 것을 방해하여 대기오염 현상이 오랫동안 지속되게 한다.

다음 예제에서 살펴볼 수 있듯이, 굴뚝에서 배출되는 연기의 상하 방향 움직임은 환경체감률에 의해 결정된다.

예제 12.1 100 m 높이의 굴뚝에서 20℃의 연기가 방출되며, 실제 기온의 환경체감률은 그림 12.5와 같다. 굴뚝에서 나온 연기가 얼마 높이까지 올라갈 수 있는가? (완벽한 단열 조건으로 가정)

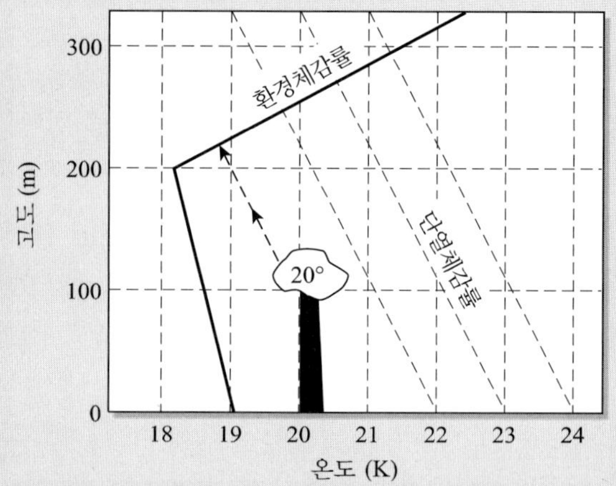

그림 12.5 미단열과 기온역전 조건에서 환경체감률 변화와 연기의 움직임

해답 실제 기온의 환경체감률은 200 m 이하에서 미단열 상태이며 200 m 이상에서는 역전현상이 일어나고 있다. 20℃의 연기는 더 차가운 (18.5℃) 공기에 둘러싸여 있어 상승한다. 공기 덩어리가 상승하면서 건조단열체감률로 냉각되므로 200 m에서 19℃가 된다. 약 220 m에서는 주변 공기가 연기와 같은 온도(약 18.7℃)가 되며 연기는 상승을 멈춘다.

12.2 주요 대기오염물질

12.2.1 입자상 오염물질(미세먼지)

대기오염물질은 크게 가스상 또는 입자상 물질로 구분되며, 입자상 오염물질은 먼지(분진, dusts), 연기(fumes 또는 훈연), 매연(smoke), 안개(mists 또는 박무) 또는 분무(spray)로 더 세분될 수 있다. 여러 유형의 입자상 오염물질의 대략적인 크기는 그림 12.6에 제시되어 있다. 미국 환경보호청(EPA, US Environmental Protection Agency)은 표 12.1과 같이 입자상 물질을 정의한다.

표 12.1 입자상 물질의 크기 구분

용어	약자	지름 범위(μm)
극초미세입자	–	< 0.1
초미세입자 또는 초미세먼지	$PM_{2.5}$	< 2.5
미세입자 또는 미세먼지	PM_{10}	2.5 ~ 10

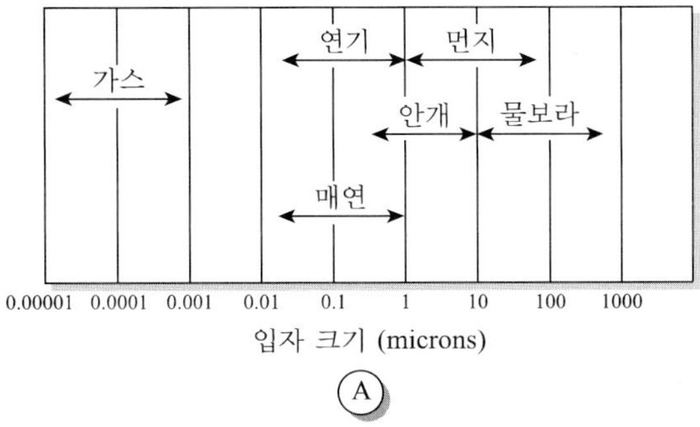

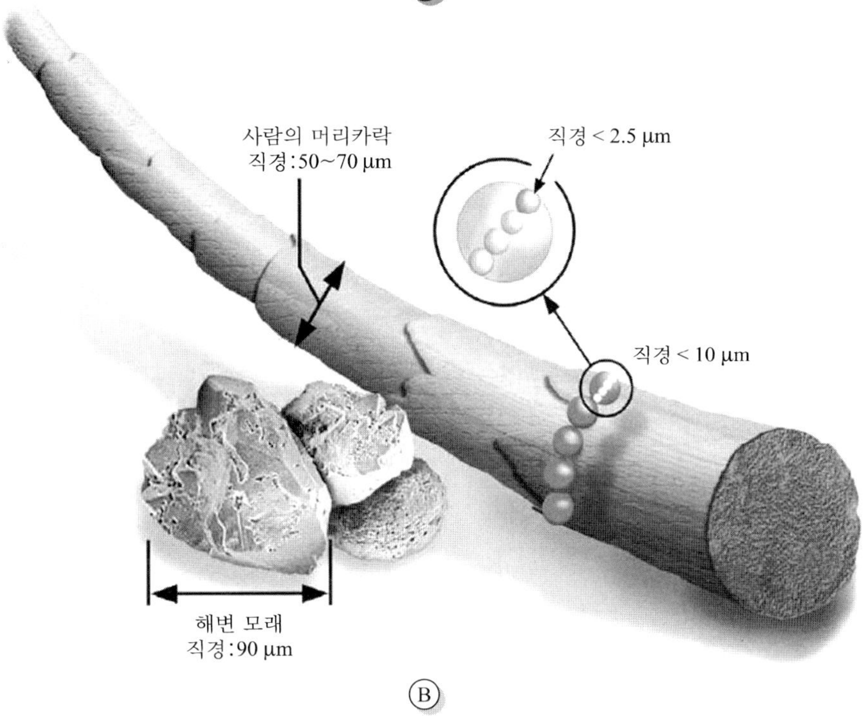

그림 12.6 (A) 입자상 오염물질의 크기 정의 (B) 입자 크기에 대한 비교 (From Particulate Matter Research Program: Five Years of Progress, Paul Gilman, Ph.D., EPA Research and Development. Presentation to Stakeholders. September 9 2004.)

FOCUS ON

자동차 타이어 마모 비산먼지: 대기오염원

대기오염은 자연적인 발생원과 인위적(인간 활동에 의한) 발생원에 의해 영향을 받는다. 최근 주목받고 있는 대기오염 발생원 중의 하나가 자동차 타이어의 마모로 인해 발생하는 미세먼지이다. 자동차가 도로에서 주행할 때 타이어는 포장도로면에서 마찰되며, 이 접촉에 의해 고무 타이어가 마모되어 작은 입자가 형성된다. 미세먼지 입자 중 일부는 공중에 떠다니는 상태(비산 또는 날림)로 유지되고, 다른 일부는 도로에 다시 떨어져 쌓이거나 다른 차량에 의해 재차 공중으로 부유(재비산)하게 된다. 물론 도로의 비산먼지는 빗물에 씻겨 하수도로 유입되기도 한다.

타이어는 일반적으로 강도와 내구성을 높이기 위해 합성고무(~14%), 천연 라텍스고무(~27%), 카본블랙(~28%) 및 강철선(약 14~15%)과 실리카 페놀 수지, 방향족 화합물, 나프탈렌 또는 파라핀계 오일, 폴리에스테르, 나일론 및 기타 직물, 석유 왁스, 산화 아연 또는 이산화 티타늄, 지방산 및 기타 불활성 물질과 함께 소량의 황화합물을 첨가하여 만든다.[1] 이 성분들은 타이어의 주행 성능에는 도움이 되지만 작은 미세입자로써 공기 중에 떠다닐 경우 사람에게 해로울 수 있다. 일부 연구결과에 따르면 교통량이 많은 지역과 천식 환자의 비율 사이에 상관관계가 있는 것으로 알려져 있다.

과거에는 마모된 타이어 입자의 크기가 커서 사람들의 폐에 침투할 수 없다고 생각되었으며, 따라서 교통량이 많은 지역에 천식환자가 증가하는 이유로 차량의 배기가스를 주요 원인으로 생각하였다. 그러나 최근의 연구결과에 의하면, 마모된 타이어 미세입자의 60% 이상이 매우 작아서 폐의 가장 깊은 부분까지도 들어갈 수 있다고 한다.[2] 따라서 타이어 마모 미세입자는 자동차 배기가스와 동등하거나 더 위험하다고 한다. 한 가지 이유는 고무에 천연라텍스가 함유되어 있고, 라텍스는 알레르기 반응을 일으켜 콧물, 천식, 과민성 쇼크를 유발할 수 있다. 최근 의료계의 추정에 의하면 병원 종사자의 10%에서 라텍스 장갑 등의 사용으로 발생한 알레르기가 있다고 한다. 타이어 마모 미세입자도 실험실 테스트에서 알레르기를 유발하는 것으로 나타났다.[3]

타이어 마모 미세입자와 알레르기의 관계는 아직 새로운 연구분야이기 때문에 대기 중 타이어 비산입자의 양과 노출 정도에 대한 데이터는 제한적이다. 하지만 자동차는 앞으로도 도로 위를 달릴 것이고 사람들은 계속해서 교통량이 많은 지역에 살 것이다. 타이어 마모입자를 방지하기 위해 타이어, 도로 또는 차량이 어떻게 설계되어야 할까? 타이어가 마모되어 비산하더라도 인체에 해가 되지 않는 재료를 사용하여 타이어를 제작하는 방법을 찾을 수 있을까? 이것은 다음 세대 엔지니어가 직면하게 될 질문이다.

다양한 공정에서 배출되는 먼지(dusts)는 다음과 같은 고체 입자로 정의된다.

① 산업공정의 공정 가스에 직접 배출되는 입자(예 : 석탄, 회분 및 시멘트)
② 기계적 조작을 받는 모재료의 파쇄 부스러기(예 : 목공에서 나오는 톱밥)
③ 기계 작동에 사용되는 동반 물질(예 : 샌드블라스팅에 사용되는 모래)

먼지는 상대적으로 큰 입자로 구성된다. 예를 들어, 시멘트 먼지는 직경이 약 100μm이다.

연기(fume)는 기화, 승화 또는 기타 화학반응에 의해 발생한 증기가 응축되어 형성된 고체 입자 또는 금속 산화물이다. 연기의 예로 고온에서 휘발된 금속류 증기의 응축 및 산화로 인해 생성된 산화아연 또는 산화납 등이 있다. 연기 입자는 일반적으로 매우 작아 0.03~0.3μm의 직경을 가진다.

안개(mist)는 증기의 응축 또는 다양한 화학반응에 의해 형성된 액체 입자이다. 안개 입자의 직경은 일반적으로 0.5~3.0μm이다.

매연(smoke)은 일반적으로 탄소 성분의 불완전 연소로 생성된 고체 입자들로 구성된다. 연소과정에서는 탄화수소, 유기산, 황산화물 및 질소산화물 등이 생성되지만, 탄소 성분의 불완전 연소로 만들어지는 고체 입자만을 매연이라고 한다. 일반적인 매연 입자의 직경은 $0.05 \sim 1\,\mu m$이다.

마지막으로 분무는 원액을 작은 방울로 분산시킨 액체 입자를 지칭한다. 분무는 상대적으로 큰 액체 입자이기 때문에 중력에 의해 쉽게 침강한다.

12.2.2 입자상 오염물질의 측정

PM_{10}의 측정은 고용량 공기시료채취(high-volume air sampling) 방법으로 수행된다. 고용량 공기시료채취기(그림 12.7)는 진공청소기와 같은 원리로 필터를 통해 24시간 내에 최대 2,434,000 L의 공기를 샘플링한다. 미세먼지 농도분석은 중량법을 사용하며, 공기 시료 채취 전후의 필터 무게 차이로 미세먼지의 농도를 측정한다. 필터를 통과하는 공기량은 기체유량계로 측정하며, 24시간을 작동하면 측정 후반부에는 필터가 오염되어 공기유량이 적어지므로 공기유량은 24시간 샘플링 기간의 평균으로 계산되어야 한다.

예제 12.2 10.00 g 무게의 필터를 고용량 공기시료채취장치에 설치하고 공기 샘플링을 실시한다. 24시간 이후 미세먼지가 포집된 필터의 무게는 10.10 g이다. 샘플링의 시작과 끝의 공기유량은 각각 1,700 L/min과 1,100 L/min인 경우, 미세먼지의 농도는?

해답

필터에 포집된 미세먼지의 무게 = $(10.10 - 10.00)\text{ g }(10^6 \mu g/g) = 0.1 \times 10^6 \mu g$

평균 공기 유량 = $\dfrac{(1{,}700 + 1{,}100)}{2} = 1{,}400\text{ L/min}$

필터를 통과한 총공기량 = $(1{,}400\text{ L/min})(60\text{ min/h})(24\text{ h/d})(1\text{ d}) = 2{,}016{,}000\text{ L} = 2{,}016\text{ m}^3$

총미세먼지 농도 = $\dfrac{(0.1 \times 10^6 \mu g)}{2{,}016\text{ m}^3} = 50\,\mu g/m^3$

장작 또는 화목 난로는 PM_{10} 크기 미세먼지의 주요 발생원이다. 미국의 PM_{10}에 대한 대기질 환경기준은 $150\,\mu g/m^3$인데, 미국 오리건주의 도시에서는 장작 난방에 의해 PM_{10} 농도가 $700\,\mu g/m^3$ 이상으로 치솟을 때가 있다. 이러한 도시에서는 목재 연소에 의한 대기질 악화를 막기 위해 밤 시간대에 장작 난로 사용을 금지하기도 한다.

고용량 공기시료채취기에 의해 측정된 미세입자의 농도는 다른 측정 방법과 구별하기 위해 총부유입자(Total Suspended Particulates, TSP)라고도 한다. 이와 달리 환경보건 분야에서는 호흡 가능한 미세입자 또는 폐 안으로 흡입될 수 있는 미세입자의 측정법을 널리 사용한다. 호흡 가능한 미세입자의 비율은 $4\,\mu m$ 입자의 50% (질량 기준)라고 알려져 있다. 호흡 가능한 미세입자는 원심력을 이용하여 크기 별로 분리되며, $PM_{2.5}$는 PM_{10}과 유사하지만 공기 유입부에 입자 크기를 구분하기 위한 특수 구조물 또는 충돌형 장치(impactor)를 추가하여 측정한다.

그림 12.7 고용량 공기시료채취기

12.2.3 가스상 오염물질

가스상 오염물질은 정상상태의 온도 및 압력 조건에서 가스로 존재하는 물질이나 액체 또는 고체의 증기를 포괄적으로 지칭한다. 대기오염 관리측면에서 대표적인 가스상 오염물질은 일산화탄소, 탄화수소, 황화수소, 황산화물, 질소산화물, 오존 및 기타 산화제 등이며, 최근에는 기후변화에 영향을 미치는 이산화탄소와 메탄이 추가되었다. 대표적인 가스상 대기 오염물질을 표 12.2에 정리 수록하였다.

12.2.4 가스상 오염물질의 측정

미세입자의 측정 단위는 항상 질량/부피($\mu g/m^3$)로 표시되지만, 가스상 물질의 농도는 부피/부피 기준으로 백만분율(ppm) 또는 질량/부피($\mu g/m^3$) 단위로 나타낸다. 3장에서 설명했듯이, 부피/부피 단위와 질량/부피 단위 간의 변환은 다음 식과 같다. 여기서 MW = 기체의 분자량이다. 이 방정식은 1기압과 25℃의 조건에 적용된다. 1기압 0℃에서는 상수값이 22.4가 된다.

$$\mu g/m^3 = \frac{MW \times 1,000}{24.5} \times ppm$$

예제 12.3 굴뚝 배기가스에는 일산화탄소(CO)가 10% 농도로 포함되어 있다. CO 농도($\mu g/m^3$)는 얼마인가? (25℃, 1기압 기준)

해답 부피기준으로 농도 1%를 ppm으로 변환하는 경우 10,000 ppm이다(3장). 그러므로 부피 농도 10%는 100,000 ppm이다. CO의 분자량은 28 g/mol이므로 $\mu g/m^3$ 농도는 다음과 같다.

$$\frac{28 \times 1000}{24.5} \times 100,000 = 114 \times 10^6 \mu g/m^3$$

표 12.2 가스상 대기오염물질과 주요 특성

물질명	화학식	중요 특성	대기오염 물질로서의 중요성
이산화황	SO_2	무색, 강한 질식, 냄새, 물에 용해되어 황산(H_2SO_3) 형성	재산 피해, 건강 및 식생
삼산화황	SO_3	물에 용해되어 황산(H_2SO_4) 형성	부식성이 높음
황화수소	H_2S	저농도에서 계란 썩은 냄새, 고농도에서는 무취	독성이 강함
아산화질소	N_2O	무색, 에어로졸 병에서 캐리어 가스로 사용	상대적으로 비활성 연소 시 생성되지 않음
산화질소	NO	무색	고온, 고압 연소 중에 생성 NO_2로 산화
이산화질소	NO_2	갈색-오렌지색 가스	광화학 스모그 형성의 주요 구성 요소
일산화탄소	CO	무색무취의 가스	불완전 연소의 생성물 유해
이산화탄소	CO_2	무색무취의 가스	완전 연소 중에 형성됨 온실 가스
오존	O_3	반응성이 큼	식물과 재산에 대한 피해 주로 광화학 스모그의 형성 중에 생성
탄화수소	C_xH_y or HC		자동차 및 산업에서 방출. 대기 중에 형성
메탄	CH_4	가연성, 무취	온실 가스
염화불화탄소	CFC	비반응성, 우수한 열적 특성	상층 대기에서 오존층 파괴

초기 형태의 가스상 오염물질 측정 방법은 그림 12.8에 제시된 흡수병을 사용하였다. 가스는 액체를 통해 산기되며, 대상 가스성 물질은 액체와 화학반응을 하거나 액체에 물리적으로 용해된다. 흡수 또는 반응한 오염물질의 농도는 수질 측정법으로 정량화한다.

과거에 공기 중 SO_2 농도를 측정하기 위한 단순 방법으로 과산화수소수와 산기관을 사용한 기술이 적용되었는데, SO_2를 함유한 공기를 과산화수소수 용액을 통해 산기시키고 다음과 같은 반응을 유도한다. 반응으로 생성된 황산의 농도는 염기용액으로 적정하여 결정한다.

$$SO_2 + H_2O_2 \rightarrow H_2SO_4$$

SO_2를 측정하는 다른 3가지 방법 중 하나는 SO_2가 산기관을 통해 테트라클로로머큐레이트(tetrachloromercurate, TCM)를 함유한 용액에 포집되면 파라노자닐린(pararosaniline) 발색법으로 측정하는 것이다. SO_2와 TCM은 결합하여 안정적인 중합체를 형성하며, 그 다음 파라노자닐린이 중합체에 더해져 색깔을 띠게 된다. 용액의 색도는 용액 중의 SO_2에 비례하며 색도는 흡광도계로 측정한다(발색법의 또 다른 예로 9장에 제시된 암모니아 측정법 참조).

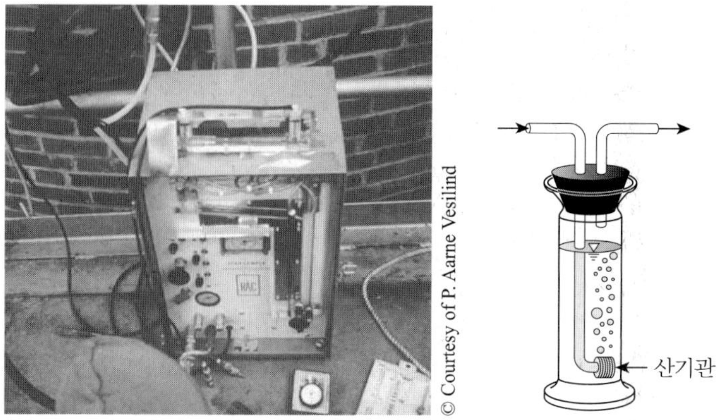

그림 12.8 가스상 대기 오염물질 측정을 위한 시료채취 장치

12.2.5 연기 또는 매연의 측정

대기오염은 역사적으로 굴뚝을 통한 연기 배출과 직접적인 관련이 있으며, 연기 색깔이 가 더 어두울수록 오염이 심하다고 판단되었다. 물론 연기의 색깔과 오염도는 항상 일치하는 것은 아니지만, 초창기 대기오염 규제(예 : 폐기물 소각로)와 환경기준은 연기 밀도와 색깔에 근거하여 작성되었다.

과거에 연기 밀도는 링겔만 척도(Ringelmann scale)로 측정되었으며, 프랑스의 공대교수인 막시밀리앙 링겔만(Maxmilian Ringelmann)이 1800년대 말에 고안하였다. 흰색 또는 투명한 연기의 경우 0도(NO. 0)에서부터 완전히 까맣고 불투명한 연기인 경우인 5도(No. 5)로 범위가 나뉘어 있다. 이 측정법은 그림 12.9와 같은 카드를 잡고 연기의 어두운 정도를 비교하여 수행된다. 예를 들어, 꽤 어두운 연기를 링겔만 4도라고 한다.

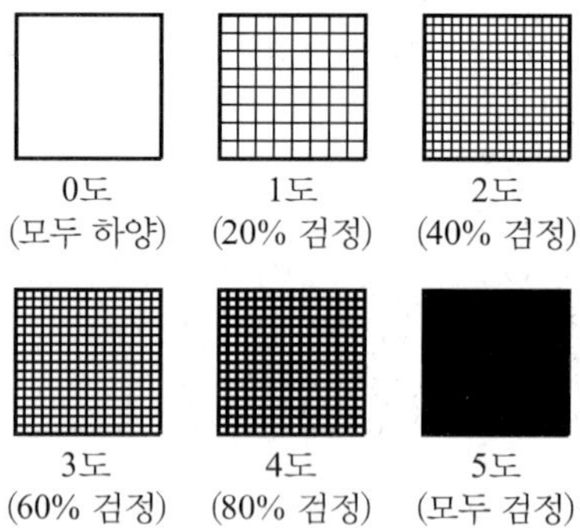

그림 12.9 링겔만 척도

12.2.6 가시성

대기오염의 명확한 영향 중 하나는 가시성 감소이다. 가시성은 밝은 대낮에 대형 물체를 식별할 수 있는지 또는 밤에 적당히 밝은 빛을 볼 수 있는지에 따라 결정된다. 물론 이는 가시성에 대한 모호한 정의이지만 가시성의 한계를 정의하는데 유용하다.

가시성의 감소는 자연적 대기오염물질(예 : 소나무에서 나온 테르펜)과 사람이 배출한 오염물질로 인해 발생할 수 있다. 안개 및 NO_2 등의 다양한 요소에 의해 가시성이 약화될 수 있지만, 가시성 감소에 가장 크게 영향을 미치는 대기오염물질은 미세먼지이다. 미세먼지는 빛을 흡수하고 산란시켜 가시성을 감소시킨다. 빛이 미세먼지에 흡수되면 가시광선이 관찰자의 눈에 들어가지 않도록 하여 가시성이 낮아지며, 산란의 경우에는 밝은 물체와 어두운 물체 사이의 대비를 감소시킨다. 수학적으로, 거리 x에서 세기 I인 빛에 의해 관찰자에게 보이는 빛의 세기(강도)는 다음 식으로 표현된다.

$$\frac{dI}{dx} = -\sigma I$$

여기서, I : 관찰자가 보는 광선의 강도

x : 관찰자로부터의 거리

σ : 대기 조건을 고려한 상수. 흡광계수라고도 한다.

위 식을 적분하면,

$$\ln\left(\frac{I}{I_0}\right) = -\sigma x$$

가 된다.

여기서, I_0는 거리 x가 0에 가까울 때의 빛의 강도이다. 대부분의 사람들에게 가시성의 하한은 강도가 감쇄되지 않은 빛의 약 2% 수준으로 낮아졌을 때 나타난다고 한다. 위의 식에 이 하한값을 대입하면 가시성 한계 L_V는 다음과 같다.

$$\ln(0.02) = -\sigma L_V$$

$$L_V = \frac{3.9}{\sigma}$$

일반적으로 흡광계수는 미세먼지 농도에 직접적으로 비례하여 선형적으로 변화한다고 생각할 수 있다(습도가 70% 미만인 대기의 경우). 가시성에 대한 근사식은 다음과 같이 표시된다.

$$L_V = \frac{1.2 \times 10^3}{C}$$

여기서, 상수 1.2×10^3은 L_V가 킬로미터이고 C가 $\mu g/m^3$ 단위인 미세먼지 농도의 경우 변환 상수이다. 이 식은 대략적인 관계식이며 습기가 70% 미만인 대기에만 사용해야 한다.9)

12.3 대기오염의 배출원과 영향

대기오염은 사람 또는 다른 생명체들의 건강, 재산가치 및 삶의 질에 해로운 영향을 미칠 수 있다. 인간의 건강에 문제를 일으키는 오염 물질 중 일부는 자연계에서 형성되어 배출되기도 한다. 예를 들어, 자연적으로 발생하는 미세입자에는 꽃가루, 곰팡이 포자, 바닷가 소금 분무, 산불로 인한 연기 입자 및 화산 분출로 인한 먼지가 포함된다. 자연적으로 배출되는 가스상 오염물질로는 소나무에서 배출되는 테르펜 같은 탄화수소, 미생물에 의해 황 함유 아미노산이 분해되어 발생하는 황화수소, 질소산화물, 그리고 및 천연가스에 함유된 메탄 등이 있다.

사람들이 만든 대기오염원으로는 화력발전소와 같은 고정형 연소설비, 자동차 운송, 산업 공정 및 고형 폐기물 처리장 등을 들 수 있다. 고정형 연소설비에서 발생하는 주요 오염물질 미세먼지(예 : 비산재와 매연)와 황 및 질소산화물이다. 물론 이산화황 배출량은 연료에 함유된 황 함량에 비례한다. 따라서 황을 함유하는 석탄 및 석유의 연소에 의해 상당량의 황산화물을 생성한다.

대기오염이 사람들의 건강에 미치는 영향은 단기간에 대기오염물질의 농도가 급격히 상승한 사건을 대상으로 연구가 진행되었다. 가장 유명한 두 사건은 미국 펜실베니아주 도노라시(제1장에서 설명)와 영국 런던에서 발생하였다. 두 사건 모두에서 대기오염이 심혈관 질환을 가지고 있는 일반인들에게 더 큰 영향을 주었다. 이들 사건을 통해 발견된 중요한 사실은 대기오염이 한 가지 오염물질만의 문제가 아니었다는 점이다. 이전까지는 산업공해 관점에서 한 가지 특정 오염물질이 건강에 미치는 영향만을 고려했던 반면, 대기오염 문제에서는 복합적인 원인에 의해 건강 위험 상황이 나타났고 이에 따라 현상을 정확히 이해하기 더 어려웠다. 수년간의 연구 끝에 오늘날에는 고농도 대기오염 현상이

9) Ross, R. D., ed. 1972. *Air Pollution and Industry*. New York: Van Nostrand Reinhold, and Wark, K., and C. F. Warner. 1981. *Air Pollution*. New York: Harper & Row. 참조

나타나는 기간 동안의 건강 문제는 미세입자(고체 또는 액체 입자)와 이산화황의 복합 작용 때문인 것으로 판명되었다.

이러한 주요 대기오염 사건을 제외하고는 과학자들이 대기오염의 건강 영향을 평가할 정보가 거의 없다. 실험실 동물을 대상으로 한 연구는 도움이 되기는 하지만 실험쥐의 결과를 사람에게 그대로 적용하는데 한계가 있다.

대기오염이 사람의 건강에 미치는 영향에 대해 설명하기 어려운 문제 네 가지는 ① 임계치의 존재, ② 다양한 경로의 인체 유입 조건, ③ 시간 대비 흡입량 문제, 그리고 ④ 다양한 오염 물질들의 상승효과(공동작용, synergistic effects)이다.

① **임계치 문제.** 오염물질의 건강 영향에 대한 임계치(threshold)가 존재하다는 점은 오랫동안 논의되어 왔다. 15장에서 더 구체적으로 설명하겠지만, 특정한 오염물질(예 : 일산화탄소)의 흡입량과 반응(예를 들어, 혈액의 산소 운반 능력의 감소)에 대해 몇 가지 용량－반응 곡선을 생각해 볼 수 있다. 한 가지 가능성은 오염물질이 임계 농도(임계치)에 도달할 때까지 사람의 신진 대사에 영향을 미치지 않을 것이라는 점이다. 다른 한편으로는 일부 오염물질은 일정 농도에서 감지할 수 있을 정도의 반응을 일으킬 수 있다. 이 용량－반응 곡선은 선형이 아니다. 많은 대기오염물질에 대한 가장 가능성 있는 용량－반응 관계는 명확한 임계치가 없으면서도 비선형이며, 일정 농도까지는 반응이 없다가 고농도에서 갑자기 반응이 심각해지는 형태이다. 문제는 대부분의 대기오염물질에 대해 명확한 형태의 용량－반응 곡선이 알려져 있지 않다는 점이다.

② **인체 유입 총량.** 모든 오염물질이 공기로부터 인체로 유입되는 것이 아니다. 예를 들어, 사람이 약 50μg/d의 납을 호흡으로 마신다 해도 약 300μg/d의 납은 물과 음식에서 섭취할 수 있다. 납에 대한 대기질 기준을 설정할 때에 납 섭취의 대부분은 식량과 물에서 비롯되었다는 점을 반드시 고려해야 한다.

③ **시간 대비 흡입량 문제.** 대부분의 오염물질은 반응하는데 시간이 필요하며, 접촉시간은 농도만큼이나 중요하다. 이에 대한 가장 좋은 예는 그림 12.10에 나와 있는 것처럼 일산화탄소의 영향이다. 인체 헤모글로빈(Hb)은 산소보다 일산화탄소(CO)에 210배 큰 친화성을 가지고 있으며 따라서 CO는 헤모글로빈과 쉽게 결합하여 카르복시 헤모글로빈(COHb)을 형성하고 산소를 운반할 수 있는 헤모글로빈 양을 감소시킨다. 사람은 COHb 농도가 약 60%일 때 산소 부족으로 사망한다. 준치사 농도에서의 CO의 효과는 대개 가역적이며, 이러한 유형의 시간－응답 문제 때문에 환경대기 기준은 주어진 시간 동안의 최대 허용농도로 설정된다.

④ **상승효과.** 상승효과(synergism) 또는 공동작용은 개개의 효과의 합보다 혼합체의 효과가 더 큰 경우로 정의된다. 예를 들어, 석탄 광부에서 진폐증 질환은 광부가 담

배 흡연자인 경우 발생 빈도가 높다. 석탄 채굴 자체 및 담배 흡연은 단독으로 진폐증을 반드시 유발하지 않지만 두 가지의 상승효과는 흡연하는 광부를 큰 위험에 처하게 한다. 대기오염이 흡연과 상승효과를 발휘할 때 질병 유발의 위험을 증가시킬 수 있다는 연구 결과가 많지만, 실제 원인과 결과는 의학적으로 명확히 입증되지 않았다(폐암, 폐기종, 천식 등). 그러므로 대기오염이 폐암이나 다른 호흡기 질환을 유발하였다고 단정할 수는 없다.

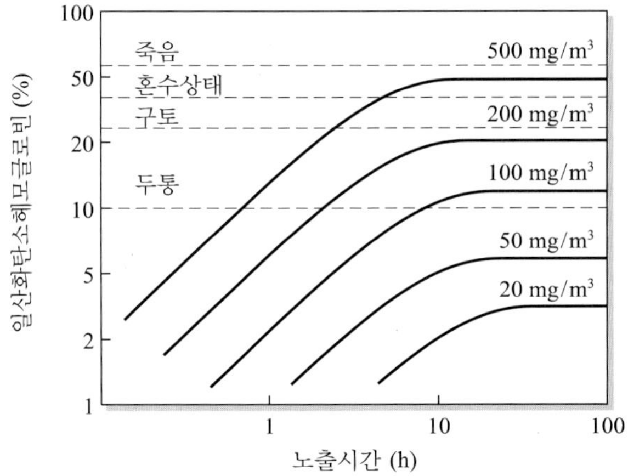

그림 12.10 일산화탄소가 인체 건강에 미치는 영향(W. Agnew, 1968년. 왕립학회회보 A307: 153)

물론 대기오염물질이 인간(및 다른 동물들)에 영향을 미치는 기관은 주로 호흡기이다(그림 12.11에 묘사). 공기에 혼합된 오염물질은 목구멍과 비강을 통해 몸에 들어가고 기관지를 통해 폐로 유입된다. 공기는 폐에서 기관지 세관을 거쳐 폐포로 이동하며, 작은 공기 주머니에서 가스 전달이 일어난다. 오염물질은 혈액으로 흡수되거나 점액질로 쌓여 있는 작은 털(섬모)의 움직임으로 폐에서 빠져 나온다. 이 과정을 통해 호흡기는 미세먼지나 가스상 오염물질에 의해 손상될 수 있다.

0.1μm보다 큰 입자는 보통 호흡기 상부에 걸리며 섬모의 운동으로 배출된다. 그러나 직경이 0.1μm 미만인 미세입자는 섬모가 없는 폐포 속으로 이동할 수 있으며 오랫동안 폐포 내에 머물러 폐 세포를 손상시킬 수 있다. H_2SO_4를 함유한 물방울 입자나 납 입자는 대기 미세먼지 중에서 가장 심각한 문제를 야기할 수 있다.

건강과 관련하여 가장 중요한 가스상 대기오염물질은 아황산이다. 아황산가스는 자극성이 있으며 공기 흡입을 방해하며 섬모의 활동을 느리게 한다. 용해성이 높기 때문에 점막에 용해되어 상부 기도에서 쉽게 제거되어야 하지만, 작은 미세입자에 먼저 흡수된 후 폐의 깊은 곳까지 도달할 수 있다는 것이 밝혀졌다. 이는 전형적인 상승효과의 사례이다.

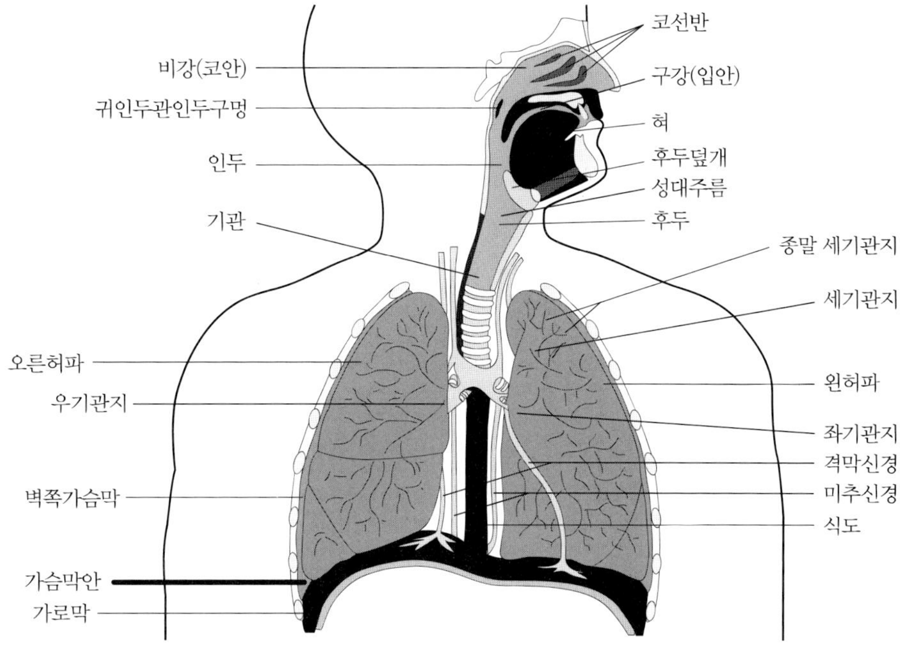

그림 12.11 호흡기 시스템(출처 : © Kostic Dusan / 123RF)

다음의 예제에서 살펴보듯이, 연료에 함유된 황 함량을 알 수 있다면 생성되는 황산화물의 양을 계산할 수 있다.

예제 12.4 1952년 대기오염 사고가 발생한 런던에서 2주간에 걸쳐 평균 약 4%의 황 함량을 가진 25,000톤/주 석탄이 연소되었다고 추정된다. 1,200 km^2의 면적에 걸쳐 대기의 혼합고(mixing depth, 오염 물질이 빠져 나가지 못하고 갇힌 역전층의 높이)는 약 150 m이었다. 석탄연소 전에는 대기에 SO_2가 없었다고 가정하면, 석탄연소 2주 후에 예상되는 SO_2 농도는 얼마인가?

해답 SO_2농도 계산에 박스 모델(box model)식을 사용하자. 즉, 런던을 단순 상자로 간주하고, 상자 안에서 완전 혼합이 일어나는 조건을 가정하여 물질수지 방정식을 적용하시오.

[SO_2의 축적 속도] = [SO_2의 유입 속도] − [SO_2의 유출 속도]
+ [SO_2의 생성 속도] − [SO_2의 소비 속도]

런던을 밀폐된 상자로 가정하였기에 SO_2 유출 속도는 0이며, 황산화물이 대기에서 생성되거나 파괴되지 않는다고 가정한다면 생성되고 소비되는 속도 또한 0이다. 상자 안에서 증가하는 SO_2 농도의 속도는 일정하기 때문에 방정식은 0차이다(5장 참조).

[SO_2의 축적 속도] = [SO_2의 유입 속도] − 0 + 0 − 0

$\frac{dA}{dt} = k$ 또는 $A = A_0 + kt$

여기서, A = SO_2의 농도

일주일간에 배출되는 SO_2는,

$$\left(\frac{25{,}000\,\text{ton 석탄}}{\text{wk}}\right)\left(\frac{4\,\text{parts S}}{100\,\text{parts coal}}\right)\left(\frac{\text{mol S}}{32\,\text{g S}}\right)\times\left(\frac{1\,\text{mol SO}_2}{1\,\text{mol S}}\right)\left(\frac{64\,\text{g SO}_2}{\text{mol SO}_2}\right)=2{,}000\,\frac{\text{ton}}{\text{wk}}$$

초기 농도 A_0가 0이라고 가정하면,

$$A=0+\left(\frac{2{,}000\ \text{ton}}{\text{wk}}\right)(2\text{wk})=4{,}000\,\text{ton of SO}_2$$

런던 대기가 혼합되는 부피는

$150\ \text{m} \times 1{,}200\ \text{km}^2 \times 10^6\ \text{m}^2/\text{km}^2 = 180{,}000 \times 10^6\ \text{m}^3$

2주 후의 SO_2의 농도는 다음과 같다.

$$\frac{4{,}000\,\text{ton}\times 10^6\,\text{g/ton}\times 10^6\mu\text{g/g}}{180{,}000\times 10^6\,\text{m}^3}=22{,}000\,\mu\text{g/m}^3$$

실제 런던에서 측정된 SO_2 농도는 $2{,}000\mu g/m^3$ 미만이었으나, 예제 12.4의 계산 결과는 실제 농도의 10배가 넘는다. 발생한 SO_2는 모두 어디로 갔을까? 이 대답은 SO_2가 감소하지 않는다는 가정이 잘못되었기 때문이다. 사실 건물, 식물, 동물 및 인간의 접촉에 의해 SO_2가 지속적으로 대기로부터 제거된다. 더 중요한 사실은 황산화물이 빗물에 녹아 들어 산성비를 만드는 주요 원인이라는 점이다.

12.3.1 황산 및 질소산화물과 산성비

SO_2가 대기로부터 제거되는 주요 경로는 빗물에 녹아 산성비가 되는 것이다. 오염되지 않은 빗물의 pH는 약 5.6이지만 산성비의 pH는 2 또는 그 이하가 될 수 있다. 산성비의 형성은 복잡한 과정이며 반응경로가 완전히 이해되지도 않았다. 가장 간단한 설명으로 황을 함유한 연료의 연소에서 SO_2가 배출되고 대기 중에서 다음과 같은 화학반응을 한다. 빗물에는 pH 완충물질이 거의 없기 때문에 고농도의 황산화물이 흡수되면 pH가 쉽게 낮아진다.

$$S + O_2 \xrightarrow{\text{열}} SO_2$$

$$SO_2 + O \xrightarrow{\text{햇빛}} SO_3$$

$$SO_3 + H_2O \rightarrow H_2SO_4$$

질소산화물은 자동차 배기가스뿐만 아니라 다른 고온 연소 과정에서도 배출되며, 대기 중의 주요 산성물질이다. 질소산화물 생성은 공기 중의 질소와 오존과의 화학반응과 연관이 되어 있으며 다음 식과 같다.

$$N_2 + O_2 \rightarrow 2NO$$

$$NO + O_3 \rightarrow NO_2 + O_2$$

$$NO_2 + O_3 + H_2O \rightarrow 2HNO_3 + O_2$$

산성비의 영향은 치명적이었다. 과거에 북아메리카와 스칸디나비아에 있는 수백 개의 호수가 산성화되어 물고기가 생존할 수 없게 되었다. 노르웨이 호수에서, pH가 4.5 미만인 호수의 70% 이상은 물고기가 살지 않았고, pH 5.5 이상인 호수에만 물고기가 살 수 있는 것으로 조사되었다. pH가 낮아지면 물고기 생존에 직접적으로 영향을 미칠 뿐만 아니라 알루미늄과 같은 잠재적으로 유독한 금속이 용출되어 문제가 확대된다.

산성비는 북미 애디론댁(Adirondacks) 지역의 고산지대 호수에 살았던 물고기와 식물의 50%를 사멸시켰다. 낮은 pH에 의해 호수의 송어와 토착 식물은 모두 사라진 반면, 내산성이 있는 조류만 살아남을 수 있을 만큼 산도가 높았다.

북미에서 대기 중의 산이 담수 수계로 침적됨에 따라 미국 환경보호청(US EPA)은 연간 헥타르당 10～20 kg SO_4^{2-}의 침적 한계를 제안하였다. 단순 계산을 해보면, 배출되는 황산 및 질소산화물의 양이 USEPA에서 제안한 한계보다 크다는 것을 알 수 있다. 예를 들어, 미국 오하이오주의 경우 SO_2의 연간 총배출량은 2.4×10^6톤이었다. 배출된 SO_2 전부가 SO_4^{2-}로 전환되어 오하이오주에 떨어질 경우 연간 헥타르당 360 kg이나 된다.[4]

그러나 모든 황산화물이 오하이오에게 떨어지는 것은 아니다. 실제로 대부분의 오염물질은 대기에 실려 먼 곳으로 이동한다. 미국 북동부 지역의 황화합물 배출량에 대해 유사한 계산을 해보면, 황화합물 배출량이 실제 침적량보다 4～5배 더 높다. 배출된 황화합물은 다 어디로 갈까?

이 질문에 캐나다 과학자들은 설득력 있는 대답을 가지고 있다. 그들은 수년 동안 캐나다의 산성비 문제에 대해 미국을 비난하였다. 마찬가지로, 스칸디나비아 산성비 문제는 영국이나 유럽 대륙 저위도 국가에서 과거보다 높은 크기의 굴뚝을 설치하였기 때문이라고 추측된다. 수년간 영국의 산업계는 대기오염을 관리하기 위해 단순히 높고 큰 굴뚝을 만들어 즉각적으로 지상의 오염농도를 낮추었지만, 실상은 더 높은 고도에 동일한 양의 오염물질이 방출하였을 뿐이다. 결국 영국의 대기질은 개선되었지만 유럽의 다른 지역에서는 산성비로 인한 피해를 입었다.

국가 경계를 넘나드는 대기오염에 대한 규제는 특히 어려운 문제이다. 직접적인 경찰력이나 강제 규제는 사용할 수 없다. 그런데 왜 영국은 스칸디나비아의 산성비에 대해 걱정해야 할까? 왜 독일은 라인강이 네덜란드로 흘러가기 전에 깨끗이 정화해야 할까? 왜 이스라엘은 요르단과 공유하는 사해에서 물을 얻어야 할까? 이런 경우 국내법은 유효하지 않으며, 폭력적 수단으로는 사태가 해결되지 않는다. 어떻게 가해를 한 국가에게 환경오염 문제를 해결하도록 강제할 수 있을까? 국제 정의나 규약이 작용할 수 있을까?

12.3.2 광화학 스모그

대기오염물질은 일반적으로 1차와 2차 오염물질로 분류한다. 1차 오염 물질은 배출원으로부터 대기로 직접 배출되는 것으로 정의되며, 2차 오염물질은 화학반응에 의해 대기 중에 생성된다. 자동차 배기가스의 구성 요소는 2차 오염물질의 형성에 특히 중요하다. 잘 알려진 미국 로스앤젤레스 스모그는 2차 오염물질 생성의 전형적인 사례이다(그림 12.12). 표 12.3은 광화학 스모그의 형성에서 중요한 반응 일부를 단순화해서 나열한 것이다.

그림 12.12 캘리포니아주 로스앤젤레스의 스모그(사진 : Jens Peermann/Shutterstock)

표 12.3 단순화한 광화학 스모그 생성 화학반응

NO_2 + 빛	→	$NO + O$
$O + O_2$	→	O_3
$O_3 + NO$	→	$NO_2 + O_2$
$O + HC$	→	HCO^o
$HCO^o + O_2$	→	$HCO^o{}_3$
$HCO^o{}_3 + HC$	→	Aldehydes, ketones, etc.
$HCO^o{}_3 + NO$	→	$HCO^o{}_2 + NO_2$
$HCO^o{}_3 + O_2$	→	$O_3 + HCO^o{}_2$
$HCO^o{}_x + NO_2$	→	Peroxyacetyl nitrates (PAN)

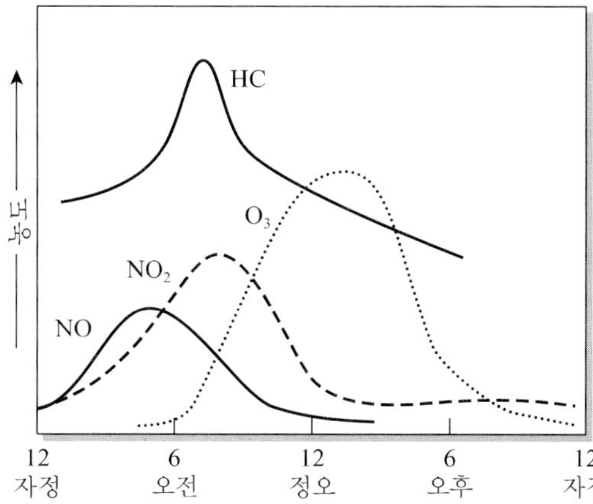

그림 12.13 맑은 날 24시간 동안의 광화학 스모그의 형성 패턴

반응 순서는 가솔린 및 다른 연료의 연소에서 형성되고 대기로 방출되는 질소산화물이 태양광에 의해 어떻게 작용하여 오존을 생성하는지 보여주는데, 오존은 오염원에서 직접 배출되지 않기 때문에 2차 오염물질로 간주된다. 오존은 탄화수소와 순차적으로 반응하여 알데히드류, 유기산류 및 에폭시 화합물과 같은 화합물을 형성한다. 따라서 대기는 기존의 물질이 반응하여 새로운 화합물이 형성되는 거대한 반응기로도 볼 수 있다.

광화학 스모그의 형성은 동적인 화학반응이다. 그림 12.13은 맑은 날 24시간 동안의 대기 구성 성분들의 변화 양상을 보여준다. 오전시간 러시아워의 시작을 기점으로 NO의 농도가 빠르게 증가하고 뒤이어 NO_2의 농도가 역시 빠르게 증가한다. 그리고 NO_2와 직사광선이 반응하여 오존 및 기타 산화제 등이 생성된다. 탄화수소(hydrocarbon, HC)의 농도 역시 오존과 유사하게 낮에 증가하고 밤에는 감소하는 경향을 나타낸다.

광화학 스모그 생성에 대한 반응기작은 오랜 기간 의문점으로 남아있었다. 특히 고농도 오존의 생성은 많은 연구자들을 곤혹스럽게 했다. 표 12.3의 맨 위로부터 3가지 반응에서, 1몰의 NO_2는 1몰의 산소 원자를 형성하여 오존을 생성하고, 오존과 NO가 반응하여 1몰의 NO_2가 생성된다. 이러한 일련의 반응은 매우 빠르게 일어나는데, 오존 농도는 어떻게 증가하는 것일까?

한 가지 해답은 NO가 다른 반응들, 특히 다양한 탄화수소의 라디칼들과 결합하여 과잉 오존이 대기에 축적된다는 것이다(표 12.3의 7번째 반응). 그리고 일부 탄화수소 라디칼들이 산소분자와 반응하여 오존을 생성하기도 한다.

광화학 스모그 생성에 관여하는 화학반응은 매우 복잡한데, 이는 오존 농도를 제어하기 위해 탄화수소 배출을 줄이려는 시도에서 확인되었다. 대기 중 탄화수소가 부족하다면 오존은 NO가 NO_2로 산화되는 과정에서 이용될 것이라고 추측했다. 그러나 이 해결방안은 실패로 돌아갔으며, 광화학 스모그 형성에 관여하는 모든 1차 오염물질이 동시에 제어되어야 한다는 점을 명백히 보여준다.

FOCUS ON

광학스모그의 원인 발견

1940년대 캘리포니아 남부 지역에서 맑은 날이 점점 더 줄어들면서 주민들이 가시거리가 줄어드는 이유에 대해 관심을 가지게 되었다. 그러나 2차 세계대전 중에는 거의 아무런 대응을 하지 못하였고 오염 상황은 지속으로 악화되었다. 로스앤젤레스(LA) 도심에 부타디엔을 생산하는 화학공장이 건설되었을 때 주민들과 심한 갈등이 표출되었으며, 유독성 가스가 누출되어 주민들이 대피하는 사고도 발생하였다. 지금의 우리는 부타디엔 공장이 가시거리 악화에 별다른 영향을 끼치지 않았다는 것을 알고 있지만, 그 당시에는 도심지에서 발생한 환경사건으로 인해 대중들이 항의하는 사태로 발전되었고 대기오염에 대한 조치가 시행되도록 하였다. 당시 환경전문가들은 SO_2와 매연 측정장비를 가지고 와 대기질을 측정하였으나 황산화물 농도가 매우 낮았기 때문에 명확한 원인을 파악할 수 없었다. 1947년 로스앤젤레스 시당국은 대기오염 규제를 할 수 있는 사법경찰력을 확보하고 관리를 전담하는 대기환경보호국을 창설하였다. 그러나 LA에서 대기오염을 줄이기 위한 초창기의 노력은 모두 SO_2 저감에 집중되었으며 별다른 성과를 얻지 못했다. 이에 집중적인 연구가 필요하다는 결론에 이르게 되었다.

캘리포니아공대에 근무하며 파인애플에서 배출되는 물질에 대해 연구하던 네덜란드 태생의 생물학자 아리 얀 하겐 스미트(Arie Jan Haagen-Smit, 그림 12.14)는 LA 대기오염에 대해 연구해 보기로 결심하였다. 그는 실험을 통해 LA 공기 중에서 눈 자극을 유발하는 퍼옥시유기물(peroxy-organic substances)을 발견하였다. 이 오염물의 발생원은 휘발유 자동차라는 사실이 알려졌으며, 이후 자동차산업에 대한 강력한 문제제기로 이어졌다. 그러나 자동차업계의 지원을 받아 스모그 현상에 대해 연구하던 스탠포드대학교(Stanford) 연구진은 하겐 스미트의 결과를 매도하는 논문을 발표하였다. 이에 화가 난 하겐 스미트는 파인애플 연구를 완전히 접고 스모그 문제에 전념하기 시작하였다.

그의 이전 연구 중 하나는 오존이 식물에 미치는 피해에 관한 것이었으며, 자동차 배기가스가 식물에 유사한 피해를 일으키는 것을 발견하고 배기가스에 오존이 포함되어 있을 것으로 예상하였다. 그러나 오존은 자동차에서 직접 배출되지 않았으며 오존의 출처에 대해 의문을 갖게 되었다. 그는 마침내 실제 도시의 대기 조건과 유사한 대형 챔버를 설치하고 자동차 배기가스를 집어넣은 후 강한 빛에 노출시키는 실험을 실시하였다. 이 실험을 통해 오존이 어떤 공급원에서 직접 배출되지 않고 대기 중에서 반응에 의해 형성되며, LA 스모그의 주범인 오존이 자동차 배기가스의 질소산화물로부터 시작되는 반응에 의해 생성된다는 것을 입증하였다.

강력한 힘을 가진 자동차와 석유산업계는 이러한 화학반응이 스모그의 원인이 될 수 있다는 것을 부인하였으며, 스모그 발생 시에 존재하는 오존이 성층권에서 유래하였을 것이라고 주장하였다. 물론 이는 말도 안 되는 소리이다. 하겐 스미트의 용기 있는 연구는 스모그 문제에 대한 궁극적인 해결책을 제시하였다(그러나 아직 완전히 실행되지는 않았다).

출처 : 아리 얀 하겐 스미트(Arie Jan Haagen-Smit) 전기(저자 James Bonner). 미국 국립과학아카데미의 전기저널 Vol. 58. 워싱턴 DC; National Academies Press, 1989.

12.3.3 오존층 파괴

일반적으로 오염된 도시 대기의 오존(O_3) 농도는 우리들의 눈을 자극하는 수준이다. 지표면의 오존은 지구 상공 11 ~ 16 km 사이에 존재하는 성층권의 오존과 혼동하지 않도록 주의가 필요하다. 성층권의 오존은 태양으로부터 오는 강한 자외선을 차단하는 역할을 하는데, 따라서 성층권의 오존 농도 변화는 예기치 못할 방식으로 생태계를 변화시킬 뿐만 아니라 피부암의 가능성을 증가시키기도 한다.

성층권의 오존층 파괴 문제는 염화불화탄소(Chlorofluorocarbons, CFCs)라고 불리는 화학물질이 원인이다. 이 물질은 스프레이 제품이나 냉장고 등에 널리 사용되고 있는데, 성층권 오존층의 파괴와 더불어 기후변화의 원인물질로 지목되고 있다. CFCs는 단일 화합물이 아니라 유사한 종류 화합물의 통칭으로, 다양한 화합물이 존재하지만 프레온11 (Trichlorofluoromethane, $CFCl_3$)과 프레온12 (Dichlorodifluoromethane, CF_2Cl_2)가 주로 사용되고 있다. 두 물질 모두 비활성이며 물에 잘 용해되지 않고 대기 중에서 잘 분해되지도 않는다. CFCs는 지표면 대류층에서 상부의 성층권으로 천천히 유입되고 짧은 파장의 강력한 태양 광선에 의해 분해되어 최종적으로 염소 원자가 방출되며 오존과 반응한다. 오존층의 파괴로 인해 자외선은 어떠한 방해도 받지 않고 대기권을 통과할 수 있게 되며, 이로 인해 피부암 발병과 같은 심각한 영향을 미친다. 오존층이 자외선을 효과적으로 차단하지 못할 때 햇볕을 쬐는 것은 매우 위험하다.

성층권의 오존 문제는 지표면과는 다르며 대기압도 수시로 변하기 때문에 오존 농도를 정확히 측정하기는 어렵다. 따라서 오존 농도를 나타내는 지표로 돕슨 단위(Dobson unit, DU)가 도입되었다. 1 DU는 다음과 같다.

1 DU = 0℃ 1기압에서 모든 층의 두께 0.01 mm

일반적으로 오존농도는 중위도에서 약 350 DU, 적도에서 250 DU이며 남극에서는 100 DU에 불과하다.

성층권의 오존은 산소가 빛에너지(hv)와 반응할 때 생성된다.

$$O_2 + hv \rightarrow O + O$$
$$O_2 + O \rightarrow O_3$$

빛은 또한 오존을 분해한다.

$$O_3 + hv \rightarrow O_2 + O$$

위 반응식은 오존에 의해 태양의 자외선이 지구표면에 도달하지 않도록 하는 반응 기작이다. 이러한 반응은 대기를 가열하여 매우 안정된 조건인 기온역전 현상을 유발하기도 한다.

CFCs가 성층권으로 유입되면 오존이 파괴된다. 우선 CFCs는 빛과 반응하여 염소를 방출한다. CFCs의 반응 중 하나는 다음과 같다.

$$CF_2Cl_2 + h\nu \rightarrow CF_2Cl + Cl$$

염소원자는 오존 파괴를 촉진하는 촉매역할을 한다. 하나의 염소원자는 메탄과 같은 다른 화합물과 반응하기 전까지 수천 번의 연쇄반응을 일으킬 수 있다.

$$Cl + O_3 \rightarrow ClO + O_2$$
$$ClO + O \rightarrow Cl + O_2$$

오존층의 파괴는 남극 상공에서 최초로 발견되었으며, 당시에는 그 원인이 밝혀지지 않았다. 처음에는 겨울 동안에 극지방에서 형성되는 극소용돌이가 원인인 것처럼 보였다. 이 극한의 소용돌이는 지표면 대기와 상부의 공기를 분리시킨다. 봄 기간 동안 극한의 소용돌이가 사라지고, 갇혀있던 공지는 분리되어 섞이게 된다. 소용돌이 공기의 온도는 약 −90℃로 극도로 차가워 얼음 결정으로 이루어진 대기 구름을 형성한다. 이 얼음 결정의 표면에서는 다음과 같은 반응이 일어난다.

$$ClONO_2 + H_2O \rightarrow HOCl + HNO_3$$
$$NOCl + HCl \rightarrow Cl_2 + H_2O$$
$$ClONO_2 + HCl \rightarrow Cl_2 + HNO_3$$

봄이 되면 염소 원자가 방출되고 빛에 의해 분열되며, 축적되었던 엄청난 양의 염소에 의해 오존 분해반응은 다시 시작된다. 이로 인해 매년 오존층에 구멍이 형성된다. 그러나 늦봄 시기에는 오존이 풍부한 공기가 다시 유입되어 오존층의 구멍은 다시 회복된다.

$$Cl_2 + h\nu \rightarrow 2Cl$$

성층권의 오존이 감소함에 따라 자외선이 피부암이나 다른 피부질환을 유발할 수 있는 점은 전 세계적으로 우려되고 있다. 보통 오존 1%가 감소하면 비흑색종 피부암의 발병이 2% 증가하는 것으로 추정된다. 비흑색종에 비해 더 치명적인 흑색종 피부암이 오존 농도와 연관성이 있는지에 대한 여부는 아직 확실치 않다.

자외선의 증가는 피부암 유발 외에도 안구의 손상을 유발할 수 있고, 면역체계를 약화시키거나 식물의 광합성을 저해할 수도 있다. 개구리에게 원인불명의 새로운 질병이 발병하는 등, 자외선 조사량의 증가로 인해 생태계 교란이 발생할 수도 있다.

성층권의 CFCs 저감은 전 지구적인 노력이 필요하며, 이는 전 지구적인 오염문제에 대응하기 위해 여러 국가들이 공동으로 협력한 매우 드문 경우이다. 물론 이런 협력 과정은 많은 시간이 소요되었다. CFCs는 1930년대에 처음으로 발명되어 널리 쓰였으나, 미국이 스프레이 제품에 들어가는 CFCs 사용을 금지하기 시작한 것은 1970년대가 되어서였다. 1974년에 과학자들은 CFCs가 오존을 감소시킬 것이라고 예측했지만, 남극에서 영국 기상학자가 오존 구멍을 발견하고 전 세계적인 문제로 인식하기까지는 15년의 시간이 필요하였다. 이 문제는 1987년 몬트리올 협약으로 이어져 1999년까지 CFCs 사용량을 자발적으로 50% 감축하고, 이후 CFCs 사용을 전면 금지하게 되었다. CFCs의 최대 제조업체인 듀폰(DuPont)은 1988년에 자발적으로 제조를 중단했다. 그러나 자동차 에어컨과 같은 많은 냉동시스템에는 여전히 CFCs가 필요했기 때문에 CFCs 재고물량은 오히려 귀하게 되었다. 냉동시스템에 새로운 종류의 냉매를 사용하기까지 많은 양의 CFCs가 미국으로 밀수입되기도 했다.

12.3.4 지구 온난화(기후 변화)

지구는 태양광을 받아 일부는 우주로 반사하고 일부는 흡수하는 반사경 역할을 하며, 흡수한 태양광의 일부는 열의 형태로 우주로 방출한다. 사실상 지구는 태양으로부터 고에너지/고주파 복사를 받아 저에너지/저주파로 변환하여 우주로 방출하는 파동 변환기 역할을 한다. 이 과정을 통해 지구는 온도의 수지를 유지하며, 다음과 같이 나타낼 수 있다.

(태양으로부터의 에너지 유입) = (우주로 다시 방사되는 에너지 유출)

이런 단순 에너지 수지식과 지구의 크기, 태양으로부터 들어오는 에너지 총량 등과 같은 주요 변수를 이용하여 지구의 온도변화를 모델링할 수 있다.[5] 이 단순 모델은 매스터스(Masters)에 의해 개발되었기 때문에 다음 설명의 상당 부분이 그의 공적이다.

그림 12.14와 같이 지구가 태양으로부터 빛을 받는 상황을 생각하자. 태양으로부터 도달하는 복사의 양은 태양 상수(solar constant, S)라고 불리는 에너지 강도에 기초하여 계산된다. 이 상수는 약 1,370 W/m^{2}이다. 이 복사를 받는 면적은 지구의 투영면적으로 측정되며 πR^2로 계산할 수 있다. 여기서, R은 지구의 반경이다. 이를 다른 방법으로 묘사하기 위해 태양 광선이 이동하는 지구의 앞쪽에 원이 그려져 있다.

태양 복사열이 지구에 도달하는 속도는 다음과 같이 계산될 수 있다.

$$B = S\pi R^2$$

여기서, B : 태양광 에너지가 지구에 도달하는 에너지, W

S : 태양 상수, 1,370 W/m^2

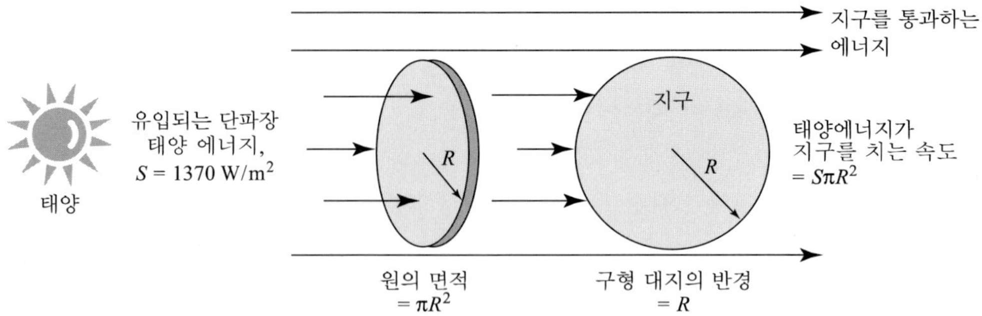

그림 12.14 지구에 도달하는 태양광 에너지량

우주에서 볼 때 지구는 햇빛의 반사경이며 태양광 에너지 중 일부가 반사된다. 반사된 에너지의 백분율을 알베도(albedo)라고 하며, 이는 약 31%로 추정된다. 알베도는 지표, 얼음, 눈 그리고 기타 변수에 따라 매우 다양하며, 지구의 평균 알베도를 α라고 하면 우주로 다시 반사되는 빛 에너지의 양은 다음과 같다.

$$F = S\pi R^2\alpha$$

여기서, F : 공간으로 반사되는 빛 에너지, W
α : 알베도 또는 반사되는 빛 에너지의 비율, 31%로 추정됨

에너지 수지식으로부터 지구가 흡수하는 에너지의 양은 위 식들에서 계산한 B와 F의 차이다.

$$A = S\pi R^2(1-\alpha)$$

여기서, A : 지구에 흡수된 빛 에너지, W

지구는 파동 변환기이기 때문에 흡수된 빛 에너지는 열로 전환된다. 모든 물체는 표면적과 절대온도의 4승에 비례하여 에너지를 방출하며, 다음 식과 같이 나타낼 수 있다.

$$E = \sigma A T^4$$

여기서, E : 우주로 다시 방출되는 에너지, W
σ : 스테판-볼츠만 상수 = 5.67×10^{-8} W/m^2K^4
T : 절대 온도, K

지구의 전지역의 온도가 동일하여 복사가 완벽하게 수행된다고 가정하면, 우주 공간으로 재방출 되는 열에너지를 다음과 같이 계산할 수 있다.

$$E = \sigma 4 \pi R^2 T_e^4$$

여기서, T_e : 지구 평균 온도, K

지구에 도달하는 태양에너지와 우주로 다시 방출되는 열에너지는 균형을 이루고 있어야 한다. 이를 적용하면,

$$A = E$$
$$S\pi R^2(1-\alpha) = \sigma 4 \pi R^2 T_e^4$$

이 되고, 온도에 대해 이 식을 정리하면,

$$T_e = \left[\frac{S(1-\alpha)}{4\sigma} \right]^{1/4}$$

가 된다.

몇 개의 일반적인 상수값을 대입하면, 지구 표면의 온도를 다음과 같이 계산할 수 있다.

$$T_e = \left[\frac{(1370\,\mathrm{W/m^2})(1-0.31)}{(4)(5.67\times 10^{-9}\,\mathrm{W/m^2K^4})} \right]^{1/4} = 254\,\mathrm{K} = -19℃$$

그러나 우리는 지구의 평균기온이 약 15℃인 것을 알고 있다. 왜 모델과 크게 차이가 나는 것일까? 만약 지구의 기온이 실제로 －19℃라면 생명체가 존재할 수 없었을 것이다. 따라서 모델에 어떤 오차가 있을 것이다. 이 오차는 지구 대기에 의해 흡수되는 열이 반영되지 않았기 때문에 발생한다. 대기는 빛을 통과 시키지만 일부 열이 우주로 다시 빠져 나가지 못하게 한다는 점에서 온실과 유사하며, 따라서 이 현상을 온실효과라고 한다.

지구의 온실효과는 오염되지 않은 깨끗한 대기에서도 발생한다. 온실효과에 의해 단순 에너지 방정식으로 계산한 것보다 지구의 온도를 34℃ 높게 하며, 이에 의해 지구상에 생명체가 살 수 있는 기후가 조성되었다.

이산화탄소(CO_2), 메탄(CH_4), 아산화질소(N_2O)와 같은 온실 가스의 농도의 측정은 매우 쉬우며 지난 50년간 증가해왔다. 이 측정결과는 온실가스들의 농도 증가가 지구의 온도 상승을 야기한다고 주장과는 다른 문제이다. 지구의 기온은 몇 년에서 수천 년 사이의 주기를 가지고 지속적으로 변화하고 있기 때문이다.

그러나 과학자들 사이에서 인간이 온도 상승을 일으켜 지구 온난화 현상의 원인이라는 데에는 거의 이견이 없다("기후 변화"는 기온상승을 비롯한 온도 변화가 있음을 전달하기 때문에 "지구 온난화"보다 선호하는 용어가 되었다). 앞으로 기후변화에 의한 영향과 우리가 취해야 할 행동에 대한 논쟁이 계속되고 있다. 사람들은 매우 다양한 의견을 표출

한다. 일부 사람들은 여전히 지구 온난화가 문제가 아닌 자연 현상이라고 생각하고 있다. 누군가는 인간이 원인이지만 지구 온난화는 심각한 문제는 아니라고 생각하기도 한다. 그리고 긴급한 행동이 필요한 불확실한 대격변이라고 생각하는 사람, 불가피한 대재앙이라고 생각하는 사람들도 있다. 그럼에도 불구하고 지구온난화에 의한 영향을 줄이기 위해 온실가스의 배출량을 측정하고 감축시키는 방법을 찾기 위한 정부 및 관련 업계의 노력이 요구되고 있다.

FOCUS ON

탄소 발자국

기업들은 점점 강화되는 환경 규제에 직면하고 있으며, 기업의 사회적 책임과 함께 관련 이해관계자들의 참여도 증가하고 있는 추세이다. 이러한 움직임은 지속가능한 친환경 제품의 개발로 이어지고 있으며, 환경에 미치는 영향을 고려하려는 기업의 수도 늘어나고 있다. 따라서 환경영향평가나 생애주기평가(LCA)를 수행할 때 에너지 사용량과 비용이 매우 중요한 항목이 되었다. 탄소발자국(carbon footprint)은 지구온난화의 영향을 표현할 수 있는 표준화된 형식으로, 에너지의 사용에 의한 이산화탄소 배출뿐만이 아니라 기후변화에 영향을 미치는 다른 종류의 온실가스[즉 CH_4, N_2O, PFCs (perfluorocarbons), HFCs (hydrofluorocarbons), and SF_6]의 배출량도 함께 고려한다.

그림 12.15 푸른 하늘에 새겨진 항공기들의 흔적(출처 : © Oliver Sved / 123RF)

대개 탄소발자국은 제품이나 단체 등으로부터 배출되는 온실가스 배출량을 나타내지만, 특별한 상황, 특정 장소 또는 개인이 배출하는 온실가스에 대해서도 계산이 가능하다. 온실가스 중에서 이산화탄소(CO_2)의 역할이 크기 때문에 다른 온실가스의 배출량을 이산화탄소 동등량(CO_2eq)으로 표현하며, 전체 탄소발자국 총량으로 나타낸다. 예를 들어, 메탄(메테인) 1톤은 이산화탄소 21톤과 동등한 온실효과를 낸다.

탄소발자국을 계산할 때 온실가스 배출량은 다음 세 가지 범주로 나눈다. 이 분류는 국제 표준ISO 14064가 적용되는 기업의 배출량 산정 방법이며, 온실가스 프로토콜의 정의를 기반으로 하고 있다. 보다 명확한 탄소발자국 계산법을 PAS2050과 같은 문서에 제시되어 있다.

- 범주 1, 직접 배출. 소유한 차량 또는 난방 기기 등에서 배출되어 기업이 직접 통제 가능한 배출량이다.
- 범주 2, 외부 유입 전력/열/증기 생산에 의한 배출. 전기는 신재생 에너지로부터 일부 생산되지만 아직까지 화석 연료에 의해 주로 생산된다. 기업 외부에서 배출되는 온실가스에 대해 해당 기업이 직접적인 통제를 할 수는 없지만, 전기 생산을 위해 외부 발전소에서 배출되는 이산화탄소에 대해서는 간접적인 책임을 진다.
- 범주 3, 간접 배출. 제품 또는 서비스의 전 단계 또는 후속 단계에서 배출되는 온실가스를 산정하기는 쉽지 않다. 예를 들어, 우유 한 팩을 생산하는 과정에서도 운송, 포장, 가공, 냉장, 폐기물 처리 및 농장 젖소 등을 포함한 매우 다양한 출처에서 온실가스가 간접적으로 배출된다.

탄소발자국 계산은 매우 복잡하며, 이용 목적에 따라 산정의 상세한 정도가 달라진다. 회사 내부의 에너지 관리 정책을 위해 탄소발자국을 계산하려는 기업은 제품 생산을 위해서나 제3자가 요청한 것보다는 더 근원적인 계산방식을 적용해야 한다. 이 때 계산에 포함되지 않은 온실가스의 출처를 포함하여 탄소발자국 및 전체 계산 방식을 명시함으로써 경계조건을 명확히 하는 것이 중요하다. 다른 기업과 공유한 사무실 공간, 건물 임대, 회사 직접 소유 공간 또는 관리 공간 등과 같은 요소는 배출에 책임 있는 사람에게 영향을 미칠 수 있어 경계조건에 반드시 포함되어야 한다. 이것은 투명성을 제공할 뿐만 아니라 탄소 발자국이 동적 측정이기 때문에 배출량을 시간에 따른 업데이트가 가능하게 한다. 유럽에서 판매되는 몇몇 상품들에는 이미 온실가스 배출량이 제시되고 있다.

- 테스코(Tesco, 유통업체)의 20개 식료품 제품에 대해 탄소발자국 산정
- 워커스크리스프(Walkers Crisps, 제과회사)의 감자칩 전 품목에 대해 탄소발자국 산정
- 부츠약국(Boots Pharmacy, 영국 약국체인)의 식물성 샴푸에 대해 탄소발자국 산정

북미의 기업들도 경쟁에서 우위를 차지하고 에너지 절약을 목적으로 회사 제품들에 대한 탄소발자국을 계산하고 있어서, 향후 제품 설명서에서 탄소배출량 수치를 더 많이 찾아볼 수 있을 것이다.

출처 : Linden Consulting Partnership (Essex, England)의 Phil Kingston과Margaret H. Whittaker

지구 온난화에서 주목할 점은 지구 온도가 수백만 년간 거의 일정했다는 점이다. 어쩐 일인지 지구는 생명의 창조와 유지에 적합한 온도 조건을 유지해 왔다. 제임스 러브록(James Lovelock)은 이 개념을 이용하여 지구가 하나의 단일실체(대자연)라는 가이아 가설을 제안했는데, 변화하는 환경에 대응하고 질병과 싸워야 하는 다른 생명체와 마찬가지로 지구도 살아 움직인다는 개념이다.[6] "가이아(Gaia)"는 그리스 신화에 등장하는 대지의 여신의 이름에서 유래한 것이다. 가이아 가설을 지지하는 사람들(Gaians) 중 일부는 이 개념을 가장 광범위하고 영적인 의미로 해석하여 지구는 하나의 독특한 생명체임과 동시에 다른 생명체의 일반적인 특성을 지니고 있다는 견해를 보인다. 반면 러브록과 같은 부류는 가이아 이론이 반작용 모델일 뿐 특별히 신비한 것은 아니라는 견해를 가지고 있다.

그러나 인류가 뇌와 같은 하나의 살아있는 유기체의 일부분이라고 가정해보자. 만약 가정을 받아들인다면, 인류가 자기 자신과 함께 지구에 살아있는 다른 생명체를 파괴하는 것은 자신을 파괴하는 것이라는 사리에 맞지 않는다. 따라서 지구를 살아있는 하나의

생명체로 생각하는 것은 과학적인 접근이기 보다는 종교적인 접근 방식이다.

이 가정을 받아들인다면 흥미롭게 개념 확장도 가능하다. 조금은 엉뚱한 생각이지만 지구(가이아)가 아직 발전 중이며 사춘기 단계를 겪고 있다고 생각할 수 있다. 이 때 주목해야 할 것은, 지구의 탄소가 아직 평형에 도달하지 않았다는 것이다. 수백만 년 전에 지구상의 대부분의 탄소는 대기 중에 이산화탄소로 존재했으며, 이산화탄소의 우세는 식물의 성장을 촉진했다. 그러나 식물이 자라면서 산소로 전환되었고, 대기 중 이산화탄소의 양이 감소하기 시작했다. 이러한 대기의 변화는 동물의 성장을 촉진시켰고, 산소를 다시 이산화탄소로 전환시켜 균형을 이루고 있다. 불행하게도 가이아는 엄청난 양의 죽어가는 동물을 계산에 넣지 않는 실수를 저질러, 결국 석탄, 석유 및 천연 가스와 같은 화석연료 형태의 지각 퇴적물로 탄소를 저장했다.

이 저장된 탄소를 꺼내는 방법은 무엇일까? 이 때 필요한 것은 대항할 수 있는 숫자를 가진 반지능적(semi-intelligent) 존재이다. 그래서 가이아는 인간을 발명했다! 그러므로 지구상에서 우리의 유일한 목적은 가능한 빨리 탄소 퇴적물을 파내고 이산화탄소를 해방시키는 것이라고 주장할 수 있다. 이것은 오랫동안 추구되어온 삶의 목적이다.

그러나 불행히도 가이아는 엉망이 되었고, 번식 속도가 빠르고 파괴적인 인간을 고려하지 못하였다. 특히 가이아는 인류가 유일한 존재의 이유를 묵살하고 원자력 에너지를 개발하였다는 점을 고려하지 못하였다. 한 인간을 더 이상 믿지 않게 되었다. 특히 인간이 탄소를 파내지 않는다면 병원성 세균이 생명체에 감염을 일으키는 것처럼, 순전히 인간의 개체수 만으로도 문제가 된다. 악성 종양인 암세포가 성장하는 것처럼 지구상의 인구도 빠르게 증가하고 있다.

따라서 차세대 가이아는 인간의 수를 제한해야 하므로 (항생제와 유사한) 항인간제를 개발하여 적절한 수의 인간을 죽이고 지구에 적절한 균형을 이루고자 할 것이다. 항생제 내성 세균과 바이러스의 발현은 인간 개체수 조정을 위한 첫 번째 징후일지도 모른다.

환경 윤리 측면에서 가이아 가설을 적용하면 삶이 의미가 없다는 관념적 실존주의로 귀결되며, 아무도 환경에 대해 관심을 가질 필요가 없어진다. 우울한 논리이다.

12.3.5 기타 대기오염물질

연소 과정에서 다양한 대기오염물질이 생성된다. 질소산화물은 고온에서 대기 중의 질소와 산소가 반응하여 형성된다. 따라서 거의 모든 연소 반응은 산화질소(NO)를 생성한다. 이 외에도 유기산, 알데하이드, 암모니아 및 일산화탄소 등과 같은 오염물질이 연소 과정에서 발생한다. 방출되는 일산화탄소의 양은 연소의 효율과 관련이 있다. 즉, 연소 효율이 높아지면 탄소를 더 많이 산화시켜 이산화탄소로 전환되며 방출되는 일산화탄소의 양은 감소한다. 발전소 등에서 사용하는 연료 중에서 천연가스는 황을 함유하지 않으며 미세먼지 배출도 거의 없다.

운송 수단, 특히 내연 기관을 사용하는 자동차는 대기 오염의 주요 원인이다. 자동차에서 발생하는 미세입자 배출에는 연기와 납 입자가 포함되어 있다. 매연 배출은 탄소의 불완전 연소 때문이다. 반면 납 함유 입자물질은 자동차의 노킹 현상을 줄이기 위해 노킹방지제로 첨가된 납 화합물 때문에 발생하였으며, 이제는 휘발유에 납 화합물 사용이 완전히 중단되었다. 운송 수단에서 발생하는 가스상 오염물질에는 일산화탄소, 질소산화물 및 탄화수소가 포함되어 있다. 탄화수소는 엔진 내부, 기화기 및 가솔린 탱크 등에서의 불완전 연소와 증발에 의해 배출된다.

산업 공정의 대기오염물질 배출은 현대 산업기술의 독창성을 반영한다. 따라서 특정 산업에서 배출되는 오염물질은 예측 가능한 모든 형태의 오염을 망라한다.

비록 고형폐기물 처리 작업이 대기오염물질의 주요 발생원은 아니지만, 일부 지자체에서는 쓰레기의 야외 소각을 허용하고 있다. 어떤 지자체에서는 전용 소각시설을 운영하기도 한다. 야외 소각이나 소각장에 관계없이 고형폐기물의 소각 방법은 쓰레기의 부피를 줄일 수는 있지만 제어가 어려운 다양한 대기오염물질을 생성한다. 효율이 낮은 소각 방법은 악취와 같은 대기오염을 유발하며, 일산화탄소, 유기산, 탄화수소 등을 포함한 매연을 발생시킨다. 매립은 도시 고형폐기물의 처리방법으로 널리 사용되고 있으나, 대량의 메탄과 다른 종류의 대기오염물질을 배출한다.

12.3.6 실내 공기질

미국 환경보호청에게 실내 공기질 관리는 대응하기 어려운 문제였다. 정부가 실내환경에 대해서도 관리 권한을 가져야 하는가, 아니면 실외 대기 환경에 대해서만 권한을 가져야 하는가? 실질적으로는 환경보호청이 실내 공기질 문제를 다루지 않는다면 어떠한 정부기관도 이 문제를 다룰 준비가 되어 있지 않다.

사람들은 실내에서 대부분의 시간을 보내기 때문에 실내 공기질이 건강에 매우 중요하다. 그러나 우리가 숨 쉬는 실내 공기의 질은 거의 모니터링 되고 있지 않다. 오염된 실내 공기는 눈 자극, 두통, 메스꺼움, 재채기, 피부염, 속 쓰림, 졸음 및 기타 여러 가지 증상을 비롯하여 다양한 건강 문제를 유발할 수 있다. 이러한 문제는 다음과 같은 유해한 오염물질을 흡입하면서 발생할 수 있다.

- 석면 – 방화 및 비닐 천장재 또는 바닥재
- 일산화탄소 – 흡연 및 난방
- 포름알데히드 – 카펫, 천장 타일 및 패널

- 미세먼지 – 흡연 및 벽난로
- 질소 산화물 – 등유 난로 및 가스레인지
- 오존 – 복사기
- 라돈 – 토양으로부터의 확산
- 이산화황 – 석유난로
- 휘발성 유기물 – 담배, 페인트, 용제 및 요리과정

사무실이나 대형 건물들은 공조시스템을 통해 공기질을 관리하지만 개인 주택은 대개 자연 환기에 의존한다. 대부분의 가옥은 실제로 밀폐가 완벽하지 않으며, 문이나 창문, 배기구 및 굴뚝 등을 통해 공기가 새어 나간다. 더운 날씨에 일부 가정에서는 개별 환풍기로 강제통풍을 하기도 한다.

가정이나 사무실과 같은 실내의 환기를 계산할 때 설계자는 공기 순환율 개념을 적용한다.

$$a = \frac{Q}{V}$$

여기서, a : 시간당 공기 환기 횟수, 1/h
Q : 유속, m^3/h
V : 공간의 부피, m^3

예제 12.5 복사기가 작동되는 작은 방에서 환기가 되지 않으면 오존 농도가 크게 증가할 수 있다. 방의 부피는 20,000 L인 경우 시간당 공기 환기 횟수는 30회가 되는 것이 좋다. 설치할 환풍기의 공기 유량은 얼마인가?

해답 위의 환기 횟수식으로부터

$Q = (a)(V)$

환풍기의 공기 유량 = $(30\ h^{-1})(20{,}000\ L) = 600{,}000\ L/h$

이 된다.

실내는 일반적으로 독립된 박스 형태이기 때문에 실내 공기오염물질의 배출량과 농도는 단순 박스 모델로 분석 가능하다. 오염 물질은 박스 내부에서 배출되며 깨끗한 공기가 유입되고 오염된 공기가 흘러나오는 동안 이상적으로 완전 혼합된다. 대기오염물질의 관점에서 물질수지는 다음 식과 같다.

[오염물질의 축적 속도] = [오염물질의 유입 속도] – [오염물질 유출 속도]
+ [오염물질 생성 속도] – [오염물질의 소비 속도]

정상상태라고 가정하면 첫 번째 항은 0이다. 유입되는 공기가 오염물질 없이 깨끗하면 두 번째 항은 0으로 가정할 수 있으며 오염물질이 제거 또는 분해되지 않으면 마지막 항도 사라진다. 그러므로 다음과 같이 된다.

0 = 0 − [유출 속도] + [생성 속도] − 0

오염물질 배출량은 다음과 같다.

$$M = CQ = CaV$$

여기서, M : 실내에서 유출되는 오염물질량, mg/h
C : 실내 오염 물질 농도, mg/m^3
a : 공기순환율, 1/h
V : 방의 부피, m^3

생성되는 오염물질량을 배출강도 S라고 하며, 시간당 배출되는 오염물질(mg)로 표시한다. 물질수지로부터 실내 및 배출 공기의 오염물 농도는 다음과 같다.

$$C = \frac{S}{aV}$$

예제 12.6 임의의 방(5 m × 5 m × 2.5 m) 안의 흡연자가 담배를 피우며, 평균적으로 담배 하나가 항상 연소되고 있다. 담배 연기의 오염물질 배출량은 CO 86 mg/h이고 환기량은 0.5회/h일 경우, 실내의 CO 농도는 얼마인가?

해답

$$C = \frac{S}{aV} = \frac{86\,\mathrm{mg/h}}{(0.5/\mathrm{h})(5\,\mathrm{m})(5\,\mathrm{m})(2.5\,\mathrm{m})} = 2.752\,\mathrm{mg/m^3}$$

이 농도는 우려할만한 수치인가? (그림 12.10 참조)

오염물질이 분해되거나 벽면에 부착되어 저감되는 경우, 제거항은 0으로 가정할 수 없다. 오염물질의 분해 또는 제거는 1차 반응 또는 방 내부의 농도에 비례한다고 가정할 수 있다(5장). 마찬가지로, 환기 공기가 완전히 깨끗하지 않고 오염물질을 일부 함유하고 있다면, “유입량”은 0이 아니다. 이 때 정상상태 방정식을 정리하면 다음과 같다.

0 = [유입 속도] − [유출 속도] + [생성 속도] − [소비 속도]

$$0 = C_0 aV - CaV + S - KCV$$

$$C = \frac{S/V + C_0 a}{a + K}$$

여기서, C_0 : 외부 대기의 농도, 즉 환기에 사용되는 공기
a : 공기순환율
V : 방의 부피
C : 방 내부 또는 배기가스 농도
S : 배출 강도
K : 분해 상수

담배의 2차 흡연 문제는 실내 공기오염 중에서도 가장 주변에 미치는 영향도 크고 악성이다. 담배에 들어있는 대부분의 미세입자는 흡연자에 직접 흡입되지 않고 실내로 배출되며, 실내의 다른 사람들이 흡입하게 된다. 담배 연기는 또한 많은 양의 일산화탄소를 함유하고 있으며 여러 사람이 한 곳에서 담배를 피우면 실내 일산화탄소 수준이 높아져 작업에 영향을 줄 수 있다. 자동차는 우리가 일반적으로 생활하는 공간 중에 가장 작은 곳이며, 담배 흡연은 자동차 실내의 일산화탄소 농도를 급격히 증가시킨다. 흡연자는 담배를 피우지 않을 때에도 높은 수치의 일산화탄소를 발산하며 이는 졸음운전을 유발하는 요인으로 지목된다.

그 외 중요하면서 관리가 어려운 실내 공기오염물질은 지하실 및 건축 자재를 통해 유입되는 라돈(Radon)이다. 라돈과 이차 생성 방사능 물질은 우라늄으로 시작하여 납으로 끝나는 자연적인 분해과정에서 생성된다. 라돈－폴로늄(polonium), 납 및 비스무트의 붕괴 생성물은 사람에게 쉽게 흡입되기 때문에 폐 내부로 간단히 전달되며, 폐암을 유발한다. 라돈의 제어방법에 대해서는 15장에서 자세히 다룰 예정이다.

라돈 가스의 흡입과 폐암 발병의 연관성을 과학적으로 증명할 명확한 방법은 없으며, 모든 연구는 우라늄 광산의 광부 같은 방사능 노출도가 높은 집단을 대상으로 하고 있다. 그럼에도 불구하고 다른 발암물질에 비해서도 가정에서 노출되는 라돈의 위험성은 매우 높다. 라돈은 발암 물질이므로 임계치가 없는 것으로 간주되며, 가정에서 라돈의 안전한 수준이란 존재하지 않는다. 그러나 미국 환경보호청은 가정에서 라돈 농도가 4 pCi/L (공기 1 L당 10^{-9}큐리) 이상인 경우 저감 조치를 취하도록 권고한다. 라돈의 영향을 줄이기 위해서는 지하실 벽이나 토양과 접촉하는 지역을 밀봉하고, 라돈 가스가 지하층에서 위층의 거주영역으로 흘러들지 않도록 지하실을 자주 환기해 주어야 한다.

라돈이 1.5 pCi/L 농도로 유출되는 집에서 70년 동안 살 경우 폐암에 걸릴 확률은 약 0.3%로 예측된다.[7] 이 발암 확률은 다른 규제대상 발암물질과 비교해도 위험도가 매우 높다. 실제로 라돈 노출 문제는 미국에서만 매년 2만 건의 폐암에 의한 조기사망을 초래하는 것으로 알려져 있으며, 따라서 미국 환경보호청의 대응 우선순위 목록에서 높은 위치를 차지한다.

문제가 큰 것처럼 이야기 하지만, 라돈에 의한 위험은 운전, 음주, 흡연과 같은 우리가

일상적으로 노출되고 있는 자발적 위험과 비교할 때 매우 미약한 수준이다. 사실 10~20 pCi/L 수준의 집에서 사는 것은 하루에 담배 한 갑을 피우는 것과 동등한 위험도를 나타낸다.

12.4 대기질 규제 기준

역사적으로 중앙정부 또는 지자체는 산업시설이 역외로 이전해 나가는 것을 우려하여 대기오염에 대한 규제나 관련 규정을 엄격히 하는 것을 주저해 왔다. 땅값이나 부대비용이 저렴하고 환경규제가 느슨한 지역은 항상 존재하므로, 기업들은 공장을 규제가 느슨한 지역으로 이전하여 일자리를 없앨 수 있다고 협박한다. 미국의 기업들은 환경규제 법규가 엄격하지 않은 중국 또는 중남미로 공장을 이전하려고 한다. 환경규제가 덜 엄격한 해외 국가로 공장을 옮기는 것은 분명히 비윤리적인 행위이다.

미국은 저렴한 가격에 질 좋은 제품을 생산할 수 있었기 때문에 부유해졌고, 이는 과거에 환경오염에 대한 관심을 기울이지 않았기 때문이다. 물과 공기는 무료였고, 환경정화에 대한 심각한 걱정을 할 필요가 없었다. 자연은 자연정화에 의해 항상 좋은 상태를 유지하는 것처럼 보였다.

이제는 미국보다 훨씬 가난한 나라들이 부유해지기를 원하고 물과 공기도 과거의 미국과 같은 방식으로 사용하길 원한다. 이런 행태는 심각한 환경오염을 유발할 수 있다. 이들 나라들은 자국에 산업시설을 건설하기를 희망하고, 환경오염 규제를 완화하기 바라는 미국 기업을 적극적으로 끌어드리려고 한다.

이 경우 미국 기업의 윤리적 입장은 어떠해야 할까? 기업이 가난한 나라에 투자하는 것을 막으면 이들 국가는 소득과 이익을 창출할 수 없어 선진국과의 격차가 심화될 것이다. 반면에 기업이 이들 저개발 국가에 투자하고 제조 설비를 건설한다면, 환경규제가 느슨한 관계로 공기와 물은 우리가 용납할 수 없는 수준으로 오염될 수 있다. 엄격한 환경기준을 적용하지 않는 국가에 위치한 미국 산업시설에도 미국의 환경기준을 그대로 적용할 수 있을까?

12.4.1 미국의 대기질 관련 법규

대기질 규제 기준은 오랜 기간 변화해 왔다. 처음에는 모든 대기오염이 공장 굴뚝의 매연에 따른 것으로 간주되었고, 이에 따라 1905년 미국 LA에서 관련 법령이 처음 제정되었다. LA는 기온역전 현상이 자주 발생하는 분지에 위치하며, 스페인 탐험가들에 의해 발견되었을 당시에도 모닥불의 연기가 일정 높이 이상으로 상승하지 못하고 갇혀 있었다는 사료도 있다.

세계에서 처음으로 광화학 스모그를 경험했던 1943년까지 미국 LA 시의 자동차 대수는 계속 증가하였다. 이러한 현상은 LA의 지역적 특성과 관련 산업의 성장 때문이라고 여겨졌고, 이 믿음이 깨지는 데는 몇 년이 소요되었다. LA 시민들은 자신의 소중한 자동차가 대기오염의 주범이라고 믿고 싶지 않아 했다. 그러나 자동차 배기가스에 대한 대책이 필요하다는 사실이 점점 명확해 졌으나, 대책의 수립과 시행은 대기오염을 연구자들에게나 규제 당국자들 모두에게 매우 어려운 문제였다. 자동차와 석유 업체를 포함하는 자동차산업 이해당사자들은 지연, 거부, 혼란 야기 등의 방법으로 반대 의견을 지속적으로 표출하였다. 그들은 홍보와 로비활동을 통해 자동차와 연료에 관한 규제 법령의 제정을 늦추거나 막고자 하였다. LA 스모그는 자동차 엔진의 연소에 의한 것임이 명백해 졌을 때에도 기업들은 LA만의 지형적 특성 때문이므로 국가적 규제는 필요치 않다고 주장했다. 그들은 광화학 스모그가 다른 곳에서는 발생할 수 없다는 주장을 하기도 했다.

마침내 미국 캘리포니아주가 자동차 배기가스 규제에 대한 법령을 통과시키려 하자 미국 자동차 산업은 해당 목표치를 달성하지 못할 거며 자동차 산업은 결국 파멸로 이어질 것이라고 주장했다. 일본 자동차 업체인 혼다가 엄격한 배기가스 배출 요건을 모두 충족시키면서도 휘발유 1 L로 16 km를 운행하는 차량을 선보였을 때 그들은 호언장담은 무너졌다.

1963년 대기질 규제에 관한 최초의 법령인 대기관리법(Clean Air Act)이 통과되기까지 메인주 상원의원인 에드먼드 머스키(Edmund Muskie)의 노력이 주요했다. 이 법안은 연방 정부가 7대 대기오염물질에 대한 대기질 관리기준을 설정하도록 요구했다. 이 법령은 1970년부터 시행되었으며, 각 주정부는 1975년까지 대기질 기준을 만족시킬 수 있는 방안을 적용하도록 규정하였다. 그럼에도 불구하고 많은 주에서는 아직도 대기환경기준을 달성하지 못하고 있으며, LA시는 광화학 스모그를 줄이기 위해 보다 극단적인 조치를 취해야만 할 상황이다.

1990년 미국의 대기관리법이 개정되어 기존 7개의 대기오염 관리기준에 덧붙여 180개의 유해(독성) 대기오염물질이 추가되었으며 산성비의 원인물질인 SO_x와 NO_x 배출량을 현저히 삭감하도록 하였다. 그러나 1963년에 제정된 대기관리법의 오존에 대한 환경기준을 2007년까지 만족하도록 법적 기한을 44년이나 연장해 주었다.

12.4.2 대기오염물질 배출량 및 대기질 환경기준

대기오염물질 배출 기준은 미국의 경우 각 주의 대기환경청에 의해 규제 및 관리된다. 우리나라는 대기환경보존법에서 배출허용기준을 관리하고 있다(역자). 배출 기준의 한 예로, 소각장에서 배출되는 미세입자 최대 농도는 이산화탄소 농도와 함께 규정되어 있다. 소각장 배기가스에 이산화탄소 최소 농도 규정이 있는 이유는 과잉 공기로 희석하여 미세먼지 농도를 낮출 수 있기 때문이다. 공기에는 매우 낮은 농도의 이산화탄소가 포함되어 있기 때문에 최소 이산화탄소 농도의 규정을 통해 단순히 배기가스를 과잉의 공기로 희석함으로써 배출 기준을 만족하지 못하도록 한다.

미국 환경보호청은 유해 대기오염물질에 대한 국가 배출기준을 설정할 권한도 가지고 있다. 대기오염물질 목록은 계속 늘어나고 있기 때문에 한 번 목록화 되면 지속적으로 오염원에 대해 배출기준을 강제할 수 있다. 현재 석면, 벤젠, 에틸렌글리콜, 메탄올, 페놀, 스타이렌 및 염화 비닐과 같은 수백 종류의 화학물질이 목록에 포함되어 있다.

두 번째 유형의 대기질 환경기준은 하천 수질기준과 유사하게 대기질의 한계치 달성을 목표로 설정되었다. 이 대기질 기준에는 미세먼지, 이산화황, 일산화탄소, 광화학 산화제, 탄화수소, 질소산화물 및 납이 포함된다. 향후 다른 오염물질이 대기환경에 미치는 영향이 크다는 점이 밝혀진다면, 해당 물질에 대한 환경기준도 추가될 것이다.

먹는물에 관한 수질기준과 마찬가지로 대기질에 관한 환경기준은 1차 및 2차 두 종류가 있다. 1차 기준은 인체 건강과 관련이 있고 2차 표준은 부식, 동물 건강 및 가시성과 같은 다른 문제를 다룬다. 표 12.4는 기준 오염물질(criteria pollutants) 6가지 주요 오염물질에 대한 미국의 국가 대기질 환경기준(National Ambient Air Quality Standards, NAAQS)이다.

대기오염물질에 대해 환경기준을 1년에 두 번 이상 초과되는 지역은 해당 오염물질에 대한 미달성 지역으로 분류된다. 이 지역에 대해서는 규정을 준수할 수 있도록 지자체가 대기오염 관리 프로그램을 도입해야 하며, 공장을 신설하거나 확장하고자 하는 기업도 대기질 개선을 위해 오염물질 배출량을 줄이는 방안을 제시하여야 한다. 또한 일부 지역에서는 자동차 배출 가스를 줄이기 위해 연료를 변경해야 한다. 내연 기관이 대기오염의 가장 큰 원인이기 때문에 수소 또는 전기를 사용하는 친환경 자동차가 대기오염 관리에 큰 기여를 할 것이다.

표 12.4 미국의 국가 대기질 환경기준 *

오염 물질과 평균 시간	1차 기준	2차 기준
CO		
1 h	35 ppm (40 mg/m^3)	None
8 h	9 ppm (10 mg/m^3)	None
Pb		
Rolling 3 mg average	0.15 $\mu g/m^3$	0.15 $\mu g/m^3$
분기별	1.5 $\mu g/m^3$	1.5 $\mu g/m^3$
NO_2		
연간(산술평균)	100 $\mu g/m^3$	100 $\mu g/m^3$
PM_{10} **		
24 h	150 $\mu g/m^3$	150 $\mu g/m^3$
$PM_{2.5}$ **		
24 h	35 $\mu g/m^3$	35 $\mu g/m^3$
연간(산술평균)	15.0 $\mu g/m^3$	15.0 $\mu g/m^3$
O_3		
1 h (미달성지역 8 h)	0.12 ppm	0.12 ppm
8 h (2008 기준)	0.075 ppm	0.075 ppm
8 h (1997 기준)	0.08 ppm	0.08 ppm
SO_2		
3 h	None	0.5 ppm (1300 $\mu g/m^3$)
24 h	0.14 ppm	
연간(산술평균)	0.03 ppm	

* 자세한 내용은 미국 환경보호청(USEPA) 웹사이트 참조

** PM_{10} 및 "$PM_{2.5}$는 각각 직경이 10 μm 및 2.5 μm 미만인 미세먼지를 나타낸다.

연습문제

12.1 1974산 자동차가 월평균 1,500 km를 주행한다. 미국 환경보호청에서 제시한 1974 자동차 배출 기준은 총탄화수소 3.4 g/km, CO 30 g/km이었다.

a. 1년에 배출되는 일산화탄소와 총탄화수소의 총량은 얼마인가?

b. 일반적인 차고(6 × 7.5 × 2 m) 안에서 CO가 치사 농도 이상으로 증가하는데 걸리는 시간은 얼마인가? 농도를 초과하는 데 얼마나 걸리는가?

12.2 혈액의 헤모글로빈에 일산화탄소(COHb)가 2.5% 이상으로 올라가면 장애를 유발하는 것으로 나타났다. 혼잡한 도심의 거리에서 일산화탄소 농도는 10μg/m^{3}에 달하기도 하는데, 장기노출 시 CO와 COHb 사이의 대략적인 관계는 다음과 같다.

COHb(%) = 0.5 + (0.16)(10)(COμg/m^3)

도심 거리의 경찰관이 교통정리 업무 시간 동안 COHb 수준은 어느 정도인가?

12.3 광화학 스모그는 많은 대도시에서 심각한 문제이다.

a. 스모그가 발생한 맑은 날 LA 지역의 NO, NO_2, HC 및 O_3 농도를 나타내는 그래프를 그리시오.

b. 흐린 날에 대해서도 같은 그래프를 그리고 차이점을 설명하시오.

c. LA시에서 광화학 스모그를 줄이는 유일한 방법은 자동차의 운행을 막는 것이다. 모든 차량이 LA의 거리에서 전면 금지될 경우에 예상되는 그래프를 그리시오.

d. 이런 정책이 시행될 수 있을까? 그렇다면 또는 그렇지 않다면 그 이유를 설명하시오.

12.4 대기오염에서 시너지 효과의 세 가지 예를 드시오.

12.5 SO_2가 용해도가 높아 물에 잘 녹는데, 인체에서 기관지의 점액에 먼저 용해하지 않고 폐의 더 깊은 곳까지 도달하는 이유는 무엇인가?

12.6 고용량 공기시료채취기에 사용한 필터의 최초 질량은 18.0 g이며, 먼지를 포집한 후 필터의 무게는 18.6 g이다. 최초 및 최종 공기 유량은 2,000 L/min과 1,100 L/min이다. 24시간 동안 얼마의 공기가 필터를 통과했는가? 그리고 미세먼지의 농도는 얼마인가?

12.7 고용량 공기시료채취기는 평균 2,000 L/min의 속도로 공기를 흡입한다. 미세먼지의 농도가 200 μg/m^{3}인 경우 필터 위에 포집된 미세먼지 무게는 얼마인가?

12.8 뫼즈계곡(Meuse Valley), 런던(London) 또는 도노라(Donora)와 같은 대기오염 사례에 대해 조사하여 서술하시오.

12.9 굴뚝 연기에 대한 링겔만 5도에 대해 설명하시오.

12.10 고용량 공기시료채취기 운영 자료는 다음과 같다.

최초 필터 무게 : 20.0 g　　사용한 필터 무게 : 20.5 g　　초기 공기 유량 : 2,000 L/min
최종 공기 유량 : 1,400 L/min　　운영시간 : 24시간

a. 필터를 통과한 공기의 양은 얼마인가? (L로 표시)
b. 고용량 공기시료채취기의 공기 유량은 어떻게 측정하는가?
c. 포집된 미세먼지의 무게는 얼마인가?
d. 이 계산 결과는 우리나라의 대기환경기준을 초과하는가?

12.11 NO_2의 대기질 환경기준은 $100\mu g/m^3$이다. 이것은 몇 ppm인가? (298 K, 1기압 조건)

12.12 연기로 가득 찬 실내의 일산화탄소(CO) 농도는 500 ppm까지 높아질 수 있다.

a. 일산화탄소 농도는 $\mu g/m^3$ 단위로 얼마인가? (1기압 298 K 조건)
b. 계산한 일산화탄소 농도는 이 방에서 4시간 동안 앉아 있는 사람들에게 어떤 영향을 미치는가?

12.13 그림 12.16은 우주, 대기 및 지구 표면의 평균 에너지 흐름을 개략적으로 보여준다. 이 그림의 단위는 표면적 $1\ m^2$당 W (W/m^2)이다.

a. 공간, 대기 및 지구를 단순 박스로 가정하고, 에너지 수지관계식을 사용하여 그림에 제시된 숫자가 유효한지 확인하시오.
b. 여러 개의 화산분화로 인해 미세먼지가 대기 중으로 방출되었다고 가정해보자. 균형값은 어떻게 달라질 것인가? 그리고 지구 기온에 어떤 영향을 미칠 것인가?
c. 대부분의 온실 가스는 북반구의 산업화된 선진국에서 배출되는데, 적도 부근 국가의 환경부 책임자가 온실가스 배출량 감축을 주장할 수 있는 근거는 무엇인가?

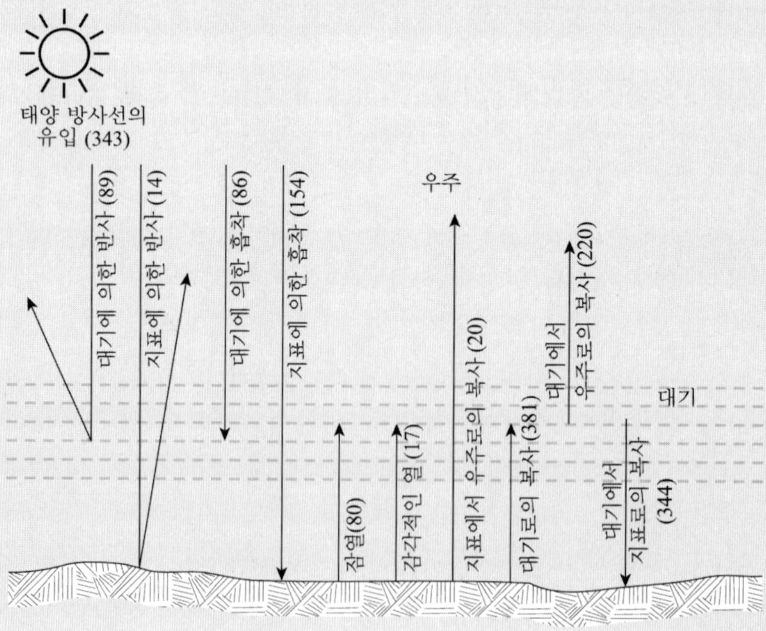

그림 12.16 지구의 평균 에너지 흐름. 단위는 표면적 평방 미터당 와트(W/m^2)이다.
(출처: Harte, J. 1985. Consider a Spherical Cow. Menlo Park, CA: Wm. Kaufman.)

12.14 $5 \times 5 \times 2.5$ m의 실내에서 장작난로를 4시간 동안 사용하고 환기는 시간당 0.5회로 이루어진다. 난로를 가동하고 1시간 후의 일산화탄소 농도는 5 mg/m^{3}이었고, 일산화탄소 농도는 3시간 동안 유지된다. 환기되는 공기는 일산화탄소가 거의 없으며, 일산화탄소는 분해되지 않는다고 가정하자.

a. 난로는 얼마의 속도로 일산화탄소로 배출하는가?

b. 이 난로가 $2 \times 3 \times 3$m 크기의 작은 오두막에서 사용되는 경우 오두막 내의 일산화탄소 농도는 얼마인가?

c. 천연 가스나 기름을 사용하는 것보다 장작을 태우는 것이 더 환경에 이로운가? 난방을 위한 대체에너지로써 목재의 사용에 대해 환경에 대한 영향 및 비용을 추정하여 분석하시오.

12.15 저명한 환경 컨설팅 회사인 브라운앤콜드웰(Brown & Caldwell)의 CEO인 스티븐 피셔(Steven Fisher)는 "환경 분야의 모든 일은 실은 두려움 때문에 이루어진다는 점을 인식해야 한다.[8] 그 결과 대중의 압박이나 법률 제정, 그리고 그 법안의 시행이 이뤄진다."라고 언급하였다. 그렇다면 무엇에 대한 두려움인가? 당신은 그가 옳다고 생각하는가? 그렇지 않다면, 무엇이 환경 규제 및 단속을 가능하게 하는가? 미국의 대기 오염 법률의 역사에 비추어 이러한 질문을 고려하고, 법안 들이 통과된 이유와 규정을 시행하는 데 오랜 시간이 걸리는 이유에 대한 한 페이지 논의를 작성하라.

12.16 석유 및 가스 사용량이 연간 약 3% 증가하고 석탄 채굴량이 연간 약 1.2% 감소한다면, 탄소 배출량을 두 배로 늘리는 데 얼마나 걸릴지 추정하시오.

12.17 도시 대기의 미세먼지 농도는 160μg/m^{3}이라고 가정하자.

a. 이 도시에서 가시거리는 얼마인가?

b. 이 수치가 상대습도가 90%인 이른 아침에 측정했다고 가정하면 가시거리가 평소보다 낮았을까 아니면 높았을까?

12.18 비행기 조종사는 공항에서의 가시거리가 5 km라고 보고한다.

a. 건조한 날이면 이 도시의 미세먼지 농도는 얼마일까?

b. 이 농도가 미세입자의 대기질 환경기준을 초과하는가?

12.19 단열 성능은 다음과 같은 방정식에 의해 정의된 R 값에 의해 평가된다.

$$q = \frac{A(T_i - T_0)}{R}$$

여기서, q : 표면을 통한 열 전달률, W/h

A : 표면의 면적, m^2

T_i : 표면 온도, ℃

T_o : 공기의 온도, ℃

R : 열 저항, m^2 · ℃/W

열 저항 R은 열전도 표면의 저항을 표현하는 값이다. 예를 들어, 일반적인 유리섬유 단열재의 R 값은 1 h · m^2 · K/kJ이다. R 값이 높을수록 단열 능력이 크다. [열 흡수] = [열 방출]의 에너지 수지는 물체를 특정 온도까지 가열하는데 필요한 에너지의 양을 계산하게 한다.

a. 100 m^{2}의 표면적을 가진 주택이 거의 단열되어 있지 않아 평균 R 값이 0.5 h · m^2 · K/kJ이다, 외기 온도가 12℃일 때 집을 21℃로 가열하기 위해 필요한 에너지는 몇 kcal/h인가?

b. 이후 주택에 단열 공사를 하여 R = 20으로 증가하였다면, 집 주인은 얼마의 에너지를 절약할 수 있는가?

12.20 어떤 가족이 실내공기질을 개선하기 위해 오존 발생기를 구입하였다. 이 결정이 좋지 않은 이유는 무엇인가?

12.21 엔지니어들은 어떤 실수를 하여 실내공기질을 나쁘게 만들었는가?

12.22 일리노이주 환경청이 작성한 2003~2004 보고서(2005년 6월)에 따르면 차량은 2003년과 2004년에 일리노이 주에서 가장 큰 대기 오염원이었다. 어떻게 토목 현장에서 대기질에 미치는 차량의 영향을 줄일 수 있을까?

참고문헌

1. Rubber Manufacturers of America. Accessed at http://www.rma.org/scrap_tires/scrap_tire_markets/scrap_tire_characteristics/#anchor135840 in September 2008.
2. Thomas, P. 2005. Tyre dust: Where rubber meets road. The Ecologist. Accessed at http://www.theecologist.org/pages/archive_detail.asp?content_id=1002 on 27 September, 2008.
3. Miguel, A. G., G. G. Cass, J. Weiss, and M. M. Glovsky, 1996. Latex allergens in tire dust and airborne particles. Environmental Health Perspectives 1180–6. Accessed at http://www.pubmedcentral.nih.gov/picrender.fcgi?arti d=1469526&blobtype=pdf on 27 September, 2008.
4. Schwartz, Stephen. 1989. Acid deposition: Unraveling a regional phenomenon. Science (February) 243.
5. Masters, Gilbert M. 1998. Introduction to Environmental Engineering and Science. Englewood Cliffs, NJ: Prentice-Hall.
6. Lovelock, James. 1979. Gaia: A New Look at Life on Earth. New York: Oxford University Press.
7. Nero, A. 1986. The indoor radon story. Technology Review. January.
8. Quoted in The Environmental Age. 1992. Engineering News Record 228: 25.
9. This problem is based on a similar problem in Allen, David, N. Bakshani, and Kirsten Sinclair Rosselot. 1991. Pollution Prevention: Homework and Design Problems for Engineering Curricula. New York: American Institute of Chemical Engineers and other societies.

13
Chapter

대기질 관리

호주, 시일베이(Seal Bay)의 바다사자

호주, 쿠버페디(Coober Pedy) 광산 송풍기

환경공학자는 동물이나 식물뿐만 아니라 인간에게 적합하게 공기질을 유지시키고자 한다. 대기오염을 제어하는 가장 쉬운 방법은 오염원을 없애는 것이며, 이것이 대기오염 문제에 대한 가장 경제적인 해결책이기도 하다. 예를 들어, 슬러지 소각장을 폐기하고 전용 매립지에 슬러지를 살포하는 것이 소각장에 공기정화장치를 설치하는 것보다 훨씬 경제적일 수 있다. 발전소의 경우 석탄을 천연가스로 대체하도록 공정을 수정하면 대기오염 문제를 즉각적으로 해결할 수 있다.

이 장에서는 배출물질 처리에 사용할 수 있는 몇 가지 방안을 논의하고 최신 전략에 대해 설명하고자 한다.

13.1 배출물질 처리

적절한 배출물질 처리장치의 선택을 위해서는 대기오염물질의 특성과 처리장치의 장점이 잘 부합되어야 한다. 대기오염물질의 배출량 규모는 매우 다양하여 하나의 장치로 모든 오염물질을 효과적으로 처리하는 것은 불가능할 수 있다. 더욱이, 배출물질에 함유된 화학물질의 유형에 따라 특정 장치의 사용이 요구되기도 한다. 예를 들어, 고농도의 SO_2가 함유된 가스는 수세정에 의해 제거될 수 있지만, 이 과정에서 생성된 황산은 심각한 부식 문제를 일으킬 수 있다.

다양한 대기오염 제어장치는 크게 입자상 물질(또는 미세먼지)의 제거를 위한 장치와 가스상 물질의 제거를 위한 장치로 나눌 수 있다. 입자상(particulates)과 가스상(gaseous) 오염물질을 구분하는 기준은 크기이다. 가스 분자는 약 0.0001μm, 입자상 물질은 0.1μm 이상의 직경을 갖는다.

일부 대기오염 방지장치는 블랙박스 형태의 분리장치로 간주할 수 있다. 대기오염물질의 제거효율은 4장에서 다루었던 분리 이론으로 계산할 수 있다. 대기에 먼지와 같은 오염물질이 포함되어 있다면 오염방지장치는 먼지 제거를 위해 설계되며, 먼지 저감장치의 포집효율(recovery efficiency)은 회수율과 같이 다음 식 (13.1)로 표시된다.

$$R_1 = \frac{x_1}{x_0} \times 100 \tag{13.1}$$

여기서, R_1 : 포집효율, %

x_1 : 단위 시간당 처리장치에 의해 포집된 오염물질의 양, kg/s

x_0 : 단위 시간당 처리장치에 유입되는 오염물질의 양, kg/s

이 식에서 x_0값을 정의하는 것이 어려울 수도 있다. 예를 들어, 어떠한 입자는 처리장치에서 제거할 수 없을 정도로 입자가 매우 작다. 이 매우 작은 입자들은 기본적으로 x_0에 포함해서는 안 된다. 그럼에도 불구하고 많은 경우 x_0을 전체 입자로 정의하여 제거 대상물질로 규정하기도 한다.

예제 13.1 공기유량 180 m^3/s 미세먼지 농도 125,000$\mu g/m^3$를 함유한 공기를 정화하는 대기오염방지 장치가 있다. 이 장치는 하루에 0.48톤의 미세먼지를 제거한다. 이 경우 배출 농도와 포집효율을 계산하시오.

해답 미세먼지에 대해 물질수지식을 적용한다.

(미세먼지 축적 속도) = (미세먼지 유입 속도) − (미세먼지 유출 속도)
+ (미세먼지 생성 속도) − (미세먼지 소비 속도)

대기오염 방지장치는 정상상태에서 운전되며 미세먼지가 생성되거나 소비되지 않는다고 가정하면,

물질수지 방정식은

(미세먼지 유입 속도) = (미세먼지 유출 속도)

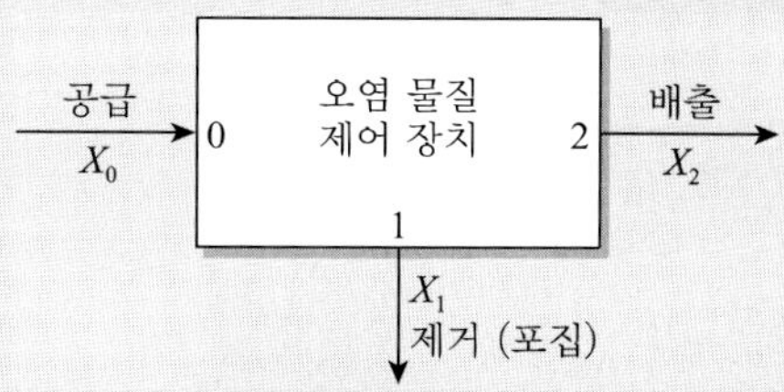

그림 13.1 대기오염 제어장치를 블랙박스로 가정한 도형

그림 13.1은 대기오염물질 저감장치를 블랙박스 형태로 가정하고 유입과 유출을 나타낸 도형으로, 공급(x_0)은 미세먼지의 유입 속도로 유량에 농도를 곱한 값인 질량유량으로 계산된다.

$(180\ m^3/s)\ (125{,}000\mu g/m^3)\ (10^{-6}\ g/\mu g) = 22.5\ g/s$

유출 속도(x_2)는 배출되는 입자들과 포집된 입자들로 구성된다. 포집된 입자는 다음과 같이 계산된다.

$$\frac{(0.48\,ton/d)(10^6\,g/ton)}{86{,}400\,s/d} = 5.6\,g/s$$

전체적인 물질수지는 다음과 같다

22.5 = 5.6 + (배출되는 입자)

배출되는 입자 $= 16.9\,g/s \cong 17\,g/s$

$$\text{배출 농도} = \frac{(16.9\,g/s)(10^6\,\mu g/g)}{(180\,m^3/s)} \cong 94{,}000\,\mu g/m^3$$

포집효율은 다음과 같다

$$R_1 = \frac{5.6\,g/s}{22.5\,g/s}(100) = 25\%$$

13.1.1 미세먼지 제어

미세먼지(particulates)를 제어하기 위한 가장 간단한 장치는 집진면적이 넓은 구조의 침강집진기(settling chambers)이며, 큰 입자가 침전할 수 있도록 배가스의 유속을 늦출 수 있는 구조물이나 경사판을 설치하기도 한다. 이 장치에서는 입경 100μm 이상의 비교적 큰 입자가 효과적으로 제거될 수 있다.

일반적으로 산업현장에서 미세먼지를 제거하는 가장 보편적이고 경제적이며 효과적인 수단은 사이클론(cyclone)이다. 그림 13.2는 사이클론의 간단한 모식도이다. 오염된 공기는 원추형 실린더의 중심선 밖으로 회전하며 분사되고, 원심분리기와 같은 원리로 원뿔 내에서 강력한 소용돌이를 형성한다. 무게가 무거운 입자는 실린더의 벽으로 이동하여

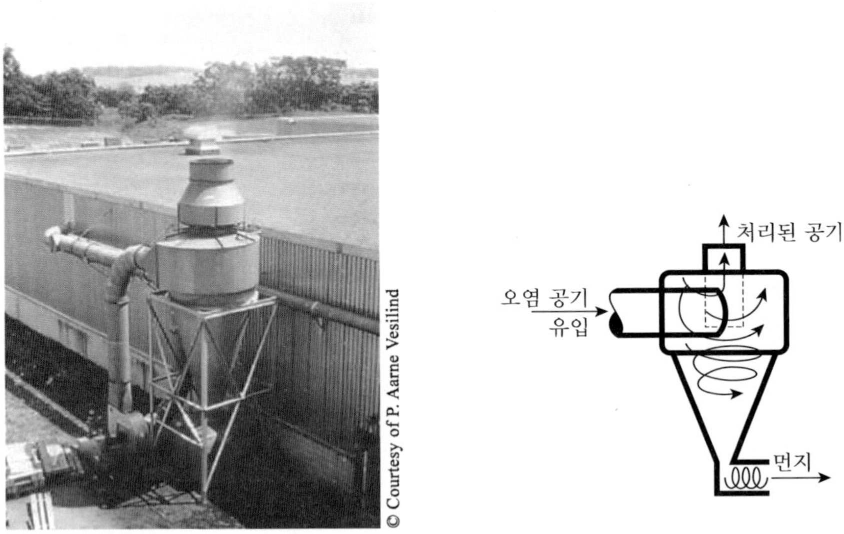

그림 13.2 먼지 포집에 사용되는 사이클론

마찰로 인해 속도가 감소하고 결국 원뿔을 타고 하부로 이동하여 유출된다. 정화된 공기는 실린더의 중간으로 모여 상부로 빠져나간다.

백필터(직물필터, bag 또는 fabric filter)는 미세먼지를 제어하는데 사용되며, 진공청소기처럼 작동된다(그림 13.3). 직물 백은 먼지 포집을 위해 사용되는데 포집된 먼지를 주기적으로 털어내야 한다. 직물은 1μm 미만의 입자를 포함하여 거의 모든 미세먼지를 제거할 수 있다. 백필터는 많은 산업 분야에서 널리 사용되지만 고온과 습도에 취약한 단점이 있다.

그림 13.3 미세먼지 제어에 사용되는 백필터

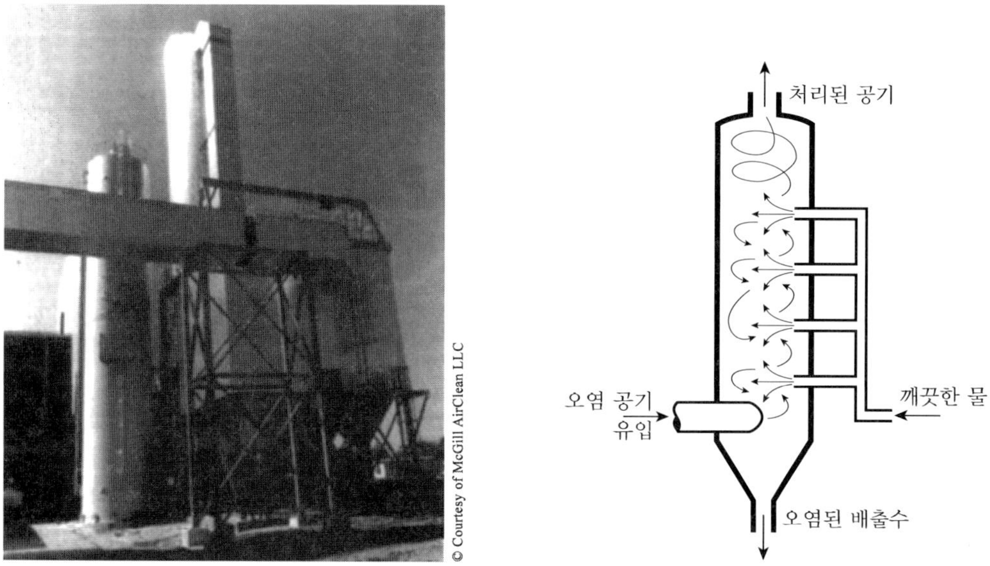

그림 13.4 습식 세정기. 사진에서 세정기는 높은 원형 탑이다.

직물필터에 의한 먼지 제거 메커니즘은 수처리에서 모래여과와 유사하다. 필터 표면에서 다양한 물리화학적 반응과 포집 현상에 의해 먼지 입자가 직물에 달라붙는다. 충돌과 브라운 확산이 함께 또는 따로 작용하여 입자들은 필터와 접촉하게 된다. 일반적으로 직물필터의 운전은 공기 대비 필터 부피의 비율을 1 : 1로 하기 때문에 제거 메커니즘이 체거름과 같이 단순하지는 않다.

그림 13.4에 묘사된 분무탑 또는 습식 세정장치(spray tower 또는 scrubber)는 큰 미세먼지를 제거하는 효과적인 방법이다. 더 효율적인 세정장치는 벤츄리 형태로 물이 유입되는 부분을 좁게 설계하여 와류에 의해 공기와 물의 접촉이 늘어나게 한다. 일반적으로 물과 공기의 접촉이 많아질수록 가스 거품이나 물방울이 적어지고 세정효과가 높아진다. 습식 세정기는 효율적인 장치이지만 두 가지 단점이 있다.

- 비록 수증기이지만 눈으로 확인 가능한 연기(백연)를 생성한다. 비전문가인 일반인들은 수증기 연기와 다른 매연을 구분하지 못하기 때문에, 관리자들은 눈에 띄는 연기 배출을 꺼려한다.
- 미세먼지가 액상으로 포집되며, 궁극적으로 폐수처리가 요구된다.

전기집진기는 발전소에서 주로 사용되는데, 그 이유는 전력을 쉽게 이용할 수 있기 때문이다. 미세먼지는 전압이 높은 전극으로부터 전자를 받아 음전하로 하전되고, 양전하를 띈 포집 전극으로 이동하여 제거된다. 그림 13.5에 나와 있는 전기집진기 유형은 중간에

와이어 전선이 설치된 원형 파이프 형태이다. 미세먼지는 파이프 내부 표면에 포집되며, 이를 제거하기 위해서는 파이프에 주지적으로 강한 충격을 줘야 한다. 전기집진 장치는 움직이는 부품이 없고, 운전에 전기만이 소요되므로 1μm 이하의 미세먼지를 제거하는 데 매우 효과적이다.

그림 13.5 미세먼지 제어에 사용되는 전기집진기

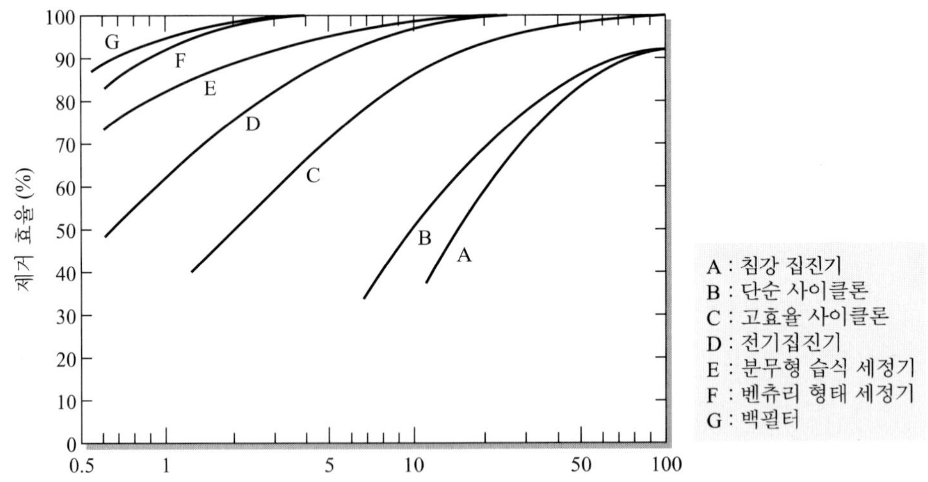

그림 13.6 입자상 대기오염 방지기술의 대략적인 제거 효율 비교(Based on C. E., Lappe, 1951. Processes use many collection types. Chemical Engineering 58: 145.)

13.1.2 가스상 오염물질의 제어

가스상 오염물질의 제어는 배가스 중의 오염물질을 직접 제거하거나 오염물질의 화학적 변화 또는 오염물질을 생성하는 공정의 변화가 포괄적으로 적용된다.

앞 절의 입자상 오염물질 제거에서 소개한 습식 세정장치는 가스상 오염물질도 물에 용해시킴으로써 간단히 제거할 수 있다. 또는 가스상 오염물질과 반응하는 물질(예 : 석회석)을 액상에 첨가하여 제거효율을 높일 수 있다. 이는 다음에 다룰 일반적인 SO_2 제거기술의 기초이다.

흡착은 그림 13.7에서와 같이 가스상 오염물질을 활성탄과 같은 흡착제와 접촉시켜 제거하는 유용한 방안이다.

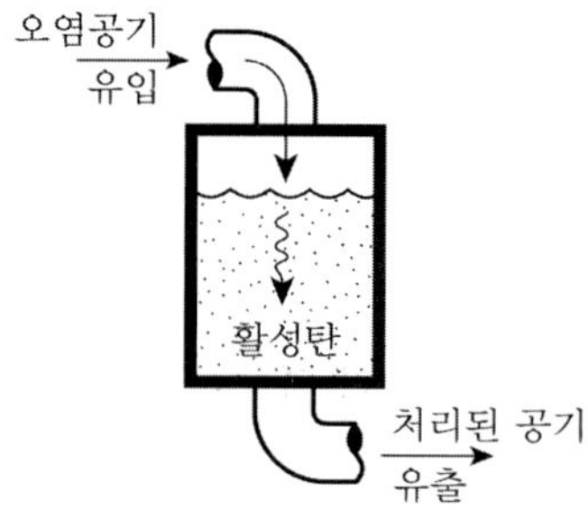

그림 13.7 가스상 대기오염물질을 제거하기 위한 활성탄 흡착기

소각 또는 화염산화(flaring)는 유기성 대기오염물을 고온 및 화염에 의해 CO_2와 물로 산화시킬 때 사용되는 기술이다(그림 13.8 참조). 직접 소각의 변형된 기술로 촉매산화를 적용할 수도 있는데, 촉매를 사용하여 반응 온도를 낮추는 기술이다.

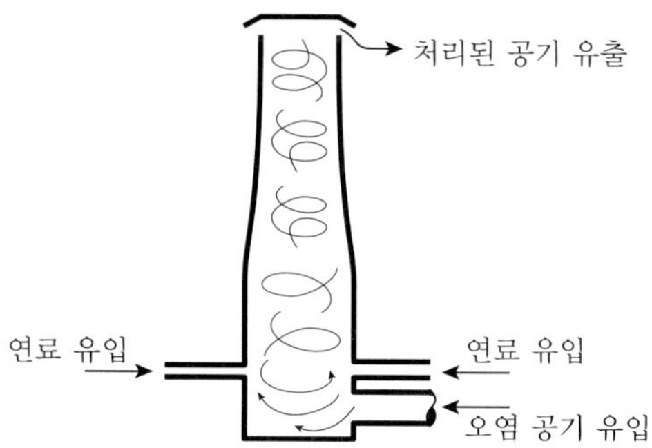

그림 13.8 가스상 대기오염물질을 연소시키는데 사용되는 소각로

예제 13.2 어느 공장에서는 펜타클로로페놀(C_6Cl_5OH) 폐액이 매월 약 1,000 kg씩 생성되며, 이 폐기물은 소각처리된다. 폐기물을 완전히 연소시키기 위해 이론적으로 얼마나 많은 산소가 필요한가? 생성된 산을 중화하기 위해 이론적으로 얼마의 수산화나트륨(NaOH)이 필요한가? NaOH의 순도는 98%라고 가정한다.

해답 9장에서 설명한 이론적 산소요구량을 계산법을 생각해보자. 우선, 산화 화학반응식을 완성한다.

$C_6Cl_5OH + aO_2 \rightarrow bCO_2 + cH_2O + dHCl$

화학반응식의 좌우 물질 균형을 맞춘다. 이 경우 c는 −2이므로 실제로는 생성물이 아닌 반응물이다.

$C_6Cl_5OH + 4.5O_2 + 2H_2O \rightarrow 6CO_2 + 5HCl$

이제 화학반응 전환계수를 사용하여 생성 된 산소와 염산의 양을 계산할 수 있다.

$$M_{O_2} = \left[\frac{1{,}000\,\text{kg/month}}{266.5\,\text{g/mol } C_6Cl_5OH}\right]\left[\frac{4.5\,\text{mol } O_2}{\text{mol } C_6Cl_5OH}\right](32\,\text{g/mol } O_2) \cong 540\,\text{kg/month}$$

$$M_{HCl} = \left[\frac{1{,}000\,\text{kg/month}}{266.5\,\text{g/mol } C_6Cl_5OH}\right]\left[\frac{5\,\text{mol HCl}}{\text{mol } C_6Cl_5OH}\right](36.5\,\text{g/mol HCl}) \cong 685\,\text{kg/month}$$

이 과정을 반복하여 생성된 산을 중화시키기 위해 필요한 NaOH의 양을 결정한다.

$HCl + NaOH \rightarrow NaCl + H_2O$

$$M_{NaOH} = \left[\frac{685\,\text{kg/month}}{36.5\,\text{g/mol HCl}}\right]\left[\frac{1\,\text{mol NaOH}}{\text{mol HCl}}\right](40\,\text{g/mol NaOH})\left[\frac{1}{0.98}\right] \cong 770\,\text{kg/month}$$

반응 과정에서 불완전 연소, 비이상적 혼합 및 비이상적 반응동역학 등의 여러 요인에 의해 발생하는 물질과 필요한 물질의 양이 달라질 수 있다.

13.1.3 황산화물 제어

앞서 언급했듯이, 황산화물(SO_2 및 SO_3)은 아직까지도 광범위하게 배출되는 주요 대기오염물질이다. 황산화물(흔히 축약형으로 SO_x라고 언급됨)의 주요 배출원은 석탄 화력발전소이다. 지속적으로 엄격해지는 SO_x 법적 허용기준으로 인해 배출량을 줄이기 위한 다양한 방법과 기술이 개발되고 있다. 이러한 방법들은 다음과 같다.

- 황 함유량이 낮은 저황연료로 변경. 천연 가스와 석유에 함유된 황 함량은 석탄보다 현저히 적다. 그러나 이들 연료는 가격이 비싸고 공급이 원활하지 못한 단점이 있다.
- 석탄의 황 함유량을 낮춤(탈황). 석탄에는 유기 또는 무기성 황이 모두 함유되어 있다. 무기황은 주로 황화철(FeS_2)이며, 별도의 입자로 존재하기 때문에 세척으로 제거가 가능하다. 유기황(일반적으로 전체의 약 60%)은 화학적 반응에 의해 제거하며, 석탄의 가스화(천연 가스와 유사한 가스로 변경) 공정을 통해 경제적으로 제거할 수 있다.
- 굴뚝 높이를 높임. 비록 특정 지역에 대해서만 적용가능한 근시안적 대안이지만, 석탄 화력발전소의 굴뚝을 높여 SO_x를 넓은 지역으로 분산시킨다. 이 방법은 영국에서 채

택된 적이 있으며, 훗날 스칸디나비아 지역의 산성비 문제에 상당한 영향을 미쳤다.

- 배가스의 탈황. 마지막 방법은 연소 가스를 정화하여 배출되는 SO_x를 줄이는 것이다. 그 동안 다양한 저감설비가 적용되어 왔으며, 보다 효율적인 처리 및 운전을 위해 많은 연구가 진행되었다. 배가스 SO_x 제거를 위한 가장 널리 사용되는 방법은 생석회(lime)와 황을 반응시키는 것이다. SO_2에 화학흡수 반응은 다음과 같다.

  $SO_2 + CaO \rightarrow CaSO_3$

  또는 석회석(limestone)을 사용하는 경우는

  $SO_2 + CaCO_3 \rightarrow CaSO_4 + CO_2$

  황산칼슘과 아황산칼슘(석고)은 모두 용해도가 낮고 중력 침전에 의해 분리 가능한 고체이다. 이렇게 형성된 칼슘염은 최종처분 시에 문제를 야기하기도 한다. 황을 H_2S, H_2SO_4 또는 원소 황으로 전환하여 원자재로 판매도 가능하지만, 이들 화학물질의 전 세계 소요량은 배가스 탈황으로 생성되는 잠재 생산량보다 훨씬 작다.

다음 주제로 넘어 가기에 앞서, 제거 대상 대기오염물질의 유형에 맞는 적절한 기술을 적용하는 것이 무엇보다도 중요하다는 점을 다시 한 번 강조한다. 그림 13.9는 제어 기술의 선정에 있어 미세먼지 입자의 크기가 중요한 요인임을 보여준다. 그러나 오염물질의 물리화학적 특성들도 더불어 중요할 수 있으므로 주의가 필요하다. 예를 들어, 습식 세정 장치에서는 미세먼지뿐만 아니라 물에 용해될 수 있는 가스상 오염물질도 제거된다. 따라서, 물에 쉽게 용해되는 SO_2는 수세정에서 제거되는 반면, 난수용성인 NO는 그렇지 않다. 따라서 적절한 제어기술의 선택은 환경공학에서 중요한 요소이다.

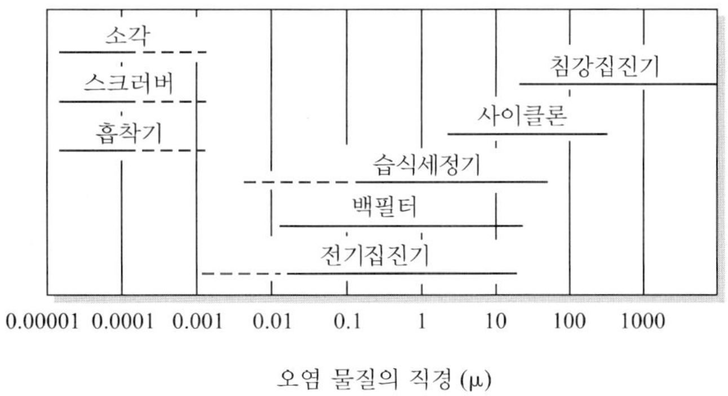

그림 13.9 입자 크기에 따른 다양한 대기오염 제어장치의 효율 범위

13.2 대기오염물질의 확산

12장에서서 논의되었듯이, 대기오염물질의 확산은 기상조건에 영향을 받는다. 대기가 과단열 되어 있다면, 대기의 수직흐름 및 난류가 생성되어 분산과 확산이 증폭된다. 대조적으로 미단열 조건은 매우 안정된 기상조건이다. 기온역전은 극단적인 형태의 미단열 조건이며, 역전상태에서 대기의 수직 이동은 거의 이루어지지 않는다.

대기오염물질 확산에 대한 대기 안정성의 영향은 그림 13.10으로 설명할 수 있다. 과단열 조건은 대기의 불안정성과 환상형(looping) 연기형태를 보여주며, 환경체감률과 같은 중립조건에서는 원추형(conning) 연기형태를 나타낸다. 연기가 기온역전층으로 방출되면, 역전층 상부에서 연기가 수직 방향으로 흩어지지 않고 흘러가는 부채형(fanning) 모양을 형성한다. 특히 문제가 되는 상황은 대기 상층에 역전층이 존재하고 지표면 부근에는 과단열 조건이 형성되는 조건이며, 이 경우 지표면 부근에서만 대기오염물질이 혼합되고 농도가 높아지는 훈증형(fumigation) 연기형태가 나타날 수 있다.

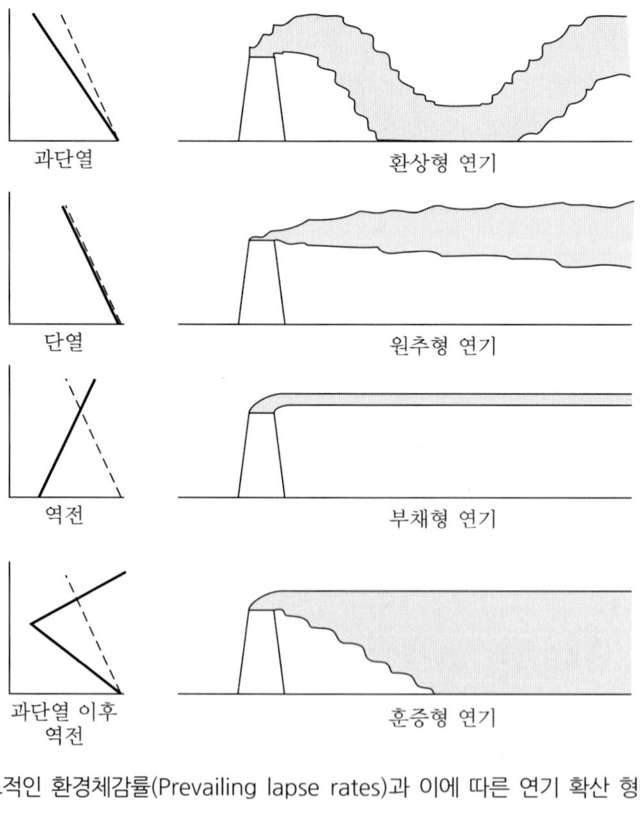

그림 13.10 대표적인 환경체감률(Prevailing lapse rates)과 이에 따른 연기 확산 형태(온도 대비 고도)

또한 대기오염물질이 굴뚝에서 나와 확산될 때에 발생원과의 거리도 중요한 요소이다. 연기의 상승을 일관되게 예측하는 이론적인 모델은 없지만, 경험적 모델은 많이 제안되어 왔다. 브릭스(Briggs)는 발전소에서의 연기 상승을 효과적으로 예측하는 모델을 개발했다.[1]

$$\Delta h = 2.6\left(\frac{F}{\bar{u}S}\right)^{1/3}$$

$$F = \frac{g V_s d^2 (T_s - T_a)}{4(T_a + 273)}$$

$$S = \frac{g}{T_a + 273}\left(\frac{\Delta T}{\Delta z} + 0.01\right)$$

여기서, Δh : 굴뚝으로부터 연기가 상승하는 높이, m

$\bar{u}$: 평균 풍속, m/s

$\Delta T/\Delta z$: 기온저하율, 고도별 온도 변화, ℃/m

V_s : 굴뚝의 가스 배출 속도, m/s

d : 굴뚝 출구 직경, m

g : 중력 가속도 9.8 m/s^2

T_a : 대기 온도, ℃

T_s : 굴뚝 가스의 온도, ℃

F : 부력 플럭스(flux), m^4/s^3

예제 13.3 직경 2 m의 발전소의 굴뚝에서 배가스가 3 m/s의 속도로 배출되고 있다. 대기의 평균 풍속은 6 m/s이며, 굴뚝 상부의 대기온도는 28℃이고 배가스의 온도는 167℃이다. 대기가 중립 상태라면, 연기의 상승 높이는 얼마인가?

해답 중립 조건에서 환경체감율은 $\Delta T/\Delta z$ = 1℃/100 m = 0.01℃/m (12장)이다. 연기의 상승 높이는 Δh이며, 위 식의 F와 S를 먼저 산정하여야 한다.

$$\Delta h = 2.6\left(\frac{F}{6S}\right)^{1/3}$$

$$F = \frac{9.8(3)(2)^2(167-28)}{4(28+273)} = 13.6$$

$$S = \frac{9.8}{(28+273)}(0.01+0.01) = 6.5\times 10^{-4}$$

$$\Delta h = 2.6\left(\frac{13.6}{6(6.5\times 10^{-4})}\right)^{1/3} \cong 40\,\text{m}$$

확산 현상은 광범위한 영역으로 배가스를 분산시켜 대기오염물질의 농도를 감소시키는 과정이다. 연기의 확산 또는 분산은 수평 및 수직의 두 가지 방향으로 진행된다. 대기오염물질의 최대 농도는 바람이 부는 방향을 따라 이동하는 연기 덩어리의 중심선에 위치한다고 가정해보자. 그리고 중심선으로부터 멀어질수록 농도는 감소한다. 3장에서 소개한 바와 같이 가우스(Gauss) 확률곡선에 의해 양방향으로의 연기 확산을 추정하면, 발생원부터 임의의 거리 x에서의 오염 물질의 농도를 다음과 같이 계산할 수 있다.

$$C_{(x,y,z)} = \frac{Q}{2\pi \bar{u} \sigma_y \sigma_z} \exp\left(-\frac{1}{2}\left[\left(\frac{y}{\sigma_y}\right)^2 + \left(\frac{z}{\sigma_z}\right)^2\right]\right)$$

여기서, $C_{(x,y,z)}$: 3차원 좌표 공간의 해당 지점에서의 오염물질농도, kg/m^3

Q : 오염물질배출율, kg/s

$\bar{u}$: 평균 풍속, m/s

σ_z 및 σ_y : z 및 y 방향의 오염물질 확산의 분산계수

y : 수평 거리, m

z : 수직 거리, m

굴뚝으로부터 배출되는 연기의 3차원 좌표는 그림 13.11과 같다. z는 수직 방향, y는 수평방향이며, x는 바람이 불어가는 방향이다. 분산계수는 연기가 수직 및 수평 방향으로 얼마나 퍼지는지를 추정하는 표준편차이다. σ_y와 σ_z가 클 경우 확산되는 정도가 크고 당연히 농도는 낮아진다. 반대로 편차가 작으면 확산되는 정도가 적고 집중도와 오염물

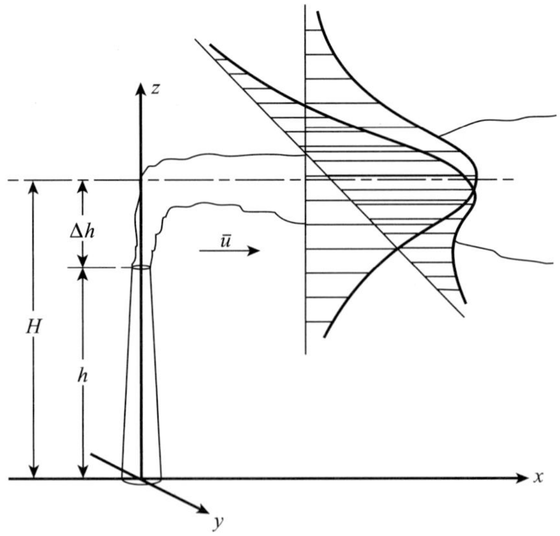

그림 13.11 가우스 확산모델의 연기 흐름과 수직 및 수평 분산도

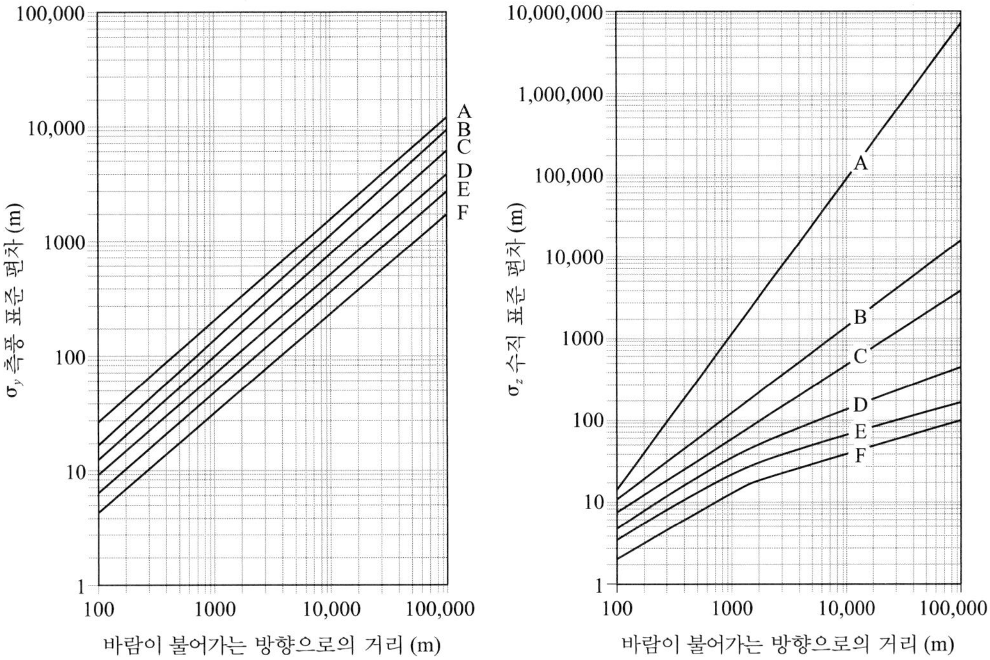

그림 13.12 가우스 확산모델에 적용하는 분산 계수
(After Turner, D.B. Workbook of Atmospheric Dispersion Estimates. U.S. Department of Health, Education and Welfare, Public Health Service, National Center for Air Pollution Control, Publication No. 999-Ap-28.)

질의 농도는 올라간다. 앞에서 언급했듯이 확산 정도는 대기안정도와 배출원으로부터의 거리에 따라 결정된다. 그림 13.12는 분산 계수를 추정하는 방법을 보여준다. 그림 13.12에 대기안정도는 A에서 F까지의 문자로 표시되어 있으며, 표 13.1은 대기안정도를 결정하기 위한 조건들을 나타낸다.[10)]

굴뚝으로부터 방출된 연기의 유효높이 H는 식 13.1 및 그림 13.11의 굴뚝의 높이와 연기의 상승 높이 Δh로부터 계산된다. 기둥 중심선의 높이는 $z = H$이고, 확산식은 다음과 같다.[11)]

$$C_{(x,y,z)} = \frac{Q}{2\pi \bar{u} \sigma_y \sigma_z} \exp\left(-\frac{1}{2}\left[\left(\frac{y}{\sigma_y}\right)^2 + \left(\frac{z-H}{\sigma_z}\right)^2\right]\right)$$

10) 이러한 곡선과 표는 일부 데이터를 기반으로 하지만 많은 부분 외삽이다. 이는 대기안정도 A에서 10,000 km의 표준편차가 가능하다는 점에 주목할 때 분명해진다.

11) 이 곡선과 표는 데이터에 기초하지만, 그 중 많은 데이터가 외삽으로 추정한 것이다. 이는 안정도 A에서 표준 편차가 10,000 km에 달할 수도 있다.

표 13.1 그림 13.12에 사용되는 대기 안정도의 판단 기준

지면 풍속 (10 m) (m/s)	낮			밤	
	들어오는 태양 복사(맑은 날)			흐린 날씨 또는 구름이 4/8 이상	맑은 날씨 또는 구름이 3/8 이하
	강함	보통	약함		
< 2	A	A−B	B	−	−
2∼3	A−B	B	C	E	F
3∼5	B	B−C	C	D*	E
5∼6	C	C−D	D	D	D
> 6	C	D	D	D	D

* 중립조건 D는 낮이나 밤의 구름이 많은 흐린 날씨를 가정함.

출처 : Pasquill F. The estimation of the dispersion of windborne material, The Meteorological Magazine, Vol. 90, No. 1063, pp. 33-49. © British Crown Copyright 1961, the Met Office.

이 방정식은 지면이 확산에 영향을 미치지 않는 상태에서 유효하다. 그러나 이는 적절한 가정이 아닌데, 연기의 대기오염물질은 지표면에서 효과적으로 흡수되지 않거나 지표면 안으로 뚫고 들어가지 못하기 때문이다. 지표면 효과는 그림 13.13과 같이 고도 $z-H$의 대칭 위치(즉, 거울 이미지)에 가상의 배출원이 존재하는 것으로 가정하여 추정할 수 있다. 지표면의 반영을 고려하면 확산식은 다음과 같다.

$$C_{(x,y,z)} = \frac{Q}{2\pi \bar{u} \sigma_y \sigma_z} \times \exp\left[-\frac{1}{2}\left(\frac{y}{\sigma_y}\right)^2\right] \left\{\exp\left[-\frac{1}{2}\left(\frac{z+H}{\sigma_z}\right)^2\right] + \exp\left[-\frac{1}{2}\left(\frac{z-H}{\sigma_z}\right)^2\right]\right\} \quad (13.2)$$

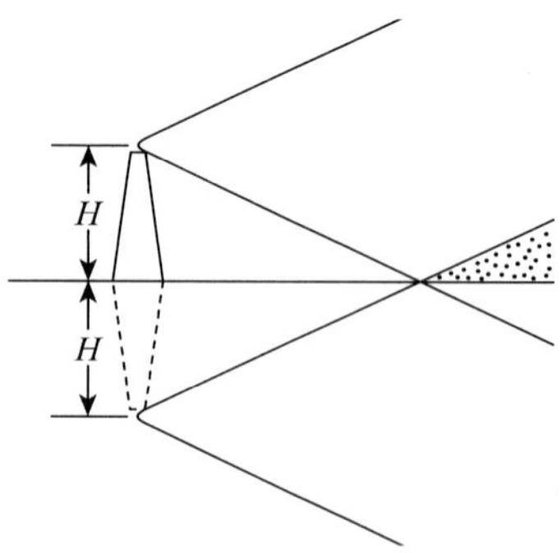

그림 13.13 지표면의 반사를 가정한 거울(대칭) 위치의 가상 배출원. 음영 처리된 영역에서는 가상 배출원의 효과로 오염물질 농도가 두 배가 된다.

식 13.2는 지표면의 반사와 대기오염물질의 방출을 고려한 가장 일반적인 확산식이다. 이 식은 다양한 가정을 통해 단순화 할 수 있다. 예를 들어, 오염물질 측정이 지표면에서 이루어졌고 연기가 지표면에서 방출되는 경우 z 및 H 항은 모두 0이므로 확산식은 다음과 같다.

$$C_{(x,y,z)} = \frac{Q}{2\pi \bar{u}\sigma_y\sigma_z} \times \exp\left[-\frac{1}{2}\left(\frac{y}{\sigma_y}\right)\right]^2$$

만약 오염물질 배출이 지표면($H=0$)에서 일어날 경우, 측정도 지표면($z=0$)과 오염물질의 확산 중심선($y=0$)에서 이루어졌다면 확산식은 다음과 같이 단순화된다.

$$C_{(x,y,z)} = \frac{Q}{2\pi \bar{u}\sigma_y\sigma_z}$$

예제 13.4 화창한 여름 오후에 평균풍속 $\bar{u}$ = 4 m/s, 오염물질 배출량 Q = 0.01 kg/s, 유효 굴뚝 높이 H = 20 m일 때 굴뚝으로부터 200 m 떨어진 지표면 농도를 계산하시오.

해답 표 13.1에서 풍속 4 m/s 및 강한 햇빛에 조건의 대기안정도는 B이다. 그리고 그림 13.12에 의하면 $x=200$ m와 안정도 B에서, σ_y = 30 m, σ_z = 22 m이다. 오염물질의 최대 농도는 확산 중심선(y = 0)에서 나타난다. 식 13.2를 사용하면,

$$C_{(200,0,0)} = \frac{0.01\,\mathrm{kg/s}}{2(\pi)(4\,\mathrm{m/s})(30\,\mathrm{m})(22\,\mathrm{m})}$$

$$\times\left\{\exp\left(-\frac{1}{2}\left(\frac{0}{30}\,\mathrm{m}\right)^2\right)\times\left[\exp\left(-\frac{1}{2}\left(\frac{(0-20\,\mathrm{m})}{22\,\mathrm{m}}\right)^2\right)+\exp\left(-\frac{1}{2}\left(\frac{(0+20\,\mathrm{m})}{22\,\mathrm{m}}\right)^2\right)\right]\right\}$$

$$C_{(200,0,0)} = 8\times10^{-7}\,\mathrm{kg/m^3} = 800\,\mu\mathrm{g/m^3}$$

마지막으로 대기오염물질 확산식의 정확도가 매우 낮다는 점을 유념해야 한다. 대기오염 확산식 결과가 실제 측정값의 몇 배 정도 차이가 나는 일도 비일비재하며, 열 배 정도의 차이는 일반적인 정확도 범위 내에 있는 것으로 판단된다.

13.3 이동오염원의 제어

앞에서 소개한 제어기술들은 고정오염원뿐만 아니라 이동오염원에도 적용될 수 있지만, 특수한 이동오염원 중 하나인 자동차는 더욱 특별한 주의를 요한다. 자동차 엔진에서 다양한 오염물질을 배출할 수 있으며, 몇 가지 중요한 부분에 대한 관리가 요구된다(그림 13.14).

- 연료탱크에서 탄화수소 휘발
- 기화기에서 탄화수소 휘발
- 엔진 연소실과 크랭크 케이스에서 미연소 휘발유 및 부분적으로 산화된 탄화수소의 배출
- 배기가스에서 나오는 NO_x, 탄화수소 및 일산화탄소

휘발유 탱크의 상부로 증발하여 유실되는 탄화수소의 양은 증기가 빠져나가는 것을 방지하는 탱크 뚜껑을 사용으로 감소시킬 수 있다. 엔진이 꺼진 후 뜨거운 기화기로부터 배출되는 탄화수소의 양은 방출되는 증기를 포집하는 활성탄 흡착통을 설치하여 감소시킨다. 자동차가 다시 시동되면 활성탄 흡착통에 포집된 증기가 반대로 탈착되어 엔진에서 유입된 후 연소된다(그림 13.15).

자동차 엔진의 세 번째 오염원인 연소실 배기가스는 대기 배출구를 닫고 내연기관 내의 가스를 공기유입구 측으로 재순환시켜 제어할 수 있다. 자동차 배기가스 관리에서 가장 어려운 문제는 탄화수소, NO_x와 일산화탄소가 전체 부피의 약 60%를 차지하는 배기

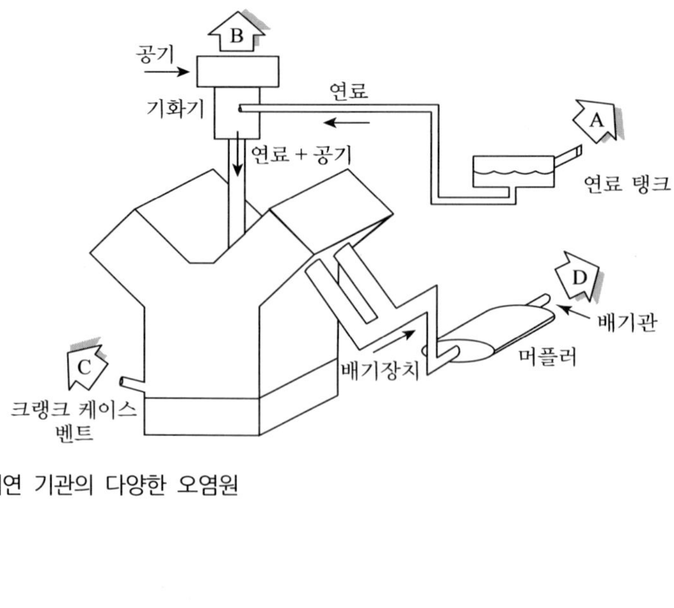

그림 13.14 내연 기관의 다양한 오염원

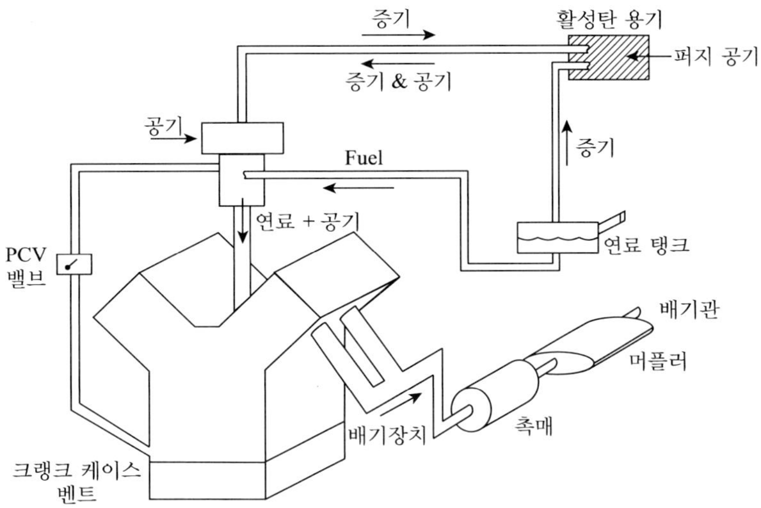

그림 13.15 오염 제어장치가 장착된 내연 기관

가스 제어이다. 현재 가장 큰 문제 중 하나는 오염물질 배출량의 정확한 측정이 어렵다는 점이다. 내연기관 작동 조전에 따라 배출되는 오염물질의 양이 변화하기 때문에 배기관 출구에 가스 포집기를 부착하는 것처럼 간단하지 않다. 엔진의 운전조전에 따른 오염물질 배출량의 차이를 표 13.2에 제시하였다. 자동차가 가속할 때, 연소가 보다 효율적으로 일어나 낮은 농도의 일산화탄소와 탄화수소가 배출되지만 고압 압축에 의해 보다 많은 NO_x가 생성된다. 반면, 감속 조건은 부분적인 연료 연소로 인해 낮은 NO_x 및 매우 높은 농도의 탄화수소가 배출된다. 이러한 문제점 때문에 미국 환경보호청은 자동차 배출량 측정을 위한 표준 측정 절차를 만들어 실험을 실시하고 있다. 이 실험 절차에는 엔진이 차가운 상태에서의 시동, 바퀴에 가해지는 도로의 여러 조건을 모사한 상태에서의 가속과 정속 운전, 그리고 엔진이 가열된 상태에서의 재시동 등이 포함된다.

표 13.2 엔진 운전의 조건에 따른 자동차 배기가스 배출량 차이(공회전 배출의 비율로 나타냄)

	오염물질 종류		
	CO	HC	NO_x
공회전	1.0	1.0	1.0
감속	0.6	0.4	100
주행 중	0.6	0.3	66
감속	0.6	11.4	1.0

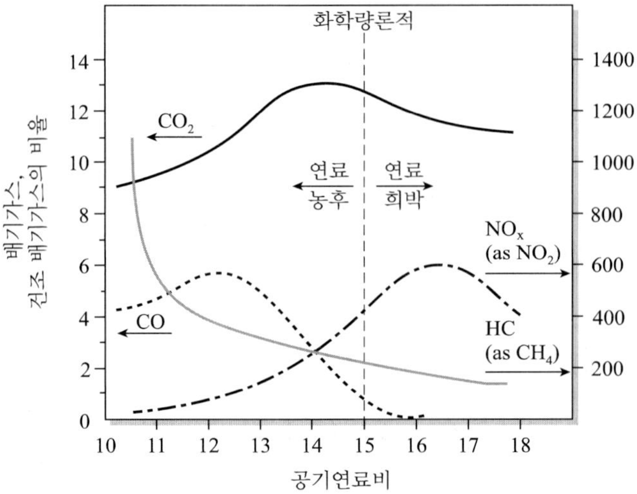

그림 13.16 공기연료비 변화에 따른 자동차 배기가스의 오염물질 농도 변화

내연기관인 자동차 엔진의 배기가스 제어 기술

- 연료 연소의 효율 개선
- 배기가스 처리용 촉매 반응기 설치
- 엔진 개조

자동차 엔진 개조는 배기가스의 구성 성분에 상당한 영향을 줄 수 있다. 예를 들어, 높은 공기연료비(희박 상태)는 일산화탄소와 탄화수소를 감소시키지만 NO_x를 증가시킬 수 있다. 공기연료비(또는 공연비)의 변화에 따른 일반적인 배출량 변화는 그림 13.16과 같다. 배기가스 처리장치의 유무에 상관없이 오염물질 배출량을 일차적으로 줄이기 위한 방안은 자동차 정비를 철저히 하는 것이다.

두 번째 자동차 배기가스 제어 방법은 일산화탄소와 탄화수소를 이산화탄소와 물로 산화시키는 촉매변환기를 사용하는 것으로, 현재 미국에서 판매되는 모든 휘발유 자동차에 장착되어 있다. 가장 많이 사용되는 촉매는 백금이며, 이는 납과 같은 일부 휘발유 첨가제에 의해 오염될 수 있다. 촉매변환기의 또 다른 문제점은 휘발유의 황성분이 산화되어 입자상 SO_3를 형성하는 것으로 도시지역 황산화물 농도의 증가와 함께 산성비 문제를 야기할 수 있다.

그러나 엔진 개발에서 가장 큰 진보는 배기가스 배출을 줄이기 위해 엔진을 완전히 재설계한 것이다. 완전한 연소는 유입된 휘발유가 모두 함께 점화되어 가급적 짧은 시간 동안 안정한 불꽃에서 연소되어야 하기 때문에 연소가 일어나는 엔진의 기하학적 구성이 매우 중요하다. 공기와 휘발유 혼합 가스가 흘러 들어갈 수 있는 작은 공간과 틈새가 있는 엔진은 불완전 연소된 배기가스를 생성하여 탄화수소와 일산화탄소 농도가 올라간다. 두 번째 큰 발전은 엔진에 필요한 휘발유의 정확한 양을 정밀하게 측정하여 유입시키는 연료 분사방식이다. 이는 엔진이 기화기로부터 과량의 연료를 흡입하고 배기가스로 불필요한 오염물질을 유출시키는 문제를 해결할 수 있었다.

그러나 자동차 엔진 개선에 대한 막대한 투자에도 불구하고, 오염물질 배출을 완벽하게 제어할 수 있는 내연기관의 제작은 어려운 일일 것이다. 전기자동차는 깨끗하지만 제한된 전력만을 저장할 수 있어 주행거리가 제한적이다. 또한, 이러한 전기차에 전력을 공급하는데 사용되는 전기는 발전소에서 생성되어야 하므로 더 많은 오염물질이 발생할 것이다. 내연기관을 대체하기 위해 연료 전지에 대한 연구가 수행되고 있다.

트럭과 버스에 사용되는 디젤(경유) 엔진도 주요 대기오염 배출원이다. 미국에서 현재 운행 중인 디젤차량은 휘발유(가솔린) 차량보다 수가 적다. 디젤 엔진은 일반적으로 눈에 보이는 연기와 냄새를 유발하는데, 이는 디젤 엔진 차량에 대한 대중의 우려와 함께 공중보건에 대한 문제를 유발한다. 그러나 디젤 엔진은 휘발유 엔진보다 연료 효율이 높기 때문에 주행거리당 온실가스인 이산화탄소 배출량이 적다. 설계 개선으로 보다 청정한 배기가스 배출이 가능해지고 있으며, 미국 환경보호청의 황함유량에 대한 규제의 강화로 배출 가스 오염도는 더욱 개선될 것이다.

연습문제

13.1 비용, 운전 용이성 및 최종배출물의 처분을 고려하여 다음 배가스에 어떤 유형의 처리 장치가 적절한지 제안하시오.

a. 입자크기 5~10μm의 미세먼지?

b. 황산화물(SO_2) 20%와 질소(N_2) 80%를 함유하는 가스

c. 탄화수소 90%와 산소(O_2) 10%를 함유하는 가스

13.2 굴뚝의 배기가스가 다음과 같은 특성을 갖고 있다. 90% SO_2, 10% N_2, 미세먼지 없음. 어떤 처리 장치를 제안할 수 있으며, 그 이유는 무엇인가?

13.3 어느 산업체 배가스가 다음과 같은 특성을 갖고 있다. 80% N_2, 15% O_2, 5% CO_2 및 미세먼지 없음. 필요한 대기오염 방지장비 유형에 대한 자문을 구하고자 한다. 어떤 기술을 추천하겠는가? 자문에 대해 얼마의 비용을 자문비로 청구하겠는가?

13.4 주거 지역에 신규 건설될 위스키 양조장에 대기오염 방지장치를 설계하고자 한다. 위스키 증류 과정의 주요 환경문제는 공정에서 유발되는 냄새이지만, 많은 사람들은 이 냄새가 좋다고 생각한다(달콤한 누룩향). 이 문제에 어떻게 대응할 수 있을까?

13.5 다음 표와 같이 고도에 따른 대기 온도가 주어지고, 배출구의 연기 온도가 10℃이며 굴뚝의 높이가 서로 다른 경우 어떤 형태의 연기 확산이 예상되는가?

고도(m)	온도(℃)	고도(m)	온도(℃)
0	20	200	20
50	15	250	15
100	10	300	20
150	15		

a. 굴뚝 높이 50 m

b. 굴뚝 높이 150 m

c. 굴뚝 높이 250 m

13.6 지면 온도 = 21℃, 상공 500 m = 20℃, 상공 600 m = 19℃, 상공 1,000 m = 20℃인 환경체감률을 고려하자. 20℃인 공기 덩어리가 500 m 상공으로 방출된다면, 방출 위치로부터 상승할 것인가 하강할 것인가 아니면 그대로 남아 있겠는가? 공기 덩어리가 방출되는 굴뚝 높이가 500 m라면 어떤 형태의 연기 모양을 볼 수 있는가?

13.7 발전소는 1일 1,000톤의 석탄을 태우며, 그 중 2%가 황이다. 배가스는 100 m 높이의 굴뚝을 통해 배출된다. 풍속이 10 m/s인 경우 다음을 계산하여라.

a. 굴뚝으로부터 바람 방향으로 10 km 떨어진 지표면의 SO_2 최고 농도

b. 대기안정도 A, C 및 F 조건에서 지표면 최대 농도와 최고 농도가 나타나는 지점의 위치

13.8 H_2S는 대표적인 냄새물질이며, 후각으로 감지하는 최소검출한계는 약 0.7μg/m^{3}이다. 풍속이 3 m/s인 흐린 날 밤에, 공장에 설치된 40 m 높이의 굴뚝에서 0.08 g/s의 질량속도로 H_2S가 방출되고 있다. H_2S가 감지되는 지역을 x-좌표와 y-좌표로 추정하여라. 컴퓨터 프로그램을 작성하거나 스프레드시트를 사용하시오.

13.9 풍속 2 m/s의 대기안정도 중립 조건에서 발전소 굴뚝을 통해 300 kg/h의 SO_2가 배출된다. σ_y 및 σ_z 값은 각각 100 m 및 30 m로 가정하자.

a. 발전소 굴뚝의 유효 높이가 20 m이고, 인접한 도시가 연기 중심선에서 2 km 떨어져 있는 경우 SO_2의 지표면 농도(μg/m^3)를 계산하시오.

b. 발전소가 굴뚝 높이를 150 m로 높일 경우 해당 지표면의 SO_2 농도는 어떻게 변할까?

13.10 온도 관측기구로부터 고도별 기온 데이터를 다음과 같이 얻었다. 70 m 높이의 굴뚝에서 배출되는 연기는 어떤 형태를 나타낼까? 이유를 설명하시오.

고도(m)	온도(℃)	고도(m)	온도(℃)
0	20	100	20
20	20	120	17
40	20	140	16
60	21	160	14
80	21	200	12

13.11 석탄 화력발전소는 2% 황이 함유된 석탄 1,000톤을 하루에 태운다.

a. SO_2 배출량은 얼마인가?

b. 흐린 날 풍속이 4 m/s일 경우 굴뚝으로부터 1 km 거리(x = 1,000 m)에서 중심선으로부터 0.1 km 떨어진(y = 100 m) 지표면(z = 0)의 SO_2 농도는? 굴뚝의 유효 높이는 100 m이다. 지면 반사는 무시하시오.

c. 지면 반사를 고려하면 SO_2 농도는 얼마인가?

d. 배출원이 지면(H = 0)에 있고, 지표면(z = 0)에서 농도를 측정할 필요가 있다면 농도는 얼마인가? (지면 반사 포함)

13.12 굴뚝의 높이가 300 m이고 305 K의 연기를 배출한다. 지면 온도는 300 K이고 600 m 고도의 기온은 310 K이다(이 두 위치 사이의 기온 저감율은 선형으로 가정하여 추정하시오).

a. 예상되는 연기의 모양을 그려라. 이 연기 유형을 무어라 하는가?

b. 동일한 상황에서 연기의 온도가 306 K인 경우, 연기의 상승 높이는 얼마인가? (굴뚝 유출속도는 0이고, 완전한 단열 조건을 가정하시오)

13.13 산업체 배기가스 저감을 위한 대기오염 제어장비를 설계하도록 요청 받았다. 아래의 세 가지 배기가스에 대해 적정 장비를 선택하기 위한 논리 흐름도를 제시하시오. 각 저감장비는 약 90%의 효율을 얻을 수 있어야 한다.

- 배가스 1 : 입자 크기의 범위 70~200μm, 가스상 오염물질 없음, 온도 366 K, 공간 제한 없음
- 배가스 2 : 입자 크기 범위 0.1~200μm, 가스상 오염물질 없음, 온도 366 K, 공간 제한 없음,

백연 허용치 않음

- 배가스 3 : 입자 크기 범위 5~40μm, 가스상 오염물질 SO_2, 온도 922 K, 물 사용 불가(폐수처리 시설 없음), 공간 제한 없음

13.14 가구 제조업체는 직경이 대부분 10μm 이상인 입자로 오염된 공기를 방출하고 있다.

a. 환경공학자로서 해당 시설에 어떤 처리 시스템을 제안하겠는가?

b. 대기방지설비로 포집한 입자상 오염물질은 현지 매립지에서 처분된다. 대기오염 방지시설이 건설된 후 가동되면서, 매립지로 향하는 폐기물에서 이상한 유기물질의 냄새가 남을 알게 되었다. 공장 관리자에게 물어보니 아마도 자일렌(xylene, 독성이 강한 화학 물질)일 것이라고 말했다. 공장 관리자에게 이 물질은 잠재적으로 위험할 수 있으며, 유해 폐기물일 가능성이 높으므로 일반 매립지로 보내져서는 안 된다고 말하였다. 그러나 공장 관리자는 신경 쓰지 말라고 한다. 당신은 대기오염 방지시설 설계와 설치에 대한 보수를 충분히 받았고, 더 이상 해당 업무에 대하여 공식적인 엔지니어로 일하고 있지 않다. 이 상황에서 당신은 어떤 행동을 취하겠는가? 이상주의적이 아닌 현실적인 답을 제시하시오.

13.15 어느 도시로부터 남쪽으로 10 km 떨어진 곳에 발전소가 있는데, 이 발전소에서는 하루 400톤의 미세먼지를 배출한다. 발전소에서 측정된 풍향은 남풍 25%, 북풍 25%, 서풍 50%이며, 동풍은 불지 않는다. 풍속은 항상 5 km/h이다. 서풍은 대기안정도 중립 조건(O), 북풍은 불안정 조건(A), 남풍은 기온역전 조건(F)으로 가정하자. 도시의 대기 중 미세먼지 평균 농도를 계산하시오. 이 때 대기질이 대기환경기준을 만족하는가?

13.16 다음과 같은 직경의 입자를 제거하는 경우 사이클론의 미세먼지 제거 효율은 얼마인가?

a. 100μm

b. 10μm

c. 1μm

d. 0.1μm

13.17 어느 석탄 화력 발전소에서는 발열량 25,000 kJ/kg, 황 함유량 3%의 석탄을 연소시키고 있다. SO_2 세정장치가 0.5 kg-SO_2/10^6 BTU의 기준을 충족시키기 위해서 필요한 최소 제거효율은 얼마인가?

13.18 가솔린 엔진을 여러 가지 방법으로 개조하더라도 대기오염물질인 CO, HC 및 NO_x 3가지를 동시에 저감할 수 없는 이유는 무엇인가?

13.19 제지공장이 계곡에 위치하고 있으며, 신규 시설의 굴뚝을 주변 산보다 높게 설치하여 이산화황 농도를 낮추고자 한다. 주변 산은 공장으로부터 4 km 떨어져 있으며 고도는 1,000 m이다. 공장이 위치한 계곡의 고도는 430 m이다. 배가스의 온도가 200℃이고, 계곡의 기온은 20℃이며, 풍속은 2 m/s로 추정된다. 환경체감률이 0.006℃/m로 추정되는 경우, 이 공장의 목적을 달성하기 위해 필요한 굴뚝의 높이는 얼마인가? (일부 필요한 정보는 가정하시오)

13.20 자동차가 에탄올(C_2H_5OH)을 연료로 사용하도록 설계된 경우, 화학양론적 공기-연료 비율은 얼마인가?

13.21 비료 제조공장에서는 유효 높이 200 m, 평균 풍속 4.4 m/s, 대기안정도 B인 굴뚝에서 0.9 kg/s의 속도로 불산(플루오르산, HF)을 배출하고 있다.

a. 굴뚝에서 0.5 km 떨어진 지점에서 연기 중심선 지표면의 HF의 농도($\mu g/m^3$)는 얼마인가?

b. 굴뚝으로부터 1.0, 1.5, 2.0, 2.5, 3.0, 3.5 및 4.0 km 지점에서의 지표면 농도를 계산하고, 계산 결과를 농도 대 거리 그래프로 나타내시오.

13.22 문제 13.22와 동일한 조건에서 굴뚝으로부터 2 km 떨어진 지점의 HF 농도에 대해 3차원 그래프를 그리시오.

13.23 SO_2에 대한 대기환경기준이 80$\mu g/m^3$인 지역에서, 맑은 날 바람 속도가 4 m/s이다. 배출원에서 0.05 kg/s의 속도로 SO_2를 방출한다면, 이 기준을 만족시키기 위한 유효 굴뚝높이는 얼마인가?

13.24 어느 화학공장에서는 냄새는 나지만 위험하지 않은 가스상 물질을 200 kg/d로 방출하고 있다. 공장으로부터 바람이 부는 방향으로 2,000 m 떨어진 곳에 마을이 있으며, 공장은 마을의 미세먼지 농도가 10$\mu g/m^3$를 넘지 않게 높은 굴뚝을 만들기로 결정하였다. 굴뚝의 높이는 최소 얼마여야 하는가? 가스 유출속도 5 m/s, 배가스 온도 150℃, 굴뚝의 직경 1.5 m, 대기 온도는 20℃, 풍속 4 m/s, 환경체감률 0.004℃/m이다.

13.25 어느 자동차 부품 회사의 카탈로그에는 '배기가스 저감장치를 우회하는 방법'이라는 제목의 책 광고가 실려 있었다. 광고에 따르면 책자는 $7.95의 가격으로 판매되며, 이 책에서는 배기가스 저감장치를 배제하는 방법이 자세히 설명되어 있다고 한다. 이 방법을 따르면 14%에서 최대 140%까지의 연비 증가, 가속 성능의 향상, 더 부드러운 주행 및 엔진 수명의 연장이 가능하다고 광고하였다. 또한 이 책에는 아마추어와 전문가 모두가 따라 하기 쉬운 사용 설명서가 포함되어 있다.
자신의 차를 개조하는 것은 불법이 아니다. 대부분의 미국 주에서는 배기가스 검사를 통과하지 못하는 것은 불법이지만, 개인 자동차를 개조하는 것은 합법이다.
출간사가 책 광고를 다시 요청했을 때, 이 자동차 부품회사는 카탈로그에 광고를 거부하였다. 이 방법이 정말로 합법적이고 공공 서비스를 제공한다면 왜 광고의 재연재를 허가하지 않는 것인가? 이 요청이 논의된 회사 이사회의 과정을 재구성하시오. 회사의 CEO, 마케팅 부사장, 법률 고문 등의 인물들을 구성하시오. 이 요청이 논의되었을 때, 이 책에 대한 광고를 다시 싣지 않기로 결정한 결말에 대해 일어날 수 있는 대화를 가상으로 작성하시오. 환경윤리가 어떻게 논의 과정에서 작용하였는가?

13.26 나무를 심고 밝은 색 건설 자재(예 : 어두운 지붕이 아닌 밝은 지붕)를 사용하는 것이 어떻게 스모그의 형성을 억제하는가?

13.27 자동차로 가득 차있는 연장 400 m, 편도 2차선의 직사각형 터널(9 m × 4 m)에서 사고가 발생하여 출구가 막혀있다. 대형 배기팬을 이용한 환기시스템으로 터널 한쪽 끝에서 공기를 불어내고 있다. 터널 안에는 공회전하고 있는 차량으로 가득 차 있다고 가정해보자. 길이 6 m의 차량 한 대가 2.0 g/min로 일산화탄소(CO)를 방출하고 있다. 환기팬은 CO 농도가 0.5 mg/m^3인 외기를 0.42×10^6 m^3/min의 유량으로 터널 내로 공급하고 있다. 출구 공기 중의 CO 농도는 얼마인가? 터널 내 완전 혼합을 가정하시오.

참고문헌

1. Briggs, G.A. 1969. Plume rise. AEC Critical Review Series, TID–25075. (As modified and discussed in Wark, K., and C.F. Warner. 1981. Air pollution. New York: Harper & Row.)
2. Golding, M.P., and M.H. Golding. 1979. Why preserve landmarks? A preliminary inquiry. In Goodpaster and Jayne, eds. Ethics and the problems of the 21st century. South Bend, IN: University of Notre Dame Press.
3. Stone, C.D. 1975. Should trees have standing? New York: Avon Books.

Chapter 14

고형폐기물

© Susan Morgan

호주, 보전 공원에 버려진 자동차

© Susan Morgan

미국 일리노이주, 공원 쓰레기통과 재활용 용기

환경공학자는 고형 폐기물을 적절하게 관리하고 영향이나 수명 종료 시점(end-of-life)의 관리 옵션에 대한 설계를 고려한다.

미국의 총인구수를 곱하기 전까지는 2 kg/d 정도의 쓰레기양은 많아 보이지 않는다.[1] 그러나 하루에 6억 3천 kg의 쓰레기 발생량은 엄청난 양의 쓰레기처럼 보인다.

우리 사회에서 이러한 고형 폐기물을 어떻게 처리할 것인가? 이에 대한 답변을 찾는 것은 공학 분야에 큰 도전이다.

쓰레기 또는 도시 고형 폐기물(MSW, Municipal Solid Waste)라고 하는 일반적인 생활 및 상업 폐기물이 이 장의 주제이다. 기술적으로, 쓰레기(refuse)는 음식물 쓰레기(garbage)와 그 밖의 쓰레기(rubbish)를 아우르는 말로 생활 쓰레기로 나오는 거의 모든 것을 뜻한다. 생활 쓰레기와 함께 수집되지 않는 오래된 냉장고, 목재가구, 매트리스 및 기타 부피가 큰 품목과 같은 쓰레기는 대형 폐기물(trash)로 분류된다. 폐기물 중 매우 중요한 하위범주인 위험 폐기물은 다음 장에서 다룬다.

도시 고형 폐기물 문제는 세 단계로 분리될 수 있다.

① 생활, 상업 및 공업 고체 폐기물의 수집 및 운송
② 위 물질로부터 유용한 자원 회수
③ 잔여물의 폐기

14.1 쓰레기 수거

미국 및 기타 국가의 많은 지역에서 가정과 상업 시설의 고형 폐기물은 트럭으로 수거된다. 폐기물이나 봉투에 담긴 쓰레기를 운반하는 개방 적재함 트럭(open-bed truck)이 쓰일 때도 있지만, 대부분의 차량은 유압 램을 사용하여 쓰레기의 부피를 줄이고 트럭이 더 큰 하중을 견딜 수 있도록 하는 압착차/압축차(packers)이다(그림 14.1). 상업적 및 산업적 수거물은 컨테이너(덤프스터 또는 롤오프)에 담겨 유압 장치를 사용하여 트럭으로 배출되거나 트럭에 의해 처분장으로 보내진다(그림 14.2). 신문, 알루미늄 캔, 유리병과 같은 분리 수거된 물질을 수거하기 위한 차량도 사용된다(그림 14.3).

그림 14.1 도시 고형 폐기물 수집 차량

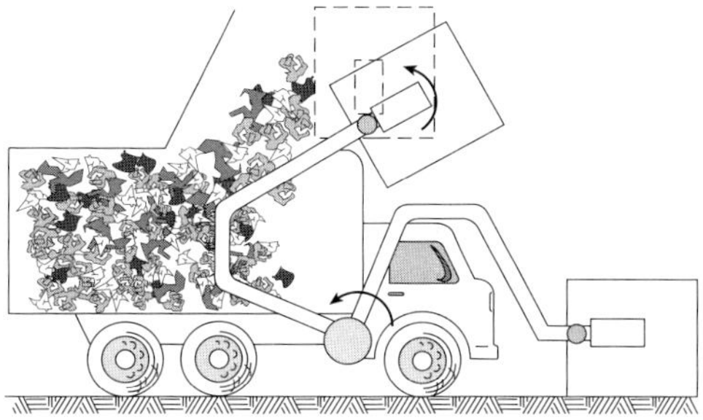

그림 14.2 상업 고형 폐기물 수집 차량

그림 14.3 분리 수거된 물질을 위한 수거 수단

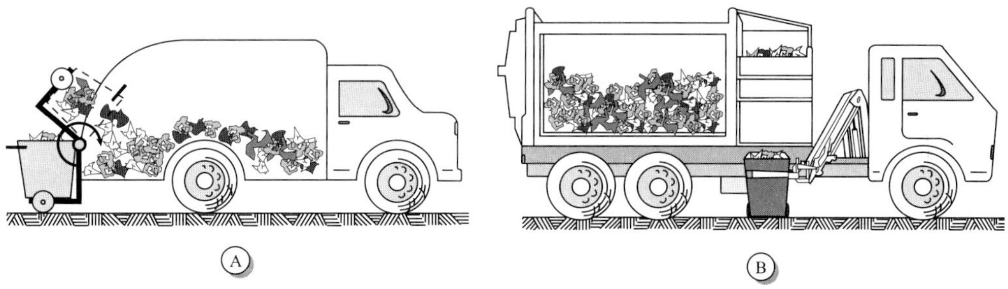

그림 14.4 (A) 반자동 및 (B) 완전 자동 수거 차량

생활 혼합 쓰레기의 수거는 일반적으로 운전자 1명, 적재자 1명으로 구성된 1~2명의 작업자가 있는 압축포장 트럭으로 진행된다. 이 작업자들은 쓰레기통에서 쓰레기를 트럭으로 넣은 후 트럭을 처분 구역으로 운전한다. 전체 운영은 비효율적이고 위험한 작업 조건에 놓여있다. 고형 폐기물 수집 인원의 안전 상태는 어떤 노동자 그룹보다도 훨씬 좋지 않다(예 : 석탄 노동자의 3배).

수거 비용을 줄이고 사고를 줄이기 위하여 주방에서의 압축기 및 쓰레기 분쇄기 사용, 반자동화 및 완전 자동화식 수거방법 등 다양한 수정된 수거방법이 사용되었다. 집주인은 대형 플라스틱 통(240~360 L)을 배분받은 후, 수거를 위해 매주 도로에 내놓아야한다. 트럭에는 쓰레기통의 쓰레기를 트럭으로 비울 수 있는 유압식 리프트 또는 기계식 팔이 장착되어 있다(그림 14.4).

쓰레기 수거를 위한 다른 대체 시스템이 개발되었는데 그 중 특히 흥미로운 것은 지하 공압 파이프(pneumatic pipe) 시스템이다. 플로리다의 디즈니 월드에 있는 공압 수거 시스템은 공원 곳곳에 수거 스테이션을 가지고 있으며 공압 파이프는 쓰레기를 중앙 처리 공장으로 운반한다. 인구 밀도가 낮은 지역, 쓰레기 수거센터 또는 편의시설 센터에서 일반적으로 쓰인다(그림 14.5). 또한 재활용품을 수집하는 데 자주 사용된다.

그림 14.5 쓰레기 수거센터 또는 편의시설 센터(© Susan Morgan)

'경로 최적화'라고 알려진 수집 차량의 적절한 경로를 선택하면 운송 업체가 상당한 비용을 절감할 수 있다. 경로 최적화는 1736년 스위스의 저명한 수학자인 레오나르드 오일러[Leonard Euler (1707~1783)]에 의해 처음 고안되었다. 그는 쾨니히스베르크(Köningsberg)의 퍼레이드 행렬이 프레겔강(River Pregel)을 건너는 다리를 한 번 이상 지나지 않고 시작 장소로 돌아가게끔 퍼레이드 경로를 설계하였다. 오일러의 문제는 그림 14.6에 나와 있다.

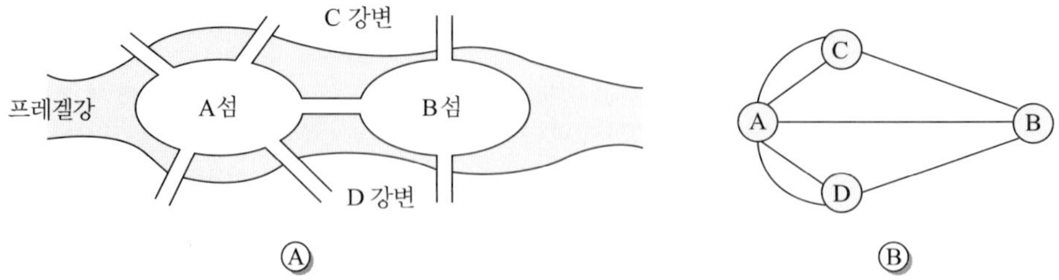

그림 14.6 쾨니히스베르크의 오일러 문제

오일러는 왕의 퍼레이드에 그러한 경로가 불가능하다는 것을 보여줬을 뿐만 아니라, 현재 오일러 투어(Euler's tour)로 알려진 경로를 설정하는 데 필요한 조건을 지정함으로써 문제를 일반화했다. 트럭 경로 지정의 목적은 모든 거리를 한 번만 지나가고, 같은 거리를 두 번 지나가는 데드 헤딩(deadheading)을 제거하는 오일러 투어를 만드는 것이다. 오일러 투어는 보행자가 각 거리를 한 번만 지나가기 때문에 유니코살(unicoursal) 경로라고도 한다.

경로는 노드(정점 또는 교차점)를 연결하는 특정 링크(간선, 오일러 문제의 거리와 다리)를 따라 진행된다. 오일러 투어는 모든 노드에 들어가는 링크 수가 짝수인 경우에만 가능하다. 그림 14.6(B)의 노드는 A부터 D까지이며, 모든 노드의 링크 수가 홀수이므로 왕이 원하는 퍼레이드는 불가능하다. 오일러 원칙은 다음 예에 의해 설명된다.

예제 14.1 그림 14.7(A)에 거리 네트워크가 나와 있다. 이 도로를 따라 집에서 쓰레기를 수거할 경우, 각 도로를 한 번만 이동하려는 차량은(고형 폐기물은 거리의 양쪽 면에서 수거되며, 주거 지역에서 일반적으로 발생하는 상황) 오일러의 투어가 가능한가? 쓰레기가 블록 면에서만 수집되는 경우(거리의 한쪽 면에서만 쓰레기가 수집되며, 교통량이 많은 큰 도로에서 일반적으로 발생하는 상황), 오일러 투어가 가능한가?

해답 트럭이 거리를 한 번만 지나가는 경우 거리 네트워크는 그림 14.7(B)의 일련의 링크와 노드로 축소된다. 노드 8개에 홀수 개의 링크가 있으므로 오일러 투어는 불가능하다.
두 번째 경우의 링크가 그림 14.7(C)에 나와 있으며 모든 노드에 짝수 개의 링크가 있으므로 오일러 투어가 가능하다. 그런데 오일러 투어는 무엇인가?

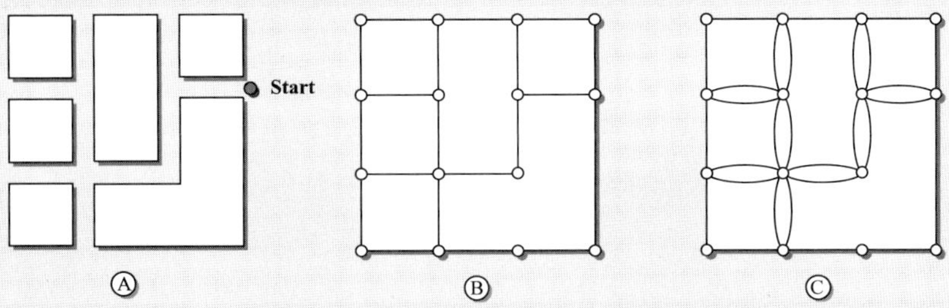

그림 14.7 트럭의 경로

컴퓨터 프로그램은 가능한 한 가장 효율적인 경로를 개발하는 데 사용할 수 있지만 종종 다음과 같은 이유로 사용되지 않는다.

- 컴퓨터 프로그램을 작성하고 디버그하는 데 너무 많은 시간이 걸리거나 사용 가능한 소프트웨어가 특정 상황에 적합하지 않는다.
- 상식적인 수단으로 아주 좋은 해결책을 개발할 수 있다(최적의 해결책이 아닐 수도

있음).

• 수거인력들이 임의로 경로를 바꿀 수도 있다!

상식적 노선은 같은 의미로 발견적 노선(heuristic routing)이라고도 불린다. 몇 가지 합리적인 경험 규칙을 지킨다면 최고의 수거방법을 찾는 데에 도움이 될 것이다. 예를 들면, 다음과 같다.

• 교통량이 많은 시간을 피하라.
• 항상 우회전을 하라.
• 긴 직진 방향의 길을 선택하라.
• 노드에서 일방통행 길로 나가지 않도록 하라.

이러한 규칙의 대부분은 이름에서 알 수 있듯이 상식이다. 대부분의 폐기물 관리에서 수거 시스템이 비용의 가장 큰 부분을 차지하기 때문에 종종 수거 시스템의 작은 수정으로 많은 비용 절감이 실현될 수 있다.

개별 수집 차량이 처분 지점으로 직접 이동하는 비용(직접 운송이라고 함)은 적환 시스템(transfer system)을 사용하는 것보다 비용이 많이 든다(그림 14.8). 적환 시스템은 폐기물이 집적되는 적환장(transfer station)과 트랙터-트레일러 또는 철도 차량인 적환 차량으로 구성된다. 적환 차량은 압착 트럭보다 훨씬 많은 양을 운반할 수 있다.

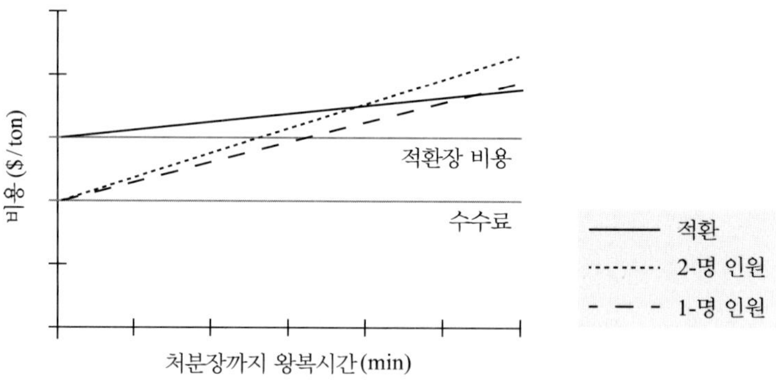

그림 14.8 적환 비용과 직접 운송비용의 비교

14.2 쓰레기 발생

생태학(제8장)에서는 건강한 동적 생태계를 위해서 물질을 재사용하고 재활용해야 한다고 말한다. 예를 들어, 연못과 호수와 같은 단순한 생태계에서 인은 수생 식물이 고에너지 분자를 합성하기 위해 광합성을 하는 동안 사용된다. 후에 이 고에너지 분자는 수생 동물에 의해 사용되며, 둘 다 찌꺼기를 배출하고 죽을 때 인이 방출되어 재사용 될 수 있다. 자연 생태계의 건강성은 다양성, 탄력성, 항상성 유지 능력에 의해 측정될 수 있다(정상 상태, steady state).

인간 생태계에서의 물질의 흐름은 자연 생태계에서의 영양분 또는 에너지의 흐름과 다르지 않으며 유사하게 분석될 수 있다. 그림 14.9는 생태계를 표현하기 위해 블랙박스를 사용하는 것과 마찬가지로 인간 사회를 표현하는 블랙박스를 나타낸다. 생태계에서 영양분은 지구에서 추출되고 살아있는 유기체에 의해 사용된 다음 지구상에 다시 축적된다. 마찬가지로 인간 사회는 지구에서 추출한 원료를 사용하여 인간이 사용하도록 제품으로 제조한 다음 폐기한다. 이 블랙박스 안의 질량 균형은 물질의 흐름을 나타낸다.

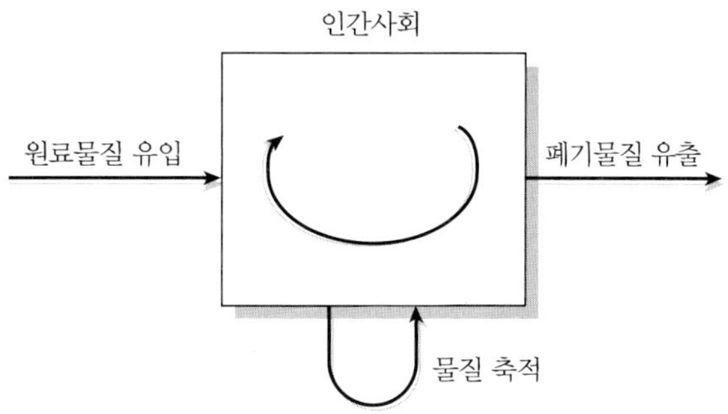

그림 14.9 인간 사회를 통한 물질의 흐름을 보여주는 블랙박스

철과 같은 원자재가 정상 상태로 간주되는 경우, 지구에서 추출된 철광석의 양은 철은 폐기된 철의 양과 같아야 한다(유입 = 유출).

$$[\text{물질 축적 속도}] = [\text{물질 유입 속도}] - [\text{물질 유출 속도}] + [\text{물질 생성 속도}] - [\text{물질 소비 속도}]$$

그림 14.11은 인간 사회를 통한 물질 흐름을 보다 자세하게 나타낸 것이다. 밴드의 폭은 질량 유량(예를 들어, 연간 수백만 톤)을 나타내기 위한 것이다. 밴드가 넓을수록 유량이 커진다. 모든 물질은 지구에서 발생하며, 추출되는 물질의 양은 그림에서 문자 “A”로 표시된다. 이들은 철광석 및 석유와 같이 산업에서 사용되는 원료이다. 이러한 물질은

추출되어 유용한 제품을 생산하는 제조 부문으로 공급된다.

그러나 추출된 모든 물질이 사용될 수 있는 것은 아니며 일부는 환경에 폐기돼야 하는 산업 폐기물이 된다. 또한 일부 물질은 고철 산업과 같은 산업에 의해 사용되거나 폐기물 교환을 통해 다른 산업으로 운송될 수 있다. 고철과 기타 유형의 2차 물질 간의 주요 차이점은 고철이 공공 부문에 들어가지 않는다는 것이다. 그것은 대중에 의해 사용되지 않으며, 따라서 대중은 그것의 최종 목적지에 관해 결정을 내리지 않는다.

제조된 제품 형태의 물질은 산업계에서 대중에게로 유입된다. 대중은 이러한 물질을 사용하고 사용이 끝났거나(예를 들어, 배터리) 충분히 부유하여 다른 제품(예를 들어, LP 레코드를 대체하여 CD를 구매하는 식)을 사용하기로 선택할 때 일부 물질을 폐기한다. 대중이 폐기물로 분류한 물질은 그림과 같이 가정 쓰레기가 되며 이 물질은 폐기물 관리 부문으로 넘어간다.

FOCUS ON

생수 대 수돗물

미국 및 전 세계에서 생수의 인기는 놀라울 정도이다. 미국인은 1999년 40억 갤런(150억 L)의 생수를 소비한 것에 비해 2005년 최대 72억 갤런(270억 L)의 생수에 88억 달러를 지출했다.[2] 이러한 매출 증가는 수돗물의 안전성에 대한 염려와 병에 든 생수가 유일한 대안이라는 마케팅으로 인한 것이다. 생수는 수돗물보다 천 배 이상의 생산비용이 들지만, 실제로 엄격한 오염물 테스트를 거치지 않는다.

미국의 생수 중 약 70%가 FDA (미국식품의약국, Food and Drug Administration) 규정에서 면제된다. 주 경계를 넘어서 판매되는 생수만이 가장 기본적인 FDA 표준을 거친다. NRDC (National Resource Defense Council)는 미국에서 판매되는 생수의 25%에서 40%가 도시 수돗물을 담은 것이라고 추정하다. 일부는 실제로 덜 깨끗하다. NRDC 연구에 따르면 103가지의 생수 브랜드 중 4분의 1 정도에서 안전하지 않은 수준의 비소, 합성 유기 발암 물질 및 박테리아가 측정되었다.

사람들이 생수를 구입하는 또 다른 이유는 바로 편의성이다. 생수병을 열고 물을 마시는 것은 매우 간단하다. 하지만 한 병의 물을 생산하고 운송하는 것은 간단하지 않을 뿐더러 환경에 부정적인 영향을 끼친다. 대부분의 생수병은 원유에서 파생된 폴리에틸렌 테레프탈레이트(PET 또는 PETE)로 만들어진다. 매년 미국인이 사용하는 생수병을 만들기 위해 150만 배럴(약 20만 톤) 이상의 기름이 필요하며 이는 동일한 기간 동안 미국인이 100,000대의 자동차를 운전하는 데에 사용하는 양과 같다. 이러한 플라스틱을 생산하는 데에서 나오는 이산화탄소 배출량은 1년에 10억 파운드(45만 kg)에 달한다. 이 문제를 더욱 복잡하게 하는 것은 운송 부문이다. 일부 생수는 소비자에게 도달하기까지 수백 수천 마일을 지나며 이는 더 많은 화석연료를 필요로 한다.

생수를 사용하면 물 및 폐기물 관리의 문제가 더욱 심화된다. 물병을 만드는 데 사용되는 플라스틱 1파운드를 생산하는 데에 24갤런(91 L) 이상의 물이 필요하다. 즉, 16온스(0.5 L)의 물을 마시는 경우 실제로는 10배에 달하는 물을 소비하는 격이다.

이러한 비효율성은 미국에서 물병의 86%가 재활용되는 대신 버려지는 것 때문에 더욱 증가된다(그림 14.10 쌓여가는 플라스틱 폐기물 참조). 대조적으로 독일과 노르웨이, 스웨덴, 덴마크 및 핀란드와 같은 스칸디나비아 국가는 용기 재활용 법안에 따라 빈병 환급이 의무화되면서 모든 음료 용기의 재활용률이 80~100%에 이른다.

일부 국가에서는 음용 가능한 수준의 안전한 수돗물이 없지만 미국은 생수보다 안전성이 현저하게 뛰어난 수돗물을 공급하고 있다. 미국인들은 재사용이 가능한 물병을 수돗물로 채우는 것만으로 돈을 절약하고 환경 피해를 막을 수 있다. 미국의 일부 장소는 실제로 안전하지 않은 수돗물을 가지고 있지만, NRDC는 매년 생수를 생산하는 데에 쓰이는 돈은 현재의 수처리와 유통 인프라의 결함을 고치는 데 충분하다고 추정한다.[3] 특히 맛에 민감하고 더 깨끗한 물을 마시기를 희망하는 사람들은 가정에서 수돗물을 정수하는 필터를 구입하여 설치하면 된다.

그림 14.10 쌓여가는 플라스틱 폐기물(경기도 용인, 한겨레신문, 2018.4.3, 역자)

출처 : H_2O Conserve. 2008 Bottled Water: Bottles of Trouble. July 12. Located at http://www.h2oconserve.org/index.php?page_id=15&pd=bottle and Natural Resources Defense Council. 2008. Bottled Water: Pure Drink or Pure Hype? July 10. Located at http://www.nrdc.org/water/drinking/bw/bwinx.asp.

14.3 쓰레기의 재사용 및 재활용

대중은 불필요한 물질이 생기면 재사용, 재활용 및 폐기라는 3가지 대체 수단으로 처리할 수 있다. 재사용 시 개인은 동일한 목적으로 제품을 다시 사용하거나 창의적인 2차 용도로 제품을 사용할 수 있다. 예를 들어, 전자의 경우, 유리 용기에 담긴 우유를 구입한 후 용기를 우유 판매점에 돌려주어 세척 후 새 제품을 넣을 수 있도록 한다. 후자의 경우 쓰레기 처리를 위해 종이 및 플라스틱 쇼핑백을 2차 용도로 사용하는 것을 들 수 있다. 플라스틱 음료 용기에서 새 모이통을 만드는 것 또한 2차 용도로 볼 수 있다. 세탁 세제 박스에 자동차 청소 용품을 보관하는 것 또한 예로 들 수 있다. 오래된 양말로 고양이 장난감을 만드는 것 등이 있다. 재사용은 원래 제품의 수명을 연장시켜 쓰레기를 줄인다.

반면에 재활용 또는 물질 회수는 폐기물을 수집하고 그 폐기물을 신제품으로 처리하는 것이다. 예를 들어, 플라스틱 식품 용기를 공원 벤치나 의류로 만들거나 중고 알루미늄 캔을 다시 알루미늄 캔으로 만드는 것이다(전자의 경우 플라스틱은 원래의 제품(이 경우 식품 용기)과 같은 용도로 "높게" 전환될 수 없기 때문에 다운 사이클링이라고 한다). 그림 14.11에서와 같이 물질 회수는 공급원으로서 원료보다는 가정 쓰레기를 사용한다. 1970년대에 자원 회수로 장려된 이 과정에는 오래된 자동차에서 철강을 회수하는 것과 양식장의 퇴비를 생산하는 등의 다양한 작업이 포함된다.

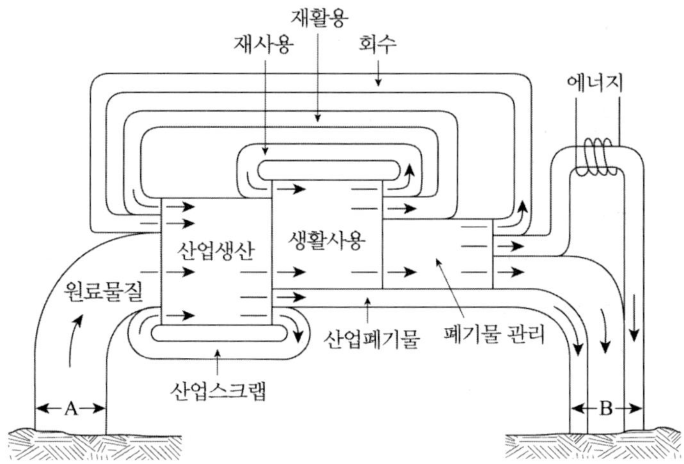

그림 14.11 인간 사회를 통한 물질 흐름의 그래픽 표현

FOCUS ON

생물학적 영양소와 그 대사 작용

1장에서 "요람에서 요람까지(cradle-to-cradle)"의 디자인과 적절한 대사 작용(주기)에 따라 제품을 개발하는 아이디어에 대해 다루었다. 생산품은 기술적인 대사를 순환하는 기술적 요소로 설계되거나 생물학적 대사를 순환하는 생물학적 요소로 설계될 수 있다. 일부 물질은 양쪽 모두에 해당된다.

그러한 제품 중 하나인 폴리락트산 또는 폴리락티드(PLA)는 재생 가능한 자원(예 : 옥수수 전분)에서 얻어지며 생분해성, 열가소성 지방족 폴리에스테르로서 생분해와 재활용이 가능하다. PLA는 1세기 이전부터 알려져 있었지만, 가공 과정의 혁신으로 인해 최근 몇 년간 상업적 관심을 얻었다. 그 이점에는 비교 수명주기 평가(comparative life cycle assessment)에 의한 온실 가스 배출 감소가 포함된다.

네이쳐웍스(Natureworks LLC)라는 회사는 주로 두 가지의 형태로 PLA를 제조한다(2022년 CJ제일제당과 업무협약). Ingeo™ 브랜드 용 섬유와 고 부가가치 필름, 경질 열 성형 식품 및 음료 용기, 코팅지 및 보드와 같은 광범위한 포장 용도에 사용되는 플라스틱이다. 식품 포장에 사용되는 경우, 음식물 쓰레기와 함께 분해 가능하므로 퇴비화 될 수 있으므로 실용적이다. 하지만 네이쳐웍스의 웹사이트는 "이 퇴비화는 대부분의 음식물 쓰레기 및 포장지가 처리되는 방식인 매립보다 우수하지만 PLA의 탄소 및 에너지 투입량에 비해서는 여전히 높은 재활용 형태는 아니다. 네이쳐웍스의 바이오 폴리머(biopolymer)에 대한 진정한 '요람에서 요람까지(cradle-to-cradle)'의 가능성은 더 높은 가치의 응용 분야에 있다. … 이러한 응용 분야에서 NatureWorks 바이오 폴리머는 화학적 가수 분해를 통해 새로운 수지로 다시 재활용될 수 있다. … "라고 설명한다.

PLA가 직면한 과제 중 하나는 새로운 쓰레기 관리 인프라에 대한 점이다. 음료 용기의 경우 PLA 병은 PET 재활용에 위협이 될 수 있다. PLA 용기는 PET 병과 유사하게 보이므로 재활용 중에 혼합될 수 있다. 그러나 PLA는 PET와 화학적으로 양립할 수 없다. PET 재활용 과정을 오염시킨다면 재활용을 방해하고 경제적 해를 끼치게 된다.

"퇴비" 또는 "생분해성"이 의미하는 것이 무엇인지 이해하는 것이 중요하다. 대부분의 물질은 충분한 시간(대략 수백 년)이 주어지면 올바른 조건에서 유기 화학 물질을 기반으로 생분해가 가능하다. 특정 기간 내에 특정한 처리 조건 하에서 미생물 동화 작용을 통해 이산화탄소, 메탄, 물, 무기 화합물 또는 바이오매스로 분해되는 것을 생분해성 물질로 인증하기 위한 표준이 개발되었다. 미국 재료 시험 협회(American Society of Testing and Materials, ASTM)는 다양한 처분 환경에서 생분해성을 구성하는 요소에 대한 정의를 만들었다. Natureworks 바이오 폴리머는 ASTM D6400-99 인증을 받았으며, 시립 및 산업용 호기성 퇴비화 시설에서 퇴비가 될 수 있음을 입증했다. 유럽의 Natureworks 바이오 폴리머는 산업 표준 및 반산업 시설의 퇴비화에 적용되는 표준 시험법 EN 13432를 통과했다. 일본에서는 PLA가 GreenPla 표준의 요구 사항을 충족하는 것으로 인증되었다.

산업적으로 퇴비화 가능하다고 인증된 물질은 비산업적 또는 비생물학적 조건, 예를 들어 깔짚, 토양, 물 또는 가정 퇴비화 설비에서도 반드시 분해되는 것은 아니다. 벨기에는 제품이 가정 퇴비화 시스템에서 생분해됨을 보장하는 OK 퇴비 마크를 제공한다. 해양 환경에서 플라스틱 오염이 증가함에 따라 생분해의 중요성이 증가했다. 태평양에서 약 3백만 톤의 플라스틱이 소용돌이 치고 있다. 최근의 추측에 따르면 증가하는 석유가격에 따라 폐플라스틱의 가치는 계속 증가하면서 10년 안에 경제적인 회수가 실현되리라 전망한다! 그러나 해양 환경에서 플라스틱 쓰레기가 생분해 될 경우 많은 피해를 면할 수 있다.

환경공학자는 제품 설계에서 수명이 다한 인프라 또는 폐기된 제품의 가치를 회복시키기 위한 전략 개발에 이르기까지 제품 또는 재료 수명주기의 모든 단계에서 일하고 있다. 환경 영향 요인이 무엇이든 간에 환경공학자는 인간의 건강 및 환경을 보호하고 물질 또는 에너지를 회수하기 위해 자재 흐름을 최적화하는 방법을 고려해야한다.

출처 : http://www.natureworksllc.com/; http://www.timesonline.co.uk/tol/news/environment/article4510201.ece

제조사는 간단하고 저렴한 재사용 또는 재활용 제품을 의식적으로 생산함으로써 자재의 재활용 및 회수 가능성을 높일 수 있다. 특정 부분에 있어 사회는 그러한 규칙을 제시할 수도 있지만, 자발적인 노력은 정부의 지시보다 훨씬 효과적일 수 있다.

중앙 처리 시설은 물질 회수 시설 또는 MRF [Material Recovery Facility, "머프(murf)"라고 발음함]로 알려져 있다. MRF에서의 물질 회수의 주요 특징은 회수된 자재는 혼합 또는 분리된 가정 쓰레기에서 회수된 다음 산업적 용도로 재사용 된다는 것이다. 재활용 과정에는 해당 재료를 사용하는 산업에 재료를 수거, 처리, 운송 및 판매하는 작업이 포함되어야 한다. 이 마지막 단계는 매우 중요하다. 재활용 과정은 재활용된 자재를 구매하려는 산업의 의지에 달려있기 때문이다. 신뢰성 있는 시장 없이는 이 과정은 실행 가능하지 않다.

14.3.1 쓰레기 처리 과정

재사용과 재활용의 주요 목적은 순도이다. 예를 들어, 100,000인구의 도시의 일일 쓰레기에는 하루 200톤의 종이가 포함된다. 2차 종이(재생용지)가 톤 당 약 20달러(격차는 크겠지만)에 팔린다면, 지역 사회에 대한 소득은 일일 약 4,000달러 또는 연간 약 150만 달러가 될 수 있다! 그렇다면 왜 모든 지역사회가 종이를 재활용하여 되팔지 않는가? 그 답은 간단하다. 폐지를 재활용하는 처리과정이 나무에서 종이를 생산하는 것보다 비용이 많이 들기 때문이다.

분명한 해결책은 처음에 종이(시장 가치가 있을 수 있는 다른 재료 포함)를 더럽히지 않는 것이다. 이를 위해서는 대중이 폐기물을 분리하여야 한다(소스 분리라고도 한다). 그러나 재활용 프로그램은 자발적 협력에 의존하고 있으며 이는 변덕스러울 수 있다.

협력을 증대시키는 한 가지 방법은 사람들로 하여금 쓰레기 분리를 요구하는 법을 제정하는 것이다. 그러나 비인기의 법 규제를 주장하는 의원은 연임 가능성이 낮기 때문에 민주주의에서 성공적인 접근법이 아니다. 반면 전체주의 정권에서의 자원 분리는 이행하기 쉽지만 이것은 민주주의 폐지를 위한 설득력 있는 논쟁은 아니다. 더 복잡한 것은 일부 지역에서는 쓰레기통에 쓰레기를 버리라고 설득하기가 어렵고 여러 종류의 분리수거를 요구하는 것은 더 어렵다는 것이다.

또 다른 방법은 분리수거를 하지 않고 MRF가 모든 분리를 처리하도록 하는 것이다. 이는 대중의 역할을 줄이고 회수 비용을 줄이지만(단, 하나의 차량 유형만 필요하고 매번 멈출 때까지 단 한 번의 이동만 필요하기 때문에) MRF의 복잡성과 처리 비용이 증가한다.

이론적으로는 쓰레기에서 방대한 양의 자원을 회수할 수 있지만 접근 방법에 관계없이 쉬운 일은 아니다. 분리수거를 하려는 사람은 먼저 제품의 특성을 식별한 다음 여러 항목별로 알맞은 컨테이너로 수동으로 분리해야 한다. MRF에서 높은 순도를 위해서는 수동 또는 기계적 식별 및 재료 분리가 필요하다. 두 가지 과정 모두 다른 모든 물질과 구별되는 특정 물질을 쉽게 식별할 수 있는 특성에 의존한다. 이 특성은 코드로 알려져 있으며, 이 코드는 스위치를 이용하여 혼합된 쓰레기에서 물질을 분리하는 데 사용되며, 이는 4장에서 소개되었다.

재활용 과정에서 코드는 일반적으로 단순하고 시각적이다. 누구든지 알루미늄 통에서 신문을 구별해 낼 수 있다. 그러나 철 캔에서 알루미늄 캔을 구분할 때나 광택지(코팅지)에서 신문지를 구분해야 할 때, 특히 광택지가 주말신문에 싸여있을 때 혼란이 생길 수 있다.

재활용에서 가장 어려운 작업은 플라스틱 식별 및 분리이다. 혼합된 플라스틱은 경제적인 용도가 거의 없으므로 서로 다른 종류의 플라스틱을 분리하는 것만이 경제적인 재활용이 가능하다. 그러나 대부분의 사람들은 한 종류의 플라스틱과 다른 종류의 플라스틱을 구별하기 어렵다. 플라스틱 산업은 대부분의 소비자가 플라스틱 유형을 식별할 수 있도록 제품에 그림 14.12와 같은 코드를 표시한다. 다양한 플라스틱 유형의 사용 코드는 표 14.1에 나와 있다.

그림 14.12 플라스틱의 식별 표시

이론적으로 플라스틱 제품을 폐기하려는 모든 사람은 코드를 보고 이에 따라 다양한 플라스틱을 분리해야 한다. 하지만, 현실적으로 코드를 찾고 읽는 일은 어려운 일이며 가정에서 7개의 서로 다른 플라스틱용 쓰레기통을 보유하고 있을 확률은 거의 없고 경제적으로 수집하여 사용하기에 충분하지도 않다. 그렇기에 2 L 청량 음료병에 쓰이는 PETE (폴리에틸렌 테레프탈레이트)와 우유병으로 쓰이는 흰색 플라스틱인 HDPE (고밀도 폴리에틸렌)와 같은 일반적인 유형의 플라스틱만 재활용 된다.

기계적 회수 작업은 분리되어야 할 물질의 코드가 명확하게 식별되고 스위치가 해당 코드에 민감한 경우 성공할 수 있다. 현재 그러한 기술은 존재하지 않는다. 예를 들어, PETE 모든 청량 음료병을 쓰레기에서 확인하고 분리하는 것은 기계적으로 불가능하다. 사실, 대부분의 회수 작업은 쓰레기를 기계적으로 처리하기 전에 분리수거 된 쓰레기에서 골판지 및 HPDE 우유병과 같이 가장 쉽게 분리할 수 있는 물질을 분리하는 피커(picker)를 고용한다.

표 14.1 플라스틱 종류

코드넘버	화학명	약자	사용 예
1	폴리에틸렌 테레프탈레이트 (Polyethylene terephthalate)	PETE	청량음료 병
2	고밀도 폴리에틸렌 (High-density polyethylene)	HDPE	우유 컨테이너
3	폴리염화비닐(Polyvinyl chloride)	PVC	음식 포장지, 절연체, 파이프
4	저밀도 폴리에틸렌 (Low-density polyethylene)	LDPE	음식 포장용 랩, 쓰레기봉투, 식료품봉지, 기저귀
5	폴리프로필렌(Polypropylene)	PP	자동차 배터리 케이싱과 음료 병뚜껑
6	폴리스타이렌(Polystyrene)	PS	음식 포장지, 거품컵, 접시, 식기류
7	혼합플라스틱, 폴리젖산 (Mixed plastic, polylactic acid)	PLA	울타리 우체통, 벤치, 팔레트, 퇴비화 가능한 포장지

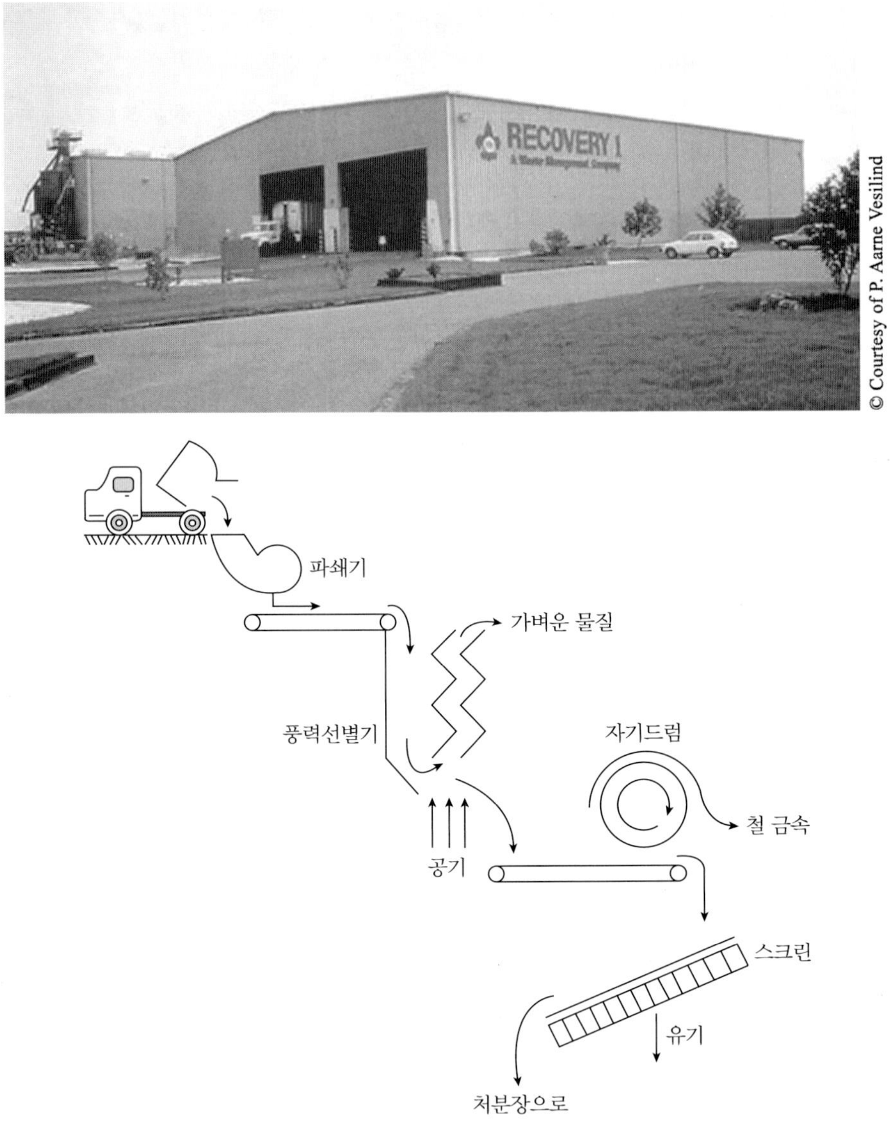

그림 14.13 도시의 고형 폐기물로부터 다양한 유가 제품을 생산하는 자원 회수 시설

쓰레기의 많은 제품은 단일 물질로 만들어지지 않았으며, 기계적 분리를 사용할 수 있으려면 이러한 물질을 단일 물질로 구성된 분리된 조각으로 분리해야 한다. 예를 들어, 일반적인 주석 캔은 본품은 강철, 이음매는 아연, 외부에는 종이 포장지, 알루미늄 상단으로 이루어져 있다. 쓰레기의 다른 일반적인 항목 또한 분리에서 동일한 문제가 있을 수 있다.

단일 물질 조각을 생산하는 한 가지 수단은 분리 과정에서 큰 조각을 갈아서 제품의 크기를 줄이는 것이다. 이 방법은 물질 수가 증가하고 소위 깨끗한 입자 또는 단일 물질

입자가 많이 생성된다. 크기 축소 단계는 엄격하게는 물질 분리가 아니지만 일반적으로 MRF의 수거 과정 이후 두 번째 단계이다.

크기를 줄인 후 공기 분류(경질 종이와 플라스틱을 분리)와 자기 분리(철과 강철)와 같은 다양한 다른 공정이 뒤따른다. 일반적인 MRF에서 사용되는 다양한 작업은 다음 페이지의 그림 14.13에 나와 있다.

14.3.2 회수된 쓰레기 시장

물질 회수는 여전히 중요한 선택 사항이다. 이러한 시설을 설계하는 공학자가 직면하는 가장 어려운 문제는 회수되어 재가공된 제품에 대한 확고한 시장의 가용성이다. 간혹 시장이 변동성이 크고 2차 물질의 가격이 크게 변동될 수 있다. 한 가지 예가 재생용지 시장이다.

제지 산업 기업은 수직 통합적이라고 알려져 있으며, 이는 기업이 제지 공정의 모든 단계를 소유하고 운영한다는 것을 의미한다. 그들은 자체적으로 자기소유의 숲에서 벌목을 하고 이를 그들의 제지 공장에 운반한다. 마지막으로 기업은 완성된 종이를 일반인에게 판매한다. 이 과정은 그림 14.14에 나타나있다.

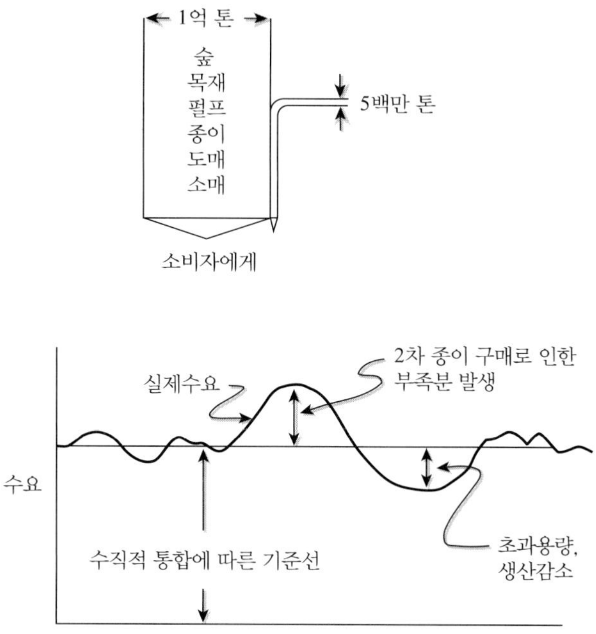

그림 14.14 제지 회사는 수직적으로 통합되어 나무에서 소비자에게 판매된 종이를 생산한다. 수요의 단기 변동은 2차 종이 구매로 충족된다.

제지 회사가 기본 수요량이 1억 톤에 달한다는 것을 알고 있다고 가정해보자. 이 수요를 맞추기 위해 회사는 벌목과 펄프, 종이 작업을 조정할 것이다. 이제 단기간에 500만 톤의 변동이 있을 것이라고 가정해보자. 제지 회사가 이 즉각적인 수요를 충족시키는 데 필요한 나무를 심을 수 있는 방법이 없으며 그러한 짧은 시기에 펄프 및 제지 공장의 생산 능력을 증가시킬 수도 없다. 그들이 하는 일은 재생 용지 시장에 가서 점진적인 수요를 충족시키기 위해 2차 종이를 구입하는 것이다. 여러 대형 제지 회사가 수요가 증가했다는 것을 알게 되면, 그들은 모두 재생 용지를 구입하려고 할 것이며 재생 용지의 가격은 갑자기 크게 증가할 것이다. 수요가 감소하거나 제지 회사가 생산 능력을 확장할 수 있게 되면 재생 용지 및 폐지 가격이 급락한다. 제지 회사는 마진을 남기고 폐지를 구매하기 때문에 재생 용지 판매상은 항상 호황이거나 불황에 처해있다. 제지 회사가 재활용 또는 재생 용지에 대한 수요로 인해 재생 용지만을 이용하여 소비재를 생산한다면 이러한 극심한 변동이 완화된다.

14.4 쓰레기 소각

지속적인 시장을 가지고 있는 제품은 에너지이다. 쓰레기의 약 80%는 가연성 물질이기 때문에 그대로 소각하거나 폐기물 고형연료(RDF, refuse-derived fuel)[12]를 생산하도록 처리할 수 있다. 일반적인 폐자원 에너지화(WTE, waste-to-energy) 시설의 단면도는 그림 14.15에 나와 있다. 이러한 시설은 24시간 내내 작동해야 하기 때문에 쓰레기 수거 트럭은 쓰레기를 피트로 쏟아내어 24시간 동안 흐름을 혼합하고 균등하게 해야 한다.

크레인이 쓰레기를 구덩이에서 들어 올려 용광로에 공급하는 활송 장치에 넣는다. 소각이 진행됨에 따라 격자 기계가 쓰레기를 이동시키고, 텀블링하고, 바닥 및 상부로부터 공기 중에 강제로 이동시킨다. 소각되는 쓰레기에서 생성된 고온의 가스는 물이 채워진 튜브 뱅크에서 냉각된다. 가스가 냉각됨에 따라 물이 가열되어 저압 증기가 생성된다. 이 증기는 가열 및 냉각 또는 터빈에서 전기를 생산하는 데 사용할 수 있다. 이후 냉각된 가스는 전기 집진기(13장에서 설명)와 같은 공해 제어 장치에서 정화된 뒤 굴뚝을 통해 배출된다.

12) 우리나라의 고형연료제품은 RDF로 불려왔으나, 2013년 '자원재생과 재활용 촉진에 관한 법률'에서 SRF (Solid Refuse Fuel)로 명칭이 변경되었다. 제조원료에 따라 일반 고형연료제품(SRF), 바이오고형연료(Bio-SRF), 하수슬러지 고형연료제품, 가축분뇨 고형연료제품으로 나눌 수 있다. 유럽연합에서는 고형연료(SRF, Solid Recovered Fuels)에 대한 기준을 정하여 관리하고 있다(역자).

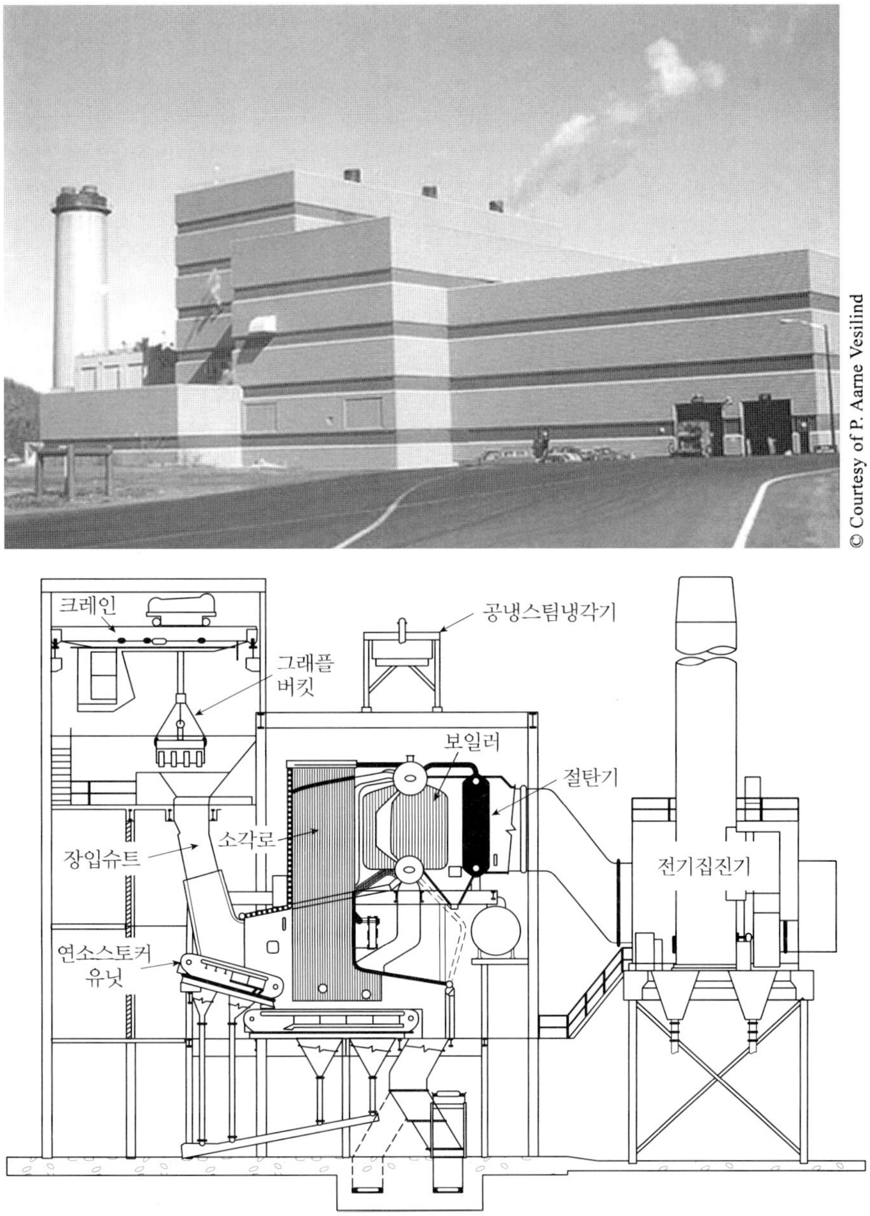

그림 14.15 폐자원 에너지화 시설

FOCUS ON

시멘트 제조와 대체 연료 및 자원의 사용

시멘트 가마(킬른, kiln)는 전 세계 CO_2 배출량의 최대 5%를 차지하는 온실 가스의 배출원 중 하나이다. CO_2는 시멘트의 주요 공급 원료인 석회석의 소성과 에너지를 제공하기 위해 연소된 수 톤의 연료(주로 석탄) 모두에서 발생한다.[4,5]

시멘트 제조 공정은 적절한 양의 칼슘 화합물, 실리카, 알루미나 및 산화철을 함유 한 원료를 분쇄하는 것으로 시작된다. 그 후 재료를 스크리닝 하여 직경 3~8 m, 길이 45~225 m의 회전로에서 습식 또는 건식 중 하나로 배치한다. 출구 끝의 화염 제트로 재료를 2700~3000°F (1480~1650℃)로 가열한다. 이 높은 열은 "클링커(clinker)"라고 불리는 대리석 크기의 알갱이로 융합되는 원자재에서 물과 이산화탄소를 제거하거나 소성한다. 몇 시간이 지나면 클링커가 가마에서 나와 냉각 장치로 떨어진다. 가마의 주입 부분으로 들어가는 재료 1톤당 2/3 톤의 클링커가 생산된다. 포틀랜드 시멘트는 미세하게 분쇄된 클링커를 사용하여 생산된다.

시멘트 제조공정의 공기 질은 주로 에너지 수요와 석탄 연소가 그 조건을 충족시키는 데서 결정된다. 배출 가스에는 먼지, CO_2, NO_x, SO_2 및 독성 물질이 포함된다. 전통적으로, 특히 킬른 굴뚝(kiln stacks)으로부터 분진의 배출이 주요한 환경 문제였다. 주요 먼지 발생은 대량의 가스가 먼지가 많은 물질(가마, 원료 분쇄기, 클링커 냉각기 및 시멘트 분쇄기)을 통과할 때이다.[6] CO_2 배출량의 약 60%는 소성 과정에서 기인하고, 나머지 40%는 연료와 관련이 있다. 이 공정에서 요구되는 열은 또한 NO와 NO_2 (질소 산화물의 90%를 넘는 것이 NO이다)의 상당한 배출을 가져온다. 질소의 원천은 공기와 연료이다. SO_2 배출은 주로 원료의 휘발성 황 함량에 따라 결정된다. 독성 배출에는 다이옥신, 퓨란 및 불완전 연소(PICs) 제품이라고 하는 다양한 탄화수소 화합물(염소 및 브롬과 같은 원소의 연소에 의해 생성된 산성 가스)과 중금속이 포함된다. 이러한 오염 물질은 굴뚝 및 비산(날림) 배출물(즉, 플랜트 작동으로부터 위로 교반되고 굴뚝 이외의 위치에서 배출되는 먼지 및 가스)에서 발견된다.[7]

지속가능성에 부응하기 위해 시멘트 산업은 지속가능한 성과 지표로 여겨지는 에너지 효율성, 환경 성과 및 투명성을 개선하기 위한 계획에 참여해 왔다. CEMEX, Holcim 및 Lafarge와 같은 회사를 포함한 주요 세계 시멘트 제조업체는 WGCWBCSD (Working Group Cement of the World Business Council for Sustainable Development)의 온실 가스 배출량 보고를 위한 공통 프레임 워크 구축, 개별 데이터 및 CO_2 배출 감축 목표 발표, 연료 사용 지침 작성을 위한 이해 관계자와의 대화 및 깨끗한 지구를 만들기 위한 방법 등 지속가능한 전략을 개발하였다.[8]

다른 계획에는 콘크리트의 재활용(예 : 도로의 최종 제품), 배출량의 전 세계 모니터링 및 보고 개선, 연료 및 원자재의 책임 있는 사용과 관련된 활동 수행 등이 포함된다. 논쟁의 여지가 있는 한 가지 프로그램은 시멘트 제조 공정에서 대체 연료 및 자원(AFR, alternative fuels and resources)을 사용하는 것이다. AFR은 다른 산업의 폐기물 및 부산물이며 고체 또는 액체, 위험 또는 비위험할 수 있다. 미국 시멘트 부문에서 사용된 AFR (타이어, 고체 위험 폐기물 및 액체 위험 및 비위험 폐기물)의 양은 2000년에 15%였다.[9] 2002년 스위스의 대체 연료의 비율은 시멘트의 총열 에너지 소비의 47.8%였다.[10] 유럽의 시멘트 공장에서 평균적으로 사용하는 대체 연료는 열에너지 소비량의 약 12%를 차지하지만 일부 지역에서는 최대 72%를 차지했다.[11]

AFR과 관련된 우려는 주로 위험 폐기물의 사용에 있다. 위험 폐기물에는 종종 독성 유기 화학 물질, 중금속 및 염소가 포함되어 있으며, 미량의 물질이 대기 중으로 방출될 수 있다. 위험 폐기물(특히 할로겐 폐기물)을 소각하는 가마는 기존의 연료를 태우는 가마보다 더 많은 입자를 방출하여 인체에 특히 위험한 형태의 금속 경로를 제공한다(미립자에 부착 됨). 위험 폐기물을 소각하는 가마에서 나오는 재에는 중금속이 포함되어 있다. 위험 폐기물 운송에서 발생하는 화학 물질 배출은 또 다른 문제를 야기한다.

반면에, 대체 연료의 사용은 지속가능한 발전의 원칙과 양립할 수 있다. 시멘트 제조면에서 AFR은 석탄보다 청정한 배출 가스로 에너지원을 제공할 수 있다. 주로 탄소와 수소로 이루어진 특정 플라스틱, 고분자 및 농산물은 위험하지 않으며 석탄에서 흔히 발견되는 수은과 같은 금속을 포함하지 않는다. 중요한 것은 폐기물이 에너지 가치 및 폐기물 처리 업체가 처리하는 비용뿐만 아니라 고유한 화학 물질에 대해서도 고려되어야 한다는 것이다. 예를 들어, 폴리비닐클로라이드(PVC) 및 할로겐화 용매와 같은 할로겐화 물질은 여러 요인으로 부적합하다. 그들은 산을 생성하며 염으로 침전되어 가마에 축적되며 생산을 중단시키고 이상적이지 않은 상황(즉, 시동 및 셧다운) 하에서 다이옥신 형성 및 방출을 촉진시킨다.

폐기물 관리 시스템의 관점에서, 시멘트 가마는 전용 소각로의 폐기물 처분에 대한 대안을 제공하고 전용 소각장에서 폐기물을 소각하는 것과 비교하여 CO_2 및 기타 배출물의 전반적인 감소를 가져온다[그림 14.16(B)]. 유럽의 시멘트 공장에서 쓰레기를 사용하면 연간 약 3백만 톤의 석탄을 절약할 수 있다. 2003년 2월 유럽 사법 재판소(European Court of Justice)는 시멘트 가마에서 연료로 쓰레기를 사용하는 것이 회수(recovery)로 분류되는 반면, 전용 소각로에서 도시 쓰레기를 태우는 것은 심지어 에너지 회수일지라도 처분(disposal)되는 것으로 분류된다고 판결했다.[12] 이 판결은 시멘트 가마에서 유해 폐기물을 태우는 것을 처분이라고 판결한 미국 환경보호청의 결정과는 대조적이다. 우리나라도 시멘트 소성로를 폐기물 처리시설로 분류한다(역자).

AFR을 사용에는 몇 가지 어려운 점이 있다. 적절한 유형의 폐기물이 적절하게 처리되고 적용되면, 연소는 완전하고 안전하게 수행될 수 있다. 그리고 폐기물에서 추출한 에너지는 연료를 절약할 수 있다. 이는 폐기물 처리 문제를 해결하고 자원을 절약하는 고전적인 시너지 효과로 보인다. 그러나 대중은 우려와 기대감을 가지고 있다. 저소득 마진 상품의 대량 생산에 전문 지식을 가진 시멘트 회사는 폐기물에 대한 전문 기술을 보유하고 있는가? 폐기물을 처리하는 다른 대안이 더 좋을 것인가 나쁠 것인가? 시멘트 가마에 의해 비교적 쉽게 폐기할 수 있는 방법 이외에, 처음부터 쓰레기를 발생시키는 사람들에게 자원 감축을 위해 더 열심히 힘쓰게끔 하는 것이 더 낫지 않을까?[12] 시멘트 가마에서 엄격히 관리되는 AFR의 사용은 특히 폐기물 소각장 및 더러운 연료 사용의 필요성을 상쇄하는 경우 좋은 것일 수 있다. 소각로 운영에 필요한 시설로 지정된 도시의 고형 폐기물 소각장과는 달리, 가마는 연료와 관련하여 유연성이 있다.

그림 14.16 (A) 시멘트 제조공정에 따른 공장 설계
(B) 시멘트 가마(cement kilns)에서 폐기물을 연소하여 얻는 효율

고형 폐기물은 그대로 연소될 수 있고 또한 연소되기 전에 여러 가지 방법으로 처리될 수 있기 때문에 정확히 어떤 것이 소각되고 있는지에 대한 혼동이 있을 수 있다. 미국 재료 시험 학회(ASTM, American Society for Testing and Materials)는 연소될 고체 폐기물을 분류하는 계획을 개발했다.

- RDF-1 처리되지 않은 MSW (고형 도시 폐기물, Municipal solid waste)
- RDF-2 파쇄된 MSW (그러나 물질 분리는 없음)
- RDF-3 파쇄된 MSW의 유기 부분(보통 MRF 또는 신문지와 같은 원료로 분리된 유기물에서 생산됨)
- RDF-4 MRF에서 생성된 것으로 잘게 분쇄되어 "비성형(fluff)"이라고 불리는 유기 폐기물
- RDF-5 MRF에서 생성된 성형기(pelletizer) 또는 이와 유사한 장치로 압축되어 기존의 연소로에서 석탄과 함께 연소될 수 있는 성형(pellet) 형태의 유기 폐기물
- RDF-6 오일과 같은 액체 연료로 추가 처리된 유기 폐기물
- RDF-7 가스 연료로 처리된 유기 폐기물

RDF-4는 처리의 추가 비용 때문에 거의 사용되지 않는다. RDF-6은 몇 년 전에 시도되었지만 본격적인 시설은 제대로 작동하지 못했다. 비슷하게, RDF-7은 지금까지 성공하지 못했다. 유기 MSW는 혐기성 소화에 의해 가스화 될 수 있지만, 과정이 매력적으로 보이며 단순하고 일반적인 구성 요소를 사용하는 것처럼 보이지만, 이 모든 경험은 실패로 끝났다(Harrelson의 제1장에서 설명한 악명 높은 시도 포함). 가장 어려운 문제는 고품질의 유기물, 높은 고형물 소화조의 혼합 및 혐기성 소화조의 작동을 심각하게 방해 할 수 있는 독성 물질을 처리하는 등 폐기물을 전처리 하는 것이다.

WTE 설비가 큰 호감도를 얻지 못한 한 가지 이유는 대기 배출에 대한 우려이지만, 이것은 잘못된 것으로 보인다. 연구에 따르면 MSW 연소 설비가 사람의 건강에 미치는 위험은 무시할 수 있으며 자동차의 가솔린 연소로 인한 위험보다 훨씬 낮은 것으로 나타났다.

많은 사람들에게 특히 우려되는 것은 쓰레기 연소 시 발생하는 다이옥신이다. 다이옥신은 폴리염화다이벤조다이옥신(PCDD, Polychlorinated Dibenzodioxins)이라고 불리는 유기 화합물 계열이다. 이 계열의 물질은 한 쌍의 산소 원자에 의해 연결된 두 개의 벤젠 고리의 삼중 환 구조를 가지고 있다(그림 14.17). 관련 유기 화학 물질은 폴리염화디벤조푸란(PCDF, polychlorinated dibenzofurans)이며 두 벤젠 고리가 하나의 산소에 의해 연결된다는 점을 제외하면 유사한 구조를 가진다. 탄소 면 하나가 수소 또는 염소 원자를 부착할 수 있기 때문에 가능성의 수는 크다. 염소 원자가 부착되는 이 면은 번호가 붙여

지며 이 번호는 PCDD 또는 PCDF의 특징을 나타낸다. 예를 들어, 2,3,7,8-테트라클로로디벤조-p-다이옥신(2,3,7,8-TCDD, 2,3,7,8-tetrachloro-dibenzo-p-dioxin)은 그림 14.17에서 보는 바와 같이 4개의 외부 모서리에 4개의 염소 원자를 가지고 있다. 이 형태의 다이옥신은 실험실 동물에게 특히 유독하며, 종종 WTE 식물의 오염된 살충제와 배출물의 주요 성분으로 확인된다.

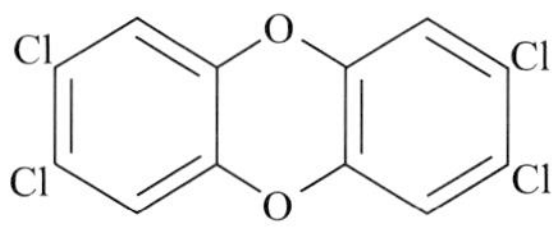

그림 14.17 2,3,7,8-테트라클로로디벤조-p-다이옥신

모든 PCDD 및 PCDF 화합물(다이옥신)은 동물에게 매우 독성이 있는 것으로 밝혀졌다. PCDD 또는 PCDF 화합물은 상업적 용도로 제조되지 않는다. 그러나 이들은 다른 유기 화학 물질의 오염 물질로 발생한다. 다양한 형태의 다이옥신이 살충제(예 : 베트남 전쟁 기간에 널리 사용되었던 에이전트오렌지)와 다양한 염화 유기 화학 물질(예 : 클로로페놀)에서 발견되었다.

흥미롭게도, 인간에게는 동일한 수준의 독성이 나타나지 않으며, 다이옥신이 실제로 실험실 연구에서 보이는 것처럼 해롭지 않은 것으로 보인다. 이탈리아의 대규모 화학 물질 유출은 동물 실험의 외삽법에 기초한 공중 보건 재앙을 초래할 것으로 예상되었지만 지금까지는 구체화되지 않은 것으로 보인다. 그럼에도 불구하고 다이옥신은 매우 낮은 농도에서 정상적인 대사 과정을 방해할 수 있으며, 이로 인해 USEPA는 소각장에서 발생하는 다이옥신 배출량에 대해 계속 엄격한 제한을 가하고 있다.

WTE 발전소는 극소량의 다이옥신을 방출하는 것이 확실하지만 다이옥신이 어떻게 생성되는지는 아무도 모른다. 일부는 폐기물에 있으며 단순히 연소되지 않고 배출 가스와 함께 배출될 수 있다. 반면, 소량의 염소를 포함하는 모든 연소 공정은 다이옥신을 생성하며 이는 단순히 연소 과정의 최종 생성물일 가능성이 높다. 나무 난로 및 벽난로에서 배출되는 다이옥신의 양은 이를 확실시한다.

소각로와 벽난로의 두 가지 위험성이 다르다는 것을 주의해야 한다. 인간 건강에 대한 후자의 영향은 소각장 배출의 영향보다 크다. 그러나 벽난로는 자발적 위험이며, 소각장은 비자발적 위험이다. 사람들은 자발적 위험을 비자발적인 위험보다 1,000배나 높게 수용하므로 벽난로에서 로맨틱한 불을 즐기면서 소각장에 대해 격렬히 반대할 수 있다.

14.5 폐기물의 최종 처분 : 위생 매립

고형 폐기물의 처분은 잘못된 것이다. 현재 관행은 쉽게 찾을 수 없게 폐기물을 숨기는 것에 불과하다.

처리를 위한 유일한 두 가지 방안은 대양(또는 다른 대형 수역)과 육지이다. 전자는 현재 미국의 연방법에 의해 금지되어 있으며 대부분의 다른 선진국에서도 마찬가지로 불법이다. 어쩌면 공중 보건 및 환경공학의 연대기에 영광스럽지 않은 부분을 제외하고는 해양 처리에 관해서는 언급할 필요조차 없다.

WTE 시설에서 쓰레기의 양이 90% 이상 줄어들지만, 나머지 10%, 오래된 냉장고와 같이 소각할 수 없는 물질들은 처리해야 한다. 따라서 쓰레기가 연소되더라도 매립은 필수적이며, WTE는 궁극적인 처리 시설이 아니다. 재의 매립은 쓰레기 매립보다 훨씬 간단하고 크기가 작으며, 매립지 배치 문제는 WTE가 쓰레기 부피를 줄임으로써 기존 매립지의 수명을 현저하게 연장하기 때문에 더 많은 WTE 설비를 필요로 한다.

땅에 고형 폐기물을 버리는 것을 투기라고 하는데 미국에서는 덤프(dump)라고 하며 영국에서는 팁(tip)이라고 한다. 투기는 고형 폐기물 처분에 있어 가장 비용이 적게 드는 방법이며, 따라서 거의 모든 내륙 사회에서 기존에 선택하는 방법이었다. 투기 작업은 간단하며 트럭이 적절한 위치에서 비어 있는지 확인하는 것 이상을 필요로 하지 않는다. 투기 쓰레기를 불로 태워 줄이면 투기장 수명이 길어진다.

그러나 덤프에서 발생하는 설치류, 악취, 대기 오염 및 곤충이 심각한 공중 보건 및 심미적 문제를 초래할 수 있기 때문에 적절한 대안이 필요하다. 대도시는 소각장을 사용하여 부피를 줄일 수 있지만, 소도시는 그러한 자본 투자를 감당할 수 없기 때문에 위생 매립지가 개발되었다.

위생 매립지(sanitary landfill)는 허용된 표준에 따라 설계되고 운영된다는 점에서 폐기물을 그냥 방치하는 개방된 덤프와 현저히 다르다. 매립 작업의 기본 원칙은 지하수 오염을 막기 위한 차수시설(liner)이 있는 장소를 선정하고, 구덩이에 쓰레기를 퇴적시키며 거대한 강철 바퀴가 달린 특별 제작된 중장비로 압축하고 매일 작업이 끝날 때 복토재로 덮는 것이다(그림 14.18). 적절한 매립지를 선정하고 개발하려면 계획 및 공학 설계 기술이 필요하다.

매립 쓰레기 수거를 위해 지불하는 수수료는 쓰레기의 무게 기준으로 청구되지만, 매립 용량은 무게가 아닌 부피 기준으로 측정된다. 매립을 설계하는 공학자는 사용 가능한 총량을 먼저 추정한 다음 매립으로 퇴적되고 압축될 때 쓰레기의 밀도를 추정한다. 쓰레기의 밀도는 부엌에서 처음으로 생성될 때부터 최종적으로 매립될 때까지 현저하게 증가한다. 표 14.2는 가정 쓰레기 밀도 추정치이다.

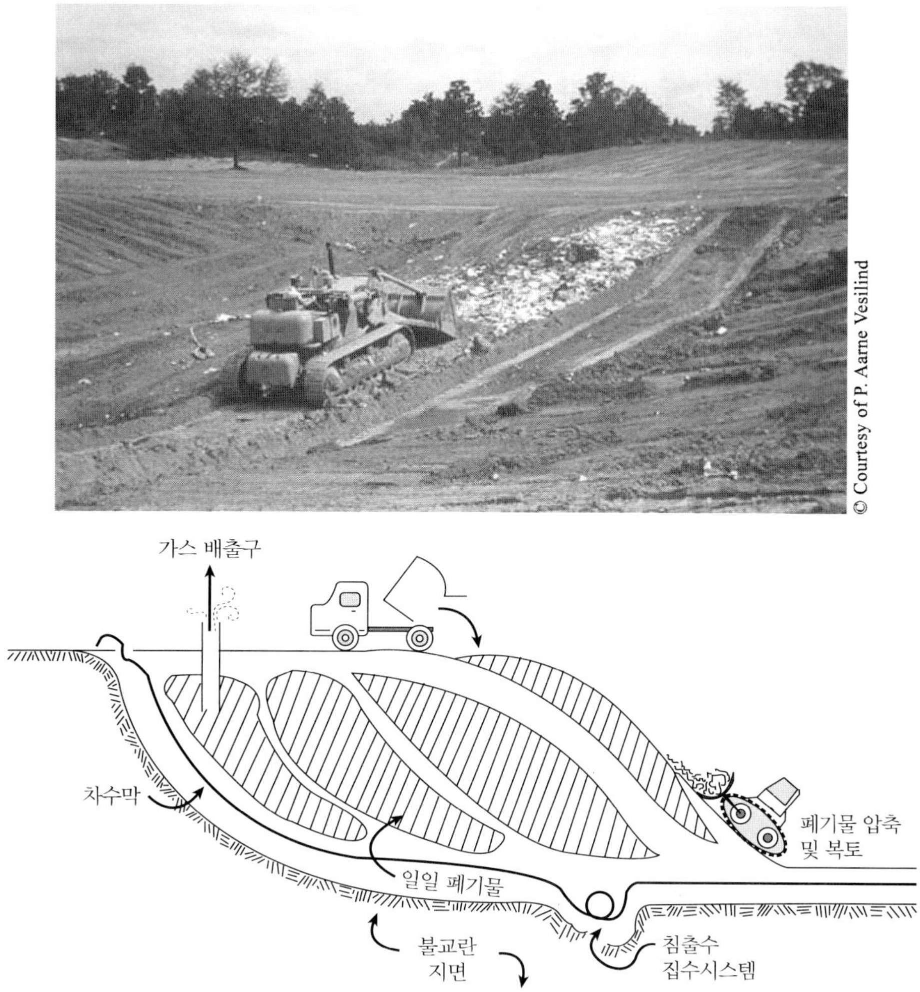

그림 14.18 위생매립지

표 14.2 도시 고형 폐기물의 밀도 추정치

장소/상태	밀도(kg/m^3)
발생단계, 부엌 쓰레기통	60
쓰레기통	120~240
압축트럭	240~480
매립지에서 쓰레기가 쌓여 다져진 이후	480~960

예제 14.2 한 주 당 10,000가구가 320 L의 쓰레기통을 채우는 도시를 가정하자. 15 m^3의 압축트럭은 한 번 운행하는 동안 모든 가구를 수거할 수 있도록 어떤 밀도로 쓰레기를 압축해야 하는가?

해답 질량 수지를 생각해야 한다. 압축트럭을 블랙박스로 상상해보자. 쓰레기는 가정에서 들어가고 쓰레기 매립장으로 나간다.

[질량 유입] = [질량 유출]

$V_L C_L = V_P C_P$

여기서, V와 C는 쓰레기의 부피와 밀도이고 아래첨자 L과 P는 비압축(loose) 및 압축(packed) 쓰레기를 나타낸다. 쓰레기통의 밀도가 120 kg/m³라고 가정하자(표 14.3).

$[(1\text{만 가구})(320\ \text{L/가구})(0.001\ \text{m}^3\text{/L})] \times [120\ \text{kg/m}^3] = (15\ \text{m}^3)\, C_P$

$C_P = 25{,}600\ \text{kg/m}^3$ (!)

불가능하다. 한 대 이상 혹은 한 번 이상의 운행이 필요하다.

쓰레기 매립 부피를 계산할 때 추가되는 복잡성은 매일 필요한 복토(cover)이다. 이 복토는 부피를 차지하지 않거나 제거할 수 있는 것(예 : 플라스틱 '방수포')일 수도 있고 제거할 수 없는 것(예 : 흙)일 수도 있다. 쓰레기 위에 놓인 더 영구적인 복토 재료(예 : 흙)일수록, 쓰레기 자체가 매립될 수 있는 부피가 작아지기 때문에 매립지의 수명이 짧아진다. 일반적으로 공학자들은 복토 흙이 차지하는 부피가 총매립 쓰레기 부피의 1/4이라고 추정한다.

그러나 위생 매립지는 불활성이 아니다. 매립된 유기 물질은 먼저 호기성으로 분해되고 그 후 혐기성으로 분해된다. 혐기성 분해는 메탄 및 이산화탄소와 같은 다양한 기체와 침출수로 알려진 액체가 지하수로 유입되어 오염 가능성이 매우 높다. 불침투성 점토 또는 플라스틱과 같은 합성 물질로 만들어진 차수막(라이너, liner)은 침출수가 지하수로 이동하는 것을 방지하기 위해 사용된다. 그림 14.19는 합성 매립지 차수막이 매립지에 어떻게 설치되는지 보여준다. 이음새는 조심스럽게 봉인되어야 하고 매립 차량과 쓰레기가 구멍을 뚫는 것을 방지하기 위해 차수막 위에 흙층이 있어야 한다.

합성 매립지 차수막은 침출수의 대부분을 막는 데 유용하지만 완벽할 수는 없다. 침출수에 의한 지하수 오염을 완전히 막을 수 있는 매립은 없다. 차수막의 누수로 인한 지하수 오염이 있는지 확인하기 위해 매립지 주위에 검사정이 설치되어야 하며, 그러한 오염이 발견되면 개선 조치가 필요하다.

플라스틱 차수막의 사용은 매립비용을 현저하게 증가시켜 최신 매립지의 톤당 처분비용은 WTE 플랜트와 거의 맞먹게 되었다. 물론, 매립은 결코 사라지지 않을 것이다. 다른 목적을 위해 그 토지의 사용을 제한하여 수년 동안 계속될 것이다.

현대식 매립지는 또한 가스를 모아서 태우거나 대기 중으로 배출해야 한다. 가스는 약 50%의 이산화탄소와 50%의 메탄으로 이루어져 있으며 둘 다 온실 가스이다(12장). 과거 매립지 가스 처리가 실행되지 않았을 때 가스는 냄새, 토양 생산성 및 심지어 폭발로 인한 문제를 일으키는 것으로 알려졌다. 현재 대형 매립지는 가스를 사용하여 터빈을 가동시켜 전기를 생산하고 이를 전력 회사에 판매한다. 소형 매립지는 가스를 연소할 뿐이다.

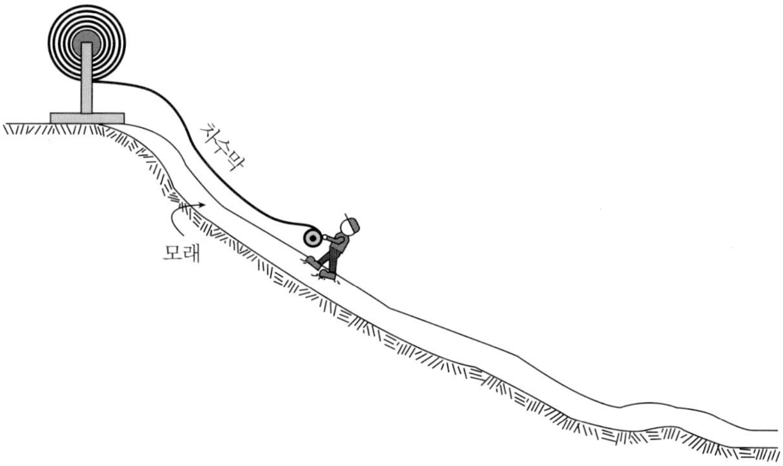

그림 14.19 매립지에 설치되는 합성 차수막

선전이 어떠하든, 위생 매립은 고질적인 폐기물 문제에 대한 중간 해결책이다. 환경 문제는 곧 고체 폐기물 관리를 위한 폐기 방법으로 자원 및 에너지 회수를 제시할 것이다.

우리는 폐기물의 양을 줄이거나(예를 들어, 재료를 더 재활용 가능하게 함으로써) 환경적으로 수용 가능한 처리 방법을 고안함으로써 고형 폐기물 문제를 극복해야 한다. 우리는 완전히 재활용 가능하거나 생분해 가능한 물질의 개발 및 사용하기까지는 여전히 수년이 걸릴 것이다. 현재 유일하게 사용 가능한 일회용 포장은 아이스크림콘 뿐이다.

14.6 쓰레기 발생 줄이기 : 배출원 감축

고형 폐기물 흐름의 양과 내용에 영향을 미칠 수 있는 세 번째 방법이 있다. 바로 우리가 사용하는 물질과 제품을 주의 깊게 선택하고 폐기하는 것이다. 다양한 제품에 사용할 수 있는 포장 유형을 선택하는 것에 대해 많은 언급이 있다. 예를 들어, 패스트푸드 용 발포 플라스틱 포장지는 거의 유용하지 않다. 고객이 불평하기 시작한 많은 패스트푸드 체인(일부 경우 포장을 금지하는 지역 조례 통과)과 마찬가지로 종이 포장도 마찬가지이다. 봉투가 필요하지 않을 때 상점에서 제공하는 봉투를 거부하는 것은 나쁜 매너가 아니다. 우리는 모두 고형 폐기물 흐름의 양과 내용에 영향을 주기 위해 많은 것을 할 수 있다.

14.6.1 왜?

문제는 왜 우리가 그렇게 해야 하는가이다. 상점에서 불필요한 봉투를 거부하는 사람의 유용성을 고려해보자. 노력이 중요할 수 있으며(때로는 논쟁해야 하지만) 구매가 편리하게 진행되지 않기 때문에 편리함은 줄어든다. 수거함을 지방 자치 단체에서 제공할 경우 개인적으로 봉투를 구매하는 데에 비용이 들지 않는다. 그렇다면 봉투를 거부하는 것이 당신에게 어떤 유익을 주는가? 본질적으로 전혀 없다. 당신의 개인적인 행동으로 감소되는 쓰레기 매립량은 무시할 만큼 적으며 쓰레기양을 줄이는 데에 들어가는 당신의 구매선택은 전혀 당신에게 혜택을 주지 않는다(단, 포장비용이 적게 드는 제품은 비용이 적게 든다). 그래서 질문이 남아 있다. 왜 당신에게 측정 가능한 이익이 되지 않는 것을 당신이 해야 하는가?

그에 대한 답으로 "옳은 일을 한 것이다."라고 답할 수 있으며 당신은 이에 완벽하게 만족할 수 있다. 그것은 당신이 공동체의 일부라고 느끼게 하며 모든 사람들의 개인적인 행동으로 좋은 효과가 있을 수 있다고 말하며 다른 사람들에게 이를 권할 수 있다. 당신이 이것을 하지 않으면, 당신은 다른 사람들이 똑같이 행동하기를 기대할 수가 없으며, 그러면 지역 사회 활동에 의해 어떤 것도 성취될 수 없다고 주장할 수 있다. 그러나 누군가가 "이타적인 활동에 참여해야 한다는 것을 나에게 증명하십시오."라고 말한다면 그러한 증거가 없다는 것을 인정해야 한다. 논쟁이 있지만, 그것은 인간의 기본 선량에 달려 있다. 그것이 더 이상 표준이 아닐 때, 인간 문명에 대한 희망은 없다.

14.6.2 전과정평가(Life Cycle Analysis)

재료 및 제품 사용에 관한 질문에 대한 방안 중 하나는 전과정평가(수명주기 분석, LCA)을 수행하는 것이다. 이러한 분석은 원재료, 제조, 운송, 유통, 사용, 유지 보수, 재활용 및 최종 폐기를 포함하는 제품, 과정 또는 활동의 전체 수명주기를 분석함으로써 오염 방지에 대한 전체론적 접근 방식이다. 즉, LCA는 제품의 환경 영향에 대한 완벽한 그림을 그려야 한다.

LCA는 구매를 위한 제품 비교 및 산업별 제품 비교를 포함하여 여러 가지 이유로 수행된다. 전자의 경우, 반환 가능한 유리병의 전체 환경 효과는 재활용 불가능한 플라스틱병의 환경 효과와 비교될 수 있다. 두 유형의 병을 제조, 유통 및 처분할 때 고려해야 할 모든 요소를 고려하면 하나의 병이 다른 병보다 우월함을 알 수 있다. 산업체의 제품을 비교하는 경우, 우리는 세제에서 인산염 빌더(builder, 세척증강제)의 사용이 처리 및 폐기에 있어 자체 문제가 있는 대체 물질의 사용보다 더 해로운지를 판단할 수 있다.

한 가지 문제점은 그러한 연구가 종종 산업 그룹이나 개별 기업에 의해 실시되며 놀랍게도 그 결과가 자신의 제품을 홍보한다는 것이다. 예를 들어, 일회용 기저귀의 인기 브랜드 제조업체인 프록터 앤 갬블(Proctor & Gamble)은 천 기저귀가 일회용 기저귀보다 3배나 많은 에너지를 소비한다는 연구 결과를 발표했다. 그러나 기저귀 서비스 협회(National Association of Diaper Services)의 연구 결과 일회용 기저귀는 천 기저귀보다 70% 더 많은 에너지를 소비한다. 그 차이는 회계 절차에 있었다. 일회용 기저귀에 포함된 에너지를 WTE 시설에서 회수 가능한 것으로 사용하는 경우, 일회용 기저귀는 보다 에너지 효율적인 것이다.[16]

LCA는 또한 데이터가 부족하다. 계산에 중요한 일부 정보는 사실상 얻을 수 없다. 예를 들어, 미국에서 수집된 고형 폐기물의 톤 수처럼 단순한 것도 쉽게 계산하거나 측정할 수 없다. 심지어 데이터가 존재해도 절차는 단일 회계 시스템을 사용할 수 없다는 단점이 있다. 최적의 오염 수준이 있는가 아니면 모든 오염 물질을 100% 제거해야 하는가? 대기 오염과 수질 오염 모두 있는 경우 어떻게 비교해야 하는가?

LCA의 어려움에 대한 간단한 예는 종이컵이나 폴리스티렌 커피 컵을 사용할지 여부와 같은 커피 컵 논란에 대한 해결책을 찾는 것이다. 대부분의 사람들은 둘 중 하나를 사용하지 않고 머그잔을 선택할 것이다. 그럼에도 불구하고 일회용 컵이 필요할 때(예 : 병원)가 있으며, 이 때 어떤 종류를 선택할 지 결정해야 한다.[17] 따라서 LCA를 사용하여 결정을 내린다.

FOCUS ON

쓰레기의 사회적 의미

웰슬리(Wellesley)는 주로 매사추세츠 보스턴 밖에 있는 주거 지역이다. 이 도시는 웰슬리대학, 보스턴대학 및 매사추세츠 베이 커뮤니티 칼리지와 같은 대학 도시이기도 하다. 놀랍게도, 도시의 명성 중 하나는 웰슬리 재활용 및 처분 시설(RDF, Recycling and Disposal Facility), 일명 덤프(dump)이다. RDF는 웰슬리 거주자만 사용할 수 있는 88에이커(0.36평방킬로미터)의 시설이다. 웰슬리의 약 85%의 주민들은 정기적으로 덤프를 이용한다. 우리나라의 재활용시설(그림 14.20)과 달리 개인 수거 서비스가 가능하지만 도시 자체의 수거 서비스는 없다. 덤프에서는 재활용을 위해 거의 40가지 범주의 제품 및 재료가 수집된다(표 14.3). 책 교환과 Take-It-or-Leave-It 영역은 특히 인기가 높다. 웰슬리는 2009년까지 재활용 35%를 목표로 하고 있으며 이는 전국 평균 재활용률(26.5~27.2% 사이)보다 높다.

그림 14.20 가전 재활용(서울 중랑구)

덤프의 성공과 인기의 원인은 무엇인가? 편의성과 다양한 재활용 옵션이 그것이다. 또 다른 이유는 덤프가 사교적으로 물건을 구입할 수 있는 도시에서 가장 인기 있는 곳 중 하나가 되었다는 것이다. 주민들은 덤프를 방문했을 때, 폐 보물이 풍부하기 때문에 일반적으로 많은 양의 물건을 가지고 돌아온다고 농담한다. 웰슬리는 상대적으로 부유한 도시이기 때문에 이 또한 역할을 할 수 있다. 많은 사람들이 가라지 세일(차고에서 하는 중고품 세일)을 하지 않아도 되며, 다른 사람들은 천천히 사용되는 물품을 전달하기 쉽다. 웨버(Weber) 그릴, 비앙키(Bianchi) 경주용 자전거, $12,000 상당의 희귀한 책도 발견할 수 있다. 한 남자는 테드 윌리엄스(Ted Williams)가 서명한 야구공을 발견했다고도 주장한다. 이러한 물물교환은 웰슬리 이외의 다른 도시에서도 매우 인기가 있었으나 어떤 경우에는 공무원들이 도시 외부인들의 싹쓸이를 저지하기 위해 새로운 조치를 취하기도 했다.

더불어, 덤프 열기가 확산될 때 웰슬리 덤프는 사회적 만남의 장소였다. 선거에 앞서 정치인들은 투표자를 만나기 위해 덤프를 자주 방문하고 주민들은 이웃들과 어울린다. 덤프의 88에이커는 매우 멋지게 조경되어 소문에는 결혼식이 개최되기도 했다. 아마 사랑과 물질 흐름의 영원한 순환에 대한 상징이었을 것이다. 아마 진취적인 바리스타가 재사용할 수 있는 또는 교환 가능한 머그잔과 함께 커피숍을 열 때이다.

RDF와 관련된 비용(예 : 노동, 장비, 하드웨어, 운송 및 교육/광고)은 세금으로 충당된다. 모든 수익은 도시 일반 기금으로 반환된다. 2007 회계 연도에 재활용 프로그램은 약 644,000달러를 반환했다. 100명이 넘는 자원 봉사자들이 예산 삭감을 통해 마을 교환소를 구해 냈고 이제 비영리로 물품들을 분류한다. 중산층 미국인들이 자유재량 지출을 줄이려고 할 때, 환경 의식이 있는 소비자들이 자녀가 저렴한 플라스틱 장난감을 필요로 하는지 질문하고, craigslist.com이 중고 쇼핑을 즐겁고 세련되게 만들었을 때, 덤프 사이트 교환매장은 양키 절약정신이 있는 웰슬리 주민들로 인해 번창하고 있다.

표 14.3 웰슬리 RDF에서 수용하는 물품

가정 재활용	퇴비화	금속	재이용	특별 위험물
알루미늄 캔	퇴비	알루미늄	책교환	가전제품
알루미늄 호일과 쟁반	나무 쓰레기	구리	헌옷/직물	자동차 배터리
상자와 마분지		금속/ 가벼운 철	헬스케어 장비	컴퓨터와 모니터
갈색 종이봉투				형광등
골판지와 골판지상자				페인트
휴대폰				프로판 탱크
전자제품				타이어
안경				폐유
유리(갈색/초록색/투명)				
가전배터리				
잉크 카트리지				
혼합종이				
혼합 사무실용지				
신문				
비닐봉지				
플라스틱병(투명/유색/자연)				
병이 아닌 플라스틱 제품				
환불 가능한 용기				
강철/주석 캔				

출처 : Town of Wellesley Department of Public Works. RDF Recycling Guide. http://wellesleyma.virtualtounhall.net/pages/WellesleyMA_DPW/rdf/recyclingposter.pdf on 9 January, 2009.

종이컵은 나무에서 유래하지만 나무를 자르는 행위는 환경 파괴를 초래한다. 거품 컵(foam cup)은 석유 및 가스와 같은 탄화수소에서 비롯되며 이로 인해 재생 불가능한 자원의 사용을 포함하며 환경에 악영향을 미친다. 종이컵 생산은 상당한 수질 오염을 초래하며, 컵 당 30～50 kg의 BOD가 생산되는 반면 거품 컵의 생산은 본질적으로 BOD를 생산하지 않는다. 종이컵 생산으로 인해 염소, 이산화염소, 환원 된 황화물 및 미립자를 생성하는 반면, 스티노폼컵(폼 컵, foam cup)의 생산은 이들 중 어느 것도 생성하지 않는다. 종이컵은 CFC (chlorofluorocarbons)를 필요로 하지 않지만 폴리스티렌의 CFC가 단계적으로 제거된 이후에 스티노폼컵 또한 CFC를 사용하지 않는다. 그러나 스티노폼컵은 한 컵 당 35 ~ 50 kg의 펜탄을 배출하지만 종이컵은 전혀 배출하지 않는다. 거품 컵의 재활용 가능성은 종이컵보다 훨씬 높다. 종이컵은 종이에 플라스틱 코팅을 비롯한 여러 가지 재질로 만들어지기 때문이다. 두 컵은 연소가 잘 되며 스티노폼컵은 40,000 kJ/kg의 에너지를 생산하지만 종이컵은 20,000 kJ/kg만 생산한다. 쓰레기 매립장에서 종이컵은 온실 가스인 CO_2와 CH_4로 분해되고 거품 컵은 불활성이다. 그렇기 때문에 종이컵이(매우 느리지만) 분해될 때 스티노폼컵은 매립지에 남아 있다. 매립지를 쓰레기 수납 용기로 간주하면 종이컵이 가스를 생성하고 침출수를 생성하는 동안 반응에 참여하지 않기 때문에 거품 컵이 우수하다. 반면에, 매립지가 쓰레기 처리 시설로 생각된다면, 스티노폼컵은 매우 유해하다.

그렇다면 어느 컵이 환경에 더 좋은가? 옳은 일을 하고 싶다면 어떤 컵을 사용해야 하는가? 이 질문은 이 책의 다른 많은 질문들처럼 답하기 쉽지 않다.

14.7 통합 고형폐기물 관리

미국 환경보호청은 고형폐기물 관리를 위한 국가 전략으로 통합 고형폐기물 관리(ISWM, Integrated Solid Waste Management)를 개발했다. 이 계획의 목적은 지역 사회가 폐기물을 효율적으로 관리할 수 있는 유연성을 갖춤과 동시에 가장 환경 친화적인 전략을 선택할 수 있도록 의사 결정에 도움을 주기 위한 것이다. 그것은 가장 바람직한 최소의 고형 폐기물과 함께 고형 폐기물 관리 위계(hierarchy)를 기반으로 한다.

- 배출원 감량(source reduction)
- 재활용
- 소각
- 매립

즉, ISWM 계획이 실행될 때 첫 번째 수단은 배출원 감축에 있어야 한다. 이것은 잘못되거나 오도하기 쉬운 용어이다. 배출원을 줄이는 것이 아니라 그 배출원에서 나오는 쓰레기양을 줄이는 것이므로 용어는 쓰레기 감축이 되어야 한다.

가계 수준에서는 현명한 구매를 통해 각 가정에서 발생하는 쓰레기양을 크게 줄일 수 있다. 예를 들어, 수축 랩(shrink wrap)이 있는 플라스틱 용기 대신 포장되지 않은 제품을 구입하는 것이 낭비를 줄이는 한 가지 방법이다. 수명이 긴 제품을 구매하여 쓰레기 감소를 하는 것이 두 번째 방법이다. 예를 들어, 65,000 km 후에 닳는 자동차 타이어를 구입하는 대신에 130,000 km까지 버틸 수 있는 것을 구입하는 것은 폐타이어 50%를 줄인다. 또한 스팸 메일을 줄이기 때문에 편지함 목록에서 이름을 지우는 것도 큰 도움이 된다. 고형 폐기물 관리의 이 방법은 산업 및 상업 수준에서 훨씬 더 효과적이다. 안타깝게도 가계의 배출원 감축을 측정하는 것은 어렵고 이를 구현하기 위해 새로운 장비가 필요하지 않으므로 종종 무시된다.

그 대신, ISWM 재활용(및 재사용)은 재활용 가능한 자재를 수집하고 처리하는 데 드는 비용이 있기 때문에 폐기물 감량 방법 이후에 수행하는 것이 좋긴 하지만 두 번째 방법인 재활용에 초점을 두었다. 그러나 재활용 및 재사용으로도 폐기물을 줄일 수 있다. 그림 14.11은 이 효과를 보여준다. 재사용과 재활용을 통한 물질흐름의 증가는 낭비를 줄여준다. 예를 들어, 쓰레기 처리를 위한 종이 쇼핑백의 사용은 대중이 쓰레기 처리를 위해 비닐봉지를 구입하지 않기로 선택할 것을 전제로 한다. 이 경우 비닐봉지가 더 적게 판매되기에 폐기물 총량 또한 마찬가지로 감소한다. 유리병은 쓰레기에서 분리되어 수집되고 새로운 유리병으로 재생되어 재활용 과정을 증가시킬 수 있다. 마지막으로, 혼합 쓰레기는 손으로 분류할 수 있으며, 골판지를 제거하고 회수하여 회수 물질 흐름을 증가시킨다.

FOCUS ON

자동차

단기적인 경제적 이득을 위해 무시당하는 환경 문제의 예가 많다. 재활용 할 수 없는 음료 용기의 사용과 제조가 전반적인 사례이지만, 지금까지 제조된 제품 중 가장 환경 비친화적인 것은 트라비(Trabi)이다.

트라비라는 귀여운 이름으로 알려진 트라반트(Trabant)는 1970년대와 1980년대에 동독에서 제조되었다. 이 가정적으로 보이는 차는 폭스바겐의 동독 버전으로 디자인되었다. 그 디자인의 목표는 가능한 싼 값으로 만드는 것이었다. 그래서 트라비에 전원을 공급하기 위해 공학자들은 악명 높은 오염 물질인 2 행정 엔진(two-stroke engine)을 사용했다. 모든 구성 요소는 최소한의 비용으로 설계되었으며 정상적인 사용에서는 거의 생존하지 못했다. 최악의 경우, 본체는(덕트 테이프를 제외하고는!) 수리가 불가능한 유리 섬유 합성물로 만들어졌으며 고형 폐기물 관리로써의 재활용 가치가 전혀 없었다. 다른 방법으로 용융되거나 재처리될 수도 없고 소각장에서 소각할 수도 없다.

독일 통일 이후 수천 대의 트라비는 거리에 버려졌고 매립지에서 처분되어야 했다. 유일한 목적이 생산 비용이고 환경 문제를 고려하지 않은 공학자들의 설계의 가장 좋은 예로 트라비가 거론되며 환경 파괴적 설계의 최악의 사례로 불후의 명성을 얻고 있다.

비교적 최근 유럽 법안의 의도와 트라비를 대조해보자. 유럽연합(EU)의 회원국은 미국보다 매립지에 더 많은 압력이 가해지고 있기 때문에 수명이 끝나는 1,400만대의 자동차로부터 재활용되는 물질의 양을 최대화하고 더 나아가 폐기물은 800~900만 톤으로 끝내기 위한 노력이 진행된다. 이 법안은 차량 구성 요소의 수집, 재사용 및 재활용을 촉진함으로써 환경을 보호하고 낭비를 방지하는 것을 목표로 한다. EU 지침 2000/53/EC는 ELV (폐자동차, End of Life Vehicle) 지침으로 2000년 5월에 채택되었다. 2015년까지 이 법안은 유럽연합(EU) 회원국들이 폐기된 차량 중량의 85%를 재사용하거나 재활용 할 수 있도록 할 것이다.

이 지침의 주요 목적은 ELV의 재활용 흐름으로 관리하는 것이지만, 더 환경 친화적인 디자인을 위한 규정도 포함되어있다. 예를 들어, ELV는 쉽게 재활용 할 수 있는 재료를 사용하지만 문제가 되는 구성 요소 또한 포함하고 있다. 복합 플라스틱은 분해될 수 없으므로 문제가 될 수 있으며 유리로 된 부품과 플라스틱 적층 커버는 분리하기 어렵다. ELV 지침에 따르면 자동차 제조업체는 차량에 혼합 된 플라스틱의 양을 줄여야 한다. 이 지침은 또한 자동차 제조업체가 해체 및 재활용의 용이성과 기본 차량 기능 및 운전자 및 승객의 안전을 지키게끔 규제한다. 너무 쉽게 해체되는 자동차는 잠재적으로 문제가 될 수 있기 때문이다!

어떤 사람들은 이 규정을 제한적인 것으로 간주하지만, 효과적인 규제가 혁신의 원동력이 될 수 있다. 그러나 혁신적인 차량 컨셉은 법에 의해 추진되지 않고 환경(및 비즈니스) 윤리를 통해 만들어졌다. 바로 포드 모델 U이다. 트래비와는 달리 모델 U는 다음을 포함한다.

- 다른 구성 요소를 장착, 이동 또는 차후에 추가 할 수 있는 모듈 식 내부 및 외부
- "2.3리터, 4기통의 수퍼차저, 인터쿨러가 있는 하이브리드 전기 전송과 결합된 수소 내연 기관. (이는) 19 km/L와 같으며 약 450 km의 주행 거리와 0에 가까운 규제배출량과 이산화탄소 배출량 99% 감소"
- 주행 중 가능한 음성 작동
- 프리크래시(precrash) 감지, 적응형 전조등 및 야간 투시 시스템과 같은 고급 안전 기능
- "요람에서 요람까지"의 규제에 맞는 디자인적 요소

우리나라에서는 2076년 최초의 승용차 고유모델을 개발하였으며 최근에는 폐자동차로 인한 경제적 및 환경적 손실이 극심하다(그림 14.21 A, B 참조). 2008년 전기・전자제품 및 자동차의 자원순환에 관한 법률이 제정되어 재사용과 자원순환을 촉진하고 있다. 그리고 더 단순한 운송 수단을 그리워하는 사람들에게는 자전거가 있다.

그림 14.21 (A) 서울 성북구의 한 폐차장
(B) 한국 최초의 고유 모델 76년형 포니(한국경제, 2016 .2.1)

ISWM 계획의 세 번째 방안은 모든 폐기물 처리 방법을 의미하는 고형 폐기물 소각이다. 이 개념은 고형 폐기물 흐름을 비오염 제품으로 변형시키는 것이다. 이것은 연소에

의한 것일 수 있지만, 다른 열적 및 화학적 처리 방법이 효과적일 수 있다. 물론, 일부 제품(예 : 에너지)을 회수하는 것이 바람직하다.

마지막으로 위의 모든 방법이 구현 및 고려되어도 여전히 쓰레기가 남아있는 경우 최종 해결책은 매립이다. 쓰레기 매립에는 대안이 없다(이제는 불법이 된 심해에서의 처리를 제외하고). 따라서 모든 사회는 매립의 대안을 개발해야 한다.

이 ISWM 전략은 유용하지만 문자 그대로 취하면 문제가 발생할 수 있다. 일부 지역사회는 열심히 하더라도 재활용을 시도할 수 없다. 다른 지역에서는 처음부터 매립을 택할 수밖에 없다. 가장 현명한 방법은 한 종류의 폐기물을 위한 한 가지 유형의 처리를 제공하고(예 : 마당에 퇴비 뿌리기) 다른 유형의 폐기물은 또 다른 처리를(쓰레기 매립) 마련하는 것이다. 이것은 공학적 판단이 작용하고 고형 폐기물 공학자가 실제로 일해야 하는 몫이다. 우리는 모든 방안을 대비하고 이를 사회의 특성(경제, 역사, 정치)에 맞게 통합해야 한다. 결국 공학자는 대중의 요구에 부응하기 위해 노력해야 한다.

연습문제

14.1 그림 14.7(A)의 예제 14.1에 대한 도로 지도는 폐기물 수거가 구역에 면하여 있어야 하는 경우, 즉 트럭이 수집할 각 구역을 따라 이동해야 하며 수거 인력이 거리를 건널 수 없는 경우 그림 14.7(C)와 같이 분석된다. 오일러 투어에 따른 방법을 구하시오.

14.2 그림 14.22의 거리를 이용하여 가장 효율적인 루트를 구하여라.

a. 트럭이 한 번에 한 쪽 면만 수거할 경우
b. 트럭이 두 면 모두 한꺼번에 수거할 경우

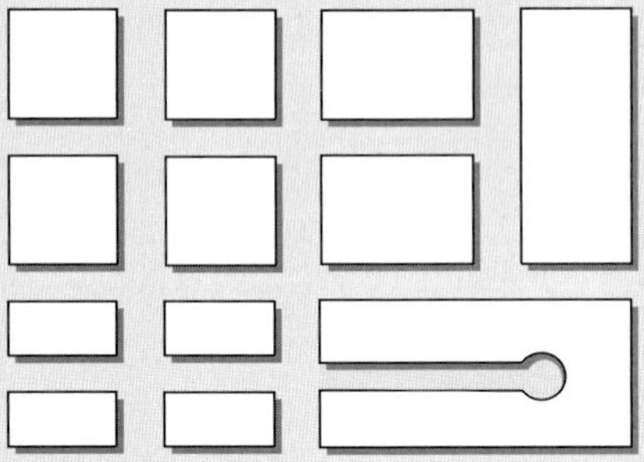

그림 14.22 문제 14.2

14.3 이 과제의 목적은 개인이 생성하는 고형 폐기물을 평가하고 보고하는 것이다. 어느 하루 동안, 당신이 일반적으로 버렸을 쓰레기를 모으시오. 여기에는 음식, 신문, 음료 용기 등이 포함된다. 저울을 사용하여 고형 폐기물의 무게를 측정하고 다음과 같이 보고하라.

구성	무게	중량 분율
종이		
플라스틱		
알루미늄		
강철		
유리		
쓰레기		
기타		

당신의 답은 데이터와 함께 논의가 있어야 한다. 다음 질문에 답하여라.

a. 당신의 분율과 총량은 국가 평균과 비교하라.
b. 당신의 쓰레기에서 무엇이 재사용가능(회수가능과 다름)하고 재사용했다면 얼마나 많은 쓰레기가 감소하였을까?
c. 당신의 쓰레기 중 어떤 것이 회수가능한가? 이것이 어떻게 가능한가?
d. 쓰레기의 구성과 양에 있어서 얼마나 전형적인가?

14.4 도시 쓰레기 수거의 가장 비싼 측면 중 하나는 쓰레기를 가정에서 트럭으로 옮기는 것이다. 이것을 개선할 수 있는 방안을 답하시오. 실용성보다 독창성에 유의하시오.

14.5 당신이 이 장에서 언급된 트라비 프로젝트를 담당하게 된다면 어떻게 접근할 것인지 제안하시오. 모든 가능한 대안을 열거하고 각각을 토론하고 당신이 선호하는 것을 선택하시오.

14.6 매립지의 부지 선정은 많은 지역 사회에서 주요한 문제이다. 이것은 대중이 매우 밀접하게 관련되어 있기에 종종 공학자들은 격려하는 작업이다. 유명한 환경 기술자인 CH2M Hill의 글렌 데이저(Glenn Daigger)는 다음과 같이 말했다.

"환경 산업은 사람들의 기대를 충족시키지 못하기 때문에 오늘날 환경 문제는 제1면에 있습니다. 그들은 책임성 및 품질이 고려해야 할 부분이 아니라고 말하고 있습니다. 그 밖의 모든 잘못된 정보에도 불구하고 때로는 파악하기가 어렵습니다. 궁극적으로 우리는 대중의 관점을 수용할 책임이 있습니다."

이 관점에 동의하는가? 공학자는 대중의 관점을 수용해야 하는가? 아니면 공학자가 문제에 대해 더 잘 이해하고 있기 때문에 공학자가 대중에게 자신의 의견을 피력해야 하는가? 지역 사회를 위한 매립지 부지 선정에 있어 공학자의 역할이 무엇이라고 생각하는지에 대해 한 페이지를 작성하시오.

14.7 그림 14.23에 나오는 재활용 표지는 다양한 포장에서 가져왔다.

a. 용기 제조업체가 포장에 기호를 표시할 때 염두에 두고 있는 목적은 무엇인가?
b. 모든 경우에 이것이 윤리적으로 사용되었는가?
c. 포장에서 재활용 표지 하나를 찾아 제시하고 그 장점에 대해 논하시오.

그림 14.23 소비자 포장에서 재활용 표지(문제 14.8)

14.8 660명의 학생으로 구성된 고등학교가 있다. 연구에 따르면 평균적으로 각 학생은 일일 150 kg에 달하는 식당을 제외하고 하루에 0.1 kg의 고형 폐기물을 배출한다고 한다. 쓰레기 수거통의 쓰레기 밀도가 120 kg/m^{3}이고 일주일에 한 번 쓰레기 수거를 하는 경우 각 쓰레기통이 15 m^{3}를 수용할 수 있다면 학교에 필요한 쓰레기통의 개수는 몇 개인가?

14.9 그림 14.24는 쓰레기 수거를 통해 서비스 될 개발단지를 보여준다. 구역의 숫자는 해당 구역에서 수거해야 하는 세대 수를 나타낸다. 각 가정이 4명이고 폐기물 발생량이 2 kg/인/일이라고 가정하자. 구식 포장 트럭의 쓰레기 밀도는 약 240 kg/m^{3}이다.

a. 수거가 일주일에 한 번 진행된다면 몇 대의 트럭이 필요한가?

b. 트럭이 E로 표시된 지점에서 개발단지에 들어갔다 나왔다면, 이 트럭들에 대한 효율적인 경로는 무엇인가? [공차회송(deadheads)의 수를 효율의 추정으로 계산하시오]
c. 구식 트럭이 600 kg/m^{3}를 담을 수 있는 트럭으로 교체된다면 수거 시스템은 어떻게 변화할 것인가?

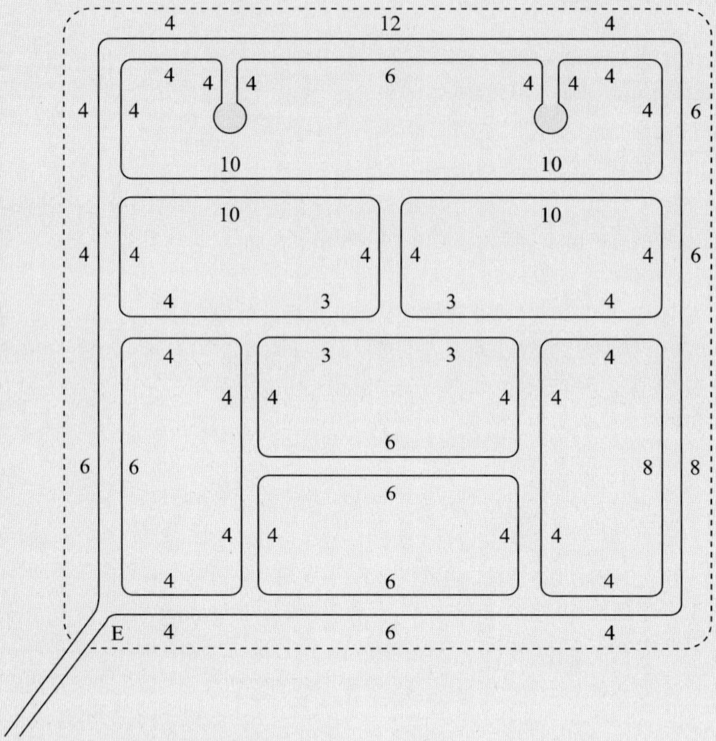

그림 14.24 트럭 및 경로 문제(문제 14.9)

14.10 20년 후 도시 쓰레기의 구성은 어떻게 변할 것이라 예상하는가? 왜 그러한가?

14.11 상업 시설에는 매립지로 운반되는 고형 폐기물의 무게를 재는 민간 운송업자가 있다. 10주간의 데이터는 다음과 같다.

주수	쓰레기(kg)	주수	쓰레기(kg)
1	270	6	410
2	310	7	270
3	460	8	210
4	205	9	140
5	156	10	390

a. 이 시설의 평균 쓰레기 발생량은 얼마인가?
b. 이 데이터에 기반할 때 일 년 중 가장 낮은 주는 언제인가?
c. 만약 쓰레기통이 1,000 kg를 수용할 수 있다면 이것은 가득 찰 것인가?

14.12 고형 폐기물 소각로의 최대 용량은 100톤/일이다. 이 시설은 근무 주간에는 MSW를 받지만 주말이나 휴일에는 근무하지 않는다. 일반적으로 다음과 같은 일일용량이 발생한다.

요일	톤/일
월	180
화	160
수	150
목	120
금	80
토	0
일	0

3일 주말을 운영하기에 위해서선 쓰레기 수용 매립지가 얼마나 커야하는가? (이 문제에 대한 정확한 정답은 없다. 공학자의 입장에서 무엇을 해야 하는지 생각해보시오)

14.13 당신이 소규모 공동체의 도시 공학자이고, 시의회가 매립지에서 적어도 50%의 전환이 가능한 재활용 프로그램을 설계하라고 지시했다고 가정해보자. 시의회에 대한 당신의 답변은 무엇인가? 그러한 전환율을 달성하는 것에 동의한다면 어떻게 할 것인가? 이 문제를 해결하기 위해서는 행동계획과 그 성공을 위해 무엇이 필요한지를 포함하여 시의회에 공식적인 답변을 준비해야한다. 이 서류에는 협의회로 전달되는 표지와 여러 페이지의 보고서가 포함되며, 모두 제목 페이지와 표지가 있는 보고서 형식으로 묶여 있다.

14.14 물질흐름 다이어그램을 이용하여 RDF-1, RDF-2, RDF-3, RDF-4를 ASTM 표준에 맞게 설계해보아라.

14.15 William Rathje와 Cullen Murphy (2001)의 Rubbish! The Archaeology of Garbage라는 글에서 제기된 문제에 대해 간단히 답하시오.

우리가 지금 겪는 자동차의 이점은 매년 46,000명의 사상자과 맞바꾼 것이다. 자동차가 일으키는 환경오염에 대해 지불하는 가격은 변동한다. 우리는 이러한 상황이 될 것이라고 예상했었나, 이 기계의 생산이 계속될 것이라고 예상했었나?

14.16 당신은 Kattown의 고형폐기물 담당 도시 공학자이다.

a. 당신은 매주 쓰레기 수거 차량이 2,500개의 주택에 제공되어야 한다고 결정했다. 이제 구입할 차량의 부피(m^3)를 결정해야 한다. 각 차량은 하루에 3번, 주 4일간 운행하며 쓰레기를 300 kg/m^3로 압축한다. 각 거주지에는 약 2.5명이 거주한다. 모든 가정을 기술하라.

b. 고형 폐기물 관리 계획을 개발하기 위해 주 또는 전국 평균에 의존하기보다는 지역 고형 폐기물 생성 및 조성 데이터가 필요한 이유는 무엇인가?

참고문헌

1. The 4.6 lb/c/d generation rate includes residential and commercial waste, USEPA estimates that 55–65% of the waste generated is from residences and 35–45% is from businesses and institutions.
2. H2O Conserve. 2008. BottledWater: Bottles of Trouble. Accessed at http://www.h2oconserve. org/index.php?page_id=15& pd=bottle on 12 July, 2008.
3. Natural Resources Defense Council. 2008. Bottled Water: Pure Drink or Pure Hype? July 10. Accessed at http://www.nrdc.org/water/drinking/bw/bwinx.asp on 10 July, 2008.
4. Portland Cement Association. Accessed at http://www.cement.org/basics/concretebasics_faqs.asp on 8 December, 2008.
5. European Commission. December 2001. Integrated Pollution Prevention and Control (IPPC): Reference Document on Best Available Technique in the Cement and Line Manufacturing Industries. European IPPC Bureau at the Institute for Prospective Technological studies: Seville, Spain.
6. Reference Document on Best Available Techniques in the Cement and Lime Manufacturing Industries (BREF Report). March 2000. Accessed at http://eippcb.jrc.es/pages/FActivities.htm on 8 December, 2008.
7. Recycling or Disposal? Hazardous Waste Combustion in Cement Kilns. Accessed at http://www.mindfully.org/ Air/Cement-Kilns-Burning-Waste5.htm on 8 December, 2008.
8. Energy Use in the Cement Industry in North America: Emissions, Waste Generation and Pollution Control, 1990–2001, pp. 33–4. Accessed at http://www.texascenter.org/publications/ cement.pdf on 8 December, 2008.
9. Ibid.
10. Sevler, Christina, Stefanie Hellweg, and Michel Monteil. March 2005. Life Cycle inventory for use of waste solvent as fuel substitute in the cement industry. A Multi-Input Allocation Model The International Journal of Life Cycle Assessment. vol 10, no. 2, pp. 120–130. End Notes 517
11. Cement Bureau. Accessed at http://www.cembureau.be/on 8 December, 2008.
12. Ibid.
13. Impacts, Risks and Recommendations. Accessed at http://ccm.ncms/ERI/new/IRR cement.htm on 8 December, 2008.
14. Wellesley, MA Recycling and Disposal Facility. Accessed at http://wellesleyma.virtualtown hall. net/Pages/WellesleyMA_DPW/rdf/index
15. Simmons, Phil, Scott M. Kaufman, and Nickolas J. Themelis. 2006. State of garbage in American recycling data analysis. BioCycle 47, No. 10 on 9 January, 2009. (October): 21.
16. Life cycle analysis measures greenness, but results may not be black and white. Wall Street Journal, 28 February, 1991.
17. Hocking, M.B. 1991. Paper versus polystyrene: a complex choice. Science 251 (February): 1.
18. Model U concept: A model for change. 2008. Ford Motor Company. Accessed at http://media. ford.com/article_display.cfm? article_id=14047 on 8 December, 2008.
19. Glenn Daigger, quoted in The new environmental age. Engineering news record 228: 25, 22 June, 1992

15
Chapter

유해 폐기물

가정용 유해 폐기물인 폐전지

사막 풍경

환경공학자는 유해 폐기물을 적절하게 관리하고 수명 종료 시점(end-of-life)의 관리에 대한 설계의 효과를 고려한다.

역사상, 미국인들이 산업에서 처음으로 독성 물질을 생산하기 시작한 이래로 독성이 매우 강한 폐기물들을 처분하는 것을 용인하는 등 놀랍게도 이에 관련해 굉장히 무관심했다. 단순매립(open dump), 폐기물 라군(waste lagoon), 수계에 폐기물을 투기하는 등 수 십년 동안이나 이 모든 것이 행해졌다. 그러나 1980년대 초반부터 시민들은 무분별한 폐기물 투기가 끼칠 영향에 대해 인식하기 시작했다. 그 이후로 우리는 환경을 오염시키고 건강을 해칠 가장 위협적인 사례들을 제거하고 미래의 문제를 예방할 수 있도록 산업계에 대한 규제를 실시하는 대단한 노력을 진행하였다.

15.1 유해 폐기물의 정의

미국 환경보호청(US EPA)은 물질의 양, 농도 또는 물리적·화학적·감염성 특성이 미국 내의 사망률의 증가를 야기하거나 상당한 원인이 되는 물질을 유해 물질(Hazardous substance)로 정의하였다. 이는 정상적인 생활을 하지 못하게 만드는 심각한 질병의 증가를 초래할 수 있으며, 부적절하게 취급, 저장, 운송 또는 처분되거나 다르게 관리될 경우 인체 건강과 환경에 실질적인 위험을 야기할 수도 있다.

유해 폐기물은 처분 시 다음 두 기준 중 하나를 충족시키는 물질에 부여된다(표 15.1).

① 유해물질로 명시적으로 나열된 오염 물질 또는 화학 물질 중 하나 이상의 기준을 포함한다. 따라서 50,000개 이상의 화학물질이 확인된다(특정오염물질).

② 폐기물은 적어도 다음 특성 중 하나를 갖는 것으로 (실험실 테스트에 의해) 정의될 수 있다. ➡ 인화성 / 반응성 / 부식성 / 독성

인화성 물질은 60℃ 이하의 인화점을 가진 액체 또는 "쉽게 점화되어 격렬하게 지속적으로 연소하는" 물질로 정의된다. 부식성 물질은 수용액 상태의 pH값이 2.0~12.5 범위를 벗어나는 물질 또는 강철을 6.35 mm/yr 이상의 속도로 부식시키는 물질을 일컫는다. 반응성 폐기물은 불안정한 것으로 분류되며 유독 가스를 형성하거나 폭발할 수 있다. 유해 폐기물을 정의하는데 가장 어려운 점은 무엇이 독성이고 무엇이 독성이 아닌지 판별하는데 있는데, 독성을 측정하는 거의 불가능하다. 어느 기간에 어떤 농도로 동물에게 (혹은 식물에게) 독성을 미치는가? 미국 환경보호청은 다음 4가지 기준으로 독성을 정의한다.

① 생물농축 ② LD_{50}
③ LC_{50} ④ 식물독성

표 15.1 RCRA 유해 폐기물 코드 예(40 CFR Part 261)

오염물질	RCRA 유해 폐기물 코드
특성 폐기물	
인화성 폐기물	D001
부식성 폐기물	D002
반응성 폐기물	D003
독성 폐기물	
비소	D005
수은	D009
벤젠	D018
비특정 오염원으로 부터의 폐기물	
전기 도금으로 인한 폐수처리 슬러지	F006
금속 열처리 공정으로 인한 담금질 슬러지	F010
특정 오염원으로 부터의 폐기물	
클로르데인(chlordane)의 폐수 처리 슬러지	K032
코크스 생산 시 암모니아증류탑 석회슬러지	K060
비규격 및 폐기 화학물 누출 및 용기 잔류	
삼산화비소(Arsenic trioxide)	P012
테트라에틸납(Tetraethyl lead)	P110
크레오소트(Creosote)	U051
수은(Mercury)	U151

FOCUS ON

화학물질 분류 및 표시를 위한 글로벌 시스템

화학물질 분류 및 표시에 대한 GHS (Globally Harmonized System)는 건강, 신체 및 환경 유해성에 따라 화학물질을 분류하기 위해 표준 기준을 촉진하려는 전 세계적 발의안이다. 제품 라벨 및 MSDS (Material Safety Data Sheet)를 통해 위험 정보를 알리기 위해 픽토그램, 위험 문구 및 "위험" 및 "경고"와 같은 단어를 사용한다(표 15.2). GHS 시스템은 과학적 정보와 표준화된 테스트를 기반으로 위험을 분류하는 방법을 정의한다. 화학물질뿐만 아니라 개별 화학물질과 관련된 위험 요소도 다룬다.

GHS의 주목표는 화학물질 사용자와 취급자에게 화학물질의 위해에 대해 강화되고 일관성 있는 정보를 제공함으로써 전 세계 인구의 건강과 환경을 잘 보호하는 것이다. 건전한 화학물질 관리를 위해서는 화학 물질 제조업체가 관련 위험 요소를 파악하고 그것을 잘 전달하여야 한다. GHS는 이 과정의 일관성을 유지함으로써 위험 커뮤니케이션을 향상시키고 간소화 할 예정이다. 이 향상된 커뮤니케이션 시스템은 사용자에게 위험인자를 알려주어 노출을 최소화 하고 더 안전한 대안을

표 15.2 픽토그램 예시

위험 요소	표시
섭취, 흡입 또는 피부 흡수를 통해 유독하거나 치명적일 수 있는 가장 심각한 독성 화학물질	
알러지나 천식증상 또는 흡입 시 호흡 곤란, 유전적 결함, 암, 불임 및 태아의 손상, 장기 손상 등을 일으키는 화학물질; 삼켜서 기도로 들어갔을 시 치명적이거나 해로운 화학물질	
피부 또는 눈에 자극을 일으키는 물질, 피부 접촉 시 알레르기성 피부 반응이 일어나거나 삼키거나 혹은 흡입 시에 유해한 독성이 덜한 화학물질	
금속에 부식성이 있고, 심각한 피부 화상과 눈 손상을 일으키는 화학물질	
어류, 갑각류 또는 수생 식물에 심각한 해를 끼치는 화학물질	
인화성 화학물질	

출처 : Pictograms extracted from the Globally Harmonized System of Classification and Labelling of Chemicals (GHS), second revised edition. Copyright ⓒ United Nations, 2009.

찾도록 하여 위험을 줄일 수 있도록 할 것이다. 이는 화학물질의 사용, 처리, 수송에서의 안정성을 높여줄 것이다.

더불어 GHS는 여러 분류와 표기 체계를 준수하도록 하여 발생하는 비효율을 줄인다. 여러 국가에서 사업을 하는 회사는 일반적으로 각 국가별 위험 표기 사항을 준수해야 한다. 때때로 제품 표기 시에 여러 국가에서 제품을 적절하게 표시하는데 필요한 모든 정보가 포함될 수 없다. 각 국가가 서로 다른 위험 정보 전달 및 표기 시스템을 필요로 하는데 제품은 판매에 필요한 표기를 모두 포함하기에는 크기가 충분히 클 수는 없다! GHS를 통해 위험 커뮤니케이션을 위한 적절한 기준이 마련될 것이다. 잘 발달된 규제 시스템이 없는 국가의 경우, GHS를 채택하고 자동적으로 나머지 국가와 동일한 시스템을 가질 수 있기 때문에 유용할 것이다.

GHS는 또한 MSDS (Material Safety Data Sheets)[13] [미국의 MSDS 또는 유럽의 SDS (Safety Data Sheets)]에 대한 표준화된 접근 방법을 제공한다. (M)SDS는 판매시 제품과 함께 제공된다(참고 : 미국의 경우 MSDS는 산업 제품에만 필수적이다. 가정용으로 구입한 제품은 이를 요구하지 않으므로 소비자가 구매하는 제품과 관련된 화학 성분 및 위험성에 대해 더 많이 알기가 어렵다. GHS는 이것을 변경하지는 않을 것이다.)]

출처 : United States Environmental Protection Agency, http://www.epa.gov/oppfead1/international/global-harmon.htm

13) 우리나라에서는 산업안전보건법에서 '물질안전보건자료'라는 명칭으로 대상물질을 관리하고 있다(역자).

생물농축은 생물체의 영양단계가 높아질수록 동물 세포 내의 화학물질의 농축양이 더 증가하게 되는 물질 특성을 일컫는다. 예를 들어, 많은 살충제는 동물의 지방조직에 존재하고 매우 빨리 분해되지는 않을 것이다. 크기가 큰 생명체는 보다 작은 생명체를 섭취하게 되기 때문에 크기가 큰 유기체의 지방 조직에서의 농도가 이 유기체들에게 유독한 수준에 도달할 수도 있다. 가장 우려되는 종은 물고기를 먹고사는 바다표범이나 펠리컨, 독수리, 팔콘, 콘도르 같은 수생 동물과 조류이다.

LD_{50}은 생쥐 등을 이용한 표본 집단 시험에서 표본의 절반을 사멸시키는 화학물질의 양을 측정한 값이다. 이러한 독성 연구에서 동물들에게 그 중 절반이 죽을 때까지 점차적으로 더 많은 용량의 화학 물질을 섭취시키고, 이 용량을 반수 치사량(Median Lethal Dose) 또는 LD_{50}이라고 일컫는다. 표본의 50%를 죽이는데 사용되는 독소의 양이 적을수록 화학물질의 독성 값은 높아진다고 볼 수 있다. 다이옥신과 PCB와 같은 일부 화학 물질은 굉장히 낮은 LD_{50}을 나타내는데, 이는 이 화학물질이 작은 동물과 다른 시험 종들에게 극히 위험하다는 것을 의미한다.

그러나 이러한 표본 집단 시험에는 몇 가지 심각한 문제가 있다. 먼저 이 시험은 생쥐와 같은 실험실 표본에 대해서만 수행되며, 인간의 사망을 유도할 만큼의 독소의 양은 다음 예에서처럼 체중을 기준으로 하여 추정된다.

예제 15.1 새로운 살충제에 대한 쥐의 내성에 관한 독성 연구가 수행되었고, 결과는 다음과 같다.

투여량(mg)	4시간 후 사망비율
0	0
0.01	0
0.02	0.1
0.03	0.1
0.04	0.3
0.05	0.7
0.06	1.0
0.07	1.0

쥐에 대한 살충제의 LD_{50}은 얼마인가? 또한, 몸무게가 70 kg인 일반적인 사람의 LD_{50}은 얼마인가? (단, 쥐의 무게는 20 g이라고 가정한다)

해답 복용량과 반응의 관계는 그림 15.1과 같이 표현될 수 있으며, 쥐 개체의 50%가 사망하는 지점을 확인할 수 있다. 따라서 쥐의 LD_{50}은 약 0.043 mg이고, 인간의 치사량은 다음과 같이 추정된다.

$$\frac{70{,}000\,\mathrm{g}}{20\,\mathrm{g}}(0.043\,\mathrm{mg}) = 150\,\mathrm{mg}$$

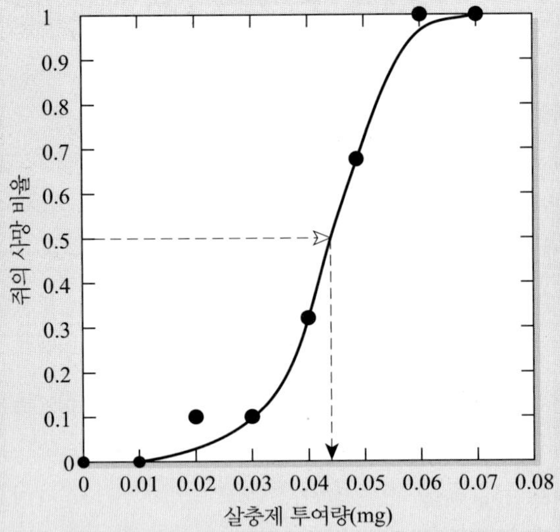

그림 15.1 쥐 독성자료로부터의 LD_{50}의 계산(예제 15.1)

그러나 이것은 안전하지 못하다. 우선 사람의 생리는 쥐의 생리와는 아주 다르기 때문에 사람은 악영향을 보일 때까지는 어느 정도의 독소를 섭취할 수도 있다. 또한, 측정된 효과는 장기간의 (만성) 효과가 아닌 급성 효과이다. 따라서 몇 시간 안에 완료되는 생쥐 실험을 통해 수년간 천천히 신체에 영향을 미치는 화학 물질의 독성은 측정할 수 없다. 조사된 화학 물질이 다른 독소와 함께 존재할 경우 그 영향이 더 커질 수도 있으며, 이 실험법은 한 번에 하나의 부작용만이 있다고 가정한다. 이러한 문제의 예로, 14장에서 논의되었던 소형 실험동물에게 극히 유독하다고 알려진 다이옥신의 경우를 생각해보자. 그러나 이용가능한 모든 역학 자료는 이 자료가 제시하는 양보다 사람이 다이옥신에 대해서 훨씬 더 회복력이 높다는 것을 보여준다.

LC_{50}은 일부 화학 물질이 독성이 있을 때의 농도이며, 수생환경이나 공기품질 평가와 같이 섭취량을 측정할 수 없는 경우에 사용된다. 금붕어와 같은 표본을 수족관에 놓고 점점 더 높은 농도의 독소를 투여한다. 주어진 시간 내에 죽어가는 물고기의 비율을 기록하고 LC_{50}을 계산한다. 지침에서는 LD_{50}이 50 mg/kg 미만이거나 LC_{50}이 2 mg/kg 미만인 경우 폐기물이 독성 물질로 간주된다.

마지막으로, 화학물질은 식물 독성 또는 식물 약해를 일으킬 때 독성으로 간주된다. 따라서 이 정의에 따라서 모든 제초제는 독성 물질이며, 폐기해야 하는 경우 유해 폐기물로 취급해야 한다.

물질이 방사성 물질인지에 대한 여부는 유해의 최종 기준이 된다. 그러나 방사성 폐기물은 별도로 취급되고 특정한 규칙과 규정에 의해 관리된다. 방사성 폐기물 관리는 15.3절에서 다룬다.

유해 폐기물 처분에 대한 한 가지 관심사는 화학물질이 식물이나 동물에게 독성 영향을 미치도록 퍼져가는 속도이다. 예를 들어, 유해 폐기물 처리 방법 중 하나는 시멘트, 석회 및 기타 물질로 구성된 슬러리와 폐기물을 혼합하는 것이다[이는 안정화/고형화(고화)라고 알려져 있다]. 혼합물이 경화될 때, 독성 물질은 콘크리트 블록 안에 안전하게 묻혀서 빠져나올 수 없고 문제를 야기하지 않는다.

이것이 가능할까? 이 질문은 소각장 처리의 경우와도 관련이 있다. 중금속과 같은 많은 독성물질은 소각 시에 분해되지 않고 재로 변하게 된다. 이 금속들이 재속에 묻혀있고 지하수로 침출되지 않는다면 아무런 문제가 되지 않을 것이다. 그러나 그 재가 매립지에 매립되었을 때 지하수로 침출된다면, 이는 위험 물질로 구분되어 다루어져야 한다. 그렇다면 독성 물질이 매립되어진 물질에서 빠져나오는 속도를 측정하는 것은 가능할까? 이러한 잠재적인 침출의 근사치로서, 미국 환경보호청은 응고된 폐기물을 분쇄하고 아세트산과 수 시간 교반하는 용출시험법을 사용한다. 이 용출시험법은 TCLP (Toxicity Characteristic Leaching Procedure)라고 불린다.

침출이 일어나면, 침출수는 가능한 한 위험물질로 분석된다. 미국 환경보호청(USEPA)은 급성 손상을 야기할 수 있는 오염물질에 대한 목록을 가지고 있고, 침출수에 이러한 오염물질의 수준을 초과하면 안 된다는 것을 명시한다. 표 15.3은 그러한 화학물질을 몇 가지 포함한다. 이 목록은 침출 표준을 산정하기 위해 미국 환경보호청의 먹는물 수질기준에 100을 곱하여 산정되었다.

표 15.3 EPA의 TCLP 시험에 따른 침출수의 최대 허용 농도를 나타낸 몇 가지 예시

오염물질	허용 수준(mg/L)	오염물질	허용 수준(mg/L)
비소	5.0	헵타클로르	0.008
벤젠	0.5	납	5.0
카드뮴	1.0	펜타클로로페놀	100.0
크로뮴	5.0	트리클로로에틸렌	0.5
클로로포름	6.0	염화비닐	0.2
2,4-D	10.0		

FOCUS ON

REACH 강령

획기적인 EU (European Union) REACH (화학물질 등록, 평가 및 허가) 강령은 2007년 6월 1일에 발효되었다. REACH 강령은 빠르고 정확하게 화학 물질을 인식하고 분류할 수 있도록 이 물질을 등록하는 데에 중점을 두고 있다. 이 물질들은 REACH 하에 등록되어있고, 이 물질의 물리적 특성과 인간의 건강과 관련된 환경적 특성은 일반 대중들에게 공개되어 있으며, 이는 유럽화학물질

청(ECHA, European Chemicals Agency)에서 관리한다. ECHA은 등록을 위해 아래와 같은 지침을 요구한다.

- EU시장에서 수입되거나 배치된 연간 1톤 이상의 물질
- 의도적으로 배출되는 물질을 포함하는 완제품
- 고위험성 우려물질(SVHC, Substances of Very High Concern)

SVHC는 암, 불임, 기형아 출산, 유전자 변이 및 인체에 축적되거나 잔류할 수 있는 화학물질을 일컫는다. 이러한 제정법에 따라 회사는 SVHC보다 덜 위험한 화학물질로 대체해야 하고, SVHC를 계속 사용하기 위해서는 허가를 받아야만 한다. 향후 10년 동안 상업분야에서 적어도 3만개의 화학물질이 REACH 등록 기관에 등록되어질 것으로 예상된다. 또한 REACH는 규제 물질인 제품 내의 화학물질을 추적하고 이를 확인하도록 요청하고 있다. 더욱이, 제품은 표지(labelling)되어야 한다. 예를 들면, 컴퓨터의 경우는 중금속이 포함되어 있다고 표지될 것이다. 만약에 제품이 SVHC에 속해있으나 승인되지 않은 경우, EU 국가에서는 제품을 판매할 수 없게 된다. 이 지침은 현존하는 화학물질 법안의 포괄적인 점검을 의미하기 때문에 중요하다. REACH는 그 화학물질이 아무리 이전에 통용되었어도(grandfathered), 일반 대중을 대상으로 한 화학 물질의 건강 및 환경 영향에 관한 자료를 공개해달라고 요청할 것이다. [Grandgathered란 1967년 위험물질지침(Directive on Dangerous Substances). 제정 이전에 상거래 가능했던 화학물질을 말하며 관련데이터가 거의 없어도 계속해서 사용될 수 있는 것을 의미한다] 또한 제품 내의 화학물질을 추적하고 SVHC를 제거하기 시작한다. 그것은 화학 물질의 수입과 제조 및 제품에서의 사용에 중요한 영향을 미칠 것으로 전망된다.

REACH는 인간의 건강 및 환경적 특성을 포함한 화학 물질의 고유한 특성에 대한 정보를 제공함으로써 이 화학물질에 대한 이해를 높이고 안전하게 취급될 수 있도록 할 수 있기 때문에 소비자와 생산자 모두에게 유익하다. 또한 데이터의 가용성의 관점에서 적용 범위를 단계화함으로써 제품 시장을 더욱 경쟁력 있게 만들 수 있고, 생산자를 통해 소비자에게 화학물질의 특성 정보를 공개하도록 한다.

REACH는 순수 화학물질과 조제용 물질(즉, 혼합물)과 화학, 섬유, 전자, 식품 접촉 물질과 관련된 분야에서의 제품에 영향을 준다. 그러나 특정한 물질은 면제되는데, 방사선 물질이나 폐기물, 식품, 약품, 고분자 등이 속한다. REACH는 건강 및 환경적 위험을 특성화하기 위해 체외 실험을 장려하며, 동물 보호단체의 지원을 받는다.

시간이 지나면 REACH는 특정 물질의 제조, 유통 및 판매에 대한 금지 또는 제한을 신속하고 효율적으로 수립할 수 있게 하고 필요한 화학적 데이터 및 관련 제품 정보를 사용할 수 있도록 함으로써 위험에 대한 정확한 평가와 사용에 대한 의사 결정을 지원할 수 있도록 할 것이다.

출처 : Contributed by Imogen Sambrook and Margaret H. Whittaker of Linden Consulting Partnershing, Essex, England

이 테스트의 비평가들은 식수 기준에 근거해 독성을 계산하는 것은 일련의 잠재적인 오류를 악화시키고 있다고 지적한다. 결국 먹는물 수질기준은 희소한 자료를 기반으로 하여 주로 편의에 따라 설정된다(1장에서 논의됨). 근거가 약한 이 숫자에 100을 곱하고 어떤 것이 유독하거나 유독하지 않다고 판단하는 것이 과연 가능할까?

TCLP는 또한 부족한 부분이 많은 시험법이다. 물론 물의 pH나 온도와 같은 조건은 교반기에 놓인 고형물과 혼합의 난류와 마찬가지로 중요하다. 용출시험 중 하나에서 허용 농도를 초과하는 오염물질 농도가 나타나면 산업계에 재정적인 영향을 미칠 수도 있

다. 산업체에 의미 있는 테스트 결과는 종종 역학적인 근거가 미약한 편이다. 불행히도, 우리가 더 나은 것을 생각해 내기 전까지는 이 결과가 우리가 가진 전부이다. 그렇다. 이 기술은 빈번하게 쓰이지만, 우리에게 유해 폐기물의 유해한 영향에 대해서 개략적으로만 다룬다. 요약하자면, 폐기물은 분류를 위한 어떤 시험에서 떨어진다면 (그리고 특정 제약을 면제받지 못한다면) 그 폐기물은 유해한 것으로 판단된다. 이 기준을 사용하여 미국 환경보호청(EPA)은 유해하다고 판단되는 화학물질 목록을 개발하였다. 새로운 화학물질 및 폐기물 흐름이 확인되면서 목록은 점점 길어지고 양도 늘어나고 있다. 화학물질이나 공정 경로가 목록화 되면 이는 유해 폐기물로 취급되어야 하고, 이 물질에 모든 관련 규정이 적용된다. 목록에서 제외되는 것은 어렵고 비용이 많이 드는 과정이며, 입증 책임은 청원자가 져야 한다. 이런 측면에서 화학물질이 무해하다고 입증되기 전까지는 유해하다고 간주된다고 볼 수 있다. 폐기물이 목록에 있는 경우, 오직 몇 개만의 유해 폐기물 처리 시설을 사용할 수 있기 때문에 폐기물 처분은 골칫거리가 된다. 일반적으로, 수송에 많은 시간과 비용이 소요되며 몰래 폐기물을 폐기하거나(예를 들면, PCB로 오염된 노스 캘리포니아 지역의 300 km 길이의 도로에다가 운전자가 처리 시설로 가는 대신에 배수 밸브를 열거나 트럭 그 자체를 버렸었던 것과 같이) 폐기물이 생기지 않도록 공장을 재설계해야 한다. 후자는 기술과 자본을 필요로 하여서 이렇지 못한 경우 여러 업체가 폐업해야 한다.

15.2 유해 폐기물 관리

유해 폐기물은 미국 환경보호청에 의해 통제된다. 이 임무는 특히 독성물질관리법(TSCA), 포괄적인 환경대응, 보상 및 책임법(CERCLA), 법안의 개정, 슈퍼펀드(Superfund)의 개정 및 재허가법(SARA), 자원보존 및 복구법(RCRA), 유해 및 고체 폐기물 개정안(HSWA)과 같은 몇 가지 법률 중 하나이다. TSCA는 궁극적으로 안진하게 처분하거나 파괴하기 어려운 물질이 생성되는 것을 방지하는 것을 목표로 하지만 RCRA는 안전한 매립 및 처리 과정에 대한 기준을 수립함으로써 유해 폐기물의 처리를 다룬다. CERCLA는 오래된 유해 폐기물을 정화하여 과거의 오염을 시정하는 방향성을 가지고, 이것은 보통 슈퍼펀드(Superfund)라고 불리는데, 버려진 부지를 정화하기 위한 자원을 제공하는 것을 목적으로 화학 및 채취 산업체가 지불한 대규모 신탁기금을 뜻한다. 미국 환경보호청은 부적절한 유해 폐기물 처리 또는 우발적인 배출로 인한 심각한 문제를 해결하고 오염부지(Old sites)를 정화하는데 이 기금을 사용한다.

PART 03 적용

15.2.1 오염부지(Old sites) 정화

슈퍼펀드(Superfund) 프로그램의 일환으로 미국 환경보호청은 즉각적인 정화가 필요하고 CERCLA에 따라 자금 지원을 받을 수 있는 국가우선순위목록(NPL)을 수립하였다. 이러한 부지로 추정되는 수는 아주 많고, 수백만에서 수십억 달러의 비용으로 정화되어야만 하는 수만 가지 부지가 존재한다! NPL에서는 여전히 주의가 필요한 약 1,100개의 비주류 부지를 지정하였다. 이 글을 쓰는 시점에는 약 980개의 부지가 정화되었다.

잠재적인 슈퍼펀드(Superfund) 부지가 많기 때문에, 미국 환경보호청은 최악의 장소를 먼저 정리할 수 있도록 순위 시스템을 개발했으며, 덜 심각할수록 자금, 시간 및 인원이 확보될 때까지 기다릴 수 있다. 이 위험순위시스템(HRS, Hazard Ranking System)은 잠재적인 인체 유해 영향, 인화성 및 폭발 가능성, 물질과의 직접 접촉 가능성을 포함하여 위험 폐기물 지역의 보다 민감한 영향을 통합하여 평가하고자 한다. 이 세 가지 조건은 별도로 계산되어 최종 점수를 얻는데 사용된다. 여론을 의식하여, 사람의 건강에 특히 위험한 상황이나 인구 밀도가 높은 지역에 저장된 폭발성 물질에 대한 점수는 압도적으로 높다. 지하수 공급원에서 물 공급이 이루어지는 지역의 지하수 오염 가능성 또한 우선순위를 받는다. 이 시스템은 미국 환경보호청이 슈퍼펀드(Superfund) 부지를 정리하는데 충분히 노력하지 않았다는 비판을 최소화 시켰다. 실제로 가장 민감하고 논란의 여지가 되는 부지를 먼저 다루고 있으며, 앞으로도 심각한 문제에 대해 신속한 대응을 하도록 권장해야 한다.

미국 에너지부(Department of Energy)는 미국 환경보호청 목록 이외에도 약 160개의 부지를 포함하고 있으며, 미국 국방부(Department of Defense)는 수천 가지를 더 포함한다. 국방부는 정리 작업을 위해 수십억 달러를 사용하였다. 이 부지의 상당수가 핵무기 실험 및 제조의 산물이었는데, 이런 시설의 대부분이 엄격하게 비밀리에 관리되고 계약업체는 폐기 시에 원하는 어떤 것이든지 할 수 있었다. 또한 주정부는 재조정될 부지 목록을 가지고 있다[1장에서 논의되었던 뉴저지의 저지시티(Jersey city) 크롬 부지 등].

이 부지에서 수행되는 작업 유형은 문제의 심각성과 정도에 따라 다르다. 인체 건강에 심각한 위협이 있는 경우에는 미국 환경보호청이 제거 작업을 승인할 수 있고, 이로써 위험 유해 물질이 안전하게 처분되고 처리되어 제거된다. 덜 급한 경우에는 미국 환경보호청이 물질을 제거하거나 더 자주 부지를 안정화하는 개선책을 취함으로써 건강 문제를 덜 야기하고자 한다. 예를 들어, 나이아가라 폭포에 있는 악명 높은 러브운하(Love Canal, 러브카날)의 경우, 이 부지를 완전히 봉쇄하고 지하수와 대기오염을 모니터링 하는 개선책이 실행되었다. 운하를 만드는데 든 비용은 엄청났을 것이고 유해물질을 처분하는 것이 그곳에 남겨두는 것보다 더 안전할 것이라는 보장은 없었다. 더욱이, 제거와 운송과 같은 행위가 오히려 인간의 건강에 상당한 영향을 줬을 수도 있다. 그러므로 이 개선책은 단순히 이 부지가 확인되었고, 인간의 건강 문제를 일으킬 수도 있는 유해물질의 위험을 최소화하기 위해 취해진 조치를 의미한다.

가장 일반적인 상황에서 일부 화학 물질은 이미 지하수를 오염시켰을 것이므로 이에 대한 개선이 필요하다. 예를 들어, 드라이클리닝 업자는 우연히 (또는 의도적으로) 폐액을 배출할 수도 있으며, 이는 인근 거주지의 음용 식수에 유입되었을 수도 있다.

일단 문제가 발견되면, 첫 번째 물음은 이 오염이 생명을 위협하는지에 대한 여부와 그것이 환경에 중대한 위협을 가하는지에 대한 것이다. 그런 다음 관 측정이나 토양 시료를 사용하여 일련의 테스트를 진행하고, 면적의 지질과 플룸(plume, 오염운)의 크기와 모양 또는 오염된 지역의 범위 등을 결정한다.

상황의 심각성에 따라 몇 가지 개선 조치 항목이 사용될 수 있다. 화학물질이 생명에 위협이 되지 않고 결국 무해한 최종 생성물로 대사될 것으로 예상되는 경우, 한 가지 해결책은 자연적으로 감쇠되는 것을 확인하는 모니터링을 제외하고 또 다른 처리는 하지 않는 것이다. 대부분의 경우는 이것으로 해결되지 않으며, 직접적인 처리가 필요하다.

봉쇄(Containment)는 일반적으로 벤토나이트 점토 또는 다른 비통기성의 물질로 채워진 슬러리 벽을 설치하여 이 밀폐 장치 밖으로 누설되는지를 지속적으로 모니터링 하는 것이다. 문제가 되는 물질이 시간이 지남에 따라 천천히 생분해되거나 화학적으로 비 독성 형태로 변할 수 있고, 혹은 추후에 새로운 처리 방법이 이 폐기물을 처리하는데 이용될 수 있다.

추출 및 처리(Extraction and treatment)는 오염물질의 제거와 처리를 위해 오염된 지하수를 표면으로 펌핑하거나 오염된 토양을 발굴하는 것이다. 때로는 공기가 부지 근처로 불어오고 오염된 대기가 모이게 된다.

유해 화학물질의 특성을 통해 지하에서의 위치를 예상할 수 있고, 이것을 통해 처리 방법을 결정할 수 있다. 만약 화학 물질이 물과 섞이지 않고 물보다 가볍다면 그림 15.2(A)와 같이 대수층 상부에 떠있을 가능성이 크다. 이 화학물질을 토양 밖으로 꺼내는 것은 상대적으로 단순하다. 그러나 화학물질이 물에 쉽게 용해되면 그림 15.2(B)와 같이 오염된 플룸(plume) 안에 섞여있을 수 있다. 그러한 상황에서는 장벽을 설치하고 표면에서 폐기물을 펌핑하거나, 또는 물의 흐름을 역전시키기 위해 배출구를 가라 앉혀서 이 플룸을 포함시켜야 한다. 세 번째로는 화학 물질이 물보다 밀도가 높고 무분별한 경우이다. 이 경우 그림 15.2(C)와 같이 대수층 아래 어딘가의 불투수층에 놓여있을 것으로 예상할 수 있다.

일반적으로 10장에서 논의된 것처럼 오염된 장소 주변에 우물이 뚫려있고, 지하수 흐름이 역전되거나 지하수가 그 지역에 포함될 수도 있다. 오염된 물을 추출한 후에는 반드

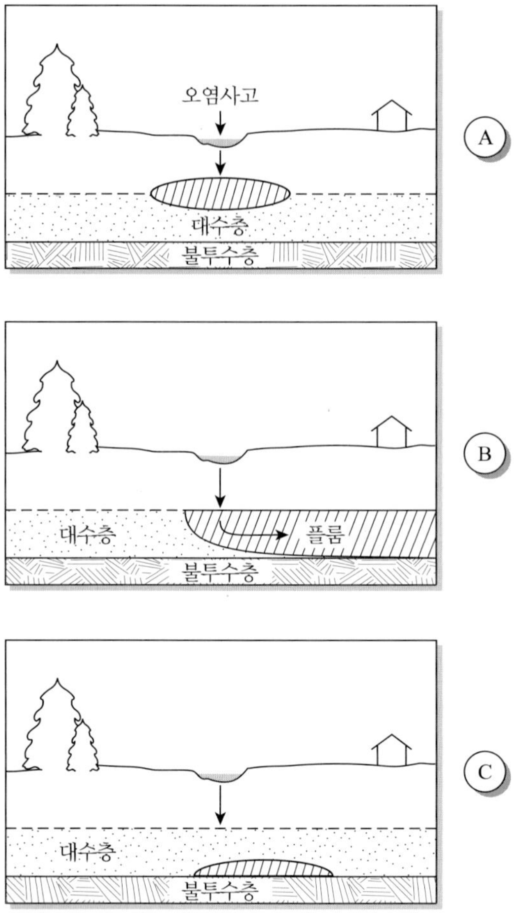

그림 15.2 지하 유해 폐기물의 세 가지 가능한 위치

시 처리를 하여야 하고, 이 처리는 오염물의 특성에 따라 달라진다. 만약에 오염 물질이 트리클로로에틸렌과 같은 탄화수소라면 활성탄으로 제거할 수 있다. 어떤 유형의 생물학적 처리 시스템 또는 정화공정이 사용될 수도 있다. 금속에 의해 오염된 경우, 침전 또는 산화 환원 공정이 사용된다.

일부 토양이 너무 심하게 오염되었을 경우 유일한 방법은 토지를 굴착해낸 뒤 그 토양을 처리하는 것이다(굴착 후 처리, Ex-situ). 이것은 주로 PCB오염일 경우 사용되는데, 다른 방법으로는 처리가 어렵기 때문이다. 토양을 파내서 보통 PCB를 제거하기 위해 소각한 후 현장으로 돌려보내거나 매립한다. 오염물질에 따라 반응기나 파일에서의 생분해 방법이 이용될 수도 있다(굴착과 매립의 경우는 건설, 부동산 거래의 일정을 맞추기 위해 자주 사용된다).

오염된 토양의 지중(원위치, In-situ)처리는 토양에 오염 물질을 파괴할 수 있는 박테리아나 화학 물질을 주입하게 된다. 중금속이 문제인 경우 화학적으로 고정시켜 지하수로 침출되지 못하게 할 수 있다. 유기 용매나 다른 화학 물질은 동결 건조 된 박테리아를 주입하거나 토양 박테리아가 폐기물을 분해하기에 적합한 조건을 (공기나 영양분을 주입함으로써) 만들어 분해를 돕는다. 이전에 처리가 불가하거나 심지어는 독성으로 분류되던 물질을 분해할 수 있는 미생물도 발견되었다.

15.2.2 유해폐기물 처리(Treatment)

유해하다고 여겨지는 물질의 처리는 물질 종류와 상황에 따라 구별된다. 따라서 기술자가 이러한 처리 작업에서 고려해야할 여러 가지 조건들이 있다.

특히, 무기 폐기물의 경우에는 일반적으로 화학처리가 사용된다. 어떤 경우에는 유해물질을 간단하게 중화하여 무해하게 만든다. 다른 경우에는 시안화물(Cyanide)을 파괴하는 것처럼 산화를 사용한다. 오존은 종종 산화제로 사용된다. 중금속을 제거해야 하는 경우, 침전법이 주로 사용된다. 대부분의 금속은 높은 pH 범위에서 불용성이 되기 때문에 석회나 가성 물질과 같은 염기를 첨가하여 침전을 시킨다(10장에서 설명한 석회－연수화 과정과 유사). 업계에서 사용되는 물리 화학적 방법에는 역삼투, 전기 투석, 용매 추출 및 이온 교환 등이 있다. 유해물질이 유기성이고 쉽게 생분해될 수 있는 경우, 대부분의 가장 저렴하고 효과가 좋은 처리법은 11장에서 설명한 생물학적 처리이다.

그러나 유해 물질이 인위적 화합물(사람에 의해 만들어짐)일 경우에는 상황이 다소 흥미로워진다. 탄소, 수소 및 산소의 결합은 자연적인 것이 아니어서 분해에 사용될 미생물이 없을 수도 있다. 어떠한 경우에는 화학물질을 영양공급원으로 사용할 미생물을 찾을 수 있으며, 순수한 배양물이 유지되는 생물학적 처리 탱크에서 처리될 수도 있다. 대책안으로 특정 미생물이 특히 처리가 어려운 유기 폐기물을 처리하기 위해 유전자 조작을 통해 새롭게 고안될 가능성이 높다.

특정 생명체를 찾는 것은 어렵고 힘든 작업일 것이다. *Corynebacterium pyrogenes*이 독성이 있는 난분해성 유기성 농약인 톡사펜(Toxaphene)에 적합하다는 것을 어떻게 알 수 있을까? 두 번째로는 방법이 다소 복잡하지만 단일 미생물이 화학물실을 다른 난분해성 물질로 분해할 수 있고, 그러면 다른 생명체에 의해 처리되는 것이 가능하다. 예를 들어, DDT는 *Hydrogenomonas*에 의해 p-chlorophenylacetic acid로 대사되고, 그 후 다양한 아드로박터(*Arthrobacter*) 종에 의해 처리된다. 따라서 하나의 배양으로 미생물의 신진대사를 연구하는 시험만으로는 위에서 언급한 이러한 종에 대해 이해하지 못할 것이다.

하나의 흥미로운 발견은 생물학적으로 비생분해성(nonbiodegradable)으로 여겨졌던 유기 화학 물질을 처리하기 위해 공대사(Cometabolism)를 이용할 수 있다는 것이다. 이 기술로 유해한 물질을 무해하거나 부분적으로 생분해할 수 있는 물질과 섞이고, 그 혼합물은 혼합식, 고정식 생물 반응 장치에서 처리된다. 미생물은 생분해성 물질(대사산물)의 분해를 위해 필요한 효소를 만들기 때문에 유독물질(공대사 산물)을 처리할 수 없다는 것을 인지하지 못한다. 그러나 생성된 효소는 두 화학 물질 모두를 분해할 수 있다. 예를 들어, 페놀이 포함된 토양에 균류를 넣게 되면, 클로로페놀(chlorophenol)이 균류에게 유독함에도 불구하고, 이 균류와 같은 유형의 일부 미생물이 이 물질을 분해하게 된다.

그러나 유기 폐기물에 대해 가장 널리 사용되는 처리 기술 중 하나는 소각이다. 이상적으로 유해 폐기물 소각장은 이산화탄소, 수증기 및 비활성 재를 생성하게 된다. 하지만 실제로 소각장은 유기물의 완전한 연소를 달성하지 못한다. 그것은 일부 화학 물질을 배출하고, 소각로 바닥재에 다른 물질이 섞이게 되며 불완전연소(PIC)라고 불리는 다양한 화합물을 생산하게 된다. 예를 들어, 폴리염화비페닐(PCBs, Polychlorinated Biphenyls)은 소각장 내에서 독성이 높은 염소화디벤조퓨란(CDBF, Chlorinated Dibenzo Furan)으로 분해되고, 이는 유기물이지만 정상적인 소각장 온도에서는 산화되지 않는다. 이러한 문제에도 불구하고 유해 폐기물 소각로는 99.99% 이상의 높은 수준의 제거 효율을 달성해야 한다. 어떤 경우에는 99.999%나 99.9999%를 요구하기도 한다.

예제 15.2 유해 폐기물 소각장은 22%의 PCB와 78%의 유기 용제인 PCB 폐기물 100 kg/h로 소각한다. 시운전에서 배출가스의 PCB농도는 0.02 g/m^{3}으로 측정되었고 굴뚝가스 유량은 40 m^3/min이었다. 재에서 PCB는 발견되지 않았다. 소각로의 PCB 제거 효율은 얼마나 될까?

해답 블랙박스는 유용하다. 들어오는 것은 반드시 나가야 한다. 속도는

(100 kg/h) (0.22) (1,000 g/kg) = 22,000 g/h이고,

굴뚝 배출속도는 다음과 같다.

QC = (40 m^3/min) (0.02 g/m^3) (60 min/h) = 48 g/h

재에는 PCB가 없으므로 연소된 PCB의 양은 유입되는 것과 차단되는 것의 차이가 되어야 한다.

22,000 − 48 = 21,952 g/h

따라서 연소효율은 다음과 같다.

효율 = (21,952 g/h) / (22,000 g/h) × 100 = 99.78%

단, 이것은 99.99% 이상의 제거율을 충족하지는 못한다.

15.2.3 유해 폐기물 처분(Disposal)

유해 폐기물의 처분은 무해한 고형 폐기물의 처분과 유사하다. 해양에 처분하는 것은 금지되어 있고 외부에서 처분하는 것은 너무 비싸기 때문에 최종 처분 위치는 토양이 되어야 한다.

심정주입(deep well injection)은 과거에 사용되어 왔으며 여전히 석유화학사업에서는 이용되는 방법이다. 이것은 다시 나타나지 않도록 지구 깊숙이에 폐기물을 넣는 것이고 이는 당연히 손상을 초래한다. 물론 이것은 다소 문제가 있다. 일단 땅 깊숙이에 들어가면 최종적으로 어디로 가는지 그리고 지하수가 결국 오염될지를 말하는 것은 불가능하다.

토지 처분의 두 번째 방법은 토양에 폐기물을 퍼뜨리고 토양 미생물이 유기물을 대사할 수 있도록 하는 것이다. 이 기술은 정유 공장에서 널리 사용되었고, 예외적으로 역할을 잘 하는 것처럼 보였다. 그러나 미국 환경보호청은 일단 화학 물질이 토양에 들어가면 화학 물질에 대한 통제를 할 수 없다고 판단하여 이 관행을 제한하였다.

유해 폐기물의 처분에서 가장 널리 이용되는 방법은 안전 매립이다. 이 매립은 본질적으로 이전 장에서 논의된 RCRA 비유해・고체폐기물(Subtitle D) 매립지와 같다. 안전한 매립지는 한 겹의 라이너가 아니라 여러 겹의 라이너가 필요하다. 액체 폐기물은 금지되었는데, 모든 폐기물은 안정화 되어있거나 용기 안에 있어야 한다. 위생쓰레기 매립지와 같이 침출수를 모으고 매립이 완료되면 복토한다. 미국 환경보호청은 30년간의 모니터링을 의무로 두고 있지만 계속적인 주의는 필요하다. 대부분의 유해 폐기물 처리 기술자는 안전한 매립지는 없다고 생각하며, 결국 모든 물질이 물이나 대기로 흘러갈 것이라고 밝혔다.

따라서 우리는 이 저장고 속의 폐기물이 자체적으로 분해되거나 저장소가 결국은 다시 파져서 물질이 처리될 것이라고 여긴다. 우리는 오늘날 이렇게 처리한 뒤 미래 세대에게 남겨두는 것이 바람직하지 않음을 알고 있다.

15.3 방사성 폐기물 관리

유해 물질 중 특수한 형태로는 전이 방사선을 방출하는 것이 있는데, 높은 방사선양은 추후 이 방사선이 인체 건강에 매우 해로울 수 있다. 환경공학자는 일반적으로 방사선 안전에 관여하지는 않지만, 그럼에도 불구하고 방사성 물질의 위험 및 폐기 기술에 대해 잘 알고 있어야 한다. 미국 환경보호청 뿐만 아니라 원자력 규제위원회(Nuclear Regulatory Commission)와 미국 에너지부(Department of Energy)는 방사성 폐기물 관리에 대한 권한을 갖는다. 미국 환경보호청은 특히 방사성 폐기물이 RCRA 유해 폐기물(Subtitle C, 혼합 폐기물로 알려진 물질)과 혼합될 때 개입한다.

15.3.1 전리 방사선

방사선은 동위 원소가 파괴될 때 방출되는 에너지의 한 형태이다. 원소의 동위 원소는 동일한 원자 번호(양성자 수)를 가지지만 표준 원소보다 다른 질량수(중성자 및 양성자 수)를 가진다(즉, 중성자 수가 다르다). 원자번호는 원소를 정의한다는 것을 기억하라. 예를 들어, 우라늄의 원자 번호는 92이다. 그러므로 우라늄 235(U-235)는 우라늄(U-238)의 동위 원소이다. 평형상태를 얻기 위해, 동위 원소는 양성자, 중성자 또는 전자기 방사를 방출하여 에너지를 방출함으로써 붕괴된다. 이러한 자발적인 과정이 방사능이다. 이러한 방식으로 붕괴되는 동위 원소를 방사성 동위 원소라고 한다. 이 붕괴에 의해 방출된 에너지는 전자를 제거하고 화학적 결합을 끊을 만큼 강하며, 이를 전리 방사선(또는 이온화 방사선)이라고 한다.

전리 방사선(ionizing radiation)에는 알파 입자, 베타 입자, 감마(또는 광자)선, X선 등 네 가지 종류가 있다. 알파 입자는 두 개의 양성자와 두 개의 중성자로 이루어져 있어 분출된 헬륨 원자의 핵과 동일하다. 알파입자는 상당히 크고 물질에 쉽게 침투할 수 없다. 그러므로 피부와 종이로 쉽게 막을 수 있고, 내부적으로 섭취하지 않는 한 건강상에 큰 영향을 주진 않는다. 만일 섭취할 경우에는 큰 손상을 받는다. 이 붕괴는 모원소를 딸핵종이라고 알려져 있는 다른 요소로 바꾸게 된다.

베타 방사선은 양성자와 중성자 사이의 핵의 불안정성 때문에 발생한다. 너무 많은 중성자를 가지고 있으면 중성자의 일부가 양성자와 전자로 붕괴된다. 양성자는 전자와 베타 입자로 분출되는 동안 중성자/양성자 균형을 회복하기 위해 핵에 머물러 있게 된다. 베타 입자는 알파 입자보다 훨씬 작아 살아있는 조직을 관통할 수도 있다. 그러나 약 1cm 두께의 물질은 베타 입자를 보호할 수 있다. 베타 붕괴는 알파붕괴와 마찬가지로 모원소를 새로운 원소로 바꾼다.

알파 및 베타 붕괴 모두 감마선이 수반되고, 감마선은 들뜬 상태의 핵이 보다 안정한 상태로 변화하면서 에너지를 방출하게 된다. 따라서 이 원소는 동일한 상태로 유지되고 에너지는 감마선으로 방출된다. 감마선과 관련하여, X선은 전자가 높은 에너지 상태에서 낮은 에너지 상태로 이동할 때 에너지 방출로 인해 발생한다.

두 가지 유형의 방사선 모두 알파 및 베타 입자보다 더 많은 에너지와 투과력을 갖고 있기 때문에 납 또는 콘크리트와 같은 고밀도 물질로 막아야 한다.

모든 방사성 동위 원소는 붕괴하고 결국에는 안정된 에너지 수준에 도달한다. 5장에서 소개된 바와 같이, 방사성 물질의 붕괴는 붕괴과정 동안 활성도의 변화가 원래 활성 상태와 비례하는 1차 반응이다.

$$\frac{dA}{dt} = -kA$$

여기서, A : 활성도
t : 시간
k : 방사성 분해 상수, 시간의 역수 단위

적분을 하면 다음과 같다.

$$A = A_0 e^{(-kt)}$$

여기서 A_0 : 시간 0에서 활동도

특히, 가장 구하고자 하는 것은 동위 원소의 반감기로 이는 핵의 절반이 붕괴되는 시간을 말한다. 앞의 방정식에서 $A = A_0/2$를 삽입하여 풀면 반감기는 다음과 같다.

$$t_{1/2} = \frac{\ln 2}{k} = \frac{0.693}{k}$$

방사성 동위 원소의 반감기는 거의 즉각적인 것(예 : 3.03×10^{-7} s인 폴로늄-212 (^{212}Po)부터 매우 긴 것(예 : 5,570 yr인 탄소-14)까지 다양하다(표 15.4). 반감기는 동위 원소의 특징이라 볼 수 있다. 따라서 동위 원소를 알고 있다면 반감기를 알 수 있고, 반대의 경우도 마찬가지이다.

예제 15.3 1.0 curie (Ci) Rn-222의 5일 이후 활성도(activity)는 어떻게 되는가? (단, Ci 및 Bq는 방출과 붕괴 속도를 측정한 단위이다)

해답 활성도(activity)를 결정하기 위해서 다음 식을 사용한다.

$A = A_0 e^{(-kt)}$

A_0와 t 값을 알고 있고, 원소 Rn-222를 알고 있으므로 상수 k를 계산할 수 있다.

표 15.4를 이용하여 Rn-222의 반감기가 3.824일이라는 것을 알 수 있다.

$t_{1/2} = \frac{\ln 2}{k}$

를 이용하면 $k = 0.181/\text{d}$이고 활성도(activity)는 5일 동안에 0.40 Ci라는 것을 알 수 있다.

표 15.4 반감기 예시

방사성동위원소	반감기	방사성동위원소	반감기
탄소(Carbon)		수은(Mercury)	
C-14	5,570 yr	Hg-203	46.6 d
금(Gold)		폴로늄(Polonium)	
Au-195	183 d	Po-210	138.38 d
Au-198	2.696 d	Po-212	3.03×10^{-7} s
		Po-214	1.64×10^{-4} s
수소(Hydrogen)		Po-218	3.05 min
H-3	12.28 yr		
		라돈(Radon)	
철(Iron)		Rn-220	55.61 s
Fe-55	2.7 d	Rn-222	3.824 d
Fe-59	44.63 d		
		우라늄(Uranium)	
납(Lead)		U-234	2.45×10^{5} yr
Pb-210	22.26 y	U-235	7.04×10^{5} yr
Pb-212	10.643 h	U-238	4.47×10^{9} yr

15.3.2 전리 방사선과 관련된 위험

빌헬름 뢴트겐(Wilhelm Röntgen, 1845～1923)이 X선을 발견한 직후 인체에 대한 전리 방사선의 해로운 효과가 밝혀졌으며, 보건물리학의 새로운 분야로써 안전에 대한 노출기준을 확인한다는 가정 하에 안전기준을 설정하였다. 그들은 한계 기준이 있어야 한다고 결론을 내렸으며, 그 기준 밑으로 노출되었을 경우에는 어떤 영향도 주지 않았다. 급성 및 만성 사례를 모두 연구한지 30년 동안, 그들은 자신의 한계 기준이 계속 낮아지고 있음을 발견했다. 기본 수준 이상의 소량의 방사선이 생물학적 시스템(방사선 호메시스 효과로 알려져 있는 과정)을 자극하는 것으로 밝혀졌지만, 그들은 결국 가장 안전한 조치는 방사선 한계기준이 없다는 것이라고 결론 내렸다.

인체 조직이 전리 방사선에 노출되는 것은 다른 조직이 방사선을 다르게 흡수한다는 사실 때문에 복잡하다. 그러나 이것에 대해 이해하기 위해서는 우선 전리 방사선을 나타내는 에너지 단위를 정의해야 한다. 역사적으로, 이것은 공기 중에 생성된 전기량의 단위 수량과 동일한 감마선 또는 X선 방사선으로부터의 노출로 정의된 뢴트겐(roentgen)으로 정의되었다.

뢴트겐(roentgen)은 순수한 물리량으로 이온화의 속도를 측정한다. 이는 방사선의 효과나 흡수와는 관련이 없다.

방사능의 종류에 따라 영향은 달라질 수 있으며, 모든 조직이 동일한 방식으로 방사선에서 반응하는 것은 아니다. 따라서 인체 뢴트겐 당량, 즉 렘(rem, roentgen equivalent man)이 개발되었다. 렘(rem)은 흡수된 핵 방사선의 생물학적 영향을 고려하여 생물학적 상해의 정도를 측정한다. 뢴트겐(roentgen)과는 대조적으로 렘(rem)은 생물학적인 복용량을 뜻한다. 인체 건강에 대한 손상에 대해 다양한 방사선들이 비교될 때 렘(rem)은 측정 단위로 사용된다.

현대 방사선 위생에서는 뢴트겐(roentgen)을 그레이(gray, Gy)라는 새로운 단위로 대체하였는데, 이는 흡수한 물질의 1 kg 당 1 J의 에너지가 흡수될 때의 전이 방사선의 양을 일컫는다. 그러나 흡수가 동일할 수 있다는 점에서 동일한 문제가 있지만 손상정도는 다를 수 있다. 따라서, 시버트(sievert, Sv)가 개발되었다. Sv는 감마 방사선 또는 X선의 1 Gy만큼 조직에 생물학적 손상을 주는 흡수선량을 말한다. 하나의 Sv는 수치적으로 100 rem이다.

방사선의 피해는 급성적일 뿐만 아니라 만성적이기도 하다. 2차 대전을 종전시킨 히로시마와 나가사키 핵폭탄 피해에서도 목격했듯이 방사능 중독으로 인해 방사선이 몇 시간 혹은 며칠 내에 사람을 사망시킨다는 것을 확인할 수 있다. 낮은 수준의 방사선 노출량이 인간에게 암이나 돌연변이 유발과 같은 효과를 미칠 수 있고, 이는 대중에게 가장 우려되는 문제점이다. 사람을 방사능에 노출시키는 원인은 비자발적 배경방사(involuntary background radiation), 자발적 방사(voluntary radiation), 비자발적 입사방사(involuntary incidental radiation), 사고로 인한 비자발적 방사(involuntary radiation) 등에 의해 피폭된 경우로 분류될 수 있다.

배경방사는 주로 우주에서의 우주 방사선, 암석(지상파)의 방사성 물질의 자연적 붕괴, 건물 내부에서의 방사선(내부)에서 기인한다. 배경방사선의 특별한 한 종류에는 라돈(Radon)이 있다. 라돈 222는 약 3.8일의 반감기를 갖는 천연 동위 원소이며 지표면에서의 우라늄 붕괴의 산물이다. 라돈은 기체이고, 우라늄은 토양과 암석에서 아주 편재하기 때문에 많은 라돈이 존재한다. 반감기가 비교적 길기 때문에 건물 내 높은 농도를 유지할 수 있을 만큼 오래 유지된다. 붕괴 산물은 위험한 동위 원소로 알려져 있고, 폐로 호흡할 시 암을 유발할 수 있다. 라돈의 위험을 줄이기 위한 가장 좋은 방법은 이것을 모니터링하고, 필요한 경우에는 라돈을 외부로 환기시키는 것이다(그림 15.3).

자발적인 방사선은 진단용 X선과 같은 곳에서 발생할 수도 있다. 치과용 X선은 수백 배의 배경방사선을 생성할 수 있으며, 꼭 필요한 경우가 아니라면 이런 방사선은 피해야 한다. X선(미국을 제외한 전 세계에서 뢴트겐선이라고 불리는)이 발견된 후 많은 뢴트겐의 동료들이 조기에 사망하면서 X선의 손상 효과에 대해 밝혀지기 시작했다. 자발적 노출의 또 다른 원인은 상업용 항공기의 고공비행을 들 수 있다. 지구의 대기가 우주 방사선을 막는 필터 역할을 하기 때문에 높은 고도에서는 당연히 이것을 막을 수 없게 된다.

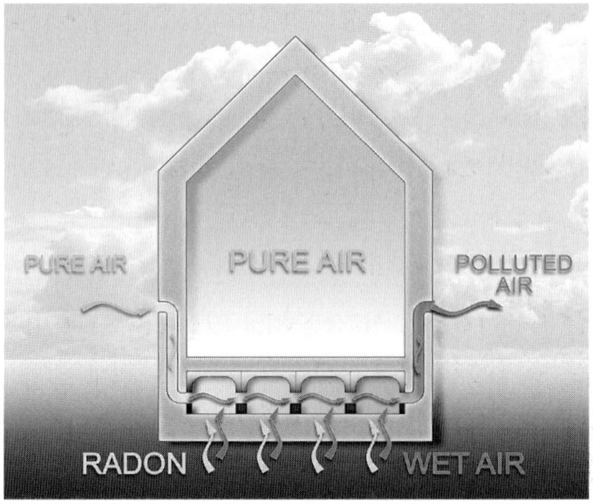

그림 15.3 가정에서의 라돈 가스의 위험과 환기(출처 : © france68 / 123RF)

비자발적 입사방사선의 경우 원자력 발전소, 무기시설 및 산업 자원과 같은 곳에서 나오게 된다. 원자력 규제위원회(Nuclear Regulatory Commission)는 이러한 시설 내 작업자에 대해 상당히 높은 노출 한도를 허용하기는 했으나 방사선을 허용하는 것에 대해서 여전히 까다롭게 다루고 있다. 당연히 이런 시설에서 만들어진 방사능은 작업 환경 내에서 접촉하게 될 수 있을 것이다.

네 번째 유형의 방사선 피폭은 사고로 인한 것이고, 이것은 조금 다르게 다루어져야 한다. 가장 널리 알려진 방사선 피폭 사고는 원자력 발전소의 사고로 인한 것이다.

1979년 펜실베니아주 해리스버그(Harrisburg) 부근의 쓰리마일섬(Three Mile Island) 원자력 시설에서 발생한 사고는 미국의 엄청났던 원자력 사업을 중단시킬 만큼 심각했다. 운전상의 실수로 많은 양의 핵분열 생성물이 오염물질로 방출되어 버렸다. 대기로 방출된 핵분열 생성물의 양은 작았고, 시설 주위의 방사능 허용 수치를 초과한 적은 없었다. 이 사고로 인한 방사능의 노출은 실제로 작았으나, 쓰리마일섬(Three Mile Island) 시설 주위의 80 km 반경에 수많은 암 사망자를 초래했다. 이 반경 내에 거주하는 사람들이 살아가는 동안 50만 명 이상에게 암이 발생할 것으로 예측되며, 이를 실제로 추산하는 것은 거의 불가능 하다.

우크라이나의 체르노빌에서 훨씬 더 광범위한 사고가 발생했다. 이 재난은 원자로에서 승인되지 않았던 테스트를 여러 개발자들이 수행하고자 했었던 사건이므로, 엄연히 사고는 아니다. 경고 신호는 실험을 진행하면서 꺼졌고, 원자로가 붕괴될 때 까지 모든 경보를 시스템적으로 꺼버렸다. 원자로의 핵이 파괴되었고, 원자로가 불탄 후 이 약한 봉쇄 시설은 사라져버렸다. 방대한 양의 방사선이 대기로 빠져나갔고 대부분은 시설의 몇 킬로미터 내에서 떨어졌지만, 일부는 에스토니아, 스웨덴 심지어는 핀란드까지 도달했다.

사실, 이 사고는 스웨덴의 방사선 안전요원이 비정상적으로 높은 수준의 방사능을 감지했고, 이 때문에 처음 발견되었다. 그제야 구 소련 관료들은 사고를 인정하였다. 많은 사람들이 화재를 진압하려고 극도로 위험한 방사능 시설로 들어갔고, 31명이 급성 방사선 중독으로 사망했다. 가장 피해가 적다고 산정했을 경우에도 우크라이나, 벨로루시, 리투아니아, 스칸디나비아의 인구 중 암 사망자가 최대 9,000명까지 증가한다는 것이다. 그러나 이 수치는 이 지역에 살고 있던 사람들의 일생 동안 예상되는 암사망자 1,000만 명에 이를 것이라는 것을 의미한다.

우리가 받은 총방사능 양은 우리가 삶을 살아가는 방식, 일하는 방식, 담배를 피우는 것, 지하실에 라돈을 보관하는 등과 관련되지만 평균 방사능 양을 추정하는 것은 가능하다.

15.3.3 방사성 폐기물의 처리 및 처분

방사성 폐기물 처분에서 가장 중요한 요소는 방출되는 방사능의 양이다. 방사성 폐기물에 대한 특성화 시스템이 복잡해 보이지만, 광범위한 분류로는 고준위, 중준위, 저준위 폐기물로 분류하는 것이다. 고준위 폐기물은 주로 전력 생산에서 발생되고, 이는 리터당 큐리(Ci) 범위의 활성도로 확인할 수 있다. 중준위 폐기물은 무기 제조에 의해 발생하고, 활성도가 수백만 Ci에 이르며 특정 동위 원소가 수명이 길기 때문에 이러한 폐기물은 장기적인 저장이 필요하다. 마이크로 수준의 Ci의 활성도를 보이는 저준위 폐기물은 병원이나 연구소에서 발생한다.

원자력 발전소에서 핵분열은 우라늄 237과 같은 핵분열성 물질의 중성자가 붕괴되고 이 반응이 연쇄적으로 일어난다. 핵분열성 물질이 분열되면서 대량의 열을 방출하고 증기를 생성한 후 전기를 생산한다. 우라늄 237이 붕괴할 때 속도와 열 발생이 감소되는 과정에서 낭 동위원소가 생성된다. 일반적으로 핵분열의 파편으로 알려진 남은 조각들은 장기 보관 및 최종 처리가 필요한 고준위 방사성 물질로 분류된다. 고준위 방사성 폐기물의 장기보관은 수십 년 동안 논의되었다. 네바다의 유카플랫(Yucca Flats)의 부지가 선정되었고, 준비 중이다.

저준위 방사선 물질 또한 처분 문제가 발생해서는 안 된다. 이러한 폐기물은 활성도가 낮기 때문에 직접적으로 접촉하여 처리할 수 있기 때문에 소각과 같이 적절한 양을 감소시켜 안전하게 매립하는 것이 가장 적절한 것으로 보인다. 미국 의회는 각 주 정부가 일정기간 동안 처분 시설을 제공할 수 있도록 하는 저준위 폐기물 정책 법안을 1980년에 통과시켰다. 불행히도, "방사능(방사성, radioactivity)"이라는 단어에 대한 언급은 여론을 자극하고 이런 처분 시설 부지를 선택하는 것을 힘들게 한다.

15.4 지속적인 물질 관리

켄 카이저(Kenneth Geiser)의 Materials Matter (MIT Press 출판)라는 책에서는 지속가능한 재료(소재) 관리를 지원하기 위해 두 가지 전략을 제시한다.[1] 하나는 인간의 욕구를 충족시키면서도 물질을 덜 사용하여 동일한 수준을 유지할 수 있는 방법을 개발하는 것이다. 이 과정을 "비재료화(dematerialization)"라고 부른다. 두 번째는 "해독(detoxification)"이라는 과정을 통해 제품 및 산업 공정에서 사용되는 화학물질이 갖는 고유한 위험성을 낮추는 것이다.

비재료화는 서비스의 품질을 떨어뜨리지 않고 사용되는 재료의 양만을 줄이는 것을 의미한다. 이는 산업/ 경제 시스템을 통해 원재료의 이용을 줄인다. 비재료화 전략은 포장재의 무게 또는 두께를 감소시키거나 화석 연료가 아닌 바이오매스 폐기물로부터 유기화학 물질을 개발하거나 원재료에 의존하기 보다는 산업 순환에서 재활용이나 2차 재료 산업 개발을 하는 것에 초점을 맞춘다.

비재료화의 다른 형태는 재재료화(rematerialization)이다. 이는 원재료를 적게 사용하기 보다는 재료를 지속가능한 재료의 형태로 전환하는 것이다. 수리, 개선 및 재활용을 위한 제품 설계는 적은 자원을 더 잘 이용할 수 있게 하고 산업/경제 시스템 내에서 이 재료들을 유지하는데 도움을 준다. 지속가능한 재료 관리를 위한 전략의 관점에서, 비재료화에도 불구하고 성장을 통해 일인당 수요는 감소했지만 재료에 대한 수요가 증가함에 따라 어려움을 겪었다. 비재료화의 한 예는 소다 클럽(Soda Club) 시스템이다.

예제 15.4 많은 사람들이 클럽 소다(탄산수)를 즐겨 마신다. 소다 클럽 시스템은 1 L 병 1개에 110 L의 소다를 생산할 수 있는 보충용 CO_2 카트리지와 그것을 보관하는 장소로 구성된다. 병은 금이 가지 않고 별다른 문제가 없다면 계속 사용할 수 있다. 클럽 소다를 만들려면 병에 수돗물이나 정수를 채우고 그 병을 CO_2 카트리지의 하우징에 끼워서 버튼을 눌러 CO_2를 공급해주면 된다. 잠시 뒤에 압력으로 인해 병에서 시끄러운 소리가 나면 탄산이 액체에 적절히 들어갔음을 의미한다. 초기비용은 $ 79라고 가정하자. 이 비용에는 CO_2 카트리지와 병, 하우징이 포함된다. CO_2 카트리지가 비었을 때 구입처로 돌려보내 $ 15에 충전할 수 있다. 귀하의 가족이 현재 한 주를 기준으로 1병당 $ 1.5인 클럽소다를 6 L 마신다. 또한 한 상자 당 12병이 들어가 있는 것을 식료품점에 1회 방문시 한 상자씩 산다고 가정하자. 비용, 운송 및 클럽 소다의 개별 병 구입에 발생한 폐기물을 소다 클럽 시스템을 사용하는 경우와 비교하라.

해답 먼저 개인이 병을 얼마나 구매하는지 확인해보자.

개인 병의 수 = (6 L/wk)(52 wk/yr) / (1 L/병) = 312

비용 = (312 병/yr) × ($1.50/병) = $468/yr

방문횟수 = (312 병/yr)(1회 방문/상자) / (12 병/상자) = 26회

시스템을 구매하는 경우 얼마나 사용하는지 확인해보자.

카트리지 수 = (6 L/wk)(52 wk/yr)/(110 L/카트리지) = 2.8 = 3
첫 해의 비용 = \$79 + \$15(2) = \$109
다음 해의 비용 = \$15(3) = \$45
이 데이터는 다음 표에서처럼 요약될 수 있다.

구성	비용(/yr)	병 수	가게 방문횟수
상자로 병 구매	468	312	26
소다클럽시스템이용(1년)	109	1	3
소다클럽시스템이용(다년)	45	0	3

완벽하게 전 과정을 평가한 것은 아니지만 소다클럽시스템이 가족의 소다 소비량을 비물질화하는 것을 확인할 수 있다. 즉, 같은 양의 음료를 제공하기 위해서 훨씬 적은 양의 병을 쓴다. 더불어 직접 비용과 교통량을 줄일 수도 있다. 더 나아가 이것을 선택하게 될 경우 시장에 큰 영향을 줄 것이고, 소다 음료에 의해 생성되는 폐기물의 양을 줄일 수 있으며 고형 폐기물을 관리에도 도움이 될 것이다.

해독의 방식은 다음과 같다.

- 문제가 되는 화학물질을 대체할 수 있는 양성 대안(예 : 독성 부산물로 분해되는 계면 활성제를 생분해성 계면 활성제로 변경)
- 잔류성, 생물 농축성 및 독성물질(PBTs)과 같은 우려 화학물질의 사용을 단계적으로 제거
- 저장 또는 운송의 필요성을 줄이기 위해 요구 시 또는 특정 시간 동안만 독성 물질을 생성
- 인간의 건강 및 환경과 관련해 양성인 새로운 화학 물질 개발

이러한 화학 물질의 설계는 녹색 화학 분야의 성장 부문이다. 친환경 화학은 해독을 위한 효과적인 전략으로 지속가능한 재료와 제품을 만들기 위한 과정을 설계하는 수단으로서 급부상하였다.

15.4.1 녹색 화학

녹색 화학은 유해 물질의 사용 및 생산을 줄이거나 없애는 화학 물질 공정을 말한다.[2] 녹색 화학의 핵심은 설계 단계에 있고, 화학 물질의 성능, 독성 및 활용에 영향을 미치는 수준을 설계하는데 중점을 둔다. 위해성(risk)보다는 유해성(hazard)에 초점을 맞추는 것이 중요하다. 위해성은 유해성과 노출의 함수이다. “유해성”이라는 용어는 화학 물질에 노출되어 있는 경우 화학 물질 고유의 특성을 포함하도록 사용된다. 유해성에는 급성 인

체 독성, 만성 인체독성(발암, 생식 독성 또는 발육 독성, 피부 혹은 눈 자극, 피부 또는 호흡기 계통의 민감성질환), 생태 독성, 안전성 문제(예 : 폭발성 및 인화성), 오존층 손상 가능성, 생물 서식지 파괴 등이 포함된다.

녹색 화학은 기존과는 다른 각도에서 위해성을 처리한다. 기존의 위해성 관리는 노출 가능성과 위험을 통제하는데 중점을 두었다.

그러나 노출제어는 실패할 수도 있고, 종종 실패한다. 노출을 통제하지 못하면 인도 보팔과 같은 치명적인 사건이 발생할 수도 있다. 예를 들어, 메틸이소시아네이트가 방출되어 인근 마을에서 수천 명이 사망한 사례가 있다. 메틸이소시아네이트는 매우 위험하기 때문에 노출 통제를 실패하거나 화학물질이 방출될 경우 그 위험도는 정말 높다. 화학물질의 고유한 위험 요소를 해결하고 줄이면 이러한 위해성을 없앨 수 있고 노출 제어의 필요성 자체를 없앨 수 있다. 녹색 화학은 화학자, 화학공학자 및 지속가능성 목표를 향해 사회를 움직일 수 있는 화학물질 및 재료를 개발하는 사람들을 위한 중요한 분야이다.

녹색 화학은 최근 몇 년 동안 인기를 얻고 있고, 녹색 화학을 지원하려는 정책 및 법률의 출현하고 있다. 미국의 미시간 주지사는 녹색 화학 집행 명령을 공포하였다. 캘리포니아는 녹색화학 및 "요람에서 요람으로(cradle to cradle)"와 같은 디자인을 지원하는 녹색 화학 이니셔티브 정책 플랫폼을 개발하고 있다. 미국 의회에서 상원 법안 2669에 2008년도 녹색 화학 연구 및 개발 법안이 소개되었다.

환경 친화적이고 지속가능한 물질 개발 시스템에 적합하도록 물질을 디자인하는 방법을 설명하기 위해 녹색 화학의 몇 가지 예를 소개하고자 한다. 이 사례는 미국 녹색 산업 챌린지 상 프로그램(Green Chemistry Challenge Awards program)의 수상자들의 사례이다. 1998년 롬앤하스사(Rohm and Haas Company)는 Sea-Nine ™이라는 해양 오염 물질 제거 설계를 통해 대통령 녹색 화학 챌린지 상을 수상하였다. 배의 표면에 있는 동식물의 불필요한 성장인 파울링(Fouling) 때문에 해운업계는 연간 약 30억 달러의 비용을 사용한다. 이 비용의 상당 부분은 유체역학적 항력을 극복하기 위해 사용하는 연료 소비 때문이다. 파울링을 제어하기 위해 전 세계적으로 사용된 주요 화합물은 트리부틸틴옥사이드(TBTO)와 같은 유기 주석(organotins) 화합물을 기본으로 한 물질이다. 이것들은 오염 방지에는 효과적이지만 독성을 갖는다.

TBTO와 관련된 부정적인 환경 영향으로는 급성독성, 생체 축적, 생식력 감소, 갑각류 껍질 두께 증가 등이 있다. 롬앤하스사는 다양한 해양 생물에 의한 선박의 파울링을 처리하면서도 비표적 생물을 해치지 않는 방오제 개발을 모색했다.

이 회사의 과학자들은 3-이소티아졸론(3-isothiazolone)을 화합물로 선택하였다. 특히, 4,5-dichloro-2-n-octyl-4 isothiazolin-3-one은 해수에서 매우 빠르게 분해되고 퇴적물에서는 1시간 만에 분해되는 것으로 알려져 있다. TBTO는 생물농축성이 높은 것으로 간주되지만, Sea-Nine ™은 생체에 축적되지 않는다. TBTO와 Sea-Nine ™은 모두 해양 유기체에 독성이 있고, 이는 해양 방오제(Antifoulant)의 바람직한 특성 중 하나다. 그러나 Sea-Nine™ 방오제는 급속히 분해되기 때문에 만성 독성을 띠지 않는다. 따라서 이 물질은 제 역할을 잘 수행하면서도 생물에 대해 즉각적인 기능 이상을 일으키지 않는다. TBTO는 지속적으로 존재하여 생체에 축적되고 독성영향을 끼친다.

EDEN Bioscience Corporation은 제품 Messenger®을 통해 2001년 대통령 녹색 화학 챌린지 상을 수상했다. Messenger®는 "하핀 단백질(Harpins)"라고 불리는 자연 발생 단백질이자 비독성 물질을 기초로 한다. 하핀 단백질은 질병과 해충으로부터 자신을 보호하기 위해 식물의 자연방어 시스템을 촉진시킨다. 또한 이 식물의 DNA를 변경하지 않고 특정 식물 성장 체계를 활성화 시킨다. 작물에 적용될 때, 하핀은 식물 건강을 우수하게 하여 식물 생체량, 광합성, 영양소 섭취 및 뿌리 발달을 증가시킨다. 궁극적으로 이러한 증가는 작물 수확량과 제품의 품질을 향상시킨다.

해충에 의한 작물 손실은 전 세계적으로 3,000억 달러로 추산된다. 식물을 재배하는 사람들은 일반적으로 경제적 손실을 줄이고 수확량을 늘리기 위해 ① 화학 농약을 사용하거나 ② 해충에 강한 유전자 조작 식물의 재배와 같은 방법을 택해왔다. 이러한 각각의 방법은 특히 표적 미생물 및 대중의 인식 측면에서 부정적인 결과를 낳는다. 반대로 포유동물, 새, 꿀벌, 식물, 어류, 수생 무척추 동물 및 조류를 포함한 생명체에 대해 하핀은 거의 부작용이 없다고 밝혀졌다. 그것은 자외선과 미생물에 의해 급속히 분해되는 분자이기 때문에 생물학적으로 축적될 가능성이 없으며, 이는 지표와 지하수를 오염시키지도 않는다. 대부분의 농약과 달리 하필을 기반으로 한 제품은 독한 용제나 시약을 사용하지 않아도 되고, 적당한 에너지를 투입하여 유해한 화학 폐기물을 생산하지 않는 수성 발효시스템(Water-based fermentation system)을 촉진시킨다. 수명주기 관점에서, 하핀은 녹색 화학 공정을 통해 만들어지며 위험 요소가 낮아 지속가능한 농업에 적합하다.

2008년 바텔(Battelle)과 그의 파트너 Advanced Image Resources and the Ohio Soybean Council은 콩을 기초로 한 토너를 개발하여 녹색 화학 챌린지 상을 받았다. 레이저 프린터 및 복사기 이용에 매년 미국에서만 2억 kg 이상의 토너가 사용된다. 일반적인 토너는 종이에 너무 단단히 달라붙어 폐지로 재활용하기 어려웠다. 또한 스티렌 아크릴레이트Styrene acrylates)와 스테린 부타디엔(Styrene butadiene)과 같은 석유계 물질을 이용하여 제조된다. Battelle (비영리 과학기술 개발회사)와 그 파트너는 기존의 것만큼 사용하기 좋으면서도 콩을 기반으로 한 토너를 개발했고, 이는 제거하기도 훨씬 쉽다. 새로운 토너 기술은 상당한 에너지를 절감할 수 있고 더 많은 종이를 재활용 할 수 있다. 새로운 토너는 BioRez 및 Rezilution이라는 상표명으로 판매될 예정이다. 상업화가 진행되면 콩을 기초로 한 화학 물질을 활용한 원활한 인쇄와 복사 기능을 사람들에게 제공할 수 있게 된다.

녹색 화학 혁신 사례는 더 많이 있다. 그 중 하나는 유해한 용매를 제거하거나 촉매를 사용하여 화학 합성의 단계를 줄이는 등의 공정의 변화를 가져온 것이다. 다른 사례로는 유독하다고 우려되는 화학물질을 대체할 새로운 화학물질을 만드는 것도 있다.

또 다른 사람들은 유기 화학의 중추가 된 석유 기반 공급 원료보다는 생물 원료 공급 원료를 이용한 화학물질을 생성하여 이 혁신을 입증해 나갈 것이다. 녹색 화학은 전체적으로 유해성을 줄이고, 지속가능한 제품과 공정을 위해서 새로운 분자와 화학공정을 설계하는 것이 가능하다는 것을 보여주었기 때문에 중요하다. 기술은 지속가능성의 만병통치약이라 할 수는 없지만 혁신적인 해결책을 제시할 수는 있다.

아르눌프 그뤼블러(Arnulf Grübler)에 따르면, "Technology and Global Change"[3]이라는 책에서 "인류는 기술을 통해 300년간 환경으로부터 점점 더 자유로워졌다. 수십억의 사람들이 기술의 혜택에서 계속 배제되었기 때문에 이것이 완벽하게 이루어진 것은 아니다. 다음 우리가 즉시 해야 할 것은 사람들 모두가 이를 누릴 수 있도록 해야 한다는 것이다. 그렇다면 그 다음은 무엇인가? 우리는 유토피아적인 비전과 새로운 기술 선언문이 필요하며 21세기를 위한 목표를 설정해야 한다." 그뤼블러는 앞으로의 과제가 환경에 대한 인간의 간섭을 점진적으로 없애는 것이라고 주장했다.

금세기 동안, 우리는 더 많은 기술이 필요할 것이다. 세계 인구가 100억 이상으로 증가함에 따라, 우리가 자연으로부터 완벽하게 보호받을 수 있다는 것보다 자연이 인간의 간섭으로부터 스스로를 완전히 보호할 수 없음을 인지해야 한다. 그러나 기술적 변화는 우리의 통제를 완화시키고 자연에 대한 우리의 발자국을 가볍게 할 수 있다. 우리의 선택은 이미 존재하는 것과 과거의 환경적 유산에 의해 제약을 받는다. 그러나 장기적으로 기술을 형성하는 사회적 선택의 역량은 끝이 없다.

15.4.2 오염사전예방

부분적이지만 지속가능 물질 관리보다 폭 넓은 측면은 오염을 사전에 방지하는 것이다. 미국 환경보호청은 오염사전예방(P2, Pollution Prevention)을 다음과 같이 정의한다.

오염원 또는 폐기물 생성을 줄이거나 없애는 물질과 공정을 사용한다. 여기에는 유해물질, 에너지, 물 또는 기타 자원의 사용을 줄이는 것이나 효율적인 사용을 통해 천연 자원을 보호하는 것을 포함한다.

가장 넓은 의미에서, 오염사전예방은 이것이 어떻게 행해지는 지에 관계없이 폐기물을 제거하는 생각이라고 볼 수 있다. 14장에서 설명한 바와 같이 도시 고형 폐기물 관리와 동일한 개념이지만 사용에 대한 인센티브는 훨씬 크다.

원래 오염사전예방은 생산되는 폐기물의 양을 줄이거나 특성을 변경하여서 보다 쉽게 일회용으로 만들 수 있도록 운영하는 것이었다. 예를 들어, 많은 사업 분야에서 수용성 페인트가 유기 용제, 세척 시간 등을 없애도록 했고, 상당한 돈을 절약할 수 있었다. 사실, 이 개념은 처음에 "오염사전예방 비용"으로 소개되었고, 많은 변화가 실제로 회사의 관련 비용을 절감할 것이라고 강조했다. 또한 유해 폐기물 및 기타 폐기가 어려운 폐기물의 제거 또는 감소는 장기적인 영향을 미쳤다. 이는 회사가 지어야 할 처리 작업 결과에 따른 책임감을 줄여줬다.

미국 환경보호청은 1990년 오염사전예방법(Pollution Prevention Act)의 통과로 오염방지 활동을 위한 적절한 기준을 수립하였고, 연방정부 기관이 폐기물 발생량을 줄이며 산업계와 협력하여 폐기물 제거를 촉진할 뿐만 아니라 잠재적인 폐기물의 효율적인 변형을 위한 장벽을 찾고 없앴으며, 개별 주와의 협력을 통해 이를 수행하였다.

일반적으로 오염사전예방활동의 이행 절차는 다음과 같다.

- 필요성 인식
- 문제 평가
- 대안 평가
- 해결책 구현

대부분의 오염 통제 활동에 대한 태도와 달리, 산업계는 오염 방지가 업계의 비용을 절감할 수 있다는 것을 인식하여 정부의 조치를 긍정적으로 생각했다. 따라서 내부적으로 필요성이 인식되어 졌기 때문에 회사는 오염 방지 절차를 따르기 시작했다.

평가 단계에서 일반적으로 블랙박스 질량수지(Black box mass balance)를 사용하여 폐기물 검사를 수행하는 것이다. 예제 15.5를 살펴보자.

예제 15.5 한 제조 회사는 휘발성 유기 탄소(VOC)의 대기 배출에 대해 우려하고 있다. 이러한 화학 물질은 제조과정에서 휘발될 수 있지만 얼마나 많은 화학물질이 그렇게 되는지를 산정할 수 있는 방법이 없다. 이 회사는 VOC에 대하여 가장 널리 사용되는 3가지 검사를 통해 다음과 같은 결과를 얻었다(처리 시설로 유입되는 평균 유입 유량은 0.076 m^3/s이다). 얼마나 많은 VOC가 유출되는가?

구매부서 기록	
물질	구매량(barrels)
사염화탄소(CCl_4)	48
메틸렌클로라이드(CH_2Cl_3)	228
트라이클로로에틸렌(C_2HCl_3)	505
하수처리장 유입수	
물질	평균 농도(mg/L)
사염화탄소	0.343
메틸렌클로라이드	4.04
트라이클로로에틸렌	3.23

유해폐기물 목록(위험 폐기물 처리 시설로 회사를 떠나는 사항 표시)		
물질	수량(barrels)	농도(%)
사염화탄소	48	80
메틸렌클로라이드	228	25
트라이클로로에틸렌	505	80
연말에 미사용 수량		
물질	수량(barrels)	
사염화탄소	1	
메틸렌클로라이드	8	
트라이클로로에틸렌	13	

※ 배럴 : barrel, bbl (약 0.16 m^3)

해답

블랙박스 질량 수지에 따르면,

$$\begin{bmatrix}\text{단위시간 당}\\ \text{A의}\\ \text{질량 축적}\end{bmatrix} = \begin{bmatrix}\text{단위시간 당}\\ \text{A의}\\ \text{질량 유입}\end{bmatrix} - \begin{bmatrix}\text{단위시간 당}\\ \text{A의}\\ \text{질량 유출}\end{bmatrix} + \begin{bmatrix}\text{단위시간 당}\\ \text{A의}\\ \text{질량 생성}\end{bmatrix} - \begin{bmatrix}\text{단위시간 당}\\ \text{A의}\\ \text{질량 소비}\end{bmatrix}$$

물질 A는 물론 3가지 휘발성 유기화합물(VOC)이다.

우리는 배럴(Barrel)을 입방미터(m^3)로 전환하기 위해 화학 물질의 밀도를 알아야 한다.

1배럴은 0.16 m^3이고 3가지 화학물질의 밀도가 각각 1,548; 1326; 1,476 kg/m^3이라고 가정한다.

축적된 사염화탄소(Carbon tetrachloride)의 연간 질량은

$$[\text{질량 축적}] = (1\ \text{barrel/yr})(0.16\ \text{m}^3/\text{barrel})(1{,}548\ \text{kg/m}^3) = 248\ \text{kg/yr}$$

$$[\text{질량 유입}] = (48\ \text{barrels/yr})(0.16\ \text{m}^3/\text{barrel})(1{,}548\ \text{kg/m}^3) = 11{,}889\ \text{kg/yr}$$

질양 유출은 세부분으로 나뉘게 된다. 폐수 처리장으로의 대량 배출된 양, 유해 폐기물 처리 시설로 갈 때 이용된 트럭에 남은 질량, 대량 휘발

따라서, 공장이 연간 365일 가동된다고 가정하면,

$$\begin{aligned}[\text{질량 유출}] &= [(0.343\ \text{g/m}^3)\ (0.076\ \text{m}^3/\text{s})\ (86{,}400\ \text{s/d})\ (365\ \text{ds/yr})\ (10^{-3}\ \text{kg/g})] \\ &\quad + [(48\ \text{barrels/yr})\ (0.16\ \text{m}^3/\text{barrels})\ (1{,}548\ \text{kg/m}^3)\ (0.80)] + A_{air} \\ &= 822 + 9{,}511 + A_{air}\end{aligned}$$

사염화탄소(Carbon tetrachloride)가 소비되거나 생산되지 않기 때문에(단위는 kg/yr)

$248 = 11{,}889 - [822 + 9{,}511 + A_{air}] + 0 - 0$이고 $A_{air} = 1{,}308$ kg/yr이다.

다른 화학 물질에서도 비슷한 균형이 이루어지면 대기 중 손실은 메틸렌 클로라이드(Methylene chloride)가 약 25,000 kg/yr이고 트라이클로로에틸렌(Trichloroethylene)이 약 13,000 kg/yr이다.

총VOC 배출량을 줄이려는 의도라면 첫 번째 감소 목표는 메틸렌 클로라이드(Methylene chloride)로 세워야 한다. 그러나 손실을 쉽게 줄일 수 있는 것, 용매의 상대적 위험성, 관련 특정 응용 분야에 대한 대체 가능성, 덜 유해한 용매의 가용성 등과 같은 많은 요소에 따라 달라질 수 있다.[4]

문제가 언제 어떻게 발생했는지 알게 되면 다음 단계는 유용한 해결방법을 찾는 것이

다. 이러한 방법은 일반적으로 세 가지 범주로 나뉜다.

① 운영상 변화
② 물질 변경
③ 공정 수정

운영상 변화는 간단하게 더 나은 관리, 유출 방지, 유출 제거 등으로 구성된다. 폐기 과정을 분리할 수 있을 뿐만 아니라 세척과정을 개선할 수 있기 때문에 사소한 투자로 큰 이익을 가져올 수 있다.

물질의 변화는 독성이 덜한 물질이나 유해물질을 덜 필요한 물질로 대체하는 것을 말한다. 훨씬 더 독성이 강한 6가 크롬 대신에 크롬 도금을 위한 3가 크롬을 사용하는 것이 수용성 염료나 도료를 사용하는데 더 알맞은 것으로 나타났다. 어떠한 경우에는 폐기물 냉각수를 처리하는데 살생물제를 사용하는 대신에 자외선을 사용하는 것이 물의 품질을 더 좋게 하고 냉각수 처리 문제를 발생시키지 않을 수도 있다. 노스캐롤라이나의 한 섬유 공장에서는 조류의 번식을 억제하기 위해 대기를 세척하는 살생물제(biocide)를 사용하였다. 주기적으로 세정액이 하천으로 흘러갔고, 이것이 하천에 독성 영향을 준다는 것이 입증되어 노스캐롤라이나 주는 이 공장의 배출 허가를 취소하였다. 이 마을에서는 폐기물이 하수도에 흘러가는 것을 납득하지 못했고, 생물학적 폐수 처리 작업에 심각한 악영향을 줄 것이라고 주장하였다. 이 업체는 폐쇄되기 직전 공기 정화 시스템에 자외선을 소독제로 도입하기로 결정하였다. 다행히 자외선은 냉각수를 효과적으로 소독하였고 더 이상 살생물제는 필요하지 않았다. 이것은 배출물을 제거했을 뿐만 아니라 더 이상 살균제 사용을 할 필요가 없었기 때문에 비용 또한 절감할 수 있었다. 이 기술의 투자 회수 기간은 1.77년이었다.[5]

공정의 개선은 대개 가장 많은 투자를 필요로 하지만 그 보상은 가장 크다고 볼 수 있다. 예를 들어, 일회용 배치 작업 대신 역류식 세척수를 사용하면 처리가 필요한 세척수의 양을 크게 줄일 수 있지만, 이러한 공정 변경에는 파이프, 밸브 및 새로운 프로세스 프로토콜이 필요하다. 금속 도금과 같이 용액에 금속이 침지되는 산업에서 중간단계인 반출량(드래그 아웃, drag-out) 회수 탱크를 사용하면 도금 용액을 절약하고 폐기물 발생을 감소시킬 수 있다.

어떤 경우든 오염 방지에 관해 가장 놀라운 점은 유해 폐기물 배출을 거의 없애거나 줄일 뿐만 아니라 비용을 절약할 수 있다는 것이다. 이러한 절약은 위에서 언급한 자외선 살균의 예와 마찬가지로 처리 비용을 직접 절감하는 등 여러 가지 형태로 이루어진다. 그러나 규정 준수 승인서를 제출을 위해 시간을 낭비할 필요가 없고 준수 불이행에 대한 잠재적인 벌금을 물어야 할 것을 고려하는 등의 비용절감 효과를 생각할 수 있다. 미래의 법적 책임은 유해 폐기물을 어디에 묻거나 처리할 지에 따라 크게 달라질 것이다.

또한 직원 관계와 안전에 대한 이점이 있다. 물론 양심을 거스르지 않는 정당한 행위에서 오는 혜택도 있을 것이다.

유해 폐기물 관리에서 올바른 일을 하는 것은 미래 세대를 위한 잠재적 위험 요소를 제거한다는 것을 포함한다. 이 약속에 대해 많은 부분이 기록되어 있다. 우리는 아직 태어나지 않은 사람들에게 어떤 것을 빚지고 있는가?

15.5 유해 폐기물 관리와 미래 세대

우리는 이 모든 것을 왜 걱정해야 하는가? 유해 폐기물로 인해 결코 개인적으로 악영향을 받지 않을 것 같고, 우리 자손들 중 일부도 이렇게 적절하게 유해 폐기물을 처리하지 않을 것 같지 않은가? 우리는 미래와 미래 세대에 대해 왜 관심을 가져야 하는가?

RCRA는 폐기물 시설 운영자에게 처분 시설을 영구적으로 관리하도록 하였다. 그러나 이 기간은 30년으로 한정되어 있다. “영구적 관리(Perpetual care)”는 한 세대의 절반을 의미한다! 미국의 유해 폐기물 법안은 분명히 미래 세대를 고려하지 않은 것이다. 그러면 우리는 왜 이래야만 하는가?

결국 그 사람들은 아직 존재하지 않으며, 존재할 수도 없다. 그들은 실제가 아니고 윤리적으로 실제 사람들 사이의 상호작용만이 적용되는 존재이다. 또한 우리는 미래가 어떻게 될지 모른다. 우리는 미래의 사람들이 우리와 같은 필요성을 갖는지, 어떤 선호도를 가질지 예상할 수 없다. 그러므로 우리는 미래를 예측할 수 없다. 우리는 선의이지만 완전히 틀린 결정일 수도 있다. 또한, 역사는 적어도 문명이 존재하는 시점까지는 연속적인 세대가 이전 세대보다 나아졌음을 가르쳐왔다. 우리는 더 나은 건강, 더 나은 의사소통, 더 좋은 음식, 더 많은 시간, 그리고 개인 성장과 삶의 질의 즐거움을 가지고 있다. 우리는 미래의 세대가 이러한 추세를 계속 유지하고 삶의 질을 향상시킬 수 있기를 기대하는 것 외에는 아무것도 해선 안 된다. 게다가 오래된 속담 중에 “What has posterity ever done for me?” (후세 사람들이 내게 해준 게 뭐가 있지?) 라는 말이 있다. 미래 세대를 고려하는 것은 매우 고귀한 일이지만, 우리가 그렇게 해야 한다는 주장에 대한 근거는 없다.

이러한 모든 이유들로 인해, 전기의 혜택을 누리기 위해 원자력 발전소를 만들거나 석유와 같은 재생 불가능한 자원을 사용하거나 영구적 관리를 오직 30년간 살펴보는 것으로 해석하는 것에도 아무 문제가 없다. 그러므로 유해 폐기물 관리 계획(또는 다른 무언가도)은 현재 세대의 이익만을 고려해야만 한다.

그러나 이것에 대한 반대 의견은 없겠는가? 확실하게 우리는 미래의 인류에 대한 관심 없이 향락적인 실수를 할 수는 없다. 우리가 미래 세대에 대해 우려를 제기할 수 있는 이유는 무엇인가?

알라스테어 건(Alastair Gunn)[6]은 미래 세대에 대한 우리의 의무에는 확실한 이유가 있음을 주장한다. 첫째, (정의상으로) 미래 세대가 존재하지 않는다는 것은 사실이지만, 그렇다고 우리가 그들에게 의무를 지어줄 수는 없다는 것이다. 확실히, 우리는 식별 가능한 개인이 서로에게 갖는 1대 1의 의무는 없다. 예를 들어, 빚과 약속은 오직 한 사람이 다른 사람에게만 질 수 있는 것이다. 그러나 우리가 정체를 모르는 경우에도 우리의 행동으로 인해 해를 입을 수 있는 사람에게 의무를 가질 수밖에 없다.

건(Gunn)은 초등학교에 폭탄을 설치하는 테러리스트의 비유를 사용하였다.

명백히 이 행동은 잘못되었고, 동료와 시민들에게 해가되지 않도록 (또는 무분별하게 위험을 감수하지 않도록) 일반적인 의무를 위반한다는 것이다. 테러리스트가 자녀가 누구인지 심지어 어린이가 영향을 받을지에 대한 여부를 알지 못하는 경우에도 마찬가지이다(폭탄은 폭발하지 않거나 제 시간에 발견되어 학교가 폐쇄될 수도 있다). 아직 아이들이 태어나지 않았음에도 불구하고, 20년 후 학교에 있을 아이들이 학교를 떠나도록 시한폭탄을 두는 것은 똑같이 잘못되었다. 안전하지 않은 유해 폐기물을 투기하는 것은 시한폭탄과 유사하게 볼 수 있다.

FOCUS ON

제품에 들어 있지 않으면 걱정할 필요가 없습니다.

미국 환경보호청(USEPA)의 DfE (Design for Environment)프로그램의 모토 중 하나는 "제품에 들어 있지 않으면 걱정할 필요가 없습니다(If it's not in your product, you don't have to worry about it)."이다. 즉, 아무도 제품에 노출되지 않을지라도 유해한 화학 물질이 없는 제품을 디자인하는 것이 지혜로운 것임을 의미한다. 예를 들어, 미네아폴리스(Minneapolis) 출신의 4세 소년이 리복(Reebok) 아동용 신발을 구입할 때 받은 팔찌에 달린 "은색" 하트 모양의 장식을 삼킨 후 사망한 2006년의 사건이 있다. 그 장식은 거의 납으로 만들어졌었다. 당연히, 장식물은 삼킬 수 있는 용도로 만들어진 것은 아니었으나, 위산에 의해 녹여지지도 않았고, 소년은 납에 중독되게 된다. 이 장난감은 훨씬 저렴한 비용으로 제품을 생산할 수 있는 중국에서 제조되었다. 그러나 제품의 품질이나 생산 공정에 대한 통제는 훨씬 부족하였다. 이 장식물의 납은 빙산의 일각에 지나지 않는다. 다른 인형이나 장난감에서 보였던 페인트에서도 이것이 발견되었고, 이는 경고의 대상이 된다(그림 15.4).

장난감 납에 대한 경고 이전에는, 어린이의 장난감에서 프탈레이트를 금지시키자는 미 의회의 생각이 거의 불가능이라고 여겨졌다. 그러나 소비자 제품 안전위원회(CPSC)의 30년 역사에서 첫 번째 중요한 개혁안으로 받아들여졌고, 이 법안이 통과되어졌을 뿐만 아니라 거부권을 행사할 수 있게 되었다. 소비자 제품 안전 개선법은 장난감에 신경 독성 납이 없는 것뿐만 아니라 6가지 유형의 프탈레이트(어린이의 호르몬 발달을 방해할 수 있는 화학물질)까지 확장하는 것을 목표로 한다. 프탈레이트는 플라스틱을 부드럽게 만드는 데 사용되고 아이들이 장난감을 입에 넣으면 흡수될 수도

그림 15.4 (A) 오래된 집 페인트에서의 납(출처 : © Jamie Hooper / 123RF)
(B) 납이 포함된 아동용 장난감(출처 : © Leo Malsam / 123RF)

있다. European Union-di-(2-ethylhexyl) phthalate (DEHP), Dibutyl phthalate (DBP), Benzyl butyl phthalate (BBP)과 같은 세 가지 프탈레이트는 오랫동안 금지되어 왔고, 완구류로는 절대 사용할 수 없다. Diisononyl phthalate (DINP), Diisodecyl phthalate (DIDP) 및 Di-n-octyl phthalate (DnOP)는 어린이와 임산부에게 잠재적으로 부정적인 영향을 끼치는지에 대한 연구가 진행됐고, 이 기간 동안에는 사용이 금지되었다.

새 법안은 또한 장난감 안전 모니터링을 크게 향상시켰다. 일반적으로 테스트를 거치지 않은 장난감은 시장에서 판매되고 상점에 진열된 후에는 납을 포함하고 있는 것으로 판명된 후에만 리콜이 된다. 이 법안은 이 과정을 다시 확인하고, 판매하기 전에 모든 장난감의 적절한 샘플에 대해 납 및 기타 위험 요소에 대해 독립적으로 테스트를 받아야 한다는 규정이 있다.

의도적이든 또는 의도한 것이 아니든 제품에 유해 화학물질을 표기하는 것을 회피하는 것은 항상 분명하지 않은 관리의 수준을 전제로 한다. 사실, 많은 소매 업체나 제조업체가 판매하는 제품의 화학적 조성에 대해 전혀 알 수 없다. 종종 이 정보는 영업 비밀을 보호하기 위한 것으로 간주되기도 한다.

유럽 REACH 법안(15.1절에서 논의된)은 제조업자들이 그 제품에 포함된 물질에 대해 명시하고, 제품 내의 화학 물질의 유해성을 평가하여 유해한 화학 물질에 대한 안전한 대안을 제공할 수 있는 최초의 종합 법안이다. 미국에서는 캘리포니아 녹색화학 위원회를 구성하여 캘리포니아가 녹색화학과 "요람에서 요람까지(Cradle to cradle)" 제품을 지원한다.

최근 지속가능성 및 제품의 라이프사이클에 대한 인식과 함께 제품에 함유된 화학물질의 유해성에 대한 인식이 증가하고 있다. 환경공학자들은 제품이 검은 마법 상자에서 만들어 지는 것도 아니고 "Away"라 불리던 신화의 장소에서 사라지는 것도 아니라는 것을 알고 있다. 일부 어떤 사람들은 유해한 화학 물질을 아주 적게 사용하는 것은 위험이 적다고 주장하지만, 또 다른 사람들은 제조 공급망 어딘가에서 더 높은 위험 수준의 화학 물질이 높은 농도로 많은 양 사용되어질 가능성이 있다고 주장한다. 또한 다양한 제품에서 발견되는 화학 물질은 시간이 지남에 따라 제품에서 떨어져 나와 인간의 신체에 축적될 수도 있다. 혼합물의 누적 효과에 대해서는 거의 알려지지 않았다. 제품의 수명이 끝나면 화학 물질은 관리 방법에 따라 방출, 변형 또는 농축될 수도 있다. 그것은 심지어 유해 폐기물 일수도 있다. 월마트와 같은 일부 대형 소매업체는 페인트, 청소기 등 일반인에게 판매된 제품을 반환받았을 때, 이를 유해 폐기물로 취급하여 처리하는데 매년 수천만 달러를 사용한다. 정리하자면, DfE 모토는 주의를 기울이면 제품의 수명주기 동안 건강 및 환경에 더 나은 제품이 될 뿐만 아니라 유해 폐기물을 줄일 수 있고 재정적 절감을 할 수 있다는 것을 내포한다.

화학 회사의 소유주가 어린이를 죽이기 시작한 것은 아니기 때문에 비유가 완벽하지 않을지도 모른다. 그러나 그 행동으로 인해 해를 입힐 수 있다고 믿을만한 이유가 있다면 더 이상 의도는 중요하지 않다. 대중에게 체리 폭탄을 던지는 사람은 누구에게도 해를 입히려 하지 않은 것일 수도 있지만, 해를 끼치면 그 사람의 원래 의도가 사람을 해치는 것인 것처럼 유죄로 여겨질 수밖에 없다. 해를 입은 사람들이 오늘 이곳에 있든지 아니면 앞으로 여기에 있을지에 대한 것은 관계가 없다. 중요한 것은 해로움을 초래하고 그 해를 끼치는 것은 비윤리적이라는 것이다.

두 번째 주장에 대한 반론은 미래 세대가 중요하게 여기는 것을 결코 모른다는 것이다. 그렇다. 우리는 그들이 실제로 가치가 없는 것을 꽤 좋게 평가하는 아이디어를 가지고 있다고 말할 수 있겠다. 예를 들어, 암이나 에이즈 또는 오염된 지하수를 가치 있게 여기는 것은 거의 불가능 하다. 우리는 미래의 세대가 실제로 우리 자신과는 다른 것보다 훨씬 유사할 것이라고 기대할 수 있다. 우리가 미래의 사람들이 가치 있게 여기는 것을 모르기 때문에 우리가 지구를 오염시켜도 된다고 말하는 것은 유효하지 못하다.

미래 세대를 신경 써야 하는 것에 대한 세 번째 반대 의견은 그들이 우리보다 더 나아질 것이기 때문에 그들의 환경에 대해 걱정할 필요가 없다는 것이다. 이것은 사람의 경제적 조건이 해악과는 관련이 없기 때문에 의미가 없는 논쟁이다.

특정한 사람이 부유할지도 모르기 때문에 그 사람을 도둑질하는 것은 법적이지도, 윤리적이지도 않다. 게다가 향상된 기술이 계속해서 더 큰 행복을 가져올 것이라는 보장은 없다. 그 어느 때보다 오늘날 세계는 많은 사람들이 굶주리고 있고, 인류의 지속적 성장과 자연 서식지의 파괴로 인해 경제적으로 붕괴가 일어날 수도 있다. 우리는 지구의 운반능력을 한계까지 사용하였다. 또한 우리는 기술(또는 사회적 정치적 진보)이 미래 세대를 이어 나갈 수 있게 도와줄 것인지, 더 나아가 그들을 돌볼 수 있게 할지조차 보장할 수 없다. 건(Gunn)이 결론지은 것은 다음과 같다.

우리는 미래 세대를 위해 우리가 스스로 만들고 싶지 않은 해로운 환경 조건을 조성하지 말아야 할 의무가 있다. 이는 폐기물 관리 측면에서 장기간 허용 가능한 안전한 보관방법을 개발하는 것이 중요하다는 것을 의미하며, 더 중요한 것은 우리가 생산하는 폐기물의 양, 독성 및 지속성을 꾸준하게 줄여나가서 수용 가능한 안전 관리를 가능하게 해야 한다는 것이다. 나아가 미래 세대가 깨끗한 공기와 물, 적절한 토양, 천연 기념물의 보존 등을 감사히 여길 것이라는 것은 당연한 것이며, 이는 현 세대의 의무라고 생각한다.

연습문제

15.1 다음 단락은 전문 저널에 페이지 광고의 일부이다.

> 오늘의 법 - 지금 행동해야 하는 이유
>
> 자원보존 및 복구법(Resource Conservation and Recovery Act)은 유해 폐기물의 부적절한 처리에 대해 최대 1,000,000 달러의 기업 벌금과 관리자에 대해 최고 5년 징역형을 부과합니다. 그 때문에 폐기물 문제를 인식하고, 경제적인 해결책을 강구해야만 합니다. O'Brien & Gere는 실용적이고 비용 효율적인 해결책으로 오늘날의 엄격한 규제와 경제적 현실성을 충족할 수 있도록 지원합니다.

이 광고에 대해 어떻게 생각하는가? 당신이 그것에 대해 전문가가 아님을 알게 되었는가? 결국, 그것은 사실이다. 당신이 O'Brien & Gere(가장 평판 좋은 환경 엔지니어링 회사 중 하나)의 사장이고 이것을 저널에 적었다고 가정해보자. 마케팅 담당자에게 조언해줄 한 페이지 분량의 메모를 작성해보자.

15.2 오래된 전기 변압기는 대학교 유지 보수 건물 지하실에 보관된 "잊혀진" 것이었다. 어느 날 근로자가 지하에 들어서 끈적끈적한 기름 같은 물질이 변압기 중 하나에서 흘러나와 바닥으로 빠져나가는 것을 보았다. 그는 문제의 심각성을 즉시 깨달았고 지하실 담당자에게 알렸다. 그들은 유해 폐기물 컨설팅 엔지니어를 불러 모아 우선 변압기를 꺼내고 배수구로 새는 폴리 염화 비페닐(PCB)의 출처를 제거하였다. 그런 다음 배수구를 약간의 물줄기로 추적한 뒤 물줄기에서 물 샘플과 토양 샘플을 채취하였다. 물에서는 0.12 mg/L PCB가 검출되었고 토양은 32 mg PCB/kg (건조토양)에서 0.5 mg/kg 의 범위로 검출되었음을 확인했다. 주정부 환경 관리소는 PCB로 오염된 배수로를 "완전히" 청소하여 이것이 PCB에 오염되지 않도록 해야 한다고 말했다. PCB는 환경에 매우 독성이 강하며 안정적인 구조를 가져 생분해 되는데 많은 시간이 걸린다. 아무 처리도 하지 않으면, 토양에 있는 오염물질은 아마도 수백 년 동안 남아있을 것이다.

a. 당신이 엔지니어라면, 어떻게 이 문제에 접근할 것인가? 당신은 무엇을 할 것인가? 이것을 어떻게 처리할지 가능한 한 상세하게 설명하시오. 당신의 계획이 하천 생태계를 교란 시킬 수도 있는가? 당신은 이것을 고려하고 있는가?

b. PCB를 배수로에서 "완전히" 없애는 것이 가능한가? 그렇지 않다면, 국가가 의미하는 바는 무엇이라고 생각하는가? 당신이 할 수 있는 일은 다 했다는 것을 어떻게 알 수 있는가?

C. 우리는 오랫동안 기다리면 결국 PCB로 오염된 배수로가 깨끗해질 방법이 생길 것이고, 이 방법은 현재 사용할 수 있는 것보다 훨씬 저렴할 것이다. 그렇다면 왜 그냥 기다리지 않고 미래 세대가 문제를 해결하도록 두지 않는가? 이것이 우리를 직접적으로 위협하지 않을 것이고, 최악의 상황이라면 그 곳을 이용할 수 없도록 폐쇄하게 될 것이다. 그런 다음 언젠가 기술이 향상되면 정리하면 된다. 이 접근법에 대해 어떻게 생각하는가? (물론 불법이지만, 이것에 대한 질문이 아니다. 이것은 윤리적인가? 이 해결책을 홍보할 수 있겠는가?)

15.3 위의 예제에서 처리 작업 이후 물의 PCB 농도가 0.000073 mg/L인 경우 오염물질의 감소율(%)은 얼마인가? 얼마나 많이 처리되었는가?

15.4 드라이클리닝 세탁소는 매월 2,000 L의 사염화탄소를 구입하여 사용한다. 드라이클리닝 후 이 중 대부분은 대기 중으로 사라지고, 오직 200 L만이 폐기 처분된다. 이 세탁소에서의 사염화탄소 하루 배출량(emission rate)은 얼마인가? (사염화탄소의 밀도는 약 1.6 g/mL이다)

15.5 60 m의 자유 대수층이 위험한 물질로 오염되었다. 이 대수층은 6 × 10.4 m/s의 투수계수(K)를 갖는 모래로 구성된다. 오염된 지하수는 0.02 m^3/s의 정상 상태 배출 속도로 처리하기 위해 펌프로 펌핑되고 추출정로부터 9 m 떨어진 관측정에서 6 m의 수위저하가 발생한다. 두 번째 관측정이 있는 경우, 수위저하가 2 m라면 이는 얼마나 멀리 있어야 하는가?

15.6 유해 폐기물 매립장을 건설해야하며 현장의 일부 점토는 점토 라이너라고 간주한다. 점토의 침투성이 1×10^{-7} cm/s 미만이어야 한다는 것이 요구사항이다. 투수계가 설치되고 테스트가 수행된다. 투수계의 샘플 높이는 10 cm이고, 샘플 위에 물 1 m의 수두가 놓여있으며, 투수계의 직경은 4 cm 정도로 투수계에서 100 mL가 나오기 위해선 240 h가 걸린다. 샘플의 투수계수는 얼마나 되는가?

15.7 액체 암모니아가 적재된 트럭이 열차에 충돌하여 1 kg/s의 속도로 암모니아 가스가 누출된다. 바람의 속도는 5 km/h이고 화창한 오후이다. 약 2 km 아래에 작은 마을이 있다. 암모니아의 허용 한계치가 약 100 ppm이라는 것을 알고 있다면, 당신은 마을에 대피를 권고할 것인가?

15.8 우리는 1970년대에 미국에서 많은 유해 폐기물 처리장을 발견하였다. 이들 중 일부는 수십 년 동안 운영되어왔고, 일부는 여전히 처리에 이용되었다. 그러나 대부분은 켄터키주의 악명 높은 Valley of the Drums라는 곳에 버려졌다. 이것은 모든 종류의 유해 물질이 쌓인 시골 계곡이었고, 소유주는 대형 화학 회사의 유해물질을 제거하고 막대한 비용을 받은 뒤 현장을 그냥 방치해놓은 상태였다. 왜 우리는 1970년대가 돼서야 이것을 발견했는가? 왜 몇 년 전에 유해 폐기물 문제를 발견하지 못했을까? 그렇다면 현재는 유해 폐기물에 대해 왜 까다롭게 다루는 것인가? 한 페이지 분량으로 의견을 나눠보아라.

15.9 피터(Peter)는 비그너스 석유회사(Bigness Oil Company)의 현지 계열사와 수년간 협력 해 왔으며 지역 시설 관리자인 제시(Jesse)와 강력한 신뢰 관계를 구축하고 있다. 피터의 추천에 따라 이 시설은 환경 규정 그리고 주 규제 기관에도 탄탄한 명성을 가지고 있다. 현지 회사는 파이프라인 및 탱크 트럭을 통해 다양한 석유 화학제품을 수령하고 민간 부문에 재판매 하도록 혼합하는 작업을 했다. 제시는 피터가 기업 컨설팅 엔지니어로서 권고했던 그의 작업물에 매우 만족해했다. 이는 피터와 그의 컨설팅 회사가 꾸준히 그리고 계속적으로 성장하는데 큰 기여를 했다. 또한 그는 몇 년 안에 부사장이 될 것이다. 어느 날 커피를 마시며, 제시는 피터와 그가 파이프라인으로 받은 석유 화학제품 중 하나에서 의문스러운 손실이 발생했다는 것을 전제로 공상을 시작한다. 1950년대에 작업이 꽤 느슨해지면서 한 과정에서 화학물질이 손실됐다는 것을 발견하였다. 사라진 화학물질이 약 4만 L 정도 될 것으로 추정되었다. 파이프라인에서 압력 테스트를 실시한 후 공장 관리자는 파이프 중 하나가 부식되어 화학물질이 새어 나갔다는 것을 발견하였다. 누출을 막은 후에 회사가 관측정을 가라앉혀본 결과 한 물질이 수직 플룸(plume)에 가라앉고 있었고, 천천히 깊은 대수층으로 확산되고 있다는 것을 알았다. 공장 소유지에서 표면이나 지하수의 오염이 없었기 때문에 관리자는 아무것도 하지 않기로 결정했다. 제시는 표면의 120 m 이내의 지하수에서 화학 물질 농도가 본질적으로 0임을 보여주지만, 시설 아래 어딘가에 여전히 대수층으로 확산되고 있다고 생각하였다. 관측정은 닫혀있으며, 이 사실은 절대 언론에 나오지 않는다. 피터는 명백한 전제에 깜짝 놀랐

다. 그는 주의 법에 따라 모든 유출 사실을 보고해야 한다고 인지하고 있지만, 몇 년 전에 유출됐다는 사실과 유출의 영향이 소멸된 것으로 보이는데 이 영향을 어디서 찾을 수 있을까?

그는 제시에게 찡긋하며 말했다. "우리는 유출 사건을 주 정부에 보고해야 한다."

제시는 놀랍다는 듯 "그러나 유출된 것이 없다. 국가가 우리로 하여금 그것을 찾게 만들었다면 아마 그것을 발견할 수조차 없을 것이고, 우리가 찾았다고 하더라도 그것을 밖으로 퍼 올리거나 다른 식으로 처리하는 것은 말이 안 된다."라고 대답한다.

"그러나 법은 우리가 보고해야 한다고 정해져 있다."라고 피터는 주장한다.

"나는 당신에게 이것을 확신시키고 싶다. 당신의 직업윤리 강령은 고객 기밀을 요구한다. 그래도 주에게 보고하는 게 맞을까? 끝내야 할 것이 없다. 명백한 것은 회사가 곤경에 처할 것이고 개선은 불가능하며 쓸데없는 데에 돈을 낭비해야 한다는 것이다."

"그렇지만 … "

"피터, 솔직하게 말해 달라. 당신이 이 태도를 가진다면 당신의 회사, 환경 그리고 분명히 자신의 경력에도 좋은 영향을 주지는 않을 것이다. 고객 충성도를 높게 평가하지 않는 컨설팅 엔지니어는 없다."

이 상황에 대한 피터(Peter)의 반응은 무엇이어야 하는가? 그리고 그는 어떻게 해야 하는가? 관련된 당사자는 누가 있는가(미래 세대를 잊지 마라). 그의 대안에는 무엇이 있는가? 피터의 경력에 안 좋은 영향을 미치는 순서대로 나열을 해봐라. 또한 환경에 안 좋은 영향을 미치는 순서대로 나열을 해봐라. 모든 것이 고려되어야 하며, 피터는 어떻게 해야 하는가?

15.10 벤젠(C_6H_6)은 물에 조금 용해된다(1.8 g/L). 이것은 발암 물질로 알려져 있고, 먹는물의 MCL은 5 ppb이다. 휘발유는 벤젠의 함유량이 0.62% (부피 기준)로 제한되어 있다. 3.78 L의 휘발유는 MCL을 얼마나 오염시킬 것인가?

15.11 Po-210과 Po-214 유출 방사능이 80% 감소하는데 얼마나 걸릴까?

15.12 2000년 1월 15일에 한 부지에서 오염물 중 4.5 Ci의 삼중 수소(^3H)가 발견되었다. 기록에 따르면 최초 방출은 1963년 6월이다. 이 부지는 현재 세금을 내지 않는 한 주에 소속되어져 있다.

a. 원래 방출된 H-3은 몇 Ci인가?

b. 누가 그 부지를 처리하는 것을 책임져야 하는가?

15.13 30,000 m^3의 우수(Stormwater) 연못으로 1.0 g/d의 디엘드린(dieldrin)이 누출되었다고 가정하자(단, 외부로 유출은 없음). 디엘드린의 반감기가 2일이고 완전히 혼합됐다면 정상 상태(steady state)에서의 연못의 농도는 어떻게 될까?

15.14 라돈 222는 지하로부터 방출되어 건물 안에 갇혀있을 수도 있다. 대학 강의실에서 측정 한 농도가 처리 권장 개선 수준인 4～8 pCi/m^3보다 높은 1,500 pCi/m^3이었다.

a. 건물이 봉쇄되어 유입되지 않는 경우(즉, 더 이상 라돈이 들어오지 않음), 라돈 농도가 권장 수준에 도달하려면 시간이 얼마나 걸리는가?

b. 어떤 다른 유형의 개선 조치를 권고할 것인가(즉, 라돈을 제거)? 이유는 무엇인가?

참고문헌

1. Geiser, Kenneth. 2001. Materials Matter: Toward a Sustainable Materials Policy. Cambridge, MA: MIT Press.
2. Anastas, P. T., and J.Warner. 1998. Green Chemistry: Theory and Practice. New York: Oxford University Press.
3. Grüler, A. 1998. Technology and Global Change. Cambridge, England: Cambridge University Press.
4. This example is based, in part, on a similar example in Davis, M. L., and D. A. Cornwell. 1991. Introduction to Environmental Engineering. New York: McGraw-Hill.
5. Richardson, S. 1990. Pollution prevention in textile wet processing: An approach and case studies. Proceedings, Environmental Challenges of the 1990's. USEPA 66/9–90/039.
6. Vesilind, P. Aarne, and Alastair Gunn. 1997. Making a Difference: Engineering, Ethics and the Environment. New York: Cambridge University Press.

16
Chapter

소음오염

© Bart Everett/Shutterstock

전형적인 고속도로

미주리주, 하하통가(Ha Ha Tonka) 주립공원(© Cynthia Hanevy / 123RF)

환경공학자는 인간 및 야생 동물에 대한 설계의 잠재적인 소음 영향을 고려한다.

숲에서 나무가 떨어지면 소리가 날까?

여러분은 이 오래된 질문을 여러 번 들었을 것이다. 이제 여러분은 그것에 대한 해답을 얻게 될 것인데, 실제로 숲에 나무가 떨어지면 소리는 공기 중에서 압력파이기 때문에 소리를 낸다. 그러나 그것은 원치 않는 소리 – 인간이 원치 않는 것으로 정의되는 소음을 내지 않을 수도 있다. 따라서 주변에 사람이 없다면 숲에 떨어지는 나무는 소음을 내지 않는다(그러나 소음의 정의는 야생 동물에 나쁜 영향을 미치는 소리가 포함되도록 넓어지고 있어, 떨어지는 나무의 소리가 야생 동물에서 불쾌하다면, 나무가 떨어졌을 때 나무 근처에 야생 동물이 있는지에 따라 달라진다).

이 장에서는 먼저 소리의 기초에 대해 논의하고 음향 엔지니어가 원치 않는 소리(소음)를 설명하고 제어하는데 사용하는 용어를 정의한다. 그런 다음 소음의 영향에 대해 논의하고 소음 제어에 대한 논의로 마무리한다.

16.1 소리

순수한 소리는 매체를 통해 전해지는 압력파로 설명할 수 있다(대부분의 경우 공기). 이러한 압력파는 그 진폭과 주파수로 설명된다. 그림 16.1을 참조하면, 순수한 소리는 한 사이클에 양과 음의 압력을 갖는 사인곡선으로 나타낼 수 있다. 단위 시간당 이러한 사이클의 수는 소리 주파수라고 하고 초당 주기 또는 헤르츠(Hz)로 표시된다.[1] 건강한 인간의 귀에 들리는 전형적인 소리는 약 15 Hz에서 약 20,000 Hz이며 거대한 범위이다. 저주파수 소리는 깊고(낮은 피치) 고주파 소리는 고음이 된다. 예를 들어, 피아노의 중간 A는 440 Hz의 주파수에 있다. 음성은 일반적으로 1,000～4,000 Hz의 범위이다.

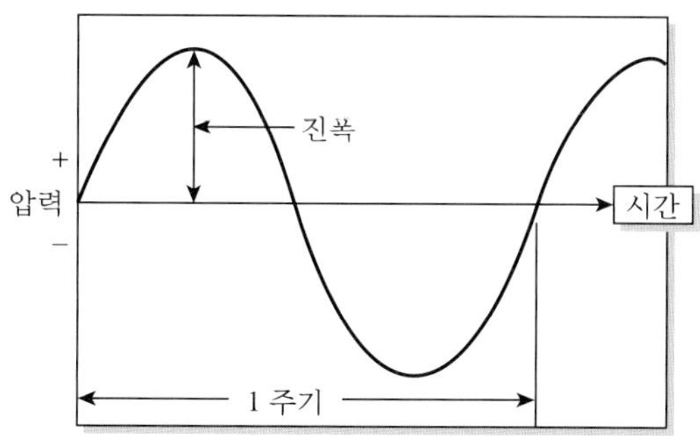

그림 16.1 순수한 소리는 완벽한 사인파로 이동한다.

넓은 주파수 범위는 나이와 큰 소음에 대한 환경 노출로 인하여 크게 감소된다. 이러한 청력에 해손을 주는 소음의 가장 중요한 원인은, 직업적인 음원과 시끄러운 음악, 특히 록 콘서트나 이어폰의 음량을 너무 높인데 따른 것이다. 고품질의 음향 재생 장치는 주파수의 전체 범위를 재현하도록 설계되어 있지만, 대부분의 사람들은 20 Hz까지 밖에 들리지 않아 10 Hz 이하의 재생이 가능하다는 것을 보여주는 광고는 다소 어리석어 보인다.

젊고 건강한 사람들(특히 젊은 여성)은 종종 자동문 개폐 장치와 같은 신호를 포함하여 매우 높은 주파수를 들을 수 있다. 나이가 들면서 젊은이들이 귀가 손상되어 불행하게도 넓은 주파수 범위를 감지하는 능력이 저하된다. 노인들은 특히 청력 범위의 최고치를 잃는 경향이 있으며 "모두가 중얼거리고 있다."고 불평하기 시작할 수 있다.

소음의 음량(loudness)은 진폭으로 표현된다. 다시 그림 16.1을 참조하면, 압력파 내의 에너지는 곡선 아래의 총면적이다. 전반의 양의 압력이고 후반은 음수이므로 이들을 더하면 순 압력이 0이 된다. 요령은 압력파의 제곱 평균 제곱근 분석을 사용하여, 먼저 압력을 곱한 다음 제곱근을 취하는 것이다. 두 개의 음수 곱은 양수이므로 결과는 양수이다. 음파의 경우 압력은 뉴턴/제곱미터(N/m^2)로 표시되지만 때로는 음압도 바(bars) 또는 기압(atmosphere)로 표시된다. 본문에서 N/m^2의 현대적인 명칭을 사용한다.

인간의 귀는 경이로운 도구이며 엄청난 주파수 대역과 훨씬 더 뛰어난 압력 범위에서 소리를 들을 수 있다. 사실, 인간의 가청 범위는 1에서 10^{18}까지이고, 이 범위에서 음압을 의미 있고 유용한 방식으로 표현하기가 어렵다. 수년에 걸쳐 발전해 온 것은 소리의 진폭을 표현하기 위해 비율을 사용하는 관례이다.

심리학자들은 수년 동안 자극에 대한 인간의 반응이 선형적이 아님을 알게 되었다. 실제로 열, 추위, 냄새, 맛 또는 소리와 같은 반응의 점증적인 변화를 감지하는 기능은 전적으로 그 자극의 원래 수준에 달려 있다. 예를 들어, 눈을 가리고 손에 10 kg의 체중을 잡고 0.1 kg을 추가했다고 가정하며, 아마도 변화를 감지하지 못할 것이다. 반면에, 0.1 kg을 손에 들고 0.1 kg을 추가하면(100% 증가) 변경 사항을 감지할 수 있다. 따라서, 자극을 검출하는 능력은 로그 스케일로 설명될 수 있다.

소리에 관해서는 압력이 아니라 소리의 에너지 수준을 고려하는 것이 의미가 있기 때문에 두 소리 에너지(음에너지, 음동력)의 비율은 다음과 같다.

$$\log_{10}\left(\frac{W}{W_{ref}}\right)$$

여기서, W 및 W_{ref} 소리 에너지(와트) 및 기준 에너지(와트)를 각각 나타낸다.

에너지는 압력의 제곱에 비례하므로 이 비율은 다음과 같이 표현할 수 있다.

$$\log_{10}\left(\frac{P^2}{{P_{ref}}^2}\right)$$

여기서, P : 음압, N/m²

P_{ref} : 기준음압, N/m²

관례에 따라 이 표현을 벨(bel)로 정의한다.[2] 이 단위를 10으로 나누면 소수 없이 사용할 수 있으며 데시벨(dB)로 알려져 있다.

그러면 어떤 기준 압력을 사용해야 할까? 인간의 귀가 감지할 수 있는 최소 압력은 약 2×10^{-5} N/m²이며 편리한 기준선이 될 것이다. 기준값으로 2×10^{-5} N/m²를 사용하여 음압 수준(SPL, sound pressure level)을 다음과 같이 데시벨로 정의한다.

$$\mathrm{SPL} = 10\log_{10}\left(\frac{P^2}{{P_{ref}}^2}\right) = 20\log_{10}\left(\frac{P}{P_{ref}}\right)$$

여기서, SPL : 음압 수준, dB

P : 측정된 음압, N/m²

P_{ref} : 기준 음압, 2×10^{-5} N/m²

일반적인 음압 수준을 표 16.1에 나타내었다. 공기 분자가 더 이상 압력파를 전달할 수 없는 가장 높은 SPL은 194 dB이며 0 dB은 청력의 역치이다. 기록된 가장 큰 소리는 토성 로켓(Saturn rocket)의 134 dB이며 140 dB의 통증의 역치에 가까워 보인다. 인간은 일반적으로 3 dB 이상의 음압 변화를 감지할 수 있고, 1～2 dB의 변화는 눈에 알 수 없다. 그러나 스케일이 로그라는 것을 상기하면 40～41 dB 사이의 1 dB 차이는 80～81 dB 사이의 1 dB 차이보다 훨씬 적은 에너지이다. 10 dB 증가할 때마다 에너지 레벨이 두 배가 되고 과도한 잡음으로 인한 손상 위험이 두 배가 된다.

음압 수준은 로그 비율이기 때문에 직접 덧셈을 할 수 없다. 두 개의 음원을 결합하면 $P^2/{P_{ref}}^2$ 비율은 SPL 방정식에서 먼저 계산해야 한다. 그 다음에 이 비율을 더하여 새로운 SPL을 계산한다.

$$\mathrm{SPL}_{\mathrm{Total}} = 10\log\left(\sum 10^{\mathrm{SPL}_i/10}\right) \tag{16.1}$$

소리를 가산할 때 두 가지 경험 법칙(rule of thumb)을 사용할 수 있다. 첫째, 두 개의 동일한 소리가 더해지면 전체 음압 수준이 약 3 dB 증가한다(이는 변화를 거의 알 수 없다). 둘째, 두 소리의 차이가 10 dB보다 큰 경우, 두 소리 중 작은 소리는 전체 수준에 크게 기여하지 않는다(위의 계산에 따라 이 규칙을 확인할 수 있다).

표 16.1 전형적인 음압 수준

소리	SPL (dB)	소리	SPL (dB)
청력의 역치	0	평균 거리 교통	85
청력 검사실 내	10	잔디 깎는 기계	90
옐로스톤 국립공원의 외딴 곳	20	15 m 옆에서 지나가는 트럭	90
도서관	40	록콘서트	110
주요 소음원 근처에 있지 않은 교외의 구획	45	평균 신생아 울음소리	110
일반적 교실	50	이륙하는 F-16 전투기	120
평범한 연설	60	이륙하는 새턴 로켓	134
바쁜 사무실	65	통증의 역치	140
머리 옆에서 울리는 알람시계	80	공기 중 최대 SPL	194

예제 16.1 기계 공장에는 2대의 기계가 있는데 하나는 70 dB의 음압 레벨을 생성하고 다른 하나는 58 dB을 생성한다. 70 dB를 생산하는 새로운 기계가 방안으로 들어온다면 실내의 새로운 음압 레벨은?

해답 10 dB 차이의 경험 법칙을 사용하면 70 − 58 = 12로 10보다 크므로 58 dB 소리의 효과는 무시할 수 있으므로 기존 장비가 있는 방의 음압 수준은 70 dB이다(식 16.1을 사용하면 70.2 dB로 되며 반올림하면 70 dB이 된다).
또 다른 70 dB의 기계가 도입되면, 두 개의 소리가 같아서 3 dB 증가한다. 따라서 실내의 음압 수준은 73 dB이 된다(다시 식 16.1을 사용하면 세 대의 시스템에서 73.1 dB이 되고, 반올림하면 73 dB이 된다).

대기 중의 소리는 모든 방향으로 균일하게 이동하고 음원에서 방사한다. 소리의 세기는 역 제곱 법칙에 따라 음원으로부터 떨어진 거리의 제곱으로 감소한다. 즉, 음압 수준은 $1/r^2$에 비례한다. 여기서, r은 음원과의 반경 거리이다.

음향 출력이 몇 가지 기준 출력에 기초한 로그 비율로 표현되는 경우, 근사 관계는 다음과 같이 나타낼 수 있다.

$$\mathrm{SPL}_r \cong \mathrm{SPL}_0 - 10\log r^2 \tag{16.2}$$

여기서, SPL_r : 음원으로부터 거리 r에서 음압수준, dB
SPL_0 : 음원에서 음압수준, dB
r : 음원으로부터 거리, m

예제 16.2 어떤 음원이 80 dB를 생성하고 있다. 이 음원으로부터 100 m 떨어진 곳의 SPL은?

해답 식 16.2를 사용하면, $\mathrm{SPL}_r \cong 80 - 10\log(100)^2 = 40\,\mathrm{dB}$이 된다.

물론 이것은 근사이다. 소리는 모든 방향으로 고르게 전달한다고 가정하지만 현실 세계에서 이것은 결코 사실이 아니다. 예를 들어, 소리가 평평한 표면에서 발생하여 전파되는 영역이 구 대신 반구인 경우, 예제 16.2에서 계산된 SPL에 대해 대략 3 dB 정도 가산한다. 밀폐된 공간에서는 에너지가 소산되지 않기 때문에 잔향은 음압 수준을 크게 증가시킬 수 있다. 기억해야 할 가장 중요한 점은 SPL이 거리의 제곱의 로그로 근사적으로 감소된다는 것이다.

초당 사이클 수(Hz)로 나타낸 주파수 및 데시벨 단위의 진폭은 특정 주파수에서의 순수한 소리를 나타낸다. 그러나 모든 환경 음은 많은 주파수로 상당히 오염된다. 이러한 소리의 실제 그림은 주파수 분석을 통해 얻어지며, 여기에서 여러 주파수의 음압 수준을 측정하고 그 결과를 그림 16.2와 같이 나타낸다. 최고의 음압 수준의 주파수가 식별되고 시정 조치가 취해지기 때문에 주파수 분석은 소음 제어에 때로는 유용하다. 관례에 따라 주파수는 표 16.2와 같이 좁은 주파수 범위를 나타내는 옥타브 대역으로 지정된다.

평균 음압 수준은 개별 주파수에서 음압 수준을 더하여 주파수 다이어그램에서 계산할 수 있다. 다시 말하면, 음압 수준은 산술적인 양이 아니라 로그 비율이기 때문에, 다음 식으로 덧셈을 해야 한다.

$$\mathrm{SPL}_{\mathrm{avg}} = 10\log\left(\frac{1}{N}\right)\sum_{j=1}^{N} 10^{(\mathrm{SPL}_j/10)} \qquad (16.3)$$

여기서, $\mathrm{SPL}_{\mathrm{avg}}$: 평균 음압 수준, dB

N : 측정 숫자

SPL_j : j 번째 음압 수준, dB (j = 1, 2, 3, ⋯ , N)

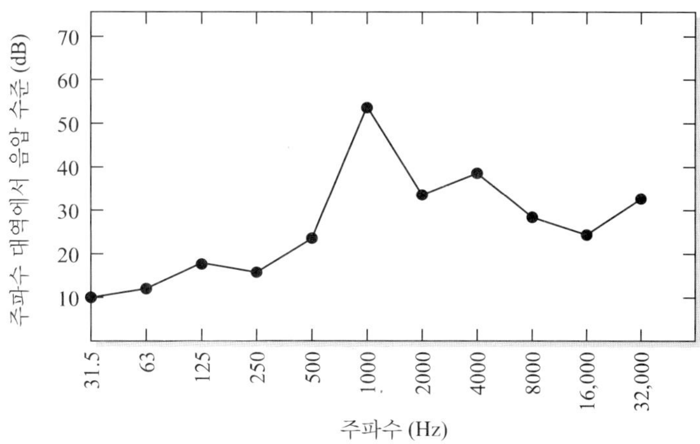

그림 16.2 전형적인 오염된(dirty) 소리의 주파수분석

표 16.2 옥타브 대역

옥타브 주파수 범위(Hz)	기하 평균 주파수(Hz)
22~44	31.5
44~88	63
88~174	125
175~350	250
350~700	500
700~1400	1000
1400~2800	2000
2800~5600	4000
5600~11,200	8000
11,200~22,400	16,000
22,400~44,800	31,500

예제 16.3 그림 16.2에 표시된 소리의 평균 음압 수준은 얼마인가?

해답 먼저 각 옥타브 밴드에서 음압 수준을 표로 작성한 다음, $10^{(SPL_j/10)}$을 계산하고 합계한 다음, 식 16.3을 이용하여 SPL_{avg}를 계산한다.

옥타브 밴드(Hz)	SPL (dB)	$10^{(SPL_i/10)}$
31.5	10	10
63	12	15.8
125	17	50.1
250	15	31.6
500	24	251.2
1000	54	251,189
2000	34	2512
4000	39	7943
8000	28	631.0
16,000	25	316.2
32,000	33	1995
		264,945

$$SPL_{avg} = 10\log[(1/11)(264{,}945)] = 44\,\text{dB}$$

주의 : 식 16.3은 주파수 다이어그램의 평균 SPL을 계산하는 데 사용되지만, 여러 개의 고유한 음원이 결합된 경우 새로운 SPL을 계산하는 데는 식 16.1이 사용된다.

16.2 소리의 측정

소리는 압력파의 에너지를 전기 신호로 변환하는 도구로 측정된다. 마이크가 압력파를 감지하고 측정기가 데시벨로 매겨진 음압수준을 읽는다. 음압수준 측정기로 얻은 데이터는 공기 중의 에너지 수준을 정확하게 측정한 것이다.

그러나 이 음압 수준은 인간의 귀에 들리는 것은 아니다. 우리는 넓은 범위의 주파수를 감지할 수 있지만 모든 주파수에서 동등하게 효과적이지는 않다[우리의 귀는 오디오 용어로 평탄특성(flat response)을 가지고 있지 않다]. 소리를 감지할 때 인간의 귀의 효율성을 모사하는 측정기의 경우, 신호를 필터링해야 한다.

수천 개의 실험을 사용하여 연구자는 평균적으로 인간의 귀는 그림 16.3과 유사한 가청 주파수 범위의 효율성을 가지고 있다는 것을 발견했다. 우리의 귀는 중간 주파수보다 1,000~2,000 Hz의 매우 낮은 주파수에서 덜 효율적이다. 고주파에서 귀는 점차 비효율적이 되어 마침내 소리가 감지되지 않는 고주파에서 들리지 않게 된다. 이 곡선은 A-가중(A-weighted) 필터링 곡선이라고 불린다(목적에 따라 다른 필터링 곡선이 있기 때문이다). 흥미롭게도, 인간의 귀를 위한 가장 큰 효율의 대역은 인간이 사용하는 말의 범위에 매우 가깝다.

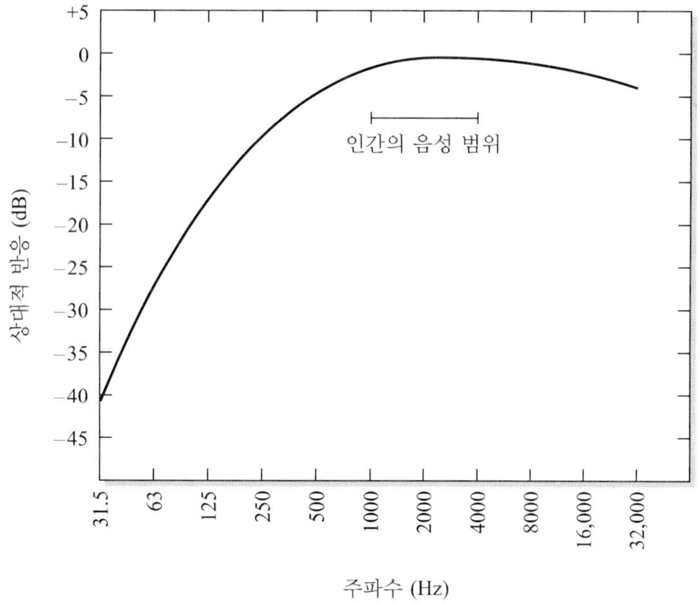

그림 16.3 인간의 귀에 대한 일반적인 반응
낮은 주파수를 듣는 것이 비효율적이고, 인간의 음성 범위에서 높은 효율성을 보인다.

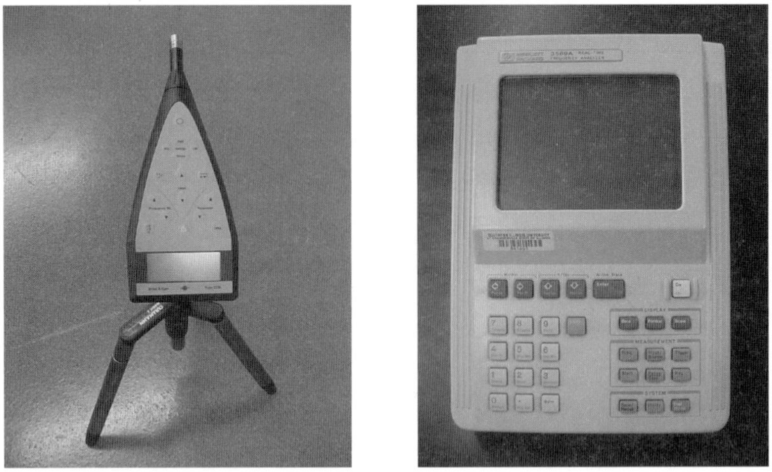

Ⓐ Ⓑ

그림 16.4 (A) 전형적인 음향 수준계(소음계) (B) 주파수 분석기(© Susan Morgan)

그림 16.3의 곡선을 사용하여 계측기 설계자는 매우 낮은 주파수의 소리와 매우 높은 주파수의 수리 중 일부를 걸러내도록 측정기를 구성하여 측정된 소리가 인간의 청력과 비슷하게 보이게 한다. 이러한 측정은 음향 수준(sound level)이라고 하며 A-가중 필터로 수정된 dB 값을 나타내기 때문에 dB(A)로 표시한다. 이 계량기는 소리를 평탄특성으로 측정하는 음압 측정기와 구별하기 위해 흔히 음향 수준계(통칭 소음계 또 음압계)라고 한다(그림 16.4). 사람의 청력과 관련된 거의 모든 소리 측정은 dB(A) 눈금을 사용한다. 이는 인간의 귀의 효율과 비슷하기 때문이다.

주파수 분석은 청각 능력 측정에 유용하다. 청력계는 평균적인 젊은 사람의 귀의 능력을 표준으로 사용하여 다양한 주파수에서 청력을 측정하여 청력도(audiogram)를 생성한다. 이러한 청력도는 신호를 증폭해야 하는 보청기에서 주파수를 식별하는데 사용된다.

예를 들어, 다음 페이지의 그림 16.5는 3개의 청력도를 보여준다. 사람 A는 기본적으로 평탄특성을 가진 뛰어난 청력을 가지고 있다. 사람 B는 특정 주파수 범위에서, 이 경우 약 4,000 Hz에서 청력을 상실한다. 이러한 청력 손실은 종종 산업용 소음 때문에 발생하며, 이는 종종 특정 주파수의 소리를 들을 수 있는 귀의 기능을 파괴한다. 사람의 말이 그 범위에 가깝기 때문에 이 사람은 이미 듣는데 어려움을 겪고 있다. 그림 16.5의 세 번째 곡선 사람 C는 고주파 대역의 대부분을 잃어버린 고령자 및 보청기의 착용자 또는 큰 소리의 음악에 심한 손상을 입은 젊은 사람의 전형적인 청력도를 보여준다.

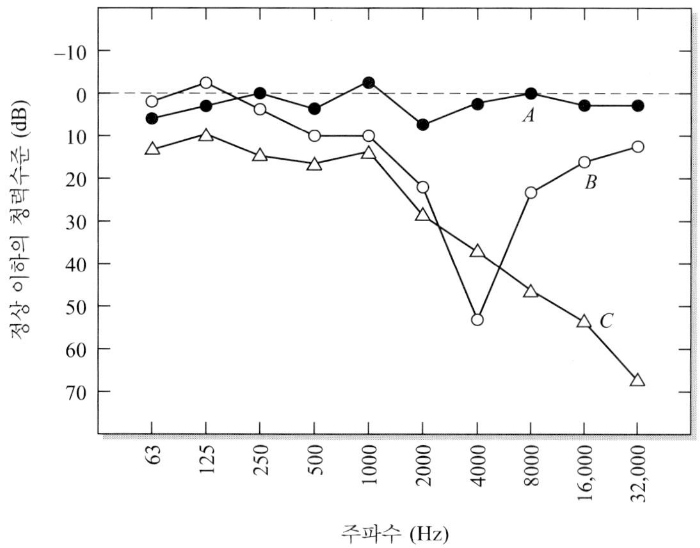

그림 16.5 3개의 청력도. 사람 A는 우수한 청력을 가지고 있으며 모든 주파수에서 정상 수준으로 들을 수 있다. 사람 B는 2000~8000 Hz 범위에서 상당한 청력을 잃었다. 이것은 주파수의 대략적인 음성 범위이기 때문에, 이 사람은 말을 듣는데 상당한 어려움이 있을 것이다. 사람 C는 전형적인 노인과 귀가 손상된 사람의 청력도이다. 고음역에서 청력을 상실한 노인이나 시끄러운 음악이나 기타 소리로부터 귀를 손상시킨 젊은 사람의 청력도이다.

16.3 인간의 건강에 미치는 소음의 영향

그림 16.6(A)는 인간의 귀 모양을 보여준다. 공기 압력파가 먼저 귀 드럼(고막)을 때리면 고막이 진동한다. 고막과 막 자체로 이어지는 공동은 흔히 외이(outer ear)라고 불린다. 고막은 막이 진동할 때 움직이기 시작하는 중이의 세 개의 작은 뼈에 물리적으로 부착되어 있다. 이 뼈의 목적은 그 모양으로 인하며 망치뼈, 모루뼈 및 등자뼈라고 불리며 물리적 신호를 증폭한다(오디오 용어로 나타낸 것이다). 이 공기가 채워진 구멍을 중도라고 한다. 증폭된 신호는 달팽이관(와우관)이라 불리는 달팽이 모양의 공동에 붙어 정원창막(round window membrane)이라고 하는 다른 막을 먼저 진동시켜 내이에 전달된다.

이 유체가 채워져 있는 달팽이관 내에서 단면이 그림 16.6(B)에 나와 있으며, 정원창막에 부착된 또 다른 막인 기저막이 있다. 기저막에 붙어있는 두 세트의 작은 유모세포(hair cells)가 반대 방향을 가리키고 있다. 정원창막이 진동하면 내이의 액체가 움직이고, 달팽이관 전단력이 수천 개의 유모세포 서로를 지나가면 전기적 충동을 일으켜 청각 신경을 통해 뇌로 보내진다. 소리의 주파수는 어느 유모세포가 움직일지를 결정한다. 정원

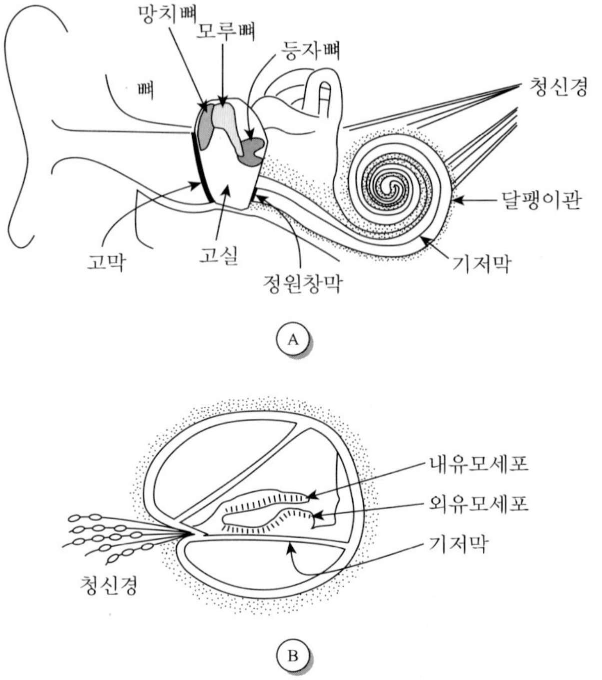

그림 16.6 (A) 사람 귀의 개략도 (B) 달팽이관의 단면

창막에 가까운 유모세포는 고주파에 민감하고 달팽이관의 먼 끝에 있는 세포는 저주파에 반응한다.

인간의 귀에 대한 손상은 여러 가지 방법으로 발생할 수 있다. 첫째, 매우 큰 충격음이 고막을 파열시켜 일시적인 청력 상실을 유발할 수 있다. 그러나 자주 고막이 찢어져 제대로 치유되지 않으면 영구적인 손상을 입을 수 있다. 중이에 있는 뼈는 보통 큰 소리로 손상되지 않지만 감염으로 인해 상처를 입을 수 있다. 우리의 균형 감각은 중이에 많이 의존하기 때문에 중이염으로 인하여 쇠약해질 수 있다. 마지막으로 가장 중요하고 가장 영구적인 손상은 내이의 유모세포에 발생할 수 있다. 매우 큰 소리는 이 유모세포를 마비시켜 기능을 정지시킨다. 대부분의 경우 이것은 일시적인 상태이며 시간이 지나면 피해는 치유된다. 불행히도, 내이에 대한 충격이 길어지면 손상이 영구적일 수 있다. 이 손상은 수술로 수리하거나 보청기로 교정할 수 없다. 불행히도 이러한 손상은 빈번히 지속적으로 시끄러운 음악에 노출된 젊은 사람들에게 영구적인 피해를 준다. 젊은 날 콘서트에서 거대한 라우드스피커 앞에서 시간을 보내거나 아이팟(iPod)의 음량을 높여 즐김으로써 40세가 되어 음악을 전혀 들을 수 없게 될 만한 가치가 있을까?

그러나 시끄러운 소음은 영구적인 청각 손상을 일으키는 것 이상이다. 소음은 다윈의 관점에서 위험과 동의어이다. 따라서, 인체는 절박한 위험으로부터 자신을 보호하기 위해 시끄러운 소리에 반응한다. 신체 반응은 놀랍다. 눈이 팽창하고, 아드레날린이 흐르고, 혈관이 팽창하고, 감각이 알려지며, 심장 박동이 변경되고, 혈액이 두꺼워진다. 그 사람을 바로 세우기 위하여 이 모든 반응이 일어난다. 이러한 들뜬 상태는 장기간 지속될 경우 건강에 좋지 않다. 소음이 많은 환경에서 살고 일하는 사람들은 눈에 띄게 더 큰 일반적인 건강 문제를 가지고 있고, 불평이 많고 성질이 나쁘며, 집중하는데 어려움을 겪고 있다. 수면을 방해하는 소음은 또 다른 일련의 건강 문제를 동반한다.

가장 중요한 것은 우리가 높은 소음 수준에 적응할 수 없다는 것이다. 산업 노동자들은 마치 마초처럼 목 주위에 귀보호기를 감싸고 걸어 다니는 모습을 종종 본다. 그들은 "받아들일" 수 있다고 생각한다. 아마도 그들은 이미 그 환경에서 널리 퍼진 주파수 범위에서 귀가 먹었기 때문에 그것을 받아들일 수 있는 것이다.

16.4 소음대책

소음은 최초의 도시들 이후 도시 생활의 일부가 되었다. 예를 들어, 로마의 전차 바퀴 소리가 줄리어스 시저에게 해가 진 후에 마차를 타는 것을 금지시켜 잠을 잘 수 있게 했다. 산업 혁명의 발상지인 영국에서 도시는 엄청 시끄러웠다. 한 미국인 방문자가 다음과 같이 설명하였다.

소음은 런던 생활의 중심부에서 강력한 심장 박동처럼 밀려왔다. 그것은 상상을 초월한 것이었다. 런던의 평범한 거리는 한결같이 "화강암" 블록으로 포장되어 있었다. 그리고 시끄러움은 수많은 쇠털발굽의 망치질, 블록의 꼭대기에서 꼭대기로 삐걱거리는 타이어 바퀴의 귀를 찢는 듯 한 소리, 울타리를 따라 끌리는 막대기 소리, 차량의 덜컹거리는 소리, 무게가 안 맞아 흔들리는 쇠사슬 소리, 하나님을 찾는 피조물들의 비명과 고함으로 시끄러움이 증폭되었다. 그것은 우리가 흔히 듣는 소음이 아니었다.[3]

미국에서, 도시들은 점점 더 시끄럽고, 모든 종류의 법령이 그 소란을 억제하기 위해 고안되었다. 오하이오주 데이턴에서 시는 "행상인이나 행상인이 그들의 물건을 외치거나 외치는 소리로 평화와 정적을 방해하는 것은 불법이다."라고 선언했다. 이 법령들의 대부분은 물론 별 소용이 없었고, 소음이 증가함에 따라 곧 잊혀졌다.

미국에서 소음 통제 구역에 있어 의회를 통과한 가장 효과적인 법률은 산업 소음 수준을 통제할 수 있는 권한을 직업 안전 보건국(OSHA, Occupational Safety and Health Administration)에 부여한 1970년의 산업 안전보건법이다. OSHA가 공표한 가장 중요한 규제 중 하나는 산업 소음의 한계이다. OSHA 규정은 청력 손상을 방지하는 데 있어 강도와 지속시간이 모두 중요하다는 점을 인식하여 표 16.3과 같이 일반 산업과 건설 산업 모두에서 소음을 제한한다. 115 dB(A)보다 큰 음향 수준은 분명히 해로우므로 허용되지 않는다.

산업 소음은 8시간의 근무일 동안 대부분 일정하다. 그러나 지역사회 소음은 간헐적인 소음이다. 하루에 비행기가 몇 번 밖에 뜨지 않는다면 소리가 평균적으로 아주 낮지만 자극 요인은 높다. 이러한 이유로 많은 소음 지수가 개발되었는데, 모두 소음의 심리적 영향을 평가하기 위한 것이다. 이들 대부분은 3장에서 논의된 홍수와 같은 자연 현상의 분석과 유사한 누적분포 기법을 사용하여 시작한다.

미국 교통부(US Department of Transportation)는 교통 소음에 대해 우려해 왔고 다양한 차량의 최대 소음 수준을 설정했다. 현대의 트럭과 자동차는 이전보다 훨씬 더 조용하지만, 이것의 대부분은 정부의 명령에 의해서가 아니라 대중의 요구에 따라 강요되어 왔다. 예외적인 것은 고속도로의 트럭들인데 고속도로 안전 문제에 비해 소음을 심각한 문제로 보지 않는 경찰에게 잡힐 가능성이 거의 없는 위반 주요 소음 유발자들이다. 또한 조용한 상업용 항공기를 위해 일하는 음향 엔지니어들이 훌륭한 작업을 수행했다. 현대의 여객기는 매우 시끄러운 보잉 727에 비해 놀랄 만큼 상당히 조용하다.

그러나 도시 환경의 소음 제어 또는 기계 및 기타 장치에서 발생되는 소음의 제어는 정부 또는 공공 지원을 많이 받지 못했다. 의회가 1972년의 소음관리 법안을 통과시켰음에도 불구하고 소음 통제에는 진전이 거의 없었다. 1980년대에는 미국 환경보호청의 소음사무소가 거의 정지상태에서 폐쇄되었고 재설립되지 않았다.

표 16.3 OSHA 소음노출 허용기준

지속시간(h)	음압 수준[dB(A)]
8	90
6	92
4	95
3	97
2	100
1.5	102
1	105
0.5	110
≤ 0.25	115

FOCUS ON

무형 이익의 평가

2장에서 우리는 쉽게 계량할 수 있는 것에서부터 주관적인 것에 이르기까지 다양한 옵션에 가치를 두기 위한 몇 가지 도구와 문제점을 설명했다. 이러한 무형 자산은 일반적으로 시장 가치가 없기 때문에 인간의 삶의 가치를 비롯한 환경 및 기타 무형 자산에 금전적 가치를 부여하는 것은 어려운 일이다. 그리고 돈이 모든 사람들에게 동등한 가치가 있는 경우에만 작동한다. 특히 잠재적 영향이 돌이킬 수없는 경우, 재앙적인 결과의 위험이 있는 경우, 그리고 환경의 운반 능력이 초과되거나 이에 가깝게 되는 경우 어렵다. 실제로 대부분의 엔지니어링 결정은 관련된 편익 및 비용을 완전히 알지 못한 채 이루어져야 한다. 이것은 가능한 한 좋은 평가를 하려는 것에 대한 반대하는 논쟁이 아니라 금전적으로 표현할 수 없는 비용 요소와 이익 요소를 고려하는 중요성을 인정하는 것이다.

때로는 시장 정보(및 상품거래와 관련된 행동)를 사용하여 비시장 상품에 부여된 가치와 관련하여 전체 인구의 선호를 나타낼 수 있다. 이러한 방식으로 특정 무형 자산과 관련된 가치가 시장 자산의 가격에 내재될 수 있으며 이러한 가치를 사용하여 자산의 다양한 특성에 첨부된 가치를 분리할 수 있다. 엔지니어링 의사 결정을 지원하기 위해 환경 편익에 대해 사람들이 지불할 금액을 추정할 수 있다. 예를 들어, 번화한 거리 옆의 집은 높은 소음 수준에 노출되어 있으며 고속도로에서 멀리 떨어진 유사한 주택에 비해 가치가 떨어질 수 있다. 이 차이는 소음 비용을 추정하는데 사용할 수 있다.

연구자들은 영국 버밍엄에 있는 주택 시장에 관한 많은 정보를 평가했다. 그들은 대중의 평화와 조용함에 대한 요구를 조사하기 위해 도로, 철도 및 항공기 소음으로부터의 소음 노출 측정을 보완했다(그림 16.7). 그들은 운송 관련 소음을 줄이기 위해 사람들이 지불할 평균 금전적 가치를 결정했다. 도로 소음의 경우 56 dB 기준선에서 1 dB 감축을 위해 일반 가정에서 연간 31.49파운드를 지불할 것으로 결정했다(심지어 식별할 수 없는 감축도임). 81 dB 기준선에서 동일한 변화에 대해 그들은 더 많은 돈을 지불할 것이다(연간 91.15파운드). 철도 소음에 대한 등가 값은 연간 83.61파운드에서 139.65파운드로 훨씬 더 높은 가치가 있는 것으로 나타났다.[4]

그림 16.7 주거가치에 영향을 미치는 소음

다른 상황에서는 환경 및 기타 자산에 금전적 가치를 부여하는 시장 기반 방식이 개발될 수 있다. 예를 들어, CO_2를 포함한 다양한 대기 오염 물질을 줄이기 위한 시장 기반 접근법이 개발되었다. 이러한 접근법은 각 이해 관계자가 다양한 오염 배출권(pollution credits)을 허용하는 오염 거래 제도를 기반으로 한다. 배출권보다 오염 물질을 적게 배출하는 이해 관계자는 배출권이 허용하는 것보다 더 많은 오염 물질을 배출하는 다른 이해 관계자에게 이를 팔 수 있다. 이것은 청정 작업을 위한 장려책(incentive, 즉 수입) 및 오염 작업으로 인한 불이익(disincentive, 즉 비용)을 제공한다. 그러나 중요한 것은 시스템의 상한선(cap)이 전체 오염 부하를 낮추도록 설계되었다는 것이다. 이 제도는 때로는 "배출총량거래(cap and trade)"라고 불리며 시장 메커니즘을 이용한다. 상거래 되는 대기 오염 물질의 가격은 공급, 수요 및 총상한선에 도달하는 도전에 달려 있다. 배출총량거래 제도와 관련된 문제 중 일부는 상한선이 충분히 야심차지 않거나, 무역 체계가 특정 오염 산업이 계속 오염을 심하게 하고 그 지역 근처에서 높은 오염지점의 발생을 지속하는 경우에 발생된다.
지금까지 우리는 소음 공해 거래 제도를 전혀 모르고 있었지만, 적절히 중요하다고 판단될 경우 그 전략이 적용될 수 있다.

16.5 소음 제어

소음 수준은 수신자의 보호, 원천 소음 감소 또는 소음 경로 제어라는 세 가지 전략 중 하나를 사용하여 줄일 수 있다.

16.5.1 수신자의 보호

수신자 보호에는 보통 귀마개 또는 기타 귀 보호기 사용을 포함한다. 작은 귀마개는 쉽고 저렴하지만 많은 소음 주파수에는 그다지 효과적이지 않다. 귀는 외이도를 통해 들어올 뿐만 아니라 귀 주변의 뼈의 진동에서도 소리를 감지할 수 있다. 따라서 작은 귀마개는 부분적으로만 효과적이다. 전체 귀를 덮고 주변 소음의 대부분으로부터 착용자를 보호하는 귀덮개가 훨씬 좋다. 그러나 귀 보호장비의 큰 문제는 심리적이다. 너무 수시로 사람들은 귀 보호장비를 서투르고 불편하게 생각하여 기회 봐서 회피하면서 보호 효과를 부정한다.

16.5.2 원천소음 감소

소음의 원천을 줄이는 것은 물론 가장 효과적인 소음 제어 수단이다. 상용 항공기의 재설계는 이미 이 제어 전략의 효율성의 예로 언급되었다. 가정 내 및 주변에서 사용되는 모터의 유형을 변경해도 소음이 효과적으로 감소한다. 예를 들어, 잔디 깎는 기계를 위한 2행정짜리 가솔린 모터에서 전기 모터로 바꾸면 주변 소음의 일상적이고 짜증나는 원천을 효과적으로 제거할 수 있다. 현재 가장 불쾌한 소음 발생기는 낙엽 청소용 송풍기이다. 종종 낙엽 청소용 송풍기의 소음 수준은 OSHA가 산업 소음을 위해 허용하는 수준을 훨씬 상회한다.

교통 소음의 경우 차량 및 포장도로의 재설계를 통해 소음원(차량)을 줄일 수 있다. 또한 교통 소음은 대중교통, 도보 및 자전거를 포함한 대체 운송 수단의 사용을 증가시킴으로써 어느 정도 줄일 수 있다. 주거 지역 및 교통 소음 수준이 허용되지 않는 지역의 경우, 속도 제어 장치 또는 도로 설계를 통해 차량 속도를 줄이고 대체 경로 사용을 장려함으로써 교통 소음을 줄일 수 있다.

16.5.3 소음경로 제어

세 번째 대안은 소음의 경로를 변경하는 것이다. 이 전술의 가장 눈에 띄는 증거는 도로의 소음 차단벽 또는 방음벽의 증가이다. 다양한 재료와 디자인이 소음 차단벽에 사용되었다(그림 16.8). 흙둑은 건설하기에 가장 저렴한 소음 차단벽이지만, 넓은 지역을 필요로 하여 도시 지역에서는 일반적이지 않다. 미국에서 대부분의 차단벽은 콘크리트 또는 콘크리트 블록으로 지어졌다.

소음 차단벽은 수신기의 첫 번째 줄(예 : 주택)에만 최대의 소음을 감소시킨다. 감소는 두 번째 줄의 경우 절반에 불과하고 다른 줄의 경우에는 무시할 수 있다. 장벽이 도로의 한쪽에만 설치된 경우 도로의 반대쪽에 있는 수신자는 실제로 더 많은 소음을 수신한다. 이러한 효과는 소리 및 소음 차단벽의 특성 때문이다. 방음벽은 최대 소음 감소가 발생하는 음영 구역(그림 16.9)을 만든다. 불행히도, 소음은 빛과 같지 않다. 소음 그림자는 완벽하지 않으며 대기 조건에 따라 소음은 굴절되고 장벽에서 튀거나 공기에 산란되기도 한다. 때때로 수마일 떨어진 곳의 소음들은 압력파가 역전층에서 반사될 때 들을 수 있다.

방음벽 바로 아래에서 건물을 보호하는 것 외에도, 소음 차단벽은 상당히 비싸다. 그림 16.10에서 볼 수 있듯이 차단벽의 설치비용은 킬로미터 당 1백만 달러 이상으로 증가했다. 그 혜택이 공적자금을 사용할 충분한 이유인지 의심스럽다.

도로 소음 차단벽은 소음 영향이 발견될 때 새로운 도로 건설 시 고려된다. 소음 영향은 미래의 소음 수준이 컴퓨터 모델을 통해 예측되어 현존하는 수준(주정부 교통부에 의해 정의됨)을 크게 초과하거나 미래 수준이 66 dB(A) 이상으로 예측될 때 발생하는 것으로 간주된다. 그러나 소음 차단벽은 합리적이고 실현 가능한 경우에만 설치된다. 이것은

© Courtesy of P. Aarne Vesilind

그림 16.8 도로 소음 차단벽 (A) 프리캐스트 콘트리트 (B) 두리솔(Durisol®) (C) 벽돌

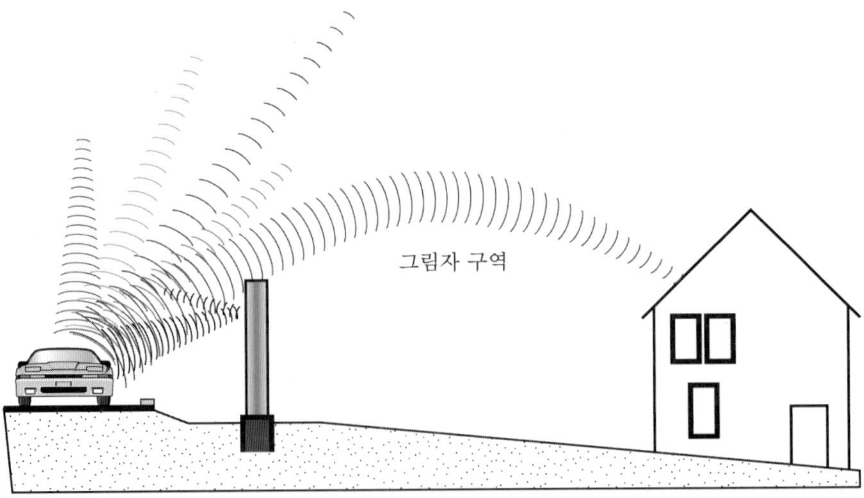

그림 16.9 소음 차단벽의 그림자 구역(shadow zone)

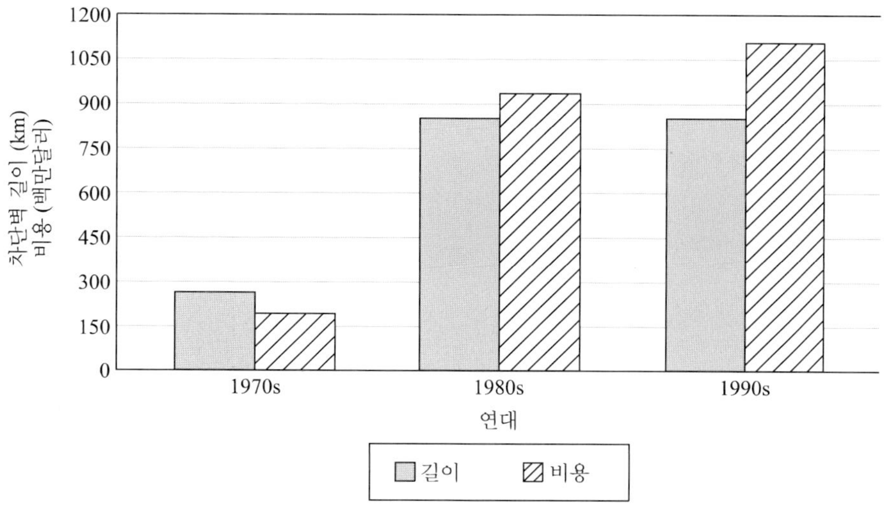

그림 16.10 미국 도로 소음 차단벽 건설과 비용

무엇을 의미하는가? 교통부의 주 부서들은 합리적이고 실현 가능한 것을 정의하게 된다. 일부 유형의 편익/비용 분석에서 기준으로 대개 포함한다.

도로 소음 또한 자연의 성장이 심화됨에 따라 완화되었다. 나무 자체로는 별로 효과적이지 않지만, 빽빽한 성장은 울창한 숲 31 m당 음압 수준을 여러 데시벨 감소시킬 것이다. 도로를 넓히기 위해 자연적 성장을 줄이는 것은 언제나 소음 문제를 증가시킨다. 물론 대부분의 도시 환경에서는 이러한 형태의 고밀도 성장을 위한 공간이 없기 때문에 식재는 실제 소음 감소보다 미적 및 심리적 이득을 위한 것이다.

연습문제

16.1 하수처리장의 탈수동에는 89 dB(A)로 작동되는 원심 분리기가 있다. 같은 방에 유사한 기계를 설치하고자 한다. 운영자가 이 방에서 일할 수 있을까?

16.2 잔디 깎는 기계는 80 dB(A)를 방출한다. 각각 80과 61 dB(A)를 생산하는 다른 두 개의 잔디 깎기가 잔디 깎기는 작업에 참여한다고 가정한다.

a. 합성소음 dB(A)은 얼마인가?

b. 200 m 떨어진 곳에 있는 이웃의 마당에서 음압 수준은 얼마인가?

16.3 슬러지 펌프는 다른 옥타브 밴드의 소음 측정기로 측정할 때 다음과 같은 소리를 낸다.

옥타브 밴드(Hz)	음압 수준[dB(A)]
31.5	39
63	42
125	40
250	48
500	22
1000	20
2000	20
4000	21
8000	10

a. 전체 음압 수준은 dB(A)로 얼마인가?

b. 8시간 근무에 대한 OSHA 기준을 충족하는가?

c. 음압 수준을 줄이기 위해 어떤 접근법을 사용할 수 있는가?

d. 가장 비용이 적게 드는 접근법이 소음 방지 장비(귀마개)를 사용하는 것으로 보이는 경우 사용해야 하는가? 소음 제어에 대한 이 접근법을 선택하는 어떠한 윤리적 고려 사항이 포함될 수 있는가?

16.4 문제 16.3의 주파수 분석을 사용하면 음압 수준은 dB로 얼마인가?
[참고 : 먼저 dB(A) 대신 데시벨 판독 값을 dB로 수정한 다음 추가해야 한다.]

16.5 20세의 록 스타가 청력 검사를 받았다. 그 결과는 그림 16.11과 같다.

a. 그는 정상적인 회화를 들을 수 있나?

b. 그림 16.5에 표시된 사람 C의 곡선이 65세의 노화로 인한 청력의 정상적인 상실을 나타내는 경우, 65세가 되었을 때 록 스타의 청력도를 그려라.

c. 그는 어떤 소리를 들을 수 있을 것인가?

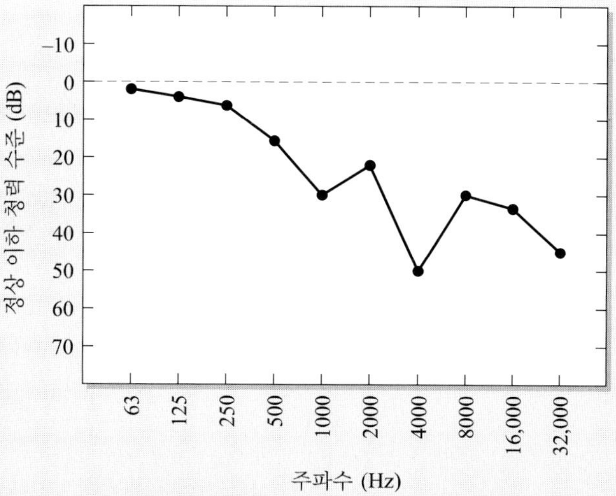

그림 16.11 록 스타의 청력도(문제 16.5)

16.6 이름에서 알 수 있듯이 가부장제(家父長, paternalism)는 부모와 자녀의 경우처럼 스스로를 돌보지 못하거나 돌보지 않는 사람을 보호하거나 돌보는 과정을 말한다. 그러나 그 아이가 실제로 성인이고 부모가 정부인 경우 그 이름은 부정적 의미를 갖는다. OSHA 산업 소음 기준의 설정은 정부의 가부장주의의 명백한 사례이다. 공학 친구가 회사의 환경 제어 엔지니어로 일하고 있다고 가정 할 때, 그녀는 공장에서 OSHA 소음 수준을 모니터링 해야 한다. 그녀는 공장 한 곳에서 소음 수준이 허용되는 8시간 OSHA 수준을 초과한다는 것을 발견했다. 소음원을 줄이거나 경로를 변경할 수 있는 방법이 없는 것 같다. 그녀는 근로자가 귀 보호장비를 착용해야 한다고 제안한다. 당신은 OSHA 준수 모니터이며 친구가 공장에서 귀 보호구가 필요한 곳에 관해 알려줄 것이다.

그러나 당신의 친구는 이곳의 직원들이 당신에게 그들이 거추장스럽고 쓸모없다고 생각하는 보호구를 착용 않도록 허락해 줄 수 있는지 보기 위해 그녀에게 말해 달라고 요청했다. 그들은 자기 자신에게 가장 좋은 것이 무엇인지를 알고 자신을 보호하는 방법을 듣기를 원하지 않는다고 주장한다. 당신은 그들과 만나서 그들과 당신의 친구, 공장 기술자에게 이것이 법을 준수하는 것이고 규정상 어쩔 수 없다고 말한다. 그러나 노동자들은 법에 합리성이 있어야 하며, 보호를 원하는 노동자들이 그들 편에서 정부의 역할을 할 수 있게 통과되어야 한다고 주장한다. 그러나 이 경우 근로자들은 정부가 물러나서 그들을 내버려두기를 원한다. 규정의 포기를 정당화하는 메모를 작성하면 안전하지 않은 산업 환경에서 소음 수준의 작은 위반을 간과할 권한이 있다.

권리 포기를 허용할 것인가, 아니면 과도한 소음으로 보지 않도록 근로자를 보호해야 한다고 주장할 것인가? 상사에게 한 페이지 분량의 메모를 작성하여 조치를 취하라. 당신이 규제를 포기하는 것을 정당화하는 메모를 작성할 경우 당신은 다른 안전한 산업 환경에서 소음 수준의 이 작은 위반을 간과할 수 있는 권한을 가진다. 당신은 포기를 허용할 것인지, 아니면 과도한 소음으로 보이는 것들로부터 노동자들을 보호해야 한다고 주장할 것인지, 상사에게 한 페이지 분량의 메모를 작성하여 조치를 취하라.

16.7 산업 현장에서 주파수 분석을 실시하여 다음 결과를 얻었다.

a. 평균 음압수준은 얼마인가?
b. 어떤 평균 음압수준이 이 음원으로부터 100 m가 될 것인가?
c. 음압 수준을 줄여야한다면 소음 감소 전략은 무엇인가?

옥타브 밴드(Hz)	음압 수준[dB(A)]
31.5	30
63	40
125	10
250	30
500	128
1000	80
2000	10
4000	2
8000	0

16.8 산업 플랜트에서 주파수 분석을 실시하여 다음과 같은 결과를 얻었다.

옥타브 밴드(Hz)	음압 수준[dB(A)]
31.5	5
63	10
125	40
250	30
500	82
1000	48
2000	70
4000	125
8000	20
16,000	40
32,000	40

a. 청력도가 그림 16.5에 나와 있는 사람 B가 이 플랜트에서 작업한다고 가정한다. 청력도와 공장에서 수행된 주파수 분석의 관계에 대해서 설명하라.
b. 플랜트의 평균 음압 수준은 얼마인가?
c. 플랜트의 평균 소음 수준[dB(A)]은 얼마인가? (참고 : 그림 16.3을 사용하여 음압 수준을 보정하여 근사치를 구하라)

16.9 고속도로를 따라 금속 소음 차단벽이 설치되었다. 심한 부식이 있었다(그림 16.12). 재설계 후, 인접한 고속도로를 따라 장벽을 설치한 후에도 부식이 발생하지 않았다. 부식의 원인은 무엇인가?

16.10 어떤 지역에서 기존 도시 거주 및 기관(예 : 학교, 양로원 및 병원)에 대한 소음 효과가 연구되고 있다.
a. 한 위치에서 소음원별로 소음 측정을 실시했고 67 dB, 58 dB, 57 dB, 59 dB 및 64 dB로 확인되었다. 총소음 수준은 얼마인가?
b. 해당 지역에 거주하고 근무하는 사람들에 대하여 교통량 증가로 인한 소음의 경감(즉, 실제로 감소) 방법 세 가지를 열거하라.

Ⓐ Ⓑ

그림 16.12 금속 소음 차단벽 : (A) 원설계, (B) 재설계(문제 16.9)

참고문헌

1. 독일 물리학자 하인리히 루돌프 헤르츠(Heinrich Hertz)를 기념함.
2. 알렉산더 그레이엄 벨(Alexander Graham Bell)을 기념함.
3. Still, H. 1970. In Quest of Quiet. Harrisburg, PA: Stackpole Books.
4. Day, Brett, Ian Bateman, and Iain Lake. 2007. Beyond implicit prices: Recovering theoretically consistent and transferable values for noise avoidance from a hedonic property price model. Environmental and Resource Economics 37, No. 1: 211–32.

찾아보기

가

나

다

라

마

바

사

아

파

하

영문

Selected Elements

Element		Atomic Weight	Element		Atomic Weight
Name	Symbol	(g/gmol)	Name	Symbol	(g/gmol)
Aluminum	Al	26.981	Molybdenum	Mo	95.94
Antimony	Sb	121.75	Neon	Ne	20.183
Argon	Ar	39.948	Nickel	Ni	58.71
Arsenic	As	74.922	Niobium	Nb	92.906
Barium	Ba	137.34	Nitrogen	N	14.007
Beryllium	Be	9.012	Oxygen	O	15.999
Bismuth	Bi	208.98	Palladium	Pd	106.4
Boron	B	10.811	Phosphorus	P	30.974
Bromine	Br	79.909	Platinum	Pt	195.09
Cadmium	Cd	112.40	Potassium	K	39.102
Calcium	Ca	40.08	Radium	Ra	226
Carbon	C	12.01115	Radon	Rn	222
Cesium	Cs	132.90	Rhodium	Rh	102.91
Chlorine	Cl	35.453	Rubidium	Rb	85.47
Chromium	Cr	51.996	Ruthenium	Ru	101.07
Cobalt	Co	58.933	Scandium	Sc	44.956
Copper	Cu	63.54	Selenium	Se	78.96
Fluorine	F	18.998	Silicon	Si	28.086
Gallium	Ga	69.72	Silver	Ag	107.87
Germanium	Ge	72.59	Sodium	Na	22.990
Gold	Au	196.97	Strontium	Sr	87.62
Helium	He	4.003	Sulfur	S	32.064
Hydrogen	H	1.0080	Tellurium	Te	127.60
Indium	In	114.82	Tin	Sn	118.69
Iodine	I	126.90	Titanium	Ti	47.90
Iron	Fe	55.847	Tungsten	W	183.85
Krypton	Kr	83.80	Uranium	U	238.03
Lead	Pb	207.19	Vanadium	V	50.942
Lithium	Li	6.939	Xenon	Xe	131.30
Magnesium	Mg	24.312	Yttrium	Y	88.905
Manganese	Mn	54.938	Zinc	Zn	65.37
Mercury	Hg	200.59	Zirconium	Zr	91.22

Conversions

Multiply	by	to obtain	Multiply	by	to obtain
acres	0.404	ha	cumec	1	m^3/s
acres	43,560	ft^2	cubic yards	0.765	m^3
acres	4047	m^2	cubic yards	202	gal
acres	4840	yd^2	C-ration	100	rations
acre ft	1233	m^3	decacards	52	cards
atmospheres	14.7	lb/in^2	feet	0.305	m
atmospheres	29.95	in mercury	feet/min	0.00508	m/s
atmospheres	33.9	ft of water	feet/s	0.305	m/s
atmospheres	10,330	kg/m^2	feet/s	720	in/min
Btu	252	cal	fish	10^{-6}	microfiche
Btu	1.053	kJ	foot lb (force)	1.357	J
Btu	1,053	J	foot lb (force)	1.357	Nm
Btu/ft^3	8,905	cal/m^3	gallon of water	8.34	lb
Btu/lb	2.32	kJ/kg	gallons	0.00378	m^3
Btu/lb	0.555	cal/g	gallons	3.78	L
Btu/s	1.05	kW	gallons/day	43.8×10^{-6}	L/s
Btu/ton	278	cal/tonne	$gallons/day/ft^2$	0.0407	$m^3/day/m^2$
Btu/ton	0.00116	kJ/kg	gallons/min	0.00223	ft^3/s
calories	4.18	J	gallons/min	0.0631	L/s
calories	0.0039	Btu	gallons/min	0.227	m^3/hr
calories/g	1.80	Btu/lb	gallons/min	6.31×10^{-5}	m^3/s
$calories/m^3$	0.000112	Btu/ft^3	$gallons/min/ft^2$	2.42	$m^3/hr/m^2$
calories/tonne	0.00360	Btu/ton	gallons of water	8.34	lb water
centimeters	0.393	in	ms	0.0022	lb
cubic ft	1728	in^3	$grams/cm^3$	1,000	kg/m^3
cubic ft	7.48	gal	hectares	2.47	acre
cubic ft	0.0283	m^3	hectares	1.076×10^5	ft^2
cubic ft	28.3	L	horsepower	0.745	kW
cubic ft/lb	0.0623	m^3/kg	horsepower	33,000	ft lb/min
cubic ft/s	0.646	million gal/day	inches	2.54	cm
cubic ft/s	0.0283	m^3/s	inches/min	0.043	cm/s
cubic ft/s	449	gal/min	inches of mercury	0.49	lb/in^2
cubic ft of water	61.7	lb	inches of mercury	0.00338	N/m^2
cubic in of water	0.0361	lb	inches of water	249	N/m^2
cubic m	35.3	ft^3	joules	0.239	cal
cubic m	264	gal	joules	9.48×10^{-4}	Bru
cubic m	1.31	yd^3	joules	0.738	ft lb
cubic m/day	264	gal/day	joules	2.78×10^{-7}	kWh
cubic m/hr	4.4	gal/min	joules	1	Nm
cubic m/hr	0.00638	million gal/day	joules/g	0.430	Btu/lb
cubic m/s	1	cumec	joules/s	1	W
cubic m/s	35.31	ft^3/s			
cubic m/s	15,850	gal/min			
cubic m/s	22.8	mil gal/day			

Conversions

Multiply	by	to obtain
kilocalories	3.968	Btu
kilocalories/kg	1.80	Btu/lb
kilograms	2.20	lb
kilograms	0.0011	tons
kilograms/ha	0.893	lb/acre
kilograms/hr	2.2	lb/hr
kilograms/m^3	0.0624	lb/ft^3
kilograms/m^3	1.68	lb/yd^3
kilograms/m^3	1.69	lb/yd^3
kilograms/tonne	2.0	lb/ton
kilojules	9.49	Btu
kilojules/kg	0.431	Btu/lb
kilometers	0.622	mile
kilometer/hr	0.622	miles/hr
kilowatts	1.341	horsepower
kilowatt-hr	3600	kJ
kilowatt-hr	3.410	Btu
lite year	365	days drinking low-calorie beer
liters	0.0353	ft^3
liters	0.264	gal
liters/s	15.8	gal/min
liters/s	0.0228	million gal/day
megaphone	10^{-12}	microphone
meters	3.28	ft
meters	1.094	yd
meters/s	3.28	ft/s
meters/s	196.8	ft/min
microscope	10^{-6}	mouthwash
miles	1.61	km
miles/hr	0.447	m/s
miles/hr	88	ft/min
miles/hr	1.609	km/hr
milligrams/L	0.001	kg/m^3
million gal	3,785	m^3
million gal/day	43.8	L/s
million gal/day	3785	m^3/day
million gal/day	157	m^3/hr
million gal/day	0.0438	m^3/s
million gal/day	0.0438	m^3/s

Multiply	by	to obtain
million gal/day	1.547	ft^3/s
million gal/day	694	gal/min
newtons	0.225	lb(force)
newtons/m^2	2.94×10^{-4}	in mercury
newtons/m^2	$1.4 \times 10\ 10^{-4}$	lb/in^2
newtons/m^2	10	poise
newton m	1	J
pounds (mass)	0.454	kg
pounds (mass)	454	g
pounds (mass)/acre	1.12	kg/ha
pounds(mass)/ft^3	16.04	kg/m^3
pounds (mass)/ton	0.50	kg/tonne
pounds (mass)/yd^3	0.593	kg/m^3
pounds (force)	4.45	N
pounds (force)/in^2	0.068	atmospheres
pounds (force)/in^2	2.04	in of mercury
pounds (force)/in^2	6895	N/m^2
pounds (force)/in^2	6.89	kPa
pound cake	454	Graham crackers
pounds of water	0.01602	ft^3
pounds of water	27.68	in^3
pounds of water	0.1198	gal
square ft	0.0929	m^2
square m	10.74	ft^2
square m	1.196	yd^2
square m	2.471×10^{-4}	acres
square miles	2.59	km^2
tons (2000 lb)	0.907	tonnes (1000 kg)
tons	907	kg
tons/acre	2.24	tonnes/ha
tonnes (1000 kg)	1.10	ton (2000 lb)
tonnes/ha	0.446	tons/acre
two kilomockingbirds	2000	mockingbird
watts	1	J/s
yard	0.914	m

PRINCIPAL UNITS USED IN MECHANICS

Quantity	International System (SI)			U.S. Customary System (USCS)		
	Unit	Symbol	Formula	Unit	Symbol	Formula
Acceleration (angular)	radian per second squared		rad/s^2	radian per second squared		rad/s^2
Acceleration (linear)	meter per second squared		m/s^2	foot per second squared		ft/s^2
Area	square meter		m^2	square foot		ft^2
Density (mass) (Specific mass)	kilogram per cubic meter		kg/m^3	slug per cubic foot		$slug/ft^3$
Density (weight) (Specific weight)	newton per cubic meter		N/m^3	pound per cubic foot	pcf	lb/ft^3
Energy; work	joule	J	N·m	foot-pound		ft-lb
Force	newton	N	$kg{\cdot}m/s^2$	pound	lb	(base unit)
Force per unit length (Intensity of force)	newton per meter		N/m	pound per foot		lb/ft
Frequency	hertz	Hz	s^{-1}	hertz	Hz	s^{-1}
Length	meter	m	(base unit)	foot	ft	(base unit)
Mass	kilogram	kg	(base unit)	slug		$lb\text{-}s^2/ft$
Moment of a force; torque	newton meter		N·m	pound-foot		lb-ft
Moment of inertia (area)	meter to fourth power		m^4	inch to fourth power		$in.^4$
Moment of inertia (mass)	kilogram meter squared		$kg{\cdot}m^2$	slug foot squared		$slug\text{-}ft^2$
Power	watt	W	J/s (N·m/s)	foot-pound per second		ft-lb/s
Pressure	pascal	Pa	N/m^2	pound per square foot	psf	lb/ft^2
Section modulus	meter to third power		m^3	inch to third power		$in.^3$
Stress	pascal	Pa	N/m^2	pound per square inch	psi	$lb/in.^2$
Time	second	s	(base unit)	second	s	(base unit)
Velocity (angular)	radian per second		rad/s	radian per second		rad/s
Velocity (linear)	meter per second		m/s	foot per second	fps	ft/s
Volume (liquids)	liter	L	10^{-3} m^3	gallon	gal.	231 $in.^3$
Volume (solids)	cubic meter		m^3	cubic foot	cf	ft^3

SELECTED PHYSICAL PROPERTIES

Property	SI	USCS
Water (fresh) weight density mass density	 9.81 kN/m^3 1000 kg/m^3	 62.4 lb/ft^3 1.94 slugs/ft^3
Sea water weight density mass density	 10.0 kN/m^3 1020 kg/m^3	 63.8 lb/ft^3 1.98 slugs/ft^3
Aluminum (structural alloys) weight density mass density	 28 kN/m^3 2800 kg/m^3	 175 lb/ft^3 5.4 slugs/ft^3
Steel weight density mass density	 77.0 kN/m^3 7850 kg/m^3	 490 lb/ft^3 15.2 slugs/ft^3
Reinforced concrete weight density mass density	 24 kN/m^3 2400 kg/m^3	 150 lb/ft^3 4.7 slugs/ft^3
Atmospheric pressure (sea level) Recommended value Standard international value	 101 kPa 101.325 kPa	 14.7 psi 14.6959 psi
Acceleration of gravity (sea level, approx. 45° latitude) Recommended value Standard international value	 9.81 m/s^2 9.80665 m/s^2	 32.2 ft/s^2 32.1740 ft/s^2

SI PREFIXES

Prefix	Symbol	Multiplication factor
tera	T	10^{12} = 1 000 000 000 000
giga	G	10^{9} = 1 000 000 000
mega	M	10^{6} = 1 000 000
kilo	k	10^{3} = 1 000
hecto	h	10^{2} = 100
deka	da	10^{1} = 10
deci	d	10^{-1} = 0.1
centi	c	10^{-2} = 0.01
milli	m	10^{-3} = 0.001
micro	μ	10^{-6} = 0.000 001
nano	n	10^{-9} = 0.000 000 001
pico	p	10^{-12} = 0.000 000 000 001

Note: The use of the prefixes hecto, deka, deci, and centi is not recommended in SI.

Introduction to Environmental Engineering 3rd

환경공학개론 정가 35,000원

발 행 2024년 9월 10일 2판 2쇄
저 자 P. Aarne Vesilind · Susan M. Morgan · Lauren G. Heine
역 자 박기영 · 박용은 · 박재우 · 송지현
이관용 · 이종근 · 정석희 · 조은혜
발행인 정우용
발행처 도서출판 **동화기술**
경기도 파주시 광인사길 201(문발동, 파주출판도시)
Tel (031)955-4211~6 donghwapub@nate.com
Fax (031)955-4217 www.donghwapub.co.kr
(등록) 1977년 12월 19일/9-16호

Printed in Korea
ISBN 978-89-425-9442-9